普通高等教育“十二五”国家级规划教材

厦门大学本科教材资助项目

物理化学（上）

Physical Chemistry

【第三版】

孙世刚 主编

姜艳霞 黄 令 李海燕 廖新丽 编写

厦门大学出版社 XIAMEN UNIVERSITY PRESS | 国家一级出版社 全国百佳图书出版单位

图书在版编目（CIP）数据

物理化学. 上 / 孙世刚主编. -- 3 版. -- 厦门 : 厦门大学出版社，2023.1(2023.9 重印)
ISBN 978-7-5615-8747-8

Ⅰ. ①物… Ⅱ. ①孙… Ⅲ. ①物理化学-高等学校-教材 Ⅳ. ①O64

中国版本图书馆CIP数据核字(2022)第183088号

出 版 人　郑文礼
责任编辑　宋文艳　眭　蔚
封面设计　李夏凌
技术编辑　许克华

出版发行　厦门大学出版社
社　　址　厦门市软件园二期望海路 39 号
邮政编码　361008
总　　机　0592-2181111　0592-2181406(传真)
营销中心　0592-2184458　0592-2181365
网　　址　http://www.xmupress.com
邮　　箱　xmup@xmupress.com
印　　刷　福建省金盾彩色印刷有限公司

开本　787 mm×1 092 mm　1/16
印张　32.25
字数　808 千字
版次　2008 年 5 月第 1 版　2023 年 1 月第 3 版
印次　2023 年 9 月第 2 次印刷
定价　80.00 元

本书如有印装质量问题请直接寄承印厂调换

厦门大学出版社
微信二维码

厦门大学出版社
微博二维码

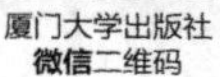

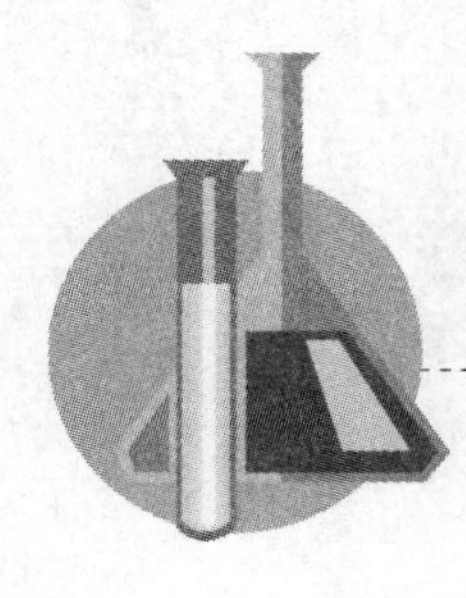

第三版前言

由厦门大学出版社于2008年和2013年出版的《物理化学》教材第一版和第二版，分别被列为普通高等教育“十一五”和“十二五”国家级规划教材。自出版发行以来，受到了国内同行的关注和使用这一教材师生们的喜爱。从《物理化学》教材第二版出版至今已近十年，其间我们收到了许多反馈意见和修改建议。为了适应物理化学学科的发展及其对现代教学工作的更高要求，我们对2013年的《物理化学》教材第二版进行了校订和修改，主要体现在以下方面：

1. 根据这些年教学使用情况，对内容做了适当调整；
2. 加强基本训练，提高受众面；
3. 后续同步建设线上资源。

《物理化学》教材第三版由孙世刚教授担任主编并统稿。参加校订和修改工作的教师均长期从事厦门大学物理化学课程教学工作，具有丰富的经验。他们分别是：

上册：姜艳霞教授（绪论、第1、5章），黄令教授（第2、3章），李海燕副教授（第4、6章）、廖新丽副教授（第7章）；

下册：王野教授（第8、10章），陈明树教授（第9章），毛秉伟教授（第11、12、13章），李海燕副教授（第14、15章）。

本书得以顺利出版，厦门大学出版社宋文艳女士、眭蔚先生付出了艰辛的劳动，厦门大学化学化工学院甄春花老师做了大量的协调工作，借此机会，谨向他们表示诚挚的谢意。

值得指出，虽然编者做出了许多努力，书中难免还存在疏漏和错误之处，倘蒙读者不吝指出，将十分感激。

孙世刚

2022年7月

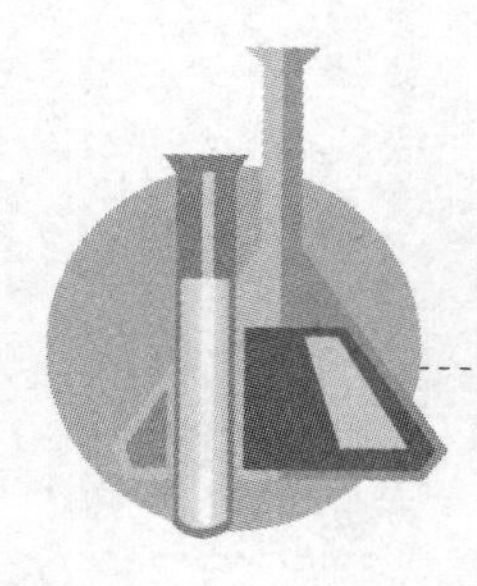

第二版前言

由厦门大学出版社于2008年出版的普通高等教育“十一五”国家级规划教材《物理化学》出版以来，受到了国内同行的关注和使用这一教材的大学生们的喜爱。在此期间，我们也收到了许多反馈意见和修改建议。为了更好地适应现代物理化学教学的要求和发展，我们对2008年版的《物理化学》教材作了较大的修改，主要在两个方面：

1. 教学内容的编排上更加注重基础知识的掌握。精简了原教材中部分教学内容，使其更加符合教学大纲的要求；同时保留并新引进了部分与信息、能源、材料和生物等学科有关的物理化学的进展，使读者能够通过自学开拓视野。

2. 习题方面更加注重基础训练和练习。增加了对物理化学基本概念理解和基本计算的习题，适当删减了原教材中难度较大的练习。

值得高兴的是，修订后的《物理化学》再次入选普通高等教育“十二五”国家级规划教材。我们期望《物理化学》第二版能在普通高等学校物理化学教学中发挥应有的作用，也能对从事物理化学科学研究的人员提供参考。

需要提及的是，虽然编者付出了许多努力，但由于水平所限，书中难免还有疏漏和错误之处，倘蒙读者不吝指出，将十分感激。

孙世刚

2013年1月

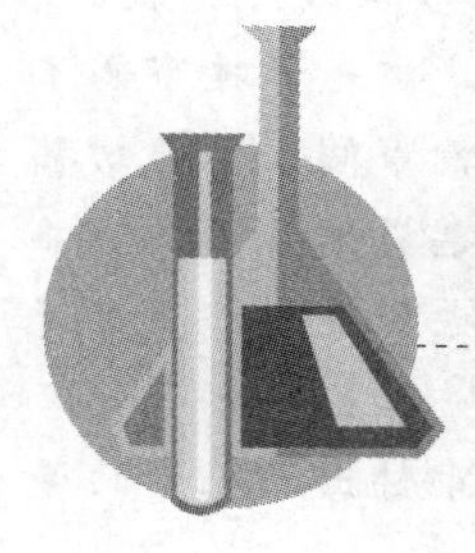

第一版前言

厦门大学物理化学学科在国内外享有盛誉，在长期的教学和科研实践中积累了丰富的经验。20世纪90年代中期，在老一辈物理化学家的关心支持下，黄启巽、魏光、吴金添三位教授编写了一套《物理化学》教材并由厦门大学出版社出版，受到了学生的欢迎并得到国内同行专家的好评。随着时间推移，一方面，学科的发展日新月异，特别是以信息技术、能源技术、纳米技术和生物技术为代表的现代科技迅速发展，促进了物理化学与其他学科的进一步交叉融合；另一方面，知识更新步伐加快、现代大学生素质提高和高等教育国际化，对物理化学课程提出了新的、更高的要求。为适应学科的发展变化和新形势的要求，厦门大学物理化学课程组全体教师不断深化教学内容、拓展教学空间、创新教学方法，使厦门大学的物理化学课程成为国家级精品课程，本教材也获得普通高等教育"十一五"国家级教材规划立项。

本书具有以下几个主要特点：

1. 拓宽视野。为了适应物理化学学科的发展、扩大学生的知识面，也为了扩大本书的读者群，我们适时、适当地引入了一些与信息、能源、材料和生物等学科有关的物理化学素材和进展，使读者能进一步开拓自己的视野。书中这部分内容均加了"*"以供选用。

2. 去粗取精。为了适应高等教育教学改革的需要，也为了使教师能在课堂上以较少的课时数讲透重点、辨析难点，利用更多的时间去启发学生分析问题，本书将一些重要的公式、方法详细导出，以免使学生浪费宝贵的时间于冗长的数学处理之中。

3. 注重能力。为了使学生能更扎实地理解基本概念，掌握物理化学的思维方法，培养其分析问题、解决问题的能力，也为了使教师能利用习题课借题发挥，对某一阶段的教学内容进行归纳总结以期达到"强调重点、解决难点、补充疏漏点"之目的，本书精选了较多习题和思考题。这些题目大部分来自习题库，少部分选自国内外的物理化学教科书。

本书由孙世刚教授担任主编并统稿。参加编写工作的均为多年从事物理化学课程教学工作、具有丰富教学经验的骨干教师，他们是黄令（第 7 章）、李海燕（第 4、6 章）、王野（第 8、10 章），毛秉伟（第 11、12、13 章），韩国彬（第 15 章）和陈良坦（其余章节）。魏光教授审阅了上册初稿并提出了许多宝贵的修改意见，吴金添教授审阅了下册初稿并提供了部分教案，与我们一起共事的姜艳霞教授也提出了不少有益的建议。本书作为讲义使用时，厦门大学的学生们也曾提出许多宝贵的意见。在此，谨向他们一并致以衷心的感谢。

本书得以顺利出版，厦门大学出版社宋文艳编审付出了艰辛的劳动。借此机会，谨向她表示诚挚的谢意。

本书作为国家“十一五”规划基础教材，力图做到内涵较为丰富、外延适当拓展。但由于编者水平所限，书中选材时的疏漏不足之处以及移植他人素材时的点金成铁之处在所难免，倘蒙读者不吝斧正，将不胜感激。

孙世刚

2008 年 3 月于厦门大学芙蓉园

目　录

第0章 绪 论

教学目标

1. 明确物理化学整体课程的学习目标；
2. 明确物理化学学科各主要分支及其应用的主要内容与基础要求；
3. 掌握自然科学一般的研究方法与物理化学学科独特的研究方法；
4. 熟悉物理化学课程的学习向导与行之有效的教学方法。

教学内容

1. 物理化学学科的基本内容
2. 物理化学学科的研究方法
3. 物理化学课程的教学方法

重点难点

1. 物理化学课程的基本内容；
2. 物理化学学科的研究方法；
3. 物理化学课程教与学的特殊方法。

建议学时——1学时

0.1 物理化学的研究目的与内容

物理化学是化学学科的一个重要分支。它以物理学的思想和实验手段并借助数学方法研究化学体系最一般的宏观、微观的规律和理论，是对化学的本质进行研究的一门学科。物理化学为探讨和解决三个方面的问题，形成相应的分支学科。

其一，为解决化学变化方向和限度问题，或者说是探究有关化学各类平衡问题，建立“化学热力学”。后来为了弥补其不过问体系微观行为的局限，又产生了“统计热力学”。其二，为解决化学反应变化的速率和机理问题，建立“化学动力学”。其三，为探究物质结构与性能关系，研究分子结构和化学键，建立“结构化学”和“量子化学”。热力学、统计力学、动力学、量子力学是物理化学的理论基础，也是物理化学理论体系的四大支柱。世界著名物理化学家 P. W. Atkins 在他编著的《物理化学》中，还特地将此理论体系归并为“平衡、结构、变化”三个部分，以明示学科的本征内涵。

物理化学在其发展过程中，为探索其特殊现象与特殊规律，又相继形成诸如热化学、电化学、光化学、催化化学及胶体化学等，均视为物理化学的分支学科，但它们都是以物理化学四大理论支柱为基础。随着科学技术的高度发展，学科间渗透日渐频繁，学科界限变得模糊，又突出一些新的学科，诸如“分子反应动力学”、“激光化学”等。

0.2 物理化学发展历史回顾与展望

从18世纪中叶俄国科学家罗蒙诺索夫(1711—1765)最早使用“物理化学”这一术语开始直到19世纪中叶，随着现代工业的发展及化学知识的长期积累，物理化学已胎动于化学母腹之中，1887年德文《物理化学杂志》创刊，正式宣告了“物理化学”学科的诞生。此后在一个多世纪充满神奇斑斓的发展进程中，物理化学相继树起了三个里程碑。

其一，自1887年至20世纪20年代，物理化学是以化学热力学的成熟和宏观化学反应速率的建立为特征，它主要借助物理学中的力学、热学及气体分子运动论来解决化学平衡和化学反应速率问题。这虽是它在宏观层面上的最初阶段研究，但毕竟迈出了难能可贵、展现曙光的一步。

其二，自20世纪20年代至60年代，随着原子结构和量子理论的建立，物理化学进入物质微观结构及化学变化微观规律的探索阶段，期间提出了化学键理论，测定了大量化学物质的微观结构，还提出了电解质与非电解质溶液的微观结构模型、燃烧爆炸的链式反应机理及一些催化反应机理、电极过程氢超电势理论等，物理化学开始进入分子水平的研究，这一时期的量子化学与结构化学成了化学的带头学科，为整个化学学科奠定了坚实的理论基础。

其三，从20世纪60年代至今，科学技术的巨大进展，如计算机、各种波谱、电子技术、超真空及激光技术等不断更新、极大地促进了物理化学向深度和广度发展；其特点是研究工作由稳态、基态向瞬态、激发态迈进，由单一分子的结构和行为向研究分子间的相互作用细节深入，由化学体系扩大到生物化学体系及远离平衡态的耗散结构等等。交叉分子束实验技术的新成就、红外发射光谱方法的发展、表面增强激光拉曼光谱等大量波谱学的进展，使物理化学得以观察固体表面状态和原子排列结构及表面客体分子间反应的实际过程。随着对固体表面构效关系认识的深入，人们已能为固体表面“整容”，使得催化从技艺性走向科学化。近年超短脉冲激光的出现，提高了时间分辨率，使短寿命的瞬态分子可以有效地监测，使分子反应动力学及光化学、催化、电化学等分门学科的研究进入分子水平，使物理化学整个学科的发展迈上一个新台阶。

展望未来，物理化学必将高水平地进行着学科理论渗透及研究手段交汇，并逐渐成为现代化学新思想、新概念的主要发源地。目前，对化学体系的混沌、交叉、分形等“复杂性问题”的研究可以期待有所发现；利用结构化学数据库积累和量子化学计算所得构效知识，可以系统地进行分子设计；合成出人类需要的新物质、新材料；膜模拟生物体系及其他膜技术的研究正取得奇妙的效果；原子(分子)簇的研究正在开辟一个广阔的新领域……激发态光谱实验与理论研究的新发现，再一次燃起人们意欲进行“分子剪裁”的热情。这一切都标志着物理化学正面临着新的突破。

纵观物理化学学科的发展史，可以看出它是一个既古老又蓬勃生机的学科，一个半世纪以来它不断改革进取的步伐从未间歇，而今更成为这边风景独好的科学园地。

0.3 物理化学的学科地位与社会作用

0.3.1 物理化学的主导地位

20世纪中叶，当时前苏联科学院院长、化学家涅斯米扬洛夫曾有一句名言：“现代科学的真正领袖是物理学”。20世纪90年代初国际知名的物理化学家、中科院唐有祺院士根据20世纪后半叶自然学科发展新态势，也作出一个著名论断：“物理与化学一起是当代自然科学的轴心。”两位大师言简意赅，为人们清晰勾勒出“物理化学”这门璀灿的交叉学科所处的地位与肩负的重任。可以说物理化学及其家族作为现代化学的核心理论基础与独到的研究方法，以其根基的坚实性、典型的交叉性和理论思维的哲学性，不仅支撑着整个化学学科营垒，而且饮誉整个人类科学(甚至包括社会科学)殿堂。

据统计，自1901—1998年获诺贝尔化学奖共130位，其中约82位是物理化学家或从事物理化学领域研究的科学家。这说明在98个年头中化学学科最热闹的课题与最引人注目的成就有60%以上是集中在物理化学领域。近30年间化学物质种类呈指数倍增，预测已达到2000万种，大部分是化学工作者按一定性能要求合成制备出来的，而制备时所利用的化学反应中约90%都与物理化学的催化作用原理密切关联。另据美国《化学文摘》(CA)1991年1—6月的资料统计，生物化学、物理化学、应用化学、有机化学(含高分子化学)的文献比值约为1.9∶1.4∶1.2∶1.0，物理化学位居前列。值得一提的是，物理化学学科的繁荣乃至整个化学学科的发展，应该归功于一位卓越先驱、被誉为现代工业和科学界主干部分基本学说创立者——物理化学家J. W. Gibbs(吉布斯)，他在热力学、冶金学、矿物学、岩石学、生理学等诸多领域都有重要发现与巨大建树，尤其是他将热力学理论、物理化学科研实践与高深数学完美结合，建立了其同时代人难以破译的相平衡理论——“Gibbs相律”，从而极大地简化了一大批工业生产过程并使之成本下降，例如：制冷、冶炼、燃烧、能源工程以及合成化学品、陶瓷、玻璃和肥料的大批量生产。从此化学才得以成为世界上规模最大的工业基础。无怪乎，科学历史学家们认为，吉布斯可称得上是美国最伟大的科学家，应与牛顿、麦克斯韦相提并论。显然，将一位物理化学家提到如同物理学巨匠那样显赫，从一个侧面有力地说明物理化学学科在科学界和人类社会生产生活中的崇高荣誉与主导地位。

0.3.2 物理化学扩充了化学领地并促进相关学科发展

化学经过300年历程，今天已建立起庞大知识体系，它不断开拓着广阔而多向发展的前沿领域，以崭新的姿容迈入交叉学科时代。作为化学学科理论基础的物理化学除形成前述的其分支物化、分门物化之外，又衍生出界面结构化学、分子反应动力学、激光化学、飞秒化学等。物理化学为化学各分支学科：无机、有机、分析……提供最一般原理，并由此促使它们形成各自的理论体系和研究方法，推动化学研究向纵深发展；如化学研究对象从一般键合分子拓宽到准键合分子及非化学计量化合物，从对气液固三种聚集态的研究外延到等离子体、超分子、各种分散态(胶态)及单分子膜的各种状态的研究，从而将对化学过程的温度、压力等外部条件的控制跃升到分子态的控制以及对一些极端条件(超高温、超高压、超低温、超低压)的化学过程研究，这无疑极大地丰富了化学学科的内容，可见物理化学正在开辟化学学科的新用武之地。

物理化学的形成得益于数学、物理学的基本理论和技术，反之，物理化学的发展也必然推动物理学与数学的发展，使它们理论内涵更丰富、应用更广泛。特别是对于物理学，热力学、物质的结构学说、量子力学无不是最好的例证。此外，历史上也不乏物理化学家和物理学家在对方领域取得成果、作出贡献的先例，例如对远离平衡态的耗散结构理论、前线轨道理论及分子轨道对称守恒原理、交叉分子束的分子反应动力学研究等颁发的是诺贝尔化学奖。又如，原子簇、分子簇、光物理与光化学、激光化学、表面科学、新材料的研究等既是物理学家更是物理化学家感兴趣、能用武的课题。作为生物学前沿学科——分子生物学更需要物理化学提出更为基本的化学过程信息及生物大分子结构。而在药物合成及药理等研究中，非对称(手性)催化剂的应用可有效地控制药物手性，使疗效更显著。可以说，化学各分支学科间，化学与相邻学科间的交叉渗透，主要是通过物理化学学科进行的。

0.3.3 物理化学与经济繁荣及国计民生密切相关

鉴于石油及其他资源日渐呈现短缺的局面，如何寻找新工艺、新材料，开发新能源、新食品源，以提高效率、减少消耗、防治污染，都需要以化学为中心的多学科的努力，其中很多核心的基础研究将是物理化学的中心课题，一旦解决这些难题，就将更新整个国民经济体系，改善国防装备、增强国力，就能进一步发展宇宙空间技术，同时极大地丰富人民的物质与精神生活。如光化学、电化学、光电化学将为新的“干净”能源提供方向与技术。又如在表面化学研究成果的基础上开发出的一碳化学催化剂，不仅会改变传统煤—电石—化工产品的工艺路线，而且能预示出新的化工原料资源。至于金属—陶瓷复合材料、光电材料、金属非晶体材料等各种特殊性能以及涉及航天航空技术的高新材料均依赖于物理化学的基础研究，而新材料的功能设计完全取决于在原子-分子水平的物质组成、化学键和构型的研究。此外，为了充分利用光能、光合作用增产粮食，也需要物理化学在分子水平上更好地了解作物的生长机制。

物理化学学科对人类生活健康与生态平衡更有积极作用与影响。众所周知的大气层空洞的形成和控制，根本上是光化学过程决定的。物理化学提供的构效信息已经帮助人们生产出人畜低毒或无毒的新农药，催化剂已用来帮助解决汽车尾气污染问题。化学动力学的进程揭示了燃烧过程的基元反应，并为提高燃烧效率、减少污染提出指导性措施。更令人欣喜的是，物理化学的研究已广泛深入到遗传基因、生物工程、药物设计、疾病机制等领域，并取得丰硕的成果。总之，物理化学正在与相关学科携手为开拓新的食品资源、节能减排、维护人类健康、建立和谐社会作出应有的贡献。

0.4 物理化学培养化学人才的特色

物理化学在百年树人的质量与效率上较之其他学科更具明显的特色之处，就是通过其教学与训练，使人才具有较深的理论根基、较宽的学术视野、较佳的实验技能和较高的思维技巧。老一辈化学家几乎都有这样的共识："凡是有较好的物理化学素养的大学本科生，适应能力强且后劲足。"他们容易触类旁通，只要赋以进一步深造，就能较快地开辟新的研究阵地、抢占国际高科技发展的前沿领域。

究其源，这不仅是因为学科本身独具缜密严谨的逻辑体系、多元化的思维方法论和多极化的实验手段技巧，而且还在于其鲜明的哲学理念与唯物辩证法，这是探索自然界奥秘、点燃创新火苗的原动力与推进器。换言之，学科的发展观与人才观均取决于科学的思维观与方法论。在当今我国屈指可数的著名化学家中，名列前茅者多是物理化学家，而他们又同时是化学哲学家，既有高科技的重大成果，也有人文科学与化学哲学的名言佳作。20世纪80年代中期出版的主要以物理化学家为主编的《化学哲学基础》就是一本脍炙人口、能激发创造力的好书，几乎成为每一位大学教师必读的经典论著。

0.5 物理化学的研究方法

20世纪伟大科学家爱因斯坦十分重视哲学对自然科学研究的指导作用。他说："认识论同科学的相互关系是值得注意的，它们互为依存……科学要是没有认识论——只要这真是可以设想的——就是原始混乱的东西。"他又说："物理学当前的困难迫使物理学家比其前辈更深入地掌握哲学问题。"不言而喻，当今世界重要的自然科学家，尤其是物理化学家几乎全是自然哲学家。

既然作为自然科学的带头或领袖学科——物理学都离不开哲学的指导，那么与其融合渗透的化学分支学科——物理化学必然具有丰厚的哲学内涵。或者可以说，其对于其他化学分支学科则更突显唯物主义哲学观与科学辩证思维观。所以，一般常规科学研究方法对其都是完全适用的。如矛盾的对立与统一的辩证唯物主义方法；实践—认识—再实践……这一认识论方法；由特殊到一般的归纳及一般到特殊的演绎逻辑方法；对复杂研究体系进行简化——通过科学思维建立抽象化的理想模型——上升为理论后再回到实践中加以检验的方法等等。这些方法都在物理化学的研究中被普遍应用并发扬光大。此外，由于学科本身的特殊性，物理化学作为一个整体(包括结构化学)还有其独特学科特征之理论研究方法。可归纳成：

宏观方法——热力学方法

热力学方法属于宏观方法。热力学是以大量粒子组成的宏观体系作为研究对象，热力学的研究是唯象的处理方法。它以经验概括出的热力学第一定律、第二定律为理论基础，引出热力学能、熵、吉布斯函数等，再加上 p、V、T 这些可测量的宏观量作为体系的宏观性质，利用这些宏观性质及其之间的联系，经过归纳与演绎，得到一系列热力学公式或结论，用以解决物质变化过程的各类平衡问题。这一方法的特点是不依赖体系内部粒子的微观结构和过程细节，只涉及物质体系始终态的宏观性质。实践证明，这种宏观的热力学方法十分严谨，至今未发现过实践中有违背热力学理论所得结论的情况。

微观方法——量子力学方法

量子力学方法属于微观方法。它是以个别的电子、原子核或其他结构单元组成的微观体系作为研究对象，其表述方法是十分数学化和抽象的，其重要思想是 Schrödinger 方程和能量量子化。它是考察个别微观粒子的运动状态，即微观粒子在空间某体积微元中出现的概率和所允许的运动能级。将量子力学方法应用于化学领域，得到了物质的宏观性质与其微观结构关系的清晰图像。

微观方法与宏观方法的通道——统计热力学方法

统计热力学方法属于从微观到宏观的方法。它在量子力学方法与热力学方法之间构建一条通道，将二者有机地联系在一起。平衡态统计热力学是研究宏观体系的平衡性质，但它与热力学的研究不同，它是从个别粒子所遵循的运动规律出发，根据事件发生的可几率而导出物质体系的统计行为，然后再进一步去诠释体系的各种宏观性质乃至各式各样的物理化学过程。所以统计热力学方法是统计平均的方法，是概率的方法。

化学动力学所用的方法则是宏观方法与微观方法的交叉、综合应用，用宏观方法构成了宏观动力学，采用微观方法则构成微观动力学。

0.6 教与学的方法

无论教师还是学生，即在讲授或学习物理化学课程时，都应当把一般科学方法与物理化学特殊方法放在重要位置，这就是中国的古训："授人以鱼，不如授人以渔"。此外，还应该注意挖掘物理化学学科本身所隐含的丰厚哲学思想和自然辩证法，这对丰富教学内容，激发学生兴趣，点燃创新火苗，都有极大促进作用。

由于本课程独具典型的学科交叉性，对人才素质和思维能力的提高更具奠基性作用，随之也伴有知识点的宽广性与原理的费解性。故初学者首先必须端正学习目的，要有迎难而上的思想准备，并逐渐培养对课程的激情，以便有持续的求知欲。继而再选择适应自己行之有效的学习方法并积极去实践，无疑对自身创新能力有很大的提高。可以说：知识＋兴趣＋方法＋实践＝创新能力。然方法多多，难求一统，这里介绍一种方法，简称“四、三、二原则”，仅供参考。也就是说，学习物理化学课程，应遵循“四步循环、三个关系、两个并重”，其图解蕴意如下。

四步循环并多次反复

四步即“吸收、分析、反馈、总结”，循序渐进，步步深入，又周而复始（以单向实虚箭头构成）且多次循环，图示如下，不言自明。需提及的是：各步虽各有蕴意内涵（以箭号至窗柜所列），但应有重点。如其一“吸收”：重在课堂听讲须全神贯注，以利课外节时节能。其二“分析”：重在明确学习进程与矛盾所在，以便心中有数、措施得力。其三，“反馈”：重在刻苦钻研和学术交流，尤其后者，学友间展开讨论、相互启发，往往对解释难题有顿悟开窍之感。其四“总结”：重在透彻理解与动手归纳，即用自己消化的言语精炼概括制成备忘录并力求运用自如，这无疑是巩固知识乃至一生做学问成败的重要标志与终极目标。

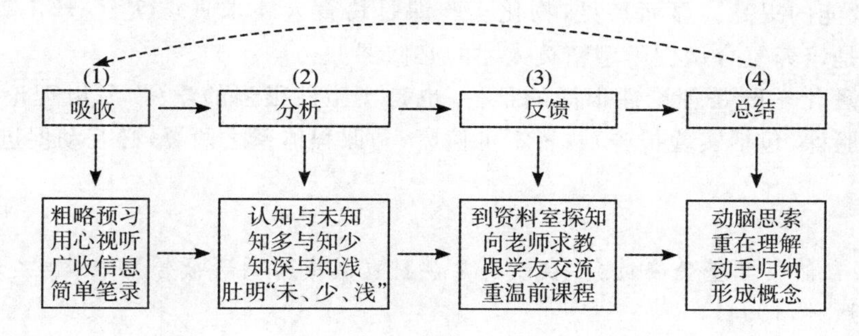

三个关系

物理化学是研究化学体系最一般的宏观、微观规律，其中有近似、定性观念层次，但更有真实、严格、定量化规律。所以，学习物理化学应该重点协调并处理好：宏观与微观、定性与定量、理论模型与真实结构等三个双结合关系。换言之，在处理知识素材方面，就上述结对的前后各半而言，既要考虑轻重浓淡之别，也应斟酌相关疏密程度，不可一视同仁、机械教条。也就是说，有的问题只要从宏观层次、定性角度理解，有的问题则先忽略次要因素来考虑，分析理想模型设计，以此达到大致范围的判断，这就是国际知名物理化学家卢嘉锡教授常说常用的“毛估”方法。而有的问题则必须自微观、定量方面认真考究，以达到对真实结构的透彻认识，这里应特别重视应用数学原理、严格依据条件推演计算。须知化学家，不唯数学、不要僵化符号的数学，但要具有物化意义灵魂的数学，非如此则无法揭示客观世界自然规律的实质。

两个并重

学习物理化学理论，说到底就是学习其奇思妙想、掌握其绝技妙法。例如，经典热力学中的“可逆、平衡”思想，不可达到但可趋近原理，大一统的全局观念，先理想后修正的绝招，这些都是热力学的快刀斩乱麻之功、辩证法思想之魂。又如平衡态热力学中的变量变换法、特性函数法、循环法、标准状态法、极值法、微元法。再如在化学动力学中的稳态法、线性化方法等等。总之,各显其艺、相得益彰,方法论始终贯穿整个物化学科,它是认识自然、和谐自然的有力武器。值得指出,为防止理论学习一知半解,演算习题是最有效的检验。因为它可以自测对课程内容的理解程度,并深化其认识。可以说,不会解题就等于没有掌握物理化学。然而,解题要讲"量",但更要重讲"质"。要善于将前述特征的数理方法活学活用于演算过程中,学会反思题中有题、解中有解,举一反三才能常学常精、常学常新、回味无穷。

目前物化实验课大多独立门户,但应明确它始终是理论课的本源与实践。因为一本教科书就是一部科学发展史,就是人类生产实践的积累、前人科学试验的结晶。初学者必须以极大热情投身于实验训练之中,力求理论课与实验课互学互动、有机结合,应将其视为日后科研生涯的预备役。此外,不能忽视实验报告,尤其是设计性实验报告,因为它是毕业论文的前奏曲。可以说,实验课是发现客观现象、探索自然规律、成就原始创新的一大途径。因为当今一切重大科技成果在很大程度上是取决于实验思想的革新、实验手段技巧的更新和实验设备效能的提高。显而易见,物化实验课是培育人才求真求实、一丝不苟的科学精神的修炼地,是培养复合型创新型精英人才的必修课。

总之,物理化学既是理论性很深的学科,也是实验性很强的学科,所以理论课(包括演算习题)与实验课(包括实验报告)两者不可偏废,乃课程体系之两翼,必互动促进矣!

参考文献

[1] 国家自然科学基金委员会. 自然科学学科发展战略调研报告物理化学(分册)[M]. 北京:科学出版社,1994.

[2] 唐敖庆等. 化学哲学基础[M]. 北京:科学出版社,1986.

[3] 唐有祺. 中国大百科全书化学卷Ⅱ[M]. 北京:中国大百科全书出版社,1989:1022.

[4] 韩德刚,高执棣,高盘良. 常教常精、常教常新[J]. 大学化学,1994,9(6):12.

[5] 魏光,廖代伟,等. 重新认识"物理化学"课程的战略地位[J]. 高等理科教育,2001,1:21.

[6] 魏光. 论哲学与当代化学分类[J]. 化学通报,1996,2:59.

[7] 魏光,廖代伟,等. 论现代化学定义及其原则宗旨[J]. 化学通报,1997,7:50.

[8] 魏光,廖代伟,等. 初探卢嘉锡的化学哲学思想[J]. 化学通报,2001,7:398.

可扫码观看讲课视频:

第 1 章

热力学第零定律与物态方程

教学目标

1. 掌握热力学基本术语、意义、特点及其规范条件，特别是体系（系统）的宏观性质与热力学平衡态、状态函数及其数学性质，p、V、T 变化过程的类型特征等诸概念。

2. 理解热力学第零定律的由来依据、温度温标的定义及其摄氏温标、绝对温标的建立。

3. 掌握理想气体（包括其混合物）状态方程式的灵活应用，明确实际气体液化条件性质、临界状态及临界量的表述。

4. 熟悉范德华方程的应用条件，并了解其他实际气体状态方程式的类型与特点。

5. 理解对比态、对比态原理、压缩因子图、力学响应函数（α、κ、β）诸概念的意义及应用。

教学内容

1. 热力学基本术语
2. 热力学第零定律与温度
3. 理想气体状态方程式
4. 实际气体及其液化和临界状态
5. 实际气体状态方程式
6. 对比态与压缩因子图
7. 膨胀系数与压缩系数

重点难点

1. 体系（系统）状态的定义，状态函数性质及其数学特征；

2. 热力学第零定律的表述，理想气体摄氏温标与绝对温标的定义、区别及关系；

3. 理想气体状态方程及其衍生式；

4. 混合理想气体及道尔顿分压定律与阿玛格分体积定律；

5. 实际气体液化现象及临界状态。范德华（Van der waals）方程。范氏参量与临界参量之间关系换算。其他实际气体状态方程；

6. 对比态，对比态原理及普遍化压缩因子图。

建议学时 ——3 学时

1.1 热力学基本术语

1.1.1 体系(系统)和环境

体系(system)—— 热力学研究的对象(包括大量分子、原子、离子等物质微粒组成的宏观集合体及空间)。体系与体系之外的周围部分(物质或空间)一般有边界存在,习惯上也称体系为“系统”。

环境(surrounding)—— 与体系通过物理界面(真实或假想的界面)相隔开并与体系密切相关、影响所及的周围部分(物质或空间)。据此定义,环境之外尚有更大的环境,只是这部分对体系影响可以忽略罢了。

根据体系(系统)与环境之间是否发生物质质量与能量的传递情况,人们常将体系(系统)分为三类:

(1) 敞开体系(open system)—— 体系与环境之间既有物质质量传递也有能量(以热和功的形式)的传递。敞开体系中物质的质量与能量均是不守恒的。

(2) 隔离体系(isolated system)—— 体系与环境之间既无物质质量传递亦无能量的传递。因此隔离体系中物质的质量与能量是守恒的。

(3) 封闭体系(closed system)—— 体系与环境之间只有能量的传递,而无物质的质量传递。因此封闭体系中物质的质量是守恒的。

可见,质能守恒与否是区分体系的标志。

1.1.2 体系的宏观(热力学)性质

热力学体系是大量分子、原子、离子等微观粒子组成的宏观集合体,它所表现出来的集体行为,如压力(p),体积(V),温度(T),热力学能(U),熵(S),亥姆霍茨函数(A),吉布斯函数(G)等称为**热力学体系的宏观参量或宏观性质**(macroscopic properties)(或简称**热力学性质**)。也称体系的**状态函数**(state function)。

原则上,体系的一切性质应为其微观状态所决定,如知道组成体系的所有粒子的内部结构、运动类型及能量分布,则可得到粒子的微观态;当所有粒子的微观态一确定,便可确定体系的宏观态,从而使所有宏观性质有确定的值。但在目前,尚无法逐一确定宏观体系中每一个粒子的微观态;因此,宏观态无法通过微观态来确定。在这种情况下,我们只能反其道而行之,即由体系的宏观性质来规定其宏观状态。

依据宏观性质与物质量的关系,宏观性质大致分为两类:(1) **强度量或强度性质**(intensive properties)—— **它与体系中所含物质的量多少无关**,无加和性(如 p、T 等),体系无论如何瓜分,各部分的 p(或 T) 均同值;(2) **广度量或广度性质**(extensive properties)—— **它与体系中所含物质的量有关**,有加和性(如 V、U、G 等),其值随各部分质量的加和而加和,而$\dfrac{\text{一种广度性质}}{\text{另一种广度性质}}=$ 强度性质,如摩尔体积 $V_{\mathrm{m}}=\dfrac{V}{n}$,体积质量或密度 $\rho=\dfrac{m}{V}$ 等。数学上，强度性质是**零次齐函数**，而广度性质则是**一次齐函数**。

不过，这种分类仅是人为而非绝对，因为如电阻等物理量就难以说清其所属分类了。

1.1.3　相及单相体系与多相体系

在一体系中，若任一部分都有相同的物理性质和化学性质，则该体系称为均匀体系(homogeneous system)，此均匀部分称为**相**(phase)；若体系是由两个以上的均匀部分组成的，则该体系称为**不均匀体系**或**多相体系**(heterogeneous system)。在多相体系中，相与相之间以分界面隔开。

相，可由纯物质组成，也可由混合物和溶液组成。在不考虑表面性质时，相的性质不因其大小而异，但在某些情况下，体系的宏观性质与相的大小和形状有关。如将一定体积的水分散成水雾，将一大块固体碾成超细微粒等，其宏观性质是不同的。

原则上，体系是以单相或多相存在与物质的聚集态无关，但由于不同气体可完全均匀混合，因此，气体混合物应视为单相体系；而不同固体间却难以完全均匀混合(固溶体是个例外)，故固体混合物是多相体系；至于液体，则视其互溶程度可分为单相体系和多相体系。

1.1.4　状态和状态函数及其数学特征

顾名思义，体系的状态(state)即体系的状(形状、空间)和态(时间)的总和。对热力学体系而言，**是指体系物理性质和化学性质的综合表现。**当体系处于不同的宏观约束下，可表现为不同的宏观状态且各项性质之间是相互关联的。热力学中采用体系的宏观性质来描述体系的状态，这些宏观性质也称为状态函数(state function)。

状态函数具有如下特征：

(1) **状态定，全部状态函数有定值。**即状态函数是状态的单值函数。如一定量的纯理想气体 $V=f(T,p)$，其具体的关系为

$$V=\frac{nRT}{p}$$

即 n 一定时，V 是 p，T 的函数，当 p，T 值确定了，V 就有确定值，则该理想气体的状态也就确定了，此时其他任何热力学函数的值(如 U、H 等)也必有确定值。

(2) **始、终态定，状态函数的改变量有定值。**换言之，状态函数的改变量只决定于体系的始态和终态的函数值，而与经历的途径无关。即

$$\Delta z=z_2-z_1 \tag{1}$$

如 $\Delta T=T_2-T_1$，$\Delta U=U_2-U_1$。

(3) 当体系经历一系列状态变化，最后回至原来始态时，状态函数 z 的数值应无变化，即 z 的微变**循环积分为零**

$$\oint \mathrm{d}z=\int_1^1 \mathrm{d}z=z_1-z_1=0 \tag{2}$$

式中 $\oint$ 表示(循环)积分。凡能满足上式的函数，其微分为全微分即 $\mathrm{d}z$。一个物理量是否

为状态函数，往往由实践确定，但式(2)是准则之一。

(4) 对于定量，组成不变的均相体系，**体系的任意宏观性质是另外两个独立宏观性质的函数**。可以表示为

$$z = f(x, y)$$

其全微分可表示为

$$dz = \left(\frac{\partial z}{\partial x}\right)_y dx + \left(\frac{\partial z}{\partial y}\right)_x dy \tag{3}$$

以一定量纯理想气体，$V = f(p, T)$ 为例，则

$$dV = \left(\frac{\partial V}{\partial p}\right)_T dp + \left(\frac{\partial V}{\partial T}\right)_p dT$$

其中 $\left(\frac{\partial V}{\partial p}\right)_T$ 是体系当 T 不变而改变 p 时，V 对 p 的变化率；$\left(\frac{\partial V}{\partial T}\right)_p$ 是当 p 不变而改变 T 时，V 对 T 的变化率。这样全微分 dV 就是当体系 p 改变 dp，T 改变 dT 时所引起 V 的变化值的总和。

由全微分定理还可以演化出如下两个重要关系：

在第(3)式中，令 $M = \left(\frac{\partial z}{\partial x}\right)_y$，$N = \left(\frac{\partial z}{\partial y}\right)_x$，它们均是 x、y 的函数

则有

$$\left(\frac{\partial M}{\partial y}\right)_x = \left(\frac{\partial N}{\partial x}\right)_y$$

或

$$\left[\frac{\partial}{\partial y}\left(\frac{\partial z}{\partial x}\right)_y\right]_x = \left[\frac{\partial}{\partial x}\left(\frac{\partial z}{\partial y}\right)_x\right]_y \tag{4}$$

这说明微分次序并不影响微分结果，式(4)常称为“尤勒尔(Euler)规则”。

同时存在

$$\left(\frac{\partial z}{\partial x}\right)_y \left(\frac{\partial x}{\partial y}\right)_z \left(\frac{\partial y}{\partial z}\right)_x = -1 \tag{5}$$

式(5)常称为“循环式”或“循环规则”。

若变量 α 同时是 x，y 的函数，则(3)式中的 dx，dy 亦可包含 α 不变的条件。即

$$dz(\alpha) = \left(\frac{\partial z}{\partial x}\right)_y dx(\alpha) + \left(\frac{\partial z}{\partial y}\right)_x dy(\alpha)$$

进一步可得

$$\left(\frac{\partial z}{\partial x}\right)_\alpha = \left(\frac{\partial z}{\partial x}\right)_y + \left(\frac{\partial z}{\partial y}\right)_x \left(\frac{\partial y}{\partial x}\right)_\alpha \tag{6}$$

上述式(1)、(2)、(3)、(4)、(5)、(6)为状态函数性质及其关系的重要公式，亦可称之状态函数 z 具有六个数学特征，今后常要应用，应该十分熟悉。

1.1.5 热力学平衡态

体系在一定环境条件下，其各部分可观测到的宏观性质都不随时间而变，此时体系所处的状态称热力学平衡态(thermodynamic equilibrium state)。**只有当处于平衡态时，体系的各项性质才是单值的，也才能用状态函数描述之**，此即平衡态热力学中的“平衡态公理”。

热力学体系必须同时实现以下几个方面的平衡，才能建立热力学平衡态：

(1) 热平衡(thermal equilibrium)—— 体系各部分的温度 T 相等，若体系不是绝热的，则体系与环境的温度也要相等。

(2) 力平衡(mechanical equilibrium)—— 体系各部分的压力 p 相等；体系与环境的边界不发生相对位移。习惯上，力平衡也称机械平衡。

(3) 相平衡(phase equilibrium)—— 体系中各相之间长期共存且各相的组成和数量不随时间而变化。

(4) 化学平衡(chemical equilibrium)—— 若体系各物质间可以发生化学反应，则达到平衡后，体系的组成不随时间改变。通常人们也将化学平衡与相平衡合称为组成平衡或物质平衡。

以上 4 个平衡条件是互为依赖的，若体系中各部分作用力不均衡，必将引起某种扰动，继而引起体系各部分温度的波动，最终导致原来已形成的物质平衡状态遭到破坏，使化学反应沿某方向进行或物质自一相向其他相转移。诚然，作为一个平衡态，以上诸条件均应满足。但是在处理一些实际问题时，这些要求可以放宽。如当化学变化或相变化未达到平衡，甚至体系与环境的温度和压力也不相等，只要体系内部的温度、压力和组成是均匀的，仍可近似作为平衡态进行研究。

1.1.6　过程与途径

过程与途径(process and path)的定义及分类

从平衡态的定义可见，一个处于宏观平衡态的体系，是无法提供自身性质变化的任何信息的。换言之，只有通过对体系状态变化的研究才能揭示体系的性质及规律性。

由于平衡条件是互为依赖的，因此，如果体系与环境之间发生了某相互作用(热、力相互作用或化学相互作用)，则体系原来的宏观态必然随之发生变化直至到达新的宏观态。热力学上，我们**将体系状态随时间的变化称为过程**(process)，而**完成过程所经历的具体步骤称为途径**(path)。同时，将体系变化前的状态称为始态，变化后的状态称为终态。

一般而言，“过程”包括始终态；而“途径”仅指所经历的具体步骤，不包括始、终态。

体系有各种各样的变化过程，可归类为 p、V、T **变化过程**(process of p, V, T changes)，**相变化过程**(process of phase changes)，**化学变化过程**(process of chemical changes)。

体系几种主要的 p, V, T 变化过程

(1) 等温过程(isothermal process)

若过程的始态、终态的温度相等，且等于环境的温度，即 $T_1 = T_2 = T_{su} = T_e$，叫**等温过程**。

脚注“e”或“su”表示“外界或环境”。如 $T_{su}(T_e)$、$p_{su}(p_e)$ 分别表示环境或外界的温度和压力。

(2) 等压过程(isobaric process)

若过程的始态、终态的压力相等，且等于环境或外界的压力，即 $p_1 = p_2 = p_{su} = p_e$，叫

等压过程。

说明：热力学中的"等"意指始、终态相等，但允许过程该物理量有变化，而"恒"则不能。

(3) 等容过程(isochoric process)

体系的状态变化过程中始、终态的体积相等，$V_1 = V_2$，为**等容过程**。

(4) 绝热过程(adiabatic process)

体系状态变化过程中，与环境间没有热交换，即 $Q = 0$ 的过程，叫**绝热过程**。

(5) 循环过程(cyclic process)

体系由始态经一系列途径又回复到始态的过程叫**循环过程**。

循环过程中，所有状态函数的变化量均为零，如 $\Delta p = 0$，$\Delta T = 0$，$\Delta U = 0$ 等。

(6) 反抗恒外压过程(process of expansion agains constant pressure)

体系在体积膨胀的过程中所反抗外界或环境的压力 $p_e = p_{su} =$ 常数。

(7) 自由膨胀过程(free expansion process)

如图 1-1 所示，左球内充有气体，右球内呈真空，活塞打开后，气体向右球膨胀，叫**自由膨胀过程**(或叫**向真空膨胀过程**)。由于自由膨胀过程进行得很快，体系与环境之间来不及进行热交换。因此，**自由膨胀过程也可视为绝热过程**。

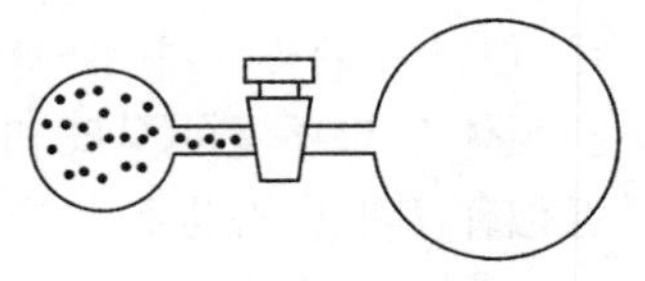

图 1-1　向真空膨胀

相变化过程与饱和蒸气压

在通常条件下，体系的稳定聚集态究竟是气态、液态或某种晶态，这要看在该条件下体系中分子的动能和分子间势能的相对大小。固体及液体中分子间隙较小，所以其共同点是压缩性很小(这与气体不同)，因此，固态及液态统称为**凝聚相**(condensed phase)以符号"cd"表示。气体及液体的共同点是有流动性(这与固体不同)，因此统称为**流体相**(fluid phase)，以符号"fl"表示。通常用符号 g、l、s 及 cr 表示气态、液态、固态及晶态。例如 $H_2O(g)$ 表示水蒸气。

(1) 相变化过程

相变化(phase transition)过程是指体系中发生聚集态的变化过程。如液体的**汽化**(vaporization)、气体的**液化**(liquefaction)、液体的**凝固**(solidification)、固体的**熔化**(fusion)、固体的**升华**(sublimation)、气体的**凝华**以及固体不同**晶型间的转化**(crystal form transition)等。

(2) 液(或固)体的饱和蒸气压

设在一密闭容器中装有一种液体及其蒸气，如图 1-2 所示。液体分子和蒸气分子都在不停运动。温度越高，液体中具有较高能量的分子越多，则单位时间内由液相跑到气相的分子越多；另一方面，在气相中运动的分子碰到液面时，有可能受到液面分子的吸引进入液相，蒸气体积质量越大(即蒸气的压力越大)，则单位时间内由气相进入液相的分子越多。单位时间内汽化的分子数超过液化的分子数时，宏观上观察到的是蒸气的压力逐渐增大。单位时间内当液 → 气及气 → 液的分子数目相等时，测量出的蒸气的压力不再随时间而变化，这种不随时间而变化的状态即是平衡状态。相之间的平衡称相平衡。达到平衡状态只是宏

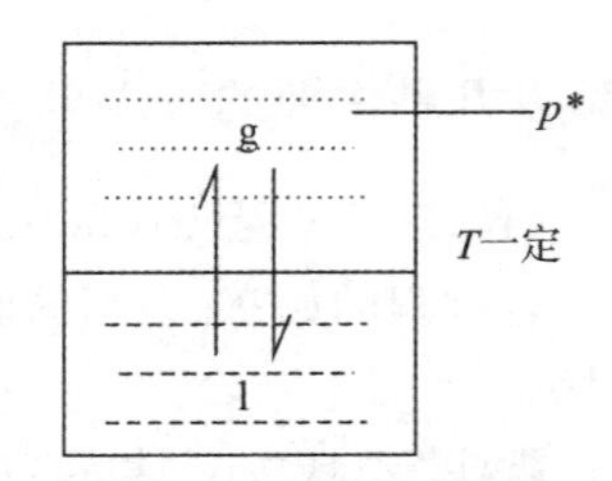

图 1-2　液体的饱和蒸气压

观上看不出变化，实际上微观上变化并未停止，只不过两种相反的变化速率相等，这叫动态平衡。

在一定温度下，当液(或固)体与其蒸气达成液(或固)、气两相平衡时，此时气相的压力称为液(或固)体在该温度下的**饱和蒸气压**(saturated vapor pressure)，简称**蒸气压**(vapor pressure)。

液体的蒸气压等于外压时的温度称为液体的**沸点**(boiling point)；101.325 kPa 下的沸点叫**正常沸点**(normal boiling point)，100 kPa 下的沸点叫**标准沸点**(standard boiling point)。例如水的正常沸点为 100 ℃，标准沸点为 99.67 ℃。

表 1-1 列出不同温度下，一些液体的饱和蒸气压。

表 1-1　$H_2O(l)$、$NH_3(l)$ 和 $C_6H_6(l)$ 的在指定温度下的饱和蒸气压

t/℃	$p^*(H_2O)$/kPa	$p^*(NH_3)$/kPa	$p^*(C_6H_6)$/kPa
−40		0.71	
−20		1.88	
0	0.61	4.24	
20	2.33	8.5	10.0
40	7.37	15.3	24.3
60	19.9	25.8	52.2
80	47.3		101
100	101.325		178
120	198		

1.2　热力学第零定律与温度

1.2.1　热平衡定律与热力学第零定律

朴素温度的概念起源于人们对冷热的感觉，它代表物体的冷热程度(现在知道这就是组成物体的大量粒子的无规则运动的强弱程度)。但我们不能只凭主观感觉来确定温度，这不但因其粗糙，而且容易发生误会。如数九寒天用双手触摸一铁球和一木球，则会感到前者比后者冷，但实际上二者的温度并无差别，之所以感觉不同完全是二者导热性能的差异所致。由此可见，“温度”和“热”是两个不同的概念，测量温度需要有客观的标准和手段。

在热力学中，我们从热平衡来定义温度。在没有正式给“热量”下定义之前，我们来讨论热平衡如下：假定有两个冷热不同的平衡体系 A 和 B，它们所有性质经观察后知道，不随时间而变。然后在与外界影响隔绝的条件下将 A 和 B 相互接触，经一段时间后，若 A 和 B 的状态与原来未接触前一样，即所有性质均不随时间而变，则与 A、B 相接触的界面必定是绝热的，此即为绝热壁的定义。反之，若使 A、B 与一导热界面相接触，则热的一边变冷，冷的一边变热，经过一段时间后，它们的宏观性质不再变化，我们称此时的状态为热平衡状态。可以想象，在不受外界影响的条件下，这种热平衡状态将一直保持下去。

直觉告诉我们，如同两个体系彼此处于力学平衡应有一个共同的压力一样，当两个物体彼此达到热平衡后，它们将有相同的“冷热度”。**同时，客观上也一定具有一个共同的热力学性质，我们将这个决定体系热平衡的热力学性质称为温度，用符号 θ 表示。温度是体系的性质，只为体系的状态所决定，它也是状态函数。**根据温度的定义，两个体系彼此处于热平衡时应有相同的温度。如果两个体系的温度不同，则它们彼此不处于热平衡，此时就有热量传递发生。上面我们只给出温度的定义，而没有给出测量温度的方法（严格地说，温度只能被标志，而不能被测量）。

测量温度的依据是热平衡定律。当两个物体A和B分别与第三个物体C处于热平衡时，则A和B之间也必定彼此处于热平衡。这是一个客观存在的经验，称为**热平衡定律**。由于它的重要性，并因它是继热力学第一和第二定律之后确立的，但在逻辑上却应放在这两个定律之前，故 R. H. Fowler 称之为**热力学第零定律**（zeroth law of thermodynamics）。

1.2.2 摄氏温标

根据热平衡定律，可以制作一个具体温度计，用它来标志温度。我们必须选择某种物质作为温度计的材料，这种物质称为测温物质，并取它的某个大小随温度 θ 而变的性质作为测温性质。假定测温性质 X 与温度 θ 之间有一线性关系：

$$\theta = \alpha + \beta X \tag{1-1}$$

人们选取容易测量的性质，例如长度、体积、压力、电阻、电势差等作为测温性质。如：水银温度计中的汞是测温物质，汞的体积是测温性质；铂电阻温度计中的铂是测温物质，铂的电阻是测温性质，等等。

在选择了测温物质和测温性质，并监督此性质与温度有线性关系后，还必须确定 α 和 β 的数值，即必须选定两个固定参考点作为标准，这两个固定参考点之间的温度差是规定不变的。**摄氏温标**（Celsius scale temperature）**就是选取水的冰点为 0 ℃，沸点为 100 ℃ 作为两个固定参考点，并在冰点和沸点之间等分为 100 份。**选定了固定参考点后，就可以使具体温度计分别与这两个状态达成热平衡，并记下两个测温性质 X_0 和 X_{100} 的数值，再等分为 100 份，即成为可用的温度计。

若以 θ_i 和 X_i 分别代表冰点温度和冰点时测温性质的数值；以 θ_s 和 X_s 分别代表沸点温度和沸点时测温性质的数值，则应有

$$\theta_i = \alpha + \beta X_i$$
$$\theta_s = \alpha + \beta X_s$$

解之可得

$$\alpha = \theta_i - \left(\frac{\theta_s - \theta_i}{X_s - X_i}\right) X_i \tag{1-2}$$

$$\beta = \left(\frac{\theta_s - \theta_i}{X_s - X_i}\right) \tag{1-3}$$

因此

$$\theta = \alpha + \beta X = \theta_i - \left(\frac{\theta_s - \theta_i}{X_s - X_i}\right) X_i + \left(\frac{\theta_s - \theta_i}{X_s - X_i}\right) X = \theta_i + (\theta_s - \theta_i)\left(\frac{X - X_i}{X_s - X_i}\right) \tag{1-4}$$

在摄氏温标中已规定 $\theta_i = 0$ ℃，$\theta_s = 100$ ℃，代入式(1-4) 得

$$t = \theta = 100\left(\frac{X_\theta - X_0}{X_{100} - X_0}\right)℃ \tag{1-5}$$

式中 X_0 是 0 ℃ 时测温性质的数值，X_{100} 是 100 ℃ 时测温性质的数值，X_θ 是 t/℃ 时测温性质的数值。式(1-5) 即摄氏温标的一般公式，X 代表任一选定的测温性质。若 X 代表玻璃毛细管中水银柱的长度，则得到摄氏水银温度计的温标；若 X 代表铂的电阻，则得到摄氏铂电阻温度计的温标。

1.2.3　理想气体温标

根据上面的讨论，可以看出，对同一温度若选用不同测温物质和不同测温性质，标出的温度数值是不同的(0 ℃ 和 100 ℃ 除外，因已选定不变)。**这种依赖于测温性质的温标称为经验温标**。事实上有多少温度计就有多少种经验温标。温度是一个最基本的物理量，不允许如此紊乱，因此选择一种经验温标作为标准是完全必要的。人们选取理想气体温度计作为标准。

根据 Boyle 定律，理想气体的 pV 乘积在恒定温度下是一常数。实验表明，低压下的一切气体的 pV 乘积在恒定温度下与 p 呈线性关系。因此，只要测定一定量气体在恒温下的 p 和 V，就能作出 pV 对 p 的直线图，外推至 $p=0$，以求出某一恒定温度 θ 时的 $(pV)_\theta^{p=0}$ 的数值。这个数值就是理想气体在一定温度下的 pV 极限值，对于不同气体来说都是相同的，不依赖于气体的种类。因此，将 $(pV)_\theta^{p=0}$ 作为测温性质 X 代入式(1-5) 得

$$\begin{aligned}\theta &= 100\left[\frac{(pV)_\theta^{p=0} - (pV)_0^{p=0}}{(pV)_{100}^{p=0} - (pV)_0^{p=0}}\right] \\ &= \frac{100(pV)_\theta^{p=0}}{(pV)_{100}^{p=0} - (pV)_0^{p=0}} - \frac{100(pV)_0^{p=0}}{(pV)_{100}^{p=0} - (pV)_0^{p=0}}\end{aligned} \tag{1-6}$$

实验表明 $\dfrac{100(pV)_0^{p=0}}{[(pV)_{100}^{p=0} - (pV)_0^{p=0}]}$ 对不同气体都具有相同的数值，约为 273.15，这样式(1-6) 可写成

$$t/℃ = \theta/℃ = 273.15\left[\frac{(pV)_\theta^{p=0}}{(pV)_0^{p=0}}\right] - 273.15 \tag{1-7}$$

式中 t 是理想气体的摄氏温标，以“℃”作为单位。

定义：

$$T/\mathrm{K} \equiv t/℃ + 273.15 \tag{1-8}$$

由式(1-7) 得

$$T/\mathrm{K} = 273.15\left[\frac{(pV)_\theta^{p=0}}{(pV)_0^{p=0}}\right] \tag{1-9}$$

测定出 $(pV)_\theta^{p=0}$、$(pV)_0^{p=0}$ 的数值，即可由式(1-9) 得出温度的数值，这样定义的温标称为**理想气体绝对温标**(perfect gas scale of temperature)，T 称为**绝对温度**(absolute temperature)，以“K”作为单位。绝对温标与摄氏温标在每一度大小上是一样的，只是绝对温标的零度取在摄氏温标的 −273.15 ℃ 处。

可以看出，引入绝对温标的概念后，只需确定一个固定参考点 $(pV)_\theta^{p=0}$ 的数值。由于水

的冰点是在一大气压下纯冰与饱和了空气的水达成平衡共存时的温度，是受压力影响的，在实验技术上要实现起来较为困难。所以1954年第十届国际计量大会决定，选取纯水的三相点（冰、水、水蒸气三相共存时的温度）作为一个固定参考点，并人为地规定其温度正好等于273.16 K。这样一来，式(1-9)变为

$$T/\mathrm{K} = 273.16\left[\frac{(pV)_{\theta}^{p=0}}{(pV)_{\mathrm{tr}}^{p=0}}\right] \tag{1-10}$$

式中$(pV)_{\mathrm{tr}}^{p=0}$是在水的三相点温度时，气体的$(pV)^{p=0}$值。摄氏温标从两个固定参考点改为一个固定参考点后，其定义可从(1-8)式得出

$$t/℃ \equiv T/\mathrm{K} - 273.15 \tag{1-11}$$

这样，水的三相点在摄氏温标上规定为

$$t = 273.16\ \mathrm{K} - 273.15\ \mathrm{K} = 0.01\ ℃$$

这样定义的摄氏温标（一个固定参考点）与原来规定的摄氏温标（两个固定参考点）是不一致的。在现在的摄氏温标上，水的冰点和沸点不是人为地规定的，而是由实验测定的，其值也不再是0 ℃和100 ℃。但是，由于水的三相点规定为273.16 K，以及式(1-11)中的273.15 K与在原来摄氏温标上的数值比较接近，所以冰点和沸点的实验值不会与0 ℃和100 ℃差得很大，在近似计算工作仍可取为0 ℃和100 ℃。以水的三相点(273.16 K)作为绝对温标的一个固定参考点后，从实验测得水的冰点为(0.0000 ± 0.0001)℃，水的沸点为99.975 ℃。

1.2.4 几种常用温度计

玻璃液体温度计

玻璃液体温度计是基于膨胀测温法而设计的一种温度计。常用的测温物质是汞，酒精等液体，$\frac{1}{10}$℃的精密温度计和主要用于测量温差的温度计（如贝克曼温度计）几乎都采用汞作为测温物质。玻璃液体温度计的主要缺点是测温范围较小；当测温液体（如汞）露出液柱则需进行温度修正。

玻璃液体温度计根据测温精度可分为1 ℃、0.1 ℃、0.01 ℃精度的不同精度温度计。

电阻温度计

电阻温度计是根据导体电阻及半导体的电阻随温度变化规律来测量温度的温度计。最常用的电阻温度计都采用金属丝绕制成的感温元件，主要有铂电阻温度计和铜电阻温度计，在低温下还有碳、锗和铑铁电阻温度计，标准铂电阻温度计是目前最精确的温度计，温度覆盖范围约为14～903 K，其误差可低到万分之一摄氏度，常用于校正水银温度计和其他类型的温度计。

温差热电偶温度计

温差热电偶温度计是利用塞贝克效应测量温度的装置。它由两种金属导体A和B以头尾相连接而成，当两个连接点存在温差，则两结点间将产生温差电动势，其值与两结点间的温度范围、温差大小及A、B材料的种类有关。

表1-2列出了常用温差热电偶的种类、工作温度与温差电动势率。

表 1-2　常用温差热电偶材料及参数

材料组成	工作温度/K	室温温差电动势率/($\mu V \cdot K^{-1}$)
镍铬/金铁	4.2 ～ 300	16
铜/康铜	77 ～ 673	40
铂铑/铂	273 ～ 1573	5.98
镍铬/康铜	77 ～ 1273	50
镍铬/镍硅	273 ～ 1473	40

1.3　理想气体状态方程式

1.3.1　理想气体方程式

在物质的三种聚集状态——气态、液态和固态中，以气态的性质最为简单，研究工作开展得较早，人们对它的认识比较清楚。固态和液态物质的结构较为复杂，但固体中分子(原子或离子)的排列具有一定的规则性，目前对它的认识已有较大的进展；而液体则呈无序状态，分子间距离短，相互作用力强，其性质规律较难准确描述。

气体和液体同属流体，具有流动性。气体能充满容纳它的容器，而液体的形状则随容器变化。低压下气体密度小，分子间距离大，相互作用力弱，极限情况下可以把气体分子当成无大小和无相互作用的质点，以此为基础拟出的简单气体模型可以解释低压下气体的一些基本性质。当压力增大，气体密度增加，则上述假设与实际情况偏差较大，必须加以修正。为讨论方便起见，常把气体分为两种类型：(1) 理想气体和(2) 实际气体(非理想气体)。

本章重点讨论理想气体和实际气体状态方程式，作为后续各章讨论的基础。

推演

体系的状态为其各项物理性质和化学性质的综合表现。处于一定状态时，表征体系各项性质的物理量如压力(p)、温度(T)、体积(V)、密度(ρ)、折射率(n_D)、电导率(κ)…… 之间存在着一定的关系，而联系这些物理量之间关系的方程式，则称为“状态方程式”(equation of state)。

常用易于直接测量的物理量如 p、V、T 和 n(物质的量)以描述气体的状态。实验证实，当气体组成不变时(即 n 为恒量)，一定状态下，p、V、T 三个变量中只有两个是独立的，也就是当压力和温度确定之后，体系的体积也随之而定：

$$V = f(p, T) \tag{1-12}$$

对于数量可以变动的纯气体体系，描述体系性质时则需多引入另一变量 —— 气体物质的量 n，即

$$V = f(p, T, n) \tag{1-13}$$

理想气体状态方程式(perfect gas equation of state)的实验基础是三个实验定律：(1) **波义耳(Boyle)定律**；(2) **查理士-盖·吕萨克(Charles-Gay-Lussac)定律**和(3) **阿佛伽德罗(Avogadro)定律**。

1662 年波义耳由实验得出如下结论：

“恒温下一定量气体的体积与其压力成反比。”即

$$V=\frac{K_1}{p}(T,n\text{ 恒定})\tag{1-14}$$

其中 K_1 为取决于气体温度和数量的常量。

上述结论常称为“波义耳定律”。如作 p-V 图，则可得如图 1-3 所示的双曲线型的等温线族。

1802 年盖·吕萨克在查理士的实验基础上进一步总结出如下规律，称为“查理士-盖·吕萨克定律”：**“恒压下一定量气体的体积随其温度作线性变化。”**

可表示为

$$V=K_2T(p,n\text{ 恒定})\tag{1-15}$$

如作 V-T 图，则可得如图 1-4 所示的等压线族。

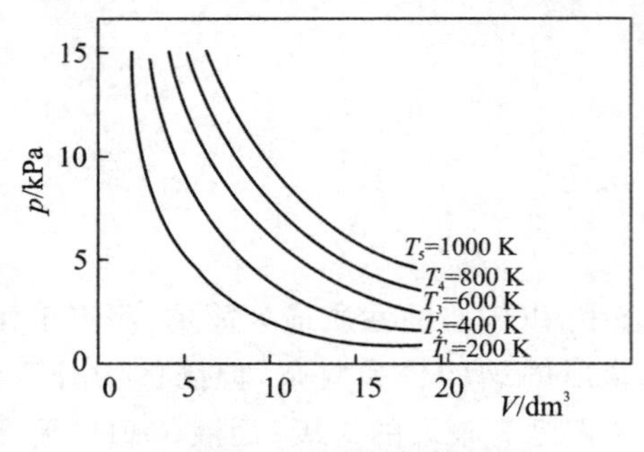

图 1-3　波义耳等温线

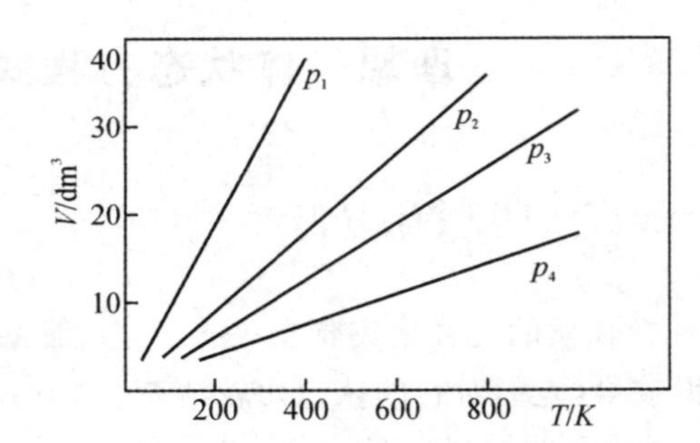

图 1-4　按查理士-盖·吕萨克定律作出的等压线(1 摩尔气体)

1811 年阿佛伽德罗作出了如下假设，这一假设后经实验证实，常称为“阿佛加德罗定律”：**“温度和压力恒定时，气体的体积与其物质的量成正比。”**

$$V=K_3n(T,p\text{ 恒定})\tag{1-16}$$

只要温度不太低，以上三条定律可近似地适用于所有低压气体，且气体愈稀薄，其结果便愈精确，当气体在无限稀薄的极限下，三个式子的等式关系严格成立。这一结论十分重要，因为它是导出理想气体状态方程的前提。下面利用体积 V 的全微分性质并结合以上三个定律导出理想气体状态方程。

状态函数具全微分(exact differential)性质，由式(1-13)可得

$$V=f(p,T,n)$$

$$\mathrm{d}V=\left(\frac{\partial V}{\partial p}\right)_{T,n}\mathrm{d}p+\left(\frac{\partial V}{\partial T}\right)_{p,n}\mathrm{d}T+\left(\frac{\partial V}{\partial n}\right)_{T,p}\mathrm{d}n\tag{1-17}$$

自以上三个实验定律可得出上式中有关的偏微系数。

由波义耳定律[(1-14)式]

$$\left(\frac{\partial V}{\partial p}\right)_{T,n}=-\frac{K_1}{p^2}=-\frac{V}{p}\tag{1-18}$$

由查理士—盖·吕萨克定律[(1-15)式]

$$\left(\frac{\partial V}{\partial T}\right)_{p,n}=K_2=\frac{V}{T}\tag{1-19}$$

由阿佛加德罗定律[(1-16)式]

$$\left(\frac{\partial V}{\partial n}\right)_{T,p}=K_3=\frac{V}{n}\tag{1-20}$$

以式(1-18)、(1-19)、(1-20)结果代入式(1-17)

$$dV = \left(-\frac{V}{p}\right)dp + \left(\frac{V}{T}\right)dT + \left(\frac{V}{n}\right)dn$$

或

$$\frac{dV}{V} = -\frac{dp}{p} + \frac{dT}{T} + \frac{dn}{n}$$

上述两边不定积分的结果为

$$\ln V = -\ln p + \ln T + \ln n + \ln R$$

式中积分常数 $\ln R$ 为一与气体性质无关的常量，而 R 称为“摩尔气体常量”。上式移项并除去对数符号，可得

$$pV = nRT \tag{1-21}$$

此式称为**“理想气体状态方程式”**。由于波氏、查氏和阿氏定律仅于低压($p \to 0$)时才与实验结果符合，故由它们导出的理想气体状态方程式也仅适用于低压情况下。

如以摩尔体积 $V_m = \left(\frac{V}{n}\right)$ 代入，则上式可写成

$$pV_m = RT \tag{1-22}$$

摩尔气体常量 R(gas constant)

摩尔气体常量 R 可根据下式由实验确定

$$R = \frac{\lim\limits_{p \to 0}(pV)}{nT} \tag{1-23}$$

压力趋于零时实验测量有困难，但可用外推法求得。恒温下，测量 V 随 p 变化关系，并作 pV-p 图，外推至 $p \to 0$，由 pV 轴截距可求出 $\lim\limits_{p \to 0}(pV)$ 值，代入上式即可求出 R 数值。例如，已知0 ℃(273.15 K)下当气体的物质的量为1摩尔时其值为2271.1 J，代入上式得

$$R = \frac{2271.1\ \text{J}}{1\ \text{mol} \times 273.15\ \text{K}} = 8.3145\ \text{J} \cdot \text{mol}^{-1} \cdot \text{K}^{-1}$$

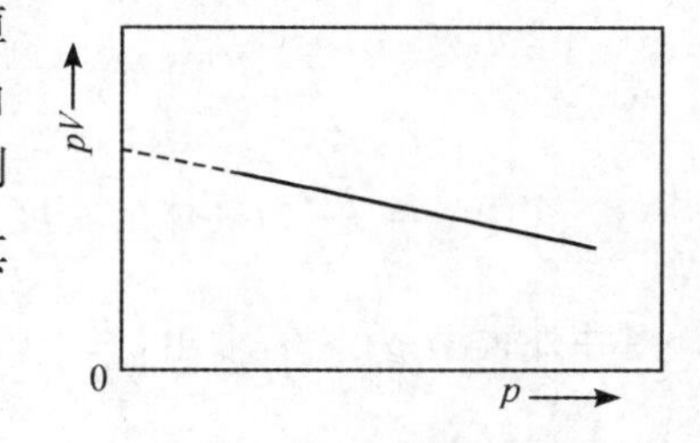

图 1-5　外推法求 R 值

由量纲分析得知 pV 乘积具有能量的量纲(量纲符号用 dim 表示)

$$\dim pV = \dim \frac{F}{A} V = \dim Fl = \dim \text{能量} = \text{ML}^2\text{T}^{-2}$$

上式中符号 $\dim pV$ 表示物理量 pV 的量纲，F 为作用力，A 为作用面积，l 为长度。而 M、L、T 分别为基本物理量质量、长度和时间的量纲。因此，R 的量纲为

$$\dim R = \dim \frac{\text{能量}}{n \cdot T} = \text{ML}^2\text{T}^{-2}\text{N}^{-1}\Theta^{-1}$$

式中 N 和 Ⓗ 分别表示物质的量 n 和热力学温度 T 的量纲。

在科技领域中，约定选取的基本量和相应导出量的特定组合叫量制。而量纲，是指以量制中基本量的幂的乘积，表示该量制中某量的表达式。量纲只是表示量的属性，不是指它的大小，只是定性地给出导出量与基本量之间的关系。只有量的单位才能用来确定量的大小。

量纲分析是一种帮助判断物理量的物理意义和相互关系的有效手段，这种分析方法在后面还要遇到。

在 SI 单位制中能量单位用 J(焦耳) 表示。此外，能量还常用 $dm^3 \cdot kPa$(立方分米 · 千帕斯卡)、$cm^3 \cdot kPa$(立方厘米 · 千帕斯卡)、cal(卡)(现已少用) 和 ergs(尔格) 等单位表示。表示方法不同，R 的数值亦异，列表于表 1-3。

表 1-3　R 的各种不同数值

R	8.31442	0.082057	8.31442	1.98719	8.31442×10^7
单位	$J \cdot K^{-1} \cdot mol^{-1}$	$dm^3 \cdot atm \cdot K^{-1} \cdot mol^{-1}$	$dm^3 \cdot kPa \cdot K^{-1} \cdot mol^{-1}$	$cal \cdot K^{-1} \cdot mol^{-1}$	$erg \cdot K^{-1} \cdot mol^{-1}$

计算气体的体积或压力时，用 $dm^3 \cdot kPa \cdot K^{-1} \cdot mol^{-1}$ 或 $cm^3 \cdot kPa \cdot K^{-1} \cdot mol^{-1}$ 等单位较方便；计算能量函数时，用 $J \cdot K^{-1} \cdot mol^{-1}$ 较方便；而计算气体分子运动速度或表面张力时(用 C · g · S 单位制表示) 用 $erg \cdot K^{-1} \cdot mol^{-1}$ 较方便。总之，应根据不同场合选择合适的 R 数值和单位。

理想气体状态方程式应用举例 —— 摩尔质量的测定

气体物质的量等于其质量 m 与摩尔质量 M 之比

$$n = \frac{m}{M}$$

代入式(1-21)

$$pV = \frac{m}{M}RT \tag{1-24}$$

或

$$M = \left(\frac{m}{V}\right)\frac{RT}{p} = \frac{\rho RT}{p} \tag{1-25}$$

式中 $\rho = \dfrac{m}{V}$ 为气体的密度。由上式，在一定温度下，测定密度随压力变化关系，作 $\dfrac{\rho}{p}$-p 图并外推至 $p \to 0$，求出 $\left(\dfrac{\rho}{p}\right)_{p \to 0}$ 值代入式(1-25)

$$M = \left(\frac{\rho}{p}\right)_{p \to 0} RT \tag{1-26}$$

可以求出气体或蒸气的摩尔质量。

〔**例 1**〕　已知 273.2 K 时 HBr 密度随压力变化实验数据如表 1-4 所示。试用外推法求其摩尔质量。

表 1-4　各种不同压力下 HBr 的密度(273.15 K)

p/kPa	101.32	67.547	33.773	0
$\rho/(g \cdot dm^{-3})$	3.6444	2.4220	1.2074	—
$(\rho/p)/(g \cdot dm^{-3} \cdot kPa^{-1})$	0.03597	0.03586	0.03575	0.03564

〔**解**〕　由表 1-4 数据作(ρ/p)-p 图(图 1-6)，得$(\rho/p)_{p \to 0}$ 值为 $0.03564\ g \cdot dm^{-3} \cdot kPa^{-1}$，代入式(1-26)

$$
\begin{aligned}
M_{\mathrm{HBr}} &= \left(\frac{\rho}{p}\right)_{p\to 0} RT \\
&= 0.03564 \times 8.314 \times 273.15 \\
&= 80.93\ \mathrm{g \cdot mol^{-1}}
\end{aligned}
$$

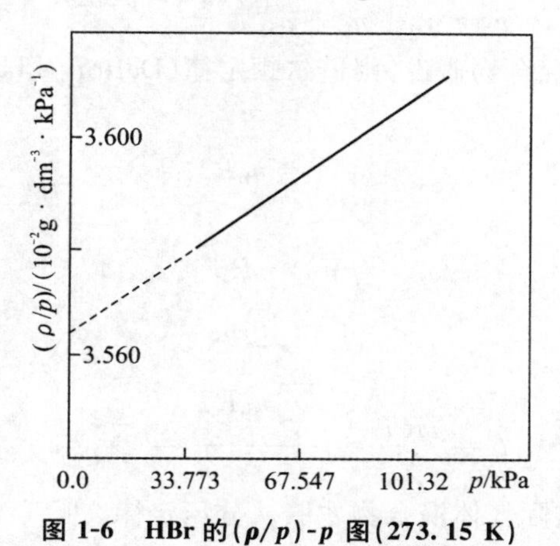

图 1-6　HBr 的 (ρ/p)-p 图(273.15 K)

1.3.2　理想气体混合物

实际工作中常遇到气体混合物体系。混合气体的状态除取决于 p、V、T 外，还取决于各组分的组成，故此类体系的状态方程式具有如下形式

$$f(p, V, T, n_1, n_2, \cdots) = 0$$

式中 p、V、T 分别为混合气体的压力、体积和温度，$n_1, n_2, \cdots$ 为各组分物质的量。

若混合气体中每一组分都服从理想气体状态方程式，则称为"理想气体混合物"(mixtures of perfect gases)。道尔顿(J. Dalton)是最早从实验中得出有关混合气体性质规律的科学家。

道尔顿定律与分压力

道尔顿从实验中得出如下结论：**"恒温恒容条件下，混合气体的总压力等于组成它的各组分单独存在于容器内产生压力的和。"**

用公式表示

$$p = \sum_{\mathrm{B}} p_{\mathrm{B}} = p_1 + p_2 + \cdots \tag{1-27}$$

式中 p 为混合气体的总压，而 p_{B} 为某组分 B 在同温下单独占有混合气体容积时对容器壁所施之压力。其关系可用下图表示：

$$\boxed{\begin{matrix} p_1, V \\ n_1, T \end{matrix}} + \boxed{\begin{matrix} p_2, V \\ n_2, T \end{matrix}} + \boxed{\begin{matrix} p_3, V \\ n_3, T \end{matrix}} \Rightarrow \boxed{\begin{matrix} p, V \\ n, T \end{matrix}}$$

$$\left.\begin{matrix} p = p_1 + p_2 + p_3 \\ n = n_1 + n_2 + n_3 \end{matrix}\right\}(T, V\ \text{恒定})$$

若气体服从理想气体混合物假设，则道尔顿定律(Dalton's law) 可导出如下：

因各组分均满足

$$p_B V = n_B RT \tag{1-28}$$

而混合气体满足

$$pV = nRT \tag{1-29}$$

$$n = \sum_B n_B$$

所以

$$p = \frac{nRT}{V} = \frac{\sum_B n_B RT}{V} = \sum_B p_B$$

可见只有在低压下，实际气体混合物才服从分压定律。

物理化学中常用摩尔分数即物质的量分数 x_B(或用 y_B) 表示组分的浓度。其定义为个别气体物质的量与混合气体总的物质的量之比

$$x_B = \frac{n_B}{n} = \frac{n_B}{\sum_B n_B} \tag{1-30}$$

式中 n_B 为某组分 B 的物质的量，n 为混合体系总的物质的量。摩尔分数的总和为 1，即 100%.

$$\sum_B x_B = x_1 + x_2 + x_3 + \cdots = 1 \tag{1-31}$$

由式(1-28) 和式(1-29) 得

$$\frac{p_B}{p} = \frac{n_B}{n} = x_B (= y_B) \tag{1-32}$$

$$p_B = x_B p (T, V\ \text{恒定}) \tag{1-33}$$

式(1-32) 指出，在恒温恒容条件下各组分气体单独存在时的压力与其摩尔分数成正比。而式(1-33) 被确认为任意混合气体各组分分压力(partial pressures) 的定义式：**“气体混合物中某组分的分压等于其摩尔分数与总压的乘积。”**

由式(1-28)，$\frac{n_B}{V}$ 为理想气体混合物中某组分 B 的“物质的量浓度”，可用 c_B 表示。则式(1-28) 可表示为

$$p_B = c_B RT \tag{1-34}$$

上式指出恒温条件下理想气体的分压与其物质的量浓度成正比。因此，在理想气体混合物中，常以分压表示气体的组成。

阿马格(Amagat) 定律与分体积

对于理想气体混合物，在恒温恒压条件下可以得出如下结论(读者自证)：

“混合气体的总体积为各组分的分体积之和”这一结论最先由阿马格归纳实验结果得出，称为**“阿马格分体积定律”**。用公式表示

$$V = \sum_{B} V_B = V_1 + V_2 + \cdots (T、p \text{ 恒定}) \tag{1-35}$$

式中 V 和 V_B 分别为混合气体的总体积和某组分 B 的分体积。所谓**“分体积”**，就是同温同压下该组分单独存在时所占有的体积。

可以证明，在恒温恒压条件下

$$\frac{V_B}{V} = \frac{n_B}{n} = x_B (= y_B) \tag{1-36}$$

即气体占有的体积与其摩尔分数成正比

$$V_B = x_B V \tag{1-37}$$

分体积定律在化工上应用比较广泛，因为在某些场合下它的应用比分压定律更直接和方便。

1.4　实际气体及其液化和临界状态

1.4.1　实际气体与理想气体的偏差

前已述及，实际气体(Real gases)只有在低压下才能服从理想气体状态方程式。但如温度较低或压力较高时，实际气体的行为往往与理想气体发生较大的偏差。常定义**“压缩因子”Z 以衡量实际气体与理想气体的偏差**

$$Z = \frac{pV_m}{RT} = \frac{pV}{nRT} \tag{1-38}$$

理想气体 $pV_m = RT$，$Z = 1$。若一气体，在某一定温度和压力下 $Z \neq 1$，则该气体与理想气体发生了偏差。$Z > 1$ 时，$pV_m > RT$，说明在同温同压下实际气体的体积比理想气体状态方程式计算的结果要大，即气体的可压缩性比理想气体小，而当 $Z < 1$ 时，情况恰好相反。

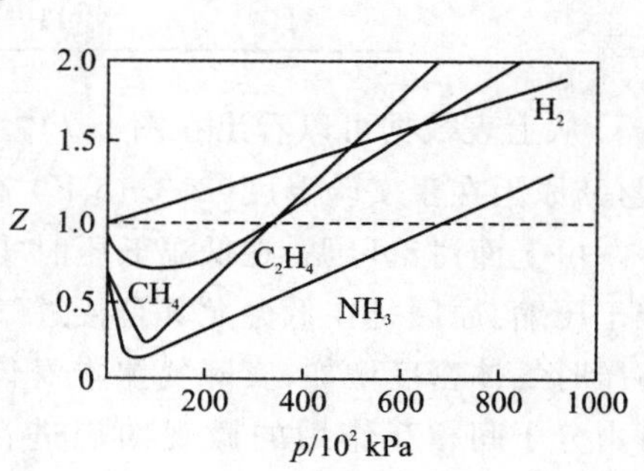

图 1-7　0 ℃ 几种气体的 Z-p 曲线

图 1-7 列举出几种气体在 0 ℃ 时压缩因子随压力变化的关系。从图中可以看出有两种类型：一种的压缩因子 Z 始终随压力增加而增大，如 H_2。另一种是压缩因子 Z 在低压时先随压力增加而变小，达一最低点之后开始转折并随着压力的增加而增大，如 CO_2、CH_4 和 NH_3。

事实上，对于同一种气体，随着温度条件不同，以上两种情况都可能发生。图 1-8 为氮气在不同温度下的 Z-p 曲线，温度高于 327.22 K 时属于第一种类型，低于 327.22 K 时则属于第二种类型。而在 327.22 K 温度时曲线的低压段 Z 不随 p 变化，说明在此压力范围内气体服从理想气体状态方程式。常把这一温度称为 N_2 的**“波义耳”温度**。以 T_B 表示。在波义耳温

度下，气体在低压范围内 Z 值不随压力变化。其数学特征为

$$\left(\frac{\partial Z}{\partial p}\right)_{T,p\to 0}=0 \tag{1-39}$$

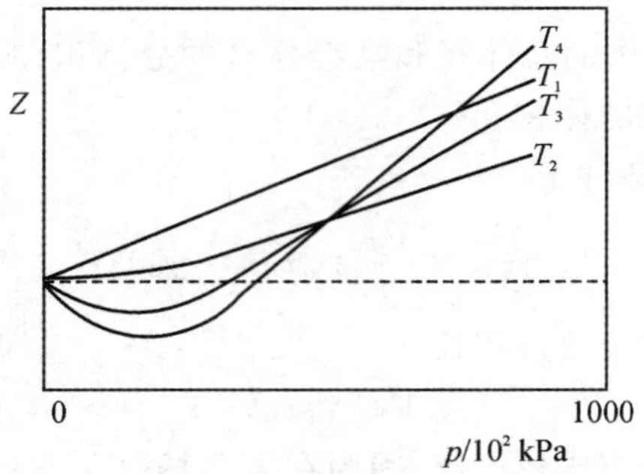

Z T_4 T_1 T_3 T_2 0 1000 $p/10^2$ kPa

图 1-8 N_2 在不同温度下的 Z-p 曲线

(1) $T_1>T_2>T_3>T_4$ (2) $T_2=T_B=327.22$ K

波义耳温度相当于温度升高时曲线由第二种类型转变为第一种类型的转折温度。表 1-5 列举了一些气体波义耳温度的数据。

表 1-5 一些气体的波义耳温度

气体	T_B/K	气体	T_B/K
He	22.64	N_2	327.22
Ne	122.11	O_2	405.88
Ar	411.52	CO_2	714.81
Kr	575.00	CH_4	509.66
Xe	768.00	空气	364.81
H_2	110.04		

从上表数据可以看出在图 1-7 中 H_2 的 Z-p 曲线属第一类型；CH_4 的 Z-p 曲线属第二类型，其原因在于实验温度(273.15 K) 高于 H_2 的波义耳温度而低于 CH_4 的波义耳温度。

由上面讨论可见，在低温低压时实际气体比理想气体易于压缩而高压时则比理想气体难于压缩。原因是在低温尤其是接近气体的液化温度的时候，分子间引力显著地增加；而在高压时气体密度增加，实际气体本身体积占容器容积的比例也变得不可忽略。这种论断既可由分子间相互作用的微观知识进行解释，也可由安德留斯的气体液化实验结果得到证实。

1.4.2 分子间力

大量事实告诉我们，非理想气体分子或原子间存在相互作用力，其值(F) 与分子间距 r 及势能 $U(r)$ 三者间的相互关系为

$$F=-\frac{\mathrm{d}U(r)}{\mathrm{d}r} \tag{1-40}$$

当原子或分子的间距比较大时，它们之间只有很微弱的吸引力。随着 r 的不断减小(分子相互靠近)，吸引力逐渐增大。吸引力对分子势能的贡献可表示为

$$U_{吸引}(r)=-\frac{A}{r^6} \tag{1-41}$$

式中 A 是大于零的比例常数，其值与气体分子的结构有关。式(1-41)表明当 r 很大时，$U_{吸引}=0$，随着 r 减小，$U_{吸引}$ 增大。

当两个原子或分子靠近到一定距离以内时，相互之间将产生强烈的排斥，以阻止对方进入。排斥力对分子势能的贡献一般则表示为

$$U_{排斥}(r)=\frac{B}{r^n} \tag{1-42}$$

式中 B 也是一个大于零的比例常数，其值与分子结构有关. n 取值范围为 $9\sim15$ 之间，一般取中间值即 $n=12$。

将式(1-41)、(1-42)相加，可得分子间相互作用势能的径向分布公式

$$U(r)=U_{吸引}(r)+U_{排斥}(r)=-\frac{A}{r^6}+\frac{B}{r^n} \tag{1-43}$$

该分布公式也可用一条一维的势能曲线来描述，如图1-9所示。

在图1-9中，曲线Ⅰ代表吸引势能(potential energy)曲线，其斜率为正；曲线Ⅱ代表排斥势能曲线，其斜率为负；曲线Ⅲ是两者的叠加，代表总的势能曲线。由图可知，当 r 较大时，以吸引力为主，因此实际气体在低压时较理想气体更易被压缩。随着压力升高，分子间距减小，分子间力将由吸引力为主转化为以排斥力为主，因此造成实际气体比理想气体更难压缩。可见，实际气体相对于理想气体的可压缩性难易主要是分子间吸引力与排斥力相互转化的结果。

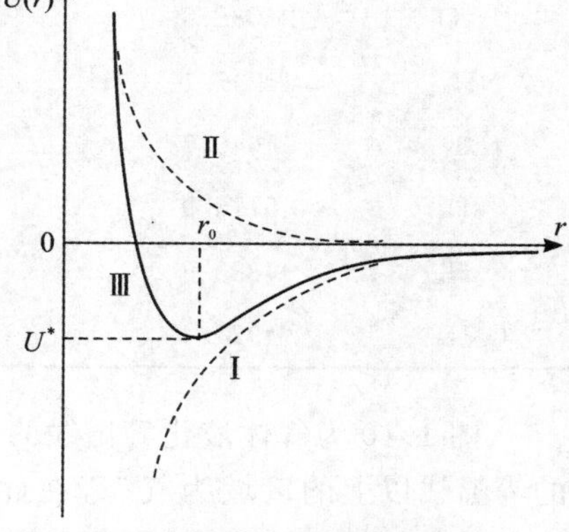

图1-9　一维势能曲线

1.4.3　气体的液化和临界状态

安德留斯(Andrews)作了如下的实验：在一封闭管中装有液态 CO_2，将管加热，当温度达31.1 ℃时，液体和蒸气的界面突然消失。高于此温度时无论加多大的压力，都无法再使气体 CO_2 液化。这种现象在其他液体实验中同样也可以观察到。安德留斯把能够以加压方法使气体液化的最高温度，称为**“临界温度”**(critical temperature)(以 T_c 表示)；在临界温度下为使气体液化所需施加的最小压力，称为**“临界压力”**(critical pressure)(以 p_c 表示)；物质在临界温度和临界压力下的摩尔体积，称为“临界摩尔体积”(critical molar volume)(以 $V_{c,m}$ 表示)，三者总称**临界参量**(critical constants)(表1-6)。而由临界温度 T_c 和临界压力 p_c 决定的状态，称为**“临界状态”或“临界点”**(critical point)。

表1-6　一些气体的临界参量

	p_c/kPa	$V_{c,m}\times10^3/(dm^3\cdot mol^{-1})$	T_c/K	$Z_c\left(=\frac{p_cV_{c,m}}{RT_c}\right)$
He	229.0	57.8	5.21	0.306
Ne	2725.6	41.7	44.40	0.308

续表

	p_c/kPa	$V_{c,m}\times10^3$/(dm^3·mol^{-1})	T_c/K	$Z_c\left(=\frac{p_cV_{c,m}}{RT_c}\right)$
Ar	4863.6	73.3	150.7	0.285
Xe	5876.8	119.0	289.8	0.290
H_2	1297.0	65.0	33.2	0.305
O_2	5076.4	78.0	154.8	0.308
N_2	3394.4	90.1	126.3	0.291
F_2	5572.9		144.0	—
Cl_2	7710.8	124.0	417.2	0.276
Br_2	10335.2	135.0	584.0	0.287
CO_2	7376.4	94.0	304.2	0.275
H_2O	22088.8	55.3	647.4	0.227
NH_3	11247.1	72.5	405.5	0.242
CH_4	4640.7	99.0	191.0	0.289
C_2H_4	5116.9	124.0	283.1	0.270
C_2H_6	4883.9	148.0	305.4	0.285
C_6H_6	4924.4	260.0	562.7	0.274

图1-10为气体液化等温线的示意图。在临界温度T_c的等温线以上的区域为气态，在此范围内无论加多大压力都无法使气体液化，低于T_c（图中的T_1、T_2、T_3），低压时仍为气态。而在临界温度以下的气体常称为“蒸气”，当压力增加至一定值时（例如图中沿T_1等温线将蒸气压缩至相当于A_1点），开始有液体的出现，继续加压，体系压力不变，但随着体积减小，体系中液体比例愈来愈大，至B_1点时，全部蒸气变为液体。此后加压，体系压力随着增加，而液体的可压缩性远较蒸气为小，体积随压力变化关系变得陡峭。在A_1至B_1这段范围内，气液两态共存，表示这一阶段的平台线，称为“结线”。由上图可见，随着温度升高，结线变短，达到临界温度时，收缩成为一点。这一现象说明随着温度升高，气、液两态密度差别愈来愈小，在临界点时趋于相等。

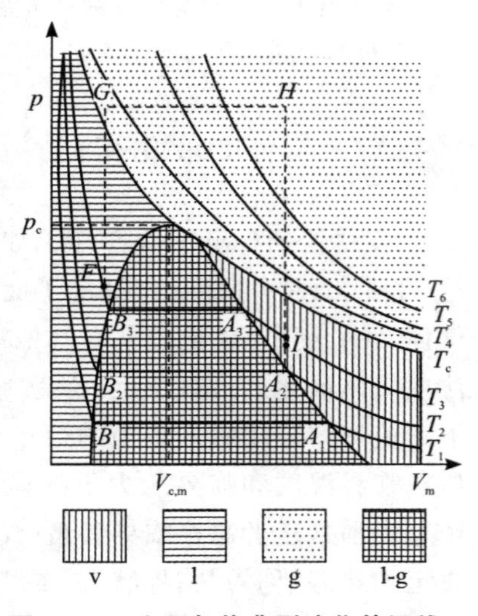

图1-10 实际气体典型液化等温线

由液态转变为气态，并不一定需要经过气液两态共存这一过渡阶段才能实现。如图1-10，欲使液态F转变为等温下的气态I，可以选取沿T_3等温线减压经气液共存区最后达到I态的途径；也可以自F态开始，先在恒容条件下加压升温，当达到临界温度T_c时，由液变气是连续的，即没有出现两态共存的情况，高于 T_c 时进入了气态区，达 G 态后，在恒压下升温由 G 态达 H 态，继之在恒容下降压降温最后达气态 I。这一转变过程是连续性的，说明气、液两态在这种情况下并无明显的区别，故对气体和液体概称为“流体”则更为合适。这种现象显示出可以用某些气体状态方程式来描述液体的行为。

临界温度和临界压力比较容易直接测量，临界摩尔体积的测量则较困难，常利用同一温度下液体和蒸气的密度平均值 $\bar{\rho}\left(=\dfrac{\rho_l+\rho_v}{2}\right)$ 随温度变化呈线性关系，间接地用外推法求出，图 1-11 为应用这一关系以求出 SO_2 临界密度的示意图。

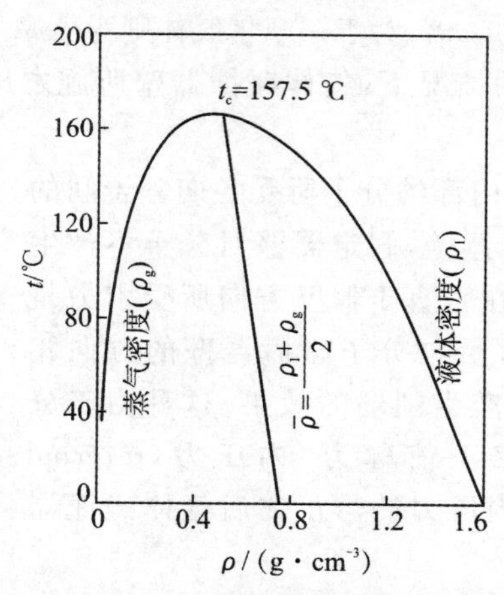

图 1-11　SO_2 平均密度随温度变化的线性关系

1.5　实际气体状态方程式

1.5.1　范德华方程式

从上节气体液化曲线的讨论中可以看出：低温时气体易于液化，说明在这种情况下分子间引力相当显著；而高压时气体难以压缩，说明气体分子占有一定的体积，不能再把它当成无大小的质点。范德华从理论角度在理想气体状态方程式的基础上，考虑了由于这两方面因素所需引入的修正项，提出了一个实际气体的状态方程。另一类气体方程则是作为纯经验方程提出的，如凯末林-翁尼斯(Kamerlingh-Onnes) 方程式。目前，用理论的、经验的或半理论半经验的修正方法提出的气体状态方程式不下数百种，以下对几个有代表性的状态方程式作一简介。

如以 b 表示一摩尔气体所需引入的体积修正值，则能供气体自由活动的空间应该是 (V_m-b)，而不是 V_m；一定温度下气体压力应与 (V_m-b) 而不是 V_m 成反比，也就是应该用 (V_m-b) 代替理想气体状态方程式中的 V_m

$$p(V_m-b)=RT \tag{1-44}$$

b 为一与气体性质有关的参量，约为 1 摩尔气体本身体积的 4 倍。具体证明如下：

如果把分子当成是半径为 r 的球体，则当两个分子相互靠近时，它们的质心（质量中心）不能靠得比 $2r$ 的距离更近些（见图 1-12），设想以某一分子 A 的质心为中心，而以 $2r$ 为半径作一球体，则其他分子的质心不能进入此球体内。此球体即为 A 分子的“禁区”，其体积为 $\frac{4}{3}\pi(2r)^3 = 8\left(\frac{4}{3}\pi r^3\right)$，相当于分子本身体积的 8 倍。进行双分子碰撞时（三分子和三分子以上的碰撞机会很小）只有禁区的一半朝着分子接近的方向，对 A 分子而言，有效禁区只是半个球体，相当于一个分子本身体积的 4 倍，对于一摩尔气体则为一摩尔气体本身体积的 4 倍。

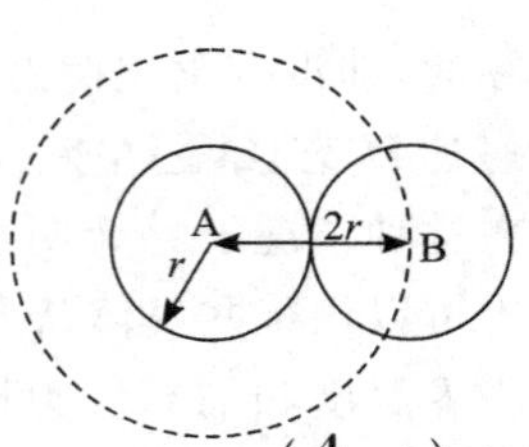

图 1-12　$b = 4L\left(\frac{4}{3}\pi r^3\right)$ 的说明

在考虑气体间存在引力的情况下，气体碰撞器壁所施之压力比理想气体要小。这一点可以说明如下：

如图 1-13 所示，处于气体内部的分子所受各向分子间的引力，其合力为零。当分子靠近器壁，假定器壁对分子不产生引力作用（理想器壁），则分子在垂直于器壁方向所受引力是指向气体内部并垂直于器壁，恰与分子碰撞器壁的方向相反，对分子碰撞器壁的压力将产生削弱的效果。这种由于分子内聚引力而引起的压力修正值称为“**内压力**（internal pressure）”，用 p_a 表示。引入内压力的修正之后气体碰撞器壁的实际压力可用下式表示

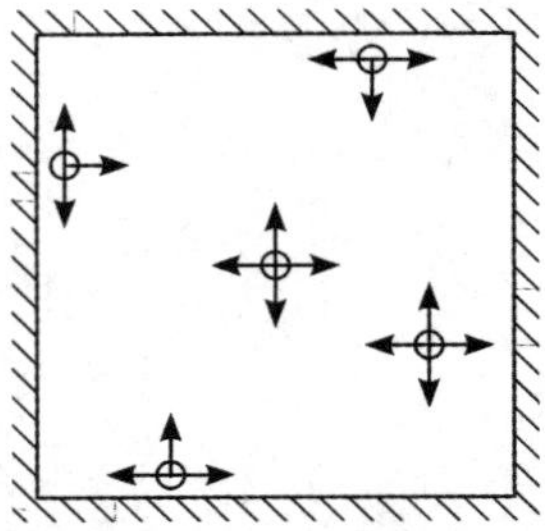

图 1-13　气体内部分子和靠近器壁分子的区别

$$p = p_{理想} - p_a \tag{1-45}$$

内压力取决于内部分子对靠近器壁分子的作用，其大小既与靠近器壁分子的密度（ρ）成正比，也与内部分子的密度成正比。而气体的密度又与其摩尔体积成反比。故

$$p_a \propto \rho^2 \propto \frac{1}{V_m^2} \tag{1-46}$$

或

$$p_a = \frac{a}{V_m^2} \tag{1-47}$$

式中 a 为一与气体性质有关的参量，以式(1-44) 和(1-47) 结果代入式(1-45) 可得

$$p = \left(\frac{RT}{V_m - b}\right) - \frac{a}{V_m^2}$$

或

$$\left(p + \frac{a}{V_m^2}\right)(V_m - b) = RT \tag{1-48}$$

所得结果即为**范德华方程式**（van der Waals' equation）。

表 1-7 列举一些气体的 a 和 b 的数值。

表 1-7　一些气体的范德华参量

气体	$a/(Pa \cdot m^6 \cdot mol^{-2})$	$b \times 10^4/(m^3 \cdot mol^{-1})$	气体	$a/(Pa \cdot m^6 \cdot mol^{-2})$	$b \times 10^4/(m^3 \cdot mol^{-1})$
Ar	0.1353	0.322	H_2S	0.4519	0.437
Cl_2	0.6576	0.562	NO	0.1418	0.283
H_2	0.02432	0.266	NH_3	0.4246	0.373

续表

气体	a/(Pa·m^6·mol^{-2})	$b\times10^4$/(m^3·mol^{-1})	气体	a/(Pa·m^6·mol^{-2})	$b\times10^4$/(m^3·mol^{-1})
He	0.003445	0.236	CCl_4	1.9788	1.268
Kr	0.2350	0.399	CO	0.1479	0.393
N_2	0.1368	0.386	CO_2	0.3658	0.428
Ne	0.02127	0.174	$CHCl_3$	0.7579	0.649
O_2	0.1378	0.318	CH_4	0.2280	0.427
Xe	0.4154	0.511	C_2H_2	0.4438	0.511
H_2O	0.5532	0.305	C_2H_4	0.4519	0.570
HCl	0.3718	0.408	C_2H_6	0.5492	0.642
HBr	0.4519	0.443	乙醇	1.2159	0.839
HI	0.6313	0.531	二乙醚	1.7671	1.349
SO_2	0.686	0.568	C_6H_6	1.9029	1.208

由表中数据可以看出：愈易液化的气体，其 a 值愈大。故 a 值可作为分子间引力大小的衡量。

利用范德华方程式可以定性地解释实际气体压缩因子 Z 随温度和压力变化的规律，将式(1-48)展开

$$pV_m = RT + bp - \frac{a}{V_m} + \frac{ab}{V_m^2} \tag{1-49}$$

高温时分子间相互引力可以忽略。上式右边最后两个含 a 项可以略去，方程式可以近似地写成

$$pV_m = RT + bp \tag{1-50}$$

上式中 b 和 p 均为正值，故 $pV_m > RT$，而 $Z > 1$。压力增加，bp 乘积随之增大，Z 值线性上升。这一结论符合图1-7中如 H_2 的第一类情况。

低温时，分子间引力不应忽略。压力较低时，气体摩尔体积较大即 $V_m \gg b$，含 b 项可忽略，$\frac{ab}{V_m^2}$ 为二次修正项，也可以略去，式(1-49)可以近似地写成

$$pV_m = RT - \frac{a}{V_m} \tag{1-51}$$

式中 a 和 V_m 均为正值，故低温低压时 $pV_m < RT$，$Z < 1$。当压力增大，V_m 值变小，$\frac{a}{V_m}$ 值随之逐渐增大，Z 值不断降低。然而，在压力增大的同时，bp 和 $\frac{ab}{V_m^2}$ 两项的数值也在不断增加，低压时，它们与 $\frac{a}{V_m}$ 对比，微不足道，而在高压时，它们之和可能超过 $\frac{a}{V_m}$ 值而使 Z 值回升。故低温时 Z-p 曲线的斜率是先负后正。

服从范德华方程式的气体其**波义耳温度**(Boyle temperature)可以近似地用下法求出：

由式(1-49)，略去二次修正项$\frac{ab}{V_m^2}$，有

$$pV_m = RT + bp - \frac{a}{V_m} \approx RT + bp - \frac{ap}{RT}$$

或
$$pV_m = RT + \left(b - \frac{a}{RT}\right)p \tag{1-52}$$

而
$$Z = \frac{pV_m}{RT} = 1 + \frac{\left(b - \frac{a}{RT}\right)}{RT}p$$

波义耳温度的数学特征为

$$\left(\frac{\partial Z}{\partial p}\right)_{T_B, p\to 0} = \frac{1}{RT_B}\left(b - \frac{a}{RT_B}\right) = 0 \tag{1-53}$$

所以
$$T_B = \frac{a}{bR}$$

由**范德华常量**(van der Waals' constant)a 和 b 的数值可以估计波义耳温度，结果仅是近似的，误差较大，定性地说，愈易液化的气体，其 a 值愈大，波义耳温度愈高。

将范德华方程式展开，可得如下的 V_m 的三次方程式

$$V_m^3 - \left(b + \frac{RT}{p}\right)V_m^2 + \left(\frac{a}{p}\right)V_m - \left(\frac{ab}{p}\right) = 0 \tag{1-54}$$

一定温度下，式中 a、b 和 T 均为常量，可在 p-V_m 图上作出等温线。图 1-14 为 CO_2 的范德华等温线。范德华方程式为一三次方程式，在低于临界温度(T_c = 31.1 ℃)时方程式有三个实根，即同时可以有三个 V_m 值与某一压力对应，曲线呈 S 形，如图中 −20 ℃ 等温线 $ABCD$ 所示。与实验等温线对比，结线 BC 由 S 形曲线 $BB'C'C$ 所代替。其中上升部分 BB' 相当于过饱和气[即平衡压力高于该温度下的饱和蒸气压而仍未凝聚成液体的**介稳状态**(metastable state)]，下降部分 CC' 相当于过热液体(即液体温度保持比平衡压力下的沸点高的介稳状态)，曲线中体积随压力下降而变小部分(斜率为正值部分)尚难直接解释。随着温度升高，S 形区域变小，达临界温度时，缩成一点，在临界点以上，三重根现象不复存在，而临界点为一转折点(拐点)，数学上具有如下特征

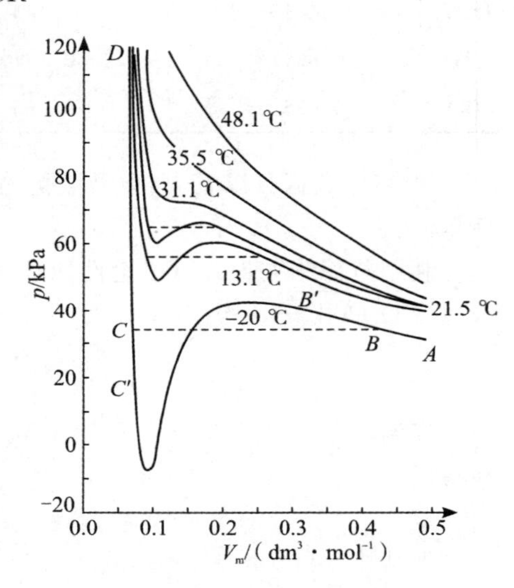

图 1-14　CO_2 的范德华等温线

$$\left(\frac{\partial p}{\partial V_m}\right)_T = 0 \tag{1-55}$$

$$\left(\frac{\partial^2 p}{\partial V_m^2}\right)_T = 0 \tag{1-56}$$

将范德华方程式关系代入，可以求出参量 a、b 和临界参量 p_c、T_c、$V_{c,m}$ 间关系

$$p=\frac{RT}{V_{\mathrm{m}}-b}-\frac{a}{V_{\mathrm{m}}^{2}}$$

$$\left(\frac{\partial p}{\partial V_{\mathrm{m}}}\right)_{T}=-\frac{RT_{\mathrm{c}}}{(V_{\mathrm{c,m}}-b)^{2}}+\frac{2a}{V_{\mathrm{c,m}}^{3}}=0 \tag{1-57}$$

$$\left(\frac{\partial^{2} p}{\partial V_{\mathrm{m}}^{2}}\right)_{T}=\frac{2RT_{\mathrm{c}}}{(V_{\mathrm{c,m}}-b)^{3}}-\frac{6a}{V_{\mathrm{c,m}}^{4}}=0 \tag{1-58}$$

式(1-57)和(1-58)联立,可解出

$$V_{\mathrm{c,m}}=3b \tag{1-59}$$

以式(1-59)结果代入式(1-57)

$$T_{\mathrm{c}}=\left(\frac{2a}{V_{\mathrm{c,m}}^{3}}\right)\cdot\frac{(V_{\mathrm{c,m}}-b)^{2}}{R}=\frac{2a}{27b^{3}}\cdot\frac{4b^{2}}{R}$$

$$T_{\mathrm{c}}=\frac{8a}{27Rb} \tag{1-60}$$

以式(1-59)、(1-60)结果代入范德华方程式,得

$$p_{\mathrm{c}}=\frac{a}{27b^{2}} \tag{1-61}$$

式(1-60)除(1-61)得

$$b=\frac{RT_{\mathrm{c}}}{8p_{\mathrm{c}}} \tag{1-62}$$

以式(1-62)结果代入式(1-61),得

$$a=\frac{27}{64}\cdot\frac{R^{2}T_{\mathrm{c}}^{2}}{p_{\mathrm{c}}} \tag{1-63}$$

再以式(1-59)代入式(1-62)并整理,可得

$$R=\frac{8}{3}\cdot\frac{p_{\mathrm{c}}V_{\mathrm{c,m}}}{T_{\mathrm{c}}} \tag{1-64}$$

和

$$Z_{\mathrm{c}}=\frac{p_{\mathrm{c}}V_{\mathrm{c,m}}}{RT_{\mathrm{c}}}=\frac{3}{8}=0.375 \tag{1-65}$$

式中 Z_{c} 为临界状态的压缩因子,称为“**临界压缩因子**(critical compressibility factor)”。

从以上讨论可以看到,范德华方程具有鲜明的物理图像,能同时描述气、液及气液相互转变的性质,也能说明临界点的特征。尤其重要的是把范氏方程参量 a 和 b 与临界参量联系起来,对后来研究起了重要作用。对于压力不是太高的气体,范氏方程是众多近似方程中最简单,最方便且能很好近似的一个。然而,在某些情况下,气体的行为是复杂的,不能期望用一个包含两个常数的状态方程就能解决一切问题。实际上,范德华方程式虽优于理想气体状态方程式,但仍然是一个近似的状态方程。气体 Z_{c} 的平均实验值为0.267,而由范德华方程式计算的结果是0.375,仍然有相当大的偏差。它的弱点在于假定 a 和 b 不随温度和体积变化,这种假定简化了修正方法,但与实际情况有出入。分子间的引力与温度和分子间距离有关,而分子也不是硬球,具有一定变形性。为更接近于实际,必须做进一步的修正。

1.5.2 其他状态方程式

贝赛罗特(Berthelot)方程

$$\left(p+\frac{a}{TV_{\mathrm{m}}^2}\right)(V_{\mathrm{m}}-b)=RT \tag{1-66}$$

这个方程的特点是在内压力项中引入了温度的影响因素。在低压下它可以表示成：

$$pV_{\mathrm{m}}=RT\left[1+\frac{9}{128}\frac{p}{p_{\mathrm{c}}}\frac{T_{\mathrm{c}}}{T}\left(1-\frac{6T_{\mathrm{c}}^2}{T^2}\right)\right] \tag{1-67}$$

后一种形式为 V_{m} 的一次函数，可直接由 T、p 的临界参量数据求 V_{m}，而不必像范德华方程计算 V_{m} 时需求解三次方程。贝氏方程只有低压和较低温度下才准确。式(1-66) 中的参量

$$a=\frac{27}{64}\frac{R^2T_{\mathrm{c}}^3}{p_{\mathrm{c}}},b=\frac{RT_{\mathrm{c}}}{8p_{\mathrm{c}}} \tag{1-68}$$

R-K(Redlich-Kwong) 方程

$$\left[p+\frac{a}{T^{\frac{1}{2}}V_{\mathrm{m}}(V_{\mathrm{m}}+b)}\right](V_{\mathrm{m}}-b)=RT \tag{1-69}$$

这是目前公认的最为准确的二参量气体状态方程式，适用的温度和压力范围较广。虽然方程式推导时曾作了些理论解释，但一般认为作为半径验方程较为适宜。式(1-69) 中

$$a=0.4278\frac{R^2T_{\mathrm{c}}^{\frac{5}{2}}}{p_{\mathrm{c}}},b=0.0867\frac{RT_{\mathrm{c}}}{p_{\mathrm{c}}} \tag{1-70}$$

贝蒂-布里兹曼(Beattie-Bridgeman) 方程

$$p=\frac{(1-r)RT(V_{\mathrm{m}}+\beta)}{V_{\mathrm{m}}^2}-\frac{\alpha}{V_{\mathrm{m}}^2} \tag{1-71}$$

式中 $\alpha=a_0\left(1+\frac{a}{V_{\mathrm{m}}}\right)$，$\beta=b_0\left(1-\frac{b}{V_{\mathrm{m}}}\right)$，$r=\frac{c_0}{V_{\mathrm{m}}T^3}$。其中 a_0、b_0、c_0 和 a、b 均为常数；为 5 参量方程，虽然比较准确，但参量太多了，应用十分麻烦。

卢嘉锡-田昭武方程

厦门大学教授、中科院院士卢嘉锡和他的学生、中科院院士田昭武，在仔细研究比较 2 参数的 van der Waals 方程和 5 参量的 Beattie-Bridgeman 方程各自固有缺点后，于 1955 年提出一个含有 3 个参量的气态经验方程*：

$$p=\left[\frac{RT}{V_{\mathrm{m}}}\left(1+\frac{b}{V_{\mathrm{m}}}+\frac{5}{8}\frac{b^2}{V_{\mathrm{m}}^2}\right)-\frac{a}{V_{\mathrm{m}}^2}\right]\left(1-\frac{ce^{\frac{a}{bRT}}}{V_{\mathrm{m}}}\right) \tag{1-72}$$

式中 a、b 基本上是范氏参量，而卢-田引入的第三个参量 c，同样可从临界参量得到。该方程的优点是基本上克服了 Van der Waals 方程在临界点附近的偏差，在高压时能够满意地描述临界点附近气态密度的变化，无疑扩大了应用范围。(* 原文发表在《化学学报》，1955 年，21 卷，1 期，pp. 1-13)

维里方程-凯末林-翁尼斯方程

凯末林-翁尼斯用级数形式修正实际气体与理想气体的偏差。方程式有两种形式：一种是以压力函数展开的，称为“显压式” 方程(1-73)，另一种是以容积函数展开的，称为“显容式” 方程(1-74)

$$Z(p,T)=\frac{pV_m}{RT}=1+Bp+Cp^2+Dp^3+\cdots \tag{1-73}$$

$$Z(V_m,T)=\frac{pV_m}{RT}=1+\frac{B'}{V_m}+\frac{C'}{V_m^2}+\frac{D'}{V_m^3}+\cdots \tag{1-74}$$

式中 B、B' 称为第二维里系数；C、C' 称为第三维里系数……它们均为温度的函数。展开项数多少取决于压力范围和计算要求的准确度。用统计力学方法处理实际气体，可以把维里系数和分子间势能联系起来，若势能函数为已知，则可计算维里系数。一般认为，第二维里系数与分子对间的相互作用有关，而其他系数则与更高级的相互作用有关。

〔**例 2**〕　某气体状态方程 p-$f(T,V_m)$ 关系的具体形式为：

$$\left(p+\frac{a}{V_m^2}\right)V_m=RT$$

试验证状态函数的 Euler 规则和循环规则这两个数学特征。

〔**证**〕

$$p=\frac{RT}{V_m}-\frac{a}{V_m^2} \tag{1}$$

则
$$\left(\frac{\partial p}{\partial T}\right)_{V_m}=\frac{R}{V_m},\left(\frac{\partial p}{\partial V_m}\right)_T=-\frac{RT}{V_m^2}+\frac{2a}{V_m^3} \tag{2}$$

故
$$\left[\frac{\partial}{\partial T}\left(\frac{\partial p}{\partial V_m}\right)_T\right]_{V_m}=-\frac{R}{V_m^2}=\left[\frac{\partial}{\partial V_m}\left(\frac{\partial p}{\partial T}\right)_{V_m}\right] \tag{3}$$

此为 Euler 规则。

因
$$\left(\frac{\partial V_m}{\partial T}\right)_p=\frac{R}{V_m}\cdot\frac{1}{\left(\frac{RT}{V_m^2}-\frac{2a}{V_m^3}\right)} \tag{4}$$

而
$$\left(\frac{\partial T}{\partial p}\right)_{V_m}=\frac{V_m}{R} \tag{5}$$

由(2)、(4)、(5) 等式得

$$\left(\frac{\partial p}{\partial V_m}\right)_T\left(\frac{\partial V_m}{\partial T}\right)_p\left(\frac{\partial T}{\partial p}\right)_{V_m}=-\left(\frac{RT}{V_m^2}-\frac{2a}{V_m^3}\right)\cdot\frac{R}{V_m}\cdot\frac{1}{\left(\frac{RT}{V_m^2}-\frac{2a}{V_m^3}\right)}\cdot\frac{V_m}{R}=-1$$

此为循环规则。

〔**例 3**〕　(1) 证明范德华气体的第二及第三维里系数 B'、C' 为

$$B'=b-\frac{a}{RT},C'=b^2$$

(2) 当压力不太大时，讨论分子间力对气体性质的影响。

〔**证**〕　(1) 当压力不太大时，$V_m\gg b$，范德华方程为：

$$pV_m=\frac{RT}{1-\frac{b}{V_m}}-\frac{a}{V_m}=RT\left(1+\frac{b}{V_m}+\frac{b^2}{V_m^2}+\cdots\right)-\frac{a}{V_m}$$

$$\frac{pV_m}{RT}=1+\frac{\left(b-\frac{a}{RT}\right)}{V_m}+\frac{b^2}{V_m^2}+\cdots$$

与维里方程比较，可得

$$B' = b - \frac{a}{RT}, C' = b^2$$

(2) 当 $V_m \gg b$ 时，$\frac{b^2}{V_m^2}$ 很小，可将其忽略。

从第二维里系数可以看出，它由两项合成，其中第一项与 b 有关，来自斥力贡献；而第二项与 a 有关，来自引力贡献。

i) 当温度很高时，引力贡献可略，分子碰撞产生的斥力起主要作用。因此，$B' > 0$，这时 $Z > 1$。

ii) 当温度较低，压力较小时，引力贡献大于斥力贡献。这时 $B' < 0$，或 $Z < 1$。

iii) 当温度较低，但压力增加，分子间力由引力贡献为主转为斥力贡献为主。这时 B' 从小于零变为大于零。

1.6 对比态与压缩因子图

1.6.1 对比态与对比方程

从前一节讨论中可以看到，各种实际气体的状态方程式都包含着与气体性质有关的参量，形式也比较复杂。对于实际气体，能否找到具有通用性而且形式较为简单的状态方程表示形式？第一个进行这方面尝试的是范德华，他成功地提出了范德华对比态方程式。对比态原理（又称对应态原理）的提出，启示了各种气体在相同对比态下具有相同的压缩因子，从而发展了用压缩因子图计算实际气体性质的方法。这种方法数据来源于各种气体的平均值，难免引入一定的误差，但其通用性和简单性，则为突出的优点，是目前常采用的高压下气体性质估量方法之一。

范德华为了在其方程式中消去参量 a 和 b，以使之成为一通用气体方程，作了如下的尝试。

临界参量 T_c、p_c 和 $V_{c,m}$ 为取决于气体性质的特征量，能否以之作为衡量温度、压力和摩尔体积的尺度？为此，范德华作出如下定义：

$$\text{令 } T_r = \frac{T}{T_c}, p_r = \frac{p}{p_c} \text{ 和 } V_r = \frac{V_m}{V_{c,m}} \tag{1-75}$$

其中 T_r、p_r 和 V_r 分别称为“对比温度”、“对比压力”和“对比摩尔体积”。以

$$T = T_r T_c, p = p_r p_c \text{ 和 } V_m = V_r V_{c,m}$$

代入范德华方程式

$$\left(p_r p_c + \frac{a}{V_r^2 V_{c,m}^2}\right)(V_r V_{c,m} - b) = RT_r T_c$$

再以 $V_{c,m} = 3b, p_c = \frac{a}{27b^2}, T_c = \frac{8a}{27Rb}$ 代入并整理后可得

$$\left(p_r + \frac{3}{V_r^2}\right)(3V_r - 1) = 8T_r \tag{1-76}$$

上式属于

$$f(p_r, T_r, V_r) = 0 \tag{1-77}$$

形式的状态方程，只含对比参量 p_r、T_r 和 V_r，因而被称为**“范德华对比状态方程式**（van der Waals'reduced equation of state)”。这个方程式不含与气体性质有关的参量 a 和 b，无论何种气体，只要将其压力、温度和摩尔体积，结合临界参量数据换用**对比压力**（reduced pressure)、**对比温度**（reduced temperature）和**对比摩尔体积**（reduced molar volume）表示，均能满足该式。因此，它是一个通用方程式。但应注意，由于不同的气体状态方程的形式和临界参量各异，所导出的对比态方程的形式也不一样。

例如以参量

$$a = \frac{27R^2T_c^3}{64p_c}, b = \frac{RT_c}{8p_c} \text{ 和 } Z_c = \frac{p_cV_{cm}}{RT_c} = \frac{3}{8}$$

代入贝赛罗特方程：

$$\left(p + \frac{a}{TV_m^2}\right)(V_m - b) = RT$$

并转换为对比态，则所得“贝赛罗特对比态方程”的形式为：

$$\left(p_r + \frac{3}{T_rV_r^2}\right)(3V_r - 1) = 8T_r \tag{1-78}$$

1.6.2　对比态原理

各种对比态方程都具有式(1-77)的形式：

$$f(p_r, T_r, V_r) = 0$$

上式为含有三个变量的通用方程，其中只有两个变量是独立的。可见，对于不同气体，只要处于相同的对比态 — 即二气体具有相同的对比温度和对比压力 — 它们的对比摩尔体积必然相等。这个结论常称为**“对比态原理**（principle of corresponding state)”。

前面谈到，在某些情况下气体状态方程也可以用来描述液体的 p-V-T 行为。可见对比态原理的结论，对液体也可以适用。实验证明，凡是组成、结构、分子大小相近的气态或液态物质，处于相同对比态时，它们的许多性质间（如压缩系数、体积膨胀系数、黏滞系数、折射率等）往往具有简单的关系，常可根据对比态原理自结构相似的一种物质的某项性质推算另一物质的同一项性质。但应注意，对比态原理仅为一近似规则。

由对比态原理可以得出一个重要结论：**“处于相同对比态的气体，其压缩因子相等。”**

根据定义

$$Z = \frac{pV_m}{RT} = \frac{(p_cp_r)(V_{c,m}V_r)}{R(T_cT_r)} = \left(\frac{p_cV_{c,m}}{RT_c}\right)\left(\frac{p_rV_r}{T_r}\right)$$

或

$$Z = Z_c\left(\frac{p_rV_r}{T_r}\right) \tag{1-79}$$

服从一定状态方程的气体，其 Z_c 为一常量；由表1-6数据也可以看出，不同气体的 Z_c 实验值很接近。由对比态原理，当 p_r、T_r 既定，V_r 值也确定了下来。即对比态确定时，$\left(\frac{p_rV_r}{T_r}\right)$ 为一恒

值。因此,可以认为,压缩因子仅取决于其对比态

$$Z = f(p_r, T_r) \tag{1-80}$$

当对比态相同时,气体的压缩因子也相等。

这一结论是普遍化压缩因子图法计算气体性质的基础。以后将要看到,对比态原理同样也可以应用于气体逸度因子的计算。

1.6.3 压缩因子图

荷根(Hougen)和华特生(Watson)测定了许多气态有机物质和无机物质压缩因子随对比温度和对比压力变化的关系,绘制成曲线,所得关系图称为"**普遍化压缩因子图**(compressibility factor chart)"。见图1-15。当实际气体的临界压力 p_c 和临界温度 T_c 的数据为已知,可将某态下的压力 p 和温度 T 换算成相应的对比压力 p_r 和对比温度 T_r,从图中找出该对比态下的压缩因子 Z。再由下式计算气体的摩尔体积 V_m

$$pV_m = ZRT \tag{1-38}$$

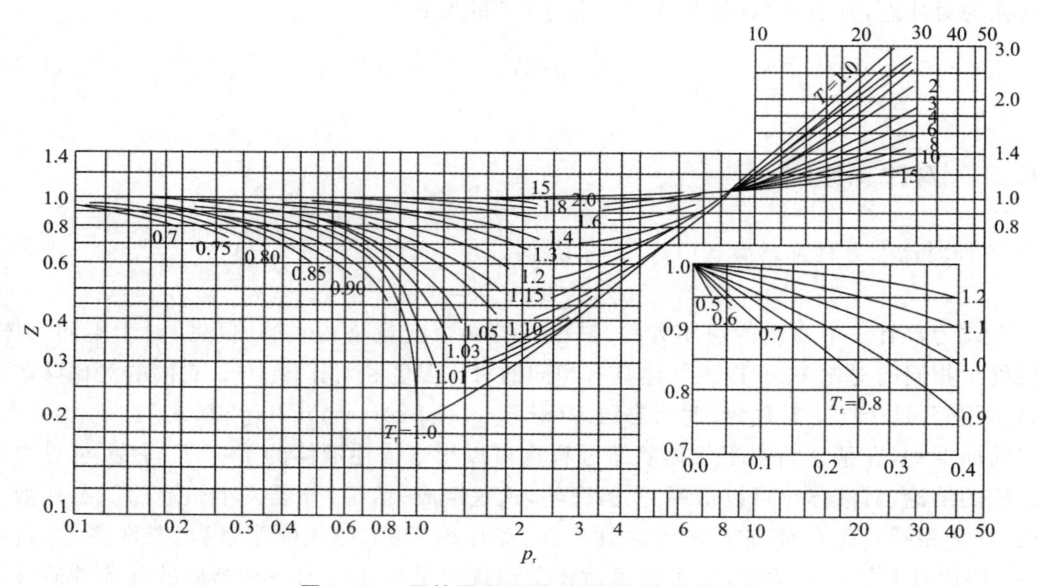

图 1-15　压缩因子 Z 随 p_r 及 T_r 变化关系

当然,计算并不仅限于体积。上式形式简单,计算方便,并可应用于高温高压,作为一般估算,准确度基本上可以满足,在化工计算上常常采用。一般说来,对非极性气体,准确度较高(误差约在5%以内);对极性气体,误差大些。但对 H_2、He、Ne 则为例外,这三种气体,根据经验采用以下修正公式:

$$p_r = \frac{p}{p_c + 800\ \text{kPa}} \text{ 和 } T_r = \frac{T}{T_c + 8\ \text{K}} \tag{1-81}$$

所得结果更准确。为进一步提高计算方法的准确性,常需引入更多的参量,最常用的是三参量法。需要时读者可参阅有关专著,在此不赘述。

〔**例 4**〕　试用压缩因子图法计算 573 K 和 20265 kPa 下甲醇的摩尔体积。甲醇的临界参

量：$T_c = 513\ \text{K}$，$p_c = 7974.3\ \text{kPa}$。

〔解〕

$$T_r = \frac{T}{T_c} = \frac{573}{513} = 1.12$$

$$p_r = \frac{p}{p_c} = \frac{20265}{7974.3} = 2.54$$

由图 1-15 查出 $T_r = 1.12$，$p_r = 2.54$ 时，$Z = 0.45$

所以 $$V_m = \frac{ZRT}{p} = \frac{0.45 \times 8.314\ \text{J} \cdot \text{K}^{-1} \cdot \text{mol}^{-1} \times 573\ \text{K}}{20265\ \text{kPa}} = 0.106\ \text{dm}^3$$

实验值为 $0.114\ \text{dm}^3$，误差为 7.5%。用理想气体状态方程式计算，$V_m = 0.244\ \text{dm}^3$，而用范德华方程式计算，$V_m = 0.126\ \text{dm}^3$。可见此法不仅方便，且较准确。

〔例 5〕　一容积为 $30\ \text{dm}^3$ 的钢筒内容有 3.20 kg 的甲烷，室温为 273.4 K。试求钢筒中气体的压力。已知甲烷 $T_c = 191.1\ \text{K}$，$p_c = 4640\ \text{kPa}$。

〔解〕

$$T_r = \frac{T}{T_c} = \frac{273.2}{191.1} = 1.43$$

$$M_{CH_4} = 16.03\text{g} \cdot \text{mol}^{-1}$$

所以 $$n_{CH_4} = \frac{3200}{16.03} = 200\ \text{mol}$$

因为 $$pV = ZnRT \text{ 或 } p = Z\left(\frac{n}{V}\right)RT$$

所以 $$p_r = \frac{p}{p_c} = Z\left(\frac{nRT}{p_c V}\right) = \left(\frac{200 \times 8.314 \times 273.2}{4640 \times 30}\right)Z$$

或 $p_r = 3.26Z$。

在 T_r 附近，作 $p_r = 3.26Z$ 直线交 T_r 于 $Z = 0.76$ 处（参考图 1-16），此 Z 值即为同时满足 $T_r = 1.43$ 和 $p_r = 3.26Z$ 的对应态的压缩因子值，以之代入公式

$$p = p_r \cdot p_c = 3.26Zp_c$$

则

$$p = 3.26 \times 0.76 \times 4640 = 11496\ \text{kPa}$$

求得钢筒压力为 11496 kPa。

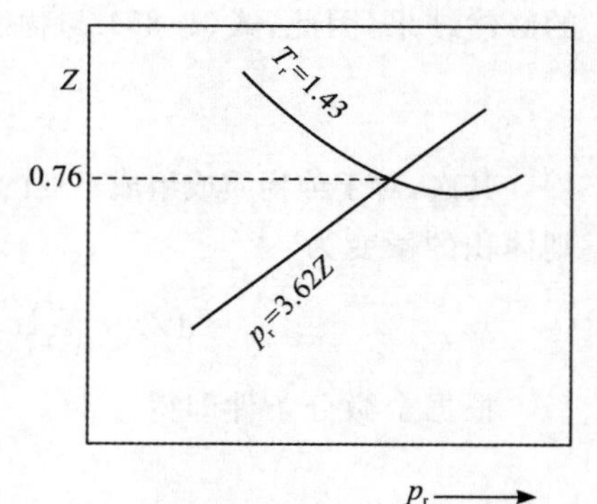

图 1-16　例题 3 求解示意图

1.7　体积膨胀系数和压缩系数

首先引入响应函数的概念，它是指体系的某一热力学量在实验上可控制的条件下随另一宏观参量的变化率。响应函数可分为"力学响应函数"和"热响应函数"两类。响应函数是实验上可测定的热力学量，是体系的状态函数，是热力学的基本数据。这里介绍体系的力学响应函数：体积膨胀系数 α、等温压缩系数 κ 和压力系数 β。它们是研究物质的热性质、晶体结构以及相变的重要数据。这些量与物态方程密切相关。关于热响应函数即热容将在 2.3 节讨论。

体积膨胀系数(isobaric thermal expansivity coefficient) 为

$$\alpha = \frac{1}{V}\left(\frac{\partial V}{\partial T}\right)_p \tag{1-82}$$

它是在等压下升高单位温度所引起的物体体积的相对变化。

等温压缩系数(isothermal compressibility coefficient) 为

$$\kappa = -\frac{1}{V}\left(\frac{\partial V}{\partial p}\right)_T \tag{1-83}$$

它是在等温下增加单位压力所引起的物体体积相对变化的负值。式中添负号是为了使 κ 为正值。因为任何均相系的 $\left(\frac{\partial V}{\partial p}\right)_T < 0$

压力系数(isochoric pressure coefficient) 为

$$\beta = \frac{1}{p}\left(\frac{\partial p}{\partial T}\right)_V \tag{1-84}$$

它是在等容下升高单位温度所引起的物体压力的相对变化。

显然,α、κ、β 一般是 T、p 的函数,而且都是强度量。这三个量并非彼此独立,它们存在下列关系

$$\alpha = \kappa\beta p \tag{1-85}$$

它是 p、V、T 循环关系

$$\left(\frac{\partial V}{\partial T}\right)_p\left(\frac{\partial T}{\partial p}\right)_V\left(\frac{\partial p}{\partial V}\right)_T = -1$$

的必然结果。因此,式(1-85) 与物态方程的具体形式无关。与式(1-85) 等价的关系式为

$$\frac{\alpha}{\kappa} = \left(\frac{\partial p}{\partial T}\right)_V \tag{1-86}$$

其次,对于纯物质或组成不变的均相体系,若体积只是温度与压力的函数,即 $V = f(T,p)$,则体积的微变为

$$\mathrm{d}V = \left(\frac{\partial V}{\partial T}\right)_p \mathrm{d}T + \left(\frac{\partial V}{\partial p}\right)_T \mathrm{d}p = \alpha V \mathrm{d}T - \kappa V \mathrm{d}p \tag{1-87}$$

根据全微分条件即得

$$\left(\frac{\partial \alpha}{\partial p}\right)_T = -\left(\frac{\partial \kappa}{\partial T}\right)_p \tag{1-88}$$

这是 α 与 κ 之间的关系式。若 α 与压力无关,则 κ 就与温度无关。

α、κ、β 是状态函数,它们的数值因物质不同而异(见表 1-8)。

表 1-8　常温常压下不同相态的 α,κ 数量级

相态	α	κ
气体	$\frac{1}{T}$	$\frac{1}{p}$
液体	$(10^{-4} \sim 10^{-3})\,\mathrm{K}^{-1}$	$10^{-10}\ \mathrm{Pa}^{-1}$
固体	$(10^{-5} \sim 10^{-4})\,\mathrm{K}^{-1}$	$10^{-11}\ \mathrm{Pa}^{-1}$

固体与液体的α、κ一般较小，而且它们随T、p的变化也不太大，在不大的温度及压力区间内将它们当做常数不会引起大的误差。

显然，α、κ、β与物态方程有密切的关系。由物态方程可求算α、κ和β，反之，若知道α、κ、β与T、p、V的关系，据此也可获得有关物态方程的知识。

约翰尼斯·迪德里克·范·德·瓦尔斯（通常称为范德瓦尔斯或范德华），荷兰物理学家。他考虑了分子自身的体积和分子间的相互作用，提出了适用于气体和液体的状态方程，所做的工作为现代分子科学奠定了基础，也为分子物理学的发展带来了直接而深远的影响，被授予1910年诺贝尔物理学奖，以表彰他对气体和液体的状态方程所做的工作。

约翰尼斯·迪德里克·范·德·瓦尔斯（Johannes Diderik van der Waals，1837—1923）

1837年11月23日范德瓦尔斯出生于荷兰莱顿。他的父亲是莱顿市的普通木匠，他是家里十个孩子中的老大。1856年至1861年间，他考取了小学老师的资质。当时缺乏古典语言教育的学生是不能进入大学的。莱顿大学有一项规定，允许校外学生一年上四门课。1862年，他开始在莱顿大学参加数学、物理学和天文学的讲座。1863年，荷兰政府创立了一所新中学，他花了两年的空闲时间为考试做准备。1864年他成为代芬特尔市的中学的教师。1866年他搬到海牙，先是任职老师，之后成为中学的主任。新的立法取消了理工科大学生入学前必须受古典语言教育的规定，使范德瓦尔斯能够参加大学考试，并且通过了物理和数学博士资格考试。

19世纪末，分子动理论逐步形成了一门有严密体系的精确科学。与此同时，实验也越做越精细，人们发现绝大多数气体的行为与理想气体的性质不相符。1873年2月，范德瓦尔斯把氧气通过高压变为液氧后，运用克拉佩龙物态方程计算的结果与实验测试的结果并不一样，他发现克拉佩龙物态方程在高压下失效的真正原因是其没有考虑气体分子之间的吸引力。他把分子动理论的原理运用于气液两态，并成功地从理论上对两态之间的连续线性过渡做出定量分析。1873年6月14日，他在博士论文《论气态与液态之连续性》(*Over de Continuiteit van den Gas-en Vloeistoftoestand*)中考虑了分子体积和分子间作用力的影响，推出了著名的物态方程，这对“永久性气体”液化理论起到了指导作用，后人称这个方程为“范德华方程”。1880年，范德瓦尔斯发表了第二项重要发现，称为“对应态原理”。这个原理指出：如果压强表示成临界压强的单调函数，体积表示成临界体积的单调函数，温度表示成临界温度的单调函数，就能得到适用于所有物质的物态方程的普遍形式。范德瓦尔斯1877年9月被任命为新成立的阿姆斯特丹市立大学的第一位物理学教授，在70岁退休前他一直在阿姆斯特丹大学任教。

资料来源：郭奕玲，沈慧君. 诺贝尔物理学奖(1901—2010)[M]. 北京：清华大学出版社，2012.

参考文献

[1] OTTO REDLICH. Intensive and Extensive Properties[J]. J. Chem. Educ., 1970, 47: 154.

[2] KLOTZ I M. Chemical Themodynamics. Basic theory and methods[M]. 6th Edition. New York, 2000: 8-27.

[3] TRIPP T B. The Definition of Heat[J]. J. Chem. Educ., 1976, 53: 782.

[4] 卢嘉锡. 一个含有三个常数的气态经验方程[J]. 化学学报, 1955, 21(1): 1.

[5] 黄启巽, 魏光, 吴金添. 物理化学: 上册[M]. 厦门: 厦门大学出版社, 1996.

[6] 郝策, 曹殿学. 物理化学[M]. 2 版. 大连: 大连理工大学出版社, 2000.

[7] 姚允斌, 朱志昂. 物理化学教程: 上册[M]. 长沙: 湖南教育出版社, 1984.

[8] 翁长武. 压缩因子图和分子位能曲线的对应关系[J]. 化学通报, 1992, 4: 53.

思考与练习

思考题(R)

R1-1　两个体积相同的密闭容器,用一根细管相连(细管体积可略)。问:

(1) 当两边温度相同时,两容器中的压力和气体的物质的量是否相同?

(2) 当两边温度不同时,两容器中的压力和气体的物质的量是否相同?为什么?

R1-2　在常压下,将沸腾的开水迅速倒入保温瓶中,若水未加满便迅速塞紧塞子,往往会使瓶塞崩开,请解释这种现象。

R1-3　有人试图将波义耳定律和盖·吕萨克定律结合在一起而得到一个通用公式,即 $pV=k$, $\frac{V}{T}=k_1$, $\frac{k}{k_1}=$ 常数,因此, $\frac{pV}{V\cdot T^{-1}}=\frac{k}{k_1}=$ 常数,即 $pT=$ 常数,问此结论对否?为什么?

R1-4　以下说法对吗?为什么?

(1) 临界温度是气体可以被液化的最高温度。

(2) 当气体的温度降到临界温度以下时,气体就一定会液化。

R1-5　从范德华方程出发并结合波义耳温度定义,证明:

(1) 在足够高的温度,实际气体的压缩因子 $Z>1$。

(2) 在低温,低压下, $Z<1$。

(3) 当 $a=0$, Z 随压力 p 的增加而线性增加。

R1-6　请证明:"显压式"和"显容式"两种维里系数之间有以下联系: $B'=BRT$, $C'=C(RT)^2+B^2(RT)^2$

R1-7　对于遵守 Berthelot 状态方程

$$\left(p+\frac{a}{TV_{\mathrm{m}}^2}\right)(V_{\mathrm{m}}-b)=RT$$

的气体,确定其第二、第三维里系数,波义耳温度和临界温度。

R1-8　一种假想物质具有如下的体积膨胀系数和等温压缩系数 $\alpha=3aT^3/V$, $\kappa=b/V$,求其状态方程。

R1-9　解释压缩因子如何随压力和温度变化,并描述它如何揭示真实气体中分子间相互作用的信息。

R1-10　(1) 对理想气体，压缩因子 $Z=1$。能否说当气体的 $Z=1$ 时，该气体必定是理想气体。

(2) 当温度足够低时，任何实际气体的 Z-p 曲线与理想气体的 Z-p 曲线均交于两点。试解释这种现象。

R1-11　两个分开的瓶中分别装有气体 A 和 B，两种气体的 pV 值相等。气体 A 为理想气体，而气体 B 为实际气体，并且 B 所处状态的压力和温度均小于临界值。请问，气体 B 的温度应等于、高于或低于气体 A 的温度？

练习题(A)

A1-1　假设 CO_2 压力与温度间满足下列关系

$$p/p^{\ominus}=3.738\times10^{-3}\cdot T-7.444\times10^{-3}$$

问用 CO_2 定容温度计测量沸水的温度应为多少？

A1-2　摄氏温标是以冰的熔点为 0 ℃ 和水的正常沸点为 100 ℃ 为基准的。而一位名叫 A. Anonymous 的早期科学家提出一种威士忌酒温标。他取这种酒的冻点为 0° WT，取其正常沸点为 100° WT，且测得各自的极限 pV 值分别为 1520 $J\cdot mol^{-1}$ 和 2938.6 $J\cdot mol^{-1}$。

(1) 试计算该威士忌酒的冻点和正常沸点的摄氏温度。

(2) 绝对零度相当于多少 °WT？

A1-3　体积为 V_1 的容器内，充有 $p_1=10^6$ Pa 的氮气(设为理想气体)，与 $T_1=10$ K 的热源相接触，由于把一部分氮气放入与 290 K 热源相接触的容积为 V_2 的容器中，氮气膨胀到 10^5 Pa，问 V_2 是多少(用 V_1 表示)，在容积 V_1 和 V_2 中气体的质量比是多少？

A1-4　如果 5 g 氨基甲酸铵($NH_4CO_2NH_2$)在 200 ℃ 离解，离解后它在 98.66 kPa 的压力下占有 7.66 dm^3 的体积。离解按下式进行：

$$NH_4CO_2NH_2(s) = 2NH_3(g)+CO_2(g)$$

试求它的离解度。

A1-5　0 ℃ 时甲烷 CH_4 气体的密度随压力变化关系如下：

p/kPa	101.32	75.99	50.66	25.33
$\rho/(g\cdot dm^{-3})$	0.71707	0.53745	0.35808	0.17893

试用作图外推法求甲烷的分子量。

A1-6　某一气球驾驶员计划设计一氢气球，设气球运行周围的压力和温度为 10^5 Pa 和 20 ℃，气球携带的总质量为 100 kg，空气分子量为 29 $g\cdot mol^{-1}$。设所有气体均为理想气体。问气球的半径应为多少？

A1-7　用气体微量天平来测量新合成的一种碳氟化物气体的相对摩尔质量，天平横梁的一个终端有一个玻璃泡，整个装置放入密闭的容器中，这就构成了上述天平。横梁支在支点上，借增加密闭容器中的压力，从而增加了封闭玻璃泡的浮力，使达到平衡。设实验中，当碳氟化物压力为 39.09 kPa 时，天平达平衡。在支点位置相同时，往密闭容器中引入三氟甲烷至压力为 56.96 kPa 时，也达到了平衡。求该碳氟化物的相对摩尔质量，并写出分子式。

A1-8　有一耐压 5×10^5 Pa 的反应釜，为了确保实验安全，要求釜内氧的摩尔分数不能超过 1.25%。现采用同样温度的纯氮进行置换，设每次通氮直到 4 倍于空气的压力后将混合气体排出直至恢复常压。问要达到上述实验要求需重复通气几次？设空气中氧、氮摩尔分数比为 1 : 4。

A1-9　一气球中装有 10 g 氢气，为使气球浮力恰好等于零(即：气球中气体的密度等于周围空气的密度)，应再向气球中加入多少克的氩气($M_{Ar}=40.0$)？

A1-10　干空气中含 N_2 79%，O_2 21%($\frac{V}{V}$) 计算在相对湿度为 60%，温度为 25 ℃ 和压力为 101.325 kPa 下空气的密度。已知水在 25 ℃ 的饱和蒸气压为 3.168 kPa。

A1-11 在 1 dm^3 的钢制容器中，装有 131 g Xe(g)，温度和压力为 25 ℃ 和 2×10^6 Pa，问 Xe(g) 能视为理想气体吗？

A1-12 已知某气体的范德华常数 $a=76.1\ kPa\cdot dm^6\cdot mol^{-2}$，$b=0.0226\ dm^3\cdot mol^{-1}$，试估算 p_c、T_c 和 $V_{c,m}$ 的数值。

A1-13 一个人呼吸时，若每吐出一口气(设为 1 dm^3)都在若干时间内均匀地混合到周围10平方公里的大气层中，则另一个人每吸入的一口气中有多少个分子是那个人在那口气中吐出的？(设温度的平均值为 293 K)

A1-14 氮气在 273.2 K 时的摩尔体积为 $70.3\times10^{-6}\ m^3$，试计算其压力。

(1) 用理想气体状态方程式；

(2) 用范德华方程式；

(3) 用压缩因子图法。

将上述结果与实验值比较。(实验值为 40530 kPa)

A1-15 300 K 时 40 dm^3 钢瓶中贮存乙烯气体的压力为 146.9×10^2 kPa。欲从中提用 300 K、101.325 kPa 的乙烯气体 12 m^3，试用压缩因子图求解钢瓶中剩余乙烯气体的压力。

A1-16 试用压缩因子法求 10 mol 乙烯在 10234 kPa 和 334 K 时所占的体积。

A1-17 (1) 若以下方程式中的 a 具有范德华常数 a 的量纲，试由量纲分析确定以下两方程式中哪一个属量纲上正确的？哪一个属量纲上不正确的？

(a) $\left(\dfrac{\partial p}{\partial T}\right)_V=\dfrac{p}{T}\left(1+\dfrac{a}{V_m RT}\right)$

(b) $\left(\dfrac{\partial p}{\partial T}\right)_V=\dfrac{p}{T}\left(1+\dfrac{a}{V_m RT^2}\right)$

(2) 某生于考试中对算术平均速度公式记忆已模糊不清，仿佛是$\bar{u}=\sqrt{\dfrac{8RT}{\pi x}}$，其中 x 为待定的物理量，试用量纲分析帮助他确定下来。

A1-18 (1) 证明大气压力分布公式 $p=p_0 e^{-\frac{gMh}{RT}}$。式中，$p_0$ 为海平面的大气压力，g 为重力加速度，M 为气体摩尔质量，h 为相对于海平面的高度。

(2) 设空气在海平面的组成为 20%O_2 和 80%N_2 $\left(\dfrac{V}{V}\right)$，计算在 10 km 高度的山上 O_2 和 N_2 的分压。设温度为 283 K 且与高度无关。

A1-19 当温差电偶的一个接点保持在冰 — 水混合物中，另一接点保持在任一温度 t 时，其温差电动势由下式确定：

$$\varepsilon=\alpha t+\beta t^2$$

式中 $\alpha=0.20\ mV/℃$，$\beta=-5.0\times10^{-4}\ mV/(℃)^2$，$\varepsilon$ 为测温属性，用以下线性方程来定义温标 t^*：

$$t^*=a\varepsilon+b$$

并规定冰点为 $t^*=0$ ℃，沸点 $t^*=100$ ℃，求 a、b 值并求 -100 ℃ 和 500 ℃ 对应的 t^* 值。

A1-20 臭氧是空气中一种能屏蔽紫外辐射的微量气体，其含量一般用 Dobson 表示。一 Dobson 相当于纯气体在标准状态下(101325 Pa，273.15 K)具有 10^{-5} m的厚度。如果在高度为 40 km，截面积为 $10^{-2}\ m^2$ 的平流层中臭氧的含量为 250 Dobson，求该部分大气中臭氧的体积浓度。

A1-21 含氯氟烃，如 CCl_3F、CCl_2F_2，已被认为与南极上空臭氧洞的形成有关。设上述两种气体在空气中的含量为 2.61×10^{-10} 和 5.10×10^{-10} $\left(\dfrac{V}{V}\right)$，计算这些气体(1) 在 283 K，$p^\ominus$（对流层）和(2)200 K，$0.05p^\ominus$（同温层）条件下的浓度。

A1-22 某实际气体状态方程为 $p(V_m-b)=RT$，计算符合该方程的气体的体膨胀系数 α 和等温压缩

系数 κ。

A1-23　乙烷的临界常数为 $p_c = 48.20\ \text{atm}, V_c = 148\ \text{cm}^3 \cdot \text{mol}^{-1}, T_c = 305.4\ \text{K}$，计算气体的范德华参数并估计分子半径。

A1-24　一位科学家提出了以下状态方程：

$$p = \frac{RT}{V_m} - \frac{B}{V_m^2} + \frac{C}{V_m^3}$$

证明这一方程导致临界行为。求出临界气体的临界常数和临界压缩因子的表达式。

可扫码观看讲课视频：

第2章

热力学第一定律

教学目标

1. 理解热力学能的定义及对其的微观解释；掌握热力学第一定律的文字表述及数学表述 $\Delta U = Q + W$。

2. 理解热与功的概念并掌握其正、负号的规定；掌握体积功的定义 $\delta W = -p_e \mathrm{d}V$ 及体积功计算 $W = -\int_{V_1}^{V_2} p_e \mathrm{d}V$，同时理解平衡过程和可逆过程的意义和特点。

3. 熟悉热容的定义及等压热容、等容热容的概念；掌握其成立条件；掌握热力学第一定律在理想气体和实际气体的应用，即熟知理想气体的热力学性质并了解焦耳-汤姆生效应的原理特点及实际用途。

4. 掌握热力学第一定律在热化学中的应用，即深刻理解反应进度、热化学方程式、热力学标准态、盖斯定律诸概念，并掌握相变、化学变化时的 $\Delta_r U_m^\ominus(T)$ 和 $\Delta_r H_m^\ominus(T)$ 的意义及其彼此间关系。

5. 掌握以各种标准摩尔热力学量变（如相变焓、生成焓、燃烧焓等）数据和克希荷甫方程进行“298 K 下、非 298 K 下及非等温下”诸过程热的计算。

6. 了解热量的测定方法及几种常用热量计的原理和使用方法。

7. 了解稳流过程的第一定律及应用。

教学内容

1. 热力学第一定律
2. 功与可逆过程
3. 热容
4. 理想气体的热力学性质
5. 焦耳-汤姆生效应
6. 热化学
7. 过程热计算与摩尔焓变
8. 过程热与温度、压力的关系
9. 绝热反应 —— 非等温过程的热衡算
10. 稳流过程的第一定律

重点难点

1. 严格区分状态函数与非状态函数，并熟练掌握状态函数的数学特征

(1) 体系始终态一旦确定，其状态函数改变量可通过设计途径而求算。

(2) 体系状态发生变化，必有某些状态函数值发生变化，但并不一定全部状态函数都发生变化。

(3) 求算过程的热与功，不能随意设计途径。唯有在特定条件下 Q，W 能与状态函数改变量相关联(如等压无其他功 $Q_p=\Delta H$)，才与途径无关。

(4) 体系状态函数具备五个数学特征。

2. 热力学第一定律数学表达式及其在理想气体中的应用

(1) 表达式 $\Delta U=Q+W=Q+W_V+W'$ 或 $\mathrm{d}U=\delta Q+\delta W=\delta Q+\delta W_V+\delta W'$，只适用于封闭体系平衡态，随着条件变化，存在 ΔU 与 Q、W 之间的转换关系。

(2) 一定量理想气体的 U 和 H 均决定于温度(但若有相变发生，或并非自始至终为理想气体，则不属此列)。故它无论发生 p、V 怎样的变化，只要有 T 变化，可直接引用 $\Delta U=\int_{T_1}^{T_2}nC_{V,\mathrm{m}}\mathrm{d}T$ 或 $\Delta H=\int_{T_1}^{T_2}nC_{p,\mathrm{m}}\mathrm{d}T$ 进行计算。

(3) 弄清节流过程与绝热过程的区别。明确理想气体绝热可逆过程方程与状态方程的实质；前者指某过程进行中各参量间的关系，后者指体系达平衡状态时各参量间的关系。

(4) 在 p-V 图上绝热线的陡度比等温线的大，两线只能相交于一点。自同一始态出发，经绝热可逆与绝热不可逆过程不能达到相同的终态，但计算绝热体积功时可用同一式：$W_\mathrm{a}=\dfrac{p_1V_1-p_2V_2}{1-\gamma}\left(\gamma\text{ 为热容商即 }\gamma=\dfrac{C_{p,\mathrm{m}}}{C_{V,\mathrm{m}}}\right)$

3. 掌握比较热力学可逆过程与不可逆过程的定义特点。

4. 热力学第一定律在热化学中的应用

(1) 热总值不变定律，意味着固定始终态且指定同一条件(全部恒压，或全部恒容，决非恒压恒容相混)下，ΔH 或 ΔU 可自设计各步途径热值之加和而求算。

(2) 克希荷甫(Kirchhoff)定律：$\Delta_\mathrm{r}H_\mathrm{m}^\ominus(T_2)=\Delta_\mathrm{r}H_\mathrm{m}^\ominus(T_1)+\int_{T_1}^{T_2}\Delta_\mathrm{r}C_{p,\mathrm{m}}\mathrm{d}T$，积分号“$\int$”意指可逆，故中间若有相变，则另添加焓变值。

建议学时——8学时

2.1 热力学第一定律

2.1.1 热力学第一定律内容的各种表达形式

热力学第一定律从体系和环境之间的能量转化关系出发探讨自然界过程的规律，是能量守恒定律在宏观热力学体系中的具体表述。虽然对不同的热力学体系有不同的表述形式，但这些表述都与能量转化的当量和形式有关，具体讲，可用能、功、热来精确地表述热力学第一定律。由于开放体系与环境间存在着物质交换(必然有能量交换)，其表述形式较为复杂，这将在第四章中进行讨论。而孤立体系是开放体系和封闭体系的特例，无需专题论述。因此，本章和第三章先讨论封闭体系的有关规律，这是因为封闭体系比开放体系简单，且具有一定的广泛性，此外，热力学第一定律最初也是在封闭体系上确立的。

经典热力学中把由于体系和环境之间存在着温差而通过界面传递的能量形式称为“热”(以 Q 表示)，而把除了热以外其他各种能量传递形式统称为“功”(以 W 表示)。

* 鉴于功的物理意义甚为明确，也有人建议先定义功再定义热，即“功是力和位移的乘积，而热是过程中除功之外的其他能量传递形式”。笔者认为，在热力学过程中，能量的传递形式反正非功即热，非热即功。因此，是否也可以如此定义热和功：“功是绝热过程中体系与环境间传递的能量，而热则是绝功过程中体系与环境间传递的能量。”

热与功都是过程中传递的能量，它们既代表过程中能量传递的数量也表明能量传递的方式。但它们都不是能量，因为能量是体系的性质，是状态函数。而热和功不是状态函数，是存在于过程中的物理量，没有过程就没有功和热，我们可以说过程中吸热或做功多少，但我们不能说体系中贮存多少热或多少功。

为使问题讨论方便起见，常把环境理想化，当成由一巨大的“功源”和一巨大的“热源”所组成。它们分别担负与封闭体系间进行“功”或“热”等形式的能量交换的任务。这么大的“功源”或“热源”当自其中取出少许能量使之以功或热的形式传递给封闭体系时，它们本身状态并不发生变化。反之亦然。例如，在大海中倾入一桶沸水，其影响犹如“沧海之一粟”，其温度可认为基本上不变。因此，可以认为环境由功源及热源组成，而封闭体系 + 功源 + 热源 = 隔离体系，如图 2-1 所示。

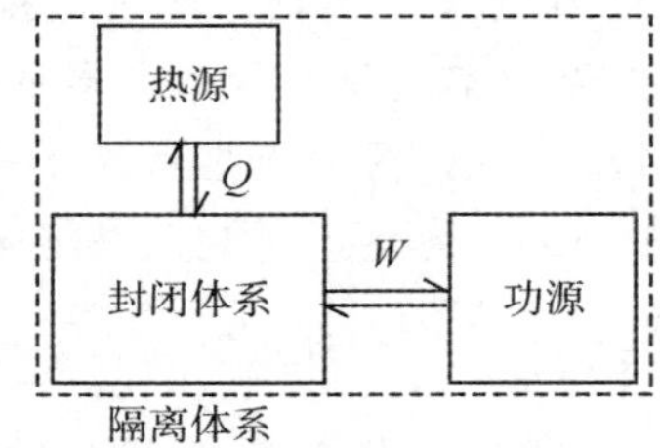

图 2-1　封闭体系环境理想化示意图

现在，进一步考虑以这两种形式之一，都可以达到使体系(烧杯中的水)温度由 T_1 升高至 T_2 的目的：(1) 直接加热；(2) 以重物下坠带动螺旋桨进行搅拌；(3) 以电流通过电阻线圈使水加热。如图 2-2。

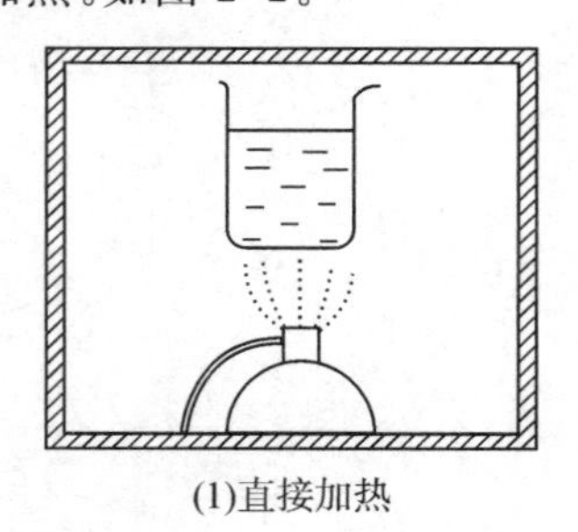

(1)直接加热

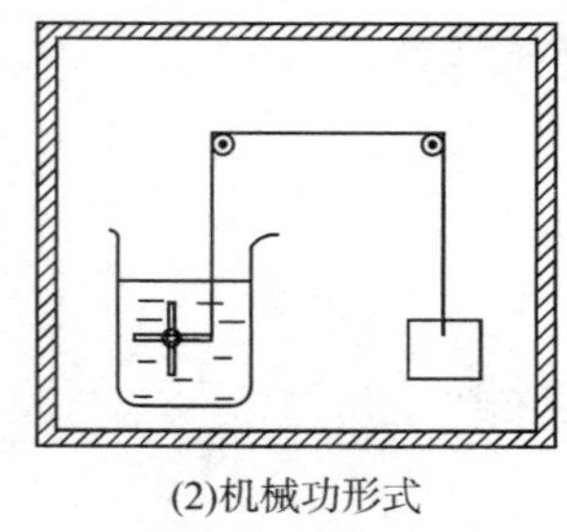

(2)机械功形式

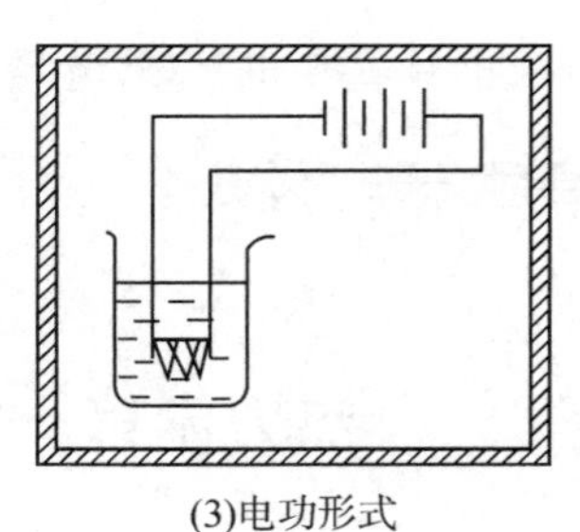

(3)电功形式

图 2-2　使体系水温升高的三种不同形式

从本例中可以看到：终态的温度将高于始态，说明体系的能量增加了，而以热或功的传递形式都可以达到同一目的。可见，热、功和体系能量间存在一定的关系。

热力学第一定律是大量实验事实的经验总结。许多科学家(如迈尔、焦耳、亥姆霍茨等)在这一方面都作出了贡献，而起决定性作用的则是 1840—1849 年间焦耳(Joule) 所进行的“**热功当量**(mechanical equivalent of heat)” 实验。焦耳从实验中证实了热和各种形式的功之间可以相互转化，并且测定了热和功的当量关系：

$$1\ \text{cal} = 4.17\ \text{J}$$
$$(1\ 卡 = 4.17\ 焦耳)$$

目前精确实验所得数值为 1 cal = 4.184 J。

1847 年亥姆霍茨(Helmholtz) 在焦耳实验的基础上建立了第一定律的数学表示形式。

热力学第一定律内容的第一种表述形式是**“能量转换与守恒定律**(law of conservation and conversion of energy)”:**“能量不能凭空产生或消灭,只能由一种形式以严格的当量关系转换为另一种形式。”**

过去曾有人尝试过,想创造出一种不需要能量就能往复循环不停地对外做功的机器,称为“**第一类永动机**(first kind of perpetual motion machine)”。各种这类尝试都以失败告终。能量转换与守恒定律也否定了这种可能性。因此,热力学第一定律内容的另一种表述形式是:**“第一类永动机的创造是不可能实现的。”**

隔离体系与环境之间不可能交换物质或能量。显然,它的能量必须维持恒值才不至于违背能量转换与守恒的原则。因此,热力学第一定律内容还有另一种表述形式:**“隔离体系的能量为一常数。”**

热力学第一定律内容的各种表述形式之间是等效的。也就是说如果有一种表述形式不成立,则其他表述形式也无法成立。

对能量转化与守恒定律作出明确叙述的,首先要提到三位科学家。他们是德国的迈尔(Robert Mayer,1814—1878)、亥姆霍兹(Hermann von Helmholtz,1821—1894) 和英国的焦耳(James Prescort Joule,1818—1889)。

迈尔(Julius Robert Mayer,1814—1878)

迈尔,德国物理学家。能量守恒定律的发现者之一,热力学与生物物理学的先驱。

1814 年 11 月 25 日生于符腾堡的海尔布隆,于 1878 年 3 月 20 日逝世。1832 年进蒂宾根大学医学系,1838 年获医学博士学位。1841 年,迈尔研究自然力(即能量)的守恒与转化问题。1842 年发表论文《论无机界的力》,论证一切自然力(即能量)是不灭的。他还论证了势能可以转化为动能,并用质量与速度平方的积来表示运动。迈尔是历史上第一个提出能量守恒定律并计算出热功当量的人,也是第一个把能量转化概念应用于生物物理现象的人。1858 年瑞士巴塞尔自然科学院接受迈尔为荣誉院士。1871 年,他获得英国皇家学会的科普利奖章。

亥姆霍兹(Hermann von Helmholtz,1821—1894)

亥姆霍兹,德国物理学家、生理学家。1821 年生于柏林附近的波茨坦,卒于柏林夏洛滕堡。1838—1843 年在柏林腓特烈·威廉医学院学习,1842 年获医学博士学位后继续从事医学研究一年。1848 年受聘为柏林解剖学博物馆助手和柏林美术学院讲师。1849 年起先后为柯尼斯堡大学生理学教授(1849—1855)、波恩大学解剖学和生理学教授(1855—1858)、海德堡大学生理学教授

(1858—1871)、柏林大学物理学教授(1871—1894)。1884—1894 年任夏洛滕堡帝国物理技术研究所所长。1888 年任柏林生理技术学院首席院长并终身拥有此职。对生理学、光学、电磁学、数学等方面多有贡献,也是能量守恒和转化学说的创建者之一。

焦耳(James Prescott Joule, 1818—1889)

焦耳,英国物理学家。曾向英国化学家 J. 道尔顿学习,并在他的鼓励下决心从事科学研究,于 1835 年进入曼彻斯特大学就读。1837 年在《电学年鉴》(*Annals of Electricity*) 上发表的论文,提出电导体所发出的热量与电流强度、导体电阻和通电时间的关系。他发现热和功之间的转换关系,并由此得到了能量守恒定律,最终发展出热力学第一定律。1850 年,焦耳凭借他在物理学上做出的重要贡献成为英国皇家学会会员,当时他 32 岁,两年后他接受了皇家勋章。

2.1.2 热力学能

前面提到用三种不同形式都可以使体系水温由 T_1 升高至 T_2,能量传递形式虽然不同(以热、机械功或电功),但使体系能量增加的效果则相同。能量、热和功之间存在着如下辩证关系:贮之于体系则称为"能",而在体系与环境之间交换时则根据形式的不同分别称为"热"或"功"。

化学体系只研究组成体系各物质的物理性质或化学性质的变化,所涉及的只是各物质分子运动形式改变时能量的变化。而体系在重力场作整体运动的动能和位能的变化,往往不会影响体系的性质。因此,常定义:除了体系作整体运动的动能和势能之外,体系中其他各种形式能量的总和,称为"**热力学能**(thermodynamic energy)"或"**内能**(internal energy)",用符号"U"表示。

体系的总能量包括体系的动能、势能和热力学能,而体系的热力学能则包括组成体系各种质点(如分子、原子、电子和原子核等)的运动能量(如分子的平动、转动和振动动能等)以及质点之间的相互作用势能(如分子间的吸引能、排斥能、原子或基团间的化学键能等)。外力场(如电场或磁场)的存在或变化对体系的性质会产生影响,必要时应把力场所引起的额外能量也算到热力学能中去。

由热力学第一定律,可以证明"热力学能 U 为一状态函数"。

这个结论只能用反证法证明,反证法的程序分为三个步骤:先假设反面的说法可以成立;并以之得出一定的结论,但所得结论违背已知的规律;为不致违背已知的规律,必须否定原来的反面说法,从而肯定正面的说法必然成立。

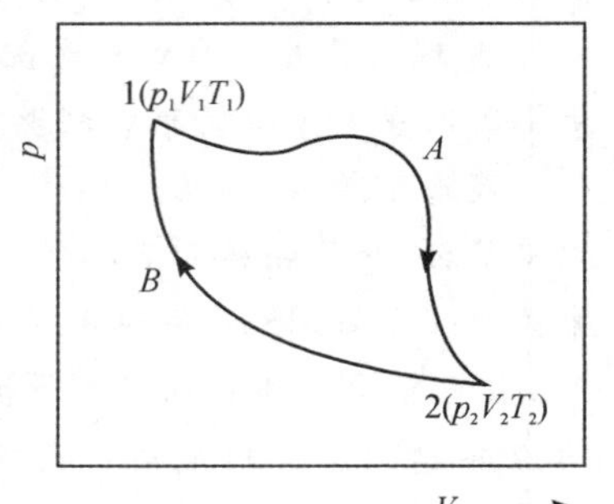

图 2-3

今设热力学能不是状态函数,则当体系状态变化时,体系热力学能增量 ΔU 与所取途径有关。如图 2-3 所示,设自同一始态 1 至同一终态 2 之间存在着两条不同的途径 A 和 B,其热力学能增量分别为 ΔU_A 和 ΔU_B,并设 $\Delta U_A > \Delta U_B$(第一步)。今由状态1先经途径A达状态2,再由状态2经途径B回至始态1,完成一循环。体系状态不变,但在这个循环中体系的能量净增加了$(\Delta U_A - \Delta U_B)$。由于从状态2经途径$B$回至状态1为从状态1经途径$B$至状态2的逆过程,故热力学能增量在数值上等于$\Delta U_B$,而符号则相反,即

$$\oint \mathrm{d}U = \Delta U_A - \Delta U_B > 0$$

如果这一结论成立,则第一类永动机可能创造。与第一定律相违背(第二步)。

为不违背第一定律,必须否定以上结论,并要求当体系回至原来的状态时,体系和环境都没有任何能量的变化,即

$$\oint \mathrm{d}U = \Delta U_A - \Delta U_B = 0$$

$$\text{或 } \Delta U_A = \Delta U_B$$

可见当始、终态确定之后,体系热力学能增量与所取途径无关,即热力学能为一状态函数(第三步)

$$\Delta U = \int_1^2 \mathrm{d}U = U_2 - U_1 \tag{2-1}$$

$$\oint \mathrm{d}U = 0 \tag{2-2}$$

热力学能为一广度状态函数,其绝对值目前尚无法直接测定。在封闭体系中,若选T和V为独立变量,则

$$U = f(T, V)$$

而

$$\mathrm{d}U = \left(\frac{\partial U}{\partial T}\right)_V \mathrm{d}T + \left(\frac{\partial U}{\partial V}\right)_T \mathrm{d}V \tag{2-3}$$

也可以选用T和p为独立变量,则

$$U = f(T, p)$$

$$\mathrm{d}U = \left(\frac{\partial U}{\partial T}\right)_p \mathrm{d}T + \left(\frac{\partial U}{\partial p}\right)_T \mathrm{d}p \tag{2-4}$$

以后将可以看到,对于热力学能而言,在两种表示形式中,以第一种应用比较方便。

2.1.3　热力学第一定律的数学表达形式

定义了热力学能U后,就可以用数学公式将第一定律的结论表示出来。

本书规定:**体系从环境吸热Q为正值,体系放热给环境Q为负值;而体系对环境做功W为负值,环境对体系做功W为正值。**

从效果上看来,体系从环境吸热时热力学能增加,ΔU为正值,故Q与ΔU同号;而环境对体系做功时,体系热力学能增加,故W与ΔU同号。总之,不管是功或热,凡是能使体系热力学能增加的,均为正,反之,则为负。

由于热力学能的绝对值是无法确定的,因此,**我们无法比较不同体系的热力学能大小。**但对于同一体系的不同状态,其始、终态间的热力学能变化则是可以通过过程热、功的测量来计算的。由此,可用以下数学公式表示热力学第一定律

$$\Delta U \equiv Q + W \tag{2-5}$$

在绝热条件下，$Q = 0$

$$\Delta U = W_{绝热} \tag{2-6}$$

而在绝功条件下，$W = 0$

$$\Delta U = Q_{绝功} \tag{2-7}$$

当体系进行一微小的状态变化，即进行一"元过程"时，所吸收的热常称为"元热"，以 δQ 表示；而所做的功称为"元功"，以 δW 表示。而此元过程的热力学能增量可用 dU 表示。对于元过程，第一定律可表示为：

$$\mathrm{d}U = \delta Q + \delta W \tag{2-8}$$

其中 dU 为全微分，而 δQ、δW 不是全微分，它们的数值与过程所取途径有关，只有途径决定之后，才能积分，它们才有确定的数值：

$$\Delta U = \int_1^2 \mathrm{d}U = U_2 - U_1 \tag{2-1}$$

$$Q = \int_{途径} \delta Q$$

$$W = \int_{途径} \delta W$$

与热力学能是状态函数一道，式(2-5)、(2-6)、(2-7) 三个公式构成了热力学第一定律的完整结论。它们表述了体系与环境之间各种能量形式之间的转化关系，并以功的形式给出了热的另一种定义："热是对应于同样始、终态的绝热过程功与非绝热过程功之差。"即

$$Q = W_{绝热} - W \tag{2-9}$$

2.2 功与可逆过程

2.2.1 膨胀功

在热力学中常见的功的形式有膨胀功、电功、表面功……其中膨胀功最常遇到，因为在状态变化过程中往往伴随着体积的变化。

表 2-1 列举各种形式的功的表示方法。从表中可以看出每一种形式的功都由两个因素所组成：

表 2-1 各种形式的功

名称	公式	强度性质	容量性质
机械功	$\delta W = f\mathrm{d}l$	f(力)	$\mathrm{d}l$(位移)
膨胀功	$\delta W_V = -p_e\mathrm{d}V$	p_e(外加压力)	$\mathrm{d}V$(体积变化)
电　功	$\delta W = -E\mathrm{d}q$	E(电动势)	$\mathrm{d}q$(电量)
表面功	$\delta W = \gamma\mathrm{d}A$	γ(表面张力)	$\mathrm{d}A$(表面积变化)

(1) 所抵抗的"力"，如 f、p_e、E、γ 等；

(2) 在抵抗一定的"力"的条件下所产生的"位移"，如 $\mathrm{d}l$、$\mathrm{d}V$、$\mathrm{d}q$、$\mathrm{d}A$ 等。

前者属强度性质而后者属容量性质。习惯上将前者称为“广义力”而后者称为“广义位移”。广义力的名称系由与机械功中的 f 相比拟而得，广义位移的名称则系由与机械功中的 $\mathrm{d}l$ 相比拟而得。

若以 y 表示广义力而以 $\mathrm{d}x$ 表示广义位移，则广义功可以表示如下：

$$\delta W = y\mathrm{d}x \tag{2-10}$$

以及

$$W = \int_{\text{途径}} \delta W = \int_{\text{途径}} y\mathrm{d}x \tag{2-11}$$

常把膨胀功以外其他各种形式的功如电功、表面功等统称为“非膨胀功”或“其他功”，以 $\delta W'$ 及 W' 表示。

$$\delta W = -p_{\mathrm{e}}\mathrm{d}V + \delta W' \tag{2-12}$$

及

$$W = -\int_{\text{途径}} p_{\mathrm{e}}\mathrm{d}V + \int_{\text{途径}} \delta W' \tag{2-13}$$

膨胀功

膨胀功是机械功的一种特殊形式。体系发生物理变化或化学变化时常伴随着体积的变化。当体系在抵抗外压条件下发生体积变化，则体系将对环境或环境将对体系做功。这种由于体积变化而产生的机械功称为“**膨胀功**(expansion work)”。

如图 2-4 所示，假设在一底面积为 A 的圆柱形钢筒中装有气体，作用于钢筒顶部的无摩擦活塞的总外力为 f，则作用于活塞单位面积上的外压 $p_{\mathrm{e}} = \dfrac{f}{A}$。若活塞抵抗 p_{e} 向上移动了 $\mathrm{d}l$ 的距离。按机械功定义，在此元过程中的膨胀功为：

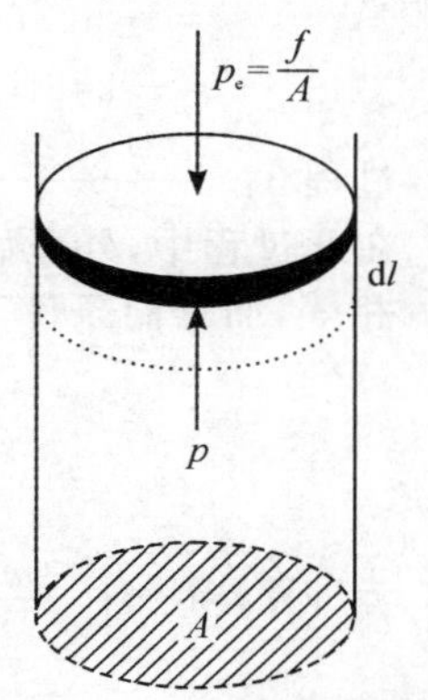

图 2-4　膨胀功示意图

$$\delta W = -f\mathrm{d}l = -(p_{\mathrm{e}}A)\mathrm{d}l = -p_{\mathrm{e}}(A\mathrm{d}l)$$

式中 $A\mathrm{d}l = \mathrm{d}V$，为此元过程中气体体积的增量。

所以

$$\delta W = \delta W_V = -p_{\mathrm{e}}\mathrm{d}V \tag{2-14}$$

在一体积由 V_1 变化至 V_2 的状态变化过程中，当途径确定时，过程所做功为各元过程元功 δW 的总和：

$$W_V = \int_1^2 \delta W_V = -\int_{V_1}^{V_2} p_{\mathrm{e}}\mathrm{d}V \tag{2-15}$$

显然，当体系压力 p 大于外压 p_{e}，则体系可以发生一膨胀过程，过程中体系对环境做功；反之，若体系压力 p 小于外压 p_{e}，则可发生一压缩过程，过程中环境对体系做功。如体系压力 p 与外压 p_e 相等，则处于机械平衡状态。

过程的始态和终态确定之后，体积变化为一恒值，$\Delta V = V_2 - V_1$。膨胀功大小取决于过程中抵抗的外压 p_{e}。

今举一例以说明之。

〔**例 1**〕　试比较 1 摩尔理想气体在 273 K 时，在以下三种不同条件下体积由 22.4 $\mathrm{dm^3}$ 膨胀至 112.0 $\mathrm{dm^3}$ 所做的膨胀功。(1) 外压保持 20.265 kPa；(2) 外压先保持 50.66 kPa，至体系压力与之相等后再保持 20.265 kPa 膨胀至终态体积；(3) 外压始终保持与体系压力相差一无限小量。

〔**解**〕 由理想气体状态方程式 $pV = nRT$,

始态压力 $p_1 = \dfrac{nRT}{V_1} = \dfrac{1\ \text{mol} \times 8.314\ \text{J} \cdot \text{mol}^{-1}\text{K}^{-1} \times 273\ \text{K}}{22.4\ \text{dm}^3} = 101.325\ \text{kPa}$

终态压力 $p_2 = \dfrac{nRT}{V_2} = \dfrac{1\ \text{mol} \times 8.314\ \text{J} \cdot \text{mol}^{-1}\text{K}^{-1} \times 273\ \text{K}}{112.0\ \text{dm}^3} = 20.265\ \text{kPa}$

而压力为 50.66 kPa 的中间态 A 的体积 $V_A = 44.8\ \text{dm}^3$(理想气体等温过程体积与压力成反比)

过程 1:$1 \xrightarrow[\text{(恒外压)}]{p_e = 20.265\ \text{kPa}} 2$

$$W_1 = -p_e(V_2 - V_1) = -20.265\ \text{kPa} \times (112.0 - 22.4)\text{dm}^3 = -1813\ \text{J}$$

过程 2:$1 \xrightarrow[\text{(恒外压)}]{p_e = 50.66\ \text{kPa}} A \xrightarrow[\text{(恒外压)}]{p'_e = 20.265\ \text{kPa}} 2$

$$\begin{aligned} W_2 &= -p_e(V_A - V_1) - p'_e(V_2 - V_A) \\ &= -50.66\ \text{kPa} \times (44.8 - 22.4)\text{dm}^3 - 20.265\ \text{kPa} \times (112.0 - 44.8)\text{dm}^3 \\ &= -2492\ \text{J} \end{aligned}$$

过程 3:$1 \xrightarrow{p_e = (p - \text{d}p) \approx p} 2$

在此过程中,外压始终维持比体系压力小一无限小量,极限情况下,可以视为与体系压力 p 相等,而等温条件下气体压力与体积成反比:

$$p_e = (p - \text{d}p) \approx p = \frac{nRT}{V}$$

故

$$\begin{aligned} W_3 &= -\int_{V_1}^{V_2} \frac{nRT}{V}\text{d}V = -nRT\ln\frac{V_2}{V_1} \\ &= -1\ \text{mol} \times 8.314\ \text{J} \cdot \text{mol}^{-1} \cdot \text{K}^{-1} \times 273\ \text{K} \times \ln\frac{112.0}{22.48} \\ &= -3653\ \text{J} \end{aligned}$$

从图 2-5(p-V 图)中,比较三种不同过程的面积,面积大小相当于过程对外所做的功,可以看出 $-W_3 > -W_2 > -W_1$。

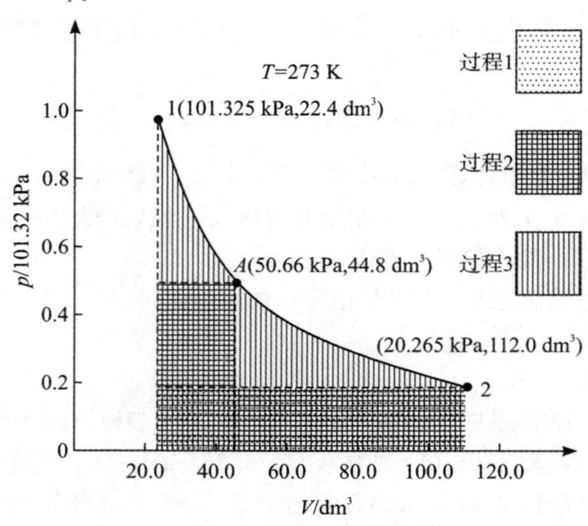

图 2-5 不同外压条件下恒温过程的膨胀功

2.2.2　平衡过程(准静态过程)

由上例分析可以看出，自一定始态至一定终态间，只有将过程体积变化间隔 dV 取得愈小，而在每一 dV 间隔中体系所抵抗外压 p_e 与体系压力的差值愈小，(极限情况下可视为与体系压力相等)，以这种条件完成的体积膨胀过程，体系所做功达各种可能情况下的最大值。

从另一方面看，由于过程进行时体系与环境压力差别甚微，过程进行得很慢，所经历的每一状态与上一状态和下一状态之间，体系的各项性质的差别必然也很小，可以认为每一状态接近于平衡态。

因此，可以定义：**经历一系列平衡状态以完成的过程**，称为"**平衡过程**(equilibrium process)"或"**准静态过程**(quasistatic process)"。

只有在体系与环境之间条件差别甚微的情况下进行的过程，才能满足平衡过程的条件。在平衡过程中，由于体系与环境的压力相差极微，可以用体系压力 p 代替环境压力 p_e 进行功的计算。平衡过程所经历的每一态均为平衡态，而平衡态的每项物理性质或化学性质均具有单值性，可以用与之相对应的状态函数描述，也才能用由适当的状态函数所作图解以表示它们的状态和状态变化过程。

例如，可以在 p-V 图解中表示状态变化过程并求出过程所做膨胀功。如图 2-6 所示，p-V 曲线下每一 dV 体积变化间隔内的元面积 pdV 相当于此元过程的元功，而始态 V_1 至终态 V_2 之间曲线下总面积为各 dV 间隔元功的总和，即为过程的膨胀功：

$$W = -\int_{V_1}^{V_2} p\mathrm{d}V = (V_1 \text{ 至 } V_2 \text{ 之间曲线下总面积})$$

又由图 2-7 可以看出循环过程($1 \xrightarrow{A} 2 \xrightarrow{B} 1$)的膨胀功，可用 p-V 曲线所包围面积表示：

$$\oint \delta W = -\oint p\mathrm{d}V = (\text{封闭曲线所包围面积}) \neq 0 \qquad (2\text{-}16)$$

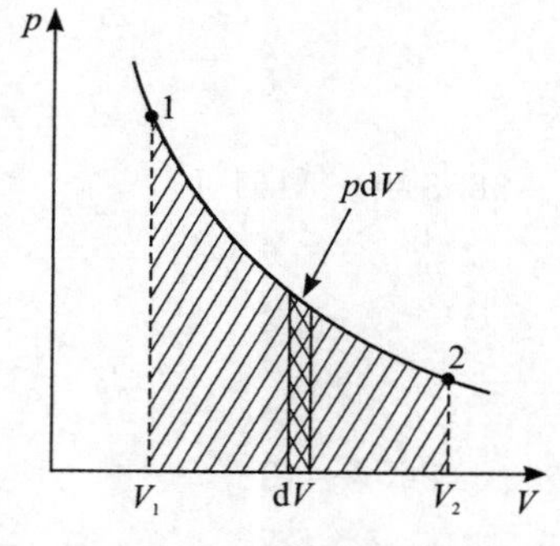

图 2-6　p-V 曲线和膨胀功

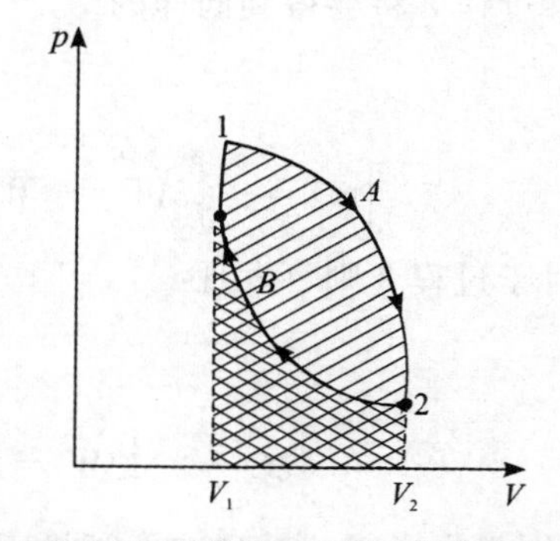

图 2-7　循环过程的膨胀功(用曲线所包围面积表示)

2.2.3 可逆过程和最大功

一过程若其逆过程可以实现，而且当体系沿着逆过程恢复至始态后，在环境中没有留下任何永久性变化，则该过程称为“**可逆过程**(reversible process)”。

无法满足上述条件的过程，则称为“**不可逆过程**(irreversible process)”。在封闭体系中所注意的是体系与环境之间的能量交换，因此，在以上定义中所指永久性变化就是能量的变化。对过程可逆性的更深入讨论，只有在第二定律才能获得解决。这里仅作一粗略的介绍。

以前面讨论的理想气体各种等温膨胀过程为例。要使气体由终态 2(20.265 kPa，112.0 dm^3) 等温地回至始态 1(101.325 kPa，22.4 dm^3) 所需最少的压缩功应为：

$$W' = -\int_{V_2}^{V_1} p_e \mathrm{d}V = -\int_{V_2}^{V_1} (p \pm \mathrm{d}p)\mathrm{d}V = -\int_{V_2}^{V_1} p\mathrm{d}V$$

以 $p = \dfrac{nRT}{V}$ 代入

$$W' = -\int_{V_2}^{V_1} \frac{nRT}{V}\mathrm{d}V = -nRT\ln\frac{V_1}{V_2} = nRT\ln\frac{V_2}{V_1} = 3653 \text{ J}$$

如按过程 1 进行，则当体系回至始态后

$$\oint \mathrm{d}U = 0$$

$$\oint \delta Q = -\oint \delta W = -W_1 - W' = 1813 - 3653 = -1840 \text{ J}$$

说明在此周而复始的过程中环境对体系做了 1840 J 的功，而体系放热 1840 J 给环境。如能把这 1840 J 的“热”自热源取出使之变为功源的 1840 J 的“功”而不引起其他变化，则这一过程可以满足可逆过程的条件，热力学第二定律将否定这种可能性。因此，按过程 1 的方式进行的过程为不可逆过程。

考察过程 2 将会得到同样的结论。因

$$\oint \mathrm{d}U = 0$$

$$\oint \delta Q = -\oint \delta W = -W_2 - W' = 2492 - 3653 = -1161 \text{ J}$$

但对于过程 3 则可发现

$$\oint \mathrm{d}U = 0$$

$$\oint \delta Q = -\oint \delta W = -W_3 - W' = 3653 - 3653 = 0$$

可见，只有通过一系列准平衡状态以完成的过程，才能满足可逆过程的条件。可使体系还原又不在环境留下任何永久性变化的关键在于平衡过程进行时在正逆两向上体系与环境的条件(温度、压力) 仅有微小差别(极限情况下为零)，而其逆过程的能量传递恰与正过程的相等而符号相反。

然而，其反面结论不一定成立，即平衡过程并不一定是可逆的。如图 2-8 所示，热量可以自动地自高温处往低温处传递，如 AB 为一无限长的金属棒，A 端温度为 T_1 而 B 端温度为 $T_2(T_1>T_2)$，但 ΔT 为有限值，则整个棒中各处温度梯度甚小，极限情况下趋于零。在这种情况下棒中每同一截面的各点可认为处于平衡态，而此热传递过程经历一系列平衡态完成，可以视为一平衡过程。可是，根据经验（第二定律将要讨论），却无法使热从低温处自动向高温处传递。虽然可借助外力使热量由 T_2 传递至 T_1（例如用冷冻机将热量由 B 抽回至 A），但其代价为在环境中留下某些永久性变化。可见平衡过程不一定可逆。

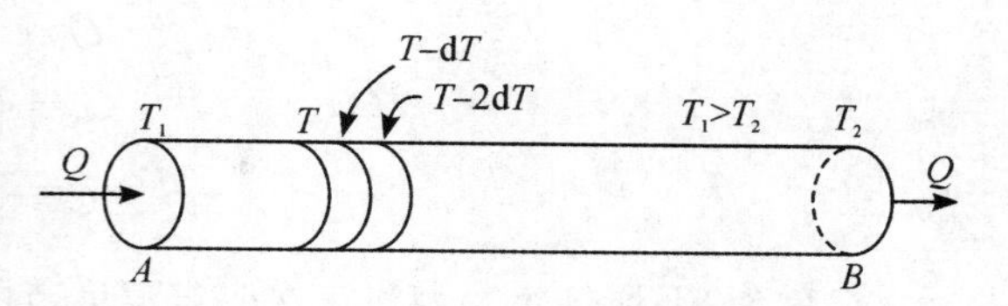

图 2-8　热量在一无限长棒中的传递

归纳起来，可逆过程有如下特点：

(1) 可逆过程是在体系和环境的强度性质相差极微的情况下无限缓慢进行的过程，它所经历的状态是一系列无限接近平衡态的状态，若体系沿原途径逆向进行，则体系与环境可同时复原且不在环境中留下永久性变化，这是可逆过程的充分必要条件。

(2) 可逆过程是平衡态过程。而只有平衡态才能用状态函数描述体系的性质，因此，可逆过程中体系性质的变化规律可以用状态函数描述。

(3) 一定条件下始终态相同的不同过程，以可逆过程的效率最高，如等温可逆膨胀，体系做功最大，等温可逆压缩，环境耗功最小。即可逆过程并无功的耗散。

可逆过程中体系做的膨胀功可用 $-\int_{V_1}^{V_2} p\mathrm{d}V$ 或 $-\int_{V_1}^{V_2} p_e\mathrm{d}V$ 进行计算。

上述结论从理想气体等温过程这一特例归纳出来，但它们却具有普遍意义，对其他类型的过程仍然适用。与理想气体模型类似，可逆过程也只是一种理想化概念，可以接近而无法按其条件完全实现。然而，它是自然过程的极限，在用热力学方法处理实际问题时具有重大的作用。

2.3　热　容

2.3.1　热容

在以下三种情况下体系与环境之间能量可以热的形式进行传递：

(1) 体系中物质的化学性质和聚集状态不变而温度变化的过程或称单纯物理变温过程；

(2) 相变过程；

(3) 化学反应过程。

本节着重讨论第一类情况。

任何一个物体（或体系），升高单位温度所吸收的热量称为该物体的**热容**（heat capacity）。它属于热响应函数，当途径确定之后，热容是状态函数。

加热可以使体系温度升高，所需热量与温升程度成正比

$$Q \propto \Delta T$$

或
$$Q = \overline{C}\Delta T \tag{2-17}$$

故
$$\overline{C} = \frac{Q}{\Delta T} \tag{2-18}$$

$\overline{C}$ 称为"平均热容",相当于在一定温度范围内体系温度升高1 ℃所需热量的平均值。当所取物质数量为一摩尔,则称为"摩尔平均热容"$\overline{C}_m$

$$\overline{C}_m = \frac{\overline{C}}{n} = \frac{Q}{n\Delta T} \tag{2-19}$$

或
$$Q = n\overline{C}_m\Delta T \tag{2-20}$$

热容随温度变化,只有当所取温度间隔 ΔT 愈小时,所求得的 $\overline{C}$ 值才愈接近于指定温度下热容的数值。定义"真实热容"C 为

$$C = \lim_{\Delta T\to 0}\frac{Q}{\Delta T} = \frac{\delta Q}{\mathrm{d}T} \tag{2-21}$$

而摩尔热容
$$C_m = \lim_{\Delta T\to 0}\frac{Q}{n\Delta T} = \frac{\delta Q}{n\mathrm{d}T} \tag{2-22}$$

或
$$Q = \int_{途径}\delta Q = n\int C_m\mathrm{d}T \tag{2-23}$$

物质的摩尔热容 C_m($J \cdot mol^{-1} \cdot K^{-1}$)与比热 C_s($J \cdot g^{-1} \cdot K^{-1}$)之间有如下关系

$$C_m = MC_s \tag{2-24}$$

式中 M 为物质的摩尔质量。

以下谈及"热容"如无特别指明,均系指"摩尔热容"而言,"摩尔"二字从略。

2.3.2 等容热容与等压热容

热与途径有关,故热容也只有在完成过程的途径指定之后,它们才有确定的数值。在物理化学中最常用到的热容有两种形式——"**等容热容**(constant-volume heat capacity)"C_V(或 $C_{V,m}$)和"**等压热容**(constant-pressure heat capacity)"C_p(或 $C_{p,m}$)。它们也都称为热响应函数,因而是状态函数。

对于无非膨胀功发生的封闭体系,第一定律可以表示为

$$\mathrm{d}U = \delta Q - p\mathrm{d}V \tag{2-25}$$

或
$$\delta Q = \mathrm{d}U + p\mathrm{d}V \tag{2-26}$$

等容条件下,$\mathrm{d}V = 0$

$$\delta Q_V = \mathrm{d}U \tag{2-27}$$

而
$$Q_V = \int_1^2\delta Q_V = \Delta U \tag{2-28}$$

故等容热容
$$C_{V,m} = \left(\frac{\delta Q}{\mathrm{d}T}\right)_V = \left(\frac{\mathrm{d}U_m}{\mathrm{d}T}\right)_V \tag{2-29}$$

即等容过程热效应与体系热力学能相关联。但由于大多数化学反应是在等压条件下进行的。因此,有必要寻找一个与等压过程热效应有关的热力学函数。

在等压、$W' = 0$ 条件下,根据热力学第一定律

$$\delta Q = \mathrm{d}U + p\mathrm{d}V = \mathrm{d}U + \mathrm{d}(pV) = \mathrm{d}(U + pV)$$

若定义一新的热力学函数 H，称为“焓”

$$H = U + pV \tag{2-30a}$$

对微小变化过程

$$\mathrm{d}H = \mathrm{d}U + \mathrm{d}(pV) \tag{2-30b}$$

由于 U、p、V 均为状态函数，而 U 和 pV 均具有能量的量纲，故 H 必然为一具有能量量纲的状态函数。定义 H 后，对等压过程，可以得到很有意义的结果：

$$\begin{aligned} \mathrm{d}H &= \delta Q - p\mathrm{d}V + p\mathrm{d}V + \delta W' \\ &= \delta Q + \delta W' \end{aligned} \tag{2-31}$$

式(2-31) 亦可视为热力学第一定律的另一定义式。该式告诉我们，封闭体系的热力学过程的焓变可通过等压过程的热效应和非膨胀功的测定来求得，若过程 $\delta W' = 0$，则过程的热效应等于该过程的焓变

$$\mathrm{d}H = \delta Q_p (\delta W' = 0) \tag{2-32a}$$

或

$$\Delta H = \int_1^2 \delta Q_p = Q_p (W' = 0) \tag{2-32b}$$

与式(2-28) 对比：对于无非膨胀功的封闭体系，在等容条件下体系所吸收的热转变为体系热力学能的增量；而在等压条件下所吸收的热则转变为体系焓的增量。可见焓这一能量函数在等压过程中的作用与热力学能在等容过程中的作用类似。热力学方法的特点就是建立一些状态函数，一方面在一定条件下它们与过程的功或热有一定的关系，可由实验测定其变化，获得有关数据；另一方面状态函数由体系性质所决定，它们之间存在着相互联系，通过这些关系可以间接地求得难以直接测量的物理量的数据，状态函数的建立也便于从体系的性质出发来研究自然规律。应该注意，在等压下 $\mathrm{d}H = \delta Q_p$，这仅是焓变在特定条件下的关系，并不能理解为只有在这种条件下焓才起作用，也不能理解为热在等压、$W' = 0$ 时为状态函数。从普遍定义 $H \equiv U + pV$ 出发，以后还可以看到它在其他方面的应用。

显然，等压热容 $C_{p,\mathrm{m}}$ 可定义为：

$$C_{p,\mathrm{m}} = \left(\frac{\delta Q}{\mathrm{d}T}\right)_p = \left(\frac{\mathrm{d}H_\mathrm{m}}{\mathrm{d}T}\right)_p \tag{2-33}$$

2.3.3　C_p 与 C_V 的差值及其与力学响应函数之关系

一般说来，将热力学能表为 T 和 V 的函数而将焓表为 T 和 p 的函数在应用上较为方便：

$$U = f(T, V)$$

$$\mathrm{d}U = \left(\frac{\partial U}{\partial T}\right)_V \mathrm{d}T + \left(\frac{\partial U}{\partial V}\right)_T \mathrm{d}V \tag{2-3}$$

$$H = f(T, p)$$

$$\mathrm{d}H = \left(\frac{\partial H}{\partial T}\right)_p \mathrm{d}T + \left(\frac{\partial H}{\partial p}\right)_T \mathrm{d}p \tag{2-34}$$

以 $C_V = \left(\frac{\partial U}{\partial T}\right)_V$ 代入式(2-3) 和 $C_p = \left(\frac{\partial H}{\partial T}\right)_p$ 代入式(2-34) 可得

$$dU = C_V dT + \left(\frac{\partial U}{\partial V}\right)_T dV \tag{2-35}$$

和

$$dH = C_p dT + \left(\frac{\partial H}{\partial p}\right)_T dp \tag{2-36}$$

通常情况下 C_p 较易自实验中测定，而 C_V 则较难。由以上两式出发可以得出 C_p 和 C_V 的关系，则可自某些实验数据进行它们相互的换算。

$$C_p = \left(\frac{\partial H}{\partial T}\right)_p = \left[\frac{\partial(U + pV)}{\partial T}\right]_p = \left(\frac{\partial U}{\partial T}\right)_p + p\left(\frac{\partial V}{\partial T}\right)_p \tag{2-37}$$

由式(2-35)，根据状态函数的数学特征(6)，并确定条件为等压，得

$$\left(\frac{\partial U}{\partial T}\right)_p = C_V + \left(\frac{\partial U}{\partial V}\right)_T \left(\frac{\partial V}{\partial T}\right)_p \tag{2-38}$$

以式(2-38) 结果代入式(2-37) 可得热容差关系

$$C_p - C_V = \left[p + \left(\frac{\partial U}{\partial V}\right)_T\right]\left(\frac{\partial V}{\partial T}\right)_p \tag{2-39}$$

此式导出时没有引入任何特殊条件，故为一普遍公式。可以看出：C_p 和 C_V 的差值系由于等压下温度升高时体系容积发生变化抵抗“外力”和“内聚引力”做功而引起。上式右边 $p\left(\frac{\partial V}{\partial T}\right)_p$ 项相当于一摩尔物质恒压下升温 1 K 时抵抗外力所做的膨胀功；$\left(\frac{\partial U}{\partial V}\right)_T$ 项具有压力的量纲，称为“**内压力**(internal pressure)”，它相当于体积发生单位变化时所引起的热力学能变化，其值可作为体系中分子间引力大小的衡量；而 $\left(\frac{\partial U}{\partial V}\right)_T \left(\frac{\partial V}{\partial T}\right)_p$ 项相当于等压下升温 1 K 时一摩尔物质为克服分子间引力所需做的“内功”(所消耗的能量)。

$\left(\frac{\partial U}{\partial V}\right)_T$ 项一般难以直接测量，对于固体或液体，其力学响应函数 — 体积膨胀系数 α 和等温压缩系数 κ，则较易直接测量。

由热力学第二定律(证明在第三章中解决，此处先引用其结果) 可得

$$\left(\frac{\partial U}{\partial V}\right)_T = T\left(\frac{\partial p}{\partial T}\right)_V - p \tag{2-40}$$

以式(2-40) 代入式(2-39)，可得热容差的另一形式

$$C_p - C_V = T\left(\frac{\partial p}{\partial T}\right)_V \left(\frac{\partial V}{\partial T}\right)_p \tag{2-41}$$

以式(1-82)，(1-83) 及循环规则代入式(2-41) 即得热响应函数与力学响应函数的关系式

$$C_p - C_V = \frac{\alpha^2}{\kappa} VT \tag{2-42}$$

上式对于气、液、固三态均适用，为一普遍公式。在一定条件下，有如下结论：

(1) 可通过力响应函数的测定得到两个热响应函数的差值($C_p - C_V$)，但单个热响应函数的值无法从力响应函数的测定得到。

(2) 对下列几种情况，物质的两个热响应函数近似相等或绝对相等。

i) $T \to 0$ K 的所有物质，$C_p \doteq C_V$；

ii) 低温下的固体和液体，$C_p \doteq C_V$；

iii) 4 ℃ 的液态水，$C_p = C_V$。

(3) 对于1摩尔理想气体：

$$\alpha = \frac{1}{V}\left(\frac{\partial V}{\partial T}\right) = \frac{1}{V_{\mathrm{m}}}\frac{R}{p} = \frac{1}{T}$$

$$\kappa = -\frac{1}{V}\left(\frac{\partial V}{\partial p}\right)_T = -\frac{1}{V_{\mathrm{m}}}\left(-\frac{V_{\mathrm{m}}}{p}\right) = \frac{1}{p}$$

将以上两式结果代入式(2-42)

$$C_{p,\mathrm{m}} - C_{V,\mathrm{m}} = R \tag{2-43}$$

如气体的物质的量为 n，则

$$C_p - C_V = nR \tag{2-44}$$

根据**能量均分原理**(principle of energy equalpartion)，在常温下不考虑**振动自由度**(vibrational degree of freedom)贡献时，单原子分子气体的 $C_{V,\mathrm{m}} = \frac{3}{2}R$，$C_{p,\mathrm{m}} = \frac{5}{2}R$，热容商 $\gamma = \frac{C_{p,\mathrm{m}}}{C_{V,\mathrm{m}}} = 1.67$；双原子分子气体或线性多原子分子气体的 $C_{V,\mathrm{m}} = \frac{5}{2}R$，$C_{p,\mathrm{m}} = \frac{7}{2}R$，热容商 $\gamma = \frac{C_{p,\mathrm{m}}}{C_{V,\mathrm{m}}} = 1.40$。

表2-2列举常温下一些气体平均热容的数据。由数据比较可以看出常温常压下实际气体的 $C_{p,\mathrm{m}}$ 和 $C_{V,\mathrm{m}}$ 的差值一般接近于 R(8.314 $\mathrm{J \cdot mol^{-1} \cdot K^{-1}}$)，表中 $C_{p,\mathrm{m}}$ 和 $C_{V,\mathrm{m}}$ 的比值 γ 称为"热容商"($\gamma = C_{p,\mathrm{m}}/C_{V,\mathrm{m}}$)。

表2-2　一些气体的平均热容

气体	$C_{p,\mathrm{m}}/(\mathrm{J \cdot mol^{-1} \cdot K^{-1}})$	$C_{V,\mathrm{m}}/(\mathrm{J \cdot mol^{-1} \cdot K^{-1}})$	$\gamma = \frac{C_{p,\mathrm{m}}}{C_{V,\mathrm{m}}}$	$C_{p,\mathrm{m}} - C_{V,\mathrm{m}}/(\mathrm{J \cdot mol^{-1} \cdot K^{-1}})$
H_2	28.74	20.42	1.41	8.32
O_2	29.12	20.79	1.40	8.33
N_2	28.58	20.25	1.41	8.33
空气	28.70	20.38	1.41	8.32
CO	29.04	20.71	1.40	8.33
CO_2	37.28	28.95	1.29	8.33
NO	41.21	32.89	1.25	8.32
He	20.79	12.45	1.67	8.34

2.3.4　热容随温度变化关系

热容随温度变化，常用级数形式表示：

$$C_{p,\mathrm{m}} = a + bT + cT^2 + dT^3 + \cdots \tag{2-45a}$$

或

$$C_{p,\mathrm{m}} = a' + b'T + c'T^{-2} + \cdots \tag{2-45b}$$

式中 a、b、c、d 和 a'、b'、c'… 分别为经验系数，其值由实验确定。应用以上两式时所取修正项多少取决于要求的精确度。表2-3列举了一些气体热容随温度变化关系。有了这方面数据就可以进行等压过程热及焓变的计算：

$$\Delta H = Q_p = \int_{T_1}^{T_2} C_p \mathrm{d}T = n\int_{T_1}^{T_2} C_{p,\mathrm{m}} \mathrm{d}T$$

或

$$\Delta H = Q_p = n\int_{T_1}^{T_2} (a + bT + CT^2 + \cdots)\mathrm{d}T \tag{2-46a}$$

表 2-3　等压热容随温度变化关系($C_{p,\mathrm{m}} = a' + b'T + c'T^{-2}$)

物质名称	$a'/(\mathrm{J \cdot K^{-1} \cdot mol^{-1}})$	$b'/(10^{-3}\,\mathrm{J \cdot K^{-2} \cdot mol^{-1}})$	$c'/(10^{5}\,\mathrm{J \cdot K \cdot mol^{-1}})$
气体(298～2000 K)			
He、Ne、Ar、Kr、Xe	20.79	0	0
H_2	27.28	3.26	0.50
O_2	29.96	4.18	−1.67
N_2	28.58	3.77	−0.50
Cl_2	37.03	0.67	−2.85
CO_2	44.23	8.79	−8.62
H_2O	30.54	10.29	0
NH_3	29.75	25.10	−1.55
CH_4	23.64	47.86	−1.92
液体(熔点 → 沸点)			
H_2O	75.48	0	0
固体			
C(石墨)	16.86	4.77	−8.54
Cu	22.64	6.28	0
Al	20.67	12.38	0
Pb	22.13	11.72	0.96

若 $C_{V,\mathrm{m}}$ 随温度变化关系数据为已知，也可以计算 ΔU 和 Q_V：

$$\Delta U = Q_V = \int_{T1}^{T_2} C_V \mathrm{d}T = n\int_{T_1}^{T_2} C_{V,\mathrm{m}} \mathrm{d}T$$

或

$$\Delta U = Q_V = n\int_{T_1}^{T_2} (a + bT + cT^2 + \cdots)\mathrm{d}T \tag{2-46b}$$

〔**例 2**〕　试计算 101.325 kPa 压力下 2 摩尔氢气温度自 273.15 K 升高至 373.15 K 时所吸收的热量。

〔**解**〕　查表得 $C_{p,\mathrm{m}}(\mathrm{H_2,g}) = 27.28 + 3.26 \times 10^{-3}T + 0.5 \times 10^5/T^2$

$$Q_p = \int_{T_1}^{T_2} \delta Q = n\int_{T_1}^{T_2} C_{p,\mathrm{m}}(\mathrm{H_2,g})\mathrm{d}T$$

$$= 2 \times \int_{273.15}^{373.15} (27.28 + 3.26 \times 10^{-3}T + 0.5 \times 10^5/T^2)\mathrm{d}T$$

$$= 2\times\left[27.28(T)_{273.15}^{373.15}+\frac{1}{2}\times 3.26\times 10^{-3}(T^2)_{273.15}^{373.15}-0.5\times 10^5\left(\frac{1}{T}\right)_{273.15}^{373.15}\right]\ \mathrm{J}$$

$$= 2\times\left[27.28(373.15-273.15)+\frac{1}{2}\times 3.26\times 10^{-3}(373.15^2-273.15^2)-\right.$$

$$\left.0.5\times 10^5\left(\frac{1}{373.15}-\frac{1}{273.15}\right)\right]\ \mathrm{J}$$

$$= 2\times[2728+105+49]\ \mathrm{J}$$

$$= 5764\ \mathrm{J}$$

2.4 理想气体的热力学性质

2.4.1 理想气体的热力学能

本节讨论热力学第一定律在理想气体中的应用。1843 年焦耳进行了如下关于气体热力学能的实验：

如图 2-9 所示，将 A、B 两个大瓶子用活塞(C)连接起来并置于水浴中，其中 A 瓶内充入 100 kPa 的气体，而 B 瓶抽成真空。打开活塞，气体由 A 瓶流入 B 瓶，最后两瓶压力相等。焦耳发现在实验过程中水浴温度没有变化；A 瓶温度稍有降低而 B 瓶温度稍有升高，两瓶温度降低和升高的数值基本上相等。这种气体向真空膨胀的过程称为“**自由膨胀**(free expansion)”。

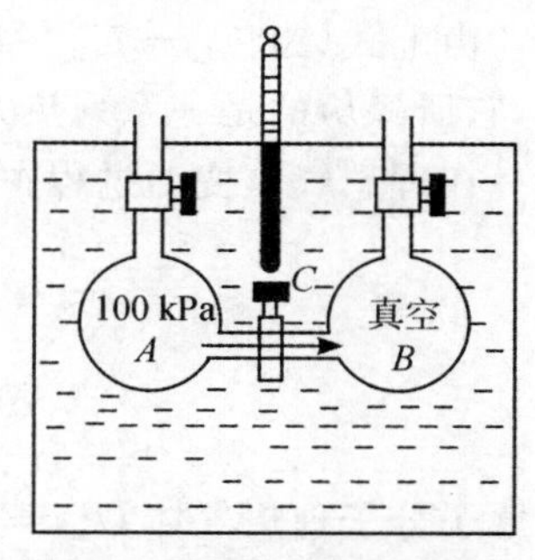

图 2-9　自由膨胀实验装置

从自由膨胀实验可以得出如下结论：

若以连通的两瓶中的气体为体系而以水为环境。因水温不变，故体系与环境之间没有热交换发生，即 $\delta Q=0$。在此自由膨胀过程中体系没有对环境做功，$\delta W=0$。根据第一定律：

$$\mathrm{d}U=\delta Q+\delta W=0+0=0$$

热力学能为一状态函数，$\mathrm{d}U$ 为全微分，若以 T 和 V 两个独立变量决定气体的状态，则

$$U=f(T,V)$$

$$\mathrm{d}U=\left(\frac{\partial U}{\partial T}\right)_V\mathrm{d}T+\left(\frac{\partial U}{\partial V}\right)_T\mathrm{d}V$$

实验中 $\mathrm{d}U=0$，$\mathrm{d}T=0$ 而气体的 $\mathrm{d}V\neq 0$，则由上式可得：

$$\left(\frac{\partial U}{\partial V}\right)_T=0 \tag{2-47}$$

这一结果表示在恒温时气体的热力学能不随体积变化，即热力学能与体积无关。换句话说，U 只是 T 的函数

$$U=f(T) \tag{2-48}$$

焦耳实验时所用水浴热容量过大，加以受到当时测温技术条件的限制，未能精确地观察出水温的变化。后来发现实际气体自由膨胀实验中水浴温度多少有所变化，即 $\left(\frac{\partial U}{\partial V}\right)_T\neq$

0。此外，从**气体分子运动理论**(kinetic theory of gases)知，理想气体热力学能(先考虑摩尔平均平动动能 $E_{k,m}$)可表示为

$$U_m = E_{k,m} = \frac{3}{2}RT$$

也可得出

$$\left(\frac{\partial U}{\partial V}\right)_T = 0 \tag{2-47}$$

可见此结论仅适用于理想气体，热力学要求理想气体必须同时满足以下两个关系，即

$$\begin{cases} pV_m = RT & (1\text{-}22) \\ \left(\frac{\partial U}{\partial V}\right)_T = 0 & (2\text{-}47) \end{cases}$$

从以上结论，自然亦有
$$\left(\frac{\partial U}{\partial p}\right)_T = \left(\frac{\partial U}{\partial V}\right)_T \left(\frac{\partial V}{\partial p}\right)_T = 0 \tag{2-48}$$

即对于理想气体而言，热力学能仅为温度的函数，与体积或压力无关。

$$U = f(T) \tag{2-49}$$

或
$$(\Delta U)_T = 0 \tag{2-50}$$

由上式 $(\Delta U)_T = U_2 - U_1$，知理想气体等温过程为“恒热力学能”过程，对可逆过程而言，它所经历的是一系列热力学能相等的状态。

在理想气体变温过程中：

$$\mathrm{d}U = \left(\frac{\partial U}{\partial T}\right)_V \mathrm{d}T = C_V \mathrm{d}T \tag{2-51}$$

$$\Delta U = \int_1^2 \mathrm{d}U = \int_{T_1}^{T_2} C_V \mathrm{d}T = n\int_{T_1}^{T_2} C_{V,m} \mathrm{d}T \tag{2-52}$$

单原子分子理想气体 $U_m = E_{k,m} = \frac{3}{2}RT$，故

$$C_{V,m} = \left(\frac{\partial U}{\partial T}\right)_V = \frac{3}{2}R \tag{2-53}$$

为一常量。而在一等容变温过程中：

$$\Delta U = nC_{V,m}\Delta T = \frac{3}{2}nR\Delta T \tag{2-54}$$

2.4.2 理想气体的焓

由 $\left(\frac{\partial U}{\partial V}\right)_T = 0$ 可以得出，对于理想气体，

$$\left(\frac{\partial H}{\partial V}\right)_T = \left(\frac{\partial U}{\partial V}\right)_T + \left[\frac{\partial (pV)}{\partial V}\right]_T = 0 \tag{2-55}$$

因为
$$\left(\frac{\partial U}{\partial V}\right)_T = 0, \left[\frac{\partial (pV)}{\partial V}\right]_T = \left[\frac{\partial (nRT)}{\partial V}\right]_T = 0$$

所以
$$\left(\frac{\partial H}{\partial V}\right)_T = 0$$

因为$\left(\frac{\partial H}{\partial V}\right)_T = 0$，尽管$\left(\frac{\partial V}{\partial p}\right)_T \neq 0$。也可以得出

$$\left(\frac{\partial H}{\partial p}\right)_T = \left(\frac{\partial H}{\partial V}\right)_T \left(\frac{\partial V}{\partial p}\right)_T = 0 \tag{2-56}$$

可见，理想气体的焓也不随体积和压力变化，仅是温度的函数。即

$$H = f(T) \tag{2-57}$$

$$\mathrm{d}H = \left(\frac{\partial H}{\partial T}\right)_p \mathrm{d}T = C_p \mathrm{d}T \tag{2-58}$$

$$\Delta H = \int_1^2 \mathrm{d}H = \int_{T_1}^{T_2} C_p \mathrm{d}T = n\int_{T_1}^{T_2} C_{p,\mathrm{m}} \mathrm{d}T \tag{2-59}$$

对于单原子分子理想气体

$$C_{p,\mathrm{m}} = C_{V,\mathrm{m}} + R = \frac{3}{2}R + R = \frac{5}{2}R \tag{2-60}$$

而在等压变温过程中：

$$\Delta H = nC_{p,\mathrm{m}} \Delta T = \frac{5}{2} nR \Delta T \tag{2-61}$$

2.4.3　理想气体的等温过程与绝热过程

前已述及，当体系状态一定，描述体系的所有状态函数有确定的值，且这些状态函数之间往往存在着相互依赖关系，我们将联系某些状态函数的数学方程称为状态方程。由于可逆过程的特殊性(可逆过程必为准静态过程)，状态方程适用于整个可逆过程，但对于不可逆过程，则只有始、终态两点可用状态方程描述。

对于一些在一定限制条件下的可逆过程，同样可用某些特征数学方程来联系诸状态函数，我们称这些只存在于某特定过程的数学方程为过程方程。下面讨论热力学中非常重要的两种过程 —— 等温过程和绝热过程。

可逆等温过程

在等温过程中，理想气体热力学能和焓不变

$$(\Delta U)_T = 0$$
$$(\Delta H)_T = 0$$

过程的热和功数值相等，符号相反

$$Q_T = -W_T \tag{2-62}$$

对于可逆元过程　$\delta Q_T = -\delta W_T = p\mathrm{d}V$

因为　$p = \frac{nRT}{V}$

所以

$$Q_T = -W_T = nRT\ln\frac{V_2}{V_1} = nRT\ln\frac{p_1}{p_2} \tag{2-63}$$

式(2-63) 指出，在理想气体可逆等温过程中，气体膨胀时从环境所吸收的热转变为对环境

所作的等当量的功，体积由 V_1 变化至 V_2 而体系热力学能不变；压缩时环境对体系做功使体系的体积压缩而体系放出了等当量的热给环境，过程中体系热力学能也始终保持不变。

可逆绝热过程

(1) 绝热过程方程式

绝热可逆过程中 $\delta Q_a = 0, p_e = p$

$$dU = \delta W_a \tag{2-64}$$

$$\delta W_a = -p_e dV = -p dV$$

对于理想气体：

$$dU = C_V dT = nC_{V,m} dT$$

$$nC_{V,m} dT = -p dV \tag{2-65}$$

以 $p = \dfrac{nRT}{V}$ 代入上式

$$nC_{V,m} dT = -\frac{nRT}{V} dV$$

或

$$\left(\frac{dT}{T}\right) = -\frac{R}{C_{V,m}}\left(\frac{dV}{V}\right)$$

又

$$C_{p,m} - C_{V,m} = R$$

$$-\frac{R}{C_{V,m}} = -\left(\frac{C_{p,m} - C_{V,m}}{C_{V,m}}\right) = 1 - \gamma$$

故

$$\int_{T_1}^{T_2} \frac{dT}{T} = (1-\gamma)\int_{V_1}^{V_2} \frac{dV}{V}$$

所以

$$T_1 V_1^{\gamma-1} = T_2 V_2^{\gamma-1} \tag{2-66}$$

或

$$TV^{\gamma-1} = K(\text{常数}) \tag{2-67}$$

若以 $T = \dfrac{pV}{nR}$ 及 $V = \dfrac{nRT}{p}$ 分别代入上式，整理后可得

$$pV^{\gamma} = K' \text{ 或 } p_1 V_1^{\gamma} = p_2 V_2^{\gamma} \tag{2-68}$$

及

$$T^{\gamma} p^{1-\gamma} = K'' \text{ 或 } T_1^{\gamma} p_1^{1-\gamma} = T_2^{\gamma} p_2^{1-\gamma} \tag{2-69}$$

式(2-66)、(2-67)、(2-68)、(2-69) 分别表示理想气体可逆绝热过程中 p、V、T 三个变量的相互依赖关系，均可称为理想气体“可逆绝热过程方程式”。

从表 2-2 中的数据可以看出，对于单原子分子的理想气体

$$\gamma = \frac{C_{p,m}}{C_{V,m}} = \frac{\frac{5}{2}R}{\frac{3}{2}R} = 1.67$$

而多数双原子分子气体热容商 γ 约为 1.4 左右。

由以上讨论可以看出绝热过程的特点是：过程进行中温度、压力和容积三者同时变化，但服从一定制约关系。

〔例 3〕 对于范德华气体，设 $C_{V,m}$ 为常量，且有 $\dfrac{C_{V,m}+R}{C_{V,m}} = \dfrac{C_{p,m}}{C_{V,m}} = \gamma$，试证其绝热可逆过程方程为

$$T(V_m - b)^{\gamma-1} = K_1(\text{常量})$$

$$\left(p + \frac{a}{V_m^2}\right)(V_m - b)^\gamma = K_2(\text{常量})$$

〔证〕　绝热可逆过程中 $\delta Q = 0, p_e = p$

$$dU = C_V \cdot dT + \left(\frac{\partial U}{\partial V}\right)_T dV = -p dV \tag{a}$$

$$\left(\frac{\partial U}{\partial V}\right)_T = T\left(\frac{\partial p}{\partial T}\right)_V - p \tag{b}$$

将(b) 代入(a) 得

$$C_V dT + T\left(\frac{\partial p}{\partial T}\right)_V dV = 0$$

$$nC_{V,m} d\ln T + nR d\ln[V_m - b] = 0$$

$$d\ln T + d\ln(V_m - b)^{\gamma-1} = 0$$

$$T(V_m - b)^{\gamma-1} = K_1(\text{常量}) \tag{c}$$

将 $T = \left(p + \frac{a}{V_m^2}\right)(V_m - b) \cdot \frac{1}{R}$ 代入(c) 得

$$\left(p + \frac{a}{V_m^2}\right)(V_m - b)^\gamma = R \cdot K_1 = K_2(\text{常量})$$

(2) 绝热过程的膨胀功

对理想气体，由式(2-68)：$p = \frac{K'}{V^\gamma}$

$$-W_a = -\int_1^2 \delta W_a = \int_{V_1}^{V_2} p dV = \int_{V_1}^{V_2} \frac{K'}{V^\gamma} dV = K' \int_{V_1}^{V_2} \frac{1}{V^\gamma} dV$$

$$= K' \frac{1}{1-\gamma}\left(\frac{1}{V_2^{\gamma-1}} - \frac{1}{V_1^{\gamma-1}}\right)$$

又因为

$$p_1 V_1^\gamma = p_2 V_2^\gamma = K'$$

所以

$$-W_a = \frac{1}{1-\gamma}\left(\frac{p_2 V_2^\gamma}{V_2^{\gamma-1}} - \frac{p_1 V_1^\gamma}{V_1^{\gamma-1}}\right)$$

或

$$W_a = \frac{1}{\gamma - 1}(p_2 V_2 - p_1 V_1) \tag{2-70}$$

该式同样适用于理想气体绝热不可逆过程功的计算。但应注意，由于可逆过程与不可逆过程所做功不同，因此，理想气体从同一始态出发，经绝热可逆过程和绝热不可逆过程是无法到达同样终态的，如果两个过程从同一始态出发而到达同一终态的体积(或压力)，则绝热不可逆过程终态的温度一定比绝热可逆过程终态的温度高。

(3) 绝热过程的热力学能增量和焓增量

理想气体的热力学能和焓均仅为温度的函数，对于物质的量为 n 的气体

$$\Delta U = nC_{V,m}\Delta T = nC_{V,m}(T_2 - T_1) \tag{2-71}$$

$$\Delta H = nC_{p,m}\Delta T = nC_{p,m}(T_2 - T_1) \tag{2-72}$$

由热力学第一定律，绝热过程中 $Q_a = 0$：

$$\Delta U = W_a$$

$$W_a = nC_{V,m}(T_2 - T_1) \tag{2-73}$$

对于理想气体，式(2-73)和式(2-70)的表示形式是一致的。(请读者自证)

(4) 绝热线(adiabat curve)和等温线(isotherm curve)

为比较过程中体积随压力变化关系，可在 p-V 图中通过一点 O 分别作出可逆等温线和可逆绝热线。如图 2-10 所示，等温过程压力 p 与体积 V 的一次方成反比，而绝热过程 p 与 V 的 γ 次方成反比、且 $\gamma > 1$，故自同一状态开始发生相同体积变化时，绝热过程中压力的变化比等温过程中的大，绝热线的斜率比等温线的陡。因此，在膨胀过程中，始终态体积相同时等温过程所做功比绝热过程的大。(参考图 2-10，比较曲线下面积)。

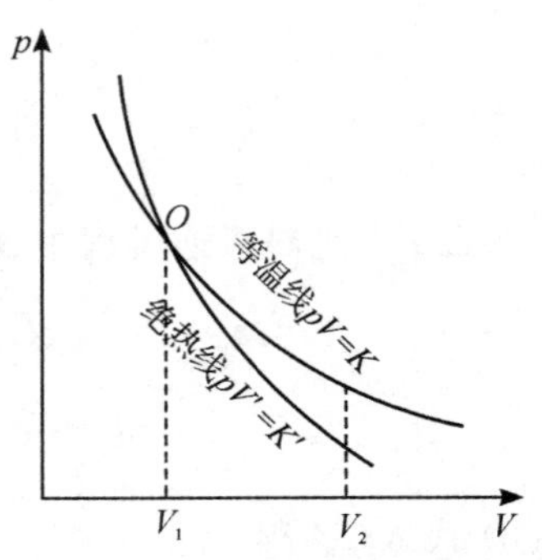

图 2-10　绝热线与等温线的关系

〔例 4〕　计算 1 dm^3 氧气$\left(C_{p,m}=\frac{7}{2}R\right)$自 298 K 及 506.63 kPa 可逆绝热膨胀至压力为 101.325 kPa 时体系的(1) 体积 V；(2) 温度 T；(3) 热力学能增量 ΔU；(4) 焓的增量 ΔH。

〔解〕　$p_1 = 506.63\ \text{kPa}$

$V_1 = 1\ \text{dm}^3, T_1 = 298\ \text{K}$

$$n = \frac{p_1V_1}{RT_1} = \frac{506.63\times 1}{8.314\times 298} = 0.204\ \text{mol}$$

(1) 由热容商公式，$\gamma = \dfrac{C_{p,m}}{C_{V,m}} = \dfrac{C_{p,m}}{C_{p,m}-R} = \dfrac{\frac{7}{2}R}{\frac{7}{2}R-R} = 1.4$

$$p_1V_1^{\gamma} = p_2V_2^{\gamma}$$

所以
$$V_2 = \left(\frac{p_1}{p_2}\right)^{\frac{1}{\gamma}}V_1 = \left(\frac{5}{1}\right)^{\frac{1}{1.4}}\times 1 = 3.16\ \text{dm}^3$$

(2) $T_2 = \dfrac{p_2V_2}{nR} = \dfrac{101.325\times 3.16}{0.204\times 8.314} = 189\ \text{K}$

(3) $\Delta U = nC_{V,m}\Delta T = 0.204\times\dfrac{5}{2}\times 8.314\times(189-298) = -462\ \text{J}$

(4) $\Delta H = nC_{p,m}\Delta T = 0.204\times\dfrac{7}{2}\times 8.314\times(189-298) = -647\ \text{J}$

(*5) 理想气体多方过程摩尔热容和多方负热容

实际的热力学过程往往既非绝热，也不等温，因为要达到严格的等温或严格的绝热都是不可能的，故常用“**多方过程**(polytropic process)”方程 $pV^n = K$ 来描述气体的行为，方程中指数 n 一般由实验确定，其值可取任意实数。

因为多方方程是由绝热方程 $pV^{\gamma}=$ 常数推广来的，它也应与绝热可逆过程一样存在着其他两个以 T、V 和 T、p 为变量的多方过程方程。即 $TV^{n-1}=$ 常数和 $T^n\cdot p^{1-n}=$ 常数。

(a) 理想气体多方过程摩尔热容

设多方过程的摩尔热容为 $C_{n,m}$，则将 $\delta Q = nC_{n,m}dT$ 代入热力学第一定律数学表达式中，有

$$C_{n,m}dT = C_{V,m}dT + pdV_m(\delta W' = 0)$$

方程两边分别除以 dT，则有

$$C_{n,m} = C_{V,m} + p\left(\frac{\partial V_m}{\partial T}\right)_n \tag{2-74}$$

对多方方程 $TV_{\mathrm{m}}^{n-1}=$ 常数两边求导，可得

$$V_{\mathrm{m}}^{n-1}\mathrm{d}T+(n-1)TV_{\mathrm{m}}^{n-2}\mathrm{d}V_{\mathrm{m}}=0$$

$$p\left(\frac{\partial V_{\mathrm{m}}}{\partial T}\right)_n=\frac{p}{1-n}\cdot\frac{V_{\mathrm{m}}}{T}=\frac{R}{1-n} \tag{2-75}$$

将(2-75)代入(2-74)并整理得

$$C_{n,\mathrm{m}}=C_{V,\mathrm{m}}\cdot\frac{\gamma-n}{1-n} \tag{2-76}$$

当 $n\to 0$ 时，$C_{n,\mathrm{m}}=C_{V,\mathrm{m}}\cdot\gamma=C_{p,\mathrm{m}}$ 为等压过程；

当 $n\to\infty$ 时，$C_{n,\mathrm{m}}=C_{V,\mathrm{m}}$ 为等容过程；

当 $n\to\gamma$ 时，$C_{n,\mathrm{m}}=0\delta Q=0$ 为绝热过程；

当 $n\to 1$ 时，$C_{n,\mathrm{m}}\to\infty$ 为等温过程；

当 $n>\gamma$，$C_{n,\mathrm{m}}>0$，温度升高，体系吸热；

当 $1<n<\gamma$，$C_{n,\mathrm{m}}<0$，温度升高，体系放热。

(b) 多方负热容

当 $C_{n,\mathrm{m}}<0$ 时，多方热容为负，说明温度升高反而要放热。这在恒星演化过程中是一个十分重要的普遍现象。当恒星受万有引力作用而收缩时，引力势能降低，所降低的引力势能的一部分以热辐射形式向外界放热，另一部分能量使自身温度升高。这一过程在幼年期恒星中是十分重要的，因为幼年期恒星温度较低($<10^8$ K)，内部不能发生热核反应，而多方负热容可使星体温度升高到能产生热核反应的温度。

除恒星外，多方负热容现象也可发生在气缸中气体被压缩的过程中。

(*6) 恒温可逆过程和绝热可逆过程功的比较

在化学热力学中，恒温过程和绝热过程是两种非常重要的过程，两者的根本差别在于后者在过程中由于热力学能的消耗(膨胀过程)或增加(压缩过程)必然引起体系温度的变化。因此，如果有两个全同的气体体系，让它们从同一始态出发分别沿可逆的恒温途径和绝热途径变化下去，无论如何是达不到同一终态的。这在 p-V 图上，则表现为一条可逆绝热线和一条可逆恒温线至多只能相交于一点。否则，那就要违背热力学第一定律。

由于功与过程有关，因此，若从同一始态出发，分别沿恒温可逆途径和绝热可逆途径变化到同样的终态体积[图(a)(b)]或终态压力[图(c)(d)]，则原则上只能从(a)(b)(c)图上比较两者体积功的相对大小而(d)图并不能作比较。(图中恒温可逆功用 W_T 表示，绝热可逆功用 W_{a} 表示)

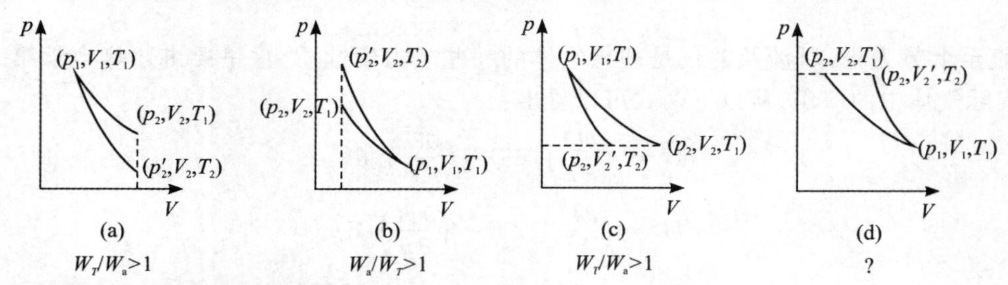

下面从数学上对 d 图结论加以证明。

设体系为理想气体，则

$$\frac{W_T}{W_{\mathrm{a}}}=\frac{(\gamma-1)\ln\dfrac{p_1}{p_2}}{1-\left(\dfrac{p_1}{p_2}\right)^{\frac{1}{\gamma}-1}} \tag{2-77}$$

当 $\dfrac{p_1}{p_2}\to 1$，$\dfrac{W_T}{W_{\mathrm{a}}}=\dfrac{0}{0}$，应用罗必塔法则求式(2-77)极限得

$$\lim_{\frac{p_1}{p_2}\to 1}\frac{W_T}{W_a}=\lim_{\frac{p_1}{p_2}\to 1}\frac{(\gamma-1)\dfrac{1}{\left(\dfrac{p_1}{p_2}\right)}}{\left(\dfrac{\gamma-1}{\gamma}\right)\left(\dfrac{p_1}{p_2}\right)^{\frac{1}{\gamma}-2}}=\lim_{\frac{p_1}{p_2}\to 1}\gamma\left(\frac{p_1}{p_2}\right)^{1-\frac{1}{\gamma}}>1 \tag{2-78}$$

$$W_T>W_a$$

当$\frac{p_1}{p_2}\to 0$，$\frac{W_T}{W_a}=\frac{\infty}{\infty}$，同样应用罗必塔法则求(2-77)式极限得

$$\lim_{\frac{p_1}{p_2}\to 0}\frac{W_T}{W_a}=\lim_{\frac{p_1}{p_2}\to 0}\gamma\left(\frac{p_1}{p_2}\right)^{1-\frac{1}{\gamma}}=0<1 \tag{2-79}$$

$$W_T<W_a$$

由此可见，在$\frac{p_1}{p_2}=0\to 1$范围内，$\frac{W_T}{W_a}$并非呈单调变化，而是从小于1变化到大于1。因此，在$\frac{p_1}{p_2}$从$0\to 1$范围内，总可以找到某一点，使得$\frac{W_T}{W_a}=1$。当然，这一点$\frac{p_1}{p_2}$的值与γ值有关，可采用作图法或尝试法求得对应于不同的γ值时的$\frac{p_1}{p_2}$为：

γ	1.3333	1.4000	1.6667
$\frac{p_1}{p_2}$	0.1110	0.1068	0.0950

从以上讨论可以看出，若理想气体从同一始态出发分别沿可逆的恒温途径和绝热途径压缩到同一终态压力，一般情况下是无法比较恒温可逆过程与绝热可逆过程功的相对大小的。

2.5 焦耳-汤姆生效应

2.5.1 节流膨胀实验(多孔塞实验)

直至上节为止，所涉及的仅是理想气体的一些热力学性质。这里要讲述热力学第一定律在实际气体中的应用。从以下两式可以看出：

$$dU=\left(\frac{\partial U}{\partial T}\right)_V dT+\left(\frac{\partial U}{\partial V}\right)_T dV$$

$$dH=\left(\frac{\partial H}{\partial T}\right)_p dT+\left(\frac{\partial H}{\partial p}\right)_T dp$$

如欲考虑实际气体的性质，则必然要涉及$\left(\frac{\partial U}{\partial V}\right)_T$和$\left(\frac{\partial H}{\partial p}\right)_T$等项。对于实际气体，这两项并不为零。关于$\left(\frac{\partial U}{\partial V}\right)_T$与其他易于直接测量的物理量间的关系，在讨论热容一节中已提及。至于$\left(\frac{\partial H}{\partial p}\right)_T$一项，如何将它与一些易于直接测量的物理量联系起来呢？

由$f(H,p,T)=0$，应用循环公式可以得到如下关系：

$$\left(\frac{\partial H}{\partial p}\right)_T\left(\frac{\partial p}{\partial T}\right)_H\left(\frac{\partial T}{\partial H}\right)_p=-1$$

$$\left(\frac{\partial H}{\partial p}\right)_T = -\left(\frac{\partial T}{\partial p}\right)_H \left(\frac{\partial H}{\partial T}\right)_p = -\left(\frac{\partial T}{\partial p}\right)_H C_p \tag{2-80}$$

由上式可以看出，若能测出等焓条件下温度随压力变化关系，则 $\left(\frac{\partial H}{\partial p}\right)_T$ 可以由 $\left(\frac{\partial T}{\partial p}\right)_H$ 和 C_p 的数据直接求得，实际气体的性质就可以较方便地描述。

前述焦耳实验过于粗糙，难以观察出应有的变化，后来在汤姆生(Thomson) 的建议下，焦耳和汤姆生二人共同进行了节流膨胀实验。实验的结果为制冷技术和气体的液化方法提供了重要的理论根据。

图 2-11 为一节流膨胀实验装置。在一绝热容器 AA' 的中间装有以棉花或其他多孔物质构成的多孔塞 B，塞的两边容有压力分别为 p_1 和 p_2 的同一气体。($p_1 > p_2$)。当缓慢推动左边活塞使气体流经多孔塞并进入右边容器中，右边气体向外推动活塞而使体积膨胀。整个过程进行得非常缓慢，以至于两边气体压力基本上保持不变。左、右两边气体的温度分别可用温度计观测。

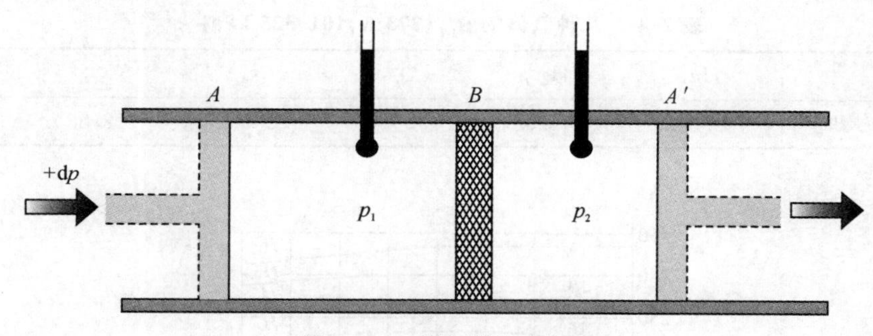

图 2-11　节流膨胀示意图

设有气体的物质的量 n 自左边容器进入右边容器，它在左边温度为 T_1、压力为 p_1 时所占有体积为 V_1，而进入右边后，在温度为 T_2、压力为 p_2 时占有体积 V_2。

实验是在绝热条件下进行的，过程 $Q = 0$。由第一定律

$$\Delta U = W_a = -[p_2V_2 + (-p_1V_1)] = p_1V_1 - p_2V_2$$

又

$$\Delta U = U_2 - U_1$$

所以

$$U_2 - U_1 = p_1V_1 - p_2V_2$$

$$U_2 + p_2V_2 = U_1 + p_1V_1$$

或

$$H_2 = H_1 \tag{2-81}$$

可见节流膨胀过程为一"等焓过程"。

2.5.2　焦耳-汤姆生系数($\mu_{\text{J-T}}$)

由实验观测出在节流膨胀中，气体压力变化的同时，往往也发生温度的变化。常定义焦耳-汤姆生系数 $\mu_{\text{J-T}}$ 以表示节流膨胀中温度随压力变化关系：

$$\mu_{\text{J-T}} = \left(\frac{\partial T}{\partial p}\right)_H \tag{2-82}$$

或
$$\overline{\mu}_{J\text{-}T}=\left(\frac{\Delta T}{\Delta p}\right)_H \tag{2-83}$$
后者为较大温度范围内的平均值。

$\mu_{J\text{-}T}>0$ 表示节流膨胀后气体温度下降；

$\mu_{J\text{-}T}<0$ 表示节流膨胀后气体温度升高；

$\mu_{J\text{-}T}=0$ 表示节流膨胀后气体温度不变。

表 2-4 列举几种气体在 0 ℃ 和 101.325 kPa 下 $\mu_{J\text{-}T}$ 的数据。对于同一种气体而言，在不同温度和压力范围内 $\mu_{J\text{-}T}$ 值可为正、负或零。以氮气为例。图 2-12 为氮气在等焓条件下温度随压力变化的实验曲线。图中每一根曲线称为“等焓线”。虚线表示出各温度和压力下 $\mu_{J\text{-}T}=0$ 的点(称为“转换点”) 联成的曲线(称为“转换点曲线”)，而每一等焓线中各转折点的温度和压力则分别称为“转换温度” 和“转换压力”。虚线左边以(+) 号表示的区域为 $\mu_{J\text{-}T}>0$ 的区域，右边以(—) 号表示的区域为 $\mu_{J\text{-}T}<0$ 的区域。显然，只有在(+) 号区域内的温度和压力下，才能用绝热膨胀的方法使气体降温。

表 2-4　几种气体的 $\mu_{J\text{-}T}$(273 K，101.325 kPa)

气体	He	H_2	O_2	N_2	CO_2	空气
$\mu_{J\text{-}T}/(10^{-3}\,K\cdot kPa^{-1})$	−0.612	−0.296	3.06	2.66	12.8	2.66

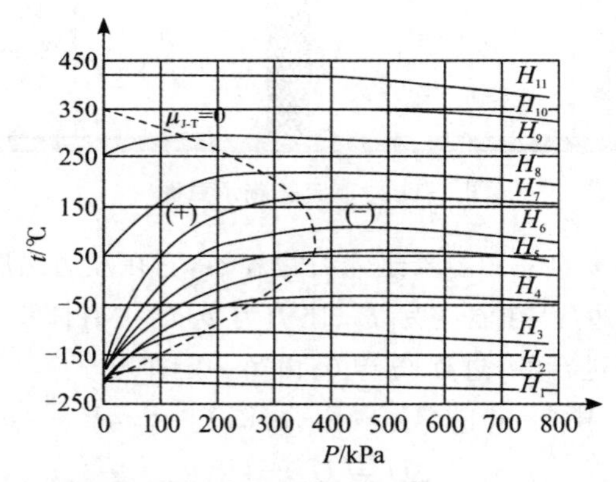

图 2-12　N_2 的恒焓线和转换点曲线(用虚线表示)(+)$\mu_{J\text{-}T}>0$ 区域；(—)$\mu_{J\text{-}T}<0$ 区域

从 $\mu_{J\text{-}T}$ 和 C_p 的实验数据，可以估测 $\left(\frac{\partial H}{\partial p}\right)_T$
$$\left(\frac{\partial H}{\partial p}\right)_T=-\left(\frac{\partial T}{\partial p}\right)_H C_p=-\mu_{J\text{-}T}C_p \tag{2-84}$$
又因为
$$\left(\frac{\partial H}{\partial p}\right)_T=\left(\frac{\partial U}{\partial V}\right)_T\left(\frac{\partial V}{\partial p}\right)_T+\left[\frac{\partial (pV)}{\partial p}\right]_T$$
所以
$$\left(\frac{\partial U}{\partial V}\right)_T=\frac{\left(\frac{\partial H}{\partial p}\right)_T-\left[\frac{\partial (pV)}{\partial p}\right]_T}{\left(\frac{\partial V}{\partial p}\right)_T}=\frac{-\mu_{J\text{-}T}C_p-\left[\frac{\partial (pV)}{\partial p}\right]_T}{\left(\frac{\partial V}{\partial p}\right)_T} \tag{2-85}$$

$\mu_{J\text{-}T}$、C_p、$\left[\frac{\partial (pV)}{\partial p}\right]_T$ 以及 $\left(\frac{\partial V}{\partial p}\right)_T$ 的数据均可自实验测得，$\left(\frac{\partial U}{\partial V}\right)_T$ 可由上式间接算出。这

样实际气体 ΔU 和 ΔH 的计算可以得到解决。

另一方面，由 $\left(\frac{\partial U}{\partial V}\right)_T = T\left(\frac{\partial p}{\partial T}\right)_V - p$ 和定义 $H \equiv U + pV$，读者可以自证

$$\left(\frac{\partial H}{\partial p}\right)_T = V - T\left(\frac{\partial V}{\partial T}\right)_p \tag{2-86}$$

而

$$\mu_{\text{J-T}} = -\frac{\left(\frac{\partial H}{\partial p}\right)_T}{C_p} = \frac{T\left(\frac{\partial V}{\partial T}\right)_p - V}{C_p} \tag{2-87}$$

由上式可以看出，$\mu_{\text{J-T}}$ 也可自 C_p 和 $\left(\frac{\partial V}{\partial T}\right)_p$ 等实验数据估测，对于理想气体 $T\left(\frac{\partial V}{\partial T}\right)_p - V = 0$，而实际气体的 $\left[T\left(\frac{\partial V}{\partial T}\right)_p - V\right]$ 值往往不为零。

〔例 5〕　试用范德华方程式估算 N_2 在 273 K 和 101.325 kPa 条件下的 $\mu_{\text{J-T}}$。已知 $a = 0.1368\ \text{Pa}\cdot\text{m}^6\cdot\text{mol}^{-2}$，$b = 0.386\cdot 10^{-4}\ \text{m}^3\cdot\text{mol}^{-1}$，$C_{p,\text{m}} = 28.72\ \text{J}\cdot\text{mol}^{-1}\cdot\text{K}^{-1}$。

〔解〕　对于 1 摩尔气体，范德华方程式具有如下形式：

$$\left(p + \frac{a}{V_\text{m}^2}\right)(V_\text{m} - b) = RT$$

展开后并略去二次修正项 $\frac{ab}{V_\text{m}^2}$（低压下这种处理方法是合理的）

$$pV_\text{m} + \frac{a}{V_\text{m}} - bp = RT$$

低压下

$$\frac{a}{V_\text{m}} \approx \frac{ap}{RT},\ V_\text{m} \approx \frac{RT}{p} - \frac{a}{RT} + b \tag{2-88}$$

而

$$\left(\frac{\partial V_\text{m}}{\partial T}\right)_p \approx \frac{R}{p} + \frac{a}{RT^2} \tag{2-89}$$

以式(2-88)和(2-89)结果代入式(2-87)

$$\mu_{\text{J-T}} = \frac{T\left(\frac{\partial V_\text{m}}{\partial T}\right)_p - V_\text{m}}{C_{p,\text{m}}} = \frac{\left(\frac{RT}{p} + \frac{a}{RT}\right) - \left(\frac{RT}{p} - \frac{a}{RT} + b\right)}{C_{p,\text{m}}}$$

或

$$\mu_{\text{J-T}} = \frac{\frac{2a}{RT} - b}{C_{p,\text{m}}} = \frac{\frac{2\times 0.1368}{8.314\times 273} - 0.386\times 10^{-4}}{28.72}$$

$$= 2.85\times 10^{-3}\,(\text{K}\cdot\text{kPa}^{-1})$$

估算值与实验值（见表 2-4）对比，约有 7% 的误差。

2.5.3　气体的制冷液化

焦耳-汤姆生效应在工业上主要应用于气体的液化和制冷技术。图 2-13 为林得（Linde）冷冻机原理图。在转换温度以下气体绝热膨胀时，其温度将降低，利用图中所示压缩机使气体压缩到 10 MPa 以上，并先用一组散热片使压缩时产生的热量散失一部分，再通过膨胀阀绝热膨胀，冷却后的气体又回至压缩机重新压缩，该低压低温气体在经螺旋管外回流至压缩机的过程中，与经螺旋管内后续的气体进行热交换，使管内气体冷却。如此反复进行，温

度可降至气体沸点之下而使之液化。氮的沸点为 77.2 K，转换温度为 620.63 K；氧的沸点为 90.2 K，转换温度为 764.43 K。目前工业上制氧，主要应用上法自空气中使氧先液化，以达到氧、氮分离的目的。

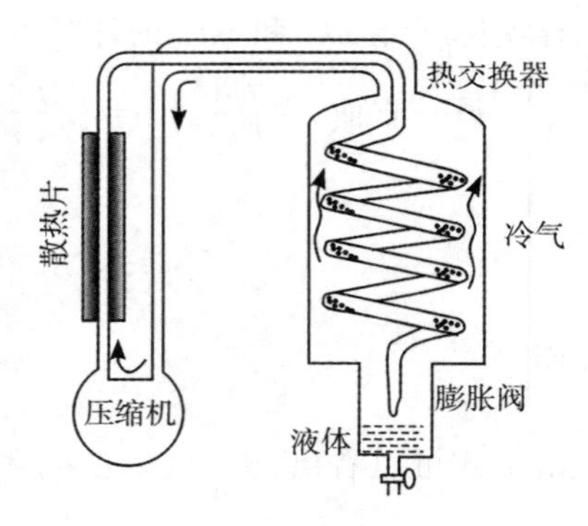

图 2-13　气体液化原理图

节流膨胀制冷技术的主要优点有：(1) 节流膨胀阀不需要机械运动部件，避免了低温时润滑的困难；(2) 当温度越低，等焓线斜率愈大，因此节流效果越好，其缺点是需经预冷、成本高。

可利用绝热膨胀制冷与节流膨胀制冷相结合的方法来克服节流膨胀制冷的缺点。这是因为绝热膨胀制冷无需预冷，且温度高时制冷效率高，这些优势刚好弥补了节流膨胀法的劣势。虽然在低温时，绝热膨胀制冷的效率下降，但这一缺点则完全可由节流膨胀法的优点来弥补。总之，可利用绝热法与节流法的优缺点互补来提高制冷效率和降低成本。

2.6 热化学

2.6.1 化学反应方程式与反应进度

“热化学(thermochemistry)” 是物理化学中的一个重要组成门类，它研究伴随化学反应所产生的各种热效应。热化学最初是作为实验科学先于热力学发展起来的，热化学的一个重要定律—— 盖斯(Гесс or Hess)定律是许多实验结果的总结。热力学第一定律提出之后，盖斯定律可以看成是热力学第一定律的一个必然结论，是第一定律的另一实验基础。而热化学则是热力学第一定律在相变及化学反应中的具体应用。

热效应(heat effect) 及其在化学反应(包括相变) 的热力学量变的研究，无论在理论上或实际应用上都具有重大意义。讨论热力学函数“熵”、“Gibbs 函数，Helmholtz 函数”，计算平衡常数等等，在物质结构中的键能估算以及化工过程、能源问题、生化问题等方面，均需要各种热效应数据。

化学反应是分子内部原子结合方式及运动形态发生改变的过程。在反应过程中原子实(原子核加内层电子) 基本不变，这就是说，原子的种类与数目是守恒的，但分子的种类与数目却是改变的。这是化学反应作为一类过程的重要特点。

在化学反应过程中，反应物之间以及它们与生成物之间，分子数总是成简单的整数之比，其比值由质量守恒或原子数守恒确定，这个规律称为化学反应的计量原理。它是化学反应能用方程式表示的依据。

任何一个化学反应，可用下列一般形式的方程式表示

$$0 = \sum_{B} \nu_B B \tag{2-90}$$

式中 B 表示物质的化学式，ν_B 表示物质 B 的化学计量数，对反应物它取负数，对产物它取正

数(注意,这样的规定是对方程式(2-90)而言的)。ν_B 是无量纲的纯数,可以是整数,也可以是简单分数。它们表示反应过程中各物质转化的比例关系。

式(2-90)称为化学反应方程式。对于物质C和D为反应物,G和H为产物的反应,方程(2-90)也可写成我们熟悉的形式

$$-\nu_C C - \nu_D D = \nu_G G + \nu_H H \tag{2-91}$$

同一化学反应可用不同化学计量数的方程式表示,例如合成氨反应用下列两种方程式表示都可以。

$$\frac{1}{2}N_2(g) + \frac{3}{2}H_2(g) = NH_3(g) \tag{2-92}$$

$$N_2(g) + 3H_2(g) = 2NH_3(g) \tag{2-93}$$

当然还可以用其他倍数的方程式表示。这是因为它们所表示的反应中各物质转化的比例关系是相同的。由此可知,物质的化学计量数是反应过程中各物质转化的比例数,它们并不是反应过程中各相应物质所转化的量。例如,不能将方程式(2-93)中 NH_3 的化学计量数说成是 2 mol,也不能将产物计量数之和与反应物计量数之和的绝对值的差说成是 −2 mol,而应该是纯数 −2。

化学反应的计量原理表明,化学反应体系中各物质的量的改变彼此不是无关的。依据化学反应方程式可得各物质的量改变之间的关系。今以(2-91)式表示的反应为例进行讨论。令 $n_{B,0}$ 和 n_B 分别代表起始时刻 $t=0$ 与时刻 t 时物质B的物质的量(B = C,D,G,H),依据方程式(2-91),则下列恒等式必须成立

$$\frac{n_C - n_{C,0}}{\nu_C} = \frac{n_D - n_{D,0}}{\nu_D} = \frac{n_G - n_{G,0}}{\nu_G} = \frac{n_H - n_{H,0}}{\nu_H} \tag{2-94}$$

据此结果,可以按下式定义一个新的物理量 ξ

$$\xi = \frac{n_B - n_{B,0}}{\nu_B} = \frac{\Delta n_B}{\nu_B} \quad (B = C、D、G、H) \tag{2-95}$$

并将它称为方程式(2-91)所示反应的反应进度。(2-95)式可改写成下列的等价形式

$$n_B = n_{B,0} + \nu_B \xi \tag{2-96}$$

对于封闭体系,$n_{B,0}$ 为常量,从而 dn_B 与 $d\xi$ 之间的关系为

$$dn_B = \nu_B d\xi \tag{2-97}$$

(2-96)和(2-97)两式有互为微分和积分的关系。

反应进度 ξ 不依赖于参与反应的各个具体物质,但化学反应中各物质变化的量都可用 ξ 求得。ξ 是对化学反应的整体描述。对一个已确定的不同计量数的化学反应方程式,ξ 对任何一种物质都是相同的。由于化学计量数是纯数,因而 ξ 的单位与物质的量的单位相同,在 SI 中是 mol。$\xi = 0$ 表示反应没有进行,$\xi = 1$ mol 表示各物质的量的改变在数值上正好等于各自的化学计量数。由此可见,对于一个化学反应,用不同计量数的方程式表示时,$\xi = 1$ mol 所表示的各物质的量的改变也就不同。所以,用 ξ 时必须要特别指明它所对应的反应方程式。例如,对相同的 ξ 值,方程(2-93)中各物质的量的改变与方程(2-92)中的情况不同,前者恰好是后者的 2 倍。

2.6.2 等压热效应与等容热效应

前已述及，热量不仅与过程的始、终态有关，且与过程所取的途径有关。然而，在某些特殊条件下过程的热则仅取决于过程的始终态。

常定义在体系与环境之间无非膨胀功发生而反应物与产物的温度相同时，化学反应过程中所吸收或放出的热量，称为"**化学反应热效应**(heat effect of chemical reaction)"，简称"反应热"。

等容热效应：
$$Q_V = \Delta U(\text{或 } \Delta_r U) \tag{2-27}$$
等压热效应：
$$Q_p = \Delta H(\text{或 } \Delta_r H) \tag{2-31}$$

U 和 H 均为状态函数，$\Delta_r U$ 和 $\Delta_r H$ 的数值均只与始终态有关而与过程所取途径无关。因此，只要过程同是在等容或同是在等压条件下进行，则反应热效应也仅取决于始终态而与过程所取途径无关。当反应进度 $\xi = 1$ mol，即反应按所给反应式的计量系数比例完成一个反应进度的反应时，则 $\Delta_r U = \Delta_r U_m$，称"**摩尔反应热力学能变**(molar thermodynamic energy of reaction)"，而 $\Delta_r H = \Delta_r H_m$，称"**摩尔反应焓变**(molar enthalpy of reaction)"，其中下标符号 r 意反应，m 示摩尔，量纲单位为 $J \cdot mol^{-1}$。现以 A、D 代表反应物而 G、H 代表产物，按下式进行：

$$aA + dD \rightarrow gG + hH$$

式中 a、d、g、h 分别为 A、D、G、H 等物质的计量系数，则热效应的意义分别可用图 2-14(a) 的等容热效应和图 2-14(b) 等压条件下的热效应表示：

$$\begin{aligned}\Delta_r U_m &= (\Delta U)^{\mathrm{I}} = (\Delta U_1)^{\mathrm{II}} + (\Delta U_2)^{\mathrm{II}} \\ &= (\Delta U_1)^{\mathrm{III}} + (\Delta U_2)^{\mathrm{III}} + (\Delta U_3)^{\mathrm{III}} \\ &= U_f - U_i\end{aligned}$$

U_i 及 U_f 分别为反应物及产物的热力学能。

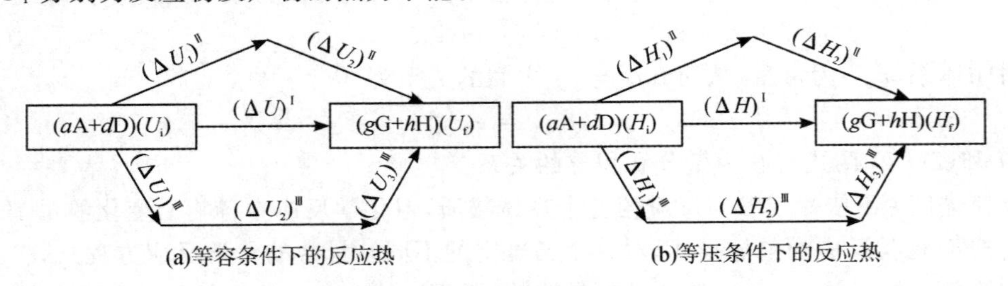

图 2-14 反应热效应

$$\begin{aligned}\Delta_r H_m &= (\Delta H)^{\mathrm{I}} = (\Delta H_1)^{\mathrm{II}} + (\Delta H_2)^{\mathrm{II}} \\ &= (\Delta H_1)^{\mathrm{III}} + (\Delta H_2)^{\mathrm{III}} + (\Delta H_3)^{\mathrm{III}} \\ &= H_f - H_i\end{aligned}$$

H_i 及 H_f 分别为反应物及产物的焓。

对于同一反应，**等容热效应**(heat effect at constant volume) 和**等压热效应**(heat effect at constant pressure)，即 $\Delta_r U_m$ 和 $\Delta_r H_m$ 之间有如下近似关系：

$$\Delta_r H_m = \Delta_r U_m + \Delta nRT \tag{2-98}$$

式中 Δn（或示为 $\sum_B \nu_B$）为反应过程中气体物质的量的增量。式(2-98) 的导出可参考图 2-15。

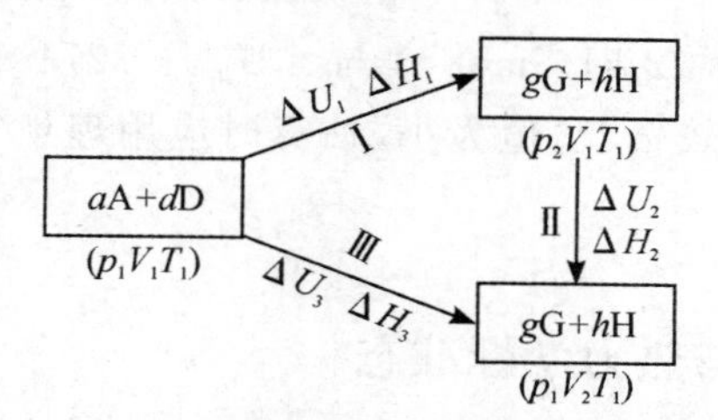

图 2-15　等容及等压热效应的关系

由图可得，等容热效应：

$$Q_V = \Delta_r U_m = \Delta U_1 \tag{2-99}$$

显然

$$\Delta U_1 + \Delta U_2 = \Delta U_3 \tag{2-100}$$

而

$$\Delta H_3 = \Delta U_3 + p_1 \Delta V = \Delta U_3 + p_1(V_2 - V_1) \tag{2-101}$$

ΔU_2 相当于产物($gG + hH$)在恒温（温度保持 T_1）条件下由状态(p_2、V_1、T_1)转变为状态(p_1、V_2、T_1)所吸收或放出的热量，与等容反应热效应 ΔU_1 或 ΔU_3 对比其值甚小，可以略去不计，可令：

$$\Delta U_1 \approx \Delta U_3 \approx \Delta_r U_m \tag{2-102}$$

而

$$\Delta_r H_m = \Delta H_3 = \Delta U_3 + p_1 \Delta V = \Delta_r U_m + p_1 \Delta V \tag{2-103}$$

只有当涉及气态反应物质时，才有较显著的体积变化，而等压下的膨胀功 $p_1 \Delta V$ 与 ΔU_3 或 $\Delta_r U_m$ 对比，常为一小量，用理想气体状态方程式估算，不致引入太大误差，故

$$p_1 \Delta V = p_1(V_2 - V_1) = (n_2 - n_1)RT \tag{2-104}$$

式中 n_2 和 n_1 分别为计量方程式中产物气体的物质的量和反应物气体的物质的量。或

$$p_1 \Delta V \approx \Delta nRT \tag{2-105}$$

以式(2-105) 结果代入式(2-103)，即得式(2-98)

$$\Delta_r H_m = \Delta_r U_m + \Delta nRT \tag{2-98}$$

上式在 $\Delta_r H_m$ 和 $\Delta_r U_m$ 之间的相互换算甚为有用，某些反应 $\Delta_r H_m$ 难以直接测定，另一些反应则 $\Delta_r U_m$ 难以直接测定，均可利用上式以换算。$\Delta_r U_m$ 或 $\Delta_r H_m$ 精确计算时，则应将 ΔU_2 的贡献计算在内。

〔例 6〕　已知一摩尔苯(液态)在 298.15 K 温度下的等容热效应 $\Delta_r U_m(298.15\ K) = -3274.1\ kJ \cdot mol^{-1}$，试计算其等压热效应 $\Delta_r H_m(298.15\ K)$。

〔解〕　反应方程式为

$$C_6H_6(l) + 7\frac{1}{2}O_2(g) \longrightarrow 6CO_2(g) + 3H_2O(l)$$

$$\Delta n = 6 - 7\frac{1}{2} = -1\frac{1}{2}$$

$$\Delta nRT = \frac{-\frac{3}{2} \times 8.314 \times 298.2}{1000} = -3.72\ kJ \cdot mol^{-1}$$

所以
$$\Delta_r H_m = \Delta_r U_m + \Delta nRT$$
$$= -3274.1 - 3.72$$
$$= -3277.8(kJ \cdot mol^{-1})$$

自上例的 ΔnRT 值($-3.72\ kJ \cdot mol^{-1}$) 与 $\Delta_r U_m$($-3274.1\ kJ \cdot mol^{-1}$) 对比，可以看出膨胀功在焓变中所占比例远较 $\Delta_r U_m$ 值为小，估算时应用理想气体方程式引起的误差微不足道。

2.6.3 热化学方程式与热力学标准态

表示出热效应数值的反应方程式称为**“热化学方程式**(thermochemical equation)”。热效应数值与反应的始终态(参与反应物质的种类、数量、聚集状态、浓度 ……) 以及反应条件(温度、压力 ……) 都有关系。写出热化学方程式时必须注明有关条件，否则所给出的热效应数据也就没有意义。为此，具体规定如下：

(1) 等容热效应以 ΔU(或 $\Delta_r U_m$) 表示，而等压热效应以 ΔH(或 $\Delta_r H_m$) 表示。跟热力学第一定律中规定一致，吸热反应 ΔU 或 ΔH 为正值，放热反应 ΔU 或 ΔH 为负值。

(2) 必须标明反应的温度或压力。为了便于比较热力学数据，以前热力学中规定温度 T、压力等于 101.325 kPa(即 1 atm) 且记为 $p^{\ominus}$ 的状态为“标准态”。现在按新规定：温度 T、压力 $p^{\ominus} = 100$ kPa(也称标准压力) 为**“热力学标准态**(thermodynamic standard state)”，简称**“标准态**(standard state)”。

任意温度下焓的增量用 $\Delta H(T)$ 表示，298.15 K 时任意反应中各物质均独立处于标准压力 $p^{\ominus}$ 的标准态下之摩尔反应焓增量，称为**“反应的标准摩尔焓变**(standard molar enthalpy change of reaction)”，以 $\Delta_r H_m^{\ominus}(298.15\ K)$ 表示，亦常简写为 $\Delta_r H_m^{\ominus}$。值得注意：各物质均独立即指个个都是纯态(如纯固体、纯液体及表现出理想气体性质的纯气体)，这与我们理解一个反应体系至少应当视反应物为混合态是有距离的。

(3) 必须标明参与反应物质和生成物质的聚集状态。聚集状态不同，热效应也不相等。

物质为气体、液体或固体时分别以(g)、(l) 或(s) 等符号表示。固体有不同晶态时，则需标明其晶型，如 $S_{(斜方)}$、$S_{(单斜)}$、$C_{(金刚石)}$、$C_{(石墨)}$ 等。参与反应物质为溶液时，需标明其浓度，在热化学中浓度常以一摩尔溶质溶于 x 摩尔溶剂的方式表示，例如：

$$NaNO_3 \cdot 100H_2O, KCl \cdot 50H_2O$$

以上二式分别表示一摩尔 $NaNO_3$ 溶于 100 摩尔水中以及一摩尔 KCl 溶于 50 摩尔水中所构成的溶液，无限稀水溶液则以(∞aq) 表示，如：

$$NaCl(\infty aq) \text{ 或 } NaCl \cdot \infty aq$$

表示 NaCl 溶于大量水中所构成的稀溶液。(热化学中的稀溶液是指继续加入溶剂，再也不会有溶解热效应产生的状态，不必要求溶剂量为无穷大)。

要注意生成物质的聚集状态。聚集状态不同，热效应也不一样。

例如：$2H_2(g) + O_2(g) = 2H_2O(l) \qquad \Delta_r H_m^{\ominus}(298.15\ K) = -571.7\ kJ \cdot mol^{-1}$

$2H_2(g) + O_2(g) = 2H_2O(g) \qquad \Delta_r H_m^{\ominus}(298.15\ K) = -483.7\ kJ \cdot mol^{-1}$

(4) 注意参与反应物质的数量。方程式计量系数不同，生成物质数量不一样，热效应也不相等。

例如：

$$2H_2(g) + O_2(g) = 2H_2O(l) \quad \Delta_r H_m^\ominus(298.15\ K) = -571.7\ kJ \cdot mol^{-1}$$

$$H_2(g) + 1/2O_2(g) = H_2O(l) \quad \Delta_r H_m^\ominus(298.15\ K) = -285.9\ kJ \cdot mol^{-1}$$

2.6.4　盖斯定律

盖斯从实验中总结出如下规律：**“化学反应所吸收或放出的热量，仅决定于反应的始态和终态，而跟反应是由一步或者分为数步以完成无关。”**这一结论，称为**“盖斯定律(Hess law)”**。

盖斯在提出上述结论时并没有加上任何特殊的条件。这与当时的实验技术条件有关，因 ΔnRT 与 ΔH 或 ΔU 对比，为一小量，故在当时实验条件下难以觉察出 ΔH 与 ΔU 的差别。现在，我们可以看到只有当过程都是在等压条件下或都是在等容条件下，盖斯的结论才能成立。($Q_V = \Delta U, Q_p = \Delta H$) 在这些特殊条件下，盖斯的结论可以用图 2-14(a) 或(b) 加以阐释。

盖斯定律对于估算一些极慢反应的热效应或一些难以直接测定的反应热效应甚为有用。

例如 C(石墨) + $\frac{1}{2}O_2(g)$ ═══ CO(g)，这一反应的热效应难以直接测定，原因是难以避免 C 与 O_2 直接形成 CO_2。但 C 燃烧形成 CO_2，以及 CO 燃烧形成 CO_2 的反应热效应均易于直接测定。如图 2-16 所示，如以 C(石墨) + O_2 为始态，而以 $CO + \frac{1}{2}O_2$ 为中间态，则由盖斯定律：直接反应的热效应 ΔH_1 与经中间态完成的热效应的总和($\Delta H_2 + \Delta H_3$) 应相等：

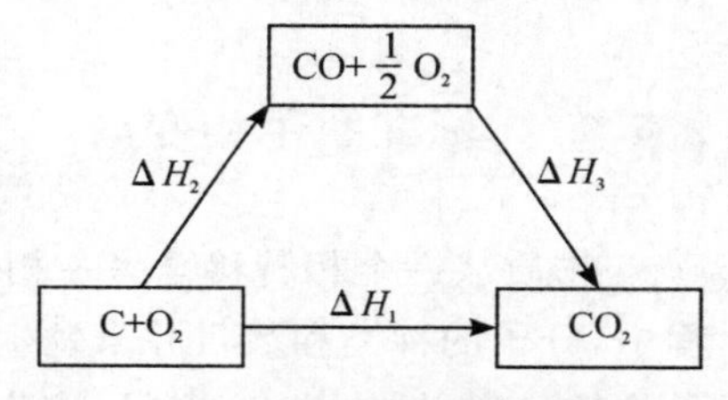

图 2-16　利用盖斯定律测定热效应

$$\Delta H_1 = \Delta H_2 + \Delta H_3$$

或

$$\Delta H_2 = \Delta H_1 - \Delta H_3$$

故可由易于测定的 ΔH_1 及 ΔH_3 间接地估算 ΔH_2[即 C(石墨) + $\frac{1}{2}O_2(g)$ ═══ CO(g) 的热效应]。如用热化学方程式表示，则可以看出三个步骤的热效应间有如下关系：

$$C + \frac{1}{2}O_2 = CO \qquad \Delta H_2$$

$$CO + \frac{1}{2}O_2 = CO_2 \qquad \Delta H_3$$

$$C + O_2 = CO_2 \qquad \Delta H_1 = \Delta H_2 + \Delta H_3$$

分析其他反应，也有类似的结果。如对于 C(石墨) → C(金刚石) 的反应热效应，由于转变速度极慢(需数百万年!)，因此无法从实验上测定其热效应。但原则上可通过两者燃烧热的测定来间接获得该数据。因此，由盖斯定律可以得出如下推论：“如果一个化学反应可以由某些反应相加减而得，则这个反应的热效应也可以由这些反应的热效应相加减而得。”

由单质生成乙醇的反应热效应无法从实验中直接测定：

$$2C(石墨) + 3H_2(g) + \frac{1}{2}O_2(g) = C_2H_5OH(l) \qquad \Delta_r H_m^\ominus(298.15\ K)$$

然而，碳、氢和乙醇均易燃烧，它们燃烧时热效应数据分别为

$$C(石墨) + O_2(g) = CO_2(g) \qquad \Delta_r H_m(1) = -393.5\ kJ \cdot mol^{-1} \qquad (1)$$

$$H_2(g) + \frac{1}{2}O_2(g) = H_2O(l) \qquad \Delta_r H_m(2) = -285.8\ kJ \cdot mol^{-1} \qquad (2)$$

$$C_2H_5OH(l) + 3O_2(g) = 2CO_2(g) + 3H_2O(l) \qquad \Delta_r H_m(3) = -1367.8\ kJ \cdot mol^{-1} \qquad (3)$$

$2\times(1)+3\times(2)-(3)$：

$$2C(石墨) + 3H_2(g) + \frac{1}{2}O_2(g) = C_2H_5OH(1)$$

$$\Delta_r H_m^{\ominus}(298.15\ K) = 2\Delta_r H_m(1) + 3\Delta_r H_m(2) - \Delta_r H_m(3)$$
$$= -276.6\ kJ \cdot mol^{-1}$$

即由盖斯定律推论可以估算出生成乙醇的等压热效应为 $-276.2\ kJ \cdot mol^{-1}$。

2.7 过程热计算与摩尔焓变

2.7.1 标准摩尔相变焓

物质从一个相转移至另一相的过程，称为**相变过程**(phase transition process)。在此过程中，分子的种类和数目并未发生变化，改变的只是分子的运动形态和聚集方式，故它是一种物理过程。例如蒸发、冷凝、熔化、结晶、升华、凝华、晶型转变等。相变化如非特别指明，一般看作恒温过程。当由液体变为同温度下的蒸气时，热运动能没有变化。但分子间距显著增大，为克服分子间力，必须供给能量，因此蒸发应为吸热过程；反之，冷凝则放热。当由固体变为同温度下的液体时，或由于分子间距增大，或由于分子间氢键的部分破坏，也必须供给能量，因此熔化也是吸热过程。对于相同数量的同一物质，熔化时吸收的热量通常比蒸发时小。反之，液体凝固或结晶则放热。升华是吸热过程，而且比蒸发所吸热量要大，凝华则放热。晶型转变也有能量变化。一些标准摩尔相变焓如表 2-5 所示。

表 2-5　标准摩尔相变焓

标准相变焓	过去称标准相变热。即相变前后 1 摩尔物质温度相同且均处于标准状态时的焓差，现称标准摩尔相变焓，单位常用 $kJ \cdot mol^{-1}$	
标准摩尔蒸发焓	$\Delta_{vap} H_m^{\ominus} \overset{def}{=\!=} H_m^{\ominus}(g) - H_m^{\ominus}(l)$	(2-106)
标准摩尔熔化焓	$\Delta_{fus} H_m^{\ominus} \overset{def}{=\!=} H_m^{\ominus}(l) - H_m^{\ominus}(s)$	(2-107)
标准摩尔升华焓	$\Delta_{sub} H_m^{\ominus} \overset{def}{=\!=} H_m^{\ominus}(g) - H_m^{\ominus}(s)$	(2-108)
标准摩尔转变焓	$\Delta_{trs} H_m^{\ominus}(cr\,Ⅰ \rightarrow cr\,Ⅱ) \overset{def}{=\!=} H_m^{\ominus}(cr\,Ⅱ) - H_m^{\ominus}(cr\,Ⅰ)$	(2-109)

表中下标“vap”“fus”“sub”“trs” 分别指蒸发、熔化、升华和晶型转变，crⅠ、crⅡ 指第一种和第二种晶型。不言而喻，**标准摩尔冷凝焓**(standard molar enthalpy of liquefaction) 为 $-\Delta_{vap} H_m^{\ominus}$，**标准摩尔结晶焓**(standard molar enthalpy of crystallization) 为 $-\Delta_{fus} H_m^{\ominus}$，**标准摩尔**

凝华焓(standard molar enthalpy of sublimation) 为 $-\Delta_{sub}H_m^\ominus$。

由于焓是状态函数，在同温度下综合式(2-106)、(2-107)、(2-108) 可写出：

$$\Delta_{sub}H_m^\ominus = \Delta_{fus}H_m^\ominus + \Delta_{vap}H_m^\ominus \tag{2-110}$$

相变焓是物质的特征，随温度而变。图 2-17 画出若干物质的标准蒸发焓随温度变化的曲线，由图可见它们均随温度升高而降低，愈接近临界温度，变化愈显著，当到达临界温度时，由于气液差别消失，蒸发焓降至零。

应该注意：相变时实际吸收或放出的热量，不能简单地与标准相变焓划等号。这是因为实际的相变热还与相变的条件有关。一般说来，对于**凝聚态**(coagulation state) 的相变，如熔化、结晶、晶型转变等，压力对焓的影响很小，除非压力很高，直接应用标准相变焓不会有显著的误差。而当涉及气相时，如蒸发、冷凝、升华、凝华，一方面随压力升高，蒸气愈来愈偏离理想气体，$H_m(g)$ 与 $H_m^\ominus(g)$ 的差别愈显重要，这种差别的本质在于分子间的相互作用，要应用 pVT 关系来估算，这将在后续讨论。另一方面，要注意 $Q_p = \Delta H$ 的条件之一是恒压，要求 $p = p_{外} =$ 常数。

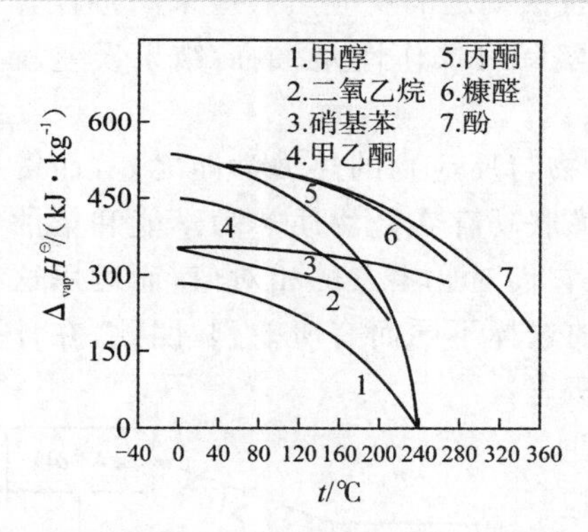

图 2-17　若干物质的标准蒸发焓

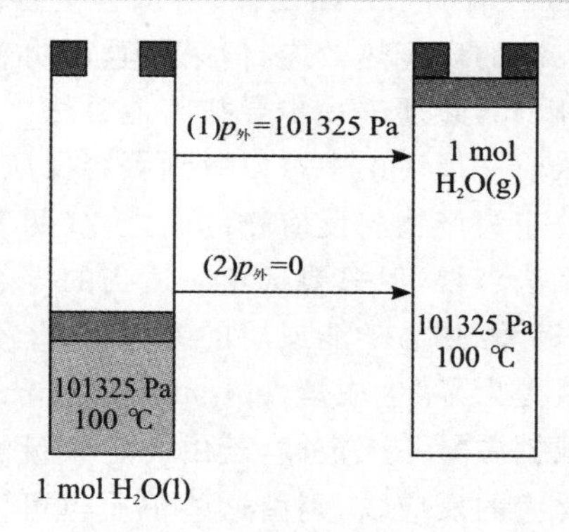

图 2-18　例 7 示意图

〔**例 7**〕　在正常沸点 100 ℃ 时，1 mol $H_2O(l)$ 在 101325 Pa 的外压下汽化为相同压力的水蒸气。已知在正常沸点时 H_2O 的摩尔蒸发焓为 40.66 kJ · mol^{-1}，$H_2O(l)$ 和 $H_2O(g)$ 的摩尔体积分别为 18.80 cm^3 · mol^{-1} 和 3.014×10^4 cm^3 · mol^{-1}。

(1) 求 Q、W、ΔU、ΔH；

(2) 如在外压为零的条件下完成同样的变化，求 Q，W，ΔU，ΔH。

〔**解**〕　(1) 该过程系恒压过程。可直接写出：

$$Q = \Delta H = n\Delta_{vap}H_m = 1 \times 40.66\ \text{kJ} = 40.66\ \text{kJ}$$

$$\begin{aligned} W &= -\int_{V_1}^{V_2} p\mathrm{d}V = -p(V_2 - V_1) \\ &= -[101325 \times (3.014 \times 10^4 - 18.80) \times 10^{-6}] \\ &= -3.052\ \text{kJ} \end{aligned}$$

$$\Delta U = Q + W = (40.66 - 3.052)\text{kJ} = 37.61\ \text{kJ}$$

(2) 由于需完成同样的状态变化，可设想开始时外压为 101325 Pa，然后突然使外压降为零，液体汽化。最后活塞由于受气缸壁上插销阻止而不再移动，体系内保持 101325 Pa。由于初始态与(1) 完全相同，ΔU、ΔH 和(1) 的结果也完全相同，

$$\Delta U = 37.61\ \mathrm{kJ}, \Delta H = 40.66\ \mathrm{kJ}$$

然而此时已不符合恒压条件，$p \neq p_{外}$，$Q \neq \Delta H$。由于 $p_{外} = 0$

$$W = 0, Q = \Delta U - W = (37.61 - 0)\mathrm{kJ} = 37.61\ \mathrm{kJ}$$

注意这时蒸发所吸收的热量比 $n\Delta_{\mathrm{vap}}H_{\mathrm{m}}(n = 1\ \mathrm{mol})$ 要小。

标准摩尔相变焓作为物质特征，常可从手册查得。此外，对于非缔合的液体，由经验得到

$$\frac{\Delta_{\mathrm{vap}}H_{\mathrm{m}}^{\ominus}}{T_{\mathrm{b}}} = 88\ \mathrm{J \cdot K^{-1} \cdot mol^{-1}} \tag{2-111}$$

称为**特鲁顿(Trouton F T) 规则**，可作估算用。式中 T_{b} 是正常沸点。

2.7.2 标准摩尔生成焓(变)

虽然借助于盖斯定律，可从一些容易从实验上直接测定的反应热效应来间接计算一些不易控制的反应热效应。但采用这种办法也存在着实际可操作性差、最后结果误差较大等缺点。因此，必须进一步寻找其他方法。

从前一节讨论中可以看到等容反应热效应为产物与反应物的热力学能之差，而等压反应热效应为产物与反应物的焓之差(两者均没有非膨胀功存在)。物质热力学能和焓的绝对值都无法求得，但只要选定一适当的零点，则可确定它们对此零点的相对值，而运用这种相对值以计算热力学能或焓的差值时，并不会因零点的选择不同而有所差别。因此，在计算热效应时提出了"**生成焓**(enthalpy of formation)"的概念。

根据质量不灭定律，若由一定数量的单质能够生成某反应的反应物，则由这些单质也可以生成该反应的产物。如以单质为始态，以产物为终态，而以反应物为中间态，则如图 2-19 所示。由同一始态到同一终态间有两种不同途径可循：(1) 直接由单质反应生成产物($g\mathrm{G} + h\mathrm{H}$)；(2) 先由单质生成反应物($a\mathrm{A} + d\mathrm{D}$)，再由反应：

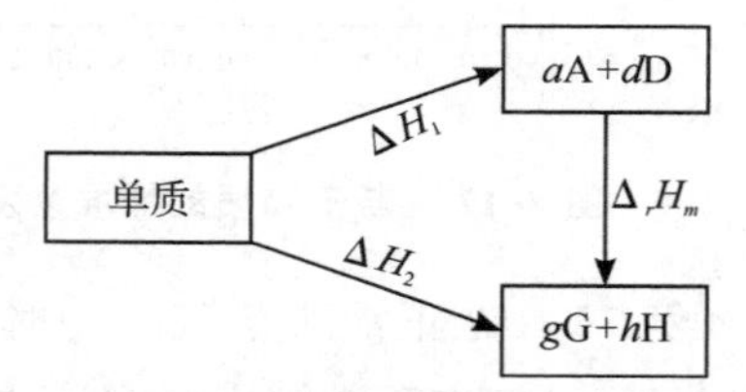

图 2-19　反应热效应与生生焓的关系

$$a\mathrm{A} + d\mathrm{D} = g\mathrm{G} + h\mathrm{H} \qquad \Delta_{\mathrm{r}}H_{\mathrm{m}}$$

生成产物。这两个途径的**恒压热效应**(heat effect at constant pressure) 应该相等，即

$$\Delta H_2 = \Delta H_1 + \Delta_{\mathrm{r}}H_{\mathrm{m}}$$

或

$$\Delta_{\mathrm{r}}H_{\mathrm{m}} = \Delta H_2 - \Delta H_1 \tag{2-112}$$

其中 $\Delta_{\mathrm{r}}H_{\mathrm{m}}$ 为由反应物生成产物的等压热效应或摩尔反应焓变。

定义：一定温度和压力下由**稳定态**(steady state) 单质生成化学计量系数$\nu_{\mathrm{B}} = 1$ 的物质 B(β) 的焓变，称为该物质 B 的"生成焓(变)"，以 $\Delta_{\mathrm{f}}H_{\mathrm{m}}(\mathrm{B},\beta)$ 表示。下标符号 f 示生成反应，m 意单位反应进度的摩尔，括号中 β 指物质 B 的相态。式(2-112) 中的 ΔH_1 相当于由单质生成 A 物质和 D 物质的生成焓(变)(以下简称生成焓)，可用

$$\Delta H_1 = a\Delta_f H_m(A) + d\Delta_f H_m(D) \tag{2-113}$$

表示。同理，ΔH_2 相当于由单质生成 G 物质和 H 物质的生成焓(变)，可用

$$\Delta H_2 = g\Delta_f H_m(G) + h\Delta_f H_m(H) \tag{2-114}$$

表示。以式(2-114) 和(2-113) 结果代入式(2-112)

$$\Delta_r H_m = [g\Delta_f H_m(G) + h\Delta_f H_m(H)] - [a\Delta_f H_m(A) + d\Delta_f H_m(D)] \tag{2-115}$$

或

$$\Delta_r H_m = \sum_B P_B \Delta_f H_{m,产物} - \sum_B R_B \Delta_f H_{m,反应物} = \sum_B \nu_B \Delta_f H_m(B) \tag{2-116}$$

式(2-116) 指出：摩尔焓变为产物生成焓总和与反应物生成焓总和之差。亦可用简式 $\sum_B \nu_B \Delta_f H_m(B)$ 表示，式(2-116) 中 P_B 和 R_B 分别表示产物与反应物在方程式中的计量系数，ν_B 指通用计量系数。有了生成焓的数据就可根据式(2-115) 或式(2-116) 计算反应热效应或过程热。

常规定：温度 T(如 298.15 K) 及标准压力 $p^{\ominus}$ 之标准状态下由稳定单质生成计量系数 $\nu_B = 1$ 的物质 B 的生成焓，为该物质的"**标准摩尔生成焓**(standard molar enthalpy of formation)"以 $\Delta_f H_m^{\ominus}(B,\beta,T)$，或 $\Delta_f H_m^{\ominus}(B,\beta,298.15\ K)$ 表示，后者也简写为 $\Delta_f H_m^{\ominus}(B,\beta)$。显然稳定态单质的标准摩尔生成焓为零，即稳定态单质 B 的 $\Delta_f H_m^{\ominus}(B,\beta,298.15\ K) = 0$。

例如：

$$\Delta_f H_m^{\ominus}(H_2,g,298.15\ K) = 0$$

$$\Delta_f H_m^{\ominus}(C,石墨\ 298.15\ K) = 0$$

应该注意，在标准态时 H 原子的生成焓 $\Delta_f H_m^{\ominus}(H)$ 并不为零，因为在该条件下原子态氢不是稳定态单质。在标准态时石墨碳是稳定态单质，而金刚石碳则不是，$\Delta_f H_m^{\ominus}(C,金刚石,298.15\ K) = 1.821\ kJ\cdot mol^{-1}$。固态物质常有不同晶型，应注意哪一种在标准状态下属稳定态。

作出上述规定之后，从某些反应热效应或过程热可以直接获得标准摩尔生成焓数据。例如，以下反应在标准态下的热效应，分别相当于 $H_2O(l)$ 和 $CO_2(g)$ 的标准生成焓：

$$H_2(g) + \frac{1}{2}O_2(g) = H_2O(l)$$

$$\Delta_f H_m^{\ominus}(H_2O,l,298.15\ K) = \Delta_r H_m^{\ominus}(298.15\ K) = -285.86\ kJ\cdot mol^{-1}$$

$$C(石墨) + O_2(g) = CO_2(g)$$

$$\Delta_f H_m^{\ominus}(CO_2,g,298.15\ K) = \Delta_r H_m^{\ominus}(298.15\ K) = -393.5\ kJ\cdot mol^{-1}$$

有了标准生成焓的数据，就可以进行标准态下热效应的计算。

〔例 8〕　由生成焓数据计算以下反应等压热效应：

$$NH_3(g) + \frac{5}{4}O_2(g) = NO(g) + \frac{3}{2}H_2O(g)$$

已知

$$\Delta_f H_m^{\ominus}(NH_3,g,298.15\ K) = -46.19\ kJ\cdot mol^{-1}$$

$$\Delta_f H_m^{\ominus}(NO,g,298.15\ K) = 87.86\ kJ\cdot mol^{-1}$$

$$\Delta_f H_m^{\ominus}(H_2O,g,298.15\ K) = -241.83\ kJ\cdot mol^{-1}$$

〔解〕　由式(2-108) 或式(2-109) 可知

$$\begin{aligned}\Delta_r H_m^{\ominus}(298.15\ \text{K}) &= \left[\Delta_f H_m^{\ominus}(\text{NO}) + \frac{3}{2}\Delta_f H_m^{\ominus}(\text{H}_2\text{O})\right] - \left[\Delta_f H_m^{\ominus}(\text{NH}_3) + \frac{5}{4}\Delta_f H_m^{\ominus}(\text{O}_2)\right] \\ &= \left[87.86 + \frac{3}{2}(-241.83)\right] - \left(-46.91 + \frac{5}{4}\times 0\right) \\ &= -228.70\ \text{kJ}\cdot\text{mol}^{-1}\end{aligned}$$

2.7.3 键焓法估算生成焓

在缺少热效应实验数据情况下如何估算反应过程热?化学反应实质上是原子或原子团重新排列组合的过程,每一过程必然要涉及旧键的破裂和新键的形成,原则上似乎可由**键能**(bond energy)数据直接估算反应热效应。但实际上,分子中除了成键的原子间存在着相互作用之外,非键合原子间的作用有时也不能忽略;此外,单纯从键能数据出发,也难以反映同素异构体解体时情况的差别。然而,在某些场合下,尤其是仅涉及由共价键形成的物质的气相反应,由键能数据进行估算,虽然粗略,却简便可行。故下面以"键焓法"估算为例作一简介,其他更深入的修正方法必要时可参阅有关专著。

键焓法的基本原理如下:

在标准态下,由单质直接生成化学计量系数 $\nu_B=1$ 的化合物B的焓变即为该化合物B的标准生成焓 $\Delta_f H_m^{\ominus}(\text{B},298.15\ \text{K})$。也可以设想这一反应是先经由单质离解成气态原子,再由这些气态原子生成该化合物。前一过程为单质的原子化过程,后一过程为由化合物离解成单原子气体的逆过程。如图 2-20。

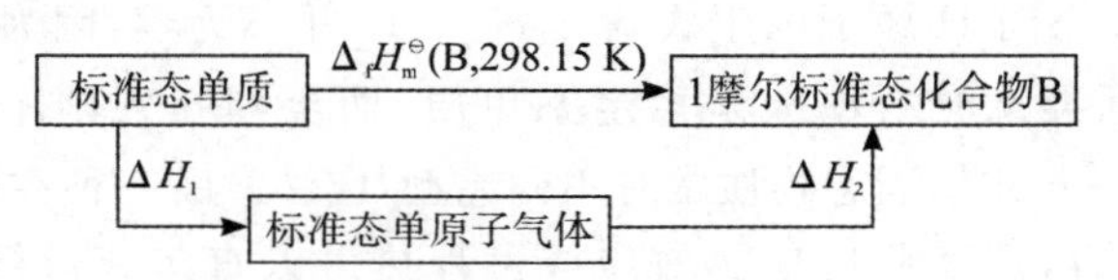

图 2-20 反应生成焓与键焓的关系

显然

$$\Delta_f H_m^{\ominus}(\text{B},298.15\ \text{K}) = \Delta H_1 + \Delta H_2 \tag{2-117}$$

定义:由单质形成化学计量系数 $\nu_B=1$ 的气态原子 i 的焓变,称为"**原子化焓**(enthalpy of atomization)",以 $\Delta_{at} H_m^{\ominus}(i)$ 表示,脚注 at 意原子化。

例如

$\text{Mg(s)} \longrightarrow \text{Mg(g)}$ $\qquad \Delta_{at} H_m^{\ominus}(\text{Mg},298.15\ \text{K}) = 150.2\ \text{kJ}\cdot\text{mol}^{-1}$

$\frac{1}{2}\text{O}_2(\text{g}) \longrightarrow \text{O(g)}$ $\qquad \Delta_{at} H_m^{\ominus}(\text{O},298.15\ \text{K}) = 249.2\ \text{kJ}\cdot\text{mol}^{-1}$

有些物质的原子化焓尚难准确确定,但可以估出其合理值。定义原子化焓之后,ΔH_1 可表示如下:

$$\Delta H_1 = \sum n_i \Delta_{at} H_m^{\ominus}(i,298.15\ \text{K}) \tag{2-118}$$

其中 $\Delta_{at} H_m^{\ominus}$ 项前系数 n_i 为反应中所涉及单质 i 的原子数。

定义:**一化学键破裂形成气态原子或基团时的焓变为"键焓**(bond enthalpy)",以

$\Delta H_m^\ominus(A—B, 298.15\ K)$ 表示

$$A—B(g) \longrightarrow A(g) + B(g) \qquad \Delta H_m^\ominus(A—B, 298.15\ K)$$

其中 A、B 可以是原子或原子基团。若化合物中只含一个键，则键焓近似地等于使该键破裂所需的键能(ε)或离解能(D)。[因 $\Delta(pV)$ 的数值与 ε 对比常可忽略不计。] 若化合物中包含有两个或两个以上的单键，键能与离解能有所区别，键能是逐级离解能的平均值。例如：

$$H_2O(g) \longrightarrow H(g) + OH(g) \qquad D_1 = 502.1\ kJ \cdot mol^{-1}$$

$$OH(g) \rightarrow H(g) + O(g) \qquad D_2 = 423.4\ kJ \cdot mol^{-1}$$

$$H_2O(g) \rightarrow 2H(g) + O(g) \qquad \Delta H_m^\ominus(O—H, 298.15\ K) = \varepsilon = \frac{D_1 + D_2}{2} = 462.8\ kJ \cdot mol^{-1}$$

故键焓所反映的也只是平均结果。

当化合物中有二重键或三重键时，因每级离解时键的强度不一致，可以预期其键焓不是单键焓的二倍或三倍。如 $\Delta H_m^\ominus(C—C, 298.15\ K) = 348\ kJ \cdot mol^{-1}$，$\Delta H_m^\ominus(C=C, 298.15\ K) = 613\ kJ \cdot mol^{-1}$，而 $\Delta H_m^\ominus(C\equiv C, 298.15\ K) = 845\ kJ \cdot mol^{-1}$。

ΔH_2 为由化合物离解成单原子气体的逆过程焓变，故可表示为

$$\Delta H_2 = -\sum n_j \Delta H_m^\ominus(A—B, 298.15\ K) \qquad (2\text{-}119)$$

式中 n_j 为化合物中 j 类键或 A—B 键的数目，而 $\Delta H_m^\ominus(A—B, 298.15\ K)$ 为 A—B 键的键焓。以式(2-118) 和(2-119) 结果代入式(2-117)

$$\Delta_f H_m^\ominus(B.\ 298.15\ K) = \sum n_i \Delta_{at} H_m^\ominus(i, 298.15\ K) - \sum n_j \Delta H_m^\ominus(A—B, 298.15\ K) \qquad (2\text{-}120a)$$

根据上式，可由原子化焓和键焓数据计算化合物的标准摩尔生成焓。

同样分析，对任何的化学反应，可由下式求反应热效应。

$$\Delta_r H_m^\ominus(298.15\ K) = \sum \nu_i \Delta_{at} H_m^\ominus(i, 298.15\ K) - \sum \nu_j \Delta H_m^\ominus(A—B, 298.15\ K) \qquad (2\text{-}120b)$$

式(2-120b) 中，ν_i、ν_j 分别为单质原子和化合物键焓的化学计量系数，其值对产物取正，对反应物取负。对没有单质参与的反应，第一项为零。

表 2-6 和表 2-7 分别列举一些原子化焓和键焓数据。

表 2-6　一些元素(i) 的原子化焓[$\Delta_{at} H_m^\ominus(i, 298.15\ K)/(kJ \cdot mol^{-1})$]

元素(i)	$\Delta_{at} H_m^\ominus$ (i,298.15 K)	元素(i)	$\Delta_{at} H_m^\ominus$ (i,298.15 K)	元素(i)	$\Delta_{at} H_m^\ominus$ (i,298.15 K)	元素(i)	$\Delta_{at} H_m^\ominus$ (i,298.15 K)
H	217.97	Br	111.88	P	314.6	Ni	425.14
O	249.17	I	106.84	C	716.68	Fe	404.5
F	78.99	S	278.81	Si	455.6		
Cl	121.68	N	472.70	Hg	60.84		

表 2-7 键焓数据[$\Delta H_m^\ominus$(A—B,298.15 K)/(kJ·mol^{-1})]

键	$\Delta H_m^\ominus$(A—B)	键	$\Delta H_m^\ominus$(A—B)	键	$\Delta H_m^\ominus$(A—B)	键	$\Delta H_m^\ominus$(A—B)
H—H	436	I—H	299	Br—Br	193	C≡C	845
C—H	413	F—H	563	I—I	151	N≡N	941
N—H	391	O—O	139	C—C	348	C—O	351
O—H	463	N—N	161	N=N	418	C—N	292
Cl—H	432	F—F	159	O=O	498	C—S	259
Br—H	366	Cl—Cl	243	C=C	613	C=O	732

〔**例 9**〕 试用键焓法估算 $CH_3CHO(g)$ 的标准摩尔生成焓。

〔**解**〕 $2C(s)+2H_2(g)+\frac{1}{2}O_2(g)=CH_3CHO(g)$

由式(2-120a)

$$\Delta_f H_m^\ominus(B,298.15\ K)=\sum n_i\Delta_{at}H_m^\ominus(i)-\sum n_j\Delta_{at}H_m^\ominus(A—B)$$

单质中含有 2 个 C 原子,4 个 H 原子和一个 O 原子,故:

$$\begin{aligned}\sum n_i\Delta_{at}H_m^\ominus(i)&=2\Delta_{at}H_m^\ominus(C)+4\Delta_{at}H_m^\ominus(H)+\Delta_{at}H_m^\ominus(O)\\&=(2\times716.68+4\times217.97+249.17)kJ\cdot mol^{-1}\\&=2554\ kJ\cdot mol^{-1}\end{aligned}$$

乙醛分子中含有 4 个 C—H 键、1 个 C—C 键和 1 个 C=O 双键,故:

$$\begin{aligned}\sum n_j\Delta H_m^\ominus(A—B)&=4\Delta H_m^\ominus(C—H)+\Delta H_m^\ominus(C—C)+\Delta H_m^\ominus(C=O)\\&=(4\times413+348+732)kJ\cdot mol^{-1}\\&=2732\ kJ\cdot mol^{-1}\end{aligned}$$

所以 $\Delta_f H_m^\ominus(CH_3CHO,g,298.15\ K)=(2554-2732)kJ\cdot mol^{-1}=-178\ kJ\cdot mol^{-1}$(文献值为 $-166.35\ kJ\cdot mol^{-1}$)

2.7.4 标准摩尔燃烧焓

有机化合物的生成焓难以直接从实验中测定,然而有机化合物易于燃烧,含碳、氢和氧等三种元素的有机化合物完全燃烧时生成二氧化碳和水。从有机化合物燃烧的热效应数据也可以估算反应热效应。

指定温度下化学计量系数 $\nu_B=1$ 的单质或化合物 B(β) 在恒压下与氧气完全燃烧时,生成规定燃烧产物的反应焓变,称为该物质 B 的"**燃烧焓**(enthalpy of combustion)",以 $\Delta_c H_m(B,\beta)$ 表示,下标 c 指燃烧之意。**标准态下的燃烧焓**(standard molar enthalpy of combustion) 则以 $\Delta_c H_m^\ominus(B,\beta,298.15\ K)$ 表示。

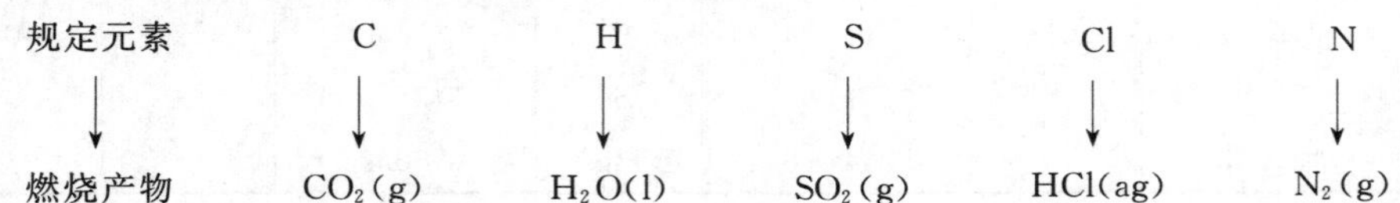

通常燃烧焓在等容条件下测定(即在称为“氧弹”的不锈钢容器中燃烧)，所得数据为 $\Delta_c U_m$ 值，经换算后才得出 $\Delta_c H_m$ 值。

以下两个反应的热效应，分别为 $C_6H_6(l)$ 和 $CH_4(g)$ 在标准态下的燃烧焓。

$$C_6H_6(l) + \frac{15}{2}O_2(g) \longrightarrow 6CO_2(g) + 3H_2O(l)$$

$$\Delta_r H_m^{\ominus}(298.15\ K) = \Delta_c H_m^{\ominus}(C_6H_6, l, 298.15\ K) = -3293.6\ kJ \cdot mol^{-1}$$

$$CH_4(g) + 2O_2(g) \longrightarrow CO_2(g) + 2H_2O(l)$$

$$\Delta_r H_m^{\ominus}(298.15\ K) = \Delta_c H_m^{\ominus}(CH_4, g, 298.15\ K) = -890.36\ kJ \cdot mol^{-1}$$

可以证明(读者自证)：在 298.15 K 及 $p^{\ominus}$ 标准态下的化学反应热效应 $\Delta_r H_m^{\ominus}(298.15\ K)$ 为反应物燃烧焓总和与产物燃烧焓总和之差。

对于反应

$$aA + dD = gG + hH$$

则

$$\Delta_r H_m^{\ominus}(298.15\ K) = \sum_B (R_B \Delta_c H_m^{\ominus})_{反应物} - \sum_B (P_B \Delta_c H_m^{\ominus})_{产物}$$

$$= -\sum_B \nu_B \Delta_c H_m^{\ominus}(B, \beta) \tag{2-121}$$

或

$$\Delta_r H_m^{\ominus}(298.15\ K) = [a\Delta_c H_m^{\ominus}(A) + d\Delta_c H_m^{\ominus}(D)] - [g\Delta_c H_m^{\ominus}(G) + h\Delta_c H_m^{\ominus}(H)] \tag{2-122}$$

显然，依规定燃烧产物[如 $CO_2(g)$、$H_2O(l)$ 等]的标准燃烧焓为零。

〔**例 10**〕　试由 C(石墨)、$H_2(g)$ 和 $CH_4(g)$ 的标准燃烧焓数据估算 $CH_4(g)$ 的标准生成焓。

〔**解**〕　按题意 $CH_4(g)$ 的标准摩尔生成焓即为以下反应的热效应：

$$C(石墨) + 2H_2(g) \longrightarrow CH_4(g)$$

$$\Delta_r H_m^{\ominus}(298.15\ K) = \Delta_f H_m^{\ominus}(CH_4, g, 298.15\ K)$$

而由式(2-122)

$$\Delta_r H_m^{\ominus}(298.15\ K) = [\Delta_c H_m^{\ominus}(C, 石墨) + 2\Delta_c H_m^{\ominus}(H_2, g)] - \Delta_c H_m^{\ominus}(CH_4, g)$$

又对于反应

$$C(石墨) + O_2(g) \longrightarrow CO_2(g)$$

$$\Delta_c H_m^{\ominus}(C, 石墨, 298.15\ K) = \Delta_f H_m^{\ominus}(CO_2, g, 298.15\ K)$$

$$H_2(g) + \frac{1}{2}O_2(g) \longrightarrow H_2O(l)$$

$$\Delta_c H_m^{\ominus}(H_2, g, 298.15\ K) = \Delta_f H_m^{\ominus}(H_2O, l, 298.15\ K)$$

表 2-8　一些有机化合物的标准燃烧焓(变)

有机化合物名称	分子式	$\Delta_c H_m/(kJ \cdot mol^{-1})$	有机化合物名称	分子式	$\Delta_c H_m/(kJ \cdot mol^{-1})$
甲烷(g)	CH_4	−890.34	苯(l)	C_6H_6	−3267.7
乙烷(g)	C_2H_6	−1559.8	甲苯(l)	C_7H_8	−3910.0
丙烷(g)	C_3H_8	−2220.1	萘(s)	$C_{10}H_8$	−5138.8
正-丁烷(g)	C_4H_{10}	−2878.6	蔗糖(s)	$C_{12}H_{22}O_{11}$	−5643.9
正-戊烷(g)	C_5H_{12}	−3536.2	甲醇(s)	CH_3OH	−726.65

续表

有机化合物名称	分子式	$\Delta_c H_m/(kJ \cdot mol^{-1})$	有机化合物名称	分子式	$\Delta_c H_m/(kJ \cdot mol^{-1})$
乙烯(g)	C_2H_4	−1411.0	乙醇(s)	C_2H_5OH	−1366.9
乙炔(g)	C_2H_2	−1299.7	乙酸(l)	CH_3COOH	−871.72
苯(g)	C_6H_6	−3293.7	苯甲酸(s)	C_6H_5COOH	−3226.8

查 298.15 K 下表值：

$$\Delta_f H_m^{\ominus}(CO_2,g) = -393.51\ kJ \cdot mol^{-1} = \Delta_c H_m^{\ominus}(C,石墨)$$

$$\Delta_f H_m^{\ominus}(H_2O,l) = -285.84\ kJ \cdot mol^{-1} = \Delta_c H_m^{\ominus}(H_2,g)$$

$$\Delta_c H_m^{\ominus}(CH_4,g) = -890.40\ kJ \cdot mol^{-1}$$

故

$$\begin{aligned}\Delta_f H_m^{\ominus}(CH_4,g,298.15\ K) = \Delta_r H_m^{\ominus}(298.15\ K) &= -\sum_B \nu_B \Delta_c H_m^{\ominus}(B,\beta) \\ &= [(-393.51) + 2\times(-285.84)] - (-890.34) \\ &= 74.84\ kJ \cdot mol^{-1}\end{aligned}$$

应用燃烧焓计算热效应时，往往遇到由较大的数值差减以获得较小的数值，这样必然会引入较大的误差，因此这种计算方法往往不如生成焓法准确。

上述计算表明，可借助于燃烧焓数据，计算一些有机物的生成焓。同时，对任何反应，总存在着反应物与生成物的生成焓和燃烧焓总和相等的规律。即

$$\sum_B R_B(\Delta_f H_m^{\ominus} + \Delta_c H_m^{\ominus})_{反应物} = \sum P_B(\Delta_f H_m^{\ominus} + \Delta_c H_m^{\ominus})_{生成物}$$

2.7.5　摩尔溶解焓与摩尔稀释焓

当溶质(B)溶解于溶剂(A)中形成溶液时，常伴随着热效应的产生。例如一摩尔氯化铵溶于 200 摩尔水时，吸热 16.28 kJ · mol⁻¹：

$$NH_4Cl(s) + 200H_2O(l) = NH_4Cl(200H_2O)$$

$$\Delta_{sol} H_m[NH_4Cl(200H_2O)] = 16.28\ kJ \cdot mol^{-1}$$

又例如 1 摩尔氯化氢溶于 200 摩尔水时放热 72.93 kJ：

$$HCl(g) + 200H_2O(l) = HCl(200H_2O)$$

$$\Delta_{sol} H_m[HCl(200H_2O)] = -72.93\ kJ \cdot mol^{-1}$$

1 摩尔物质 B 溶于物质的量为 n 的溶剂(A) 中所吸收或放出的热量，称为“**积分溶解热**(integral heat of solution)”或“**摩尔溶解焓**(molar enthalpy of solution)”，以 $\Delta_{sol} H_m(B,n_a)$ 或 $\Delta_{sol} H_m(B,x_B)$ 表示。符号下标 sol 示溶解，m 示 1 mol，括号内 x_B 示溶质 B 的摩尔分数。摩尔溶解焓与溶液浓度有关，是溶剂(A) 物质的量 n 或溶质 x_B 的函数；例如 1 mol HCl 溶解于 $n_1 = 200$ mol 水中$\left(即\ x_1 = \dfrac{1\ mol}{1\ mol + n_1}\right)$，摩尔溶解焓 $\Delta_{sol} H_m(HCl,x_1) = -72.93\ kJ \cdot mol^{-1}$，溶解于 $n_2 = 400$ mol 水$\left(即\ x_1 = \dfrac{1\ mol}{1\ mol + n_2}\right)$时的摩尔溶解焓 $\Delta_{sol} H_m(HCl,x_2) = -73.18$

$kJ \cdot mol^{-1}$。而 $\Delta_{sol}H_m(HCl,x_2)-\Delta_{sol}H_m(HCl,x_1)=(-73.18)-(-72.93)=-0.25\ kJ \cdot mol^{-1}$。这一数值相当于使溶液浓度稀释一倍(溶剂 A 物质的量 n 由 200 摩尔增加到 400 摩尔)时的热效应。称为"**积分稀释热**(integral heat of dilution)"或"**摩尔稀释焓**(molar enthalpy of dilution)",以 $\Delta_{dil}H_m$ 表示。

表 2-9　一些物质的摩尔溶解焓

化学物质分子式	n_{H_2O}	$\Delta_{sol}H_m^{\ominus}(298.15\ K)$ /$(kJ \cdot mol^{-1})$	化学物质分子式	n_{H_2O}	$\Delta_{sol}H_m^{\ominus}(298.15\ K)$ /$(kJ \cdot mol^{-1})$
HCl	200	−72.93	KCl	200	+18.58
HBr	200	−83.18	KBr	200	+20.25
HI	200	−80.50	KI	200	+20.54
H_2SO_4	200	−73.43	KNO_3	200	+35.40
$HNO_3(l)$	200	−31.05	K_2SO_4	400	+27.41
$NH_3(g)$	200	−35.48	$CaCl_2$	400	−75.27
NH_4Cl	200	+16.28	$CaCl_2 \cdot 6H_2O$	400	+19.08
NH_4NO_3	200	+26.48	$ZnSO_4$	400	−77.57
NaOH	160	−43.10	$ZnSO_4 \cdot 7H_2O$	400	+17.91
NaCl	200	+5.36	$CuCl_2$	600	−46.48
$NaNO_3$	200	+21.00	$CuCl_2 \cdot 2H_2O$	200	−15.48
Na_2SO_4	400	−2.30	$CuSO_4$	800	−66.48
$Na_2SO_4 \cdot 10H_2O$	400	+79.08	$CuSO_4 \cdot 5H_2O$	800	+11.72

$$\Delta_{dil}H_m = \Delta_{sol}H_m(B,x_2) - \Delta_{sol}H_m(B,x_1) \tag{2-123}$$

积分稀释热为一摩尔物质 B 溶解于两种不同物质的量的溶剂 A 中溶解热的差值。当加入溶剂物质的量愈多,溶液浓度愈来愈稀。溶解热随溶剂物质的量的增加的变化愈来愈小。当溶剂物质的量达一定数量后,继续加入溶剂不再产生热效应。即稀释热为零。图 2-21 为 H_2SO_4 溶于水中摩尔溶解焓随浓度变化关系。从图中可以看出上述现象。当水的物质的量趋于 ∞ 时,H_2SO_4 在水中的溶解热 $\Delta_{sol}H_m(H_2SO_4 \infty H_2O)$ 趋于一恒值($-96.19\ kJ \cdot mol^{-1}$)。

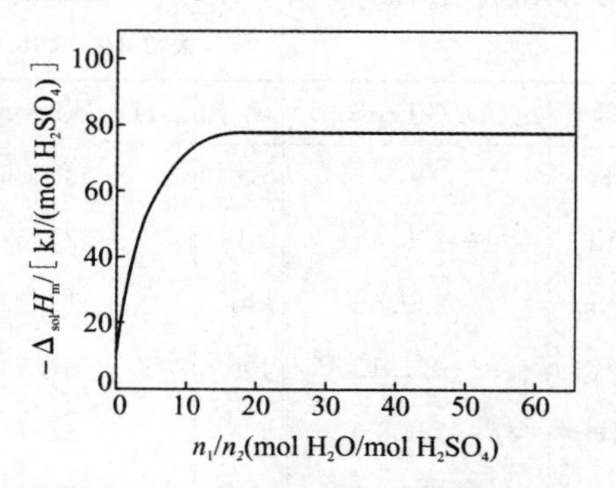

图 2-21　H_2SO_4 溶于水时的摩尔溶解焓

习惯上将继续加入溶剂时不再产生热效应的状态称为"**无限稀释态**(infinite dilution)"。常用(∞H_2O 或 ∞aq) 以表示无限稀释水溶液,如 $NH_4Cl(\infty aq)$、$HCl(\infty aq)$ 等。

例如:

$$HCl(g) + \infty aq = HCl(\infty aq)$$

$$\Delta_r H_m^\ominus(\text{HCl},\infty\text{aq},298.15\ \text{K}) = -75.14\ \text{kJ}\cdot\text{mol}^{-1}$$

表示氯化氢无限稀释溶液的摩尔溶解焓为 $-75.14\ \text{kJ}\cdot\text{mol}^{-1}$

再如，

$$\text{NaOH}(\infty\text{aq}) + \text{HCl}(\infty\text{aq}) = \text{NaCl}\cdot\infty\text{aq} + H_2O$$

$$\Delta_r H_m^\ominus(298.15\ \text{K}) = -55\ \text{kJ}\cdot\text{mol}^{-1}$$

表示 NaOH 和 HCl 在无限稀释溶液中的中和反应热为 $-55.90\ \text{kJ}\cdot\text{mol}^{-1}$。

与积分热效应对应的是**微分热效应**(differential heat effect)，两者之间的区别是：积分热效应是变浓热效应，即过程中溶液的浓度逐步改变，而微分热是定浓热，意指在一个无限大量的体系中加一摩尔溶质或溶剂所产生的热效应，积分热可从实验上测定，但微分热必须从积分溶解热的曲线上求得。

2.7.6 溶液中离子的标准摩尔生成焓

溶液中的反应常为离子反应，需要有离子生成焓的数据，才能进行热效应的计算。在无限稀溶液中，离子间距离很大，其相互影响微不足道，可以认为离子的性质是互为独立的。例如 HCl(∞aq) 实际上可看成是 H^+ (∞aq)$+Cl^-$ (∞aq)。因此，只需选定某一种离子，并规定它在无限稀溶液中的标准生成焓为零，就可得出一套其他离子在无限稀溶液中标准生成焓的数据。这样一来，涉及离子的反应热效应就可以估算。

常规定：**标准态时 H^+ (∞aq) 的标准摩尔生成焓为零。**

$$\frac{1}{2}H_2(\text{g}) + \infty H_2O = H^+\ (\infty\text{aq})$$

$$\Delta_f H_m^\ominus(H^+,\infty\text{aq},298.15\ \text{K}) = 0$$

表 2-10 数据是根据这一规定计算出来的其他**离子的标准摩尔生成焓**(standard molar formation enthalpy of ions)。

表 2-10　298.15 K 一些离子的标准生成焓

离子	$\Delta_f H_m^\ominus/(\text{kJ}\cdot\text{mol}^{-1})$	离子	$\Delta_f H_m^\ominus/(\text{kJ}\cdot\text{mol}^{-1})$	离子	$\Delta_f H_m^\ominus/(\text{kJ}\cdot\text{mol}^{-1})$	离子	$\Delta_f H_m^\ominus/(\text{kJ}\cdot\text{mol}^{-1})$
H^+	0	Ba^{2+}	−538.36	Zn^{2+}	−152.42	NO_2^-	−106.3
Li^+	−278.44	Al^{3+}	−524.67	Cd^{2+}	−75.9	NO_3^-	−206.56
Na^+	−239.66	Mn^{2+}	−218.82	Hg^+	+84.1	ClO_3^-	−98.32
K^+	−251.12	Fe^{2+}	−87.9	Hg^{2+}	+174.1	S^{2-}	41.8
NH_4^+	−132.80	Fe^{3+}	−47.7	Sn^{2+}	−10.0	SO_3^{2-}	−624.3
Ag^+	+105.90	Co^{2+}	−67.4	OH^-	−229.95	SO_4^{2-}	−907.51
Mg^{2+}	−461.96	Ni^{2+}	−64.0	Cl^-	−167.44	CO_3^{2-}	−676.25
Ca^{2+}	−542.96	pb^{2+}	+1.63	Br^-	−120.92	CH_3COO^-	−488.86
Sr^{2+}	−545.51	Cu^{2+}	64.39	I^-	−55.94		

〔例 11〕　已知 $CaCO_3$(s) 的标准生成焓为 $-1206.9\ \text{kJ}\cdot\text{mol}^{-1}$，试计算在标准态下无限

稀溶液中 $CaCl_2$ 与 Na_2CO_3 混合的热效应。

〔解〕 $CaCl_2(\infty aq) + Na_2CO_3(\infty aq) = CaCO_3(s) + 2NaCl(\infty aq)$ 反应的热效应实质上是 $Ca^{2+}(\infty aq)$ 与 $CO_3^{2-}(\infty aq)$ 生成 $CaCO_3$ 沉淀的热效应：

$$Ca^{2+}(\infty aq) + CO_3^{2-}(\infty aq) = CaCO_3(s) + (\infty aq)$$

由表 2-10 查出

$$\Delta_f H_m^{\ominus}(Ca^{2+}, \infty aq, 298.15\ K) = -542.96\ kJ \cdot mol^{-1}$$

$$\Delta_f H_m^{\ominus}(CO_3^{2-}, \infty aq, 298.15\ K) = -676.25\ kJ \cdot mol^{-1}$$

$$\begin{aligned}\Delta_r H_m^{\ominus}(298.15\ K) &= \Delta_f H_m^{\ominus}(CaCO_3, s) - [\Delta_f H_m^{\ominus}(Ca^{2+}, \infty aq) + \Delta_f H_m^{\ominus}(CO_3^{2-}, \infty aq)] \\ &= -1206.9 - [(-542.96) + (-676.25)] = 12.3\ kJ \cdot mol^{-1}\end{aligned}$$

*2.7.7　量热学与热量计简介

作为热学中十分有用的一个组成部分，量热学是研究如何测量伴随着各种物理化学变化过程及生命过程所产生的热效应的一门学科。它广泛应用于变温度的 pVT 变化过程；包括熔化、蒸发、升华、晶型转变在内的相变化过程；溶解、稀释、混合、吸附等物理过程；燃烧、爆炸、分解、水合、水解、氧化还原、沉淀、离解、聚合等化学过程；细胞代谢、细菌成长、酶反应、药物传输、药物作用等生化过程。这些过程的热性质如热容、热效应、热膨胀系数等原则上可通过实验直接得到。

测定热效应的仪器称为热量计。根据过程热效应的大小，热量计可分为宏量热量计和微量热量计两类。下面对常用的三种热量计做一简单介绍。

弹式热量计(constant volume bomb calorimetry)

是用于测量固体、液体化合物恒容燃烧热的具有等温外夹套的热量计。其核心是一个耐高压不锈钢弹式容器，称为氧弹，氧弹中装有一对电极，并有用于充氧气的单向阀和用于排气的针形阀。电极的作用是通过外加电流使连接两电极的金属丝发热或燃烧以引燃样品。通过充气阀往密闭氧弹中充入高压氧气以保证样品燃烧完全。

除氧弹外，弹式热量计还包括：(1) 配有搅拌器和可容纳大于 3000 mL 水的不锈钢圆桶的绝热外套；(2) 配有温度传感器和自动点火装置并能自动记录体系温度的控制箱。

作为学生实验和有关科研生产单位的常用仪器，弹式热量计有原理简单、操作方便且有一定的精度等优点，但由于其外套的绝热不良而引起的热漏也不容忽视。

热导式热量计(heat flux calorimetry)

热导式热量计一般内含一对孪生的量热腔，其中一个是参比体系，另一个为被测体系，两者对称地安装在恒温铝块(或铜块)内，每个量热腔与恒温块均设置多对热电偶串联而成的热电堆，以准确测定量热腔与恒温块之间的温差。由于热电堆采用反向连接的方式，这种多结点的交错排列可很好抵消环境温度分布波动或改变对测量体系的影响，从而使灵敏度和稳定性提高了。

由于热导式热量计灵敏度极高(可感测 $10^{-6} \sim 10^{-7}$ K 的微小温差)，因此可设计成微量热量计。目前的微量热量计有毫瓦级和微瓦级两种，毫瓦级热量计检测限为 0.1 mW，24 小时基线飘移不大于 0.1 mW；而微瓦级热量计的检测限则为 0.1 ～ 0.2 μW，24 小时基线飘移应不大于 0.2 μW。由于微量热量计的灵敏度高，能准确检测出极小的热效应。因此，被广泛用于生物化学、材料科学、药物化学及催化、聚合等化学反应过程的热力学和热动力学研究。

差示扫描热量计(differential scanning calorimetry,DSC)

差示扫描热量计是一种等压式扫描热量计。它测量在程序式温度变化过程中物质的热效应与温度的关系,这里的“差示”意为被测体系一端相对于参比体系一端的温度差,而“扫描”则指在测量过程中,被测体系和参比体系的温度是按一定的恒定速率在变化的。

同热导式热量计一样,DSC也包含被测体系和参比体系,且两者都有电功率补偿功能,当被测体系在程序控制的温度变化过程中产生放热或吸热时,则参比体系或被测体系便会自动启动电功率补偿装置以调节使两端的温度相等。具体讲,当被测体系放热时,温度升高,则参比体系一端的电功率补偿装置启动,以便使参比体系一端的温度随之升高,当两端温度一致时,则流入参比体系一端的热量应等于被测体系一端的放热量。

DSC具有温度变化范围宽,所用样品量少(可低至0.5 mg),灵敏度高等特点,被广泛用于材料科学和生物化学的研究中。如蛋白质、核酸、生物膜、高聚物等的热稳定性的研究方面。

2.8 过程热与温度、压力的关系

2.8.0 一般公式

一般情况下,等压热效应 ΔH 常表示为温度和压力的函数,而等容热效应 ΔU 则常表示为温度和体积的函数。即

$$\Delta_r H_m = f(T, p), \Delta_r U_m = f(T, V)$$

对于化学反应过程或相变化过程,其摩尔微分焓变和摩尔微分热力学能变可表示为

$$d\Delta_r H_m = \left(\frac{\partial \Delta_r H_m}{\partial T}\right)_p dT + \left(\frac{\partial \Delta_r H_m}{\partial p}\right)_T dp \tag{2-124a}$$

$$d\Delta_r U_m = \left(\frac{\partial \Delta_r U_m}{\partial T}\right)_V dT + \left(\frac{\partial \Delta_r U_m}{\partial V}\right)_T dV \tag{2-124b}$$

下面分别讨论温度、压力(体积)对过程热效应的影响。

2.8.1 摩尔反应焓(变)随温度变化

对于反应:

$$aA + dD = gG + hH \qquad \Delta_r H_m$$

如以 $H(R)$ 和 $H(P)$ 分别表示反应物的总焓和产物的总焓,则

$$H(R) = aH_m(A) + dH_m(D)$$

同理可得产物G和H的摩尔焓及总焓为:

$$H(P) = gH_m(G) + hH_m(H)$$

式中 $H_m(A)$ 和 $H_m(D)$、$H_m(G)$ 和 $H_m(H)$ 分别为反应物A和D、产物G和H的摩尔焓。而等压反应热效应为产物总焓与反应物总焓之差:

$$\Delta_r H_m = H(P) - H(R) = [gH_m(G) + hH_m(H)] - [aH_m(A) + dH_m(D)]$$

而
$$\left(\frac{\partial \Delta_r H_m}{\partial T}\right)_p = \left(\frac{\partial H(P)}{\partial T}\right)_p - \left(\frac{\partial H(R)}{\partial T}\right)_p$$
$$= \left[g\left(\frac{\partial H(G)}{\partial T}\right)_p + h\left(\frac{\partial H(H)}{\partial T}\right)_p\right] - \left[a\left(\frac{\partial H(A)}{\partial T}\right)_p + d\left(\frac{\partial H(D)}{\partial T}\right)_p\right]$$
$$= [gC_{p,m}(G) + hC_{p,m}(H)] - [aC_{p,m}(A) + dC_{p,m}(D)]$$
$$= \sum_B \nu_B C_{p,m}(B) \tag{2-125}$$

令

$$\Delta_r C_{p,m} = \sum_B \nu_B C_{p,m}(B)$$

$\Delta_r C_{p,m}$ 即产物与反应物的热容之差。若以 $C_{p,m}(B) = a_B + b_B T + c_B T^2$ 代入(2-118)式，则

$$\left(\frac{\partial \Delta_r H_m}{\partial T}\right)_p = \Delta_r C_{p,m} = \sum_B \nu_B C_{p,m}(B)$$
$$= \sum_B \nu_B a_B + \left(\sum_B \nu_B b_B\right)T + \left(\sum_B \nu_B c_B\right)T^2$$
$$= \Delta a + \Delta b T + \Delta c T^2 \tag{2-126}$$

式(2-126)中 $\sum_B \nu_B a_B = \Delta a, \sum_B \nu_B b_B = \Delta b, \sum_B \nu_B c_B = \Delta c$，分别表示诸产物与诸反应物的热容函数式中各经验参数与计量系数乘积总和之差。上式表示等压反应热效应的温度系数，其大小取决于 $\Delta_r C_{p,m}$ 之值。此微分式常称为“克希荷甫(Kirchhoff)定律”。实际计算时，以积分式表示较为方便。即

$$\int_1^2 d(\Delta_r H_m) = \int_{T_1}^{T_2} \Delta_r C_{p,m} dT \tag{2-127a}$$

或
$$\Delta_r H_m(2) - \Delta_r H_m(1) = \int_{T_1}^{T_2} \Delta_r C_{p,m} dT \tag{2-127b}$$

计算时先查出参与反应各物质 $C_{p,m}$ 随温度变化关系式，求出 $\Delta_r C_{p,m}$ 随温度变化表示式，代入式(2-127b)，则可自某一温度(T_1)下的已知热效应数据 $\Delta_r H_m(T_1)$ 求出另一温度(T_2)下的热效应 $\Delta_r H_m(T_2)$：

$$\Delta_r H_m(T_2) = \Delta_r H_m(T_1) + \int_{T_1}^{T_2} \Delta_r C_{p,m} dT$$
$$= \Delta_r H_m(T_1) + \int_{T_1}^{T_2} (\Delta a + \Delta b T + \Delta c T^2) dT \tag{2-128}$$

如在标准压力下并由标准态热效应数据计算，则上式可表示为

$$\Delta_r H_m^{\ominus}(T_2) = \Delta_r H_m^{\ominus}(298.15\ K) + \int_{298.15}^{T_2} \Delta_r C_{p,m} dT \tag{2-129}$$

显而易见，对于等容热效应，也有类似的关系式

$$\left(\frac{\partial \Delta_r U_m}{\partial T}\right)_V = \Delta_r C_{V,m} = \sum_B \nu_B C_{V,m}(B) \tag{2-130a}$$

和
$$\Delta_r U_m(T_2) = \Delta_r U_m(T_1) + \int_{T_1}^{T_2} \Delta_r C_{V,m} dT \tag{2-130b}$$

以上系对式(2-126)及式(2-130a)采用定积分形式所得结果。如果对式(2-126)采用不定积分形式，则可得

$$\Delta_r H_m(T) = \int \Delta_r C_{p,m} dT + \Delta H_0 \tag{2-131}$$

为确定式中 ΔH_0(积分常数),必须事先知道 $\Delta_r C_{p,m}$ 和某一温度 T 下的 $\Delta_r H_m(T)$ 数据。故实际上式(2-131)的求解方式在本质上与式(2-129)没有多少差别,但应用式(2-131)时,可以将 $\Delta_r H_m(T)$ 表为温度的函数:

$$\begin{aligned}\Delta_r H_m(T) &= \int(\Delta a + \Delta bT + \Delta cT^2)dT + \Delta H_0(\text{常数})\\ &= \Delta H_0 + \Delta aT + \frac{1}{2}\Delta bT^2 + \frac{1}{3}\Delta cT^3\\ &= \Delta H_0 + AT + BT^2 + DT^3\end{aligned} \tag{2-132}$$

上式在某些情况下(如计算平衡常数随温度变化关系时)较为方便。

〔**例 12**〕 试求氨在 1000 K 温度下的生成焓

〔**解**〕 已知: $\frac{1}{2}N_2(g) + \frac{3}{2}H_2(g) = NH_3(g)$

$$\Delta_r H_m^\ominus(298.15\ \mathrm{K}) = -46.190\ \mathrm{kJ \cdot mol^{-1}}$$

$N_2(g)$: $C_{p,m} = [28.28 + 2.54 \times 10^{-3}\,T/\mathrm{K} + 5.4 \times 10^{-7}(T/\mathrm{K})^2]\ \mathrm{J \cdot mol^{-1} \cdot K^{-1}}$

$H_2(g)$: $C_{p,m} = (27.70 + 3.39 \times 10^{-3}\,T/\mathrm{K})\ \mathrm{J \cdot mol^{-1} \cdot K^{-1}}$

$NH_3(g)$: $C_{p,m} = [25.89 + 33.00 \times 10^{-3}\,T/\mathrm{K} - 30.46 \times 10^{-7}(T/\mathrm{K})^2]\ \mathrm{J \cdot mol^{-1} \cdot K^{-1}}$

故

$$\begin{aligned}\Delta_r C_{p,m} &= C_{p,m}(NH_3,g) - \frac{1}{2}C_{p,m}(N_2,g) - \frac{3}{2}C_{p,m}(H_2,g)\\ &= [-29.8 + 26.62 \times 10^{-3}\,T/\mathrm{K} - 33.2 \times 10^{-7}(T/\mathrm{K})^2]\ \mathrm{J \cdot mol^{-1} \cdot K^{-1}}\end{aligned}$$

$$\begin{aligned}\Delta_r H_m^\ominus(T) &= \int \Delta_r C_{p,m} dT + \Delta H_0\\ &= \int(-29.8 + 26.62 \times 10^{-3}\,T/\mathrm{K} - 33.2 \times 10^{-7}(T/\mathrm{K})^2)dT + \Delta H_0\\ &= [-298T/\mathrm{K} + 13.31 \times 10^{-3}(T/\mathrm{K})^2 - 11.0 \times 10^{-7}(T/\mathrm{K})^3]\ \mathrm{J \cdot mol^{-1}} + \Delta H_0\end{aligned}$$

以 $T = 298$ K 和 $\Delta_r H_m^\ominus(298\ \mathrm{K}) = -46190\ \mathrm{J \cdot mol^{-1}}$ 代入上式,求积分常数

$$\begin{aligned}\Delta H_0 &= \Delta_r H_m^\ominus(298\ \mathrm{K}) - \int \Delta_r C_{p,m} dT\\ &= \Delta_r H_m^\ominus(298\ \mathrm{K}) + (29.8 \times 298 - 13.31 \times 10^{-3} \times 298^2 + 11.0 \times 10^{-7} \times 298^3)\ \mathrm{J \cdot mol^{-1}}\\ &= (-46190 + 8870 - 1172 + 42)\ \mathrm{J \cdot mol^{-1}}\\ &= -38450\ \mathrm{J \cdot mol^{-1}}\end{aligned}$$

再以 $T = 1000$ K 代入 $\Delta_r H_m^\ominus(T)$ 的温度函数式,即得结果

$$\begin{aligned}\Delta_r H_m^\ominus(1000\mathrm{K}) &= (-29.8 \times 1000 + 13.31 \times 10^{-3} \times 1000^2 - 11.0 \times 10^{-7} \times 1000^3 - 38450)\ \mathrm{J \cdot mol^{-1}}\\ &= (-29800 + 13310 - 1100 - 38450)\ \mathrm{J \cdot mol^{-1}}\\ &= -56040\ \mathrm{J \cdot mol^{-1}} = -56.04\ \mathrm{kJ \cdot mol^{-1}}\end{aligned}$$

进行上述计算时,必须注意表中所给出 $C_{p,m}$ 数据的有效温度范围是否能满足计算的要求。

2.8.2　摩尔相变焓随温度变化

纯物质在某确定相态下的摩尔焓应当是 T、p 的双变量函数，所以 $\Delta_{相变}H_m$ 要随相变温度与相变压力而变化。由于相变焓的定义中确定相变压力是相变温度下的平衡压力，就像举例所用的饱和蒸气压那样。纯物质相平衡压力也是相平衡温度的函数，所以任一物质B的相变焓 $\Delta_{相变}H_m(B)$ 最终可归结为温度的单变量函数，即

$$\Delta_{相变}H_m(B) = f(T)$$

现以蒸发焓为例来推导上式的具体函数形式。

若物质 B 在 T_1 及平衡压力 p_1 条件下的蒸发焓为 $\Delta_{vap}H_m(T_1)$，在另一平衡条件 T_2、p_2 下的蒸发焓为 $\Delta_{vap}H_m(T_2)$，这两个蒸发条件的始末态间可用如下框图中的虚线所示的单纯 pVT 变化加以连接：

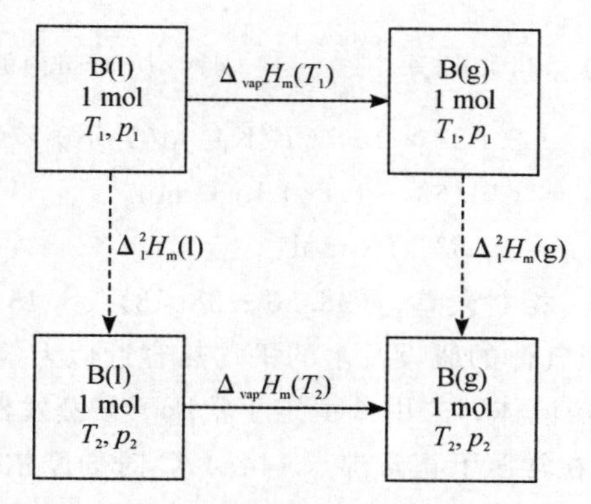

则

$$\Delta_1^2H_m(l) + \Delta_{vap}H_m(T_2) = \Delta_{vap}H_m(T_1) + \Delta_1^2H_m(g)$$

若框图中涉及的气相可视为理想气体，并忽略液、固相的焓随压力的微小变化，可将

$$\Delta_1^2H_m(l) = \int_{T_1}^{T_2} C_{p,m}(l)\,dT$$

$$\Delta_1^2H_m(g) = \int_{T_1}^{T_2} C_{p,m}(g)\,dT$$

代入上式而得

$$\Delta_{vap}H_m(T_2) = \Delta_{vap}H_m(T_1) + \int_{T_1}^{T_2}[C_{p,m}(g) - C_{p,m}(l)]\,dT$$

式中$[C_{p,m}(g) - C_{p,m}(l)]$是蒸发过程中末态与始态的等压摩尔热容之差，以 $\Delta_{vap}C_{p,m}$ 表示，即

$$\Delta_{vap}H_m(T_2) = \Delta_{vap}H_m(T_1) + \int_{T_1}^{T_2}\Delta_{vap}C_{p,m}\,dT \tag{2-133}$$

采用同样的热力学方法，可导出其他各类相变焓随温度变化的具体函数关系，此处不再赘述。

〔例 13〕　已知 100 ℃ 时水的蒸发焓 $\Delta_{vap}H_m(100\ ℃) = 40.63\ kJ \cdot mol^{-1}$，水与蒸气的等压摩尔热容分别为 $C_{p,m}(l, 100\ ℃) = 75.88\ J \cdot mol^{-1} \cdot K^{-1}$，$C_{p,m}(l, 142.9\ ℃) = 77.24\ J \cdot mol^{-1} \cdot K^{-1}$，$C_{p,m}(g, T) = [29.16 + 14.49 \times 10^{-3}(T/K) - 2.022 \times 10^{-6}(T/K)^2]\ J \cdot mol^{-1} \cdot K^{-1}$，试求水在 142.9 ℃ 平衡条件下的蒸发焓 $\Delta_{vap}H_m(142.9\ ℃)$。实验测定值为 $38.43\ kJ \cdot mol^{-1}$。

〔解〕　假设水蒸气为理想气体，并忽略液体水的摩尔焓随蒸气压力的变化，则按式(2-133)可得

$$\Delta_{vap}H_m(142.9\ ℃) = \Delta_{vap}H_m(100\ ℃) + \int_{378.15\ K}^{416.05\ K}\Delta_{vap}C_{p,m}dT$$

近似求取液体水的平均等压摩尔热容，得

$$\begin{aligned}\overline{C}_{p,m}(l,100\sim142.9\ ℃) &= \frac{1}{2}[C_{p,m}(l,100\ ℃)+C_{p,m}(l,142.9\ ℃)]\\ &= \frac{75.88+77.24}{2}\ J\cdot mol^{-1}\cdot K^{-1}\\ &= 76.56\ J\cdot mol^{-1}\cdot K^{-1}\end{aligned}$$

则

$$\begin{aligned}\Delta_{vap}C_{p,m} &= C_{p,m}(g,T)-\overline{C}_{p,m}(l,100\sim142.9\ ℃)\\ &= [29.16+14.49\times10^{-3}(T/K)-2.022\times10^{-6}(T/K)^2-76.56]\ J\cdot mol^{-1}\cdot K^{-1}\\ &= [-47.40+14.49\times10^{-3}(T/K)-2.022\times10^{-6}(T/K)^2]\ J\cdot mol^{-1}\cdot K^{-1}\end{aligned}$$

故

$$\begin{aligned}\Delta_{vap}H_m(142.9\ ℃) &= 40.63+\int_{378.15\ K}^{416.05\ K}[-47.40+14.49\times10^{-3}(T/K)-\\ &\quad 2.022\times10^{-6}(T/K)^2]d(T/K)\times10^{-3}\ kJ\cdot mol^{-1}\\ &= (40.63-1.80)\ kJ\cdot mol^{-1}\\ &= 38.83\ kJ\cdot mol^{-1}\end{aligned}$$

计算结果与实测值相比，相对误差为$(38.83-38.43)/38.43=1.04\%$。究其原因，误差可能来源于水蒸气作为理想气体的假设及水的平均热容近似为常量等方面。

〔例 14〕 200 mol 25 ℃ 液体邻二甲苯恒定于常压下在蒸发器中蒸发，成为170 ℃ 的邻二甲苯蒸气。已知邻二甲苯在常压下正常沸点 144.4 ℃ 时的摩尔蒸发焓为 36.6 $kJ\cdot mol^{-1}$，液相及气相邻二甲苯的等压摩尔热容均近似为常量，分别是 $C_{p,m}(l)=0.203\ kJ\cdot mol^{-1}\cdot K^{-1}$ 与 $C_{p,m}(g)=0.160\ kJ\cdot mol^{-1}\cdot K^{-1}$。试求上述蒸发过程的恒压热 Q_p。

〔解〕 体系中邻二甲苯恒压蒸发的始态 1 及末态 2 如框图所示。由于已知 144.4 ℃ 是它的正常沸点，即饱和蒸气压为 101.325 kPa（常压），所以假设蒸发是在正常沸点下由态 3 变化为态 4，而过程态 1→3 及态 4→2 分别为液相、气相的单纯 pVT 变化。通过框图与箭号设计所示的途径，可以用已知的基础数据求取 Δ_1^2H。

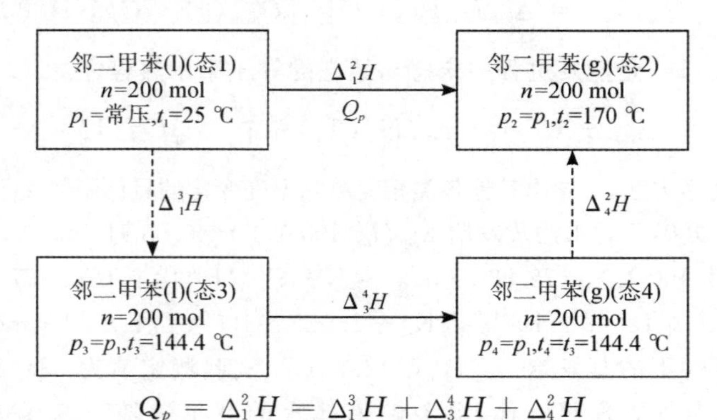

$$Q_p=\Delta_1^2H=\Delta_1^3H+\Delta_3^4H+\Delta_4^2H$$

其中：$\Delta_1^3H=nC_{p,m}(l)(t_3-t_1)=[200\times0.203\times(144.4-25)]kJ=4.85\times10^3\ kJ$

$$\Delta_3^4 H = n\Delta H_m(144.4\ ℃) = (200 \times 36.6)\text{kJ} = 7.32 \times 10^3\ \text{kJ}$$
$$\Delta_4^2 H = nC_{p,m}(\text{g})(t_2 - t_4) = [200 \times 0.160 \times (170 - 144.4)]\ \text{kJ} = 0.82 \times 10^3\ \text{kJ}$$
$$Q_p = \Delta_1^2 H = (4.85 \times 10^3 + 7.32 \times 10^3 + 0.82 \times 10^3)\text{kJ} = 12.99 \times 10^3\ \text{kJ}$$

2.8.3　摩尔相变焓随压力变化

虽然在一般情况下温度对反应焓变(或热力学能变)的影响较压力(体积)的影响更为显著,但在高压下,压力(体积)对反应焓变(或热力学能变)的影响不可忽略,对于化学反应 $0 = \sum_B \nu_B B$,利用式(2-86)可得

$$\left(\frac{\partial \Delta_r H_m}{\partial p}\right)_T = \sum \nu_B \left(\frac{\partial H_{m,B}}{\partial p}\right)_T = \sum \nu_B \left[V_{m,B} - T\left(\frac{\partial V_{m,B}}{\partial T}\right)_p\right] = (1 - T\alpha_B)\Delta_r V_m \tag{2-134}$$

式(2-134)中,$V_{m,B}$、α_B 是物质 B 的偏摩尔体积(见第四章)和体膨胀系数。将式(2-134)在等温条件下积分可得

$$\Delta_r H_m(p_2) = \Delta_r H_m(p_1) + \int_{p_1}^{p_2} (1 - T\alpha_B) \cdot \Delta_r V_m \mathrm{d}p \tag{2-135}$$

对理想气体,$1 - T\alpha_B = 0$,因此

$$\left(\frac{\partial \Delta_r H_m}{\partial p}\right)_T = 0$$

对非理想气体,当各气体的物态方程已知时,可利用式(2-135)求 $\Delta_r H_m(p)$。

同理,利用式(2-40)可得

$$\left(\frac{\partial \Delta_r U_m}{\partial V}\right)_T = \sum \nu_B \left[T\left(\frac{\partial p_B}{\partial T}\right)_V - p_B\right] \tag{2-136}$$

对理想气体,同样有

$$\left(\frac{\partial \Delta_r U_m}{\partial V}\right)_T = 0$$

式(2-134)、(2-136)亦可用于压力(体积)对相变焓变及相变热力学能变影响的讨论,其相关问题留待“相平衡及相图”一章中讨论。

2.9　绝热反应——非等温反应

以上所讨论的大多是等温反应,即反应过程中所释放(或吸收)的热量能够及时逸散(或供给),始终态处于相同的温度。但是如果热量来不及逸散(或供给),则体系的温度就要发生变化,始终态的温度就不相同。一种极端情况是,热量一点也不能逸散(或供给),反应完全在绝热情况下进行,体系的终了温度,可如下求出

$$p, T_1(\text{已知}) \quad dD + eE \xrightarrow[\text{等压}, \Delta_r H_m = 0]{\text{绝热反应器}} fF + gG \quad p, T_2 = ?$$

$$\downarrow \Delta H_m(1) \qquad\qquad \uparrow \Delta H_m(2)$$

$$p, 298.15\ \text{K} \quad dD + eE \xrightarrow[\Delta_r H_m(298.15)]{} fF + gG \quad p, 298.15\ \text{K}$$

把体系的始态从 T_1 改变到 298.15 K，设想在 298.15 K 时进行反应，然后再把产物从 298.15 K 改变到 T_2（T_2 是未知数），

$$\Delta H_m(1) = \int_{T_1}^{298.15} \sum_B \nu_B C_{p,m}(\text{B 反应物})dT$$

$$\Delta H_m(2) = \int_{298.15}^{T_2} \sum_B \nu_B C_{p,m}(\text{B 生成物})dT$$

$\Delta_r H_m(298.15\ \text{K})$ 值可自标准摩尔生成焓［变］的表值计算
由于焓是状态函数，所以

$$\Delta_r H_m = \Delta H_m(1) + \Delta_r H_m(298.15\ \text{K}) + \Delta H_m(2) = 0$$

或

$$\Delta H_m(2) = -[\Delta H_m(1) + \Delta_r H_m(298.15\ \text{K})]$$

上式右方可以算出其具体数值，左方是 T_2 的函数，因此可解出终态的温度 T_2。

〔例 15〕 在 $p^\ominus$ 和 298.15 K 时把甲烷与理论量的空气（$O_2 : N_2 = 1 : 4$）混合后，在恒压下使之燃烧，求体系所能达到的最高温度（即最高火焰温度）。

〔解〕 燃烧反应是瞬时完成的，因此可看作**绝热反应**（adiabatic reaction）。反应为

始态
298.15 K，$p^\ominus$
$CH_4(g)+2O_2(g)+8N_2(g)$

绝热等压过程
$\Delta_r H_m^\ominus=0$

终态
T，$p^\ominus$
$CO_2(g)+2H_2O(g)+8N_2(g)$

化学过程（等温反应）
$\Delta_r H_m^\ominus(1)$

$\Delta_r H_m^\ominus(2)$
物理过程

298.15 K，$p^\ominus$
$CO_2(g)+2H_2O(g)+8N_2(g)$

$$CH_4(g) + 2O_2(g) \longrightarrow CO_2(g) + 2H_2O(g)$$

1 mol $CH_4(g)$ 在供给理论量的空气时需 2 mol O_2，剩余 8 mol N_2，N_2 虽未参与反应，但它的温度随着改变，因此也要吸收热量。

设想体系在 298.15 K 时进行反应，而后再改变终态的温度到 T（T 待定）。由生成焓的表值查出

$$\Delta_r H_m^\ominus(1) = -802.32 \times 10^3\ \text{J} \cdot \text{mol}^{-1}$$

$$\begin{aligned}\Delta H_m^\ominus(2) &= \int_{298.15}^{T} \sum C_p(\text{生成物})dT \\ &= \int_{298.15}^{T} (305.12 + 104.56 \times 10^{-3}\,T)dT \\ &\approx 305.12T/\text{K} - 305.12 \times 298 + \frac{1}{2}[104.56 \times 10^{-3}(T/\text{K})^2 - \\ &\quad 104.56 \times 10^{-3}(298)^2]\ \text{J} \cdot \text{mol}^{-1}\end{aligned}$$

因为

$$\Delta_r H_m^\ominus = \Delta_r H_m^\ominus(1) + \Delta_r H_m^\ominus(2) = 0$$

经过数据整理，可得

$$898095 \approx 305.12T/\text{K} + 52.28 \times 10^{-3}(T/\text{K})^2$$

由此解出

$$T \approx 2151\ \mathrm{K}$$

上式是一个一元二次方程式。对于高次方程式，计算时一般可采用如下的解法。

一种方法是用试探法(或称试差法)。用不同的 T 代入试探，逐步缩小范围。此法比较费时。另一种方法是用绘图法，将上式写成

$$Y = 305.12T/\mathrm{K} + 52.28 \times 10^{-3}(T/\mathrm{K})^2$$

然后以 Y 为纵坐标，以 T 为横坐标作图。从图上找出 $Y = 898095$ 时的 T 值，或者把要解的方程式写成

$$898095 - 305.12T/\mathrm{K} = 52.28 \times 10^{-3}(T/\mathrm{K})^2$$

令

$$898095 - 305.12T/\mathrm{K} = X, 52.28 \times 10^{-3}(T/\mathrm{K})^2 = Z$$

在同一张图上，以纵坐标表示 X 或 Z，以横坐标表示 T，绘图，两条曲线的交点即为所求的解。

还有其他求解方法，可以参阅数学书上有关解高次方程的方法。

实际反应常常既不是完全的等温又不是完全的绝热。并且在绝热反应过程中，由于温度发生变化也可能产生一些副反应，但是有了这两种极端情况的计算，其结果就有很大的参考价值。

总之，在解决有关反应热效应或过程热计算等问题时，应注意以下几点：

(1) 明确体系的起始和终了状态，反应前后的物料应该平衡。

(2) 焓是状态函数，ΔH 只与体系的始终态有关，而与所经过的实际途径无关。根据这个原则，常常可以采用绕道可逆过程的办法，求得我们所需要的 ΔH 值。

(3) 各物质的摩尔热容，以及 298.15 K 时的生成焓[变] 有表可查。并可提供 298.15 K 时反应热效应的数值。因此在求 ΔH 与温度的函数关系式中的积分常数时，以及用绕道可逆过程的办法计算反应热效应时，不可忽视 $\Delta H_{\mathrm{m}}(298.15\ \mathrm{K})$ 的数据。

(4) 利用绝热反应的特点，不但可求出在确定的始态(终态)温度下的终态(始态)温度，而且可以求出在确定的始、终态温度下，气体反应物(生成物)的体积比。简言之，利用一个绝热反应方程式可解出一个未知数，这个未知数可以是温度、物料比或某物质的组成。

*2.10 自蔓燃合成的绝热温度

自蔓燃合成(self-propagating synthesis)是指使反应物通过连续燃烧放热来合成化合物的合成方法。如 1895 年由德国人发明现仍应用在钢材焊接中的铝热法反应。

$$\mathrm{Fe_2O_3} + 2\mathrm{Al} \rightarrow \mathrm{Al_2O_3} + 2\mathrm{Fe} \qquad \Delta_r H_m^{\ominus} = -850\ \mathrm{kJ \cdot mol^{-1}}$$

以粉末为原料通过自蔓燃合成化合物时，首先要利用有关反应热效应和热容数据来计算绝热温度。为简便起见，设在标准压力、298 K 温度下，固体 A 和 B 发生如下绝热反应

$$\mathrm{A} + \mathrm{B} \rightarrow \mathrm{AB}$$

由于反应放热，则生成热 $\Delta_r H_m^{\ominus}(298\ \mathrm{K})$ 与绝热温度 T_{ad} 之间有如下关系

$$\Delta_r H_m^{\ominus}(298\ \mathrm{K}) = -\int_{298\ \mathrm{K}}^{T_{ad}} \nu C_{p,m}(T)\mathrm{d}T \qquad (2\text{-}137)$$

式(2-137)中，$\Delta_r H_m^{\ominus}(298\ \mathrm{K})$ 是标准摩尔反应焓(变)，可自标准摩尔生成焓(变)的表值计算，$C_{p,m}(T)$ 是生成物 AB 的摩尔定压热容，其值与温度的函数关系也可查表得到，T_{ad} 表示自蔓燃反应的绝热终态温

度。式(2-137) 适用于绝热温度低于固体生成物 AB 熔点 T_m 的情况。

利用式(2-137) 求自蔓燃合成的绝热温度时，还应考虑以下几种情况。

(1) 若反应物不是按化学计量数配比的，则右边积分中还应包括未反应的反应物的热容。

(2) 当绝热温度高于固体生成物的熔点时，式(2-137) 中还应包括生成物的相变焓(变)，这时，式(2-137) 应为

$$\Delta_r H_m^\ominus(298\ \mathrm{K}) = -\int_{298\ \mathrm{K}}^{T_m} C_{p,s}(T)\mathrm{d}T - \Delta_s^l H_m^\ominus - \int_{T_m}^{T_{ad}} C_{p,l}(T)\mathrm{d}T \tag{2-138}$$

式(2-138) 中，$C_{p,s}$，$C_{p,l}$ 分别表示生成物在固态和液态时的定压热容。

(3) 当 $T_m = T_{ad}$ 时，式(2-138) 应为

$$\Delta_r H_m^\ominus(298\ \mathrm{K}) = -\int_{298\ \mathrm{K}}^{T_m} C_{p,s}(T)\mathrm{d}T - \nu\Delta_s^l H_m^\ominus \tag{2-139}$$

式(2-139) 中，ν 表示生成物在 T_m 温度下已熔化部分的比值(摩尔分数)。

根据式(2-137)、(2-138)、(2-139)，可分别求出当 $T_{ad} < T_m$，$T_{ad} > T_m$，及 $T_{ad} = T_m$ 三种情况下的 T_{ad}，一些金属化合物的绝热温度可从有关手册上查找。

*2.11 稳流过程的热力学第一定律

2.11.1 稳流过程的特点

以上所讨论的体系均限于平衡态的封闭体系。而化学工业上研究更多的是流体经过设备中的稳定流动体系，即**稳流体系**(flow system of steady state)。这类体系的特点有：

(1) 体系与环境间有物质流和能量流存在，因此，这类体系应是开放体系，而且不是平衡态。

(2) 当体系处于稳流过程时，各流动截面上物质的状态性质有定值且不随时间而变，因此，尽管此时体系与环境间有物质和能量交换，但并无物质或能量的积累或亏损。一般将这种情况称为**稳态**(steady state)。

2.11.2 稳流过程热力学第一定律的数学表示式

对稳流过程热力学，第一定律仍然可用，但此时能量的变化应包括体系整体动能和位能的变化。即

$$\Delta E = \Delta U + \Delta E_k + \Delta E_p = Q + W \tag{2-140}$$

式(2-140) 中，ΔE 表示体系总能量变化；ΔE_k、ΔE_p 分别表示稳流过程中动能和势能的变化。

设单位物质(1 kg) 在两个截面处的状态为($p_1, V_1, T_1, U_1, u_1, Z_1$) 和($p_2, V_2, T_2, U_2, u_2, Z_2$)，其中 u 表示流速($\mathrm{m \cdot s^{-1}}$)，Z 表示位高(m)，其余同热力学第一定律。

根据动能和势能的计算公式，有

$$\Delta E_k = \frac{1}{2}m(u_2^2 - u_1^2) = \frac{1}{2}\Delta u^2 (m = 1\ \mathrm{kg}) \tag{2-141}$$

$$\Delta E_p = g(Z_2 - Z_1) = g\Delta Z \tag{2-142}$$

将式(2-141)，(2-142) 代入式(2-140) 得

$$\Delta U + \frac{1}{2}\Delta u^2 + g\Delta Z = Q + W \tag{2-143}$$

从热力学的有关定义可知，热在任何情况下，均只有热传导一种形式(忽略对流传热和辐射传热)，而

功却应包括流动功和轴功。

流动功是体系在截面 1 处环境对其所做的功与在截面 2 处体系对环境所做功之和。

$$W_{流动} = p_1V_1 - p_2V_2 \tag{2-144}$$

轴功 $W_{轴}$ 是流体流经装置(如泵，涡轮机，压缩机等)时，借助装置的轴因旋转或往复运动与环境交换的机械功。

将 $W = W_{流动} + W_{轴}$ 代入式(2-143) 得

$$(U_2 + p_2V_2) - (U_1 + p_1V_1) = Q + W_{轴} - \frac{1}{2}\Delta u^2 - g\Delta Z \tag{2-145}$$

式(2-145) 即为稳流过程的第一定律数学表达式。在不同的情况下，可演变为不同的形式。

(1) 当截面 1 和截面 2 的高度相同且流速差别可略时，$\Delta Z = 0$，$\Delta u = 0$，则

$$\Delta H = Q + W_{轴} \tag{2-146}$$

(2) 对式(2-146) 再引入 $Q = 0$(绝热) 或 $W_{轴} = 0$ 假设，则有

$$\Delta H = W_{轴}(Q = 0) \tag{2-147a}$$

$$\Delta H = Q(W_{轴} = 0) \tag{2-147b}$$

式(2-147a) 说明，可通过测定 $W_{轴}$ 来获得 ΔH，若 $W_{轴} = 0$，则有 $\Delta H = 0$，这与节流膨胀具有同样性质，可以说，节流膨胀是稳流过程的一个特例(节流膨胀阀无机械运动，$W_{轴} = 0$)。

从式(2-147b) 可看出，对稳流过程，$\Delta H = Q$ 并不需恒压条件，也可以说，稳流过程中，重要的量是 ΔH 而非 ΔU。

〔例 16〕 1 kg N_2(设为理想气体) 以稳定流速流过一内径为 5 cm 的水平绝热管，在流经管内某处时产生一压降，设上游压力 $p_1 = 500$ kPa，温度 $T_1 = 38$ ℃，流速 $\overline{u}_1 = 4.6\ \mathrm{m \cdot s^{-1}}$；若下游压力 $p_2 = 125$ kPa，求下游温度 T_2。

〔解〕 对绝热水平管，$Q = 0$，$\Delta Z = 0$；忽略轴功，则 $W_{轴} = 0$，根据式(2-145) 有

$$\Delta H = -\frac{1}{2}(u_2^2 - u_1^2) = C_p(T_2 - T_1) \tag{2-148}$$

将 $V = u \cdot A$ 代入 $\frac{p_2V_2}{T_2} = \frac{p_1V_1}{T_1}$ 得

$$u_2 = \frac{p_1}{p_2} \cdot \frac{T_2}{T_1} \cdot u_1 = 0.059T_2$$

将 u_2 代入式(2-148) 并整理得

$$0.00174(T_2/\mathrm{K})^2 + 1039.25T_2/\mathrm{K} - 323415 = 0$$

由此求得

$$T_2 = 313.6\ \mathrm{K}$$

参考文献

[1] GORDON M. BARROW. Physical Chemistry[M]. 5th Edition. McGraw-hill Education, 1998.

[2] ADAMSON A W. A Textbook of Physical Chemistry[M]. Oxford, 1973:186.

[3] ATKINS P W. Physical Chemistry[M]. 8th Edition. Oxford, 2006.

[4] LEVIN IRAN. 物理化学：上[M]. 褚德萤，李芝芬，张玉芬，译. 韩德刚，校. 北京：北京大学出版社，1987.

[5] 严济慈. 热力学第一和第二定律[M]. 北京：人民教育出版社，1966.

[6] 付鹰. 化学热力学[M]. 北京：科学出版社，1964:170.

[7] 付献彩,陈瑞华. 物理化学:上册[M]. 北京:高等教育出版社,1980:375.

[8] 黄启巽,魏光,吴金添. 物理化学:上册[M]. 厦门:厦门大学出版社,1996.

[9] 天津大学物理化学教研室. 物理化学:上册[M]. 3 版. 北京:高等教育出版社,1997.

[10] 田昭武,周绍民. 大学化学疑难辅导丛书 —— 热力学定律[M]. 福州:福建科技出版社,1988.

[11] 陈良坦. 物理化学教学中的几个问题[J]. 大学化学,2006,21(1).

[12] 陈良坦. 绝热膨胀与节流膨胀的比较[J]. 大学化学,2011,26(3).

思考与练习

思考题(R)

R2-1　当体系的状态一定时,所有的状态函数有定值。当体系的状态发生变化时,所有的状态函数的数值亦随之而变。这种说法对吗?为什么?

R2-2　根据道尔顿分压定律 $p = \sum p_B$,可见压力是广度性质的状态函数。此说法对吗?为什么?

R2-3　请解释内能变化与伴随一个化学或物理过程的焓变化之间的差异。

R2-4　下列说法对吗?为什么?

(1) 热的东西比冷的东西温度更高。所以,体系温度升高一定从环境吸热,而体系温度不变则与环境无热交换。

(2) 热力学能的绝对值可通过功和热的测定而得到。

(3) 在一绝热容器中将等量的 100 ℃ 水与 0 ℃ 冰混合,体系最后温度将低于 50 ℃。

R2-5　请列举三种 $\delta W_e = 0$ 的过程。

R2-6　设一气体经过如图中 $A \to B \to C \to A$ 的可逆循环过程,应如何在图上表示下列各量:

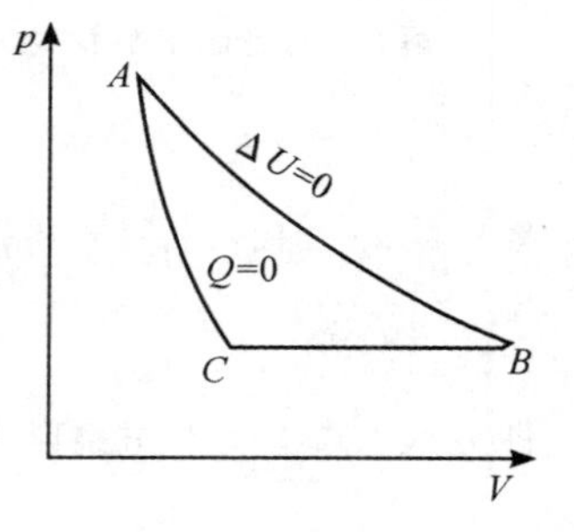

(1) 体系净做的功;

(2) $B \to C$ 过程的 ΔU;

(3) $B \to C$ 过程的 Q。

R2-7　在一个被活塞密闭的容器中有 1 mol 碳酸钙,将它加热到 700 ℃ 即分解。此活塞开始恰置于样品之上,且整个处在大气压之下。当 $CaCO_3$ 完全分解,能作多少功?

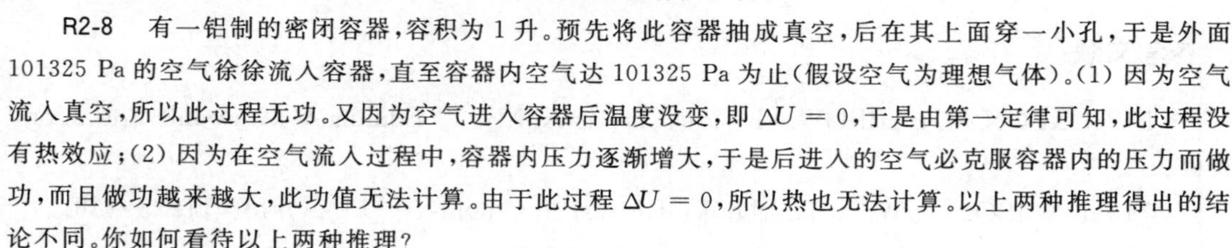

R2-8　有一铝制的密闭容器,容积为 1 升。预先将此容器抽成真空,后在其上面穿一小孔,于是外面 101325 Pa 的空气徐徐流入容器,直至容器内空气达 101325 Pa 为止(假设空气为理想气体)。(1) 因为空气流入真空,所以此过程无功。又因为空气进入容器后温度没变,即 $\Delta U = 0$,于是由第一定律可知,此过程没有热效应;(2) 因为在空气流入过程中,容器内压力逐渐增大,于是后进入的空气必克服容器内的压力而做功,而且做功越来越大,此功值无法计算。由于此过程 $\Delta U = 0$,所以热也无法计算。以上两种推理得出的结论不同。你如何看待以上两种推理?

R2-9　对理想气体,试证明 $dV = (nR/p)dT - (nRT/p^2)dp$,并证明 pdV 不是某个函数的全微分。

R2-10　(1) 试证如以 T 和 p 作为两独立变量,则对一任意过程气体膨胀元功可用下式表示:

$$\delta W = -pV\alpha dT + pV\kappa dp$$

式中 α(热膨胀系数) $= \dfrac{1}{V}\left(\dfrac{\partial V}{\partial T}\right)_p$,$\kappa$(压缩系数) $= \dfrac{-1}{V}\left(\dfrac{\partial V}{\partial p}\right)_T$。

(2) 如气体服从理想气体状态方程式，则上式可以写成何种特殊形式？

R2-11　100 ℃，101.325 kPa 的水向真空蒸发成 100 ℃，101325 Pa 的水蒸气。此过程的 $\Delta H = \Delta U + p\Delta V$，$p\Delta V = W$。而此过程的 $W = 0$，所以上述过程 $\Delta H = \Delta U$，此结论对吗？为什么？

R2-12　指出下列说法的错误。

(1) 因 $Q_p = \Delta H$，$Q_V = \Delta U$，所以 Q_p 和 Q_V 都是状态函数。

(2) 在一绝热气缸内装有一定量的理想气体，活塞上的压力一定。当向缸内的电阻丝通电时，气体缓慢膨胀，因该过程恒压且绝热，故 $\Delta H = 0$。

(3)100 ℃，101325 Pa的水向真空蒸发成100 ℃，101325 Pa的水蒸气。因此过程 $W = 0$ 且等压故有 $\Delta U = Q = \Delta H$。

R2-13　试证明对任何物质均有 $C_p \geqslant C_V$。对 1 mol 理想气体，$C_{p,\mathrm{m}} = C_{V,\mathrm{m}} + R$。

R2-14　在 $p^\ominus$，25 ℃下，空气的热容近似为 21 J·K^{-1}·mol^{-1}。问在此条件下，加热一体积为125 m^3 的空室至温度升高 10 ℃。需要热多少？若用 1 kW 的加热器加热需要多少时间？

R2-15　指出下列过程中 Q、W、ΔU、ΔH 各量是正、是负，还是零？

过程	Q	W	ΔU	ΔH
理想气体可逆等温膨胀				
理想气体绝热自由膨胀				
理想气体绝热膨胀				
理想气体不可逆等温膨胀				

R2-16　在 101.325 kPa 下，1 mol 100 ℃ 的水等温蒸发为水蒸气。若水蒸气可视为理想气体，所以 $\Delta U = 0$，$\Delta H = 0$，由于过程等压且无其他功，故有 $Q_p = \Delta H = 0$。根据热力学第一定律 $W = 0$。这一结论对吗？为什么？

R2-17　在(a)、(b) 图中，AB 线代表等温可逆过程，AC 线代表绝热可逆过程。若从 A 点出发：

(1) 经绝热不可逆膨胀到达 V_2[见图(a)]，则终点将在 C 之下、B 之上，还是 B 和 C 之间？

(2) 经绝热不可逆膨胀到达 p_2[见图(b)]，则终点在 C 之左、B 之右，还是在 B 和 C 之间？

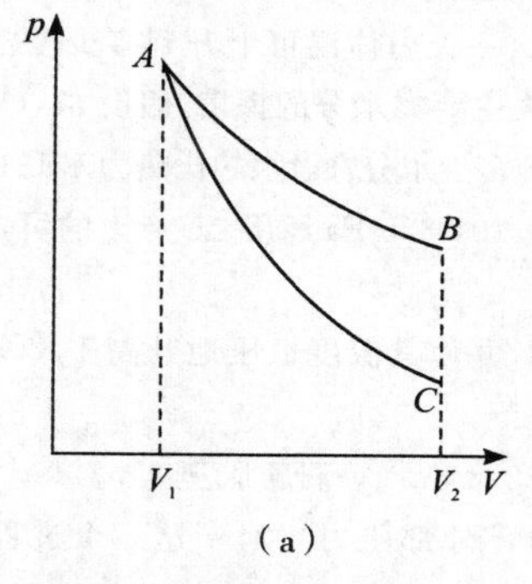

(a)

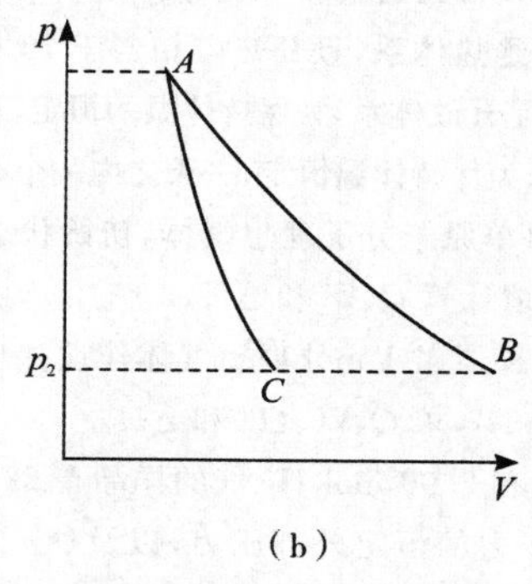

(b)

R2-18　一气体的状态方程是 $\left(p + \frac{a}{V_\mathrm{m}^2}\right)V_\mathrm{m} = RT$，式中 a 是大于零的常数，试证明在节流膨胀过程中气体的温度将下降。

R2-19　假设下列所有反应物和产物均为 25 ℃ 的正常状态，问哪个反应的 $\Delta H > \Delta U$，哪个反应的 $\Delta H < \Delta U$。

(1) 蔗糖完全燃烧；

(2) 萘完全氧化成苯二甲酸[$C_6H_4(COOH)_2$]；

(3) 乙醇的完全燃烧；

(4) PbS 与 O_2 完全氧化成 PbO 和 SO_2。

练习题(A)

A2-1 封闭体系从 A 态变为 B 态，可以沿两条等温途径：甲）可逆途径；乙）不可逆途径

试比较 $\Delta U_{可逆}$ 与 $\Delta U_{不可逆}$，$W_{可逆}$ 与 $W_{不可逆}$，$Q_{可逆}$ 与 $Q_{不可逆}$，$(Q_{可逆}+W_{可逆})$ 与 $(Q_{不可逆}+W_{不可逆})$ 的相对大小。

A2-2 对于孤立体系中发生的实际过程，W，Q，ΔU，ΔH 哪些为零？

A2-3 写出三个 1 mol 理想气体经历可逆绝热过程功的计算式。

A2-4 戊烷的标准摩尔燃烧焓是 $-3520\ \mathrm{kJ\cdot mol^{-1}}$，$CO_2(g)$ 和 $H_2O(l)$ 的标准摩尔生成焓分别是 $-395\ \mathrm{kJ\cdot mol^{-1}}$ 和 $-286\ \mathrm{kJ\cdot mol^{-1}}$，求戊烷的标准摩尔生成焓。

A2-5 有一真空绝热瓶子，通过阀门和大气隔离，当阀门打开时，大气（视为理想气体）进入瓶内，此时瓶内气体的温度将（升高、降低、不变、不确定）。

A2-6 已知 1 mol HCl 的无限稀释溶液与 1 mol NaOH 的无限稀释溶液在恒温恒压下完全反应，热效应 $\Delta_r H_m^{\ominus}=-55.9\ \mathrm{kJ\cdot mol^{-1}}$，则 1 mol HNO_3 的无限稀释溶液与 1 mol KOH 的无限稀释溶液在恒温恒压下完全反应的热效应 $\Delta_r H_m^{\ominus}$ 为多少？

A2-7 某理想气体，等温（25 ℃）可逆地从 $1.5\ \mathrm{dm^3}$ 膨胀到 $10\ \mathrm{dm^3}$ 时，吸热 9414.5 J，则此气体的物质的量为多少摩尔？

A2-8 300 K 时，将 2 mol Zn 片溶于过量的稀硫酸中，若反应在敞口容器中进行时放热 Q_p，在封闭刚性容器中进行时放热 Q_V，则 Q_V 和 Q_p 何者为大？

A2-9 当一个化学反应具备什么条件时，该反应的热效应就不受温度影响？

A2-10 求 5 mol 单原子理想气体的 $\left(\frac{\partial H}{\partial T}\right)_V$。

A2-11 18 ℃ 乙醇和乙酸的燃烧热分别为 $-1367.6\ \mathrm{kJ\cdot mol^{-1}}$ 和 $-871.5\ \mathrm{kJ\cdot mol^{-1}}$。它们溶在大量的水中分别放热 $11.21\ \mathrm{kJ\cdot mol^{-1}}$ 和 $1.464\ \mathrm{kJ\cdot mol^{-1}}$。试计算 18 ℃ 时反应 $C_2H_5OH(aq)+O_2(g)\longrightarrow CH_3COOH(aq)+H_2O(l)$ 的 $\Delta_r H_m$。

A2-12 一个人每天通过新陈代谢作用放出 10 460 kJ 热量。

(1) 如果人是绝热体系，且其热容相当于 70 kg 水，那么一天内体温可上升到多少度？

(2) 实际上人是开放体系。为保持体温的恒定，其热量散失主要靠水分的挥发。假设 37 ℃ 时水的汽化热为 $2405.8\ \mathrm{J\cdot g^{-1}}$，那么为保持体温恒定，一天之内一个人要蒸发掉多少水分？（设水的比热为 $4.184\ \mathrm{J\cdot g^{-1}\cdot K^{-1}}$）

A2-13 1 mol 单原子分子理想气体，初始状态为 25 ℃，101 325 Pa 经历 $\Delta U=0$ 的可逆变化后，体积为初始状态的 2 倍。请计算 Q、W 和 ΔH。

A2-14 用搅拌器对 1 mol 理想气体作搅拌功 41.84 J，并使其温度恒压地升高 1 K，若此气体 $C_{p,m}=29.28\ \mathrm{J\cdot K^{-1}\cdot mol^{-1}}$，求 Q、W、ΔU 和 ΔH。

A2-15 将含有 2.00 mol He 气的样品在 22 ℃ 下从 $22.8\ \mathrm{dm^3}$ 等温膨胀至 $31.7\ \mathrm{dm^3}$，(a) 可逆，(b) 抵抗等于气体最终压力的恒定外部压力，以及 (c) 自由（抵抗零外部压力）。对于这三个过程，计算 Q、W、ΔU 及 ΔH。

A2-16 由热力学第一定律 $\delta Q=\mathrm{d}U+p\mathrm{d}V$，并且内能是状态函数，证明热不是状态函数。（提示：即证明 δQ 不是全微分）

A2-17 单原子分子理想气体的内能为 $\frac{3}{2}nRT+C$（C 为常数），请由此导出理想气体的 $\left(\frac{\partial U}{\partial V}\right)_T$ 和 $\left(\frac{\partial H}{\partial V}\right)_T$。

A2-18 证明：物质的量为 n 的范德华气体从 V_1 等温可逆膨胀到体积 V_2 时，吸收的热量为：$Q=$

$nRT\ln(V_2 - nb)/(V_1 - nb)$。

A2-19　证明气体的焦耳-汤姆逊系数：

$$\mu_{\text{J-T}} \equiv \left(\frac{\partial T}{\partial p}\right)_H = \left(\frac{1}{C_p}\right)\left[T\left(\frac{\partial V}{\partial T}\right)_p - V\right]$$

A2-20　试证明，当一个纯物质的 $\alpha = 1/T$ 时，它的 C_p 与压力无关（式中 α 是恒压热膨胀系数，T 是绝对温度）。

练习题(B)

B2-1　(1) 将 100 ℃ 和 101 325 Pa 的 1 g 水在恒外压 $0.5 \times 101\,325$ Pa 下恒温汽化为水蒸气，然后将此水蒸气慢慢加压（近似看作可逆）变为 100 ℃ 和 101 325 Pa 的水蒸气。求此过程的 Q,W 和该体系的 ΔU、ΔH。(100 ℃，101325 Pa 下水的汽化热为 $2259.4\ \text{J}\cdot\text{g}^{-1}$)

(2) 将 100 ℃ 和 101 325 Pa 的 1 g 水突然放到 100 ℃ 的恒温真空箱中，液态水很快蒸发为水蒸气并充满整个真空箱，测得其压力为 101 325 Pa。求此过程的 Q,W 和体系的 ΔU,ΔH。(水蒸气可视为理想气体)

B2-2　1 mol 单原子分子理想气体，始态为 $p_1 = 202\,650$ Pa，$T_1 = 273$ K，沿可逆途径 $p/V = a$（常数）至终态，压力增加一倍，计算 V_1、V_2、T_2、ΔU、ΔH、Q、W 及该气体沿此途径的热容 C。

B2-3　已知氢的 $C_{p,\text{m}} = [29.07 - 0.836 \times 10^{-3}(T/\text{K}) + 20.1 \times 10^{-7}(T/\text{K})^2]\ \text{J}\cdot\text{K}^{-1}\cdot\text{mol}^{-1}$，

(1) 求恒压下 1 mol 氢的温度从 300 K 上升到 1000 K 时需要多少热量？

(2) 若在恒容下需要多少热量？

(3) 求在这个温度范围内氢的平均恒压摩尔热容。

B2-4　有一绝热真空钢瓶体积为 V_0，从输气管向它充空气（空气可视为理想气体），输气管中气体的压力为 p_0，温度为 T_0，由于气体量很大，且不断提供气体，所以在充气时输入气管中的气体的压力、温度保持不变，当钢瓶中气体压力为 p_0 时，问钢瓶中气体温度为多少？

B2-5　容积为 27 m^3 的绝热容器中有一小加热器，器壁上有一小孔与大气相通。在 $p^\ominus$ 的外压下缓慢地将容器内空气从 273.14 K 加热至 293.15 K，问需供给容器内空气多少热量？设空气为理想气体，$C_{V,\text{m}} = 20.40\ \text{J}\cdot\text{K}^{-1}\cdot\text{mol}^{-1}$。

B2-6　在 25 ℃，将某一氢气球置于体积为 5 dm^3、内含空气 6 g 的密闭容器中，气球放入后容器内压力为 121 590 Pa，然后非常缓慢地将空气从容器中抽出。当抽出的空气量达 5 g 时，容器内的气球炸破。试求：

(1) 在抽气过程中，气球内的氢气做了多少功？

(2) 人们在压力为 101325 Pa 的大气中给气球充气时，对气球做了多少功？

设平衡时气球内、外的温度、压力均相等。空气的平均摩尔质量为 $M = 0.029\ \text{kg}\cdot\text{mol}^{-1}$。

B2-7　某种理想气体从始态 (p_1, V_1, T_1) 经由 (1) $1A2$；(2) $1B2$；(3) $1DC2$ 三种准静态过程(quasi-static process) 变到终态 (p_2, V_2, T_2)，如下图所示。试求各过程中体系所做的功、体系吸的热及体系内能的增量 ΔU 的表达式。假定其热容为一常数。

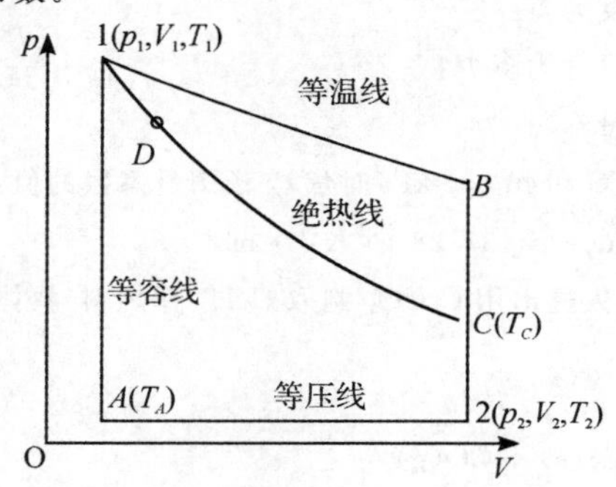

B2-8 某单原子分子理想气体从 $T_1 = 298\ \mathrm{K}, p_1 = 5p^{\ominus}$ 的初态。(*a*) 经绝热可逆膨胀；(*b*) 经绝热恒外压膨胀到达终态压力 $p_2 = p^{\ominus}$。计算各途径的终态温度 T_2 及 Q、W、ΔU、ΔH。

B2-9 带有旋塞的容器中有 25 ℃，121323 Pa 的气体，打开旋塞后气体自容器中冲出，待器内压力降至 101325 Pa 时关闭旋塞，然后加热容器使气体温度恢复到 25 ℃，此时压力升高至 103991 Pa。设气体为理想气体，第一过程为绝热可逆过程，求该气体的 $C_{p,\mathrm{m}}$ 值。

B2-10 1 mol 某气体在类似于焦耳 — 汤姆逊实验的管中由 $100p^{\ominus}$，25 ℃ 慢慢通过一多孔塞变成 $p^{\ominus}$，整个装置放在一个温度为 25 ℃ 的特大恒温器中。实验中，恒温器从气体吸热 202 J。已知该气体的状态方程 $p(V_\mathrm{m} - b) = RT$，其中 $b = 20 \times 10^{-6}\ \mathrm{m^3 \cdot mol^{-1}}$。试计算实验过程中的 $W, \Delta U, \Delta H$。

B2-11 $CO_2(g)$ 通过一节流孔由 $50p^{\ominus}$ 向 $p^{\ominus}$ 膨胀，其温度由原来的 25 ℃ 下降到 −39 ℃，已知 $CO_2(g)$ 的范德华系数 $a = 0.359\ \mathrm{Pa \cdot m^6 \cdot mol^{-2}}, b = 4.3 \times 10^5\ \mathrm{m^3 \cdot mol^{-1}}$。(1) 计算 $\mu_{\mathrm{J\text{-}T}}$；(2) 估算 $CO_2(g)$ 的反转温度；(3) 计算 $CO_2(g)$ 从 25 ℃ 经过一步节流膨胀使其温度下降到正常沸点 −78.5 ℃ 时的起始压力；(4) 设 $CO_2(g)$ 的 $\mu_{\mathrm{J\text{-}T}}$ 为常数，$C_{p,\mathrm{m}} = 36.6\ \mathrm{J \cdot K^{-1} \cdot mol^{-1}}$ 试求算 50 g $CO_2(g)$ 在 25 ℃ 下由 $p^{\ominus}$ 等温压缩到 $10p^{\ominus}$ 时的 ΔH。如果实验气体是理想气体，则 ΔH 又应为何值？

B2-12 常用冷冻剂氟利昂(Freon) $\mu_{\mathrm{J\text{-}T}} = 1.18 \times 10^{-2}\ \mathrm{K \cdot kPa^{-1}}$，试问为使循环液体氟利昂在绝热膨胀中温度降低 5 K，压力应降低多少 kPa？

B2-13 为了减少氟利昂对臭氧层的破坏，人们正致力于新型致冷剂的研制。商品名为致冷剂 −123 的便是其中之一。

(1) 已知该致冷剂的 $\left(\dfrac{\partial H}{\partial p}\right)_T = -3.29 \times 10^3\ \mathrm{J \cdot MPa^{-1}}$ 及 $C_{\mathrm{p,m}} = 110.0\ \mathrm{J \cdot K^{-1} mol^{-1}}$，求 $\mu_{\mathrm{J\text{-}T}}$；

(2) 当 2 mol 致冷剂 −123 从 1.5×10^5 Pa 经绝热膨胀到 0.5×10^5 Pa 时，温度变化多少？

B2-14 一热力学隔离体系如下图所示。设活塞在水平方向移动没有摩擦，活塞两边室内含有理想气体各为 20 dm³，温度均为 298 K，压力为 $p^{\ominus}$，逐步加热气缸左边气体直到右边压力为 202.650 kPa，假定 $C_{V,\mathrm{m}} = 20.92\ \mathrm{J \cdot K^{-1} \cdot mol^{-1}}, C_{p,\mathrm{m}}/C_{V,\mathrm{m}} = 1.4$。

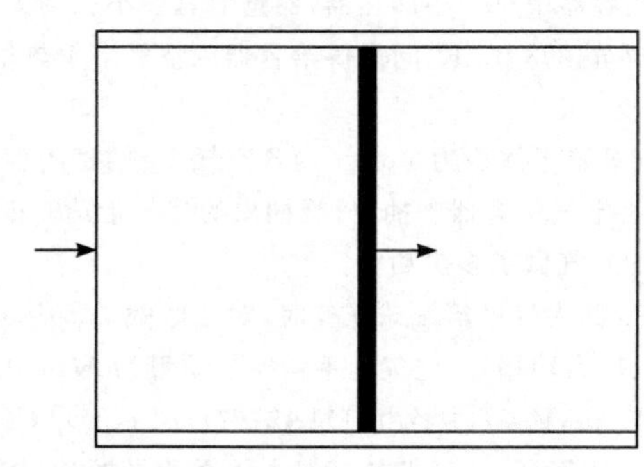

(1) 气缸右边的压缩气体做了多少功？

(2) 压缩后右边气体终态温度为多少？

(3) 活塞左边的气体的终态温度为多少？

(4) 膨胀气体贡献了多少热量？

B2-15 试计算一氧化碳 25 ℃ 和 40 530 kPa 时焦耳-汤姆逊系数的值，已知 $(T/V)(\partial V/\partial T)_p = 0.984$，$V_\mathrm{m} = 76.25 \times 10^{-3}\ \mathrm{dm^3 \cdot mol^{-1}}, C_{p,\mathrm{m}} = 37.28\ \mathrm{J \cdot K^{-1} \cdot mol^{-1}}$。

B2-16 为解决能源危机，有人提出用 $CaCO_3$ 制取 C_2H_2 作燃料。具体反应为：

(1) $CaCO_3(s) \xrightarrow{\triangle} CaO(s) + CO_2(g)$

(2) $CaO(s) + 3C(s) \xrightarrow{\triangle} CaC_2(s) + CO(g)$

(3)$CaC_2(s) + H_2O(l) \xrightarrow{298K} CaO(s) + C_2H_2(g)$

问：(a)1 mol C_2H_2 完全燃烧可放出多少热量？

(b) 制备 1 mol C_2H_2 需多少 C(s)，这些碳燃烧可放热多少？

(c) 为使反应(1) 和(2) 正常进行，须消耗多少热量？

评论 C_2H_2 是否适合作燃料？已知有关物质的 $\Delta_f H_m^\ominus(298\ K)/(kJ \cdot mol^{-1})$ 为：

$CaC_2(s)$：−60；$CO_2(g)$：−393；$H_2O(l)$：−285；$C_2H_2(g)$：227；

$CaO(s)$：−635；$CaCO_3(s)$：−1207；CO(g)：−111

B2-17　已知下述4个反应的热效应($p^\ominus$，298 K)：

(1)$C(s) + O_2(g) \longrightarrow CO_2(g)$　　$\Delta_r H_{m,1}^\ominus(298\ K) = -393.7\ kJ \cdot mol^{-1}$

(2)$CO(g) + (1/2)O_2(g) \longrightarrow CO_2(g)$　　$\Delta_r H_{m,2}^\ominus(298\ K) = -283.3\ kJ \cdot mol^{-1}$

(3)$CO(g) \longrightarrow C(g) + O(g)$　　$\Delta_r H_{m,3}^\ominus(298\ K) = 1090\ kJ \cdot mol^{-1}$

(4) $\frac{1}{2}O_2(g) \longrightarrow O(g)$　　$\Delta_r H_{m,4}^\ominus(298\ K) = 245.6\ kJ \cdot mol^{-1}$

求下列三个反应的热效应：

(5)$C(s) + \frac{1}{2}O_2(g) \longrightarrow CO(g)$　　$\Delta_r H_{m,5}^\ominus(298\ K) = ?$

(6)$C(s) \longrightarrow C(g)$　　$\Delta_r H_{m,6}^\ominus(298\ K) = ?$

(7)$CO_2(g) \longrightarrow C(g) + 2O(g)$　　$\Delta_r H_{m,7}^\ominus(298\ K) = ?$

B2-18　称取0.727 g的*D*-核糖 $C_4H_9O_4CHO$ 放在一量热计中，用过量的 O_2 燃烧，量热计的温度由298 K升高0.910 K，用同一仪器再做一次实验，使0.858 g苯甲酸燃烧，升温1.940 K，计算该*D*-核糖的摩尔燃烧内能、摩尔燃烧焓及*D*-核糖的摩尔生成焓。已知苯甲酸的摩尔燃烧内能 $\Delta_c U_m$ 为 $-3251\ kJ \cdot mol^{-1}$，液态水和 $CO_2(g)$ 的摩尔生成焓分别为 $-285.8\ kJ \cdot mol^{-1}$ 和 $-393.5\ kJ \cdot mol^{-1}$。

B2-19　从如下数据，计算冰在 −50 ℃ 的标准升华热。

冰的平均热容：$1.975\ J \cdot K^{-1} \cdot g^{-1}$

水的平均热容：$4.185\ J \cdot K^{-1} \cdot g^{-1}$

水蒸气的平均热容：$1.860\ J \cdot K^{-1} \cdot g^{-1}$

冰在0 ℃时熔化热：$333.5\ J \cdot g^{-1}$

水在100 ℃时的蒸发热：$2255\ J \cdot g^{-1}$

B2-20　298.2 K时，$C_{60}(s)$ 的热力学能为 $-25968\ kJ \cdot mol^{-1}$，计算

(1)$C_{60}(s)$ 的燃烧焓；

(2)$C_{60}(s)$ 的标准摩尔生成焓；

(3)$C_{60}(s)$ 的标准摩尔汽化焓；

(4) 比较石墨、金刚石、$C_{60}(s)$ 的标准摩尔汽化焓。($\Delta_r H_m^\ominus$(石墨) $= 716.68\ kJ \cdot mol^{-1}$)

B2-21　碳化钨(WC)在氧弹中与过量氧气燃烧，测得300 K时按下式反应的等容热效应：

$$WC(s) + \frac{5}{2}O_2(g) = WO_3(s) + CO_2(g)$$

$$\Delta_r U_m^\ominus(300\ K) = -1191\ kJ \cdot mol^{-1}$$

(1) 该反应在300 K时的 $\Delta_r H_m^\ominus(300\ K)$ 为何值？

(2) 已知纯C(石墨)和纯W在相同条件下的燃烧热分别为 $-393.5\ kJ \cdot mol^{-1}$ 和 $-818.8\ kJ \cdot mol^{-1}$。试计算在该温度下WC的生成热。

B2-22　在需氧氧化反应中，葡萄糖被生物细胞中的氧气完全氧化成 $CO_2(g)$ 和 $H_2O(l)$。另一方面，葡萄糖也可通过厌氧酵解的途径转化为乳酸。

(1) 称取 0.5010 g 葡萄糖于一绝热式量热计中，已知量热计总热容为 7.29 $kJ \cdot K^{-1}$。燃烧完全后量热计温度升高 1.069 K，计算

i) 葡萄糖的标准摩尔燃烧焓；

ii) 葡萄糖的标准摩尔生成焓。

(2) 已知乳酸的标准摩尔生成焓为 −694 $kJ \cdot mol^{-1}$，问葡萄糖的需氧氧化与厌氧酵解的能量差为多少？

B2-23 在碳氢化合物的燃烧过程中，烷烃自由基是一类重要的中间物。它们的生成焓数据有助于我们对碳氢化合物的氧化和热裂解机理的研究。下面给出几个烷烃自由基的生成焓数据，请结合其他烯烃的热力学数据，估算以下三个反应的反应焓变。

(1) $tert\text{-}C_4H_9 \rightarrow sec\text{-}C_4H_9$

(2) $tert\text{-}C_4H_9 \rightarrow C_3H_6 + CH_3$

(3) $tert\text{-}C_4H_9 \rightarrow C_2H_4 + C_2H_5$

自由基	C_2H_5	CH_3	$sec\text{-}C_4H_9$	$tert\text{-}C_4H_9$
$\Delta_f H_m^{\ominus}/(kJ \cdot mol^{-1})$	121.0	145.5	67.5	51.3

B2-24 海水可视作约为 0.5 M 的氯化钠溶液。将海水泵入一个面积为 $10^4\ m^2$、深度为 0.1 米的日晒蒸发槽。如果氯化钠溶液吸收太阳能的通量是 $10^3\ W/m^2$(8 小时内的平均值)，计算要日照多少小时，才能把这些海水蒸发干(设 0.5 mol 氯化钠溶解过程的热效应为 4 kJ)？从中能产生多少食盐？

B2-25 一摩尔的 NaCl 溶解在足量的水中得到 NaCl 溶液，此溶液含 NaCl 的重量百分数为 12%。在 20 ℃ 时这个溶解过程的 ΔH 为 3.24 kJ，而在 25 ℃ 时为 2.93 kJ。又知固体 NaCl(s) 的热容和 $H_2O(l)$ 的热容分别为 50.2 $J \cdot K^{-1} \cdot mol^{-1}$ 和 75.3 $J \cdot K^{-1} \cdot mol^{-1}$。请计算此溶液的热容。

B2-26 已知下列物质的生成焓为

$C_2H_5—S—C_2H_5(g)$ $\qquad \Delta_f H_m^{\ominus}(298\ K) = -147.23\ kJ \cdot mol^{-1}$

$C_2H_5—S—S—C_2H_5(g)$ $\qquad \Delta_f H_m^{\ominus}(298\ K) = -201.92\ kJ \cdot mol^{-1}$

$S(g)$ $\qquad \Delta_f H_m^{\ominus}(298\ K) = 222.8\ kJ \cdot mol^{-1}$

试求算 $\Delta H_m^{\ominus}(S—S, 298\ K)$。

B2-27 从以下数据计算甲烷中 C—H 键能，进而计算正戊烷中 C—C 键能。已知：

C(s) 的原子化焓为 713 $kJ \cdot mol^{-1}$，$H_2(g)$ 的解离焓为 436.0 $kJ \cdot mol^{-1}$。

$CH_4(g)$ 的生成焓为 −75.0 $kJ \cdot mol^{-1}$，$n\text{-}C_5H_{12}(g)$ 生成焓为 −146.0 $kJ \cdot mol^{-1}$。

B2-28 由下列数据，计算甲苯的共振能。甲苯结构式 ⏣—CH_3。

	$\Delta_r H_m(298\ K)/kJ \cdot mol^{-1}$
(1) $C_7H_8(l) + 9O_2(g) = 7CO_2(g) + 4H_2O(l)$	−3910
(2) $C_7H_8(l) = C_7H_8(g)$	+38.1
(3) $H_2(g) = 2H(g)$	+436.0
(4) $C(s) = C(g)$	+715.0
(5) $H_2(g) + \frac{1}{2}O_2(g) = H_2O(l)$	−285.8
(6) $C(s) + O_2(g) = CO_2(g)$	−393.5

键能/($kJ \cdot mol^{-1}$)：$\varepsilon(C—H) = 413.0$，$\varepsilon(C—C) = 345.6$，$\varepsilon(C=C) = 610.0$。

B2-29 由下列数据估算 NH_4OH 在 25 ℃ 时的电离热：

$$NH_3(g) + H_2O(\infty aq) = NH_4OH(\infty aq)$$

$$\Delta_f H_m^{\ominus}(NH_4OH, \infty aq, 298.15\ K) = -35.4\ kJ \cdot mol^{-1}$$

$$\Delta_f H_m^\ominus(OH^-, \infty aq, 298.15\ K) = -228.4\ kJ \cdot mol^{-1}$$

$$\Delta_f H_m^\ominus(NH_4^+, \infty aq, 298.15\ K) = -132.6\ kJ \cdot mol^{-1}$$

$$\Delta_f H_m^\ominus(NH_3, g, 298.15\ K) = -45.77\ kJ \cdot mol^{-1}$$

B2-30　氯化氢和氯化钾在 298 K 时的标准生成焓和在水中的标准解离焓数据如下：

	$\Delta_f H_m^\ominus(298\ K)/kJ \cdot mol^{-1}$	$\Delta_d H_m^\ominus(298\ K)/kJ \cdot mol^{-1}$
HCl(g)	−92.3	−75.1
KCl(s)	−435.9	17.2

计算水合 Cl^- 离子和水合 K^+ 离子的标准生成焓。

B2-31　利用热力学循环计算 Mg^{2+} 的水合焓。

已知镁的升华焓 $\Delta_{sub} H_m^\ominus = 167.2\ kJ \cdot mol^{-1}$；Mg(g) 的第一、第二电离焓分别为 7.646 eV 和 15.035 eV；$Cl_2(g)$ 的离解焓为 241.6 $kJ \cdot mol^{-1}$；Cl(g) 的电子亲合焓为 −3.78 eV；$MgCl_2(s)$ 的溶解焓为 −150.5 $kJ \cdot mol^{-1}$；Cl(g) 的水含焓为 −383.7 $kJ \cdot mol^{-1}$；$MgCl_2(s)$ 的生成焓为 −641.3 $kJ \cdot mol^{-1}$。

B2-32　为发射火箭，现有三种燃料可选：$CH_4 + 2O_2$，$H_2 + \left(\frac{1}{2}\right)O_2$，$N_2H_4 + O_2$。

(1) 假设燃烧时无热量损失，分别计算各燃料燃烧时的火焰温度。

(2) 火箭发动机所能达到的最终速度，主要是通过火箭推进力公式 $I_{sp} = KC_pT/M$ 确定。T 为排出气体的绝对温度，M 为排出气体的平均分子量，C_p 为排出气体的平均摩尔热容，K 对一定的火箭为常数。问上述燃料中哪一种最理想？

已知 298 K 时各物质的 $\Delta_f H_m^\ominus/(kJ \cdot mol^{-1})$：$CO_2(g)$，−393；$H_2O(g)$，−242；$CH_4(g)$，−75；$N_2H_4(g)$，+95。

各物质的摩尔定压热容 $C_{p,m}/(J \cdot K^{-1} \cdot mol^{-1})$：$CO_2(g)$，37；$H_2O(g)$，34；$N_2O(g)$，38。

B2-33　在量热计中测量了茂金属双（苯）铬的标准生成焓。发现反应 $Cr(C_6H_6)_2(s) \rightarrow 7Cr(s) + 2C_6H_6(g)$ 的 $\Delta_r H^\ominus(583\ K) = +8.0\ kJ \cdot mol^{-1}$。求出相应的反应焓并估算化合物在 583 K 下的标准生成焓。苯在其液体范围内的恒压摩尔热容为 136.1 $J \cdot K^{-1} \cdot mol^{-1}$，在气体范围内的恒压摩尔热容为 81.67 $J \cdot K^{-1} \cdot mol^{-1}$。

B2-34　在化肥厂的变换工段，主要进行如下反应：$CO(g) + H_2O(g) = CO_2(g) + H_2(g)$，现有 $p^\ominus$，400 ℃下组成为 CO 32%，H_2 37%，CO_2 8%，N_2 23% 的原料气与相当于6倍量的水蒸气一起通入变换塔。若设反应在绝热条件下进行，出口气温度为 500 ℃，求 CO 的变换率及出气口的气体组成。

已知各气体的平均摩尔定压热容 $C_{p,m}/(J \cdot K^{-1} \cdot mol^{-1})$ 为：

CO	H_2	CO_2	N_2	H_2O
29.8	29.2	43.8	29.7	34.9

CO_2、CO、H_2O 三种气体在 298 K 的生成热分别为 −393.5 $kJ \cdot mol^{-1}$、−110.5 $kJ \cdot mol^{-1}$ 和 −241.8 $kJ \cdot mol^{-1}$。

B2-35　在 $p^\ominus$，298 K 时，水煤气燃烧反应

$$H_2(g) + CO(g) + O_2(g) = H_2O(g) + CO_2(g)$$

为使燃烧完全，加入了两倍空气[$N_2 : O_2 = 4 : 1$(体积比)]。问燃烧可能达到的最高火焰温度为多少？已知：

$$\Delta_f H_m^\ominus(H_2O, g) = -241.8\ kJ \cdot mol^{-1}$$

$$C_{p,m}(H_2O, g) = [29.99 + 10.71 \times 10^{-3}(T/K)]J \cdot K^{-1} \cdot mol^{-1}$$

$$\Delta_f H_m^\ominus(CO_2, g) = -393.5\ kJ \cdot mol^{-1}$$

$$C_{p,m}(CO_2, g) = [32.22 + 22.18 \times 10^{-3}(T/K)]J \cdot K^{-1} \cdot mol^{-1}$$

$$\Delta_f H_m^\ominus(CO, g) = -110.5\ kJ \cdot mol^{-1}$$

$$C_{p,m}(O_2) = [34.6 + 1.01 \times 10^{-3}(T/K)]J \cdot K^{-1} \cdot mol^{-1}$$

$$C_{p,m}(N_2,g)=[28.28+2.54\times10^{-3}(T/K)]J\cdot K^{-1}\cdot mol^{-1}$$

B2-36 木材在 300 ℃ 可以着火。擦火柴时，必须使火柴头所发生的化学反应放出足够热量方能点燃火柴杆。今用摩尔比为 3∶11 的 Sb_2S_3 与 $KClO_3$ 混合物作火柴头，问能否将火柴点燃？

设木柴比热为 $1.75\ J\cdot g^{-1}\cdot K^{-1}$，密度为 $0.5\ g\cdot cm^{-3}$；Sb_2S_3 和 $KClO_3$ 的密度分别为 $4.6\ g\cdot cm^{-3}$ 和 $2.3\ g\cdot cm^{-3}$；

各物质热容($J\cdot K^{-1}\cdot mol^{-1}$)分别为：$Sb_2O_5$，118；KCl，51；$SO_2$，40；

各物质生成焓 $\Delta_f H_m^{\ominus}(298\ K)/(kJ\cdot mol^{-1})$ 分别为：Sb_2S_3，972；$KClO_3$，436；Sb_2O_5，175；KCl，391；SO_2，-297；

木柴杆横断面积为 2 mm×2 mm，木柴头直径为 3 mm，柴杆深入火柴头 2.5 mm。

B2-37 $H_2O(l)$ 在 300 K 的水平直管中流动，设与环境无热及轴功交换，在管内直径为 2.54 cm 处的流速为 $9\ m\cdot s^{-1}$，然后直径突然增大为 5.08 cm，问两截面间的焓变 ΔH 为多少？

可扫码观看讲课视频：

第3章

热力学第二定律

教学目标

1. 理解自发过程的共同特征及可逆过程、不可逆过程概念，理解热力学第二定律的经典表述及其等效性。

2. 理解热力学第二定律与卡诺定理的联系，注意熵函数导出的严谨逻辑推理，掌握克劳修斯不等式与熵增定理及熵判据与应用条件。

3. 掌握从熵定义式和全微分关系式计算简单体系变化过程的熵变 ΔS。

4. 了解熵的统计意义及玻尔兹曼关系表述，了解影响熵的因素与熵补偿原理。

5. 熟悉热力学第三定律文字表述与数学式表述，掌握规定熵和标准摩尔熵的概念，会从数据表中查阅 $S_m^{\ominus}(B,\beta,298.15\ K)$，并计算化学反应的 $\Delta_r S_m^{\ominus}(T)$。

6. 理解亥姆霍兹函数 A 和吉布斯函数 G 的定义及其减少原理的判据和条件，能熟练计算简单过程的 ΔA 和 ΔG。

7. 理解热力学基本关系式，掌握四个热力学基本方程，尤其是 $dG=-SdT+Vdp$ 及其应用条件，熟悉麦克斯威关系，热力学状态方程及吉布斯-亥姆霍兹方程。

8. 理解特性函数，熟悉热力学函数和偏微商变换的基本方法。

9. 了解熵与信息，熵流与熵产生原理、耗散结构等非平衡态热力学基本概念。

教学内容

1. 自然界过程的方向和限度
2. 热力学第二定律
3. 卡诺循环与卡诺定理
4. 熵及熵增加定理
5. 熵变计算
6. 热力学第二定律的统计意义
7. 热力学第三定律与规定熵
8. 亥姆霍兹函数和吉布斯函数
9. 热力学基本关系式
10. 亥姆霍兹函数和吉布斯函数的有关性质
11. 均相热力学量之间的关系
12. 非平衡态热力学基本概念

重点难点

1. 理解热力学第二定律的实质含义及其数学表达式。

2. 理解热力学函数熵(S)、Helmholtz 函数(A)和 Gibbs 函数(G)的逻辑推演、概念意义,并掌握它们改变量的计算方法思路。掌握热力学第三定律实质及规定摩尔熵概念。

3. 根据条件,灵活应用 ΔS、ΔA 和 ΔG 来判断过程进行的方式与方向限度。

4. 掌握热力学函数偏微商变换方法及特定条件下相应热力学关系式的应用。

5. 克劳修斯(Clausius)不等式与熵增原理。Clausius 不等式(即 $dS \geqslant \frac{\delta Q}{T}$,$>$,示不可逆;而 $=$,示可逆)。只有在环境不对体系做功的条件下才可用来判断过程的方向限度(自发或平衡)

6. 熵的推演及统计意义。熵是体系微观状态数(W)或混乱度的量度,其间联系式 $S = k\ln W$,称 Boltzmann 熵定理。

7. 理解 $\Delta A \leqslant W_T$,$\Delta A \leqslant W'_{T,V}$,$\Delta G \leqslant W'_{T,p}$ 诸式的意义与应用。

8. 根据过程条件(如 pVT 变化、相变化或化学变化),准确选择相应公式,或设计相应途径计算 ΔS、ΔA 或 ΔG。

9. 借助偏微商变换技巧,简练证明热力学函数关系式。

建议学时 ——8 学时

3.1 自然界过程的方向和限度

热力学第一定律的核心是能量守恒原理,它主要解决变化过程中的能量效应,但它却无法区分不同能量形式之间质的差别,如热力学第一定律可以斩钉截铁般地宣告,一切违背能量守恒的过程都是不可能发生的,但它却无法对那些不违背能量守恒原理的过程是否能够发生及能够发生的程度作出肯定的回答。简言之,热力学第一定律只解决变化中的能量关系,并不能解决过程中的方向和限度问题;热力学第一定律无疑是必要的,但远非是充分的。解决过程方向性和限度问题必须借助独立于热力学第一定律之外的另一基本定律 —— 热力学第二定律。

3.1.1 自发过程的定义与本质

人类的大量实践经验告诉我们,自然过程有一定的方向:如水总是从高往低处流,直至水位相同;气体自高压处向低压处流动,直至压力相等;物质总是自高浓度处向低浓度处扩散,直至浓差为零;相互接触的不同气体总是倾向于均匀混合;在光照射下,氢气和氯气自动地化合成氯化氢 ……

常把在自然界中不需借助外力就能自动进行的过程,称为“自发过程(spontaneous process)”或“自然过程”(natural process)。而需借助外力才能进行的过程,称为“非自发过程”或“非自然过程”。把水由低处输送到高处，这个过程可借助于水泵实现，然而水泵必须对水做功；氯化氢可以分解为氢和氯，例如可在水溶液中电解使之分解，而电解时需做电功。可见非自发过程是自发过程的逆过程，但两者有本质上的差别。

研究自发过程，可以看出它们都有一个共同的特点：体系具有对外做功的“潜力”。如安排适当，伴随着过程的进行，体系这种对外做功的能力就可以实现。例如，物理上的水力发电；化学上可将锌片直接插入硫酸铜溶液，体系自发地产生如下反应：

$$Zn + Cu^{2+} \rightarrow Zn^{2+} + Cu$$

反应所放出的能量，以热的形式散失掉。然而同一反应如在电池中发生（即改以锌片插入硫酸锌溶液和铜片插入硫酸铜溶液，分别组成的锌电极和铜电极串接起来构成丹尼尔电池）则体系根据负载情况可对外输出一定的电功。自发过程的这种本领是我们对它感兴趣的原因，因为能源的开辟和利用是关系国计民生的重要课题。

3.1.2　自发过程的共同特征

如何判断自一始态至另一终态间是否存在实现某种类型自发过程的可能性？实践证明，对于特定类型的物理过程，常可以找到某一状态函数，以作为该类型过程的判据，用以确定过程的自发方向和限度。表 3-1 列出几种实例。

表 3-1　自发过程实例

过程名称	判据	自发方向	限度
水的流动	水位(h)	$h_1 > h_2$	$h_1 = h_2$
气体膨胀	压力(p)	$p_1 > p_2$	$p_1 = p_2$
热传导	温度(T)	$T_1 > T_2$	$T_1 = T_2$
电荷流动	电位(E)	$E_1 > E_2$	$E_1 = E_2$

表中下标“1”代表始态而“2”代表终态。

对于化学反应，能否找到一个共同的判据？过去贝塞洛特（Berthelot）和汤姆生（Thomson）曾根据多数自发反应属于放热反应，提出以焓变 ΔH 作为化学反应自发方向的判据。但没多久，就发现无论用 U 或 H 的增减都无法指示反应的方向。

因此，必须总结自发过程的共同规律。实践证明，**自发过程有一共同特点，即不可逆性**。这一共同特点既然为所有自发过程所共有，当然也应为所有化学反应所具备。今以两例说明：

例一：热传导过程

热量由高温热源传递至低温热源为一自发过程，这是众所周知的事实。能否使这一过程成为可逆过程呢？在第二章中已述及，关键在于能否使之恢复始态而不引起环境的任何永久性变化。

从图 3-1(2) 可以看出：若热量能自动自低温处向高温处流动，则可实现这一目的。从图 3-1(3) 又可以看出：用一冷冻机也可以把热量 $|Q|$ 从低温热源(T_1) 抽出，此时低温热源恢复原来的状态，但冷冻机抽热时需要对它做功 W，则它交给高温热源的热量将为 $|Q'|$（$|Q'|=$

$|Q|+|W|$)，若能使($|Q'|-|Q|$)热量自高温热源(T_2)取出变为冷冻机所做的功W，则各项相抵，高温热源(T_2)和环境都恢复始态。可见，热传导过程能否成为可逆依赖于能否实现(1)热量可以自动从低温处向高温处传递；或(2)可以自单一热源取热将之变为当量的功而不引起其他变化这两项事实。

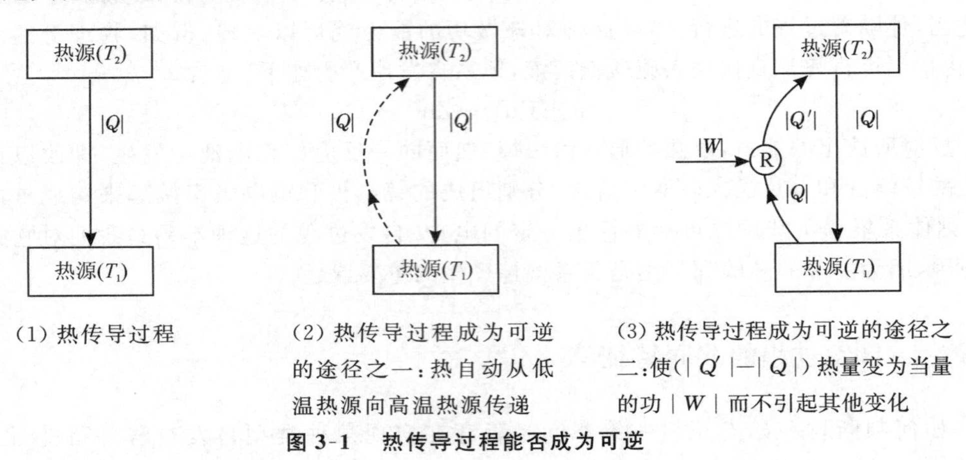

(1) 热传导过程

(2) 热传导过程成为可逆的途径之一：热自动从低温热源向高温热源传递

(3) 热传导过程成为可逆的途径之二：使($|Q'|-|Q|$)热量变为当量的功$|W|$而不引起其他变化

图 3-1　热传导过程能否成为可逆

例二：$\frac{1}{2}H_2(g)+\frac{1}{2}Cl_2(g)+aq \rightarrow HCl(aq)$

如图 3-2 所示，此反应进行时放热$|Q|$，使体系温度T_1升高至T_2。今欲使体系还原，可设想为先自体系中取出热量$|Q|$交给热源(T)使体系恢复始态温度T_1，再电解 HCl 水溶液放出氢气和氯气使体系完全恢复始态。体系的状态虽然复原了，可是热源(T)得了$|Q|$的热，而功源做了$|W|$的功，如欲使环境也还原，则必须能实现自单一热源(T)取热，使之变为当量的功$|W|$，而不引起任何其他变化。

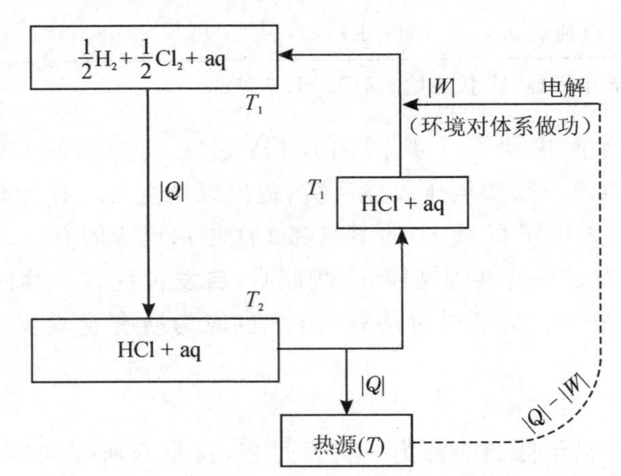

图 3-2　反应$\frac{1}{2}H_2+\frac{1}{2}Cl_2+aq \rightarrow HCl(aq)$能否成为可逆

结论：自发过程能否成为可逆过程，关键在于能否实现自单一热源取热使之全部变成当量的功而不引起其他任何变化？或能否实现热量自动从低温向高温处传递这一过程而不留下其他任何痕迹？或能否采用任何办法将自发过程所产生的后果不留痕迹地加以消除？大量事实均说明，以上结论是无法实现的，因为若以上结论能够实现，则可制造出一种巧妙的机器，这种机器可从大自然的热库 —— 大地、海洋、大气中源源不断地取出热能并全部转化为功。我们将这种与第一类永动机形式上不同但实际上无异的机器称为第二类永动机，因为它毕竟也是一种无法实现的美妙的幻想。可见，自发过程的不可逆性、后果不可消除原理及第二类永动机不可能造成是一脉相承的，它们既是人类实践经验的总结，也是热力学第二定律的原理依据。正是在此理论依据的基础上，得到了热力学第二定律，并由热力学第二定律导出自发过程方向和限度的普遍判据熵(S)，等温、等容判据亥姆霍兹函数(A)及等温、等压判据吉布斯函数(G)。这三个状态函数构成了热力学第二定律的核心，在判断过程的方向方面及解决化学平衡问题方面有重要作用。

3.2 热力学第二定律

3.2.1 热机效率

热机是一种往复循环将热转变为功的机器，蒸汽机、内燃机都属于热机。实践表明：任何一台热机，其热效率都不可能达到100%，即它在从一高温热源取热转变为功的同时，必须放出一部分热量给另一低温热源。如图 3-3 所示，T_2 和 T_1 分别为高温热源和低温热源，热机 E 从 T_2 取出热量 Q_2 部分转变为功($-W$)之外，同时还放出一部分热量 $-Q_1$ 给 T_1($-W = Q_2 + Q_1$，而 W、Q_1 为负值)。

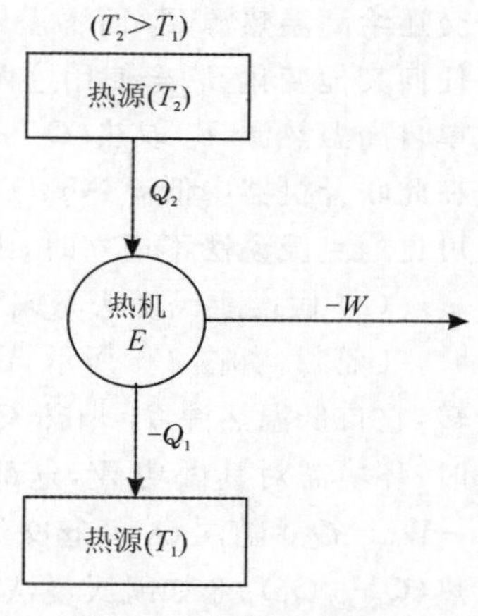

图 3-3　热机示意图

定义热机的热效率(efficiency of the heat engine)η 为：热机每一循环所做的功与所吸收的热之比，即

$$\eta = \frac{-W}{Q_2} = \frac{Q_2 + Q_1}{Q_2} = 1 + \frac{Q_1}{Q_2} \tag{3-1}$$

如能制作出从单一热源取热使之全部变为功而不必放热给另一低温热源的机器，则这类机器既不违背热力学第一定律($\eta = 1, Q = -W$)，又能够实现第二类永动机的设想。例如，可以把大海当成一"大热源"，让这类机器和海洋接触，则它可以不断地从海洋取热转变为当量的功而不必担心海洋的温度有任何变化。这样，机器就能够不停地运转。实践证明，第二类永动机的创造从未成功。任何一台实际的热机都无法将低温热源取消而能有效的工作。即任何一台热机，其效率都无法达到百分之一百。

3.2.2 热力学第二定律的两种经典表述及其等效性

众所周知，自然界正在发生的过程是成千上万的，但我们总不能就事论事地去分析每一个自发过程的特点。因此，在总结大量实践经验的基础上提出科学的原理便成为物理化学家们的任务。下面介绍两种热力学第二定律的经典说法。

(1) 克劳修斯(Clausius) 说法(Clausius's statement of second law of thermodynamics)："热

不能自动地自低温物体传递到高温物体。”

(2) 凯尔文(Kelvin)-普朗克(Planck)说法(Kelvin's statement of second law of thermodynamics):**“不可能制作一种循环操作的机器,其作用是从一个热源吸取热量转变为当量的功而不引起任何其他的变化。”**

以上两种表达形式虽然不同,但所阐明的规律是一致的。可以用反证法证明其一致性,即等效性(以下分析均以热机为体系,当热机吸热或受功时,Q、W 均为正,反之亦然)。

(1) 假设克氏说法不成立,则凯氏说法也无法成立。

〔**证**〕 如图 3-4 所示,假设有一热机自高温热源 T_2 吸取了热量 Q_2,将其中一部分转变为功($-W = Q_2 + Q_1$),另一部分热量 $-Q_1$ 放给了低温热源 T_1(注意:W、Q_1 为负值)。如果克氏说法不成立,则可以造出一台反克氏冷冻机,从低温热源 T_1 取热 Q_1 交还给高温热源 T_2 而不需外界对它做功,即不引起任何其他变化。联合使用这两台机器,其综合效果是单自高温热源 T_2 取热($Q_2 + Q_1$)并将之转变为当量的功而不引起任何其他的变化。(注意:在此联合机器中低温热源 T_1 所得净热为零,形同虚设。)这一结论显然和凯氏说法相矛盾。可见当克氏说法不成立时,则凯氏说法也无法成立。

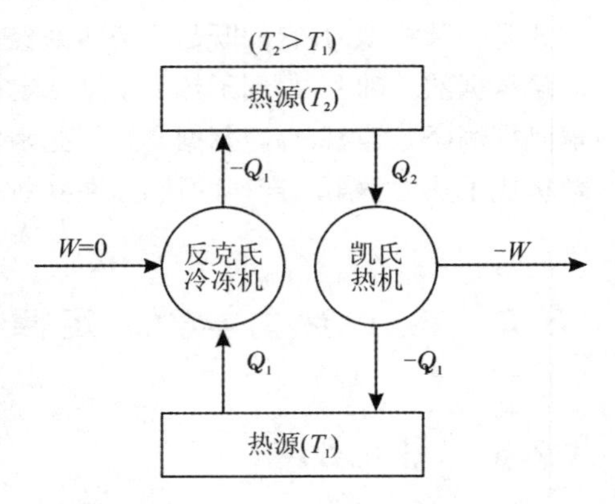

图 3-4 联合机器证明克氏说法不成立,则凯氏说法也不成立

(2) 假设凯氏说法不成立,则克氏说法也无法成立。

〔**证**〕 如图 3-5 所示,设有一台冷冻机按克氏说法运转,它自低温热源 T_1 取热 Q_1 交给高温热源,冷冻机工作时,环境需对其做功 W,这部分功转变为当量的热 Q_2(即 $-W = Q_2$)随同 Q_1 一起交给了高温热源 T_2,高温热源吸热($Q_2 + Q_1$)。今如凯氏说法不成立,则可造出一台反凯氏热机,自高温热源取热 Q_2 使之转变为当量的功($-W$)以推动克氏冷冻机运转。联合使用这两台机器,其综合效果是使热量 Q_1 自低温热源 T_1 传递至高温热源 T_2 而不引起任何其他变化。这一结论和克氏说法相矛盾。可见凯氏说法不成立时,克氏说法也无法成立。

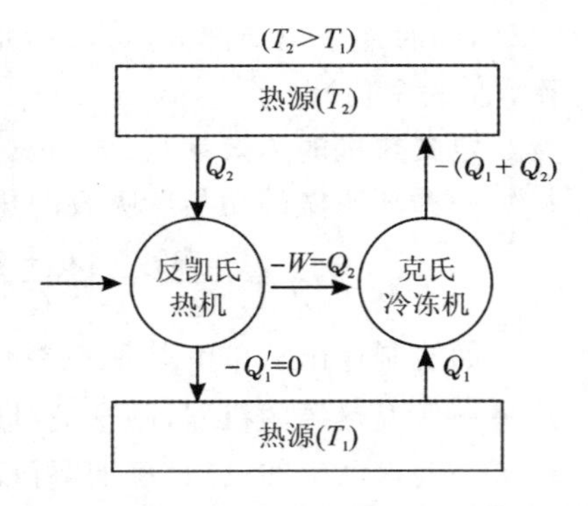

图 3-5 联合机器证明凯氏说法不成立,则克氏说法也不成立

以上论证说明两种说法是等效的。

热力学第二定律否定了自发过程成为可逆过程的可能性。因此,热力学第二定律的另一种实质性的表达形式是:

“一切自发过程(实际过程)都是不可逆的。”

由于凯氏说法和克氏说法与实验上可测量的热和功相联系,比较直观,因此经常被人们接受作为判断过程方向性的准则。

最后,对有关热力学第二定律的经典表述再作几点说明。

(1) 热力学第一定律确定了各种形式能量间相互转变的当量关系,而第二定律则指出了热和功这两种不同的能量传递方式相互转变的条件。原则上说，各种形式的功（如机械功、电功、表面功……）之间可以无条件地100%地相互转变；而功和热的相互转变则非如此，功可以无条件地100%地转变为热，而热却不能100%地无条件地转变为功。

(2) 应理解整个说法的完整内容，不能断章取义。如决不能误解为热不能转变为功，因为日常生活中的热机就是一种将热转变为功的机器，只是这种机器，必须工作在两个不同温度的热源之间；同样，也不能误解为热不能全部转化为功，如理想气体的等温可逆膨胀，是可以实现热100%地转变为功的：

$$Q = -W = nRT\ln\frac{V_2}{V_1}$$

但在这一转变过程中，是以体系由状态1(p_1, V_1, T_1)，变为状态2(p_2, V_2, T_1)而留下体积变化这个痕迹为其代价的！也就是说，如果要使热100%地转变为功，则同时必然引起一些其他的变化，或留下痕迹即永久性的变化。至于功和热在本质上的差别，将于"热力学第二定律的统计意义"一节中详述，暂不讨论。

(3) 两种经典说法并不违反热力学第一定律，这正说明不违反热力学第一定律的现象并不一定就能发生，故它们是独立于热力学第一定律的另一条基本定律。

克劳修斯(Rudolph，Clausius，1822—1888)

克劳修斯，德国物理学家，热力学的奠基人之一。1822年1月2日生于波兰科沙林，1840年考入柏林大学，1847年在哈雷大学获得数学和物理哲学博士学位。1850年克劳修斯发表了著名论文《论热的动力以及由此推出的关于热学本身的诸定律》，从而知名于学术界。1855年任苏黎世工业大学教授，1867年返回德国任维尔茨堡大学教授，1869年起任波恩大学教授。1888年8月24日在波恩逝世。

3.3　卡诺循环与卡诺定理

3.3.1　理想气体的卡诺循环

实践证明，热机的热效率恒小于1，即无法从单一热源吸热，无代价地将其转变为当量的功。在热机工作过程中总得有一部分能量以热的形式重新传递给温度较低的热源。为了求出在一定条件下工作的热机的最大热效率，法国工程师卡诺(Carnot)拟定了一个理想循环，称为"**卡诺循环**(carnot cycle)"。

每一卡诺循环由两个**等温过程**(reversible isothermal process)和两个**绝热过程**(reversible adiabatic process)组成。

若以理想气体为工作介质且所经历的四个过程均为可逆过程，则称为理想气体可逆卡诺循环。图3-6为理想气体可逆卡诺循环示意图。

在循环 $ABCDA$ 中：

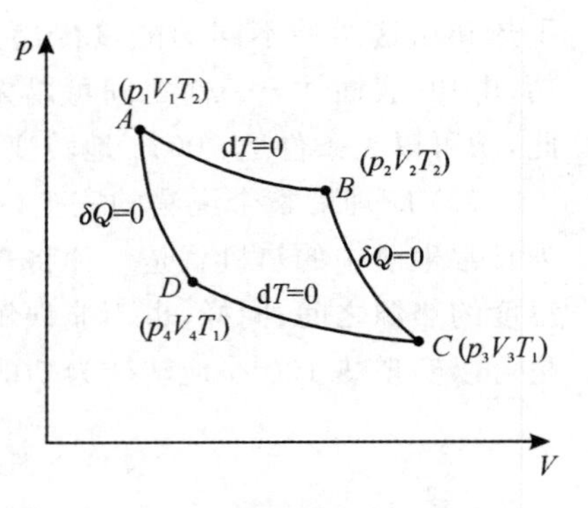

图 3-6　卡诺循环示意图

$A \to B$ 为一气体可逆等温膨胀过程，在此过程中理想气体热力学能不变。体系自温度为 T_2 的高温热源吸热 Q_2 使之全部变为功 W_2。

$$Q_2 = -W_2 = nRT_2 \ln \frac{V_2}{V_1} \tag{3-2}$$

$B \to C$ 为一可逆绝热膨胀过程，在绝热条件下体系可逆地自体积 V_2 膨胀至 V_3，相应的压力由 p_2 降低为 p_3，而温度由 T_2 降为 T_1。可逆绝热膨胀过程中 p、V 间，绝热功，绝热的热力学能变 $\Delta_a U$ 应满足如下关系：

$$p_2 V_2^{\gamma} = p_3 V_3^{\gamma} \tag{3-3}$$

$$\Delta_a U = nC_{V,m}\Delta T = nC_{V,m}(T_1 - T_2) \tag{3-4}$$

$$W_a = \Delta_a U = nC_{V,m}(T_1 - T_2) \tag{3-5}$$

$C \to D$ 为可逆等温压缩过程。体系在 T_1 温度下体积由 V_3 压缩为 V_4，同时放热 Q_1 给低温热源（T_1）。

$$Q_1 = -W_1 = nRT_1 \ln \frac{V_4}{V_3} \tag{3-6}$$

$V_4 < V_3$，故 Q_1 为负值。

$D \to A$ 为可逆绝热压缩过程，D 态的选择必须满足能使体系的体积由 V_4 还原为始态体积 V_1，同时温度和压力也还原为始态的温度和压力。过程中应满足

$$p_4 V_4^{\gamma} = p_1 V_1^{\gamma} \tag{3-7}$$

$$\Delta_a U' = nC_{V,m}\Delta T' = nC_{V,m}(T_2 - T_1) \tag{3-8}$$

$$W'_a = \Delta_a U' = nC_{V,m}(T_2 - T_1) \tag{3-9}$$

U 为状态函数，经历这一循环，$\oint dU = 0$。过程所做功

$$\begin{aligned} -W &= -\oint \delta W = -W_2 - W_a - W_1 - W'_a \\ &= nRT_2 \ln \frac{V_2}{V_1} - nC_{V,m}(T_1 - T_2) + nRT_1 \ln \frac{V_4}{V_3} - nC_{V,m}(T_2 - T_1) \qquad (3\text{-}10) \\ &= nRT_2 \ln \frac{V_2}{V_1} + nRT_1 \frac{V_4}{V_3} \end{aligned}$$

而自高温热源所吸的热量

$$Q_2 = nRT_2 \ln \frac{V_2}{V_1} \tag{3-2}$$

热机的热效率可表示为

$$\eta = -\frac{W}{Q_2} = \frac{nRT_2 \ln \frac{V_2}{V_1} + nRT_1 \ln \frac{V_4}{V_3}}{nRT_2 \ln \frac{V_2}{V_1}} \tag{3-11}$$

由式(3-3) 和式(3-7)

$$\frac{p_2V_2^{\gamma}}{p_1V_1^{\gamma}}=\frac{p_3V_3^{\gamma}}{p_4V_4^{\gamma}} \tag{3-12}$$

又因 A 态与 B 态同处于 T_2 等温线上，$p_1V_1=p_2V_2$；C 态与 D 态同处于 T_1 恒温线上，$p_3V_3=p_4V_4$。故上式可简化为：

$$\frac{V_2}{V_1}=\frac{V_3}{V_4} \tag{3-13}$$

或

$$\ln\frac{V_4}{V_3}=-\ln\frac{V_3}{V_4}=-\ln\frac{V_2}{V_1} \tag{3-14}$$

以式(3-14)代入式(3-11)并经整理可得

$$\eta=\frac{-W}{Q_2}=\frac{Q_2+Q_1}{Q_2}=1-\frac{T_1}{T_2} \tag{3-15}$$

式(3-15)指出：以理想气体为工作物质的可逆卡诺循环，其热效率仅取决于高温及低温两个热源的温度。以热力学第二定律为基础，可以将之推广为适用于任意可逆循环的普遍结论，称为**"卡诺定理**(carnot theorem)"。卡诺定理在导出热力学第二定律的普遍判据——状态函数熵(S)——中具有重要作用。

如果将卡诺机倒开，就变成了**制冷机**(refrigerator)。这时环境对体系做功 W，同时体系从低温热源 T_1 吸热 Q_1，而放热 Q_2 给高温热源 T_2，整个过程为卡诺循环的逆过程。常将该过程所吸收的热 Q_1 与所得功 W(或 Q_1-Q_2)之比值称为**制冷系数**(coefficient of refrigeration)，用 β 表示：

$$\beta=\frac{Q_1}{W}=\frac{Q_1}{-Q_2-Q_1}=\frac{T_1}{T_2-T_1} \tag{3-16}$$

与热机效率 η 不同的是，制冷系数 β 值既可小于1，也可大于1。虽然在理论上 β 值可能是一个远大于1的值，但由于在从低温热源吸热的过程中，膨胀功难以利用。因此，实际的制冷系数要比理论值小得多。

工业上还有一种称为热泵的与制冷机工作原理相同的机器，但其目的不是为了制冷，而是将低温热源的热(如大气、大海)用泵传至高温场所利用。目前广泛使用的冷暖空调就是一种集制冷机和热泵的功能于一体的空调器。

尼古拉·莱昂纳尔·萨迪·卡诺
(Nicolas Léonard Sadi Carnot，1796—1832)

卡诺是热力学的创始人之一。1796年6月1日，萨迪·卡诺出生于法国巴黎，1812年考入巴黎综合理工大学，于1832年8月病故。他是第一个把热和动力联系起来的科学家，是热力学真正的理论基础建立者。在其《关于火的动力》一书中提出了具有重要理论意义的卡诺热机、卡诺循环概念以及卡诺定理。假定循环在准静态条件下是可逆的，且与工作介质无关，创造了一部理想的热机。

3.3.2 卡诺定理及其推论

卡诺定理是用经典热力学方法导出状态函数熵(S)和以之作为绝热过程或隔离体系中过程自发进行方向和限度判据的基础。卡诺提出这一定理的时间早于热力学第一定律和第二定律,虽然他用了错误的热质学说作为推导的基础,但其结论仍然是正确的。

“工作于两个固定温度热源间的任何热机,其热效率都不能超过在相同的两个固定温度热源间工作的可逆卡诺热机。”

这一结论称为“卡诺定理”。可以证明如下:

设任一热机 I 和一可逆卡诺热机 R 同时在高温热源 T_2 和低温热源 T_1 之间工作。并假定:

$$\eta_I > \eta_R$$

设作为热机运转,而作出相同量的功 W 时热机 I 和可逆卡诺热机 R 分别自热源(T_2)吸取热量 Q'_2 和 Q_2,则因

$$\eta_I = \frac{-W}{Q'_2}$$

和

$$\eta_R = \frac{-W}{Q_2}$$

又

$$\eta_I > \eta_R\text{(假定)}$$

所以

$$\frac{-W}{Q'_2} > \frac{-W}{Q_2}$$

或

$$Q'_2 < Q_2$$

即在这一条件下,热机 I 所吸取的热量小于可逆卡诺热机 R 所吸收的热量。

卡诺热机是可逆的,如图 3-7 所示,可以将它逆转过来当成冷冻机使用。设工作时所需功由热机 I 提供,则将两台机器联合操作时,热机 I 从热源 T_2 吸热 Q_2',做功 $-W$,放 $-Q_1'(-Q_1' = Q_2' + W)$ 给热源 T_1;而可逆卡诺冷冻机从热源 T_1 吸热 Q_1,从热机接受了功 $-W$,放热 $-Q_2$ 给热源 $T_2(-Q_2 = Q_1 - W)$。其净结果为:联合机器从低温热源 T_1 吸取热量为 $[Q_1 - (-Q_1')]$[此即 $Q_1 + Q_1' = (-Q_2 + W) - (Q_2' + W) = -Q_2 - Q_2'$],交给了高温热源 T_2 热量 $-Q_2 - Q_2'$,此外并没有引起任何其他变化。这一结论违背了克氏说法,不能成立。为了不违背第二定律,就要求任何热机的效率只能小于、最大也只能等于可逆卡诺热机的热效率,即

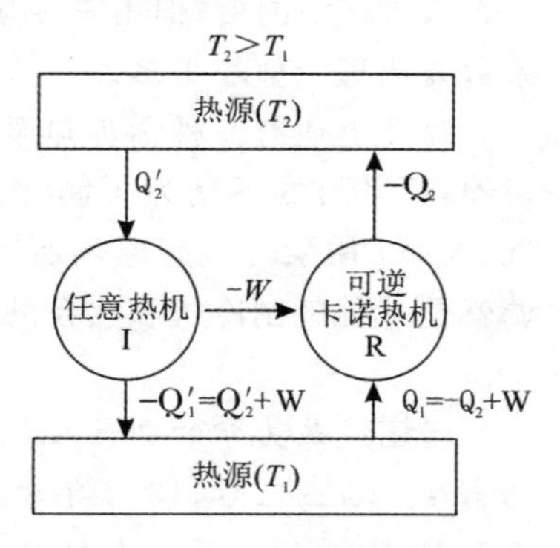

图 3-7 卡诺定理的证明

$$\eta_I \leqslant \eta_R \tag{3-17}$$

由卡诺定理还可以得出如下推论:

“不论工作介质性质如何,工作于两个固定温度热源间的可逆热机,其热效率相等。”

这一结论可以证明如下:

设有两台工作介质不同的可逆卡诺热机 R_1 和 R_2,同时在热源 T_2 和 T_1 之间工作($T_2 > T_1$)。由上面证明可以看出,若以 R_1 为热机而 R_2 为冷冻机,即以 R_1 带动 R_2 逆转,则要求:

$$\eta_{R_1} \leqslant \eta_{R_2}$$

相反地，若以 R_2 作为热机而以 R_1 作为冷冻机，即以 R_2 带动 R_1 逆转，则要求：

$$\eta_{R_2} \leqslant \eta_{R_1}$$

同时满足以上两个条件的唯一可能性是

$$\eta_{R_1} = \eta_{R_2} \tag{3-18}$$

可见不论工作物质性质如何，工作于两个固定温度热源间的可逆卡诺热机，其热效率应相等。

从卡诺定理及其推论可以看出：卡诺循环是一切实际循环的极限。由前述已证结论可知：任何工作于热源 T_2 和 T_1 之间的热机，其热效率只能以 $\eta = 1 - \frac{T_1}{T_2}$ 为其极限。

毫无疑问，热力学第二定律的经典表述仅仅为自然界的自发过程提供了方向限度的判断准则。但如果用该准则去判断成百上千个自发过程的可逆与否，则难免过于迂回复杂。那么，能否如热力学第一定律一样，找到一个状态函数，并建立起一个不拘泥于具体过程的数学表达式以便定量地判断过程进行的方向和限度呢？

3.4　熵及熵增加原理

3.4.1　热温商

由可逆卡诺循环的热温商总和为零出发，可以证明任一可逆循环的热温商总和亦为零。根据这一性质，可以定义另一新的状态函数“熵”(S)。熵在作为过程自发性判据方面，具有重要作用。

可逆卡诺循环的**热效率**(heat coefficient) 可以表示为：

$$\eta = 1 + \frac{Q_1}{Q_2} = 1 - \frac{T_1}{T_2}$$

上式整理后可以得出

$$\frac{Q_1}{T_1} + \frac{Q_2}{T_2} = 0 \tag{3-19}$$

其中$\frac{Q_2}{T_2}$为可逆等温膨胀过程中体系自热源 T_2 所吸收的热量与热源温度之比，而$\frac{Q_1}{T_1}$为可逆等温压缩过程中体系放给热源 T_1 的热量与热源温度之比。通常以$\frac{Q_i}{T_i}$表示，称为 i 过程的“热温商(quotient of heat over temperature)”。应该注意：T_i 为热源或环境的温度，只有在可逆过程中才可以看成是体系的温度，在这种情况下两者相等。

式(3-19) 说明了这么一个事实：**“在可逆卡诺循环中，过程热温商总和为零。”**

这一结论也可以用另一种方式表示：

$$\sum \frac{Q_i}{T_i} = 0 \tag{3-20}$$

式中$\sum$为加和号。

3.4.2 可逆循环的热温商

任何一个可逆循环，都可以切割成为无数小的可逆卡诺循环，并由它们组合起来等效地代替它，结合式(3-20)，可以得出"可逆循环热温商总和为零"的结论。

为此，先证明：

"任何一段可逆过程，都可以由两条分别通过始态和终态的可逆绝热过程和另一条适当选择的可逆等温过程组合起来等效地代替它。"

如图 3-8 所示，实线 if 为一段可逆过程，绝热线 ia 和 bf 分别通过始态 i 和终态 f。ab 为一可逆恒温过程，它的位置如果选择适当，就可能使经由可逆过程 if 的功与经由组合过程 $iabf$ 的功相等 —— 也就是使 p-V 图中平滑曲线 if 和锯齿状曲线 $iabf$ 两者的曲线下面积相等：

$$W_{if} = W_{iabf} \tag{3-21}$$

这两个始终态相同的不同过程的热力学能增量 $\Delta U = U_f - U_i$ 必然相等。根据第一定律

$$Q_{if} = (U_f - U_i) - W_{if}$$
$$Q_{iabf} = (U_f - U_i) - W_{iabf}$$

则两个不同过程的热量也相等：

$$Q_{if} = Q_{iabf} \tag{3-22}$$

可见组合过程 $iabf$ 和可逆过程 if 是等效的。

对于一任意可逆循环，可如图 3-9 所示，先用无数条可逆绝热线切割它，而此可逆循环被割成无数可逆过程的线段 —— 可逆元过程 —— 之后，再按上述方法各找一条可逆等温过程，使锯齿状组合过程等效地代替此可逆元过程。用此法可将一任意可逆循环分割成无数小的可逆卡诺循环。仔细观察，则可发现处于封闭曲线内，除了锯齿状曲线之外的其他绝热线段，都被前后二循环各以相反方向通过一次，其效果相互抵消以致名存实亡。例如绝热线段 bc 在 $abcd$ 小循环中为绝热膨胀过程而在 $efgh$ 小循环中则为绝热压缩过程。因此，只需考虑锯齿状部分所产生的效果，而这一部分则与原来的可逆循环完全一致。可见，任一可逆循环可用无数小的可逆卡诺循环组合来代替它。

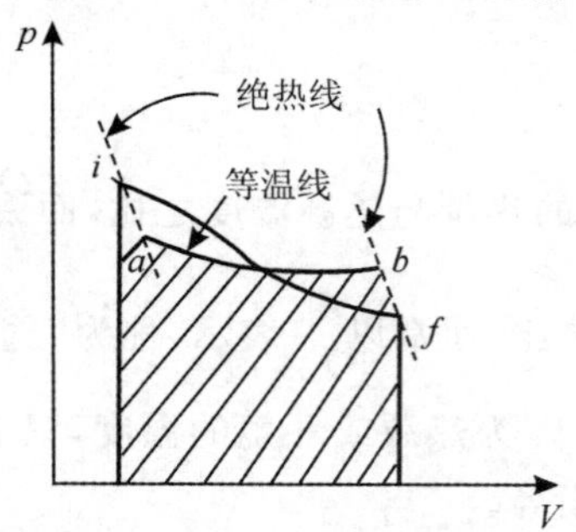

图 3-8　用可逆绝热和可逆等温过程的组合过程代替任意可逆过程示意图
实线：$i \to f$ 任意可逆过程
虚线：$i \to a, b \to f$ 可逆绝热过程
实线：$a \to b$ 可逆等温过程

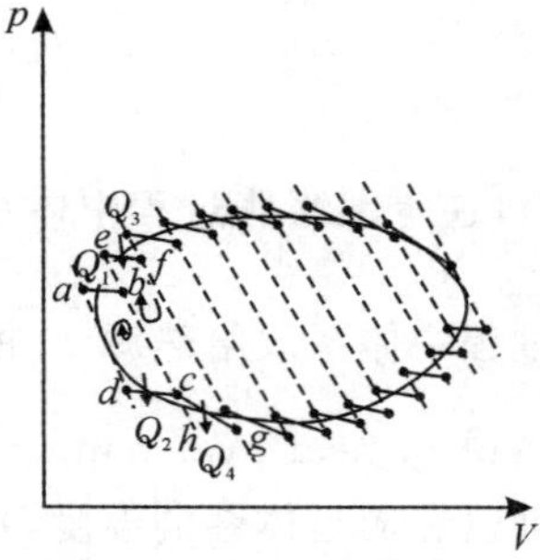

图 3-9　用一系列小的卡诺循环组合代替一任意可逆循环示意图
封闭实线 — 任意可逆循环
虚线 — 可逆绝热线
实线段 — 可逆等温线

然而，每一小的可逆卡诺循环的热温商总和为零。例如，对于小循环 $abcd$：

$$\frac{Q_1}{T_1}+\frac{Q_2}{T_2}=0$$

对另一小循环 $efgh$：

$$\frac{Q_3}{T_3}+\frac{Q_4}{T_4}=0$$

……

综合起来可得

$$\left(\oint\frac{\delta Q}{T}\right)_R=\left(\frac{Q_1}{T_1}+\frac{Q_2}{T_2}\right)+\left(\frac{Q_3}{T_3}+\frac{Q_4}{T_4}\right)+\cdots=0$$

或

$$\left(\oint\frac{\delta Q}{T}\right)_{\rm R}=0 \tag{3-23}$$

上式指出："可逆循环的热温商总和为零。"式中 δQ 表示每一元过程中所吸收之热，而 T 为在元过程中与体系接触的热源（环境）温度。脚注 R 表示沿可逆途径。

3.4.3　热力学函数——熵(S)

可逆循环热温商的封闭积分为零，说明了如下事实：**"可逆过程热温商仅与始终态有关，而与过程所取途径无关。"**

如图 3-10 所示，设自某一始态 A 至另一终态 B 之间存在着两个不同的可逆过程 Ⅰ 和 Ⅱ，并设从 A 态出发先经由途径 Ⅰ 到 B 态，然后再从 B 态出发经由途径 Ⅱ 回至始态 A 完成一循环。

$$\left(\oint_A\frac{\delta Q}{T}\right)_{\rm R}=\left(\int_A^B\frac{\delta Q_{\rm R}}{T}\right)_{\rm I}+\left(\int_B^A\frac{\delta Q_{\rm R}}{T}\right)_{\rm II}=0$$

对于可逆过程：

$$\left(\int_B^A\frac{\delta Q_{\rm R}}{T}\right)_{\rm II}=-\left(\int_A^B\frac{\delta Q_{\rm R}}{T}\right)_{\rm II}$$

所以

$$\left(\int_A^B\frac{\delta Q_{\rm R}}{T}\right)_{\rm I}-\left(\int_A^B\frac{\delta Q_{\rm R}}{T}\right)\text{Ⅱ}=0$$

则

$$\left(\int_A^B\frac{\delta Q_{\rm R}}{T}\right)_{\rm I}=\left(\int_A^B\frac{\delta Q_{\rm R}}{T}\right)_{\rm II} \tag{3-24}$$

以上结论说明：可逆过程热温商只取决于始终态而与过程所取途径无关，即它反映出体系某项性质的变化，并与该项性质密切联系着。据此，克劳修斯定义一个新的热力学函数——熵，以 S 表示。当体系状态变化时，体系的熵值也随着变化，**而熵变 ΔS（终态和始态的熵值之差）等于可逆过程的热温商。**

$$\Delta S=S_2-S_1=\int_1^2\frac{\delta Q_{\rm R}}{T} \tag{3-25}$$

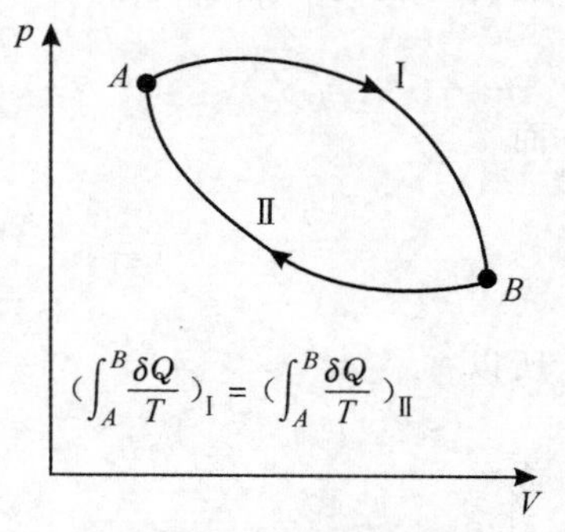

图 3-10　可逆过程的热温商

在一可逆元过程中：

$$dS = \frac{\delta Q_R}{T} \tag{3-26}$$

此式即为热力学熵的定义式，单位为$J \cdot K^{-1}$。熵是状态函数，且为广度性质。过程熵变为各元过程的总和

$$\Delta S = \int_1^2 dS = \int_1^2 \frac{\delta Q_R}{T} \tag{3-27}$$

应该注意：自同一始态至同一终态间，存在着可逆过程或不可逆过程。按定义，只有沿着可逆过程的热温商总和才等于体系的熵变，而沿着不可逆过程的热温商总和并不等于体系的熵变。但熵是作为热力学状态函数来定义的，对应于任一热力学平衡状态，总存在有确定的熵值。因此，对应于相同始、终态的可逆过程与不可逆过程，也应有相同的熵变。这就告诉我们：欲求任何不可逆过程的熵变，必须设计一同样始、终态的可逆过程并求其热温商。

关于熵的概念，克劳修斯还称它为物体的变换容度，即转变含量。因为这个量通常是用$\frac{\delta Q}{T}$进行积分求变换的等效值。故他建议称量S为熵(entropy)，英文名称来自意思为变换的希腊字"trope"，加了一个前缀 en，以便与能量(energy)这个词相对应。可见熵与能这两个概念是有某种相似性。事实上，能是从正面量度运动转化的能力，能越大，运动转化能力越大。而熵是从反面即运动不能转化的一面来量度运动转化能力，表示着转化已经完成的程度，亦即量度运动丧失转化能力的程度。

熵这个词的中文译名是我国物理学家胡刚复教授确定的，1923 年 5 月 25 日，德国的物理学家 R. 普朗克在南京东南大学作"热力学第二定律及熵之观念"的报告，胡教授为普朗克翻译时，译成为"熵"，即从它是温度去除热量变化所得之"商"字其旁再加"火"而译成。据王竹溪教授说，克劳修斯造了很多词，只有德文的熵(entropy)这个词流传下来。

3.4.4 克劳修斯不等式与熵增加定理

克劳修斯以卡诺定理为基础，推导出一判别式——"**克劳修斯不等式**(Clausius inequality)"。

卡诺定理指出：任何热机的热效率都不能大于在两个固定温度热源间工作的可逆卡诺热机的热效率。换句话说，不可逆卡诺热机的热效率η_I(下标 I 表示"不可逆")总比可逆卡诺热机的热效率η_R要小：

$$\eta_I < \eta_R$$

而

$$\eta_R = 1 - \frac{T_1}{T_2}$$

$$\eta_I = 1 + \frac{(Q_1)_I}{(Q_2)_I}$$

所以

$$1 + \frac{(Q_1)_I}{(Q_2)_I} < 1 - \frac{T_1}{T_2}$$

或

$$\frac{(Q_1)_I}{T_1} + \frac{(Q_2)_I}{T_2} < 0 \tag{3-28}$$

上式指出：任一不可逆循环的热温商总和小于零。

按图 3-8 形式以组合过程 $iabf$ 代替可逆过程 if，从第一定律基础上说是等效的。因而这种分割手续也可以应用于不可逆过程，只不过等温线段为一不可逆的而已。如果按类似图 3-9 的方式，用无限多条可逆绝热线将某一不可逆循环切割成无限个小的不可逆循环，再用等效的锯齿线段代替原来的每一不可逆线段，就可以得到无限个小的不可逆循环，每一个不可逆循环的热温商总和均需满足式(3-28)，而总的结果是：不可逆循环的热温商总和小于零：

$$\left(\oint \frac{\delta Q}{T}\right)_{\mathrm{I}} < 0 \tag{3-29}$$

应该注意，在不可逆循环中 T 为在每一元过程中与体系接触的热源温度，也就是环境的温度。

如图 3-11 所示，设自同一始态 A 至同一终态 B 之间存在着一不可逆过程 Ⅰ 与另一可逆过程 Ⅱ。今自始态 A 经由过程 Ⅰ 至终态 B 再经由过程 Ⅱ 回至始态 A 完成一循环。因为在此循环中有一段为不可逆，故为一不可逆循环，其热温商总和应小于零：

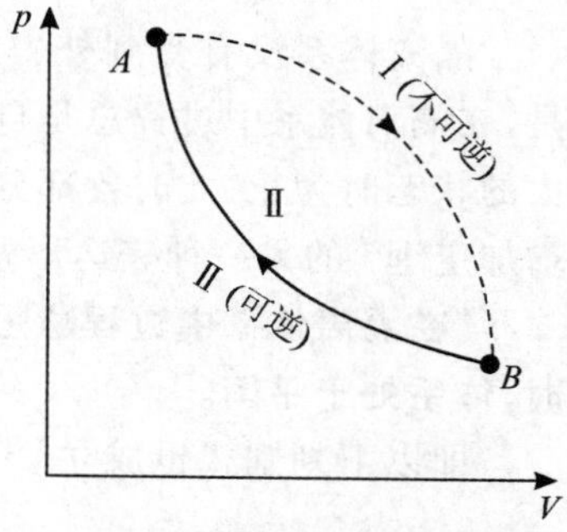

图 3-11　熵变与过程热温商

$$\left(\oint \frac{\delta Q}{T}\right) < 0$$

然而

$$\begin{aligned}\oint \frac{\delta Q}{T} &= \int_A^B \frac{\delta Q_{\mathrm{I}}}{T} + \int_B^A \frac{\delta Q_{\mathrm{R}}}{T} \\ &= \int_A^B \frac{\delta Q_{\mathrm{I}}}{T} - \int_A^B \frac{\delta Q_{\mathrm{R}}}{T} \\ &= \int_A^B \frac{\delta Q_{\mathrm{I}}}{T} - \Delta S\end{aligned}$$

所以

$$\int_A^B \frac{\delta Q_{\mathrm{I}}}{T} - \Delta S < 0$$

或

$$\Delta S > \int_A^B \frac{\delta Q_{\mathrm{I}}}{T}\text{(不可逆)} \tag{3-30}$$

上式指出：如由 A 至 B 态所经一不可逆过程，则其热温商总和小于体系的熵变。结合式(3-25)，如将始态“A”改用“1”而终态“B”改用“2”表示，则可得如下判别式：

$$\Delta S \geqslant \int_1^2 \frac{\delta Q}{T}\begin{pmatrix}>\text{，不可逆} \\ =\text{，可逆}\end{pmatrix} \tag{3-31a}$$

若对元过程，判别式可写成

$$\mathrm{d}S \geqslant \frac{\delta Q}{T}\begin{pmatrix}>\text{，不可逆} \\ =\text{，可逆}\end{pmatrix} \tag{3-31b}$$

式中等号适用于可逆过程，δQ_{R} 是可逆过程中的热效应，T 为体系的温度。不等号适用于不可逆过程，δQ_{I} 是实际过程的热效应，T 为热源(环境)的温度。上两式称为“克劳修斯不等式”。而元过程不等式被认为是热力学第二定律的最普遍的数学表达式。实际应用上式作为判别式需涉及热源温度，在不可逆情况下难以直接确定，然而，如过程在隔离体系中或绝热条件下进行，体系和环境之间没有热交换发生，每一元过程中 $\delta Q=0$，判别时可不涉及热源温度。即可得如下判别式：

$$\Delta S \geqslant 0 \begin{pmatrix} >,\text{不可逆} \\ =,\text{可逆} \end{pmatrix} \tag{3-32a}$$

或

$$S_2 \geqslant S_1 \begin{pmatrix} >,\text{不可逆} \\ =,\text{可逆} \end{pmatrix} \tag{3-32b}$$

以上熵判据式指出：**“在隔离体系和绝热过程中，无论发生任何不可逆过程，体系的熵值总是增加。”**

这一结论称为**“熵增加定理**(the principle of the increase of entropy)”。

隔离体系没有受到外力的作用，在其中能够发生的不可逆过程必然是自发过程。也就是，在隔离体系中过程总是自发地朝着熵值增加的方向进行，而以达到指定条件下熵值最大的状态时为止。此时各部分的热力学性质趋于均匀一致，即体系达到了平衡态。因此，“熵增加定理”的另一种表达形式是：

“在隔离体系中过程总是自发地朝着熵值增加的方向进行，而当达到熵值最大的状态时，体系处于平衡。”

即以下判别式也成立

$$\Delta S_{\text{隔离}} \geqslant 0 \begin{pmatrix} >,\text{自发} \\ =,\text{平衡} \end{pmatrix} \tag{3-33}$$

实际上，隔离体系并不存在。但如把体系和环境综合起来，作为隔离体系看待亦未尝不可

$$\text{隔离体系} = \text{体系} + \text{环境}$$

可用体系的熵变和环境的熵变之和构成如下的熵判据

$$\Delta S_{\text{隔离}} = \Delta S_{\text{体系}} + \Delta S_{\text{环境}} \geqslant 0 \begin{pmatrix} >,\text{不可逆,自发} \\ =,\text{可逆,平衡} \end{pmatrix} \tag{3-34}$$

按熵变的定义，无论体系或环境，必须在可逆的条件下接受或给出热量。因此常把环境设想为由一组温度不同的大热源所组成，需要时分别与体系接触，使体系与环境温度差别极微，这样的热传导过程才是可逆的。

*3.4.5 熵函数的另一种引入法

下面提出另一种关于熵函数的引入法。其具体步骤是：(1) 以理想气体为体系，从热力学第一定律入手，证明对任一可逆循环，均有$\oint \frac{\delta Q_R}{T} = 0$；(2) 证明由四种常见过程(等温、绝热、等压、等容) 组成的任一可逆循环其热温商之和必为零；(3) 定义熵函数；(4) 借助热力学第一定律，导出克劳修斯不等式及熵函数的判别式。

引入过程

虽然，热(Q) 不是状态函数，但在可逆过程变化中，只要乘以一个积分因子$\frac{1}{T}$，便可使$\frac{\delta Q_R}{T}$ 具有全微分性质。证明如下：

对任何一个封闭体系，只做体积功的可逆循环，根据热力学第一定律，有

$$\oint \frac{dU}{T} = \oint \frac{\delta Q_R}{T} - \oint \frac{p}{T} dV \tag{3-35}$$

对于理想气体 $dU = C_V dT, \frac{p}{T} = \frac{nR}{V}$ 代入得

$$\oint \frac{dU}{T} = \oint \frac{C_V dT}{T} = \oint \frac{\delta Q_R}{T} - \oint \frac{nR}{V} dV$$

由于 $\oint \frac{C_V dT}{T} = \oint C_V d\ln T = 0, \oint \frac{nR}{V} dV = nR\oint d\ln V = 0$，因此

$$\oint \frac{\delta Q_R}{T} = 0$$

此外，从 $\frac{\delta Q_R}{T} = \frac{C_V}{T} dT + \frac{nR}{V} dV$ 可证明

$$\left[\frac{\partial\left(\frac{C_V}{T}\right)}{\partial V}\right]_T = \left[\frac{\partial\left(\frac{nR}{V}\right)}{\partial T}\right]_V = 0 \tag{3-36}$$

可见，$\frac{\delta Q_R}{T}$ 具有状态函数全微分的性质。

下面以几个常见的热力学可逆循环为例，进一步验证上述结论。

在热力学诸过程中，最为重要的可逆过程不外乎绝热、等温、等压、等容四种。由于任何一个循环至少由两个不同的过程组成，且同样的过程在 p-V 图上不可能相交，两个不同的过程在 p-V 图上只能相交于一点，因此，由上述四种过程组成的四步循环应有 19 个，鉴于对上述 19 个循环的证明均大同小异，这里仅择其中三例予以证明，其余留给有兴趣的读者自己证明。

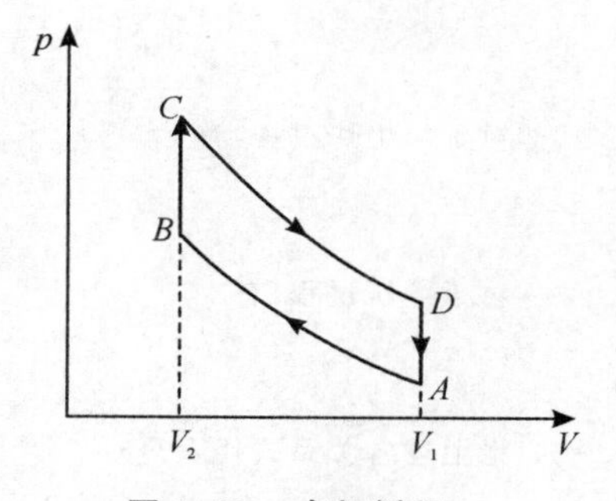

图 3-12　奥拓循环

(1) 二步等容、二步绝热的循环（奥拓循环，图 3-12）

对奥拓循环，由于包括了两步绝热可逆过程，因此，其热温商之和为

$$\oint \frac{\delta Q_R}{T} = \int_B^C \frac{\delta Q_R}{T} + \int_D^A \frac{\delta Q_R}{T} \tag{3-37}$$

对等容过程

$$\int_1^2 \frac{\delta Q_R}{T} = \int_1^2 \frac{C_V dT}{T} = C_V \ln \frac{T_2}{T_1} \tag{3-38}$$

将(3-38) 代入(3-37) 有

$$\begin{aligned}\oint \frac{\delta Q_R}{T} &= C_V \ln\left(\frac{T_C}{T_B} \times \frac{T_A}{T_D}\right) \\ &= C_V \ln\left(\left(\frac{V_1}{V_2}\right)^{\gamma-1} \times \left(\frac{V_2}{V_1}\right)^{\gamma-1}\right) = 0\end{aligned}$$

(2) 二步等温、二步等容的循环（斯特令循环，图 3-13）

该循环的热温商之和为

$$\begin{aligned}\oint \frac{\delta Q_R}{T} &= \int_A^B \frac{\delta Q_R}{T_1} + \int_C^D \frac{\delta Q_R}{T_2} + \int_B^C \frac{C_V dT}{T} + \int_D^A \frac{C_V dT}{T} \\ &= nR\ln\left(\frac{V_2}{V_1} \times \frac{V_1}{V_2}\right) + C_V \ln\left(\frac{T_2}{T_1} \times \frac{T_1}{T_2}\right) = 0\end{aligned}$$

(3) 二步绝热，一步等压，一步等容的循环(狄塞尔循环，图 3-14)

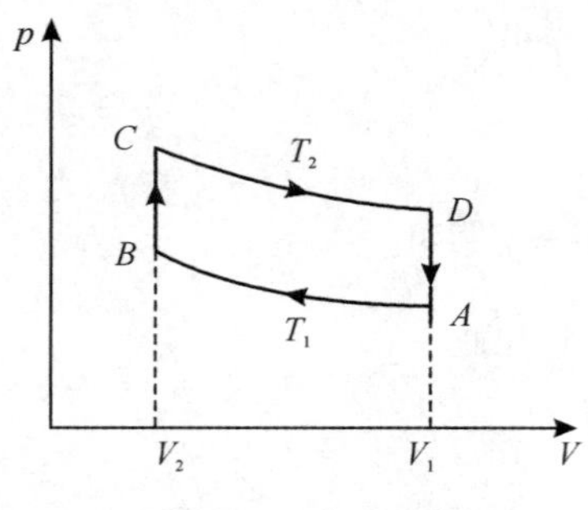

图 3-13　斯特令循环

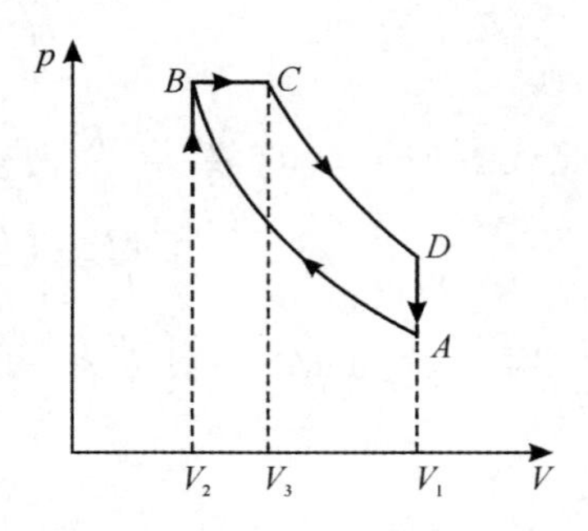

图 3-14　狄塞尔循环

此循环热温商之和为：

$$\oint \frac{\delta Q_{\mathrm{R}}}{T} = C_p \ln\left(\frac{T_C}{T_B}\right) + C_V \ln\left(\frac{T_A}{T_D}\right)$$

$$= C_V \ln\left[\left(\frac{T_C}{T_B}\right)^{\gamma-1} \cdot \left(\frac{T_C}{T_B}\right)\right] + C_V \ln \frac{T_A}{T_D}$$

$$= C_V \ln\left[\left(\frac{T_C}{T_B}\right)^{\gamma-1} \cdot \left(\frac{T_C}{T_D}\right) \cdot \left(\frac{T_A}{T_B}\right)\right]$$

对于两绝热过程，有

$$\frac{T_A}{T_B} = \left(\frac{V_2}{V_1}\right)^{\gamma-1}, \frac{T_C}{T_D} = \left(\frac{V_1}{V_3}\right)^{\gamma-1}$$

对于等压过程，有

$$\frac{T_C}{T_B} = \frac{V_3}{V_2}$$

将上述各关系式代入得

$$\oint \frac{\delta Q_{\mathrm{R}}}{T} = C_V \ln\left[\left(\frac{V_3}{V_2}\right) \times \left(\frac{V_2}{V_1}\right) \times \left(\frac{V_1}{V_3}\right)\right]^{\gamma-1} = 0$$

至此，我们已经证明，对任何一个只做体积功的封闭体系，其可逆循环的热温比之和为零，即$\frac{\delta Q_{\mathrm{R}}}{T}$代表一个状态函数的全微分，此状态函数称为熵，其数学表达式为

$$\mathrm{d}S = \frac{\delta Q_{\mathrm{R}}}{T} \tag{3-39}$$

克劳修斯不等式

设自同一始态 1 至同一终态 2 之间存在着一可逆过程(用 R 表示)与另一不可逆过程(用 IR 表示)。则根据热力学定律

$$\delta Q_{\mathrm{R}} + \delta W_R = \delta Q_{\mathrm{IR}} + \delta W_{\mathrm{IR}} \tag{3-40}$$

或

$$\delta Q_{\mathrm{R}} - \delta Q_{\mathrm{IR}} = \delta W_{\mathrm{IR}} - \delta W_{\mathrm{R}}$$

由于可逆过程体系对外做功最大(环境耗功最小)。因此

$$\delta W_{\mathrm{IR}} - \delta W_{\mathrm{R}} > 0 \text{ 或 } \delta Q_{\mathrm{R}} > \delta Q_{\mathrm{IR}} \tag{3-41}$$

综合熵的定义式和式(3-41) 结论，可得克劳修斯不等式

$$\mathrm{d}S \geqslant \frac{\delta Q}{T}\begin{pmatrix} > \text{不可逆} \\ = \text{可逆} \end{pmatrix} \tag{3-42}$$

同理，将绝热条件或孤立体系条件代入克劳修斯不等式，可导出熵的判别式，在此不再赘述。

至此，我们已经引入了熵这个状态函数及以熵为核心的热力学第二定律数学表达式。现在，我们再回过头去，从熵的角度来看一下热力学第二定律两种经典说法的等效性。

首先，假设凯氏说法不成立，即一定的热可自发地从温度为 T_1 的低温热源传至高温热源（温度为 T_2），而不引起其他变化。那么，由此两热源构成的隔离体系的熵变应为：

$$\mathrm{d}S = \delta Q\left(\frac{1}{T_2} - \frac{1}{T_1}\right) < 0$$

显然，这与式(3-31b) 格格不入。因此，凯氏说法成立。

其次，设克氏说法不成立。即可从单一热源吸热 δQ 并将其完全转变为功且不引起其他变化。则由此单一热源组成的隔离体系之熵变为

$$\mathrm{d}S = \frac{\delta Q}{T} < 0$$

这也同样与式(3-31b) 背道而驰。因此，克氏说法成立。

3.5 熵变计算

3.5.1 体系熵随温度及体积变化的关系

在封闭体系中，对于一定量的纯物质只需用两个独立的变量就足以表征体系的状态。如以 T 及 V 作为独立变量，则

$$S = f(T,V)$$

$$\mathrm{d}S = \left(\frac{\partial S}{\partial T}\right)_V \mathrm{d}T + \left(\frac{\partial S}{\partial V}\right)_T \mathrm{d}V \tag{3-43}$$

由第一定律，在可逆过程中

$$\mathrm{d}U = \delta Q_{\mathrm{R}} + \delta W_{\mathrm{R}} \tag{3-44}$$

因 $\delta Q_{\mathrm{R}} = T\mathrm{d}S$，且在只做膨胀功情况下，$\delta W_{\mathrm{R}} = -p\mathrm{d}V$，故有：

$$\mathrm{d}U = T\mathrm{d}S - p\mathrm{d}V \tag{3-45}$$

热力学能 U 亦可表为 T 和 V 的函数，$U = f(T,V)$，而

$$\mathrm{d}U = \left(\frac{\partial U}{\partial T}\right)_V \mathrm{d}T + \left(\frac{\partial U}{\partial V}\right)_T \mathrm{d}V \tag{3-46}$$

由(3-45) 和(3-46) 式消去 $\mathrm{d}U$，可得

$$\mathrm{d}S = \frac{1}{T}\left(\frac{\partial U}{\partial T}\right)_V \mathrm{d}T + \frac{1}{T}\left[\left(\frac{\partial U}{\partial V}\right)_T + p\right]\mathrm{d}V \tag{3-47}$$

式(3-47) 与(3-43) 对比，可得

$$\left(\frac{\partial S}{\partial T}\right)_V = \frac{1}{T}\left(\frac{\partial U}{\partial T}\right)_V = \frac{C_V}{T} \tag{3-48}$$

和

$$\left(\frac{\partial S}{\partial V}\right)_T = \frac{1}{T}\left[\left(\frac{\partial U}{\partial V}\right)_T + p\right] \tag{3-49}$$

上式可改写成

$$\left(\frac{\partial U}{\partial V}\right)_T = T\left(\frac{\partial S}{\partial V}\right)_T - p \tag{3-50}$$

在等容下对 T 微分

$$\left(\frac{\partial^2 U}{\partial V \partial T}\right) = T\left(\frac{\partial^2 S}{\partial T \partial V}\right) + \left(\frac{\partial S}{\partial V}\right)_T - \left(\frac{\partial p}{\partial T}\right)_V \tag{3-51}$$

再由式(3-48) 整理可得

$$\left(\frac{\partial U}{\partial T}\right)_V = T\left(\frac{\partial S}{\partial T}\right)_V \tag{3-52}$$

将此式在等温下对 V 微分

$$\left(\frac{\partial^2 U}{\partial T \partial V}\right) = T\left(\frac{\partial^2 S}{\partial T \partial V}\right) \tag{3-53}$$

将式(3-51) 和(3-53) 结合起来，可得

$$\left(\frac{\partial S}{\partial V}\right)_T = \left(\frac{\partial p}{\partial T}\right)_V \tag{3-54}$$

以式(3-48) 和(3-54) 结果代入(3-43) 式，可得

$$dS = \frac{C_V}{T}dT + \left(\frac{\partial p}{\partial T}\right)_V dV \tag{3-55}$$

式(3-55) 说明，在已知 C_V 随温度变化关系和由状态方程求出 $\left(\frac{\partial p}{\partial T}\right)_V$ 的条件下，可求出状态由(T_1，V_1) 变化至(T_2，V_2) 时过程的熵变。此外，若将其与式(3-47) 比较，可得

$$\left(\frac{\partial U}{\partial V}\right)_T = T\left(\frac{\partial p}{\partial T}\right)_V - p \tag{2-40}$$

对理想气体，有

$$\left(\frac{\partial U}{\partial V}\right)_T = 0 \tag{3-56}$$

3.5.2 体系熵随温度及压力变化的关系

当以温度和压力作为独立变量时，将 $dU = dH - d(pV)$ 代入式(3-45)，可得

$$dH = TdS + Vdp \tag{3-57}$$

再将式 $dS = \left(\frac{\partial S}{\partial T}\right)_p dT + \left(\frac{\partial S}{\partial p}\right)_T dp$ 代入式(3-57) 并整理，亦可得到

$$\begin{aligned} dH &= T\left(\frac{\partial S}{\partial T}\right)_p dT + \left[T\left(\frac{\partial S}{\partial p}\right)_T + V\right]dp \\ &= C_p dT + \left(\frac{\partial H}{\partial p}\right)_T dp \end{aligned} \tag{3-58}$$

显然有

$$\left(\frac{\partial S}{\partial T}\right)_p = \frac{C_p}{T} \tag{3-59}$$

$$\left(\frac{\partial H}{\partial p}\right)_T = T\left(\frac{\partial S}{\partial p}\right)_T + V \tag{3-60}$$

利用式(3-54) 和 $\left(\frac{\partial p}{\partial T}\right)_V \cdot \left(\frac{\partial T}{\partial V}\right)_p \cdot \left(\frac{\partial V}{\partial p}\right)_T = -1$，还可得到

$$\left(\frac{\partial S}{\partial p}\right)_T = \left(\frac{\partial S}{\partial V}\right)_T \cdot \left(\frac{\partial V}{\partial p}\right)_T = -\left(\frac{\partial V}{\partial T}\right)_p \tag{3-61}$$

最后，将式(3-61) 代入(3-60) 及(3-57) 两式，有

$$\left(\frac{\partial H}{\partial p}\right)_T = V - T\left(\frac{\partial V}{\partial T}\right)_p \tag{2-86}$$

$$\mathrm{d}S = \frac{C_p}{T}\mathrm{d}T - \left(\frac{\partial V}{\partial T}\right)_p \mathrm{d}p \tag{3-62}$$

由上式，在已知 C_p 随温度变化关系和由状态方程求出 $\left(\frac{\partial V}{\partial T}\right)_p$ 的条件下，可求出状态由 (T_1, p_1) 变化至 (T_2, p_2) 时的熵变。

(3-55) 和(3-62) 两式在推导过程中没有引入任何附加条件，故对纯固态、液态或气态物质的状态变化过程均适用。

通过以上推导，我们不仅得到了变温变容及变温变压过程的熵变计算公式，同时，也证明了式(2-40) 和式(2-86) 这两个在第二章中所引用过的关系式。

3.5.3　理想气体的熵变

理想气体服从状态方程式：$pV = nRT$。

$$\left(\frac{\partial p}{\partial T}\right)_V = \frac{nR}{V} \tag{3-63}$$

将上式代入式(3-55)，对于物质的量为 n 的气体

$$\mathrm{d}S = \frac{nC_{V,\mathrm{m}}}{T}\mathrm{d}T + \frac{nR}{V}\mathrm{d}V \tag{3-64}$$

$$\Delta S = \int_1^2 \mathrm{d}S = n\int_{T_1}^{T_2} \frac{C_{V,\mathrm{m}}}{T}\mathrm{d}T + \int_{V_1}^{V_2} \frac{nR}{V}\mathrm{d}V$$

或

$$\Delta S = n\int_{T_1}^{T_2} \frac{C_{V,\mathrm{m}}}{T}\mathrm{d}T + nR\ln\frac{V_2}{V_1} \tag{3-65}$$

当 $C_{V,\mathrm{m}}$ 不随温度变化，可以视为常量时，则

$$\Delta S = nC_{V,\mathrm{m}}\ln\frac{T_2}{T_1} + nR\ln\frac{V_2}{V_1} \tag{3-66}$$

上式右边第一项为在恒容条件下，体系沿着可逆过程温度由 T_1 变化至 T_2 所引起的熵变；而右边第二项为在恒温条件下，体系沿着可逆过程体积由 V_1 变化至 V_2 所引起的熵变。

如以 T 和 p 作为独立变量，以 $C_p = nC_{p,\mathrm{m}}$，及

$$\left(\frac{\partial V}{\partial T}\right)_p = \frac{nR}{p} \tag{3-67}$$

代入式(3-62)

$$\mathrm{d}S = \frac{nC_{p,\mathrm{m}}}{T}\mathrm{d}T - \frac{nR}{p}\mathrm{d}p \tag{3-68}$$

$$\Delta S = \int_1^2 \mathrm{d}S = \int_{T_1}^{T_2} \frac{nC_{p,\mathrm{m}}}{T}\mathrm{d}T - \int_{p_1}^{p_2} \frac{nR}{p}\mathrm{d}p$$

或
$$\Delta S = n\int_{T_1}^{T_2} \frac{C_{p,\mathrm{m}}}{T}\mathrm{d}T + nR\ln\frac{p_1}{p_2} \tag{3-69}$$

当 $C_{p,\mathrm{m}}$ 可视为常量时

$$\Delta S = nC_{p,\mathrm{m}}\ln\frac{T_2}{T_1} + nR\ln\frac{p_1}{p_2} \tag{3-70}$$

同理可证，如以 p 和 V 作为独立变量，当物质的量一定时，体系沿着可逆过程由 p_1、V_1、、T_1 变化至 p_2、V_2、T_2 所引起的熵变计算公式为：

$$\Delta S = nC_{V,\mathrm{m}}\ln\left(\frac{p_2}{p_1}\right) + nC_{p,\mathrm{m}}\ln\left(\frac{V_2}{V_1}\right) \tag{3-71}$$

(1) 理想气体可逆等温过程

$$\Delta_T S = nR\ln\frac{V_2}{V_1} = nR\ln\frac{p_1}{p_2} \tag{3-72}$$

(2) 理想气体可逆等容过程

$$\Delta_V S = n\int_{T_1}^{T_2} \frac{C_{V,\mathrm{m}}}{T}\mathrm{d}T \tag{3-73}$$

或
$$\Delta_V S = nC_{V,\mathrm{m}}\ln\frac{T_2}{T_1}(C_{V,\mathrm{m}}\text{ 为常数时}) \tag{3-74}$$

(3) 理想气体可逆等压过程

$$\Delta_p S = n\int_{T_1}^{T_2} \frac{C_{p,\mathrm{m}}}{T}\mathrm{d}T \tag{3-75}$$

或
$$\Delta_p S = nC_{p,\mathrm{m}}\ln\frac{T_2}{T_1}(C_{p,\mathrm{m}}\text{ 为常数时}) \tag{3-76}$$

(4) 理想气体可逆绝热过程

$$\Delta_\mathrm{a} S = \int_1^2 \frac{\delta Q_R}{T} = 0 \tag{3-77}$$

上述各公式适用于理想气体，若对式(3-66)、(3-70)、(3-71)三式稍加整理，不难得到

$$\frac{\Delta S}{C_V} = \ln\left(\frac{T_2}{T_1}\right) + \ln\left(\frac{V_2}{V_1}\right)^{\gamma-1} = \ln\left(\frac{T_2V_2^{\gamma-1}}{T_1V_1^{\gamma-1}}\right) \tag{3-78}$$

$$\frac{\Delta S}{C_V} = \ln\left(\frac{T_2}{T_1}\right)^{\gamma} + \ln\left(\frac{p_2}{p_1}\right)^{1-\gamma} = \ln\left(\frac{T_2^{\gamma}\cdot p_2^{1-\gamma}}{T_1^{\gamma}\cdot p_1^{1-\gamma}}\right) \tag{3-79}$$

$$\frac{\Delta S}{C_V} = \ln\left(\frac{p_2}{p_1}\right) + \ln\left(\frac{V_2}{V_1}\right)^{\gamma} = \ln\left(\frac{p_2\cdot V_2^{\gamma}}{p_1\cdot V_1^{\gamma}}\right) \tag{3-80}$$

对绝热可逆过程，$\Delta S = 0$，因此

$$T_1V_1^{\gamma-1} = T_2V_2^{\gamma-1}, T_1^{\gamma}p_1^{1-\gamma} = T_2^{\gamma}p_2^{1-\gamma}, p_1V_1^{\gamma} = p_2V_2^{\gamma}$$

可见，从热力学第二定律可得到三个理想气体绝热可逆过程方程式。

对绝热不可逆过程，$\Delta S > 0$，则有

$$\frac{T_2'V_2^{\gamma-1}}{T_1V_1^{\gamma-1}} > 1 = \frac{T_2V_2^{\gamma-1}}{T_1V_1^{\gamma-1}}, \frac{T_2'p_2^{(1-\gamma)/\gamma}}{T_1p_1^{(1-\gamma)/\gamma}} > \frac{T_2p_2^{(1-\gamma)/\gamma}}{T_1p_1^{(1-\gamma)/\gamma}} = 1$$

上述不等式告诉我们，若从同一始态分别经绝热可逆和绝热不可逆过程到达同一终态体积或同一终态压力时，不可逆过程的终态温度(T_2')比可逆过程的终态温度(T_2)要高。

3.5.4　理想气体的混合熵

设在一密闭容器的两边分别装有服从理想气体假设的两种气体 1 和 2,其温度及压力均相同,中间以一隔板隔开如图 3-15 所示。当隔板抽去之后,1 和 2 两种气体分别扩散至整个容器空间,直至分布均匀为止。若混合时温度不变,则为一等温过程。为了计算混合过程的熵变,应设想各种气体在扩散时均按可逆条件进行。对于气体 1

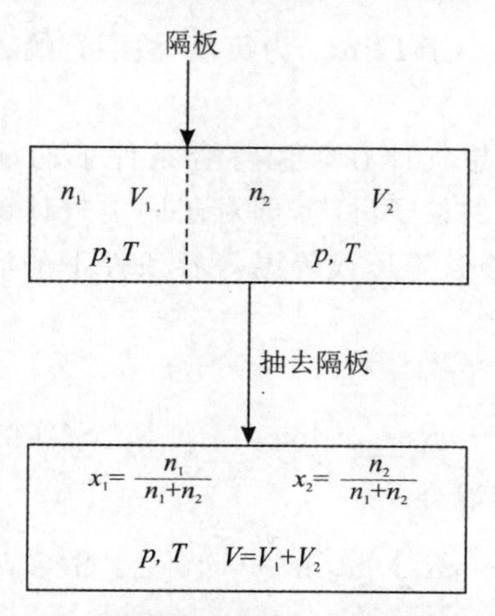

图 3-15　理想气体在同温同压下的混合过程

$$\Delta S_1 = n_1 R\ln\frac{V_1+V_2}{V_1}$$

或

$$\Delta S_1 = n_1 R\ln\frac{V}{V_1} \tag{3-81}$$

而对于气体 2

$$\Delta S_2 = n_2 R\ln\frac{V}{V_2} \tag{3-82}$$

同温同压下

$$\frac{V_1}{V_2} = \frac{n_1}{n_2}$$

而

$$\frac{V_1}{V} = \frac{n_1}{n_1+n_2} = x_1 \tag{3-83}$$

同理

$$\frac{V_2}{V} = \frac{n_2}{n_1+n_2} = x_2 \tag{3-84}$$

x_1 和 x_2 分别为气体 1 和气体 2 在混合气体中所占摩尔分数。

以式(3-83)和(3-84)分别代入式(3-81)和(3-82),得

$$\Delta S_1 = n_1 R\ln\frac{1}{x_1} \tag{3-85}$$

$$\Delta S_2 = n_2 R\ln\frac{1}{x_2} \tag{3-86}$$

两式相加得混合熵变(entropy of mixing)$\Delta_{mix}S$(mix 指混合)。

$$\Delta_{mix}S = n_1 R\ln\frac{1}{x_1} + n_2 R\ln\frac{1}{x_2} \tag{3-87}$$

或

$$\Delta_{mix}S = -nR(x_1\ln x_1 + x_2\ln x_2) \tag{3-88}$$

其中 $n = n_1 + n_2$,而 $n_1 = x_1 n, n_2 = x_2 n$。若在同温同压下有 B 种理想气体混合,则混合熵变的公式为

$$\Delta_{mix}S = -nR\sum_{B} x_B\ln x_B \tag{3-89}$$

由上式可以看出,因 x_B 总小于 1,$\ln x_B$ 为负值,故混合熵 $\Delta_{mix}S$ 恒大于零,即气体之间的相互扩散为一自发过程。

式(3-89) 同样适用于理想气体在等温等容条件下的混合熵计算。虽然在导出该式时,并没有明确限定各种气体的粒子种类,即对于同类气体的混合也是适用的,但若将上述公式具体用于同类气体在等温等压或等温等容条件下的混合时,便会得到如下似乎荒谬的结果。

同类理想气体的等温等压混合

$$\Delta_{mix}S = -nR\sum x_B\ln x_B > 0[\Delta_{mix}S(\text{实际}) = 0]$$

同类理想气体的等温等容混合

$$\Delta_{mix}S = -nR\sum x_B\ln\frac{V}{V} = 0[\Delta_{mix}S(\text{实际}) < 0]$$

上述似是而非的命题是吉布斯提出的,称为**吉布斯佯谬**(Gibbs pardox)。

对吉布斯佯谬,经典热力学的唯象理论并不能给予透彻的解释。要解决这个问题,必须借助于微观粒子的全同性原理,因为根据该原理,同类气体(粒子不可分辨)的等温等压混合并没有发生状态的变化,因此作为状态函数的熵保持不变是不难理解的;而同类气体的等温等容混合,其始终态是不同的(体积发生了变化),相当于气体被压缩,因而混合熵变小于零。

3.5.5 固体和液体的熵变

只有在高压情况下,固体和液体的熵变受体积的变化的影响才需考虑,而在低压下可以忽略。只需考虑温度变化时体系熵值的变化

$$\Delta S = n\int_{T_1}^{T_2}\frac{C_{p,m}}{T}dT \tag{3-90}$$

在正常凝固点或沸点(温度 T) 情况下,相变过程可逆。

$$\Delta S(\text{相变}) = \frac{Q(\text{相变})_R}{T} = \frac{\Delta H(\text{相变})}{T} \tag{3-91}$$

只需知道相变潜热的数据就可以计算相变过程的熵变。

〔**例 1**〕 计算 1 摩尔 250 K 冰加热至 400 K 水汽时的熵变。已知冰、水、汽的平均摩尔热容分别为 37.7,75.4 和 34.4 $J \cdot mol^{-1} \cdot K^{-1}$;冰的融化热(273 K 时) 和水的汽化热(373 K 时) 分别为 6.02 $kJ \cdot mol^{-1}$ 和 40.56 $kJ \cdot mol^{-1}$。

〔**解**〕

$$\Delta S=\int_{250}^{273}\frac{C_{p,\mathrm{m}}(\mathrm{s})}{T}\mathrm{d}T+\frac{\Delta_{\mathrm{fus}}H}{273\ \mathrm{K}}+\int_{273}^{373}\frac{C_{p,\mathrm{m}}(\mathrm{l})}{T}\mathrm{d}T+\frac{\Delta_{\mathrm{vap}}H}{373\ \mathrm{K}}+\int_{373}^{400}\frac{C_{p,\mathrm{m}}(\mathrm{g})}{T}\mathrm{d}T$$

$$=C_{p,\mathrm{m}}(\mathrm{s})\ln\frac{273}{250}+\frac{\Delta_{\mathrm{fus}}H}{273\ \mathrm{K}}+C_{p,\mathrm{m}}(\mathrm{l})\ln\frac{373}{273}+\frac{\Delta_{\mathrm{vap}}H}{373\ \mathrm{K}}+C_{p,\mathrm{m}}(\mathrm{g})\ln\frac{400}{373}$$

$$=37.7\times\ln\frac{273}{250}+\frac{6020}{273}+75.4\ln\frac{373}{274}+\frac{40560}{373}+34.4\ln\frac{400}{373}$$

$$=3.26+25.32+23.53+132.27+2.40$$

$$=189.2\ \mathrm{J\cdot mol^{-1}\cdot K^{-1}}$$

3.5.6　不可逆过程熵变计算举例

按定义，只有沿着可逆过程的热温商总和，才等于体系的熵变。当过程为不可逆时，则根据熵为一状态函数，体系熵变只取决于始态与终态而与过程所取途径无关。可设法绕道，找出一个始终态与之相同的可逆过程，由它们的熵变间接地推算出来。如计算隔离体系的熵变，则需涉及环境，按原则，环境亦必须在可逆条件下吸热或放热，常设想环境由一系列温度不同的热源组成，或称理想化环境，因其热容量较大，与体系接触不影响其温度。当体系实际过程放热时，则环境吸热；而体系实际过程吸热时则环境放热，故有如下关系：

$$\delta Q_{环境}=-\delta Q_{体系}$$

$$\mathrm{d}S_{环境}=\frac{\delta Q_{环境}}{T_{环境}}=-\frac{\delta Q_{体系}}{T_{环境}} \tag{3-92}$$

$$\Delta S_{环境}=\sum\frac{\delta Q_{R环境}}{T_{环境}}=-\sum\frac{\delta Q_{体系}}{T_{环境}}=-\frac{Q_{体系}}{T_{环境}} \tag{3-93}$$

〔**例2**〕　试计算下列情况下，273.2 K、2摩尔理想气体由 $2p^{\ominus}$ 压力降低至 $p^{\ominus}$ 压力，(1) 可逆等温膨胀、(2) 恒温恒外压膨胀 $p_{\mathrm{e}}=p^{\ominus}$、(3) 自由膨胀的体系熵变、环境熵变、隔离体系熵变。

〔**解**〕　(1) 可逆等温膨胀

$$\Delta S_{体系}=\frac{Q_{\mathrm{R}}}{T}=nR\ln\frac{V_2}{V_1}=nR\ln\frac{p_1}{p_2}$$

$$=2\times8.314\times\ln\frac{2p^{\ominus}}{p^{\ominus}}$$

$$=11.53\ \mathrm{J\cdot K^{-1}}$$

$$\Delta S_{环境}=\frac{Q_{环境}}{T_{环境}}=\frac{-Q_{体系}}{T_{环境}}=-\frac{Q_{\mathrm{R}}}{T}$$

$$=-11.53\ \mathrm{J\cdot K^{-1}}$$

$$\Delta S_{隔离}=\Delta S_{体系}+\Delta S_{环境}$$

$$=[11.53+(-11.53)]\mathrm{J\cdot K^{-1}}$$

$$=0$$

(2) 恒温恒外压膨胀

$$\Delta S_{体系} = \frac{Q_R}{T} = nR\ln\frac{V_2}{V_1} = nR\ln\frac{p_1}{p_2} = 11.53\ \mathrm{J\cdot K^{-1}}（理想气体等温过程）$$

因为

$$\begin{aligned} Q_{环境} &= -(Q_{体系})_T = (W_{体系})_T = -p_e(V_2 - V_1) \\ &= -p_2\left(\frac{nRT}{p_2} - \frac{nRT}{p_1}\right) \\ &= nRT\left(\frac{p_2}{p_1} - 1\right) \end{aligned}$$

所以

$$\begin{aligned} \Delta S_{环境} &= \frac{Q_{环境}}{T} = \frac{nRT\left(\frac{p_2}{p_1} - 1\right)}{T} \\ &= nR\left(\frac{p_2}{p_1} - 1\right) \\ &= 2\times 8.314\times\left(\frac{1}{2} - 1\right) \\ &= -8.314\ \mathrm{J\cdot K^{-1}} \end{aligned}$$

而

$$\begin{aligned} \Delta S_{隔离} &= \Delta S_{体系} + \Delta S_{环境} \\ &= 11.53 - 8.314 \\ &= 3.22\ \mathrm{J\cdot K^{-1}} > 0 \end{aligned}$$

(3) 自由膨胀

$$\Delta S_{体系} = \frac{Q_R}{T} = 11.53\ \mathrm{J\cdot K^{-1}}$$

$$\Delta S_{环境} = \frac{Q_{环境}}{T_{环境}} = \frac{0}{T} = 0$$

$$\begin{aligned} \Delta S_{隔离} &= \Delta S_{体系} + \Delta S_{环境} \\ &= 11.53 + 0 \\ &= 11.53\ \mathrm{J\cdot K^{-1}} > 0 \end{aligned}$$

三例比较，体系始终态相同，$\Delta S_{体系}$ 为一恒值（$11.53\ \mathrm{J\cdot K^{-1}}$），隔离体系熵增逐渐增大；而在可逆情况下，体系将热转变为功的效率达到最大，隔离体系熵增最小；而当不可逆程度（不平衡情况）愈大时，热量的利用率愈低，转化为做功的能量（也称有效能）愈少。能量继续以热的形式留于隔离体系中的愈多，相应的隔离体系的熵值增加得愈多（应该注意：本例属等温过程，在变温过程中熵值的变化应由 $\mathrm{d}S = \frac{\delta Q_R}{T}$ 决定）。这正是回应了当初克劳修斯将熵作为“物体的变换容度”之原意，即熵是运动丧失转化能力的量度。

〔**例 3**〕 试计算在 101.325 kPa 压力下，2 摩尔液态氨由 233.2 K 转变为 473.2 K 的氨气时体系的熵变。氨的正常沸点（101.325 kPa 压力下的沸点）为 239.7 K，在正常沸点下的摩尔汽化热 $\Delta_{vap}H_m = 23.26\ \mathrm{kJ\cdot mol^{-1}}$；液态和气态氨的摩尔平均热容分别为 $C_{p,m}(\mathrm{l}) = 74.9\ \mathrm{J\cdot mol^{-1}\cdot K^{-1}}$ 和 $C_{p,m}(\mathrm{g}) = [25.89 + 33.00\cdot 10^{-3}\,T/\mathrm{K} - 3.05\cdot 10^{-6}(T/\mathrm{K})^2]\ \mathrm{J\cdot mol^{-1}\cdot K^{-1}}$。

〔**解**〕 此过程为不可逆，计算体系熵变时必须由一组始终态相同的可逆过程替代之。

$$NH_3(l, 101.32\ kPa, 233.2\ K) \xrightarrow[\text{不可逆}]{\Delta S} NH_3(g, 101.325\ kPa, 473.2\ K)$$

可逆 $\downarrow \Delta S_1$ 可逆 $\uparrow \Delta S_3$

$$NH_3(l, 101.325\ kPa, 239.7\ K) \xrightarrow[\text{可逆}]{\Delta S_2} NH_3(g, 101.325\ kPa, 239.7\ K)$$

而体系熵变：

$$\Delta S = \Delta S_1 + \Delta S_2 + \Delta S_3$$

$$\Delta S_1 = n\int_{T_1}^{T_2} \frac{C_{p,m}(l)}{T}dT = nC_{p,m}(l)\ln\frac{T_2}{T_1}$$

$$= 2 \times 74.9 \times \ln\frac{239.7}{233.2}$$

$$= 4.12\ (J \cdot K^{-1})$$

$$\Delta S_2 = \frac{\Delta_{vap}H_m}{T_2} = \frac{2 \times 23260}{239.7} = 194.1\ (J \cdot K^{-1})$$

$$\Delta S_3 = n\int_{T_2}^{T_3} \frac{C_{p,m}(g)}{T}dT$$

$$= 2 \times \int_{239.7}^{473.2} \frac{(25.89 + 33.00 \times 10^{-3}T - 3.05 \times 10^{-6}T^2)}{T}dT$$

$$= 2 \times \left[25.89\ln(T/K) + 33.00 \times 10^{-3}(T/K) - \frac{1}{2} \times 3.05 \times 10^{-6}(T/K)^2\right]_{239.7}^{473.2}$$

$$= 2 \times \left[25.89\ln\frac{473.2}{239.7} + 33.00 \times 10^{-3}(473.2 - 239.7) - \frac{1}{2} \times 3.05 \times 10^{-6}(473.2^2 - 239.7^2)\right]$$

$$= 2 \times [17.6 + 7.7 - 0.3]$$

$$= 50.0\ (J \cdot K^{-1})$$

$$\Delta S = 4.12 + 194.1 + 50.0$$

$$= 248.2\ (J \cdot K^{-1})$$

〔**例 4**〕 试计算热量 Q 自一高温热源 T_2 直接传递至另一低温热源 T_1 所引起的熵变。

〔**解**〕 从题意可以看出这是一不可逆热传递过程，应设想另一组始终态相同的可逆过程替代它，才能由它们的热温商计算体系的熵变。为此，可以设想另一变温过程由无数元过程所组成，在每一元过程中体系分别与一温度相差极微的热源接触，热量是经由这一系列温度间隔极微的热源$[(T_2 - dT), (T_2 - 2dT), (T_2 - 3dT), \cdots, (T_1 + 2dT), (T_1 + dT), \cdots]$传递到环境去。这样的热传递过程当 dT 愈小时，愈接近于可逆，则

$$\Delta S = \left(\frac{Q}{T_2 - dT} - \frac{Q}{T_2}\right) + \left(\frac{Q}{T_2 - 2dT} - \frac{Q}{T_2 - dT}\right) + \cdots + \left(\frac{Q}{T_1 + dT} - \frac{Q}{T_1 + 2dT}\right) + \left(\frac{Q}{T_1} - \frac{Q}{T_1 + dT}\right)$$

$$= \frac{Q}{T_1} - \frac{Q}{T_2} = Q\left(\frac{T_2 - T_1}{T_1 T_2}\right)$$

因为 $T_2 > T_1$，Q 为正值，所以 $\Delta S > 0$。

可见若二热源直接接触并与外界隔离(绝热),则在此二热源间的热传导过程为一自发过程。

3.5.7 温-熵(T-S)图

对于纯物质或组成固定的封闭体系,只需用两个独立变量就足以表示出体系的状态。如 p 和 V、V 和 T 以及 T 和 p。熵为一状态函数,如选定 T 和 S 以表征体系的状态,在某种情况下有其方便之处,因为等温过程的热,难以用式 $Q=\int C\mathrm{d}T$ 计算,却可自式 $Q=\int T\mathrm{d}S$ 获得。

如图 3-16 所示,在温-熵图(temperature-entropy diagram)(T-S 图)上可逆卡诺循环具有很特殊的形式。

$a\rightarrow b$ 为可逆等温膨胀过程;

$b\rightarrow c$ 为可逆绝热膨胀过程;

$c\rightarrow d$ 为可逆等温压缩过程;

$d\rightarrow a$ 为可逆绝热压缩过程。

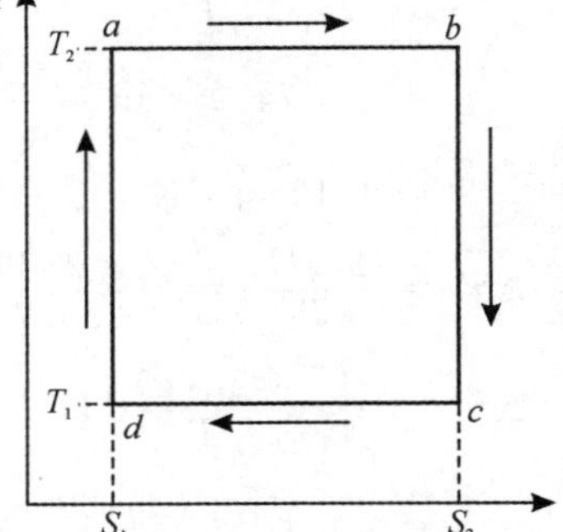

图 3-16 可逆卡诺循环的温-熵图

$a\rightarrow b$ 线段下的面积,则为等温膨胀过程中从高温热源所吸取的热量 $Q_2[Q_2=T_2\Delta S=T_2(S_2-S_1)]$;循环过程所包围面积即为循环过程中体系所作净功 $-W$(因为 $\oint \mathrm{d}U=0$,$-\oint\delta W=\oint\delta Q$),故而工作于热源 T_2 与 T_1 之间的热机其最大效率为

$$\eta=\frac{-W}{Q_2}=\frac{\text{循环过程所包围面积}}{\text{吸热过程线段下面积}} \tag{3-94}$$

利用温—熵图,可相当直观地比较卡诺热机和卡诺冷机(逆卡诺热机)效率的区别。对卡诺热机,$\eta<1$,当 T_1 降低,η 增大;而对卡诺冷机,制冷系数既可小于或等于 1,也可大于 1,当 T_1 上升,β 增大。当然,正如在 3.3.1 中所言,由于在从低温热源吸热的等温膨胀过程中,体系对外做功部分难以完全利用,因此,实际制冷系数远比理论值小。

3.5.8 熵增加与能量"退化"

我们一般通过做功的过程来认识能量,同样也可以通过做功来认识熵。根据热力学第一定律和第二定律的结论,在一孤立体系中,总能守恒,总熵增加。那么,伴随着熵的增加,能量的性质发生了什么变化呢?下面从卡诺热机效率分析来讨论这个问题。

设有某卡诺热机,工作于不变的低温热源 T_0 和可变的高温热源 T 之间,当热机从高温热源 T 吸热 Q 时,则产生的机械功为

$$-W=\eta\cdot Q=Q\left(1-\frac{T_0}{T}\right) \tag{3-95}$$

同时,不可利用的能量部分为

$$-Q_1=Q+W=Q\cdot\frac{T_0}{T} \tag{3-96}$$

当保持 Q, T_0 不变，而高温热源温度从 T 降低到 T_1，则不可利用能量的增加值为

$$-Q_1(T_1)+Q_1(T)=T_0\cdot Q\left(\frac{1}{T_1}-\frac{1}{T}\right) \tag{3-97}$$

式(3-97) 右边 $Q\left(\frac{1}{T_1}-\frac{1}{T}\right)$项相当于将 Q 的热量直接从热源 T 传递到热源 T_1 过程中体系的熵变。

$$\Delta S=Q\left(\frac{1}{T_1}-\frac{1}{T}\right)>0 \tag{3-98}$$

将式(3-98) 代入式(3-97) 并以 $W_{耗散}$ 表示 $Q_1(T_1)-Q_1(T)$，则有

$$-W_{耗散}=T_0\Delta S \tag{3-99}$$

上面分析表明，当热量直接从 T 传递到 T_1 后，热量本身并没有减少，但对外做功能力却减少了，当 T 与 T_1 相差越大，则对外做功能力减少越多。可见，熵可以作为不可逆过程中可用能减少的量度，即**熵增加导致了能量的贬值(energy degradation) 或功的耗散**。

若进一步深入分析，不难发现，能量转化的方向实际上反映了能的有序和无序的差别。因此，评价能源的优劣，不宜只看它的发热量多寡，而应看它具有多少做功能力，因为只有做功能力才是全面量度能量数值和品位的严格尺度。

3.6 热力学第二定律的统计意义

3.6.1 热力学概率与第二定律

热力学是有关热现象的宏观理论，它以实验事实为依据，探讨能量，熵等宏观量之间的基本规律。它具有广泛的普适性和高度的可靠性；但由于它不过问物质的微观结构和微观粒子的运动状态，因而也就无法揭示热现象的本质。如热力学第二定律虽然推导出状态函数熵(S) 并作为隔离体系或绝热过程可逆性的判据。但对于这些规律，宏观方法本身无法解释这类问题。只有从微观假设入手并应用一定的统计方法，才能对这些宏观现象作出确切的回答，这一部分知识将在“统计热力学(statistical thermodynamics)”一章中介绍。本节仅先作一些粗浅的讨论，以明其大意。

功和热两种能量传递形式有何本质上的区别?能量转化方向的规律告诉我们：**“功是分子或质点作有序运动，而热则是分子或质点作无序运动的结果。”**气体膨胀推动活塞抵抗外压做功，体系中的分子必然需要“齐心合力”、“步调一致”，即在沿着推动活塞的方向上共同有一定的速度分量，才能沿着这个方向作有序的运动，以达到做功的目的。要做电功，则要求在电场影响下电荷沿着电位降落的方向作有序的运动…… 至于热则是另外一回事，众所周知，体系的热运动与其温度密切相关。提高温度，则体系中分子的热运动加剧，无序状态增加。

有序能量可以无条件地全部转化为无序能量，但无序能量却无法无条件地全部转化为有序能量，这是自然界的一个客观规律，热力学第二定律则从某一方面反映了这一规律。这个自然规律，可以用概率的形式描述，可见，作为过程不可逆程度判据的熵应与概率有着密

切联系。

统计学上常用“**概率**(probability)”这一概念以描述体系中各种可能状态出现机会的多少。以理想气体自由膨胀为例。要使理想气体自由膨胀成为可逆过程，相当于要求气体分子全部地自动集中到容器中原来的一边去。我们将在下面分析出现这种可能性机会多少与体系中气体分子数目的关系。

如表 3-2 所示，设容积为 V 的容器等分为 A 和 B 两边$\left(V_A = V_B = \frac{1}{2}V\right)$。

表 3-2　分子在等分容器中的分布状态

体系中分子数	分布状态	$A(V_A = 1/2V)$	$B(V_B = 1/2V)$	P(数学概率)	W(热力学概率)
1	(1)	a	0	1/2	1
	(2)	0	a	1/2	1
2	(1)	ab	0	1/4	1
	(2)	a b	b a	1/2	2
	(3)	0	ab	1/4	1
4	(1)	abcd	0	1/16	1
	(2)	abc abd acd bcd	d c b a	1/4 (4/16)	4
	(3)	ab ac ad bc bd cd	cd bd bc ad ac ab	3/8 (6/16)	6
	(4)	a b c d	bcd cda dab abc	1/4 (4/16)	4
	(5)	0	abcd	1/16	1

(1) 若容器中只有一个分子“a”，则 a 处于 A 边或 B 边的机会均等，实现自由膨胀成为可逆(a 处于 A 的一边)的数学概率：$P = \frac{1}{2}$。

(2) 若容器中有两个分子“a”和“b”，从表中可以看出，可能出现 4 种分子分配方式，而 a 和 b 两个分子都集中在 A 的一边的数学概率：$P = \frac{1}{4} = \frac{1}{2^2}$。

(3) 若容器中有 4 个分子“a”、“b”、“c”和“d”，则从表中可以看出，可能出现的分子分配方式数为 16，而 abcd 4 个分子同时集中在 A 一边的分配方式数为 1，其数学概率：$P = \frac{1}{16} = \frac{1}{2^4}$。

以此类推，若气体数量为一摩尔，分子数 $L = 6.022 \times 10^{23}$，出现自由膨胀成为可逆的概率 $P = \left(\frac{1}{2}\right)^L = \left(\frac{1}{2}\right)^{6.022\times10^{23}} \sim 0$。可见分子数愈多，要实现自由膨胀成为可逆的机会愈小，

但并非绝对不可能。任一宏观体系所含分子数目为数甚多，故欲观察到自发过程成为可逆的机会绝少。

对于由4个分子所组成的体系作进一步分析：若a、b、c、d为同一种分子（等同分子体系），则它们不可区别，16种分配方式实际上只组成5种不同的分布状态(1)、(2)、(3)、(4)、和(5)。实现每一种分布状态的分配方式数各不相同，但可以看到，愈均匀的分布状态其分配方式数愈多，出现这种分布状态的数学概率也愈大。

数学概率为分数形式，当分子数目众多时表达不方便。热力学中常用"热力学概率"(W或Ω)这一概念以描述体系的统计性质。所谓"**热力学概率**(thermodynamic probability)"就是实现某一种分布状态的分配方式数，也称为"微观状态数"或"微态数"。

在分子数为4的体系中的五种分布状态其热力学概率分别为$W_1=1,W_2=4,W_3=6,W_4=4,W_5=1$。其中以第三种分布状态(均匀分布)的热力学概率最大。

数学概率和热力学概率互成比例，但数学概率恒小于1，而热力学概率则可能是一个很大的数目。

由上面讨论可以看出，愈均匀的分布状态，其热力学概率愈大，微观状态数愈多。可以设想，当体系中分子数愈多，则均匀分布状态与不均匀分布状态对比，热力学概率的差别就愈大，使自发过程成为可逆的机会就愈小。

统计力学认为：平衡态是分布最均匀的状态，也就是热力学概率最大、微态数最多的状态。自然界过程，在不受外力影响下，总是自发地自不平衡态朝着平衡态方向进行，也就是自热力学概率小、微态数少的状态自发地转变为热力学概率大、微态数多的状态，而以达到指定条件下热力学概率最大、微态数最多的状态为其限度，这就是热力学第二定律的统计说法。

3.6.2　熵与热力学概率——Boltzmann关系

在隔离体系中，过程自发地趋向热力学概率最大的方向进行，同时体系的熵值也趋向最大。可见各状态的熵值与热力学概率或微态数之间必然存在着函数关系

$$S=f(W) \tag{3-100}$$

要具体地确定它们之间的关系就必须分析熵和热力学概率的性质。熵为一容量性质，任何一项容量性质都具有加和性。若体系中包含有k个独立部分，则体系的熵应该是这k个部分熵的总和：

$$S=\sum_{i=1}^{k}S_i=S_1+S_2+\cdots+S_k \tag{3-101}$$

而各部分之间均需满足

$$S_1=f(W_1),S_2=f(W_2),\cdots,S_k=f(W_k) \tag{3-102}$$

又总的熵值应满足

$$S=\sum_{i=1}^{k}S_i=\sum_{i}f(W_i)=f(W_1)+f(W_2)+\cdots+f(W_k)=f(W) \tag{3-103}$$

另一方面，概率定理指出：体系中各独立状态同时出现的概率等于各态独立出现概率的乘积：

$$W=\prod_{i=1}^{k}W_i=W_1\times W_2\times W_3\times\cdots\times W_k \tag{3-104}$$

其中$\prod$（大 π）为连乘符号。

而
$$f(W)=f(\prod_{i=1}^{k}W_i)=f(W_1\times W_2\times W_3\times\cdots\times W_k) \tag{3-105}$$

为使 $f(W)$ 同时满足式(3-103) 和(3-105)，则要求熵和热力学概率（微态数）之间互成对数关系：

$$S\propto\ln W \tag{3-106}$$

或
$$S=k\ln W \tag{3-107}$$

式(3-107) 中最先由玻尔兹曼推导出来，称为"玻尔兹曼熵公式"。式中 k 为**玻尔兹曼常量**（Boltzmann constant）。

玻尔兹曼熵公式是联系宏观量和微观态的一座桥梁，它既说明了微观状态数的物理意义，也给出了熵函数的统计解释即：热力学概率愈大的状态，其熵值也愈大。

热力学概率愈大（微态数愈多）的状态也就是混合得愈均匀即无序程度愈大的状态，或者说是"**混乱度**（randomness）"愈大的状态。所以熵值可以作为体系"混乱度"的量度。

在无外界影响下，自发过程总是由有序状态趋向无序状态，也就是自混乱度小的状态趋向混乱度大的状态，而以达到指定条件下混乱度最大的状态为止。因此，隔离体系中过程总是自发地朝着熵值增加的方向进行，而以达到熵值最大时为止。这就是熵增加定理的统计解释。

3.6.3 影响熵的因素

依据Boltzmann关系式，影响体系的微观状态数的因素就是影响熵的因素。欲确定体系的微观状态数需要分析各个粒子的具体运动细节。在一定近似条件下，体系中粒子的运动可分解为平动、转动、振动、电子及核等的运动形态。体系可达到的微观运动状态是这些运动形态的所有可能的组合。因而体系的熵相应的包含有**平动熵**（translational entropy）、**转动熵**（rotational entropy）、**振动熵**（vibrational entropy）、**电子熵**（electronic entropy）及核运动的熵等。表 3-3 中列出了理想气体各种运动形态熵的具体数值。在通常温度下的物理及化学变化过程中，分子中各个核的状态保持不变，因而它们对始终态熵的差值将无贡献。所以，通常在熵的表中将不计核运动的熵，根据同样道理，同位素混合熵也不计算在内。

表 3-3　一些物质理想气体在 298 K 的标准摩尔熵

物质	$S^{\ominus}_{mt}$	$S^{\ominus}_{mr}$	$S^{\ominus}_{mv}$	$S^{\ominus}_{me}$	$S^{\ominus}_{m}$(298 K)
	物质/($J\cdot mol^{-1}\cdot K^{-1}$)				
H	108.83	—	—	5.77	114.60
O	143.34	—	—	17.66	161.00
Cl_2	161.88	58.62	2.18		222.68
Br_2	172.05	67.78	5.40		245.23
I_2	177.78	74.22	8.37		260.37

* 表中的 t、r、v、e 分别表示平动、转动、振动及电子运动。

一般说来，平动熵 > 转动熵 > 振动熵，平动对熵的贡献最大。

现在我们从微观状态数的角度简略地讨论一下影响纯物质熵值的因素。

(1) 熵随温度升高而增大

在其他因素固定的条件下，温度升高，热力学能增加，因而粒子可占据的能级数也将增多，从而使得可到达的微观状态数变大，故熵值应增大。

(2) 熵随体积增大而增大

体积增大，粒子的能级及能级间距变小，从而粒子可占据的量子态增多，即可达到的微观状态数变大，故熵值增大。

(3) 同种物质聚集状态不同，其熵值也不同。气体的熵值最大，固体熵值最小，而液体的熵值居中。

固体中的粒子不作平动，主要是振动与电子运动。因而熵值较小。固体变为液体主要增加的是转动熵，而液体变为气体主要增加的是平动熵，由于平动熵较大，所以气体的熵值比液体以及固体的都大得较多。

(4) 相同原子组成的分子所含原子数目愈多，其熵就愈大。

总之，分子中的电子数、原子核数愈多，即分子越大越复杂，则该物质的熵就越大。但是也要注意分子的对称性，分子对称性高者，该物质的熵就小。熵的微观实质对于定性地理解或判断一些问题具有很大的指导意义。

3.6.4　熵的补偿原理

热力学第二定律表明，自然界的任何一个孤立体系总是从比较有序的非平衡态转变到无序的平衡态。也就是说，孤立体系总是朝着一个非常明确的方向进行变化 —— 从有序向无序转变。相反方向的转化在孤立体系中是观察不到的(除了涨落之外，但一般说来涨落是非常小的)。例如一个重物下降是非常有序的运动，位能转化为重物整体运动的动能，而后可以无条件地转变成为分布在大量分子上的能量(能量分散)。相反的转化在孤立体系中总是观察不到的。

1867 年，Clausius 曾作过一个引人注目的表述："宇宙的能永远守恒；宇宙的熵永远增大"。Clausius 无科学根据地将宇宙当作孤立的热力学体系，从此，热力学第二定律给人们造成了一种印象，认为宇宙总归要趋向"**热寂**(heat death)"。一切有序运动都将变成为无序的运动。

然而，这个结论与我们所观察到的现实世界以及迄今我们已经通过判断所能了解到的自然界的过去都是不相符的。自然界总是不断地向着复杂化与多样化方向发展演化，特别是存在着向高度有序化的结构方向发展。只要外界宏观约束条件合适，可以保持非平衡态而不趋向于平衡态，甚至可以保持远离平衡态，而且也可以实现一系列的非平衡相变。这些奇特的现象有时称为非平衡体系中的自组织，它是自然界相当普遍的现象。

现在我们列举几个从无序向有序转变的实例。导致工业革命的蒸汽机就是将分布在分子上的能量(无序) 转变为功(有序) 的一个重要例子。此外，在生物体内能将简单分子的混合物转变为复杂而高度有组织的大分子(如蛋白质)，并且通过肌肉的收缩等可以做功。这是涉及生命体能否维持的主要问题。在化学中的**化学振荡反应**(chemical oscillating reaction),物理学中的激光,流体力学中的Be′nard不稳定性及湍流,大气中云彩的奇特花纹等都是高度有序的现象。

面临着自然界广泛存在着的自组织现象,很自然地会使我们提出一个非常有意义的问题:在什么条件下(或限度内),一个体系能够从比较无序的状态转变成为一个比较有序的状态呢?或者用熵的语言说,在什么条件下(或限度内),有可能使一个体系 A 从高熵态 a 进入到低熵态 b 而使 $\Delta S = S(b) - S(a) < 0$ 呢?

首先,如果体系 A 是孤立的,在此孤立体系内使其总的熵减少,及减小无序度是不可能实现的。但是,孤立体系内的某一局域部分(子体系)的熵减少则是可能的。现在我们考虑一个非孤立体系 A,它可以与一个别的体系 A' 自由地相互作用(交换能量、物质)。我们将 A 与 A' 组成孤立的复合体系 A^*。根据热力学第二定律,孤立体系 A^* 的熵 S^* 在实际过程进行中必然要增加仍是正确的,即仍有

$$\Delta S^* = \Delta S + \Delta S' \geqslant 0 \tag{3-108}$$

式中 ΔS、$\Delta S'$ 分别为 A 与 A' 子体系的熵变。

但要注意,热力学第二定律只要求(3-108)式满足时,过程就能进行,它并不一定要求子体系的熵均必须增加。即不一定要求 $\Delta S \geqslant 0$,$\Delta S' \geqslant 0$。于是,我们立即会从式(3-108)看出,只要子体系 A' 的熵 S' 能够增加并补偿子体系 A 的熵 S 减少的数量,而使得孤立体系 A^* 的熵变 ΔS^* 能满足(3-108)式时,则过程就能进行。也就是说,以一个能与 A 体系相互作用的体系 A' 的熵增加为代价,体系 A 的熵完全可能减少。在此条件下,一个体系 A 从无序转变到有序是完全可能实现的。这样我们就可以得到下列的一个重要结论,人们称它为**"熵补偿原理":"一个体系 A,只有当它与一个或多个辅助体系相互作用,并在相互作用过程中辅助体系的熵增大值足以能补偿体系 A 的熵减少值时,体系 A 的熵减少才有可能发生,或说体系 A 才能从无序转变到有序。"**

这就是热力学第二定律为我们前面所提出的问题提供的一个普遍性的答案。

熵补偿原理是体系从无序能否转变为有序的一个统一性的判据。依据它,能够判定为这种转变所设计的哪些方案是行不通的,哪些方案是可能的,而且哪一方案可能更有效。但是,这个原理并没有提出实际上用以减少体系无序的具体程序或机制的任何信息,目前许多人正在从各个方面探索其前程。当然,这些问题并不是只靠热力学就能得到解决的。

作为熵补偿原理应用的一个例子,我们来看下面反应

$$Mg^{2+}(aq) + CO_3^{\ 2-}(aq) \rightarrow MgCO_3(s)$$

大家知道,在混合有足够量镁离子和碳酸根离子的水溶液中,生成碳酸镁沉淀是自发的,实验上也证实该反应 $\Delta S > 0$($\Delta S = 240\ \mathrm{J \cdot K^{-1} \cdot mol^{-1}}$)。这结论似乎有悖于熵的概率分析,因为镁离子和碳酸根离子结合成固体而沉淀明显是一个微观态数减少即熵减少的过程。我们可用熵补偿原理来解释这个问题,由于离子在水溶液中都有水合外壳,当镁离子与碳酸根离子冲破各自的水合外壳而结合时,水分子中原来的有序排列恢复到正常的冰山结构,毫无疑问,这个过程的熵是增加的。可见,实验上测量的熵变应为离子结合的熵变化($\Delta S_1 < 0$)和打破水合外壳的熵变化($\Delta S_2 > 0$,且 $\Delta S_2 + \Delta S_1 > 0$)之和,简言之,正是溶剂水的熵增加补偿了离子结合成固体的熵减少,才使得反应能自发进行。

熵补偿原理亦可用于解释液晶的形成过程。

液晶是一种处于位置无序但取向有序状态的液体。液晶的形成过程关键在于降温过程中发生了从各向同性的液体转变为分子都顺向排列的各向异性的液晶。可见，过程的总熵变应等于取向熵变和平动熵变之和。即

$$\Delta S_{总} = \Delta S_{取向} + \Delta S_{平动} \tag{3-109}$$

显然，当分子由杂乱排列(各向同性)转变为顺向排列时，$\Delta S_{取向} < 0$；另一方面，平动熵则来自于分子的平移运动，当分子的平移空间由小变大时，$\Delta S_{平动} > 0$。在液晶的形成过程中，当分子由无序排列到有序排列时，虽然取向熵有所减少，但每个分子周围的平动空间增加了，即平动熵增加了。正是通过平动熵增加项对取向熵减少项的补偿，才使得这种熵增导致有序的液晶相变得以发生。

3.7　热力学第三定律与规定熵

3.7.1　热力学第三定律

到目前为止，有关熵变的计算均只限于物理变化过程，而这些方法对化学反应熵变的计算是无效的。这是因为：(1) 化学反应过程是不可逆的，虽然过程的热效应和温度是可测量的，但其比值并不满足熵变定义；(2) 化学反应的熵变主要不是来自于 p、V、T 的变化，而是源自于微观粒子运动自由度的变化。基于上述两点，要求化学反应的熵变必须由物质的熵的绝对值来计算。然而，这一点热力学第二定律无能为力，因为它只能提供测量熵的改变值。为此，就需要人为规定一个零点。热力学第三定律(the third law of thermodynamics) 正是为了解决这个问题而应运而生的。同样，第三定律也是在总结实验事实的基础上提出的。

为了解释理查斯(Richards) 等人在低温实验中所发现的某些现象，1906 年奈恩斯特(Nernst) 提出了如下假设：

“接近绝对零度时，任何可逆等温过程的熵变趋近于零。”

$$\lim_{T\to 0}(\Delta S) = 0 \tag{3-110}$$

上述假设常称为奈恩斯特“热定理(Nernst heat theorem)”，是热力学第三定律最早的表达形式。奈恩斯特作出上述假设时，限于凝聚相体系。实际上所有化学物质在接近绝对零度时都已成为固态。

1911 年，普朗克(Planck) 对奈的假设作出了补充。普朗克假设：

“在绝对零度时所有稳定单质的熵值均为零。”

$$\lim_{T\to 0} S_{单质} = (S_0)_{单质} = 0 \tag{3-111}$$

化合物由单质组成。既然绝对零度时稳定态单质的熵值为零，而“热定理”又规定了在绝对零度时任何可逆等温过程的熵变为零。二者结合起来，就可以得出“绝对零度时所有稳定态化合物的熵值为零”的推论。

综合起来，热力学第三定律可表达如下：

“绝对零度时，纯物质完整晶体的熵值为零。”

应用这一结论，应该注意“**完整晶体**(perfectly crystalline)”系指规则排列且无缺陷的晶体这一条件。

3.7.2 规定熵和标准摩尔熵

恒压条件下纯物质熵值随温度变化关系可由下式确定

$$\Delta S = S_T - S_0 = \int_0^T \frac{C_p}{T} \mathrm{d}T = n\int_0^T \frac{C_{p,\mathrm{m}}}{T} \mathrm{d}T \tag{3-112}$$

根据热力学第三定律，完整晶体在绝对零度时熵值为零，即

$$S_0 = 0 \tag{3-113}$$

故任意温度下的熵值 S_T 原则上可由下式计算

$$S_T = n\int_0^T \frac{C_{p,\mathrm{m}}}{T} \mathrm{d}T \tag{3-114}$$

然而，在温度由零度升高至 T 的过程中，物质可能发生相变，必须根据实际情况对所引起的熵变加以考虑。表 3-4 列举了一摩尔氯化氢由绝对零度升高至 298.15 K 时所发生的变化以及每一变化步骤中熵值的计算公式和计算出的具体数值，并综合之以得出 $S_\mathrm{m}^\ominus$(298.15 K) 值。

$$S_\mathrm{m}^\ominus(298.15\ \mathrm{K}) = \sum_{i=1}^{8} \Delta S_i = 185.8\ \mathrm{J \cdot mol^{-1} \cdot K^{-1}}$$

当温度接近绝对零度时，C_p 或 C_V 的实验测定有困难，常用第拜公式估算：

$$C_{p,\mathrm{m}} \approx C_{V,\mathrm{m}} = 1944\left(\frac{T}{\Theta_\mathrm{D}}\right)^3 \tag{3-115}$$

式中 Θ_D 为一常量，称为晶体的 Debye“特征温度”，其值随晶体的性质而异，可自测定 $C_{p,m}$ 值至尽可能低的温度，再根据 $C_{p,m}$-T^3 关系外推估算之。上述计算过程也可以用图 3-17 定性地表示。

表 3-4 用量热数据计算 HCl 的标准熵顺序应用公式

顺序	温度范围	应用公式	ΔS_i/ ($\mathrm{J \cdot mol^{-1} \cdot K^{-1}}$)
1	0 ~ 16 K (应用第拜公式估算)	$\Delta S_1 = \int_0^{16} \frac{C_{p,\mathrm{m}}}{T} \mathrm{d}T$ $\left[第拜公式\ C_{p,\mathrm{m}} \approx C_{V,\mathrm{m}} = 1944\left(\frac{T}{\Theta_\mathrm{D}}\right)^3\right]$	1.26
2	16 ~ 98.36 K (固体 Ⅰ 升温过程)	$\Delta S_2 = \int_{16}^{98.36} \frac{C_{p,\mathrm{m}}(\mathrm{s}, \mathrm{I})}{T} \mathrm{d}T$	29.5
3	98.36 K (固体 Ⅰ → 固体 Ⅱ 相变)	$\Delta S_3 = \frac{\Delta_\mathrm{tys} H}{T_\mathrm{t}} = \frac{\Delta_\mathrm{tys} H}{98.36}$ ($\Delta_\mathrm{trs} H$ 系由固体 Ⅰ→ 固体 Ⅱ 晶型相变潜热)	12.1
4	98.36 ~ 158.91 K (固体 Ⅱ 升温过程)	$\Delta S_4 = \int_{98.36}^{15891} \frac{C_{p,\mathrm{m}}(\mathrm{s}, \mathrm{II})}{T} \mathrm{d}T$	21.1
5	158.91 K (固体 Ⅱ → 液体相变过程)	$\Delta S_5 = \frac{\Delta_\mathrm{fus} H}{T_\mathrm{f}} = \frac{\Delta_\mathrm{fus} H}{158.91}$ ($\Delta_\mathrm{fus} H$ 为固体 Ⅱ→ 液体的熔化热)	12.6

续表

顺序	温度范围	应用公式	ΔS_i/ (J·mol^{-1}·K^{-1})
6	158.91 ～ 188.07 K (液体升温过程)	$\Delta S_6=\int_{158.91}^{188.07}\frac{C_{p,\mathrm{m}}(\mathrm{l})}{T}\mathrm{d}T$	9.87
7	188.07 K (液体 → 气体相变过程)	$\Delta S_7=\frac{\Delta_{\mathrm{vap}}H}{T_\mathrm{b}}=\frac{\Delta_{\mathrm{vap}}H}{188.07}$ ($\Delta_{\mathrm{vap}}H$ 为液体 → 气体的汽化热)	85.9
8	188.07 ～ 298.2 K (气体升温过程)	$\Delta S_8=\int_{188.07}^{2982}\frac{C_{p,\mathrm{m}}(\mathrm{g})}{T}\mathrm{d}T$	13.5

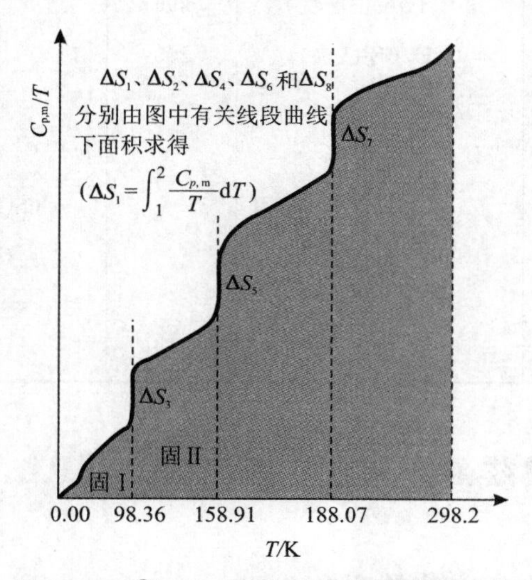

图 3-17　$S_\mathrm{m}^\ominus$(298.15 K) 的求法(量热数据法)

应用热力学第三定律结论计算出来的熵值,称为"**规定熵**(conventional entropy)"。而在标准态(298.15 K 和压力) 下物质的量为 1 mol 的物质 B(其相态为 β) 的规定熵,称为"**标准摩尔熵**(standard molar entropy)",用 $S_\mathrm{m}^\ominus$(B,β,298.15 K) 表示。上例中 $S_\mathrm{m}^\ominus$(HCl,g,298.15 K) = 185.8 J·mol^{-1}·K^{-1}。表 3-5 列举一些物质标准摩尔熵的数据。

对于反应:$a\mathrm{A}+\mathrm{dD}=g\mathrm{G}+h\mathrm{H}$ 或任意反应:$0=\sum_\mathrm{B}\nu_\mathrm{B}\mathrm{B}$

$$\begin{aligned}\Delta_\mathrm{r}S_\mathrm{m}^\ominus(298.15\ \mathrm{K})&=[gS_\mathrm{m}^\ominus(\mathrm{G},298.15\mathrm{K})+hS_\mathrm{m}^\ominus(\mathrm{H},298.15\ \mathrm{K})]\\&\quad-[aS_\mathrm{m}^\ominus(\mathrm{A},298.15\ \mathrm{K})+dS_\mathrm{m}^\ominus(\mathrm{D},298.15\mathrm{K})]\\&=\sum_\mathrm{B}\nu_\mathrm{B}S_\mathrm{m}^\ominus(B,298.15\mathrm{K})\end{aligned}\tag{3-116}$$

表 3-5　一些物质的标准摩尔熵 $S_\mathrm{m}^\ominus$(298.15 K)/(J·mol^{-1}·K^{-1})

气体		液体		固体	
H_2	130.59	Hg	76.02	C(金刚石)	2.44
D_2	144.77	Br_2	152	C(石墨)	5.694

续表

气体		液体		固体	
HD	143.7	H_2O	70.00	S(斜方)	31.9
N_2	191.5	CH_3OH	127	S(单斜)	32.6
O_2	205.1	C_2H_5OH	161	Ag	42.72
Cl_2	223.0	C_6H_6(苯)	173	Cu	33.3
HCl	186.8	C_7H_8(甲苯)	220	Fe	27.2
CO	197.5	C_6H_5Br(溴苯)	208	Na	51.0
CO_2	213.7	n-C_6H_{14}(正己烷)	296	I_2	116.1
H_2O	188.72	C_6H_6(环己烷)	205	NaCl	72.38
NH_3	192.5			LiF	37.11
SO_2	248.5			LiH	25
CH_4	186.2			$CuSO_4 \cdot 5H_2O$	305
C_2H_2	200.82			$CuSO_4$	113
C_2H_4	219.5			AgCl	96.23
C_2H_6	229.5			AgBr	107.1

3.8 亥姆霍兹函数和吉布斯函数

3.8.1 第一定律和第二定律的联合公式

化学反应常在等温等容或等温等压条件下进行，找出这些条件下的判据，更有实际意义。本节由热力学第一定律和第二定律联合公式出发，讨论这两种条件下的判据：亥姆霍兹函数和吉布斯函数的导出及它们作为判据的条件。

热力学第二定律指出，对于隔离体系可用下式作为过程可逆性的判据：

$$dS_{隔离} = dS_{体系} + dS_{环境} \geqslant 0 \begin{pmatrix} >,不可逆 \\ =,可逆 \end{pmatrix} \tag{3-117}$$

设体系与环境进行热交换时，热源温度与体系温度相同，即体系与环境处于热平衡：

$$T_{体系} = T_{环境} = T \tag{3-118}$$

而体系吸收或放出的热量和环境所放出或吸收的热量必然相等，二者互为反号关系：

$$\delta Q_{环境} = -\delta Q_{体系} \tag{3-119}$$

所以

$$dS_{环境} = \frac{\delta Q_{环境}}{T_{环境}} = \frac{-\delta Q_{体系}}{T}$$

而

$$dS_{隔离} = dS_{体系} - \frac{\delta Q_{体系}}{T} \geqslant 0 \begin{pmatrix} >,不可逆 \\ =,可逆 \end{pmatrix} \tag{3-120}$$

上述假设的重要意义在于不等式(3-120) 左边仅包含与体系有关的量，为方便起见，可略去下标，即

$$dS - \frac{\delta Q}{T} \geqslant 0 \begin{pmatrix} >,\text{不可逆} \\ =,\text{可逆} \end{pmatrix} \tag{3-121}$$

或

$$dS \geqslant \frac{\delta Q}{T} \begin{pmatrix} >,\text{不可逆} \\ =,\text{可逆} \end{pmatrix} \tag{3-122}$$

由热力学第一定律，在一元过程中

$$\delta Q = dU - \delta W \tag{3-123}$$

其中 δW 为广义元功，它包含了膨胀功和非膨胀功：

$$\delta W = -p_e dV + \delta W' \tag{3-124}$$

其中 $-p_e dV$(或 $-p_{su} dV$) 为膨胀功，而 $\delta W'$ 为非膨胀功。以式(3-123) 结果代入式(3-122)，移项后可得

$$TdS - dU \geqslant -\delta W \begin{pmatrix} >,\text{不可逆} \\ =,\text{可逆} \end{pmatrix} \tag{3-125}$$

上式称为热力学第一定律和第二定律联合公式，适用于封闭体系。公式左边取决于体系的状态变化，而右边取决于所取的途径。当过程为可逆时取等号，而过程为不可逆时取不等号。

3.8.2　亥姆霍兹函数 A 及其减少原理判据

对于等温过程，T 为一恒量，(3-125) 式可写成：

$$d(TS - U) = -d(U - TS) \geqslant -\delta W_T \begin{pmatrix} >,\text{不可逆} \\ =,\text{可逆} \end{pmatrix} \tag{3-126}$$

下标"T"表示等温过程。U、T、S 均为状态函数，而 U 和 TS 乘积均具有能量的量纲，且均为广度性质，故$(U - TS)$ 可以视为一具有能量量纲的广度状态函数。定义：

$$A \equiv U - TS \tag{3-127}$$

A 称为**亥姆霍兹**(Helmholtz) **函数**，或**亥氏函数**(Helmholtz function)、**亥姆霍兹自由能**(Helmholtz free energy) 等，代入式(3-126)

$$-dA \geqslant -\delta W_T \text{ 或 } dA \leqslant \delta W_T = -p_e dV + \delta W' \tag{3-128}$$

在一等温状态变化过程中

$$-\Delta A = A_1 - A_2 = -\int_1^2 dA \geqslant -\int_1^2 \delta W_T = -W_T$$

或

$$-\Delta A \geqslant -W_T \text{ 或 } \Delta A \leqslant W_T \tag{3-129}$$

式(3-128)、(3-129) 中，不等号("$<$"或"$>$") 表示不可逆，而在可逆情况下则取等号。

$$-\Delta A = -(W_T)_R \text{ 或 } \Delta A = (W_T)_R \tag{3-130}$$

上式指出了亥氏函数的物理意义：它相当于体系中某种形式的能量，在可逆等温过程中其减少(增加) 等于过程所做(所得) 的最大广义功。下标 R 表示可逆。

在等温等容条件下，$dV = 0$，$p_e dV = 0$，由式(3-124)

$$\delta W = \delta W'_{T,V} \tag{3-131}$$

即在这种条件下,只有做非膨胀功的可能性。

而由式(3-128)可得 $$-\mathrm{d}A \geqslant -\delta W'_{T,V} \text{ 或 } \mathrm{d}A \leqslant \delta W'_{T,V} \tag{3-132}$$

或 $$-\Delta A \geqslant -W'_{T,V} \text{ 或 } \Delta A \leqslant W'_{T,V} \tag{3-133}$$

在可逆情况下

$$-\Delta A = -(W'_{T,V})_{\mathrm{R}} \text{ 或 } \Delta A = (W'_{T,V})_{\mathrm{R}} \tag{3-134}$$

即在等温等容条件下,状态变化时体系亥氏函数的减少(增加)等于过程所做(所得)最大非膨胀功。

若在等温等容无非膨胀功条件下,则因 $\delta W'_{T,V} = 0$ 或 $W'_{T,V} = 0$,由式(3-132)和(3-133)可得

$$\mathrm{d}A \leqslant 0 \begin{pmatrix} <,\text{不可逆} \\ =,\text{可逆} \end{pmatrix} \tag{3-135}$$

和 $$\Delta A \leqslant 0 \begin{pmatrix} <,\text{不可逆} \\ =,\text{可逆} \end{pmatrix} \tag{3-136}$$

因为 $$\Delta A = A_2 - A_1$$

(3-136)也可以写成

$$A_2 \leqslant A_1 \begin{pmatrix} <,\text{不可逆} \\ =,\text{可逆} \end{pmatrix} \tag{3-137}$$

由式(3-136)或(3-137)均可以看出:亥姆霍兹函数可以作为等温等容无非膨胀功过程可逆性的判据。过程为不可逆时,体系亥姆霍兹函数减少;而过程为可逆时体系亥姆霍兹函数不变。

在无外力影响下,以不可逆形式进行的过程必然是自发过程,故 ΔA 也可作为等温等容无非膨胀功条件下过程自发性和平衡的判据:

$$\Delta A \leqslant 0 \begin{pmatrix} <,\text{自发} \\ =,\text{平衡} \end{pmatrix} \tag{3-138}$$

即过程总是自发地朝着亥姆霍兹函数减少的方向进行,而以达到指定条件下亥姆霍兹函数的最低点为其限度。

亥姆霍兹的最低点即为指定条件下最稳定的状态,也就是平衡态。数学上的极小点同时必须满足如下关系:

$$\left.\begin{array}{l} \mathrm{d}A = 0 \\ \mathrm{d}^2 A > 0 \end{array}\right\} \tag{3-139}$$

由于应用式(3-136)及(3-138)作判据时只涉及始终态,而没有涉及具体的过程,故当 $T = T_1 = T_2$,即对于始终态温度相同的等容无非膨胀功过程,也可以用式(3-136)及(3-138)作为判据。不一定要求途径中各点均处于同一温度。但应注意:如用式(3-130)或式(3-134),通过可逆等温过程的最大功或可逆等温等容过程的最大非膨胀功以求 ΔA 值时,因涉及过程,则要求除始终态温度相同之外,整个过程所经历的一系列状态的温度也必须相同。

3.8.3 吉布斯函数 G 及其减少原理判据

焓(H)在等压过程的性质与热力学能(U)在等容过程的性质类似。可以预计,如定义

$$G \equiv H - TS \equiv U + pV - TS \equiv A + pV \tag{3-140}$$

则此状态函数在等温等压过程的性质将与亥姆霍兹函数(A)在等温等容过程的性质类似。G常称为**吉布斯**(Gibbs)**函数**,或**吉氏函数**(Gibbs function)、**吉布斯自由能**(Gibbs free energy)等。显然,它也是一个具有能量量纲的广度状态函数。

在等温等压条件下,对于任一元过程:

$$\mathrm{d}G = \mathrm{d}U - T\mathrm{d}S + p\mathrm{d}V$$

或

$$-\mathrm{d}G = T\mathrm{d}S - \mathrm{d}U - p\mathrm{d}V$$

设体系与环境之间处于机械平衡,即 $p = p_{体系} = p_{环境}$,又由第一、第二定律联合公式,可得

$$-\mathrm{d}G \geqslant -\delta W - p\mathrm{d}V \begin{pmatrix} >, 不可逆 \\ =, 可逆 \end{pmatrix} \tag{3-141}$$

即

$$-\mathrm{d}G \geqslant -\delta W'_{T,p} 或 \mathrm{d}G \leqslant \delta W'_{T,p} \tag{3-142}$$

在一等温等压状态变化过程中:

$$-\Delta G = G_1 - G_2 \geqslant -W'_{T,p} 或 \Delta G \leqslant W'_{T,p} \tag{3-143}$$

式(3-142)和(3-143)中$\delta W'_{T,p}$和$W'_{T,p}$分别为非膨胀元功和非膨胀功。

若过程为可逆,则由(3-143)式取等号;

$$-\Delta G = -(W'_{T,p})_{\mathrm{R}} \tag{3-144}$$

可见,在等温等压条件下,体系吉布斯函数的减少等于过程的最大非膨胀功。

而在等温等压无非膨胀功条件下,$\delta W'_{T,p} = 0$ 或 $W'_{T,p} = 0$,可以用

$$\mathrm{d}G \leqslant 0 \begin{pmatrix} <, 不可逆 \\ =, 可逆 \end{pmatrix} \tag{3-145}$$

$$\Delta G \leqslant 0 \begin{pmatrix} <, 不可逆 \\ =, 可逆 \end{pmatrix} \tag{3-146}$$

作为元过程或作为某一状态变化过程可逆性的判据。即在等温等压无非膨胀功条件下,当所发生为一不可逆过程时,体系吉布斯函数减少;为可逆过程时,体系吉布斯函数不变。

在无外界影响条件下,按不可逆形式进行的过程必然是自发过程,故可以用下式作为指定条件下过程自发性和体系达到平衡的判据:

$$\Delta G \leqslant 0 \begin{pmatrix} <, 自发 \\ =, 平衡 \end{pmatrix} \tag{3-147}$$

即在等温等压无非膨胀功条件下,过程总是自发地朝着吉布斯函数减少的方向进行,而以达到指定条件下的吉布斯函数的最低点为其限度。

吉布斯函数最低点的状态也就是指定条件下的平衡态。在数学上必须同时满足:

$$\left.\begin{aligned} \mathrm{d}G &= 0 \\ \mathrm{d}^2G &> 0 \end{aligned}\right\} \tag{3-148}$$

3.8.4　小　结

由热力学第一定律、第二定律联合公式

$$T\mathrm{d}S-\mathrm{d}U \geqslant -\delta W \begin{pmatrix} >,\text{不可逆} \\ =,\text{可逆} \end{pmatrix} \tag{3-125}$$

出发，可以得出各种情况下过程可逆性、过程自发性及体系达到平衡的判据，今归纳于表3-6中。为得出表3-6结果，可先将式(3-125)整理如下：

$$T\mathrm{d}S-\mathrm{d}U+\delta W \geqslant 0$$

$$T\mathrm{d}S-\mathrm{d}U-p_{\mathrm{e}}\mathrm{d}V+\delta W' \geqslant 0 \tag{3-149}$$

或

$$-(\mathrm{d}U-T\mathrm{d}S+p_{\mathrm{e}}\mathrm{d}V-\delta W') \geqslant 0 \tag{3-150}$$

式(3-149)和(3-150)只不过是式(3-125)的另一种表示形式，但更便于比较归纳。

从式(3-125)可以看出：(1)引入A、G后，可将原来与热的比较变成与功的比较。在某些情况下，求功往往比求热更容易。(2)从$\Delta A=\Delta U-T\Delta S$可以看出，$\Delta A$可认为是体系变化过程中总能的变化($\Delta U$)与产生的无用能($T\Delta S$)之差，即可用于对外做功的能。(3)只有在隔离体系、等温等容无非膨胀功和等温等压无非膨胀功三种情况下才有实际意义。在这三种情况下只需考虑状态函数的变化($\mathrm{d}S\geqslant 0$，$\mathrm{d}A\leqslant 0$和$\mathrm{d}G\leqslant 0$)而不必涉及过程的性质(δW_T、$\delta W'_{T,V}$和$\delta W'_{T,p}$)，后者随过程进行时的外界条件而变化，对不可逆过程，体积功难以准确确定。(回顾理想气体自同一始态至同一终态间的三种不同等温膨胀过程：可逆膨胀、恒外压膨胀和自由膨胀)。(4)自发过程的逆向过程并非不能实现，而是不能自动实现。若这类过程与某一自发过程耦合并使总的吉布斯函数降低(即综合过程为自发)，则它是能够实现的，不过是在借助外力的情况下实现的。例如水不能自动往高处流，但如以一电池带动水泵，可以将之由低处送往高处，在此过程中电池内进行了一自发的化学反应，这一自发过程连同将水往高处送的过程综合后其总吉布斯函数仍为减少才导致输水过程的实现。

表3-6　不同情况下过程可逆性、过程自发性及达到平衡的判据

限制条件	过程可逆性判别式(等号：可逆；不等号：不可逆)	过程自发性及体系达平衡判别式(不等号：自发；等号：平衡)
普通情况	$-(\mathrm{d}U-T\mathrm{d}S+p_{\mathrm{e}}\mathrm{d}V-\delta W')\geqslant 0$	
	$\mathrm{d}S\geqslant 0$	$\mathrm{d}S\geqslant 0$
等温 ($T=$常数)	$-(\mathrm{d}U-T\mathrm{d}S+p_{\mathrm{e}}\mathrm{d}V-\delta W'_T)\geqslant 0$ 或$-\mathrm{d}A\geqslant-\delta W_T$，$\mathrm{d}A\leqslant\delta W_T$	
等温　等容 ($T=$常数，$\mathrm{d}V=0$)	$-(\mathrm{d}U-T\mathrm{d}S-\delta W'_{T,V})\geqslant 0$ 或$-\mathrm{d}A\geqslant-\delta W'_{T,V}$，$\mathrm{d}A\leqslant\delta W'_{T,V}$	
等温等容无非膨胀功 ($T=$常数，$\mathrm{d}V=0$，$\delta W'=0$)	$-(\mathrm{d}U-T\mathrm{d}S)\geqslant 0$ 或$\mathrm{d}A\leqslant 0$	$-(\mathrm{d}U-T\mathrm{d}S)\geqslant 0$或$\mathrm{d}A\leqslant 0$
等温　等压 ($T=$常数，$p=$常数)	$-(\mathrm{d}U-T\mathrm{d}S+p\mathrm{d}V-\delta W'_{T,p})\geqslant 0$ 或$-\mathrm{d}G\geqslant-\delta W'_{T,p}$，$\mathrm{d}G\leqslant\delta W'_{T,p}$	
等温等压无非膨胀功 ($T=$常数，$p=$常数，$\delta W'=0$)	$-(\mathrm{d}U-T\mathrm{d}S+p\mathrm{d}V)\geqslant 0$或$\mathrm{d}G\leqslant 0$	$-(\mathrm{d}U-T\mathrm{d}S+p\mathrm{d}V)\geqslant 0$或$\mathrm{d}G\leqslant 0$

最后，应该指出，必须通过可逆过程才能使 ΔS、ΔA 和 ΔG 等状态函数的增量与过程的热或功联系起来。例如，从公式 $-\Delta G=(-W'_{T,p})_{\mathrm{R}}$ 就可以看出要求某一定状态至另一状态的吉布斯函数变化，可以通过等温等压下可逆过程的非膨胀功求之。最常遇到的非膨胀功是电功，在"电化学"中将要看到，只要能把化学反应设计为电池反应，并测定其可逆电池电动势 E，根据 $W'_{T,p}=-QE=-nFE$ 就可以求出吉布斯函数变化量($-\Delta G=nFE$)。以上 Q 代表电量，F 为**法拉第常量**(Faraday constant)，n 为电池反应中电子的物质的量。

3.9　热力学基本关系式

至今讨论中常应用的八个热力学函数——p、V、T、U、H、S、A、G，其中 U 和 S 分别由热力学第一定律和第二定律导出；H、A、G 则由定义得来。而 U、H、A、G 为具有能量量纲的广度状态函数。这些热力学函数间通过一定关系式相互联系着。基本热力学关系式共有11个。从这11个基本关系式出发，可以导出许多其他衍生关系式，它们表示出各不同物理量间的相互关系，利用它们可以帮助我们由易于直接测量的物理量出发以计算难于直接测量的物理量数值。

由定义可得如下三个关系式：

$$H\equiv U+pV \tag{3-151}$$

$$A\equiv U-TS \tag{3-152}$$

$$G\equiv H-TS=U-TS+pV=A+pV \tag{3-153}$$

又由热力学第一定律、第二定律联合公式，在无非膨胀功条件下：

$$\mathrm{d}U=T\mathrm{d}S-p\mathrm{d}V$$

将它和式(3-151)、式(3-152)、式(3-153)联系起来：

$$\mathrm{d}H=\mathrm{d}(U+pV)=T\mathrm{d}S+V\mathrm{d}p$$

$$\mathrm{d}A=\mathrm{d}(U-TS)=-S\mathrm{d}T-p\mathrm{d}V$$

$$\mathrm{d}G=\mathrm{d}(U-TS+pV)=-S\mathrm{d}T+V\mathrm{d}p$$

即可得以下四个一组被称为恒组成均相封闭体系的热力学基本方程。

$$\mathrm{d}U=T\mathrm{d}S-p\mathrm{d}V \tag{3-154}$$

$$\mathrm{d}H=T\mathrm{d}S+V\mathrm{d}p \tag{3-155}$$

$$\mathrm{d}A=-S\mathrm{d}T-p\mathrm{d}V \tag{3-156}$$

$$\mathrm{d}G=-S\mathrm{d}T+V\mathrm{d}p \tag{3-157}$$

这四个基本方程均不受可逆过程的限制，因为 U、H、A、G 等随着相应两个独立的状态函数变化而变化，因而与变化的具体途径(可逆或不可逆)无关，自然亦可用于不可逆过程。公式虽然是四个，但式(3-155)、式(3-156)、式(3-157)实际上是基本公式(3-154)在不同条件下的表示形式。根据全微分定义可有如下关系：

$$U=f(S,V)\quad \mathrm{d}U=\left(\frac{\partial U}{\partial S}\right)_V\mathrm{d}S+\left(\frac{\partial U}{\partial V}\right)_S\mathrm{d}V \tag{3-158}$$

$$H=f(S,p)\quad \mathrm{d}H=\left(\frac{\partial H}{\partial S}\right)_p\mathrm{d}S+\left(\frac{\partial H}{\partial p}\right)_S\mathrm{d}p \tag{3-159}$$

$$A = f(T,V) \quad \mathrm{d}A = \left(\frac{\partial A}{\partial T}\right)_V \mathrm{d}T + \left(\frac{\partial A}{\partial V}\right)_T \mathrm{d}V \tag{3-160}$$

$$G = f(T,p) \quad \mathrm{d}G = \left(\frac{\partial G}{\partial T}\right)_p \mathrm{d}T + \left(\frac{\partial G}{\partial p}\right)_T \mathrm{d}p \tag{3-161}$$

式(3-154)与式(3-158)对比、式(3-155)与式(3-159)对比、式(3-156)与式(3-160)对比、式(3-157)与式(3-161)对比,可得如下关系(或称"对应系数式"):

$$\left(\frac{\partial U}{\partial S}\right)_V = \left(\frac{\partial H}{\partial S}\right)_p = T \tag{3-162}$$

$$\left(\frac{\partial U}{\partial V}\right)_S = \left(\frac{\partial A}{\partial V}\right)_T = -p \tag{3-163}$$

$$\left(\frac{\partial G}{\partial T}\right)_p = \left(\frac{\partial A}{\partial T}\right)_V = -S \tag{3-164}$$

和

$$\left(\frac{\partial H}{\partial p}\right)_S = \left(\frac{\partial G}{\partial p}\right)_T = V \tag{3-165}$$

如分别将尤拉(Euler)规则

$$\left(\frac{\partial M}{\partial y}\right)_x = \left(\frac{\partial N}{\partial x}\right)_y$$

应用于热力学基本方程式(3-154)、(3-155)、(3-156)、(3-157)可得

$$\left(\frac{\partial T}{\partial V}\right)_S = -\left(\frac{\partial p}{\partial S}\right)_V \text{ 或 } \left(\frac{\partial S}{\partial p}\right)_V = -\left(\frac{\partial V}{\partial T}\right)_S \tag{3-166}$$

$$\left(\frac{\partial T}{\partial p}\right)_S = \left(\frac{\partial V}{\partial S}\right)_p \text{ 或 } \left(\frac{\partial S}{\partial V}\right)_p = \left(\frac{\partial p}{\partial T}\right)_S \tag{3-167}$$

$$\left(\frac{\partial S}{\partial V}\right)_T = \left(\frac{\partial p}{\partial T}\right)_V \tag{3-168}$$

$$\left(\frac{\partial S}{\partial p}\right)_T = -\left(\frac{\partial V}{\partial T}\right)_p \tag{3-169}$$

式(3-166)～式(3-169)四式常称为"**麦克斯威关系式**(Maxwell relations)"。从这四个式子连同式(3-151)～式(3-157)共11个基本公式出发可以导出许多重要关系。

例如,在"热力学第一定律"一章中已经应用了

$$\left(\frac{\partial U}{\partial V}\right)_T = T\left(\frac{\partial p}{\partial T}\right)_p - p$$

这一重要关系。内压力$\left(\frac{\partial U}{\partial V}\right)_T$难以直接从实验测定,但如表示为以上形式,则当气体状态方程已知时,就可以估算其数值。现对该式证明如下:

由式(3-154)

$$\mathrm{d}U = T\mathrm{d}S - p\mathrm{d}V$$

$$\left(\frac{\partial U}{\partial V}\right)_T = T\left(\frac{\partial S}{\partial V}\right)_T - p \tag{3-170}$$

又由式(3-168)

$$\left(\frac{\partial S}{\partial V}\right)_T = \left(\frac{\partial p}{\partial T}\right)_V$$

以之代入式(3-170)即得

$$\left(\frac{\partial U}{\partial V}\right)_T = T\left(\frac{\partial p}{\partial T}\right)_V - p \tag{3-171}$$

式中$\left(\frac{\partial p}{\partial T}\right)_V$易于自实验中测定。对于理想气体

$$pV = nRT$$

$$\left(\frac{\partial p}{\partial T}\right)_V = \frac{nR}{V}$$

所以

$$\left(\frac{\partial U}{\partial V}\right)_T = T\left(\frac{\partial p}{\partial T}\right)_V - p$$

$$= T\left(\frac{nR}{V}\right) - p = p - p = 0$$

对于范德华气体

$$\left(p + \frac{an^2}{V^2}\right)(V - nb) = nRT$$

或

$$p = \frac{nRT}{V - nb} - \frac{an^2}{V^2}$$

$$\left(\frac{\partial p}{\partial T}\right)_V = \frac{nR}{V - nb}$$

所以

$$\left(\frac{\partial U}{\partial V}\right)_T = T\left(\frac{\partial p}{\partial T}\right)_V - p$$

$$= \frac{nRT}{V - nb} - p$$

$$= \frac{an^2}{V^2}$$

或

$$\left(\frac{\partial U}{\partial V_m}\right)_T = \frac{a}{V_m^2} \tag{3-172}$$

其中V_m为摩尔体积。当气体的范德华常量a和摩尔体积为已知，则可以估算出$\left(\frac{\partial U}{\partial V_m}\right)_T$的数值来。

对于凝聚相物质如纯固体或纯液体，其状态方程式难以确定，但热膨胀系数$\alpha = \frac{1}{V}\left(\frac{\partial V}{\partial T}\right)_p$和压缩系数$\kappa = -\frac{1}{V}\left(\frac{\partial V}{\partial p}\right)_T$则易自实验中测定。根据全微分公式

$$\left(\frac{\partial p}{\partial T}\right)_V \left(\frac{\partial T}{\partial V}\right)_p \left(\frac{\partial V}{\partial p}\right)_T = -1$$

$$\left(\frac{\partial p}{\partial T}\right)_V = -\frac{\left(\frac{\partial V}{\partial T}\right)_p}{\left(\frac{\partial V}{\partial p}\right)_T} = \frac{\frac{1}{V}\left(\frac{\partial V}{\partial T}\right)_p}{-\frac{1}{V}\left(\frac{\partial V}{\partial p}\right)_T} = \frac{\alpha}{\kappa}$$

所以

$$\left(\frac{\partial U}{\partial V}\right)_T = T\left(\frac{\partial p}{\partial T}\right)_V - p = T\left(\frac{\alpha}{\kappa}\right) - p \tag{3-173}$$

式(3-173)右边 T、α、κ、p 均为可直接测量的物理量，由其数值可估算$\left(\frac{\partial U}{\partial V}\right)_T$。

3.10 亥姆霍兹函数 A 和吉布斯函数 G 的有关性质

3.10.1 亥姆霍兹函数 A 的性质及 ΔA 求算

对于无非膨胀功的封闭体系，常把亥氏函数表为温度和体积的函数：

$$A = f(T,V)$$

$$\mathrm{d}A = \left(\frac{\partial A}{\partial T}\right)_V \mathrm{d}T + \left(\frac{\partial A}{\partial V}\right)_T \mathrm{d}V \tag{3-160}$$

由热力学第一、第二定律联合公式可得

$$\mathrm{d}A = -S\mathrm{d}T - p\mathrm{d}V \tag{3-156}$$

A 随温度变化关系

在等容条件下

$$\mathrm{d}A = -S\mathrm{d}T$$

$$\Delta A = \int_1^2 \mathrm{d}A = -\int_{T_1}^{T_2} S\mathrm{d}T \tag{3-174}$$

由式(3-174)，只要等容下熵随温度变化关系即 $S = f(T)$ 为已知，代入后可求出状态变化时亥氏函数的增量。

另一种表示 A 随 T 变化关系的方法是在等容条件下以量 $\frac{A}{T}$ 对 T 微分，并利用式(3-164)，可得

$$\left[\frac{\partial\left(\frac{A}{T}\right)}{\partial T}\right]_V = \frac{T\left(\frac{\partial A}{\partial T}\right)_V - A}{T^2} = \frac{-(TS + A)}{T^2} = -\frac{U}{T^2} \tag{3-175}$$

同理亦可得

$$\left[\frac{\partial\left(\frac{\Delta A}{T}\right)}{\partial T}\right]_V = -\frac{\Delta U}{T^2} \tag{3-176}$$

上两式均称为吉布斯-亥姆霍兹方程式。

A 随体积变化关系

在等温条件下，

$$\mathrm{d}A = -p\mathrm{d}V$$

$$\Delta A = \int_{A_1}^{A_2} \mathrm{d}A = -\int_{V_1}^{V_2} p\mathrm{d}V \tag{3-177}$$

由式(3-177)，只要等温下压力随体积变化关系即 $p = f(V)$ 为已知，代入后可求出状态变化时的亥氏函数的增量。

例如，理想气体 $p = \left(\frac{nRT}{V}\right)$，以之代入式(3-177) 可得

$$\Delta A = -\int_{V_1}^{V_2} \frac{nRT}{V} \mathrm{d}V = nRT \ln \frac{V_1}{V_2} \tag{3-178}$$

3.10.2　吉布斯函数 G 的性质及 ΔG 求算

对于无非膨胀功的封闭体系，常把吉氏函数 G 表为温度和压力的函数：

$$G = f(T, p)$$

$$\mathrm{d}G = \left(\frac{\partial G}{\partial T}\right)_p \mathrm{d}T + \left(\frac{\partial G}{\partial p}\right)_T \mathrm{d}p \tag{3-161}$$

由热力学第一、第二定律联合公式可得

$$\mathrm{d}G = -S\mathrm{d}T + V\mathrm{d}p \tag{3-157}$$

吉布斯函数 G 在等压下的温度系数取决于体系的熵值，熵永为正值，故 G 随温度的升高而变小，变小幅度与熵值大小有关，通常情况下同一纯物质的混乱度是气态大于液态又大于固态，可以预计同一物质其 G 随温度变化是气态大于液态而液态又大于固态。至于 G 在等温下的压力系数则取决于体系的体积，体积恒为正值，故压力增加，G 随之增大，通常情况下气态物质的摩尔体积远较固态和液态大，G 受压力的影响也较为显著。

G 随温度变化关系

在等压条件下，

$$\mathrm{d}G = -S\mathrm{d}T$$

$$\Delta G = \int_{G_1}^{G_2} \mathrm{d}G = -\int_{T_1}^{T_2} S\mathrm{d}T \tag{3-179}$$

原则上只要等压下熵随温度的变化关系曲线即 $S = f(T)$ 为已知，可自上式计算出状态变化时吉布斯函数变。

和 A 的情况类似，另一种表示 G 随 T 变化关系的方法是在等压条件下以量 $\frac{G}{T}$ 对 T 微分，可得

$$\left[\frac{\partial\left(\frac{G}{T}\right)}{\partial T}\right]_p = \frac{T\left(\frac{\partial G}{\partial T}\right)_p - G}{T^2} \tag{3-180}$$

而

$$\left(\frac{\partial G}{\partial T}\right)_p = -S$$

所以

$$\left[\frac{\partial\left(\frac{G}{T}\right)}{\partial T}\right]_p = \frac{-(TS + G)}{T^2} = -\frac{H}{T^2} \tag{3-181}$$

上式亦称为吉布斯-亥姆霍兹方程式，对于化学反应

$$a\mathrm{A} + d\mathrm{D} = g\mathrm{G} + h\mathrm{H}$$
$$(G_1) \qquad\qquad (G_2)$$

如分别以 G_1 和 G_2 表示反应物和产物的吉布斯函数，则反应的吉布斯函数变：

$$\Delta G = G_2 - G_1$$

由式(3-164) 可得

$$\left(\frac{\partial(\Delta G)}{\partial T}\right)_p = -\Delta S \tag{3-182}$$

若将上式积分则有

$$\Delta G_2 - \Delta G_1 = -\int_{T_1}^{T_2} \Delta S \mathrm{d}T \tag{3-183}$$

又由(3-181) 式可得

$$\left[\frac{\partial\left(\frac{\Delta G}{T}\right)}{\partial T}\right]_p = -\frac{\Delta H}{T^2} \tag{3-184}$$

其中式(3-182) 指出,反应吉布斯函数变的温度系数取决于反应的熵变。熵变为正值的反应其吉布斯函数变随温度的升高而变小,为负值者则相反。式(3-184) 为吉布斯—亥姆霍兹方程式的另一种表示形式,它具有重要的实际意义,因为反应的焓变数据比熵变数据更易于获得。若涉及温度范围不宽或作初步估算,可将 ΔH 近似地当为常数看待,则由式(3-184) 积分可得

$$\int_1^2 \mathrm{d}\left(\frac{\Delta G}{T}\right) = -\int_{T_1}^{T_2} \frac{\Delta H}{T^2}\mathrm{d}T$$

$$\frac{\Delta G_2}{T_2} - \frac{\Delta G_1}{T_1} = \Delta H\left[\frac{1}{T}\right]_{T_1}^{T_2} = \Delta H\left(\frac{1}{T_2} - \frac{1}{T_1}\right)$$

或

$$\frac{\Delta G_2}{T_2} - \frac{\Delta G_1}{T_1} = \Delta H\left(\frac{1}{T_2} - \frac{1}{T_1}\right) \tag{3-185}$$

可以看出,只要反应焓变数据为已知,则可自某一温度下 ΔG_1 数据由上式计算出另一温度下的 ΔG_2。

若涉及温度范围较宽则应将 ΔH 表为温度的函数,才能根据式(3-184) 积分。第二章中已提及,常把 ΔH 随温度变化关系表示为级数形式

$$\Delta H = \Delta_r H_m(T) = \Delta H_0 + AT + BT^2 + DT^3 + \cdots \tag{2-132}$$

式中常数 ΔH_0、A、$B\cdots$ 的求法在 2.8 节中已介绍过,不再重复。代入式(3-184) 并积分之

$$\int_1^2 \mathrm{d}\left(\frac{\Delta G}{T}\right) = -\int_{T_1}^{T_2} \frac{\Delta H}{T^2}\mathrm{d}T = -\int_{T_1}^{T_2} \frac{(\Delta H_0 + AT + BT^2 + DT^3 + \cdots)\mathrm{d}T}{T^2}$$

$$\frac{\Delta G_2}{T_2} - \frac{\Delta G_1}{T_1} = -\left[-\frac{\Delta H_0}{T} + A\ln T + BT + \frac{1}{2}DT^2 + \cdots\right]_{T_1}^{T_2}$$

$$= \Delta H_0\left(\frac{1}{T_2} - \frac{1}{T_1}\right) + A\ln\frac{T_1}{T_2} + B(T_1 - T_2) + \frac{1}{2}D(T_1^2 - T_2^2) + \cdots$$

或

$$\frac{\Delta G_2}{T_2} - \frac{\Delta G_1}{T_1} = \Delta H_0\left(\frac{1}{T_2} - \frac{1}{T_1}\right) + A\ln\frac{T_1}{T_2} + B(T_1 - T_2) + \frac{1}{2}D(T_1^2 - T_2^2) + \cdots \tag{3-186}$$

根据上式,可作较精确的计算。

G 随压力变化关系

在恒温条件下

$$\mathrm{d}G = V\mathrm{d}p$$

$$\Delta G = \int_{G_1}^{G_2} \mathrm{d}G = \int_{p_1}^{p_2} V \mathrm{d}p \tag{3-187}$$

在体积随压力变化关系即 $V = f(p)$ 为已知情况下，由上式积分，即可求出状态变化时的吉布斯函数变化。一般气体的可压缩性较大，体积随压力变化较为显著，而凝聚相物质如固体或液体，其可压缩性较小，受压力影响较小，在常压下可以忽略，而在高压体系中则应考虑。

若为理想气体，$pV_{\mathrm{m}} = RT$

$$\Delta G_{\mathrm{m}} = G_{\mathrm{m},2} - G_{\mathrm{m},1} = \int_{p_1}^{p_2} \frac{RT}{p} \mathrm{d}p = RT \ln \frac{p_2}{p_1}$$

$$\Delta G_{\mathrm{m}} = RT \ln \frac{p_2}{p_1} \tag{3-188a}$$

其中 G_{m} 为摩尔吉布斯函数，若体系中含有物质的量 n，则

$$\Delta G = n\Delta G_{\mathrm{m}} = nRT \ln \frac{p_2}{p_1} \tag{3-188b}$$

规定压力 100 kPa 时为标准压力 $p^{\ominus}$，而在 $p^{\ominus}$ 下的吉布斯函数称为标准吉布斯函数，以 $G_{\mathrm{m}}^{\ominus}$ 表示。则由式(3-188)

$$G_{\mathrm{m}} - G_{\mathrm{m}}^{\ominus} = RT \ln \frac{p}{p^{\ominus}}$$

或

$$G_{\mathrm{m}} = G_{\mathrm{m}}^{\ominus} + RT \ln \frac{p}{p^{\ominus}} \tag{3-189}$$

对于实际气体，原则上仍可应用式(3-187) 求其关系，但如何以更方便的方式修正其与理想气体[式(3-189)] 的偏离，则留待下一章中解决。

对于凝聚相物质，若近似地认为体积不随压力变化，则

$$\Delta G_{\mathrm{m}} = G_{\mathrm{m}} - G_{\mathrm{m}}^{\ominus} \approx V_{\mathrm{m}} \Delta p = V_{\mathrm{m}}(p - p^{\ominus})$$

或

$$G_{\mathrm{m}} = G_{\mathrm{m}}^{\ominus} + V_{\mathrm{m}}(p - p^{\ominus}) \tag{3-190a}$$

其中 V_{m} 为摩尔体积。一般凝聚相物质的摩尔体积不大，而当压力靠近常压($p^{\ominus}$ 压力时)，乘积 $V_{\mathrm{m}}(p - p^{\ominus})$ 可以忽略，故对于凝聚相物质在常压下可以近似地认为：

$$G_{\mathrm{m}} \approx G_{\mathrm{m}}^{\ominus} \tag{3-190b}$$

即 G_{m} 仅为温度的函数。

3.11　均相系热力学量之间的关系

3.11.1　特性函数

热力学函数独立变量的选择有任意性，但对于 U、H、A 和 G 这些函数若适当地选择其独立变量时，就可以用任一个状态函数来描述(或推得) 体系所有其他的状态函数(包括 U、H、A、G、S、T、p、V)。如此选定独立变量的热力学函数，因具有以上的特性，故称之为**特性函数**(characteristic function)。特性函数都具有符合作为化学势的条件。

上面讨论过的基本热力学关系中的函数关系正好符合这种要求，可称之为特性函数关系。

$U=U(S,V)$ 即 U 选 S 和 V 作为变量时；

$H=H(S,p)$ 即 H 选 S 和 p 作为变量时；

$A=A(T,V)$ 即 A 选 T 和 V 作为变量时；

$G=G(T,p)$ 即 G 选 T 和 p 作为变量时，

则 U、H、A 和 G 就叫特性函数。举例证明如下：

例如对一简单体系，若选 T,p 作为独立变量，则 G 为特性函数。那么体系的一切平衡性质均可由该函数及其偏导数表示出来。

$$G=G(T,p)$$

$$\mathrm{d}G=\left(\frac{\partial G}{\partial T}\right)_p\mathrm{d}T+\left(\frac{\partial G}{\partial p}\right)_T\mathrm{d}p=-S\mathrm{d}T+V\mathrm{d}p$$

$$S=-\left(\frac{\partial G}{\partial T}\right)_p$$

$$V=\left(\frac{\partial G}{\partial p}\right)_T$$

$$H=G+TS=G-T\left(\frac{\partial G}{\partial T}\right)_p$$

$$A=G-pV=G-p\left(\frac{\partial G}{\partial p}\right)_T$$

$$U=G+TS-pV=G-T\left(\frac{\partial G}{\partial T}\right)_p-p\left(\frac{\partial G}{\partial p}\right)_T$$

$$\begin{cases}C_p=\left(\dfrac{\partial H}{\partial T}\right)_p=-T\left(\dfrac{\partial^2 G}{\partial T^2}\right)_p\\[2ex]\kappa=-\dfrac{1}{V}\left(\dfrac{\partial V}{\partial p}\right)_T=-\dfrac{\left(\dfrac{\partial^2 G}{\partial p^2}\right)_T}{\left(\dfrac{\partial G}{\partial p}\right)_T}\end{cases}$$

对于特性函数的这种性质，是由于这些函数关系的确立均由第一、第二定律和根据这些热力学函数的原始定义而推演得到的，而不是任意选定的。所以这些表示的关系有共通性是很自然的事情。

还值得指出的是，前面所列 U、H、A、G 并非是特性函数的全部，但由它们可以看出，只要独立变量(即状态变量）选择适当，包括 T、p、V、S，甚至$\frac{A}{T}$、$\frac{G}{T}$ 等热力学量均可作为特性函数。各个特性函数在原则上是彼此等价的，但实用上作用各异。因为 T、p、V 是可测量的，故以(T,p)或(T,V)为独立变量的特性函数最为有用，在统计力学中常用 A，而在化学热力学中则常用 G。而$\frac{A}{T}$、$\frac{G}{T}$ 分别与 A、G 的作用相同，Massian 与 Planck 曾广泛地应用过下列的特性函数，

$$\psi=-\frac{A}{T}=S-\frac{U}{T}$$

所以有时将 ψ 称为 planck 特性函数。由此可知，当独立变量选定后，特性函数并不是唯一的，

以(T,V)为状态变量的特性函数可以是A，也可以是ψ。

我们熟知U、H、S、A、G的绝对值无法确定，由此也就不能完全得到特性函数的具体形式。不过，只要知道特性函数与状态变量的某种关系，利用它就可推知其他热力学量与该状态变量的关系，这正是我们引入特性函数概念的目的。另外，还需交待的是究竟选用什么独立变量（状态变量）时，才存在相应的特性函数呢？我们知道，对于封闭体系，TdS、pdV是可逆过程中体系吸热与做的功，在热力学基本方程中，变量对(T,S)或(p,V)总是在同一项中相伴出现的，通常将(T,S)称为共轭的热学变量，(p,V)称为共轭的力学变量。对于封闭体系，特性函数所需求的状态变量必须同时包括热学变量与力学变量中的一个或它们的组合量，换言之，缺一种类型的变量都不可能得出对应的特性函数，例如，不存在单独以(p,V)或以(T,S)作为状态变量的特性函数。

3.11.2　均相系热力学量之间的关系

均相、组成不变的只能传热与做体积功的封闭体系，即双变量体系。这种体系的性质非常之多，例如有T、p、V、U、H、S、A、G以及由它们衍生出的许多其他热力学量等。就是对前八个量而言，它们之中只有两个是独立变量。其他都是这两个变量的函数。因此，它们与独立变量之间以及它们彼此之间必存在着确定的关系。因为U、H、A、G的绝对值无法确定（只能确定它们的差值），因而我们只能找出它们之间的微商关系。

U、H对T、p、V的偏微商

$$\left(\frac{\partial U}{\partial V}\right)_T = T\left(\frac{\partial p}{\partial T}\right)_V - p$$

$$\left(\frac{\partial U}{\partial p}\right)_T = -T\left(\frac{\partial V}{\partial T}\right)_p - p\left(\frac{\partial V}{\partial p}\right)_T$$

$$\left(\frac{\partial H}{\partial V}\right)_T = T\left(\frac{\partial p}{\partial T}\right)_V + V\left(\frac{\partial p}{\partial V}\right)_T \qquad \text{（集合 3-1）}$$

$$\left(\frac{\partial H}{\partial p}\right)_T = V - T\left(\frac{\partial V}{\partial T}\right)_p$$

集合式(3-1)关系式可称为热力学状态方程，因其特点是等式右边不含热容，只有T，p，V的关系。因而只需物质状态方程，即可求出等式左边的量。

现在对集合式(3-1)加以证明。需先指出，证明这种微商的方法很多，我们将结合具体实例介绍一些通用的证明方法，这里只证集合式3-1中的第二式，其他的证明留给读者作为练习。

证法一：从热力学基本方法出发证明。

$$dU = TdS - pdV = T\left[\left(\frac{\partial S}{\partial T}\right)_p dT + \left(\frac{\partial S}{\partial p}\right)_T dp\right] - p\left[\left(\frac{\partial V}{\partial T}\right)_p dT + \left(\frac{\partial V}{\partial p}\right)_T dp\right]$$

$$= \left[T\left(\frac{\partial S}{\partial T}\right)_p - p\left(\frac{\partial V}{\partial T}\right)_p\right]dT + \left[T\left(\frac{\partial S}{\partial p}\right)_T - p\left(\frac{\partial V}{\partial p}\right)_T\right]dp$$

故

$$\left(\frac{\partial U}{\partial p}\right)_T = T\left(\frac{\partial S}{\partial p}\right)_T - p\left(\frac{\partial V}{\partial p}\right)_T = -T\left(\frac{\partial V}{\partial T}\right)_p - p\left(\frac{\partial V}{\partial p}\right)_T$$

证法二:从链关系出发证明。

$$\left(\frac{\partial U}{\partial p}\right)_T = \left(\frac{\partial U}{\partial V}\right)_T\left(\frac{\partial V}{\partial p}\right)_T = \left[T\left(\frac{\partial p}{\partial T}\right)_V - p\right]\left(\frac{\partial V}{\partial p}\right)_T$$

$$= T\left(\frac{\partial p}{\partial T}\right)_V\left(\frac{\partial V}{\partial p}\right)_T - p\left(\frac{\partial V}{\partial p}\right)_T = -T\left(\frac{\partial V}{\partial T}\right)_p - p\left(\frac{\partial V}{\partial p}\right)_T$$

证明中应用了循环关系

$$\left(\frac{\partial p}{\partial T}\right)_V\left(\frac{\partial T}{\partial V}\right)_p\left(\frac{\partial V}{\partial p}\right)_T = -1$$

现在讨论集合式(3-1)对理想气体的应用。只要将理想气体的状态方程代入集合式3-1中的各式,很容易得出各式皆为零,这就证明了理想气体的热力学能及焓都只是温度的函数,而与p或V无关,这就是Joule的实验结论。因此,热力学第二定律为Joule实验提供了理论依据,而Joule实验就是$pV = nRT$的必然结论。

显然,对于实际气体、液体及固体等都可按物态方程求出它们的数值。

恒熵下 T、p、V 之间的偏微商

$$\left(\frac{\partial T}{\partial p}\right)_S = \frac{T\left(\frac{\partial V}{\partial T}\right)_p}{C_p}$$

$$\left(\frac{\partial p}{\partial V}\right)_S = \gamma\left(\frac{\partial p}{\partial V}\right)_T \qquad \text{(集合 3-2)}$$

$$\left(\frac{\partial V}{\partial T}\right)_S = -\frac{C_V}{T\left(\frac{\partial p}{\partial T}\right)_V} = -\frac{1}{\gamma-1}\left(\frac{\partial V}{\partial T}\right)_p$$

集合式(3-2)中只要证明任意两式,第三式可从链关系

$$\left(\frac{\partial T}{\partial p}\right)_S\left(\frac{\partial p}{\partial V}\right)_S\left(\frac{\partial V}{\partial T}\right)_S = 1$$

直接得出。我们只证第一式,其他读者自证。

证法一:从热力学基本方程出发证明。

由

$$dH = TdS + Vdp$$

可得

$$dS = \frac{1}{T}dH - \frac{V}{T}dp$$

$$= \frac{1}{T}\left[\left(\frac{\partial H}{\partial T}\right)_p dT + \left(\frac{\partial H}{\partial p}\right)_T dp\right] - \frac{V}{T}dp$$

$$= \frac{C_p}{T}dT + \frac{1}{T}\left[\left(\frac{\partial H}{\partial p}\right)_T - V\right]dp$$

$$= \frac{C_p}{T}dT + \frac{1}{T}\left[-T\left(\frac{\partial V}{\partial T}\right)_p\right]dp$$

$$= \frac{C_p}{T}dT - \left(\frac{\partial V}{\partial T}\right)_p dp$$

上述推引中应用了集合式(3-1) 中的第四式。将上式改写成下列形式

$$dT=\frac{T}{C_p}dS+\frac{T}{C_p}\left(\frac{\partial V}{\partial T}\right)_p dp$$

由此即得

$$\left(\frac{\partial T}{\partial p}\right)_S=\frac{T\left(\frac{\partial V}{\partial T}\right)_p}{C_p}$$

证法二:从 Maxwell 关系出发证明。

$$\left(\frac{\partial T}{\partial p}\right)_S=\left(\frac{\partial V}{\partial S}\right)_p=\frac{\left(\frac{\partial V}{\partial T}\right)_p}{\left(\frac{\partial S}{\partial T}\right)_p}=\frac{T\left(\frac{\partial V}{\partial T}\right)_p}{T\left(\frac{\partial S}{\partial T}\right)_p}=\frac{T\left(\frac{\partial V}{\partial T}\right)_p}{C_p}$$

证法三:根据循环关系证明。

因为

$$\left(\frac{\partial T}{\partial p}\right)_S\left(\frac{\partial p}{\partial S}\right)_T\left(\frac{\partial S}{\partial T}\right)_p=-1$$

故

$$\left(\frac{\partial T}{\partial p}\right)_S=\frac{-\left(\frac{\partial S}{\partial p}\right)_T}{\left(\frac{\partial S}{\partial T}\right)_p}=\frac{\left(\frac{\partial V}{\partial T}\right)_p}{\left(\frac{\partial S}{\partial T}\right)_p}=\frac{T\left(\frac{\partial V}{\partial T}\right)_p}{C_p}$$

现在讨论集合式(3-2) 中三个关系式的意义。

第一式表明,绝大多数物质在绝热可逆加压过程中,温度是升高的。这是因为封闭体系绝热可逆过程就是恒熵过程,而且 C_p 总是正的。对大多数物质总有$\left(\frac{\partial V}{\partial T}\right)_p>0$,但是水为例外。

水在 273 ~ 277 K之间的$\left(\frac{\partial V}{\partial T}\right)_p<0$,这时绝热可逆加压,温度反而降低(冷却效应)。其次,水在 277 K 的$\left(\frac{\partial V}{\partial T}\right)_p=0$,此时$\left(\frac{\partial T}{\partial p}\right)_S=0$。这些是水与其他物质不同的特殊行为。

对气体,

$$\left(\frac{\partial T}{\partial p}\right)_S=\frac{V}{C_p}-\frac{1}{C_p}\left(\frac{\partial H}{\partial p}\right)_T,\left(\frac{\partial T}{\partial p}\right)_S-\left(\frac{\partial T}{\partial p}\right)_H=\frac{V}{C_p}>0$$

上述结论表明,气体的绝热膨胀制冷效果比节流膨胀的制冷效果好。若为理想气体,

$$\left(\frac{\partial T}{\partial p}\right)_S=\frac{nR}{C_p}\cdot\frac{T}{p}=\left(1-\frac{1}{\gamma}\right)\frac{T}{p}$$

从上述结果可见,在压力相同时,理想气体在高温的绝热膨胀制冷效果比低温的制冷效果好。这就从理论上证明了在制冷工业中,为什么要将绝热膨胀置于前而将节流膨胀置于后。

第二式表明,任何物质在绝热可逆膨胀过程中压力总是减小的。这是因为对所有物质,

平衡稳定性都要求 $\gamma > 1$ 与 $\left(\frac{\partial p}{\partial V}\right)_T < 0$。

第三式表明，绝大多数物质在绝热可逆压缩过程中，温度是升高的。这与第一式的结论一致（包括对水的特殊行为），因为第二式的结论是绝热可逆加压过程中体积总是减小的。

S 对 T、p、V 的偏微商

$$\left(\frac{\partial S}{\partial V}\right)_T = \left(\frac{\partial p}{\partial T}\right)_V$$

$$\left(\frac{\partial S}{\partial p}\right)_T = -\left(\frac{\partial V}{\partial T}\right)_p$$

$$\left(\frac{\partial S}{\partial T}\right)_V = \frac{C_V}{T}$$

$$\left(\frac{\partial S}{\partial p}\right)_V = -\left(\frac{\partial V}{\partial T}\right)_S = \frac{C_V}{T\left(\frac{\partial p}{\partial T}\right)_V}$$

$$\left(\frac{\partial S}{\partial V}\right)_p = \left(\frac{\partial p}{\partial T}\right)_S = \frac{C_p}{T\left(\frac{\partial V}{\partial T}\right)_p}$$

$$\left(\frac{\partial S}{\partial T}\right)_p = \frac{C_p}{T} \qquad \text{(集合 3-3)}$$

集合式(3-3)中第一、二、四、五式就是 Maxwell 关系式。关于其他的证明留给读者作为练习。

总括这些关系式可以得出这样的结论，所有热力学量的微商都能够用 T、S、p、V 及 C_p、C_V 等表示出来。

最后值得一提，仅从综述前面诸章看，已足见所触公式甚多，读者难免要问：究竟如何体系牢固记忆这些仿佛零乱之关系式？怎样掌握破解一些纷繁偏微商规律？这确是学习物理化学课程的方法技巧问题，也常是初学者棘手疑难之处。编者以为，首先要弄清基本热力学函数的物理意义及个体品性，然后熟记具有严格背景与逻辑出处、可称之主线的关系式。同时步步为营，扣紧所指定的热力学过程及满足条件的变量关系，再利用特征的数理运算准则，问题皆迎刃而解，这可谓其一“分析法”。此外，综观演绎出的热力学函数变量有机关联、逻辑严谨缜密，必定会合理配布而相伴共驻于能彰显对称性规律的几何图形中（如“井田式相关图”），只需通过设定简单的算符定则，即可展示衍生出各种类别的关系式及其对称式，继而图解偏微商，此乃其二“图示法”。两法思路各异，但殊途同归。有兴趣者不妨查阅附后的参考资料目录，无疑有助于提升学习效率与创新智慧。

*3.12 非平衡态热力学基本概念

在以上几章中，我们只对可逆过程平衡态热力学问题进行比较体系的讨论。然而当不可逆过程进行时体系处于非平衡态，不能用通常的热力学参量描写，最多只能建立一些不等式给予定性的判断。再说平衡态只是非平衡态的极限或理想化状态，而自然界实际大都是非平衡态。平衡理论虽不能全面反映自然世界，但它有助于非平衡态理论的建立与深化。实践证明，不可逆过程热力学已经在许多领域得到应用，尤其在生物体系中更有长足的进步。总之从发展史看，非平衡态热力学具有广阔的前景，但鉴于其研究问题已超出本课程范围，以下只能就其基本概念做简要介绍，有兴趣者可参阅有关方面论述专著。

3.12.1　熵与信息

麦克斯韦妖的启示

在1867年麦克斯韦写给泰特(Tait)的一封信中，他设想了一种方式，在外界没有给体系输入功的情况下，热物体能够从冷物体获得热。他设想用一个膜片把容器分成A和B两个部分，假设A中气体的温度比B中气体的温度高。然后，他又设想了一个能够见到单个分子的极小的生物，如图3-18所示。后来威廉·汤姆孙用"精灵"这个词来表示这个极小的生物，后人又把它称为"**麦克斯韦妖**(Maxwell's demon)"。这个精灵类似操作阀门一样能够打开和关闭在膜片上的小孔，可以任意地允许分子从A或B通过这个小孔，而且有选择地只让B中速度快的分子进入A，而A中的慢分子则进入B。其结果是A中的能量增加，B中的能量减少；热物体变的更热，冷物体变得更冷。这样，它将在不消耗功的情形下，只用一个观察力极其敏锐的，且能熟练拨开小孔的极为灵敏的精灵，就能将热量从冷物体送到热物体。

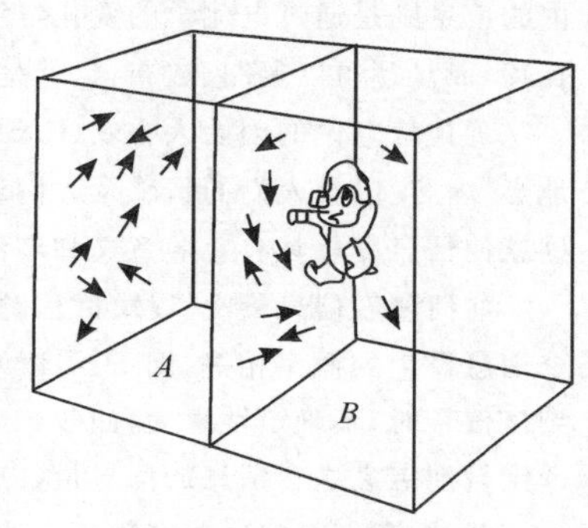

图3-18　麦克斯韦妖

从表面上看，上述现象似乎有悖于热力学第二定律。其实不然，因为麦克斯韦妖在操作过程中必须能够看得见运动的分子，并能够判断其运动速度，要看到分子，必须另用灯光照在分子上，光将被分子所散射，而被散射的光子为麦克斯韦妖的眼睛所吸收。这一过程涉及热量从高温热源转移到低温热源的不可逆过程，导致体系中熵的增加，正是这额外的熵增加补偿了热量从冷物体传递到热物体的熵减少。因此，整个操作过程总熵仍然是增加的。

那么，麦克斯韦提出这个机智的论据的用意是什么呢?他的用意是要表明热力学第二定律是描述大量分子体系性质的统计性规律，而不是描述单个分子的行为。上述单个分子从冷物体流向热物体的过程是在分子级别上自发出现的。在不断出现的单个分子的自发涨落中，通过分子的无规律运动，快分子从冷物体运动到热物体，这种随机的涨落并没有违反热力学第二定律，因为热力学第二定律描述的是明显的热流，而不是分子的随机涨落。

麦克斯韦妖不但以鲜明的图像澄清了热力学第二定律的一些疑团，更重要的是揭示了熵与信息(information)之间的联系，成为信息论这一门学科的先导。随后，法国物理学家布里渊(L. Brillouin)将信息论与统计物理联系起来考虑，更加全面地论述信息与熵的关系。

当麦克斯韦妖接收到有关分子运动的信息之后，再通过操作阀门使快、慢分子分离来减少体系的熵。布里渊认为，有关熵减过程，是由于信息对麦克斯韦妖的作用引起的，故信息应视为体系熵的负项，即信息是负的熵。正是由于这个负熵的作用，才使体系的熵减小，但若包括所有的过程，总熵依然是有所增加的。这充分说明，麦克斯韦妖只能并且必需是一个可以从外部引入负熵的开放体系，正因为如此，它并不违背热力学第二定律。

这里，信息与负熵相当，信息的失去为负熵的增加所补偿，因而使体系的熵减少。从麦克斯韦妖可知，若要不做功而使体系熵减少，就意味着必须获得信息，即吸取外界的负熵。

信息与信息量

人类社会里，应该说，信息与能量一样，有其重要的地位，是人类赖以生存发展的基本要素。信息要以相互联系为前提，没有联系也就无所谓信息。任何事物都可以作为信息源，事物的特征和状态是潜在的信息，信息的储存不过是延迟了的传输。这就是说信息是一种相对的概念，它自身不能单独存在，必须依附于一定的载体，而且也要和它的接收者以及它所要达到的目的相联系，这才能称其为信息。

一切信息都是事物的运动状态和方式及其表述。所以信息来源于物质，又不是物质本身，它从物质的运动中产生出来，又可以脱离信息源而相对独立存在。当然信息离不开物质载体，信息的产生、转换、传送、处理、储存、检测、识别等离不开物质，而且必然要消耗一定的能量，而能量的控制和利用又需要信息，所以信息、物质和能量三者密切相关，不可分割，而又有本质不同。正如维纳(Wiener) 所说："信息就是信息，不是物质也不是能量。" 既然世界是物质的，而物质又有自己的结构，结构又表征或包含着信息，所以信息是一切物质的普遍属性。

信息具有多种多样的载体，这是信息的重要特征。例如，人类通过语言、符号等来传递信息，而生物体内的信息则是通过电化学的变化，经过神经体系来传递，信息的另一个重要特征是，不但不会在使用中消耗掉，而且还可以复制、散布，也就是说它跟物质和能量不同，不会越用越少。

现代信息论的创始人香农(C. Shannon)，摆脱了具体语言和符号体系的限制，撇开了事件发生的时间、地点、内容、以及人们的情感及人们对事件的反应，而只顾事件发生的状态数目及每种状态发生的可能性，这就使信息度量具有普遍意义和广泛的实用性。

如何测度信息量呢?以离散信源为例，设信源 U 中包括 N 种信息，构成消息集合$\{a_i, i = 1, \cdots, N\}$。每个消息发生的概率相等，即 $P = 1/N$。显然，收到一个消息所获得的信息量只与 N 有关，因为 N 愈大，未收到该信号时，不确定性愈大，而收到后解除了这个不确定性，意味着获得的信号量愈大。从这个意义上说，欲定量地定义这个消息的信号量，应当选用某一 N 的增函数。

此外，我们希望这种定量规定的信息量有可加性。例如收到一个消息获得的信息量 $\varphi(N)$，再收到一个消息，获得信息量 $\varphi(M)$，收到这两个消息后获得的总信息量应为两者之和，即 $\varphi(N) + \varphi(M)$，而对应的概率应等于前面两个事件概率之和，要满足这一要求最好的方法就是用对数来定义，所以对于一个有 N 个等概率值的信号，规定其信号量为

$$I = \lg N \tag{3-191}$$

这就是信号量的基本定义。

当信号不是等概率出现时，这个定义就不适用了。若信号 a_i 发生的概率为 P_i，考虑到在等概率时 $P_i = 1/N$，即 $N = 1/P_i$，则与信号 a_i 相联系的信号量为

$$I(a_i) = \lg \frac{1}{P_{i-i}} \tag{3-192}$$

上式表明，信号 a_i 出现的概率愈小，则该信号一旦出现所获得的信息量就愈大。式中对数的底并没有确定，用不同的底可以得到不同的值。最常用的底是 2，这样算得的信息量单位是 bit(比特)，即二进制单位。例如，某信源符号只有两个可能值，而二者的概率相等，其概率 $P = 1/2$，这个信号的信息量 $\log_2 2 = 1$ bit，一般认为 1 bit 是最基本的信息，常称为"是否信息"。信息量定义为 $-\log_2 P$。

倘若用 e 作底，那么单位就是 nat(奈特)。单位之间的变换式为

$$1 \text{ bit} = \log_e 2 \text{ nat} = 0.693 \text{ nat}$$

上述的例子中，终态都是唯一的，很显然，可以将 I 的定义推广到终态还存在有多种状态的情况，这就需要分别知道始态的状态数目 N_0 和终态的状态数目 N，于是，

$$I = \log_2 \frac{N_0}{N} = \log_2 N_0 - \log_2 N \tag{3-193}$$

〔例 5〕 某 6 层楼房每层有 8 个房间，编号为 11，…，18；21，…，28；…；61，…，68。试问"办公室在 53 号房间"，"办公室在 5 层楼" 和"办公室在第 3 间" 的信息量各为多少？

〔解〕 因为该楼共有 48 个房间，始态数目 $N_0 = 48$。指定其中一间的状态数 $N = 1$，因此"办公室在 53

号房间”的信息量为

$$\log_2 \frac{N_0}{N} = \log_2 48 = 5.58 \text{ bit}$$

因为每层有 8 个房间，指定 6 层中某一层的状态数 $N = 8$，故“办公室在 5 层楼”的信息量为

$$\log_2 \frac{N_0}{N} = \log_2 \frac{48}{8} = \log_2 6 = 2.58 \text{ bit}$$

因为楼房有 6 层，故“办公室在第 3 间”的状态数 $N = 6$，其信息量为

$$\log_2 \left(\frac{N_0}{N}\right) = \log_2 \frac{48}{6} = \log_2^8 = 3 \text{ bit}$$

所以有

$$\log_2 48 = \log_2 6 + \log_2 8$$

上式表明前一消息的信息量是后两个消息的信息量之和，前一消息所示事件出现的概率等于后面两个事件出现的概率之和。

熵与信息

信号 a_i 是一个随机量，a_i 出现的信息量 $I(a_i)$ 是 a_i 的函数，必然也是一个随机量。$I(a_i)$ 常称为 a_i 的自信息，它具有随机变量的性质。自信息不能作为信源总体的信息量。若要问具有一定概率分布的信源 U 中每个信号的平均信息量有多大，则可对信息按概率作统计平均，即有

$$H(U) = E(I(a_i)) = \sum_{i=1} P_i \lg \frac{1}{P_i} = -\sum_{i=1} P_i \lg P_i \tag{3-194}$$

在信息论中 $H(U)$ 称为信源的信息熵或简称信息熵。当信号是等概率出现时，信源的信息熵为

$$H(U) = I = \lg N = \lg \frac{1}{P} \tag{3-195}$$

信息熵 $H(U)$ 表征信源的平均不确定程度。I 就是解除这不确定性的信息量，或者说获得这样大的信息量后，信源的不确定度就被解除。因此，我们确切无误地收到一个信源符号后，就全部解除了这个符号的不定度，获得了相应的信息量。信息量 H 与信息量 I 在数值上是相等的，含义上应有所区别。某一信源，无论它是否输出信号，只要这些信号具有某些概率特征，必有信源的 H 值。这 H 值是在总体平均上才有意义，因而是一个确定值，一般写成 $H(x)$，x 是指随机变量的整体(包括概率分布)。而另一方面，信息量则只有当信源输出符号而且接收者收到后才有意义。这就是给予接收者的信息度量。这值本身也可以是随机量。如式(3-192) 所示的自信息，也可能与接收着的情况有关，如考虑信息的有用性时就是如此。

信息熵与热力学熵有类似之处，热力学熵表示分子状态的无序程度，它被定义成为该宏观状态下对应的微观状态数的对数值，亦即

$$S = k\ln N$$

其中，k 是玻耳兹曼常量，N(或 W) 是给定体系的微观状态数，而每个微观状态出现的概率又相等，即 $P = 1/N$。可见同一物理体系的热力学熵和信息熵之比为一个常数，其比值为

$$\frac{S}{H} = \frac{k\ln N}{\log_2 N} = k\ln 2 \doteq 10^{-23}\,\text{J/(K} \cdot \text{bit)} \tag{3-196}$$

当这个体系从外界获得一定的信息量 I 时，就解除了这个信源的不确定度，使这个体系的可能事件数(或状态数) 减少，从而导致熵的减少。假定体系的状态数由 N 转到 M，按信息量的定义可求出使体系从具有 N 个等概率状态变为具有 M 个($M < N$) 等概率状态所必须获得的信息量为

$$I = H - H' = \log_2 \frac{N}{M} \tag{3-197}$$

相应的热力学熵的减少量，即体系所吸收的负熵 N_V 为

$$N_V = S - S' = k\ln \frac{N}{M} \tag{3-198}$$

有了式(3-197)和(3-198)，很容易得到信息量与热力学负熵之间的关系为

$$I = \frac{N_V}{k\ln 2} \tag{3-199}$$

这就是说，信息可以转换为负熵，反之亦然，这就是信息的负熵原理。控制论创始人维纳指出："信息量实质上是负熵。"一般体系论创始人贝塔朗非也持有相同的观点，他认为："信息量是一个用负熵形式完全相同的式子定义的。"1951 年，布里渊直接提出："信息起着负熵的作用"，"信息是由相应的负熵来规定"。这就是布里渊后来引入的信息的负熵原理，即信息与负熵可以互换，他甚至还推出了信息与热力学"熵"之间的换算关系。

给体系适当的负熵流会使体系变得更有序，更有组织，因而从体系的有序化和自组织(self-organization)的需要来说，最直接的方法是获得负熵流来降低熵值。

3.12.2 非平衡态热力学的耗散结构

两类有序结构

热力学定律指出，在一个孤立体系内部自然发生的过程总是使体系不可逆地趋于熵取极大值的平衡态 —— 一种分子混乱程度最大的状态，并认为不可逆过程总是起耗散能量和破坏有序结构的消极作用。这一结论实际上只是在孤立体系中且在偏离平衡不远的条件下总结出来的规律，而在一个开放的和远离平衡的条件下，体系是否仍然像孤立体系和近平衡的情况那样总是单向地趋于平衡态或与平衡态有类似行为的无序态呢?不可逆过程是否仍然总是起一种破坏有序和仅仅耗散能量的消极作用呢?这是有待我们进一步研究的问题。

生物体是处于开放的和远离平衡态的一个典型。生物体时时刻刻离不开它的生存环境，它们总是不断地从环境中吸取营养并不断地把废物排放到环境中去。生物的发展过程趋于更加有序更加有组织。生物体在其形态和功能两方面都是自然界中最复杂最有组织的物体。生物体在各级水平(分子、细胞、个体、群体……)上都可呈现有序现象。例如许多树叶、花朵及各种动物的皮毛等等常呈现出很漂亮的规则图案。生物有序不仅表现在空间特性上，还可表现在时间特性上，例如生物过程随时间周期变化的现象。

从热力学的观点看，自然界中有两类有序结构。一类是像晶体中出现的那种有序，他们是在分子水平上定义的有序(以分子间相互作用的距离为特征长度)。并且可以在孤立的环境中和在平衡的条件下维持，不需要和外界环境进行任何物质和能量的交换；另一类是可呈现出宏观范围的时空有序，这类有序只有在平衡条件下通过与外界环境的物质和能量的交换才能维持。生物体中的有序是第二类有序结构的典型，比利时物理学家普利高津(Prigogine)把这类有序结构称为**耗散结构**(dissipative structure)，因为它们的形成和维持需要能量的耗散。相应的像晶体中出现的那类有序结构叫作**平衡结构**，因为它们能在平衡的条件下形成和维持。

自组织现象

一个体系的内部由无序变为有序使其中大量分子按一定的规律运动的现象叫自组织现象。生命过程实际上就是生物体持续进行的自组织现象；还有，有时可见天空中的云形成整齐的鱼鳞状排列或带状间隔排列，即所谓的云街(见图 3-19)；由高空水汽凝结会形成非常有规则的六角形雪花，图 3-20 是雪花冰晶中能见到的一些骨架图案，真实的雪花冰晶当然更为丰富多彩；由火山岩浆形成的花岗岩中有时会发现非常有规则的环状结构(见图 3-21)，这些花纹并不是由外界条件周期变化(例如春夏秋冬的交替)造成的，而是由体系内部的物理化学过程自发形成的；在人们的日常生活中同样可以看到有序结构的自发形成，例如松花蛋中出现的漂亮的"松花"。

尤其值得注意的是，在实验室中可以找到许多自发形成有序结构的例子。在一定实验条件下，高度规则的空间花纹或时间振荡可以从原来静止的均匀实验介质中自发形成。下面我们介绍几个在实验中发现的自组织过程的典型例子。

图 3-19　云街

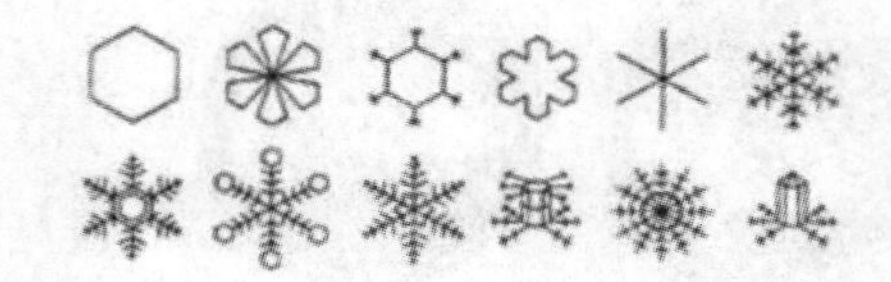

图 3-20　一些雪花骨架图案

(1) 贝纳德(Benard) 对流

1900 年贝纳德发现了对流有序现象，他在一个圆盘中倒入一些液体。当从下面加热这一薄层液体时，刚开始上下液面温差不太大，液体中只有热传导。但当上下液面温差 ΔT 超过某一临界值 ΔT_c 时，对流突然发生，并形成很有规律的对流花样。从上往下俯视，是许多像蜂房那样的正六角形格子(见图 3-22)。中心液体往上流，边缘液体往下流，或者相反。这是一种宏观有序的动态结构。

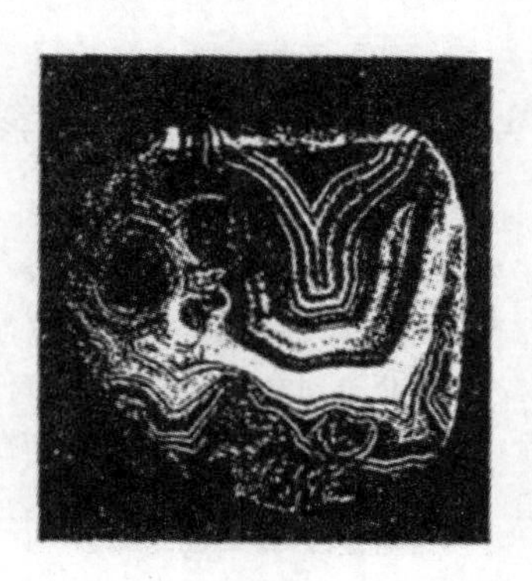

图 3-21　花岗岩中的环状结构

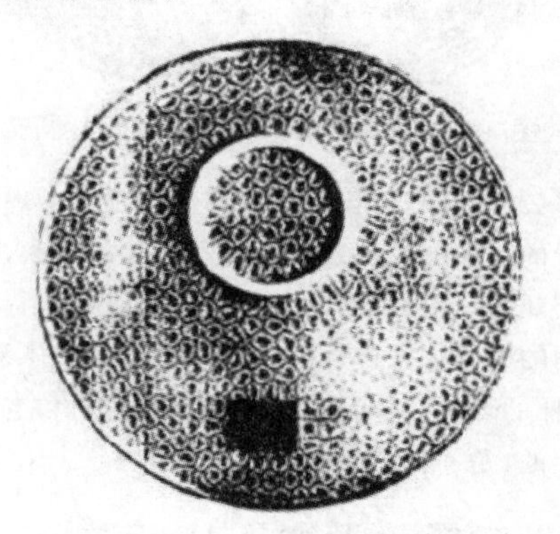

图 3-22　Benard 花纹

(2) 激光现象

20 世纪 60 年代出现的激光是时间有序的自组织现象。当外界向激光器输入的功率小于某个临界值时，每个处于激光状态的原子都独立地无规则地发射光子，频率和相都无序，整个光场体系处于无序状态，激光器就像普通灯泡一样。当输入功率大于临界值时，就产生了一种全新的现象，各原子不再独立地互不相关地发射光波了，它们集体一致地行动，不同原子发出的光的频率和相都变得十分有序，激光器发射出单色性、方向性和相干性极好的受激发射光，整个光场体系处于有序状态。与贝纳德对流花样相同，这里也出现失稳、临界点、自组织、有序化并形成有序动态稳定结构，结构靠外界输入能量维持。

(3)B-Z 反应

B-Z 反应是在化学实验中体现时空有序的自组织现象的一个突出例子，是苏联化学家别洛索夫(Belousov) 和扎包廷斯基(Zhabotinski) 发现的。1958 年，别洛索夫在金属铈离子作催化剂的情况下进行了柠檬酸的溴酸氧化反应。他发现在一定条件下某些组分(例如溴离子、铈离子) 的浓度会随时间作周期变化，造成反应介质的颜色在黄色与无色之间反复变化。其后扎包廷斯基等人继续并改进了别洛索夫的实验，发现另外一些有机酸(例如丙二酸) 的溴酸氧化反应也能呈现出这种组分浓度和反应介质的颜色随时间周期变化的现象。利用适当的催化剂和指示剂，可以使介质的颜色时而变红，时而变蓝，像钟摆一样发生规则的时间振荡，因此这类现象一般称为化学振荡或化学钟。后来扎包廷斯基又发现在某些条件下容器中不同部位各种成分浓度不均匀，呈现出许多漂亮的花纹，并且在某些条件下花纹会成同心圆向外扩散(见图 3-23) 或成螺旋状向外扩散(见图 3-24)，像波一样在介质中传播。

图 3-23　B-Z 反应图示 —— 同心圆花纹　　**图 3-24　B-Z 反应图示 —— 螺旋形花纹**

在 B-Z 反应中，当化学振荡和空间花纹出现时，时间或空间的对称性就发生了破缺，在各不同时刻和不同位置的反应分子出现了长时和长程的关联，体系中的分子好像是受到了某种统一的命令自己组织起来形成宏观的一致行动，使它们的浓度在某些特定的时间和空间一致地增多或减少，形成动态有序结构。外界控制的只是体系内反应物的平均浓度和体系温度，反应物甚至可以通过搅拌，使它们达到充分的均匀混合，这样的环境对体系的影响不存在时间和空间的不均匀性，由此可见，B-Z 反应中出现的对称性破缺是自发产生的，是一种自组织。

近平衡态体系的熵变及其稳定性

为了找出从无序到有序转化的规律，就需要研究体系离开平衡态时的行为。体系离开平衡态是在外界影响下发生的。当外界的影响(如产生的温度梯度或密度梯度) 不大，以致在体系中引起的不可逆响应(如产生的热流或物质流) 也不大，而认为二者间只有简单的线性关系时，可以认为体系很接近于平衡态的情况，即所谓非平衡态的线性区。以这种情况为研究对象的热力学叫作**线性非平衡态热力学**。如果外界的影响是恒定的，体系最终会达到一个不随时间变化的状态。这种稳定的非平衡态叫作非平衡定态。对自组织现象的研究在 20 世纪前半叶首先是从近平衡态区，即线性区开始的，而对非平衡态的研究则更加引起了人们的注意。

(1) 熵流和熵产生

对于一个开放体系来说，由于它不断与外界交换物质和能量，因此它的熵的变化可以分成两个部分；一部分是由于体系内部的不可逆过程引起的，叫作**熵产生**(entropy production)，用 $\mathrm{d}S_{\mathrm{i}}$ 表示；另一部分是由于体系和外界交换能量或物质而引起的，叫作**熵流**(entropy flux)，用 $\mathrm{d}S_{\mathrm{e}}$ 表示。整个体系的熵的变化就是

$$\mathrm{d}S = \mathrm{d}S_{\mathrm{i}} + \mathrm{d}S_{\mathrm{e}} \tag{3-200}$$

一个体系的熵变永远不可能是负的，即总有

$$dS_i \geqslant 0$$

对于孤立体系，由于 $dS_e = 0$，所以

$$dS = dS_i > 0 \tag{3-201}$$

这就是熵增加原理的表达式。

对于开放体系，视外界的作用不同，熵流可正可负。如果 $dS_e < 0$ 且 $|dS_e| > dS_i$，就会有

$$dS = dS_i + dS_e < 0 \tag{3-202}$$

此式表示当熵流为负且熵流的绝对值大于熵产生时，体系的熵就会减少，体系由原来的状态进入更加有序的状态。也就是说，对于一个开放体系存在由无序到有序转化的可能性。

例如，在贝纳德体系中，随着热量的流进流出，体系的熵也在变化。流入的熵为 dQ/T_2，流出的熵为 dQ/T_1，由于 $T_1 < T_2$，所以流出的熵大，流入的熵小。如果流走的熵量超过了体系内部熵的产生，可以导致体系内熵的减少，体系由原来的无序状态变为宏观有序的状态。

(2) 不可逆过程的流和力

当物体内部各部分温度不均匀时，将有热量从温度较高处传到温度较低处；当流体内各部分密度不均匀时，将有物体从密度大的地方扩散到密度小的地方。我们把这种不可逆过程的热力学流动简称流，用 J_i 表示各种流的强度；把引起相应的流的推动力称为不可逆过程的热力学力，简称力，用 X_i 表示各种力。例如，引起热流的力是温度梯度（即温度对空间的变化率），而引起物质流的力是密度梯度。

不可逆流的强度 J_i 是不可逆力 X_i 的函数，但当不可逆力 X_i 不大时，可以认为 J_i 正比于 X_i。对于第 i 种力产生的第 i 种流，可以写成

$$J_i = L_{ii} X_i \tag{3-203}$$

这里 L_{ii} 是不依赖于 X_i 的常数。流与力的这种关系称作线性关系，而在非平衡热力学中这种线性关系的适用范围叫非平衡线性区。显然，线性区是流和力都不太强的区。

进一步研究表明，第 i 种力不仅可以引起第 i 种流，而且也可以影响第 j 种流。例如，温度梯度的存在不仅可以产生热流，而且可以诱导出扩散流；同样，密度不均匀也可以导致热的流动，所以在线性区流与力之间的一般关系为

$$J_i = \sum_i L_{ij} X_j \tag{3-204}$$

这里常数 L_{ij} 叫作线性唯象系数，它反映了各种不同的不可逆过程之间的相互影响，它可能与体系的内在特征，例如温度、压力或组分浓度有关。

1931 年昂萨格(Onsager) 提出线性唯象系数满足如下关系：

$$L_{ij} = L_{ji} \tag{3-205}$$

即第 i 种力对第 j 种流的影响与第 j 种力对第 i 种流的影响相同。这一关系称为昂萨格**倒易关系**，它具有极大的普遍性，已得到许多实验事实的支持，它是线性非平衡态热力学的一条基本定理。

(3) 最小熵产生原理

不可逆过程中存在着熵产生 dS_i，单位体积、单位时间内的熵产生叫作熵产生率，用 σ 表示。σ 满足关系

$$\frac{dS_i}{dt} = \int_V \sigma dV \tag{3-206}$$

很显然熵产生率的大小依赖于各种不可逆过程的流和力的大小，增大不可逆流或增大不可逆力都会导致熵产生率的增大。从理论和实验上可以证明，熵产生率可以写作不可逆过程的流和相应的力的乘积之和的形式，即有

$$\sigma = \sum_i J_i X_i \tag{3-207}$$

对 i 取值包括所有不可逆过程。这个式子对流和力的定义施加了限制，要求这二者的乘积具有熵产生率的量纲。把式(3-204) 代入式(3-207) 可得

$$\sigma = \sum_i L_{ij} X_i X_j \tag{3-208}$$

1945年普利高津确立了最小熵产生原理。按照这个原理，在接近平衡的条件下，和外界强加的限制（控制条件）相适应的非平衡定态的熵产生具有极小值。

下面从一个特例来说明最小熵产生原理。考虑一个包含有两种组分的体系，让体系两端维持一稳定的温度差，由于热扩散现象，这种温度差会引起一浓度差，于是体系中同时存在着一个引起热流 J_1 的力 X_1 和一个引起扩散流 J_2 的力 X_2。由于给体系强加的限制仅仅是恒定的热导力 X_1，因而扩散力 X_2 和其流 J_2 可以自由发展。发展的结果是体系最终会到达一个不随时间变化的状态。这时扩散流 J_2 为零，但热导流依然存在。因此这个不随时间变化的状态不是平衡态而是非平衡态。最小熵产生原理认为这样一个非平衡定态的熵产生具有极小值。

按照熵产生率的一般表达式，并考虑到**昂萨格倒易关系**(Onsager's reciprocity relations)，即 $L_{12} = L_{21}$，对上述特例，有

$$\sigma = L_{11} X_1^2 + 2L_{21} X_1 X_2 + L_{22} X_2^2 \tag{3-209}$$

现在来分析在热导力恒定而扩散力自由变化时熵产生如何变化，为此在 X_1 恒定的情况下将 σ 对 X_2 求导，即

$$\frac{\partial \sigma}{\partial X_2} = 2(L_{21} X_1 + L_{22} X_2) = 2J_2 \tag{3-210}$$

在定态

$$J_2 = 0$$

于是

$$\frac{\partial \sigma}{\partial X_2} = 0 \tag{3-211}$$

因此在定态时熵产生有极值。因为 $\frac{\partial^2 \sigma}{\partial X_2^2} = 2L_{22} > 0$，这个极值必为极小值。

当体系达到非平衡定态时，熵产生率有最小值这一结果，不仅对上述热传导和扩散过程成立，而且对不可逆过程均具有普遍意义。**只要将非平衡条件维持在线性区，且体系达到定态，这时熵产生率必定比非定态时小。这一原理叫作最小熵产生原理**，它与昂萨格倒易关系构成线性不可逆过程热力学的理论基础。

(4) 非平衡定态的稳定性

从最小熵产生原理可以得到一个重要结论：在非平衡态热力学的线性区，非平衡定态是稳定的。该结论很容易通过将非平衡定态的熵产生和平衡态的熵函数的行为做类比而得到。设体系已处于某一定态，比如图3-25中的状态1，由于涨落，体系随时可以偏离这个定态而到达某个与时间有关的非定态，比如状态2。根据最小熵产生原理，体系的熵产生率会随时间减小，最后返回到与最小熵产生相对应的定态1。在这种情况下围绕非平衡定态的涨落行为恰像围绕平衡态的行为一样，即它们总是随时间衰减的，因此非平衡定态是稳定的。与平衡态很接近的非平衡定态通常有与平衡态相似的定性行为，例如保持空间均匀性、时间不变性和对各种扰动的稳定性。因此可以作出结论，在非平衡态热力学的线性区或者说在平衡态附近，不会自发形成时空有序的结构。

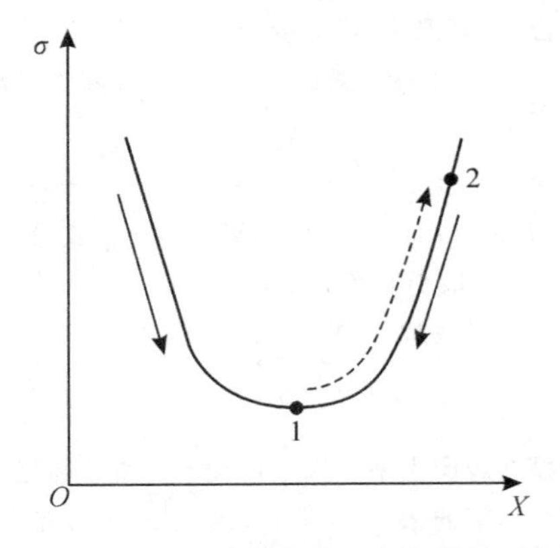

图 3-25　最小熵产生原理及稳定性示意

远离平衡态体系的分支现象

远离平衡的状态是在外界对体系的影响(如产生的温度梯度或密度梯度)很大,以至在体系内引起的响应(如产生的热流或物质流)也很大,二者之间不成线性关系时的状态。研究这种情况下的体系行为的热力学叫非线性非平衡态热力学。这是一门到目前为止还不很成熟的学科。它的理论指出,当体系远离平衡态时,体系通过和外界环境交换物质和能量以及通过内部的不可逆过程(能量耗散过程),无序状态(例如均匀的定态)有可能失去稳定性,某些涨落可能被放大而使体系到达某种有序的状态。这样形成的有序状态属于耗散结构。

根据对实际体系中发生的实际过程的分析,非平衡态体系的动力学方程可以写成如下的一般形式:

$$\frac{dX}{dt}=f(x,\lambda) \tag{3-212}$$

此式可以用来圆满地描述体系中的物理-化学过程。式(3-212)中的 x 是说明体系状态变化的量,叫状态变量。例如 x 可代表化学反应体系中的浓度,扩散对流体系中的密度,或激光体系中的光子数。λ 表示外界对体系的控制参数,λ_0 是平衡态时的控制参数。λ 偏离 λ_0 越大,则体系偏离平衡态的程度也越大,即 λ 的值表征了体系偏离平衡态的程度。

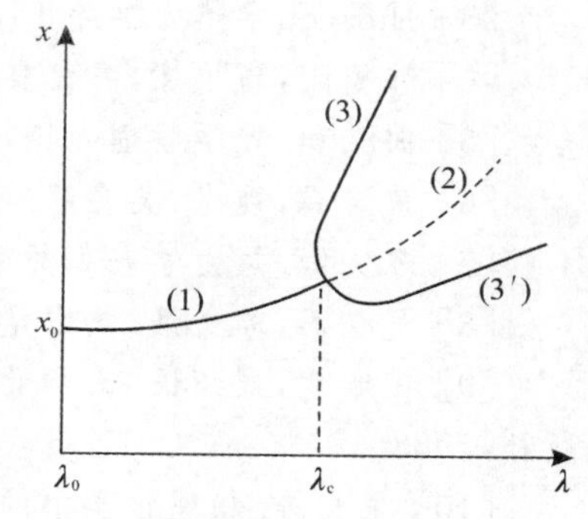

(1) 热力学分支;
(2) 热力学分支的不稳定部分;
(3)(3′) 耗散结构分支

图 3-26　分支现象

这样的研究给出的结果如图 3-26 所示,图中的横坐标 λ 表示外界对体系的控制参数,纵坐标 x 表示体系的状态变量。与 λ_0 对应的状态 x_0 表示平衡态,随着 λ 偏离 λ_0,x 也就偏离平衡态,但在 λ 较小时,在到达 $\lambda=\lambda_0$ 之前,最小熵产生原理将保证非平衡定态的稳定性,自发过程总是使体系回到和外界调节相适应的定态。表示这种定态的点形成的曲线(1)是平衡态的延伸,x 随 λ 的变化是连续的和平滑的。在曲线(1)上的每一点所对应的状态的行为很类似于平衡态的行为,例如保持空间均匀性(或只是随空间轻微地单调变化)和时间不变性,因此这一段叫作热力学分支。

当 $\lambda \geqslant \lambda_c$ 时,例如在贝纳德对流试验中,流体的温度梯度超过某定值或激光器的输入功率超过某一定值时,曲线段(1)的延续(2)分支上各态变得不稳定,一个很小的扰动就可引起体系的突变,离开热力学分支而跃迁到另外两个稳定的分支(3)或(3′)上。这两个分支上的每一个点可能对应于某种时空有序状态。由于这种有序状态只有在 λ 的值偏离 λ_0 足够大(即体系离开平衡足够远),或者说只有在不可逆的耗散过程足够强烈的情况下才有可能出现,所以它们的行为和热力学平衡态有本质的区别。这样的有序态属于耗散结构,分支(3)或(3′)叫作耗散结构分支。在 $\lambda=\lambda_c$ 处热力学分支开始分岔。这种现象称为**分岔现象**或**分支现象**(bifureation)。$\lambda=\lambda_c$ 这个点称为分岔点或分支点。在分支点之前,热力学分支上每点对应的状态保持空间均匀性和时间不变性,因而体系具有高度的时空对称性;超过分支点 λ_c 以后,耗散结构分支上每一点对应于某种时空有序状态,这就破坏了体系原来的对称性,因此这类现象也常常叫作对称性破缺不稳定性现象。

从前面的讨论可以看出,非平衡态热力学指出了在远离平衡时出现分支现象和对称破缺不稳定现象的可能性,从而为用物理学或化学原理来解释自然界中出现的各种宏观有序现象扫清了最主要的障碍。动力学方程的线性稳定性分析可以帮助人们去发现可能发生分支现象的具体条件,而要确定在一定控制条件下分支解的个数、分支解的稳定性以及分支解的详细行为,还需要仔细地分析体系的非线性动力学方程。非平衡态热力学所研究的对象的新特点在于体系中存在非平衡的不可逆过程,因此热力学和动力学两者必然是紧密相关的。非平衡态热力学并不是抛弃经典热力学的基本结论,例如热力学第二定律,而是给以新的解释和重要的补充，从而使人们对自然界的发展过程有了一个比较完整的认识：在平衡态附近，发展过程主要表现为趋向平衡态或与平衡态有类似行为的非平衡定态，并总是伴随着无序的增加与宏观结构的破坏；而在远离平衡的条件下，非平衡定态可以变得不稳定，发展过程可以经受突变，并导致宏观结构的形成和宏观有序的增加。这种认识不仅为弄清物理学和化学中各种有序现象的起因指明了方向，也为阐明像生命的起源、生物进化以至宇宙发展等复杂问题提供了有益的启示，更有助于人们对宏观过程不可逆性的本质及其作用的认识。

参考文献

[1] FRIED V. Physical Chemistry[M]. Macmillan 1977:139.

[2] ATKINS P W. Physical Chemistry[M]. 8th Edition. Oxford: W. H. Freeman, 2006.

[3] 付鹰. 化学热力学导论[M]. 北京：科学出版社，1963.

[4] 韩德刚，高执棣，高盘良. 物理化学[M]. 北京：高等教育出版社，2001.

[5] 向义和. 大学物理导论：上册[M]. 北京：清华大学出版社，1999.

[6] 黄启巽，魏光，吴金添. 物理化学：上册[M]. 厦门：厦门大学出版社，1996.

[7] 苏文煅. 热力学基本关系式的建立及其应用[J]. 化学通报，1985，3:47.

[8] 吴金添，苏文煅. 热力学函数偏微商的求导规则[J]. 化学通报，1994，11:53.

[9] 田昭武，周绍民. 大学化学疑难辅导丛书 —— 热力学定律[M]. 福州：福建科技出版社，1988.

[10] 朱文涛. 物理化学中的公式与概念[M]. 北京：清华大学出版社，1998.

[11] 陈良坦. 熵函数的另一种引入法[J]. 大学化学，2008. 23(1).

[12] 陈良坦. 斯特林公式与吉布斯佯谬[J]. 大学化学，2008. 23(6).

[13] 陈良坦，蒋新征. 利用循环法导出克拉贝龙方程[J]. 大学化学，2010，25(4).

思考与练习

思考题(R)

R3-1　自发过程一定是不可逆的，而不可逆过程一定是自发的。上述说法都对吗？为什么？

R3-2　什么是可逆过程？自然界是否存在真正意义上的可逆过程？有人说，在昼夜温差较大的我国北方冬季，白天缸里的冰融化成水，而夜里同样缸里的水又凝固成冰。因此，这是一个可逆过程。你认为这种说法对吗？为什么？

R3-3　若有人想制造一种使用于轮船上的机器，它只是从海水中吸热而全部转变为功。你认为这种机器能造成吗？为什么？这种设想违反热力学第一定律吗？

R3-4　试证明，将一个恒温可逆过程和两个绝热可逆过程组合起来，不能成为循环。

R3-5　同样始终态的可逆和不可逆过程，热温商值是否相等？体系熵变 $\Delta S_{体}$ 又如何？

R3-6　下列说法对吗？为什么？

(1) 为了计算不可逆过程的熵变，可以在始末态之间设计一条可逆途径来计算，但绝热过程例外。

(2) 绝热可逆过程 $\Delta S = 0$，因此，熵达最大值。

(3) 体系经历一循环过程后，$\Delta S = 0$，因此，该循环一定是可逆循环。

(4) 过冷水凝结成冰是一自发过程，因此，$\Delta S > 0$。

(5) 孤立体系达平衡态的标志是熵不再增加。

R3-7　下列求熵变的公式哪些是正确的,哪些是错误的?

(1) 理想气体向真空膨胀 $\Delta S = nR\ln\dfrac{V_2}{V_1}$。

(2) 水在 25 ℃,101325 Pa 下蒸发成 25 ℃,101325 Pa 的水蒸气 $\Delta S = \dfrac{\Delta H - \Delta G}{T}$。

(3) 在恒温恒压下,可逆电池反应 $\Delta S = \dfrac{\Delta H}{T}$。

(4) 实际气体的节流膨胀 $\Delta S = \int_{p_1}^{p_2}\left(-\dfrac{V}{T}\right)\mathrm{d}p$。

(5) 等温等压不可逆相变 $\Delta S = \left[\dfrac{\partial(-\Delta G)}{\partial T}\right]_p$。

R3-8　以下表达式用于建立自发变化的判据:$\Delta S_{\mathrm{tot}} > 0$,$\mathrm{d}S_{U,V} \geqslant 0$;$\mathrm{d}U_{S,V} \leqslant 0$,$\mathrm{d}A_{T,V} \leqslant 0$;$\mathrm{d}G_{T,p} \leqslant 0$。讨论每个判据的起源、意义和适用性。

R3-9　试根据熵的统计意义定性地判断下列过程中体系的熵变大于零还是小于零?

(1) 水蒸气冷凝成水;

(2) $CaCO_3(s) \rightarrow CaO(s) + CO_2(g)$;

(3) 乙烯聚合成聚乙烯;

(4) 气体在催化剂表面吸附。

R3-10　下列说法对吗?为什么?

(1) 吉布斯函数 G 减小的过程一定是自发过程。

(2) 在等温、等容、无其他功条件下,化学变化朝着亥姆霍兹函数 A 减少的方向进行。

(3) 根据 $\mathrm{d}G = -S\mathrm{d}T + V\mathrm{d}p$,对任意等温、等压过程 $\Delta G = 0$。

(4) 只有等温等压条件下才有吉布斯函数 G 的变化值。

R3-11　试判断下列过程的 ΔS、ΔA、ΔG 是大于零、小于零、等于零,还是无法确定?

(1) 理想气体绝热恒外压膨胀至平衡。

(2) 非理想气体的节流膨胀。

(3) 100 ℃、$p^{\ominus}$ 下,水变为水蒸气。

(4) 非理想气体的卡诺循环。

R3-12　试证 $C_p - C_V = T\left(\dfrac{\partial p}{\partial T}\right)_V \cdot \left(\dfrac{\partial V}{\partial T}\right)_p$。

若定义等温压缩系数 $\kappa = -\dfrac{1}{V}\left(\dfrac{\partial V}{\partial p}\right)_T$,体膨胀系数 $\alpha = \dfrac{1}{V}\left(\dfrac{\partial V}{\partial T}\right)_p$。试证:$C_p - C_V = \dfrac{TV\alpha^2}{\kappa}$。

R3-13　已知状态方程 $pV_m = RT + \beta p$,式中 β 与温度有关,试证明:

$$\left(\frac{\partial U_m}{\partial V_m}\right)_T = \frac{RT^2}{(V_m - \beta)^2} \cdot \frac{\mathrm{d}\beta}{\mathrm{d}T}$$

并写出 $\left(\dfrac{\partial S_m}{\partial V_m}\right)_T$、$\left(\dfrac{\partial S_m}{\partial p}\right)_T$ 和 $\left(\dfrac{\partial H_m}{\partial p}\right)_T$ 的表达式。

R3-14　由热力学原理说明,自同一始态出发,绝热可逆过程与绝热不可逆过程不可能到达同一个末态。

R3-15　若某气体具有正 Joule-Thomson 效应(即 $\mu_{\text{J-T}} > 0$),则其节流过程的 ΔS 大于 0、小于 0、还是等于 0?如果其具有负 Joule-Thomson 效应,情况又如何呢?

R3-16　根据 $\mathrm{d}G = -S\mathrm{d}T + V\mathrm{d}p$,对任意等温等压过程 $\mathrm{d}T = 0$,$\mathrm{d}P = 0$,则 $\mathrm{d}G$ 一定为零。此结论对吗?为什么?

R3-17 (1) $H_2O(l)$,(25 ℃,101325 Pa) $\xrightarrow{p_{外}=101325\ \text{Pa}}$ $H_2O(g)$,(25 ℃,101325 Pa),此过程的 ΔG 大于 0 还是小于 0?该过程是否为自发过程?

(2) 如果将 25 ℃ 的水放在 25 ℃ 的大气中,水便会自动蒸发。此现象与(1) 中的结论是否矛盾?

R3-18 在 298.2 K,101325 Pa 时,反应

$$H_2(g)+\frac{1}{2}O_2(g)\rightarrow H_2O(l)$$

可以通过催化作用以不可逆方式进行,也可以组成电池以可逆方式进行,试问两种方式的 ΔS 是否相同?Q 是否相同?W 是否相同?

R3-19 设室外温度为 0 ℃,采用直接电加热和利用同样电能驱动热泵从室外取热的两种加热方式保持室内温度为 25 ℃。设电加热的效率及电能转变为机械能的效率均为 100%。

(1) 证明,在任何情况下,用热泵加热的效果总比直接电加热的效果好;

(2) 设热泵的热效率损失为 ε,问要使采用热泵加热的效率为直接电加热效率的两倍;则 ε 应为多少?

R3-20 对于有 N 个链节,两个接点之间长度为 a 的长链高聚物,在从处于有序的拉伸状态恢复到较无序的松塌状态过程中,由于恢复力表现为对抗熵的减少,因此,可将其比拟为“熵弹簧”。据报道(Science 200,748(1994)),对于这种高聚物链,其弹性熵 S 与链长度 l,两接点长 a 及链接点数 N 之间有如下关系:

$$S(l)=\frac{-3kl^2}{2Na^2}+C$$

式中,k 为玻尔茨曼常数,而 C 为一常数。

设热力学能与链长 l 无关,请根据有关热力学关系式证明高聚物的张力服从虎克定律。

$$f=-k_f l$$

练习题(A)

A3-1 在绝热恒容的反应器中,H_2 和 Cl_2 化合成 HCl,此过程中下列各状态函数的变化值哪个为零?

(A) $\Delta_r U_m$　(B) $\Delta_r H_m$　(C) $\Delta_r S_m$　(D) $\Delta_r G_m$

A3-2 物质的量为 n 的理想气体从 T_1,p_1,V_1 变化到 T_2,p_2,V_2,下列哪个公式不适用(设 $C_{V,m}$ 为常数)?

(A) $\Delta S=nC_{p,m}\ln(T_1/T_2)+nR\ln(p_2/p_1)$

(B) $\Delta S=nC_{V,m}\ln(p_2/p_1)+nC_{p,m}\ln(V_2/V_1)$

(C) $\Delta S=nC_{V,m}\ln(T_2/T_1)+nR\ln(V_2/V_1)$

(D) $\Delta S=nC_{p,m}\ln(T_2/T_1)+nR\ln(p_1/p_2)$

A3-3 用 1 mol 理想气体进行焦耳实验(自由膨胀),求得 $\Delta S=19.16\ \text{J}\cdot\text{K}^{-1}$,求体系的吉布斯自由能变化。

A3-4 在 300 K 时,2 mol 某理想气体的吉布斯自由能 G 与赫姆霍兹自由能 A 的差值为多少?

A3-5 在自发过程中,体系的热力学概率和体系的熵的变化方向________,同时它们又都是________函数,两者之间的具体函数关系是________,该式称为玻尔兹曼公式,它是联系________和________的重要桥梁。

A3-6 对一封闭体系,$W_f=0$ 时,下列过程中体系的 ΔU、ΔS、ΔG 何者必为零?

(1) 绝热密闭刚性容器中进行的化学反应过程;

(2) 某物质的恒温恒压可逆相变过程;

(3) 某物质经一循环恢复原状态。

A3-7 理想气体等温($T=300$ K) 膨胀过程中从热源吸热 600 J,所做的功仅是变到相同终态时最大功的 1/10,求体系的熵变 ΔS。

A3-8　一单组分、均相、封闭体系，在不做非体积功情况下进行变化，当熵和压力恢复到原来数值时 ΔG 为多少？

A3-9　理想气体向真空膨胀，体积由 V_1 变到 V_2，其 ΔU，ΔS 等于多少？

A3-10　有个学生对理想气体的某个公式记得不太真切了，他只模糊地记得是 $(\partial S/\partial X)_y = -nR/p$，按你的看法，这个公式的正确表达式中，$X$，$y$ 应是什么物理量？

A3-11　对 1 mol 范德华气体，$(\partial S/\partial V)_T = ?$

A3-12　1 mol 理想气体在等温下体积增加 10 倍，求体系的熵变：

(1) 设为可逆过程；

(2) 设为真空膨胀过程。

A3-13　298 K 时，5×10^{-3} m^3 的理想气体绝热可逆膨胀到 6×10^{-3} m^3，这时温度为 278 K。试求该气体的 $C_{V,m}$ 和 $C_{p,m}$。

A3-14　实验测定某固体的 $(\partial V/\partial T)_p = a + bp + cp^2$，若将此固体在恒温下从 p_A 压缩到 p_B，导出熵变 ΔS 的表达式。

A3-15　试计算甘氨酰替甘氨酸在 310.15 K，$p^\ominus$ 下进行水解反应时的标准摩尔吉布斯自由能变化。已知下列数据：

物　质	$\Delta_r H_m^\ominus$(298.15 K)/(kJ·mol^{-1})	$S_m^\ominus$(298.15 K)/(kJ·mol^{-1})
甘氨酰替甘氨酸(A)	−745.25	189.95
甘氨酸(B)	−537.23	103.51
H_2O(l)	−285.85	69.96

假设 $\Delta_r H_m^\ominus$ 不随温度变化。

A3-16　假设 S 可视为 p 和 T 的函数，证明 $TdS = C_p dT - \alpha TV dp$。因此，当不可压缩液体或固体上的压力增加 Δp，以热的方式转移的能量等于 $-\alpha TV\Delta p$，并计算当 0 ℃ 下作用在 100 cm^3 汞上的压力增加 1.0 kbar 时的 $q(\alpha = 1.82\times10^{-4}\ \mathrm{K}^{-1})$。

A3-17　在 298 K 时，反应 $K_4Fe(CN)_6\cdot3H_2O(s) \longrightarrow 4K^+(aq) + Fe(CN)_6^{4-}(aq) + 3H_2O(l)$ 的 $\Delta_r G_m^\ominus(T_c) = 26.120$ kJ·mol^{-1}，$K_4Fe(CN)_6\cdot3H_2O(s)$ 的溶解热为 55.000 kJ·mol^{-1}，试计算 $S_m^\ominus$[298 K, $Fe(CN)_6{}^{4-}$(aq)]。已知：

$S_m^\ominus$[298 K, K^+(aq)] = 102.5 J·K^{-1}·mol^{-1}

$S_m^\ominus$[298 K, $K_4Fe(CN)_6\cdot3H_2O$(s)] = 599.7 J·K^{-1}·mol^{-1}

$S_m^\ominus$[298 K, H_2O(l)] = 70.00 J·K^{-1}·mol^{-1}

A3-18　298 K，101.3 kPa 下，Zn 和 $CuSO_4$ 溶液的置换反应在可逆电池中进行，做出电功 200 kJ，放热 6 kJ，求该反应的 $\Delta_r U$、$\Delta_r H$、$\Delta_r A$、$\Delta_r S$、$\Delta_r G$(设反应前后的体积变化可忽略不计)。

A3-19　在 1.013×10^2 kPa 下，HgI_2 的红、黄两种晶体的晶型转变温度为 400.2 K，已知由红色 HgI_2 转变为黄色 HgI_2 的转变热 $\Delta_{trs}H_m = 1.250$ kJ·mol^{-1}，摩尔体积变化 $\Delta_{trs}V_m = -5.4\times10^{-3}$ dm^3·mol^{-1}，试求压力为 1.013×10^4 kPa 时晶型的转变温度。

A3-20　有两种液体，其质量均为 m，比热均为 C_p，温度分别为 T_1、T_2，试证明在等压下绝热混合的熵变为：

$$\Delta S = 2mC_p\ln[(T_1 + T_2)/2(T_1\times T_2)^{1/2}]$$

并证明 $T_1 \neq T_2$ 时，$\Delta S > 0$，假设 C_p 与温度无关。

练习题(B)

B3-1　一座办公楼用热泵维持其温度为 293.15 K，而室外的温度为 283.15 K，热泵的功由热机提供，该热机在 1273.15 K 燃烧燃料，在 293.15 K 环境下工作，计算此体系的效率因子(也就是提供给办公楼的热量与热机燃烧放出热量之比)。假定热泵和热机具有理想的效率。

B3-2　在 250 K 下，由 2.00 mol 双原子理想气体分子组成的样品被可逆和绝热压缩，直到其温度达到 300 K。假设 $C_{V,\mathrm{m}} = 27.5\ \mathrm{J \cdot kJ \cdot mol^{-1}}$，计算 q、W、ΔU、ΔH 和 ΔS。

B3-3　在 293 K 的房间里有一只电冰箱，试问：(1) 若使 250 g，273 K 的水在冰箱里结冰所需的功为多少？若电冰箱的功率为 100 W，那么 250 g 水全部结冰需要多少时间？(2) 若放入 250 g，20 ℃ 的水，那么在冰箱里结成 273 K 的冰需要多少功？(3) 若放入的是 298 K 的水，那么冷却到 293 K 需要多少功？已知水的凝固热为 $-6010\ \mathrm{J \cdot mol^{-1}}$，水的平均热容为 $4.184\ \mathrm{J \cdot K^{-1} \cdot g^{-1}}$。

B3-4　一绝热容器正中有一无摩擦、无质量的绝热活塞，两边各装有 25 ℃，101 325 kPa 的 1 mol 理想气体，$C_{p,\mathrm{m}} = (7/2)R$，左边有一电阻丝缓慢加热(如图)，活塞慢慢向右移动，当右边压力为 202650 kPa 时停止加热，求此时两边的温度 $T_{左}$、$T_{右}$ 和过程中的总内能改变 ΔU 及熵的变化 ΔS(电阻丝本身的变化可以忽略)。

1 mol	1 mol
25 ℃	25 ℃
101.325 kPa	101.325 kPa

始态

B3-5　以 10 A 电流通入一置于流水中的阻值为 25 Ω 的电阻 1 秒钟，通电时电阻保持与水相同温度(27 ℃)。

(1) 电阻的熵变为何值？

(2) 电阻和环境的总熵变为何值？

若以同一电流在同一电阻中通电 1 秒但电阻用绝热层包裹着，其质量为 10 g 而 $C_p = 0.836\ \mathrm{J \cdot g^{-1} \cdot K^{-1}}$。

(3) 电阻的熵变为何值？

(4) 电阻和环境的总熵变为何值？

B3-6　设计出计算以下过程熵变的方法，并列出所需的数据(不必进行具体计算)。

(1) 150 ℃ 和 $2 \times p^{\ominus}$ 压力下的过热蒸气与 $p^{\ominus}$ 压力下 0 ℃ 的冰接触，终态为 50 ℃ 和 $p^{\ominus}$ 压力下的水。

(2) 一块 500 ℃ 的铁块落入 100 ℃ 和 $p^{\ominus}$ 压力下的水并逸出 100 ℃ 和 $p^{\ominus}$ 压力下的水汽。

B3-7　设某内燃机以辛烷为燃料，辛烷的燃烧焓为 $-5512\ \mathrm{kJ \cdot mol^{-1}}$。计算某一总质量为 1000 kg 的小汽车当燃烧 3 kg 的辛烷后，能够行驶的最大高度。设气缸内温度为 2000 ℃，尾气温度 800 ℃，并忽略所有摩擦力。

B3-8　由两步绝热可逆和两步等容可逆组成的奥托循环是四冲程汽油机的工作循环。它采用空气作为工作物质。

(1) 计算奥托循环中各步骤的熵变；

(2) 估计压缩比为 10：1 时的循环效率。

设在始态 A 时，$T = 300\ \mathrm{K}$，$p_A = 101325\ \mathrm{Pa}$，$V_A = 4.00\ \mathrm{dm^3}$ 及 $p_c = 5p_B$，$V_A = 10V_B$，$C_{p,\mathrm{m}} = \dfrac{7}{2}R$。

B3-9　在 $p^{\ominus}$ 下，把 25 g，273 K 的冰加到 200 g，323 K 的水中，假设体系与环境无能量交换，计算体系熵的增加。(水的比热为 $4.18\ \mathrm{kJ \cdot kg^{-1} \cdot K^{-1}}$，冰的熔化热为 $333\ \mathrm{kJ \cdot kg^{-1}}$，设它们为常数)

B3-10　计算 1 mol $Br_2(s)$ 从熔点 7.32 ℃ 变到沸点 61.55 ℃ 时 $Br_2(g)$ 的熵增。已知 $Br_2(l)$ 的比热为 $0.448\ \mathrm{J \cdot K^{-1} \cdot g^{-1}}$，熔化热为 $67.71\ \mathrm{J \cdot g^{-1}}$，汽化热为 $182.80\ \mathrm{J \cdot g^{-1}}$，$Br_2$ 的摩尔质量为 $159.8\ \mathrm{g \cdot mol^{-1}}$。

B3-11　有一绝热、具有固定体积的容器，中间用导热隔板将容器分为体积相同的两部分，分别充以 $N_2(g)$ 和 $O_2(g)$，如下图。

1 mol N_2 293 K	1 mol O_2 283 K

(1) 求体系达到热平衡时的 ΔS；

(2) 达热平衡后将隔板抽去，求体系的 $\Delta_{mix}S$。

N_2，O_2 皆可视为理想气体，热容相同，$C_{V,m}=\left(\frac{5}{2}\right)R$。

B3-12　1 mol H_2 从 100 K，4.1 dm^3 加热到 600 K，49.2 dm^3，若此过程是将气体置于 750 K 的炉中让其反抗 101(325 kPa 的恒定外压下以不可逆方式进行，计算孤立体系的熵变。已知氢气的摩尔定容热容与温度的关系式是：

$C_{V,m}=[20.753-0.8368\times10^{-3}T/K+20.117\times10^{-7}(T/K)^2]\ J\cdot K^{-1}\cdot mol^{-1}$

B3-13　卡诺循环使用 1.00 mol 单原子理想气体作为工作物质，初始状态为 10.0 atm 和 600 K。卡诺循环等温膨胀至 1.00 atm 压力(步骤 1)，然后绝热膨胀至 300 K 温度(步骤 2)。该膨胀之后是等温压缩(步骤 3)，然后是绝热压缩(步骤 4)，返回初始状态。确定循环各阶段的 q、W、ΔU、ΔH、ΔS、ΔS_{tot} 和整个循环的 ΔS_{tot}。将答案列表给出。

B3-14　已知 −5 ℃ 固态苯的饱和蒸气压为 2.28 kPa，1 mol、−5 ℃ 过冷液体苯在 $p=101.325$ kPa 下凝固时，$\Delta S_m=-35.46\ J\cdot K^{-1}\cdot mol^{-1}$，放热 9860 $J\cdot mol^{-1}$。求 −5 ℃ 时液态苯的饱和蒸气压。设苯蒸气为理想气体。

B3-15　4 mol 理想气体，其 $C_{V,m}=2.5R$，由始态 600 K、1000 kPa 依次经历下列过程：

(1) 绝热、反抗 600 kPa 恒定的环境的压力，膨胀至平衡态；

(2) 再恒容加热至 800 kPa；

(3) 最后绝热可逆膨胀至 500 kPa 的末态。试求整个过程的 Q、W、ΔU、ΔH 及 ΔS。

B3-16　将某纯物质的液体用活塞封闭在一个绝热的筒内，其温度为 T_0，活塞对液体的压力正好是该液体在 T_0 时的蒸气压 p_0，假设该液体的物态方程为

$$V_m=V_m^0\times[1+\alpha(T-T_0)-\kappa(p-p_0)]$$

式中，$V_m{}^0$ 是液体在 T_0，p_0 的摩尔体积，α 和 κ 分别是膨胀系数和等温压缩系数，设它们都为常数。将该液体经绝热可逆过程部分汽化，使液体的温度降到 T，此时液体的蒸气压为 p。试证明液体所汽化的摩尔分数为：

$$x=(m/n)=(T/\Delta_{vap}H_m)[C_{p,m}(l)\ln(T_0/T)-V_m^0\alpha(p_0-p)]$$

式中，n 为汽化前液体的物质的量，m 是变成蒸气的物质的量，$C_{p,m}(l)$ 为液体物质的摩尔定压热容，$\Delta_{vap}H_m$ 是该物质在 T 时的摩尔汽化焓。

B3-17　绝热等压条件下，将一小块冰投入 263 K，100 g 过冷水中，最终形成 273 K 的冰水体系，以 100 g 水为体系，求在此过程中的 Q、ΔH、ΔS，上述过程是否为可逆过程？通过计算说明。已知：

$$\Delta_{fus}H_m(273\ K)=6.0\ kJ\cdot mol^{-1}$$

$$C_{p,m}(273\ K,l)=75.3\ J\cdot K^{-1}\cdot mol^{-1}$$

$$C_{p,m}(273\ K,s)=37.2\ J\cdot K^{-1}\cdot mol^{-1}$$

B3-18　1 mol 某气体在 $p_{外}=0$ 的条件下由 T_1、V_1 绝热膨胀至 V_2。

(1) 设该气体为理想气体，求终态的温度和过程的熵变；

(2) 设该气体遵循 van der Waals 方程 $(p+a/V_m^2)(V_m-b)=RT$，定容热容为 C_V，且 C_V 可认为不随 T，p 变化，求终态的温度和过程的熵变。

B3-19　物质的量为 n 的单原子分子理想气体，在 300 K 时从 100 kPa，122 dm^3 反抗 50 kPa 的外压等温膨胀到 50 kPa，试计算过程的 Q_R、W_R、Q_{IR}、W_{IR}、V_2、ΔU、ΔH、$\Delta S_{体}$、$\Delta S_{环}$、$\Delta S_{孤}$。

B3-20　298.15 K 时，液态乙醇的摩尔标准熵为 160.7 $J\cdot K^{-1}\cdot mol^{-1}$，在此温度下蒸气压是 7.866

kPa，汽化热为 42.635 kJ·mol^{-1}。计算标准压力 $p^\ominus$ 下，298.15 K 时乙醇蒸气的摩尔标准熵。假定乙醇蒸气为理想气体。

B3-21　已知 Hg(s) 的熔点为 234.15 K，熔化热为 470 kJ·mol^{-1}，Hg(l) 的 $C_{p,m}/(J\cdot K^{-1}\cdot mol^{-1}) = 29.7 - 0.0067(T/K)$，Hg(s) 的 $C_{p,m}/(J\cdot K^{-1}\cdot mol^{-1}) = 26.78$。试求标准压力 $p^\ominus$ 下，323.15 K 的 Hg(l) 与 223.15 K 的 Hg(s) 的摩尔熵之差值。

B3-22　人体活动和生理过程是在恒压下做广义电功的过程。问 1 mol 葡萄糖最多能供应多少能量来供给人体动作和维持生命之用。已知：

葡萄糖的 $\Delta_c H_m^\ominus(298\ K) = -2808\ kJ\cdot mol^{-1}$，$S_m^\ominus(298\ K) = 288.9\ J\cdot K^{-1}\cdot mol^{-1}$；

CO_2 的 $S_m^\ominus(298\ K) = 213.639\ J\cdot K^{-1}\cdot mol^{-1}$；

$H_2O(l)$ 的 $S_m^\ominus(298\ K) = 69.94\ J\cdot K^{-1}\cdot mol^{-1}$；

O_2 的 $S_m^\ominus(298\ K) = 205.029\ J\cdot K^{-1}\cdot mol^{-1}$。

B3-23　在生物细胞中，食物氧化所释放的能量被储存在腺苷三磷酸(ATP)中，ATP 的主要作用在于通过下面的水解反应并放能。

$$ATP^{4-}(aq) + H_2O(l) \rightarrow ADP^{3-}(aq) + HPO_4{}^{2-}(aq) + H_3O^+(aq)$$

在 pH = 7.0(生化标准态)，T = 310 K(血液温度)条件下，水解反应的 $\Delta_r H_m^\ominus = -20\ kJ\cdot mol^{-1}$，$\Delta_r G_m = -31\ kJ\cdot mol^{-1}$。由于 $\Delta_r G_m < 0$。因此，这部分能量可用于做非膨胀功，如由氨基酸合成蛋白质、肌肉收缩、刺激大脑神经循环等。

(1) 计算上述条件下水解过程的熵变；

(2) 设一个典型的生物细胞的半径为 10^{-5} m，在细胞内每秒中发生了 10^6 个 ATP 的水解。细胞的功率为多少？若一个计算机电池的体积为 100 cm^3，功率为 1.5 W。试比较两者的功率大小。

B3-24　由量热法测得氮的有关数据如下，试确定氮在沸点下的规定熵：

$$\int_0^{T_t}\left(\frac{C_{p,m}}{T}\right)dT = 27.2\ J\cdot K^{-1}\cdot mol^{-1}$$

$$\int_{T_t}^{T_f}\left(\frac{C_{p,m}}{T}\right)dT = 23.4\ J\cdot K^{-1}\cdot mol^{-1}$$

$$\int_{T_f}^{T_b}\left(\frac{C_{p,m}}{T}\right)dT = 11.4\ J\cdot K^{-1}\cdot mol^{-1}$$

$$T_t = 10\ K \qquad \Delta_t H_m = 0.229\ kJ\cdot mol^{-1}$$

$$T_f = 63.14\ K \qquad \Delta_f H_m = 0.721\ kJ\cdot mol^{-1}$$

$$T_b = 77.32\ K \qquad \Delta_r H_m = 5.58\ kJ\cdot mol^{-1}$$

T_t、T_f、T_b 分别为转化点、凝固点和沸点，$\Delta_t H_m$、$\Delta_f H_m$ 和 $\Delta_r H_m$ 分别为摩尔转化热、摩尔熔解热和摩尔汽化热。

B3-25　1 mol $H_2O(l)$ 在 100 ℃、$p^\ominus$ 下向真空蒸发成 100 ℃、$p^\ominus$ 下的水汽，此过程是否为等温等压过程？能否用 ΔG 来判断过程方向？若不能，应用什么物理量来判断？该过程的 ΔG 为多少？

B3-26　计算 1 mol $O_2(g)$ 在 100 ℃、$10\times p^\ominus$ 下按下述方式膨胀至压力为 $p^\ominus$ 而体积为 V_2 时的 V_2、T_2、Q、W、ΔU、ΔH、ΔS、ΔA、ΔG。

(1) 恒外压 $p^\ominus$ 下的等温膨胀过程；

(2) 可逆等温过程；

(3) 可逆绝热过程。

B3-27　请计算 1 mol 苯的过冷液体在 −5 ℃，$p^\ominus$ 下凝固的 $\Delta_l^s S$ 和 $\Delta_l^s G$。已知 −5 ℃ 时，固态苯和液态苯的饱和蒸气压分别为 0.0225 $p^\ominus$ 和 0.0264 $p^\ominus$；−5 ℃，$p^\ominus$ 时，苯的摩尔熔化热为 9.860 kJ·mol^{-1}。

B3-28　已知 25 ℃ 时，水的标准摩尔生成吉布斯自由能为 −237.19 kJ·mol^{-1}。在 25 ℃，101.325 kPa 下，用 2.200 V 的直流电使 1 mol 水电解变成 101.325 kPa 的氢和 101.325 kPa 的氧，放热 139 kJ。求该反应

的摩尔熵变。

B3-29　试求以下几种情况下体系的熵变，假设 A，B 均为理想气体，摩尔定压热容分别为 $C_{p,m}(A)$，$C_{p,m}(B)$，且气体的混合是与外界绝热的。

(A) 纯 $A(n,T,p,V)$ + 纯 $B(n,T,p,V) \longrightarrow$ A、B 混合气$(T,p,2V)$

(B) 纯 $A(n,T,p,V)$ + 纯 $B(n,T,p,V) \longrightarrow$ A、B 混合气$(T,2p,V)$

(C) 纯 $A(n,T,p,V)$ + 纯 $A(n,T,p,V) \longrightarrow$ 纯 $A(T,p,2V)$

B3-30　将 298.15 K 的 1 mol O_2 从 $p^\ominus$ 绝热可逆压缩到 $6p^\ominus$，试求 Q、W、ΔU、ΔH、ΔA、ΔG、ΔS 和 $\Delta S_{隔离}$。已知 $S_m(O_2, 298.15\ K) = 205.03\ J \cdot K^{-1} \cdot mol^{-1}$。

B3-31　在 298 K，1.01325×10^5 Pa 下，金刚石的摩尔燃烧焓为 395.26 $kJ \cdot mol^{-1}$，摩尔熵为 2.42 $J \cdot K^{-1} \cdot mol^{-1}$。石墨的摩尔燃烧焓为 393.38 $kJ \cdot mol^{-1}$，摩尔熵为 5.690 $J \cdot K^{-1} \cdot mol^{-1}$。

(1) 求在 298 K，101.325 kPa 下，石墨变为金刚石的 $\Delta_r G_m^\ominus$；

(2) 若金刚石和石墨的密度分别为 $3.510 \times 10^3\ kg \cdot m^{-3}$ 和 $2.260 \times 10^3 kg \cdot m^{-3}$，并设密度不随压力而变化，则在 298 K 下，若使石墨变为金刚石，至少需要多大压力？

B3-32　若 1000 g 斜方硫(S_8)转变为单斜硫(S_8)时，体积增加 0.0138 dm^3。斜方硫和单斜硫在 25 ℃时标准摩尔燃烧热分别为 $-296.7\ kJ \cdot mol^{-1}$，$-297.1\ kJ \cdot mol^{-1}$；在 101.325 kPa 的压力下，两种晶型的正常转化温度为 96.7 ℃。请判断在 100 ℃，506.625 kPa 下，硫的哪一种晶型稳定？设两种晶型的 $C_{p,m}$ 相等(硫的摩尔质量为 0.032 $kg \cdot mol^{-1}$)，且两种晶型转变的体积增加值为常数。

B3-33　假定温度是 80.1 ℃(即苯的沸点)，并设蒸气为理想气体。

求下列各过程中，苯的 ΔA 和 ΔG(设为 1 mol)。

(1)$C_6H_6(l, p^\ominus) \longrightarrow C_6H_6(g, p^\ominus)$

(2)$C_6H_6(l, p^\ominus) \longrightarrow C_6H_6(g, 0.9p^\ominus)$

(3)$C_6H_6(l, p^\ominus) \longrightarrow C_6H_6(g, 1.1p^\ominus)$

根据所得结果能否判断过程的可能性。

B3-34　298 K 时，硫的两种晶型的热力学数据如下：

物质	$\Delta_f H_m^\ominus/(kJ \cdot mol^{-1})$	$S_m^\ominus/(J \cdot K^{-1} \cdot mol^{-1})$	$C_{p,m}/(J \cdot K^{-1} \cdot mol^{-1})$
单斜	0.297	32.55	$14.90 + 29.12 \times 10^{-3} T$
正交	0	31.88	$14.98 + 26.11 \times 10^{-3} T$

(1) 在 298 K，101.3 kPa 下，单斜硫与正交硫何者稳定？

(2) 求出 101.3 kPa 下正交硫与单斜硫平衡共存的温度？

B3-35　已知反应在 298 K 时标准摩尔反应焓为：

(1)$Fe_2O_3(s) + 3C(石墨) \longrightarrow 2Fe(s) + 3CO(g)$，$\Delta_r H_{m,1}^\ominus = 489\ kJ \cdot mol^{-1}$

(2)$2CO(g) + O_2(g) \longrightarrow 2CO_2(g)$，$\Delta_r H_{m,2}^\ominus = -564\ kJ \cdot mol^{-1}$

(3)$C(石墨) + O_2(g) \longrightarrow CO_2(g)$，$\Delta_r H_{m,3}^\ominus = -393\ kJ \cdot mol^{-1}$

且 $O_2(g)$、$Fe(s)$、$Fe_2O_3(s)$ 的 $S_m^\ominus$(298 K) 分别为 205.03、27.15、90.0 $J \cdot K^{-1} \cdot mol^{-1}$。问：298 K，$p^\ominus$ 下的空气能否使 Fe(s) 氧化为 $Fe_2O_3(s)$？(空气中含氧量为 20%)。

B3-36　在 300 K 的恒定温度下，将 10 kg TNT 由 10^5 kPa 缓慢减压至 10^2 kPa，试求算该过程的 Q、W、ΔU、ΔG。已知 TNT 的密度 $\rho = 1.6 \times 10^3\ kg \cdot m^{-3}$，膨胀系数 $\alpha = 2.3 \times 10^{-4}\ K^{-1}$，压缩系数 $\beta = 7.69 \times 10^{-12}\ Pa^{-1}$。该过程可近似看作为可逆减压过程。

B3-37　将 1 mol $H_2O(g)$ 在 373 K 下小心等温压缩，在没有灰尘情况下获得了压力为 2×101.325 kPa 的过热蒸气，但不久全凝结为液态水，请计算该凝聚过程的 ΔH_m、ΔS_m、ΔG_m。

$$H_2O(g, 373\ K, 2p^{\ominus}) \longrightarrow H_2O(l, 373\ K, 2p^{\ominus})$$

已知在该条件下，水的汽化热为 $46.024\ kJ \cdot mol^{-1}$，设气体为理想气体，水的密度为 $1000\ kg \cdot m^{-3}$，液体体积不受压力影响。

B3-38　大气的温度与压力均随高度的增加而降低。压力 p 随高度 h 的变化率由下式表示：

$$dp/dh = -\rho g$$

式中 ρ 为空气的密度，g 为重力加速度。大气的温度随压力的变化可近似地按绝热可逆过程来处理，试求出大气温度 T 随高度 h 的变化率 dT/dh 的数值。假设空气为双原子分子的理想气体，其 $C_{V,m} = (5/2)R$，$M = 29 \times 10^{-3}\ kg \cdot mol^{-1}$，而 $g = 9.81\ m \cdot s^{-2}$。

可扫码观看讲课视频：

第 4 章

多组分体系的热力学

教学目标

1. 理解化学势的定义，掌握组成可变的均相多组分体系的热力学基本方程及其应用，特别是 $dG=-SdT+Vdp+\sum_{B}\mu_{B}dn_{B}$。

2. 理解偏摩尔量的定义、物理意义及其与化学势定义的区别。掌握偏摩尔量的集合公式和 Gibbs-Duhem 方程，了解偏摩尔量的实验测定和同一组分不同偏摩尔量之间的关系。

3. 掌握物质平衡判据的一般形式及相平衡和化学平衡条件。

4. 掌握纯理想气体及其混合物任意组分 B 的化学势等温式，了解化学势的标准态意义。熟悉理想气体混合过程的热力学性质变化。

5. 理解真实气体化学势等温式及逸度、逸度系数的引出定义与计算方法。理解实际气体的标准态意义。

6. 掌握拉乌尔定律表达式及其应用。理解理想液态混合物的概念及其混合过程性质。熟悉理想液态混合物任一组分 B 的化学势等温式及其化学势的标准态。

7. 掌握亨利定律及其各种表达形式的应用对象条件。理解理想稀溶液概念及其溶剂、溶质的化学势等温式与标准态意义。

8. 了解稀溶液依数性及其应用条件，掌握以化学势等温式和相平衡原理来推演依数性的方法。

9. 理解实际溶液对理想溶液、理想稀溶液的偏差，理解实际溶液的溶剂和溶质的化学势等温式及其活度、活度系数的概念与计算方法。

10. 了解渗透系数与超额函数的意义。

教学内容

1. 化学势
2. 偏摩尔数量
3. 理想气体的化学势
4. 实际气体的化学势与逸度
5. 理想液体混合物和理想稀溶液
6. 稀溶液的依数性
7. 非理想溶液活度与化学势

重点难点

1. 化学势的定义、性质。在特定体系条件下某组分化学势的等温式。
2. 偏摩尔数量的定义与性质。
3. 化学势表达式中的参考态与标准态。
4. 拉乌尔(Raoult) 定律和亨利(Henry) 定律的表述与数学等温式。
5. 理想液态混合物的概念、性质及其化学势表达式。
6. 理想稀溶液的概念及溶剂溶质的化学势等温式;理想稀溶液的依数性。
7. 实际气体的逸度 f 与逸度系数 φ 的性质与测定(尤其是通过状态方程、路易斯 — 伦道尔规则、对比状态法)。
8. 实际溶液的活度 a 与活度系数 γ 的性质与测定(尤其是通过蒸气压法与凝固点下降法)。

建议学时 ——6 学时

前几章所讨论的热力学公式只适用于质点数目与种类不发生改变的封闭体系。在这类情况下纯物质的量(n) 或多组分体系中各组分的物质的量(n_B) 为恒量,用两个独立变量就足以表示体系的状态。但是对于质点数目发生改变的体系(包括组分发生改变的封闭体系或敞开体系),各组分的物质的量(n_B) 也是决定体系状态的量。如,封闭体系内发生的相变及化学反应过程;敞开体系中环境与体系间有物质交换;对于这类体系,物质数量的增减必然引起体系热力学性质随之变化,因此有必要辅以多组分体系中各组分的物质的量 n_B 作为状态变量,将组成不变的封闭体系的热力学基本方程推广至质点数目发生改变的体系。

本章引入两个描述多组分体系的重要物理量 ——“化学势(chemical potential)”和“偏摩尔数量(partial molar quantity)”,并讨论它们在单相多组分体系 —— 气体混合物和溶液中的应用。

4.1 化学势

4.1.1 化学势与组成可变体系的热力学基本方程

前两章主要讨论了热力学第一、二定律在封闭体系的应用,现将其扩展至任一热力学平衡体系,此时,体系和环境之间的物质交换也将引起热力学能及熵的改变。假定:体系不做整体运动,且在平衡态都存在单值的状态函数 U 和 S,二者均为广度量。当体系从平衡态 A 经过任一过程到平衡态 B,则

$$\Delta U = U(B) - U(A) = Q + W + \Delta_e U$$

$$\Delta S = S(B) - S(A) = \Delta_i S + \Delta_e S, \text{且 } \Delta_i S \geqslant 0 \binom{\mathrm{IR}}{\mathrm{R}}$$

其中,$\Delta_e U$ 指体系和外界因交换物质而引起的热力学能的改变。

对均相体系，下列组合定义仍然成立

$$H = U + pV, A = U - TS$$

$$G = H - TS = U - TS + pV$$

而对多相体系，这些量则是各个相的相应量之和。

现先讨论均相、只作体积功的质点数目改变的体系的热力学基本方程。对于均相多组分体系，应该考虑组分与组分之间的相互作用往往使它们的性质与纯组分时有所差别。若体系由物质的量分别为 $n_1, n_2, \cdots, n_k$ 的 k 种物质组成，则 U, H, A, G 等的函数关系，常表示为：

$$U = f(S, V, n_1, n_2, \cdots, n_k) \tag{4-1}$$

$$H = f(S, p, n_1, n_2, \cdots, n_k) \tag{4-2}$$

$$A = f(T, V, n_1, n_2, \cdots, n_k) \tag{4-3}$$

$$G = f(T, p, n_1, n_2, \cdots, n_k) \tag{4-4}$$

当状态发生一微小变化时，其热力学能、焓、亥姆霍兹函数和吉布斯函数也可能发生相应的变化，分别可表示为

$$\mathrm{d}U = \left(\frac{\partial U}{\partial S}\right)_{V, n_\mathrm{B}} \mathrm{d}S + \left(\frac{\partial U}{\partial V}\right)_{S, n_\mathrm{B}} \mathrm{d}V + \sum_{\mathrm{B}=1}^{k} \left(\frac{\partial U}{\partial n_\mathrm{B}}\right)_{S, V, n_{\mathrm{C} \neq \mathrm{B}}} \mathrm{d}n_\mathrm{B} \tag{4-5}$$

$$\mathrm{d}H = \left(\frac{\partial U}{\partial S}\right)_{p, n_\mathrm{B}} \mathrm{d}S + \left(\frac{\partial H}{\partial p}\right)_{S, n_\mathrm{B}} \mathrm{d}p + \sum_{\mathrm{B}=1}^{k} \left(\frac{\partial H}{\partial n_\mathrm{B}}\right)_{S, p, n_{\mathrm{C} \neq \mathrm{B}}} \mathrm{d}n_\mathrm{B} \tag{4-6}$$

$$\mathrm{d}A = \left(\frac{\partial A}{\partial T}\right)_{V, n_\mathrm{B}} \mathrm{d}T + \left(\frac{\partial A}{\partial V}\right)_{T, n_\mathrm{B}} \mathrm{d}V + \sum_{\mathrm{B}=1}^{k} \left(\frac{\partial A}{\partial n_\mathrm{B}}\right)_{T, V, n_{\mathrm{C} \neq \mathrm{B}}} \mathrm{d}n_\mathrm{B} \tag{4-7}$$

$$\mathrm{d}G = \left(\frac{\partial G}{\partial T}\right)_{p, n_\mathrm{B}} \mathrm{d}T + \left(\frac{\partial G}{\mathrm{d}p}\right)_{T, n_\mathrm{B}} \mathrm{d}p + \sum_{\mathrm{B}=1}^{k} \left(\frac{\partial G}{\mathrm{d}n_\mathrm{B}}\right)_{T, p, n_{\mathrm{C} \neq \mathrm{B}}} \mathrm{d}n_\mathrm{B} \tag{4-8}$$

上式下标“n_B”表示各组分的物质的量 $n_1, n_2, \cdots, n_k$，均保持恒定，而“$n_{\mathrm{C} \neq \mathrm{B}}$”则表示除了第 B 个组分之外，其他各组分的量 $n_1, n_2, \cdots, n_\mathrm{k}$ 均保持恒定。$\sum\limits_{\mathrm{B}=1}^{k}$ 指组分数（$1 \rightarrow k$）的加和。与封闭体系有关公式对比

$$\mathrm{d}U = T\mathrm{d}S - p\mathrm{d}V \tag{3-154}$$

$$\mathrm{d}H = T\mathrm{d}S + V\mathrm{d}p \tag{3-155}$$

$$\mathrm{d}A = - S\mathrm{d}T - p\mathrm{d}V \tag{3-156}$$

$$\mathrm{d}G = - S\mathrm{d}T + V\mathrm{d}p \tag{3-157}$$

可得

$$\left(\frac{\partial U}{\partial S}\right)_{V, n_\mathrm{B}} = \left(\frac{\partial H}{\partial S}\right)_{p, n_\mathrm{B}} = T \tag{3-162}$$

$$\left(\frac{\partial U}{\partial V}\right)_{S, n_\mathrm{B}} = \left(\frac{\partial A}{\partial V}\right)_{T, n_\mathrm{B}} = - p \tag{3-163}$$

$$\left(\frac{\partial A}{\partial T}\right)_{V, n_\mathrm{B}} = \left(\frac{\partial G}{\partial T}\right)_{p, n_\mathrm{B}} = - S \tag{3-164}$$

$$\left(\frac{\partial H}{\partial p}\right)_{S, n_\mathrm{B}} = \left(\frac{\partial G}{\partial p}\right)_{T, n_\mathrm{B}} = V \tag{3-165}$$

将上述结果代入式(4-5) ～ (4-8) 式，分别可得

$$\mathrm{d}U = T\mathrm{d}S - p\mathrm{d}V + \sum_{\mathrm{B}=1}^{k}\left(\frac{\partial U}{\partial n_{\mathrm{B}}}\right)_{S,V,n_{\mathrm{C}\neq\mathrm{B}}}\mathrm{d}n_{\mathrm{B}} \tag{4-9}$$

$$\mathrm{d}H = T\mathrm{d}S + V\mathrm{d}p + \sum_{\mathrm{B}=1}^{k}\left(\frac{\partial H}{\partial n_{\mathrm{B}}}\right)_{S,p,n_{\mathrm{C}\neq\mathrm{B}}}\mathrm{d}n_{\mathrm{B}} \tag{4-10}$$

$$\mathrm{d}A = - S\mathrm{d}T - p\mathrm{d}V + \sum_{\mathrm{B}=1}^{k}\left(\frac{\partial A}{\partial n_{\mathrm{B}}}\right)_{T,V,n_{\mathrm{C}\neq\mathrm{B}}}\mathrm{d}n_{\mathrm{B}} \tag{4-11}$$

$$\mathrm{d}G = - S\mathrm{d}T + V\mathrm{d}p + \sum_{\mathrm{B}=1}^{k}\left(\frac{\partial G}{\partial n_{\mathrm{B}}}\right)_{T,p,n_{\mathrm{C}\neq\mathrm{B}}}\mathrm{d}n_{\mathrm{B}} \tag{4-12}$$

现在，进一步考察$\left(\frac{\partial U}{\partial n_{\mathrm{B}}}\right)_{S,V,n_{\mathrm{C}\neq\mathrm{B}}}$、$\left(\frac{\partial H}{\partial n_{\mathrm{B}}}\right)_{S,p,n_{\mathrm{C}\neq\mathrm{B}}}$、$\left(\frac{\partial A}{\partial n_{\mathrm{B}}}\right)_{T,V,n_{\mathrm{C}\neq\mathrm{B}}}$和$\left(\frac{\partial G}{\partial n_{\mathrm{B}}}\right)_{T,p,n_{\mathrm{C}\neq\mathrm{B}}}$等物理量含义。以$\left(\frac{\partial U}{\partial n_{\mathrm{B}}}\right)_{S,V,n_{\mathrm{C}\neq\mathrm{B}}}$为例，它相当于在恒熵、恒容以及其他的物质组成不变情况下，加入$\mathrm{d}n_{\mathrm{B}}$的B物质时体系热力学量的变化。或者放大来看，相当于在一恒熵恒容以及组成比例维持不变的庞大体系中，加入一摩尔B物质时体系热力学量的变化，其增量是ΔU与Δn之比在$\Delta n_{\mathrm{B}}\to 0$时的极限值。(体系之大以至于一摩尔B物质之加入犹如在“沧海”中增添“一粟”，其加入并不使体系的组成比例发生变化)。其他各量的含义不言而喻。

$\left(\frac{\partial U}{\partial n_{\mathrm{B}}}\right)_{S,V,n_{\mathrm{C}\neq\mathrm{B}}}$与$\left(\frac{\partial H}{\partial n_{\mathrm{B}}}\right)_{S,p,n_{\mathrm{C}\neq\mathrm{B}}}$、$\left(\frac{\partial A}{\partial n_{\mathrm{B}}}\right)_{T,V,n_{\mathrm{C}\neq\mathrm{B}}}$和$\left(\frac{\partial G}{\partial n_{\mathrm{B}}}\right)_{T,p,n_{\mathrm{C}\neq\mathrm{B}}}$等量具有相同的量纲，它们都相当于指定条件下的“单位物质的量的能量”，属强度性质，可以证明，它们具有相同的物理意义。如定义

$$\mu_{\mathrm{B}} = \left(\frac{\partial U}{\partial n_{\mathrm{B}}}\right)_{S,V,n_{\mathrm{C}\neq\mathrm{B}}} \tag{4-13}$$

将式(4-13)代入(4-9)式，则

$$\mathrm{d}U = T\mathrm{d}S - p\mathrm{d}V + \sum_{\mathrm{B}=1}^{k}\mu_{\mathrm{B}}\mathrm{d}n_{\mathrm{B}} \tag{4-14}$$

如将(4-14)式与定义$H = U + pV$结合起来

$$\mathrm{d}H = T\mathrm{d}S + V\mathrm{d}p + \sum_{\mathrm{B}=1}^{k}\mu_{\mathrm{B}}\mathrm{d}n_{\mathrm{B}} \tag{4-15}$$

同样，以式(4-14)与定义$A = U - TS$和$G = U - TS + pV$结合起来，分别可得

$$\mathrm{d}A = - S\mathrm{d}T - p\mathrm{d}V + \sum_{\mathrm{B}=1}^{k}\mu_{\mathrm{B}}\mathrm{d}n_{\mathrm{B}} \tag{4-16}$$

和

$$\mathrm{d}G = - S\mathrm{d}T + V\mathrm{d}p + \sum_{\mathrm{B}=1}^{k}\mu_{\mathrm{B}}\mathrm{d}n_{\mathrm{B}} \tag{4-17}$$

式(4-14)、(4-15)、(4-16)、(4-17)称为Gibbs方程，适用于组成可变的只做体积功的均相多组分体系的热力学基本方程，是前述适用于组成不变体系的热力学基本方程的扩展。同时，对于近平衡态区的非平衡态也同样适用。

* Gibbs 方程的推广

(1) 有其他功，如电功、磁功、形变功等，上式添加$\sum_{\mathrm{B}} y_{\mathrm{B}}\mathrm{d}x_{\mathrm{B}}$这一项，其中，$y_{\mathrm{B}}$为广义力，$x_{\mathrm{B}}$为广义位移。

(2) 只做体积功，而各相温度及压力都相等的多相体系的热力学基本方程，则将$\sum\mu_{\mathrm{B}}\mathrm{d}n_{\mathrm{B}}$改为

$\sum_{\alpha}\sum_{B}\mu_B^{\alpha}dn_B^{\alpha}$，其中 $\sum_{\alpha}$ 指依相数加和。

以式(4-15)与(4-10)对比，可得

$$\mu_B = \left(\frac{\partial H}{\partial n_B}\right)_{S,p,n_{C\neq B}} \tag{4-18}$$

以式(4-16)与(4-11)对比，可得

$$\mu_B = \left(\frac{\partial A}{\partial n_B}\right)_{T,V,n_{C\neq B}} \tag{4-19}$$

以式(4-17)与(4-12)对比，可得

$$\mu_B = \left(\frac{\partial G}{\partial n_B}\right)_{T,p,n_{C\neq B}} \tag{4-20}$$

故由式(4-13)、(4-18)、(4-19)和(4-20)可得

$$\mu_B = \left(\frac{\partial U}{\partial n_B}\right)_{S,V,n_{C\neq B}} = \left(\frac{\partial H}{\partial n_B}\right)_{S,p,n_{C\neq B}} = \left(\frac{\partial A}{\partial n_B}\right)_{T,V,n_{C\neq B}} = \left(\frac{\partial G}{\partial n_B}\right)_{T,p,n_{C\neq B}} \tag{4-21}$$

显然 $\left(\frac{\partial U}{\partial n_B}\right)_{S,V,n_{C\neq B}}$、$\left(\frac{\partial H}{\partial n_B}\right)_{S,p,n_{C\neq B}}$、$\left(\frac{\partial A}{\partial n_B}\right)_{T,V,n_{C\neq B}}$ 和 $\left(\frac{\partial G}{\partial n_B}\right)_{T,p,n_{C\neq B}}$ 四个物理量分别在四种不同特定条件下具有相同的含义，故统称为**"化学势(chemical potential)"**，均以 μ_B 表示。

必须明确：化学势是状态函数，它是强度量，单位为 $J\cdot mol^{-1}$，其绝对数值不能确定，因此，不同物质的化学势大小不能进行比较；而且，化学势总是指某物质而言的，没有体系化学势的概念，它总是指一个均相体系中某物质的化学势；对于多相体系，则不能笼统地谈体系中某物质的化学势；再则，化学势是关于 $n_1, n_2, \cdots, n_k$ 的零次齐次函数，即

$$\begin{aligned}\mu_B &= \mu_B(T, p, n_1, n_2, \cdots, n_k)\\ &= \mu_B(T, p, x_1, x_2, \cdots, x_{k-1})\end{aligned}$$

表明 μ_B 只是强度量 $T, p, x_1, x_2, \cdots, x_{k-1}$ 的函数。

4.1.2　物质平衡判据

物质平衡(material equilibrium)包括**相平衡**(phase equilibrium)及**化学反应平衡**(reaction equilibrium)。对一般过程方向判据式

$$-dG \geqslant -\delta W'_{T,p} \quad \begin{pmatrix} >,\text{不可逆过程} \\ =,\text{可逆过程} \end{pmatrix}$$

对于无非膨胀功的恒温恒压元过程，则自发方向和限度的判据

$$-dG \geqslant 0 \text{ 或 } dG_{T,p} \leqslant 0 \quad \begin{pmatrix} <,\text{自发过程} \\ =,\text{平衡状态} \end{pmatrix} \tag{4-22}$$

由式(4-17)，在恒温恒压无非膨胀功条件下，体系吉布斯函数的变化取决于物质数量增减(如相间迁移或化学反应)引起的化学势变化

$$dG_{T,p} = \sum_B \mu_B dn_B (\text{或} \sum_{\alpha}\sum_B \mu_B^{\alpha} dn_B^{\alpha}) \tag{4-23}$$

其中 $\sum_{\alpha}$ 代表按相数进行加和。将式(4-22)与(4-23)结合起来：

$$dG_{T,p} = \sum_{B} \mu_B dn_B \leqslant 0 \qquad \begin{pmatrix} <, 自发过程 \\ =, 平衡状态 \end{pmatrix} \tag{4-24}$$

上式为物质平衡判据的一般形式,该式指出:在上述条件下体系物质未达平衡,自发地从化学势高的状态往化学势低的状态过渡,而以达到指定条件下的化学势最低点(物质达平衡态)为其限度。读者可以自证式(4-24)对恒熵恒容、恒熵恒压以及恒温恒容而无非膨胀功发生的三种情况下仍然成立。可见 μ_B 是一个普遍化的判据,其作用与重力场中的势能类似,故称之为"化学势"。式(4-24)为今后讨论"相平衡"和"化学平衡"的一个重要关系式。

例如:设体系有 α 和 β 两相,两相均为多组分,根据式(4-24),有B物质平衡的判据为:

$$\mu_B^{\alpha} dn_B^{\alpha} + \mu_B^{\beta} dn_B^{\beta} \leqslant 0$$

α 相所失等于 β 相所得,即

$$-dn_B^{\alpha} = dn_B^{\beta}$$

则
$$(\mu_B^{\beta} - \mu_B^{\alpha}) dn_B^{\beta} \leqslant 0$$

因
$$dn_B^{\beta} \neq 0$$

故
$$\mu_B^{\alpha} \geqslant \mu_B^{\beta}$$

上式表明,若 $\mu_B^{\alpha} > \mu_B^{\beta}$,则B物质由 α 相转移到 β 相;若 $\mu_B^{\alpha} = \mu_B^{\beta}$,则B物质在两相中的分配达到平衡。由此可见,自发变化的方向总是物质B从化学势 μ_B 较大的相流向化学势 μ_B 较小的相,直到物质B在两相中的化学势 μ_B 相等为止。

在有非膨胀功发生的情况下

$$-dG \geqslant -\delta W'_{T,p} \qquad \begin{pmatrix} >, 不可逆过程 \\ =, 可逆过程 \end{pmatrix} \tag{4-25}$$

故在恒温恒压条件下有非膨胀功发生的可逆过程中

$$-dG = -\sum_{B=1}^{k} \mu_B dn_B = (-\delta W'_{T,p})_R \tag{4-26}$$

上式指出,体系化学势的减少转变为过程所做的最大非膨胀功。

4.2 偏摩尔量

4.2.1 偏摩尔量

在均相多组分体系中,组分间的相互作用常使一摩尔物质的性质不仅与纯态时不同,且随体系的组成比例而变化,这种作用在溶液中更为显著。诸如水和乙醇混合时体积减小,溶液稀释时热效应大小随浓度而变,都属于这类现象。因此,常引入"偏摩尔量"这一概念,以描述在均相多组分体系中每一组分在特定组成比例条件下的某项摩尔性质。

对于一个由物质的量分别为 $n_1, n_2, \cdots, n_k$ 表示的 k 种物质组成的均相多组分体系,其任一广度量(如 V、U、H、S、A 和 G 等)不仅随温度和压力,且随体系的组成变化,如以 Z 表示某一广度量,则

$$Z = f(T, p, n_1, n_2, \cdots, n_k) \tag{4-27}$$

而

$$dZ=\left(\frac{\partial Z}{\partial T}\right)_{p,n_B}dT+\left(\frac{\partial Z}{\partial p}\right)_{T,n_B}dp+\sum_{B=1}^{k}\left(\frac{\partial Z}{\partial n_B}\right)_{T,p,n_{C\neq B}}dn_B \tag{4-28}$$

关于偏微商下标形式及加和号$\sum$的含义，同上节说明而不再重复。而式中$\left(\frac{\partial Z}{\partial n_B}\right)_{T,p,n_{c\neq B}}$一**项相当于在温度为 T、压力为 p 的庞大体系中组成保持除物质 B 外的其他物质的量不变时添加一摩尔 B 物质所引起体系某一广度量 Z 的改变数值，常称为"偏摩尔量(partial molar quantity)"**，以 $Z_{B,m}$ 表示：

$$Z_{B,m}=\left(\frac{\partial Z}{\partial n_B}\right)_{T,p,n_{C\neq B}} \tag{4-29}$$

如以 V、U、H、S、A、G 分别代替上式中的 Z，则可得

$$V_{B,m}=\left(\frac{\partial V}{\partial n_B}\right)_{T,p,n_{C\neq B}} \tag{4-30}$$

$$U_{B,m}=\left(\frac{\partial U}{\partial n_B}\right)_{T,p,n_{C\neq B}} \tag{4-31}$$

$$H_{B,m}=\left(\frac{\partial H}{\partial n_B}\right)_{T,p,n_{C\neq B}} \tag{4-32}$$

$$S_{B,m}=\left(\frac{\partial S}{\partial n_B}\right)_{T,p,n_{C\neq B}} \tag{4-33}$$

$$A_{B,m}=\left(\frac{\partial A}{\partial n_B}\right)_{T,p,n_{C\neq B}} \tag{4-34}$$

$$G_{B,m}=\left(\frac{\partial G}{\partial n_B}\right)_{T,p,n_{C\neq B}} \tag{4-35}$$

$V_{B,m}$、$U_{B,m}$、$H_{B,m}$、$S_{B,m}$、$A_{B,m}$、$G_{B,m}$ 分别称为 B 组分的偏摩尔体积、偏摩尔热力学能……偏摩尔吉布斯函数。

必须明确：只有均相体系才有偏摩尔量的概念，而且必须是在 $T,p,n_{C\neq B}$ 恒定的条件下，均相体系的广度量对 n_B 的偏微商；此外，总是指某物质的某一相态的偏摩尔量，不存在体系的偏摩尔量的概念；偏摩尔量仅仅是个计算量，并非全是实验量，其值可正可负；有些是可测量，如 $V_{B,m}$、$C_{V,B,m}$、$C_{p,B,m}$，有些则是不可测量，如 $U_{B,m}$、$H_{B,m}$、$A_{B,m}$、$G_{B,m}$。

对照上节化学势的概念可知：偏摩尔吉布斯函数就是化学势，且作为判据而常应用。

$$G_{B,m}=\left(\frac{\partial G}{\partial n_B}\right)_{T,p,n_{C\neq B}}=\mu_B \tag{4-36}$$

对于纯物质体系，只含一种组分(B)，显然

$$G_m=\frac{G}{n}=\mu \text{ 或 } G_{B,m}^*=\mu_{B,m}^* \text{（* 号指纯态）} \tag{4-37}$$

偏摩尔吉布斯函数虽为恒温恒压下化学势，但应注意：$U_{B,m}$、$H_{B,m}$、$A_{B,m}$ 因指定条件不同，它们并不等于化学势。

4.2.2 偏摩尔量的性质

在恒温恒压条件下：

$$dZ = \sum_{B=1}^{k} Z_{B,m}dn_B = Z_{1,m}dn_1 + Z_{2,m}dn_2 + \cdots + Z_{k,m}dn_k \tag{4-38}$$

今设想在一容器中自始至终按 $n_1 : n_2 : \cdots : n_k$ 的比例，逐渐加入各组分以至于最后体系中分别含有物质的量 $n_1 : n_2 : \cdots : n_k$ 的 $1,2,\cdots,k$ 等物质。添加过程可用如下积分公式表示

$$Z = \int_O^Z dZ = \int_O^{n_1} Z_{1,m}dn_1 + \int_O^{n_2} Z_{2,m}dn_2 + \cdots + \int_O^{n_k} Z_{k,m}dn_k \tag{4-39}$$

因在添加过程中体系组成比例始终维持 $n_1 : n_2 : \cdots : n_k$ 不变，故各偏摩尔量 $Z_{1,m}, Z_{2,m}, \cdots, Z_{k,m}$ 均为常数。上式积分结果为

$$Z = \sum_{B=1}^{k} n_B Z_{B,m} = n_1 Z_{1,m} + n_2 Z_{2,m} + \cdots + n_k Z_{k,m} \tag{4-40}$$

式(4-40) 的重要意义在于：引入偏摩尔量之后，多组分体系的广度量具有加和性。

例如，在一溶液中，溶液体积为组成它的各组分的物质的量与偏摩尔体积乘积的总和：

$$V = \sum_{B=1}^{k} n_B V_{B,m} = n_1 V_{1,m} + n_2 V_{2,m} + \cdots + n_k V_{k,m} \tag{4-41}$$

式(4-40) 称为“偏摩尔量集合公式”。当组成体系的各组分的物质的量和偏摩尔量为已知时，可自该式求出体系的该项广度量。如对式(4-40) 微分

$$dZ = \sum_{B=1}^{k} n_B dZ_{B,m} + \sum_{B=1}^{k} Z_{B,m}dn_B \tag{4-42}$$

比较式(4-38) 和(4-42) 二式，可得出

$$\sum_{B=1}^{k} n_B dZ_{B,m} = 0 \tag{4-43}$$

上式常称为“吉布斯-杜亥姆”(GibbS-Duhem) 方程。它指出了在恒温恒压条件下，各组分偏摩尔数量之间所必须满足的关系：若体系中有 k 个组分，则由于式(4-43) 的限制，其中只有 $k-1$ 个偏摩尔数量是独立的。其意义从双组分体系的特例中容易看出。当体系只包括两组分时，式(4-38)、(4-40) 和(4-43) 分别可写成

$$dZ = Z_{1,m}dn_1 + Z_{2,m}dn_2 \tag{4-44}$$

$$Z = n_1 Z_{1,m} + n_2 Z_{2,m} \tag{4-45}$$

和

$$n_1 dZ_{1,m} + n_2 dZ_{2,m} = 0 \tag{4-46}$$

式(4-46) 可写成

$$dZ_{2,m} = -\frac{n_1}{n_2}dZ_{1,m} \tag{4-47}$$

由上式可以看出：

(1) 通过适当积分，可以由体系中已知的某一组分的偏摩尔量 $Z_{1,m}$ 求出另一组分的偏摩尔量 $Z_{2,m}$。即 $Z_{1,m}$ 和 $Z_{2,m}$ 二者之间仅有一个是独立的。

(2) 若是一组分的偏摩尔量增加，则另一组分的偏摩尔量必然减少，增减幅度取决于两个组分的物质的量之比$\left(\frac{n_1}{n_2}\right)$。

吉布斯-杜亥姆方程还有另一种表达形式，即将(4-43) 全式除以体系总的物质的量 n 之后$\left(\frac{n_B}{n}=x_B\right)$，公式形式变为：

$$\sum_{B=1}^{k} x_B \mathrm{d}Z_{B,m}=0 \tag{4-48}$$

式中 x_B 为第 B 组分的摩尔分数。在某些场合下应用式(4-48) 比较方便。

以后常遇到的偏摩尔数量为恒温恒压条件下的偏摩尔 Gibbs 函数 $G_{B,m}$，即该指定条件下的化学势 μ_B。在双组分体系中，体系的 Gibbs 函数和化学势间关系如下：

$$G=\sum_B n_B\mu_B=n_1\mu_1+n_2\mu_2 \tag{4-49}$$

$$\mathrm{d}G=\sum_B \mu_B \mathrm{d}n_B=\mu_1\mathrm{d}n_1+\mu_2\mathrm{d}n_2 \tag{4-50}$$

$$n_1\mathrm{d}\mu_1+n_2\mathrm{d}\mu_2=0 \tag{4-51}$$

和

$$x_1\mathrm{d}\mu_1+x_2\mathrm{d}\mu_2=0 \tag{4-52}$$

4.2.3　偏摩尔量间的关系

在第三章中列出的一些封闭体系的热力学函数间关系式(均为 2 个独立变量)，对于敞开体系是否适用?如，在单相由组分 1,2,3,…,k 所组成的多组分体系中，引入各组分的物质的量 n_B，独立变量数由 2 个增加到($k+2$)。但自以下数例可以说明，当应用于敞开体系时，同一组分的不同偏摩尔数量之间关系仍可沿用前述各公式的基本形式，只需把原来封闭体系公式中的容量性质 V、U、H、S、A、G 等改用相应的偏摩尔数量 $V_{B,m}$、$U_{B,m}$、$H_{B,m}$、$S_{B,m}$、$A_{B,m}$、$G_{B,m}$ 等表示就可以。

例如：

$$G=H-TS$$

因为

$$G_{B,m}=\left(\frac{\partial G}{\partial n_B}\right)_{T,p,n_{C\neq B}}=\left(\frac{\partial H}{\partial n_B}\right)_{T,p,n_{C\neq B}}-T\left(\frac{\partial S}{\partial n_B}\right)_{T,p,n_{C\neq B}} \tag{4-53}$$

所以

$$\mu_B=G_{B,m}=H_{B,m}-TS_{B,m}$$

又例如：

$$\left(\frac{\partial H}{\partial T}\right)_p=C_p$$

$$\left(\frac{\partial H_{B,m}}{\partial T}\right)_p=\left[\frac{\partial}{\partial T}\left(\frac{\partial H}{\partial n_B}\right)_{T,p,n_{C\neq B}}\right]_p=\left[\frac{\partial}{\partial n_B}\left(\frac{\partial H}{\partial T}\right)_p\right]_{T,p,n_{C\neq B}}=\left(\frac{\partial C_p}{\partial n_B}\right)_{T,p,n_{C\neq B}}=C_{p,B,m} \tag{4-54}$$

所以

$$\left(\frac{\partial H_{B,m}}{\partial T}\right)_p=C_{p,B,m}$$

对于偏摩尔吉布斯函数的另一些公式可列式对照如下：

$$\left(\frac{\partial G}{\partial T}\right)_p = -S;\left(\frac{\partial G_{B,m}}{\partial T}\right)_p = -S_{B,m} \tag{4-55}$$

$$\left(\frac{\partial G}{\partial p}\right)_T = V;\left(\frac{\partial G_{B,m}}{\partial p}\right)_T = V_{B,m} \tag{4-56}$$

$$\left[\frac{\partial\left(\frac{G}{T}\right)}{\partial T}\right]_p = -\frac{H}{T^2};\left[\frac{\partial\left(\frac{G_{B,m}}{T}\right)}{\partial T}\right]_p = -\frac{H_{B,m}}{T^2} \tag{4-57}$$

4.2.4 偏摩尔量微商相关性

偏摩尔量 $Z_{B,m} = Z_{B,m}(T,p,n_1,n_2,\cdots,n_k)$ 是关于 $n_1,n_2,\cdots,n_k$ 的零次齐次函数，根据 Eular 齐次函数定理，则有

$$\sum_{C=1}^{k} n_C\left(\frac{\partial Z_{B,m}}{\partial n_C}\right)_{T,p,n_{k\neq C}} = 0 \tag{4-58}$$

由偏摩尔量定义式(4-29)

$$Z_{B,m} = \left(\frac{\partial Z}{\partial n_B}\right)_{T,p,n_{k\neq B}}$$

故

$$\begin{aligned}\left(\frac{\partial Z_{B,m}}{\partial n_C}\right)_{T,p,n_{k\neq C}} &= \left[\frac{\partial}{\partial n_C}\left(\frac{\partial Z}{\partial n_B}\right)_{T,p,n_{k\neq B}}\right]_{T,p,n_{k\neq C}} \\ &= \left[\frac{\partial}{\partial n_B}\left(\frac{\partial Z}{\partial n_C}\right)_{T,p,n_{k\neq C}}\right]_{T,p,n_{k\neq B}} \\ &= \left[\frac{\partial Z_{C,m}}{\partial n_B}\right]_{T,p,n_{k\neq B}}\end{aligned}$$

由此可得

$$\sum_{C=1}^{k} n_C\left(\frac{\partial Z_{C,m}}{\partial n_B}\right)_{T,p,n_{k\neq B}} = 0 \tag{4-59}$$

此即偏摩尔量的微商相关性公式，它表明在均相体系中，k 个偏摩尔量 $Z_{C,m}(C = 1,2,\cdots,k)$ 对任一组分的物质的量 n_B 的微商 $\left(\frac{\partial Z_{C,m}}{\partial n_B}\right)_{T,p,n_{k\neq B}}$ 彼此不是完全独立的，其中只有 $k-1$ 个项是独立的。

对双组分均相体系，有

$$n_1\left(\frac{\partial Z_{1,m}}{\partial n_1}\right)_{T,p,n_2} + n_2\left(\frac{\partial Z_{2,m}}{\partial n_1}\right)_{T,p,n_2} = 0 \tag{4-60}$$

也可写作

$$x_1\left(\frac{\partial Z_{1,m}}{\partial x_1}\right)_{T,p} + x_2\left(\frac{\partial Z_{2,m}}{\partial x_1}\right)_{T,p} = 0 \tag{4-61}$$

$$x_1\left(\frac{\partial Z_{1,m}}{\partial x_2}\right)_{T,p} + x_2\left(\frac{\partial Z_{2,m}}{\partial x_2}\right)_{T,p} = 0 \tag{4-62}$$

以上两式表明二组分体系中两个组分的偏摩尔量的微商总是反号或者同时为零。

4.2.5　偏摩尔量的测定方法

偏摩尔量是多组分均相体系的强度量，其测定原理主要依据它的定义和性质。偏摩尔量的测定方法大致可分为图解法和分析法两大类，下面以二组分体系的偏摩尔体积的测定方法为例说明，这些方法对于其他偏摩尔量的测定仍然适用，但根据所考虑广度量不同，常需作出相应的假定。

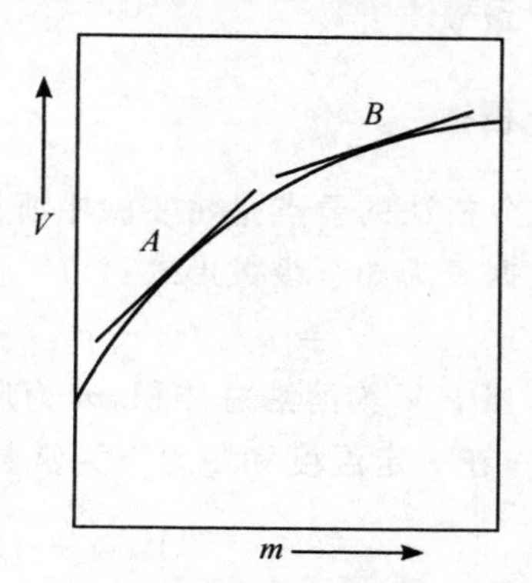

图 4-1　偏摩尔体积的图解测定法

图解法

图解法的要点是测定溶液总体积 V 随质量摩尔浓度 m 的变化关系，作 V-m 图，由 V-m 曲线斜率求出每一浓度（如图 4-1 中的 A 和 B 点）下溶质的偏摩尔体积 $V_{2,\mathrm{m}}$，再根据公式：

$$V = n_1 V_{1,\mathrm{m}} + n_2 V_{2,\mathrm{m}} \tag{4-63}$$

$$V_{1,\mathrm{m}} = \frac{V - n_2 V_{2,\mathrm{m}}}{n_1} \tag{4-64}$$

由 V、$V_{2,\mathrm{m}}$、n_2、n_1 的数据计算该浓度下的 $V_{1,\mathrm{m}}$，按定义，质量摩尔浓度

$$m = \frac{n_2}{W_1} = \frac{n_2}{n_1 M_1} \tag{4-65}$$

式中 W_1、n_1、M_1 分别为溶剂的质量克数、物质的量和摩尔质量；n_2 为溶质的物质的量。当溶剂质量 W_1 为 1 kg 时：

$$m = n_2 \tag{4-66}$$

而

$$\mathrm{d}m = \mathrm{d}n_2 \tag{4-67}$$

故

$$V_{2,\mathrm{m}} = \left(\frac{\partial V}{\partial n_2}\right)_{T,p,n_1} = \left(\frac{\partial V}{\partial m}\right)_{T,p,n_1} \tag{4-68}$$

因此，可以直接自 V-m 曲线上的斜率求出 $V_{2,\mathrm{m}}$。

截距法

上述图解法的准确度较差，另一种形式的图解法 —— 截距法则较常采用。此法的要点是定义“平均摩尔体积”V_m

$$V_\mathrm{m} = \frac{V}{n_1 + n_2} \tag{4-69}$$

由偏摩尔量微商相关性可以证明

$$V_{1,\mathrm{m}} = V_\mathrm{m} - x_2 \left(\frac{\partial V_\mathrm{m}}{\partial x_2}\right)_{T,p} \tag{4-70}$$

和

$$V_{2,\mathrm{m}} = V_\mathrm{m} - x_1 \left(\frac{\partial V_\mathrm{m}}{\partial x_1}\right)_{T,p} = V_\mathrm{m} + (1 - x_2) \left(\frac{\partial V_\mathrm{m}}{\partial x_2}\right)_{T,p} \tag{4-71}$$

则如以实验数据作 V_m-x_2 图(图 4-2),图中 P 点的切线在 $x_2=0$(即 $x_1=1$) 轴上的截距 O_1I_1,即为组分 1 的偏摩尔体积 $V_{1,m}$ 而在 $x_2=1$(即 $x_1=0$) 轴上的截距 O_2I_2 即为组分 2 的偏摩尔体积 $V_{2,m}$。(参考图 4-2) 用此法可求出各种浓度下的 $V_{1,m}$ 和 $V_{2,m}$。

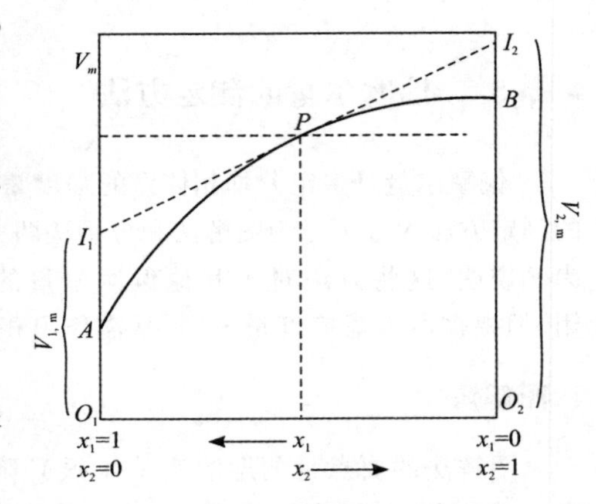

图 4-2 截矩法测定偏摩尔体积

分析法

分析法的要点是将实验中所得 V 随 m 变化关系数据表为如下级数形式:

$$V=a+bm+cm^2+\cdots \tag{4-72}$$

其中 V 为溶液总体积,m 为质量摩尔浓度,a、b、$c\cdots$ 在一定温度和压力下为常数。如以 1 代表溶剂而 2 代表溶质,则

$$V_{2,m}=\left(\frac{\partial V}{\partial n_2}\right)_{n_1}=\left(\frac{\partial V}{\partial m}\right)_{n_1}=b+2cm+\cdots \tag{4-73}$$

以式(4-72) 与(4-63) 结合起来

$$a+bm+cm^2+\cdots=n_1V_{1,m}+n_2V_{2,m} \tag{4-74}$$

$$V_{1,m}=\frac{(a+bm+cm^2+\cdots)-n_2V_{2,m}}{n_1} \tag{4-75}$$

当溶剂质量为 1 kg 时,n_2 在数值上等于 m

$$V_{1,m}=\frac{(a+bm+cm^2+\cdots)-mV_{2,m}}{n_1} \tag{4-76}$$

以式(4-73) 结果代入上式

$$V_{1,m}=\frac{(a+bm+cm^2+\cdots)-(b+2cm+\cdots)m}{n_1}$$

或

$$V_{1,m}=\frac{a-cm^2+\cdots}{n_1} \tag{4-77}$$

所以由式(4-73) 和(4-77) 两式分别可求得在浓度为 m 时的 $V_{2,m}$ 和 $V_{1,m}$ 值。

〔例 1〕 已知 25 ℃ 和 $p^\ominus$ 压力下 NaCl 水溶液的体积 V(以 cm^3 表示) 随质量摩尔浓度 m 变化关系如下:

$V=1001.38+16.6253m+1.7738m^{\frac{3}{2}}+0.1194m^2$

或者是,对于 1000 克水而言,将 V 表示为 NaCl 物质的量(n_2) 的关系为:

$V=1001.38+16.6253n_2+1.7738n_2^{\frac{3}{2}}+0.1194n_2^2$

试计算出 NaCl 浓度为 0.5 mol · kg^{-1} 时的 $V_{NaCl,m}$ 和 $V_{H_2O,m}$ 值

〔解〕

$$n_1=\frac{1000}{M_{H_2O}}=\frac{1000\ g}{18.016\ g\cdot mol^{-1}}=55.51\ mol$$

$$V_{NaCl,m}=\left(\frac{\partial V}{\partial m}\right)_{n_1}=16.6253+2.6607m^{\frac{1}{2}}+0.2388m$$

$$= 16.6253 + 2.6607 \times (0.5)^{\frac{1}{2}} + 0.2388 \times (0.5)$$
$$= 16.6253 + 1.8814 + 0.1194$$
$$= 18.6261\ \mathrm{cm^3 \cdot mol^{-1}}$$

$$V_{\mathrm{H_2O,m}} = \frac{V - n_{\mathrm{NaCl}} V_{\mathrm{NaCl,m}}}{n_{\mathrm{H_2O}}}$$
$$= \frac{1001.38 + (1.7738 - 2.6607)m^{\frac{3}{2}} + (0.1194 - 0.2388)m^2}{55.51}$$
$$= 18.04 - 0.01598m^{\frac{3}{2}} - 0.002151m^2$$
$$= 18.04 - 0.01598(0.5)^{\frac{3}{2}} - 0.002151(0.5)^2$$
$$= 18.03\ \mathrm{cm^3 \cdot mol^{-1}}$$

4.2.6 多组分体系的 Maxwell 关系式和特性函数

Maxwell 关系式

对于只作体积功的均相体系，其 Gibbs 方程(4-14) ～ (4-17) 为

$$\mathrm{d}U = T\mathrm{d}S - p\mathrm{d}V + \sum_{\mathrm{B}=1}^{k} \mu_{\mathrm{B}} \mathrm{d}n_{\mathrm{B}}$$

$$\mathrm{d}H = T\mathrm{d}S + V\mathrm{d}p + \sum_{\mathrm{B}=1}^{k} \mu_{\mathrm{B}} \mathrm{d}n_{\mathrm{B}}$$

$$\mathrm{d}A = -S\mathrm{d}T - p\mathrm{d}V + \sum_{\mathrm{B}=1}^{k} \mu_{\mathrm{B}} \mathrm{d}n_{\mathrm{B}}$$

$$\mathrm{d}G = -S\mathrm{d}T + V\mathrm{d}p + \sum_{\mathrm{B}=1}^{k} \mu_{\mathrm{B}} \mathrm{d}n_{\mathrm{B}}$$

这些基本方程的全微分条件即是 Maxwell 关系式。以 G 为例，则是：

$$\left(\frac{\partial S}{\partial p}\right)_{T,n} = -\left(\frac{\partial V}{\partial T}\right)_{p,n} \tag{4-78}$$

$$\left(\frac{\partial \mu_{\mathrm{B}}}{\partial T}\right)_{p,n} = -\left(\frac{\partial S}{\partial n_{\mathrm{B}}}\right)_{T,p,n_{\mathrm{C}\neq\mathrm{B}}} = -S_{\mathrm{B,m}} \tag{4-79}$$

$$\left(\frac{\partial \mu_{\mathrm{B}}}{\partial p}\right)_{T,n} = \left(\frac{\partial V}{\partial n_{\mathrm{B}}}\right)_{T,p,n_{\mathrm{C}\neq\mathrm{B}}} = V_{\mathrm{B,m}} \tag{4-80}$$

$$\left(\frac{\partial \mu_{\mathrm{B}}}{\partial n_{\mathrm{C}}}\right)_{T,p,n_{k\neq\mathrm{C}}} = \left(\frac{\partial \mu_{\mathrm{C}}}{\partial n_{\mathrm{B}}}\right)_{T,p,n_{k\neq\mathrm{B}}} \quad (\mathrm{B,C} = 1,2,\cdots,k) \tag{4-81}$$

特性函数

对于只作体积功的均相组成可变体系，只要选择适当的独立变量，如函数

$$U = U(S,V,n_1,n_2,\cdots,n_k)$$
$$H = H(S,p,n_1,n_2,\cdots,n_k)$$
$$A = A(T,V,n_1,n_2,\cdots,n_k)$$

$$G = G(T, p, n_1, n_2, \cdots, n_k)$$

那么，通过简单的代数及微商运算，可得出体系的各热力学性质，则称该函数是体系相应独立变量的特性函数。

思考题：试以 G 作为 $T, p, n_1, n_2, \cdots, n_k$ 独立变量的特性函数，说明其不仅可以确定体系整体的各热力学量，而且还可确定完全体系中各物质的诸偏摩尔量。

〔解〕 从 G 的热力学基本方程(4-17)得

$$S = -\left(\frac{\partial G}{\partial T}\right)_{p,n}$$

$$V = \left(\frac{\partial G}{\partial p}\right)_{T,n}$$

$$\mu_{\mathrm{B}} = \left(\frac{\partial G}{\partial n_{\mathrm{B}}}\right)_{T,p,n_{\mathrm{C}\neq\mathrm{B}}}$$

从定义式可得

$$U = G + TS - pV = G - T\left(\frac{\partial G}{\partial T}\right)_{p,n} - p\left(\frac{\partial G}{\partial p}\right)_{T,n} \tag{4-82}$$

$$H = G + TS = G - T\left(\frac{\partial G}{\partial T}\right)_{p,n} \tag{4-83}$$

$$A = G - pV = G - p\left(\frac{\partial G}{\partial p}\right)_{T,n} \tag{4-84}$$

$$C_p = \left(\frac{\partial H}{\partial T}\right)_{p,n} = -T\left(\frac{\partial^2 G}{\partial T^2}\right)_{p,n} = T\left(\frac{\partial S}{\partial T}\right)_{p,n} \tag{4-85}$$

$$C_V = \frac{T\left\{\left[\frac{\partial}{\partial T}\left(\frac{\partial G}{\partial p}\right)_{T,n}\right]_{p,n}\right\}^2 - T\left(\frac{\partial^2 G}{\partial T^2}\right)_{p,n}\left(\frac{\partial^2 G}{\partial p^2}\right)_{T,n}}{\left(\frac{\partial^2 G}{\partial p^2}\right)_{T,n}} \tag{4-86}$$

从各物质的化学势入手表示各物质的诸偏摩尔量

$$S_{\mathrm{B,m}} = -\left(\frac{\partial \mu_{\mathrm{B}}}{\partial T}\right)_{p,n} \tag{4-87}$$

$$V_{\mathrm{B,m}} = \left(\frac{\partial \mu_{\mathrm{B}}}{\partial p}\right)_{T,n} \tag{4-88}$$

$$H_{\mathrm{B,m}} = \mu_{\mathrm{B}} + TS_{\mathrm{B,m}} = \mu_{\mathrm{B}} - T\left(\frac{\partial \mu_{\mathrm{B}}}{\partial T}\right)_{p,n} \tag{4-89}$$

$$A_{\mathrm{B,m}} = \mu_{\mathrm{B}} - pV_{\mathrm{B,m}} = \mu_{\mathrm{B}} - p\left(\frac{\partial \mu_{\mathrm{B}}}{\partial p}\right)_{T,n} \tag{4-90}$$

$$U_{\mathrm{B,m}} = \mu_{\mathrm{B}} + TS_{\mathrm{B,m}} - pV_{\mathrm{B,m}} = \mu_{\mathrm{B}} - T\left(\frac{\partial \mu_{\mathrm{B}}}{\partial T}\right)_{p,n} - p\left(\frac{\partial \mu_{\mathrm{B}}}{\partial p}\right)_{T,n} \tag{4-91}$$

$$C_{p,\mathrm{B,m}} = -T\left(\frac{\partial^2 \mu_{\mathrm{B}}}{\partial T^2}\right)_{p,n} = T\left(\frac{\partial S_{\mathrm{B,m}}}{\partial T}\right)_{p,n} \tag{4-92}$$

$$C_{V,\mathrm{B,m}} = \frac{T\left\{\left[\frac{\partial}{\partial T}\left(\frac{\partial \mu_{\mathrm{B}}}{\partial p}\right)_{T,n}\right]_{p,n}\right\}^2 - T\left(\frac{\partial^2 \mu_{\mathrm{B}}}{\partial T^2}\right)_{p,n}\left(\frac{\partial^2 \mu_{\mathrm{B}}}{\partial p^2}\right)_{T,n}}{\left(\frac{\partial^2 \mu_{\mathrm{B}}}{\partial p^2}\right)_{T,n}} \tag{4-93}$$

今后将结合具体体系，阐述上述关系式在多组分体系中的作用。从上述所得结果可知，如果 μ_B 与组成关系知道了，便可推得其他偏摩尔量与组成的关系以及体系作为整体的性质与组成的关系。因此，找出化学势 μ_B 与组成的关系是解决问题的关键。

热力学偏微商之间的关系

热力学函数之间关系式很多，其求证方法也不拘一格，常用证法归纳如下：

证法一：从热力学基本方程出发证明；

证法二：从链关系出发证明；

证法三：从循环关系证明；

证法四：从 Maxwell 关系式出发证明；

证法五：应用 Jacobi 行列式证明。

求证热力学函数之间关系，如果涉及独立变量的变换，往往难免冗长的数学处理。运用 Jacobi 运算法可以简化数学步骤。

〔例 2〕　请证明 $\left(\dfrac{\partial S}{\partial n_B}\right)_{T,V,n_{j\neq B}} = S_{B,m} - V_{B,m}\left(\dfrac{\partial p}{\partial T}\right)_{V,n}$

〔证〕

$$\left(\frac{\partial S}{\partial n_B}\right)_{T,V,n_{j\neq B}} = \frac{\partial(S,T,V,n_{j\neq B})}{\partial(n_B,T,V,n_{j\neq B})} = \frac{\partial(S,T,V,n_{j\neq B})}{\partial(n_B,T,p,n_{j\neq B})} \times \frac{\partial(n_B,T,p,n_{j\neq B})}{\partial(n_B,T,V,n_{j\neq B})}$$

$$= \left[\left(\frac{\partial S}{\partial n_B}\right)_{T,p,n_{j\neq B}}\left(\frac{\partial V}{\partial p}\right)_{T,n} - \left(\frac{\partial S}{\partial p}\right)_{T,n}\left(\frac{\partial V}{\partial n_B}\right)_{T,p,n_{j\neq B}}\right] \times \left(\frac{\partial p}{\partial V}\right)_{T,n}$$

$$= S_{B,m} - V_{B,m}\left(\frac{\partial S}{\partial p}\right)_{T,n}\left(\frac{\partial p}{\partial V}\right)_{T,n}$$

$$= S_{B,m} - V_{B,m}\left(\frac{\partial S}{\partial V}\right)_{T,n}$$

$$= S_{B,m} - V_{B,m}\left(\frac{\partial p}{\partial T}\right)_{V,n}$$

4.3　理想气体的化学势

4.3.1　纯理想气体的化学势等温式及热力学性质

纯理想气体的化学势等温式

纯理想气体的偏摩尔体积即为其摩尔体积，而偏摩尔吉布斯函数（化学势）即为其摩尔吉布斯函数。

即
$$V_{B,m} = V_m \tag{4-94}$$
和
$$\mu_B = G_{B,m} = G_m \tag{4-95}$$
纯物质理想气体的热力学基本方程为
$$d\mu = -S_m dT + V_m dp \tag{4-96}$$
在温度恒定条件下，有

$$d\mu = V_{B,m}dp = V_m dp \tag{4-97}$$

理想气体

$$V_m = \frac{RT}{p}$$

故

$$d\mu = \frac{RT}{p}dp = RT\,d\ln p \tag{4-98}$$

设在指定温度 T、压力为标准压力 $p^\ominus$ 时的化学势用 $\mu^\ominus(T)$ 表示。$\mu^\ominus(T)$ 称为“标准态化学势”。则任意态下化学势随压力变化关系可导出如下：

$$\int_{\mu^\ominus}^{\mu} d\mu = RT\int_{p^\ominus}^{p} d\ln p \tag{4-99}$$

$$\mu - \mu^\ominus = RT\ln\frac{p}{p^\ominus}$$

或

$$\mu = \mu^\ominus(T) + RT\ln\frac{p}{p^\ominus} \tag{4-100}$$

式(4-100)表达了在一定温度下理想气体化学势随压力变化关系，而温度对化学势的影响则概括在 $\mu^\ominus(T)$ 中，即 $\mu^\ominus$ 为温度的函数。

热力学性质

对于组成确定的均相封闭体系 $\mu(T,p) = \mu^\ominus(T) + RT\ln\left(\frac{p}{p^\ominus}\right)$，依据特性函数法可得出纯理想气体体系全部热力学性质：

$$S_m(T,p) = -\left(\frac{\partial\mu}{\partial T}\right)_p = S_m^\ominus(T) - R\ln\left(\frac{p}{p^\ominus}\right) \tag{4-101}$$

$$V_m(T,p) = \left(\frac{\partial\mu}{\partial p}\right)_T = \frac{RT}{p} \tag{4-102}$$

$$H_m(T,p) = \mu(T,p) + TS_m(T,p) = H_m^\ominus(T) \tag{4-103}$$

$$U_m(T,p) = H_m(T,p) - pV_m(T,p) = U_m^\ominus(T) \tag{4-104}$$

$$A_m(T,p) = U_m - TS_m(T,p) = A_m^\ominus + RT\ln\left(\frac{p}{p^\ominus}\right) \tag{4-105}$$

$$C_{p,m}(T,p) = \left(\frac{\partial H_m}{\partial T}\right)_p = C_{p,m}^\ominus(T) \tag{4-106}$$

$$C_{V,m}(T,p) = \left(\frac{\partial U_m}{\partial T}\right)_V = C_{V,m}^\ominus(T) \tag{4-107}$$

据此，亦可推出在等温、不同压力的两个状态的热力学函数差公式：

$$\Delta H_m = H_m(T,p_2) - H_m(T,p_1) = 0 \tag{4-108}$$

$$\Delta U_m = U_m(T,p_2) - U_m(T,p_1) = 0 \tag{4-109}$$

$$\Delta C_{p,m} = C_{p,m}(T,p_2) - C_{p,m}(T,p_1) = 0 \tag{4-110}$$

$$\Delta\mu = \mu(T,p_2) - \mu(T,p_1) = RT\ln\left(\frac{p_2}{p_1}\right) \tag{4-111}$$

$$\Delta S_m = S_m(T,p_2) - S_m(T,p_1) = R\ln\left(\frac{p_1}{p_2}\right) \tag{4-112}$$

4.3.2　理想气体混合物某组分的化学势等温式及热力学性质

化学势等温式

理想气体混合物又称“混合理想气体”，在这类体系中分子间的相互作用可以忽略，故混合后每一组分的性质与混合前相同。实际气体只有在低压下以及混合过程中没有化学反应发生时才能满足这一假定。

可以用以下模型以建立起混合气体中某一组分的化学势等温式。

由实验得知金属钯可以作为氢气的半透膜，它只让氢气自由通过而不让其他气体通过。如图 4-3 所示，在一密闭容器中用钯膜将其隔成两部分：一边容有氢气而另一边容有氢和氮的混合物，当氢气通过钯膜在容器两边扩散达到平衡时，两边氢气的压力应相等，其化学势亦应相等。

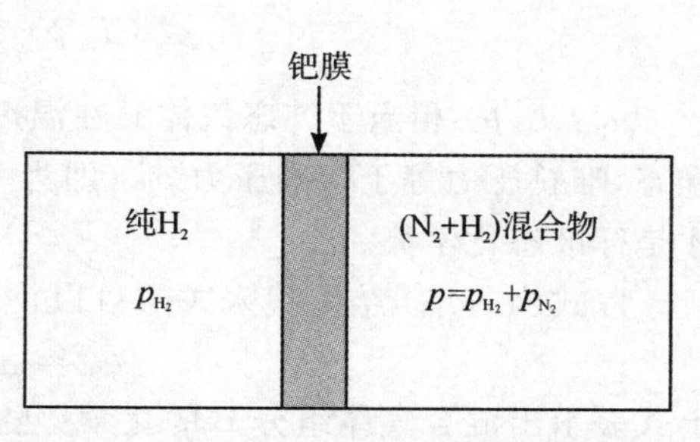

图 4-3　混合理想气体中某一组分的化学位

$$(p_{H_2})_{混合物} = (p_{H_2})_{纯} = p^*_{H_2}$$
$$(\mu_{H_2})_{混合物} = (\mu_{H_2})_{纯} = \mu^*_{H_2}$$

已知

$$\mu^*_{H_2} = (\mu_{H_2})_{纯} = \mu^\ominus_{H_2} + RT\ln\frac{p^*_{H_2}}{p^\ominus}$$

所以

$$(\mu_{H_2})_{混合物} = \mu^\ominus_{H_2} + RT\ln\frac{p^*_{H_2}}{p^\ominus}$$
$$= \mu^\ominus_{H_2} + RT\ln\left[\frac{(p_{H_2})_{混合物}}{p^\ominus}\right]$$

可见，在混合理想气体中某一组分的化学势公式与在纯组分时类似，不同之处是用它在混合体系中的分压力代替纯组分的压力。若将以上模型推广至任意B种气体，则可得其在纯态时及在混合理想气体中的化学势等温式(chemical potential isotherm)分别为：

$$\mu^*_B = \mu^\ominus_B(T) + RT\ln\left(\frac{p^*_B}{p^\ominus}\right)$$
$$\mu_B = \mu^\ominus_B(T) + RT\ln\left(\frac{p_B}{p^\ominus}\right) \tag{4-113}$$

式中B代表任意第B种组分，符号 $*$ 代表纯态，p^*_B 代表纯组分理想气体压力，p_B 代表混合体系中B组分的分压力。$\mu^\ominus_B(T)$ 均指纯态时的标准化学势，即式(4-100)中的 $\mu^\ominus(T)$，仅为温度的函数。

在混合理想气体中，每一组分的分压力 p_B 与总压 p 以及其摩尔分数 x_B 之间有如下关系：

$$p_B = px_B$$

代入(4-113) 式

$$\mu_B = \mu_B^{\ominus}(T) + RT\ln\left(\frac{p_B}{p^{\ominus}}\right) = \mu_B^{\ominus}(T) + RT\ln\left(\frac{px_B}{p^{\ominus}}\right)$$

或

$$\mu_B = \left[\mu_B^{\ominus}(T) + RT\ln\left(\frac{p}{p^{\ominus}}\right)\right] + RT\ln x_B \tag{4-114}$$

在一定温度和总压力条件下，$RT\ln\left(\frac{p}{p^{\ominus}}\right)$为一常数，中括号项为一取决于温度和总压力的常数，以 $\mu_B^*(T,p)$ 表示之，即

$$\mu_B^*(T,p) = \mu_B^{\ominus}(T) + RT\ln\left(\frac{p}{p^{\ominus}}\right) \tag{4-115}$$

$\mu_B^*(T,p)$ 相当于纯态气体 B 在温度为 T 和总压为 p 时的化学势，这个状态显然不是标准态，唯总压力等于标准压力 $p^{\ominus}$（即为 100 kPa）时，$\mu_B^*(T,p)$ 还原为 $\mu_B^*(T,p^{\ominus})$ 或 $\mu_B^{\ominus}(T)$，才是标准态化学势。

以式(4-115) 结果代入式(4-114) 得

$$\mu_B = \mu_B^*(T,p) + RT\ln x_B \tag{4-116}$$

上式表示出混合气体组分 B 的化学势随其摩尔分数 x_B 变化关系。

上式亦可表达为

$$\frac{\mu_B - \mu_B^*(T,p)}{RT} = \ln x_B \tag{4-117}$$

式中左边的量具有依数性，即它们与物质种类及性质都无关，只取决于该物质的相对数量。

热力学性质

对于混合理想气体，$\mu_B(T,p,n_B) = \mu_B^*(T,p) + RT\ln x_B$，依据特性函数法可得各物质偏摩尔量：

$$V_{B,m} = \left(\frac{\partial \mu_B}{\partial p}\right)_{T,n} = V_B^*(T,p) \tag{4-118}$$

$$S_{B,m} = -\left(\frac{\partial \mu_B}{\partial T}\right)_{p,n} = S_B^*(T,p) - R\ln x_B \tag{4-119}$$

$$H_{B,m} = \mu_B + TS_{B,m} = H_B^*(T,p) \tag{4-120}$$

$$U_{B,m} = H_{B,m} - pV_{B,m} = U_B^*(T,p) \tag{4-121}$$

$$A_{B,m} = U_{B,m} - TS_{B,m} = A_B^*(T,p) + RT\ln x_B \tag{4-122}$$

$$C_{p,B,m} = \left(\frac{\partial C_p}{\partial n_B}\right)_{T,p,n_{C\neq B}} = C_{p,B}^* \tag{4-123}$$

$$C_{V,B,m} = C_{V,B}^* \tag{4-124}$$

据此可推出混合理想气体体系的各热力学性质：

$$V = \sum_B n_B V_{B,m} = \sum_B n_B V_B^* = (\sum_B n_B)\frac{RT}{p} \tag{4-125}$$

$$U=\sum_{B}n_{B}U_{B,m}=\sum_{B}n_{B}U_{B}^{*} \tag{4-126}$$

$$H=\sum_{B}n_{B}H_{B,m}=\sum_{B}n_{B}H_{B}^{*} \tag{4-127}$$

$$C_{p}=\sum_{B}n_{B}C_{p,B}^{*} \tag{4-128}$$

$$C_{V}=\sum_{B}n_{B}C_{V,B}^{*} \tag{4-129}$$

$$A=\sum_{B}n_{B}A_{B,m}=\sum_{B}n_{B}(A_{B}^{*}+RT\ln x_{B}) \tag{4-130}$$

$$G=\sum_{B}n_{B}G_{B,m}=\sum_{B}n_{B}[\mu_{B}^{*}(T,p)+RT\ln x_{B}] \tag{4-131}$$

$$S=\sum_{B}n_{B}S_{B,m}=\sum_{B}n_{B}[S_{B}^{*}(T,p)-R\ln x_{B}] \tag{4-132}$$

理想气体混合过程中热力学性质的变化

现在，以理想气体为典型，考察混合体系中某些热力学性质的变化，从中可以得出一些有意义的结论。

今以 $Z_{始}$ 及 $Z_{终}$ 分别表示在一定温度 T 和压力 p 条件下纯物质和混合物的热力学量。若体系中有 k 个组分，它们的物质的量和化学势分别以 n_B 和 μ_B 表示，则

$$Z_{始}=\sum_{B}n_{B}Z_{B}^{*}$$

$$Z_{终}=\sum_{B}n_{B}Z_{B}$$

理想气体等温等压混合热力学量为

$$\Delta_{mix}Z=Z_{终}-Z_{始}=\sum_{B}n_{B}Z_{B,m}-\sum_{B}n_{B}Z_{B}^{*} \tag{4-133}$$

其混合摩尔热力学量为

$$\Delta_{mix}Z_{m}=\sum_{B}x_{B}Z_{B,m}-\sum_{B}x_{B}Z_{B}^{*} \tag{4-134}$$

$Z_{B,m}$ 是混合物中 B 物质的偏摩尔量，Z_B^* 为纯物质 B 的摩尔量，下标 mix 意混合。由式(4-125)～(4-132) 混合理想气体热力学性质可方便推出下列等温等压混合规律：

$$\Delta_{mix}V=\sum_{B}n_{B}V_{B,m}-\sum_{B}n_{B}V_{B}^{*}=0 \tag{4-135}$$

$$\Delta_{mix}U=\sum_{B}n_{B}U_{B,m}-\sum_{B}n_{B}U_{B}^{*}=0 \tag{4-136}$$

$$\Delta_{mix}H=\sum_{B}n_{B}H_{B,m}-\sum_{B}n_{B}H_{B}^{*}=0 \tag{4-137}$$

$$\Delta_{mix}S=\sum_{B}n_{B}S_{B,m}-\sum_{B}n_{B}S_{B}^{*}=-\sum_{B}n_{B}R\ln x_{B}=-nR\sum_{B}x_{B}\ln x_{B} \tag{4-138}$$

$$\Delta_{mix}A=\sum_{B}n_{B}A_{B,m}-\sum_{B}n_{B}A_{B}^{*}=\sum_{B}(n_{B}RT\ln x_{B})=nRT\sum_{B}x_{B}\ln x_{B} \tag{4-139}$$

$$\Delta_{mix}G=\sum_{B}n_{B}G_{B,m}-\sum_{B}n_{B}G_{B}^{*}=\sum_{B}(n_{B}RT\ln x_{B})=nRT\sum_{B}x_{B}\ln x_{B} \tag{4-140}$$

$$\Delta_{mix}C_{p}=0 \tag{4-141}$$

$$\Delta_{mix}C_{V}=0 \tag{4-142}$$

以上诸式中 n 为体系总的物质的量，而 $n_B = x_B n$。因 x_B 为小于1的正数，$\ln x_B$ 恒为负值。故一定温度和压力下

$$\Delta_{mix}G < 0, \Delta_{mix}S > 0$$

即，各种理想气体可任意混合。

若体系中仅含两种组分，则

$$\Delta_{mix}G = nRT(x_1\ln x_1 + x_2\ln x_2) \tag{4-143}$$

令 $x_1 = x$ 则 $x_2 = 1 - x_1 = 1 - x$ 上式可改写成：

$$\Delta_{mix}G = nRT[x\ln x + (1-x)\ln(1-x)] \tag{4-144}$$

作 $\frac{\Delta_{mix}G}{nRT}$-$x$ 图，由上式可见，当 $x = 0$ 和 $x = 1$ 时，$\frac{\Delta_{mix}G}{nRT} = 0$；求极值，可在 $x = \frac{1}{2}$ 处得出一最低点，曲线的分布是对称的，如图 4-4 所示。可见当二气体等量（等摩尔）混合时，混合物的吉布斯函数最低。

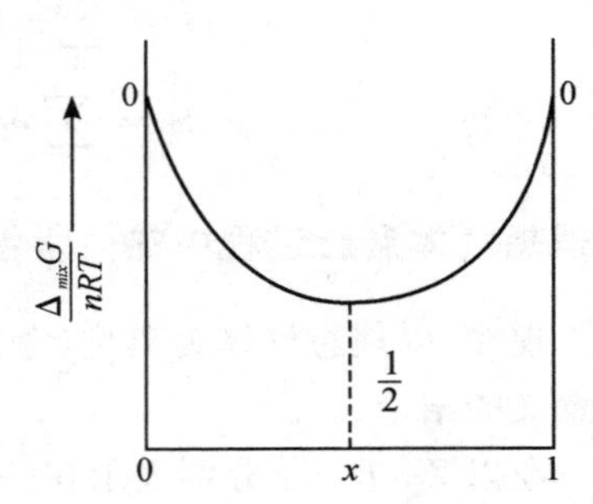

图 4-4　双组合混合物的 $\frac{\Delta_{mix}G}{nRT}$ 图

同理，对于仅含两个组分的混合物，可得

$$\Delta_{mix}S = -nR(x_1\ln x_1 + x_2\ln x_2) \tag{4-145}$$

亦即

$$\Delta_{mix}S = -nR[x\ln x + (1-x)\ln(1-x)] \tag{4-146}$$

作 $\frac{\Delta_{mix}S}{nR}$-x 图，在 $x = \frac{1}{2}$ 处为一极大点，其分布仍是对称的。可见，当两种物质等量（等摩尔）混合时，体系的熵值为最大。如图 4-5 所示。由式(4-146)，以 $n = 1$ mol，$x = \frac{1}{2}$ 代入，得

$$\begin{aligned}\Delta_{mix}S &= -R\left[\frac{1}{2}\ln\frac{1}{2} + \left(1-\frac{1}{2}\right)\ln\left(1-\frac{1}{2}\right)\right] \\ &= +0.693R \\ &= +5.76\ \mathrm{J\cdot K^{-1}\cdot mol^{-1}}\end{aligned}$$

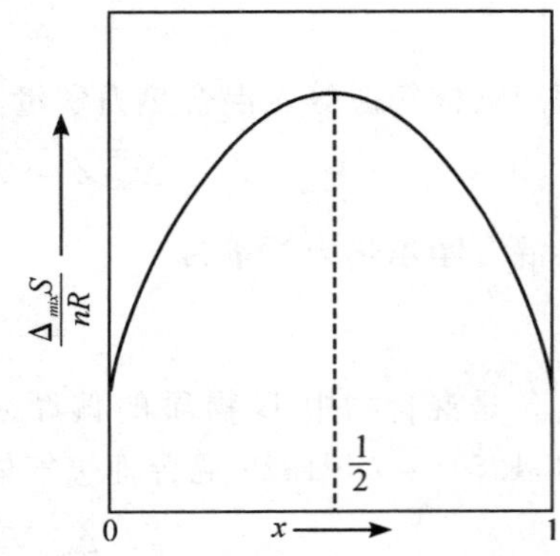

图 4-5　双组合混合物的 $\frac{\Delta_{mix}S}{nR}$-x 图

即两种气体混合时，每一摩尔混合气体的混合熵介于 $0 \sim +5.76$ 之间，其值随组成变化。而等量混合时，其值最大，为 $5.76\ \mathrm{J\cdot mol^{-1}\cdot K^{-1}}$。

以上讨论了理想气体在混合过程中的热力学性质。从吉布斯函数变，可以看出混合过程是一自发过程。由此而导出的 $\Delta_{mix}H = 0$ 和 $\Delta_{mix}V = 0$ 的结论，则说明此类混合过程热效应为零，体积也没有变化。显然，只有当分子间的引力可以忽略时，上述条件才能成立。故常把气体混合过程能满足以下四个性质关系的混合物称为“理想混合物”：

$$\Delta_{mix}G = nRT\sum_B x_B\ln x_B \tag{4-140}$$

$$\Delta_{mix}S = -nR\sum_B x_B\ln x_B \tag{4-138}$$

$$\Delta_{mix}H = 0 \tag{4-137}$$

$$\Delta_{mix}V = 0 \tag{4-135}$$

理想混合物是一个广义的概念，其混合过程性质也适用于液态混合物。

因此，亦可采用式(4-135)～(4-140)之一作为理想混合气体等价热力学定义。

4.4 实际气体的化学势与逸度

4.4.1 实际气体化学势等温式与逸度

对于实际气体，其化学势随压力变化关系，原则上也可以在已知状态方程式的基础上，将 V_m 表示为温度和压力的函数，按恒温下关系式 $d\mu = V_m dp$，积分后得出其表达式。例如当气体状态方程式为：

$$pV_m = RT + bp$$

则

$$V_m = \frac{RT}{p} + b$$

$$d\mu = V_m dp = \left(\frac{RT}{p} + b\right)dp$$

积分后可得

$$\mu = RT\ln p + bp + 常数\ C(T) \tag{4-147}$$

但，若状态方程式形式复杂，则 V_m 随 T、p 变化关系难以直接表达，积分所得表达式往往很繁复。为了既保持表达形式的简洁性，又能达到修正的目的。美国化学家路易斯(G. N. Lewis)提出了逸度(fugacity)的概念。

路易斯认为，在实际气体中应该用"逸度"f 代替理想公式

$$d\mu = RT d\ln p \tag{4-148}$$

中的压力 p，即对于实际气体，一定温度下的化学势变化取决于逸度，

$$d\mu = RT d\ln f \tag{4-149}$$

上式积分

$$\int_{\mu^\ominus}^{\mu} d\mu = RT\int_{f^\ominus = p^\ominus}^{f} d\ln f$$

$$\mu = \mu^\ominus(T) + RT\ln\frac{f}{f^\ominus} = \mu^\ominus(T) + RT\ln\frac{f}{p^\ominus} \tag{4-150}$$

此式为实际气体化学势表达式，式中 $\mu^\ominus(T)$ 为标准化学势，相当于当温度为 T，逸度 f 等于标准态逸度 $f^\ominus$ 或标准压力 $p^\ominus$ 时的化学势。

现在，进一步考察逸度的性质。当 $p\to 0$ 时，一切实际气体的性质均趋近于理想气体，以(4-147)式与(4-100)式对比，显然

$$p\to 0, f\to p\ 或\ \frac{f}{p}\to 1$$

而当压力不趋于零时，实际气体与理想气体发生偏差，逸度与压力不等，即

$$p \nrightarrow 0, f \nrightarrow p$$

若定义"逸度系数(或逸度因子)(fugacity coefficient)"φ，令

$$\varphi = \frac{f}{p} \tag{4-151}$$

或

$$f = \varphi p \tag{4-152}$$

则当压力趋于零时，逸度系数为 1：

$$\lim_{p \to 0} \varphi = \lim_{p \to 0}\left(\frac{f}{p}\right) \to 1 \tag{4-153}$$

而在其他情况下，则 φ 偏离 1。可见逸度相当于一种"修正压力"，逸度系数相当于"修正因子"。应该注意，逸度系数数值随温度和压力而变，即

$$\varphi = f(T, p) \tag{4-154}$$

(回顾第一章中"实际气体对理想气体的偏离"一节)

4.4.2 纯气体逸度和逸度系数的计算方法

由公式

$$\int_{\mu^*}^{\mu} \mathrm{d}\mu = RT\int_{f^*}^{f} \mathrm{d}\ln f = \int_{p^*}^{p} V_{\mathrm{m}}^{\mathrm{re}} \mathrm{d}p \tag{4-155}$$

其中 $V_{\mathrm{m}}^{\mathrm{re}}$ 表示 1 mol 气体实际体积，"*"号表示压力极低的状态，在这种情况下

$$p^* \to 0, \text{则 } f^* \to p^* \tag{4-156}$$

原则上说，只要实际气体的状态方程式为已知，则在一定温度下，将其摩尔体积表示为压力的函数后，由式(4-155)直接可求出逸度和逸度系数。例如，若气体状态方程为

$$pV_{\mathrm{m}}^{\mathrm{re}} = RT + bp$$

即

$$V_{\mathrm{m}}^{\mathrm{re}} = \frac{RT}{p} + b$$

代入(4-155)式

$$RT\int_{f^*}^{f} \mathrm{d}\ln f = \int_{p^*}^{p} \left(\frac{RT}{p} + b\right)\mathrm{d}p$$

$$RT\ln f - RT\ln f^* = RT\ln p - RT\ln p^* + b(p - p^*)$$

由式(4-156)

$$RT\ln f^* \approx RT\ln p^* \ (p^* \to 0)$$

$$RT\ln f = RT\ln p + bp$$

$$f = p\mathrm{e}^{\frac{bp}{RT}}$$

$$\varphi = \frac{f}{p} = \mathrm{e}^{\frac{bp}{RT}}$$

实际上，气体状态方程的形式往往很复杂，应用起来并不方便。以下介绍几种较常应用

的计算方法——图解法、对比状态法、分析法等。

图解法

图解法引入一变量 α(体积差)，且定义为：

$$\alpha = V_m^{id} - V_m^{re} \tag{4-157}$$

其中 V_m^{id} 和 V_m^{re} 分别为气体服从理想气体状态方程式和实际气体状态方程式时的摩尔体积。

因为
$$\alpha = V_m^{id} - V_m^{re} = \frac{RT}{p} - V_m^{re}$$

所以
$$V_m^{re} = \frac{RT}{p} - \alpha \tag{4-158}$$

代入式(4-155)得

$$RT\int_{f^*}^{f} \mathrm{d}\ln f = \int_{p^*}^{p}\left(\frac{RT}{p} - \alpha\right)\mathrm{d}p$$

应用式(4-156)关系，当 $p^* \to 0, f^* \to p^*, RT\ln f^* \to RT\ln p^*$ 故

$$RT\ln f = RT\ln p - \int_0^p \alpha \mathrm{d}p$$

所以
$$\ln\varphi = \ln\left(\frac{f}{p}\right) = -\frac{1}{RT}\int_0^p \alpha \mathrm{d}p \tag{4-159}$$

由实验求得 α 后，作 α-p 图，曲线下介于 $0 \to p$ 区间面积即为$\int_0^p \alpha \mathrm{d}p$，而 $-\frac{1}{RT}\int_0^p \alpha \mathrm{d}p$ 值即温度 T 和压力 p 下逸度系数的对数值 $\ln\varphi$。φ 值求出后，由 $f = \varphi p$，则可算出该压力下的逸度。

图4-6为273.16 K温度下氢气的 α-p 关系图，图中阴影部分面积即为该温度下压力为 p 时的$\int_0^p \alpha \mathrm{d}p$ 值。应该注意，当压力趋于零时，V_m^{re} 及 $\frac{RT}{p}$ 均趋于无穷大，但它们的差值并不为零，而为一有限的数值。这一数值由实验无法直接测定，而必须借助于外推法求得。

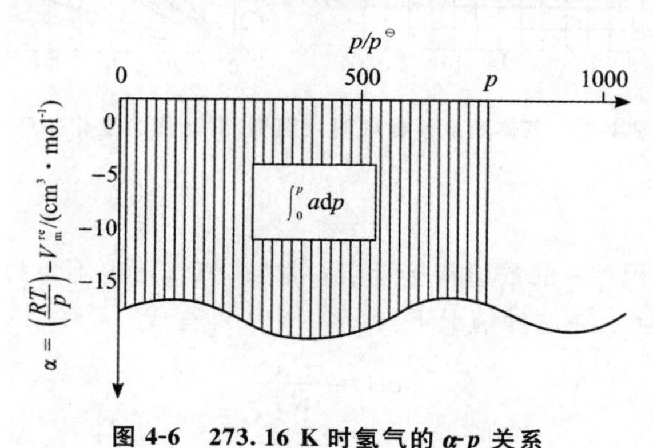

图4-6　273.16 K时氢气的 α-p 关系

对比状态法

此法的特点是将 α 表为压缩因子 Z 的函数：

$$\alpha = V_m^{id} - V_m^{re} = \frac{RT}{p} - \frac{ZRT}{p} = \frac{RT}{p}(1-Z) \tag{4-160}$$

对于纯气体，若临界数据为已知，可求出对应于一定温度和压力的对比温度 T_r 和对比压力 p_r，自压缩因子图中可找出对应于该温度和压力下的压缩因子 Z，而由式(4-159)

$$\ln\varphi = \ln\left(\frac{f}{p}\right) = -\frac{1}{RT}\int_0^p \alpha \mathrm{d}p = -\int_0^p \frac{1-Z}{p}\mathrm{d}p$$

或

$$\ln\varphi = \int_0^p \frac{Z-1}{p}\mathrm{d}p \tag{4-161}$$

如以 $p = p_r p_c$ 代入，上式可改写成

$$\ln\varphi = \int_0^{p_r} \frac{Z-1}{p_r}\mathrm{d}p_r \tag{4-162}$$

一定对比温度和对比压力下实际气体的Z值，可自压缩因子图中查出，以$\dfrac{Z-1}{p_r}$对 p_r 作图，对比压力介于 0 至 p_r 之间曲线下面积，即为该对比温度和对比压力下的 $\ln\varphi$。用此法可求出 φ 随 T_r 和 p_r 变化关系。表示出逸度系数 φ 随 T_r 和 p_r 变化关系的图解常称为牛顿图或普遍化逸度系数图(见图 4-7)，由牛顿图中可查出一定对比态下实际气体的逸度系数。总之，指定温度和压力下的气体，只要换算成对应的对比温度和对比压力，其逸度系数就可自图中查出。此法较为方便，但对某些气体误差较大。

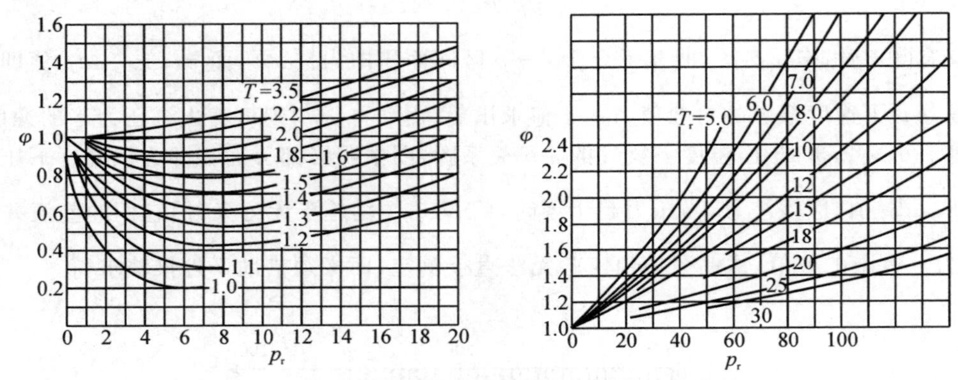

图 4-7　气体逸度系数随对比温度、对比压力变化关系

近似法

在较低压力下，体积差 α 的数值常接近于一常数，氢气压力不太大时的 α-p 关系就是一个典型例子(参考图 4-6)。在这种情况下，式(4-161) 可写成

$$\ln\varphi = \frac{-\alpha p}{RT} \tag{4-163}$$

或

$$\varphi = \mathrm{e}^{-\frac{\alpha p}{RT}} \tag{4-164}$$

用级数展开

$$\varphi = 1 - \frac{\alpha p}{RT} + \frac{1}{2}\left(\frac{\alpha p}{RT}\right)^2 - \cdots \tag{4-165}$$

略去高次项

$$\varphi = 1 - \frac{\alpha p}{RT}$$

$$= \frac{RT - \left[\left(\frac{RT}{p}\right) - V_m^{re}\right]p}{RT}$$

或

$$\varphi = \frac{pV_m^{re}}{RT} = Z \tag{4-166}$$

可见逸度系数相当于压缩因子。

若定义由实测气体摩尔体积 V_m^{re} 代入理想气体状态方程式计算而得的压力为“理想压力”，以 p^{id} 表示

$$p^{id} = \frac{RT}{V_m^{re}} \tag{4-167}$$

则由(4-166)式得

$$\varphi = \frac{p}{\frac{RT}{V_m^{re}}} = \frac{p}{p^{id}} \tag{4-168}$$

根据式(4-168)，由实测压力 p 和由实测摩尔体积 V_m^{re} 通过理想气体状态方程计算出来的 p^{id}，可以估算逸度系数 φ 和逸度 f。用此法估算氧气的逸度，在 $100p^{\ominus}$ 压力以下误差约为1%，对于二氧化碳逸度，其误差在 $25p^{\ominus}$ 压力下约为1%，在 $50p^{\ominus}$ 压力时则为4%。

表 4-1　氮气在 273 K 温度下的逸度和逸度系数

p/kPa	φ	f/kPa	p/kPa	φ	f/kPa
101.325	0.99955	101.28	20265	0.9720	19698
1013.25	0.99560	1008.8	30398	1.006	30569
5060.25	0.98120	4971.0	40530	1.062	43043
10132.5	0.9703	9831.6	60795	1.239	75325
15199	0.9673	14702.2	101325	1.839	186336
$p_c = 3394.4$ kPa, $T_c = 126$ K, $T_r = \frac{273.16}{T_c} = 2.17$					

实际气体混合物逸度的估算方法——“路易斯-伦道尔(Lewis-Randau)规则”

实际气体混合物逸度的计算，远较纯组分的复杂。路易斯和伦道尔提出了一个简便的估算实际气体混合物中各组成气体逸度的近似规则，称为“路易斯-伦道尔规则”。他们假设在混合物中，某一组分B的逸度等于在与混合体系相同的温度和总压下该纯组分B的逸度 f_B^* 和它在混合物中所占摩尔分数 x_B 的乘积：

$$f_B = f_B^* x_B \tag{4-169}$$

因此，当 x_B 及 f_B^* 为已知，则 f_B 可由上式算出。而混合组分B的逸度系数 φ_B 与纯态B的逸度系数 φ_B^* 近似相同

$$\varphi_{B} = \frac{f_{B}}{p_{B}} = \varphi_{B}^{*} \tag{4-170}$$

这可由路易斯 — 伦道尔规则及分压力 p_{B} 推得：

$$\varphi_{B} = \frac{f_{B}}{p_{B}} = \frac{x_{B} f_{B}^{*}}{p_{B}} = \frac{x_{B} f_{B}^{*}}{x_{B} p} = \frac{f_{B}^{*}}{p} = \varphi_{B}^{*}$$

其中 φ_{B}^{*} 为纯组分 B 在与混合体系相同温度和相同总压(p)下的逸度系数，可从图 4-7 的关系 — 牛顿图(即普遍化逸度因子图)查得 — 也可以应用于气体混合物。这一近似规则只适用于压力不太大情况下。

4.4.3　实际气体的标准态

在理想气体中，以指定温度 T 及压力 $p = p^{\ominus}$(标准压力)，作为标准态。对于实际气体，从公式(4-150)

$$\mu = \mu^{\ominus}(T) + RT\ln\frac{f}{f^{\ominus}} = \mu^{\ominus}(T) + RT\ln\frac{f}{p^{\ominus}}$$

理应选择 T 和 $f = f^{\ominus} = p^{\ominus}$ 压力作为标准态。虽然在指定温度 T 和 $p^{\ominus}$ 压力下，有些气体的逸度因子接近于 1，其逸度与压力近乎相等；然而有些气体的逸度系数都偏离 1，其逸度与压力并不相等，如图 4-8 中两条曲线上的 A、B 两点。因此，如果规定实际气体的逸度 $f^{\ominus} = p^{\ominus}$ 作为标准态，势必使实际气体(实线)的 $\mu^{\ominus}$ 在数值上与理想气体(虚线)的 $\mu^{\ominus}$ 不相等，因而在计算中需要有两套 $\mu^{\ominus}$ 的数据。如何使之统一而又在概念上不相矛盾？

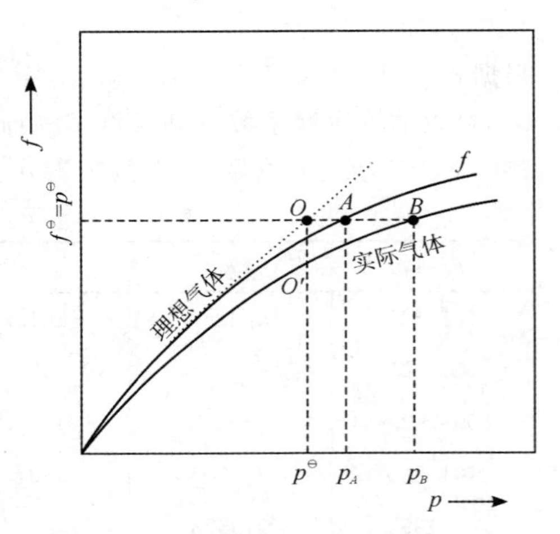

图 4-8　实际气体的标准态

仔细观察逸度的性质，可以看到，任何实际气体，当压力趋于零时，其逸度因子亦趋于 1，而逸度与压力趋于相等。因此，如以实际气体在低压时服从理想气体假设并外推(虚直线)至逸度为 $p^{\ominus}$ 压力的虚假状态(假想态)作为实际气体的参考态，即标准态，则 $f^{\ominus} = p^{\ominus}$，式(4-150)的实际气体化学势就可以直接写成

$$\mu = \mu^{\ominus}(T) + RT\ln\left(\frac{f}{p^{\ominus}}\right) \tag{4-171}$$

这种设想可用图 4-8 表示。图中 O 为实际气体和理想气体共同的标准态。这样理想气体和实际气体就共有一套 $\mu^{\ominus}(T)$，而当 $p \to 0$，$f \to p$，上式就还原为理想气体化学势公式。

$$\mu = \mu^{\ominus}(T) + RT\ln\left(\frac{p}{p^{\ominus}}\right)$$

参考或标准态如何假定，并不会影响计算，因今后所用到的常是 $\Delta\mu$ 而非 μ 的绝对值，从以下方程可以看出：

$$\mu = \mu^{\ominus}(T) + RT\ln\left(\frac{f}{p^{\ominus}}\right) = \mu^{\ominus}(T) + RT\ln\left(\frac{p}{p^{\ominus}}\right) + RT\ln\varphi$$

这种假设的实质在于假定自低压至 $p^{\ominus}$ 标准压力时，实际气体的逸度与压力均相等，如发生偏差，则自逸度因子 φ 中修正。如图所示，气体在 $p = p^{\ominus}$ 时，实际的逸度为 $f(O'$ 点)，其值较 $f^{\ominus} = p^{\ominus}$ 为小，可用逸度因子 φ(取 $\varphi < 1$) 修正之。

4.5　理想液态混合物和理想稀溶液

4.5.1　拉乌尔定律与亨利定律——两个经验规律

拉乌尔定律

溶液为分子分散系，属均相多组分体系。狭义的溶液是指分散介质为液体时的分子分散系。常把构成连续相的组分称为溶剂，而分散于其中量少的固态、气态或液态的组分称为溶质，在热力学中对溶质和溶剂按不同的原则和方法进行研究。有别于溶液的概念，混合物是指在同一相中含有一种以上物质，在热力学中对其中每一种物质按相同的原则、方法进行研究。溶液根据溶质有电解质或非电解质，故又有电解质溶液和非电解质溶液之分。本章讨论非电解质溶液的性质，有关电解质溶液的性质，则在“电化学”一章中介绍。

拉乌尔，法国物理学家、化学家，出生于法国北部的福尔内。拉乌尔早年进入了当时著名的巴黎大学学习，但由于家境贫寒，不得不在 1853 年辍学去兰斯谋得一个国立中学的教职。同年，拉乌尔发表了他的首个电化学研究成果。1855 年，他受聘于圣迪学院讲授物理，次年成为该学院的兼职教授。1862 年拉乌尔搬迁至小省城桑斯工作，在那里，他进行了伏打电池电动势的研究。这项研究成果使他于 1863 年荣获了巴黎大学授予的物理学博士学位。1867 年拉乌尔受聘于格勒诺布尔大学化学系，直至 1901 年逝世。

拉乌尔(Francois Marie Raoult，1830—1901)

拉乌尔是 19 世纪杰出的实验物理化学家，他从来不把实验当作验证假设的第二性的工作，而是把实验方法当作第一性的工作。以实验为科学理论研究的起点，这是他与众不同的实验方法论。拉乌尔的研究涉足电化学、热化学和溶液，并取得开拓性的成就。其中，对化学的发展最有意义的贡献源于他对溶液性质的研究。1886 年他首次提出拉乌尔定律：溶剂与溶液平衡时的蒸气压与溶液中溶剂的摩尔分数成正比。他所提出的蒸气压下降、溶液沸点升高及凝固点降低理论为揭示稀溶液的本质奠定了坚实的理论基础。拉乌尔对电解质溶液冰点降低的研究结果为后来 S. Arrhenius 提出的电解质电离的假说提供了强有力的佐证。1892 年拉乌尔荣获英国皇家学会授予的戴维奖章，1898 年和 1899 年先后成为伦敦皇家科学院及彼得堡国家科学院的外国院士，1900 年被授予最高荣誉的勋爵。

1887 年法国物理学家拉乌尔(F. M. Raoult) 由实验总结了加入非挥发性溶质后，溶剂蒸气压变化的规律，得出如下结论：

“一定温度和压力下，稀溶液中溶剂的蒸气压等于纯溶剂的蒸气压与其摩尔分数的乘积”

这一结论，称为“Raoult 定律”。可用公式表示如下：

$$p_A = p_A^* x_A \tag{4-172}$$

式中 p_A 为溶液中溶剂的蒸气压，p_A^* 为纯溶剂 A 的蒸气压，x_A 为溶剂 A 的摩尔分数。严格说此式只适用于无限稀释溶液中的溶剂且其蒸气服从理想气体状态方程，更为严格的表述应如同“路易斯 — 伦道尔规则” 即

$$f_A = f_A^* x_A \tag{4-173}$$

式(4-172) 指出，若在溶液中加入的溶质(B) 愈多，则 x_A 愈小，溶剂(A) 的蒸气压 p_A 将随所占摩尔分数减少而变小。设溶液中仅含溶剂(A) 和溶质(B) 两个组分，则

$$x_A = 1 - x_B$$

以之代入式(4-172)，得

$$\frac{p_A^* - p_A}{p_A^*} = x_B \tag{4-174}$$

上式中 $p_A^* - p_A$ 为加入 x_B 后溶剂蒸气压降低的绝对值，而$\frac{p_A^* - p_A}{p_A^*}$为溶剂蒸气压降低的相对值，称为“蒸气压的相对降低值”。式(4-174) 可作为拉乌尔定律的另一种表达形式：

“在一定温度和压力下，稀溶液中溶剂蒸气压的相对降低值等于溶质的摩尔分数。”

Raonlt 定律的图形(图 4-9) 表示：

设挥发性物质 1，2 组成的二元溶液，在全部浓度范围内都遵守拉乌尔定律，即

$$p_1 = p_1^* x_1 = p_1^* - p_1^* x_2$$
$$p_2 = p_2^* x_2 \qquad (x_1, x_2 : 0 \rightarrow 1)$$

设与溶液平衡的蒸气为理想混合气体，根据分压定律，可得

$$p = p_1 + p_2 = p_1^* + (p_2^* - p_1^*) x_2 \tag{4-175}$$

即，p 随 x_2 变化呈线性关系。当然，也可以写成

$$p = p_2^* + (p_1^* - p_2^*) x_1 \tag{4-176}$$

即 p 随 x_1 变化也呈线性关系。如右图所示：

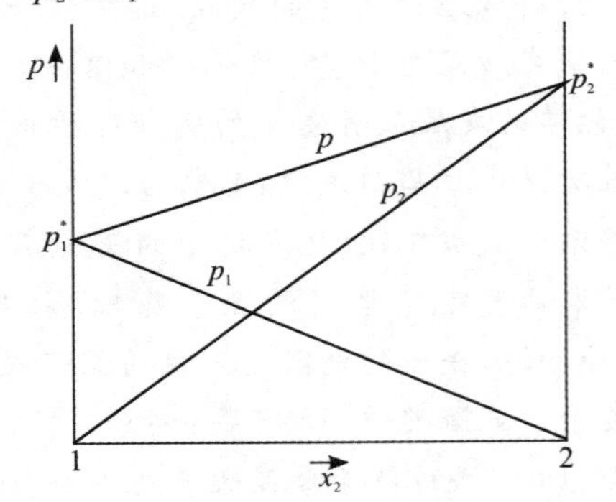

图 4-9　理想二元混合溶液的 *p*-*x* 关系示意图

蒸气压可用来衡量溶液中某一组分分子逸入气相倾向的大小，这种倾向和该组分在溶液中所处状态有关。研究溶液蒸气压随温度、压力和浓度变化的规律，是讨论溶液其他平衡性质变化规律(如冰点下降、沸点上升等现象) 的基础。

表 4-2 列举 293.2 K 温度下甘露醇水溶液蒸气压降低实验值与根据拉乌尔定律计

算值的数据。

表 4-2　293.2 K 时甘露醇水溶液的蒸气压降低值

$p^*_{H_2O} = 2.334$ kPa		
质量摩尔浓度 m (mol 甘露醇 /1 kgH_2O)	$(p^*_{H_2O} - p_{H_2O})/10^{-3}$ kPa 实验值	$(p^*_{H_2O} - p_{H_2O})/10^{-3}$ kPa 计算值
0.0984	4.0930	4.463
0.1977	8.186	8.826
0.2962	12.290	12.910
0.4930	20.478	20.620
0.6934	28.820	28.840
0.8922	37.220	37.000
0.9908	41.280	41.010

由表中数据比较，可见实验值与计算值相当符合。

拉乌尔定律指出，一定温度和压力下，溶液中某一组分 A 的蒸气压，仅取决于它在溶液中所占摩尔分数 x_A，而与其他因素无关。以上现象的发生可近似地解释为加入 B 组分之后，在其中心分子 A 周围的部分 A 分子虽然为 B 分子所代替，然而 A 和 B 分子间的引力与 A 和 A 分子间的引力相同，组分 B 的加入仅降低了 A 分子所占总分子数的比例，而没有改变其"环境"— 周围分子对中心分子的相互作用。故组分 A 的蒸气压仅因 A 分子所占百分数减少有了相应的降低，而与其摩尔分数成正比。

亨利，英国物理学家、化学家，出生于英国曼彻斯特。1795 年亨利进爱丁堡大学，一年之后，因为父亲医务工作上需要助手，他离开了大学，在家里做实习医师。1805 年亨利又回到爱丁堡大学，继续学业。1807 年，亨利在爱丁堡获得医学博士学位，后因健康不佳退出医疗行业，转向化学研究。1803 年亨利提出亨利定律：在不发生化学反应的情况下，被液体吸收的气体的数量与该气体在液面上的压强成正比。1808 年亨利被授予科普利奖章，1809 年成为英国皇家学会院士。

亨利(William Henry，1775—1836)

亨利定律

1803 年英国化学家亨利(W. Henry) 从实验中总结出一条稀溶液中涉及挥发性溶质性质的重要规律：

"一定温度下，溶解于一定溶剂中的气体摩尔分数与该气体在气相中的平衡分压力成正比。"

以上结论称为亨利定律，可用公式表示如下：

$$p_B = k_x x_B \qquad (x_B \rightarrow 0) \tag{4-177}$$

式中 p_B 和 x_B 分别代表挥发性溶质B在气相中的平衡分压和它在溶液中溶解的摩尔分数，而 k_x 为一与温度、溶质和溶剂性质有关的常数，称为“亨利系数”。严格地说，此式只适用于无限稀释溶液中的溶质，且其蒸气服从理想气体状态方程。更为严格的表述应为：

$$f_B = k_x x_B \qquad (x_B \to 0) \tag{4-178}$$

式中 f_B 是溶液中溶质的逸度，即与该溶液平衡的蒸气中溶质的逸度。

当溶液很稀时，$n_A \gg n_B$

$$x_B = \frac{n_B}{n_A + n_B} \approx \frac{n_B}{n_A} = \frac{n_B}{\frac{W_A}{M_A}}$$

$$= M_A \frac{n_B}{W_A} = M_A m_B$$

上式中 M_A 和 W_A 分别为溶剂的摩尔质量和质量，而 $\frac{n_B}{W_A}$ 相当于1 kg溶剂中所溶解溶质(B)的物质的量，即为质量摩尔浓度“m_B”，作出上述近似处理后，式(4-177)可改写成

$$p_B = k_m m_B \tag{4-179}$$

式(4-179)是亨利定律的另一种表示形式，式中 $k_m = k_x M_A$

同理，在稀溶液中，若溶质的浓度用物质的量浓度 c_B 表示，亦可得

$$p_B = k_c c_B \tag{4-180}$$

以上 k_m 和 k_c 亦称为“亨利系数”。且有

$$k_x = \left(\frac{1}{M_A}\right)k_m = \left(\frac{\rho_A}{M_A}\right)k_c \tag{4-181}$$

从微观上看，当溶液很稀时，每个溶质分子的周围几乎都被溶剂分子所围绕着，环境是均匀的。因而，单位时间内溶质分子自液相逸入气相的倾向仅取决于溶液中溶质分子所占分子数比例，故其气相平衡分压力与它在液相中的摩尔分数 x_B 成正比。

表4-3列举一些气体298 K溶于水时的亨利系数 k_x 的数值。

表4-3　亨利系数 k_x/kPa

H_2	N_2	O_2	CO_2	CH_4
7.12×10^6	8.68×10^6	4.40×10^6	1.66×10^6	4.18×10^6

〔例3〕　空气中含氧的摩尔分数约为0.21，试由上表计算298 K温度下1 dm^3 水中溶解的氧气体积。

〔解〕

因为　　　$k_x = 4.40\times10^6$ kPa，当空气压力为101.325 Pa时，

氧气分压力 $p_{O_2} = x_{O_2} p = 0.21\times101.325\ \text{kPa} = 21.3\ \text{kPa}$

所以　　　$$x_{O_2} = \frac{p_{O_2}}{k_x} = \frac{21.3}{4.40\times10^6} = 48.4\times10^{-6}$$

而1 dm^3 水的物质的量：

$$n_{H_2O} = \frac{1000}{M_{H_2O}} \approx \frac{1000}{18.02} = 55.5\ \text{mol}$$

$$x_{O_2} = \frac{n_{O_2}}{n_{O_2} + n_{H_2O}} = \frac{n_{O_2}}{n_{O_2} + 55.5} = 4.84 \times 10^{-6}$$

解之得

$$n_{O_2} = 2.68 \times 10^{-4}\ \text{mol}$$

即在 1 dm^3 水中可溶解 2.68×10^{-4} mol 氧气，换算为该温度下气体的体积：

$$V_{O_2} = \frac{n_{O_2}RT}{p} = \frac{2.68 \times 10^{-4}\ \text{mol} \times 8.314\ \text{J} \cdot \text{mol}^{-1} \cdot \text{K}^{-1} \times 298.2\ \text{K}}{101.325\ \text{kPa}}$$

$$= 6.56 \times 10^{-3}\text{dm}^3 = 6.56\ \text{cm}^3$$

即 1 dm^3 水中可溶解 6.56 cm^3 氧气。

亨利定律仅适用于低压，一般说来，当温度愈高，压力愈低，定律计算结果与实验值愈符合。亨利定律亦只适用于溶质在气相和溶液中分子形态相同的情况，若气体溶解后有离解或缔合现象发生，或者在溶质与溶剂之间发生了化学反应，则将产生较大的偏差。在这种情况下，可以认为气体只与溶液中的同种形态分子间保持平衡，气体的平衡分压力也只与该种分子在溶液中的浓度而不是与其总浓度成正比。以氨水溶液为例说明。氨溶于水时产生下列平衡：

$$NH_3(g) \rightleftharpoons NH_3(\text{游离态})$$

$$NH_3(\text{游离态}) + H_2O \rightleftharpoons NH_3 \cdot H_2O$$

$$NH_3 \cdot H_2O \rightleftharpoons NH_4^+ + OH^-$$

溶解的氨中有一部分以游离态存在，另一部分与水结合成为 $NH_3 \cdot H_2O$ 后进一步离解成 NH_4^+ 和 OH^- 离子。在此例中

$$p_{NH_3} = k_x x_{NH_3}(\text{游离态})$$

而

$$p_{NH_3} \neq k_x x_{NH_3}(\text{总})$$

4.5.2　理想液态混合物

理想液态混合物的概念

在全部浓度范围内，体系每一组分均能服从拉乌尔定律的液态混合物或溶液，称为“理想混合物”或“理想溶液(ideal solution)”。

与理想气体不同，实际气体只有在低压时才能服从理想气体状态方程式。而在溶液中，则有为数不多的体系能在全浓度范围内近乎服从拉乌尔定律。例如二溴乙烷和二溴丙烷体系的蒸气压(见图 4-10) 即为一例。

显然，只有结构相似或分子间相互作用性质类似的组分所构成的体系才能满足理想溶液假设。多数体系在一定浓度范围内不同程度地发生了偏差，这方面的规律将在“非理想溶液”中讨论。

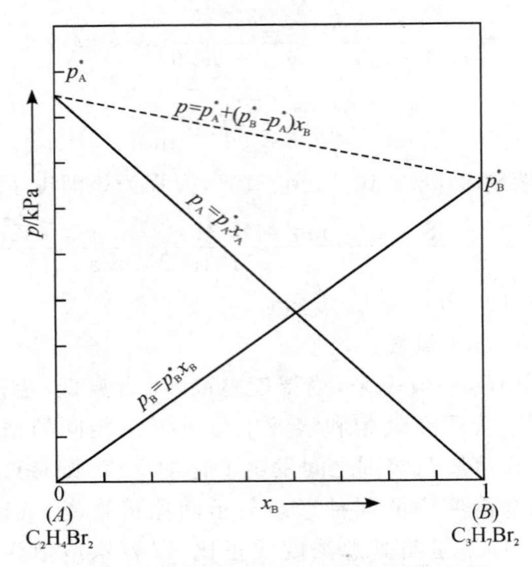

图 4-10　C_2H_4Br-$C_3H_7Br_2$ 体系的蒸气压

理想液态混合物的化学势等温式

利用图 4-11 可以帮助导出理想液态混合物化学势等温式。

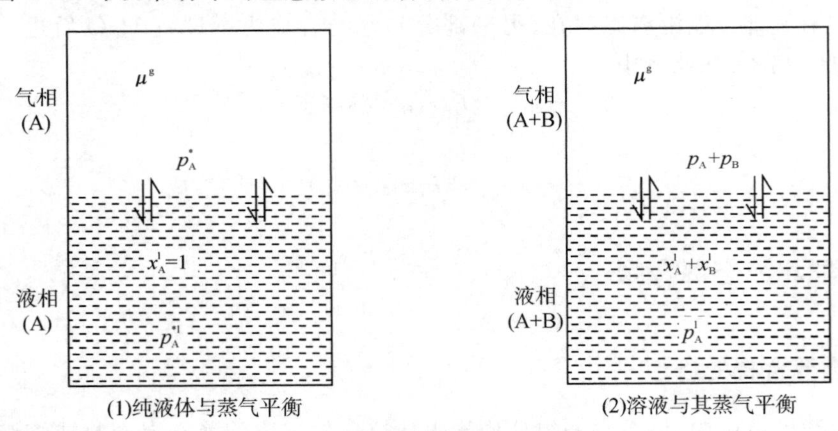

图 4-11　理想液态混合物的化学势

由式(4-100)，若气体服从理想气体假设，则气相中

$$\mu^g = \mu^{\ominus g} + RT\ln\left(\frac{p}{p^\ominus}\right) \tag{4-182}$$

今以溶液中组分 A 为例。若液体为纯组分(纯 A)，则与之平衡的气相压力必然等于指定温度和总压下的蒸气压 p_A^*，即

$$\mu_A^g = \mu_A^{\ominus g}(T) + RT\ln\left(\frac{p_A^*}{p^\ominus}\right) \tag{4-183}$$

依相平衡条件

$$\mu_A^l = \mu_A^g \tag{4-184}$$

所以
$$\mu_A^{*1} = \mu_A^{\ominus g}(T) + RT\ln\left(\frac{p_A^*}{p^{\ominus}}\right) \tag{4-185}$$

其中 μ_A^{*1} 为液态纯 A 的化学势。

若为溶液，加入 B 组分以后，根据拉乌尔定律：

$$p_A = p_A^* x_A$$

而气相

$$\mu_A^g = \mu_A^{\ominus g}(T) + RT\ln\frac{p_A}{p^{\ominus}} \tag{4-186}$$

达相平衡时

$$\mu_A^l = \mu_A^g \tag{4-187}$$

所以

$$\begin{aligned}\mu_A^l &= \mu_A^{\ominus g}(T) + RT\ln\left(\frac{p_A}{p^{\ominus}}\right) = \mu_A^{\ominus g}(T) + RT\ln\frac{p_A^* x_A}{p^{\ominus}} \\ &= \left[\mu_A^{\ominus g}(T) + RT\ln\left(\frac{p_A^*}{p^{\ominus}}\right)\right] + RT\ln x_A = \mu_A^{*1}(T,p) + RT\ln x_A\end{aligned}$$

或

$$\begin{aligned}\mu_A^l &= \mu_A^{*1}(T,p) + RT\ln x_A = \mu_A^{\ominus}(T) + \int_{p^{\ominus}}^{p} V_{A,m}^* \mathrm{d}p + RT\ln x_A \\ &\approx \mu_A^{\ominus}(T) + RT\ln x_A\end{aligned} \tag{4-188}$$

推广至其他任一组分 B：

$$\begin{aligned}\mu_B^l &= \mu_B^{*1}(T,p) + RT\ln x_B = \mu_B^{\ominus}(T) + \int_{p^{\ominus}}^{p} V_{B,m}^* \mathrm{d}p + RT\ln x_B \\ &\approx \mu_B^{\ominus}(T) + RT\ln x_B\end{aligned} \tag{4-189}$$

上式即为理想液态混合物中任一组分 B 的化学势等温式。其中

$$\mu_B^{*1}(T,p) = \mu_B^{\ominus g}(T) + RT\ln\frac{p_B^*}{p^{\ominus}} = f(T, p_B^*) = f(T,p) \tag{4-190}$$

$\mu_B^{*1}(T,P)$ 为 $x_B = 1$ 即纯液体的化学势，其值取决于液体的性质以及温度和压力。但这个态并非标准态，因通常选择标准态压力为 $p^{\ominus}$。不过二者有下列关系：$\mu_B^{*1}(T,p) = \mu_B^{\ominus}(T) + \int_{p^{\ominus}}^{p} V_{B,m}^* \mathrm{d}p$，且右边第 2 项可略（通常情况下，$p$ 与 $p^{\ominus}$ 偏离不大，且溶液体积受压力影响很小），故 $\mu_B^{*1}(T,p) \approx \mu_B^{*1}(T,p^{\ominus}) = \mu_B^{\ominus}(T)$，后者化学势才是标准态化学势。

为了在热力学上对气态、液态和固态混合物作统一处理，便将各物质的化学势在全部浓度范围内都遵守 $\mu_B^l = \mu_B^{*1}(T,p) + RT\ln x_B$ 的溶液称为理想溶液（或称理想液态混合物）

必须明确：从化学势等温式定义理想溶液与采用 Raoult 定律定义理想溶液是不同的，两者并不严格等价，只能在一定近似条件下才可互为因果，所以我们仅仅是为了强调热力学的实验背景才从 Raoult 定律出发推引之；另外，理想溶液与理想气体尽管都是极限情况下抽象出来的概念，两者在热力学（宏观）性质上表现出许多共性，又各有个性。这不难从微观实质上加以理解：

	理想混合气体	理想溶液
(1) 分子间相互作用	不存在	存在,且彼此相等
(2) 分子本身体积	可略	不能忽略,彼此相等
(3) 热力学量与压力关系	呈统一的对数关系	没有

总之,二者共性是各物质分子间的作用力彼此相等,而各种分子本身的体积也彼此相等。其个性是表现在数值上不同,前者分子间作用力及分子体积均为零,后者为不为零的常数。

理想液态混合物的混合性质

以式(4-189)与(4-116)对比,理想液态混合物与理想混合气体具有类似的化学势等温式。可以假设,以式(4-189)为基础,采用4.3节相同方法,可以导出理想液态混合物的混合性质也能满足"理想气体混合物"的四个混合性质,即

$$\Delta_{\text{mix}}G = nRT\sum_{\text{B}} x_{\text{B}}\ln x_{\text{B}} \tag{4-140}$$

$$\Delta_{\text{mix}}S = -nR\sum_{\text{B}} x_{\text{B}}\ln x_{\text{B}} \tag{4-138}$$

$$\Delta_{\text{mix}}H = 0 \tag{4-137}$$

$$\Delta_{\text{mix}}V = 0 \tag{4-135}$$

对双组分体系的理想溶液,等温等压条件下,由混合熵的极大值条件

$$\left(\frac{\partial \Delta_{\text{mix}}S_{\text{m}}}{\partial x_2}\right)_{T,p} = 0$$

得
$$-R\left\{\ln\frac{x_2}{1-x_2}\right\} = 0, x_2 = \frac{1}{2}, \left(\frac{\partial^2 \Delta_{\text{mix}}S_{\text{m}}}{\partial x_2^2}\right)_{T,p} = -4R < 0$$

可见 $x_2 = \frac{1}{2}$,$\Delta_{\text{mix}}S_{\text{m}}$ 最大。

同法可证 $x_2 = \frac{1}{2}$ 时,$\Delta_{\text{mix}}G_{\text{m}}$ 最小。这说明两种性质相近的纯物质等温等压混合溶液,其混合Gibbs函数变小于零,因而两物质能自动地完全互溶。

另则,当 $\Delta_{\text{mix}}H_{\text{m}} = 0$ 时,

$$\Delta_{\text{mix}}G_{\text{m}} = \Delta_{\text{mix}}H_{\text{m}} - T\Delta_{\text{mix}}S_{\text{m}} = -T\Delta_{\text{mix}}S$$

可见 $\Delta_{\text{mix}}G$ 完全由 $\Delta_{\text{mix}}S$ 决定之。上述这些结论对分析"相似相溶原理"提供了热力学依据。

然而,当 $\Delta_{\text{mix}}H \neq 0$ 时,

若 $\Delta_{\text{mix}}H < T\Delta_{\text{mix}}S$,两物质可互溶。

若 $\Delta_{\text{mix}}H > T\Delta_{\text{mix}}S$,两物质可互溶度极小。如水与苯的混合就是一例。

上述混合函数变与组成的关系可由图4-12表示。

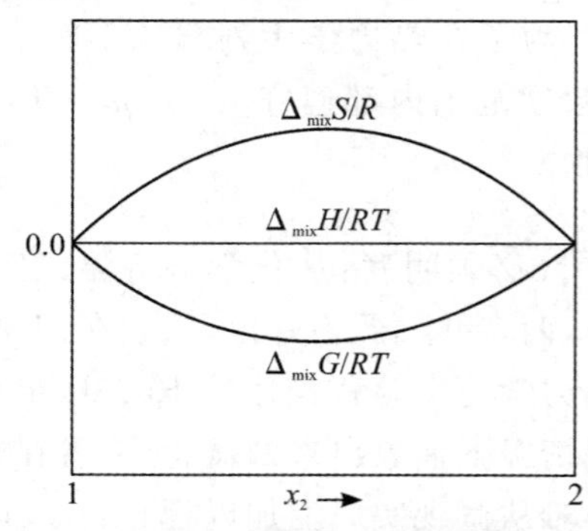

图 4-12　理想溶液混合函数变与组成关系

4.5.3　理想稀溶液

理想稀溶液的定义

能严格地实现全浓度范围内各组分都服从拉乌尔定律的体系并不多。多数体系当浓度较大时，或多或少地产生了一些偏差，然而表现如下的共同规律：当两个组分都具有挥发性时，作为溶剂（量多）的组分服从拉乌尔定律，而作为溶质（量少）的组分服从亨利定律。

图 4-13 为丙酮 — 氯仿体系的蒸气压随组成变化关系图。由图中可以看出：当 x_{CHCl_3} 很小时，氯仿的蒸气压服从亨利定律；而丙酮的蒸气压服从拉乌尔定律；当 x_{CHCl_3} 很大时则相反。浓度介于这两范围之间则发生不同程度的偏离。

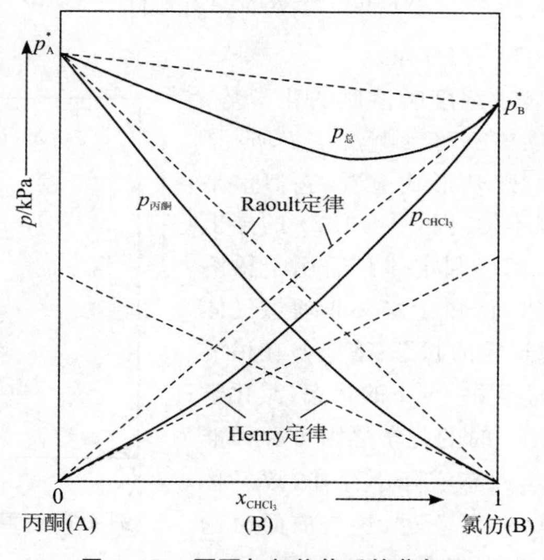

图 4-13　丙酮与氯仿体系的蒸气压

常定义，溶质服从亨利定律而溶剂服从拉乌尔定律的稀溶液为“**理想稀溶液**(ideal-dilute solution)”。

理想稀溶液中物质的化学势等温式

(1) 溶剂的化学势等温式

在稀溶液中，溶剂 A 服从拉乌尔定律，其化学势随组成变化关系可用(4-188) 式表示：

$$\mu_A^l = \mu_A^{*l}(T,p) + RT\ln x_A = \mu_A^{\ominus}(T) + \int_{p^{\ominus}}^{p} V_{A,m}^{*}\,dp + RT\ln x_A \quad (4\text{-}188)$$

$$\approx \mu_A^{\ominus}(T) + RT\ln x_A$$

当 $x_A = 1$ 时，$\mu_A^l = \mu_A^{*l}(T,p)$。而 $\mu_A^{*l}(T,p)$ 为一定温度和压力下纯溶剂的化学势。因通常情况下，体系压力 p 与标准压力 $p^{\ominus}$ 的偏离不大，且溶液体积受压力的影响很小，故可认为：

$$\mu_A^{*l}(T,p) \approx \mu_A^{*}(T,p^{\ominus}) = \mu_A^{\ominus}(T)$$

于是，常以一定温度和压力为 $p^{\ominus}$ 下的纯溶剂作为“溶剂的标准态(standard state)”，其化学

势 $\mu_A^{\ominus}(T)$ 则称为"标准化学势"。当 x_A 愈趋于1,溶剂性质愈符合拉乌尔定律,这种规定显然是合理的。

(2) 溶质的化学势等温式

在稀溶液中,溶质B服从亨利定律即 $p_B = k_x x_B$

平衡时 $\mu_B^l = \mu_B^g$,而

$$\mu_B^g = \mu_B^{\ominus g}(T) + RT\ln\frac{p_B}{p^{\ominus}} = \mu_B^{\ominus g}(T) + RT\ln\frac{k_x}{p^{\ominus}} + RT\ln x_B$$

所以

$$\mu_B^l = \mu_B^{\ominus g}(T) + RT\ln\left(\frac{k_x}{p^{\ominus}}\right) + RT\ln x_B$$

令

$$\mu_{x,B}^0(T,p) = \mu_B^{\ominus g}(T) + RT\ln\left(\frac{k_x}{p^{\ominus}}\right) \tag{4-191}$$

则

$$\mu_B^l = \mu_{x,B}^0(T,p) + RT\ln x_B = \mu_{x,B}^{\ominus}(T) + \int_{p^{\ominus}}^{p} V_{B,m}^* \mathrm{d}p + RT\ln x_B \tag{4-192}$$

$$\approx \mu_{x,B}^{\ominus}(T) + RT\ln x_B$$

上式是以摩尔分数表示浓度时溶质的化学势。因 $k_x = f(T,p)$,由式(4-191)可看出 $\mu_{x,B}^0(T,p)$ 是一取决于温度,压力的常数。从形式上看,它似乎是纯溶质B的化学势,实则不然。因式(4-192)的导出应用了亨利定律的结论,而亨利定律只适用于稀溶液,不能应用于纯溶质。然而,和在定义非理想气体的标准态类似,可以设想这样的状态:溶质B在稀溶液时服从亨利定律并外推至 $x_B = 1$ 的状态,其化学势为 $\mu_{x,B}^0(T,p)$,而 $p = p^{\ominus}$ 时的化学势则可称标准态化学势即 $\mu_{x,B}^{\ominus}(T)$。显然此态实际不存在,故又称"假想态(hypothetical state)"。不过,这与前面讨论逸度时类似,由于今后计算中需要的是 $\Delta\mu$ 值,而非 μ 的绝对值,所以参考态如何规定并不影响计算结果。至于式(4-192)中为何 $\mu_{x,B}^0(T,p)$ 近似于标准态化学势 $\mu_{x,B}^{\ominus}(T)$,是因为考虑溶液体积受压力影响甚微的缘故。

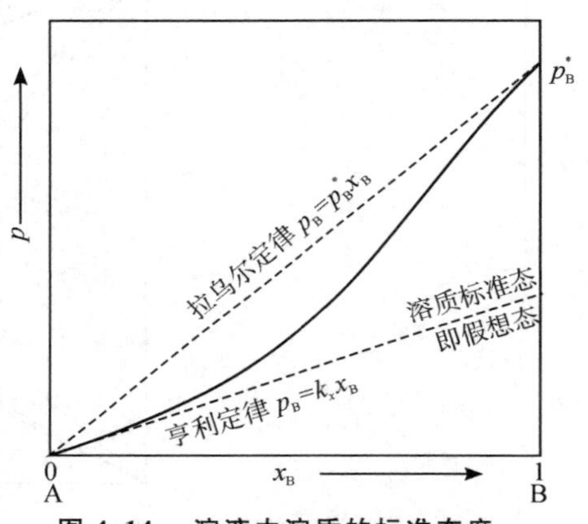

图4-14 溶液中溶质的标准态度

前已述及,当溶质浓度很稀时,质量摩尔浓度 m_B 与摩尔分数 x_B 成正比,亨利定律可表示为:

$$p_B = k_m m_B \tag{4-179}$$

而

$$\mu_B^l = \mu_B^g = \mu_B^{\ominus,g}(T) + RT\ln\frac{p_B}{p^{\ominus}}$$

$$= \mu_B^{\ominus,g}(T) + RT\ln\frac{k_m m^{\ominus}}{p^{\ominus}} + RT\ln\frac{m_B}{m^{\ominus}}$$

令

$$\mu_{m,B}^{\square}(T,p) = \mu_B^{\ominus,g}(T) + RT\ln\frac{k_m m^{\ominus}}{p^{\ominus}} \tag{4-193}$$

显然,在这种情况下溶质B的化学势公式可表示为:

$$\mu_{\mathrm{B}}^{\mathrm{l}} = \mu_{m,\mathrm{B}}^{\square}(T,p) + RT\ln\left(\frac{m_{\mathrm{B}}}{m^{\ominus}}\right) \approx \mu_{m,\mathrm{B}}^{\ominus}(T) + RT\ln\frac{m_{\mathrm{B}}}{m^{\ominus}} \tag{4-194}$$

这里化学势 $\mu_{m,\mathrm{B}}^{\square}(T,p)$ 表示溶质B在稀溶液时服从亨利定律($p_{\mathrm{B}} = k_m m_{\mathrm{B}}$)并将 m_{B} 外推至标准质量摩尔浓度 $m^{\ominus} = 1\ \mathrm{mol\cdot kg^{-1}}$ 之状态的化学势。当溶液压力 $p = p^{\ominus}$ 时化学势称标准态化学势即 $\mu_{m,\mathrm{B}}^{\ominus}(T)$。自然此状态也是假想态，且通常情况下 $\mu_{m,\mathrm{B}}^{\square}(T,p)$ 可近似于 $\mu_{m,\mathrm{B}}^{\ominus}(T)$，道理同前述。

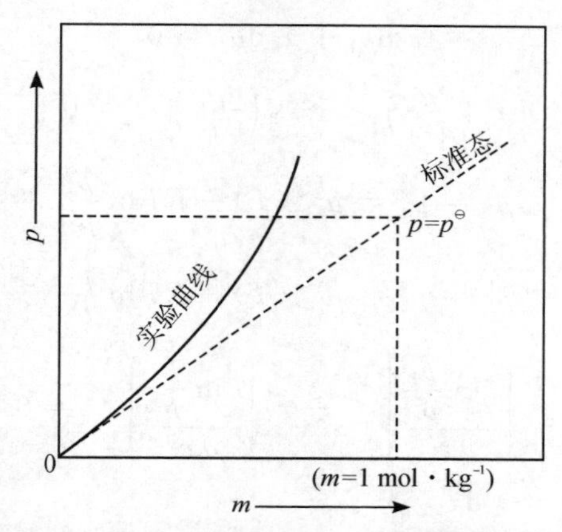

图 4-15　溶液中溶质的标准态度(浓度以质量摩尔浓度表示)

在溶液中溶质B的浓度也常以其物质的量的浓度 c_{B} 表示

$$c_{\mathrm{B}} = \frac{n_{\mathrm{B}}}{V} \tag{4-195}$$

即为溶液中溶质B的物质的量除以溶液的体积，c_{B} 的单位为 $\mathrm{mol\cdot m^{-3}}$ 或 $\mathrm{mol\cdot dm^{-3}}$

因为在稀溶液中，亨利定律可表示为

$$p_{\mathrm{B}} = k_c c_{\mathrm{B}} \tag{4-196}$$

而

$$\begin{aligned}\mu_{\mathrm{B}}^{\mathrm{l}} = \mu_{\mathrm{B}}^{\mathrm{g}} &= \mu_{\mathrm{B}}^{\ominus,\mathrm{g}}(T) + RT\ln\frac{p_{\mathrm{B}}}{p^{\ominus}} \\ &= \mu_{\mathrm{B}}^{\ominus,\mathrm{g}}(T) + RT\ln\frac{k_c c^{\ominus}}{p^{\ominus}} + RT\ln\frac{c_{\mathrm{B}}}{c^{\ominus}}\end{aligned}$$

令

$$\mu_{c,\mathrm{B}}^{\triangle}(T,p) = \mu_{\mathrm{B}}^{\ominus,\mathrm{g}}(T) + RT\ln\frac{k_c c^{\ominus}}{p^{\ominus}} \tag{4-197}$$

则溶质B的化学势为

$$\mu_{\mathrm{B}}^{\mathrm{l}} = \mu_{c,\mathrm{B}}^{\triangle}(T,p) + RT\ln\frac{c_{\mathrm{B}}}{c^{\ominus}} \approx \mu_{c,\mathrm{B}}^{\ominus}(T) + RT\ln\frac{c_{\mathrm{B}}}{c^{\ominus}} \tag{4-198}$$

其中化学势 $\mu_{c,\mathrm{B}}^{\triangle}(T,p)$ 表示溶质在稀溶液时服从亨利定律($p_{\mathrm{B}} = k_c c_{\mathrm{B}}$)并将其浓度 c_{B} 外推至标准浓度 $c^{\ominus} = 1\ \mathrm{mol\cdot dm^{-3}}$ 之状态的化学势，此状态亦是假想态，而当溶液压力 $p = p^{\ominus}$ 时的化学势称标准态化学势即 $\mu_{c,\mathrm{B}}^{\ominus}(T)$。通常情况下，亦可认为 $\mu_{c,\mathrm{B}}^{\triangle}(T,p)$ 近似于 $\mu_{c,\mathrm{B}}^{\ominus}(T)$。

显而易见，无论浓度以哪一种形式表示，溶液中溶质与溶剂比例恒定时，体系中溶质的化学势只有一个数值，即无论用式(4-192)(4-194)或(4-198)，计算出来的化学势应该相同。但应注意，浓度表示方法不同时，参考态或标准态的选定各异，标准态化学势数值就有差别，故在应用数据时，首先需要确定所选定的参考态或标准态。

Duhem-Margules 方程

Gibbs-Dubem 方程与上述各物质的化学势等温式应用于双组分溶液的气液相平衡可得 Duhem-Margules 方程。

对于双组分溶液，在温度、压力一定时，由 Gibbs-Duhum 方程

$$x_1 \mathrm{d}\mu_1 + x_2 \mathrm{d}\mu_2 = 0 \tag{4-52}$$

或

$$x_1 \left(\frac{\partial \mu_1^{\mathrm{l}}}{\partial x_1}\right)_{T,p} + x_2 \left(\frac{\partial \mu_2^{\mathrm{l}}}{\partial x_1}\right)_{T,p} = 0 \tag{4-199}$$

而热平衡时

$$\mu_1^{\mathrm{l}} = \mu_1^{\mathrm{g}} = \mu_1^{\ominus \mathrm{g}}(T) + RT\ln \frac{p_1}{p^{\ominus}}$$

$$\mu_2^{\mathrm{l}} = \mu_2^{\mathrm{g}} = \mu_2^{\ominus \mathrm{g}}(T) + RT\ln \frac{p_2}{p^{\ominus}}$$

从而

$$x_1 \left[\frac{\partial \ln \dfrac{p_1}{p^{\ominus}}}{\partial x_1}\right]_{T,p} + x_2 \left[\frac{\partial \ln \dfrac{p_2}{p^{\ominus}}}{\partial x_1}\right]_{T,p} = 0 \tag{4-200}$$

由于 $x_1 + x_2 = 1, \mathrm{d}x_1 = -\mathrm{d}x_2$

则

$$\frac{\left(\dfrac{\partial p_1}{\partial x_1}\right)_{T,p}}{\dfrac{p_1}{x_1}} = \frac{\left(\dfrac{\partial p_2}{\partial x_2}\right)_{T,p}}{\dfrac{p_2}{x_2}} = -\frac{\left(\dfrac{\partial p_2}{\partial x_1}\right)_{T,p}}{\dfrac{p_2}{x_2}} \tag{4-201}$$

此即 Duhem-Margules 方程，其仅对蒸气作了理想气体的假设。由 Duhem-Margules 方程，可得如下推论：

(1) 若 $\left(\dfrac{\partial p_1}{\partial x_1}\right)_{T,p} > 0$，则有 $\left(\dfrac{\partial p_2}{\partial x_1}\right)_{T,p} < 0$

表明二元溶液中组分 1 的蒸气压与组分 2 的蒸气压同随 x_1 的增大而分别增加与降低。

(2) 若 $p_1 = p_1^* x_1 \quad (x_1 : 0 \to 1)$，则 $p_2 = p_2^* x_2 \quad (x_2 : 1 \to 0)$

〔证明〕 据题意 $\left(\dfrac{\partial p_1}{\partial x_1}\right)_{T,p} = p_1^* = \dfrac{p_1}{x_1}$

即

$$\frac{\left(\dfrac{\partial p_1}{\partial x_1}\right)_{T,p}}{\dfrac{p_1}{x_1}} = 1 \quad (x_1 : 0 \to 1)$$

从而

$$\frac{\left(\dfrac{\partial p_2}{\partial x_2}\right)_{T,p}}{\dfrac{p_2}{x_2}} = 1 \quad (x_2 : 1 \to 0)$$

在温度和总压力不变的条件下，上式可写为

$$\mathrm{dln} \frac{p_2}{p^{\ominus}} = \mathrm{dln} x_2$$

从 $x_2 = 1 \to x_2, p = p_2^* \to p_2$ 上下限入手积分得

$$\ln \frac{p_2}{p_2^*} = \ln x_2$$

故

$$p_2 = p_2^* x_2 \quad (x_2:1 \to 0)$$

表明若组分1在全部浓度范围内服从Raoult定律，则组分2亦跟随服从之。

(3) 若 $p_1 = p_1^* x_1 \quad (x_1:1 \to 1-\Delta x)$，则 $p_2 = kx_2 \quad (x_2:0 \to \Delta x)$

〔证明〕 据题意 $\left(\frac{\partial p_1}{\partial x_1}\right)_{T,p} = p_1^* = \frac{p_1}{x_1}$

即

$$\frac{\left(\frac{\partial p_1}{\partial x_1}\right)_{T,p}}{\frac{p_1}{x_1}} = 1 \quad (x_1:1 \to 1-\Delta x)$$

由之得

$$\frac{\left(\frac{\partial p_2}{\partial x_2}\right)_{T,p}}{\frac{p_2}{x_2}} = 1 \quad (x_2:0 \to \Delta x)$$

在温度和总压力不变的条件下，上式可写成：

$$\mathrm{d}\ln \frac{p_2}{p^{\ominus}} = \mathrm{d}\ln x_2$$

因为 x_2 在 $0 \to \Delta x$ 区间内才有意义，故该式不能从 $x_2 = 1$ 到 x_2 作定积分。

只能以不定积分上式，得 $\ln \frac{p_2}{p^{\ominus}} = \ln x_2 + \ln k'$

$$\frac{p_2}{p^{\ominus}} = k' x_2，令\ k_x = k' p^{\ominus}$$

从而

$$p_2 = k_x x_2 \quad (x_2:0 \to \Delta x)$$

表明在某一浓度范围内，若溶剂服从拉乌尔定律，则溶质在相同浓度范围内必然服从亨利定律。

4.6 稀溶液的依数性

4.6.1 蒸气压降低

在溶剂中加入非挥发性非电解质溶质时，若溶质的摩尔分数总和比1小很多，可当为稀溶液看待。而稀溶液中溶剂的化学势可以表示为：

$$\mu_A^l = \mu_A^{*l}(T,p) + RT\ln x_A$$

当加入了溶质，$x_A < 1$，$RT\ln x_A$ 一项为负值，使得溶液中溶剂的化学势总比纯溶剂时的低，这一变化使得体系的某些有关的平衡性质也随之变化——如(1) **蒸气压下降**(vapour pressure lowering)；(2) **凝固点降低**(freezing point depression)；(3) **沸点上升**(boiling point elevation) 和(4) **渗透压**(osmotic pressure) 的产生。在稀溶液中，这些性质有一共同特点，即变化幅度取决于加入的溶质分子与溶剂分子的相对比例，而与溶质分子的性质无关，故常

称为“依数性(colligative properties)”。

讨论稀溶液的依数性时,可自化学势的变化入手,也可由蒸气压的变化入手。本节采用前一种方法。

前已述及,一定温度和压力下,同一种物质 B 在两相(α,β) 处于平衡的条件为

$$\mu_B^{\alpha}=\mu_B^{\beta}$$

又恒压下,化学势随温度变化关系取决于下式

$$\left(\frac{\partial\mu_B}{\partial T}\right)_p=-S_{B,m}$$

对于同一物质,气、液、固三态对比,一般情况下,处于气态时熵值最大,液态其次而固态最小

$$S_m^g>S_m^l>S_m^s$$

因熵值均为正值,而 $\left(\frac{\partial\mu_B}{\partial T}\right)_p=-S_{B,m}=-S_m$,故在恒压下作 μ-T 曲线,则其斜率均为负值,绝对值以气态为最大,液态其次而固态最小。为方便起见,可以近似地假定在一定温度范围内熵值不随温度变化,则所得气、液、固三态的 μ-T 直线分别如图 4-16 所示。其中 O、P、Q 三点分别为纯物质在该指定压力下的升华点 T_s^* ($s\rightleftharpoons g;\mu^s\rightleftharpoons\mu^g$)、凝固点 T_f^* ($s\rightleftharpoons l;\mu^s\rightleftharpoons\mu^l$) 和沸点 T_b^* ($l\rightleftharpoons g;\mu^l\rightleftharpoons\mu^g$)。在加入溶质的摩尔分数为 x_B 时,溶剂的 $x_A<1$,由公式

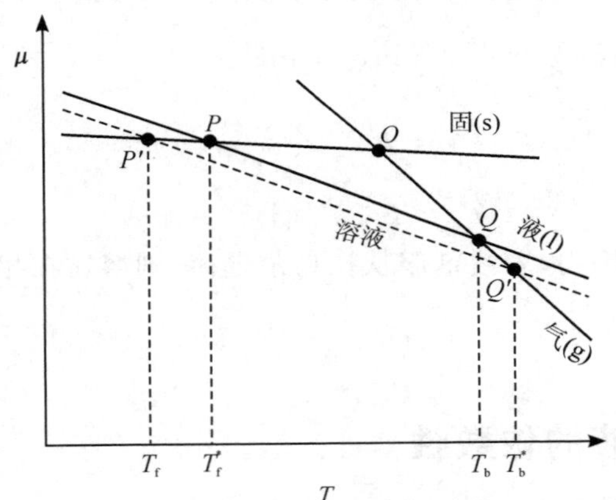

图 4-16　同一物质的 μ-T 关系以及对依数性的影响

$$\mu_A^l=\mu_A^{*l}(T,p)+RT\ln x_A$$

溶液中溶剂的化学势比纯溶剂时的降低了 $RT\ln x_A$,在图中用虚线 $P'Q'$ 表示,其位置一定低于纯溶剂的 μ-T 线 PQ。加入的溶质愈多,x_B 愈大,而 x_A 愈小,其 μ-T 曲线的位置愈低,从图中可以看出,由于溶液中溶剂的化学势比纯溶剂的低,只有在更低的温度下其 μ-T 线才能与固态的 μ-T 线相交,交点 P' 所对应温度即为溶液的凝固点 T_f,T_f 比纯溶剂的凝固点 T_f^* 低,而溶液的 μ-T 线与气态的 μ-T 线交于点 Q',所对应的温度即为溶液的沸点 T_b,T_b 比纯溶剂的沸点 T_b^* 更高。

以上从化学势变化的观点定性地解释了溶液凝固点下降和沸点上升原因。下面讨论有关依数性(溶液相平衡规律)的定量关系。

蒸气压降低值与溶液中所加入溶质 B 的物质的量分数 x_B 成正比,并以此可作为测量非

挥发性非电解质的摩尔质量，其根据为：

$$\Delta p = p_A^* - p_A = p_A^* x_B = p_A^* \left(\frac{n_B}{n_A + n_B}\right) = p_A^* \left[\frac{\frac{W_B}{M_B}}{\frac{W_A}{M_A} + \frac{W_B}{M_B}}\right] \tag{4-202}$$

溶解一定量(W_B克)溶质于一定量溶剂(W_A克)中，由已知的溶剂摩尔质量(M_A)、溶剂在测量温度下的饱和蒸气压 p_A^* 和由实验测得的蒸气压降低值 Δp，可自式(4-202)计算出溶质的摩尔质量(M_B)。此法远不如下述凝固点降低和沸点上升法准确，目前较少应用。

4.6.2　凝固点降低

凝固点就是一定压力下固、液两相的平衡温度。

$$A(s) \rightleftharpoons A(l)$$

式中A(s)代表固态溶剂而A(l)代表液态溶剂。当固态溶剂与纯液态溶剂达平衡时，因 $x_A = 1$

$$\mu_A^s(T_f^*, p) = \mu_A^l(T_f^*, p) \tag{4-203}$$

而当加入溶质之后，$x_A < 1$，液相中溶剂的化学势降低，则固相化学势也必须相应的变小才能在新的条件下与之达到平衡。设平衡温度为 T_f，则

$$\mu_A^s(T_f, p) = \mu_A^l(T_f, p, x_A) = \mu_A^{*l}(T_f, p) + RT\ln x_A \tag{4-204}$$

上式中 T_f 为溶液的凝固点。若以 $\Delta_{fus}G_m$ 表示固态纯溶剂的摩尔熔解吉布斯函数变，则由式(4-204)和吉布斯-亥姆霍兹方程可得凝固点随组成变化关系：

$$\ln x_A = -\frac{\mu_A^{*(l)} - \mu_A^{(s)}}{RT} = -\frac{\Delta_{fus}G_m}{RT} \tag{4-205}$$

而

$$\left(\frac{\partial \ln x_A}{\partial T}\right)_p = -\frac{1}{R}\left[\frac{\partial\left(\frac{\Delta_{fus}G_m}{T}\right)}{\partial T}\right]_p \tag{4-206}$$

由吉布斯-亥姆霍兹方程：

$$\left[\frac{\partial\left(\frac{\Delta_{fus}G_m}{T}\right)}{\partial T}\right]_p = -\frac{\Delta_{fus}H_m}{T^2}$$

所以

$$\left(\frac{\partial \ln x_A}{\partial T}\right)_p = \frac{\Delta_{fus}H_m}{RT^2} \tag{4-207}$$

此即凝固点降低定律的微分形式。式中 $\Delta_{fus}H_m$ 为纯溶剂固体的摩尔熔化焓或其摩尔熔化热。由于 $\Delta_{fus}H_m > 0$，上式表明，当 x_A 减少时，凝固点是下降的。

当 x_A 由 $1 \to x_A$，凝固点由 $T_f^* \to T_f$，将上式积分

$$\int_1^{x_A} d\ln x_A = \int_{T_f^*}^{T_f} \frac{\Delta_{fus}H_m}{RT^2} dT$$

假设固态纯溶剂的摩尔熔化焓 $\Delta_{fus}H_m$ 不随温度变化，则积分后可得

$$\ln x_A = \frac{\Delta_{fus}H_m}{R}\left(\frac{1}{T_f^*} - \frac{1}{T_f}\right) \tag{4-208}$$

以 $x_A = 1 - x_B$ 代入

$$\ln(1 - x_B) = \frac{\Delta_{fus}H_m}{R}\left(\frac{1}{T_f^*} - \frac{1}{T_f}\right) \tag{4-209}$$

当所考虑为稀溶液时，$x_B \ll 1$

$$\ln(1 - x_B) = -\left(x_B + \frac{x_B^2}{2} + \frac{x_B^3}{3} + \cdots\right) \approx -x_B$$

故
$$-x_B = \frac{\Delta_{fus}H_m}{R}\left(\frac{T_f - T_f^*}{T_f^* T_f}\right)$$

或
$$x_B = \frac{\Delta_{fus}H_m}{R}\left(\frac{T_f^* - T_f}{T_f^* T_f}\right) \tag{4-210}$$

一般情况下，T_f 与 T_f^* 差别不大，$T_f^* T_f$ 可以近似地用 T_f^{*2} 表示，而 $T_f^* - T_f = \Delta T_f$ 即为凝固点降低值，故上式可改写成

$$\Delta T_f = \left(\frac{RT_f^{*2}}{\Delta_{fus}H_m}\right)x_B = K'_f x_B \tag{4-211}$$

式中 $K'_f = \dfrac{RT_f^{*2}}{\Delta_{fus}\mathrm{H_m}}$ 为一与溶剂性质有关的常数。上式指出，在稀溶液中凝固点降低与加入溶质摩尔分数 x_B 成正比。但稀溶液中：

$$x_B = \frac{m_B}{\left(\dfrac{1}{M_A} + m_B\right)} \approx M_A m_B$$

以之代入(4-211) 式

$$\Delta T_f = \left(\frac{RT_f^{*2}M_A}{\Delta_{fus}H_m}\right)m_B = K_f m_B \tag{4-212}$$

式中 $K_f = \left(\dfrac{RT_f^{*2}M_A}{\Delta_{fus}H_m}\right)$ 为一与溶剂性质有关的常数，称为凝固点降低系数(freezing-point constant)。上式表明："定压下，稀溶液的凝固点降低值与溶质的质量摩尔浓度 m 成正比，其比例系数为溶剂的摩尔凝固点降低常数(K_f)。"

必须明确：(1) 上式指纯溶剂固体，且无固溶体形成的条件；若形成固溶体，此时凝固点未必降低，有升高的情况。

(2) K_f 是反映凝固点降低大小的物理量。由 K_f 表达式知，T_f^*、M_A 越大，$\Delta_{fus}H_m$ 越小，则 K_f 越大。只要知道溶剂的 T_f^*、M_A、$\Delta_{fus}H_m$ 便可求算 K_f 值；另外，K_f 亦可以通过实验求得。为此测出不同浓度 m 下的 ΔT 值作 $\dfrac{\Delta T}{m}$-m 图，然后外推到 $m = 0$ 的 $\dfrac{\Delta T}{m}$ 值，即为 K_f 值。

(3) 式(4-212) 为经过数次近似所得结果，仅适用于稀溶液。

表 4-4 列举一些溶剂凝固点降低系数(K_f) 的数值。

表 4-4　一些溶剂的凝固点降低系数

溶剂名称	凝固点 /℃	$K_f/(K\cdot mol^{-1}\cdot kg)$	溶剂名称	凝固点 /℃	$K_f/(K\cdot mol^{-1}\cdot kg)$
乙酸	16.7	3.9	环己烷	6.5	20.0
苯	5.5	5.12	萘	80.2	6.9
溴仿	7.8	14.4	酚	42	7.27
樟脑	178.4	37.7	水	0.00	1.86

利用凝固点降低这一实验现象，可以测定非挥发性非电解质溶质的摩尔质量。由式(4-212)

$$\Delta T_f = K_f m_B = K_f\left(\frac{n_B}{W_A}\right) = K_f\left(\frac{W_B}{W_A}\times\frac{1}{M_B}\right)$$

或

$$M_B = \frac{K_f}{\Delta T_f}\times\frac{W_B}{W_A} \tag{4-213}$$

当溶剂的 K_f 值为已知时，在已知量 W_A(单位:kg) 溶剂中加入一定的溶质量 W_B(单位:kg)，由凝固点降低值 ΔT_f 的测定，可求出溶质的摩尔质量 M_B(单位:$kg\cdot mol^{-1}$)。

〔例 4〕 在 1000 克水中加入 24.76 克甘油，测得凝固点为 −0.500 ℃，试计算甘油的摩尔质量。

〔解〕

因为

$$K_{f,水} = 1.86\ K\cdot mol^{-1}\cdot kg$$

$$\Delta T_f = 273.150\ K - 272.650\ K = 0.500\ K$$

所以

$$M_{甘油} = \frac{K_f}{\Delta T_f}\times\frac{W_{甘油}}{W_{水}} = \frac{1.86}{0.500}\times\frac{24.76}{1000} = 0.0921\ kg\cdot mol^{-1}$$

4.6.3　沸点上升

设一溶液中纯溶剂的挥发与凝聚过程达到平衡，平衡条件为溶剂在(液，气) 二相中的化学势相等:

$$\mu_A^l(T、p、x_A) = \mu_A^g(T,p) \tag{4-214}$$

若溶液服从理想溶液假设，则

$$\mu_A^l(T,p,x_A) = \mu_A^{*l}(T,p) + RT\ln x_A$$

从而

$$\mu_A^{*l}(T,p) + RT\ln x_A = \mu_A^g(T,p) \tag{4-215}$$

故

$$\ln x_A = \frac{\mu_A^g - \mu_A^{*l}}{RT} = \frac{\Delta_{vap}G_m}{RT} \tag{4-216}$$

其中 $\Delta_{vap}G_m$ 为纯溶剂的摩尔汽化吉布斯函数变。应用与凝固点降低的相同处理方法，可得

公式

$$\ln x_A = \frac{\Delta_{vap}H_m}{R}\left(\frac{1}{T_b}-\frac{1}{T_b^*}\right) \tag{4-217}$$

进一步近似可得

$$\Delta T_b = \left(\frac{RT_b^{*2}}{\Delta_{vap}H_m}\right)\cdot x_B = K'_b\cdot x_B \tag{4-128}$$

式中 $\Delta T_b = T_b - T_b^*$ 即为沸点上升值，而 $\Delta_{vap}H_m$ 为纯溶剂的摩尔汽化焓，$K'_b=\frac{RT_b^{*2}}{\Delta_{vap}H_m}$ 为一与溶剂性质有关的常数。如以

$$x_B = \frac{m_B}{\left(\frac{1}{M_A}+m_B\right)} \approx M_A m_B$$

代入上式，可得

$$\Delta T_b = K_b \cdot m_B \tag{4-219}$$

其中

$$K_b = \frac{RT_b^{*2}M_A}{\Delta_{vap}H_m} \tag{4-220}$$

K_b 称为沸点上升系数(boiling-point constant)。

必须明确：沸点升高定律只适用于非挥发性溶质的溶液，对于挥发性溶质的溶液，既有沸点升高的情况，也有沸点降低的情况，没有确定的规律性。(4-220) 式仅适用于稀溶液，该式可改写成

$$M_B = \frac{K_b}{\Delta T_b}\times\frac{W_B}{W_A} \tag{4-221}$$

根据上式，可由沸点上升实验数据测定非挥发性非电解质溶液的摩尔质量。

表 4-5 列举了一些溶剂的沸点上升系数 K_b 的数值。

表 4-5　一些溶剂的沸点上升系数

溶剂名称	正常沸点 /℃	K_b/(K · mol^{-1} · kg)	溶剂名称	正常沸点 /℃	K_b/(K · mol^{-1} · kg)
丙酮	56.5	1.72	乙醇	78.4	1.20
四氯化碳	76.8	5.0	乙醚	34.6	2.11
苯	80.1	2.57	甲醇	64.7	0.80
氯仿	61.2	3.88	水	100.00	0.52

4.6.4　渗透压

自然界中有一类物质，只能让溶剂分子通过而不能让溶质分子通过。这类物质称为“半透膜”。动物的组织膜如膀胱膜、精制肠衣等物质属天然的半透膜，它们只能让水通过，而不让其他溶质分子通过。沉淀在素瓷筒上的亚铁氰化铜胶状薄膜或用溶于乙醚-乙醇混合溶液中的硝化纤维[常称为“哥罗酊”(Colloidion)] 挥发后制成的胶袋等物质则属人工半透膜。

如图 4-17(a) 所示，在一中间用半透膜隔开的容器中一边装有纯水而另一边装有一定浓度的蔗糖稀溶液。水分子能自由地通过半透膜，然而由于膜两边水的浓度不同，单位时间内由某一边进入另一边水分子数不相等，表观上看来，水分子由纯水一边渗入蔗糖溶液一边，使蔗糖溶液稀释，液柱升高。当液柱升高至一定程度时，渗透作用停止。此时，施于溶液液面上的额外静水压力 π 称为“渗透压”(osmotic pressure)。假如直接在溶液液面上置一加压活塞，则当所加压力相当于渗透压 π，也可使渗透作用达到平衡。故渗透压力定义为“一定温度下，为使渗透作用达到平衡所需施加于溶液液面的额外压力”。(在水面上还承受着大气压力 p，故实际上施加于溶液液面上总压力 $p+\pi$)。

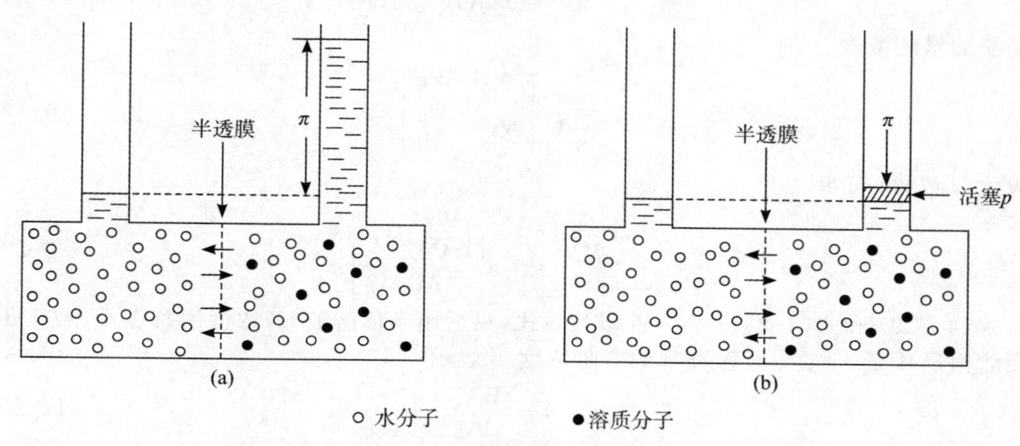

图 4-17 渗透压实验示意图

用热力学方法可对上述现象作出分析，并导出定量关系式：一定温度和压力下某一组分 A(例如水) 在 α 和 β 两相中达到平衡的条件为其化学势相等。

$$\mu_A^\alpha = \mu_A^\beta$$

若纯水的化学势为 $\mu_A^*(T,p)$，而蔗糖溶液中水的摩尔分数为 $x_A(x_A<1)$，则溶液中水的化学势为 $\mu_A^*(T,p)+RT\ln x_A$，小于 $\mu_A^*(T,p)$。如在其上施加压力，则恒温下其化学势的增加取决于下式：

$$d\mu_A = V_{A,m}dp \tag{4-222}$$

其中 $V_{A,m}$ 为水在蔗糖溶液中的偏摩尔体积。

当溶液压力由 p 增加至 $p+\pi$ 后，渗透作用达到平衡，水在两相中的化学势相等。

$$\underset{\text{(纯水相)}}{\mu_A^*(T,p)} = \underset{\text{(溶液相)}}{\mu_A(T,p+\pi,x_A)} \tag{4-223}$$

或

$$\mu_A^*(T,p) = \mu_A^*(T,p) + RT\ln x_A + \int_p^{p+\pi} V_{A,m}dp \tag{4-224}$$

由上式可得

$$RT\ln x_A + V_{A,m}\pi = 0 \tag{4-225}$$

若溶液很稀，则 $V_{A,m}$ 可以近似地用纯水的摩尔体积 $V_{A,m}^*$ 表示

$$V_{A,m} \approx V_{A,m}^* \tag{4-226}$$

而溶液体积 V 近似地等于纯水的体积

$$V \approx n_A V_{A,m}^* \tag{4-227}$$

又
$$\ln x_A = \ln(1-x_B) \approx -x_B \approx -\frac{n_B}{n_A} \tag{4-228}$$

以式(4-226)、(4-227) 和(4-228) 等关系式代入式(4-225)

$$RT\left(-\frac{n_B}{n_A}\right)+\left(\frac{V}{n_A}\right)\pi = 0$$

可得

$$\pi V = n_B RT \tag{4-229}$$

以物质的量的浓度

$$c_B = \frac{n_B}{V}\left(或 = \frac{\frac{W_B}{M_B}}{V}\right) \tag{4-230}$$

代入式(4-229) 可得

$$\pi = c_B RT\left[或 = \frac{\left(\frac{W_B}{V}\right)RT}{M_B}\right] \tag{4-231}$$

式(4-229) 和式(4-231) 均为近似关系式，只适用于稀溶液。若浓度用每 1 m^3 或 1 dm^3 中所含溶质质量(千克) 即物质 B 的质量浓度 c'_B 表示

$$c'_B = \frac{W_B}{V} \tag{4-232}$$

则式(4-231) 可改写成

$$\pi = \frac{c'_B}{M_B}RT \tag{4-233}$$

其中 M_B 为溶质的摩尔质量(单位:$kg \cdot mol^{-1}$)，而

$$M_B = \frac{c'_B RT}{\pi} \tag{4-234}$$

式(4-234) 提供了由渗透压实验数据测定溶质摩尔质量的依据。与凝固点降低法和沸点上升法相比较，对于高分子量的化合物，用渗透压法测定摩尔质量可获得较为准确的结果。例如 25 ℃ 时，$RT = 2472\ kPa \cdot dm^3 \cdot mol^{-1}$，由式(4-231)，当 $C_B = 10^{-3}\ mol \cdot dm^{-3}$ 时，$\pi = (10^{-3} \times 2472)kPa = 2.472\ kPa = 2.472 \times 0.75 \times 13.6\ cmH_2O = 25.2\ cmH_2O$，而同一浓度水溶液的凝固点下降值和沸点上升值分别为 0.00186 ℃ 和 0.00052 ℃，这么小的温差用现行测温手段难以准确测量。可见用渗透压法更易于观测并得出较准确的结果。目前渗透压法常用以估测高分子化合物的平均摩尔质量。

稀溶液四种依数性之间关系：

$$-\ln x_A = x_B = \frac{\Delta p}{p_A^*} = \frac{\Delta_{vap}H_m^*}{RT_b^{*2}}\Delta T_b = \frac{\Delta_{fus}H_m}{RT_f^{*2}}\Delta T_f = \frac{V_A^*\pi}{RT} \tag{4-235}$$

必须明确：这种关系的存在，反映了稀溶液的四种依数性都是溶液内在性质在不同条件下的表现，它们都是由熵效应决定的，只与溶液中溶质的浓度有关，而与其性质无关；此外还提供了由易测性质求算难测性质的途径，从而扩大了每个规律的应用范围。

〔**例 5**〕　凝固点为 271.3 K 的海水，在 293.2 K 用反渗透法使其淡化，问需要最少加多大压力？

（水的 $\Delta_s^l H_m^* = 6004\ \mathrm{J \cdot mol^{-1}}$，$V_1^{*1} = 0.018\ \mathrm{dm^3 \cdot mol^{-1}}$）

〔**解**〕这里海水浓度并不太大，可视为稀溶液，则由

$$\frac{\Delta_s^l H_m^*}{RT_f^{*2}} \Delta T_f = \frac{V_1^{*1}\pi}{RT}$$

得

$$\pi = \frac{T\Delta_s^l H_m^*}{V_1^{*1} T_f^{*2}} \Delta T_f$$

$$= \frac{293.2\ \mathrm{K} \times 6004\ \mathrm{J \cdot mol^{-1}}}{0.018 \times 10^{-3}\ \mathrm{m^3 \cdot mol^{-1}} \times (273.2\ \mathrm{K})^2} \times (273.2\ \mathrm{K} - 271.3\ \mathrm{K})$$

$$= 24.9 \times 10^5\ \mathrm{Pa}$$

即最少需加压力为：$p = \pi + p^\ominus = 26 \times 10^5\ \mathrm{Pa}$。

这是一个由凝固点降低解决渗透压问题的实例。尽管近似估算会有一定误差，但可为海水淡化的可行性给出定量化依据。

*4.6.5　稀溶液的分配定律

“对于稀溶液，在一定温度和压力下，若物质 A 在互不相溶的两种液体中的分子形态相同，则 A 在这两种液相中的平衡浓度之比等于常数。”此即稀溶液的**分配定律**（distribution law）（请参阅参考文献[5]），用数学式表示为

$$\frac{x_A^\beta}{x_A^\alpha} = K(T,p) \tag{4-236}$$

式中 x_A^α、x_A^β 分别为物质 A 在 α 相和 β 相中的摩尔分数，$K(T,p)$ 为分配系数，它不仅是 T、p 的函数，而且与溶质 A 及两种液体的性质有关。分配定律不难自热力学得以证明如下：

对于稀溶液：

$$\mu_A^\alpha(T,p,x_A^\alpha) = \mu_A^{o,\alpha}(T,p=k^\alpha) + RT\ln x_A^\alpha$$

$$\mu_A^\beta(T,p,x_A^\beta) = \mu_A^{o,\beta}(T,p=k^\beta) + RT\ln x_A^\beta$$

恒温、恒压二相平衡：

$$\mu_A^\alpha(T,p,x_A^\alpha) = \mu_A^\beta(T,p,x_A^\beta)$$

故

$$\ln\frac{x_A^\beta}{x_A^\alpha} = \frac{\mu_A^{o,\beta}(T,p=k^\beta) - \mu_A^{o,\alpha}(T,p=k^\alpha)}{RT} = K(T,p)$$

可见稀液溶分配定律是亨利定律的必然结果（在一定近似下）。

必须明确：

(1) 分配定律仅适用于在两溶剂中分子形态相同的部分。若溶质在两溶剂中的分子形态完全不同，则分配定律亦改变形式，例：α 相中为 A_2，β 相中为 A，则

$$\frac{x_A^\beta}{\sqrt{x_{A_2}^\alpha}} = K(T,p) \tag{4-237}$$

(2) 若物质 A 在两种互不相溶液体 α、β 相中为挥发性溶质，则分配系数 $K(T,p)$ 与亨利常数 k^α、k^β 之间存在下列关系

$$K(T,p) = \frac{x_A^\beta}{x_A^\alpha} = \frac{k^\alpha}{k^\beta} \tag{4-238}$$

(3) 分配定律是萃取的理论基础,可以证明,“在溶剂量一定的条件下,多级萃取比一级萃取的效率高”。

即
$$\frac{W_n}{W_0} < \frac{W'_1}{W_0} \tag{4-239}$$

式中,W_0 为原始溶液中含提取物的量;W_n 为每次用 V_2 新鲜溶剂进行 n 次抽取后剩余物的量;W'_1 为用 nV_2 体积溶剂一次萃取后剩余物的量

证明:

设用体积为 V_2 的纯溶剂(α 相)处理体积为 V_1 内含 W_0 被提取物质 A 溶液(β 相)

第一次提取后溶液内剩余物 A 为 W_1,则

$$\frac{c_A^{\beta}}{c_A^{\alpha}} = \frac{\dfrac{W_1}{V_1}}{\dfrac{W_0 - W_1}{V_2}} = k$$

所以
$$W_1 = W_0 \frac{kV_1}{kV_1 + V_2}$$

第二次再用 V_2 新鲜剂对剩余物抽取,则

$$W_2 = W_1\left(\frac{kV_1}{kV_1 + V_2}\right) = W_0\left(\frac{kV_1}{kV_1 + V_2}\right)^2$$

从而 n 次抽取的剩余物 W_n 为
$$W_n = W_0\left(\frac{kV_1}{kV_1 + V_2}\right)^n \tag{4-240}$$

则被抽取后物质 A 的总量

$$W_e = W_0 - W_n,\text{即 } W_e = W_0\left[1 - \left(\frac{kV_1}{kV_1 + V_1}\right)^n\right]$$

若用 nV_2 体积的溶剂进行一次萃取,则提取后溶液内剩余物 A 的量 W'_1 为:

$$W'_1 = W_0\left(\frac{kV_1}{kV_1 + nV_2}\right) \tag{4-241}$$

而
$$\begin{aligned}\left(\frac{kV_1 + V_2}{kV_1}\right)^n &= \left(1 + \frac{V_2}{kV_1}\right)^n \\ &= 1 + n\frac{V_2}{kV_1} + \frac{n(n-1)}{2!}\left(\frac{V_2}{kV_1}\right)^2 + \cdots \\ &= \frac{kV_1 + nV_2}{kV_1} + \frac{n(n-1)}{2!}\left(\frac{V_2}{kV_1}\right)^2 + \cdots\end{aligned}$$

因为 $n > 1$,且 V_1、V_2、k 均为正值,所以

$$\left(\frac{kV_1 + V_2}{kV_1}\right)^n > \left(\frac{kV_1 + nV_2}{kV_1}\right)\text{或}\left(\frac{kV_1}{kV_1 + V_2}\right)^n < \frac{kV_1}{kV_1 + nV_2}$$

因而
$$\frac{W_n}{W_0} < \frac{W'_1}{W_0}$$

4.7 非理想溶液活度与化学势

4.7.1 非理想溶液中溶剂和溶质的活度与化学势等温式

实际溶液的性质往往与理想溶液的性质发生偏差。为了使得由理想稀溶液中各物质的化学势出发推引出各种热力学规律的形式对于非理想溶液仍能适用,且使非理想溶液与理想溶液能用统一的概念与形式处理,G. N. Lewis 用引入逸度的同样方法提出了“活度

(activity)”的概念，以代替浓度表示实际溶液的性质。“活度”相当于某种形式的“有效浓度”。

活度的形式定义

设溶液由 k 种物质组成，在 T,p 下溶液中任一物质 B 的活度可定义为

$$a_{\mathrm{B}}=a_{\mathrm{B}}^{\ominus}\exp\left[\frac{\mu_{\mathrm{B}}(T,p,x_c)-\mu_{\mathrm{B}}^{\ominus}(T,p)}{RT}\right] \tag{4-242}$$

式中：$\mu_{\mathrm{B}}^{\ominus}$ 为物质 B 在标准状态下的化学势；

$a_{\mathrm{B}}^{\ominus}$ 为物质 B 在标准状态下的活度；

x_c 代表 k 种物质中的 $k-1$ 个独立的摩尔分数。

以上只是形式定义，只能确定活度的比值，并不能确定活度的数值与含义，为此必须选定活度标，它包括指定标准态及活度在该态的数值与物理意义。上述出发点给它指明了方向。由于溶液的组成可用不同的浓度表示，同时溶液中的物质可用相同的方式或不同的方式进行处理，从而决定了活度定义的多样性。

溶液中有溶剂和溶质之分，在稀溶液中前者服从拉乌尔定律而后者服从亨利定律。对溶质而言，浓度也常用摩尔分数 x_{B}、质量摩尔浓度 m_{B} 或物质的量浓度 c_{B} 等表示。用不同浓度表示时，标准态的选择与活度系数(γ_{A} 或 γ_{B})各不相同，以下分别讨论之，且由“id”示理想溶液，“re”示实际溶液。

溶剂的活度与化学势等温式

在理想溶液中，溶剂的化学势等温式为：

$$\begin{aligned}\mu_{\mathrm{A}}^{\mathrm{id}}&=\mu_{\mathrm{A}}^{*}(T,p)+RT\ln x_{\mathrm{A}}=\mu_{\mathrm{A}}^{\ominus}(T)+\int_{p^{\ominus}}^{p}V_{\mathrm{A,m}}^{*}\mathrm{d}p+RT\ln x_{\mathrm{A}}\\&\approx\mu_{\mathrm{A}}^{\ominus}(T)+RT\ln x_{\mathrm{A}}\end{aligned} \tag{4-188}$$

在实际溶液中，用活度 $a_{\mathrm{A},x}$ 以代替 x_{A}，化学势等温式为：

$$\begin{aligned}\mu_{\mathrm{A}}^{\mathrm{re}}&=\mu_{\mathrm{A}}^{*}(T,p)+RT\ln a_{\mathrm{A},x}=\mu_{\mathrm{A}}^{\ominus}(T)+\int_{p^{\ominus}}^{p}V_{\mathrm{A,m}}^{*}\mathrm{d}p+RT\ln a_{\mathrm{A},x}\\&\approx\mu_{\mathrm{A}}^{\ominus}(T)+RT\ln a_{\mathrm{A},x}\end{aligned} \tag{4-243}$$

实际溶液与理想溶液的偏差为：

$$\Delta\mu=\mu^{\mathrm{re}}-\mu^{\mathrm{id}}=RT\ln\frac{a_{\mathrm{A},x}}{x_{\mathrm{A}}}=RT\ln\gamma_{\mathrm{A},x} \tag{4-244}$$

式中 $a_{\mathrm{A},x}=\gamma_{\mathrm{A},x}x_{\mathrm{A}}$，$\gamma_{\mathrm{A},x}$ 表示浓度以摩尔分数表示时溶剂 A 的活度系数(activity coefficient)。

上式表明 γ_{B} 反映了物质B在实际溶液中与理想溶液中的化学势偏差，即 γ_{B} 是从单个物质 B 上刻划溶液非理想程度的宏观物理量。γ_{B} 偏离 1 越大，溶液的非理想程度越大。

对于溶剂而言，溶液愈稀，其性质愈接近于理想情况，即当 $x_{\mathrm{A}}\to1$，$\gamma_{\mathrm{A},x}\to1$ 时，$a_{\mathrm{A},x}\to x_{\mathrm{A}}\to1$。自然 $x_{\mathrm{A}}\to1$ 为纯溶剂。故在实际溶液中，溶剂的标准态，常定义为 T 及 $p=p^{\ominus}$ 下 $x_{\mathrm{A}}=1$，$\gamma_x=1$ 即 $a_{\mathrm{A},x}=1$ 的状态，也就是以温度 T、标准压力 $p^{\ominus}$ 下的纯溶剂为参考态，亦即标准态，它是纯物质液体的真实状态。

溶质的活度与化学势等温式

溶质在稀溶液中服从亨利定律，而在浓度较大时则偏离亨利定律。当浓度用摩尔分数

表示时，稀溶液中溶质化学势为：

$$\mu_{\mathrm{B}}^{\mathrm{l}}=\mu_{x,\mathrm{B}}^{0}(T,p)+RT\ln x_{\mathrm{B}}=\mu_{x,\mathrm{B}}^{\ominus}(T)+\int_{p^{\ominus}}^{p}V_{\mathrm{B,m}}^{*}\mathrm{d}p+RT\ln x_{\mathrm{B}}$$

$$\approx\mu_{x,\mathrm{B}}^{\ominus}(T)+RT\ln x_{\mathrm{B}} \tag{4-192}$$

今如以活度 a_x 修正之，则实际溶液中溶质化学势：

$$\mu_{\mathrm{B}}^{\mathrm{re}}=\mu_{x,\mathrm{B}}^{0}(T,p)+RT\ln a_{\mathrm{B},x}=\mu_{x,\mathrm{B}}^{\ominus}(T)+\int_{p^{\ominus}}^{p}V_{\mathrm{B,m}}^{*}\mathrm{d}p+RT\ln a_{\mathrm{B},x}$$

$$\approx\mu_{x,\mathrm{B}}^{\ominus}(T)+RT\ln a_{\mathrm{B},x} \tag{4-245}$$

而

$$a_{\mathrm{B},x}=\gamma_{\mathrm{B},x}x_{\mathrm{B}} \tag{4-246}$$

其中 $a_{\mathrm{B},x}$ 为浓度以摩尔分数表示时的活度，$\gamma_{\mathrm{B},x}$ 为浓度以摩尔分数表示时的活度系数。

实际溶液与理想稀溶液的偏差可表示为

$$\Delta\mu=RT\ln\gamma_{\mathrm{B},x} \tag{4-247}$$

由(4-245)式可知，其标准态规定为溶液温度 T 及在标准压力 $p^{\ominus}$ 下于稀溶液时仍服从亨利定律并外推至 $a_{\mathrm{B},x}=1$ 的假想状态。

下面可用图(4-18)与(4-19)对活度定义中所规定的标准态加以说明，前者为溶质B的蒸气压 p_{B} 随其组成 x_{B} 变化关系，后者为假想的溶质标准状态。

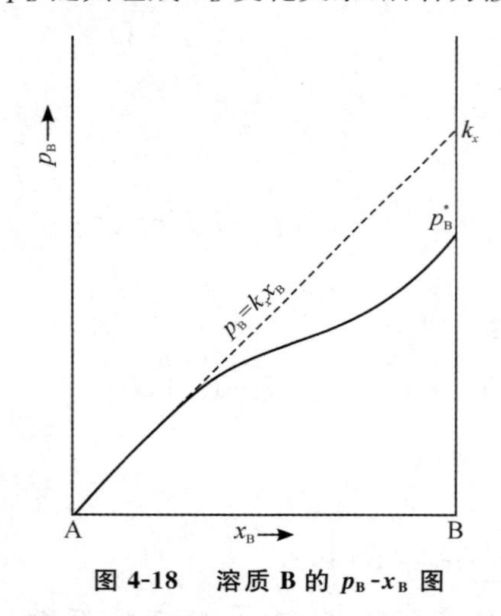

图 4-18　溶质 B 的 p_{B}-x_{B} 图

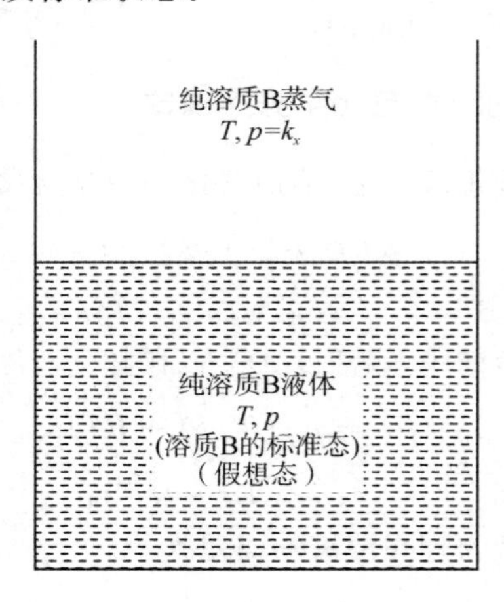

图 4-19　溶质 B 的标准态

不难看出，按理想稀溶液的Henry定律外推到 $x_{\mathrm{B}}=1$ 时的 p_{B} 即为Henry常数 k_x（注意：纯溶质溶液的实际蒸气压力为 p_{B}^{*}），但所推 k_x 值不准。通常，作 $\frac{p_{\mathrm{B}}}{x_{\mathrm{B}}}$-$x_{\mathrm{B}}$ 图，将其外推到 $x_{\mathrm{B}}=0$ 时的 $\left(\frac{p_{\mathrm{B}}}{x_{\mathrm{B}}}\right)_{x_{\mathrm{B}}\to 0}$ 值即为 k_x 值。

当浓度用质量摩尔浓度表示时，实际溶液中溶质的化学势等温式可表示为

$$\mu_{\mathrm{B}}^{\mathrm{re}}=\mu_{m,\mathrm{B}}^{\square}(T,p)+RT\ln\frac{m_{\mathrm{B}}\gamma_{\mathrm{B,m}}}{m^{\ominus}}=\mu_{m,\mathrm{B}}^{\square}(T,p)+RT\ln a_{\mathrm{B},m} \tag{4-248}$$

$$\approx\mu_{m,\mathrm{B}}^{\ominus}(T)+RT\ln a_{\mathrm{B},m}$$

其中

$$a_{B,m}=\frac{m_B\gamma_{B,m}}{m^{\ominus}} \tag{4-249}$$

$a_{B,m}$ 为浓度以质量摩尔浓度表示时的活度，而 $\gamma_{B,m}$ 为与之相对应的活度系数。与式(4-194) 对比，实际溶液与理想稀溶液的偏差可表示为：

$$\Delta\mu=RT\ln\gamma_{B,m} \tag{4-250}$$

而标准态可规定为溶液温度 T，压力为 $p^{\ominus}$ 下且在稀溶液时服从亨利定律并外推至 $a_{B,m}=1$ 的假想状态。

溶质B的蒸气压 p_B 与其组成 m_B 的关系及溶质 B 的标准态示于图 4-20 与图 4-21。不言自明，Henry 常数 k_m 值是由 $\frac{p_B}{m_B}$-m_B 关系图外推到 $m_B=0$ 时的 $\left(\frac{p_B}{m_B}\right)_{m_B\to 0}$ 值而得。

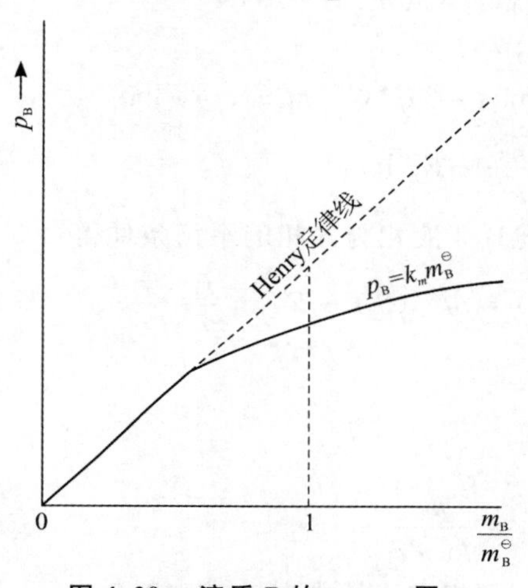

图 4-20　溶质 B 的 p_B-m_B 图

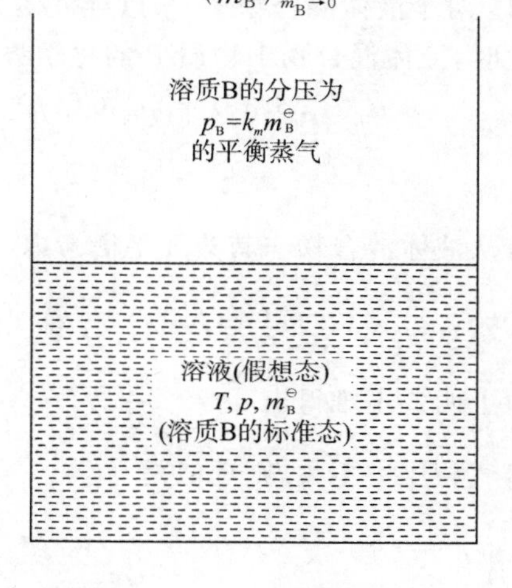

图 4-21　溶质 B 的标准态

当浓度用物质的量浓度表示时，实际溶液中溶质的化学势等温式可表示为：

$$\begin{aligned}\mu_B^{re}&=\mu_{c,B}^{\triangle}(T,p)+RT\ln\frac{c_B\gamma_m}{c^{\ominus}}=\mu_{c,B}^{\triangle}(T,p)+RT\ln a_{B,c}\\&\approx\mu_{c,B}^{\ominus}(T)+RT\ln a_{B,c}\end{aligned} \tag{4-251}$$

其中

$$a_{B,c}=\frac{c_B\gamma_{B,c}}{c^{\ominus}} \tag{4-252}$$

$a_{B,c}$ 为浓度以物质的量浓度表示时的活度，$\gamma_{B,c}$ 为与之相对应的活度因子。与式(4-198) 对比，实际溶液与理想稀溶液的偏差可表示为：

$$\Delta\mu=RT\ln\gamma_{B,c} \tag{4-253}$$

标准态规定为溶液温度为 T 压力为 $p^{\ominus}$ 下，且在稀溶液时服从亨利定律并外推至 $a_{B,c}=1$ 的假想状态。

总而言之，上述溶剂与溶质的活度定义中，为方便起见，溶剂都选纯溶剂真实液体为标准态，溶质按不同浓度表示法选不同的状态作标准态，从而就有不同的活度定义。尽管它们的数值、单位及物理含义各不相同，但并不影响溶质在两种溶液中的化学势的差值，这样就保证了实际溶液与理想溶液或理想稀溶液能用统一的概念与形式处理。

4.7.2 活度测定及求算

从活度的定义可知活度的求算实质上是化学势差值的测量与计算问题，然而由于缺乏$\left(\frac{\partial\mu_A}{\partial x_A}\right)_{T,p}$与$x_A$关系的实验数据而失去可行的意义。因此常用的方法是利用含有活度的公式来设法求活度。

由蒸气压求活度及活度系数

(1) 对于液体混合物 —— 以纯液体为标准态 (规定 Ⅰ)

此时，液体混合物中物质B的化学势可表示为

$$\mu_B^l(T,p,x_c)=\mu_B^{*l}(T,p)+RT\ln a_B=\mu_B^{*g}(T,p_B^*)+RT\ln a_B$$
$$=\mu_B^{\ominus g}(T)+RT\ln\frac{f_B^*}{p^\ominus}+RT\ln a_B$$

若从液体混合物与其蒸气平衡考虑，由物质B在液相与气相的平衡条件得

$$\mu_B^l(T,p,x_c)=\mu_B^g(T,p,y_c)=\mu_B^{\ominus g}(T)+RT\ln\frac{f_B}{p^\ominus}$$

由上两式不难得出 $a_B=\frac{f_B}{f_B^*},\gamma_B=\frac{f_B}{f_B^*x_B}$ (4-254)

如果蒸气相压力不大，则近似是

$$a_B=\frac{p_B}{p_B^*},\gamma_B=\frac{p_B}{p_B^*x_B} \qquad (4\text{-}255)$$

(2) 对于溶液 —— 溶剂以纯态，溶质以不同假想态为标准态 (规定 Ⅱ)

溶剂的活度同上1定义，故上两式仍成立，即有 $a_A=\frac{p_A}{p_A^*},\gamma_A=\frac{p_A}{p_A^*x_A}$。

例如，在蔗糖水溶液中，一定摩尔分数(x_A)浓度下水(溶剂)的蒸气压降低值可由实验测得，并计算出其活度$a_{A,x}$。

溶质按不同浓度定义不同的活度，则对于溶液中的溶质B，当溶液压力不大时，不难近似可证

$$a_{B,x}=\frac{p_{B,x}}{k_x},\gamma_{B,x}=\frac{p_B}{k_xx_B}; \qquad (4\text{-}256)$$

$$a_{B,m}=\frac{p_B}{k_m},\gamma_{B,m}=\frac{p_B}{k_mm_B}; \qquad (4\text{-}257)$$

$$a_{B,c}=\frac{p_B}{k_c},\gamma_{B,c}=\frac{p_B}{k_cc_B}。 \qquad (4\text{-}258)$$

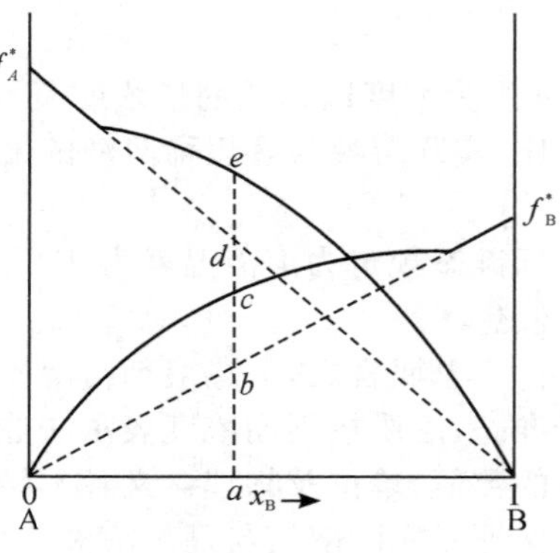

例如：由溶剂A和溶质B组成的双组分溶液根据规定 Ⅰ，若以纯溶质为其标准态(右图)则 $ab=f_B^*x_B;ac=f_B$

$\gamma_B=\frac{a_B}{x_B}=\frac{f_B}{f_B^*x_B}=\frac{ac}{ab}$；同样 $\gamma_A=\frac{ae}{ad}$。

根据规定 Ⅱ，若以假想态为其标准态（亨利定律）（右图）

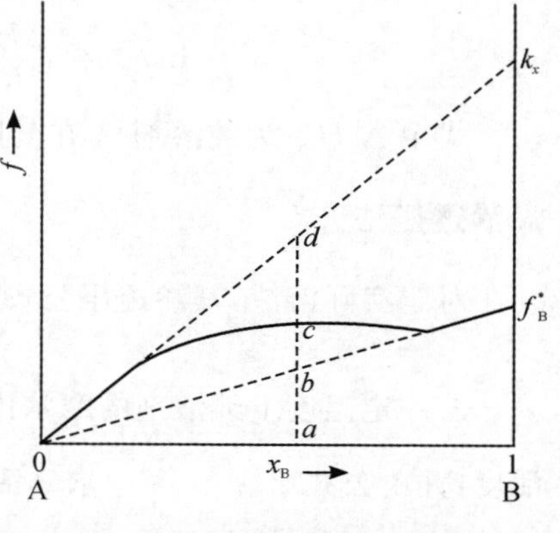

有　　　$ad = k_x x_B$；$ac = f_B$

则　　　$\gamma_B = \dfrac{a_B}{x_B} = \dfrac{f_B}{k_x x_B} = \dfrac{ac}{ad}$

〔**例 6**〕　在 308.15 K，乙醇(1) 和氯仿(2) 组成二组分溶液，该溶液的蒸气压与液相组成 x，气相组成 y 之间的关系，由实验测得，列表如下：

x_2	0.0000	0.0100	0.0500	0.2000	0.4000	0.5000	1.0000
y_2	0.0000	0.0414	0.2000	0.5754	0.7446	0.7858	1.0000
p/Pa	13706	14159	16212	25358	34291	36930	39343

假定蒸气为理想气体，当乙醇在溶液中的摩尔分数为 0.6 时：

(1) 以纯态为标准态，计算乙醇和氯仿的活度及活度系数；

(2) 以极稀溶液为标准态，计算氯仿的活度和活度系数。

〔**解**〕(1) 以纯液体为标准态：$x_2 = 1, \gamma_2 = 1, a_2 = 1$

$$a_1 = \frac{p_1}{p_1^*} = \frac{p(1-y_2)}{p_1^*} = \frac{34291\ \text{Pa}(1-0.7446)}{13706\ \text{Pa}} = 0.6390$$

$$\gamma_1 = \frac{a_1}{x_1} = \frac{0.6390}{0.6} = 1.065$$

$$a_2 = \frac{p_2}{p_2^*} = 0.6490 \qquad \gamma_2 = \frac{a_2}{x_2} = \frac{0.6490}{0.4} = 1.6225$$

(2) 以极稀溶液为标准态：当 $x_2 \to 0, \gamma_2 = \dfrac{a_2}{x_2} \to 1$

$k = \left(\dfrac{p_2}{x_2}\right)_{x_2 \to 0}$，取 $x_2 = 0.0100$ 实验值求得：

$$k = \frac{p_2}{x_2} = \frac{py_2}{x_2} = \frac{(14159\ \text{Pa} \times 0.414)}{0.0100} = 58618\ \text{Pa}$$

当 $x = 0.4$ 时，

$$a_2 = \frac{p_2}{k} = \frac{34291 \times 0.7446}{58618} = 0.4356$$

$$\gamma_2 = \frac{a_2}{x_2} = \frac{0.4356}{0.40} = 1.09$$

凝固点降低法

对于实际溶液，凝固点降低定律的微分形式为

$$\left(\frac{\partial \ln a_A}{\partial T}\right)_p = \frac{\Delta_s^l H_m^*}{RT^2} \tag{4-259}$$

当 $\Delta_s^l H_m^*$ 近似为常数时，从 $a_A = 1 \to a_A$，$T = T_f^* \to T_f$ 积分上式得

$$\ln a_A = \frac{\Delta_s^l H_m^*}{R}\left(\frac{1}{T_f^*} - \frac{1}{T_f}\right) \approx \frac{\Delta_s^l H_m^\ominus}{R}\left(\frac{1}{T_f^*} - \frac{1}{T_f}\right) \tag{4-260}$$

式中 $\Delta_s^l H_m^*$ 为纯溶剂 A 在凝固点的摩尔熔化焓；$\Delta_s^l H_m^\ominus$ 为纯溶剂的标准摩尔熔化焓。

渗透压法

对于实际溶液，其渗透压公式应表示为：

$$\pi V_{A,m}^* = -RT\ln a_{A,x} \tag{4-261}$$

若一定温度下纯溶剂的摩尔体积 $V_{A,m}^*$ 为已知，由实测渗透压数据，根据上式可计算其活度，并由公式 $\gamma_{A,x} = \frac{a_{A,x}}{x_A}$ 求其活度系数。

分配定律法

设物质 B 在平衡的两溶液相 α 和 β 中的分子形态相同，分配定律为

$$\frac{a_B^\beta}{a_B^\alpha} = K(T,p) \tag{4-262}$$

上式表明，若已知分配系数 $K(T,p)$ 及 a_B^α，便可求得 a_B^β。

现在讨论 $K(T,p)$ 的求法：

方法一：作不同浓度的分配实验，可得一系列 $\frac{c_B^\beta}{c_B^\alpha}$ 的数据，然后作 $\frac{c_B^\beta}{c_B^\alpha}$-$c_B^\alpha$ 图，外推到 $c_B^\alpha = 0$，即得 $K(T,p)$。

方法二：根据溶质的活度定义知

$c_B^\alpha \to 0$ 时，$a_B^\alpha = c_B^\alpha, \gamma_B^\alpha = 1$；

$c_B^\beta \to 0$ 时，$a_B^\beta = c_B^\beta, \gamma_B^\beta = 1$。

当 $K(T,p)$ 为有限数时，c_B^α 与 c_B^β 同级趋于零。因此，$K(T,p)$ 可从下式求得

$$K(T,p) = \frac{a_B^\beta}{a_B^\alpha} = \lim_{c_B^\alpha \to 0} \frac{c_B^\beta}{c_B^\alpha} \tag{4-263}$$

显然，此法不如上一方法准确。

平衡常数法——将相平衡当成一特殊化学反应

〔**例 7**〕 δ-Fe 的 $\Delta_s^l G_m^\ominus(1673\ \text{K}) = 1034.85\ \text{J}\cdot\text{mol}^{-1}$。在 1673 K，$p^\ominus$ 时，$x_{Fe} = 0.87$ 的铁和硫化铁液体溶液与 δ-Fe 固体平衡，请求溶液中溶剂铁的活度系数 γ_{Fe}。

〔**解**〕1673，$p^\ominus$ 时，下述相平衡建立

$$\delta\text{-Fe(s)} = \text{Fe}(l, a_{Fe})$$

则 $K_a^\ominus(T) = a_{Fe} = \gamma_{Fe}x_{Fe}$，$K_a^\ominus$ 为标准平衡常数

因为 δ-Fe 固体及溶液中溶剂 Fe 的标准状态分别是 1673 K，$p^\ominus$ 的纯 Fe 固体和纯 Fe 液体（假想状态），而 $\Delta_r G_m^\ominus(1673\ \text{K}) = \Delta_s^l G^\ominus\ (1673\ \text{K})$。

根据化学平衡等温式

$$\Delta_r G_m^\ominus(T) = -RT\ln K_a^\ominus(T) = -RT\ln(\gamma_{Fe}x_{Fe})$$

求得 1673 K，$x_{Fe} = 0.87$ 时的 $\gamma_{Fe} = 1.06$。

其他规律如沸点升高定律，溶解度定律，电池电动势等也可以测定活度。

应用 Gibbs-Duhem 方程

以上介绍的方法，直接测得的只是溶剂或者溶质的活度，不能同时兼得两者的活度。下面利用二元溶液的 Gibbs-Duhem 方程，可由 a_A 求算 a_B 或由 a_B 求算 a_A。

在恒温恒压下，对由物质 A 和 B 组成的二元溶液，Gibbs-Duhem 方程为

$$n_A d\mu_A + n_B d\mu_B = 0 \tag{4-51}$$

对于实际溶液任一组分 B

$$\mu_B = \mu_B^{\ominus}(T) + RT\ln a_B, d\mu_B = RT d\ln a_B$$

故式(4-51) 可表示为

$$n_A d\ln a_A + n_B d\ln a_B = 0 \tag{4-264}$$

上式除以 $n = n_A + n_B$

$$x_A d\ln a_A + x_B d\ln a_B = 0 \tag{4-265}$$

由上式积分

$$\int d\ln a_A = -\int \frac{x_B}{x_A} d\ln a_B = -\int \frac{x_B}{1-x_B} d\ln a_B \tag{4-266}$$

或

$$\int d\ln a_B = -\int \frac{x_A}{x_B} d\ln a_A = -\int \frac{x_A}{1-x_A} d\ln a_A \tag{4-267}$$

式(4-266) 和(4-267) 分别指出可由溶质活度测定数据计算溶剂的活度，或由溶剂的活度数据计算溶质的活度。

当应用式(4-267) 由水的活度数据计算蔗糖的活度时，原则上用图解积分方法，由实验数据作 $\frac{x_A}{1-x_A}$-$\ln a_A$ 图，并由曲线下面积分求出在 x_B 条件下的 a_B。然而，当 $x_B \to 0$ 时 $x_A \to 1$，式(4-267) 积分将出现无穷大值。若积分起点改为自溶剂服从于拉乌尔定律的某点，即 $x_A = a_A$ 处而非自 $x_A = 1$ 处开始，则以上困难可以避免，在此点上，溶质服从亨利定律 $x_B = a_B$，亦即积分低限可自极稀溶液开始。

表 4-6 列举一些在 50 ℃ 下由蒸气压降低数据和吉布斯-杜亥姆公式计算的蔗糖水溶液中蔗糖（溶质）和水（溶剂）的活度数据。

表 4-6　蔗糖水溶液的活度数据(50 ℃)

$x_{H_2O}(x_A)$	0.9940	0.9864	0.9826	0.9762	0.9605	0.9559	0.9439	0.9323	0.9098	0.8911
$a_{H_2O}(a_A)$	0.9939	0.9934	0.9799	0.9697	0.9617	0.9477	0.9299	0.9043	0.8758	0.8140
$x_{蔗糖}(x_B)$	0.0060	0.0136	0.0174	0.0238	0.0335	0.0491	0.0561	0.0677	0.0902	0.1089
$a_{蔗糖}(a_B)$	0.0060	0.0136	0.0197	0.0302	0.0481	0.0716	0.1037	0.1390	0.2190	0.3045

4.7.3　溶剂的渗透系数

对于极稀的电解质溶液，γ_B 可显著地偏离 1，而 γ_A 却仍非常接近 1，因此，对溶剂而言，

用 γ_A 衡量溶液的不理想性是非常不灵敏的。为此,20 世纪初,Bjerrum 引入渗透系数 Φ(osmotic coefficient) 这一新的量以代替活度系数 γ。布耶伦定义:

$$\Phi = \frac{\mu_A(T,p,x_c) - \mu_A^*(T,p)}{RT\ln x_A} = \frac{\mu_A(T,p,x_c) - \mu_A^*(T,p)}{\mu_A(\mathrm{id},T,p,x_c) - \mu_A^*(T,p)} \tag{4-268}$$

可见,Φ 是反映溶剂不理想程度的一个无量纲的强度量。

于是溶剂的化学势等温式为

$$\mu_A = \mu_A^* + \Phi RT\ln x_A \tag{4-269}$$

而当 $x_A \to 1$ 时,$\Phi \to 1$,实际溶液还原为理想溶液。

对于实际溶液,其渗透压可表示为

$$\pi_{实际} = -\frac{RT}{V_{A,m}^*}\ln a_A = -\frac{\Phi RT}{V_{A,m}^*}\ln x_A \tag{4-270}$$

而对于理想溶液

$$\pi_{理想} = -\frac{RT}{V_{A,m}^*}\ln x_A \tag{4-271}$$

式(4-270) 与(4-271) 相除得

$$\Phi = \frac{\pi_{实际}}{\pi_{理想}} \tag{4-272}$$

由上式可以看出 Φ 之所以称为“渗透系数”的原因及其测定方法。

将式(4-269) 与下式比较

$$\mu_A = \mu_A^* + RT\ln a_A = \mu_A^* + RT\ln x_A + RT\ln\gamma_A$$

可见

$$\Phi RT\ln x_A = RT\ln x_A + RT\ln\gamma_A$$

所以

$$\Phi = 1 + \frac{\ln\gamma_A}{\ln x_A} \tag{4-273}$$

或

$$\ln\gamma_A = (1-\Phi)\ln\frac{1}{x_A} \tag{4-274}$$

式(4-273) 和(4-274) 分别表示 Φ 与 γ_A 的变换关系。

因此,在用 γ_A 表达的公式中,只要将 γ_A 换成相应 Φ 的表示,便可得用 Φ 表达的公式,故在原理上用 Φ 与 γ_A 二者是等效的,只是在电解质溶液用 Φ 更有效而已。

以表 4-6 部分数据为例。

x_{H_2O}	0.9940	0.9826	0.9762
a_{H_2O}	0.9939	0.9799	0.9697
γ_{H_2O}	0.9999	0.9973	0.9933
$\Phi = 1 + \frac{\ln\gamma_{H_2O}}{\ln x_{H_2O}}$	1.0166	1.1540	1.2790

可见当用 Φ 表示时,差别远较用 γ 时为大,在这类场合下以 Φ 表示实际溶液中溶剂对理想情况的偏差有较明显的效果。

4.7.4　超额函数

活度系数和渗透系数用于描述溶液或混合物中单个组分偏离理想化的程度。为了从整体上衡量实际溶液与理想溶液的偏差，需要引入体系超额函数（excess function）的概念。它对溶液的性质、分类以及结构、分子间的相互作用等方面的研究都很有用。

以双组分体系为例。双组分理想溶液混合吉布斯函数变 $\Delta_{\text{mix}}G^{\text{id}}$ 可用下式表示：

$$\Delta_{\text{mix}}G^{\text{id}} = RT\sum_{\text{B}} n_{\text{B}}\ln x_{\text{B}} = RT(n_1\ln x_1 + n_2\ln x_2) \tag{4-275}$$

对于实际溶液，$\mu_{\text{B}} \approx \mu_{\text{B}}^{\ominus} + RT\ln a_{\text{B}}$［或 $\mu_{\text{B}} = \mu_{\text{B},x}^{0}(T,p) + RT\ln a_{\text{B},x}$］。

故其混合吉布斯函数变 $\Delta_{\text{mix}}G^{\text{re}}$ 可表示为：

$$\Delta_{\text{mix}}G^{\text{re}} = RT\sum_{\text{B}} n_{\text{B}}\ln a_{\text{B}} = RT(n_1\ln a_1 + n_2\ln a_2) \tag{4-276}$$

定义"超额吉布斯函数(excess Gibbs energy)"(以上标"E"表示超额)

$$G^{\text{E}} = \Delta_{\text{mix}}G^{\text{re}} - \Delta_{\text{mix}}G^{\text{id}} \tag{4-277}$$

即，超额吉布斯函数 G^{E} 为实际混合过程的吉布斯函数变 $\Delta_{\text{mix}}G^{\text{re}}$ 与理想混合过程的吉布斯函数变 $\Delta_{\text{mix}}G^{\text{id}}$ 之差。显然，如果超额函数偏离零点越远，表示实际溶液偏离理想溶液的程度愈大。

对双组分体系，式(4-277)可表示为

$$G^{\text{E}} = RT[(n_1\ln a_1 + n_2\ln a_2) - (n_1\ln x_1 + n_2\ln x_2)]$$

即

$$G^{\text{E}} = RT(n_1\ln\gamma_1 + n_2\ln\gamma_2) \tag{4-278a}$$

推广至多组分体系，则有

$$G^{\text{E}} = RT\sum_{\text{B}} n_{\text{B}}\ln\gamma_{\text{B}} \tag{4-278b}$$

或

$$G_{\text{m}}^{\text{E}} = RT\sum_{\text{B}} x_{\text{B}}\ln\gamma_{\text{B}} \tag{4-278c}$$

G_{m}^{E} 称为"摩尔超额吉布斯函数"。可见，实际溶液整体的不理想性源于溶液中各组分偏离了理想状态的行为，即超额函数是与各组分的活度系数相关联的。若实际溶液偏离理想溶液，则 $\gamma_1 \neq 1, \gamma_2 \neq 1, G^{\text{E}} \neq 0$。若实际溶液能满足理想溶液条件，则 $\gamma_1 \to 1, \gamma_2 \to 1, G^{\text{E}} \to 0$。

例如，图4-22给出了乙醇水溶液的Gibbs能随乙醇摩尔分数变化的关系曲线。可以看到，$\Delta_{\text{mix}}G^{\text{re}}$ 和 $\Delta_{\text{mix}}G^{\text{id}}$ 都小于零，由于 $|\Delta_{\text{mix}}G^{\text{re}}| < |\Delta_{\text{mix}}G^{\text{id}}|$，所以 G^{E} 大于零，表明乙醇水溶液对理想溶液的偏差是正偏差。

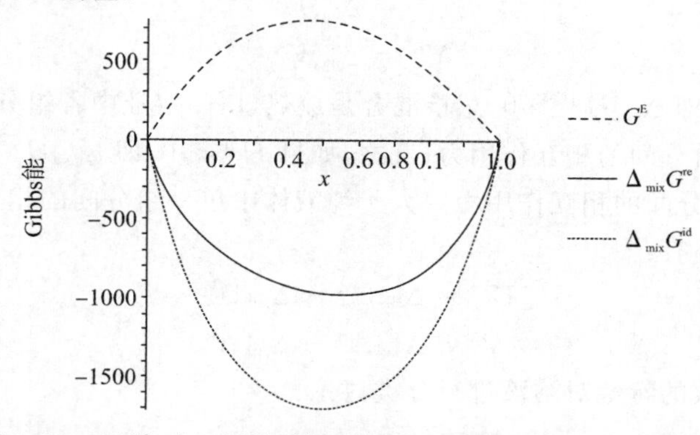

图4-22　乙醇-水二元体系的 G^{E}、$\Delta_{\text{mix}}G^{\text{re}}$、$\Delta_{\text{mix}}G^{\text{id}}$ 与 $x_{\text{乙醇}}$ 关系图

同理,可以定义“超额熵(excess entropy)”

$$S^{E}=\Delta_{mix}S^{re}-\Delta_{mix}S^{id} \tag{4-279}$$

已知$\left(\frac{\partial G}{\partial T}\right)_{p}=-S$,则

$$S^{E}=-\left(\frac{\partial G^{E}}{\partial T}\right)_{p,n}=-\left[\frac{\partial}{\partial T}\left(RT\sum_{B}n_{B}\ln\gamma_{B}\right)\right]_{p,n}$$

$$=-R\sum_{B}n_{B}\ln\gamma_{B}-RT\sum_{B}n_{B}\left(\frac{\partial\ln\gamma_{B}}{\partial T}\right)_{p,n} \tag{4-280a}$$

或

$$S_{m}^{E}=-R\sum_{B}x_{B}\ln\gamma_{B}-RT\sum_{B}x_{B}\left(\frac{\partial\ln\gamma_{B}}{\partial T}\right)_{p,x} \tag{4-280b}$$

S_{m}^{E}称为“摩尔超额熵”。

定义“超额焓(excess enthalpy)”

$$H^{E}=\Delta_{mix}H^{re}-\Delta_{mix}H^{id} \tag{4-281}$$

由 Gibbs-Helmholtz 方程$\left[\frac{\partial(\Delta G/T)}{\partial T}\right]_{p}=-\frac{\Delta H}{T^{2}}$,可得

$$H^{E}=-T^{2}\left[\frac{\partial\left(\frac{G^{E}}{T}\right)}{\partial T}\right]_{p,n}=-RT^{2}\sum_{B}n_{B}\left(\frac{\partial\ln\gamma_{B}}{\partial T}\right)_{p,n} \tag{4-282a}$$

或

$$H_{m}^{E}=-RT^{2}\sum_{B}x_{B}\left(\frac{\partial\ln\gamma_{B}}{\partial T}\right)_{p,x} \tag{4-282b}$$

H_{m}^{E}称为“摩尔超额焓”。

定义“超额体积(excess volume)”

$$V^{E}=\Delta_{mix}V^{re}-\Delta_{mix}V^{id} \tag{4-283}$$

因为$\left(\frac{\partial G}{\partial p}\right)_{T}=V$,故有

$$V^{E}=\left(\frac{\partial G^{E}}{\partial p}\right)_{T,n}=\left[\frac{\partial}{\partial p}\left(\sum_{B}n_{B}RT\ln\gamma_{B}\right)\right]_{T,n}=RT\sum_{B}n_{B}\left(\frac{\partial\ln\gamma_{B}}{\partial p}\right)_{T,n} \tag{4-284a}$$

或

$$V_{m}^{E}=RT\sum_{B}x_{B}\left(\frac{\partial\ln\gamma_{B}}{\partial p}\right)_{T,x} \tag{4-284b}$$

V_{m}^{E}称为“摩尔超额体积”。

对于“超额焓”H^{E}和“超额体积”V^{E},因为$\Delta_{mix}H^{id}=0$,$\Delta_{mix}V^{id}=0$,所以

$$H^{E}=\Delta_{mix}H^{re} \tag{4-285}$$

$$V^{E}=\Delta_{mix}V^{re} \tag{4-286}$$

因此,如果$H^{E}>0$,即$\Delta_{mix}H^{re}>0$,意指混合是放热过程,溶液中各组分间的相互作用力要小于纯液体中单一组分间的相互作用力;反之,如果$H^{E}<0$,即$\Delta_{mix}H^{re}<0$,意指混合是吸热过程,溶液中各组分间的相互作用力要大于纯液体中单一组分间的相互作用力。

其他超额函数还有:

$$U^{E}=\Delta_{mix}U^{re}-\Delta_{mix}U^{id} \tag{4-287}$$

$$A^{E}=\Delta_{mix}A^{re}-\Delta_{mix}A^{id} \tag{4-288}$$

现依据超额函数的特性对溶液进行分类讨论:

(1) 满足 $S^{\mathrm{E}}=0$ 或 $|TS^{\mathrm{E}}|\ll|H^{\mathrm{E}}|$，即 $G^{\mathrm{E}}=H^{\mathrm{E}}$

此种溶液称为正规溶液(regular solution)。也就是说，体系的各组分在混合时微观的空间结构基本不变，但分子间的作用势能变化较大，其非理想性完全是由混合热效应决定的。这类溶液具有下列性质：

$$G^{\mathrm{E}}=H^{\mathrm{E}}=RT\sum_{\mathrm{B}}n_{\mathrm{B}}\ln\gamma_{\mathrm{B}} \tag{4-289}$$

$$A^{\mathrm{E}}=U^{\mathrm{E}} \tag{4-290}$$

同理，由 $S^{\mathrm{E}}=0$，可得

$$\left(\frac{\partial S^{\mathrm{E}}}{\partial n_{\mathrm{B}}}\right)_{T,p,n_{j\neq\mathrm{B}}}=0 \tag{4-291}$$

又因为 $S^{\mathrm{E}}=-\left(\frac{\partial G^{\mathrm{E}}}{\partial T}\right)_{p,n}$，代入式 (4-291)，则有

$$\left[\frac{\partial}{\partial n_{\mathrm{B}}}\left(\frac{\partial G^{\mathrm{E}}}{\partial T}\right)_{p,n}\right]_{T,p,n_{j\neq\mathrm{B}}}=0$$

即

$$\left[\frac{\partial}{\partial T}\left(\frac{\partial G^{\mathrm{E}}}{\partial n_{\mathrm{B}}}\right)_{T,p,n_{j\neq\mathrm{B}}}\right]_{p,n}=0 \tag{4-292}$$

根据化学势定义，可定义“超额化学势(excess chemical potential)”

$$\mu^{\mathrm{E}}=-\left(\frac{\partial G^{\mathrm{E}}}{\partial n_{\mathrm{B}}}\right)_{T,p,n_{j\neq\mathrm{B}}}=RT\ln\gamma_{\mathrm{B}} \tag{4-293}$$

因此，将式(4-293) 代入式(4-292)，可得

$$\left[\frac{\partial(RT\ln\gamma_{\mathrm{B}})}{\partial T}\right]_{p,n}=0 \tag{4-294}$$

显然，

$$RT\ln\gamma_{\mathrm{B}}=C'(p,n) \tag{4-295}$$

即

$$\ln\gamma_{\mathrm{B}}=\frac{C(p,n)}{T} \tag{4-296}$$

表明正规溶液中各组分活度系数 γ_{B} 的对数与温度 T 成反比。

同时，因为 $RT\ln\gamma_{\mathrm{B}}$ 为一常数 (p, n 确定时)，所以

$$C_p^{\mathrm{E}}=\left(\frac{\partial H^{\mathrm{E}}}{\partial T}\right)_{p,n}=\left[\frac{\partial\left(RT\sum_{\mathrm{B}}n_{\mathrm{B}}\ln\gamma_{\mathrm{B}}\right)}{\partial T}\right]_{p,n}=0 \tag{4-297}$$

(2) 满足 $H^{\mathrm{E}}=0$ 或 $|H^{\mathrm{E}}|\ll|TS^{\mathrm{E}}|$，即 $G^{\mathrm{E}}=-TS^{\mathrm{E}}$

此种溶液称为无热溶液(athermal solution)。其非理想性完全是由熵效应引起的。也就是说，体系各组分混合时微观的空间结构发生了变化，但混合热效应为零。这类溶液具有下列性质：

$$H^{\mathrm{E}}=-RT^2\sum_{\mathrm{B}}n_{\mathrm{B}}\left(\frac{\partial\ln\gamma_{\mathrm{B}}}{\partial T}\right)_{p,n}=0 \tag{4-298}$$

$$G^{\mathrm{E}}=-TS^{\mathrm{E}}=RT\sum_{\mathrm{B}}n_{\mathrm{B}}\ln\gamma_{\mathrm{B}} \tag{4-299}$$

$$U^{\mathrm{E}}=-pV^{\mathrm{E}}=-RTp\sum_{\mathrm{B}}n_{\mathrm{B}}\left(\frac{\partial\ln\gamma_{\mathrm{B}}}{\partial p}\right)_{T,n} \tag{4-300}$$

$$C_p^{\mathrm{E}}=\left(\frac{\partial H^{\mathrm{E}}}{\partial T}\right)_{p,n}=0 \tag{4-301}$$

从 $H^{E}=0$,可得
$$\left(\frac{\partial H^{E}}{\partial n_{B}}\right)_{T,p,n_{j\neq B}}=0 \tag{4-302}$$

依据 Gibbs-Helmholtz 方程 $\left[\frac{\partial(\Delta G/T)}{\partial T}\right]_{p}=-\frac{\Delta H}{T^{2}}$ 推导出的式(4-282)
$$H^{E}=-T^{2}\left[\frac{\partial\left(\frac{G^{E}}{T}\right)}{\partial T}\right]_{p,n}$$

代入式(4-302),则有
$$\left\{\frac{\partial}{\partial n_{B}}\left[\frac{\partial\left(\frac{G^{E}}{T}\right)}{\partial T}\right]_{p,n}\right\}_{T,p,n_{j\neq B}}=0$$

即
$$\left[\frac{\partial}{\partial T}\left(\frac{1}{T}\frac{\partial G^{E}}{\partial n_{B}}\right)_{T,p,n_{j\neq B}}\right]_{p,n}=0 \tag{4-303}$$

则
$$\left(\frac{\partial \ln\gamma_{B}}{\partial T}\right)_{p,n}=0 \tag{4-304}$$

即,无热溶液中各组分的活度系数 γ_{B} 与 T 无关。这一结论应用于超额熵 S^{E} 的表达式(4-280),可证得
$$S^{E}=-\left(\frac{\partial G^{E}}{\partial T}\right)_{p,n}=-\left[\frac{\partial}{\partial T}\left(RT\sum_{B}n_{B}\ln\gamma_{B}\right)\right]_{p,n}=-R\sum_{B}n_{B}\ln\gamma_{B} \tag{4-305}$$

显然,超额熵 S^{E} 也与 T 无关。

事实上,没有任何实际溶液真正是“正规”或“无热”的。正规溶液的假设对非极性溶液是近似成立的,而无热溶液的假设对高分子溶液往往是较好的近似。

(3) 满足 $V^{E}=0$

即在混合形成溶液的过程中,体系的总体积保持不变。此类溶液具有下列性质:
$$V^{E}=RT\sum_{B}n_{B}\left(\frac{\partial \ln\gamma_{B}}{\partial p}\right)_{T,n}=0 \tag{4-306}$$
$$U^{E}=H^{E}=-RT^{2}\sum_{B}n_{B}\left(\frac{\partial \ln\gamma_{B}}{\partial T}\right)_{p,n} \tag{4-307}$$
$$A^{E}=G^{E}=-RT\sum_{B}n_{B}\ln\gamma_{B} \tag{4-308}$$

由 $V^{E}=0$,可以很容易证得:该混合物中各组分的活度系数 γ_{B} 与 p 无关;U^{E}、H^{E}、S^{E}、G^{E} 等也与 p 无关。

(4) 兼有上述三者的特性,即满足 $S^{E}=0,H^{E}=0,V^{E}=0$ 的溶液为理想溶液。

〔**例 8**〕 已知物质 A 与 B 组成的二元溶液中,$x_{A}=0.1$,在偏离 25 ℃ 不太大的温度范围内,组分 A 的活度系数可由经验公式给出:$\ln\gamma_{A}=-935.111x_{A}T^{-\frac{3}{2}}$,组分 B 的活度系数为 $\gamma_{B}=-0.003$。请计算体系在温度为 25 ℃ 时的摩尔超额函数 S_{m}^{E}、H_{m}^{E} 和 G_{m}^{E}

〔**解**〕 在题目所给温度 298.15 K 下,由 $\ln\gamma_{A}=-935.111x_{A}T^{-\frac{3}{2}}$ 可计算出 $\gamma_{A}=-0.0182$,将已知数据代入式(4-278c),可得
$$G_{m}^{E}=RT(x_{A}\ln\gamma_{A}+x_{B}\ln\gamma_{B})=-11.1953\ \mathrm{J\cdot mol^{-1}}$$

计算 H_{m}^{E} 前,我们需要计算

$$\left(\frac{\partial \ln\gamma_{\mathrm{A}}}{\partial T}\right)_{p,n}=140.267\ \mathrm{K}^{1.5}T^{-2.5}=9.13838\times10^{-5}\ \mathrm{K}^{-1}\ \text{和}\left(\frac{\partial \ln\gamma_{\mathrm{B}}}{\partial T}\right)_{p,n}=0$$

所以，$H_{\mathrm{m}}^{\mathrm{E}}=-RT^2\left[x_{\mathrm{A}}\left(\frac{\partial \ln\gamma_{\mathrm{A}}}{\partial T}\right)_{p,n}+x_{\mathrm{B}}\left(\frac{\partial \ln\gamma_{\mathrm{B}}}{\partial T}\right)_{p,n}\right]=-6.7538\ \mathrm{J\cdot mol^{-1}}$

因此，
$$S_{\mathrm{m}}^{\mathrm{E}}=\frac{H_{\mathrm{m}}^{\mathrm{E}}-G_{\mathrm{m}}^{\mathrm{E}}}{T}=-0.0145\ \mathrm{J\cdot mol^{-1}\cdot K^{-1}}$$

参考文献

[1] ATKINS P W. Physical Chemistry[M]. 11th ed. Oxford,2017.

[2] LEVIN I N. Physical Chemistry[M]. 5th Edition. McGraw-Hill,2002.

[3] SILBERY R J,ALBERTY R A. Physical Chemistry[M]. 3rd Edition. John Wiley& Sons,2001.

[4] 傅鹰. 化学热力学导论[M]. 北京：科学出版社,1963.

[5] 韩德刚,高执棣,高盘良. 物理化学[M]. 北京：高等教育出版社,2001.

[6] 胡英主编. 物理化学：上册[M]. 北京：高等教育出版社,2014.

[7] 黄启巽,魏光,吴金添. 物理化学：上册[M]. 厦门：厦门大学出版社,1996.

[8] 田昭武,周绍民. 大学化学疑难辅导丛书 —— 热力学定律[M]. 福州：福建科学技术出版社,1988.

[9] 高盘良. 物理化学学习指南[M]. 北京：高等教育出版社,2002.

[10] 朱文涛编著. 物理化学中的公式与概念[M]. 北京：清华大学出版社,1998.

[11] 吴金添,苏文煅. 热力学函数偏微商的求导规则[J]. 化学通报,1994,11:54.

[12] 傅献彩,沈文霞,姚天扬,等. 物理化学：上册[M]. 北京：高等教育出版社, 2006.

思考与练习

思考题(R)

R4-1　若用 x 代表物质的量分数，m 代表质量摩尔浓度，c 代表物质的量浓度。

(1) 证明这三种浓度表示法之间有如下的关系：

$$x_{\mathrm{B}}=\frac{c_{\mathrm{B}}M_{\mathrm{A}}}{\rho-c_{\mathrm{B}}(M_{\mathrm{B}}-M_{\mathrm{A}})}=\frac{m_{\mathrm{B}}M_{\mathrm{A}}}{1+m_{\mathrm{B}}M_{\mathrm{A}}}$$

式中 ρ 为溶液的密度，M_{A}、M_{B} 分别代表溶剂和溶质的摩尔质量。

(2) 证明当水溶液很稀时，有如下的关系：

$$x_{\mathrm{B}}=\frac{c_{\mathrm{B}}M_{\mathrm{A}}}{\rho_{\mathrm{A}}}=m_{\mathrm{B}}M_{\mathrm{A}}$$

(3) 说明何故 $\frac{\mathrm{d}x}{\mathrm{d}T}=0$，$\frac{\mathrm{d}m}{\mathrm{d}T}=0$ 而 $\frac{\mathrm{d}c}{\mathrm{d}T}\neq0$（即物质的量分数、质量摩尔浓度与温度无关，而物质的量浓度与温度有关）。

R4-2　凝固点与溶液浓度的关系线称为溶剂的结晶作用曲线。甲苯和乙烷的正常熔点很接近。问这两种溶剂的结晶作用曲线 $\frac{1}{T}$-$\ln x_{\mathrm{A}}$ 何者陡峭？已知 $\Delta_{\mathrm{fus}}H_{\mathrm{m}}$(甲苯) $<$ $\Delta_{\mathrm{fus}}H_{\mathrm{m}}$(乙烷)。

R4-3　在 298 K 时，A，B，C 三种物质(互不发生反应)所形成的溶液与固相 A 和由 B 与 C 组成的气相同时呈平衡状态。试证明在恒温条件下，改变气相组成对总压力 p 的影响可用下式表示之：

$$\left(\frac{\partial \ln p}{\partial y_B}\right)_T = \left[\frac{y_B - y_B x_A - x_B}{y_B(1-y_B)}\right] \times \frac{V_m(g)}{V_m(g) - V_m(l) - x_A[V_m(g) - V_m(s)]}$$

式中 y_B，x_B 和 x_A 分别为气相中组分 B 以及溶液中组分 B 及 A 的摩尔分数，设气相为理想气体混合物。

R4-4　在锌汞齐中，Zn 的活度系数和物质的量分数的关系式服从公式 $\gamma_2 = 1 - 0.392x_2$，试求：

(1) ZnHg 齐中 Hg 的活度系数 γ_1 与 x_2 的关系式；

(2) $x_2 = 0.6$ 时 Hg 的活度 a_1 和活度系数 γ_1；

(3) $x_2 = 0.6$ 时 Zn 的活度 a_2 和活度系数 γ_2。

R4-5　在 325 ℃ 时，含铊的汞齐中汞的活度系数 γ_1 在 x_2 为 1 ～ 0 范围内服从下列公式：

$$\lg\gamma_1 = -0.096\left(1 + 0.263\frac{x_1}{x_2}\right)^{-2}$$

试用：(1) 溶质型标准态 $x_2 \to 0$ 时，$\gamma_2 \to 1$

　　(2) 溶剂型标准态 $x_2 \to 1$ 时，$\gamma_2 \to 1$

求 $x_2 = 0.5$ 时铊的活度系数 γ_2。

R4-6　二元正规溶液定义为：

$$\mu_1 = \mu_1^*(T) + RT\ln x_1 + \omega x_2^2$$
$$\mu_2 = \mu_2^*(T) + RT\ln x_2 + \omega x_1^2$$

设式中系数 ω 与温度压力无关。当 n_1 组分 1 和 n_2 组分 2 混合时(设 $n_1 + n_2 = 1$ mol)：

(1) 分别导出活度系数 γ_1 和 γ_2 与 ω 的关系式(按规定 I)；

(2) 导出 $\Delta_{mix}G$、$\Delta_{mix}S$、$\Delta_{mix}V$、$\Delta_{mix}H$、G^E 和 H^E 的表达式。

R4-7　有一实际二组分物系，此物系可生成恒沸物。已知恒沸点时的总压为 p，组分 1 和 2 的蒸气压分别为 p_1^* 和 p_2^*，液相中活度系数与浓度关系为 $\ln\gamma_1 = \beta x_2^2$，$\ln\gamma_2 = \beta x_1^2$。式中 β 仅为温度的函数。求该物系恒沸物的组成。

R4-8　液体 B 比液体 A 易于挥发。在一定温度下向纯 A 液体中加入少量纯 B 液体形成稀薄溶液。下列说法是否正确？

(1) 该溶液的蒸气压必高于纯 A 的蒸气压；

(2) 该溶液的沸点必低于纯 A 的沸点；

(3) 该溶液的凝固点必低于纯 A 的凝固点(已知溶液凝固时析出纯固态 A)。

R4-9　化学势 μ_B 和 $\mu_B^{\ominus}$ 有什么不同？

R4-10　试分别从微观和宏观角度比较 Raoult 定律和 Henry 定律的异同点。

R4-11　某一非理想溶液的组分 A 对 Raoult 定律有负偏差，如果以 $p^{\ominus}$ 的纯 A 为标准状态，那么 A 的活度系数 γ_A 大于 1 还是小于 1；如果以 $x_A = 1$ 同时服从 Henry 定律的假想态为标准状态，γ_A 大于 1 还是小于 1？

R4-12　稀溶液的依数性中，哪些只适用于非挥发性溶质？哪些对挥发性溶质也适用？

R4-13　海水淡化的方法之一是所谓“反渗透法”，请你说明此方法的原理。

R4-14　化学势有多种形式，集合公式能适用于所有的化学势吗？

R4-15　已知 A(l) 与 B(l) 形成理想溶液，A 在 B 中的溶解度为 $x_A = 0.1$，而 B 在 A 中的溶解度为 $x_B = 0.05$，所以若将等物质的量的 A 与 B 相混合，必得到两层共轭溶液。用热力学原理说明，上面这段话为什么是错误的。

R4-16　假如将 1 mol NaCl(s) 溶于 200 dm^3 水中形成稀薄溶液。在一定温度下，该溶液的蒸气压 $p(H_2O)$ 应大于、小于、还是等于 $p^*(1 - x_{NaCl})$？

R4-17　溶液中组分 A 对 Raoult 定律有正偏差，那么它对 Henry 定律的偏差情况如何？反之呢？

R4-18　在 25 ℃，101325 Pa 下，某非挥发性溶质 B 的饱和水溶液浓度为 $x_B = 0.20$（假设为理想溶液）。由于长时间放置，有 4 mol 水蒸发掉，此时有什么现象发生？此过程的热量为多大？（结果用水和 B 的物性参数表示）。

练习题(A)

A4-1　298 K，$p^{\ominus}$ 下，两瓶含萘的苯溶液，第一瓶为 2 dm^3（溶有 0.5 mol 萘），第二瓶为 1 dm^3（溶有 0.25 mol 萘），若以 μ_1 和 μ_2 分别表示两瓶中萘的化学势，请给出 μ_1 和 μ_2 的关系式。

A4-2　1 kg 水中分别加入相同数量（0.01 mol）的溶质：葡萄糖、NaCl、$CaCl_2$ 和乙醇溶液。相应的沸点为 T_b（水）、T_b（糖）、T_b（NaCl）、T_b（$CaCl_2$）、T_b（乙）。试将其沸点的次序由高到低排列出。

A4-3　298 K，$p^{\ominus}$ 下，1 mol 甲苯与 1 mol 苯混合形成理想溶液，请计算混合过程的 $\Delta_{mix}H$ 和 $\Delta_{mix}S$。

A4-4　25 ℃ 时，水的饱和蒸气压为 3.133 kPa，水蒸气的标准生成自由能为 $-228.60\ kJ \cdot mol^{-1}$，则液态水的标准生成自由能为多少？

A4-5　300 K 时，将 1 mol $x_A = 0.4$ 的 A—B 二元理想液体混合物等温可逆分离成两个纯组元，计算此过程中所需做的最小功。

A4-6　0 ℃，101 325 Pa 时，氧气在水中的溶解度为 $4.490 \times 10^{-2}\ dm^3 \cdot kg^{-1}$。试求 0 ℃ 时，氧气在水中溶解的亨利系数 $k_x(O_2)$ 和 $k_m(O_2)$。

A4-7　298 K 时，NH_3 与 H_2O 按 1∶8.5 组成的溶液 A 上方 NH_3 的蒸气压为 10.64 kPa，而按 1∶21 组成的溶液 B 上方的蒸气压为 3.597 kPa。

(1) 293 K 时，从大量的溶液 A 中转移 1 mol NH_3 到大量的溶液 B 中 NH_3 的 ΔG_m 为多少？

(2) 293 K 时，若将 101.325 kPa 的 1 mol NH_3 气溶解于大量的溶液 B 中，求 NH_3 的 ΔG_m 为多少？

A4-8　298.15 K 时，物质的量相同的 A 和 B 形成理想液体混合物，试求 $\Delta_{mix}V$、$\Delta_{mix}H$、$\Delta_{mix}G$、$\Delta_{mix}S$。

A4-9　某一非理想气体 B，其压缩因子为 Z，若在温度 T 和压力 0 ～ 1000 kPa 的压力范围内，$(Z-1)/\pi \sim \pi$ 图上的面积为 0.021。求该气体在 $p_B = 1000$ kPa 时的活度。

A4-10　在 333 K 时，将水与有机液体（$M = 80.0\ g \cdot mol^{-1}$）混合，形成两相平衡，一相为在有机液体中含 4.5%（质量分数）的水。另一相为在水中含 17%（质量分数）的有机液体。视两相均为稀溶液，求此体系的总蒸气压。

已知在 333 K 时，水和该有机体的蒸气压分别为 19916 Pa 和 39997 Pa。

A4-11　在 275 K，纯液体 A、B 的蒸气压分别为 2.95×10^4 Pa 和 2.00×10^4 Pa。若取 A、B 各 3 mol 混合，则气相总压为 2.24×10^4 Pa，气相中 A 的摩尔分数为 0.52。假设蒸气为理想气体，计算：

(1) 溶液中各物质活度及活度系数（以纯态为标准态）；

(2) 混合吉布斯自由能 $\Delta_{mix}G_m$。

A4-12　在 273 K 时，每 100 g 水中含 141.0 g 蔗糖的溶液，其渗透压为 $134.71p^{\ominus}$。已知该溶液在 $p^{\ominus} \sim 135p^{\ominus}$ 之间的平均比容为 $0.98321 \times 10^{-3}\ m^3 \cdot kg^{-1}$，求此溶液中水的活度及活度系数。已知蔗糖的相对分子质量为 342.2。

A4-13　293.15 K，乙醚的蒸气压为 58.95 kPa。今在 0.100 kg 乙醚中溶入某非挥发性有机物质 0.010 kg，乙醚的蒸气压降低到 56.79 kPa，试求该非挥发性有机物的摩尔质量。

A4-14　乙醇和甲醇组成的溶液，在 293 K 时纯乙醇的饱和蒸气压为 5933 Pa，纯甲醇的饱和蒸气压为 11 826 Pa。

(1) 计算甲醇和乙醇各 100 g 所组成的溶液中两种物质的摩尔分数；

(2) 求溶液的总蒸气压与两物质的分压；

(3) 甲醇在气相中的摩尔分数。

已知甲醇和乙醇的相对分子质量分别为 32 和 46。

A4-15　298 K 时，测得当 CO_2 分压为 1.013×10^5 Pa 时，CO_2 气体在水中的饱和浓度为 0.0338 mol·dm^{-3}。假设气体为理想气体，溶液为稀溶液，计算在 298 K 和 1.013×10^5 Pa 下 CO_2 溶解于 1 mol 水至饱和时，体系的吉布斯自由能变化，并指出所用标准态。

A4-16　苯与甲苯基本形成理想溶液。一含有 2 mol 苯和 3 mol 甲苯的溶液在 333 K 时蒸气总压为 37.33 kPa，若又加入 1 mol 苯到溶液中，此时蒸气压为 40.00 kPa。求 333 K 时纯苯与纯甲苯的蒸气压。

A4-17　333 K 时，溶液 A 和溶液 B 完全反应，蒸气压分别等于 40.0 kPa 和 80.0 kPa。在该温度时，A 和 B 形成一个非常稳定化合物 AB，AB 的蒸气压为 13.3 kPa。假定由 A 和 B 组成的溶液为理想溶液，求 333 K 时，一个含有 1 mol A 和 4 mol B 的溶液的蒸气压和蒸气组成。

A4-18　已知海水的 $\Delta_{\text{fus}}H_{\text{m}}^{\ominus}$ 为 6010 J·mol^{-1}，海水中水的活度系数 $\gamma_{\text{A}}=0.99$。在 101 325 Pa 时海水的凝固点为 269.44 K，求海水中水的物质的量分数 x_{A}。

A4-19　有两个含 A 和 B 的溶液，已知其中一个含 1 mol A 和 3 mol B，总蒸气压为 $p^{\ominus}$。另一个含 2 mol A 和 2 mol B，其蒸气压大于 $p^{\ominus}$，但发现对第二个溶液加入 6 mol C 后其蒸气总压降到 $p^{\ominus}$，已知纯 C 的蒸气压为 $0.8p^{\ominus}$，且假定这些溶液为理想溶液，上述数据均为 298 K，求 p_{A}^{*} 和 p_{B}^{*}。

A4-20　设 A、B 两理想混合物的各纯组分的蒸气压分别可用下列经验式表示：

$$\ln(p_{\text{A}}^{*}/\text{Pa})=A_{\text{A}}-B_{\text{A}}/T$$

$$\ln(p_{\text{B}}^{*}/\text{Pa})=A_{\text{B}}-B_{\text{B}}/T$$

试导出溶液组成与沸点的关系式。

练习题(B)

B4-1　以下说法对吗？为什么？

(1) 溶液的化学势等于溶液中各组分化学势之和。

(2) 对于纯组分，化学势等于其吉布斯函数。

(3) 等温、等压下，纯物质的量越多，其化学势越大。

B4-2　指出下列各量哪些是偏摩尔数量，哪些是化学势。

(1) $\left(\frac{\partial A}{\partial n_{\text{B}}}\right)_{T,p,n_{\text{C}\neq\text{B}}}$；(2) $\left(\frac{\partial G}{\partial n_{\text{B}}}\right)_{T,V,n_{\text{C}\neq\text{B}}}$；(3) $\left(\frac{\partial H}{\partial n_{\text{B}}}\right)_{T,p,n_{\text{C}\neq\text{B}}}$；(4) $\left(\frac{\partial U}{\partial n_{\text{B}}}\right)_{S,V,n_{\text{C}\neq\text{B}}}$

(5) $\left(\frac{\partial H}{\partial n_{\text{B}}}\right)_{S,p,n_{\text{C}\neq\text{B}}}$；(6) $\left(\frac{\partial V}{\partial n_{\text{B}}}\right)_{T,p,n_{\text{C}\neq\text{B}}}$；(7) $\left(\frac{\partial A}{\partial n_{\text{B}}}\right)_{T,V,n_{\text{C}\neq\text{B}}}$

B4-3　下列说法对吗？为什么？

(1) 温度、压力没有偏摩尔量。

(2) 偏摩尔吉布斯函数是化学势，因此，凡属化学势均有集合公式。

(3) 体系无限稀释时，溶质 B 的偏摩尔体积为零。

B4-4　某不法之徒想制造假酒以获取暴利。他造假酒的过程是：往空瓶里分别注入按一定酒精含量计算出的乙醇和水，两者体积加和为 500 cm^3，随后封口、混合均匀并贴上商标。后来，当这些假酒被查封后，工商局的检验人员用最简单的科学方法证明这酒是假的。请你用所学的知识说明工商人员所用的方法及其科学依据。

B4-5　25 ℃，101325 Pa 时 NaCl(B) 溶于 1 kg H_2O(A) 中所成溶液的 V 与 n_{B} 的关系如下：

$$V=\left[1001.38+16.6253\left(\frac{n_{\text{B}}}{\text{mol}}\right)+1.7738\left(\frac{n_{\text{B}}}{\text{mol}}\right)^{\frac{3}{2}}+0.1194\left(\frac{n_{\text{B}}}{\text{mol}}\right)^{2}\right]\text{cm}^3$$

(1) 求 H_2O 和 NaCl 的偏摩尔体积与 n_{B} 的关系；

(2) 求 $n_{\text{B}}=0.5$ mol 时 H_2O 和 NaCl 的偏摩尔体积；

(3) 求无限稀释时 H_2O 和 NaCl 的偏摩尔体积。

B4-6　化学势 μ_B 和 $\mu_B^\ominus$ 有什么不同?若标准压力不是选择 $p^\ominus$ 而是另一个压力值,则 $\mu_B^\ominus$ 值是否不同?$\Delta\mu_B$ 值又如何?

B4-7　温度不同的两种理想气体在绝热恒容条件下混合,其过程熵变 $\Delta S=-R[n_1\ln x_1+n_2\ln x_2]$。这种说法对吗?为什么?

B4-8　温度为 298 K,压力为 101.325 kPa 的 0.2 mol O_2 和 0.5 mol N_2 组成混合理想气体,求 O_2 和 N_2 的偏摩尔体积和混合前后的总体积。上述结论说明了什么?

B4-9　在 288 K,101.325 kPa 某酒窖中,存有含乙醇 96%(质量分数)的酒 1×10^4 dm^3 今欲调制为含乙醇 56% 的酒,试计算:

(1) 应加水若干立方分米?

(2) 能得到含乙醇 56% 的酒若干立方分米?

已知:298 K,101.325 kPa 时水的密度为 0.9991 $kg\cdot dm^{-3}$,水和乙醇的偏摩尔体积为:

酒中乙醇的质量分数	$V_m^*/(dm^3\cdot mol^{-1})$	$V_m^*/(dm^3\cdot mol^{-1})$
96%	0.01461	0.05801
56%	0.01711	0.05658

B4-10　比较下列六种状态的水的化学势:

(1)100 ℃、$p^\ominus$、液态

(2)100 ℃、$p^\ominus$、气态

(3)100 ℃、$2p^\ominus$、液态

(4)100 ℃、$2p^\ominus$、气态

(5)101 ℃、$p^\ominus$、液态

(6)101 ℃、$p^\ominus$、气态

(A)$\mu(1)$ 与 $\mu(2)$ 谁大?

(B)$\mu(3)$ 与 $\mu(1)$ 相差多少?

(C)$\mu(4)$ 与 $\mu(2)$ 谁大?

(D)$\mu(3)$ 与 $\mu(4)$ 谁大?由此可得关于变化方向的什么结论?

(E) 比较 $S(1)$ 与 $S(2)$ 谁大?

(F) 由上述第一、第五的结果推论(5)与(6)何者较大?由此可得何结论?

B4-11　对某实际气体 A,$\alpha=\dfrac{RT}{p}-V_m^{(re)}$。现用图解积分法在$\dfrac{\alpha}{RT}$-$p$ 图上获得温度 380 K 时压力从 0～10132.5 kPa 范围内的面积为 0.211,求该气体的逸度因子 φ_A 和逸度 f_A。

B4-12　下列说法对吗?为什么?

(1) 自然界中没有真正的理想气体和理想溶液,因为两者都是分子间无作用力的模型。

(2) 如果两种液体能够形成理想溶液,则这两种液体一定能以任意比列混溶。反之,如果两种液体能以任意比例混溶,它们形成的溶液一定是理想溶液。

(3) 当温度一定时,纯溶剂的饱和蒸气压越大,溶剂的液相组成也越大。

(4) 理想溶液中水的摩尔分数等于空气中水的相对湿度。

(5) 在一定的温度和同一溶剂中,某气体的亨利系数越大,则此气体在该溶剂中的溶解度越大。

B4-13　在一个处于恒温环境中的密闭容器内,放有两杯液体,A 杯为纯水,B 杯为糖水。放置一段时间后,会发生什么变化?

B4-14　溶解 2 g 含 C 94.4% 的烃类化合物于 100 g 苯中,使 20 ℃ 苯的蒸气由 9.954 kPa 降至 9.867 kPa,试求出化合物的分子式。

B4-15　二氧化碳能很好地服从贝特洛对比方程：

$$Z=\frac{pVm}{RT}=1+\left(\frac{9}{128}\right)\left(\frac{pT_c}{p_cT}\right)\left[1-6\left(\frac{T_c}{T}\right)^2\right]$$

已知 $T_c=304.3$ K，$p_c=73.0p^{\ominus}$，试计算 CO_2 在 423.15 K，$50p^{\ominus}$ 时的逸度。

B4-16　假定氢气服从状态方程 $pVm=RT+\alpha p$，其中 $\alpha=0.014\ 81\ dm^3\cdot mol^{-1}$，试求 300 K 时氢气处于 $p=20\ p^{\ominus}$ 和 $p=p^{\ominus}$ 两种状态时的逸度比。

B4-17　纯水在 $5p^{\ominus}$ 时，被等物质的量的 H_2，N_2，O_2 的混合气体所饱和。然后将水煮沸排出气体，再干燥。试求排出的干燥气体混合物的组成，以物质的量分数表示。已知 H_2、N_2、O_2 在该温度下亨利系数为 7.903×10^9 Pa、8.562×10^9 Pa 和 4.742×10^9 Pa。

B4-18　试解释下列现象

(1) 海水不能直接饮用。

(2) 往静脉注射蒸馏水会使血红细胞破裂。

(3) 萝卜腌制后变小变软。

(4) 冰棒越吸越不甜。

B4-19　求在一敞开的贮水器中，氮气和氧气的质量摩尔浓度各为多少？已知 298 K 时，氮气和氧气在水中的亨利常数分别为 8.68×10^9 Pa 和 4.40×10^9 Pa。该温度下海平面上空气中氮和氧的摩尔分数分别为 0.782 和 0.209。

B4-20　液体 A 和 B 形成理想液体混合物，有一个含 A 的物质的量分数为 0.4 的蒸气相，放在一个带活塞的气缸内，恒温下将蒸气慢慢压缩，直到有液相产生，已知 p_A^* 和 p_B^* 分别为 $0.4p^{\ominus}$ 和 $1.2p^{\ominus}$。计算：

(1) 当气相开始凝聚为液相时的蒸气总压；

(2) 欲使该液体在正常沸点下沸腾，理想液体混合物的组成应为多少？

B4-21　将一瓶含有萘的苯溶液 A(萘的物质的量分数为 0.01) 与另一瓶已混入相当多数量的水的苯溶液 B 接通(假设水与苯完全不互溶)，用一定量的 N_2 气缓缓地先通入 A 瓶后再经 B 瓶逸出到大气中(所通 N_2 气与液体都充分接触)，试验后发现 A 瓶液体减重 0.500 g，B 瓶液体减重 0.0428 g，最后逸出到大气($p=p^{\ominus}$ 中的气体混合物内，苯的物质的量分数为 0.055，试求出在实验室温度下苯与水的饱和蒸气压各为多少 Pa？(萘当作不挥发溶质，在通 N_2 气过程中 A 瓶中萘的浓度基本不变，瓶内苯与水一直同时存在，计算中还可作合理的近似假设)。

B4-22　庚烷与辛烷可近似形成理想液体混合物。在 313.15 K 时，2 mol 庚烷与 1 mol 辛烷的混合物之蒸气压为 9.56×10^3 Pa。假设用高效分馏柱蒸馏除去 1 mol 庚烷。当冷却到 313.15 K 时，剩余液体的蒸气压为 8.20×10^3 Pa。求庚烷和辛烷纯液体的蒸气压。

B4-23　液体 A 的正常沸点为 338.15 K，摩尔汽化热为 34 727 $J\cdot mol^{-1}$，可与液体 B 形成理想液体混合物。今知 1 mol A 与 9 mol B 形成液体混合物，其沸点为 320.15 K。

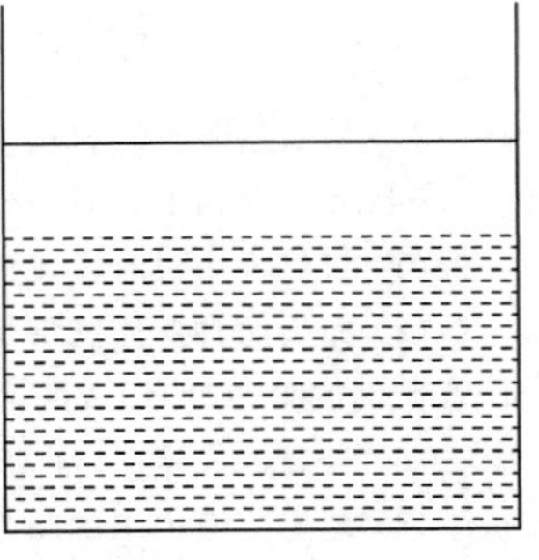

(1) 求 p_A^* 与 p_B^*；

(2) 若将 $x_A=0.4$ 的该理想液体混合物置于带活塞的气缸内，开始活塞与液体接触(见图)，在 320.15 K 时，逐渐降低活塞压力，当理想液体混合物出现第一个气泡时，求气相的组成及气相的总压力；

(3) 将活塞上的压力继续下降，使溶液在恒温下继续汽化，当最后只剩下一液滴时，求这一液滴的组成及平衡蒸气的总压。

B4-24　两液体 A，B 形成理想液体混合物。在 320 K，溶液 I 含 3 mol A 和 1 mol B，总蒸气压为：5.33×10^4 Pa。再加入 2 mol B 形成理想液体混合物 II，总蒸气压为 6.13×10^4 Pa。

(1) 计算纯液体的蒸气压 p_A^*、p_B^*；

(2) 理想液体混合物 I 的平衡气相组成 y_B；

(3) 理想液体混合物 I 的混合过程自由能变化 $\Delta_{mix}G_m$；

(4) 若在理想液体混合物 II 中加入 3 mol B 形成理想液体混合物 Ⅲ，总蒸气压为多少？

B4-25　某水溶液含有非挥发性物质，水在 271.7 K 时凝固，求：

(1) 该溶液的正常沸点；

(2) 在 298.15 K 时该溶液的蒸气压；

(3)298.15 K 时此溶液的渗透压。

已知水的凝固点降低系数 $K_f = 1.86\ \mathrm{K \cdot kg \cdot mol^{-1}}$，水的沸点升高系数 $K_b = 0.52\ \mathrm{K \cdot kg \cdot mol^{-1}}$，298.15 K 时纯水的蒸气压为 3167 Pa。

B4-26　渗透压法常用于高分子化合物平均摩尔质量的测定。今将聚苯乙烯溶于甲苯中，已知甲苯的密度为 $1.004\ \mathrm{g \cdot cm^{-3}}$。25 ℃ 时测得不同浓度下渗透压数据(用液柱高度 h 表示) 如下：

$c'/(\mathrm{g \cdot dm^{-3}})$	2.042	6.613	9.521	12.602
h/cm 甲苯	0.592	1.910	2.750	3.600

试求聚苯乙烯的平均摩尔质量(提示：渗透压公式只适用于稀溶液，故可用外推法求之)。

B4-27　已知 298 K 时，双液稀溶液中的组分 1 的平衡蒸气压与物质的量分数关系为：

$$p_1 = 26664.4x_1(1 + 2x_2^2 + 6x_2^3)$$

(1) 若组分服从拉乌尔定律，拉乌尔常数值(p_1^*) 为多少？

(2) 若组分服从亨利定律，亨利常数值(k_{x_1}) 为多少？

B4-28　298.15 K 时，物质的量相同的 A 和 B 形成理想液体混合物，试求 $\Delta_{mix}V$、$\Delta_{mix}H$、$\Delta_{mix}G$、$\Delta_{mix}S$。

B4-29　定压、298.15 K，固体物质 A 在水中的溶解度是 $3\ \mathrm{mol \cdot dm^{-3}}$，计算固体 A 在 298.15 K 时，溶于浓度为 $c = 1\ \mathrm{mol \cdot dm^{-3}}$ 的大量溶液中的 ΔG_m。

B4-30　298 K 时，有一浓度为 x_B 的稀水溶液，测得渗透压为 1.38×10^6 Pa，试求：

(1) 该溶液中物质 B 的浓度 x_B 为多少？

(2) 该溶液的沸点升高值为多少？

(3) 从大量的该溶液中取出 1 mol 水来放到纯水中，需做功多少？

已知水的摩尔蒸发焓 $\Delta_{vap}H_m^{\ominus} = 40.63\ \mathrm{kJ \cdot mol^{-1}}$，纯水的正常沸点为 373 K。

B4-31　设某一新合成的有机化合物(x)，其中含碳 63.2%，氢 8.8%，其余的是氧(均为质量分数)。今将该化合物 7.02×10^{-5} kg 溶于 8.04×10^{-4} kg 樟脑中，凝固点比纯樟脑低 15.3 K。求 x 的摩尔质量及其化学式。(樟脑的 K_f 值较大，因此溶质的用量虽少，但 ΔT_f 仍较大，相对于沸点升高的实验，其准确度较高)。已知樟脑为溶剂时，$K_f = 40\ \mathrm{K \cdot kg \cdot mol^{-1}}$。

B4-32　在 293.15 K 时，某有机酸在水中和乙醚中分配系数为 0.4。

(1) 将该有机酸 5×10^{-3} kg 溶于 0.100 $\mathrm{dm^3}$ 水中，若每次用 0.020 $\mathrm{dm^3}$ 乙醚萃取，连续萃取两次(所用乙醚事先被水饱和，因此萃取时不会有乙醚溶于水)，求水中还剩有多少 kg 有机酸？

(2) 若一次用 0.040 $\mathrm{dm^3}$ 乙醚萃取，问在水中还剩有多少有机酸？

B4-33　试计算气温为 273.15 K 时，$h = 4$ km 高处水的沸点。已知 $h = 0$ 处的压力(即地面的大气压力)$p^{\ominus} = 101.325$ kPa，空气的平均摩尔质量 $M = 29 \times 10^{-3}\ \mathrm{kg \cdot mol^{-1}}$，设 0 ~ 4 km 之间空气的温度一致，水的摩尔蒸发热 $\Delta_{vap}H_m = 40.67\ \mathrm{kJ \cdot mol^{-1}}$，重力加速度 $g = 9.81\ \mathrm{m \cdot s^{-2}}$。

B4-34　3.20 g 萘溶于 50 g CS_2 中，溶液的沸点较纯溶剂高 1.17 K。已知 CS_2 的正常沸点是 319.40 K，又已知 CS_2(l) 的膨胀系数非常小，萘的摩尔质量 M_A 为 $0.128\ \mathrm{kg \cdot mol^{-1}}$。试计算在 $2p^{\ominus}$ 319.40 K 时，1 mol CS_2(l) 蒸发为 CS_2(g) 的熵变。

B4-35　(1) 证明 273 K 时蔗糖水溶液渗透压公式为：

$$\pi = -1.26 \times 10^8 \ln x_{H_2O}, \frac{1}{x_{H_2O}} = 1 + \frac{m}{55.55\ \mathrm{mol \cdot kg^{-1}} - 5\ \mathrm{m}}$$

假定一个蔗糖分子溶解后可与 5 个水分子结合起来，x_{H_2O} 和 m 为水的摩尔分数和蔗糖的质量摩尔浓度。

(2) 计算 1 kg 水中 0.25 kg 蔗糖的渗透压。

(已知蔗糖的摩尔质量为 $342.2 \times 10^{-3}\ \mathrm{kg \cdot mol^{-1}}$)

B4-36　下列说法对吗？为什么？

(1) 在非理想溶液中，浓度大的组分的活度也大，活度系数也越大。

(2) 对二组分理想溶液有 $x_1 + x_2 = 1$，而对二组分非理想溶液亦有 $a_1 + a_2 = 1$。

(3) 非理想溶液中溶剂和溶质的标准态与理想溶液相同。

B4-37 三氯甲烷和丙酮的混合液中，丙酮的物质的量分数为 0.713。在 298.15 K 时，该溶液的蒸气总压为 2.940×10^4 Pa，蒸气中丙酮的物质的量分数为 0.818。纯三氯甲烷在该温度下的蒸气压为 2.957×10^4 Pa。试计算：

(1) 溶液中三氯甲烷的活度；

(2) 三氯甲烷的活度系数(设蒸气服从理想气体定律)。

B4-38 三氯甲烷溶于丙酮中的亨利常数在 35.17 ℃ 时为 20.1 kPa，现测得如下数据：

x_{CHCl_3}	0.059	0.123	0.185
p_{CHCl_3}/kPa	1.23	2.72	4.25

若 $a = \gamma \cdot x$，$x \to 0$ 时，$\gamma \to 1$ 试计算三种溶液中三氯甲烷的活度和活度系数。

B4-39 物质 A 与物质 B 组成二元溶液，其摩尔分数分别为 x_A 和 x_B，当 A 和 B 都以纯液体的真实状态为标准态时，证明：

(1) 溶液中 A 和 B 的活度因子满足下列关系：

$$\left(\frac{\partial \ln\gamma_A}{\partial \ln x_A}\right)_{T,p} = \left(\frac{\partial \ln\gamma_B}{\partial \ln x_B}\right)_{T,p}$$

(2) 溶液的平衡气相(设为理想气体混合物) 中，若 A 的分压服从下列关系：

$$p_A = p_A^* x_A \cdot \exp[(1-x_A)^2\alpha]$$

其中，p_A^* 为纯 A 的蒸气压，α 为常数；则必有溶液中 B 的活度因子 γ_B 与 x_B 的关系为：

$$\gamma_B = \exp[(1-x_B)^2\alpha]$$

B4-40 298 K 时，水的饱和蒸气压为 3173 Pa，某水溶液上水蒸气平衡压力为 2733 Pa，若选 298 K 下与 133.1 Pa 水蒸气达平衡时的假想纯水为标准态，试求该溶液中水的活度；若选用同温度下纯水的真实状态为标准态，该溶液中水的活度又为多少？

B4-41 溶质 2 的活度 a_2 及标准态有如下规定：

(1)$\mu_2 = \mu_2^*(T,p) + RT\ln(\gamma_2 x_2)$，$a_2 = \gamma_2 x_2$ 当 $x_2 \to 1$ 时 $\gamma_2 \to 1$；

(2)$\mu_2' = \mu_2^*(T,p) + RT\ln(\gamma_2' x_2)$，$a_2' = \gamma_2' x_2$ 当 $x_2 \to 0$ 时 $\gamma_2' \to 1$。

已知某水溶液溶质的逸度 f_2 与 x_2 的关系图如下，求：

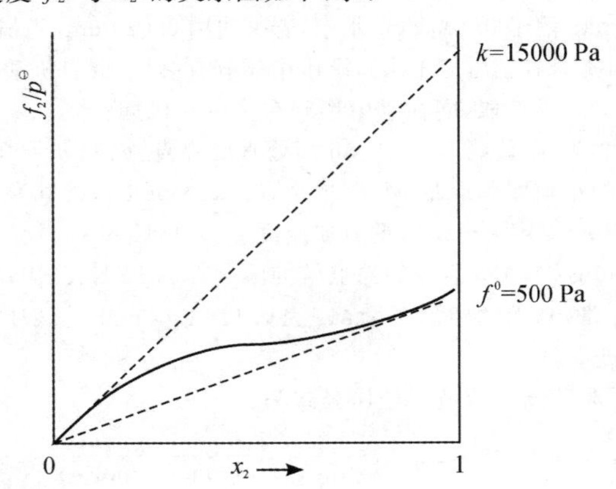

(1) 两种活度 a，a' 之间的关系；

(2) 求 $x_2 \to 0$ 及 $x_2 \to 1$ 时的 a_2 和 a_2' 的值(以 x_2 表示)；

(3)$x_2 \to 0$ 及 $x_2 \to 1$ 时的 γ_2 和 γ_2'的值。

B4-42 323 K 时，醋酸(a) 和苯(b) 的溶液的蒸气压数据为：

x_A	0.0000	0.0835	0.2973	0.6604	0.9931	1.000
p_A/Pa	—	1535	3306	5360	7293	7333
p_B/Pa	35 197	33 277	28 158	18 012	466.6	—

(1) 以 Raoult 定律为基准，求 $x_A = 0.6604$ 时组分 A 和 B 的活度和活度系数；

(2) 以 Henry 定律为基准，求上述浓度时组分 B 的活度和活度系数；

(3) 求出 298 K 时上述组分的超额吉布斯自由能和混合吉布斯自由能。

B4-43　已知 303 K 时，乙醚(1)-丙酮(2) 溶液的蒸气压数据如下：

$x_{丙}$	0.0387	0.133	0.2	0.4	0.6	0.8	1.0
$p_{丙}$ /kPa	2.91	8.83	12.0	19.7	25.3	31.3	37.7

A. 在 $x_2 = 0.4$ 的溶液中，丙酮的活度和活度系数；

(1) 以纯液态丙酮为标准态；

(2) 以 $x_2 \to 1$，仍服从 Henry 定律的假想态为标准态。

B. 在 303 K 时，将 1 mol 纯丙酮溶入大量 $x_2 = 0.4$ 溶液中，求丙酮的 ΔG_m 为多少？

B4-44　298.15 K，$p^{\ominus}$ 下，苯(1) 和甲苯(2) 混合成理想液体混合物，求下列过程所需的最小功。

(1) 将 1 mol 苯从 $x_1 = 0.8$(状态 1) 稀释到 $x_1 = 0.6$(状态 2)；

(2) 将 1 mol 苯从状态 2 分离出来。

B4-45　在 298 K 时，溴溶解在四氯化碳中的溶液浓度与上方溴的蒸气压关系如下：

x(溴)	0.00 394	0.005 99	0.0130	0.0250	1
p(溴)/Pa	202.7	381.6	724.0	1639	28 398

求溴的浓度 x 为 0.0130 时溴的活度和活度系数。分别选择下列各种标准态：

(1) 纯液态溴。

(2) $p^{\ominus}$ 下气态溴。

(3) 压力为 133.3 Pa 的气态溴。

(4) 无限稀释的四氯化碳溴液中，溴的活度系数为 1。

B4-46　293 K 时，某溶液中两组分 A 和 B 的蒸气压数据如下：

x_B	0	0.4	1.0
p_A/kPa	125	45.6	
p_B/kPa		20.3	76.0

已知 $\lim\limits_{x_A \to 0} \dfrac{dp_A}{dx_A} = 50.7$ kPa，求：

(1) $x_A = 0.6$ 时的活度系数 γ_A，(a) 取纯 A 为标准态，(b) 取 $x_A \to 1$ 且符合亨利定律的状态为标准态；

(2) $x_A = 0.6$ 的溶液对理想溶液呈现什么偏差？何故？

(3) 画出上述溶液各组分蒸气压的示意图。并画出 A 组分的亨利线。

可扫码观看讲课视频：

第5章

相平衡及相图

教学目标

1. 理解相律的推导，掌握相律的内容及其应用。

2. 掌握单组分体系相图的分析，理解相变类型及超导与超流。

3. 掌握克拉贝龙-克劳修斯方程的推演与应用，了解特鲁顿规则及外压对蒸气压的变化关系。

4. 对二组分体系的气液平衡相图和双液体系相图，要求掌握恒温相图和恒压相图中点、线、面的意义，会应用相律分析相图，熟悉杠杆规则计算各相的量，理解精馏原理和结果，了解水蒸气蒸馏原理。

5. 对二组分体系的液固平衡相图，要求了解如何用溶解度法和热分析法制作相图，掌握典型相图的点、线、面和步冷曲线的意义、特征及用途，熟悉相律应用、杠杆规则及辨认相图的相区交错相连规则。

6. 了解二组分气固平衡相图含义与应用。

7. 对三组分体系液液平衡相图，掌握用等边三角形表示组成的方法，掌握液液和液固平衡的相图特点及其实际应用，了解萃取和结晶分离的原理以及分配定律。

教学内容

1. 相律
2. 单组分体系的相平衡及相图
3. 二组分体系的气-液平衡
4. 二组分体系的固-液平衡
5. 二组分体系的气-固平衡
6. 三组分体系的相平衡

重点难点

1. 相律的表述与数学表达式及其中各参量的意义。

2. 相变(一级与二级相变)本质、区别及特征表现。

3. 相图的分类及其在分离提纯等化工工艺中的应用。

(1) 单组分相图 ——“p-T”图及其热力学关系 —— $\begin{cases}\text{clapeyron 方程}\\ \text{clapeyron-clausius 方程}\end{cases}$

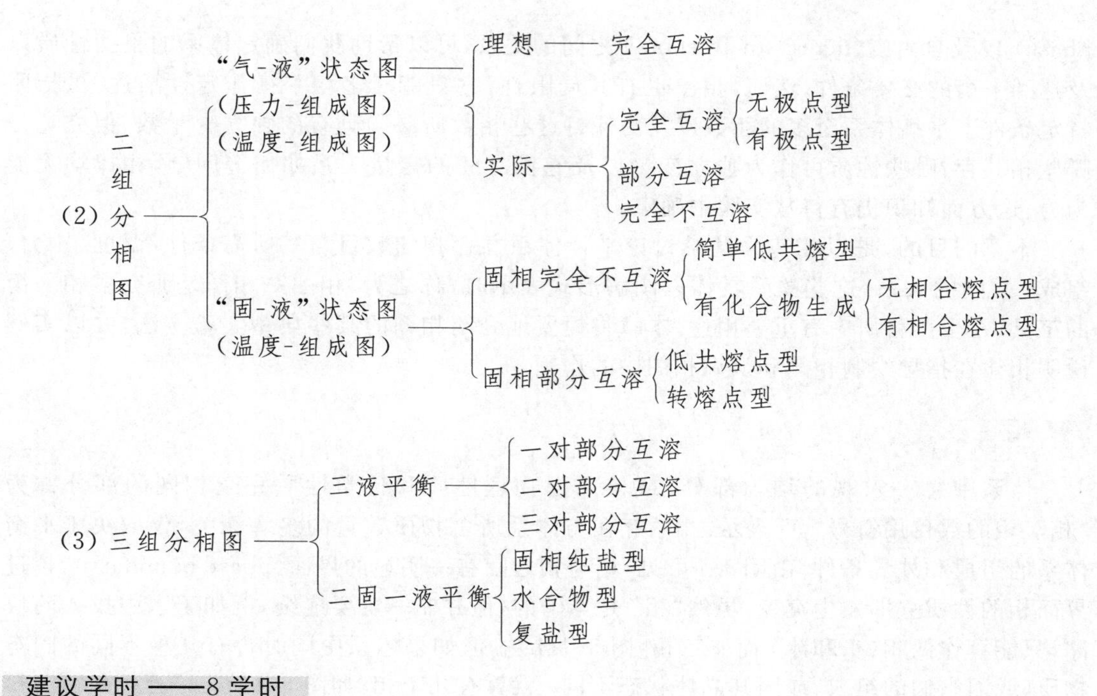

建议学时——8学时

5.1　相律

5.1.1　基本术语——相、组分和自由度

相变(phase transformation)是自然界普遍存在的一种突变现象，其表现可谓丰富多彩，如大海里的万顷碧波，初秋早晨湖面上的袅袅轻烟和高山上的缕缕薄雾，夏天黄昏时天空中的朵朵彩云及冬日雪后琳琅满目的雪花和冰晶便是水的各种相态。由此可见自然界中相变的千姿百态之一斑。

相变也是物理化学中充满难题和意外发现的领域之一。如超导(superconduction)、超流(supercritical fluid)都是科学史上与相变有关的重大发现。

相平衡是热力学在化学领域中的重要应用之一。研究多相体系的平衡在化学、化工的科研和生产中有重要的意义，例如：溶解、蒸馏、重结晶、萃取、提纯及金相分析等方面都要用到相平衡的知识。

相平衡研究复相单组分和多组分体系的相变化规律。就其研究方法而言，对相平衡规律性的研究主要采用几何方法和热力学方法。前者构成了相图的内容，它具有直观性和整体性的特点；后者则应用热力学原理去探索相平衡的本质，揭示相平衡的规律性，具有简明、定量化的特点。两者相辅相成，具有异曲同工之美。在相平衡研究的热力学方法中，“相律”是根据热力学原理推导出来的，以统一观点处理各种类型多相平衡的理论，方法十分严谨明确。它表明一个多相平衡体系的组分数(number of component)、相数(number of phase) 以及自由度(degree of freedom) 之间的关系,可以帮助我们确定体系的平衡性质以及达到平衡的必要条件。然而,相律也有其局限性,它只能对多相平衡作定性描述。可指明特定条件下平衡体系至多的相数以及为保持这些相数所必须具有的独立变量数。但究竟是哪些相共存?哪些性质可作为独立变量以及它们之间的定量关系如何等问题,相律均无能为力。这方面知识仍有待从实验中确定。

本章的目的,是以相律为基础讨论平衡体系共存相的数目与其所需条件(温度、压力、组成) 之间的关系,这些关系具体以图解形式表示时,称之为“相图”。相图是研究多相平衡的工具,在生产科研中有重要用途。本章将扼要地介绍相图的某些典型实验方法,并以实例说明相律在指导绘制相图和认识相图中的作用。

相

体系中每一宏观的均匀部分,或体系内物理性质和化学性质完全相同的部分称为“相”。相的数目用符号“Φ”表示。相的存在与体系所含物质数量的多寡无关,仅取决于平衡体系的组成和外界条件。由图 5-1 可见,相与相之间有一明显的界面(phase boundary),越过界面相的性质立即发生突变,虽然“相”是均匀的,但并非一定要连续,例如于水中投入两块冰,只能算作两相(水和冰) 而非三相[图 5-1(b)]。但如果体系中同时含有几种不同的固态物质(或因它们的组成、或因其晶体状态不同) 就算有几个相。如图 5-1(c),尽管石灰粉与粉笔灰混合,表面上看,仿佛均匀,但绝不能算是一相,因为在显微镜底下可看清它们形态上的区别。此外,它们的化学性质也是不同的。然而,化学上的“均匀”又不意味着物质成分的单一性;在水中放入少许食盐全溶解了,即成一相,溶解不完则为固体盐和水溶液两个相。再如通常情况下,不论多少种气体混合,各部分性质完全均匀,故只能算成一个气相[图 5-1(a)]。依此,不难推知,假若因不同溶体的互溶程度不同,自然可成一相、两相[图 5-1(d)] 或三相共存。

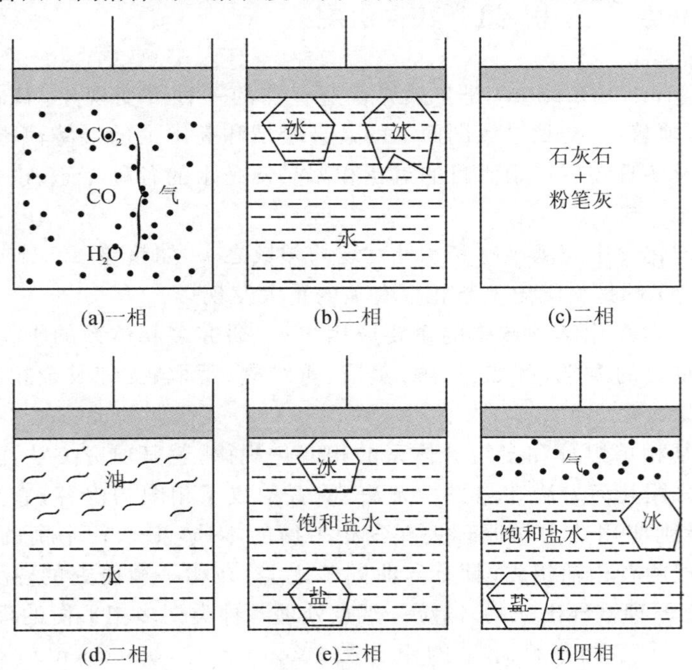

图 5-1 不同“相”示意图

组分

用于确定平衡体系中各相组成所需要的最少数目的独立物质，或是我们可任意改变其数量的物质，称为“独立组分”，简称“组分”，其数目称为“(独立) 组分数”，用符号“C”表示。“组分”是一种分子、原子或离子，例如水是一种组分，NaCl 也是一种组分。组分数(C) 与体系中物质品种数(又称为物种数) 有所区别。体系含有几种物质，则物种数 S 就是多少；但 C 往往小或等于 S，因它不仅与物质品种数 S 有关，而且还受到体系的某种条件限制。下面以具体事例说明有关限制条件：

(1) 化学反应条件下的组分数。如由 Fe(s)、FeO(s)、C(s)、CO(g) 和 CO_2(g) 组成的体系在一定条件下有下列平衡存在：

$$FeO(s) + CO(g) \rightleftharpoons Fe(s) + CO_2(g) \tag{1}$$

$$FeO(s) + C(s) \rightleftharpoons Fe(s) + CO(g) \tag{2}$$

$$C(s) + CO_2(g) \rightleftharpoons 2CO(g) \tag{3}$$

表面上看，有五种物质和三个化学平衡，实际上其中只有两个平衡是独立的，例如由反应(2) 减去反应(3) 即得反应(1)，这一体系物种数 $S = 5$，而组分数 $C = 3$。

由此可见，在计算体系的组分时，若体系中存在一定数目 R 的独立化学反应，则由于平衡常数的限制，体系中可随意改变数量的物质数就要减少相应的数目 R，即 $C = S - R$。

(2) 有浓度限制条件时的组分数。假定体系中有 N_2、H_2 和 NH_3 三种物质在反应的温度、压力下达平衡。

$$3H_2(g) + N_2(g) \rightleftharpoons 2NH_3(g)$$

在没有其他特别的限制条件下，其组分数 $C = S - R = 3 - 1 = 2$。但若开始投放的 N_2 和 H_2 满足反应式化学计量 1∶3 的摩尔比，或者开始没有投放 N_2 和 H_2，只有 NH_3，而后才以原计量比分解得 N_2 和 H_2，这样，当已知其中任一组分，便能计算其他两种成分，于是组分数变为 1，而不是原先的 2。照此类推，体系中有 R' 个独立的浓度限制条件就可使独立变动的物种数减少 R' 个。应该强调，浓度限制条件只能适用于同一相，否则就会产生重复而导致错误。比如，碳酸钙的热分解，产生的气体 CO_2 和固体 CaO，虽说其物质的量比为 1∶1，但两者处于不同的相中，其数量比不代表浓度比，故不能作为浓度限制条件。这就是说，用纯粹的 $CaCO_3$ 热分解体系的组分数仍然为 2，而非 1。

至此，我们可以得出结论：体系组分数可理解为可任意增减的化学物质的数目。若体系中有化学平衡存在，则由于每个独立反应均有一个平衡常数与之对应，因此，可任意增减的化学物质的数目便相应减少一个。若除了平衡反应之外还有其他限制存在，则可自由变化的化学物质的数目又将作相应数量的减少。总之，限制越多，自由就越少，据此，体系的组分数 C 可归纳为如下等式：

$$C = S - R - R' \tag{5-1}$$

其中 S 为体系中的物质品种数，R 是独立化学平衡数，R' 是同一相的独立浓度限制条件数。对于同一客观体系，物质品种数多少随表示形式的不同而异，但组分数却始终保持一定值。例如对于 NaCl 和水(H_2O) 组成的溶液，若不计它们的电离，则 $C = 2$。若要考虑其电离，则生成的物质共有 H_2O、H_3O^+、OH^-、NaCl(固) 及 Na^+、Cl^- 等 6 种，而此时相应的必须考虑以下两个平衡：$2H_2O \rightleftharpoons H_3O^+ + OH^-$，$NaCl(固) \rightleftharpoons Na^+ + Cl^-$。此外又存在两个独立的浓度限制条件：$c_{H_3O^+} = c_{OH^-}$，$c_{Na^+} = c_{Cl^-}$，故组分数仍然不变即 $C = 6-2-2 = 2$。可见，组分数确是表征体系性质的一个客观重要参数。

最后，需特别提醒注意的是，虽然组分数的计算并不因所考虑制约条件的不同而异，但在计算时应注意过程中是否生成新的物质，如 $Al_2(SO_4)_3$ 溶于水就是一例。因 Al^{3+} 水解成 $Al(OH)_3$，则从离子角度考虑，体系中有 H_2O，Al^{3+}，SO_4^{2-}，H_3O^+，OH^- 及 $Al(OH)_3$ 6 种物质，同时存在两个独立化学平衡

$$Al^{3+} + 6H_2O = Al(OH)_3(s) + 3H_3O^+$$

$$Al(OH)_3(s) = Al^{3+} + 3OH^-$$

及一个电中性条件：

$$c_{Al^{3+}} + c_{H_3O^+} = c_{SO_4^{2-}} + c_{OH^-}$$

故有

$$C = S - R - R' = 6-2-1 = 3$$

用 H_2O 和 $Al_2(SO_4)_3$ 两种物质，竟产生了组分数为 3 的体系，可见，组分数也有可能大于初始物种数！

自由度

实验表明，复相平衡体系中各个相的物质的量并不影响这些相的平衡组成和强度性质，这个规律称为相平衡规律。

根据相平衡规律，只需选择某些强度性质便足以对复相平衡体系进行描述。我们将在不引起旧相消失和新相形成的前提下，体系中可自由变动的独立强度性质的数目，称为体系在指定条件下的“自由度”。常用强度性质有温度、压力和物质的浓度等，自由度用符号“f”表示。

如对液态水，在一定温度和压力范围内可同时任意改变其温度、压力而不致影响其存在，即仍能保持单相，这意味着它有两个独立可变的强度性质，故自由度 $f = 2$。然而，当液态水与水汽两相平衡时，T、p 两变量中只有一个可以独立变动。例如，100 ℃ 下其平衡压力为 101.325 kPa，温度若变化，压力也需相应调整才能重新建立平衡，于是 $f = 1$。这就是说温度确定以后，压力就不能随意变动(即固定水的温度就有固定的平衡蒸气压)，反之，指定平衡压力，温度就不能随意选择，否则必将导致两相平衡状态的破坏。

5.1.2 相律

相律表达式推导

第四章中已述及，在恒温恒压下多组分多相体系中任一物质(B)在各相($\alpha,\beta,\gamma\cdots$ 等相)平衡共存的条件是该物质在各相中的化学势相等，即

$$\mu_B^\alpha = \mu_B^\beta = \mu_B^\gamma$$

倘若体系中某一物质不能满足上述条件，则该物质必然自发地从化学势较高的相转移到化

学势较低的相中去，且一直继续到该种物质在各相中的化学势相等为止。

对一个达成相平衡的体系来说，若影响平衡的外界因素仅为温度和压力，则相数 Φ，组分数 C 及自由度 f 三者之间存在以下制约关系：

$$f = C - \Phi + 2 \tag{5-2}$$

这个规律称为“相律”(phase rule)。它是1876年由吉布斯(Gibbs)以热力学方法导出的，故又称为“吉布斯相律”，可推导如下：

由简单的代数定理可知，在已知变量间如存在一相互制约关系，即存在一方程式，独立变量数将减少一个；如有 n 个方程式则独立变量数将减少 n 个，所以只要将确定体系状态的总变量数减去关联变量的方程式数便得独立变量数或自由度，即

$$\text{自由度} = \text{总变量数} - \text{总方程式数}$$

先考虑一个 $1,2,3,\cdots,C$ 共 C 个组分的体系，并设每一组分均分别分布于 $\alpha,\beta,\gamma\cdots,\Phi$ 共 Φ 个相的每一相中。欲确定一个相的状态，须有其温度、压力及 $C-1$ 个浓度的数值〔以摩尔分数 x 表示浓度时，则 $\sum_{B=1}^{c} x_B = 1$，即 C 个浓度仅有 $C-1$ 个是独立的〕，对于 Φ 个相可排列如下：

$$\left.\begin{matrix} x_1^\alpha, x_2^\alpha, \cdots, x_{C-1}^\alpha \\ x_1^\beta, x_2^\beta, \cdots, x_{C-1}^\beta \\ x_1^\Phi, x_2^\Phi, \cdots, x_{C-1}^\Phi \end{matrix}\right\} \text{共有 } \Phi(C-1) \text{ 个浓度变量。}$$

此外，因体系须处于热平衡和机械平衡才能保证相平衡的存在。各相温度相等，均等于体系的温度 T，而各相的压力也相等，均等于体系的压力 p。

$$T = T^\alpha = T^\beta = T^\gamma = \cdots$$

$$p = p^\alpha = p^\beta = p^\gamma = \cdots$$

即多相平衡体系整体应有统一的温度和压力，故在浓度变量项后须加“2”，这样体系的总变量数为$[\Phi(C-1)+2]$。如果还有其他影响平衡的因素存在，像电场、磁场、重力场等，理应再加上去。

体系中各组分的浓度变量有 $\Phi(C-1)$ 个，但它们并非完全独立。据相平衡条件，平衡时每个相中的化学势应相等。因体系中有 Φ 个相，而同一组分在 Φ 个相中存在有$(\Phi-1)$个化学势限制条件，每一化学势限制条件将导致浓度的独立变量数减少一个(例如，由 $\mu_1^\alpha = \mu_1^\beta$ 关系可导出$\frac{c_1^\alpha}{c_1^\beta} = K$ 的关系，从而 c_1^α 和 c_1^β 两浓度变量中仅有一个是独立的)。故 C 个组分在 Φ 个相中的平衡限制条件数是 C 乘以$(\Phi-1)$，即

$$\left.\begin{matrix} \mu_1^\alpha = \mu_1^\beta = \mu_1^\gamma = \cdots \mu_1^\Phi \\ \mu_2^\alpha = \mu_2^\beta = \mu_2^\gamma = \cdots \mu_2^\Phi \\ \vdots \\ \mu_c^\alpha = \mu_c^\beta = \mu_c^\gamma = \cdots \mu_c^\Phi \end{matrix}\right\} \text{共有 } C(\Phi-1) \text{ 个}$$

而总变量数减去相平衡限制条件数(关联变量方程数)则为自由度数，即

$$f = [\Phi(C-1)+2] - [C(\Phi-1)] = C - \Phi + 2 \tag{5-3a}$$

由此可知，自由度数随组分数增加而增加，但随着相数的增加而减少，式中的“2”表示

物系整体的温度和压力。

除相平衡限制条件外，若还有 n' 个额外限制条件（如固定 T、p 或浓度等），则相律表达式(5-3a) 应为 $f^* = C - \Phi + 2 - n'$，例如凝聚体系（condensed system）中没有气相存在，常压下，外压对相平衡体系的影响可以忽略，可认为 p 固定，即 $n' = 1$，故式(5-2) 可写成：$f^* = C - \Phi + 2 - 1 = C - \Phi + 1$，$f^*$ 称为“条件自由度”（conditional degree of freedom），在有些体系中除 T、p 外还考虑其他外界因素（如电场、磁场等）的影响，若总计有 n 个影响因素，则式(5-3a) 中的“2” 应改为“n”，故相律普遍表达式为：

$$f = C - \Phi + n \tag{5-3b}$$

相律应用举例

〔例 1〕 在 700 ℃ 时的 C(石墨)、Fe、FeO 与另一个含有 CO 及 CO_2 的气体混合，存在下列平衡：

$$CO_2(g) + C(石墨) \rightleftharpoons 2CO(g)$$

$$FeO(s) + C(石墨) \rightleftharpoons Fe(s) + CO(g)$$

试问此混合平衡体系的自由度数为多少？

〔解〕

$C = S - R - R' = 5 - 2 - 0 = 3$

$\Phi = 4$(气体、石墨、Fe、FeO)，$n' = 1$(指 700 ℃)

所以 $$f^* = C - \Phi + 2 - n' = 3 - 4 + 2 - 1 = 0$$

这说明若此混合体系的温度固定，则达平衡时，其压力及各种物质浓度都随之固定，不存在可自由变动的强度变量。

〔例 2〕 碳酸钠与水可组成下列几种化合物：$Na_2CO_3 \cdot H_2O$，$Na_2CO_3 \cdot 7H_2O$、$Na_2CO_3 \cdot 10H_2O$，试说明在标准压力 $p^\ominus$ 下，与碳酸钠水溶液及冰共存的含水盐最多可有几种？

〔解〕

此体系由 Na_2CO_3 和 H_2O 构成，则 $C = 2$。

因压力恒定为 $p^\ominus$，$n' = 1$。

$f^* = C - \Phi + 2 - n' = 2 - \Phi + 2 - 1 = 3 - \Phi$

又因相数最多时自由度数最少，故 $f^* = 0$ 时，$\Phi = 3$。体系中最多可有三相共存。即与 Na_2CO_3 及冰共存的含水盐最多只能有一种，究竟是哪一种，需由实验所得相图中确定。

两点补充说明

(1) 在相律的推导中，曾假定每一组分在每一相中均存在。实际上若有些物质在某些相中不存在，则这种场合下相律的数学表达式仍然成立。因若某一相少一种物质，虽然，这一相浓度变量减少一个，但同时也减少一个化学势的限制关系式。前后抵消，相律基本形式不变。

(2) 相律只适用于平衡物系，即体系中各相压力和温度均相同，且体系中物质流动也达平衡。

5.2 单组分体系的相平衡及相图

5.2.1 单组分体系相律依据与图像特征

由相律 $f = C - \Phi + 2$ 可以看出，当平衡体系中组分数 C 已确定时，f 与 Φ 存在着相互制约的关系：体系相数愈多，自由度数愈少。反之，相数愈少，自由度数愈多。然而，自由度数最少仅能为零（无变量体系），故与之对应的体系相数有一最大值。而体系最少相数为1，在此条件下自由度数最多。因此，当外界条件及体系组分数既定时，可由相律确定应该用多少变量才足以完整地描述体系的平衡性质以及在此体系中达平衡时最多相数可能是多少。

数学上无变量，单变量，二变量和三变量体系可分别以点、线、面和体等几何图形表示，故在特定条件下，由相图的几何特征就可以确定处于某一状态时体系中有多少相保持着平衡。

对于单组分(one-component)体系($C=1$)，据相律 $f = C - \Phi + 2 = 3 - \Phi$。显然，$f = 0$ 时，$\Phi = 3$，即体系中最多只有三相共存。而最多的自由度数取决于最少的相数，相数最少为1，而当 $\Phi = 1$，$f = 2$，体系最多自由度为2，这说明只要二个独立变量（如 T、p）就足以完整表征体系的状态。倘若以实验数据为基础作出这些变量之间的图解，或其他变量间关系的图解，即可构成各类相图，例如 p-T、p-V 等相图。对于多组分体系还应引入组成的变量 x（摩尔分数），可作 p-x、T-x、T-p-x 等相图。

相图又称为"状态图"，它表明指定条件下体系是由哪些相构成的，各相的组成是什么，及体系的状态是如何受温度、压力、组成等因素的影响。以单组分体系的"T-p"相图为例，其特征与相数、自由度数之间的对应关系列于如下：

相数 Φ	自由度数 f	体系名称	相图特征
1	2	二变量体系	面
2	1	单变量体系	线
3	0	无变量体系	点

由上表可知，单组分体系为二维相图，在其中有单相面、两相线、三相点，但这些面、线、点居于何处，属于哪些相构成，却不能从相律里得知，只能通过实验来确定。

5.2.2 典型相图举例

水的相图

众所周知，水有三种不同的聚集状态。在指定的温度、压力下可以互成平衡，即

$$冰 \rightleftharpoons 水，水 \rightleftharpoons 蒸气，蒸气 \rightleftharpoons 冰$$

在特定条件下还可以建立其冰$\rightleftharpoons$水$\rightleftharpoons$气的三相平衡体系。表5-1的实验数据表明水在各种平衡条件下温度和压力的对应关系。水的相图（图5-2）就是根据这些数据描绘而

成的。

表 5-1 水的压力—温度平衡关系

温度/℃	水或冰的饱和蒸气压力/kPa		水⇌冰平衡压力/kPa
	水⇌蒸气	冰⇌蒸气	
−20	—	0.103	1.996×10^{5}
−15	0.191	0.165	1.611×10^{5}
−10	0.286	0.259	1.145×10^{4}
−5	0.421	0.401	6.18×10^{4}
0.00989	0.610	0.610	0.610
20	2.338	—	
100	101.3	—	
374	2.204×10^{4}	—	

(1) 两相线

图中三条曲线分别代表上述三种两相平衡状态,线上的点代表两相平衡的必要条件,即平衡时体系温度与压力的对应关系。在相图中表示体系(包含有各相)的总组成点称为"物系点",表示某一相的组成的点称为"相点",但两者常通称为"状态点"。在单相区,相点的组成即为体系的组成,即相点和物系点重合;但在两相区体系组成由物系点组成表示,它的两个相的组成则由对应的相点表示(相点在两相区的边界线上)。

OA 线是冰与水汽两相平衡共存的曲线,它表示冰的饱和蒸气压与温度的对应关系,称为"升华曲线",由图可见,冰的饱和蒸气压随温度下降而下降。

OC 线是(蒸)气与液(水)两相平衡线,它代表气-液平衡时,温度与蒸气压的对应关系,称为"蒸气压曲线"或"蒸发曲线"(vaporization curve)。显然,水的饱和蒸气压是随温度的增高而增大,*F* 点表示水的正常沸点(normal boiling point),即在敞开容器中把水加热到 100 ℃ 时,水的蒸气压恰好等于外界的压力(101.325 kPa),它就开始沸腾。在此压力下液体开始沸腾的温度称其为"正常沸点"。

OB 线是固(冰)与液(水)两相平衡线,它表示冰的熔点随外压变化关系,故称之为冰的"熔化曲线"(fusion curve)。熔化的逆过程就是凝固,因此它又表示水的凝固点随外压变化关系,故也可称为水的"凝固点曲线"(solidification curve)。该线甚陡,略向左倾,斜率呈负值,意味着外压剧增,冰的熔点仅略有降低,大约是每增加 101.325 kPa,下降 0.0075 ℃。水的这种行为是反常的,因为大多数物质的熔点随压力增加而稍有升高。

在单组分体系中,当体系状态点落在某曲线上,则意味体系处于两相共存状态,即 $\Phi=2$,$f=1$。这说明温度和压力,只有一个可以自由变动,另一个随前一个而定。关于两相线的分析以及斜率的定量计算将在"克拉贝龙(Clapeyron)方程式"一节中讨论。

必须指出,*OC* 线不能向上无限延伸,只能到水的临界点即 374 ℃ 与 22.3×10^{3} kPa 为止,因为在临界温度以上,气、液处于连续状态。如果特别小心,*OC* 线能向下延伸如虚线 *OD* 所示,它代表未结冰的过冷水与水蒸气共存,是一种不稳定的状态,称为"亚稳状态”(metastable state)。OD 线在 OA 线之上，表示过冷水的蒸气压比同温度下处于稳定状态的冰蒸气压大，其稳定性较低，稍受扰动或投入晶种将有冰析出。OA 线在理论上可向左下方延伸到绝对零点附近，但向右上方不得越过交点 O，因为事实上不存在升温时该熔化而不熔化的过热冰。OB 线向左上方延伸可达 2000 个 $p^{\ominus}$ 左右，若再向上，会出现多种晶型的冰，称为“同质多晶(polycrystalline) 现象”，情况较复杂，后面将简单提及。

(2) 单相面

自图 5-2，三条两相线将坐标分成三个区域，每个区域代表一个单相区，其中 AOC 为气相区，AOB 为固相区，BOC 为液相区。它们都满足 $\Phi=1$，$f=2$，说明这些区域内 T、p 均可在一定范围内自由变动而不会引起新相形成或旧相消失。换句话说要同时指定 T、p 两个变量才能确定体系的一个状态。另外从图中亦可推断，由一个相变为另一相未必非得穿过平衡线；如蒸气处于状态点 M 经等温压缩到 N 点，再等压降温至 H，最后等温降压到 P 点，就能成功地使蒸气不穿过平衡线而转变到液体水。

(3) 三相点

三条两相线的交点 O 是水蒸气、水、冰三相平衡共存的点，称为“三相点”。(triple point) 在三相点上 $\Phi=3$，$f=0$，故体系的温度、压力皆恒定，不能变动。否则会破坏三相平衡。三相点的压力 $p=0.61$ kPa，温度 $T=0.00989$ ℃，这一温度已被规定为 273.16 K，而且作为国际绝对温标的参考点。值得强调，三相点温度不同于通常所说的水的冰点，后者是指敞露于空气中的冰 — 水两相平衡时的温度，在这种情况下，冰 — 水已被空气中的组分(CO_2、N_2、O_2 等) 所饱和，已变成多组分体系。正由于其他组分溶入致使原来单组分体系水的冰点下降约 0.00242 ℃；其次，因压力从 0.61 kPa 增大到 101.325 kPa，根据克拉贝龙方程式计算其相应冰点温度又将降低 0.00747 ℃，这两种效应之和即 0.00989 ℃ $\approx$ 0.01 ℃(或 273.16 K) 就使得水的冰点从原来的三相点处即 0.00989 ℃ 下降到通常的 0 ℃(或 273.15 K)。

图 5-2 为低压下相图，有一个三相点，而在高压下水可能出现同质多晶现象，因此在水的相图上就不止存在一个三相点(图 5-3)，不过这些三相点不出现蒸气相罢了。水在高压下共有六种不同结晶形式的冰，即 Ⅰ、Ⅱ、Ⅲ、Ⅴ、Ⅵ、Ⅶ(普通冰以 Ⅰ 表示，冰 Ⅵ 不稳定，冰 Ⅶ 未画出)，表 5-2 列出高压下水各三相点的温度和压力。

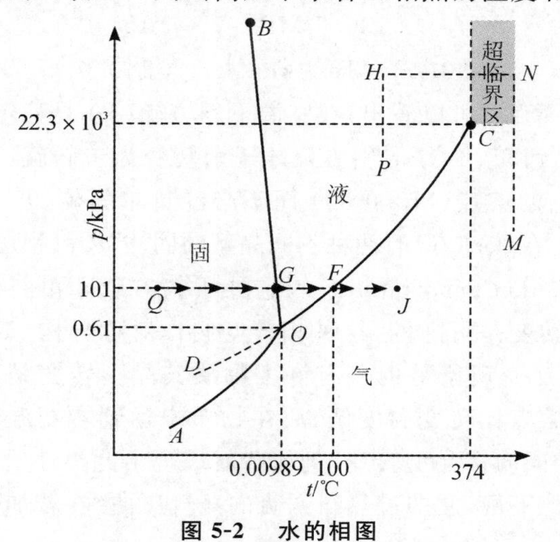

图 5-2　水的相图

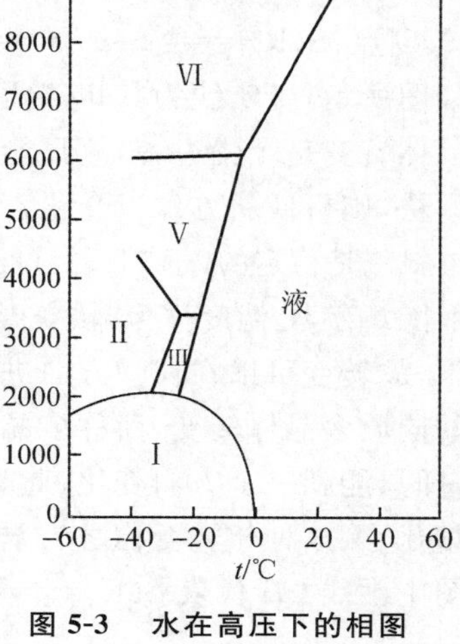

图 5-3　水在高压下的相图

表 5-2　水在各三相点时的温度和压力

相	t/℃	$p/10^5$ kPa
Ⅰ、水、气	+0.0099	0.610×10^{-5}
水、Ⅰ、Ⅲ	−22.0	2.073
水、Ⅲ、Ⅴ	−17.0	3.459
水、Ⅴ、Ⅵ	+0.16	6.252
水、Ⅵ、Ⅶ	+51.6	21.95
Ⅰ、Ⅱ、Ⅲ	−34.7	2.127
Ⅱ、Ⅲ、Ⅴ	−24.3	3.440

至此我们已明了相图中点、线、面之意义，于是可借助相图(图 5-2) 来分析指定物系当外界条件改变时相变化的情况。例如，101.325 kPa，−40 ℃ 的冰(即 Q 点)，当恒压升温，最终达到 250 ℃(即 J 点)。其中物系点先沿着 QJ 线移动，此时先在单一固相区内，由相律可知 $f^*=1$，故温度可不断上升。当抵达 G 点，即固-液两相线时，冰开始熔化，温度不变 $f^*=0$，直到冰全部变成液态水。继续升温，状态点进入液态水的相区，又恢复 $f^*=1$，故可右移升温至 F 点，它位于水的蒸发曲线上，故水开始汽化，沸点不变即 $f^*=0$，直到液态水全部变成水蒸气。继续升温右移，$f^*=1$ 即进入水的气相区，最后到终点 J。

硫的相图

硫有四种不同的聚集状态，固态的正交(或斜方)(rhombic sulfur) 硫(R)，固态的单斜硫(M，monoclinic sulfur)，液态硫(l) 和气态硫(g)，分别标明在图 5-4 硫的相图中。已知单组分体系不能超过三个相，故上述四个相不可同时存在。硫的相图中有四个三相点：B、C、E、O，各点代表的平衡体系如下：

B 点：$S(R) \rightleftharpoons S(M) \rightleftharpoons S(g)$　　9.33×10^{-4} kPa　　95.4 ℃

C 点：$S(M) \rightleftharpoons S(g) \rightleftharpoons S(l)$　　6.67×10^{-3} kPa　　119.3 ℃

E 点：$S(R) \rightleftharpoons S(M) \rightleftharpoons S(l)$　　130.5 MPa　　151.0 ℃

O 点：$S(R) \rightleftharpoons S(g) \rightleftharpoons S(l)$　　3.47×10^{-3} kPa　　113.0 ℃

如图所示，各实线为其相邻两相共存平衡线。可以看出，在室温下斜方硫(R) 是稳定的。由于晶体转变是个慢过程，故只能徐缓加热到 95.4 ℃ 时斜方硫才逐渐转变为单斜硫，一旦加热太快，则可使斜方硫以介稳态平衡到它的熔点(113.0 ℃) 而不必经过单斜硫。95.4 ℃ 以上单斜硫是稳定的，于 119.3 ℃ 开始溶解。在 95.4 ℃ 时两种不同晶型的固体(R 和 M) 与硫蒸气平衡共存，此温度称为“转变温度”(transition temperature)，因它处于斜方硫和单斜硫熔点以下，故转变可以在任一方向进行，即相转变是可逆的，这种相转变叫作对称异构(双变)现象的同质多晶体转变，简称多晶体中的“互变现象”，但也有许多物质其晶型转变是不可逆的，即只能朝一个方向变化。此类物质的熔点比转变温度低，故在物质未达到转变温度之前就熔化了，这种相转变称之为单变现象的同质多晶型转变，例如磷就表现出此类性质。

图中虚线 OB 代表 $S(R) \rightleftharpoons S(g)$ 介稳平衡，此即过热斜方硫的蒸气压曲线。若加热太

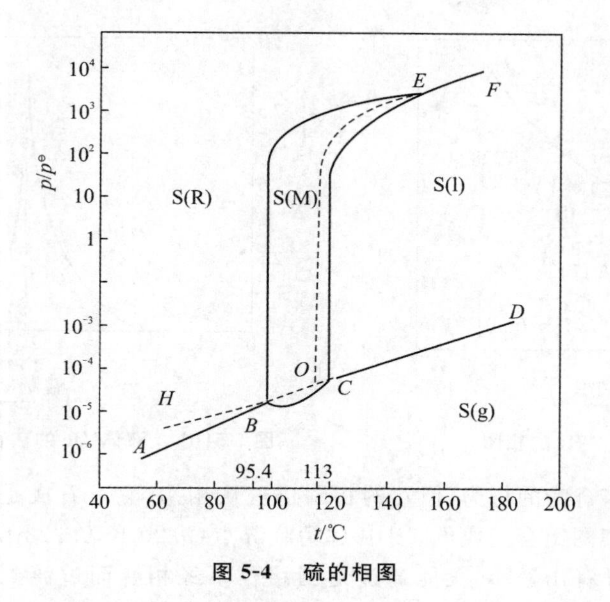

图 5-4　硫的相图

快，体系可超过 95.4 ℃，沿 BO 线上升而不转变为单斜硫。虚线 OE 代表 $S(R) \rightleftharpoons S(l)$ 介稳平衡，即过热斜方硫的熔化曲线。虚线 OC 代表 $S(l) \rightleftharpoons S(g)$ 介稳平衡，即过冷(supercooled)液硫的蒸气压曲线，虚线 BH 代表 $S(M) \rightleftharpoons S(g)$ 介稳平衡，即过冷单斜硫的蒸气压曲线。D点为临界点，温度高于此点只有气相硫存在。

^{4}He 的相图

图 5-5(a) 为 ^{4}He 的相图。它与已知的任何其他单组分体系的相图在许多方面都不相同。

首先，在常压下即使温度低到 10^{-3} K，^{4}He 仍保持为液态而不固化。目前所知具有这种特性的物质只有 He。当温度趋于 0 K 时，液态^{4}He 在其本身的蒸气压下也不凝固，故不存在气、液、固三相平衡共存的三相点。固态^{4}He 在 2.53 MPa 以上才能存在。这个压力比它的临界压力 0.228 MPa 高得多，因而^{4}He 固体不可能发生升华。即不存在固、气平衡共存的状态。

液态^{4}He 的另一反常现象是在 2.17 K 温度下，液氦的密度有极大值，热容量曲线有个非常陡峭的尖峰，像希腊字母λ。当温度降到 2.17 K 之下，液氦的沸腾停止了，它因气泡的消失而变得透明了，但没有固化。凯索姆首先发现液氦的这一特性，并将其称为λ相变(λ transition)，在λ相变温度的上、下分别是氦的两种液体 He(Ⅰ) 和 He(Ⅱ)，He(Ⅰ) 是正常液体，He(Ⅱ) 是超流液体(无黏滞性)，它能经过细小到连^{4}He 气都通不过的缝隙而从容器中漏出。两液体平衡共存的线称为λ线，该线与熔化线的交点 A 是个三相点(1.76 K，3.0 MPa)，此时两液体与固体平衡共存。λ线与蒸气压线的交点 B 称为λ点(2.17 K，5.04 KPa)，在此点两液体与蒸气三相平衡共存。从 A 点沿λ线到 B 点，He(Ⅰ) 与 He(Ⅱ) 的转变是连续相变。因为它的热容随温度的变化曲线具有连续相变的特有的λ形状，如图 5-5(b) 所示。

^{4}He 的相图表明，当 $T \to 0$ 时，气-液共存线的斜率 $\frac{dp}{dT} \to 0$，这是热力学第三定律的一个推论。因此，它为热力学第三定律提供了一个很好的例证。

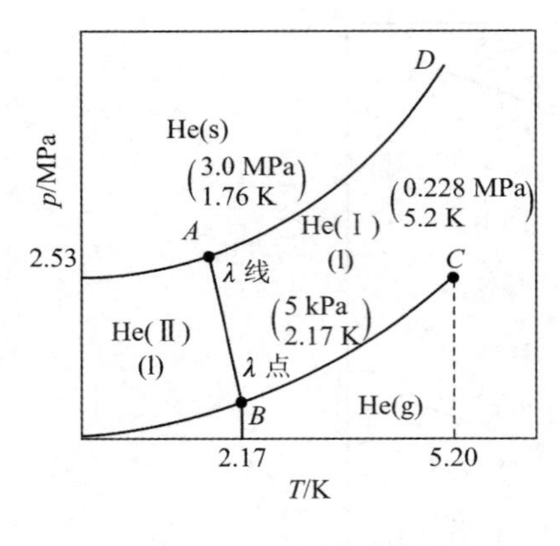

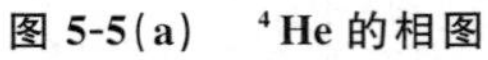
图 5-5(a) ^{4}He 的相图

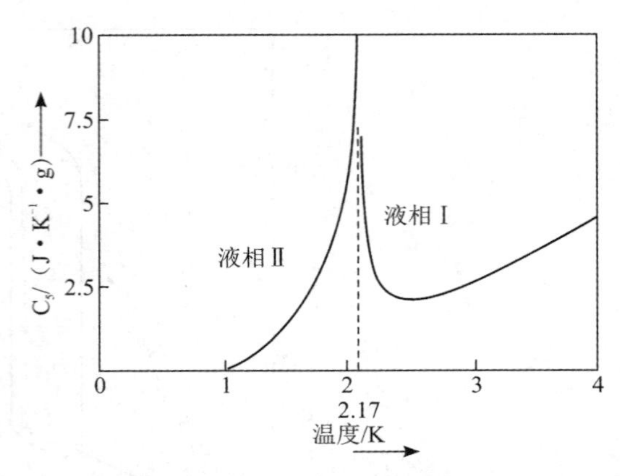

图 5-5(b) 液体^{4}He 的热容-温度示意图

^{4}He 尽管有许多奇特的行为，但它的相图仍遵从相律。它可看成是以两个三相点 A，B 为中心的两个基本相图组合而成的。图中 C 为临界点（5. 20 K，0. 228 MPa），^{4}He 的正常沸点为 4. 22 K。由图可看出，^{4}He 气能通过适当路径不经相变而过渡到 He(Ⅰ)，但不能到 He(Ⅱ)。

* 超临界流体简介(Supercritical fluid SCF)

超临界流体是指温度和压力都略高于临界点的流体，此时流体处于不存在气液界面的超临界状态。由于超临界状态的特殊性质（即无论施加多大压力，只能使流体密度增大而无法使该流体液化）。因此超临界流体既保留了气体优良的流动性、扩散性和传递性（其扩散系数比液体大数百倍），同时又具备了液体的高密度（其密度比一般气体要大数百倍）；此外它的介电常数随压力增加而急剧增大；在临界点附近，由于压缩系数 κ 发散，流体密度受压力影响很大，因此可通过调节压力以改变密度从而使得溶解度、介电常数等物理化学性质发生变化。超临界流体的这些特性在实际生产和科学研究中有着广泛的应用。

(1) 超临界流体萃取

是指利用一些流体在超临界状态下对某些物质有较大的溶解度而在低于临界状态下对这些物质基本不溶解的特性，通过调节压力或温度来调节溶解度，将超临界流体中所溶解的物体有效地分离出来，如果有多种有效成分可采取逐步降压使多种溶质分步析出，这种新型分离技术称为超临界流体萃取（supercritical fluid extraction）技术。这种技术具有分离效率高、过程易控制、分离工艺流程简单、能耗低、能保持产品原有特色等优点。

在实际操作中，最常使用的是二氧化碳超临界流体。这是由于二氧化碳具有 T_c、p_c 较低（p_c = 7. 3 MPa，T_c = 304. 5 K），临界密度较高（ρ = 468 kg/m^3），且毒性低、价格低等特点。

(2) 超临界流体成核

利用把固体化合物溶解在 SCF 中，当其降低压力后，该化合物会成核（nucleation）晶化析出。这种方法可用于制备一些无法用粉碎措施来制备的超细粉粒（如黏性很大的染料、极易爆炸的炸药、容易降解的生物产品等）。

(3) 聚合物的溶胀

将溶解有某些掺杂物（如香精、药物等）的 SCF 和固体聚合物接触，则这些掺杂物可借助 SCF 的存在而渗透到聚合物的骨架中。因 SCF 能使聚合物溶胀，提高了分子量较大的掺杂物的扩散系数。一旦降压后，SCF 很快从聚合物界面上离去，但聚合物中的掺杂物扩散出来的速度却要慢得多。按以上原理，还可利用聚合物的溶胀（swelling of polymer），除去聚合物制备时残留的低分子溶剂、催化剂和低分子量的齐聚物等。

(4) 超临界流体干燥

气凝胶(aerogel)是一种具有多种特殊性能和广阔应用前景的新型材料，已用于催化剂和催化剂载体、气体过滤材料、高效隔热材料和无机纳米材料等。其传统干燥方法是蒸发干燥，主要缺点是蒸发过程中由于液体界面张力的作用使凝胶收缩并使凝胶骨架塌陷，因此制备出的凝胶比表面积不大。

采用超临界流体干燥技术可解决上述问题。具体做法是：将凝胶置于高压容器中，用液态的干燥介质置换其中的溶剂，当溶剂置换殆尽后，改变容器中的压力和温度，使干燥介质直接转化为超临界流体(这时凝胶中的气液界面不复存在)，然后在等温下慢慢释放(这样不会影响凝胶的骨架结构)。最后用空气代替干燥介质，得到气凝胶。由于排除了液体表面张力的影响，气凝胶收缩很小，结构也保持不变，气凝胶内的连续相是大量的空气，因此气凝胶具有很高的比表面积和孔体积，这些特性使气凝胶适合于作催化剂载体。

(5) 超临界水处理

由于超临界水(supercritical water)中氧与水处于同一相，因此，可将污水中的有毒物质较彻底氧化，同时缩短氧化时间。此外，由于超临界水易离子化，可用来在水热条件下分解废塑料。

(6) 抗溶剂再结晶

当要研究的固体物质能与有机溶剂互溶，而该物质在SCF中的溶解度却很小，则利用SCF作为反萃取剂溶解在溶液中时，可使溶液稀释、膨胀、降低原有机溶剂对溶质的溶解能力，在短时间内形成较大的饱和度，使溶质结晶析出，形成纯度高、粒径分布均匀的微细晶粒，此方法称为气体抗溶剂再结晶(gas antisolvent recrystallization)，又称气体反萃法。

该方法应用的对象颇广，如旋风炸药的纯化、扑热息痛的结晶、胆红素的提纯；同时，它还有操作压力较低等优点。

(7) 超临界条件下的酶催化

由于许多有工业化前景的酶催化(enzyme catalysis)反应涉及非极性或在水中难溶的底物，因此非水相酶催化的研究越来越受重视。实践证明SCF在处理生物物质时是个很有前景的酶催化溶剂。如在SC-CO_2中用脂肪酶催化内酯化反应和对胆固醇氧化酶的研究等。SC-CO_2以其便宜、无毒、操作条件较简单而日益受到人们的重视。

5.2.3　克拉贝龙-克劳修斯(Clapeyron-Clausius)方程

相图中两相平衡时 T-p 关系可直接通过实验测定，也可由以热力学方法推导出的两相平衡时温度和压力的定量关系——克拉贝龙方程，在已知相变潜热及相变体积变化数据情况下进行计算。

已经提过，单组分体系中两相平衡条件是该物质在两相的化学势相等。假定温度为 T，压力为 p 时，同一物质于α、β两相的化学势分别为 $\mu(\alpha)$、$\mu(\beta)$，则平衡时有

$$\mu(\alpha) = \mu(\beta) \tag{5-4}$$

倘若体系的温度发生一个极微变化，即从 T 变到 $T + \mathrm{d}T$ 时，只有当压力也相应地发生极微变化，即由 p 变到 $p + \mathrm{d}p$，体系才会重新达到平衡。此时物质在两相中的化学势均发生了极微变化，但在新的平衡条件下，物质在两相的化学势应相等，即

$$\mu(\alpha) + \mathrm{d}\mu(\alpha) = \mu(\beta) + \mathrm{d}\mu(\beta) \tag{5-5}$$

比较(5-4)与(5-5)两式，可得

$$\mathrm{d}\mu(\alpha) = \mathrm{d}\mu(\beta) \tag{5-6}$$

因纯物质的化学势等于该物质的摩尔吉布斯函数，即

$$\mu = \frac{G}{n} = G_m$$

故

$$d\mu = dG_m \tag{5-7}$$

代入式(5-4)，则有

$$dG_m(\alpha) = dG_m(\beta) \tag{5-8}$$

这说明体系达平衡时，两相吉布斯函数的改变量也相等，而热力学基本方程指出温度和压力的变化，对吉布斯的影响取决于下式

$$dG_m = -S_m dT + V_m dp$$

代入式(5-6)或式(5-8)，便有

$$-S_m(\alpha)dT + V_m(\alpha)dp = -S_m(\beta)dT + V_m(\beta)dp$$

移项整理可得

$$\frac{dp}{dT} = \frac{S_m(\beta) - S_m(\alpha)}{V_m(\beta) - V_m(\alpha)} = \frac{\Delta_{相}S_m}{\Delta_{相}V_m} \tag{5-9}$$

式中 $\Delta_{相}S_m$、$\Delta_{相}V_m$ 分别表示一摩尔物质从某一相(α 相)转移到另一相(β 相)的熵变和体积变化。因温度和压力的变化极微，相变过程的熵变可近似地用恒温恒压下的熵变公式表示：

$$\Delta_{相}S_m = \frac{\Delta_{相}H_m}{T} \tag{5-10}$$

$\Delta_{相}H_m$ 是相应的摩尔相变潜热或摩尔焓变，如蒸发摩尔焓变 $\Delta_{vap}H_m$、熔化摩尔焓变 $\Delta_{fus}H_m$、升华摩尔焓变 $\Delta_{sub}H_m$ 或晶型转变的摩尔焓变 $\Delta_{trs}H_m$。现将式(5-10)代入式(5-9)，可得

$$\frac{dp}{dT} = \frac{\Delta_{相}H_m}{T\Delta_{相}V_m} \tag{5-11}$$

此即反映单组分体系两相平衡时温度与压力之间的依赖关系——“克拉贝龙方程”。公式指出：若体系的温度发生变化，为继续保持两相平衡，压力也要随之变化，变化率取决于 $\frac{\Delta_{相}H_m}{T\Delta_{相}V_m}$ 项。应注意，计算时 $\Delta_{相}H_m$ 与 $\Delta_{相}V_m$ 所用物质数量单位要一致，即同用摩尔或用克表示。例如，$\Delta_{相}H_m$ 用 $J \cdot mol^{-1}$ 表示时，则 $\Delta_{相}V_m$ 应该用 $dm^3 \cdot mol^{-1}$，$\Delta_{相}H_m$ 用 $J \cdot g^{-1}$ 表示时，则 $\Delta_{相}V_m$ 应该用 $dm^3 \cdot g^{-1}$。

可以看到，上式推导过程中没有引进任何人为假设，因此式(5-11)可适用于任何纯物质体系的各类两相平衡，如气-液、气-固、液-固或固-固晶型转变等。如果 α、β 两相中有一相是气相(设 β 为气相)，则因气体体积远大于液体和固体的体积，即 $V_m(g) \gg V_m(l)$ 或 $V_m(s)$。对比之下可略去液相或固相的体积，而

$$\Delta_{相}V_m = V_m(\beta) - V_m(\alpha) = V_m(g) - V_m(l 或 s) \approx V_m(g)$$

再假定蒸气服从理想气体状态方程，则有

$$V_m(g) = \frac{RT}{p}$$

将上式代入克拉贝龙方程，可得

$$\frac{dp}{dT} = \frac{\Delta_{相}H_m}{T\Delta_{相}V_m} = \frac{\Delta_{相}H_m}{T \cdot \frac{RT}{p}} = \frac{\Delta_{相}H_m}{RT^2} \cdot p$$

移项整理可得

$$\frac{\mathrm{d}\ln p}{\mathrm{d}T}=\frac{\Delta_{相}H_{\mathrm{m}}}{RT^{2}} \tag{5-12}$$

这就是著名的克拉贝龙 — 克劳修斯方程的微分形式，其中 $\Delta_{相}H_{\mathrm{m}}$ 是摩尔汽化焓或摩尔升华焓。

若对上式进行定积分，并设温度变化范围不大，可将 $\Delta_{相}H_{\mathrm{m}}$ 视为与温度无关的常数，则积分结果为

$$\ln\frac{p_2}{p_1}=\frac{\Delta_{相}H_{\mathrm{m}}}{R}\left(\frac{1}{T_1}-\frac{1}{T_2}\right) \tag{5-13}$$

或

$$\lg\frac{p_2}{p_1}=\frac{\Delta_{相}H_{\mathrm{m}}}{2.303R}\left(\frac{1}{T_1}-\frac{1}{T_2}\right) \tag{5-14}$$

可见，只要知道 $\Delta_{相}H_{\mathrm{m}}$，就可以从已知温度 T_1 时的饱和蒸气压 p_1 计算另一温度 T_2 时的饱和蒸气压 p_2；或者从已知压力下的沸点求得另一压力下的沸点。当然，若已知两个温度下的蒸气压亦可用来估算 $\Delta_{相}H_{\mathrm{m}}$。

若对式(5-12) 进行不定积分，可得另一种表示形式

$$\ln p/p^{\ominus}=-\frac{\Delta_{相}H_{\mathrm{m}}}{RT}+B=-\frac{A}{T}+B \tag{5-15}$$

或

$$\lg p/p^{\ominus}=-\frac{\Delta_{相}H_{\mathrm{m}}}{2.303RT}+B=-\frac{A'}{T}+B' \tag{5-16}$$

其中 $A=\frac{\Delta_{相}H_{\mathrm{m}}}{R}$，而 $A'=\frac{\Delta_{相}H_{\mathrm{m}}}{2.303R}$，$B$、$B'$ 为积分常数。若以 $\ln p$-$\frac{1}{T}$（或 $\lg p$-$\frac{1}{T}$）作图可得一直线[见图 5-6(b)]，由斜率 A（或 A'）得出 $\Delta_{相}H_{\mathrm{m}}$。

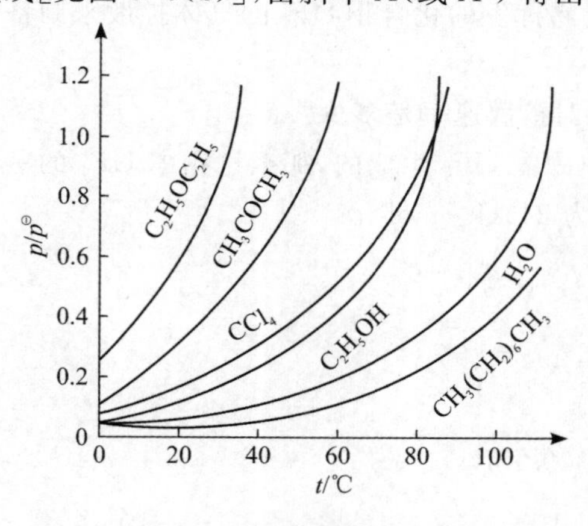

图 5-6(a)　几种液体的 p-t 图

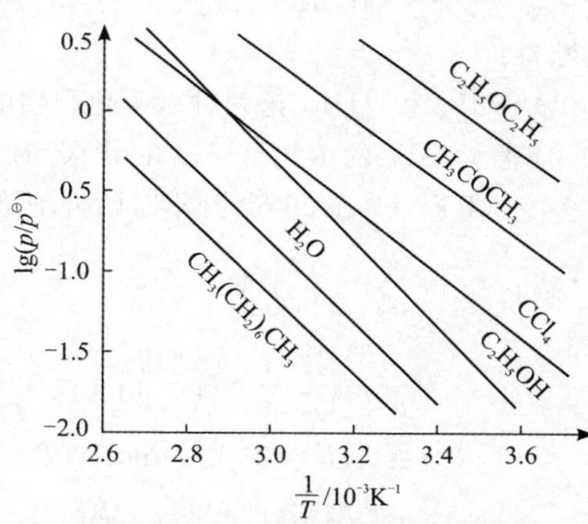

图 5-6(b)　几种液体的 $\lg p$-$1/T$ 图

另外，对摩尔蒸发焓 $\Delta_{\mathrm{vap}}H_{\mathrm{m}}$ 还可以用经验规则进行估计；就一些非极性液体物质来说，若分子不以缔合形式存在，摩尔蒸发焓与其正常沸点之比均为恒定，或此液体的摩尔蒸发熵为一常数，即

$$\frac{\Delta_{\mathrm{vap}}H_{\mathrm{m}}}{T_{\mathrm{b}}}=\Delta_{\mathrm{vap}}S_{\mathrm{m}}\approx 88\ \mathrm{J\cdot mol^{-1}\cdot K^{-1}}$$

上式称为特鲁顿(Trouton) 规则。

务必强调，使用克拉贝龙-克劳修斯方程的定积分或不定积分形式时，应注意公式的适用范围。首先，只当温度变化不大时才可视 $\Delta_{相}H_m$ 为常数，其次该气态物质应遵从理想气体定律，否则将引入误差。故当温度变化范围较宽时，必须考虑 $\Delta_{相}H_m$ 对温度的依赖关系，但得到 $\ln p\text{-}f(T)$ 方程较复杂。目前常用半经验的安脱宁(Antoine)方程：

$$\ln p = \frac{-A}{T+C} + B \tag{5-17}$$

式中 A、B、C 均是物质的特性常数，称之"安脱宁常数"，可在有关手册中查到，除很低温度外，它在较宽温度范围内可给出较好的结果。

〔例 3〕 已知水在101.325 kPa压力下的沸点是100 ℃，汽化焓为 $4.07\times10^4\ \mathrm{J\cdot mol^{-1}}$，试计算：(1) 水在25 ℃时的饱和蒸气压，与实验值3.168 kPa比较并计算其百分误差；(2) 设某高山上气压为80.0 kPa，此时水的沸点为多少？

〔解〕

式(5-14) 可改写为 $\lg\dfrac{p_2}{p_1} = \dfrac{\Delta_{vap}H_m(T_2-T_1)}{2.303RT_2T_1}$

(1) $\lg\dfrac{p_2}{101.3} = \dfrac{4.07\times10^4\times(298-373)}{2.303\times8.314\times298\times373}$，$p_2 = 3.750\ \mathrm{kPa}$

百分误差 $= \left(\dfrac{3.750-3.168}{3.168}\right)\times100\% = 18.3\%$

(2) $\lg\dfrac{80.0}{101.3} = \dfrac{4.07\times10^4\times(T_2-373)}{2.303\times8.134\times T_2\times373}$，$T_2 = 366\ \mathrm{K} = 93\ ℃$

〔例 4〕 铀是用得最广泛的核燃料，即使天然铀中只有0.7%(摩尔比)的 ^{235}U，也可以发生核裂变。天然铀中其余部分是 ^{238}U。可以通过易挥发的化合物 UF_6 的气体扩散来制备浓缩铀燃料。

(1) $^{238}UF_6$ 和 $^{235}UF_6$ 这两种六氟化合物的相对扩散速率是多少？

(2) 假设 UF_6 的蒸气是通过在40 ℃时加热固体 UF_6 生成的，那么气相中 UF_6 的蒸气压是多少？(UF_6(s) 在56 ℃升华时的升华焓变为 $24\ \mathrm{kJ\cdot mol^{-1}}$)

〔解〕 (1) $\dfrac{u_1}{u_2} = \left(\dfrac{M_2}{M_1}\right)^{\frac{1}{2}}$

$$\frac{u(^{238}UF_6)}{u(^{235}UF_6)} = \left(\frac{349}{352}\right)^{\frac{1}{2}} = 0.996$$

(2) $\Delta_{sub}H = 24\ \mathrm{kJ\cdot mol^{-1}}$，$T_{sub} = 329.2\ \mathrm{K}$

$$\ln\left(\frac{p_2}{p^{\ominus}}\right) = \frac{24000}{8.314}\left(\frac{1}{329.2}-\frac{1}{313.2}\right)$$

$p_2 = 64.7\ \mathrm{kPa}$

天然铀中含有三种同位素 ^{238}U(99.28%)、^{235}U(0.714%)、^{234}U(0.006%)，其中能起链反应的主要是 ^{235}U，而占主要部分的 ^{238}U 则只有在捕获能量大于1.1MeV的中子时，才会发生裂变。因此，如果将 ^{235}U 和 ^{238}U 混在一起，链式反应将难以为继。

一般采用下列两种措施以保证裂变能连续进行下去。

(1) 采用热扩散法使 ^{235}U 浓缩。即利用 ^{235}U 和 ^{238}U 分子量的差别，使两种蒸气通过多孔的障碍物，结果分子量小的$^{235}UF_6$扩散快而在前面被富集。

(2) 中子减速。利用^{238}U吸收中子的能力比^{235}U吸收中子的能力低的特点，如果把裂变产生的中子能量迅速降低到0.025eV，则裂变过程中产生的中子将大部分被^{235}U吸收。

克拉贝龙方程亦可说明压力对纯物质熔点或晶型转变点的影响，为此，式(5-11)可改写成

$$\frac{dp}{dT}=\frac{\Delta_{fus}H_m}{T[V_m(\beta)-V_m(\alpha)]} \tag{5-18}$$

及

$$\frac{dp}{dT}=\frac{\Delta_{trs}H_m}{T[V_m(\beta)-V_m(\alpha)]} \tag{5-19}$$

前式系指固体溶解过程，后式为晶型转变过程。对于同一物质的液体和固体的摩尔体积相差不大，故熔点及转变点随压力变化很小，自然不可将$V_m(l)$、$V_m(s)$轻易略去。但温度变化范围不大时，潜热及体积均可视为常数，这样对式(5-18)积分，便得

$$p_2-p_1=\frac{\Delta_{fus}H_m}{\Delta_{fus}V_m}\ln\frac{T_2}{T_1} \tag{5-20}$$

令$\frac{T_2-T_1}{T_1}=x$，则$\ln\frac{T_2}{T_1}=\ln(1+x)$，又因$(T_2-T_1)$不大，故$x\ll 1$，可近似地认为$\ln(1+x)\approx x$，将这些关系一并代入式(5-20)便得

$$p_2-p_1=\frac{\Delta_{fus}H_m}{\Delta_{fus}V_m}\left(\frac{T_2-T_1}{T_1}\right) \tag{5-21}$$

由此式可近似计算纯物质在各种不同外压下的熔点。对于纯水，因冰的密度较水的小，故$\Delta_{fus}V_m=[V_m(l)-V_m(s)]<0$，而$\Delta_{fus}H_m>0$，故式(5-18)中$\frac{dp}{dT}$是负值，即外压增加、冰熔点下降，这就解释了图5-2中OB线向左倾斜的反常原因。

同理，对晶型转变，由式(5-19)同样可得到相应的关系式：

$$p_2-p_1=\frac{\Delta_{trs}H_m}{\Delta_{trs}V_m}\left(\frac{T_2-T_1}{T_1}\right) \tag{5-22}$$

式(5-22)的应用与式(5-21)类似，不重复。

〔例5〕　萘的熔点为80.1 ℃，其熔化热为149.0 J·g^{-1}。溶解后其体积增量$\Delta_{fus}V_m=[V_m(l)-V_m(s)]$为0.146 cm^3·g^{-1}，求熔点随压力变化率。

〔解〕由式(5-18)

$$\frac{dT}{dp}=\frac{T\times\Delta_{fus}V_m}{\Delta_{fus}H_m}$$

因为

$$1\ \mathrm{J}=1000\ \mathrm{cm^3\cdot kPa}$$

所以

$$\frac{dT}{dp}=\frac{(80.1+273.2)\times 0.146}{149.0\times 1000}\mathrm{K\cdot kPa^{-1}}=3.46\times 10^{-4}\ \mathrm{K\cdot kPa^{-1}}$$

〔例6〕　关于溜冰和滑雪问题，人们普遍认为，由于压力增加，水的冰点降低，而溜冰和滑雪的速度取决于冰刀刀尖下冰的融化。请估算在−10 ℃时，使冰融化所需的压力。设一只冰鞋的长和宽各为10 cm和0.1 cm，估计一个体重为70公斤的滑雪运动员对冰所施加的压力为多少？能否使冰表面融化？就此问题谈谈你的看法。

〔解〕 $\frac{\mathrm{d}p}{\mathrm{d}T}=\frac{6000}{273\times(1.80-1.96)\times10^{-5}}=-1.40\times10^{7}\ \mathrm{Pa\cdot K^{-1}}$

假定在有关温度范围内，$\frac{\mathrm{d}p}{\mathrm{d}T}$固定，那么温度降低 10 K，所需要的压力增加为：

$$1.40\times10^{7}\times10\ \mathrm{Pa}=1.4\times10^{8}\ \mathrm{Pa}$$

如果一个 70 kg 的人在滑冰时保持平衡，冰鞋的刀口测得为 20 cm × 1 mm

$$p=\frac{70\times9.81}{0.2\times0.001}=3.4\times10^{6}\ \mathrm{Pa}$$

这一压力太小了，不能使冰融化。以上两个数值相差较大的原因或许是：

(1) 人体的重量是加在冰表面的狭小之地，也就是说，冰表面并不是完全光滑的。另外一些冰刀并非方形的截面。它们的冰刀刃口是凹形的。

(2) 由于滑雪过程中存在摩擦力，摩擦使冰融化。设冰刀与冰之间的摩擦系数为 0.02，则摩擦力为 $0.02\times70\times9.8\ \mathrm{N}=13.72\ \mathrm{N}$，滑行一米所做的功为 13.72 J，可融化的冰的质量为 0.04 g（相当于一滴水）。而作为冰刀的润滑剂，一滴水是足够的。

*5.2.4 克拉贝龙方程的另一种导出法

上面介绍的是借助于化学势而导出的克拉贝龙方程。该方法简单，易懂，但必须掌握有关化学势的知识。下面介绍一种基于卡诺循环的克拉贝龙方程导出法。

设有一卡诺循环，其中的两步等温可逆过程将由温度为 T_1，T_2 的两步可逆相变所取代，同时，工作物质以 α、β 两种相态分别进行等容可逆过程。图 5-7 即为该卡诺循环的示意图。

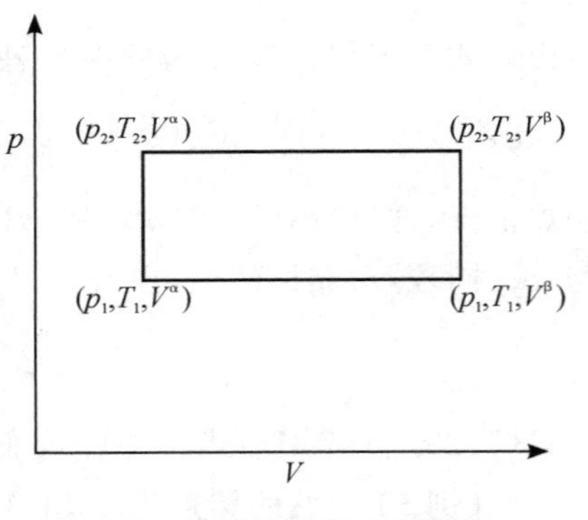

图 5-7 基于相变的卡诺循环

对此卡诺循环

$$-W_{总}=Q_{总}$$

$$\begin{aligned}W_{总}&=-p_2(V^{\beta}-V^{\alpha})+p_1(V^{\beta}-V^{\alpha})\\&=-(p_2-p_1)(V^{\beta}-V^{\alpha})=-\Delta p\cdot\Delta V\end{aligned}$$

$$\begin{aligned}Q_{总}&=T_2\Delta S_2-T_1\Delta S_1-C_V^{\beta}(T_2-T_1)+C_V^{\alpha}(T_2-T_1)\\&=T_2\Delta S_2-T_1\left[\Delta S_2+C_V^{\alpha}\ln\left(\frac{T_2}{T_1}\right)-C_V^{\beta}\ln\left(\frac{T_2}{T_1}\right)\right]-\Delta C_V\Delta T\\&=T_2\Delta S_2-T_1\Delta S_2+T_1\Delta C_V\ln\left(1+\frac{\Delta T}{T_1}\right)-\Delta C_V\cdot\Delta T\end{aligned}$$

当 $\Delta T\rightarrow0$，则有

$$\ln\left(\frac{T_2}{T_1}\right)=\ln\left(1+\frac{\Delta T}{T_1}\right)=\frac{\Delta T}{T_1}$$

代入上式得

$$Q_{总}=\Delta S_2\Delta T+\Delta C_V\cdot\Delta T-\Delta C_V\cdot\Delta T=\Delta S_2\Delta T$$

设有物质的量为 n 的物质从 α 相转变到 β 相，则相变过程中其体积改变量和从 T_2 热源吸热分别为：

$$\Delta V(\alpha\rightarrow\beta)=n\cdot\Delta V_{\mathrm{m}}(\alpha\rightarrow\beta)$$

$$Q_2(\alpha\rightarrow\beta)=n\cdot\Delta H_{\mathrm{m}}(\alpha\rightarrow\beta)$$

因此，卡诺循环的效率为

$$\eta=-\frac{W_{总}}{Q_2}=\frac{n\Delta p\cdot\Delta V_{\mathrm{m}}(\alpha\rightarrow\beta)}{n\Delta H_{\mathrm{m}}(\alpha\rightarrow\beta)}=\frac{Q_{总}}{Q_2}$$

$$\frac{Q_{总}}{Q_2} = \frac{\Delta T}{T_2}$$

令 $\Delta p = \mathrm{d}p, \Delta T = \mathrm{d}T, T_2 = T$，整理得

$$\frac{\mathrm{d}p}{\mathrm{d}T} = \frac{\Delta H_{\mathrm{m}}(\alpha \to \beta)}{T\Delta V_{\mathrm{m}}(\alpha \to \beta)} \tag{5-11}$$

*5.2.5　相变焓的 Planck 方程

当体系温度升至临界温度时，$\Delta_{\alpha}^{\beta} H_{\mathrm{m}} = 0$，说明相变焓(enthalpy of phase transition)与温度有关。同时，对纯物质两相平衡，不可能在等压条件下改变温度，因此，讨论相变焓的变化时，必须同时考虑温度、压力的影响。

设两相平衡的温度由 T 变为 $T + \mathrm{d}T$，压力相应的从 p 变为 $p + \mathrm{d}p$，则相变焓之改变量为

$$\mathrm{d}\Delta_{\alpha}^{\beta} H_{\mathrm{m}} = \left(\frac{\partial \Delta_{\alpha}^{\beta} H_{\mathrm{m}}}{\partial T}\right)_p \mathrm{d}T + \left(\frac{\partial \Delta_{\alpha}^{\beta} H_{\mathrm{m}}}{\partial p}\right)_T \mathrm{d}p \tag{1}$$

$$\frac{\mathrm{d}\Delta_{\alpha}^{\beta} H_{\mathrm{m}}}{\mathrm{d}T} = \left(\frac{\partial \Delta_{\alpha}^{\beta} H_{\mathrm{m}}}{\partial T}\right)_p + \left(\frac{\partial \Delta_{\alpha}^{\beta} H_{\mathrm{m}}}{\partial p}\right)_T \frac{\mathrm{d}p}{\mathrm{d}T} \tag{2}$$

(2) 式中

$$\left(\frac{\partial \Delta_{\alpha}^{\beta} H_{\mathrm{m}}}{\partial T}\right)_p = \Delta_{\alpha}^{\beta} C_{p,\mathrm{m}} \tag{3}$$

$$\left(\frac{\partial \Delta_{\alpha}^{\beta} H_{\mathrm{m}}}{\partial p}\right)_T = \Delta_{\alpha}^{\beta} V_{\mathrm{m}} - T\left(\frac{\partial \Delta_{\alpha}^{\beta} V_{\mathrm{m}}}{\partial T}\right)_p = \Delta_{\alpha}^{\beta} V_{\mathrm{m}}\left[1 - \left(\frac{\partial \ln \Delta_{\alpha}^{\beta} V_{\mathrm{m}}}{\partial \ln T}\right)_p\right] \tag{4}$$

$$\frac{\mathrm{d}p}{\mathrm{d}T} = \frac{\Delta_{\alpha}^{\beta} H_{\mathrm{m}}}{T\Delta_{\alpha}^{\beta} V_{\mathrm{m}}} \tag{5}$$

将(3) ～ (5) 式代入(2) 式并整理可得

$$\frac{\mathrm{d}\Delta_{\alpha}^{\beta} H_{\mathrm{m}}}{\mathrm{d}T} = \Delta_{\alpha}^{\beta} C_{p,\mathrm{m}} + \frac{\Delta_{\alpha}^{\beta} H_{\mathrm{m}}}{T}\left[1 - \left(\frac{\partial \ln \Delta_{\alpha}^{\beta} V_{\mathrm{m}}}{\partial \ln T}\right)_p\right] \tag{5-23}$$

式(5-23) 首先由 Planck 导出，称为 Planck 方程，可适用于任意两相相变焓随温度变化率的计算，若引入某近似条件，可进一步简化

如果 α、β 两相均为凝聚相，由于 $\left(\frac{\partial \ln \Delta_{\alpha}^{\beta} V_{\mathrm{m}}}{\partial \ln T}\right)_p \approx 0$，故式(5-23) 可简化为

$$\frac{\mathrm{d}\Delta_{\alpha}^{\beta} H_{\mathrm{m}}}{\mathrm{d}T} = \Delta_{\alpha}^{\beta} C_{p,\mathrm{m}} + \frac{\Delta_{\alpha}^{\beta} H_{\mathrm{m}}}{T} \tag{5-24}$$

当 β 相为气相，且视为理想气体；α 相为凝聚相，则 $\Delta_{\alpha}^{\beta} V_{\mathrm{m}} \doteq V_{\mathrm{m}}^{\mathrm{g}} = \frac{RT}{p}$

$$\left(\frac{\partial \ln \Delta_{\alpha}^{\beta} V_{\mathrm{m}}}{\partial \ln T}\right)_p = 1, \frac{\mathrm{d}\Delta_{\alpha}^{\mathrm{g}} H_{\mathrm{m}}}{\mathrm{d}T} = \Delta_{\alpha}^{\mathrm{g}} C_{p,\mathrm{m}} \tag{5-25}$$

将(5-23) 两式左边乘以 $\frac{\mathrm{d}T}{\mathrm{d}p}$，右边乘以 $\frac{T\Delta_{\alpha}^{\beta} V_{\mathrm{m}}}{\Delta_{\alpha}^{\beta} H_{\mathrm{m}}}$，可得到相变焓与压力的关系为：

$$\frac{\mathrm{d}\Delta_{\alpha}^{\beta} H_{\mathrm{m}}}{\mathrm{d}p} = \Delta_{\alpha}^{\beta} C_{p,\mathrm{m}} \cdot \frac{T\Delta_{\alpha}^{\beta} V_{\mathrm{m}}}{\Delta_{\alpha}^{\beta} H_{\mathrm{m}}} + \Delta_{\alpha}^{\beta} V_{\mathrm{m}} (\alpha、\beta \text{ 均为凝聚相}) \tag{5-26}$$

$$\frac{\mathrm{d}\Delta_{\alpha}^{\mathrm{g}} H_{\mathrm{m}}}{\mathrm{d}p} = \Delta_{\alpha}^{\mathrm{g}} C_{p,\mathrm{m}} \cdot \frac{TV_{\mathrm{m}}^{\mathrm{g}}}{\Delta_{\alpha}^{\mathrm{g}} H_{\mathrm{m}}} (\beta \text{ 为气相}，\alpha \text{ 为凝聚相}) \tag{5-27}$$

可见，当 α、β 均为凝聚相时，温度对相变焓的影响大于压力对相变焓的影响；若 β 为气相，则高温时压力对相变焓的影响比低温时压力对相变焓的影响大。

5.2.6 外压对蒸气压的影响

以上所讨论的是纯液体的蒸气压(vapour pressure),即在气相空间只有蒸气存在而液相所承受的压力恰为其气压的情况。

当温度恒定而液体所承受压力不等于蒸气压时,则蒸气压将随施加于液体的压力而变化,最常遇到的情况是气相空间中除液体的蒸气以外,尚有其他惰性气体存在。如图 5-8 所示,平衡时蒸气的压力为 p,惰性气体的压力为 p',加于液体的总压力 $p_{总} = p + p' = p_e$(亦即液体所受外压)。

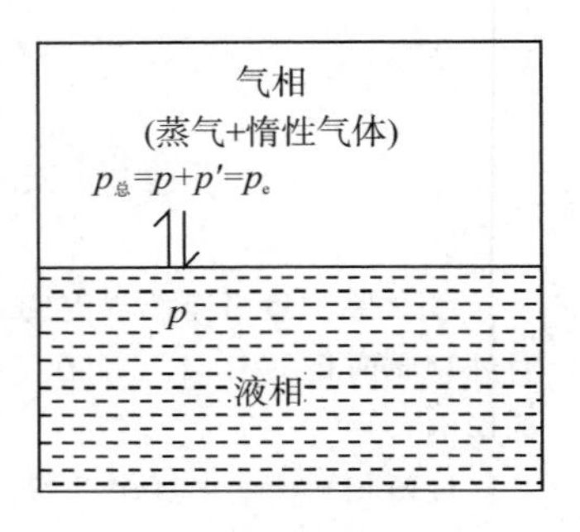

图 5-8 平衡时液相承受压力不等于蒸气压的情况

显然,在这种情况下平衡时蒸气的化学势与液体的化学势应相等:

$$\mu^g(T,p) = \mu^l(T,p_e) \tag{5-28}$$

上式指出,在恒温条件下蒸气压为加于液体总压的函数。因为

$$\left(\frac{\partial \mu^g}{\partial p}\right)_T = V_m(g) \tag{5-29}$$

$$\left(\frac{\partial \mu^l}{\partial p_e}\right)_T = V_m(l) \tag{5-30}$$

当总压变化而重新达到平衡时,应有

$$\left(\frac{\partial \mu^g}{\partial p_e}\right)_T = \left(\frac{\partial \mu^l}{\partial p_e}\right)_T \tag{5-31}$$

或

$$\left(\frac{\partial \mu^g}{\partial p}\right)_T\left(\frac{\partial p}{\partial p_e}\right)_T = \left(\frac{\partial \mu^l}{\partial p_e}\right)_T \tag{5-32}$$

以式(5-29)及式(5-30)代入上式,可得

$$\left(\frac{\partial p}{\partial p_e}\right)_T = \frac{V_m(l)}{V_m(g)} \tag{5-33}$$

通常情况下,$V_m(l) \ll V_m(g)$,故恒温下蒸气压随总压增长率很小。若蒸气服从理想气体假设,则

$$V_m(g) = \frac{RT}{p}$$

$$\frac{RT}{p}\mathrm{d}p = V_m(l)\mathrm{d}p_e$$

若蒸气与液相压力相等时的蒸气压或没有惰性气体存在时液体的饱和蒸气压为 p^*,而在总压力为 p_e 时的蒸气压为 p,则

$$\int_{p^*}^{p} \frac{RT}{p}\mathrm{d}p = V_m(l)\int_{p^*}^{p_e} \mathrm{d}p_e$$

积分后可得

$$RT\ln\left(\frac{p}{p^*}\right) = V_m(l)(p_e - p^*)$$

或

$$\ln\left(\frac{p}{p^*}\right)=\frac{V_m(\mathrm{l})}{RT}(p_e-p^*) \tag{5-34}$$

上式表达了蒸气压随加于液体总压的变化关系。

5.2.7　相变的类型

热力学体系具有相态的多样性。物质在不同的宏观约束条件下，能够呈现为不同的相态，既可以是单相形态，也可以是多相平衡共存的态。各个相具有显著不同的宏观行为，具有不同的对称性。

一类相变称之为一级相变(first order phase transition)，特点是，如果改变体系的独立强度变量(例如 pVT 体系的 $T,p,x_1,x_2,\cdots,x_r$)，一旦这些变量或其中之一达到相变能发生的值时，从宏观上看相变将突然发生。它是一种不连续的突变现象，表现出在确定的强度变量值时发生，同时体积、熵、焓等热力学量发生不连续的但有限的突变。我们通常所见的气、液、固态的相变都属于这类相变。

另一类相变的特点是热力学量的变化是连续的。相变是在强度变量的某一定范围内发生(不是在确定值时发生)，而且相变并不表现出体积、熵、焓等的改变，即它们在相变时是连续的。但 C_p、α、κ 在相变点附近则迅速变化，出现一个极大峰。属于这类相变的典型例子有 He(Ⅰ)与 He(Ⅱ)的转变，正常状态与超导状态的转变，铁磁体(ferromagnetic substance)与顺磁体(paramagnetic substance)的转变以及合金的有序与无序的转变等。此外，还有在相变点体积、熵、焓连续，而 C_p、α、κ 不连续但为有限的突变。超导态金属与正常态金属在零磁场下的转变就属这类型。

某些金属当温度降低到某一温度 T_0 时，其电阻突然消失，金属由普通状态转变为超导状态。转变温度 T_0(也称为零电阻温度)一般很低。金属的这种超导性首先由卡末林—昂尼斯(Karmerlingh-Onnes)在 1911 年发现，以后又发现一些合金以及一些含有非金属元素的化合物也具有这种异常的超导性。

某些金属的转变温度 T_0 与磁场强度有关。在没有磁场时，正常态到超导态的转变没有潜热放出来，这种相变是上面提到的第二类相变。

超导现象有巨大的实用价值，因此对超导体的研究有广阔的应用前景。我国对超导体的研究处于世界前列，所制得的超导体的零电阻温度 T_0 在 100 K 以上。

现在我们介绍相变的热力学分类理论。热力学平衡理论表明，pVT 体系在相变点时，各相的温度、压力以及每一组元在各相的化学势必须彼此相等。这就是说，在相变点 T、p、μ 是连续变化的。但是，热力学对化学势的导数在相变点却无限制。现在列出有关化学势对于 T，p 的一二阶导数公式

$$S_m=-\left(\frac{\partial\mu}{\partial T}\right)_p$$

$$V_m=\left(\frac{\partial\mu}{\partial p}\right)_T$$

$$C_{p,\mathrm{m}} = T\left(\frac{\partial S_\mathrm{m}}{\partial T}\right)_p = -T\left(\frac{\partial^2 \mu}{\partial T^2}\right)_p$$

$$\alpha = \frac{1}{V_\mathrm{m}}\left(\frac{\partial V_\mathrm{m}}{\partial T}\right)_p = \frac{1}{V_\mathrm{m}}\frac{\partial^2 \mu}{\partial T \partial p}$$

$$\kappa = -\frac{1}{V_\mathrm{m}}\left(\frac{\partial V_\mathrm{m}}{\partial p}\right)_T = -\frac{1}{V_\mathrm{m}}\left(\frac{\partial^2 \mu}{\partial p^2}\right)_T$$

依据这些关系式并结合前述各类相变的特点不难看出，化学势在相变点的各阶导数对于不同类型的相变具有显著不同的行为。1933 年，Ehrenfest 根据这一点曾提出过一个相变的热力学分类理论。在相变点，化学势对 T、p 的一阶导数突变者称为一级相变。化学势对 T、p 的一阶导数连续，但二阶导数突变者称为二级相变(second order phase transition)。依此类推，化学势以及直到化学势对 T、p 的 $n-1$ 阶导数在相变点连续，而 n 阶导数不连续者则称为 n 级相变。这一分类理论并不能概括所有的相变类型，它对 C_p、α、κ(即化学势的二阶导数)在相变点迅速增为无穷大的相变是不适用的。因此，现在公认的分类为，如果化学势的一阶导数在相变点不连续，称为一级相变。如果化学势的一阶导数在相变点连续，而更高阶导数不连续，则称为连续相变，这也是本书采用的分类方法。

现在图示 pVT 体系的一级相变与连续相变，它对于直观了解这两类相变的特征并进行对比是有益的。图 5-9 是两类相变的化学势及其导数随 T 变化的示意图

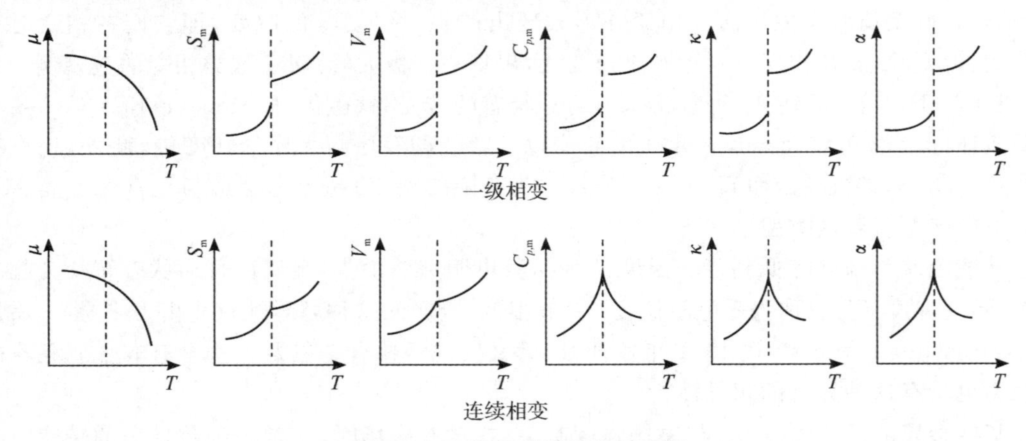

图 5-9　一级与连续相变示意图

前述的 Clapeyron 方程代表了一级相变平衡曲线的斜率公式，它对连续相变失去意义。Ehrenfest 导出了二级相变平衡曲线的斜率公式，称为 Ehrenfest 方程，即 $\frac{\mathrm{d}p}{\mathrm{d}T} = \frac{\alpha_2 - \alpha_1}{\kappa_2 - \kappa_1}$ 及 $\frac{\mathrm{d}p}{\mathrm{d}T} = \frac{C_{p_2} - C_{p_1}}{TV_\mathrm{m}(\alpha_2 - \alpha_1)}$，式中 C_p、α、κ 为各相的恒压热容，体积膨胀系数及等温压缩系数。该方程可用于 C_p、α、κ 在相变不连续而突变为有限的情况，但对在相变点 C_p、α、κ 为无限的连续相变是不适用的。

相变的突变性说明在相变点物质表现出所有分子的临界不稳定性，此时旧结构顷刻瓦解而形成新的结构。如温度稍微高于 273 K，水还是一种无序的结构，而一旦降至 273 K，立刻就凝结成有序晶体 —— 冰。显然，相变涉及物质的全部分子，似乎是一种合作现象，它表

明物质中的分子是长程整体关联的。

5.3 二组分体系的气-液平衡

5.3.1 完全互溶双液体系

应用相律于二组分体系(two-component system),因 $C = 2$,其相数与自由度的关系为:

$$f = C - \Phi + 2 = 2 - \Phi + 2 = 4 - \Phi$$

可得

$\Phi = 1, f = 3$ (即“三变量体系”)

$\Phi = 2, f = 2$ (即“二变量体系”)

$\Phi = 3, f = 1$ (即“单变量体系”)

$\Phi = 4, f = 0$ (即“无变量体系”)

体系最少相数 $\Phi = 1$ 时 $f = 3$,有三个自由度,即需用三个独立变量才足以完整地描述体系的状态,通常情况下,描述体系状态时以温度(T)、压力(p)和组成(浓度 x_1 或 x_2)三个变量为坐标构成的立体模型图。为便于在平面上将平衡关系表示出来,常固定某一个变量,从而得到立体图形在特定条件下的截面图。比如,固定 T 就得 p-x 图,固定 p 就得 T-x 图,固定 x(组成)就得 T-p 图。前两种平面图对工业上的提纯、分离、精馏、分馏很有实用价值,是本章讨论的重点。

二组分体系相图的类型甚多,根据两相平衡时各相的聚集状态常分为气-液体系、固-液体系和固-气体系。本节所讨论的是由两种液体组成且研究范围内仅出现气-液两相平衡的体系,或称为双液体系。在双液体系中,常根据两种液态物质互溶程度不同又分为完全互溶体系、部分互溶体系和完全不互溶体系。

两种液体在全部浓度范围内都能互相混溶的体系,称为“完全互溶双液体系”。体系中两个组分的分子结构相似程度往往有所差别,所构成的溶液的性质也各异,服从拉乌尔定律的程度就有所不同。为此,完全互溶双液体系又分为“理想的”和“非理想的”两种情形。

理想溶液的压力-组成(p-x、p-x-y)图

根据“相似相溶”原则,一般说两种结构很相似的化合物,例如甲苯和苯,正己烷和正庚烷,同素异构化合物的混合物等,均能以任何比例混合成理想溶液。图5-10为恒温下A、B两组分组成的理想溶液 p-x 图(本图与图4-9相似),各组分在全部浓度范围内其蒸气压与组成的关系均遵守拉乌尔定律,即

$$p_B = p_B^* x_B \tag{5-35}$$

$$p_A = p_A^* x_A = p_A^* (1 - x_B) \tag{5-36}$$

p_A、p_B 与 x_B 均有线性关系,可分别用直线(1)、(2)表示,若以 p 表示溶液的总蒸气压,则有:

$$p = p_A + p_B = p_A^*(1 - x_B) + p_B^* x_B$$
$$= p_A^* + (p_B^* - p_A^*)x_B \qquad (5\text{-}37)$$

由于 $x_B = 0$ 时，$p = p_A^*$；$x_B = 1$ 时，$p = p_B^*$，所以二组分理想溶液总蒸气压必然落在两个纯组分蒸气压 p_A^*、p_B^* 之间，也就是说，它与组成 x_B 的关系如图中 p_A^*、p_B^* 两点连线(3)。表示溶液蒸气总压随液相组成变化关系的直线或曲线称为"液相线"。从液相线可找到总蒸气压下溶液的组成，或指定溶液组成时的蒸气总压，很明显，此时体系的自由度应为1。

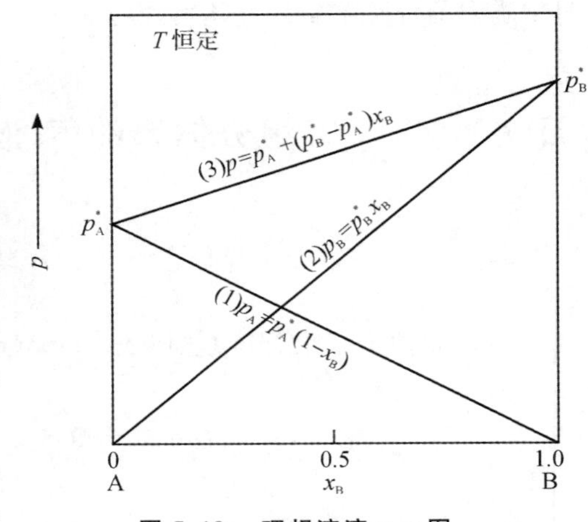

图 5-10　理想溶液 p-x 图

由于A、B两组分蒸气压不同，气-液平衡时气相的组成与液相的组成必然亦不同，可自以下分析看出：

由分压力定义，组分在气相中浓度以摩尔分数 y_B（相当于 $x_{B(g)}$）表示。并将式(5-35)、(5-37)引入，则

$$y_B = \frac{p_B}{p} = \frac{p_B^* x_B}{p_A^* + (p_B^* - p_A^*)x_B} \qquad (5\text{-}38)$$

而

$$y_A = 1 - y_B$$

由式(5-38)可知，只要知道一定温度下纯组分蒸气压 p_A^*、p_B^*，就能从溶液的组成 x_B 计算与其平衡的气相组成 y_B。由式(5-38)可得

$$x_B = \frac{y_B p_A^*}{p_B^* + (p_A^* - p_B^*)y_B} \qquad (5\text{-}39)$$

将其代入式(5-37)，整理可得

$$p = \frac{p_A^* p_B^*}{p_B^* + (p_A^* - p_B^*)y_B} \qquad (5\text{-}40)$$

上式表明溶液蒸气总压 p 与气相组成 y_B 的关系，所作 p-y_B 曲线（图5-11）称为"气相线"，同图(5-10)比较看出，气相线与液相线形状不一。当将二线合并于同一图上〔图5-12〕气相线势必落于液相线之下。若图中自同一总压 p_1 处作一水平线分别与液相线和气相线交于 E、F 点，显然，F 处的 y_B 大于 E 处的 x_B 即 $y_B > x_B$，这就是说在气－液平衡体系中，纯态时具有较大蒸气压的组分于气相中的成分比它在液相中的成分大。或者说理想溶液中较易挥发组分在气相中的成分大于它在液相中的成分，这就是柯诺华诺夫(Konovalov)第一规则。它可以推证如下：

设蒸气为理想气体混合物，由分压力定义

$$p_A = py_A, p_B = py_B$$

再以拉乌尔定律 $p_B = p_B^* x_B$ 分别代入等式左边，便有

$$p_A^* x_A = py_A, p_B^* x_B = py_B$$

因此可得

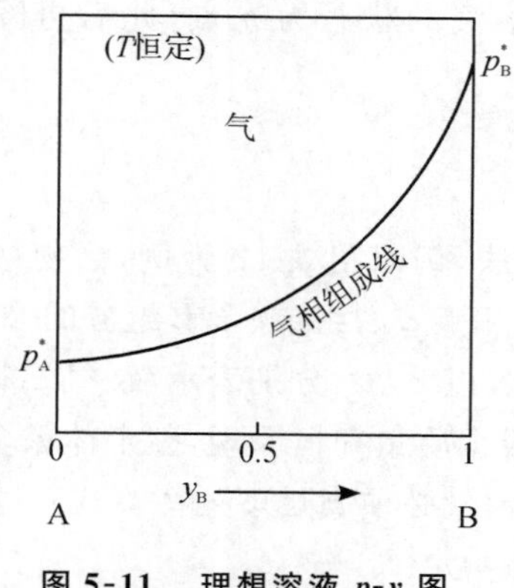

图 5-11　理想溶液 p-y 图

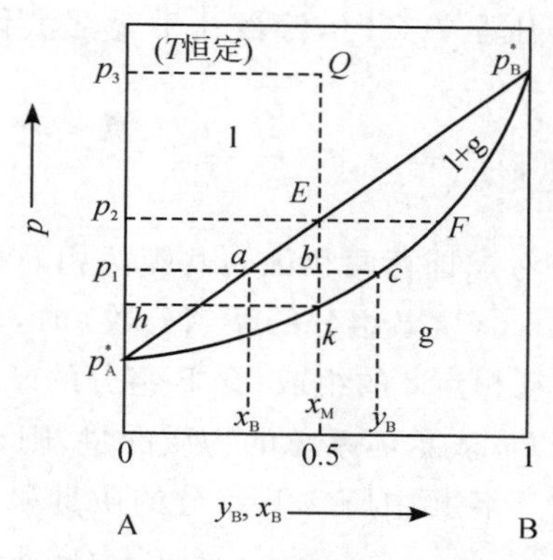

图 5-12　理想溶液 p-xy 图

$$y_A = \frac{p_A^* x_A}{p}, y_B = \frac{p_B^* x_B}{p} \tag{5-41}$$

左右两等式相除

$$\frac{y_B}{y_A} = \frac{p_B^*}{p_A^*} \cdot \frac{x_B}{x_A} \tag{5-42}$$

设 B 为较易挥发组分，则 $p_B^* > p_A^*$，$\left(\frac{p_B^*}{p_A^*}\right) > 1$，故从上式得到

$$\frac{y_B}{y_A} > \frac{x_B}{x_A}$$

因为 $y_A = 1 - y_B$，$x_A = 1 - x_B$ 代入上式可得

$$\frac{y_B}{1 - y_B} > \frac{x_B}{1 - x_B}$$

两边各取倒数并整理，便成

$$\frac{1}{y_B} < \frac{1}{x_B} \text{ 即 } y_B > x_B$$

可见平衡时，较易挥发的组分在气相中成分大于在液相中的成分。柯诺华诺夫第一规则也适用于非理想溶液。

由图 5-12，可以看出恒温下的 p-x 图的含义与应用。液相线以上（高压区）为液相区（l 区），气相线以下（低压区）为气相区（g 区），介于液相区和气相区之间由两线所包围的区域为气－液两相平衡共存区（l＋g 区）。据相律 $f = C - \Phi + 1 = 2 - \Phi + 1 = 3 - \Phi$。可知：单相区内 $f = 2$；而在双相区 $f = 1$。这意味着描述体系的状态，前者需两个变量，后者仅需一个变量，即体系的压力或组成。假若液相区有一物系点 Q，压力为 p_3，组成为 x_M，由图可以看出当组成不变时降压过程中的相变化情况；当降至 p_2 时，状态点（物系点）即为液相线上的 E，开始形成蒸气，但仍以液相为主，与之平衡的蒸气组成可用 F 点表示。若继续降压到 b 点，此时气－液两相平衡共存。作一水平线 abc，a、c 两点分别表示压力为 p_1 时相平衡的液和气两相状态（组成分别是 x_B 和 y_B），称为“相点”，ac 连线（联系二相点的直线）又称为“结线”(tie line)。由图可见，在物系点由 E 至 b 的降压过程中共轭(conjugate)的两相点都在变，液相点沿液相线降至 a，气相点沿气相线降至 c，这充分说明只要物系点落进两相区内总是两相共存，体系的总组成虽然不变，但两相的组成及其相对数量都随压力而改变。

当继续降压至 k 点时，溶液几乎全部汽化，最后一滴溶液的状态为 h 点，此后再降压则进入气相区。

杠杆规则

现在考虑计算两相区内共轭两相的相对数量的方法。仍以图 5-12 为例；当物系点为 b，总组成为 x_M（含 B 组分的摩尔分数）时，与之共轭的液相点 a 的组成（含 B 组分的摩尔分数）为 x_B，而气相点 c 的组成（含 B 组分的摩尔分数）为 y_B。以 n^l、n^g 分别表示液、气二相的物质的量，而以 n 表示体系总的物质的量，则 $n = n^l + n^g$。根据质量守恒原理，整个体系含 B 组分的质量等于各相中所含 B 组分的质量和，即 B 组分的含量必须满足下列衡算式：

$$x_M(n^l + n^g) = x_B n^l + y_B n^g$$

移项整理上式可得

$$\frac{n^l}{n^g} = \frac{y_B - x_M}{x_M - x_B} = \frac{\overline{cb}}{\overline{ba}} \tag{5-43}$$

由此可知，液相和气相的物质的量之比等于$\overline{cb}$ 与$\overline{ba}$ 之比，或者说将$\overline{ab}$ 和$\overline{cb}$ 分别比拟为一个以 b 为支点的一臂的力矩，则液相量 n^l 乘以$\overline{ba}$ 线段，会等于气相量 n^g 乘以$\overline{cb}$ 线段即 $n^l \times \overline{ba} = n^g \times \overline{cb}$，与力学中的“杠杆规则”(lever rule) 类似，因此这一规律也称为“杠杆规则”。

因为杠杆规则的导出仅仅基于质量平衡，所以它不仅适用于二组分气-液体系的任何两相区，也适用于气-固、液-固、液-液、固-固等体系的两相区。至于组成的表示，可用摩尔分数 x，也可用质量分数 ω。当 ω 代替 x 作图时，式(5-43) 仍可应用，只要将物质的量 n 改为质量 ω 就行了。

将式(5-43) 作适当变换，则有

$$\frac{n^l + n^g}{n^g} = \frac{\overline{cb} + \overline{ba}}{\overline{ba}}$$

$$\frac{n}{n^g} = \frac{\overline{ca}}{\overline{ba}} \text{ 或 } n \cdot \overline{ba} = n^g \cdot \overline{ca} \tag{5-44}$$

对于已知 n 值的两相平衡体系，由式(5-44) 计算 n^g 和 n^l 更简便。

理想溶液的温度-组成图(T-x，y 图)

沸点 — 组成图是恒压下以溶液的温度(T) 为纵坐标，组成(或浓度 x，y) 为横坐标制成的相图，一般从实验数据直接绘制，对于理想溶液也可以从 p-x 图数据间接求得。表 5-3 是甲苯(A) 苯(B) 二组分体系在 $p^\ominus$ 下的实验结果，其中 x_B、y_B 分别为温度 t 时 B 组分在液相、气相中的摩尔分数，p_B^* 为该平衡温度下纯 B 的饱和蒸气压，y_B(计算值) 系由式(5-41) 计算得出。由于苯比甲苯容易挥发，由表可见，y_B 恒大于 x_B，可以沸点 t 与气、液相组成 y_B、x_B 关系数据构成图 5-13。

表 5-3 甲苯(A)-苯(B)二组分体系在 $p^\ominus$ 下的气—液平衡数据

x_B	0	0.100	0.200	0.400	0.600	0.800	0.900	1.000
y_B	0	0.206	0.372	0.621	0.792	0.912	0.960	1.000
t/℃	110.6(t_A^*)	109.2	102.2	95.3	89.4	84.4	82.2	80.1(t_B^*)
p_B^*/kPa	237.4	212.6	191.2	158.4	134.2	115.4	108.2	101.3
y_B(计算值)	0	0.210	0.377	0.626	0.795	0.921	0.962	1.000

图中,上方的 t-y_B 线为气相线,表示饱和蒸气组成随温度的变化,称为"露点线"(dew point curve)(一定组成的气体冷却至线上温度时开始如露水凝结),此线上方(高温区)为气相区。下方的 t-x_B 线为液相线,代表沸点与液相组成的关系,称之"泡点线"(bubbling point curve)(一定组成的溶液加热至线上温度时可沸腾起泡),此线以下(低温区)为液相区。t_A^*、t_B^* 分别代表纯甲苯和纯苯的沸点。气-液两线包围的区域为两相区,此区内物系点分成共轭的气液二相,且各相组成只决定于平衡温度,而与总组成无关。两相的数量比则由杠杆规则确定。

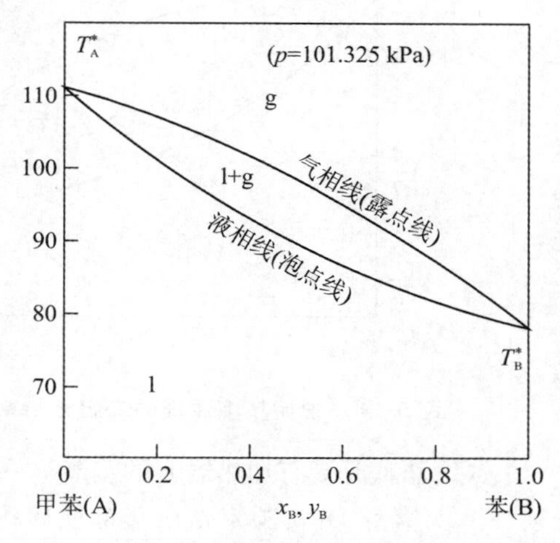

图 5-13 甲苯-苯的 T-xy 图

与 p-x,y 图相比,T-x,y 图中不存在直线,这说明 T-$f(x,y)$ 关系不如 p-$f(x,y)$ 关系那样简单。显而易见,溶液中蒸气压愈高的组分其沸点愈低,而沸点低的组分在气相中的成分总比在液相的大。所以 T-x,y 图的气相线总是在液相线上方,这恰与 p-x,y 图相反。这一规律在非理想溶液中依然存在。

精馏原理

工业上或实验上的精馏原理很容易由温度-组成图加以阐释。"精馏"过程是多次简单蒸馏(distillation)的组合,也就是通过反复汽化、冷凝的手续以达到较完全分离液体混合物中不同组分的过程。基本原理是:由于两组分蒸气压不同,故一定温度下达平衡时两相的组成也不同,在气相中易挥发成分比液相中的多。若将蒸气冷凝,所得冷凝物(或称馏分)就富集了低沸点组分,而残留物(母液)却富集了高沸点的组分,具体操作过程大致如下:假设图5-14中待分离的A、B混合液总组成是 x_M,先将它加热汽化至温度 T_3(物系点为 S_3),使之部分汽化,达平衡时一分为二,液相组成为 x_3,其中所含高沸点或难挥发成分(A)比 x_M 的多,气相组成为 y_3,其中含低沸点或易挥发成分(B)则比 x_M 的多。如果取出 x_3 的液相加热至 T_4(物系点为 S_4),因液相部分汽化,结果剩余液相含A的组成为 x_4($x_4 > x_3$)。同理再取 x_4 液相加热至 T_5(物系点为 S_5),所得液相含A组成是 x_5($x_5 > x_4$)…… 如此进行多次升温汽化,残留液相组成逐渐向左上端移动以至得到纯A。如果把 y_3 的气相取出降温至温度 T_2(状态为 S_2),让其部分冷凝,剩余气相组成变成 y_2,显然,它含B组分比 y_3 多。同理,再取 y_2 的气相降温至 T_1(状态为 S_1),剩余气相组成变为 y_1,它肯定含B组分又比 y_2 多,原则上经多次反复降温、冷凝，气相组成将逐渐往右下端移动以至最后得到纯 B。

上述反复部分汽化、部分冷凝的手续在工业生产上和实验中是通过分馏塔或分馏柱来实现的。图 5-15 是一种泡罩式分馏塔的示意图，它主要由三部分组成：

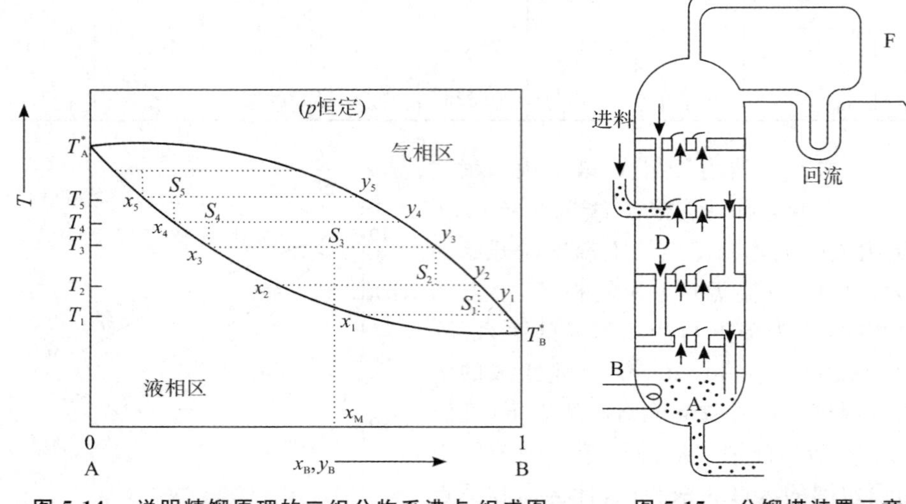

图 5-14　说明精馏原理的二组分物系沸点-组成图　　**图 5-15　分馏塔装置示意图**

(1) 塔底是装有加热器 B 的蒸馏釜 A(或称再沸器)。加热时，釜内液体沸腾致使蒸气上升。

(2) 塔身 D(实验室常以蒸馏柱代替) 是隔热的，其内部是由一系列隔板(称为“塔板”，plate) 组成。每层塔板上有两种不同功用的孔：顶端有泡罩的孔是供下层蒸气进入上层之用，另一个是液体回流孔，即本层液体积累到一定高度后由此孔自动溢下。待分离的物料通常从塔中部加入。因为塔板上泡罩边沿浸在液面之下，蒸气在液层内须经泡罩孔鼓泡而出。于是，上升的蒸气有充分机会与向下溢流的液体接触，蒸气部分被冷凝而冷凝过程所释放的热又将使液体汽化，显然残留于液相中高沸点(难挥发) 的组分所占成分较多，而汽化部分低沸点(易挥发) 的组分所占成分较多。这样到达上一层蒸气中就含较多低沸点组分(如图 5-14 中的物系点 S_3 降至 S_2，则气相点组成 $y_2 > y_3$)，到达下一层塔板上液体就含较多的高沸点组分(如图 5-14 中物系点 S_3 升至 S_4，则液相点组成 $x_4 > x_3$)。每一层塔板上都同时发生着下一层塔板上来的蒸气的部分冷凝和由上一层塔板下来的液体的部分汽化过程，每一层塔板上气-液平衡大致相当于温度-组成图中同一温度下平衡存在的两相(如图 5-14 中 x_3 与 y_3)。随着塔板数的增多，上升的蒸气中低沸物得到进一步富集。所以，上升到塔顶的蒸气几乎全是低沸物，下降到塔底的液体几乎全是高沸物，从而达到分离的目的。

(3) 塔顶，装有冷凝器 F，它将上升之纯的低沸点组分的蒸气冷凝成液体，一部分作为产品经出口 H 放出，另一部分作为“回流液”返回塔内，此目的在于补充各塔板上低沸点组成，以维持各塔板上液体组成和温度的恒定，保证连续生产并获得稳定质量的产品。显然，精馏的难易与二组分的沸点差别有关，沸点相差愈大者愈易用精馏的手续加以分离。如沸点相差较少，一次精馏难以达到分离的目的，则可将馏出物加入蒸馏釜中重新精馏。

非理想溶液的 p-x 图及 p-x，y 图和 T-x，y 图

(1) 实际溶液蒸气压对理想溶液的偏差及产生的原因。由于实际溶液中分子间相互作用，随着溶液浓度的增大，其蒸气压 — 组成关系不服从拉乌尔定律。当体系的总蒸气压和蒸气分压的实验值均大于拉乌尔定律的计算值时，称为发生了“正偏差”，若小于拉乌尔定律的计算值，称为发生了“负偏差”。产生偏差的原因大致有如下三方面，其一是分子环境发生变化，分子间作用力改变而引起挥发性的改变。当同类分子间引力大于异类分子间引力时，混合后作用力降低，挥发性增强，产生正偏差。反之，则产生负偏差。其二是由于混合后分子发生缔合或解离现象引起挥发性改变。若离解度增加或缔合(associate) 度减少，蒸气压增大，产生正偏差，反之，出现负偏差。其三由于二组分混合后生成化合物，蒸气压降低，产生负偏差。

(2) 由气-液平衡实验数据表明，实际溶液的 p-x 图及 T-x 图按正负偏差大小，大致可分成三种类型。

第一类，体系的总蒸气压总是介于两纯组分蒸气压之间，即正或负偏差都不是很大的体系。如四氯化碳-苯、甲醇-水、苯-丙酮等体系产生正偏差，图 5-16(a) 是苯与丙酮二组分溶液的实验数据与拉乌尔定律比较的蒸气压-组成图(p-x 图)，图中虚线表示服从拉乌尔定律情况，实线表示实测的总蒸气压、蒸气分压随组成变化。图(b) 为相应的 p-x，y 图，图(c) 为相应的 T-x，y 图。

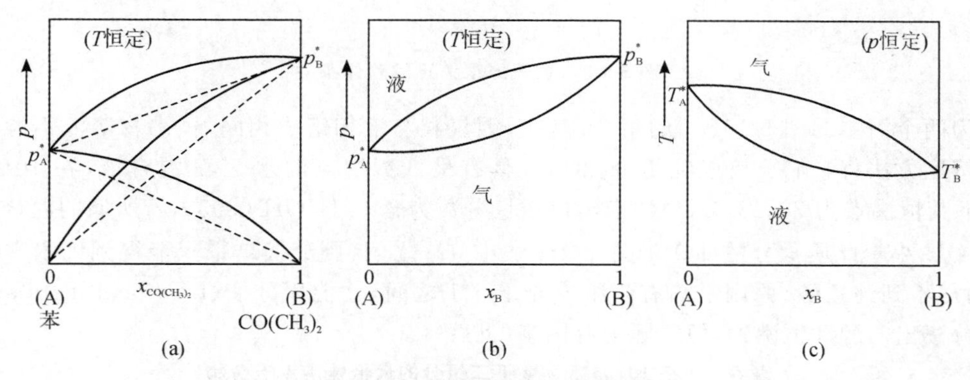

图 5-16　一般的蒸气压正偏差体系

产生负偏差的实际溶液不多，图 5-17(a) 为氯仿-乙醚二组分体系的 p-x 图，其蒸气压产生负偏差。图(b) 为相应的 p-x，y 图，而图(c) 为相应的 T-x，y 图。

第二类：正偏差很大，以致在 p-x，y 图上出现最高点(即极大点)，而 T-x，y 图上出现最低点(即极小点) 的体系。从图 5-18(a) 的蒸气压 — 组成图上可以看出体系发生正偏差并在总蒸气压曲线上出现一个最高点(a，b 图中 H 点)。蒸气压高的溶液在同一压力下其沸点低，相应的在 T-x，y 图中会出现一个最低点(c 图中 E 点)，称为“最低恒沸点”[温度 T'(minimum azotropic point)]，在这点上液相和气相有同样的组成(x')，这一混合物称为“最低恒沸物”(minimum boiling point azotrope)(表 5-4)。属于这类体系的有：水-乙醇、甲醛-苯、乙醇-苯、二硫化碳-丙酮等。

值得注意的是，图 5-18(b) 可认为是由两个简单的图 5-16(b) 组合而成的，而图 5-18(c)

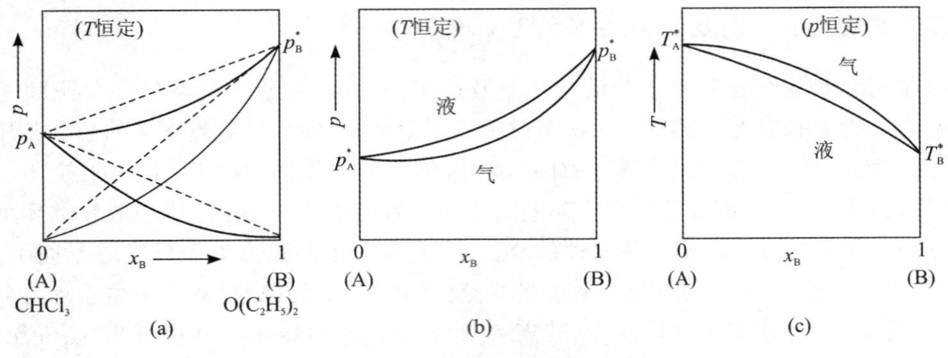

图 5-17　一般的蒸气压负偏差体系

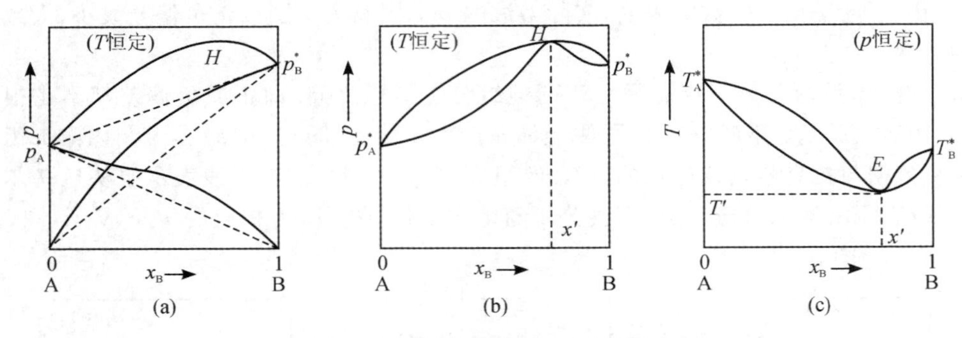

图 5-18　蒸气压很大正偏差体系

可视为两个简单的图 5-16(c) 的组合。其次，因气相与液相组成相同，恒沸物溶液不能用简单的蒸馏方法将它们分离成纯组分。例如，具有最低恒沸点的水-乙醇混合液，在 101.325 kPa 下其恒沸点为 78.13 ℃，恒沸点组成质量分数为含 C_2H_5OH 0.956，若所取的混合液含 C_2H_5OH 小于此质量分数即介于图 5-18(c) 中 $0x'$ 之间，则分馏结果只能得到纯水和恒沸物，而得不到纯乙醇。原则上只有当组成介于 $x'1$ 之间，才能用分馏(fractional distillation)方法分离出乙醇和恒沸物，但实际上有困难(见后)。

表 5-4　在 101.325 kPa 下二组分的最低恒沸点混合物

组分 A，沸点/K	组分 B，沸点/K	恒沸点/K	恒沸点组成($\omega_B\times100$)
H_2O，373.16	$CHCl_3$，334.2	329.12	97.2
H_2O，373.16	C_2H_5OH，351.46	351.29	95.6
$CHCl_3$，334.2	CH_3OH，337.7	326.43	12.6

第三类，负偏差很大，使得 p-x 图与 p-x，y 图上出现最低点，而 T-x，y 图上出现最高点的体系。由图 5-19(a) 可知，组成在某一浓度范围内，溶液的总蒸气压发生负偏差且在总蒸气压曲线上出现最低点[(a)、(b) 图中的 F 点]。而蒸气压低时的沸点就高些，故在 T-x，y 图上将出现最高点[图(c) 中的 H 点]，称为“最高恒沸点”[温度 T'(maximum azotropic point)]，在此点上气、液两相组成相同[见图(c) 中 x']，这一混合物称为“最高恒沸物”(maximum boiling point azotrope)(数据见表 5-5)。毫无疑问，此类体系也不能用分馏方法分离成为

两个纯组分。只能是从馏出物中得到一个纯组分和从残留物中得到最高恒沸混合物。属于这一类体系的有氯化氢-水、硝酸-水、氯仿-乙酸甲酯、氯仿-丙酮等。应该指出，恒沸混合物的组成随外压而改变，故恒沸物并非化合物而是混合物。表 5-6 列出了水-氯化氢体系的恒沸混合物组成随压力变化的情况。

表 5-5　在 101.325 kPa 下二组分的最高恒沸点混合物

组分 A，沸点/K	组分 B，沸点/K	恒沸点/K	恒沸点组成（$\omega_B \times 100$）
H_2O，373.16	HCl，253.16	481.58	20.24
CH_3COCH_3，329.5	$CHCl_3$，334.2	337.7	80
$CH_3CO_2CH_3$，330	$CHCl_3$，334.2	337.7	77

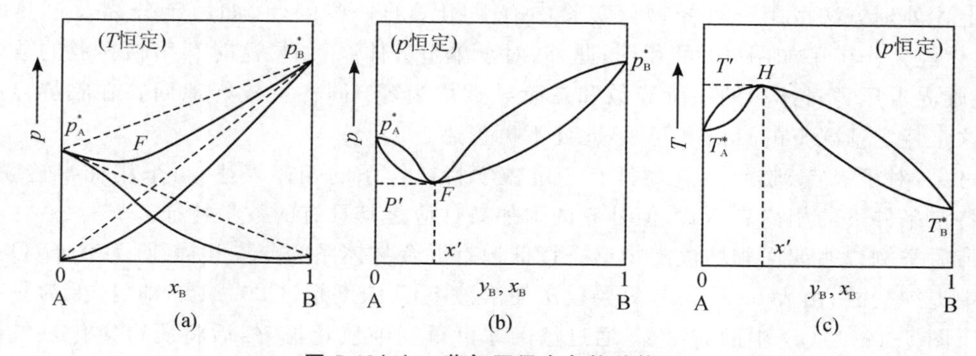

图 5-19(1)　蒸气压很大负偏差体系

表 5-6　H_2O-HCl 体系恒沸点组成随压力变化关系

外压/kPa	102.7	101.3	99.99	98.66	97.32
恒沸点组成（$\omega_{HCl} \times 100$）	20.218	20.242	20.266	20.290	20.314

上述第二、三类相图会在 T-x 图上出现极值点，此时，体系中气相与液相的组成相同，温度亦有定值。按理说，条件自由度 $f^* = 0$，但根据相律得到的条件自由度 $f^* = 1$（$f^* = 2 - 2 + 1 = 1$），与实验结果相矛盾。为了使得理论的结果与实验相一致，现行教科书中的处理方法是引入在极值点两相组成相同这样一个限制条件。这种处理方法似乎合情合理（$f^* = 2 - 2 + 1 - 1 = 0$），但仔细斟酌，却有欠妥之处。一是只有纯物质才具有气液两相组成相同的性质，但是恒沸物的组成却是随体系压力而变化的；二是它也无法反映出恒沸点处真实的数学特征，因为不管是气液两条曲线的相切点［如图 5-19(2)(a)］或相交点［如图 5-19(2)(b)］都能满足两相组成相等这个条件。若单纯从上述观点分析，这两个相图都应该是正确的。但这是违背热力学基本规律的，因为在一定的状态下，其相图是唯一的。

我们认为，严格处理上述问题的方法是引入在极值点处的数学特征作为限制条件，这可以从描述二组分液气平衡体系的下列公式给以说明。

$$\left(\frac{\partial T}{\partial y_B}\right)_p = \frac{(x_B - y_B)\left(\frac{\partial \mu_B^g}{\partial y_B}\right)_{T,p}}{y_A[x_B(S_B^g - S_B^l) + x_A(S_A^g - S_A^l)]}$$

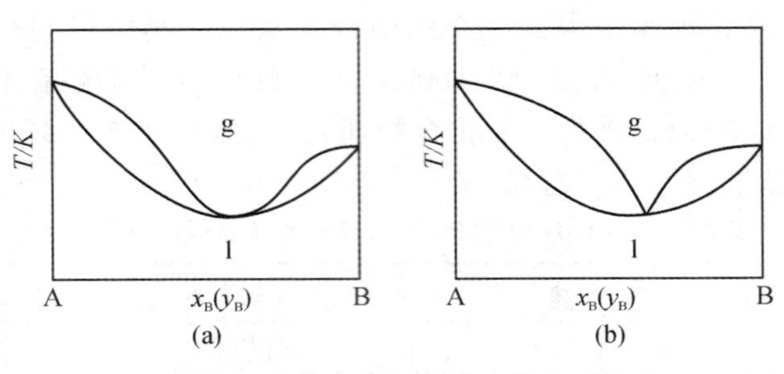

图 5-19(2) 具有最低恒沸点的气-液相图

在图(a)中，$\left(\frac{\partial T}{\partial y_B}\right)_p = 0$，因此，$x_B = y_B$。而图(b)显然是错误的。

上述处理方法可用于解释物化实验中有关相图的一些问题。如由于分馏及过热的存在，学生经常作出了如图(b)的相图；此外，对于单组分体系，如果这时利用临界点的数学特征(在临界点压力对体积的一阶导数和二阶导数均为零)同样可较好地回答在临界点处 $f = 0$ 这个特定情况下的自由度问题，此处不再赘述。

可见，对于极点、临界点这类具有一定数学特征体系的相律表述，可采用如半透膜、刚壁等特定条件下的相律表达式，但补充的附加条件应是其具有的数学特征。

最后举例说明如何利用恒沸物这一特征进行混合物体系的分离和提纯。为在 H_2O-HCl 体系中提纯盐酸，由表 5-5 可知，只要设法使溶液 HCl 浓度超过 20.24% 即可，因为只有组分处于图 5-19(1)(c) 中的右半部，通过精馏才可得到纯氯化氢，然后将所得氯化氢气体通入纯水以获得一定浓度的纯 HCl 溶液。又例如，原则上当乙醇-水体系中含乙醇超过 95.6% 时，可用分馏方法自残留物中获得纯乙醇，实际上因乙醇的沸点与恒沸点温度只有 0.17 K 间隔，难以实现。故目前常采用在 95.6% 酒精中加入适量的苯以得到无水乙醇。由于形成了乙醇-水-苯三元体系，它具有一个三元恒沸点(温度 337.6 K，组成：乙醇 18.5%，水 7.4%，苯 74.1%)。显然它低于乙醇-水的恒沸点(351.2 K)，故先行馏出所有的水，剩下残留液是乙醇-苯的二元体系，具有一最低恒沸点(340.8 K，苯 67.6%)。进一步分馏，则按恒沸混合物组成馏出，剩下残留物就是纯乙醇。

5.3.2 部分互溶与完全不互溶的双液体系

部分互溶双液体系的液液平衡

部分互溶双液体系(two partially miscible liquids)的特点是在一定的温度和浓度范围内由于两种液体的相互溶解度有限而形成两个饱和的液层，即在相图中既有单相区又有双液相区的存在。在单相区，$f^* = 2$(压力恒定)，此时，温度和组成均可独立变化；在双液相区，$f^* = 1$，此时，温度和组成两者中只有一个可独立变化。

从实验上看，当某一组分的量很少时，可溶于另一大量的组分而形成一个不饱和的均相溶液。然而当溶解量达到饱和并超过极限时，就会产生两个饱和溶液层，通常称为“共轭溶液”(conjugate solutions)。根据溶解度随温度变化规律，部分互溶双液体系的温度-组成图(T-ω_B)可分为四种类型,下面分别讨论之。

(1) 具有最高临界溶解温度体系

这类体系的特点是相互溶解度随温度的升高而增加,以致达某一温度时,二饱和液层组成相同,形成了单一的液层。再升温时,无论组成如何,仅有单相区的存在。以图 5-20(a)的"水-酚"为例,当体系处于 t_1(℃)时,向水中加酚,物系点将沿着 t_1 水平线右移(即 $a \to b \to c$ 点)。最初少量酚可全部溶于水,成为均匀的酚在水中的不饱和溶液,继续加入酚,当达饱和后(如图中的 l_1 点),则加入的酚不再溶解,在体系中将形成另一新相 —— 水在酚中的饱和溶液,其组成即为该温度下水在酚中的溶解度。此时,随着酚的加入,物系点由 l_1 向 l_2 移动,但两饱和液层浓度保持不变,只是溶解度(l_1)的富水层量逐渐减少,溶解度(l_2)的富酚层量逐渐增加。当物系点达 l_2 时,富水层消失,此后随着酚的增加而物系点右移(即 $l_2 \to h \to e \to d$),l_2 右侧的物系点又是单一液相,即水在酚中的不饱和溶液相。

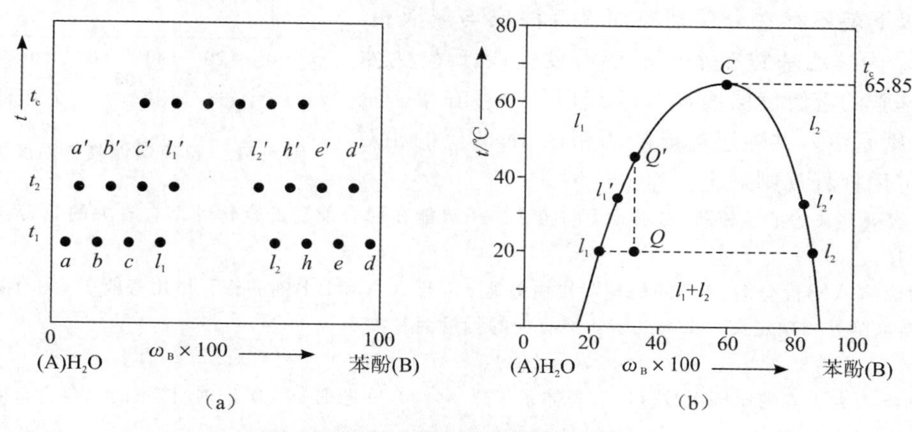

图 5-20　具有最高临界溶解温度体系

由此可见相点 l_1 和 l_2 是一对共轭溶液,它们所对应的浓度分别代表 t_1 温度下酚在水中的溶解度和水在酚中的溶解度。若升温至 t_2,同样,必出现 $a'b'c'l'_1$ 相点代表酚在水中的不饱和溶液相,以及 $l_2'h'e'd'$ 相点代表水在酚中的不饱和溶液相。其中 l'_1 和 l'_2 又是另一对共轭溶液,其对应的浓度分别代表 t_2 温度下酚在水中溶解度以及水在酚中的溶解度。显然 l'_1 的含酚量大于 l_1 的,而 l'_2 的含水量大于 l_2 的,意味着温度升高,溶解度增加。若将表征不同温度下的酚在水中溶解度的相点 l_1,l'_1,l''_1…… 以及相对应的表征水在酚中溶解度的相点 l_2,l'_2,l''_2……联结起来可构成如图 5-20(b) 所示溶解度曲线。左边为酚在水中的溶解度曲线而右边为水在酚中的溶解度曲线。不言而喻,线以外是单一液相区,以内是两相区(记为 $l_1 + l_2$),两相区内共轭相点连线如 $l_1 l_2$,称为"结线"。尽管物系点可以在结线上移动,但两层的组成不变,只是富水层与富酚层这两层质量分数比($\omega_1 : \omega_2$)在满足杠杆规则的条件下变化,如图中两相区内的 Q 点应服从如下等式:

$$\frac{\omega_1}{\omega_2} = \frac{\overline{Ql_2}}{\overline{Ql_1}}$$

从图中还可看出,温度愈高,两共轭层组成愈靠近。当温度升至 t_c 时,共轭层组成会聚于曲线上的最高点 C,此时共轭层组成相同。对应该点的温度 t_c(65.85 ℃)称为水-酚液对的最高临界溶解温度或称“最高会溶点”(maximum consolute temperature)、“上临界点”。在临界温度以上不存在分层现象,全浓度范围内都能互溶形成一液相。临界溶解温度越低,两液体间互溶性越好,故可应用临界溶解温度来量度液对间的互溶性。属于具有最高溶解温度类型的体系,还有异丁醇-水、苯胺-水、正己烷-硝基苯等。

(2) 具有最低临界溶解温度体系

以“水-三乙基胺”为例,其溶解度曲线如图5-21所示,它恰似图5-20的倒映象。容易看出,此两组分液体间的溶解度是随温度的降低而增加,且两共轭层组成逐渐靠近并最终会聚于曲线最低点 C',所对应的温度 $t_{C'}$(18.5 ℃)称为“最低临界溶解温度”或称“最低会溶点”(minimum consolute temperature)、“下临界点”,在此温度以下就不存在分层现象而是互溶成均匀液相。其中 $C'l_1$ 为三乙基胺在水中的溶解度曲线。$C'l_2$ 为水在三乙基胺的溶解度曲线,$l_1C'l_2$ 线以外只存在单一液相,线内则是由两共轭层组成的两相区,而两层的相对量同样可用杠杆规则规定。

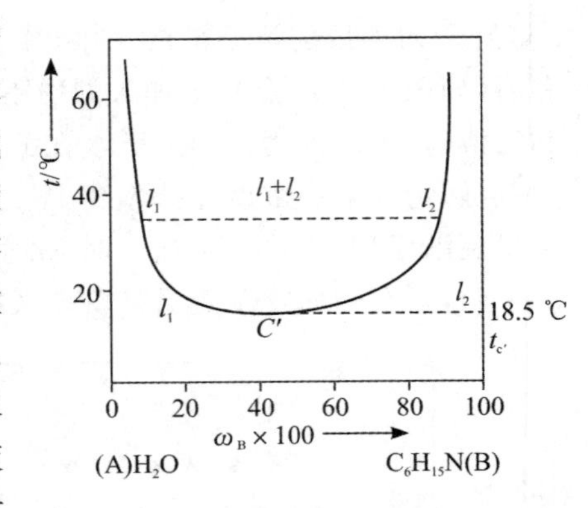

图 5-21 具有最低临界温度体系

关于客观存在的上述相图,可用分子间相互作用势能在混合前后的变化并结合有关的热力学公式定性给予解释。

当两液体A、B混合后,A-B间的相互作用势能 f_{AB} 与A-A和B-B间的相互作用势能 f_{AA} 和 f_{BB} 将不相同(理想溶液除外),现定义一个与三者势能有关的无量纲参数 α

$$\alpha = k(2f_{AB} - f_{AA} - f_{BB})$$

式中,k 为大于零的比例系数。可见,若体系放热,$\alpha < 0$,反之则 $\alpha > 0$。同时,体系的混合吉布斯自由能变化为:

$$\begin{aligned}\Delta_{mix}G &= nRT(x_A\ln a_A + x_B\ln a_B)\\ &= nRT(x_A\ln x_A + x_B\ln x_B + x_A\ln\gamma_A + x_B\ln\gamma_B)\end{aligned} \tag{4-140}$$

根据马居尔公式

$$\ln\gamma_A = \alpha\cdot x_B^2,\ \ln\gamma_B = \alpha\cdot x_A^2 \tag{5-45}$$

将式(5-45)代入式(4-140)得

$$\begin{aligned}\Delta_{mix}G &= nRT(x_A\ln x_A + x_B\ln x_B + \alpha x_A x_B)\\ &= nRT[x_A\ln x_A + (1-x_A)\ln(1-x_A) + \alpha x_A(1-x_A)]\end{aligned} \tag{5-46}$$

从式(5-46)可见,$\Delta_{mix}G$ 与 α 有关,当 α 增大,$\Delta_{mix}G$ 增加,互溶度下降。

可从 $\left(\frac{\Delta_{mix}G}{\partial x_A}\right)=0$,求出相应于最高会溶温度时的 α_{min}。

$$\left(\frac{\partial\Delta_{mix}G}{\partial x_A}\right) = nRT\left[\ln\left(\frac{x_A}{1-x_A}\right) + \alpha(1-2x_A)\right] = 0$$

$$\ln\left(\frac{x_A}{1-x_A}\right) = \alpha(2x_A - 1) \tag{5-47}$$

对式(5-47)两边求导并令 α'(α 的导数) = 0,则

$$\frac{1}{x_A(1-x_A)} = 2\alpha_{min},\ \alpha_{min} = \frac{1}{2x_A(1-x_A)} \tag{5-48}$$

因为 $x_A + x_B = 1$,所以当 $x_A = x_B = \frac{1}{2}$ 时,$x_A\cdot x_B$ 最大,即 $\alpha_{min} = 2$。另外,当 $x_A\to0$ 或 $x_A\to1$ 时,均有

$\alpha \to \infty$，此即对应于 A、B 完全不溶。因此，A、B 部分互溶的区间是 $2 < \alpha < \infty$，并有

$$\alpha = \frac{\ln \dfrac{x_A}{x_B}}{x_A - x_B} = \frac{\ln \dfrac{x_B}{x_A}}{x_B - x_A}$$

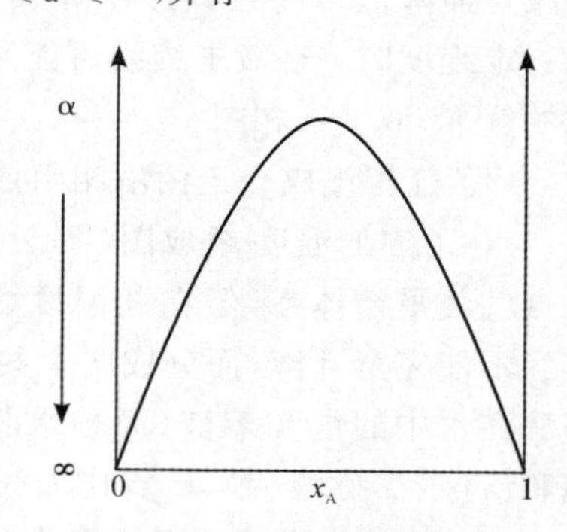

图 5-22　α 值与 A、B 互溶度的关系

可见，在该区间内，一个 α 值均有两个 x_A 值与之对应，即 α 与 x_A 关系将是一个对称的倒置 U 形图（见图 5-22）。

从图 5-22 可见，α 增加，A、B 间互溶度下降，即 f_{AB} 增加造成了相分离程度的加剧。因此，若升高温度，则分子热运动能将抵消 A、B 间的分子间作用力，这相当于减少 α 值。

同样，可用分子间作用力的相对大小来解释有最低会溶温度的双液相图。

对于水溶液体系，低温有利于形成氢键，因此，温度下降，互溶度增加，当温度降到低会溶温度之下，则 A、B 两者完全互溶。对于非水溶液，则可能是 A、B 分子间形成某种弱键络合物，当温度下降，络合物稳定存在，因此，互溶度增加，相反，当温度上升，弱键被破坏，则互溶度减小。

（3）同时具有最高、最低临界溶解温度体系

此类体系以图 5-23(a) 所示的“烟碱(nicotine)-水”体系为例。它酷似由前两类曲线组合而成的环形线。在溶解度曲线的内部是两相区，外部为单相区，高温时溶解度随温度增加，曲线最终会聚于 C 点（$t_C = 208$ ℃），而低温时溶解度随温度降低而增加，曲线最终会聚于另一点 C'（$t'_C = 60.8$ ℃），t_C 和 t'_C 分别称为“最高与最低临界溶解温度”或“最高与最低会溶点”（或“上与下临界点”）。在此二温度之外，两组分液体均能混溶成均匀单相。

（4）不具有临界溶解温度体系

指一对液体在它们成为溶液存在的温度范围内均不具有会溶温度。例如图 5-23(b) 的乙醚和水体系。

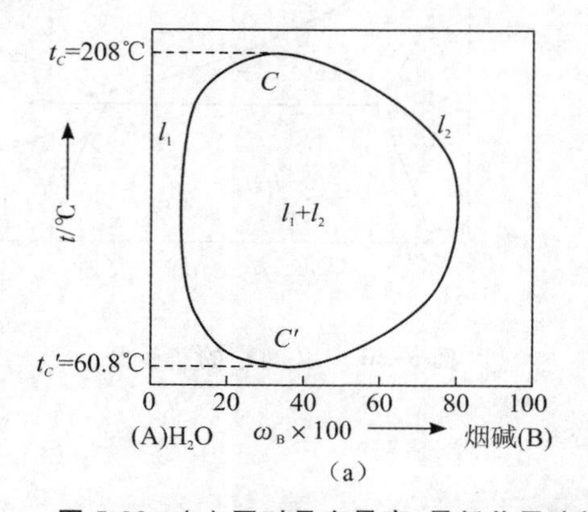

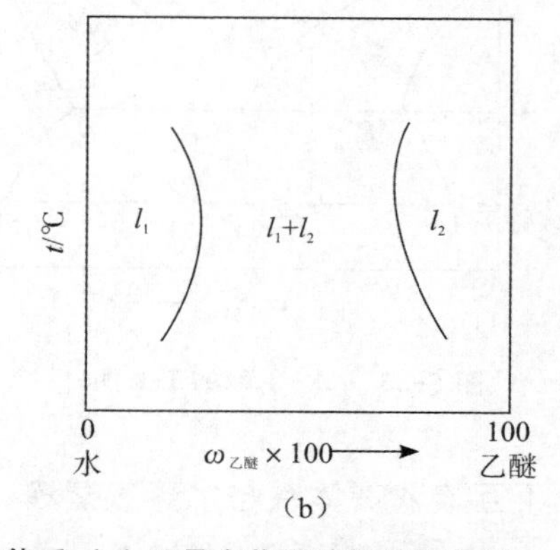

图 5-23　(a) 同时具有最高、最低临界溶解温度体系；(b) 不具有临界溶解温度体系

部分互溶双液体系的气液平衡

如图 5-24，为一恒压下的温度-组成图，上半部高温为最低恒沸点的气-液平衡曲线，下半部（低温）为部分互溶的液-液平衡曲线。然而，当压力改变（降低）时，对液-液平衡影响甚微，即液-液平衡曲线的位置变动不大，但对气-液平衡线的位置不仅明显下降（泡点随压力

的减少而降低),而且其形状亦发生变化。以至于当压力降至一定程度时,气-液平衡线可能和液-液平衡线相交而成特殊的气-液-液平衡相图。

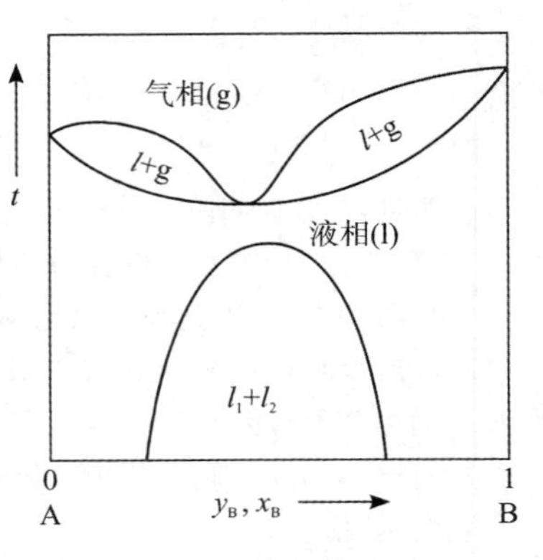

图 5-24 恒压下温度-组成图

(1) 气相组成介于两液相组成之间的体系

水-丁醇的温度-组成图(图 5-25),其上半部如同最低恒沸点气液平衡体系,但在此温度(94 ℃)处,溶液中两组分已经不能完全互溶,而分成两个共轭液相层 M 和 N。M 代表丁醇在水中的饱和溶液(简称水相),N 代表水在丁醇中的饱和溶液(简称醇相),E 点代表气相组成,处于液相组成 M 和 N 之间,故水平线 MEN 即为三相平衡线。即在此线上的各物系点均保持着三相共存。依相律可知,$f^* = C-\Phi+2-n' = 2-3+2-1 = 0$,说明三相线上的物系点的温度(或称共沸温度)和各相的组成不能变化(压力固定 101.352 kPa,温度 $t' = 94$ ℃),直到降低温度,气相(E)消失,进入 $l_1 + l_2$ 的两液相区,此即下半部的部分互溶双液体系。总之,此类犹如羊角的沸点-组成图,可视为两种体系的 T-x 图的特殊组合。各区域相态业已注明,故降温过程物系点(a、b、c、h)的自由度、相数变化情况就无需赘述了。

(2) 气相组成位于两液相组成的同一侧的体系

水和液态 SO_2 的温度-组成(T-ω)如图 5-26,它可视为部分互溶双液体系与一般正偏差气液相图叠加的结果。三相平衡时,气相点 E 位于三相平衡线的一端。

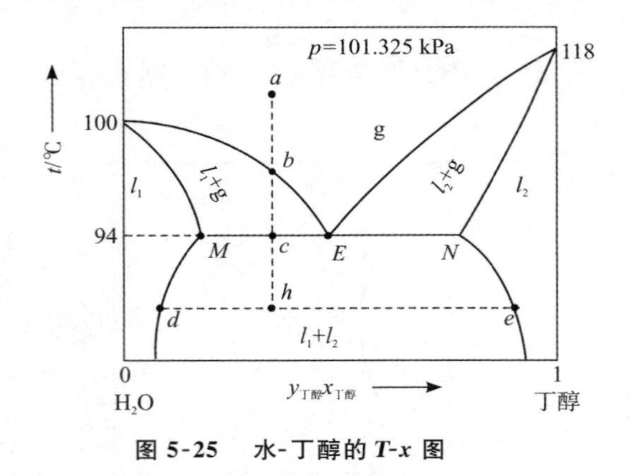

图 5-25 水-丁醇的 T-x 图

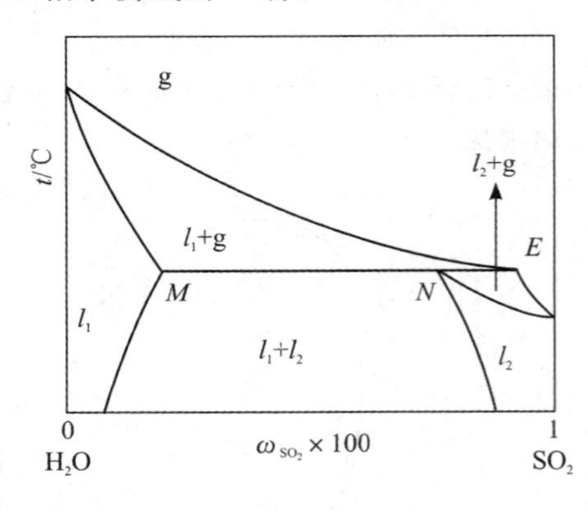

图 5-26 水-SO_2 的 T-ω 图

完全不互溶双液体系与水蒸气蒸馏

部分互溶的极限情况就是完全不互溶(immiscible)。例如,H_2O(A) 和氯苯(B),其相图如图 5-27 所示,图中 A、B 分别代表两互不相溶的纯液体,a、b 是它们的沸点。此图可视为图 5-25 左右端的两相线分别向外扩张至与左右纵坐标重合的结果。当体系中 A、B 液体共存时,因互不相溶,其总蒸气压等于两个纯液体蒸气压之和,$p = p_A^* + p_B^*$,其沸点比纯 A、纯 B 的沸点都低。

实验室或工厂常利用上述特性来提纯一些由于沸点较高而不易(或不能)直接进行蒸

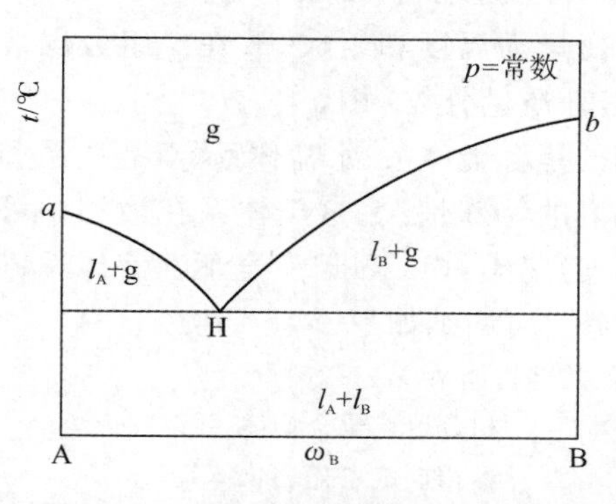

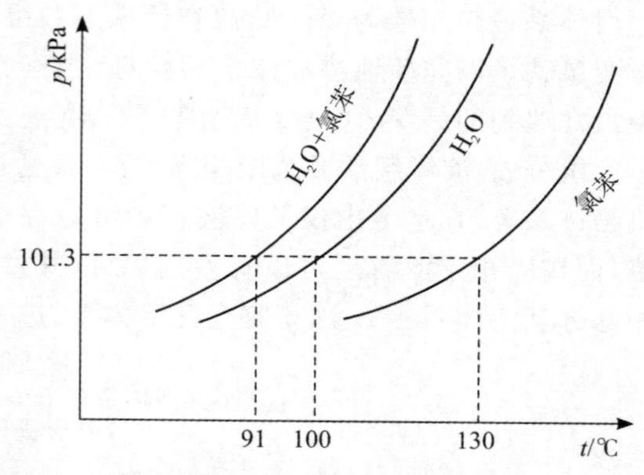

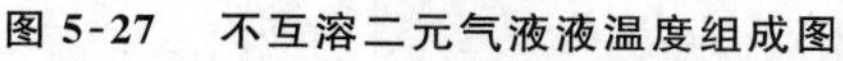

图 5-27　不互溶二元气液液温度组成图　　**图 5-28　不互溶二元体系 *p-T* 图**

馏的有机化合物，也可用于提纯因未达纯组分沸点就已分解而不能用常压蒸馏提纯的有机化合物。自图5-28可知，若把不溶于水的高沸点有机物氯苯和水一起蒸馏，使之在低于两者沸点的温度(91 ℃)下沸腾。馏出物中水和氯苯互不相溶，容易分层从而获得纯氯苯，这种加水气以馏出有机物质的方法称为“水蒸气蒸馏”(steam distillation)。

以下计算水蒸气蒸馏的馏出物中两种组分的质量比，若在混合液沸腾温度下，两组分蒸气压分别是 p_A^* 和 p_B^*。据分压力定义，气相两种物质的分压之比等于其物质的量之比，即

$$\frac{p_A^*}{p_B^*}=\frac{n_A}{n_B}=\frac{\dfrac{m_A}{M_A}}{\dfrac{m_B}{M_B}}=\frac{m_A}{m_B}\times\frac{M_B}{M_A} \tag{5-49}$$

式中 n 是物质的量，m 是某一组分(某一液层)的质量，M 是摩尔质量。若组分A代表水，组分B代表有机物，则式(5-49)可改写成

$$\frac{m_{H_2O}}{m_{有机物}}=\frac{p_{H_2O}^*M_{H_2O}}{p_{有机物}^*M_{有机物}} \tag{5-50}$$

比值$\frac{m_{H_2O}}{m_{有机物}}$常称为有机物在水蒸气蒸馏中的“蒸气消耗系数”，它表示蒸馏出单位质量该有机物所消耗水蒸气的质量。显然，此系数愈小，则水蒸气蒸馏的效率愈高。而且，此效率取决于水和有机相的蒸气压比以及摩尔质量比。

5.4　二组分体系的固-液平衡

5.4.1　形成低共熔物的固相不互溶体系

当所考虑平衡不涉及气相而仅涉及固相和液相时，则体系常称为“凝聚相体系”或“固液体系”。固体和液体的可压缩性甚小，除高压外，压力对平衡性质的影响可忽略不计，即可将压力视为恒量。由相律

$$f^*=C-\Phi+2-n'=2-\Phi+2-1=3-\Phi$$

因体系最少相数为 $\Phi=1$，故在恒压下二组分体系的最多自由度数 $f^{*}=2$，仅需用两个独立变量就足以完整地描述体系的状态。由于常用变量为温度和组成，故在二组分固液体系中最常遇到的是 T-x（温度-摩尔分数）或 T-ω（温度-质量分数）图。

二组分固-液体系涉及范围相当广泛，最常遇到的是合金体系、水盐体系、双盐体系和双有机物体系等。在本节中仅考虑液相中可以完全互溶的特殊情况。这类体系在液相中可以互溶，而在固相中溶解度可以有差别。故以其差异分为三类：(1) 固相完全不互溶体系；(2) 固相部分互溶体系；(3) 固相完全互溶体系。进一步分类可归纳如下：

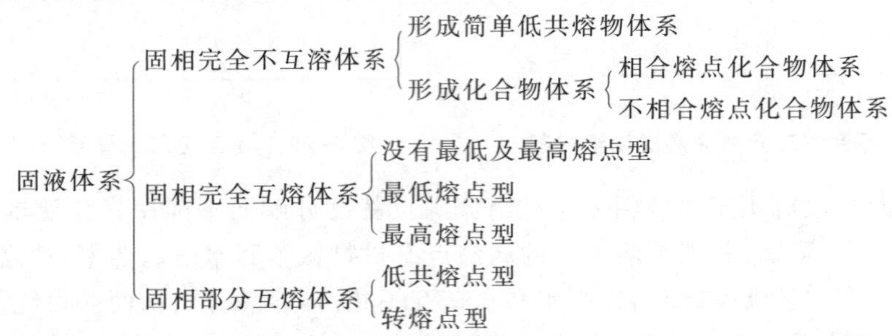

研究固液体系最常用的实验方法为“热分析”法(thermal analysis)及“溶解度”法。本节先在“形成低共熔物(eutectic mixture)的固相不互溶体系”中介绍这两种实验方法，然后再对各种类型相图做一简介。

水盐体系相图与溶解度法

(1) 相图剖析

图 5-29 为根据硫酸铵在不同温度下于水中的溶解度实验数据绘制的水盐体系相图，这种构成相图的方法称为“溶解度法”。纵坐标为温度 t(℃)，横坐标为硫酸铵质量分数(以 ω 表示)。图中 FE 线是冰与盐溶液平衡共存的曲线，它表示水的凝固点随盐的加入而下降的规律，故又称为水的凝固点降低曲线。ME 线是硫酸铵与其饱和溶液平衡共存的曲线，它给出硫酸铵的溶解度随温度变化的规律(在此例中盐溶解度随温度升高而增大)，故称为硫酸铵的溶解曲线。一般盐的熔点甚高，大大超过其饱和溶液的沸点，所以 ME 不可向上任意延伸。FE 线和 ME 线上都满足 $\Phi=2$，$f^{*}=1$，这意味温度和溶液浓度两者之中只有一个可以自由变动。

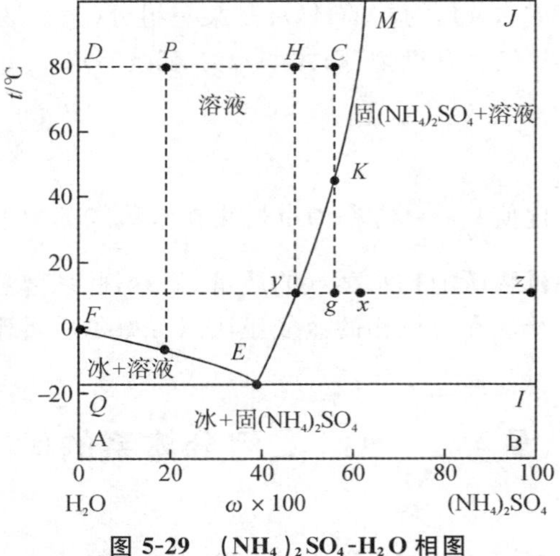

图 5-29 $(NH_4)_2SO_4$-H_2O 相图

FE 线与 ME 线交于 E 点，在此点上必然出现冰、盐和盐溶液三相共存。当 $\Phi=3$ 时，$f^{*}=0$，表明体系的状态处于 E 点时，体系的温度和各相的组成均有固定不变的数值；在此例中，温度为 -18.3 ℃，相应的硫酸铵浓度为 39.8%。换句话说，不管原先盐水溶液的组成如何，温度一旦降至 -18.3 ℃，体系就出现有冰(Q 点表示)、盐(I 点表示) 和盐溶液(E 点表示）的三相平衡共存，连接同处此温度的三个相点构成水平线 QEI，因同时析出冰、盐共晶体，故也称共晶线。此线上各物系点（除两端点 Q 和 I 外）均保持三相共存，体系的温度及三个相的组成固定不变。倘若从此类体系中取走热量，则会结晶出更多的冰和盐，而相点为 E 的溶液的量将逐渐减少直到消失。溶液消失后体系中仅剩下冰和盐两固相，$\Phi = 2, f^* = 1$，温度可继续下降即体系将落入只存在冰和盐两个固相共存的双相区。若从上向下看 E 点的温度是代表冰和盐一起自溶液中析出的温度，可称为“共析点”。反之，若由下往上看 E 点温度是代表冰和盐能够共同熔化的最低温度，可称为“最低共熔点”。溶液 E 凝成的共晶机械混合物，称为“共晶体”或“简单低共熔物”。不同的水盐体系，其低共熔物的总组成以及低共熔点各不相同，表5-7列举几种常见的水盐体系的有关数据。

FE 线和 EM 线的上方区域是均匀的液相区，因 $f^* = 3 - \Phi = 3 - 1 = 2$，故只有同时指定温度和盐溶液浓度两个变量才能确定一个物系点。FQE 是冰-盐溶液两相共存区。$MEIJ$ 是盐与饱和盐溶液两相共存区。在受制约的两相区内 $\Phi = 2, f^* = 1$，只能有一个自由度，即液相的组成随温度而变。而 $QABI$ 为一不受制约的区域，温度及总组成可以任意变动。但因各相组成（纯态）固定，故常选温度为独立变量，即仍 $f^* = 1$。

为确定两相区内某物系点的两相点，可通过该物系点作水平线（即结线）交于两端点，例如 $MEIJ$ 区内的物系点 g 的两个相点就是 y 和 z，y 为浓度约44%的饱和盐溶液相，z 为固相纯盐，两相质量比应遵守杠杆规则，即

$$\frac{m_{液}}{m_{固}} = \frac{\overline{gz}}{\overline{gy}}$$

表5-7　某些盐和水的最低熔点及其组成

盐	最低共熔点/℃	最低共熔物组成 $\omega \times 100$
NaCl	−21.1	23.3
NaBr	−28.0	40.3
NaI	−31.5	39.0
KCl	−10.7	19.7
KBr	−12.6	31.3
KI	−23.0	52.3
$(NH_4)_2SO_4$	−18.3	39.8
$MgSO_4$	−3.9	16.5
Na_2SO_4	−1.1	3.8
KNO_3	−3.0	11.2
$CaCl_2$	−55.0	29.9
$FeCl_3$	−5.5	33.1
NH_4Cl	−15.4	19.7

〔例7〕　试计算200 g含 $(NH_4)_2SO_4$ 60%的溶液冷至10 ℃时（图5-29中的 x 点），各

相中各组分的质量。

〔**解**〕从图 5-29 可知

$$\overline{xz} = 100 - 60 = 40$$
$$\overline{xy} = 60 - 44 = 16$$

根据杠杆规则

$$\frac{m_1}{m_s} = \frac{\overline{xz}}{\overline{xy}} = \frac{200 - m_s}{m_s} = \frac{40}{16}$$

从中解出固相$(NH_4)_2SO_4$ 质量为

$$m_s = \frac{200 \times 16}{56} = 57.1(g)$$

液相质量为

$$m_1 = 200 - 57.1 = 142.9(g)$$

所以，液相中$(NH_4)_2SO_4$ 的质量

$$142.9 \times 44\% = 62.9(g)$$

液相中水的质量为

$$142.9 - 62.9 = 80(g)$$

(2) 相图的应用

水-盐体系的相图可用于盐的分离和提纯，帮助人们有效地选择用结晶法分离提纯盐类的最佳工艺条件，视具体情况可采取降温、蒸发浓缩或加热等各种不同的方法。例如，欲自80℃，20%$(NH_4)_2SO_4$ 溶液中获得纯$(NH_4)_2SO_4$ 晶体应采取哪些操作步骤？

此物系点即图 5-29 中的 P 点，显然，若单纯降温，则进入 FQE 冰-液两相区，无法得到$(NH_4)_2SO_4$ 晶体。因为继续降温，冰不断析出，溶液的组成往 FE 线下滑，至 E 点(－18.3 ℃)出现三相共存。此时体系的温度及溶液的组成均恒定不变，直至全部液相变为固相为止，最终得到的只能是冰和固体$(NH_4)_2SO_4$ 的混合物。由此可见，当溶液的组成落在 ME 线左边时，用单纯降温的方法无法分离出纯粹的盐。唯一可取的途径是先将此溶液蒸发浓缩，使物系点 P 沿水平方向移至 C 点，此时溶液中$(NH_4)_2SO_4$ 含量约达 50%，冷却此溶液到 K 点(约 50 ℃)，溶液已成饱和。若再降低温度，无疑将析出$(NH_4)_2SO_4$ 固体，当温度降至 g 点(10 ℃)，体系中则有组成为 y 的溶液和纯盐共存。若降至 －18.3 ℃ 则整个体系又成三相共存状态，析不出纯盐。故最佳方案是先行浓缩而后降温，但温度又不能降至冰 — 盐共析点，同时，也不必将温度降得太低，因为根据相图分析，10 ℃ 时体系中固相所占的百分率与 0 ℃ 时所占的百分率相差无几，所以一般以冷却至 10 ～ 20 ℃ 为宜。

根据上述原则，就可以利用相图确定$(NH_4)_2SO_4$ 的纯化条件；如 C 点代表粗盐的热溶液组成，先滤去杂质，然后降温，当冷至 50℃ 即 K 点时，便有纯$(NH_4)_2SO_4$ 晶体析出，继续降温，结晶不断增加，至 10 ℃ 时，饱和液浓度相当于 y 点。至此，可将晶体与母液分开，并将母液重新加热到 H 点，再溶入粗$(NH_4)_2SO_4$，适当补充些水分，物系点又自 H 移到 C，然后又过滤、降温、结晶、分离、加热、溶入粗盐 …… 如此使溶液的相点沿 $HCgyH$ 路程循环多次，从而达到粗盐的提纯精制目的。循环次数多少，视母液中杂质浓缩程度对结晶纯度的影响而定。

水-盐相图具有低共熔点特征，可用来创造科学实验上的低温条件。例如，只要把冰和食盐(NaCl)混合，当有少许冰融化成水，又有盐溶入，则三相共存，溶液的浓度将向最低共熔物的组成 E 逼近，同时体系自发地通过冰的熔化耗热而降低温度直至达到最低共熔点。此后，只要冰和盐存在，且三相共存，则此体系就保持最低共熔点温度(−21.1℃)恒定不变。

合金体系相图与“热分析”原理

现以二组分合金体系为例说明绘制相图的另一种实验方法——“热分析”方法的原理。

对于像锑-铅、铋-镉等合金体系及两种化合物(如 KCl-AgCl、C_6H_6-$CHBr_3$)体系，都可以组成形成低共熔物的固相互不相溶体系，以 Sb-Pb 体系为例，其相图如图 5-30 所示，ME、NE 线分别为金属 Sb(即 A)和金属 Pb(即 B)的凝固点曲线，由其斜率可知，各自的熔点都随着第二种组分的增加而降低。由式(4-208)：

$$\ln x_A = -\frac{\Delta_{fus}H_m(A)}{R}\left(\frac{1}{T_{A,f}} - \frac{1}{T^*_{A,f}}\right)$$

$$\ln x_B = -\frac{\Delta_{fus}H_m(B)}{R}\left(\frac{1}{T_{B,f}} - \frac{1}{T^*_{B,f}}\right)$$

其中 x 指某组分的摩尔分数，$\Delta_{fus}H_m$ 指纯组分时的溶解焓变，T_f^* 指纯组分熔点，T_f 为某组分当其摩尔分数为 x 时的熔点。

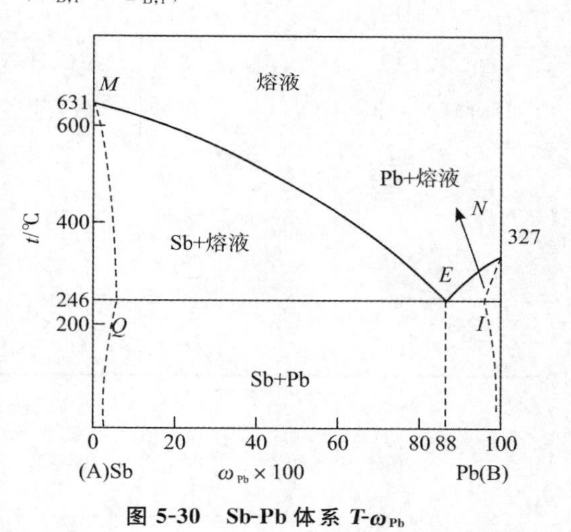

图 5-30　Sb-Pb 体系 T-ω_{Pb}

图中 E 点是两条熔点曲线的交点，在此点上，固态 Sb 和 Pb 以及溶液三态共存，常称为金属 Sb 和 Pb 的“最低共熔点”(eutectic point)。最低共熔点温度为 246 ℃，其质量分数为含 Pb 88%，含 Sb 12%，此溶液所析出之固体混合物称为“共熔合金”(普遍情况下称为“最低共熔物”(eutectic mixture))。显然，MQE 为金属熔液和固体金属 Sb 的两相平衡区。NEI 为熔液和固体金属 Pb 的两相平衡区。水平线 QEI 则为纯固体 Sb、纯固体 Pb 和组成 E 的熔液平衡共存的三相线，此线下面则是纯 Sb 和纯 Pb 的两相区。此类相图能提供制备低熔点合金的方法；如在水银中加入铊(Tl)，能使水银凝固点(−38.9 ℃)降低，通过相图可明断最低只能降到−59℃，若想进一步降低，则需采用更多组分的体系。其他如保险丝，焊锡等低熔点合金均可参照这类相图的实验数据配制。表 5-8 列出一些二组分简单最低共熔型相图体系中低共熔物的熔点与组成(摩尔分数)。

热分析法研究固液平衡体系相图主要是依据体系发生相变时伴随着相变潜热的吸收或放出，导致体系冷却速度的变化，来研究相变过程的规律。由实验数据所绘制的温度(T)与时间(t)的曲线，称为“冷却曲线”(cooling curve)或步冷曲线。由冷却曲线斜率的变化可提供相的产生、消失、和达成相平衡的信息。下面以 Sb-Pb 合金体系为例，讨论绘制冷却曲线及由此确定相应的温度-组成图的方法。

首先配好一定组成的混合物，如含 Pb 量 0.0%、40%、60%、88%、95%、100% 等六个样品，加热使其全部熔解，然后让其缓慢地自行冷却，分别记录每个样品温度随时间变化的数据，作出如图 5-31(a) 的六条步冷曲线。其中样品 ① 是纯 Sb(单组分)。其步冷曲线可分析如下：由恒压下凝聚体系相律表达式可得 $f^* = C - \Phi + 2 - 1 = 1 - \Phi + 1 = 2 - \Phi$。可见，温度若在凝固点以上，则 $\Phi = 1$，$f^* = 1$，体系温度可变化而不影响其单相特征，若仅有降温可得出曲线上部的平滑段。当降温至 Sb 的凝固点(631℃)将有固相析出，固液两相平衡存在 $\Phi = 2$，$f^* = 0$，此时温度应维持不变，这就出现如曲线上所示的平台线段。直到液体全部凝固，体系又变成单一固相，其自由度 $f^* = 1$，温度可以变化，冷却过程可用曲线下部的平滑段表示。同理，曲线 ⑥ 为 Pb 单组分步冷曲线，形状与曲线 ① 类似，差别在于其凝固点较低(327 ℃)，出现平台段较迟。

表 5-8　某些简单低共熔型相图体系

组分 A	A 的熔点 /℃	组分 B	B 的熔点 /℃	低共熔物	
				低共熔点/℃	低共熔物组成 ($x_B \times 100$)
$CHBr_3$	7.5	C_6H_6	5.5	−26	50
$CHCl_3$	−63	$C_6H_5NH_2$	−6	−71	24
苦味酸$(NO_2)C_6H_2OH$	120	三硝基甲苯(TNT)	80	60	64
Sb	630	Pb	326	246	81
Cd	321	Bi	271	144	55
KCl	790	AgCl	451	306	69
Si	1412	Al	657	578	89
Be	1282	Si	1412	1090	32

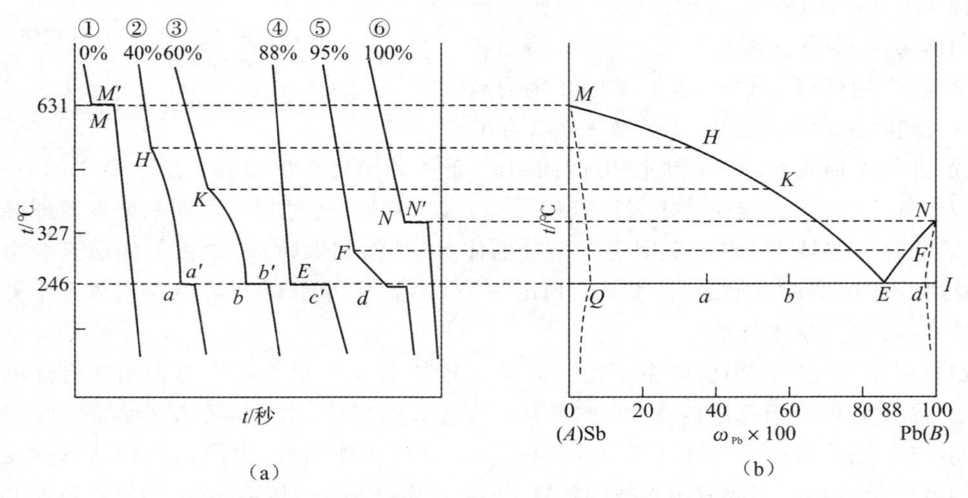

图 5-31　(a)Sb-Pb 体系的步冷曲线；(b)Sb-Pb 体系的 T-ω_{Pb} 图

曲线②为含Pb 40%的二组分体系，$C=2$，依据相律，高温时为熔融液相，温度和组成在一定范围内均可变化而不影响其单相特征。当组成恒定时，温度仍可均匀下降，如曲线的上部平滑线。当温度降至H点时，熔液中的金属Sb达饱和而析出固体Sb，出现了固-液两相平衡，此时，温度仍可不断下降，但平衡液相中Pb浓度不断增加，固体Sb析出并放出凝固潜热，可部分抵偿环境吸走的热，于是冷却速度较前缓慢，出现斜率较小的中间平滑线Ha，步冷线上拐点（或转折点）H的出现意味着新相的产生。若继续降温至最低共熔点温度T_E，则液相中金属Pb亦已饱和，将析出Sb、Pb共晶体，此时三相共存，表明体系与环境虽有温差，但体系通过固相析出量的自动调节维持温度为最低共熔点（246℃）不变。故出现平台段aa'（或称停点）。只有当熔液全部凝固后，体系中仅剩下固体Sb和Pb，即包夹着先前析出Sb晶体的共晶混合物，才能继续降温，这一过程可用a'点以下的平滑线段表示。曲线③、⑤的形状与②类似，不同的只是第一拐点温度高低以及平台线段的长短不同，愈接近低共熔点组成的同量样品，达低共熔点温度时剩余的熔液量愈多，析出低共熔物的时间也愈长，故③的平台线段比②要长，平台段延续的时间常称为“停顿时间”。自然，曲线⑤最终可得包夹着先前析出Pb晶体的共晶混合物。

曲线④形状又独具一格。除上下平滑线外，仅在共熔点处出现平台段。而且都比其他曲线的平台段来得长。其原因是样品组成刚好等于低共熔物的组成，在降温至T_E时并非哪一种金属固体先行析出，而是两种同时析出，成为共晶体即两纯组分微晶组成的机械混合物。此时，体系维持温度不变。

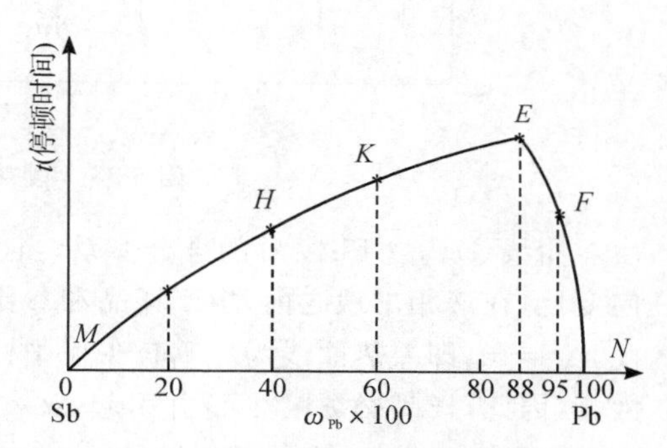

图5-32　步冷曲线平台段停顿时间与组成的关系图

完成不同组成的步冷曲线之后，将各拐点M、H、K、E、F、N及同处水平的三相点（或停点）a、b、E、d，平行地转移到温度－组成图上，连接M、H、K、E即为Sb的凝固点曲线，连接N、F、E即为Pb的凝固点曲线，通过a、b、E、d作水平三相线并分别交于Q和I两点，至此Sb-Pb合金相图完成。

应该指出，前述低共熔物组成（曲线④）往往事先未能得知，需要由实验确定；可利用平台段延续时间（停顿时间）与组成的关系，用内插法求得。如图5-32所示，纵坐标代表停顿时间，横坐标代表Pb的质量分数，分别由M、H、K点连线及N、F点连续交于E点（88%Pb）就是低共熔物的组成。顶点M、N分别代表纯组分Sb和Pb，它们不存在三相点，其步冷曲线在此温度下没有停顿时间，不出现平台段。

以上介绍的是绘制二组分合金相图的“冷却曲线”法。该方法的特点是：(1) 所用样品量一般较多（数十克以上），否则相变转折点不明显；(2) 降温速率要足够小，否则将造成当凝固潜热较小时，无法补偿环境吸走的热，从而造成转折点无法准确确定。下面介绍另一种同属热分析法，但却不受上述两条件所限的实验方法——差热分析法（differential thermal analysis）。

与冷却曲线法相比，差热分析法至少有如下优点：(1) 所用样品量很少（一般几十毫克便足够了），在节约样品和能源的同时，也减少了环境污染；(2) 适用于相变潜热较小或相变过程缓慢的体系；(3) 受环境影响小，灵敏度高，重现性好；(4) 可采用加热曲线确定相转变点温度。现仍为 Sb-Pb 合金体系为例，讨论由差热曲线绘制温度 — 组成图的原理和方法。

与冷却曲线不同，差热曲线表示的是所测样品与参比物之间温差随时间的变化关系，当升温速率恒定时，温度与时间可相互换算，因此，差热曲线也可用温差与温度表示。图 5-33 即为一些已知组成 Sb-Pb 的合金体系在相同升温速率下的差热曲线。

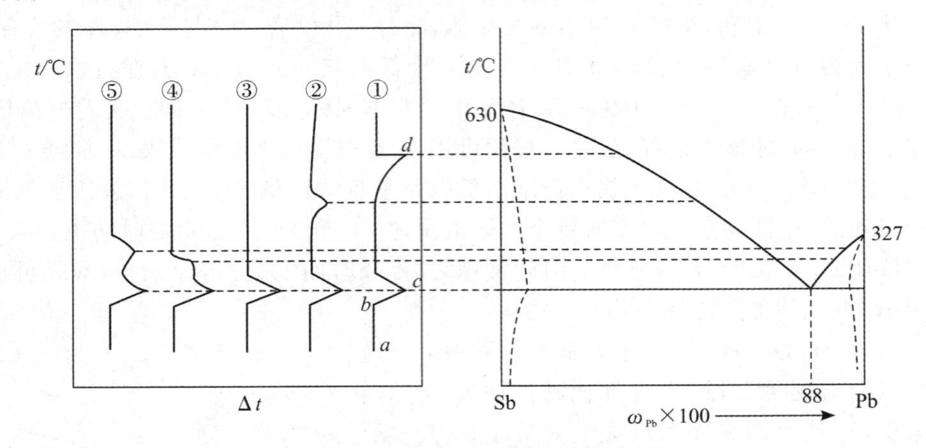

图 5-33　差热曲线法绘制 Sb-Pb 相图

曲线 ① 为含 Pb40% 的合金体系，当以一定的升温速率对体系加热时，差热曲线沿 ab 方向变化，在液相出现之前，由于样品和参比物处于同样的温度下且样品没有相变热产生，因此，$\Delta t = 0$，即差热曲线为一垂直于横坐标的直线。至 b 点时，由于两固相按一定比例熔化成液相，因此，样品必须吸热 Q 并引起 $\Delta t < 0$，这时反映在差热曲线上的变化是直线朝右偏移（朝右吸热，$\Delta t < 0$，反之，朝左放热 $\Delta t > 0$），从 b 点位置可确定低共熔点温度。当体系中的固体 Pb 全部熔化后，则差热曲线往左回探后又逐渐往右偏移，这是因为体系中的固相 Sb 随温度的升高也在不断熔化。因此，差热曲线往吸热方向偏移。当差热曲线偏移到 d 点时，体系中固相 Sb 的残量已微不足道，当温度再稍许升高，固相彻底消失，体系进入单一液相区，因此，从 d 点可确定转折点的温度。曲线 ②、③、④、⑤ 与 ① 类似，不同的是曲线 ③ 的组成刚好是低共熔组成，因此只有一个吸热谷。而曲线(4) 的组成与低共熔组成很接近，因此，差热曲线出现两个吸热谷无法完全分开的包容现象。

将五条差热曲线的低共熔点温度及各转折点的温度平行地转移到温度 — 组成图上，同时结合纯 Sb，纯 Pb 的熔点（可从一般手册得到，也可从实验上测定），便可绘制完整的相图。

5.4.2　形成化合物的固相不互溶体系

在二组分固-液体系中，在有些情况下两组分能按一定比例相互反应生成相合熔点或不相合熔点的化合物。此类相图表面上虽较复杂，但认真剖析，无非是前类相图的组合罢了。

形成相合熔点化合物体系

如图 5-34，若 A、B 二组分按 1 : 1 摩尔比形成 AB 化合物，其相图可以认为由两个形成简单低共熔物体系所构成。一个是A-AB体系，另一个是B-AB体系。前者的低共熔点用E_1，而后者的低共熔点用E_2表示。AB既为一化合物，其步冷曲线就如纯物质一样只有一个平台段，此化合物加热到熔点(t_D)前其组成稳定不变，而在熔化时平衡液相的组成与化合物的组成是一致的，故D点称为化合物的"相合熔点"(congruent melting point)或"一致熔点"，而这类化合物称为"相合熔点化合物"。各区域的相态已标于图上，各区、线和点的意义不辩自明。CuCl与$FeCl_3$构成此类相图，如图5-35所示，图中C指相合熔点化合物。当然组成比亦可1∶2、1∶3等，其相应的化合物则为AB_2、AB_3等。不过CD线相应的位置不同而已。

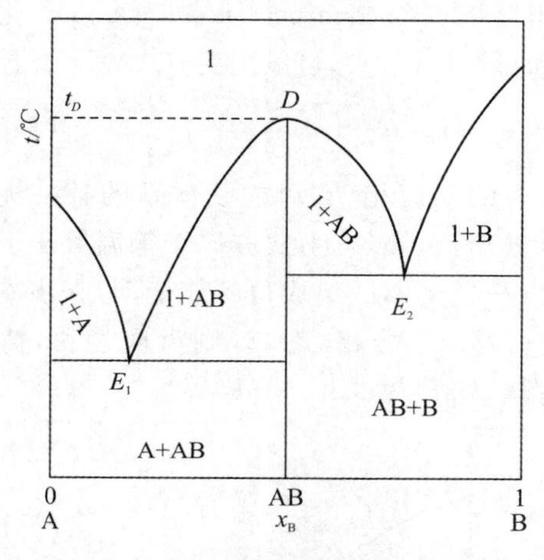

图 5-34 形成相合熔点化合物体系相图

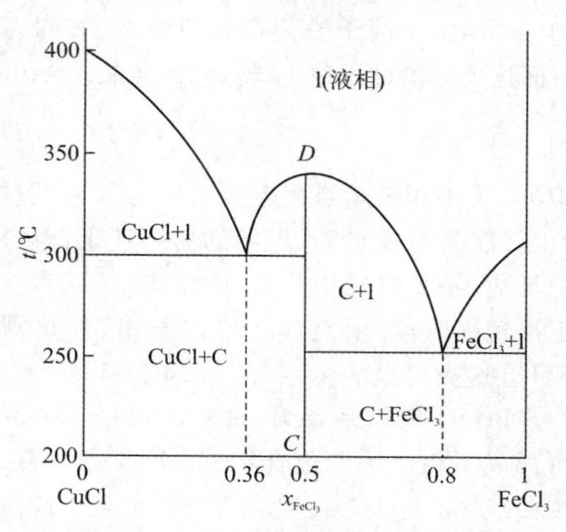

图 5-35 CuCl-$FeCl_3$相图(C代表CuCl·$FeCl_3$)

某些情况下A、B二组分之间可形成多种相合熔点化合物，这类相图可认为是由好几个简单的低共熔混合物相图合并而成。譬如，水跟无机盐或无机酸可生成多种稳定的含结晶水的化合物，图5-36为H_2O-H_2SO_4体系相图，H_2O和H_2SO_4能形成三种水合物：$H_2SO_4\cdot 4H_2O$，其结晶温度为−25.8 ℃，质量分数ω(H_2SO_4)为57.6%；$H_2SO_4\cdot 2H_2O$，其结晶温度为−39.6 ℃，质量分数ω(H_2SO_4)为73%；$H_2SO_4\cdot H_2O$，其结晶温度为8.3 ℃，质量分数ω(H_2SO_4)为84.3%。可以将此图看成是由四个简单的二组分相图组成，它共有三种硫酸的水合物和四个最低共熔点(E_1、E_2、E_3、E_4)。若要获得某一种水合物，则必须控制溶液浓度及温度于一定范围内，例如控制浓度在E_2、E_3之间和合适温度使体系状态落于A_2B+l区内就可以结晶出$H_2SO_4\cdot 2H_2O$固体。根据此图，还可以确定各种商品硫酸在不同温度下应具有怎样的浓度，才能够避免在运输和贮藏过程中不致冷冻结晶。由图中可以看出：98%的浓硫酸的结

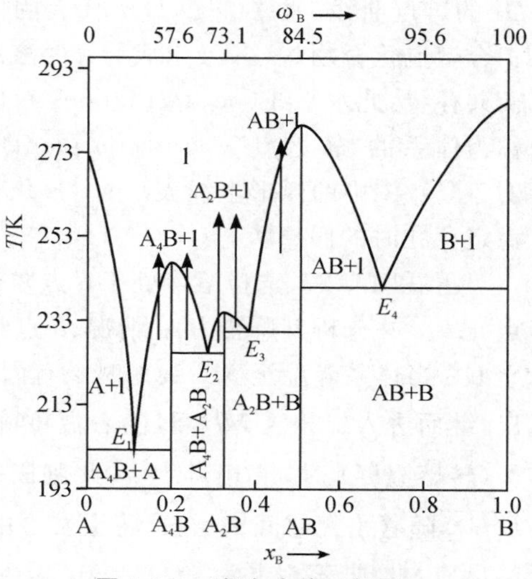

图 5-36 硫酸-水体系相图

A_4B-$H_2SO_4\cdot 4H_2O$

A_2B-$H_2SO_4\cdot 2H_2O$

AB-$H_2SO_4\cdot H_2O$

晶温度为 0.1 ℃，在冬季这种硫酸难免冻结。为此，可选择在最低共熔点附近，例如改为 92.5% 的硫酸（E_4 为 93.3%）。它的凝固点则约为 −35 ℃，这样在运输和贮藏过程中可避免冻结。

能形成相合熔点化合物的体系还有很多，如 Fe_2Cl_6-H_2O、H_2O-NaI、Au-Fe、CuCl-KCl 等。

形成不相合熔点化合物体系

有的体系在两组分之间形成的化合物在温度未达其熔点时，就已分解成为另一个新的固相和一个组成不同于原化合物的溶液。故称为“不相合熔点(incongruent melting point) 化合物”，而这类分解过程称为“转熔(或转晶)(peritectic reaction) 反应”，可以用反应式表示如下：

$$D'(\text{固}) \xrightleftharpoons[\text{冷却}]{\text{加热}} D_1(\text{固}) + d(\text{液}) \tag{5-51}$$

式中 D' 为不相合熔点化合物，D_1 为分解反应后生成的新固相（它可能是体系的某一纯组分，也可能是组成与 D' 不同的另一种化合物），d 为转熔液。当然，上式亦属于等温等压下的可逆反应，平衡时三相共存，依相律 $f^* = 3 - \Phi = 3 - 3 = 0$，故组成也不能变动，在步冷曲线上出现平台段。由反应式可以看出，加热则反应右移，D' 分解。冷却，则反应左移，生成 D'。具有这类特点的体系有 Na_2SO_4-H_2O、SiO_2-Al_2O_3、CaF_2-$CaCl_2$、Na-K 等。

现以 Na-K 体系为例。如图 5-37 所示，Na 与 K 可形成不相合熔点化合物 Na_2K，以 D' 表示。图中曲线 Md 代表 Na 的熔点曲线。曲线 NE 代表 K 的熔点曲线。曲线 dE 代表不相合熔点化合物 D' 的熔点曲线。水平线 $D_1D'd$ 代表固体 Na、不相合熔点化合物 Na_2K 及组成为 d 的溶液三相平衡共存线，此水平线(peritectic line) 对应的温度称为体系的“转熔点”(peritectic point)（如图中的 7 ℃）。图中的弧形虚线表示 Na_2K 化合物若能稳定存在时的假想状态。

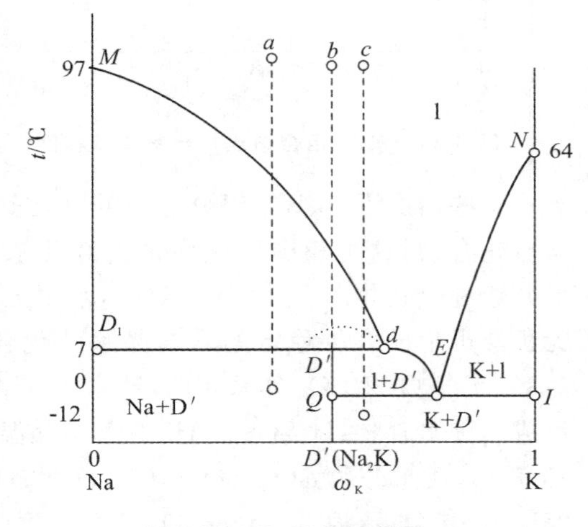

图 5-37　Na-K 体系相图

再看图 5-37，选择溶液处于 d 点左侧的物系点 a、b、c 并分析其降温相变情况：b 点组成类同于 D'，当体系降温至 Md 线上时必有固体 Na 析出，继而进入二相区 MD_1d，随着温度降低，析出的 Na 增多，溶液相点沿 Md 移动。刚达 7 ℃(转熔温度）时，液相点为 d，此刻固体 Na 与溶液相的质量分数比是 $\omega_{Na} : \omega_{液} = \overline{D'd} : \overline{D'D_1}$，随着平衡时间的增长，将会发生由固体 Na 与 d 熔液凝固成不相合熔点化合物 Na_2K 的反应，此时三相共存，$f^* = 0$，温度不变。当 Na 与熔液 d 的数量正好全部转变为 $Na_2K(D')$ 之后，体系中仅有一相(Na_2K) 存在，$f^* = C - \Phi + 1 = 1 - 1 + 1 = 1$，温度又可均匀下降。须指出，Na 与熔液相在转熔点的反应是在固相 Na 表面进行，故生成的不相合熔点化合物 $D'(Na_2K)$ 常包裹在晶粒 Na 表面，阻止了固相 Na 进一步反应，于是，所得到并非纯 D'，而是内核为 Na 的混晶，这种现象称为“包晶现象”，包晶的产生过程如图 5-38 所示。

a 点物系降温至 Md 线上时，同样先析出纯 Na，随之进入二相区，当降至 7 ℃ 时发生

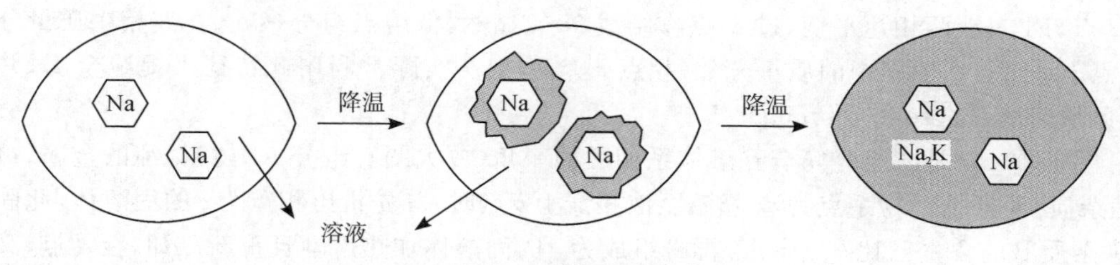

图 5-38　包晶的产生过程

转熔反应，自然有 Na_2K 生成。因为 a 点物系含 Na 量比 D' 中含 Na 量来得多，这样转熔反应进行到 d 液耗尽时，仍有固体 Na 剩余，就形成了固体 Na 与固体 Na_2K 两相共存的局面（即 $Na + D'$），因为没有凝固热的放出，降温速度加快。

c 点物系开始降温时的相变化如同前两点。只是由于其组成较 D' 的含 Na 量少，故降温至 7 ℃ 以下，转熔反应进行至固体 Na 耗尽后剩余的是溶液 d，形成了 Na_2K 与溶液两相共存区（即 $D' + l$）。此刻 $f^* = 1$（温度或组成其中一个可变），又可均匀降温，并不断析出 D'，同时熔液相点沿曲线 dE 下滑，至 −12 ℃ 时，开始析出由 K 的细晶和 Na_2K 的细晶组成的低共熔物，此刻固体 K、固体 Na_2K 及相点为 E 的熔液三相共存（$f^* = 0$）。若体系继续放热至熔融液全部凝固之后，只剩下二个固相（$D' + K$）共存，此时体系可以继续降温。

5.4.3　固相完全互溶体系

原子半径或离子半径相近，化学组成相似且晶格类型相同（同晶）的两种物质，在液相和固相中均能以任何比例完全互溶，称之为“固态溶液”或“固溶体”。固溶体按结构又分为两类：一类称为“取代式固溶体”，如 Cu-Ni 合金体系，二组分原子可以互相取代晶格的位置。另一类称为“嵌入式固溶体”，如碳-镍体系，其中一组分（Ni）晶体结构的空隙中嵌入原子半径比较小的另一组分原子（C）。

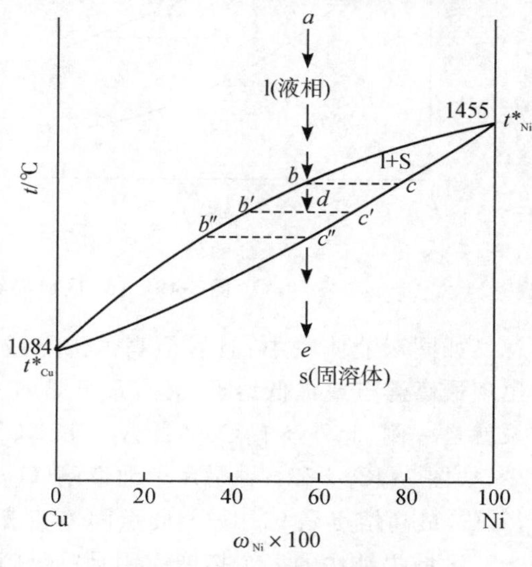

图 5-39　Cu-Ni 体系相图

固溶体体系相图与双液完全互溶体系中气-液平衡相图类似，体系最多只有液、固两相共存，其中固相为固溶体，体系中仅有液、固两个单相区和一个双相区。而在双相区中 $f^* = C - \Phi + 1 = 2 - 2 + 1 = 1$，不是零，故步冷曲线不会出现平台线段。图 5-39 为 Cu-Ni 体系相图，左右两端点 t^*_{Cu} 和 t^*_{Ni} 分别为 Cu 和 Ni 的熔点，混合物熔点总是处在两金属熔点之间。上方曲线为液相线（即凝固点曲线），在它以上区域为液相区。下方曲线是固相线（即熔点曲线），在它以下区域为固溶体的固相区。两曲线之间为固-液两相平衡区。分析图中物系点 a 降温情况可知，当降至 b 点温度时开始析出组成为 c 点的固溶体，随着温度的下降，液相组成沿 $bb'b''$ 线下降，固相组成则沿 $cc'c''$ 线下降。若进入二相区内

如 d 点，固－液两相达平衡，过 d 点作结线 $b'c'$，显然，低熔点组分(Cu) 在液相中质量分数(相点 b') 比它在固相中的质量分数(相点 c') 大，生产实际常利用此特征来提纯金属，并建立"区域熔炼法"(zone refining)。

图 5-40(a) 是二组分完全互溶体系相图的一角(放大图)。组分 A 是待提纯的金属，组分 B 是杂质。若开始时物系点为 a，降温至液相线上 b 点时，首先析出相点为 c 的固溶体，此固溶体中杂质 B 的含量已比 b 点少。若再将组成为 c 的固溶体加热熔融且重新冷却，至 d 点，又使析出相点为 e 的固溶体中杂质含量比 c 点少，重复上述手续，原则上固态相点可不断往左上角端点移动，而能达到提炼出纯 A 的目的。

"区域提纯法"是一种利用杂质在液相和固相中的溶解度不同以制备高纯度金属的方法。操作方法可简述如下：将待提纯的金属铸成长锭，放在管式高温炉中[图 5-40(b)]。套上一个可以匀速移动的加热环，加热环移到之处，加热区的一小段金属锭就被加热熔融，而环离开之后，又将重新凝固。如把环先放在最左端，使左端金属熔化。当右移时，左端金属凝结，凝出的固相所含杂质浓度比原来的小，而液相中杂质浓度有所提高，随着环的右移，富集了的杂质也右移，加热环移到最右端之后重新送回最左端，再次重复同样的手续，杂质 B 就逐步富集在右端。切去右端，可在左端得到高纯度金属 A。这是指杂质熔点比待提纯金属熔点低的情况，反之，则在左端留下杂质。

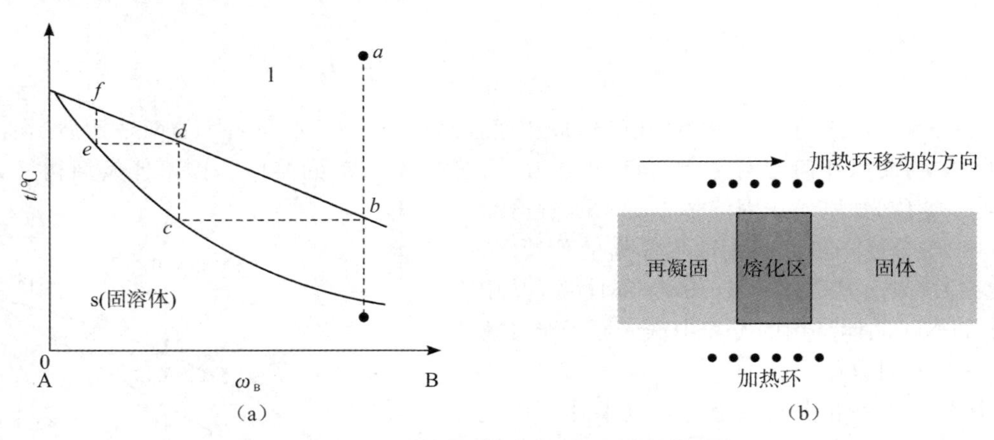

图 5-40 (a) 区域提纯原理图；(b) 区域提纯示意图

如同双液体系中，具有最高恒沸点或最低恒沸点一样，在完全互溶固溶体系中也可能出现最高熔点或最低熔点。具有最低熔点型相图较多，如图 5-41 的 $HgBr_2$-HgI_2 二组分体系就是一例，此外还有 Cu-Au、Ag-Sb、KCl-KBr、Na_2CO_3-K_2CO_3 等。具有最高熔点型相图甚少，如图 5-42，d-和 l-香旱芹子油逢酮($C_{10}H_{14}NOH$) 是稀有的例子，两个纯组分的熔点都是 72 ℃，最高熔点是 91.4 ℃，此点固体和液体有相同的成分。

区域提纯法的一个拓展应用是"区域均化"(zone levelling) 或"区域掺杂"，目的是在某纯组分中引入可控制量的杂质。其工艺是：将掺杂物置于待掺物的两端，将其熔化，同时反复交替移动加热环，最后可得到均匀的掺杂。

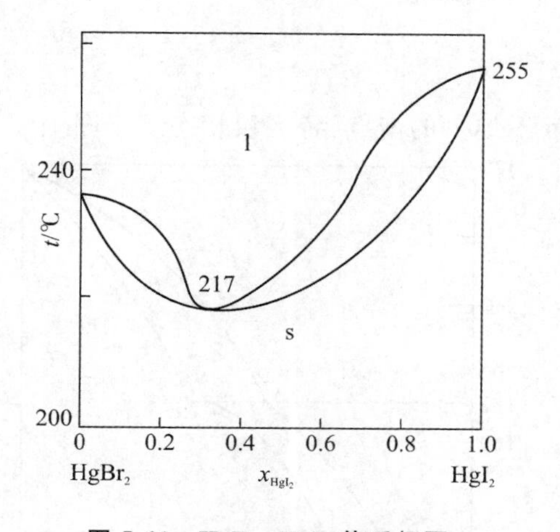

图 5-41　$HgBr_2$-HgI_2 体系相图

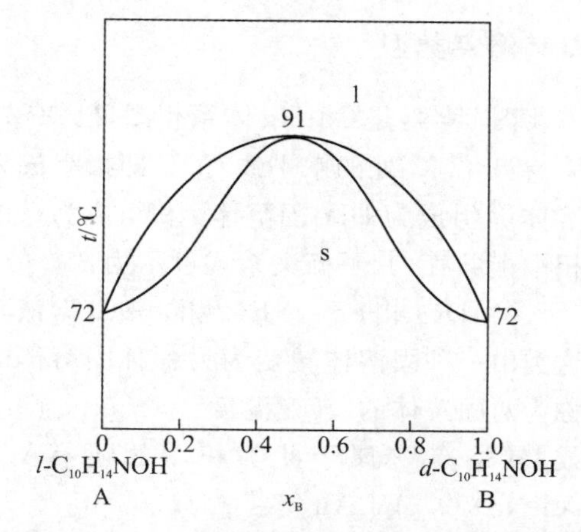

图 5-42　l-$C_{10}H_{14}NOH$、d-$C_{10}H_{14}NOH$ 体系相图

5.4.4　固相部分互溶体系

有些体系中二组分在固相时既非完全不互溶，也不是完全互溶，而是部分互溶。这往往是一个组分的半径较小，恰好填入含量较多组分的晶格间隙中，即在局限浓度范围内相互溶解，故称为"部分互溶型固溶体"或"间隙固溶体"。部分互溶体系相图，主要分为"低共熔点型"和"转熔点型"两种。

低共熔点类型

典型相图如同图 5-43 的 Sn-Pb 合金体系，这种羊角状的图形并不陌生，它酷似双液部分互溶的气-液平衡相图。两角点 M、N 分别为 Sn、Pb 的熔点，而熔点以下的左右端区域分别为 Pb 溶于 Sn 中的固溶体（以 α 表示）以及 Sn 溶于 Pb 中的固溶体（以 β 表示）。MQ、NI 分别为 α、β 固溶体的熔点曲线，而 ME、NE 分别为 α、β 固溶体的凝固曲线，其交点 E 就是"低共熔点"（这里少"简单"两个字，即意为非两纯物质的最低共熔点）。QEI 水平线系指组成为 Q 点的 α 相，组成为 I 的 β 相和熔融液 E 的三相平衡共存线。各相区的相态在图中已注明，不必赘述。现仅分析物系点 a 降温过程的相变情况：当原来处于液相区的 a 点降温至 b 点时，开始析出组成为 h 的 β 固溶体。若进入二相区 c 点，则由组成为 J 的熔液相与组成为 k 的 β 固溶体达两相平衡，继续降温至 d 点，又将出现 α 固溶体，而与之平衡的熔融液组成为 E，从而达三相平衡，$f^* = 0$，体系温度及各相组成都恒定不变。直到熔融液 E 全部凝固后进入两相区 $\Phi = 2$，$f^* = 1$，方可均匀降温，最后达 f 点，此即由组成为 x 的 α 相与组成为 y 的 β 相两相共存的体系。

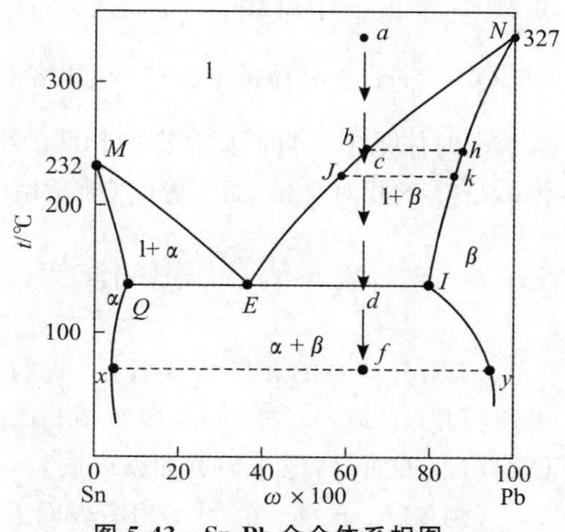

图 5-43　Sn-Pb 合金体系相图

属于"低共熔点类型"的相图，还有 Ag-Cu、Pb-Sb、AgCl-CuCl、KNO_3-$NaNO_3$ 等。

转熔点类型

图 5-44,是Cd-Hg体系相图,已知M、N分别为Hg、Cd的熔点,各区域相态已于图中注明。在182 ℃处的水平线CDE即指组成为E的固溶体β,组成为D的固溶体α和组成为C的熔液三相平衡共存,其平衡关系式可示为:

$$\text{D}(\alpha\ 相) \rightleftharpoons \text{E}(\beta\ 相) + \text{C}(熔液) \quad (5\text{-}52)$$

这类由一种固溶体转变为另一种固溶体的温度就称为两固溶体的"转变温度"(peritectic temperature)或"转熔点"。属于此类相图的还有AgCl-LiCl、Ag-$NaNO_3$、Fe-Au等。

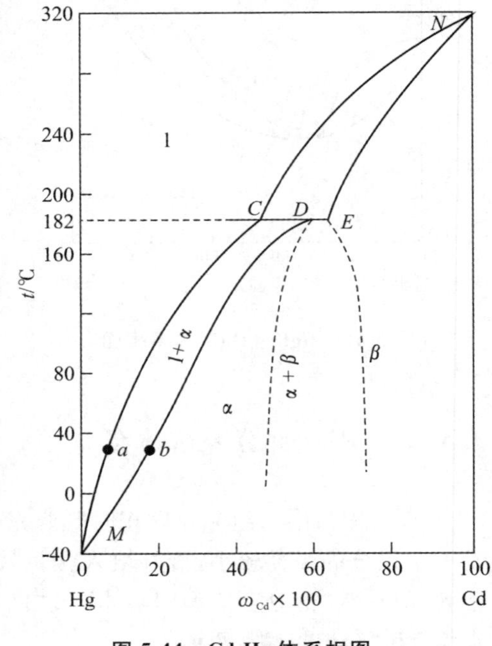

图 5-44　Cd-Hg体系相图

图 5-44还可提供一个重要信息:即为何在镉标准电池中镉汞齐电极的浓度可以保持一定的比例。由该图明显看出:常温下,若汞齐中Cd的含量小于5%(如图中的a点),此时,体系为液相,若Cd的含量大于14%(如图中b点),则体系为单相固溶体。而当汞齐中Cd的含量介于5%～14%之间,(即组成落于$a \rightarrow b$范围内)体系由液相(饱和溶液a)和α固溶体(组成为b的镉汞齐)两相平衡共存。标准电池中常用含Cd12.5%的汞齐与含$CdSO_4 \cdot \frac{8}{3}H_2O$晶体的$CdSO_4$饱和溶液作为负极。由杠杆规则可知,在此浓度范围内,充电或放电时体系中Cd的总量(即两相区的组成点)的微小变化只会影响液相(饱和溶液)和固溶体(汞齐)的相对含量,而不影响它们的浓度。各相组成既然不变,便可得到相对稳定的电势。

5.4.5　二组分体系相图的演变与组合

二组分体系的相图各式各样。我们只介绍了一些基本类型的相图。当然远非穷尽也不可能穷尽。但是,如果我们掌握典型相图并建立起相图的演变与组合的观点,对任何复杂相图都将迎刃而解。现在举例加以说明。

〔例 8〕　下列三个T-x相图表面上看是不同的。

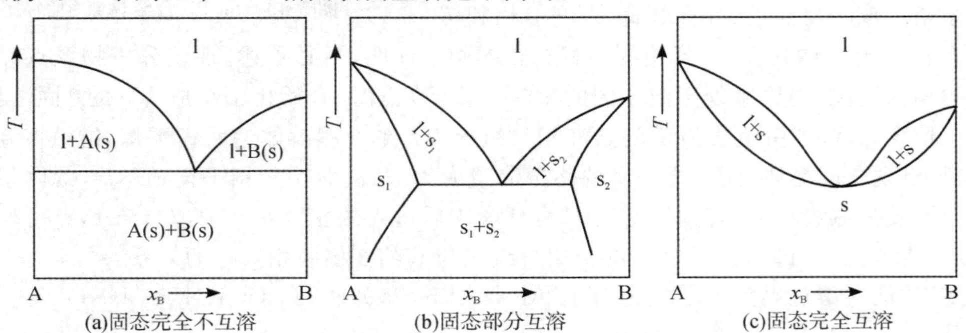

图 5-45　二组分体系相图的演变

如果我们从演变的观点进行分析就会发现，这三个相图是随着固态溶液的改变而表现出的不同形式。从最基本的(a) 图到最终的(c) 图可看成是由固态完全不互溶而逐渐向固态完全互溶的演变。或者可将(a) 和(c) 图看成是(b) 图的两个极限情况。当A和B在固态完全不互溶时(b) 就变成(a)。在演变过程中，(b) 图中三相平衡的固溶体的组成差别将变大，最后变成两个纯物质A和B的固相(相当于将三相平衡线往两端拉伸至A、B)。当A，B在固态的互溶度增加时，三相平衡中的两固溶体(s_1，s_2) 的组成就逐渐接近，最后变得完全相同，从而在相图上表现为收缩成(c) 图了(相当于三相平衡线的两端点往中间压缩)。因此，这三个相图中的任一个可看成是由另一个演变而成的。相图的这种演变反映了两组分固态结构与性质上的差异的演变。

〔例 9〕　对比下列 T-x 相图。

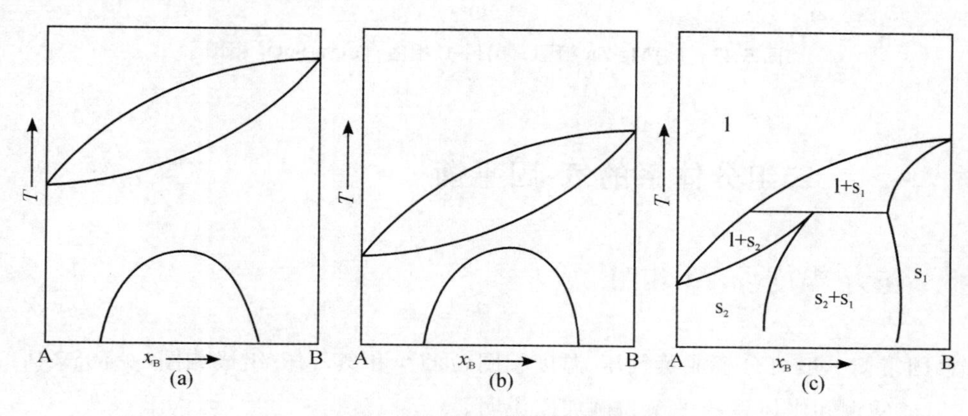

图 5-46　二组分体系相图的演变

不难看出，(a)、(b)、(c) 三个相图的演变关系。或者可将相图(c) 看成是相图(a) 和(b) 上、下两个最基本的简单相图组合而成的。我们需要注意的是演变或组合时出现的某些特点。本例中，从(a) 到(c) 出现了三相线。由于 s_2 既能与 s_1 平衡也能与l平衡，因此组合时出现了 s_1、s_2 与 l 三相平衡的情况。

由以上讨论，还可根据相律归纳出相区交错相连规则：(1) 在不绕过临界点的前提下，一个 Φ 相区绝不会与同一组分的另一个 Φ 相区直接相连，由 Φ 相区到另一个 Φ 相区必定要经过同组分的 $\Phi \pm n$(n 为整正数) 相区，即相图中的相区是交错的。(2) 任何多相区必与单相区相连，Φ 相区边界与 Φ 个结构不同的单相区相连。

练习：请分别讨论下列各个相图是由哪些基本相图组合而成的。并注明各相图的相态。

铁有 α、β、γ、δ 四种变体。α 和 β 的转变温度为 1041 K，β 和 γ 的转变温度为 1183 K，γ 和 δ 的转变温度为 1663 K，Fe 的熔点为 1808 K。

Sn 的熔点为 505 K，沸点为 2543 K。

SnO_2 的熔点为 2273 K，沸点为 2773 K。

Sn 有两种变体：灰锡与白锡，$p^{\ominus}$ 下两者的转换温度为 292 K，低温下灰锡稳定。

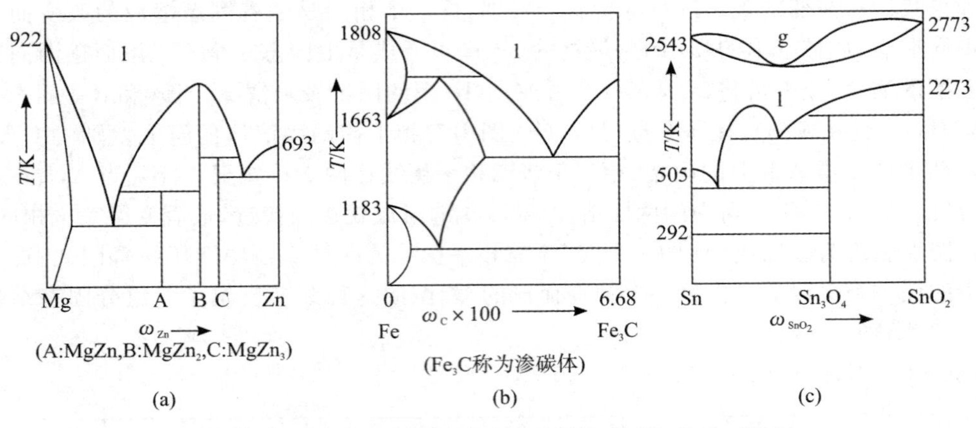

图 5-47 (a) Mg-Zn 相图;(b) Fe-C 相图;(c) Sn-SnO$_2$ 相图

5.5 二组分体系的气-固平衡

5.5.1 压力-温度(p-T)相图

气-固平衡一般可分解成蒸气压-温度相图(p-T)和蒸气压-组成相图(p-ω)来研究,下面具体以硫酸铜和水体系的平衡为例加以说明。

硫酸铜和水可组成三种水合物,即一水硫酸铜、三水硫酸铜和五水硫酸铜,可分别作出这三种水合物的 p-T 曲线(参看图 5-48),图中除最上面一条不属于气-固平衡外,下面三条曲线分别代表三种水合盐的离解平衡:

$CuSO_4\cdot5H_2O(s)\rightleftharpoons CuSO_4\cdot3H_2O(s)+2H_2O(g)$

$CuSO_4\cdot3H_2O(s)\rightleftharpoons CuSO_4\cdot H_2O(s)+2H_2O(g)$

$CuSO_4\cdot H_2O(s)\rightleftharpoons CuSO_4(s)+H_2O(g)$

为辨清图中线、面的含义,应先明确图中恒温线(垂直虚线 jI)与各条蒸气压曲线交点 h、n、d、b 的意义。这些点表明:若先置无水 $CuSO_4$ 于真空瓶内,在一定温度(25℃)下加入水蒸气,则体系中水蒸气压 p_{H_2O} 及相变化情况即从 I 点开始垂直上升至 j 点。I 点代表实验开始时的温度和水蒸气压力,$\overline{Ih}$ 段压力范围内代表 $CuSO_4$-水蒸气共存。在此阶段内,$\Phi=2$,$C=2$,故 $f^*=1$,亦即水蒸气尚未达饱和,压力可继续增加。到 h 点(25 ℃,$p=0.107$ kPa),$CuSO_4\cdot H_2O$ 水合物形成,这时体系中 $\Phi=3$,$f^*=0$,温度和压力不再变动,从而建立如下平衡:

$$CuSO_4\cdot H_2O(s)\rightleftharpoons CuSO_4(s)+H_2O(g)\quad p_{H_2O}=0.107\ \text{kPa}$$

显然,增加水蒸气就会继续使 $CuSO_4$ 变成 $CuSO_4\cdot H_2O$,直到 $CuSO_4$ 消失,只存在 $CuSO_4\cdot H_2O$ 和水蒸气时,$\Phi=2$,$f^*=1$,压力才可进一步增加,到达 n 点,则有 $CuSO_4\cdot 3H_2O$ 形成(25 ℃,$p_{H_2O}=0.747$ kPa),并建立如下平衡:

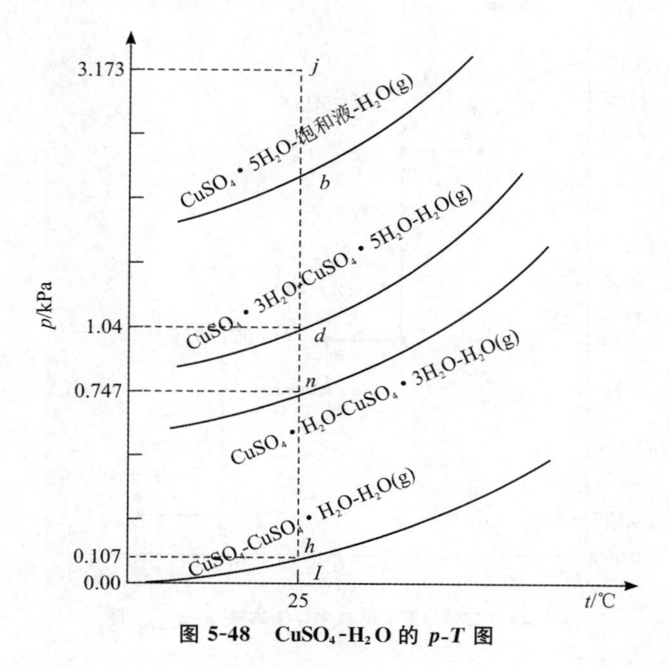

图 5-48　$CuSO_4$-H_2O 的 p-T 图

$$CuSO_4 \cdot 3H_2O(s) \rightleftharpoons CuSO_4 \cdot H_2O(s) + 2H_2O(g) \quad p_{H_2O} = 0.747\ kPa$$

这时 $\Phi = 3, f^* = 0$，直到 $CuSO_4 \cdot H_2O$ 都变成 $CuSO_4 \cdot 3H_2O$ 后，压力又可继续增加，到 d 点(25 ℃，1.04 kPa)，$CuSO_4 \cdot 5H_2O$ 开始形成且有如下平衡：

$$CuSO_4 \cdot 5H_2O(s) \rightleftharpoons CuSO_4 \cdot 3H_2O(s) + 2H_2O(g) \quad p_{H_2O} = 1.04\ kPa$$

于是，$\Phi = 3, f^* = 0$，直到 $CuSO_4 \cdot 3H_2O$ 消失而 $\Phi = 2, f^* = 1$，压力方可增加。若增加水蒸气压力到 b 点，$CuSO_4 \cdot 5H_2O$ 开始熔化并与所形成的 $CuSO_4$ 饱和溶液以及水蒸气三相共存，$f^* = 0$，压力不再变化，这时若增加水蒸气只能增加饱和溶液的量，直至 $CuSO_4 \cdot 5H_2O$ 都溶化后，饱和溶液变为非饱和溶液，蒸气压随浓度而变，压力沿 bj 上升。既然 h、n、d、b 为三相点，而不同温度的三相点组成线，故图中四条曲线都是三相平衡线。

5.5.2　压力-组成(p-ω)相图

由图 5-48(p-T 图)进一步分析，不难作出图 5-49，即在 25℃ 温度下 $CuSO_4$-H_2O 体系的压力 -组成相图(组成以体系含 $CuSO_4$ 的质量分数 ω_{CuSO_4} 表示)。由上向下看，纵坐标上 j 点指饱和水蒸气压(25 ℃，3.173 kPa)。随着 $CuSO_4$ 的加入，体系蒸气压沿 ja 下降并形成 $CuSO_4$ 的不饱和溶液，直至 a 点，溶液达饱和，建立下式平衡：

$$CuSO_4(饱和溶液) \rightleftharpoons CuSO_4 \cdot 5H_2O(s) + H_2O(g)$$
$$(25\ ℃\ p_{H_2O} = 3.173\ kPa)$$

其平衡压力即为 25 ℃ 下 $CuSO_4$ 的饱和溶液蒸气压。因 $\Phi = 3, f^* = 0$，故压力固定，随着 $CuSO_4$ 量增加必然沿水平线 $\overline{ab}$ 移动并不断生成 $CuSO_4 \cdot 5H_2O$，直到 b 点，全部的水都变成五水硫酸铜。若再加入 $CuSO_4$，则蒸气压力降至 1.040 kPa(c 点)，有三水硫酸铜生成并建立如下三相平衡：

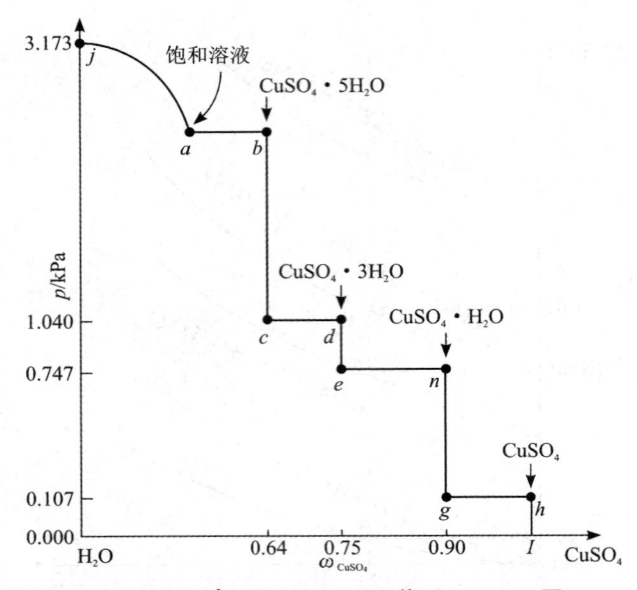

图 5-49 25 ℃ 下 $CuSO_4$-H_2O 体系 p-ω_{CuSO_4} 图

$$CuSO_4 \cdot 5H_2O(s) \rightleftharpoons CuSO_4 \cdot 3H_2O(s) + 2H_2O(g)$$
$$(25\ ℃\ p_{H_2O} = 1.040\ kPa)$$

此时 $\Phi = 3, f^* = 0$，故温度和压力不变，随着 $CuSO_4$ 的加入，五水硫酸铜不断转化成三水硫酸铜，此过程以 $\overline{cd}$ 线段表示，直至 d 点，$CuSO_4 \cdot 5H_2O$ 消失。若再加入无水 $CuSO_4$，水蒸气压力会降至 0.747 kPa(e 点)，$CuSO_4 \cdot 3H_2O$ 开始转化成单水硫酸铜并建立以下三相平衡：

$$CuSO_4 \cdot 3H_2O(s) \rightleftharpoons CusO_4 \cdot H_2O(s) + 2H_2O(g)$$
$$(25\ ℃\ p_{H_2O} = 0.747\ kPa)$$

此时 $\Phi = 3, f^* = 0$，温度和压力不变，随着 $CuSO_4$ 的加入，$CuSO_4 \cdot 3H_2O$ 不断转化为 $CuSO_4 \cdot H_2O$(单水硫酸铜)，直至 n 点，$CuSO_4 \cdot 3H_2O$ 消失，此过程以 $\overline{en}$ 线段表示。若再加入无水 $CuSO_4$，或水蒸气压力降至 0.107 kPa(g 点)，单水硫酸铜失水而成无水的硫酸铜，建立如下三相平衡：

$$CuSO_4 \cdot H_2O(s) \rightleftharpoons CuSO_4(s) + H_2O(g)$$
$$(25\ ℃\ p_{H_2O} = 0.107\ kPa)$$

此时 $\Phi = 3, f^* = 0$，温度和压力不变。随着 $CuSO_4$ 加入，$CuSO_4 \cdot H_2O$ 不断失水，直到 h 点全部转化成无水的 $CuSO_4$ 为止，可用 $\overline{gh}$ 线段表示。

总之，上图各条水平线都呈三相共存，而 ja 线为 $CuSO_4$ 不饱和溶液的蒸气压曲线，a 点为 $CuSO_4$ 的饱和溶液。

这类相图明显地指出了保持含水盐稳定所需维持的水蒸气压，例如只有在水蒸气压力维持 0.107 ～ 0.747 kPa 时 $CuSO_4 \cdot H_2O$ 才能稳定存在。

5.6 三组分体系相平衡

5.6.1 三组分体系组成表示法——等边三角形坐标系

三组分体系范围甚广，常见的典型三组分体系有：部分互溶的液体体系，二盐一水体系及合金体系等。根据相律，三组分体系的自由度与体系相数间关系可表示为：

$$f = C - \Phi + 2 = 3 - \Phi + 2 = 5 - \Phi$$

当 $f = 0$，$\Phi = 5$，表明三组分体系最多可有五个相平衡共存。而当 $\Phi = 1$，则 $f = 4$，可见为完整地描述体系的状态必须用四个独立变量。常用变量为温度、压力和任意两个独立的浓度，故表示这类相图属四维空间问题。如果温度或压力有任一为恒定，则仅有三个自由度，用三维空间坐标体系就可以作出其相图。

如以 A、B 和 C 表示三个组分，则三个浓度变量中仅有两个是独立的，即 $x_A + x_B + x_C = 1$ 或 $\omega_A + \omega_B + \omega_C = 1.00$。在二维空间（平面上）就可以同时将三者的浓度表示出来，常用的平面坐标系有“等边三角坐标系”和“直角坐标系”。在本节中采用前一种坐标系。如图 5-50 所示，若以第三维表示温度（恒压条件下）或压力（恒温条件下），则三维坐标系为一正三棱柱体，每一横切面为一等温面（恒压时）或等压面（恒温时）。等边三角坐标系的特征将于下面详细介绍。

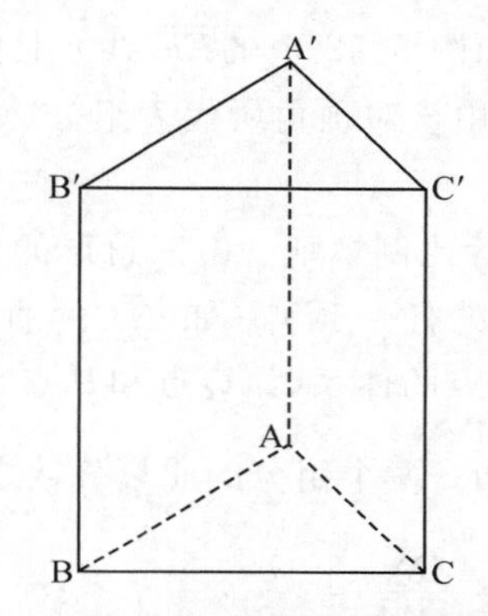

图 5-50　三组分体系柱形三维相图表示法（温度-组成相图或压力-组成相图）

在三角坐标中利用一个等边三角形来表示三组分体系的组成，如图 5-51，三角形的每条边长相当于 1.00，若分成 10 等分，每一等分代表 0.10。连接各分点，即可作出平行于三边的许多直线，从而构成一个三角形坐标图。三角形顶点 A、B、C 分别表示体系的三种纯组分，即 $\omega_A = \omega_B = \omega_C = 1.00$。离顶点愈远，则含顶点组分的质量分数愈低；各对边 AB、BC、CA 分别表示由 A 和 B、B 和 C 以及 C 和 A 组成的二组分体系，各边上任一点表示对应的二组分体系的组成，而两组分的相对含量由所在边被该点分成的两线段长度之比决定，如 BC 上的 D 点代表含 B 为 0.80，含 C 为 0.20。三角形内部的任何一点都代表一个三组分体系，各组分组成由下法确定：如图中物系点 P，通过它作平行于三条边的直线，并与三条边相交于 M、N、D 点，可

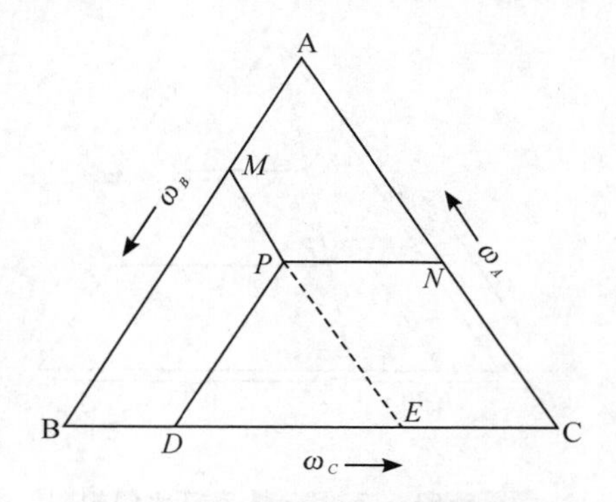

图 5-51　三组分体系组成的等边三角形表示法

以证明三条实线段的长度之和等于三角形的任一边长，即$\overline{PM}+\overline{PN}+\overline{PD}=\overline{\mathrm{BC}}$（或$\overline{\mathrm{AB}}$或$\overline{\mathrm{AC}}$）。若延长$\overline{MP}$线并交于$E$，则$E$、$D$将BC边分成三段，显然，$\overline{PM}=\overline{D\mathrm{B}}$代表右底角组分C的含量；$\overline{PN}=\overline{E\mathrm{C}}$代表左底角组分B的含量；而$\overline{PD}=\overline{DE}$代表顶角组分A的含量。因此$P$点代表含C 0.20，含B 0.30，含A 0.50的体系。反之，如果知道体系的组成是含A为a，含B为b，含C为c，则也能在三角形内确定其对应的坐标点。如图5-52，可在BC边上截取$\overline{\mathrm{C}y}=b$，$\overline{\mathrm{B}x}=c$则$\overline{xy}=1-(b+c)=a$，然后自x，y点分别作平行于BA、CA边的直线交于Q点，即为该体系的物系点。

应用等边三角形表示三组分体系的组成还具有下面几项性质：

（1）等含量规则　即平行于等边三角形任意一边的直线（如图5-52中的$\overline{EF}$线）上任一点（如Q、Q'、Q''），所含由该对顶角所代表组分（如A）的质量分数相等。

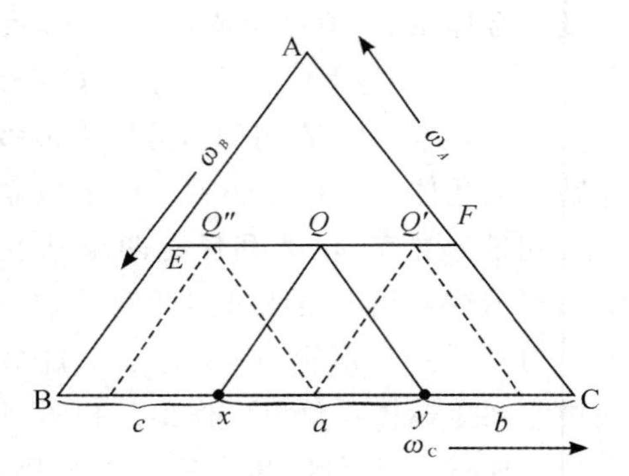

图5-52　三组分体系等含量规则

（2）等比例规则　由三角形的相似原理可知，通过三角形的任一顶点（如A）的直线（如图5-53中AD）上各点的体系（如Q点和P点），A组分的含量不同，但B和C两个组分的质量分数之比不变[如图，$\frac{\omega_B}{\omega_C}=\frac{\overline{PF}}{\overline{PE}}=\frac{\overline{QN}}{\overline{QM}}=\frac{7}{3}$]。

（3）杠杆规则　如图5-54当把物系点分别为M和N的两个三组分体系合并成一个新的三组分体系时，新的物系点一定在M、N的连线上，具体位置可由“杠杆规则”决定；若新物系点为O，混合前体系M与体系N质量分别为m_M和m_N则可证明如下关系成立：

$$\frac{m_M}{m_N}=\frac{\overline{ON}}{\overline{OM}}=\frac{\overline{fg}}{\overline{fe}}$$

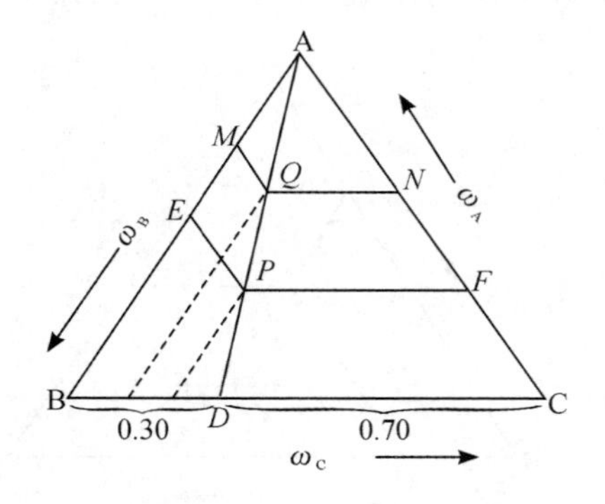

图5-53　三组分体系等比例规则

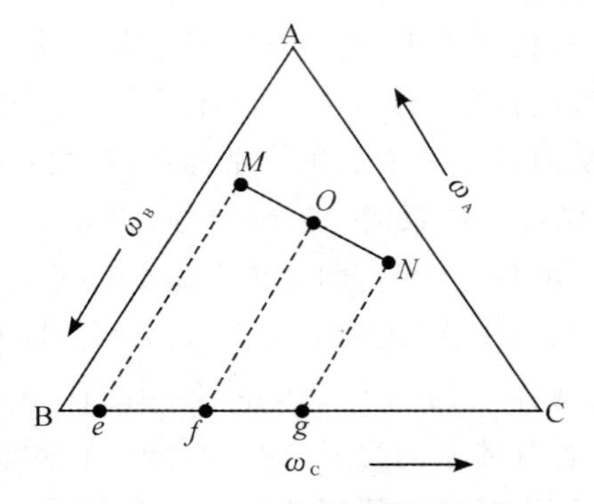

图5-54　三组分体系杠杆规则

（4）重心规则　当把三个组成不同的体系M、N、E混合起来，形成一个新体系时（图5-55），新的物系点Q一定处在小三角形MEN中间，准确位置可由“重心规则”求之：先按性质(3) 求出 E、M 的混合物系点 H，同样再按性质(3) 求出 H、N 的混合物系点 Q。Q 点就是 M、N、E 三个三组分体系构成的混合物的物系点。

(5) 背向性规则　在图 5-55 中，设 S 为三组分体系的物系点，如果由其中析出纯组分 A 的晶体时，则剩余液相的组成将沿 AS 的延长线即背离顶点 A 的方向变化。假定在结晶过程中，液相的浓度变化到 b 点，则此时晶体 A 的量与剩余液体量之比等于线段比 $\overline{Sb}:\overline{SA}$。反之，若在液相 b 中加入组分 A，则物系点将沿 bA 的连线向接近 A 的方向移动。

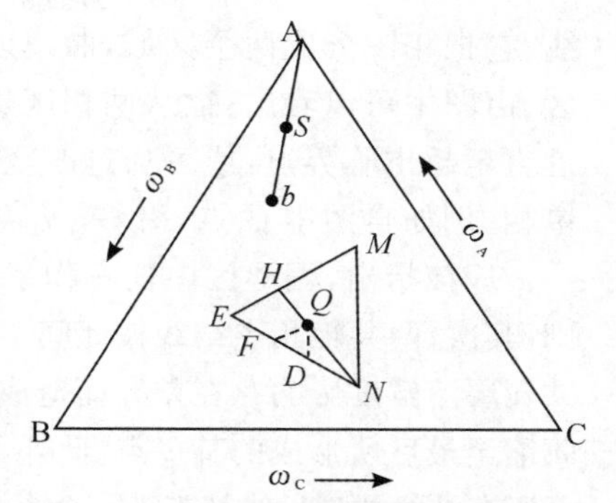

图 5-55　三组分体系重心规则和背向性规则

5.6.2　三组分体系的液-液平衡相图

部分互溶三液体系

由等边三角形三顶点 A、B、C 三种液体，可两两地组成三个液对。图 5-56 是两个液对(A-B，A-C) 完全互溶、另一个液对(B-C) 部分互溶体系的简单例子(其中 A 代表 HOAc，B 代表 $CHCl_3$，C 代表 H_2O)，由图中可知，常温常压下水和醋酸，氯仿和醋酸之间均能以任意比例混溶，只有氯仿和水相互有一定的溶解度，形成一对部分互溶体系。而由 $EaKbF$ 所包围的区域为由 $CHCl_3$ 和 H_2O 所构成的二组分体系，当 $CHCl_3$ 中含 H_2O 很少时，或 H_2O 中含 $CHCl_3$ 很少时两组分可混溶成均匀的单相。然而，若在 $CHCl_3$ 相中加 H_2O 达饱和之后再添 H_2O，或在 H_2O 相中添 $CHCl_3$ 达饱和之后再加 $CHCl_3$，则体系将分成组成分别为 E 和 F 的两个平衡共存液层。E 为水在 $CHCl_3$ 中的饱和溶液，而 F 为 $CHCl_3$ 在水中的饱和溶液。若物系点介于 E、F 之间，如图中的 D 点(D 点位于 EF 结线上)，则必分为 E、F 两个液层，其重量比由“杠杆规则”确定。若在 $CHCl_3$ 和 H_2O 体系中加入 HOAc，则其相互溶解度将增加。例如，自 D 点加入 HOAc，使之上升至组成为 M 点的三组分体系混合物时，此时体系中由 a 和 b 两液层共存。a 为有 HOAc 存在时 H_2O 在 $CHCl_3$ 中的饱和溶液，而 b 为有 HOAc 存在时 $CHCl_3$ 在 H_2O 中的饱和溶液。通常把 E 和 F 以及 a 和 b 等每一对平衡共存的两个液层，称为“共轭溶液”。不难看出，因为 HOAc 的加入使其相互溶解度增加，故当物系点沿着 DA 线上升时，共轭层相点连线(结线)ab、$a'b'$、$a''b''$ 逐渐缩短直至两相点汇合 K 点为止。在 K 点上，两液层浓度相同，分层消失而变成均匀单相体系(三组分溶液)，K 点称为“会溶点”(isothermal consolute point)，又叫“临界点”。连接 $Eaa'a''K$ 点形成的左半支曲线为水在 $CHCl_3$ 中的溶解度曲线，而连接 $Fbb'b''K$ 点形成的右半支曲线为 $CHCl_3$ 在水中的溶解度曲线。两曲线合并即成帽形的 $CHCl_3$-H_2O 液对的部分互溶溶解度曲

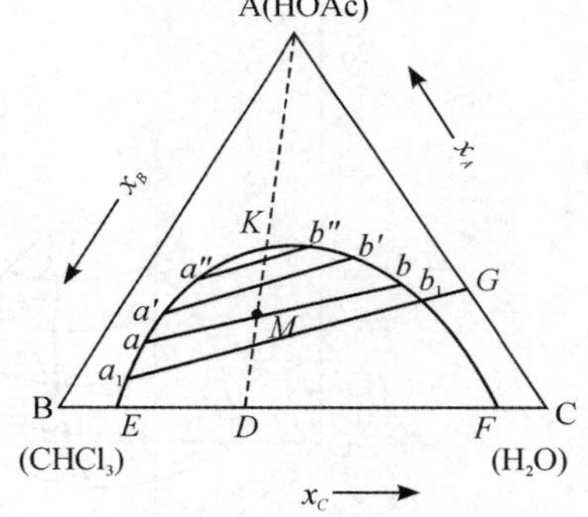

图 5-56　一对液体部分互溶三组分体系相图

线。它把相图分成两个区域，曲线以外是均匀的单一液相区，曲线以内为共轭的两液相共存区。由图中可以看出：欲从两相区过渡到单相区，可通过加入 HOAc 使共轭两相浓度逐渐靠近直至超出临界点，或可通过改变两相的相对质量以至最后有一相的相对质量很小而进入单相。例如自图中 G 点，沿 Gb_1a_1 线移动即可实现。

应该指出，帽形区内任一物系点都可以分离成为共轭的两液相，其数量比仍服从杠杆规则。其次，两共轭相点结线彼此间不一定相互平行或平行于底边，这是因为 HOAc 的加入对两共轭层溶解度影响存在差异而造成的。再则临界点 K 也不一定是帽形线的最高点，而只是结线收缩至最后所形成的某一点。此外，在共轭两相区内，还存在着一个由经验总结出的规律，即两相区所有结线的延长线都交于一个点。这一规律使得能够从少数的结线得出更多需要的连接线。

前述图 5-56 为恒温下的三组分体系相图或者二维相图。但若考虑温度影响，则坐标系必须往第三维扩展，即以温度为纵坐标形成一个三角柱。图 5-57 就是一对部分互溶体系的柱形的温度-组成图。由图中可以看出，随着纵坐标温度的升高，相互溶解度增加，相图中帽形区逐渐缩小。于是不同温度的帽形两相面自下而上延伸成一个立体帽。而不同温度下的溶解度曲线（EF、$E'F'$、$E''F''$）就编织成一个曲面，每一条溶解度曲线上的临界点可连接成一条曲线 KO，高温时整个曲面收缩成一点 O，即最高临界点温度。将此立体模型中的各条等温溶解度曲线投影到平面上，便得到图 5-58。

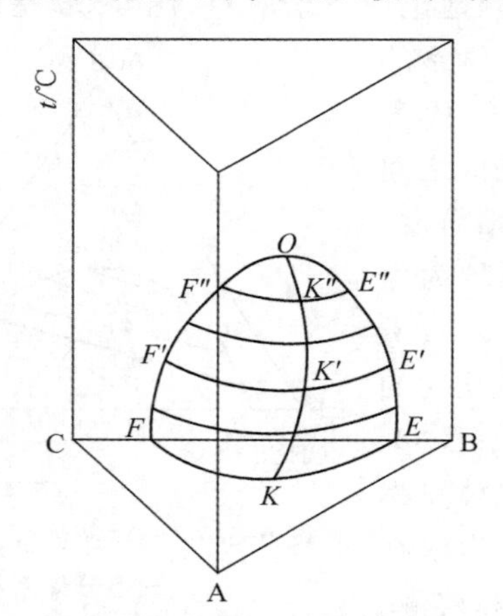

图 5-57　一对液体部分互溶体系的柱形三维温度-组成相图

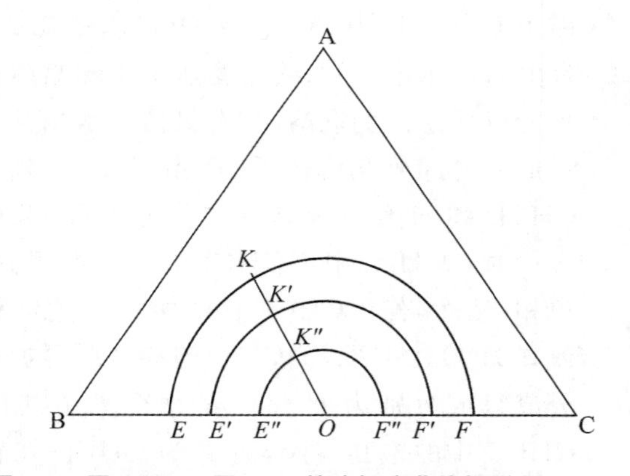

图 5-58　图 5-57 的溶解度曲线投影图

除形成一对液对部分互溶的三液体系以外，还有两对液对的部分互溶体系[例如图 5-59 的乙醇(A)-乙烯腈(B)-水(C) 三组分体系]，或三对液对部分互溶体系[例如图 5-60 的乙烯腈(A)-水(B)-乙醚(C) 三组分体系]。

在以上两图中，阴影区代表由两饱和液相共轭的两相区，空白区则表示完全互溶相。但如果温度下降，相互溶解度降低则阴影区可逐渐扩大，以至于两个或三个阴影区部分相连或连成一片，分别如图 5-61、图 5-62、图 5-63 所示。各图中区域 1 是单相，区域 2 是两相，空白区域 3 则是三相共存。依相律在恒温恒压下，$\Phi=3$，$f^*=C-\Phi+2-n'=3-3+2-2=0$，三相区为无变量区，故落于此 D、E、F 区内的物系点（见图 5-63），其三相的组成就由 D、E、F 三相点表示，而三相重量比可用前述三角坐标系性质(4) 的“重心规则”求之。

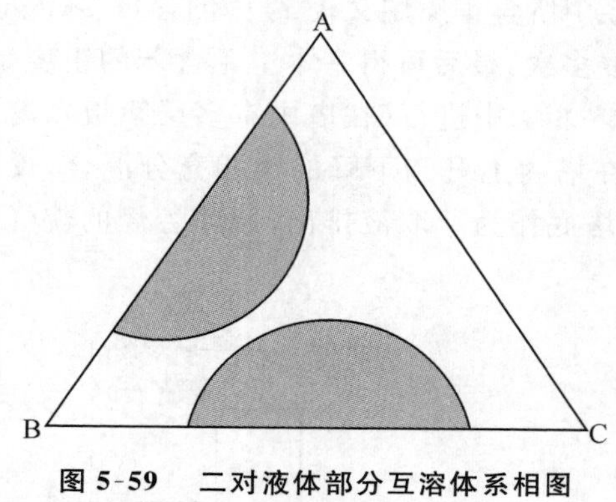

图 5-59　二对液体部分互溶体系相图

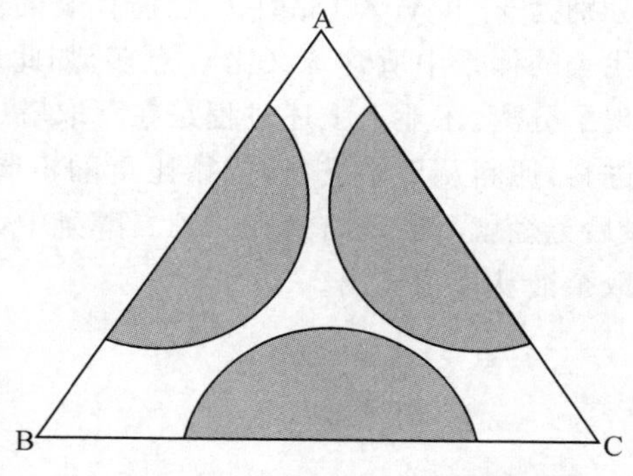

图 5-60　三对液体部分互溶体系相图

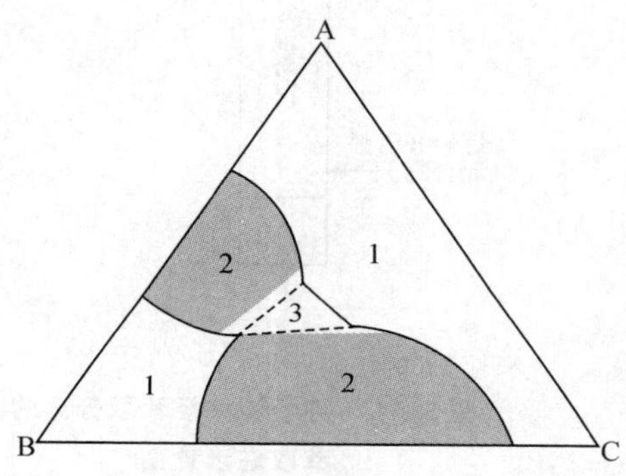

图 5-61　二对液体部分互溶体系相图的演变

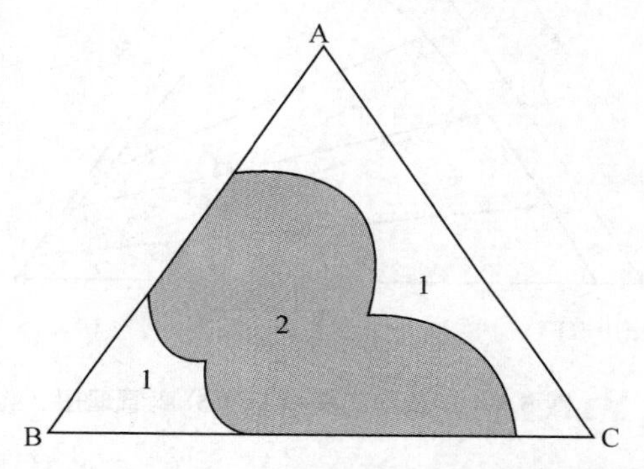

图 5-62　二对液体部分互溶体系相图的演变

萃取

部分互溶液体三组分体系相图在液-液萃取过程中有重要用途，例如芳烃和烷烃的分离在工业上所采用方法就是以此类相图的规律为依据。

无论芳烃、非芳烃以及溶剂都是混合物，它的组分数实际上大于 3。但为了讨论简便，我们以苯作为芳烃的代表，以正庚烷作为非芳烃的代表，以二乙二醇醚为溶剂，用三组分相图来说明工业上的连续多级萃取过程。

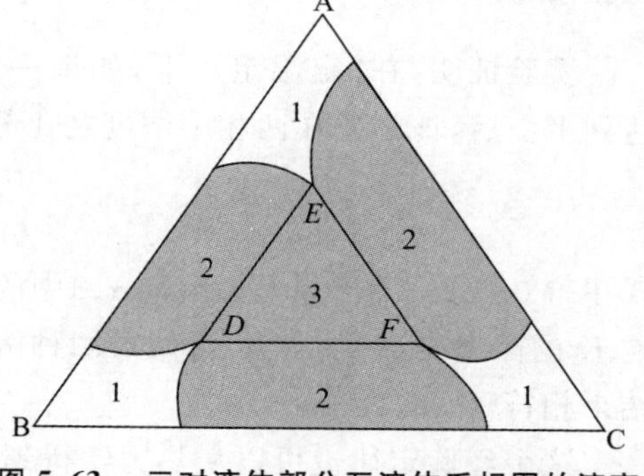

图 5-63　三对液体部分互溶体系相图的演变

如图 5-64 是苯(A)-正庚烷(B)-二乙二醇醚(S) 在标准压力 $p^{\ominus}$ 下和 397 K 时的相图。由图可见，A 与 B、A 与 S 在给定的温度下都能完全互溶，B 与 S 则部分互溶。

设原始组成在 F 点，加入 S 后，体系沿 FS 线向 S 方向变化，当总组成为 O 点时，原料液与所用溶剂的数量比可按杠杆规则计算。此时体系分为两相，其组成分别为 x_1 和 y_1。如果把这两层溶液分开，分别蒸去溶剂，则得到由 G、H 点所代表的两个溶液(G 点在 Sy_1 的延长线上，H 在 Sx_1 的延长线上)。经过一次萃取并除去溶剂后，就能把 F 点的原溶液分成 H 和 G 两个溶液，G 中含苯比 F 的多，H 中含正庚烷较 F 的多。如果对浓度为 x_1 层的溶液再加入溶剂进行第二次萃取，此时的物系点将沿 x_1S 向 S 方向而变化，设到达 O' 点，此时体系呈两相，其

组成分别为 x_2 和 y_2 点，此时 x_2 点所代表的体系中所含正庚烷又较 x_1 中的含量多，同时，y_2 点所代表的体系中所含苯又比 G 点多。如此反复多次，最后可得基本上不含苯的正庚烷。从而实现了分离。工业上上述过程是在萃取塔(图 5-65) 中进行(在塔中有多层筛板)，溶剂从塔顶进料，原料从塔中进料，依靠比重的不同，在塔内上升和下降的液相充分混合，反复萃取，最后芳烃就不断地溶解在二乙二醇醚中，在塔底作为萃取液排出，脱除芳烃的烷烃则作为萃取余液从塔顶送出。

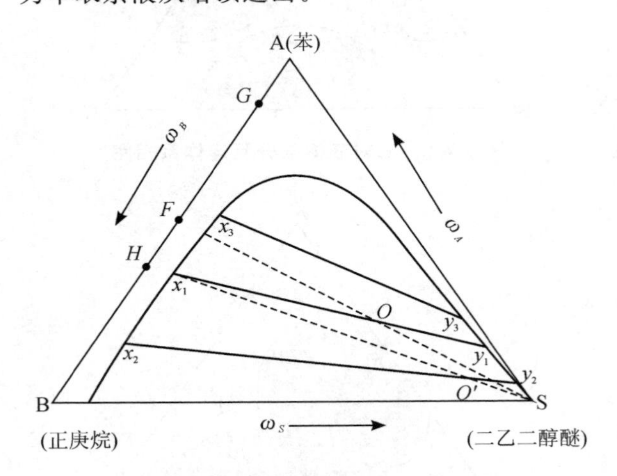

图 5-64　苯和正庚烷萃取分离原理图

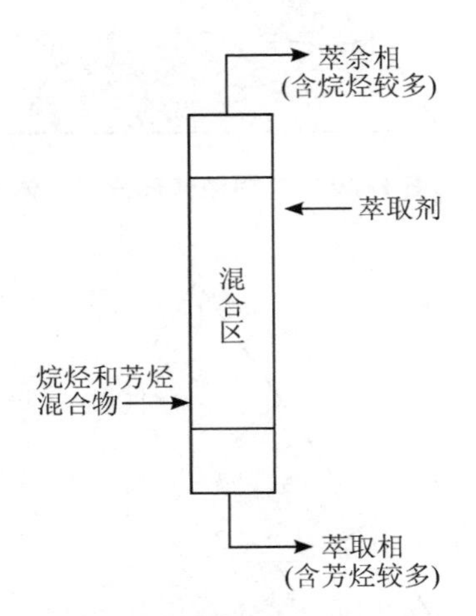

图 5-65　芳烃和烷烃萃取分离的萃取塔示意图

分配定律

实验证明，在“定温定压下，如果一个物质溶解在两个同时存在的互不相溶的液体里，达到平衡后，该物质在两相中浓度之比等于常数”，称为分配定律(distribution law)。

$$\frac{c_B^\alpha}{c_B^\beta} = K \tag{5-53}$$

式中 c_B^α、c_B^β 分别为溶质 B 在溶剂 α、β 中的浓度。K 称为分配系数(distribution coefficient)。影响 K 的因素有温度、压力、溶质及两种溶剂的性质。当溶液浓度不大时该式能很好地与实验结果相符。

这个经验定律也可以从热力学得到证明。令 μ_B^α、μ_B^β 分别代表 α、β 两相中溶质 B 的化学势，定温定压下，当平衡时

$$\mu_B^\alpha = \mu_B^\beta$$

因为

$$\mu_B^\alpha = \mu_B^{*\alpha} + RT\ln a_B^\alpha$$

$$\mu_B^\beta = \mu_B^{*\beta} + RT\ln a_B^\beta$$

所以

$$\mu_B^{*\alpha} + RT\ln a_B^\alpha = \mu_B^{*\beta} + RT\ln a_B^\beta$$

$$\frac{a_B^\alpha}{a_B^\beta} = \exp\left(\frac{\mu_B^{*\beta} - \mu_B^{*\alpha}}{RT}\right) = K(T,p) \tag{5-54}$$

如果 B 在 α 及 β 相中的浓度不大，则活度可以用浓度代替，就得到式(5-53)。

应用分配定律时应注意，如果溶质在任一溶剂中有缔合现象或离解现象，则分配定律仅能适用于在溶质中分子形态相同的部分。

例如：以苯甲酸(C_6H_5COOH) 在水中和 $CHCl_3$ 间的分配为例，C_6H_5COOH 在水中部分电离，电离度为 α，而在 $CHCl_3$ 层中则形成双分子。如以 c_W 代表 C_6H_5COOH 在水中的总浓度($mol \cdot dm^{-3}$)，c_C 代表 C_6H_5COOH 在 $CHCl_3$ 层中的总浓度(用单分子的 $mol \cdot dm^{-3}$ 表示)，m 为 $CHCl_3$ 层中苯甲酸呈单分子状态的浓度($mol \cdot dm^{-3}$)，则

在水层中

$$\begin{array}{ccc} C_6H_5COOH & \rightleftharpoons & C_6H_5COO^- + H^+ \\ c_W(1-\alpha) & & c_W\alpha \quad\quad c_W\alpha \end{array}$$

在 $CHCl_3$ 层中

$$\begin{array}{ccc} (C_6H_5COOH)_2 & \rightleftharpoons & 2C_6H_5COOH \\ c_C - m & & m \end{array}$$

$$K_1 = \frac{m^2}{c_C - m}$$

在两层中的分配

$$\begin{array}{ccc} C_6H_5COOH(\text{在 } CHCl_3 \text{ 层中}) & \rightleftharpoons & C_6H_5COOH(\text{在水层中}) \\ m & & c_W(1-\alpha) \end{array}$$

若在 $CHCl_3$ 中缔合度很大，即单分子的浓度很小，$c_C \gg m, c_C - m \approx c_C$ 则

$$K_1 = \frac{m^2}{c_C} \text{ 或 } m = \sqrt{K_1 c_C}$$

若在水层中电离度很小，$1-\alpha \approx 1$，则

$$K = \frac{c_W(1-\alpha)}{m} = \frac{c_W}{\sqrt{K_1 c_C}}$$

或

$$K' = \frac{c_W}{c_C^{\frac{1}{2}}}$$

如以 $\lg c_C$ 对 $\lg c_W$ 作图，其斜率等于 2。

5.6.3　三组分体系的固-液平衡相图

此类体系的相图繁多，这里仅以具有一共同离子的两种盐和水所组成的三组分体系，以及盐 — 醇 — 水体系为例说明。强调共同离子，是因为不具共同离子的两种盐可能发生交互作用而形成多于三组分的体系(例如 $NaNO_3$ 与 KCl，可以产生 NaCl 和 KNO_3，这种体系又称为三元交互体系)。

固相为纯盐的体系

图 5-66 为 NaCl-KCl-H_2O 体系相图，图中的 N、M 点分别代表指定温度下 KCl(第一种盐，用 S_1 表示) 和 NaCl(第二种盐，用 S_2 表示) 在水中的溶解度(即盐在水中的饱和溶液组成)。如果向已达到饱和的第一组分 S_1 的溶液中加入第二组分 S_2，则饱和溶液的组分就沿曲

线 NQ 变化。同样，若往已饱和的 S_2 溶液中加入 S_1，饱和溶液的组成就沿曲线 MQ 变化。由此可见，NQ 曲线代表 S_1 在含有 S_2 的溶液中的溶解度曲线，MQ 曲线代表 S_2 在含有 S_1 的溶液中的溶解度曲线，两曲线的交点 Q 是同时饱和了两种盐 S_1、S_2 的溶液组成点，自然也是三相点。若连接 S_1Q，S_2Q，则可划分成四个区域：$ANQMA$ 是单相不饱和溶液区，因 $\Phi=1$，$f^*=2$，说明两种盐 S_1，S_2 的浓度均可在此范围内任意变动而不至于影响体系的单相性质。NQS_1 形如扇子是固体盐 S_1 与饱和液的两相平衡区，每一直线称为结线，在结线上每一点所分成的两共轭相的组成，由其二端点决定。例如，区内有一物系点 G，在结线 S_1a 上，则除盐 S_1 外，另一相为组成为 a 的饱和溶液，而两相质量比可按杠杆规则求解，即 $\frac{m_{s_1}}{m_a}=\frac{\overline{aG}}{\overline{S_1G}}$。由相律可知扇形区内 $\Phi=2$，$f^*=1$，说明在本区域内溶液相中一种盐的浓度一旦确定，另一种盐的浓度也随之而定。MQS_2 扇形区是固体盐 S_2 与饱和溶液的两相平衡区，其情况与 NQS_1 类似，不必赘述。S_1QS_2 区是溶液，固体盐 S_1 和固体盐 S_2 的三相共存区，在此区内 $\Phi=3$，$f^*=0$，这意味着 Q 点溶液的两种盐浓度均是定值，区内任一物系点（如 P 点）的三相质量比仍用前述的“重心规则”求之（图中 E 及 F 分别为其比例点）。属于这一类型的相图还有 $NaCl$-$NaNO_3$-H_2O、KNO_3-$NaNO_3$-H_2O、$NaBr$-KBr-H_2O、NH_4Cl-NH_4NO_3-H_2O、$NaCl$-Na_2CO_3-H_2O 等体系。

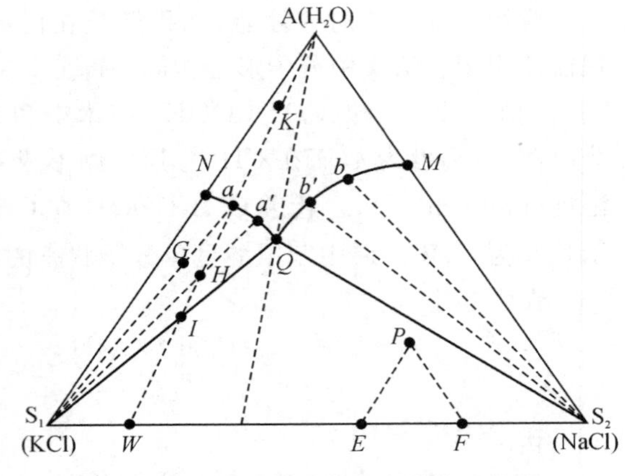

图 5-66　固相是纯盐的三组分体系相图

以下讨论这类相图的应用。例如，怎样从两种盐的溶液或混合物中分离出某一种纯盐来？为此，仍以图 5-66 为例，图中物系点 K，就是包含有两种盐的不饱和溶液。若等温蒸发，体系沿 AW 线移动，当抵达 a 点时开始析出纯盐 KCl，继而进入扇形两相区。随着蒸发，水量减少，溶液相的组成沿 aQ 线变化，同时由杠杆规则可知纯盐 KCl 的析出量逐渐增多。直到物系点接近 I 点时，得到纯盐最多（因 $\overline{IQ}>\overline{Ha'}$）。然而，应适可而止，否则继续蒸发，将进入 S_1QS_2 三相区而形成混合体系，达不到分离的目的。由此可断定，物系点组成在 AQ 线左边经等温蒸发可得到纯 KCl，但得不到纯 NaCl。反之，若物系点组成在 AQ 线右边，经等温蒸发只能提取纯盐 NaCl，但得不到纯盐 KCl。要是物系点刚好落在 AQ 线上，则无法析出任何单一种盐，原因是此时等温蒸发就直接进入三相区，得到的是两盐的混合物。下面再看图 5-66 中物系点 W，这是两种盐的固体混合物，为得到纯 KCl，只需通过加水稀释，使物系点沿 WA 线向上位移，进入 NQS_1 区但不可越出 a 点。

形成水合物的水盐体系

有些盐可与水生成化合物，图 5-67 为 $NaCl(S_1)$-$Na_2SO_4(S_2)$-H_2O 体系处在低于 17.5 ℃ 的某温度时的相图，其中 $Na_2SO_4(S_2)$ 可形成水合物 $Na_2SO_4\cdot10H_2O$，即图中 B 点，M 点

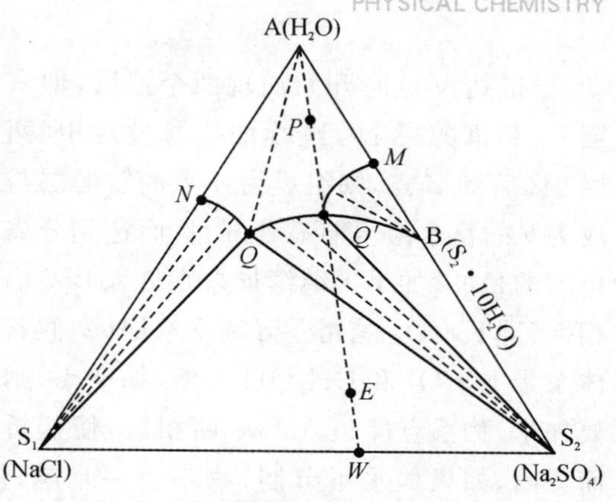

图 5-67 生成水合物的三组分体系水盐相图

为 $Na_2SO_4 \cdot 10H_2O$ 在水中的溶解度，N 点为NaCl在水中的溶解度。显然，NQ 为 Na_2SO_4 存在时NaCl的溶解度曲线，$Q'M$ 则为NaCl存在时水合物 $Na_2SO_4 \cdot 10H_2O$ 的溶液度曲线。S_1NQ 扇形区为饱和溶液与 S_1 平衡共存的两相区，而BMQ' 则为饱和溶液与 $S_2 \cdot 10H_2O$ 固体盐平衡共存的两相区，A$NQQ'M$ 为盐的不饱和溶液单相区。S_1QS_2 是 S_1、S_2 和溶液 Q 的三相区，S_2Q'B是溶液 Q'、S_2 和 $S_2 \cdot 10H_2O$ 的三相共存区，这两个三相区都是 $\Phi=3$，$f^*=0$，即各相组成都恒定不变。

请读者从图中 P 点开始到 E 点进行的等温蒸发过程为例判断物系经历的相变情况，其规律与前述固相为纯盐体系有类似之处。

生成复盐体系

二盐之间往往还能形成一种复盐，如图 5-68，NH_4NO_3-$AgNO_3$-H_2O 三组分体系即其中一例。图中 H 点代表复盐的组成，QQ' 曲线为复盐 H 的溶解度曲线，Q' 点为同时饱和 S_1、及复盐 H 的溶液组成点，Q 点为同时饱和 S_2 及复盐 H 的组成点，Q 点和 Q' 点都是三相点。$Q'S_1$H 为 S_1、复盐 H 和组成为 Q' 溶液的三相区域，QHS_2 为 S_2、复盐 H 和组成为 Q 溶液的三相区域，这些三相点、三相区，其自由度 $f^*=0$ 即无变量体系。A$NQ'QM$A 为两盐的不饱和溶液区($\Phi=1$，$f^*=2$)，$NQ'S_1$ 为纯盐 S_1 与其饱和溶液的两相共存区，QQ'H 为复盐 H 与其饱和溶液的两相区，QMS_2 为纯盐 S_2 与其饱和溶液的两相区。

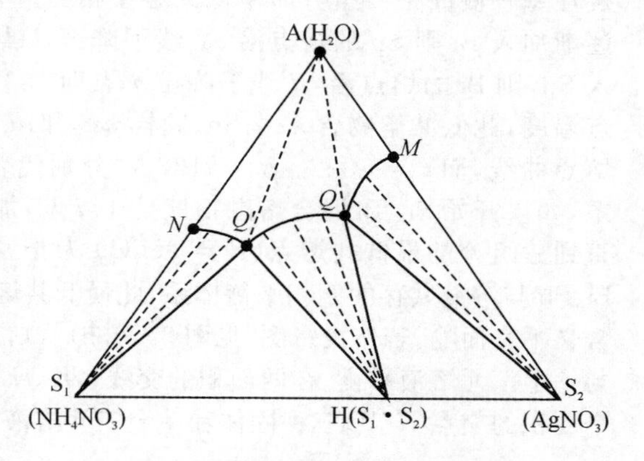

图 5-68 生成复盐的三组分体系相图

物系点处于 AQ' 线左侧的不饱和溶液蒸发可得纯的 S_1(NH_4NO_3)，物系点处于 AQ 线右侧的不饱和溶液蒸发可得纯的 S_2($AgNO_3$)，而物系点处于 AQ 和 AQ' 之间的不饱和溶液蒸发则得复盐 H($NH_4NO_3 \cdot AgNO_3$)，但应注意勿使之进入三相区。

盐-醇-水体系

有机化学实验中，常通过加盐的办法使得本来完全互溶的有机物与水混合物分离，这就是盐析效应在分离有机液体中的应用，其原理可用盐-醇-水三组分体系相图说明。图 5-69 为 K_2CO_3-CH_3OH-H_2O 三组分体系相图，它的明显特征是有一对部分互溶的双液层(L_1+L_2)，假如往 CH_3OH 与 H_2O 的互溶体系(如 x 点) 加入盐 K_2CO_3，则物系点必然沿 xB 线移动，当抵达 y 点时开始出现两个液层，即富水层 L_1 和富醇层 L_2。继续加盐通过两相（两液层）区后到 Z 点，则组成为 d 点的富醇层与组成为 b 的富水层可明显分开，从而达到分离有机层的目的，如果再继续加盐则进入 Bbd 的三相区（即 K_2CO_3、富醇层 d 和富水层 b）。假若原体系是 K_2CO_3 和 CH_3OH 互溶，如 f 点，则只要加水，物系点即迈入 Bde 两相区，使盐析出而分离。如果加水不节制，物系点一旦越过 h 点，则 K_2CO_3 又重新溶解，进入不饱和溶液的单相区。

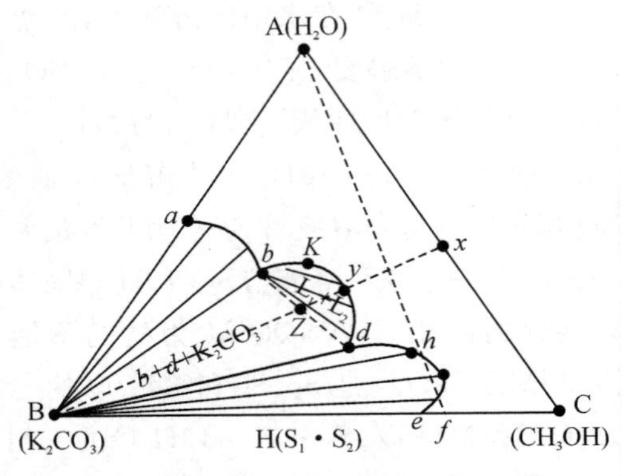

图 5-69　利用盐析效应分离有机物的原理图

5.6.4　具有最低共熔点的三组分体系相图

图 5-70 是铅-锡-铋体系的相图。设这三种金属彼此都不形成固溶体，则其中每两种金属构成的二组分相图是简单低共熔型的。图 5-70(a) 是恒压下立体三棱柱相图（三维相图），三棱柱每一侧面是二组分简单低共熔型相图。例如 Sn-Bi 二组分相图，纯 Sn 的熔点 232 ℃，若逐渐加入 Bi 则 Sn 的熔点沿 ad 线下降至 d 点即 133 ℃，若从纯 Bi 熔点 271 ℃ 开始逐渐加入 Sn，则 Bi 的熔点沿 bd 线下降至 d 点即 133 ℃，显然 $t_d = 133$℃ 为 Sn 和 Bi 的二元低共熔点温度，此低共熔物含 42％Sn。同样 aec 和 bgc 分别代表 Sn-Pb 和 Bi-Pb 两个二组分相图的熔点曲线，而 $t_e = 182$ ℃，$t_g = 127$ ℃ 分别代表它们的低共熔点。进一步考察 Sn-Bi 二组分体系，如果开始 Sn、Bi 混合熔融物就处于 d 点，加入 Pb 则 Sn-Bi 的低共熔点将沿 dK 曲线下降，直到三组分的最低共熔点（$K = 96$ ℃）为止。在此温度下固体 Pb 将析出，出现三种固体 Sn、Bi、Pb 与溶液共存的四相平衡体系，此最低共熔物成分为 32％ Pb、16％ Sn、52％ Bi。eK、gK 的含义不言而喻。若作投影图[见图 5-70(b)]，则在每个面积（$adKe$、$bdKg$ 或 $gKec$）上，一种固体与一个三元溶液平衡。在两面积的交线（dK、eK、gK）上，两种固体和一个三元溶液平衡。在三个面积的交点 K 上，三种固体和一个三元溶液平衡，因此 K 点（96 ℃）称为”三元共熔点。

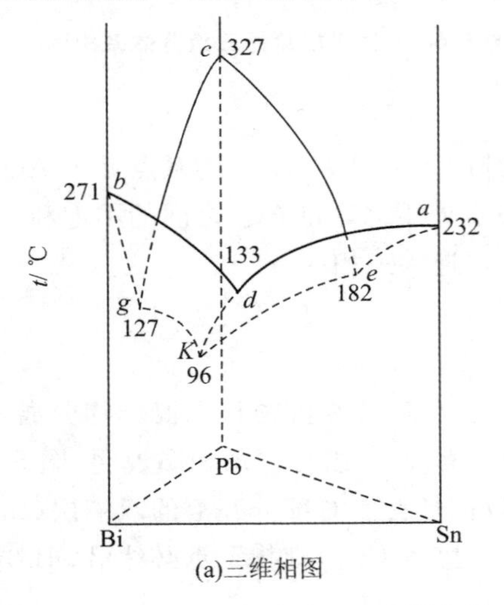

(a)三维相图

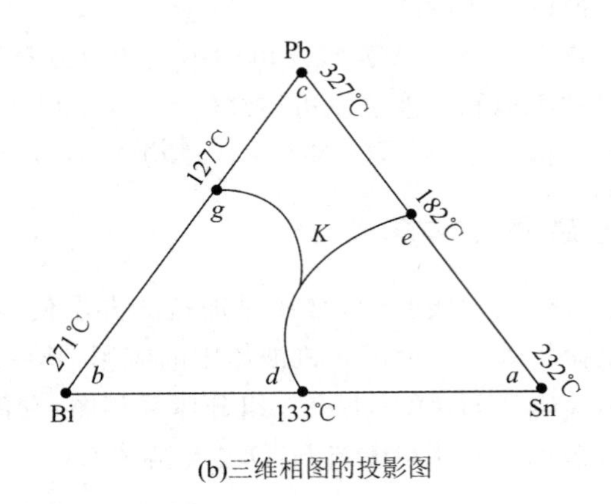

(b)三维相图的投影图

图 5-70　Bi＋Sn＋Pb 体系相图

如果对图 5-70 的立体相图取一系列恒温截面，即得一系列恒温相图［图5-71(a)—(e)］。从这些恒温相图之变化，可全面了解此类体系的相变情况。

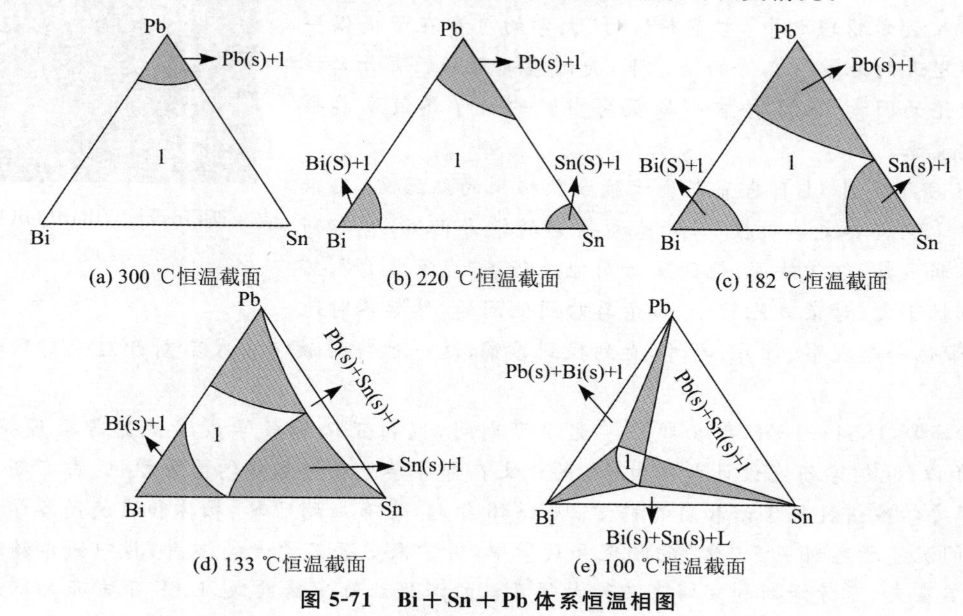

图 5-71 Bi＋Sn＋Pb 体系恒温相图

参考文献

［1］GORDON M BARROW. Physical Chemistry［M］. 5th Edition. New York：McGraw-Hill，1998.

［2］LEVIN IRANA. 物理化学：上［M］. 褚德萤，李芝芬，张玉芬，译. 北京：北京大学出版社，1987.

［3］付鹰. 化学热力学［M］. 北京：科学出版社，1964：170.

［4］傅献彩，沈文霞，姚天扬，等. 物理化学：上册［M］. 5 版. 北京：高等教育出版社，2006.

［5］ATKINS P W. Physical Chemistry［M］. 8th Edition. Oxford，2006.

［6］韩德刚，高执棣，高盘良. 物理化学［M］. 北京：高等教育出版社，2001.

［7］黄启巽，魏光，吴金添. 物理化学：上册［M］. 厦门：厦门大学出版社，1996.

［8］赵凯华. 新概念物理教程（热学）. 北京：高等教育出版社，1998.

［9］朱自强. 超临界流体技术 —— 原理和应用［M］. 北京：化学工业出版社，2000.

［10］朱文涛. 物理化学中的公式与概念［M］. 北京：清华大学出版社，1998.

［11］高执棣. 化学热力学基础［M］. 北京：北京大学出版社，2006.

［12］陈良坦. 物理化学教学中的几个问题［J］. 大学化学，2006，21(1).

［13］陈良坦. 差热分析在物化实验中的应用［J］. 实验室研究与探索，2001(2).

［14］陈良坦，蒋新征. 利用循环法导出克拉贝龙方程［J］. 大学化学，2010，25(4).

约西亚·威拉德·吉布斯，美国物理化学家、数学物理学家。他提出了吉布斯自由能与吉布斯相律，创立了向量分析并将其引入数学物理之中。吉布斯认为“大学的可贵在于提供一个自由思考的地方”，在他的坚持下，美国的工程师教育开始注入了理论的因素。1901 年吉布斯获得当时的科学界最高奖项柯普利奖章。

吉布斯(Josiah Willard Gibbs，1839—1903)

1839 年 2 月 11 日吉布斯生于康涅狄格州的纽黑文，父亲是耶鲁学院古典文学教授，母亲来自著名的学者世家。吉布斯少年体弱多病，经常缺课，他的父母对他进行了“在家教育”。父亲教他拉丁文，母亲教他数学。母亲喜欢问他问题，然后不时地提示，带他一起观察、计算、思考，直到找到答案，这一独特的教学方式不断开启他对数学的兴趣。

吉布斯 1854—1858 年在耶鲁学院学习期间，因拉丁语和数学成绩优异曾数度获奖。1863 年以《几何学研究设计火车齿轮》的论文在耶鲁学院获得工程学博士学位。吉布斯毕业后在耶鲁学院讲授拉丁语和自然科学。从 1866 年起，吉布斯到巴黎、柏林和海德堡各学习一年，其间沉浸于各种关于“热”的物理和数学中，听了很多著名学者的演讲，其中魏尔施特拉斯、基尔霍夫、克劳修斯和亥姆霍兹等大师开设的课程让他受益匪浅。1869 年吉布斯回到耶鲁学院，学院授予他“数学物理学”教授名衔，这是全美第一个这一学科的教授，他担任这一教职一直到去世。吉布斯在起初的九年间没有任何薪水，只靠父母留下的一点积蓄生活。

1873 年 34 岁的吉布斯发表他的第一篇重要论文，采用图解法来研究流体的热力学，并在其后的论文中提出了三维相图。麦克斯韦对吉布斯三维图的思想赞赏不已，亲手做了一个石膏模型寄给吉布斯。1876 年吉布斯在康涅狄格科学院学报上发表了奠定化学热力学基础的经典之作《论非均相物体的平衡》的第一部分。吉布斯将热力学原理和数学结合起来，应用到多相体系中，建立了关于多相平衡的基本规律，即现在通常说的“相律”($f=k-\varphi+2$)。1878 年他完成了《论非均相物体的平衡》第二部分，这一长达三百余页的论文被认为是化学史上最重要的论文之一，在这篇论文中他提出了吉布斯自由能、化学势等概念，阐明了化学平衡、相平衡、表面吸附等现象的本质。由于吉布斯本人纯数学推导式的写作风格和刊物发行量太小以及美国对于纯理论研究的轻视等，这篇论文在美国没有引起回应。随着时间的推移，这篇论文开始受到欧洲大陆同行们的重视。1892 年由奥斯特瓦尔德译成德文，1899 年由勒·沙特列翻译为法语。奥斯瓦尔德高度评价吉布斯的工作，称“吉布斯从内容到形式都赋予了物理化学整整 100 年的发展进程”。

此外，吉布斯推广和发展了玻尔兹曼和麦克斯韦所创立的统计理论，对由大量微观粒子组成的系统热力学进行研究，创立了近代物理学的统计理论及其研究方法，同时提出了涨落现象的一般理论。吉布斯还发表了许多有关矢量分析的论文并出版著作，把矢量分析用于解决结晶问题及计算行星和彗星的轨道，奠定了这个数学分支的基础。他的主要著作有《图解方法在流体热力学中的应用》《论多项物质平衡》《统计力学的基本原理》等。

资料来源：科普中国 · 科学百科. https://baike. baidu. com/item.

思考与练习

思考题(R)

R5-1　下列说法对吗?为什么?

(1) 在一给定的体系中,独立组分数是一个确定的数。

(2) 单组分体系的物种数一定等于 1。

(3) 相律适用于任何相平衡体系。

(4) 在相平衡体系中,如果每一相中的物种数不相等,则相律不成立。

R5-2　相律的推导是假设体系是 Φ 个相,而每个相中都有 S 种物质而得到的。如果有的相中物种数少于 S(即不是每种物质都存在于所有相中),相律是否还成立?为什么?

R5-3　(1) 将 $NaCl(s)$ 和 $KNO_3(s)$ 溶于水,形成饱和溶液(溶液中有过量固体盐存在),试求该体系的组分数和自由度数。

(2) 一个含有 Na^+、Cl^-、K^+ 和 NO_3^- 的水溶液,自由度为多少?体系最多能有几个相平衡共存?

上述两个体系的组分数一样吗?为什么?

R5-4　请论证(1) 在一定温度下,某浓度的 NaCl 水溶液只有一个确定的蒸气压;(2) 在一定温度下,草酸钙分解为碳酸钙和一氧化碳时只能有一个确定的 CO 压力。

R5-5　有人说,在二组分理想溶液气－液平衡体系中,具有两个浓度限制条件,即 $p_A = p_A^* x_A$ 和 $p_B = p_B^* x_B$,因此 $C = S - R' = 2 - 2 = 0$,指出这种观点的错误所在。

R5-6　A(l) 和 B(l) 可以任何比例混合成溶液。已知 125 ℃ 时,$p_A^* = 202650$ Pa,$p_B^* = 405300$ Pa,今有一由 A(g) 和 B(g) 构成的气体混合物,压力为 $p = 101325$ Pa,$y_A = 0.5$。今在等温(即保持 125℃ 不变)下慢慢压缩此气体混合物。有人估计,当 p 增至 405300 Pa 时,此时其中 $p_A = p_B = 202650$ Pa,开始析出纯 A(l)。当 p 继续增加,直至其中 $p_B = 405300$ Pa,开始析出纯 B(l)。这种估计为什么是错误的?

R5-7　一冰溪的厚度为 400 m,其比重为 0.9168,试计算此冰溪底部冰的熔点。设此时冰溪的温度为－0.2℃,此冰溪能向山下滑动否?

R5-8　在单组分相图中,在三相点附近 s-g 线的斜率为什么总是大于 l-g 线的斜率?

R5-9　设某液体的蒸气满足下述等式:$pV = RT + M$,M 是常数,请推导此液体的蒸气压和温度的关系式(类似克拉伯龙 — 克劳修斯方程的积分形式)。

R5-10　在一定温度 T 和一定外压 p_e 时,液体与其蒸气呈平衡(设蒸气的压力为 p_g)。今若在液面上增加惰性气体,外压将从 p_e 改变到 $p_e + dp_e$,试证明液体的蒸气压随外压的增加而增大。可做合理近似处理。

R5-11　A 和 B 体系的气 — 液相图在 $x_B = 0.80$ 处具有最低恒沸点。若将组成为 $x_B = 0.5$ 的溶液在精馏塔中精馏,结果在塔顶和塔釜分别得到什么产物?

R5-12　已知在某温度下 A 和 B 部分互溶,形成共轭溶液,该两个不同组成的液层必对应不同组成的气相。此说法正确吗?

R5-13　下列说法对吗?为什么?

(1) 杠杆规则只适用于 T-x 图的两相平衡区。两相的量可以物质的量或质量表示。

(2) 通过精馏的方法总可以将二元互溶液系分离成两个纯组分。

(3) 一般有机物可以用水蒸气蒸馏法提纯,当有机物质的饱和蒸气压和摩尔质量越大时,提纯一定质量有机物需用的水蒸气量越少,燃料越省。

(4) 恒沸物是化合物。因为其组成不变。

R5-14　如何用相律来改正下列相图中错误之处?

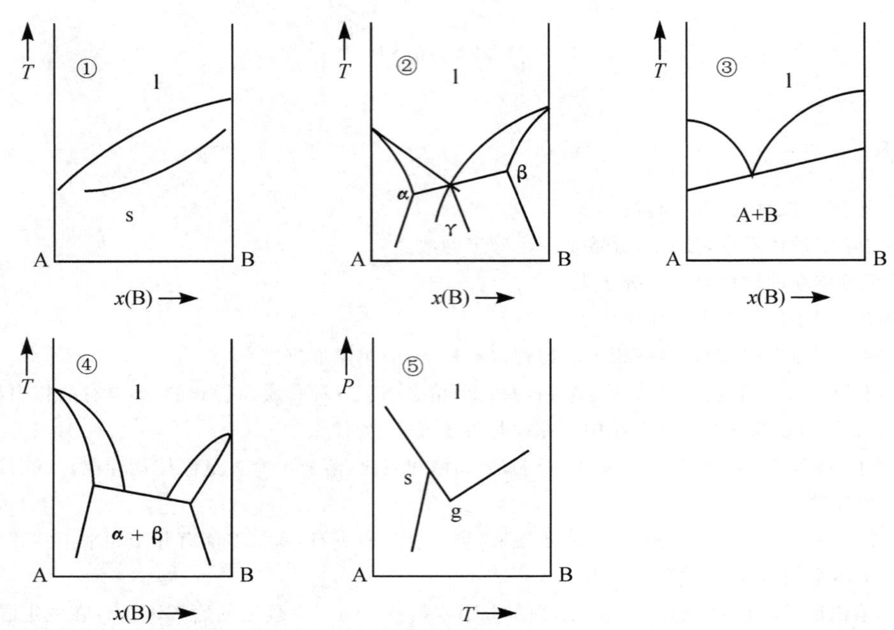

R5-15　将某一工程塑料生产的母液进行初蒸处理后，得到一个质量分数分别为 10%C_6H_5Cl、60%C_2H_5OH、30%H_2O 的三元溶液，经研究得知，它能形成三元恒沸物，而不能使 C_6H_5Cl 与 C_2H_5OH 有效分离，但若采用如下两个相图($p = p^{\ominus}$)，图(a)$T = 308$ K，可使问题圆满解决。

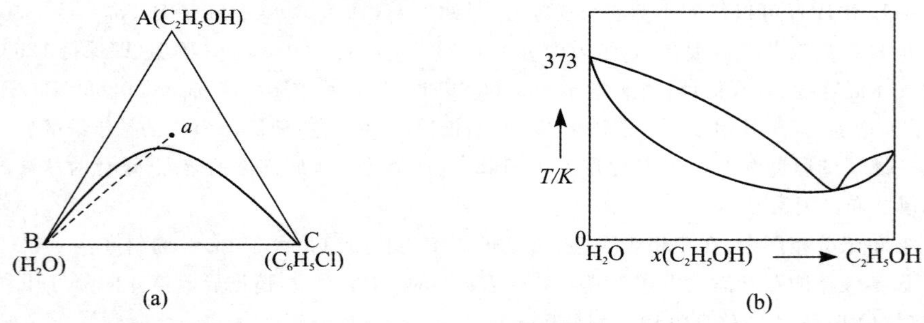

问：根据这两个相图，采用什么方法可以在上述三元溶液中回收组成 95% 的乙醇产品和较纯的氯苯产品？

R5-16　H_2O-$FeSO_4$-$(NH_4)_2SO_4$ 的三组分体系相图(见图)，请标出各区相态，x 代表体系状态点。现从 x 点出发制取水合物 E($FeSO_4 \cdot 7H_2O$)，请在相图上表示出采取的步骤，并做简要说明。

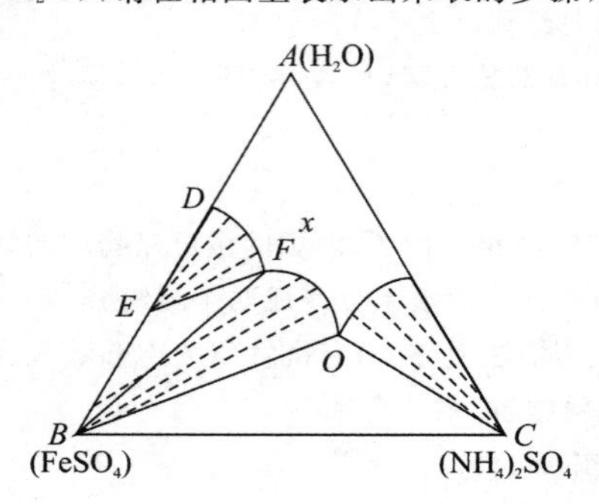

练习题(A)

A5-1　在0 ℃到100 ℃的范围内，液态水的蒸气压p与T的关系为：$\lg(p/\text{Pa})=-2265/T+11.101$，某高原地区的气压只有59 995 Pa，求该地区水的沸点。

A5-2　固体六氟化铀的蒸气压p与T的关系为$\lg(p/\text{Pa})=10.65-2560/(T/\text{K})$，则其平均升华热为多少？

A5-3　下列化学反应，同时共存并到达到平衡(温度在900～1200 K范围内)：

$CaCO_3(s)=CaO(s)+CO_2(g)$

$CO_2(g)+H_2(g)=CO(g)+H_2O(g)$

$H_2O(g)+CO(g)+CaO(s)=CaCO_3(s)+H_2(g)$

问该体系的自由度为多少？

A5-4　(1) 一定温度下，蔗糖水溶液与纯水达到渗透平衡时的自由度数等于________。

(2) 纯物质在临界点的自由度数等于________。

(3) 二元溶液的恒沸点的自由度数等于________。

A5-5　乙烯的蒸气压与温度的关系可写作：

$\ln(p/\text{Pa})=-1921/(T/\text{K})+1.75\ln(T/\text{K})-1.929\times10^{-2}(T/\text{K})+12.26$

试求乙烯在其正常沸点169.3 K时的汽化焓$\Delta_{\text{vap}}H_{\text{m}}^{\ominus}$

A5-6　实验测得水在373.15 K和298.15 K下的蒸气压分别为101.325 kPa和3.17 kPa，试计算水的平均摩尔汽化焓。

A5-7　二乙醚的正常沸点为307.6 K，若将此二乙醚贮存于可耐10^3 kPa压力的铝桶内，试估算此种桶装二乙醚存放时可耐受的最高温度？

A5-8　已知固体苯的蒸气压在273.2 K时为3.27×10^3 Pa，293.2 K时为12.303×10^3 Pa；液体苯的蒸气压在293.2 K时为10.021×10^3 Pa，液体苯的摩尔汽化热为$34.17\times10^3\ \text{J}\cdot\text{mol}^{-1}$。求：

(1) 在303.2 K时液体苯的蒸气压；

(2) 苯的摩尔升华热；

(3) 苯的摩尔熔化热。

A5-9　市售民用高压锅内的压力可达233 kPa，问此时水的沸点为多少度？已知水的汽化热为40.67 $\text{kJ}\cdot\text{mol}^{-1}$。

A5-10　求$NiO(s)$、$Ni(s)$与$H_2O(g)$、$H_2(g)$、$CO(g)$、$CO_2(g)$呈平衡的体系中的组分数和自由度。

A5-11　在平均海拔4500 m的西藏高原上，大气压力只有57.33 kPa，试根据公式$\ln(p/\text{Pa})=25.56-5216\ \text{K}/T_{\text{b}}$计算水的沸点。

A5-12　在101.325 kPa时，使水蒸气通入固态碘(I_2)和水的混合物，蒸馏进行的温度为371.6 K，使馏出的蒸气凝结，并分析馏出物的组成。已知每0.10 kg水中有0.0819 kg碘。试计算该温度时固态碘的蒸气压。

A5-13　若在合成某有机化合物之后进行水蒸气蒸馏，混合物的沸腾温度为95 ℃。实验时的大气压力为99.2 kPa，95 ℃时水的饱和蒸气压为84.5 kPa。馏出物经分离、称重后，知其中水的质量分数为0.45。试估计此化合物的摩尔质量。

A5-14　试用相律分析，在保持恒温下向由$CaCO_3$分解达到的平衡体系中再加入CO_2后，平衡体系压力是否改变？

A5-15　纯水在三相点处自由度为零，在冰点时自由度也是为零，这种理解对吗？为什么？

练习题(B)

B5-1　Na_2CO_3与水可形成三种水合物：$Na_2CO_3\cdot H_2O(s)$、$Na_2CO_3\cdot7H_2O(s)$、$Na_2CO_3\cdot10H_2O(s)$。

(1) 问这些水合物能否与 Na_2CO_3 水溶液及冰同时平衡共存?

(2) 在 $p^\ominus$ 下,与水溶液及冰共存的含水盐最多有几种?

B5-2 指出下列平衡体系中的物种数、组分数、相数和自由度数。

(1)$CaSO_4$ 的饱和水溶液;

(2)5 g 氨气通入 1 dm^3 水中,在常温常压下与蒸气平衡共存;

(3)Na^+、Cl^-、K^+、NO_3^-、$H_2O(l)$ 达平衡;

(4)NaCl(s)、KCl(s)、$NaNO_3(s)$ 与 $KNO_3(s)$ 的混合物与水平衡。

B5-3 在水、苯、苯甲酸体系中,若任意指定下列事项,则体系中最多可能有几个相?并各举一例说明之。

(1) 指定温度;

(2) 指定温度与水中苯甲酸的浓度;

(3) 指定温度、压力与苯中苯甲酸的浓度。

B5-4 指出下列各平衡体系的相数、组分数和自由度:

(1) 冰和水蒸气;

(2) 固态砷、液态砷和气态砷;

(3) 在标准压力下,固态 NaCl 和它的饱和水溶液;

(4) 水蒸气、固体 NaCl 和它的饱和水溶液;

(5)$TiCl_4$ 和 $SiCl_4$ 的溶液和它们的蒸气;

(6)Fe(s)、FeO(s)、$Fe_2O_3(s)$、CO(g)、$CO_2(g)$。

B5-5 试求下述体系的自由度并指出变量是什么?

(1) 在 $p^\ominus$ 压力下,液体水与水蒸气达平衡;

(2) 液体水与水蒸气达平衡;

(3)25℃ 和 $p^\ominus$ 压力下,固体 NaCl 与其水溶液成平衡;

(4) 固态 NH_4HS 与任意比例的 H_2S 及 NH_3 的气体混合物达化学平衡;

(5)$I_2(s)$ 与 $I_2(g)$ 成平衡。

B5-6 Na_2CO_3 与水可形成三种水合物 $Na_2CO_3\cdot H_2O(s)$、$Na_2CO_3\cdot 7H_2O(s)$ 和$Na_2CO_3\cdot 10H_2O(s)$。问这些水合物能否与 Na_2CO_3 水溶液及冰同时平衡共存?

B5-7 已知苯胺的正常沸点为 185℃,请依据 Truton 规则求算苯胺在 2666 Pa 时的沸点。

B5-8 将氨气压缩到一定压力,然后在冷凝器中用水冷却,即可得液态氨。现已知某地区一年中最低水温为 2℃,最高水温为 37℃,问若要保证该地区的氮肥厂终年都能生产液氨,则所选氨气压缩机的最低压力是多少?

已知:氨的正常沸点为 −33℃,蒸发热为 1368 $J\cdot g^{-1}$(视为常数)。

B5-9 在 1949 ~ 2054 K 之间,金属 Zr 的蒸气压方程为

$$\lg\left(\frac{p}{p^\ominus}\right) = 7.3351 - 2.415\times10^{-4}\,T/\mathrm{K} - 31066\,\mathrm{K}/T$$

请得出 Zr 的摩尔升华焓 $\Delta_s^g H_m$ 与温度 T 的关系式,并估算 Zr 在熔点 2128 K 时的摩尔升华焓和蒸气压。

B5-10 人体体温约 310.2 K,应用下列数据与公式,估算人体呼出的空气中水的蒸气压为多少?假设人肺中的空气与水蒸气是饱和的。已知水的饱和蒸气压与温度关系为:$p = b\times\exp(-a/T)$,式中 a 和 b 是与水有关的特性常数。已知:$T = 303.2$ K 时,$p = 4242.84$ Pa;$T = 313.2$ K 时,$p = 7375.91$ Pa

B5-11 实验测得固体和液体苯在熔点附近的蒸气压如下两式表示:

$$\ln\left(\frac{p_s}{p^\ominus}\right) = 16.040 - 5319.2\ \mathrm{K}/T \qquad (1)$$

$$\ln\left(\frac{p_1}{p^{\ominus}}\right)=11.702-4110.4\ \mathrm{K}/T \tag{2}$$

(1) 试计算苯的三相点的温度和压力；

(2) 求苯(固体)的摩尔熔化熵；

(3) 计算压力增加到 101.325 kPa 时，熔点变化为多少？

已知 1 mol 液体苯的体积比固体苯大 0.0094 dm^3。

B5-12　根据碳的相图，回答下列问题：

(1) 点 O 及曲线 OA，OB 和 OC 具有什么含义？

(2) 试讨论在常温常压下石墨与金刚石的稳定性；

(3)2000 K 时，将石墨变为金刚石需要多大压力？

(4) 在高温、高压区，任意给定的温度和压力下，金刚石与石墨哪个具有较高的密度？

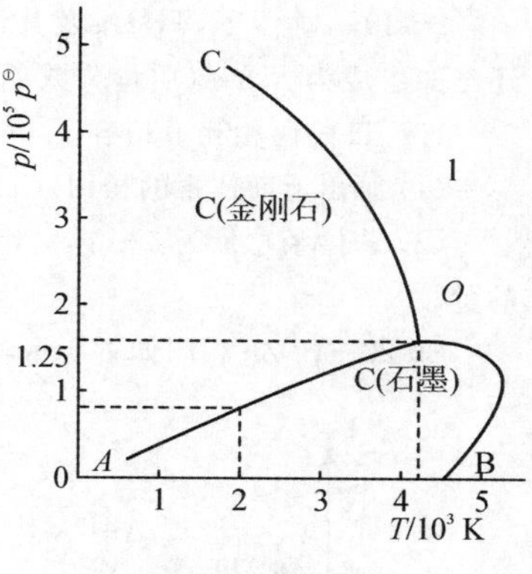

题 B5-12 图

B5-13　已知甲苯、苯在 90 ℃ 下纯液体的饱和蒸气压分别为 54.22 kPa 和 136.12 kPa。两者可形成理想液态混合物。取 200.0 g 甲苯和 200.0 g 苯置于带活塞的导热容器中，始态为一定压力下 90 ℃ 的液态混合物。在恒温 90 ℃ 下逐渐降低压力，问：

(1) 压力降到多少时，开始产生气相，此气相的组成如何？

(2) 压力降到多少，液相开始消失，最后一滴液相的组成如何？

(3) 压力为 92.00 kPa 时，体系内气、液两相平衡，两相的组成如何？两相的物质的量各为多少？

B5-14　四氢萘 $C_{10}H_{12}$ 在 207.3 ℃、$p^{\ominus}$ 下沸腾。假定可以使用特鲁顿规则、即摩尔蒸发熵为 88 $J\cdot K^{-1}\cdot mol^{-1}$。试粗略估计在 $p^{\ominus}$ 下用水蒸气蒸馏四氢萘时，每 100 g 水将带出多少克四氢萘？

B5-15　某有机物与水不互溶，在标准压力下用水蒸气蒸馏时，于 90℃ 沸腾，馏出物中水的质量分数为 24.0%，已知 90 ℃ 时水的蒸气压为 70.13 kPa，请估算该有机物的摩尔质量。

B5-16　酚—水体系在 60℃ 时分成 A 和 B 两液相，A 相含酚的质量分数为 0.168，B 相含水的质量分数为 0.449。

(1) 如果体系含 90 g 水和 60 g 酚，试求 A、B 两相的质量各为多少。

(2) 如果要使 100 g 含酚质量分数为 0.800 的溶液变浑浊，最少应该向体系加入多少水？

(3) 欲使(2)中变浑浊的体系恰好刚刚变清，必须向体系中加入多少水？

B5-17　热分析方法测得 Ca、Mg 二组分体系有如下数据：

W_{Ca}	0	0.1	0.19	0.46	0.55	0.65	0.79	0.90	1.00
转折点温度 T_1/K	—	883	787	973	994	923	739	1028	—
水平线的温度 T_2/K	924	787	787	787	994	739	739	739	1116

(1) 根据以上数据画出相图，在图上标出各相区的相态；

(2) 若相图中有化合物生成时，写出化合物的分子式(相对原子质量 Ca:40，Mg:24)；

(3) 将含 Ca 为 0.40(质量分数) 的混合物 700 g 加热熔化后，再冷却至 787 K 时，最多能得纯化合物若干克？

B5-18　NaCl-H_2O 所组成的二组分体系在 −21 ℃ 时有一个低共熔点，此时冰、NaCl·2H_2O(s) 和浓度为 $\omega=0.223$ 的 NaCl 水溶液平衡共存。在 −9 ℃ 时，不稳定化合物 NaCl·2H_2O 分解，生成无水 NaCl 和 $\omega=0.27$ 的 NaCl 溶液。已知无水氯化钠在水中的溶解度受温度的影响很小，当温度升高时，略有增加。

(1) 根据以上条件绘出 NaCl-H_2O 体系的固液平衡相图，并标出各部分存在的相。

(2) 若以冰盐水作致冷剂，能获得的最低温度是多少？

(3) 若需 −10 ℃ 的冰盐水，应配制的 NaCl 水溶液的浓度为多少？

(4) 为了将含 2.5% 的 NaCl 的海水淡化，先将海水降温，使冰析出，将冰熔化而获得淡水。问冷到什么温度时获得的淡水最多？

(5) 若有 100 g $W = 0.28$ 的 NaCl 溶液由 160 ℃ 冷却，问当温度降到多少度时析出的 NaCl 最多，为多少克？

B5-19　等压下，Tl，Hg 及其仅有的一个化合物（Tl_2Hg_5）的熔点分别为 303 ℃、−39 ℃、15 ℃。另外还已知组成为含 8%（质量分数）Tl 的溶液和含 41%Tl 的溶液的步冷曲线如下图。

Hg、Tl 的固相互不相溶。

(1) 画出上面体系的相图。（Tl，Hg 的相对原子质量分别为 204.4，200.6）

(2) 若体系总量为 500 g，总组成为 10%Tl，温度为 20 ℃，使之降温至 −70 ℃ 时，求达到平衡后各相的量。

B5-20　Bi-Zn 相图如下所示，由相图说明：

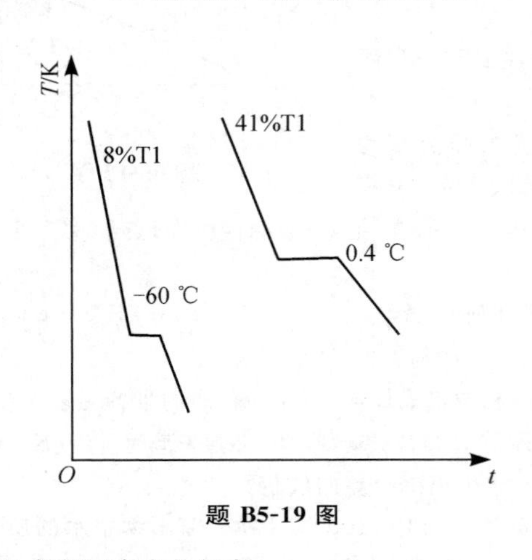

题 B5-19 图

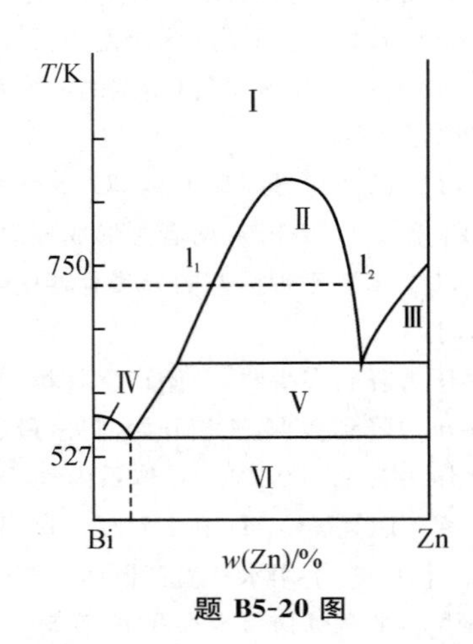

题 B5-20 图

(1) 各相区存在的相态；

(2)527 K 时，固相 Bi 与 13%Zn 的熔液达平衡，若以纯固态 Bi 为标准态，计算熔液中 Bi 的活度；

(3)750 K 时，35%Zn 与 86%Zn 的熔液达平衡，若以纯液态 Bi 为标准态，两种熔液中 Bi 的活度应有什么关系？

B5-21　在 863 K 和 4.4×10^6 Pa 时，固体红磷、液态磷和磷蒸气处于平衡；在 923 K 和 1.0×10^7 Pa 时液态磷、固态黑磷和固态红磷处于平衡；已知黑磷、红磷和液态磷的密度分别为 2.70×10^3、2.34×10^3、1.81×10^3 $kg \cdot m^{-3}$；且由黑磷转化为红磷时吸热。

(1) 根据以上数据绘出磷相图的示意图；

(2) 问黑磷和红磷的熔点随压力怎样变化？

B5-22　已知二组分 A、B 体系的相图如下。

(1) 标出各区的相态，水平线 *EF*、*GH* 及垂线 *CD* 上体系的自由度是多少？

(2) 已知纯 A 的熔化熵 $\Delta_{fus}S_m = 30\ J \cdot K^{-1} \cdot mol^{-1}$，熔点为 610 K 其固体热容较液体热容小 $5\ J \cdot K^{-1} \cdot mol^{-1}$。低共熔点温度为 510 K 时溶液组成为 $x_A = 0.6$（摩尔分数），把 A 作为非理想液体混合物中的溶剂时，求在低共熔点时熔液中 A 的活度系数 γ_A。

B5-23　已知两组分 A 和 B 体系的相图

(1) 在图右部画出 *a*、*b*、*c* 表示的三个体系由 t_1 温度冷却到 t_2 的步冷曲线；

(2) 标出各相区的相态，水平线 *EF*、*GH* 及垂直线 *DS* 上体系的自由度；

(3) 使体系 P 降温，说明达到 *M*、*N*、*Q*、*R* 点时体系的相态和相数；

(4) 已知纯 A 的凝固焓 $\Delta_{fus}H_m = -18027\ J \cdot mol^{-1}$（设不随温度变化），低共熔点时组成 $x_A = 0.6$（摩尔分数），当把 A 作为非理想溶液中的溶剂时，求该溶液中组分 A 的活度系数。

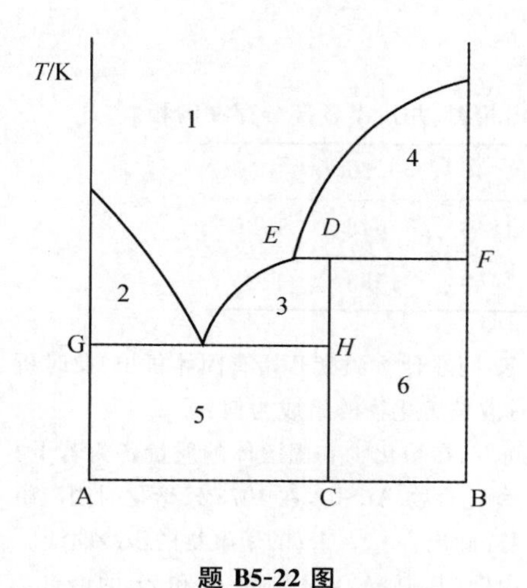

题 B5-22 图

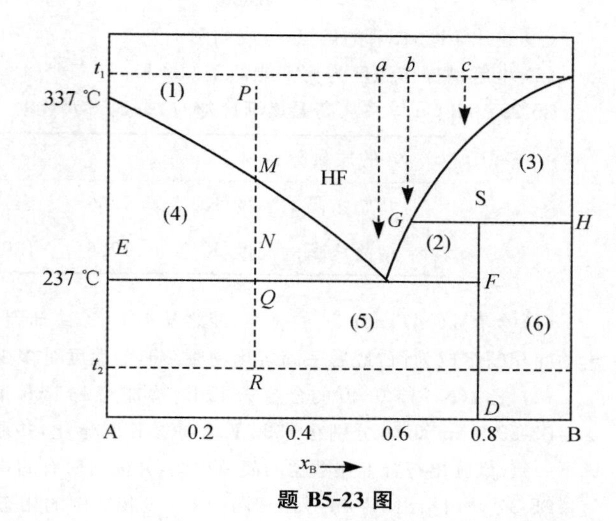

题 B5-23 图

B5-24　对 FeO-MnO 二组分体系，已知 FeO 和 MnO 的熔点分别为 1370 ℃ 和 1785 ℃，在 1430 ℃，分别含有 30% 和 60% 的 MnO(质量) 的二固体溶液相发生转熔变化，其平衡的液相组成为 15% 的 MnO。在 1200 ℃ 时，二固熔体的组成为 26% 和 64% 的 MnO，试依据上述数据，

(1) 绘制 FeO-MnO 二元相图；

(2) 指出各相平衡区的相态；

(3) 画出 28%MnO 的二组分系由 1600 ℃ 缓慢冷却至 1200 ℃ 的步冷曲线和路径的相变化。

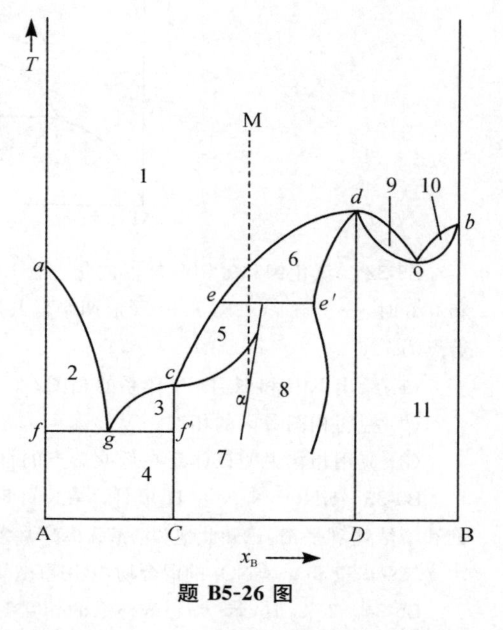

题 B5-26 图

B5-25　苯(A) 和二苯基甲醇(B) 的正常熔点分别为 6 ℃ 和 65 ℃，两种纯态物不互溶，低共熔点为 1 ℃，低共熔液中含 B 为 0.2(摩尔分数)，A 和 B 可形成不稳定化合物 AB_2，它在 30℃ 时分解。

(1) 根据以上数据画出苯-二苯基甲醇的 T-x 示意图；

(2) 标出各区域的相态；

(3) 说明含 B 的摩尔分数为 0.8 的不饱和溶液在冷却过程中的变化情况。

B5-26　请在下述二组分等压固液 T-x 图上：

(1) 注明各区相态；

(2) 指出相图中哪些状态自由度为零；

(3) 绘制从 M 点开始冷却的步冷曲线。

B5-27　金属 A 和 B 的熔点分别为 650 K 和 580 K，由热分析指出在 500 K 时有三相共存，其中一相是含 30%B 的溶液，其余二相分别是含 20%B 和含 25%B 的固溶体，冷却至 450 K 时又呈现三相共存，分别是含 55%B 的溶液、含 35%B 和含 80%B 的两个固溶体。根据以上数据绘出 A-B 二元合金相图，并指出各相区存在的相。

B5-28　电解 LiCl 制备金属锂时，由于 LiCl 熔点高(878 K)，通常选用比 LiCl 难电解的 KCl(熔点 1048 K) 与其混合。利用低共熔点现象来降低 LiCl 熔点，节省能源。已知 LiCl(A)-KCl(B) 物系的低共熔点组成为 $\omega_B = 0.50$，温度为 629 K。而在 723 K 时，KCl 含量 $\omega_B = 0.43$ 时的熔化物冷却析出 LiCl(s)，而 $\omega_B = 0.63$ 时析出 KCl(s)。

(1) 绘出 LiCl-KCl 的熔点-组成相图；

(2) 电解槽操作温度为何不能低于 629 K。

B5-29 Ni-Cu 体系从高温逐渐冷却时，得到下列数据，试画出相图。并指出各部分存在的相。

Ni 的质量分数 ω(Ni)	0	0.10	0.40	0.70	1.00
开始结晶的温度/K	1356	1413	1543	1648	1725
结晶终了的温度/K	1356	1373	1458	1583	1725

(1) 今有 ω(Ni) = 0.50 的合金，使之从 1673 K 冷却到 1473 K，问在什么温度开始有固体析出？此时析出的固相的组成为何？最后一滴熔化物凝结时的温度是多少？此时液态熔化物的组成为何？

(2) 把 ω(Ni) = 0.30 的合金 0.25 kg 冷却到 1473 K 时，试问 Ni 在熔化物和固溶体的质量各为若干？

B5-30 Au 和 Sb 分别在 1333 K 和 903 K 时熔化，并形成一种化合物 $AuSb_2$，在 1073 K 熔化时固液组成不一致。试画出符合上述数据的简单相图，并标出所有的相区名称。画出含 50%Au 的熔融物的步冷曲线。

B5-31 请指出 Al-Zn 等压相图中 1 ～ 9 相区中的相态及自由度(其中，A，B 分别为 Al 和 Zn 的熔点)。

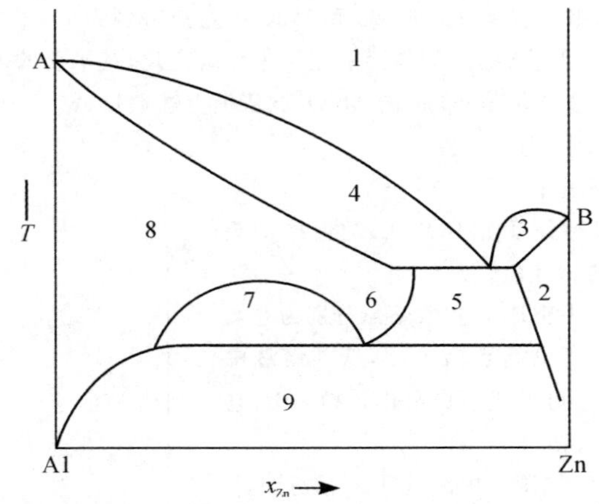

B5-32 氯化钾和氟钽酸钾形成化合物 $KCl \cdot K_2TaF_7$，其熔点为 758 ℃，并且在 KCl 的摩尔分数为 0.2 和 0.8 时，分别与 KCl、K_2TaF_7 形成两个低共熔物，低共熔点均为 700 ℃。KCl 的熔点为 770 ℃，K_2TaF_7 的熔点为 726℃。

(1) 绘出 KCl 和 K_2TaF_7 体系的相图；

(2) 标明相图各区的相态；

(3) 应用相律说明该体系在低共熔点的自由度。

B5-33 KNO_3-$NaNO_3$-H_2O 体系在 5℃ 时有一三相点，在这一点无水 KNO_3 和无水 $NaNO_3$ 同时与一饱和溶液达到平衡。已知此饱和溶液含 KNO_3 为 9.04%(质量分数)，含 $NaNO_3$ 为 41.01%(质量分数)。如果有一 70 g KNO_3 和 30 g $NaNO_3$ 的混合物，欲用重结晶方法回收纯 KNO_3，问在 5 ℃ 时最多能回收 KNO_3 多少克？

B5-34 25℃ 时，苯-水-乙醇体系的相互溶解度数据(质量分数)如下：

苯	0.1	0.4	1.3	4.4	9.2	12.8	17.5	20.0	30.0
水	80.0	70.0	60.0	50.0	40.0	35.0	30.0	27.7	20.5
乙醇	19.9	29.6	38.7	45.6	50.8	52.2	52.5	52.3	49.5
苯	40.0	50.0	53.0	60.0	70.0	80.0	90.0	95.0	
水	15.2	11.0	9.8	7.5	4.6	2.3	0.8	0.2	
乙醇	44.8	39.0	37.2	32.5	25.4	17.7	9.2	4.8	

(1) 绘出三组分液-液平衡相图；

(2) 在1 kg质量比为42∶58的苯与水的混合液(两相)中，加入多少克的纯乙醇才能使体系成为单一液相，此时溶液的组成如何？

(3) 为了萃取乙醇，往1 kg含苯60%、乙醇40%(质量分数)的溶液中加入1 kg水，此时体系分成两层。上层的组成为：苯95.7%，水0.2%，乙醇4.1%(质量分数)。问水层中能萃取出乙醇多少克？萃取效率(已萃取出的乙醇占乙醇总量的百分数)多大？

可扫码观看讲课视频：

第6章 化学平衡热力学

教学目标

1. 明确化学反应平衡面临的问题以及应用热力学方法解决问题的优越性与局限性。

2. 理解化学反应亲合势、偏摩尔反应量的定义及物理意义。掌握组成可变的均相多组分多反应体系的热力学基本方程及其应用。

3. 理解化学反应方向限度的判据所涉及的物理量，如$\left(\frac{\partial G}{\partial \xi}\right)_{T,p}$、$\Delta_r G_m$、$\mathscr{A}$、$\sum \nu_B \mu_B$ 等的由来、意义及其彼此间的联系。

4. 掌握化学反应平衡的条件和化学反应等温方程在判断反应方向及限度上的具体应用。

5. 掌握理想体系的各种平衡常数表达形式与演化。

6. 掌握平衡等温式 $\Delta_r G_m^{\ominus}(T)=-RT\ln K^{\ominus}(T)$ 之意义，尤其应区别 $\Delta_r G_m^{\ominus}(T)$ 与 $K^{\ominus}(T)$ 的实质状态，并熟悉 $\Delta_r G_m^{\ominus}(T)$ 测定方法。

7. 熟悉标准平衡常数、实验平衡常数及平衡组成的定义、计算及它们相互间的逻辑关联。

8. 掌握非理想体系（高压气体或混合物，液态混合物及溶液）之化学平衡常数的表达以及逸度、活度的意义与求法。

9. 掌握化学反应标准平衡常数与温度的关系——Van't Hoff 方程的不定积分式、定积分式及其应用。

10. 理解温度、压力、惰性气体存在及物料配比等因素对化学平衡移动的影响规律，并掌握固体化合物分解压概念与计算。

11. 了解耦合反应平衡和同时反应平衡的意义与处理方法。

12. 理解生化标准态（符号⊕）意义以及生化标准态的摩尔反应 Gibbs 函数变 $\Delta_r G_m^{\oplus}(T)$ 与标准平衡常数 $K^{\oplus}(T)$ 的概念和应用。

教学内容

1. 化学反应的方向与限度
2. 化学反应亲合势
3. 偏摩尔反应量
4. 理想体系的化学平衡
5. 平衡常数的测定和平衡组成的计算
6. 标准摩尔反应吉布斯函数变的测定

7. 反应的耦合

8. 非理想体系的化学平衡

9. 温度对化学平衡的影响

10. 其他因素对化学平衡的影响

11. 多种化学反应同时平衡

12. 生化标准态的摩尔反应吉布斯函数变

重点难点

1. 化学反应等温方程对定温、定压、定反应进度的化学反应方向限度的判据。不同反应体系的化学反应等温方程式表达。

2. 各种反应体系标准平衡常数 $K^{\ominus}$ 和经验平衡常数 K 的表达式及相互间变换。

3. 平衡等温式 $\Delta_r G_m^{\ominus}(T) = -RT\ln K^{\ominus}(T)$ 的意义与应用，热力学标准态的 $\Delta_r G_m^{\ominus}(T)$ 的测定方法。

4. 温度对平衡常数的影响——Van't Hoff 方程的定积分式、不定积分式及不同温度下平衡常数的计算式。

5. 压力、惰性气体对气相反应平衡移动的影响和组成变化的计算。固体化合物分解压的概念与计算。

6. 溶液(或熔体)反应中的 $\Delta_r G_m^{\ominus}(T)$ 的计算。生化标准态的 $\Delta_r G_m^{\oplus}(T)$ 与 $K^{\oplus}(T)$ 的意义。

7. 非理想体系之化学平衡常数(包括"杂平衡常数")的表达及有关计算。

8. 同时平衡计算原则及方法。

建议学时——4学时

6.1 化学反应的方向与限度

6.1.1 化学平衡应当解决的问题

未达化学平衡(chemical equilibrium)的反应需要解决的问题是：

(1) 在指定的外界条件下，某一化学反应是否能够进行？若能进行达到平衡时，反应物的平衡转化率或最高产率究竟有多大？前者属反应的方向性问题，后者就是反应的最大可能限度的问题。

(2) 如果在给定条件下，某个反应根本不能发生或者可能发生的方向恰恰相反，那么能否通过调节外界条件如温度、压力、浓度等因素使反应朝着既定的方向进行呢？对能按指定方向进行的反应，改变温度、压力、浓度等因素对反应限度又有什么影响呢？实践证明，这两大问题的解决无疑对如何选择新的合成路线、提高产量等工艺设计、技术革新提供了科学根据，从而减少盲目性，达到增产节约的目的。

历史上，化学平衡的关系式曾由挪威化学家古尔特堡(C. M. Guldberg)和瓦格(P. Waage)于1864年从反应速率观点导出。对于反应：

$$aA + dD \rightleftharpoons gG + hH$$

因正向反应速率与反应物浓度成比例(质量作用定律)

$$r_{+} \rightarrow k_{+} [A]^{a}[D]^{d}$$

而逆向反应速率与产物浓度成比例

$$r_{-} \rightarrow k_{-} [G]^{g}[H]^{h}$$

上式中 r_{+}、r_{-} 分别为正逆二向的反应速率，而 k_{+}、k_{-} 分别为其速率常数。当反应达“动态平衡”时，正逆二向反应速率应相等，故有

$$\frac{[G]^{g}[H]^{h}}{[A]^{a}[D]^{d}} = \frac{k_{+}}{k_{-}} = K_{c}$$

式中 K_{c} 称为反应的平衡常数。然而，这种导出方法并不严谨，以后将会看到，反应速率取决于反应机理，与浓度间关系并不一定满足上述两式，即浓度幂次与计量方程系数 a、d、g、h 间并不一定相等，仅在个别例子上偶然符合。而平衡常数关系式则客观存在，即反应达平衡时，实验结果的确满足上式(忽略活度系数时)。严格的推导，必须应用热力学方法。

热力学虽然能提供数据预示化学反应的自发方向并计算反应的最大平衡产量，但其最终答案仅仅指出：“有可能如此”，而可能发生则未必真能付诸实现，因为，其中还有个速度问题。可见，热力学无法预示反应速度的快慢以及反应的历程，这是它的局限性。

6.1.2 化学反应体系的热力学基本方程及化学反应亲合势

对于质点数改变的均相体系，可得一组以单个物质为单元建立起来的热力学基本方程：

$$dU = TdS - pdV + \sum_{B} \mu_{B} dn_{B} \quad (4\text{-}14)$$

$$dH = TdS + Vdp + \sum_{B} \mu_{B} dn_{B} \quad (4\text{-}15)$$

$$dA = -SdT - pdV + \sum_{B} \mu_{B} dn_{B} \quad (4\text{-}16)$$

$$dG = -SdT + Vdp + \sum_{B} \mu_{B} dn_{B} \quad (4\text{-}17)$$

对于封闭的 pVT 单相体系，发生 R 个独立的化学反应，其中，第 ρ 个反应的计量方程式可表示为：

$$0 = \sum_{B} \nu_{B,\rho} B (\rho = 1, 2, \cdots, R) \quad (6\text{-}1)$$

式中 $\nu_{B,\rho}$ 为第 ρ 个反应方程式中物质B的**化学计量数**(stoichiometric number in the chemical reaction)，其对反应物取负值，对产物取正值。

若以 ξ_{ρ} 表示第 ρ 个反应的**反应进度**(extent of reaction)，依据第二章2.6节已述“反应进度 ξ”概念可知，在反应过程中的任一时刻，均存在着如下微变关系：

$$dn_{B,\rho} = \nu_{B,\rho} d\xi_{\rho} \quad (6\text{-}2)$$

$dn_{B,\rho}$ 代表第 ρ 个反应中物质B的量的改变。

于是，体系中物质B的量的总改变为

$$dn_B = \sum_\rho dn_{B,\rho} = \sum_\rho \nu_{B,\rho} d\xi_\rho \tag{6-3}$$

则基本方程应化为

$$dU = TdS - pdV + \sum_\rho \left(\sum_B \nu_{B,\rho}\mu_B\right) d\xi_\rho \tag{6-4}$$

$$dH = TdS + Vdp + \sum_\rho \left(\sum_B \nu_{B,\rho}\mu_B\right) d\xi_\rho \tag{6-5}$$

$$dA = -SdT - pdV + \sum_\rho \left(\sum_B \nu_{B,\rho}\mu_B\right) d\xi_\rho \tag{6-6}$$

$$dG = -SdT + Vdp + \sum_\rho \left(\sum_B \nu_{B,\rho}\mu_B\right) d\xi_\rho \tag{6-7}$$

对于已达热平衡和力学平衡，但未达到化学平衡的R个独立化学反应体系，其各热力学函数U、H、A、G可表示成下列态变量的函数：

$$U = U(S,V,\xi_1,\xi_2,\cdots,\xi_R) \tag{6-8}$$

$$H = H(S,p,\xi_1,\xi_2,\cdots,\xi_R) \tag{6-9}$$

$$A = A(T,V,\xi_1,\xi_2,\cdots,\xi_R) \tag{6-10}$$

$$G = G(T,p,\xi_1,\xi_2,\cdots,\xi_R) \tag{6-11}$$

将它们全微分并与上述(6-4)～(6-7)式中相应的微分式比较，即得

$$\left(\frac{\partial U}{\partial \xi_\rho}\right)_{S,V,\xi_{\rho'}\neq\rho} = \left(\frac{\partial H}{\partial \xi_\rho}\right)_{S,p,\xi_{\rho'}\neq\rho} = \left(\frac{\partial A}{\partial \xi_\rho}\right)_{T,V,\xi_{\rho'}\neq\rho} = \left(\frac{\partial G}{\partial \xi_\rho}\right)_{T,p,\xi_{\rho'}\neq\rho} = \sum_B \nu_{B,\rho}\mu_B \tag{6-12}$$

在恒温恒压下，$-\sum_B \nu_{B,\rho}\mu_B = -\Delta_r G_m$ **为化学反应的净推动力，称为第**ρ**个化学反应亲合势**(affinity of chemical reaction)，以$\mathscr{A}_\rho$表示，即

$$\mathscr{A}_\rho = -\sum_B \nu_{B,\rho}\mu_B \tag{6-13}$$

显然，$\mathscr{A}$为单位反应性质或强度性质，是判据化学反应方向的热力学量，它与实际体系大小和实际反应掉多少无关，而只取决于体系的实际状态，即指定ξ下的μ_B定值及方程式计量系数。

则所讨论体系的热力学基本方程为

$$dU = TdS - pdV - \sum_\rho \mathscr{A}_\rho d\xi_\rho \tag{6-14}$$

$$dH = TdS + Vdp - \sum_\rho \mathscr{A}_\rho d\xi_\rho \tag{6-15}$$

$$dA = -SdT - pdV - \sum_\rho \mathscr{A}_\rho d\xi_\rho \tag{6-16}$$

$$dG = -SdT + Vdp - \sum_\rho \mathscr{A}_\rho d\xi_\rho \tag{6-17}$$

将式(6-14)～(6-17)与式(4-14)～(4-17)相比较，不难看出，两者在形式上的相似性。若以一对化学反应共轭变量(ξ_ρ，$-\mathscr{A}_\rho$)替代另一对化学共轭变量(n_B，μ_B)，则以单个物质为单元建立起来的热力学基本方程及其关系式便可转化成以化学反应为单元的热力学基本方程及其关系式，从而更加直观地体现出化学反应的特色，同时也使本章的论述可大为简化。

6.1.3 偏摩尔反应量

设 pVT 单相系(或各相温度及压力彼此相等的复相系)中发生 R 个化学反应。体系的状态由 $T,p,\xi_1,\xi_2,\cdots,\xi_R$ 描写,体系的广度量 Z 可表示为 $Z=Z(T,p,\xi_1,\xi_2,\cdots,\xi_R)$,则其全微分为

$$dZ=\left(\frac{\partial Z}{\partial T}\right)_{p,\xi}dT+\left(\frac{\partial Z}{\partial p}\right)_{T,\xi}dp+\sum_{\rho}\left(\frac{\partial Z}{\partial \xi_\rho}\right)_{T,p,\xi_{\rho'=\rho}}d\xi_\rho \tag{6-18}$$

现引入一个新概念,**将** $\left(\frac{\partial Z}{\partial \xi_\rho}\right)_{T,p,\xi_{\rho'=\rho}}$ **称为化学反应** ρ **在状态** $T,p,\xi_1,\xi_2,\cdots,\xi_R$ **的偏摩尔反应量**(partial molar reaction quantity),用符号 Z_ρ 表示,即

$$Z_\rho\equiv\left(\frac{\partial Z}{\partial \xi_\rho}\right)_{T,p,\xi_{\rho'\neq\rho}} \tag{6-19}$$

它是体系的状态函数,且是强度量。因此有

$$Z_\rho\equiv Z_\rho(T,p,\xi_1,\xi_2,\cdots,\xi_R) \tag{6-20}$$

由于广度量 $Z=Z(T,p,n_A,n_B,\cdots,n_k)$,且 n_A、n_B 等又是 $\xi_1,\xi_2,\cdots,\xi_R$ 的函数,因此

$$Z_\rho=\left(\frac{\partial Z}{\partial \xi_\rho}\right)_{T,p,\xi_{\rho'\neq\rho}}=\sum_B\left(\frac{\partial Z}{\partial n_B}\right)_{T,p,n_{C\neq B}}\left(\frac{\partial n_B}{\partial \xi_\rho}\right)_{\xi_{\rho'\neq\rho}}=\sum_B Z_{B,m}\left(\frac{\partial n_B}{\partial \xi_\rho}\right)_{\xi_{\rho'\neq\rho}} \tag{6-21}$$

而

$$\left(\frac{\partial n_B}{\partial \xi_\rho}\right)_{\xi_{\rho'\neq\rho}}=\nu_{B,\rho}$$

则

$$Z_\rho=\sum_B\nu_{B,\rho}Z_{B,m}=\Delta_\rho Z_m \tag{6-22}$$

上式表明偏摩尔反应量 Z_ρ 跟参与反应 ρ 的物质的偏摩尔量 Z_B 之间的普遍关系式。下面给出几个实例:

$$V_\rho=\left(\frac{\partial V}{\partial \xi_\rho}\right)_{T,p,\xi_{\rho'\neq\rho}}=\sum_B\nu_{B,\rho}V_{B,m} \tag{6-23}$$

$$H_\rho=\left(\frac{\partial H}{\partial \xi_\rho}\right)_{T,p,\xi_{\rho'\neq\rho}}=\sum_B\nu_{B,\rho}H_{B,m} \tag{6-24}$$

$$S_\rho=\left(\frac{\partial S}{\partial \xi_\rho}\right)_{T,p,\xi_{\rho'\neq\rho}}=\sum_B\nu_{B,\rho}S_{B,m} \tag{6-25}$$

$$G_\rho=\left(\frac{\partial G}{\partial \xi_\rho}\right)_{T,p,\xi_{\rho'\neq\rho}}=\sum_B\nu_{B,\rho}G_{B,m}=\sum_B\nu_{B,\rho}\mu_B=-\mathscr{A}_\rho \tag{6-26}$$

$$C_{p,\rho}=\left(\frac{\partial C_p}{\partial \xi_\rho}\right)_{T,p,\xi_{\rho'\neq\rho}}=\sum_B\nu_{B,\rho}C_{p,B,m} \tag{6-27}$$

由于反应物的化学计量数取负值,因此上式实际上具有差的形式,故用 $\Delta_\rho Z_m$ 表示。

必须明确:这里的算符 Δ 并非通常意义上的终态量与始态量的差,而是指反应体系的某一状态下,反应物种的偏摩尔量 $Z_{B,m}$ 与其相应的化学计量数 $\nu_{B,\rho}$ 的乘积的代数和。换言之,是反应体系的某一状态下生成物的偏摩尔量乘其计量系数的和超出反应物的偏摩尔量乘其计量系数的和的部分;不言而喻,$\Delta_\rho Z_m$ 是体系的状态函数,而且是强度量;同时,

$\Delta_\rho Z_m$ 与用于表示化学反应的计量方程式写法有关；$\Delta_\rho Z_m$ 的 SI 单位是 $J \cdot mol^{-1}$，其中 mol^{-1} 系指单元反应，因此在任何情况下均不能省略；用(偏) 摩尔反应量这一术语代替惯用的化学反应的摩尔量变，它与反应进度都是对一个化学反应整体描述的物理量。应用这两个物理量来统一处理化学反应体系具有精确、规范与简便等优点。

6.1.4　化学反应的方向判据及平衡稳定条件

化学反应方向判断

设 pVT 封闭体系中只发生一个化学反应

$$0 = \sum_B \nu_B B$$

在 T、p、ξ 状态时，固定 T 和 P，化学反应向哪个方向进行？或问正向反应能否自动进行？这就是化学反应方向性问题。

根据化学反应的热力学基本方程

$$dG = -SdT + Vdp - \mathscr{A}d\xi \tag{6-17}$$

在等温等压条件下，依据 Gibbs 自由能减少原理

$$(dG)_{T,p} = -\mathscr{A}d\xi \leqslant 0 \begin{pmatrix} \text{“=”，平衡或可逆过程} \\ \text{“<”，不可逆过程} \end{pmatrix} \tag{6-28}$$

故等温等压化学反应的方向判据可表示为

$$\left(\frac{\partial G}{\partial \xi}\right)_{T,p} = \sum_B \nu_B \mu_B = \Delta_r G_m = -\mathscr{A}(T,p,\xi) \begin{matrix} < \\ = 0 \\ > \end{matrix} \begin{bmatrix} \text{正向自动进行} \\ \text{平衡或可逆过程} \\ \text{逆向自动进行} \end{bmatrix} \tag{6-29}$$

上式表明 $\mathscr{A}(T,p,\xi)$ 的值越大，正向反应进行的可能性越大。显然，用化学亲和势判断化学反应的方向性与限度比用 Gibbs 自由能减少原理显得更为具体与直观。

如果 pVT 封闭体系中能同时发生 R 个独立的化学反应

$$0 = \sum_B \nu_{B,\rho} B (\rho = 1,2,\cdots,R)$$

则体系中反应方向的判据为

$$(dG)_{T,p} = -\sum_\rho \mathscr{A}_\rho d\xi_\rho \leqslant 0 \begin{bmatrix} \text{“<”，不可逆过程} \\ \text{“=”，可逆过程或平衡} \end{bmatrix} \tag{6-30}$$

显然，对所有的反应，即 $\rho = 1,2,\cdots,R$，若 $\mathscr{A}_\rho(T,p,\xi_1,\xi_2,\cdots,\xi_R) > 0$(或 < 0)，反应都正向(或逆向) 自动进行；若 $\mathscr{A}_\rho(T,p,\xi_1,\xi_2,\cdots,\xi_R) = 0$，则体系处在平衡态或进行可逆过程；允许体系中某些反应的 $\mathscr{A}_\rho(T,p,\xi_1,\xi_2,\cdots,\xi_R) > 0$，另外一些反应的 $\mathscr{A}_\rho(T,p,\xi_1,\xi_2,\cdots,\xi_R) < 0$，只要总起来能满足 $\sum_\rho \mathscr{A}_\rho d\xi_\rho > 0$，体系中的所有反应都能自动进行。这可从下面反应耦合得以说明。

化学反应的耦合

若 pVT 封闭体系中能同时发生 R 个独立的化学反应

$$0=\sum_{\mathrm{B}}\nu_{\mathrm{B},\rho}B(\rho=1,2,\cdots,R)$$

由热力学基本方法不难得到

$$\frac{\partial\mathscr{A}_i}{\partial\xi_j}=\frac{\partial\mathscr{A}_j}{\partial\xi_i}\tag{6-31}$$

上式表明，反应中一个化学反应的亲合势与另一个化学反应的反应进度是有关的，即**亲合势很大的反应可以带动亲合势很小(或为负值)的反应正向进行，此即"反应的耦合**(coupling of chemical reaction)"。耦合的结果是允许其中一部分反应可以沿与其本身亲合势所规定的相反方向进行，即，一个反应能推动另一个反应，使总反应的 $\sum_{\rho}\mathscr{A}_\rho\mathrm{d}\xi_\rho\gg0$，原来不易进行的反应变得容易进行。

例如，氯化法冶炼金属的反应：

(1) $TiO_2(s)+2Cl_2(g)\longrightarrow TiCl_4(l)+O_2(g)$

$\mathscr{A}_1(298\ \mathrm{K})=-161.94\ \mathrm{kJ\cdot mol^{-1}}$

$\mathscr{A}_1$ 是个很负的值，所以生成 $TiCl_4$ 极少，提高温度虽有利于反应向右进行，但收效甚微，如在上述反应系中加入些碳，则伴随有如下反应发生：

(2) $C(s)+O_2(g)\longrightarrow CO_2(g)$

$\mathscr{A}_2(298\ \mathrm{K})=384.38\ \mathrm{kJ\cdot mol^{-1}}$

这是一个 $\mathscr{A}_2$ 值很大的反应，于是两反应合并为

(3) $C(s)+TiO_2(s)+2Cl_2(g)\longrightarrow TiCl_4(l)+CO_2(g)$

$\mathscr{A}_3(298\ \mathrm{K})=\mathscr{A}_1(298\ \mathrm{K})+\mathscr{A}_2(298\ \mathrm{K})=232.4\ \mathrm{kJ\cdot mol^{-1}}$

由于反应(3)的 $\mathscr{A}_3\gg0$，所以反应显著地右移，这就是反应(2)与反应(1)耦合，后者带动前者的结果。可以看出，在此耦合反应中，后一反应的一种反应物(O_2)恰是前一反应的产物，故反应(2)的发生可减少前一反应中 O_2 的浓度，有利于使反应(1)的平衡右移，这一结论可自 Le Chatelier 原理得到解释。O_2 常称为此耦合反应的"共同物"。

再如，反应：

(1) $H_2O(l)+\frac{1}{2}O_2(g)\longrightarrow H_2O_2(aq)$

$\mathscr{A}_1(298\ \mathrm{K})=-119.23\ \mathrm{kJ\cdot mol^{-1}}$

(2) $Zn(s)+\frac{1}{2}O_2(g)\longrightarrow ZnO(s)$

$\mathscr{A}_2(298\ \mathrm{K})=318.19\ \mathrm{kJ\cdot mol^{-1}}$

而(1)+(2)=(3)

(3) $H_2O(l)+Zn(s)+O_2(g)\longrightarrow ZnO(s)+H_2O_2(aq)$

$\mathscr{A}_3(298\ \mathrm{K})=199.07\ \mathrm{kJ\cdot mol^{-1}}$

最后一个反应就是前两个反应耦合的结果，驱使 $\mathscr{A}$ 值很负的反应(1)向右进行。与前例的差别在于此反应耦合时的共同物(O_2)都是作为反应物存在。

工业生产常利用反应的耦合进行新合成方法的尝试，例如丙烯生产丙烯腈反应：

$$CH_2 = CH—CH_3 + NH_3 \longrightarrow CH_2 = CHCN + 3H_2$$

其反应产率很低，但若用反应

$$3H_2 + \frac{3}{2}O_2 \longrightarrow 3H_2O$$

进行耦合，则将发生如下反应：

$$CH_2 = CH—CH_3 + NH_3 + \frac{3}{2}O_2 \longrightarrow CH_2 = CHCN + 3H_2O$$

此即丙烯氨氧化制丙烯腈的反应，它是当前制取丙烯腈的最佳方法，因为它产率较高，见效较快。

反应的耦合在生物化学及生命科学中甚为重要，如人体内能量传递的生化反应中，一个重要的进程是高能磷酸键化合物 ATP(三磷酸腺苷) 水解为 ADP(二磷酸腺苷) 和无机磷酸盐 P_i^-(如 $H_2PO_4^-$)，其 $\mathscr{A} > 0$，生命有机体中就是以之与不易进行的“小分子合成大生物分子(如蛋白质、氨基酸等)”过程耦合，才能驱使人体肌肉收缩做功。反之，若要实现从 ADP 向 ATP 的转变(其 $\mathscr{A} \ll 0$，反应难以自发进行)，则必须同葡萄糖的氧化反应($\mathscr{A} \gg 0$) 进行耦合才能发生，这些过程可简单示意如下(图 6-1，其中可逆箭号“)(”示两反应耦合)。

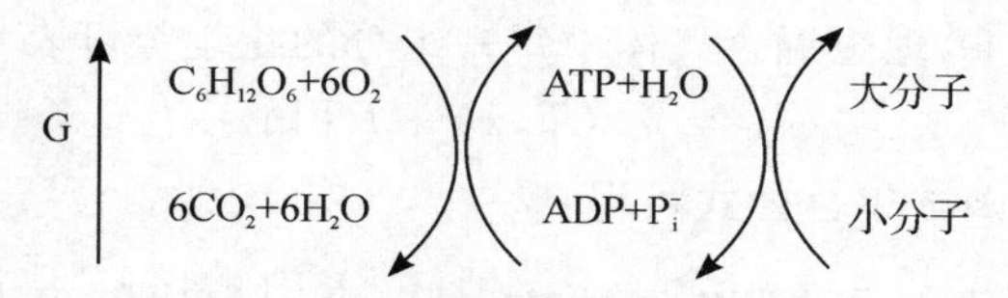

图 6-1　生物化学中的反应耦合

以上反应的耦合，大都有一个共同物参加反应，但在生物化学中有一种酶催化剂能导致两独立反应的耦合，却没有共同物的存在，例如下列反应：

(1) $A + B \rightleftharpoons C + D$

(2) $F + G \rightleftharpoons H$

倘若有催化剂存在，则两反应同时进行，总效果为反应

(3) $A + B + F + G \rightleftharpoons C + D + H$

这种反应耦合的典型例子在生物体系中十分普遍。

综上所述，反应的耦合尽管可采取有共同物(反应物或产物) 与没有共同物两种不同方式，但耦合的结果都一定会使总反应的 $\sum_{\rho} \mathscr{A}_{\rho} d\xi_{\rho} > 0$，使之成为热力学上可进行的反应，这是反应耦合的基本特征。

化学反应的平衡稳定条件

对 pVT 封闭体系，根据平衡态稳定的 Gibbs 自由能判据，在 T，p 恒定时，稳定平衡态的 Gibbs 自由能具有严格的极小值。

若体系中只发生一个化学反应

$$0 = \sum_{B} \nu_B B$$

则其平衡条件为

$$\left(\frac{\partial G}{\partial \xi}\right)_{e} = -\mathscr{A}(T, p, \xi_e) = \sum_{B} \nu_B \mu_B = 0 \tag{6-32}$$

这就是说,反应总是朝着产物组合化学势降低的方向进行,一旦反应物的组合化学势等于产物组合化学势,反应就达到平衡 —— 反应的最大限度。

依此平衡条件可以推测,任何反应只能自发进行到某一程度 ξ,而不能进行到底。反应物只能部分地而不是百分之百地变成产物,即最终将形成反应物和产物共存的混合体系。为阐明这一规律及其实质,下面以最简单的正丁烷与异丁烷的异构化反应为例说明。

设正丁烷(A) $\rightleftharpoons$ 异丁烷(D) 为理想气体的转化反应,令 $n_{B,0}$ 为反应开始前各组分的物质的量,以 n_B、x_B、μ_B 和 $n_{总}$ 分别表示反应进行 t 时刻(或反应进度为 ξ 时)各组分的物质的量、摩尔分数、化学势和体系总的物质的量,列式表示如下:

	(正丁烷) A	$\rightleftharpoons$ (异丁烷) D	$n_{总}$
反应开始 $t=0$ 时的 $n_{B,0}$:	$n_{A,0}=1$	$n_{D,0}=0$	1
反应至 t 时刻的 n_B:	$n_A = 1-\xi$	$n_D=\xi$	1
反应至 t 时刻的 x_B:	$x_A = 1-\xi$	$x_D=\xi$	

在恒温及恒压条件下,理想混合气体中每一组分的化学势可表示为:

$$\mu_B = \mu_B^*(T, p) + RT\ln x_B \tag{4-116}$$

将上式代入体系 Gibbs 函数集合公式可得:

$$G = \sum_B n_B \mu_B = [n_A \mu_A^* + n_D \mu_D^*] + [RT(n_A \ln x_A + n_D \ln x_D)] \tag{6-33}$$

上式右方前一括号项为纯组分在同温同压下的化学势,可用 $G_{纯}$ 表示,后一括号项可用 $\Delta G_{混合}$ 或 $G_{混}$ 表示。若 n_B,x_B 分别用 ξ 代入,则上式可改写成:

$$G = G_{实} = G_{纯} + G_{混合} = [\mu_A^* - (\mu_A^* - \mu_D^*)\xi] + RT[(1-\xi)\ln(1-\xi) + \xi\ln\xi] \tag{6-34}$$

由式(6-34) 或图 6-2(a) 均可看出:当 $\xi \to 0$ 时,$G \to \mu_A^*$,它相当于纯态反应物的 Gibbs 函数,当 $\xi \to 1$ 时,$G \to \mu_D^*$,它相当于纯态产物的 Gibbs 函数。因此,若只考虑单纯反应而不计及各物混合时 G 随 ξ 的变化关系,则所得为 $G_{纯}$ 直线,从它看来正丁烷转化成异丁烷似乎可自发进行到底。若只考虑反应物与产物单纯混合而不计及反应,则 G 随 ξ 的变化关系为图中所示的中部具有一极低点的曲线 $G_{混}$。综合这两种因素,实际发生的过程是既有反应又有混合,$G_{实}$ 为这两种情况的叠加结果,其形状为具有一偏向右端的极低点的曲线。曲线极低点(图中 E 点) 所对应的反应进度 $\xi = \xi_e$(符号 e 示为平衡),即平衡时的反应进度,此时 $G_{纯}$ 随 ξ 的变化率(图中 $\mu_A^* \mu_D^*$ 线或其对称线 OEF) 与 $G_{混}$ 随 ξ 的变化率(图中 E' 点切线 $O'E'F'$) 两者数值相等,符号相反,因为

$$\left[\left(\frac{\partial G_{实}}{\partial \xi}\right)_{T,p}\right]_e = \left[\left(\frac{\partial G_{纯}}{\partial \xi}\right)_{T,p}\right]_e + \left[\left(\frac{\partial G_{混}}{\partial \xi}\right)_{T,p}\right]_e = 0$$

故

$$\left[\left(\frac{\partial G_{纯}}{\partial \xi}\right)_{T,p}\right]_e = -\left[\left(\frac{\partial G_{混}}{\partial \xi}\right)_{T,p}\right]_e \tag{6-35}$$

由式(6-35) 可以看出:平衡态的形成是 $G_{纯}$ 和 $G_{混}$ 随 ξ 的变化率相互制约的必然结果。

这一规律不仅当反应由左向右进行时存在，逆向进行时也如此。[参考图 6-2(b)]。因此，从化学意义上说，反应在一定程度上均为可逆的，所谓能进行到底的反应，无非是 $\xi_e \to 1$，即极低点(平衡态)偏向产物的另一极端而已。

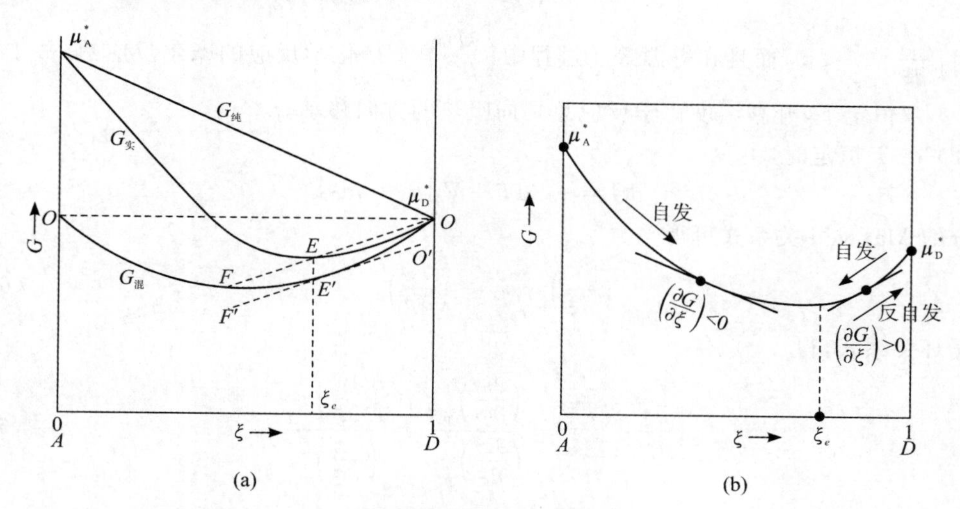

图 6-2　G-ξ 函数图

可见，由式(6-32)的平衡条件可推得平衡稳定条件为

$$\left(\frac{\partial^2 G}{\partial \xi^2}\right)_e = -\left(\frac{\partial \mathscr{A}}{\partial \xi}\right)_e = \left(\frac{\partial}{\partial \xi}\sum_B \nu_B \mu_B\right)_e > 0 \tag{6-36}$$

或

$$-\left(\frac{\partial^2 G}{\partial \xi^2}\right)_e = \left(\frac{\partial \mathscr{A}}{\partial \xi}\right)_e = -\left(\frac{\partial}{\partial \xi}\sum_B \nu_B \mu_B\right)_e < 0 \tag{6-37}$$

由平衡稳定条件及热力学基本方程和态变量的定义可证得化学反应平衡态下，有

$$\left(\frac{\partial H}{\partial \xi}\right)_{T,p} = T\left(\frac{\partial S}{\partial \xi}\right)_{T,p} \tag{6-38}$$

$$\left(\frac{\partial U}{\partial \xi}\right)_{T,V} = T\left(\frac{\partial S}{\partial \xi}\right)_{T,V} \tag{6-39}$$

$$\left(\frac{\partial \mathscr{A}}{\partial T}\right)_{p,\xi} = \frac{1}{T}\left(\frac{\partial H}{\partial \xi}\right)_{T,p} \tag{6-40}$$

$$\left(\frac{\partial \mathscr{A}}{\partial T}\right)_{V,\xi} = \frac{1}{T}\left(\frac{\partial U}{\partial \xi}\right)_{T,V} \tag{6-41}$$

Le Chatelier 原理

化学反应平衡稳定条件 $\left(\frac{\partial \mathscr{A}}{\partial \xi}\right)_e < 0$ 表明：

在 T、p 不变的条件下，当 ξ 增大时必然引起亲合势 $\mathscr{A}$ 的减小，也就是平衡向减弱 ξ 的方向转移，这正是 Le Chatelier 原理。下面讨论化学反应平衡移动的两个常用的结果。

(1) 若体系中只发生一个化学反应，这时有

$$\mathscr{A} = \mathscr{A}(T, p, \xi) \tag{6-42}$$

在 p 恒定时，由循环关系及式(6-35)可得

$$\left(\frac{\partial \xi}{\partial T}\right)_{p,\mathscr{A}} = -\frac{\left(\frac{\partial \mathscr{A}}{\partial T}\right)_{p,\xi}}{\left(\frac{\partial \mathscr{A}}{\partial \xi}\right)_{T,p}} = -\frac{\left(\frac{\partial H}{\partial \xi}\right)_{T,p}}{T\left(\frac{\partial \mathscr{A}}{\partial \xi}\right)_{T,p}} \tag{6-43}$$

因$\left(\frac{\partial \mathscr{A}}{\partial \xi}\right)_{T,p} < 0$,而且在等温等压过程中$\left(\frac{\partial H}{\partial \xi}\right)_{T,p}$是化学反应的摩尔反应热,故上式表明,在$p$,$\mathscr{A}$恒定下,升高温度化学反应总是向吸热的方向移动。

(2) 在T恒定时,由

$$\mathrm{d}G = -S\mathrm{d}T + V\mathrm{d}p - \mathscr{A}\mathrm{d}\xi$$

全微分的 Maxwell 关系式可得

$$\left(\frac{\partial V}{\partial \xi}\right)_{T,p} = -\left(\frac{\partial \mathscr{A}}{\partial p}\right)_{T,\xi} \tag{6-44}$$

代入循环关系式,得

$$\left(\frac{\partial \xi}{\partial p}\right)_{T,\mathscr{A}} = -\frac{\left(\frac{\partial \mathscr{A}}{\partial p}\right)_{T,\xi}}{\left(\frac{\partial \mathscr{A}}{\partial \xi}\right)_{T,p}} = \frac{\left(\frac{\partial V}{\partial \xi}\right)_{T,p}}{\left(\frac{\partial \mathscr{A}}{\partial \xi}\right)_{T,p}} \tag{6-45}$$

式中$\left(\frac{\partial \mathscr{A}}{\partial \xi}\right)_{T,p} < 0$,$\left(\frac{\partial V}{\partial \xi}\right)_{T,p}$为摩尔反应体积,该式表明在$T$,$\mathscr{A}$恒定下,增大压力化学反应总是向体积减小的方向移动。

6.1.5 化学反应等温方程式与化学平衡等温式

对于一理想气体混合物的反应:

$$a\mathrm{A} + d\mathrm{D} \longrightarrow g\mathrm{G} + h\mathrm{H}$$

各参与反应物质的化学势可用式(4-79)

$$\mu_{\mathrm{B}} = \mu_{\mathrm{B}}^{\ominus}(T) + RT\ln\left(\frac{p_{\mathrm{B}}}{p^{\ominus}}\right) \tag{4-79}$$

表示。恒温恒压下反应的 Gibbs 函数变可表示为

$$\begin{aligned}\Delta_{\mathrm{r}}G_{\mathrm{m}}(T) &= \sum_{\mathrm{B}}\nu_{\mathrm{B}}\mu_{\mathrm{B}} = \sum_{\mathrm{B}}(\nu_{\mathrm{B}}\mu_{\mathrm{B}})_{p} - \sum_{\mathrm{B}}(|\nu_{\mathrm{B}}|\mu_{\mathrm{B}})_{R} \\ &= (g\mu_{\mathrm{G}} + h\mu_{\mathrm{H}}) - (a\mu_{\mathrm{A}} + d\mu_{\mathrm{D}}) \\ &= \{[g\mu_{\mathrm{G}}^{\ominus}(T) + h\mu_{\mathrm{H}}^{\ominus}(T)] - [a\mu_{\mathrm{A}}^{\ominus}(T) + d\mu_{\mathrm{D}}^{\ominus}(T)]\} + RT\ln\frac{\left(\frac{p_{\mathrm{G}}}{p^{\ominus}}\right)^{g}\left(\frac{p_{\mathrm{H}}}{p^{\ominus}}\right)^{h}}{\left(\frac{p_{\mathrm{A}}}{p^{\ominus}}\right)^{a}\left(\frac{p_{\mathrm{D}}}{p^{\ominus}}\right)^{d}}\end{aligned}$$

注意式中"ln"号后的诸物种分压p_{B}系为指定状态下组分B的分压,决非反应平衡时的分压,而标准组合化学势即大括号项称之**标准摩尔反应 Gibbs 函数变**(standard molar Gibbs energy change for a reaction),可用$\Delta_{\mathrm{r}}G_{\mathrm{m}}^{\ominus}$或$\Delta_{\mathrm{r}}G_{\mathrm{m}}^{\ominus}(T)$表示:

$$\begin{aligned}\Delta_{\mathrm{r}}G_{\mathrm{m}}^{\ominus}(T) &= \{[g\mu_{\mathrm{G}}^{\ominus}(T) + h\mu_{\mathrm{H}}^{\ominus}(T)] - [a\mu_{\mathrm{A}}^{\ominus}(T) + d\mu_{\mathrm{D}}^{\ominus}(T)]\} \\ &= \sum_{\mathrm{B}}\nu_{\mathrm{B}}\mu_{\mathrm{B}}^{\ominus}(T) = -\mathscr{A}^{\ominus}(T)\end{aligned} \tag{6-46}$$

上式 $\Delta_r G_m^{\ominus}(T)$ 指参与反应诸物种 B 在温度 T 下，各自单独处于标准状态下发生单位反应进度时的摩尔 Gibbs 函数变。所以 $\Delta_r G_m^{\ominus}(T)$ 只决定于物质本性、温度及标准态的选择，与所研究状态的体系组成无关。但 $\Delta_r G_m^{\ominus}(T)$ 与反应计量方程式的写法有关。$\mathscr{A}^{\ominus}(T)$ 为指定 T 的标准亲和势。综合得

$$\Delta_r G_m(T) = \Delta_r G_m^{\ominus}(T) + RT\ln \frac{\left(\frac{p_G}{p^{\ominus}}\right)^g \left(\frac{p_H}{p^{\ominus}}\right)^h}{\left(\frac{p_A}{p^{\ominus}}\right)^a \left(\frac{p_D}{p^{\ominus}}\right)^d} \tag{6-47}$$

此式称之**范特荷甫等温式**(Vant′Hoff equation)，或化学反应等温方程。

当反应达平衡时，$\Delta_r G_m = 0$，且在一定温度下 $\Delta_r G_m^{\ominus}(T)$ 为一常数，故反应的压力商(ln 号后的项) 亦为一常数，可令

$$K_p^{\ominus}(T) = K_p^{\ominus} = \frac{\left(\frac{p_G}{p^{\ominus}}\right)_e^g \left(\frac{p_H}{p^{\ominus}}\right)_e^h}{\left(\frac{p_A}{p^{\ominus}}\right)_e^a \left(\frac{p_D}{p^{\ominus}}\right)_e^d} = \prod_B \left(\frac{p_B}{p^{\ominus}}\right)_e^{\nu_B} \tag{6-48}$$

$K_p^{\ominus}$ 或 $K_p^{\ominus}(T)$ 称为定温下以分压表示反应的热力学平衡常数(thermodynamic equilibrium constant) 或**标准平衡常数**，是无量纲量，$\prod\limits_B$ 为连乘符号，脚注 e 指平衡。不难推知下式：

$$K_p^{\ominus}(T) = \exp\left[-\frac{\Delta_r G_m^{\ominus}(T)}{RT}\right]$$

或

$$\Delta_r G_m^{\ominus}(T) = -RT\ln K_p^{\ominus}(T) \tag{6-49}$$

在普遍情况下，应该用活度 a_B 或逸度 f_B 表示组成，而其化学势分别为 $\mu_B \approx \mu_B^{\ominus}(T) + RT\ln a_B$ 或 $\mu_B = \mu_B^{\ominus}(T) + RT\ln\left(\frac{f_B}{p^{\ominus}}\right)$，故同法导出

$$\Delta_r G_m^{\ominus}(T) = -RT\ln K_a^{\ominus}(T) \approx -RT\ln K_a(T) \tag{6-50a}$$

或

$$\Delta_r G_m^{\ominus}(T) = -RT\ln K_f^{\ominus}(T) \tag{6-50b}$$

式(6-49)、(6-50) 均称为化学平衡等温式，其中 $K_a^{\ominus}$ 或 $K_f^{\ominus}$ 分别为以活度或逸度表示的标准平衡常数。它只取决于温度，且为无量纲量(为何 $K_a^{\ominus}$ 近似于 K_a，于 6.5 节中补述)。以连乘符号 $\prod$ 表达如下：

$$K_a^{\ominus} \approx K_a = \left(\frac{a_G^g a_H^h}{a_A^a a_D^d}\right)_e = \prod_B (a_B^{\nu_B})_e \tag{6-51a}$$

或

$$K_f^{\ominus} = \prod_B \left(\frac{f_B}{p^{\ominus}}\right)_e^{\nu_B} \tag{6-51b}$$

式(6-50) 或(6-51) 是联系平衡常数与热力学数据的主要关系式。当反应的 $\Delta_r G_m^{\ominus}(T)$ 为已知，就可算出其平衡常数以衡量反应限度的深浅；反之，自 $K_p^{\ominus}(T)$ 也可以推求出 $\Delta_r G_m^{\ominus}(T)$。

> 必须明确：$\Delta_r G_m^{\ominus}(T) = -RT\ln K_a^{\ominus}(T)$ 等式两侧所对应的物理概念截然不同，左侧是诸物种均单独处标准态下进行的单位反应，右侧指化学反应处平衡态，它们仅是数值的联系，决非状态上的等同。

由于 $\Delta_r G_m^{\ominus}(T)$ 与 $K_a^{\ominus}(T)$ 的联系，故 $\Delta_r G_m^{\ominus}$ 亦可判断反应限度的深浅，而且，它在等温方

程中的分量颇重，有时甚至可替代 $\Delta_r G_m$ 来判断反应方向。所以，习惯上人们分别将 $\Delta_r G_m^\ominus < -41.84\ \mathrm{kJ\cdot mol^{-1}}$ 和 $\Delta_r G_m^\ominus > +41.84\ \mathrm{kJ\cdot mol^{-1}}$ 作为反应自发和反自发判据的界限，如果 $\Delta_r G_m^\ominus$ 值居中，则不可断然裁定，只能以等温方程式具体演算，以 $\Delta_r G_m$ 为准判据方向。总之，上述两个界限只是人为、相对的，并非绝对。

6.2 理想体系的化学平衡

6.2.1 理想气体反应

若某反应 $$aA(g) + dD(g) \longrightarrow gG(g) + hH(g)$$
是混合理想气体的反应，因其组成可分别用分压 p_B、浓度 c_B 或物质的量分数 x_B 表示，故有三种不同的"标准平衡常数"表达式 K_p、K_c、K_x：

$$K_p^\ominus = K_p(p^\ominus)^{-\sum_B \nu_B},\ K_p = \prod_B p_B^{\nu_B} = \left(\frac{p_G^g p_H^h}{p_A^a p_D^d}\right)_e \tag{6-52}$$

$$K_c^\ominus = K_c(c^\ominus)^{-\sum_B \nu_B},\ K_c = \prod_B c_B^{\nu_B} = \left(\frac{c_G^g c_H^h}{c_A^a c_D^d}\right)_e \tag{6-53}$$

$$K_x^\ominus = K_x(x^\ominus)^{-\sum_B \nu_B},\ K_x = \prod_B x_B^{\nu_B} = \left(\frac{x_G^g x_H^h}{x_A^a x_D^d}\right)_e \tag{6-54}$$

式(6-54) 中标准摩尔分数 $x^\ominus = 1$，式(6-52)K_p 为经验平衡常数，一般有量纲，唯当 $\sum_B \nu_B = 0$ 时才是无量纲量。因为各组分分压(p_B) 与体系总压(p) 和浓度(c_B) 的关系分别为 $p_B = x_B p$ 及 $p_B = c_B RT$，以此分别代入式(6-53) 和(6-54) 即可建立上述三种平衡常数之间联系式：

$$K_p = K_x p^{\sum_B \nu_B} = K_c (RT)^{\sum_B \nu_B} \tag{6-55}$$

式中 $\sum_B \nu_B$ 为产物与反应物的计量系数差。

由式(6-49)，因 $\Delta_r G_m^\ominus(T) = f(T)$，故 $K_p^\ominus$ 或 K_p 仅为温度的函数，可写为 $K_p^\ominus(T)$ 或 $K_p(T)$。而由式(6-55)

$$K_c = K_p (RT)^{-\sum_B \nu_B}$$

可知 K_c 亦仅为温度的函数，即 $K_c(T)$。而 $K_x = K_p p^{-\sum_B \nu_B}$，其值与温度和体系的总压有关，故 K_x 为温度和压力的函数，可写为 $K_x(T, p)$。

6.2.2 理想溶液及稀溶液中的化学反应

如反应 $$aA(l) + dD(l) \rightarrow gG(l) + hH(l)$$
在理想溶液中，组分的浓度用物质的量分数 x_B 表示，则其化学势随浓度变化关系式为：

$$\mu_B = \mu_B^*(T, p) + RT\ln x_B \approx \mu_B^\ominus(T) + RT\ln x_B \tag{4-189}$$

而由式(6-50) 可推知：

$$-\Delta_r G_m^*(T,p) = RT\ln K_x(T,p) \tag{6-56a}$$

或

$$-\Delta_r G_m^{\ominus}(T) = RT\ln K_x(T) \tag{6-56b}$$

其中 $\Delta_r G_m^*(T,p) = \sum_B \nu_B \mu_B^*(T,p)$，$\Delta_r G_m^{\ominus}(T) = \sum_B \nu_B \mu_B^{\ominus}(T)$。

因 $\mu_B^*(T.p)$ 为温度和压力的函数，不言而喻，K_x 随温度和压力而变。不过通常情况下因溶液 p 与 $p^{\ominus}$ 偏离不大，故 K_x 受压力影响甚小。

在稀溶液中，各组分的浓度可用 x_B、m_B 或 c_B 表示。在第4章中已述及，当浓度表示方法不同时，标准态的选择各异，其标准化学势也不相同。下面以质量摩尔浓度 m_B 为例讨论。

因为

$$\mu_B = \mu_{m,B}^{\square}(T,p) + RT\ln\left(\frac{m_B}{m^{\ominus}}\right) \approx \mu_{m,B}^{\ominus}(T) + RT\ln\left(\frac{m_B}{m^{\ominus}}\right) \tag{4-194}$$

所以

$$-\Delta_r G_m^{\ominus}(T) = RT\ln K_m^{\ominus}(T) \tag{6-57}$$

此式以 m_B 表示的标准平衡常数 $K_m^{\ominus}$ 与标准摩尔 Gibbs 函数变的关系。其中

$$\Delta_r G_m^{\ominus}(T) = \sum_B \nu_B \mu_{m,B}^{\ominus}(T) = [g\mu_{m,G}^{\ominus}(T) + h\mu_{m,H}^{\ominus}(T)] - [a\mu_{m,A}^{\ominus}(T) + d\mu_{m,D}^{\ominus}(T)]$$

$$K_m^{\ominus}(T) = \prod_B \left(\frac{m_B}{m^{\ominus}}\right)^{\nu_B} = \frac{\left(\frac{m_G}{m^{\ominus}}\right)^g \left(\frac{m_H}{m^{\ominus}}\right)^h}{\left(\frac{m_A}{m^{\ominus}}\right)^a \left(\frac{m_D}{m^{\ominus}}\right)^d} = \left(\prod_B m_B^{\nu_B}\right)(m^{\ominus})^{-\sum_B \nu_B}$$

$$= K_m (m^{\ominus})^{-\sum_B \nu_B} \tag{6-58a}$$

显然

$$K_m = \prod_B m_B^{\nu_B} = \frac{m_G^g m_H^h}{m_A^a m_D^d} \tag{6-58b}$$

这里 K_m 一般为有量纲的量，且为温度与压力的函数，但通常情况下主要取决于温度。

同理可推得

$$\Delta_r G_m^{\ominus}(T) = \sum_B \nu_B \mu_{c,B}^{\ominus}(T) = -RT\ln K_c^{\ominus}(T) \tag{6-59a}$$

其中

$$K_c^{\ominus}(T) = \prod_B \left(\frac{c_B}{c^{\ominus}}\right)^{\nu_B} = \frac{\left(\frac{c_G}{c^{\ominus}}\right)^g \left(\frac{c_H}{c^{\ominus}}\right)^h}{\left(\frac{c_A}{c^{\ominus}}\right)^a \left(\frac{c_D}{c^{\ominus}}\right)^d}$$

$$= \left(\prod_B c_B^{\nu_B}\right)(c^{\ominus})^{-\sum_B \nu_B} = K_c (c^{\ominus})^{-\sum_B \nu_B} \tag{6-59b}$$

6.2.3 多相化学反应

当有纯凝聚物质（纯固体s或纯液体l）与理想气体共同参与化学平衡时，平衡常数的表达式稍有差异，原因是纯凝聚物质的化学势受压力的影响甚微，在常压下基本不变，约等于其标准化学势：

因为

$$\mu^{*s} = \mu^{\ominus s}(T) + \int_{p^{\ominus}}^{p} V_m^{*s}\mathrm{d}p$$

或

$$\mu^{*l} = \mu^{\ominus l}(T) + \int_{p^{\ominus}}^{p} V_m^{*l}\mathrm{d}p$$

固体或溶液的体积受压力影响很小，当压力不大时，上两式中右方积分项近似为零，有 $\mu^s \approx \mu^{*s} \approx \mu^{\ominus s}$ 或 $\mu^l \approx \mu^{*l} \approx \mu^{\ominus l}$。

故在平衡常数的表达式中，凡属于纯凝聚相的分压或浓度项可略去，仅需表示出涉及气相组分的分压力或溶液组分的浓度。而当一种固体化合物在一定温度下分解达平衡时所产生气体的压力，则称为该固体在该温度下的分解压。

例如，碳酸钙的热分解反应

$$CaCO_3(s) \rightleftharpoons CaO(s) + CO_2(g)$$

在热力学温度 T 下达平衡时：

$$\Delta_r G_m(T) = \left[\mu_{CaO}^{\ominus\, s} + \mu_{CO_2}^{\ominus\, g} + RT\ln\left(\frac{p_{CO_2}}{p^{\ominus}}\right)\right] - \mu_{CaCO_3}^{\ominus\, s} = 0$$

或

$$[(\mu_{CaO}^{\ominus\, s} + \mu_{CO_2}^{\ominus\, g}) - (\mu_{CaCO_3}^{\ominus\, s})] = -RT\ln\left(\frac{p_{CO_2}}{p^{\ominus}}\right) = \Delta_r G_m^{\ominus}(T)$$

对照

$$-\Delta_r G_m^{\ominus}(T) = RT\ln K_p^{\ominus}(T)$$

可知 $K_p^{\ominus} = \dfrac{p_{CO_2}}{p^{\ominus}}$，即 $K_p = p_{CO_2}$，此 p_{CO_2} 即为指定温度 T 下 $CaCO_3$ 的分解压。显然对于反应：

$$HgO(s) \rightleftharpoons Hg(l) + \frac{1}{2}O_2(g)$$

则有

$$K_p = p_{O_2}^{\frac{1}{2}}$$

若参与化学平衡的物质不是单纯地处于气相或溶液相，而是二者兼而有之的时候，则因各组分所用标准态不同，在 $\Delta_r G_m^{\ominus}(T) = \sum_B \nu_B \mu_B^{\ominus}(T)$ 式中，各 $\mu_B(T)$ 的含义不统一，平衡常数不能纯粹以 K_p、K_x 或 K_m、K_c 等表示。然而，$\Delta_r G_m^{\ominus}(T) = -RT\ln K^{\ominus}(T)$ 的形式关系仍然存在，于是有些书中将这一类称为杂平衡常数，并示为“$K_{杂}^{\ominus}$”，例如反应

$$CO_2(g) + 2NH_3(g) \rightleftharpoons H_2O(l) + CO(NH_2)_2(m = 0.001)$$

其中 CO_2、NH_3 二组分为气相物质

$$\mu_{CO_2}^{g} = \mu_{CO_2}^{\ominus\, g}(T) + RT\ln\left(\frac{p_{CO_2}}{p^{\ominus}}\right)$$

$$\mu_{NH_3}^{g} = \mu_{NH_3}^{\ominus\, g}(T) + RT\ln\left(\frac{p_{NH_3}}{p^{\ominus}}\right)$$

而 $H_2O(l)$、$CO(NH_2)_2(m = 0.001)$ 为溶液中组分

$$\mu_{H_2O}^{l} = \mu_{H_2O}^{*\, l}(T, p) + RT\ln x_{H_2O} \approx \mu_{x, H_2O}^{\ominus}(T) + RT\ln x_{H_2O}$$

$$\mu_{CO(NH_2)_2}^{l} = \mu_{m, CO(NH_2)_2}^{\square, l}(T, p) + RT\ln\frac{m_{CO(NH_2)_2}}{m^{\ominus}}$$

$$\approx \mu_{m, CO(NH_2)_2}^{\ominus\, l}(T) + RT\ln\frac{m_{CO(NH_2)_2}}{m^{\ominus}}$$

在此体系中

$$\Delta_r G_m^{\ominus}(T) = [\mu_{m, CO(NH_2)_2}^{\ominus\, l}(T) + \mu_{x, H_2O}^{\ominus\, l}(T)] - [\mu_{CO_2}^{\ominus\, g}(T) + 2\mu_{NH_3}^{\ominus\, g}(T)]$$

$$K^{\ominus}(T) = K_{杂}^{\ominus}(T) = \frac{x_{H_2O}\cdot\left(\dfrac{m_{CO(NH_2)_2}}{m^{\ominus}}\right)}{\left(\dfrac{p_{CO_2}}{p^{\ominus}}\right)\left(\dfrac{p_{NH_3}}{p^{\ominus}}\right)^2}$$

遇到这一类例子，关键在于应根据组成的表示方法而使用与其相对应的标准化学势的数据以表示出 $\Delta_r G_m^{\ominus}(T)$，从而根据公式 $-\Delta_r G^{\ominus}(T) = RT\ln K^{\ominus}(T)$ 计算出的平衡常数值才能与实际相符合。上例各组分的成分用分压、物质的量分数或浓度表示，而在非理想体系中，应该用逸度或活度表示，但基本关系不变。

6.3　平衡常数的求算

平衡常数是化学平衡中的关键量，反映了一定温度下化学反应达平衡时诸物质浓度间的关系，可由多种方式求得，下面列举常用的两种方法。

6.3.1　平衡常数的实验测定

实验测定反应物和产物的平衡浓度以及相应的物理量，从定义入手求算之。

实验中首先必须确知反应是否已达平衡，方法如下：

(1) 在反应条件下，若体系已达平衡，则体系中各物质的浓度不随时间改变。

(2) 不论反应自反应物开始正向进行或自产物开始逆向进行，只要体系已达平衡，所得平衡常数应相等。

(3) 只要反应温度一定，不管参加反应的各物质的初始浓度如何改变，所得平衡常数应相等。

若从反应的方式区别测定方法，大致可分为“静态法(Static Method)”和“动态法(Dynamic Method)”两类。第一类(静态法)系在固定容器中投入参与反应物质，并置于恒温槽中待反应平衡后取样分析其平衡组成。

〔**例1**〕　$CH_3CO_2H(l) + C_2H_5OH(l) \rightleftharpoons CH_3CO_2C_2H_5(l) + H_2O(l)$

$$K_x = \left(\frac{x_{\text{酯}} \cdot x_{H_2O}}{x_{\text{酸}} \cdot x_{\text{醇}}}\right)_{\text{平衡}} = \left(\frac{n_{\text{酯}} \cdot n_{H_2O}}{n_{\text{酸}} \cdot n_{\text{醇}}}\right)_{\text{平衡}}$$

只要测定各物质达平衡时的物质的量 n_B，就可以求得 K_x。第二类(动态法)系在流动情况下让反应物以慢至足以使反应达平衡的速度通过反应器，由流量、平衡时产物数量等数据求出反应的平衡常数。

〔**例2**〕　$\frac{1}{2}N_2(g) + \frac{3}{2}H_2(g) \xrightleftharpoons[D]{\text{催化剂}} NH_3(g)$

其实验流程简示如图6-3。由 N_2、H_2 的流速 v_{N_2}、v_{H_2}，反应时间 t，压力 p 及 n_{NH_3} 等数据可测得 K_p：

$$K_p = \frac{p_{NH_3}}{p_{N_2}^{\frac{1}{2}} \cdot p_{H_2}^{\frac{3}{2}}} = \frac{22.414 n_{NH_3}(v_{N_2} + v_{H_2})}{v_{N_2}^{\frac{1}{2}} \cdot v_{H_2}^{\frac{3}{2}} \cdot t \cdot p}$$

测定平衡浓度的方法分为“化学法”(如酸碱滴定)或“物理法”(如pH电位测定)两类。物理方法是利用体系的某种物理性质的测定来间接测定浓度，如测定体系的折射率、电导、光的吸收、溶液的pH以及压力、体积的改变等，此法的优点在于测量时不会扰动或破坏平

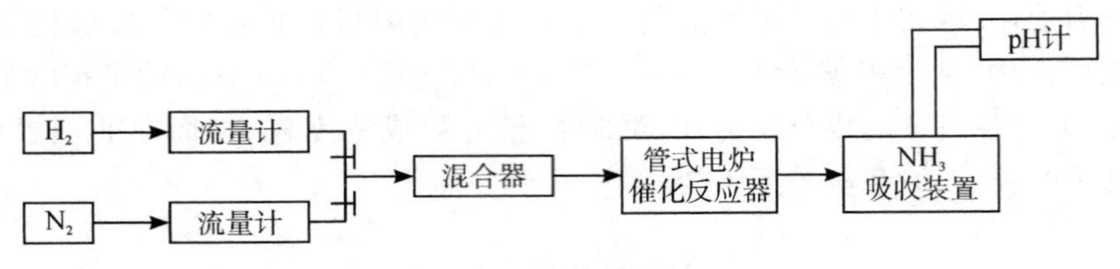

图 6-3　实验流程简示

衡。化学方法是利用化学分析测定平衡体系中各物质的浓度，为使平衡不致因分析试剂的加入而移动，测定前要设法使平衡"冻结"，如将体系骤然冷却，然后在低温条件下进行分析，因为温度降低使平衡移动速度减慢且受分析试剂影响较小。此外，如利用加大溶剂量的冲淡效应使反应减慢，或除去催化反应体系中的催化剂等措施，均可降低平衡移动的速度。

究竟选用哪种方法测定平衡常数需由具体情况而定。由于化学反应种类极多，有的平衡常数的实验测定所需条件苛刻，要花费很大精力，于是人们积极寻求更为简便的测定、计算方法以减少繁复的手续。

平衡常数及平衡组成的计算

已知参与反应的诸物质平衡浓度，可以计算平衡常数。反之，若已知平衡常数亦可求得平衡组成，继而计算生成物的平衡产率（最大产率）或反应物的平衡转化率。最大产率和平衡转化率的定义分别是：

$$\text{平衡产率(最大产率)} = \frac{\text{反应达平衡时产品的物质的量}}{\text{按反应式计量所得产品的物质的量}} \times 100\%$$

$$\text{平衡转化率} = \frac{\text{平衡时已转化的某种原料的物质的量}}{\text{投某种原料的物质的量}} \times 100\%$$

由此可见，产率是以产物的产量来衡量反应进行的限度，转化率则以原料的消耗来表示反应的限度。当没有副反应时，两者相等，若有副反应时则产率小于转化率。

〔**例 3**〕　由乙烷裂解制乙烯反应：$C_2H_6(g) \rightleftharpoons C_2H_4(g) + H_2(g)$ 在 1000 K 和 $1.5p^{\ominus}$ 下，平衡常数 $K_p^{\ominus} = 0.898$。乙烷的投料量是 2 mol，计算反应达平衡时乙烯的最大产量是多少？乙烯的最大产率、乙烷的平衡转化率及各气体的物质的量分数（平衡组成）是多少？

〔**解**〕　设平衡时乙烯的产量是 n，平衡时各组分物质的量及分压如下：

反应计量方程式	$CH_3CH_3(g)$	$\rightleftharpoons$	$CH_2CH_2(g)$	+	$H_2(g)$	$n_{总}$
反应前(mol 数)	2		0		0	2
反应后(mol 数)	$2-n$		n		n	$(2+n)$
反应后(mol 分数)	$\frac{2-n}{2+n}$		$\frac{n}{2+n}$		$\frac{n}{2+n}$	
分压	$\frac{2-n}{2+n}\times 1.5p^{\ominus}$		$\frac{n}{2+n}\times 1.5p^{\ominus}$		$\frac{n}{2+n}\times 1.5p^{\ominus}$	

$$K_p^{\ominus} = \left(\frac{p_{C_2H_4} \cdot p_{H_2}}{p_{C_2H_6}}\right)(p^{\ominus})^{-1} = \frac{\left(\frac{n}{2+n}\right)^2 \times 1.5^2}{\frac{2-n}{2+n}\times 1.5}$$

$$= \frac{1.5n^2}{(2+n)(2-n)} = 0.898$$

解上述方程得：$2.398n^2 = 3.6$，故 $n = \sqrt{\frac{3.6}{2.398}} = 1.23\ \text{mol}$

所以

最大产量 $n = 1.23\ \text{mol}$

最大产率 $= \frac{1.23}{2} \times 100\% = 61.5\% \left(\frac{\text{平衡时乙烯产量}}{\text{按计算方程式应得乙烯产量}} \times 100\% \right)$

平衡转化率 $= \frac{1.23}{2} \times 100\% = 61.5 \left(\frac{\text{乙烷转化为乙烯量}}{\text{乙烷投料量}} \times 100\% \right)$

混合气中各气体的平衡组成：

$$x_{C_2H_4} = x_{H_2} = \frac{n}{2+n} = \frac{1.23}{2+1.23} = 0.3808 = 38.08\%$$

$$x_{C_2H_6} = \frac{2-n}{2+n} = \frac{2-1.23}{2+1.23} = 0.2384 = 23.84\%$$

〔**例 4**〕　在一个抽空的容器中放置固体氨基甲酸铵，它按下式分解

$$NH_2CO_2NH_4(s) \rightleftharpoons 2NH_3(g) + CO_2(g)$$

20.8 ℃ 时容器平衡压力为 8.83 kPa。在另一次实验中，除 $NH_2CO_2NH_4(s)$ 外，同时通入氨气且压力为 12.44 kPa。若平衡时尚有过量固相存在，求各气体分压及总压。

〔**解**〕　计算各气体平衡分压，需先求 K_p，由 $p_B V = n_B RT$ 可知，当 T、V 恒定，则 $p_B \propto n_B$，故反应中各组分 p_B 的变化亦正比于反应式计量系数。

第一次实验，反应开始前无 NH_3 和 CO_2，故二者平衡分压之比按计量式为 2∶1，即得

$$p_{NH_3} = 2p_{CO_2},\ p_{NH_3} + p_{CO_2} = 8.83\ \text{kPa}$$

联立上述两式可得

$$p_{CO_2} = \frac{8.83}{3} = 2.94\ \text{kPa}$$

所以

$$p_{NH_3} = 2p_{CO_2} = 2 \times 2.94 = 5.88\ \text{kPa}$$

故 $K_p = p_{NH_3}^2 \cdot p_{CO_2} = 5.88^2 \times 2.94 = 101.6$。

第二次实验的平衡分压，应按计量式写出平衡时各组分数量，这里用分压 p_B 表示数量较 n_B 更为方便。设平衡时由反应产生的 CO_2 分压为 x，其他分压列式如下：

$$NH_2CO_2NH_4(s) \rightleftharpoons 2NH_3(g) + CO_2(g)$$

	$2NH_3(g)$	$CO_2(g)$
原始分压 p_B：	12.44	0
平衡分压 $p_{B,e}$：	$(12.44+2x)$	x

于是

$$K_p = p_{NH_3,e}^2 \cdot p_{CO_2,e} = (12.44+2x)^2 \cdot x = 101.6$$

这是一个三次方程，可用图解法解之。不过，首先须从平衡移动常识判明 CO_2 的平衡分压 p_{CO_2} 一定在 0 ～ 2.94 kPa 范围之间，这样解题时才能心中有数。

采用图解法，可将上式变换成：$\frac{K_p}{x} = (12.44+2x)^2$，设 $y_1 = \frac{K_p}{x}$，$y_2 = (12.44+2x)^2$，以 y_1、y_2 分别对 x 作图得两曲线（图 6-4），由两曲线的交点即为所求的 x，亦即 $p_{CO_2,e}$，现将数据图解表示如下：

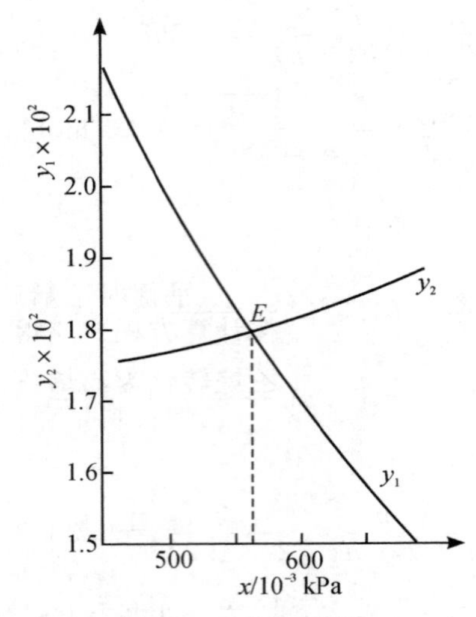

图 6-4　例 4 图解

$x/10^{-3}$ kPa	460	507	557	608	659
$y_1\times10^2$	2.716	1.958	1.780	1.632	1.506
$y_2\times10^2$	1.737	1.764	1.790	1.817	1.844

得到交点为：$x=553\times10^{-3}$ kPa，故

$$x=p_{CO_2,e}=553\times10^{-3}\ \text{kPa}$$

$$p_{NH_3,e}=(12.44+2p_{CO_2,e})=13.55\ \text{kPa}$$

$$p_{总}=p_{NH_3,e}+p_{CO_2,e}=13.55+0.553=14.10\ \text{kPa}$$

6.3.2　由热力学函数求算平衡常数

此时从化学平衡等温式入手，即

$$\Delta_r G_m^{\ominus}(T)=-RT\ln K_p^{\ominus}(T)$$

它将化学反应体系的平衡性质 $K_p^{\ominus}(T)$ 与 $\Delta_r G_m^{\ominus}(T)$ 联系起来，使得我们能通过 $\Delta_r G_m^{\ominus}(T)$ 的性质及规律去研究 $K_p^{\ominus}(T)$ 的性质与规律，从而体会到热力学状态函数法的意义与作用。

而 $\Delta_r G_m^{\ominus}(T)$ 可通过下列几种方法求得：

(1) 电动势法：即把反应安排在可逆电池中进行，测其标准电池电动势 $E^{\ominus}$，再通过公式 $\Delta_r G_m^{\ominus}=-ZFE^{\ominus}$，即从标准电动势 $E^{\ominus}$ 求得 $\Delta_r G_m^{\ominus}$；

(2) 光谱法：即利用光谱数据与配分函数求得 $\Delta_r G_m^{\ominus}$；

(3) 标准摩尔生成 Gibbs 函数法；

(4) 量热法。

这四种方法中，第一种电动势法将在“电化学”中简述，而第二种光谱法将在“统计热力学基础”中介绍，本节着重讨论后两种方法。

标准摩尔生成 Gibbs 函数法

由式(6-46)可知 $\Delta_r G_m^\ominus(T)=\sum_B \nu_B \mu_B^\ominus(T)$，其中 $\mu_B^\ominus(T)=G_{B,m}^\ominus(T)$，即任一组分 B 的标准态化学势就是纯组分 B 的标准摩尔 Gibbs 函数，故

$$\Delta_r G_m^\ominus(T)=\sum_B \nu_B G_{B,m}^\ominus(T)$$

如果知道参与反应的各物质之 $G_{B,m}^\ominus(T)$，由上式即可计算 $\Delta_r G_m^\ominus(T)$。与其他热力学函数 U、H、A 等类似，G 的绝对值无法求得。不过在计算中往往只需涉及它们之间的差值，故可用类似焓的处理方法，即利用 $G_{B,m}^\ominus(T)$ 是状态函数的性质，指定一个相对零点，求出各物质的相对 Gibbs 函数。

常规定在 298.15 K 及标准压力 $p^\ominus$ 的标准状态下，最稳定单质的 Gibbs 函数等于零。依此规定可定义：由 298.15 K 及 $p^\ominus$ 的标准状态下最稳定单质生成化学计量系数 $\nu_B=1$ 的物质 B 的 Gibbs 函数改变量为该物质 B 的“标准摩尔生成 Gibbs 函数”，以符号 $\Delta_f G_m^\ominus(B,\beta,298.15\ K)$ 表示，其中 β 为化合物 B 的相态。对于有离子参加的反应，规定 H^+ $(aq, m_{H^+}=1\ mol\cdot kg^{-1})$ 的摩尔生成 Gibbs 函数等于零，即

$$\Delta_f G_m^\ominus(H^+, aq, m^\ominus=1\ mol\cdot kg^{-1})=0$$

继而可求出其他离子的标准摩尔生成 Gibbs 函数(可查阅有关水溶液的热力学数据表)。显然最稳定单质的标准摩尔生成Gibbs函数为零，即 $\Delta_f G_m^\ominus(\text{单质})=0$。例如，由氢、氧生成水的反应：

$$H_2(g)+\frac{1}{2}O_2(g)\longrightarrow H_2O(l)$$

则有

$$\begin{aligned}\Delta_r G_m^\ominus(298.15\ K)&=\Delta_f G_m^\ominus(H_2O,l)-\left[\Delta_f G_m^\ominus(H_2,g)+\frac{1}{2}\Delta_f G_m^\ominus(O_2,g)\right]\\&=\Delta_f G_m^\ominus(H_2O,l)-\left(0+\frac{1}{2}\times 0\right)=\Delta_f G_m^\ominus(H_2O,l)\end{aligned}$$

说明该反应的 Gibbs 函数增量即为水的标准摩尔生成 Gibbs 函数。

对任一反应　　$aA+dD \rightleftharpoons gG+hH$

或

$$0=\sum_B \nu_B B$$

则有

$$\begin{aligned}\Delta_r G_m^\ominus(298.15\ K)&=\left[\sum_B \nu_B \Delta_f G_m^\ominus(B)\right]_P-\sum_B\left[|\nu_B|\Delta_f G_m^\ominus(B)\right]_R\\&=\sum_B \nu_B \Delta_f G_m^\ominus(B)\\&=\left[g\Delta_f G_m^\ominus(G)+h\Delta_f G_m^\ominus(H)\right]-\left[a\Delta_f G_m^\ominus(A)+\right.\\&\quad\left.d\Delta_f G_m^\ominus(D)\right]\end{aligned}\tag{6-60}$$

也就是说，任一反应在 298.15 K 及 $p^\ominus$ 下的摩尔反应 Gibbs 函数变，等于各产物的标准摩尔生成 Gibbs 函数总和与各反应物的标准摩尔生成 Gibbs 函数总和之差。将诸物质的

$\Delta_f G_m^\ominus(B,\beta,298.15\ K)$ 值列于热力学数据表(参阅附录 Ⅱ),这样通过式(6-60)即可方便地计算 $\Delta_r G_m^\ominus$,继而求得平衡常数。

〔**例 5**〕 计算反应 $4FeS_2(s)+11O_2(g) \rightleftharpoons 2Fe_2O_3(s)+8SO_2(g)$ 在 298.15 K 的 $\Delta_r G_m^\ominus$ 和 $K_p^\ominus$

〔**解**〕 查表得

$$\Delta_f G_m^\ominus(Fe_2O_3,s,298.15\ K) = -741.0\ kJ \cdot mol^{-1}$$
$$\Delta_f G_m^\ominus(SO_2,g,298.15\ K) = -300.4\ kJ \cdot mol^{-1}$$
$$\Delta_f G_m^\ominus(FeS_2,s,298.15\ K) = -166.7\ kJ \cdot mol^{-1}$$
$$\Delta_f G_m^\ominus(O_2,g,298.15\ K) = 0$$

所以

$$\begin{aligned}\Delta_r G_m^\ominus(298.15\ K) &= \sum_B \nu_B \Delta_f G_m^\ominus(B,\beta,298.15\ K) \\ &= [2\Delta_f G_m^\ominus(Fe_2O_3,s)+8\Delta_f G_m^\ominus(SO_2,g)] - \\ &\quad [4\Delta_f G_m^\ominus(FeS_2,s)+11\Delta_f G_m^\ominus(O_2,g)] \\ &= -3218\times 10^3\ kJ \cdot mol^{-1} \\ &= 3.218\times 10^6\ kJ \cdot mol^{-1}\end{aligned}$$

则

$$\ln K_p^\ominus = -\frac{\Delta_r G_m^\ominus}{RT} = -\frac{3.218\times 10^6}{8.314\times 298.2} = 1298$$

故 $K_p^\ominus = 4\times 10^{563}$,$K_p^\ominus$ 如此之大,说明反应能进行到底。

量热法

由热力学基本公式可知,在等温条件下存在如下关系式:

$$\Delta_r G_m^\ominus(T) = \Delta_r H_m^\ominus(T) - T\Delta_r S_m^\ominus(T) \tag{6-61}$$

可见只要从量热法实验测得 $\Delta_r H_m^\ominus(T)$ 和 $\Delta_r S_m^\ominus(T)$ 的数据就可以计算出反应的 $\Delta_r G_m^\ominus(T)$。

若计算 298.15 K 下反应的 $\Delta_r G_m^\ominus(298.15\ K)$,可将式(6-61)各量都换成针对 298.15 K 的值,即

$$\Delta_r G_m^\ominus(298.15\ K) = \Delta_r H_m^\ominus(298.15\ K) - 298.15\ \Delta_r S_m^\ominus(298.15\ K)$$

式中 $\Delta_r H_m^\ominus(298.15\ K)$、$\Delta_r S_m^\ominus(298.15\ K)$ 可分别查热力学数据表中各物质在 298.15 K 下的标准摩尔生成焓〔$\Delta_f H_m^\ominus(B,\beta)$〕和标准摩尔熵〔$S_m^\ominus(B,\beta)$〕,即

$$\Delta_r H_m^\ominus(298.15\ K) = \sum_B \nu_B \Delta_f H_m^\ominus(B,\beta,298.15\ K)$$
$$\Delta_r S_m^\ominus(298.15\ K) = \sum_B \nu_B S_m^\ominus(B,\beta,298.15\ K)$$

欲计算任意温度 T 下的 Gibbs 函数增量 $\Delta_r G_m^\ominus(T)$,常将 298.15 K 下标准态的数据通过适当形式,结合其他有关数据间接求之,具体途径有二:

(1) 由温度 T 下的关系式

$$\Delta_r G_m^\ominus(T) = \Delta_r H_m^\ominus(T) - T\Delta_r S_m^\ominus(T) \tag{6-61}$$

再以克希荷甫(Kirchhoff)定律及恒压下熵变随温度变化关系求算式中的 $\Delta_r H_m^\ominus(T)$ 和 $\Delta_r S_m^\ominus(T)$

$$\Delta_r H_m^\ominus(T) = \Delta_r H_m^\ominus(298\ K) + \int_{298}^{T} \Delta_r C_{p,m} dT \tag{2-129}$$

$$\Delta_r S_m^{\ominus}(T) = \Delta_r S_m^{\ominus}(298\ \mathrm{K}) + \int_{298}^{T} \frac{\Delta_r C_{p,m}}{T} \mathrm{d}T \tag{6-62}$$

将式(2-129)、(6-62)代入式(6-61)得：

$$\Delta_r G_m^{\ominus}(T) = \Delta_r H_m^{\ominus}(298\ \mathrm{K}) - T\Delta_r S_m^{\ominus}(298\ \mathrm{K}) + \int_{298}^{T} \Delta_r C_{p,m} \mathrm{d}T - T\int_{298}^{T} \frac{\Delta_r C_{p,m}}{T} \mathrm{d}T \tag{6-63}$$

精确计算时，需将反应的 $\Delta_r C_{p,m}$ 表为温度的函数后，再进行积分。倘若 $\Delta_r C_{p,m} = 0$ 或作近似计算，则上式变为

$$\Delta_r G_m^{\ominus}(T) = \Delta_r H_m^{\ominus}(298\ \mathrm{K}) - T\Delta_r S_m^{\ominus}(298\ \mathrm{K}) \tag{6-64}$$

式(6-64)常用作温度 T 下反应 $\Delta_r G_m^{\ominus}(T)$ 的粗略估算。

(2) 引用 Gibbs-HelmHoltz 方程

$$\left[\frac{\partial\left(\frac{\Delta_r G_m^{\ominus}(T)}{T}\right)}{\partial T}\right]_p = -\frac{\Delta_r H_m^{\ominus}(T)}{T^2} \tag{3-184}$$

在精确计算时，应将 $\Delta_r H_m^{\ominus}(T)$ 表为温度的函数：

$$\Delta_r H_m^{\ominus}(T) = \Delta H_0 + AT + BT^2 + DT^3 \cdots$$

积分后可得

$$\frac{\Delta_r G_m^{\ominus}(T_2)}{T_2} - \frac{\Delta_r G_m^{\ominus}(T_1)}{T_1} = \Delta H_0\left(\frac{1}{T_2} - \frac{1}{T_1}\right) + A\ln\frac{T_1}{T_2} + B(T_1 - T_2) + \frac{1}{2}D(T_1^2 - T_2^2) + \cdots \tag{3-186}$$

由 $\Delta_r H_m^{\ominus}(298\ \mathrm{K})$ 以及反应热容增量 $\Delta_r C_{p,m}$ 中的系数 $\Delta a, \Delta b, \Delta c$，并以温度 $T_1 = 298\ \mathrm{K}$ 代入，可求得积分常数 ΔH_o 和任意温度下的 $\Delta_r G_m^{\ominus}(T)$。

当涉及温度与 298 K 相差不远或作近似估算，则可将 $\Delta_r H_m^{\ominus}(T)$ 视为常数，由式(3-186)可得

$$\frac{\Delta_r G_m^{\ominus}(T_2)}{T_2} - \frac{\Delta_r G_m^{\ominus}(T_1)}{T_1} = \Delta_r H_m^{\ominus}(T_1)\left(\frac{1}{T_2} - \frac{1}{T_1}\right) \tag{3-185}$$

故，若以 $\Delta_r G_m^{\ominus}(T_1 = 298\ \mathrm{K})$ 和温度 T_1 为 298 K 代入，即可得任意温度 T 下 $\Delta_r G_m^{\ominus}(T)$ 近似值

$$\frac{\Delta_r G_m^{\ominus}(T)}{T} = \frac{\Delta_r G_m^{\ominus}(298\ \mathrm{K})}{298} + \Delta_r H_m^{\ominus}(298\ \mathrm{K})\left(\frac{1}{T} - \frac{1}{298}\right)$$

6.4 化学反应的摩尔反应吉布斯函数求算式

6.4.1 化学反应的 $\Delta_r G_m$ 求算式

研究化学反应尚未达到平衡时的 $\Delta_r G_m$ 的求算式并结合平衡常数可得出化学反应方向性更为具体的判据。

对 pVT 封闭体系中只发生下列化学反应

$$0 = \sum_{B} \nu_B B$$

若上述为理想气体反应，体系中各物质的化学势为

$$\mu_B(T, p, \xi) = \mu_B^{\ominus}(T) + RT\ln\frac{p_B}{p^{\ominus}} \quad (B = A, B, C, \cdots)$$

因此

$$\Delta_r G_m = \sum_B \nu_B \mu_B(T, p, \xi) = \sum_B \nu_B \mu_B^{\ominus}(T) + RT\ln\prod_B \left(\frac{p_B}{p^{\ominus}}\right)^{\nu_B} \tag{6-47}$$

此即 6.1.5 导出的范特荷甫(Van't Hoff) 等温式。

令 J_p(或 Q_p) $= \prod_B \left(\frac{p_B}{p^{\ominus}}\right)^{\nu_B}$，称为相对压力商，则

$$\Delta_r G_m = \Delta_r G_m^{\ominus}(T) + RT\ln J_p = -RT\ln K_p^{\ominus}(T) + RT\ln J_p$$
$$= RT\ln\left(\frac{J_p}{K_p^{\ominus}(T)}\right) \tag{6-65}$$

此即理想气体反应的 $\Delta_r G_m$ 求算公式，亦称为范特荷甫(Van't Hoff) 等温式，自然与式(6-47) 等效，它表示出参与反应物质组成(分压力) 变化对反应 Gibbs 函数变的影响。

式(6-65) 可以推广到任意化学反应，分别以$\frac{p_B}{p^{\ominus}}$、$\frac{f_B}{p^{\ominus}}$、$\frac{c_B}{c^{\ominus}}$、x_B 或统一以 a_B 示之。代入范氏式，则有相应于不同场合下的等温方程，若以统一式，则为

$$\Delta_r G_m(T) = \Delta_r G_m^{\ominus}(T) + RT\ln J_a = -RT\ln K_a^{\ominus}(T) + RT\ln J_a \tag{6-66}$$

式中 J_a(有的书用 Q_a) 称为"活度商"，而

$$\Delta_r G_m^{\ominus}(T) = -RT\ln K_a^{\ominus}(T)$$

如以$\frac{c_B}{c^{\ominus}}$ 代入，则有

$$\Delta_r G_m(T) = \Delta_r G_m^{\ominus}(T) + RT\ln J_c$$

而

$$\Delta_r G_m^{\ominus}(T) = -RT\ln K_c^{\ominus} = -RT\ln\prod_B \left(\frac{c_B}{c^{\ominus}}\right)_e^{\nu_B}$$

式(6-66) 范特荷甫等温式的重要性在于，可以由 $K_a^{\ominus}(T)$ 或 $\Delta_r G_m^{\ominus}(T)$ 及 J_a 求算 $\Delta_r G_m$；以实际指定状态下的"活度商"J_a 与平衡常数 $K_a^{\ominus}(T)$ 对比，就能具体判断在指定状态下反应进行的方向与限度。在恒温恒压条件下：

$$\Delta_r G_m(T) \begin{matrix} < \\ = \\ > \end{matrix} 0 \qquad 反应\begin{cases} 自发向右进行 \\ 达平衡 \\ 自发向左进行 \end{cases} \tag{6-66a}$$

而由式(6-66) 可得：

$J_a < K_a^{\ominus}(T)$，反应正向自动进行；

$J_a > K_a^{\ominus}(T)$，反应逆向自动进行； (6-66b)

$J_a = K_a^{\ominus}(T)$，反应处于平衡态或可逆过程。

在定温下，$K_a^{\ominus}(T)$ 为常数，而 J_a 则可通过调节反应物或产物的量加以改变。若希望正向进行，可通过移去产物或增加反应物使 $J_a < K_a^{\ominus}(T)$，从而达到预期的目的。

6.4.2　反应的 Gibbs 自由能改变量

四个不同意义的 $\Delta_r G_m^\ominus$，$\Delta_r G_m$，ΔG，$\Delta_r G_m^{\ominus\prime}$（或 $\Delta_r G_m^\oplus$）：

(1) $\Delta_r G_m^\ominus(T) = \sum_B \nu_B \mu_B^\ominus(T)$

式中：$\mu_B^\ominus(T)$ 为物质 B 在其标准状态的化学势。

对于气相反应，每种气体标准态是在 $p^\ominus$ 下的纯理想气体；对于液相反应，当使用摩尔分数时，其标准态为纯态液体。

而当使用 m_B 或 c_B 浓度标时，其标准态为当 $m_B^\ominus = 1\ \text{mol/kg}$ 或 $c_B^\ominus = 1\ \text{mol/dm}^3$ 及 $\gamma_B = 1$ 时的假想状态。

因而，$\Delta_r G_m^\ominus(T)$ 表示为各自独立的、都处于 T 温度时标准态的反应物，按化学式计量转化为 T 温度时标准态的各自独立的产物所发生的假想变化的 G 的改变量。

(2) $\Delta_r G_m = \left(\dfrac{\partial G}{\partial \xi}\right)_{T,p} = \sum_B \nu_B \mu_B(T)$

式中 $\mu_B(T)$ 是在某一特定的 ξ 值下，在反应混合物中的实际化学势。dG 是反应混合物由于反应进度由 $\xi \to \xi + d\xi$ 而产生的 Gibbs 能无限小改变量，故 $\Delta_r G_m$ 为 G 随 ξ 发生变化的瞬时比率，是 G 对 ξ 曲线的斜率；或在无限大体系发生单位反应之 G 变化。

$\Delta_r G_m$ 与 $\Delta_r G_m^\ominus(T)$ 通过下式联系起来：

$\Delta_r G_m = \Delta_r G_m^\ominus + RT \ln J_a$

当 $J_a = 0$，$\Delta_r G_m = -\infty$，反应正向自动进行

$J_a = \infty$，$\Delta_r G_m = \infty$，反应逆向自动进行

$J_a = K_a^\ominus$，$\Delta_r G_m = 0$，平衡态或可逆过程

可以看出：对于固定温度的给定反应，$\Delta_r G_m^\ominus$ 具有单值性，而 $\Delta_r G_m$ 可具有从 $-\infty$ 至 ∞ 任意值；当选取不同标准态时，$\Delta_r G_m^\ominus$、J_a 都随之改变，但 $\Delta_r G_m$ 不变；$\Delta_r G_m$ 可用于判断反应方向，$\Delta_r G_m^\ominus(T)$ 可用于判断反应限度，但若 $\Delta_r G_m^\ominus \gg 0$ 或 $\Delta_r G_m^\ominus \ll 0$，则由 $\Delta_r G_m^\ominus(T)$ 的符号可近似判断反应方向。

(3) $\Delta G = G_2 - G_1 = \sum_B (n_B \mu_B)_2 - \sum_B (n_B \mu_B)_1$

上式表明，反应混合物在给定瞬间的 $G = \sum n_B \mu_B$，式中 n_B 为反应混合物中 B 的物质的量。μ_B 为它在反应混合物中的化学势。

那么，在时间 t_1 和 t_2 这些量分别为 $n_{B,1}$、$\mu_{B,1}$ 及 $n_{B,2}$、$\mu_{B,2}$，则由时间 t_1 至 t_2 反应体系的 G 实际改变量为

$$\Delta G = \sum_B n_{B,2} \mu_{B,2} - \sum_B n_{B,1} \mu_{B,1}$$

〔例 6〕　1 mol N_2O_4 置于一具有理想活塞的容器中，部分 N_2O_4 分解为 NO_2，恒温下将总压由 p_1 降至 p_2，在此过程中上述分解平衡始终成立，试导出此过程 ΔG 的表达式。

〔解〕

$$N_2O_4(g) \rightleftharpoons 2NO_2(g)$$

$t=0$　　　1　　　0

$t=t$　　　$1-\alpha$　　　2α　　　$n_{总}=1+\alpha$

平衡时　　$2\mu(NO_2)=\mu(N_2O_4)$

$$G=\sum_B n_B\mu_B=(1-\alpha)\mu(N_2O_4)+2\alpha\mu(NO_2)$$

$$=\mu(N_2O_4)-\alpha\mu(N_2O_4)+2\alpha\mu(NO_2)$$

所以

$$\Delta G=G_2-G_1=\mu(N_2O_4)(2)-\mu(N_2O_4)(1)$$

$$=RT\ln\left\{\left[\frac{(1-\alpha)}{(1+\alpha)}\right]_2 p_2\right\}-RT\ln\left\{\left[\frac{(1-\alpha)}{(1+\alpha)}\right]_1 p_1\right\}$$

(4) $\Delta_r G_m^{\ominus\prime}=\sum_{B\neq H^+}\nu_B\mu_B^{\ominus}+\nu(H^+)\mu[H^+,a(H^+)=10^{-7}]$

此为生化标准态摩尔反应 Gibbs 函数变。即凡涉及氢离子的反应，规定 $a_{H^+}=c_{H^+}=10^{-7}\,mol\cdot dm^{-3}$ 为氢离子的标准态，其他物质(B) 仍取活度 $a_B=1$ 的态为标准态，符合这一要求时，就称为“生化标准态(biological standard state)”。详细介绍将在 6.9 节补述。

6.5 实际体系的化学平衡

应用逸度与活度的概念，可以完全按照热力学处理理想体系的方法得出实际体系的相应结果。

“依据物质的化学势等温式得到的公式或规律，其形式对于理想体系与非理想体系完全相同，即只需将理想体系的物质化学势等温式中的压力或浓度分别用相应的逸度或活度代替，即得实际体系的公式或规律。”因此实际体系的公式或规律是理想体系与非理想体系的统一形式。

现将理想体系与实际体系的化学平衡的规律对照列于下表(源自参考文献[7])：

通式	理想体系	实际体系
(1) 气体反应 $0=\sum_B \nu_B B$ 的物质 B 的化学势等温式	$\mu_B(T,p_{B,x})=\mu_B^{\ominus}(T)+RT\ln\frac{p_B}{p^{\ominus}}$	$\mu_B(T,p,\xi)=\mu_B^{\ominus}(T)+RT\ln\frac{f_B}{p^{\ominus}}$
(2) 溶液反应 $0=\sum_B \nu_B B$ 的物质 B 的化学势等温式	$\mu_B(T,p,\xi)=\mu_B^{*1}(T,p)+RT\ln x_B$	$\mu_B(T,p,\xi)=\mu_B^{*1}(T,p)+RT\ln a_B$
(3) 标准平衡常数	$K_p^{\ominus}(T)=\prod_B\left(\frac{p_B}{p^{\ominus}}\right)^{\nu_B}$ $K_x(T,p)=\prod_B(x_B)^{\nu_B}$	$K_f^{\ominus}(T)=\prod_B\left(\frac{f_B}{p^{\ominus}}\right)^{\nu_B}$ $K_a(T,p)=\prod_B(a_B)^{\nu_B}$

续表

通式	理想体系	实际体系
(4) 化学平衡等温式	$\Delta_r G_m^\ominus = -RT\ln K_p^\ominus(T)$ $\Delta_r G_m^*(T,p) = -RT\ln K_x(T,p)$	$\Delta_r G_m^\ominus(T) = -RT\ln K_f^\ominus(T)$ $\Delta_r G_m^*(T,p) = -RT\ln K_a(T,p)$
(5) Van't Hoff 方程	$\dfrac{\mathrm{d}\ln K_p^\ominus(T)}{\mathrm{d}T} = \dfrac{\Delta_r H_m^\ominus(T)}{RT^2}$ $\left\{\dfrac{\partial \ln K_x(T,p)}{\partial T}\right\}_p = \dfrac{\Delta_r H_m^*(T,p)}{RT^2}$	$\dfrac{\mathrm{d}\ln K_f^\ominus(T)}{\mathrm{d}T} = \dfrac{\Delta_r H_m^\ominus(T)}{RT^2}$ $\left\{\dfrac{\partial \ln K_a(T,p)}{\partial T}\right\}_p = \dfrac{\Delta_r H_m^*(T,p)}{RT^2}$
(6) Planck-van Lear 方程	$\left\{\dfrac{\partial \ln K_x(T,p)}{\partial p}\right\}_T = -\dfrac{\Delta_r V_m^*(T,p)}{RT}$	$\left\{\dfrac{\partial \ln K_a(T,p)}{\partial p}\right\}_T = -\dfrac{\Delta_r H_m^*(T,p)}{RT}$

高压下反应，有

$$K_f^\ominus = K_\varphi K_p^\ominus \tag{6-67a}$$

$$K_p^\ominus = \frac{K_f^\ominus(T)}{K_\varphi(T,p)} = (K_p^\ominus)_{p\to 0} \tag{6-67b}$$

具体推导及应用见阅读材料部分

*6.5.1　真实气体反应

对于实际气体任一组分 B，其化学势可表示为：

$$\mu_B = \mu_B^\ominus(T) + RT\ln\left(\frac{f_B}{p^\ominus}\right) \tag{4-117}$$

对实际气体反应：

$$aA + dD \Longrightarrow gG + hH$$

则其平衡常数应以逸度 f_B 表示，且与标准摩尔反应 Gibbs 函数变之间应满足：

$$-\Delta_r G_m^\ominus(T) = RT\ln K_f^\ominus(T) \tag{6-50b}$$

其中

$$K_f^\ominus(T) = \prod_B \left(\frac{f_B}{p^\ominus}\right)^{\nu_B} = \left[\frac{\left(\frac{f_G}{p^\ominus}\right)^g \left(\frac{f_H}{p^\ominus}\right)^h}{\left(\frac{f_A}{p^\ominus}\right)^a \left(\frac{f_D}{p^\ominus}\right)^d}\right]$$

$$= \left(\prod_B f_B^{\nu_B}\right)_e (p^\ominus)^{-\sum_B \nu_B} = K_f (p^\ominus)^{-\sum_B \nu_B} \tag{6-68a}$$

对于实际溶液反应，其各组分化学势则可表示为

$$\mu_B = \mu_B^0(T,p) + RT\ln\alpha_B = \mu_B^\ominus(T) + \int_{p^\ominus}^{p} V_B \mathrm{d}p + RT\ln\alpha_B$$

$$\approx \mu_B^\ominus(T) + RT\ln\alpha_B$$

故其平衡常数应以活度 a_B 表示，且平衡时 $\sum \nu_B \mu_B = 0$ 得

$$-\sum_B \nu_B \mu_B^\ominus(T) = -\Delta_r G_m^\ominus(T) = RT\ln K_a^\ominus(T)$$

$$= RT\ln \prod_B \alpha_B^{\nu_B} + \sum_B \nu_B \int_{p^\ominus}^{p} V_B \mathrm{d}p \approx RT\ln K_a \tag{6-50}$$

若非高压，可略去积分项，从而 $K_a^\ominus(T)$ 近似于 $K_a(T)$，这就回应了前述（6.1.5 节）所提出的质疑，即

$$K_a^\ominus(T) \approx K_a(T) = \prod_B a_B^{\nu_B} = \left(\frac{\alpha_G^g \alpha_H^h}{\alpha_A^a \alpha_D^d}\right)_e \tag{6-51}$$

若反应为：$aA(g) + dD(g) \rightleftharpoons gG(g) + hH(g)$

平衡常数 K_f

$$K_f = \prod_B f_B^{\nu_B} = \left(\frac{f_G^g \cdot f_H^h}{f_A^a \cdot f_D^d}\right)_e \tag{6-68b}$$

若以 $f_B = \varphi_B p_B$ 代入，便得

$$K_f = \prod_B (\varphi_B p_B)^{\nu_B} = \left(\frac{\varphi_G^g \cdot \varphi_H^h}{\varphi_A^a \cdot \varphi_D^d}\right)\left(\frac{p_G^g \cdot p_H^h}{p_A^a \cdot p_D^d}\right) = K_\varphi \cdot K_p \tag{6-69}$$

其中 K_φ 为逸度因子商

$$K_\varphi = \prod_B \varphi_B^{\nu_B} = \left(\frac{\varphi_G^g \cdot \varphi_H^h}{\varphi_A^a \cdot \varphi_D^d}\right) \tag{6-70a}$$

由式(6-50b) 可以看出，$\Delta_r G_m^\ominus(T)$ 只是温度的函数，所以对实际气体而言，$K_f^\ominus(T)$ 仅为温度的函数，与压力和体积无关。由于混合气中各物质的逸度因子 φ_B 不仅决定于物质种类，而且还决定于体系的温度压力，随之 K_φ 亦如此。因此，从式(6-69) 看出实际气体的 K_p 不仅与温度而且跟体系的压力有关，$K_f(T,p)$ 亦如此。但有时 K_f 仅与温度有关，这取决于相律。比较表 6-1 列出合成氨反应的 K_f 和 K_p，当压力很低时，φ_B 趋于 1，随之 K_φ 趋于 1，实际气体趋近于理想气体，K_f 才趋于 K_p。

表 6-1　在 450 ℃ 下合成氨反应的 K_f 和 K_p 值

总压力 /10^3 kPa	1.01	3.04	5.07	10.1	30.4	60.8
$K_p \times 10^3$	6.59	6.76	6.90	7.25	8.84	12.94
$K_f \times 10^3$	6.55	6.59	6.50	6.36	6.08	6.42

而压力较大时，K_f 与 K_p 发生偏离的大小取决于 K_φ 值。K_φ 的估算可应用路易斯－伦道尔规则。继而可用纯 B 组分在与混合气同温、同总压下的逸度因子 φ_B^* 代替混合气中 B 组分 φ_B，而 φ_B^* 则从牛顿图(即普遍化逸度因子图) 查出。这样混合气各组分的逸度可表示为

$$f_B = f_B^* x_B = \varphi_B^* p x_B \tag{6-70b}$$

式中 x_B 是B组分的物质的量分数，$f_B^* = \varphi_B^* p$ 为纯组分B的逸度，就是其温度等于混合气温度，压力等于混合气总压(p) 时的逸度，而 $px_B = p_B$ 为组分 B 的分压。依此，式(6-68b) 可改写成

$$K_f = \frac{f_G^g \cdot f_H^h}{f_A^a \cdot f_D^d} = \frac{(f_G^* x_G)^g (f_H^* x_H)^h}{(f_A^* x_A)^a (f_D^* x_D)^d}$$

$$= \left(\frac{\varphi_G^{*g} \varphi_H^{*h}}{\varphi_A^{*a} \varphi_D^{*d}}\right)\left[\frac{(x_G p)^g (x_H p)^h}{(x_A p)^a (x_D p)^d}\right] = \left(\frac{\varphi_G^{*g} \varphi_H^{*h}}{\varphi_A^{*a} \varphi_D^{*d}}\right)\left(\frac{p_G^g \cdot p_H^h}{p_A^a \cdot p_D^d}\right) = K_\varphi K_p \tag{6-71}$$

实际气体平衡计算时，应该从式(6-69) 出发，由牛顿图查得各组分逸度因子 φ_B^*，可得 $\prod_B \varphi_B^{*\nu_B} = K_\varphi$，再利用 $K_p = \dfrac{K_f}{K_\varphi}$ 关系，由已知 K_f 值解出 K_p 值。至于 K_f 的求算有两种方法：一是利用式(6-67)，从已知的标准摩尔反应 Gibbs 函数变的数据计算，二是若 $\Delta_r G_m^\ominus$ 未知，则由同温低压下的 K_p 代替 K_f，因为 $p \to 0$ 时 $K_f \to K_p$。

〔例 7〕　已知 450 ℃，$300p^\ominus$ 下反应 $\frac{1}{2}N_2(g) + \frac{3}{2}H_2(g) \rightleftharpoons NH_3(g)$，其 $K_f^\ominus = 0.0066$，若原料气的物质的量比 $n_{N_2} : n_{H_2} = 1:3$，试计算平衡时氨的物质的量分数。

〔解〕　求 x_{NH_3}，必须算出 $K_p^\ominus$，但已知 $K_f^\ominus$，故应算 K_φ。为此，先求各物质临界常数及对比参量，然后查牛顿图方可得 φ_B^*，即 φ_B。

查诸物临界常数：	H_2	N_2	NH_3
p_c(kPa)：	$12.8p^\ominus$	$33.5p^\ominus$	$111.5p^\ominus$
T_c(K)：	33.2	126.0	405.5

算诸物对比参量：

$$
\begin{cases}
p_r: & \left(\dfrac{300}{12.8+8}\right)=14.4 & \left(\dfrac{300}{33.5}\right)=8.96 & \left(\dfrac{300}{111.5}\right)=2.67 \\
T_r: & \left(\dfrac{450+273}{33.2+8}\right)=17.6 & \left(\dfrac{723}{126}\right)=5.75 & \left(\dfrac{723}{405.5}\right)=1.78
\end{cases}
$$

查牛顿图(图 4-7φp_r)，求指定对比温度 T_r、对比压力 p_r 时各气体逸度因子 φ_B：$\varphi_{H_2}=1.09$，$\varphi_{N_2}=1.14$，$\varphi_{NH_3}=0.91$，故

$$K_\varphi=\frac{\varphi_{NH_3}}{\varphi_{H_2}^{\frac{3}{2}}\varphi_{N_2}^{\frac{1}{2}}}=\frac{0.91}{1.09^{\frac{3}{2}}\times 1.14^{\frac{1}{2}}}=0.75$$

所以

$$K_p^{\ominus}=\frac{K_f^{\ominus}}{K_\varphi}=\frac{0.0066}{0.75}=0.0088$$

	$\frac{1}{2}N_2(g)+$	$\frac{3}{2}H_2(g)$ ══	$NH_3(g)$	总 mol 数
反应前 mol 数	1	3	0	4
达平衡 mol 数	$1-\frac{n_{NH_3}}{2}$	$3-\frac{3}{2}n_{NH_3}$	n_{NH_3}	$4-n_{NH_3}$

诸物质平衡分压

$$p_{H_2}=x_{H_2}p=\frac{n_{H_2}}{n_总}p=\left[\frac{3-\frac{3}{2}n_{NH_3}}{4-n_{NH_3}}\right]p$$

$$p_{N_2}=x_{N_2}p=\frac{n_{N_2}}{n_总}p=\left[\frac{1-\frac{1}{2}n_{NH_3}}{4-n_{NH_3}}\right]p$$

$$p_{NH_3}=x_{NH_3}p=\frac{n_{NH_3}}{n_总}p=\left(\frac{n_{NH_3}}{4-n_{NH_3}}\right)p$$

所以

$$K_p=\frac{p_{NH_3}}{p_{H_2}^{\frac{3}{2}}\cdot p_{N_2}^{\frac{1}{2}}}=\frac{n_{NH_3}(4-n_{NH_3})}{p\sqrt{27}\left(1-\frac{n_{NH_3}}{2}\right)^2}=\frac{K_p^{\ominus}}{p^{\ominus}}$$

以 $p=300p^{\ominus}$，$K_p^{\ominus}=0.0088$ 代入解得：$n_{NH_3}=1.044$，故 $x_{NH_3}=\frac{n_{NH_3}}{n_总}=\left(\frac{1.044}{4-1.044}\right)=0.353=35.3\%$。

压力对焓及热容的影响

通常查热力学数据表时所得焓变及热容均系压力为 $p^{\ominus}$，但在计算真实体系高压下反应热效应时，常需要各物质在高压下的焓变和热容值。

(1) 压力对焓的影响

由式(2-86)可知 $\left(\frac{\partial H}{\partial p}\right)_T=V-T\left(\frac{\partial V}{\partial T}\right)_p$，积分便有

$$H(p,T)-H^{\ominus}(p^{\ominus},T)=\int_{p^{\ominus}}^{p}\left[V-T\left(\frac{\partial V}{\partial T}\right)_p\right]dp \tag{6-72}$$

只要查得实际气体状态方程式(对固体、液体可引用热膨胀系数 α)，即可求出各物质在压力 p 时的生成焓变，从而计算在压力为 p 时的反应热效应。

(2) 压力与热容的关系

$$\left(\frac{\partial C_p}{\partial p}\right)_T=\left[\frac{\partial}{\partial p}\left(\frac{\partial H}{\partial T}\right)_p\right]_T=\left[\frac{\partial}{\partial T}\left(\frac{\partial H}{\partial p}\right)_T\right]_p \tag{6-73}$$

$$=\left\{\frac{\partial}{\partial T}\left[V-T\left(\frac{\partial V}{\partial T}\right)_p\right]\right\}_p=-T\left(\frac{\partial^2 V}{\partial T^2}\right)_p$$

显然，只要利用状态方程式即可得出热容随压力的变化关系。

*6.5.2 溶液反应

若某一反应 $$aA(l)+dD(l) \Longrightarrow gG(l)+hH(l)$$

此实际溶液的反应平衡常数，原则上可根据式(6-50a)，由反应的标准摩尔 Gibbs 函数变计算

$$-\Delta_r G_m^{\ominus}(T)=RT\ln K_a^{\ominus}(T)\approx RT\ln K_a(T) \tag{6-50a}$$

然而溶液中参与反应物质之浓度用 x_B、m_B 或 c_B 表示，则需通过活度系数(γ)修正，这样便得相应活度的平衡常数 $K_{a,x}$、$K_{a,m}$ 和 $K_{a,c}$：

$$K_{a,x}=K_{\gamma,x}K_x^{\ominus}=\prod_B \gamma_{x,B}^{\nu_B}\left(\prod_B x_B^{\nu_B}\right)(x^{\ominus})^{-\sum_B \nu_B}=\prod_B \alpha_{x,B}^{\nu_B} \tag{6-74}$$

$$K_{a,m}=K_{\gamma,m}K_m^{\ominus}=\prod_B \gamma_{m,B}^{\nu_B}\left(\prod_B m_B^{\nu_B}\right)(m^{\ominus})^{-\sum_B \nu_B}=\prod_B \alpha_{m,B}^{\nu_B} \tag{6-75}$$

$$K_{a,c}=K_{\gamma,c}K_c^{\ominus}=\prod_B \gamma_{c,B}^{\nu_B}\left(\prod_B c_B^{\nu_B}\right)(c^{\ominus})^{-\sum_B \nu_B}=\prod_B a_{c,B}^{\nu_B} \tag{6-76}$$

其中

$$\alpha_{x,B}=\frac{\gamma_{x,B}x_B}{x^{\ominus}} \tag{6-77}$$

$$\alpha_{m,B}=\frac{\gamma_{m,B}m_B}{m^{\ominus}} \tag{6-78}$$

$$\alpha_{c,B}=\frac{\gamma_{c,B}c_B}{c^{\ominus}} \tag{6-79}$$

故当用不同浓度表示法时，分别有如下关系：

(1) 浓度以 x_B 表示

因标准摩尔分数 $x^{\ominus}=1$，$K_x^{\ominus}=K_x$，故

$$K_{a,x}=K_{\gamma,x}K_x=\prod_B \gamma_{x,B}^{\nu_B}\prod_B x_B^{\nu_B}=\left(\frac{\gamma_{x,G}^g\gamma_{x,H}^h}{\gamma_{x,A}^a\gamma_{x,D}^d}\right)\left(\frac{x_{x,G}^g x_{x,H}^h}{x_{x,A}^a x_{x,D}^d}\right)_e \tag{6-80a}$$

在这种情况下，化学势公式为

$$\mu_B\approx\mu_{x,B}^{\ominus}+RT\ln\alpha_{x,B}=\mu_{x,B}^{\ominus}+RT\ln\gamma_{x,B}x_B$$

而标准摩尔反应 Gibbs 函数变

$$\Delta_r G_m^{\ominus}=[g\mu_G^{\ominus}+h\mu_H^{\ominus}]-[a\mu_{c,A}^{\ominus}+d\mu_D^{\ominus}]$$

可得

$$-\Delta_r G_m^{\ominus}(T)=RT\ln K_{a,x}^{\ominus}(T)\approx RT\ln K_{a,x}(T) \tag{6-80b}$$

(2) 浓度以 m_B 表示

$$K_{a,m}=\frac{\alpha_{m,G}^g\alpha_{m,H}^h}{\alpha_{m,A}^a\alpha_{m,D}^d}=\left(\frac{\gamma_{m,G}^g\gamma_{m,H}^h}{\gamma_{m,A}^a\gamma_{m,D}^d}\right)\left(\frac{m_G^g m_H^h}{m_A^a m_D^d}\right)(m^{\ominus})^{-\sum_B \nu_B} \tag{6-81}$$

在这种情况下，化学势公式为

$$\mu_B\approx\mu_{m,B}^{\ominus}+RT\ln\alpha_{m,B}=\mu_{m,B}^{\ominus}+RT\ln\gamma_{m,B}\frac{m_B}{m^{\ominus}}$$

而摩尔标准反应 Gibbs 函数变

$$\Delta_r G_m^{\ominus}=[g\mu_{m,G}^{\ominus}+h\mu_{m,H}^{\ominus}]-[a\mu_{m,A}^{\ominus}+d\mu_{m,D}^{\ominus}]$$

可得

$$-\Delta_r G_m^{\ominus}(T)=RT\ln K_{a,m}^{\ominus}(T)\approx RT\ln K_{a,m}(T) \tag{6-82}$$

(3) 浓度以 c_B 表示

$$K_{a,c}=\frac{\alpha_{c,G}^{g}\alpha_{c,H}^{h}}{\alpha_{c,A}^{a}\alpha_{c,D}^{d}}=\left(\frac{\gamma_{c,G}^{g}\gamma_{c,H}^{h}}{\gamma_{c,A}^{a}\gamma_{c,D}^{d}}\right)\left(\frac{c_G^g c_H^h}{c_A^a c_D^d}\right)(c^{\ominus})^{-\sum_B \nu_B} \tag{6-83a}$$

在这种情况下，化学势公式为

$$\mu_B \approx \mu_{c,B}^{\ominus}+RT\ln\alpha_{c,B}=\mu_{c,B}^{\ominus}+RT\ln\gamma_{c,B}\frac{c_B}{c^{\ominus}},$$

而标准摩尔反应 Gibbs 函数变

$$\Delta_r G_m^{\ominus}=[g\mu_{c,G}^{\ominus}+h\mu_{c,H}^{\ominus}]-[a\mu_{c,A}^{\ominus}+d\mu_{c,D}^{\ominus}],$$

可得

$$-\Delta_r G_m^{\ominus}(T)=RT\ln K_{a,c}^{\ominus}(T)\approx RT\ln K_{a,c}(T) \tag{6-83b}$$

在以上三种不同情况下，因所选择标准态各异，标准摩尔反应 Gibbs 函数变的数据应有区别；其次是活度系数 γ_x、γ_m 和 γ_c 也不相同，应用时须多加注意。至于在同一反应中所涉及物质的浓度表示法不同，可参照本章 6.2 节有关 $K_{杂}^{\ominus}$ 的方法处理。

值得指出：求算溶液反应之 $\Delta_r G_m^{\ominus}(T)$，不能直接使用指定温度 T 下的纯物质的 $\Delta_f G_m^{\ominus}(B,\beta)$ 的表值，还必须加以校正。例如，反应物质浓度采用 c_B（单位为 $mol\cdot dm^{-3}$）表示，所取物质B的标准的物质的量浓度为 $c^{\ominus}=1\ mol\cdot dm^{-3}$，则各物都处于标准态的反应是：

$$aA(c^{\ominus})+dD(c^{\ominus})\rightleftharpoons gG(c^{\ominus})+hH(c^{\ominus})$$

若近似稀溶液处理，自然有

$$\Delta_r G_m^{\ominus}(T)=-RT\ln K_c^{\ominus}(T)$$

但需要物质 B 在指定温度 T 下溶液中的标准摩尔生成 Gibbs 函数[变]$\Delta_f G_m^{\ominus}(B,c^{\ominus},aq)$ 数值，为此，可设计途径：

$$稳定单质\xrightarrow{\Delta_f G_m^{\ominus}(纯\ B,\beta)}B\ 纯态\xrightleftharpoons{\Delta G_1=0}B\begin{bmatrix}饱和溶液\\浓度\ c'_{sat}\end{bmatrix}\xrightarrow{\Delta G_2}B(c_B^{\ominus},aq)$$

（稳定单质直接到 $B(c_B^{\ominus},aq)$：$\Delta_f G_m^{\ominus}(B,aq,c^{\ominus})$）

故

$$\Delta_f G_m^{\ominus}(T,B,c^{\ominus},aq)=\Delta_f G_m^{\ominus}(T,纯\ B,\beta)+\Delta G_1+\Delta G_2$$

式中

$$\Delta G_1=0,\Delta G_2=\Delta\mu=\mu^{\ominus}-\mu'=-RT\ln\left(\frac{c'_{sat}}{c^{\ominus}}\right)=RT\ln\frac{1}{c'_{sat}},$$

而 $\Delta_f G_m^{\ominus}(纯\ B,\beta,T)$ 有表可查，将这些数据代入上式，就能求出任一 B 物质在溶液中的标准摩尔生成 Gibbs 函数，继而求得溶液中反应的 Gibbs 函数变，即

$$\begin{aligned}\Delta_r G_m^{\ominus}(T)&=\sum_B \nu_B\Delta_f G_m^{\ominus}(T,纯\ B,c^{\ominus},aq)\\&=\sum_B \nu_B\Delta_f G_m^{\ominus}(T,纯\ B,\beta)+RT\ln\left(\frac{c'^{a}_A c'^{d}_D}{c'^{g}_G c'^{h}_H}\right)_{sat}\end{aligned} \tag{6-84}$$

6.6　温度对化学平衡的影响

6.6.1　范特荷甫等压方程

影响反应方向、限度的外界因素（如温度、压力和浓度）中，温度的影响尤为常见，而且

温度对化学平衡的影响是通过改变平衡常数 K_a 来实现的。故本节的实质是导出平衡常数随温度的变化关系，同时介绍“转折温度”的估算方法。

根据 Gibbs-Helmholtz 方程

$$\left[\frac{\partial\left(\frac{\Delta G}{T}\right)}{\partial T}\right]_p=-\frac{\Delta H}{T^2} \tag{3-184}$$

若反应体系诸物质均处于标准状态则可表示为

$$\left[\frac{\partial\left(\frac{\Delta_r G_m^{\ominus}(T)}{T}\right)}{\partial T}\right]_p=-\frac{\Delta_r H_m^{\ominus}(T)}{T^2} \tag{6-85}$$

式中 $\Delta_r H_m^{\ominus}(T)$ 系标准状态下按计量方程式反应的焓变或恒压反应热效应。以 $\Delta_r G_m^{\ominus}(T)=-RT\ln K_a^{\ominus}$ 代入上式左边便得

$$\left[\frac{\partial \ln K_a^{\ominus}(T)}{\partial T}\right]_p=\frac{\Delta_r H_m^{\ominus}(T)}{RT^2} \tag{6-86}$$

上式称为范特荷甫(Van't Hoff) 等压方程，它是表达平衡常数随温度变化的微商形式。因为 RT^2 总是正值，所以 $\left[\frac{\partial \ln K_a^{\ominus}}{\partial T}\right]_p$ 值的正负都是由 $\Delta_r H_m^{\ominus}$ 的符号来决定。可以看出：

(1) 对正向吸热过程，$\Delta_r H_m^{\ominus}(T)>0$，则 $\left(\frac{\partial \ln K_a^{\ominus}(T)}{\partial T}\right)_p>0$，$K_a(T)$ 值随 T 升高而增大。对于已达平衡的体系，温度升高，平衡将往吸热即生成产物方向移动，有利于正向反应进行。反之，K_a 值随 T 的降低而减小，也就是降温时平衡将往放热即生成反应物方向移动，有利于逆向反应进行。

(2) 对正向放热过程，$\Delta_r H_m^{\ominus}(T)<0$，则 $\left(\frac{\partial \ln K_a^{\ominus}(T)}{\partial T}\right)_p<0$，$K_a^{\ominus}(T)$ 值随 T 升高而减小。对于已达平衡的体系，温度升高，平衡将往逆向(吸热) 即生成反应物方向移动，不利于正向(放热) 反应进行。反之，$K_a^{\ominus}$ 值随 T 的降低而增大，也就是降温时，平衡将往放热即生成产物方向移动，有利于正向反应进行。

这两个定性结论可从 Le Chatelier 原理得到，这里只是从热力学方面给以定量论证。

(3) $\Delta_r H_m^{\ominus}(T)$ 是温度的函数，有时一个反应在低温是吸热反应，到高温却变成放热反应，或者是相反情况，那么 K_a 值随 T 的变化就会出现转折点。如果 $\Delta_r H_m^{\ominus}(T)=0$，即反应热为零，则 $\left[\frac{\partial \ln K_a^{\ominus}(T)}{\partial T}\right]_p=0$，在此场合下平衡常数不受温度影响。

具体计算平衡常数 $K_a^{\ominus}(T)$，需将式(6-86) 中 $\Delta_r H_m^{\ominus}(T)$ 表为温度的函数并对该式积分。倘若温度变化范围不大或 $\Delta_r C_{p,m}$ 很小(趋于零)，或在近似计算中，都可将 $\Delta_r H_m^{\ominus}(T)$ 视为常数，从而得出如下定积分近似公式：

$$\int_{\ln K_{a,1}^{\ominus}}^{\ln K_{a,2}^{\ominus}} \mathrm{d}\ln K_a^{\ominus}=\frac{\Delta_r H_m^{\ominus}}{R}\int_{T_1}^{T_2}\frac{\mathrm{d}T}{T^2}$$

即

$$\ln\frac{K_a^{\ominus}(T_2)}{K_a^{\ominus}(T_1)}=\frac{\Delta_r H_m^{\ominus}}{R}\left(\frac{1}{T_1}-\frac{1}{T_2}\right) \tag{6-87}$$

显然，若已知$K_a^\ominus(T_1)$，即可从T_1的$K_a^\ominus(T_1)$求出T_2的$K_a^\ominus(T_2)$，换言之，除R以外的五个变量中，若已知四个，就不难计算第五个变量。

如果对式(6-86)进行不定积分的近似值估算，则有

$$\ln K_a^\ominus(T) = -\frac{\Delta_r H_m^\ominus(T)}{RT} + C \tag{6-88}$$

式中C为积分常数。以$\ln K_a^\ominus(T)$对$\frac{1}{T}$作图则应得一直线，其斜率为$-\frac{\Delta_r H_m^\ominus(T)}{R}$，由此可计算指定温度范围内的平均反应热$\Delta_r H_m^\ominus(T)$。因为

$$\ln K_a^\ominus(T) = -\frac{\Delta_r G_m^\ominus(T)}{RT} = -\frac{\Delta_r H_m^\ominus(T)}{RT} + \frac{\Delta_r S_m^\ominus(T)}{R} \tag{6-89}$$

与式(6-88)比较可知，由直线截距C为$\frac{\Delta_r S_m^\ominus(T)}{R}$，可求得反应熵变$\Delta_r S_m^\ominus$。附带指出，生产实践中的气体反应常采用类似式(6-88)那样的经验公式进行粗略估算，例如对合成氨反应，一个有用的经验方程就是

$$\ln K_p^\ominus(T) = \frac{2888}{T} - 6.134 \tag{6-90}$$

由此看出，温度T升高将导致$K_p^\ominus$减小，这是放热反应的特征。

如果温度变化范围较大，$\Delta_r H_m^\ominus$不能视为常数，需作精确计算。为此，应将范特荷甫(Van'tHoff)方程中焓变表为温度的函数，即利用克希荷甫(Kirchhoff)定律

$$\Delta_r H_m^\ominus(T) = \Delta_r H_m^\ominus(298\ \text{K}) + \int_{298}^{T} \Delta_r C_{p,m}\,dT \tag{2-129}$$

式中$\Delta_r C_{p,m}$须应用式(2-45a)，可得

$$\Delta_r C_{p,m} = \sum_B \nu_B C_{p,m}(B) = \Delta a + \Delta b T + \Delta c T^2$$

将其代入(2-129)，则

$$\begin{aligned}\Delta_r H_m^\ominus(T) &= \Delta_r H_m^\ominus(298\ \text{K}) + \Delta a(T-298) + \frac{1}{2}\Delta b(T^2-298^2) + \frac{1}{3}\Delta c(T^3-298^3)\\ &= \Delta_r H_m^\ominus(298\ \text{K}) - 298\Delta a - \frac{1}{2}\times 298^2\Delta b - \frac{1}{3}\times 298^3\Delta c + \Delta a T +\\ &\quad \frac{1}{2}\Delta b T^2 + \frac{1}{3}\Delta c T^3\end{aligned}$$

此式前四项可合并为常数，令其为ΔH_0，即

$$\Delta H_0 = \Delta_r H_m^\ominus(298\ \text{K}) - 298\Delta a - \frac{1}{2}\times 298^2\Delta b - \frac{1}{3}\times 298^3\Delta c \tag{6-91}$$

将式(6-91)代入前式可得：

$$\Delta_r H_m^\ominus(T) = \Delta H_0 + \Delta a T + \frac{1}{2}\Delta b T^2 + \frac{1}{3}\Delta c T^3 \tag{6-92}$$

以式(6-92)代入式(6-86)不定积分便得精确公式

$$\ln K_a^\ominus = -\frac{\Delta H_0}{RT} + \frac{\Delta a}{R}\ln T + \frac{\Delta b}{2R}T + \frac{\Delta c}{6R}T^2 + I \tag{6-93}$$

式中I为积分常数，它可由已知温度T_1(或298 K)的$K_a^\ominus(T_1)$［或$K_a^\ominus(298\ \text{K})$］值代入此式求

出。至此，通过式(6-93) 即可求得任意温度 T 下的平衡常数 $K_a^\ominus(T)$，继而求得反应 $\Delta_r G_m^\ominus(T)$。

若反应体系为理想气体，可将上述诸式中的 $K_a^\ominus(T)$ 项改为 $K_p^\ominus(T)$。若为真实气体可改为 $K_f^\ominus(T)$；同时，式(6-86) 的偏微商下标恒压条件可解除，其他符号不变。此外，若遇低压真实气体或凝聚相体系，因压力对 ΔH 影响不大，在常压下可认为 $\Delta_r H_m^\ominus \approx \Delta_r H_m$，则范特荷甫等压方程式(6-86) 可写成

$$\frac{\mathrm{d}\ln K_p^\ominus(T)}{\mathrm{d}T} = \frac{\Delta_r H_m^\ominus(T)}{RT^2} \approx \frac{\Delta_r H_m(T)}{RT^2} \tag{6-94}$$

若以 $K_p^\ominus = K_c^\ominus\left(\frac{c^\ominus RT}{p^\ominus}\right)^{\sum_B \nu_B}$ 代入上式，又可得 $K_c^\ominus$ 随温度变化的关系

$$\frac{\mathrm{d}\ln K_p^\ominus(T)}{\mathrm{d}T} = \frac{\mathrm{d}\ln K_c^\ominus(T)}{\mathrm{d}T} + \frac{\sum_B \nu_B}{T}$$

$$\frac{\mathrm{d}\ln K_c^\ominus(T)}{\mathrm{d}T} = \frac{\mathrm{d}\ln K_p^\ominus(T)}{\mathrm{d}T} - \frac{\sum_B \nu_B}{T} = \frac{\Delta_r H_m^\ominus(T) - RT\sum_B \nu_B}{RT^2} = \frac{\Delta_r U_m^\ominus(T)}{RT^2} \tag{6-95}$$

式中 $\Delta_r U_m^\ominus(T)$ 为标准摩尔反应热力学能变，上式亦称范特荷甫等容方程。

前述 $K_a^\ominus$-T 关系〔如式(6-87)〕，若没有特别指明，原则上亦适用于液体均相体系，只不过对应不同标准态的 $\Delta_r G_m^\ominus(T)$ 或 $K_a^\ominus(T)$，也需选择不同标准态的 $\Delta_r H_m^\ominus(T)$。

〔例 8〕 计算 $3H_2 + N_2 \rightleftharpoons 2NH_3$ 反应在 450 ℃，$p^\ominus$ 下的 $K_p^\ominus$ 和 $\Delta_r G_m^\ominus$。

已知反应的

$$\Delta_r G_m^\ominus(298\ \mathrm{K}) = -33270\ \mathrm{J\cdot mol^{-1}},$$
$$\Delta_r H_m^\ominus(298\ \mathrm{K}) = -92380\ \mathrm{J\cdot mol^{-1}},$$
$$\Delta_r C_{p,m} = -62.80 + 62.59\times 10^{-3}T - 11.79\times 10^{-6}T^2$$

〔解〕 反应气体可视为理想气体，满足式(6-93)。先代入式(6-91) 求 ΔH_0

$$\begin{aligned}\Delta H_0 &= \Delta_r H_m^\ominus(298\ \mathrm{K}) - 298\Delta a - \frac{1}{2}\times 298^2\Delta b - \frac{1}{3}\times 298^3\Delta c \\ &= -92380 - 298(-62.80) - \frac{1}{2}\times 298^2\times 62.59\times 10^{-3} - \frac{1}{3}\times 298^3(-11.79\times 10^{-6}) \\ &= -76340\ \mathrm{J\cdot mol^{-1}}\end{aligned}$$

此后，根据 $\Delta_r G_m^\ominus(298\ \mathrm{K})$ 求得 $K_p^\ominus(298\ \mathrm{K})$，连同 $T=298$ 及 ΔH_0 均代入式(6-93)，解得积分常数 I

$$K_p^\ominus(298\ \mathrm{K}) = \exp\left[-\frac{\Delta_r G_m^\ominus(298\ \mathrm{K})}{R\times 298}\right] = \exp\left[-\frac{-33270}{8.314\times 298}\right] = 6.80\times 10^5$$

所以

$$\begin{aligned}I &= \ln K_p^\ominus(T=298\ \mathrm{K}) + \frac{\Delta H_0}{RT} - \frac{\Delta a}{R}\ln T - \frac{\Delta b}{2R}T - \frac{\Delta c}{6R}T^2 \\ &= \ln 6.80\times 10^5 + \frac{(-76340)}{8.314\times 298} - \frac{(-62.80)}{8.314}\ln 298 - \\ &\quad \frac{62.59\times 10^{-3}}{2\times 8.314}\times 298 - \frac{(-11.79\times 10^{-6})}{6\times 8.314}\times 298^2 \\ &= 24.56\end{aligned}$$

最后将 $I=24.56$，$\Delta H_0=-76340\ \mathrm{J\cdot mol^{-1}}$，$T=450+273=723\ \mathrm{K}$ 代入式(6-93) 便得 723 K

的 $K_p^\ominus(723\ \mathrm{K})$，即

$$\begin{aligned}\ln K_a^\ominus(723\ \mathrm{K}) &= \ln K_p^\ominus(723\ \mathrm{K}) = -\frac{\Delta H_0}{RT}+\frac{\Delta a}{R}\ln T+\frac{\Delta b}{2R}T+\frac{\Delta c}{6R}T^2+I \\ &= \frac{76340}{8.314\times 723}+\frac{(-62.80)}{8.314}\ln 723+\frac{62.59\times 10^{-3}}{2\times 8.314}\times 723+ \\ &\quad \frac{(-11.79\times 10^{-6})}{6\times 8.314}\times 723^2+24.56 \\ &= 12.70-49.73+2.72-0.12+24.56=-9.87\end{aligned}$$

所以

$$K_p^\ominus(723\ \mathrm{K})=5.17\times 10^{-5}$$

$$\begin{aligned}\Delta_r G_m^\ominus(723\ \mathrm{K}) &= -RT\ln K_p^\ominus(723\ \mathrm{K})=-8.314\times 723\times \ln 5.17\times 10^{-5} \\ &= 5.93\times 10^4\ \mathrm{J\cdot mol^{-1}}=59.3\ \mathrm{kJ\cdot mol^{-1}}\end{aligned}$$

6.6.2　转折温度的计算

生产上往往无需知道 $K_p^\ominus$ 与 T 的函数关系而能估算一个反应究竟在什么温度范围内进行较为有利。我们知道，在一定温度和压力下欲使反应自发进行，则要求该反应 $\Delta_r G_m^\ominus(T)<0$。但若作为粗略判断可用下式：

$$\Delta_r G_m^\ominus(T)=\Delta_r H_m^\ominus(T)-T\Delta_r S_m^\ominus(T)\leqslant 0$$

显然，反应的 $\Delta_r G_m^\ominus(T)$ 取决于两个部分：$\Delta_r H_m^\ominus(T)$ 和 $\Delta_r S_m^\ominus(T)$，即判断过程方向必须同时考虑焓变因素和熵变因素。因大多数反应其 $\Delta_r H_m^\ominus(T)$ 与 $\Delta_r S_m^\ominus(T)$ 同号，即吸热反应（如分解反应）往往熵值增大，放热反应（如合成反应）往往熵值减少，故两因素对 $\Delta_r G_m^\ominus(T)$ 的贡献刚好相反。这样，T 就是改变 $\Delta_r G_m^\ominus(T)$ 符号的关键量，由非自发反应转变到自发反应必经 $\Delta_r G_m^\ominus(T)=0[K_p^\ominus(T)=1]$ 状态，常将此态下的温度称为反应的转变温度或转折温度，即

$$T_{转}=\frac{\Delta_r H_m^\ominus(T)}{\Delta_r S_m^\ominus(T)} \tag{6-96}$$

这里近似地把 $\Delta_r H_m^\ominus(T)$ 和 $\Delta_r S_m^\ominus(T)$ 视为不随温度改变的常数，若近似地将 298 K 的数据代入，则有

$$T_{转}=\frac{\Delta_r H_m^\ominus(298\ \mathrm{K})}{\Delta_r S_m^\ominus(298\ \mathrm{K})} \tag{6-97}$$

如果要精确计算反应自发进行的转折温度，势必需要求出 $\Delta_r G_m^\ominus(T)\text{-}f(T)$ 或 $\ln K_p^\ominus(T)\text{-}f(T)$ 的函数关系，由方程式或图解法算得相应于 $\Delta_r G_m^\ominus(T)=0$ 或 $K_p^\ominus(T)=1$ 时的温度。

〔例 9〕　在石灰窑中烧石灰的反应 $CaCO_3(s) \longrightarrow CaO(s)+CO_2(g)$，已知其 $\Delta_r H_m^\ominus(298\ \mathrm{K})=177.8\ \mathrm{kJ\cdot mol^{-1}}$，$\Delta_r S_m^\ominus(298\ \mathrm{K})=160.5\ \mathrm{J\cdot K^{-1}mol^{-1}}$，计算此反应的 $\Delta_r G_m^\ominus(298\ \mathrm{K})$ 以及 $p_{CO_2}=p^\ominus$ 条件下反应的转折温度。

〔解〕

$$\begin{aligned}\Delta_r G_m^\ominus(298\ \mathrm{K}) &= \Delta_r H_m^\ominus(298\ \mathrm{K})-298\Delta_r S_m^\ominus(298\ \mathrm{K}) \\ &= 177800-298\times 160.5=1.300\times 10^5\ \mathrm{J\cdot mol^{-1}}\end{aligned}$$

显然，$\Delta_r G_m^\ominus(298\ \mathrm{K})$ 是很大的正值，常温下 $CaCO_3$ 很稳定，不易分解。为让此吸热反应能自

发进行则至少满足 $\Delta_r G_m^{\ominus}(T)=0$，即 $K_p^{\ominus}(T)=\frac{p_{CO_2}}{p^{\ominus}}=1$，势必要加热升温，故

$$\Delta_r G_m^{\ominus}(T)=\Delta_r H_m^{\ominus}(298\ \mathrm{K})-T\Delta_r S_m^{\ominus}(298\ \mathrm{K})=0$$

得

$$T_{转}\cong\frac{\Delta_r H_m^{\ominus}(298\ \mathrm{K})}{\Delta_r S_m^{\ominus}(298\ \mathrm{K})}=\frac{177800}{160.50}=1108\ \mathrm{K}=835\ ℃$$

同实验测量的精确分解温度 897 ℃ 比较，两者相当接近。另外，由此例亦可看出，当 $\Delta_r H_m^{\ominus}(T)$ 与 $\Delta_r S_m^{\ominus}(T)$ 均为正值时，高温对正向反应有利，若 $\Delta_r H_m^{\ominus}(T)$ 与 $\Delta_r S_m^{\ominus}(T)$ 均为负值，低温对正向反应有利。

6.7 其他因素对化学平衡的影响

6.7.1 浓度(或气相分压)的影响

除温度以外的其他外界条件，如浓度(或分压)、总压、惰性气体及物料配比等因素对平衡的影响只是使平衡发生移动，改变平衡组成而不会改变平衡常数 K_a，下面主要以理想气体反应为例进行讨论。

从平衡常数 K_c 的表达式中可以看出：对于已达平衡的体系，一旦平衡被破坏，如增大反应物浓度(或减小产物浓度)，为保持 K_c 不变，必然要增大产物的浓度(或减小反应物浓度)，因此平衡就往生成物方向移动，这一结论对任意相的反应都适用。对气相而言，浓度与分压成正比，即 $p_B=c_BRT$ 且 $K_p=K_c(RT)^{\sum_B \nu_B}$，于是浓度对平衡影响的讨论完全适用于气相分压对平衡的影响，这种影响也可以直接从 K_p 的表达式中予以理解。

总之，在一定的温度和总压下，改变参加反应物质的浓度(或分压)时，平衡移动必然是朝着对抗外界条件改变的方向进行。

6.7.2 压力(总压)的影响

所谓压力，系指体系总压，在生产实际中当涉及气相物质时甚为重要。以 $K_x=K_p p^{-\sum_B \nu_B}$ 的自然对数式对 p 求偏导，可得

$$\left(\frac{\partial \ln K_x}{\partial p}\right)_T=-\frac{\sum_B \nu_B}{p}=-\frac{\Delta_r V_m}{RT} \tag{6-98}$$

$\sum_B \nu_B$ 指气体产物与气体反应物的计量系数差，$\Delta_r V_m$ 为反应的摩尔体积增量，由式(6-98)可判断平衡移动的方向：

若 $\sum_B \nu_B>0$，则 $\left(\frac{\partial \ln K_x}{\partial p}\right)<0$，说明对于气体分子数增加的反应，增加总压不利于正向反应的进行，平衡将朝着减少气体分子数的方向移动。

若 $\sum_{B}\nu_{B}<0$，则 $\left(\dfrac{\partial \ln K_{x}}{\partial p}\right)>0$，说明对于气体分子数减少的反应，增加总压有利于正向进行，平衡将朝着减少气体分子数的方向移动。

若 $\sum_{B}\nu_{B}=0$，则 $\left(\dfrac{\partial \ln K_{x}}{\partial p}\right)=0$，说明对于气体分子数不变的反应，总压的改变对平衡没有影响。

从式(6-98)还可以看出，增大压力有利于体积减少的反应，不利于体积增大的反应，而对体积不发生变化的反应，压力没有影响。对凝聚相体系，因为与平衡常数相关联的 $\Delta_{r}G_{m}^{*}$ 随压力的变化可用下式表示，即 $\left[\dfrac{\partial \Delta_{r}G_{m}^{*}(T,p)}{\partial p}\right]_{T}=\Delta_{r}V_{m}^{*}(T,p)$，$\Delta_{r}V_{m}^{*}$ 系指纯态时的体积变化，所以，压力对平衡常数或平衡移动的影响就取决于 $\Delta_{r}V_{m}^{*}$ 的大小；在常压下凝聚相 $\Delta_{r}V_{m}^{*}\to 0$，使得 $\left[\dfrac{\partial \Delta_{r}G_{m}^{*}(T,p)}{\partial p}\right]_{T}=-RT\left[\dfrac{\partial \ln K_{x}(T,p)}{\partial p}\right]_{T}\to 0$，于是压力的影响大可不必考虑，即有 $\Delta_{r}G_{m}^{*}(T,p)\approx\Delta_{r}G_{m}^{\ominus}(T)=-RT\ln K_{x}(T)$。然而，在高压下就不能随便略去了。在真实气体或高压气体反应中，压力的影响突出表现在对 K_{p} 上，继而牵动 K_{x} 的变化且影响反应转化率，这已在前面几节讨论，不再赘述。

〔**例 10**〕　已知反应 $\frac{3}{2}H_{2}(g)+\frac{1}{2}N_{2}(g)=\!=\!=NH_{3}(g)$ 在 500 K 时的 $K_{p}^{\ominus}=0.30076$，若由 2 mol 混合原料气（物质的量 n 之比为 $n_{N_2}:n_{H_2}=1:3$）开始，试求反应转化率 α 随压力 p 的变化关系。

〔**解**〕　反应达平衡时各组分物质的量为：

$$n_{N_2}=\frac{1}{2}(1-\alpha),\ n_{H_2}=\frac{3}{2}(1-\alpha),\ n_{NH_3}=\alpha$$

则总的物质的量　$n_{总}=\sum_{B}n_{B}=\frac{1}{2}(1-\alpha)+\frac{3}{2}(1-\alpha)+\alpha=2-\alpha$

又　$\sum_{B}\nu_{B}=1-\left(\frac{3}{2}+\frac{1}{2}\right)=-1$ 而 $K_{p}^{\ominus}=K_{p}(p^{\ominus})^{-\sum_{B}\nu_{B}}$

故

$$K_{p}^{\ominus}=K_{x}p^{\sum_{B}\nu_{B}}(p^{\ominus})^{-\sum_{B}\nu_{B}}=K_{x}\left(\frac{p^{\ominus}}{p}\right)$$

$$=\frac{\dfrac{\alpha}{(2-\alpha)}}{\left[\dfrac{\frac{3}{2}(1-\alpha)}{2-\alpha}\right]^{\frac{3}{2}}\cdot\left[\dfrac{\frac{1}{2}(1-\alpha)}{2-\alpha}\right]^{\frac{1}{2}}}\left(\frac{p^{\ominus}}{p}\right)$$

$$=\frac{\alpha\times(2-\alpha)}{\left[\frac{3}{2}(1-\alpha)\right]^{\frac{3}{2}}\left[\frac{1}{2}(1-\alpha)\right]^{\frac{1}{2}}}\left(\frac{p^{\ominus}}{p}\right)$$

整理后得

$$\frac{\alpha\times(2-\alpha)}{(1-\alpha)^{2}}=K_{p}^{\ominus}\left(\frac{p}{p^{\ominus}}\right)\times\left(\frac{1}{2}\right)^{\frac{1}{2}}\left(\frac{3}{2}\right)^{\frac{3}{2}}$$

$$=0.30076\left(\frac{p}{p^{\ominus}}\right)\times 1.2990=0.3907\left(\frac{p}{p^{\ominus}}\right)$$

所以
$$\alpha = 1 - \frac{1}{\sqrt{1 + 0.3907\left(\frac{p}{p^{\ominus}}\right)}}$$

以 p 值(可用 $p^{\ominus}$ 为单位)代入可得各转化率 α：

$\frac{p}{p^{\ominus}}$	1	5	10	20	50	100	200	500	1000
α	0.152	0.418	0.549	0.663	0.779	0.842	0.888	0.928	0.949

说明加压有利合成氨反应，但这是气体满足混合理想气体假设而得出的结论，否则高压下真实气体反应的 $K_p^{\ominus}$ 并非常数，如上述平衡自 $10p^{\ominus}$ 增至 $1000p^{\ominus}$，$K^{\ominus}$ 约增加 4 倍左右。

〔例 11〕 已知 25 ℃、标准压力 $p^{\ominus}$ 下，石墨的密度为 2.260 g · cm^{-3}，金刚石的密度为 3.515 g · cm^{-3}，试问：

(1)25 ℃，$p^{\ominus}$ 下能否由石墨制备金刚石？

(2)25 ℃ 时，需多大压力才能使石墨变成金刚石？

〔解〕

(1) 查热力学数据表可知 298 K 下石墨和金刚石的标准摩尔生成 Gibbs 函数[变]分别为：$\Delta_r G_m^{\ominus}$(C，石墨) = 0，$\Delta_r G_m^{\ominus}$(C，金刚石) = 2.87 kJ · mol^{-1}。故，对反应 C(石墨) → C(金刚石) 而言：

$\Delta_r G_m^{\ominus}(298\ \text{K}) = 2.87 - 0 = 2.87\ \text{kJ} \cdot \text{mol}^{-1} \gg 0$，可见在室温及常压下石墨较稳定，不能由它制备金刚石。

(2) 因 $\left(\frac{\partial \Delta_r G_m^{\ominus}}{\partial p}\right)_T = \Delta_r V_m^{\ominus}$，有 $\int_{\Delta_r G_m(p^{\ominus})}^{\Delta_r G_m(p)} d\Delta_r G_m^{\ominus} = \int_{p^{\ominus}}^{p} \Delta_r V_m^{\ominus} dp$

故
$$\Delta_r G_m^{p} - \Delta_r G_m^{\ominus} = \int_{p^{\ominus}}^{p} \Delta_r V_m^{\ominus} dp \cong \Delta_r V_m^{*}(p - p^{\ominus})$$

当压力为 p 时，若能由石墨制金刚石，则至少需求 $\Delta_r G_m^{p} = 0$，$\Delta_r V_m^{\ominus}$ 为标准状态下反应前后的体积改变，如果有一摩尔碳(石墨) 反应生成一摩尔碳(金刚石)，则

$$\Delta_r V_m^{\ominus} \approx \Delta_r V_m^{*} = \left(\frac{12.011}{3.515} - \frac{12.011}{2.260}\right)\text{cm}^3$$

将上述这些结果代入前式可得

$$0 - 2.87 \times 10^3 = \left(\frac{12.011}{3.515} - \frac{12.011}{2.260}\right)(p - p^{\ominus})$$

经整理可解出
$$(p - p^{\ominus}) = 1.51 \times 10^6\ \text{kPa} \approx p$$

即压力高达 1.51×10^6 kPa，才能将石墨变为金刚石，此预测现已实现。

6.7.3 惰性气体存在的影响

惰性气体就是实际生产过程中混有不参加反应的气体。例如合成氨的原料气中 CH_4、Ar 等气体，再如 SO_2 转化反应中，倘若利用空气作为供氧来源，其中多余的 N_2、Ar 也是惰性气体，它们的存在均会降低平衡产率或影响平衡移动。

惰性气体的存在实则与减少反应体系总压的效应类同，它不影响平衡常数，却能改变

平衡组成，这体现于改变 K_n 而使平衡移动。但值得注意：K_n 并非平衡常数，因为物质的量 n_B 与 p_B，x_B 不同，不具有浓度的内涵，故 K_n 只是连乘积 $\prod_B n_B^{\nu_B}$ 的代表符号。重写平衡常数之间表达式

$$K_p = K_x p^{\sum_B \nu_B} = (\prod_B x_B^{\nu_B}) p^{\sum_B \nu_B} = (\prod_B \nu_B^{\nu_B}) \left[\frac{p}{\sum n_B}\right]^{\sum_B \nu_B}$$

不难看出，惰性气体的加入使总的物质的量 $\sum n_B$ 增加，这样对于气体分子数增加（$\sum_B \nu_B > 0$）的反应，固定总压则 $\left[\frac{p}{\sum n_B}\right]^{\sum_B \nu_B}$ 值减小，为要保持 K_p 不变，必须使 $\prod_B n_B^{\nu_B}$ 值增大，故平衡有利于向生成物的方向移动。反之，对于气体分子数减小（$\sum_B \nu_B < 0$）的反应，由于 $\sum n_B$ 增大，造成 $\left[\frac{p}{\sum n_B}\right]^{\sum_B \nu_B}$ 值亦增大，要保持 K_p 不变，必须使 $\prod_B n_B^{\nu_B}$ 值减小，于是平衡就朝着生成反应物方向移动。例如合成氨反应 $\sum_B \nu_B < 0$，故引入惰性气体不利于正向反应，使转化率降低。但对乙苯脱氢制苯乙烯反应：

$$C_6H_5—C_2H_5(g) \rightleftharpoons C_6H_5—CH{=}CH_2(g) + H_2(g), \sum_B \nu_B = 1$$

可以预期加入惰性气体（水蒸气）能够提高转化率，实际情况亦如此，表 6-2 列出标准压力 $p^{\ominus}$，873.2 K 下原料气组成（乙苯：水蒸气）对苯乙烯最大产率（或乙苯的平衡转化率）的影响。

表 6-2　原料气组成对苯乙烯最大产率的影响

物质的量 n 之比（乙苯：水蒸气）	1∶0	1∶9	1∶26.2
苯乙烯最大产率 ×100	38.9	72.8	85.5

在特定情况下，加入惰性气体固然会影响平衡，有提高转化率的一面，但惰性气体积累过多也有其不利的一面。因为它会占用空间，降低设备生产能力，此外还可能产生副反应或使催化剂中毒。所以实际生产中往往需定期放出一部分旧的原料气以减少反应体系中惰性组分的含量。

6.7.4　物料配比的影响

反应物料的配比不同能直接影响平衡后各物的组成。怎样选择最适宜原料比才能使所得产量最高，并达到最佳的分离效果（如吸收、冷凝、蒸馏）无疑对生产有实际意义。

〔例 12〕　对于合成氨反应 $\frac{1}{2}N_2 + \frac{3}{2}H_2 \rightleftharpoons NH_3$，计算 500 ℃、$300p^{\ominus}$ 下，$n_{N_2} : n_{H_2} = 1 : m$ 时（$m = 1, 2, 3, 4, 5$，即在不同反应物比例情况下）氮的平衡转化率（α）和氨在平衡混合物中的物质的量分数（x_{NH_3}）。已知在此温度、压力下该反应 $K_p^{\ominus} = 5.144 \times 10^{-3}$。

〔解〕　设在 500 ℃、$300p^{\ominus}$ 下 N_2 的转化率为 α，则

$$\frac{1}{2}N_2 + \frac{3}{2}H_2 \rightleftharpoons NH_3 \qquad n_{总}(\text{mol})$$

开始时 $n_{B,0}$： $1 \quad m \quad 0 \quad m+1$

平衡时 n_B： $1-\alpha \quad m-3\alpha \quad 2\alpha \quad 1+m-2\alpha$

平衡分压 p_B： $\underbrace{\left(\frac{1-\alpha}{1+m-2\alpha}\right)p}_{p_{N_2}=x_{N_2}p} \quad \underbrace{\left(\frac{m-3\alpha}{1+m-2\alpha}\right)p}_{p_{H_2}=x_{H_2}p} \quad \underbrace{\left(\frac{2\alpha}{1+m-2\alpha}\right)p}_{p_{NH_3}=x_{NH_3}p}$

所以

$$K_p^{\ominus} = 5.144 \times 10^{-3} = \left[\prod_B \left(\frac{n_B}{n_{总}}p\right)^{\nu_B}\right](p^{\ominus})^{-\sum_B \nu_B}$$

$$= \left[\frac{\left(\frac{2\alpha}{1+m-2\alpha}p\right)}{\left(\frac{1-\alpha}{1+m-2\alpha}p\right)^{\frac{1}{2}} \cdot \left(\frac{m-3\alpha}{1+m-2\alpha}p\right)^{\frac{3}{2}}}\right](p^{\ominus})$$

$$= \left[\frac{2\alpha(1+m-2\alpha)}{(1-\alpha)^{\frac{1}{2}}(m-3\alpha)^{\frac{3}{2}}p}\right](p^{\ominus})$$

由二项式函数展开级数

$$(1-\alpha)^{\frac{1}{2}} \cong 1-\frac{\alpha}{2}$$

则

$$(m-3\alpha)^{\frac{3}{2}} = m^{\frac{3}{2}}\left(1-\frac{3\alpha}{m}\right)^{\frac{3}{2}} \approx m^{\frac{3}{2}}\left(1-\frac{9\alpha}{2m}\right)$$

代入前式可得

$$K_p^{\ominus} = 5.144 \times 10^{-3} = \left[\frac{2\alpha(1+m-2\alpha)}{\left(1-\frac{\alpha}{2}\right)m^{\frac{3}{2}}\left(1-\frac{9\alpha}{2m}\right)p}\right](p^{\ominus})$$

将压力为 $p = 300p^{\ominus}$ 时 $m = 1,2,3,4,5$ 分别代入上式，可算出氮的平衡转化率和氨在平衡混合物中的物质的量分数结果并列于下表：

$n_{N_2} : n_{H_2} = 1 : m$	$m=1$	$m=2$	$m=3$	$m=4$	$m=5$
N_2 的平衡转化率 $\alpha \times 100$	14.5	28.2	40.6	50.3	59.1
NH_3 的物质的量分数 $x_{NH_3} \times 100$	17.0	23.2	25.5	25.2	24.5

计算结果表明：随 m 增大，转化率不断提高。而氨的产率起初亦增大，但经过一个峰值后又下降，这是因为过量的 H_2 会冲淡产物的缘故。唯独 $n_{N_2} : n_{H_2} = 1:3$，即反应物投料比按反应方程计量系数比时，氨在混合物中的物质的量分数最大。此结论也适用于其他压力下的合成氨反应。如图 6-5 所示。虽然投料比等于方程计量系数比的结论，一般对其他反应也符合，但不可生搬硬套。如果原料中某一物质比较贵重或者难以获得，尤其是当原料不能循环使用时，则应当多使用较便宜的组分，尽量使昂贵物质多转化一些，以避免浪费。例如在 SO_2 转化为 SO_3 的反应中，实际的 SO_2 和 O_2 的进料比并非 2∶1，而是 2∶3。

结论与说明：各种外界因素对化学反应平衡的影响，只是事物的一个方面。在实际生产中，还必须从热力学与动力学角度综合辩证分析，才能找出符合实际的最适宜生产条件。例如上述合成氨反应，由热力学计算得知一定条件下氨产量的最高限度，以及为此限度而需要努力创造的外界条件。可是生产实践中虽有催化剂存在，到达平衡时间仍较长。故一般不等平衡到达就把 NH_3 分离出来，然后把未起作用的 H_2 和 N_2 继续循环使用。化学动力学研究指出，氨合成速率对 N_2 的分压依赖性更大，故在远离平衡时（即 NH_3 浓度较低时）常利用提高 N_2 对 H_2 的比例来加快反应速率。但在接近平衡时，热力学因素成为主要矛盾，为获得较高 NH_3 产量，氮氢的物质的量之比（n_{N_2} ∶ n_{H_2}）应接近 1 ∶ 3。于是，同时考虑动力学和热力学的要求，通常采用原料气配比为 1 ∶ 2.8 ～ 2.9，才能达到产量既快又多的目的。

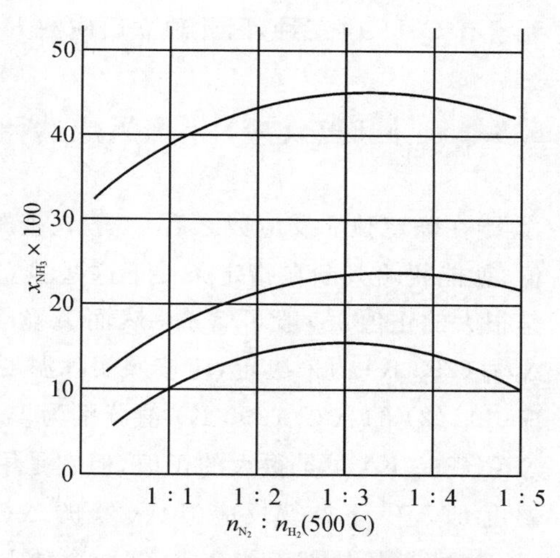

图 6-5　反应物计量对产物的影响

6.8　多种化学反应同时平衡

6.8.1　同时反应与独立反应

以上各节所述体系多指一个反应，但在生产实际中往往同时存在两种以上的化学反应，特别是有机反应，原料种类复杂且反应途径繁多，同时进行的反应竟达几个或几十个。这些反应虽各有其平衡，但又互相影响，彼此之间浓度关系更为复杂。为此，必须判断何种条件下可得最多的主产物产量以及在相同条件下其他各物的产量，其次是数学处理怎样简化以便迅速计算同时进行反应的平衡组成。这方面课题，目前已有各种不同的数学处理方法，尤其是借助于计算机计算的方法，读者感兴趣可参阅有关专著。

如果某些组分同时参加两个以上的反应就称为同时反应，而不能以线性组合的方法由其他反应导出的反应则称为独立反应。

例如，甲烷转化有如下四个反应同时进行：

(1)$CH_4 + H_2O \rightleftharpoons CO + 3H_2$

(2)$CO + H_2O \rightleftharpoons CO_2 + H_2$

(3)$CH_4 + 2H_2O \rightleftharpoons CO_2 + 4H_2$

(4)$CH_4 + CO_2 \rightleftharpoons 2CO + 2H_2$

反应组分 CH_4、H_2O、CO、H_2、CO_2 等同时参加这些反应，故这些反应都称同时反应。但是反应(3)、(4) 分别可由反应(1)、(2) 相加、相减得到，而反应(1)、(2) 却不能由其他反应加减得到，故反应(1)、(2) 是独立反应，或者说此反应体系中独立反应数（以 R 表示）为 2。独立反应数 R 的求法大概可简单地认为（不是普遍的）由反应体系中所含物种数减去此体系中包含的元素种类数。以上面的同时反应为例，有 CH_4、CO、CO_2、H_2、H_2O 共五种物质，而涉及的元素有 C、H、O 三种，因此独立反应数 $R = 5 - 3 = 2$。

6.8.2 同时(反应)平衡组成的计算

在确定独立反应数之后，一般先查阅热力学数据表，计算出这些独立反应的 $\Delta_r G_m^\ominus(T)$ 值，就能粗略判断在指定条件下这些独立反应是否都可自发进行。若某反应的 $\Delta_r G_m^\ominus(T)$ 值是很大的正值，一般可舍去，然而究竟舍去哪一个则务必谨慎，不可只凭查得 298 K 的 $\Delta_r G_m^\ominus(298\ K)$ 值来决定，应按照实际温度下的 $\Delta_r G_m^\ominus(T)$ 值作为弃留的依据。例如 25 ℃ 时反应(1)、(2) 的 $\Delta_r G_m^\ominus(298\ K)$ 值分别为 142.12 kJ · mol^{-1}、13.32 kJ · mol^{-1}，这里反应(1) 的 $\Delta_r G_m^\ominus(298\ K)$ 虽是很大的正值，但它是甲烷转化的主反应，若舍去显然不合适。如果在转化温度 627 ℃ 下计算反应(1)、(2) 的 $\Delta_r G_m^\ominus(900\ K)$ 则分别为 −2.109 kJ · mol^{-1}、−5.895 kJ · mol^{-1}，显然都不能舍去，即两个独立反应都可进行。

当计算平衡转化率时还得注意：每一个独立反应都有一个反应转化度($x, y, z, \cdots$)，而且每一个独立反应均可列出一个独立的平衡常数式。此外，每一个组成不论它同时参加几个反应都只能允许一种浓度(或分压)值。然后检查转化度的个数是否与所列的方程式个数相等，最后只要原始组成已知，就不难计算同时平衡的组成。

〔例 13〕 在 600 ℃、$p^\ominus$ 下以水蒸气与甲烷的物质的量之比为 $n_{H_2O} : n_{CH_4} = 5 : 1$ 的原料混合气通过 Ni 催化剂，试计算反应(设不生成游离碳)达平衡时的 CH_4 转化率。

〔解〕 根据题设条件删去无关反应，再略去 $\Delta_r G_m^\ominus$ 很大($K_p^\ominus$ 很小)的次要反应，最终确定如下两个独立反应：

$$(1)\quad \underset{(1-x)}{CH_4} + \underset{(5-x-y)}{H_2O} \rightleftharpoons \underset{(x-y)}{CO} + \underset{(3x+y)}{3H_2}$$

$$\Delta_r G_m^\ominus(873\ K) = 4435\ J \cdot mol^{-1}$$

$$(2)\quad \underset{(x-y)}{CO} + \underset{(5-x-y)}{H_2O} \rightleftharpoons \underset{(y)}{CO_2} + \underset{(3x+y)}{H_2}$$

$$\Delta_r G_m^\ominus(873\ K) = -6632\ J \cdot mol^{-1}$$

令反应(1) 中 CH_4 的转化度为 x，反应(2) 中 CO 的转化度为 y。根据原始组成，可确定各物质平衡浓度(已列于反应式下面)。从而可求平衡时总的物质的量

$$\begin{aligned} n_{总} &= n_{CH_4} + n_{H_2O} + n_{CO} + n_{H_2} + n_{CO_2} \\ &= (1-x) + (5-x-y) + (x-y) + (3x+y) + y \\ &= 6 + 2x \end{aligned}$$

由 $K_p^\ominus$ 的表达式及 873 K 下的 $K_p^\ominus$ 值可列出包含两个未知数(转化度：x、y)的两个联立方程：

$$K_p^\ominus(1) = \left[\frac{p_{CO} \cdot p_{H2}^3}{p_{H_2O} \cdot p_{CH_4}}\right](p^\ominus)^{-\sum_B \nu_B} = \frac{\left(\dfrac{x-y}{6+2x}\right)p \cdot \left(\dfrac{3x+y}{6+2x}\right)^3 p^3}{\left(\dfrac{5-x-y}{6+2x}\right)p \cdot \left(\dfrac{1-x}{6+2x}\right)p}(p^\ominus)^{-2}$$

$$\xrightarrow[(p=p^\ominus)]{} \frac{(x-y)(3x+y)^3}{(5-x-y)(1-x)}(6+2x)^{-2} = 0.54$$

$$K_p^{\ominus}(2)=\left[\frac{p_{CO_2}\cdot p_{H_2}}{p_{CO}\cdot p_{H_2O}}\right](p^{\ominus})^{-\sum_B \nu_B}=\frac{\left(\frac{y}{6+2x}\right)p\cdot\left(\frac{3x+y}{6+2x}\right)^3 p}{\left(\frac{x-y}{6+2x}\right)p\cdot\left(\frac{5-x-y}{6+2x}\right)p}(p^{\ominus})^0$$

$$\xrightarrow[(p=p^{\ominus})]{}\frac{y(3x+y)}{(x-y)(5-x-y)}=2.49$$

由上述联立方程，得其解为

$$x=0.911, y=0.653$$

故，甲烷转化率 = 91.1%。

6.9 生化标准态的摩尔反应吉布斯函数变

6.9.1　生物化学中的标准态

热力学规定在指定温度 T 及标准态压力 $p^{\ominus}$ 下，溶液中溶质活度等于1的态为热力学标准态。依此规定，则溶液中氢离子的活度 $a_{H^+}=1$，即 pH = 0，但如此高酸性状态对人体等生物体系特别不现实，因为那样将引起生物体性变而无意义。所以生物学家在原有标态规定的基础上添加一个例外，从而构建生化标准态。

规定：取 pH = 7 即 $a_{H^+}=c_{H^+}=10^{-7}\ \mathrm{mol\cdot dm^{-3}}$ 为氢离子的标准态，其他物质(B) 仍与原热力学中一样取活度 $a_B=1$ 的态为标准态，符合这一要求时，就称为“**生化标准态**(biological standard state)”。

6.9.2　生化标准态的摩尔反应 Gibbs 函数变

在生物化学过程中，凡涉及氢离子的反应，由生化标准态规定的摩尔反应 Gibbs 函数变，用符号 $\Delta_r G_m^{\oplus}(T)$ 表示，(有的书示以 $\Delta_r G_m^{\ominus'}$，上标符号 $\oplus$ 或 $\ominus'$ 系生化标准态标记)，以便与热力学标准态 Gibbs 函数变 $\Delta_r G_m^{\ominus}$ 相区别。

考察以下理想稀溶液生化反应：

$$A+D \rightleftharpoons E+xH^+$$

标准状态系指：$\alpha_B=c_B=c_A=c_D=c_E=c^{\ominus}=1\ \mathrm{mol\cdot dm^{-3}}$，而生化标准态氢离子活度(或浓度) 可记为 $\alpha_{H^+}^{\oplus}=c_{H^+}^{\oplus}=10^{-7}\ \mathrm{mol\cdot dm^{-3}}$。应用化学反应等温方程可知

$$\Delta_r G_m(T)=\Delta_r G_m^{\oplus}(T)+RT\ln\frac{\left(\frac{c_E}{c^{\ominus}}\right)\left(\frac{c_{H^+}}{c_{H^+}^{\oplus}}\right)^x}{\left(\frac{c_A}{c^{\ominus}}\right)\left(\frac{c_D}{c^{\ominus}}\right)}$$

$$=\Delta_r G_m^{\oplus}(T)+RT\ln J_c^{\oplus} \tag{6-99}$$

式(6-99) 中 $J_C^{\oplus}$ 为以生化标准态规定的浓度商，将此式略加整理，可推得

$$\Delta_r G_m(T) = \Delta_r G_m^{\oplus}(T) + RT\ln\left(\frac{1}{c_{H^+}^{\oplus}}\right)^x + RT\ln\frac{\left(\frac{c_E}{1}\right)\left(\frac{c_{H^+}}{1}\right)^x}{\left(\frac{c_A}{1}\right)\left(\frac{c_D}{1}\right)}$$

$$= \Delta_r G_m^{\ominus}(T) + RT\ln J_c \qquad (6\text{-}100)$$

自上式前后等号可知

$$\Delta_r G_m^{\ominus}(T) = \Delta_r G_m^{\oplus}(T) + RT\ln\left(\frac{1}{c_{H^+}^{\oplus}}\right)^x$$

或

$$\Delta_r G_m^{\oplus}(T) = \Delta_r G_m^{\ominus}(T) + xRT\ln c_{H^+}^{\oplus}$$

$$= \Delta_r G_m^{\ominus}(T) + xRT\ln 10^{-7} \qquad (6\text{-}101)$$

当 $x = 1, T = 298.15\ \text{K}, R = 8.314\ \text{J}\cdot\text{K}^{-1}\cdot\text{mol}^{-1}$ 代入上式，则

$$\Delta_r G_m^{\oplus}(298.15\ \text{K}) = \Delta_r G_m^{\ominus}(298.15\ \text{K}) - 39.95\ \text{kJ}\cdot\text{mol}^{-1} \qquad (6\text{-}102)$$

式(6-101)、(6-102)均表明生化标准态与热力学标准态的Gibbs函数变之间的关系；在含有 H^+ 且它处产物一方的生化反应中，$\Delta_r G_m^{\oplus}$ 比 $\Delta_r G_m^{\ominus}$ 小 $39.95\ \text{kJ}\cdot\text{mol}^{-1}$，意指反应在 pH = 7 比 pH = 0 时更易自发进行。显然，若 H^+ 在反应物一方

$$E + xH^+ \rightleftharpoons A + D$$

则有

$$\Delta_r G_m^{\oplus}(T) = \Delta_r G_m^{\ominus}(T) - xRT\ln c_{H^+}^{\oplus}$$

$$= \Delta_r G_m^{\ominus}(298.15\ \text{K}) + 39.95\ \text{kJ}\cdot\text{mol}^{-1} \qquad (6\text{-}103)$$

说明反应在 pH = 0 比 pH = 7 时更易于自发进行。

对于不包含 H^+ 的反应，因 $\Delta_r G_m^{\oplus}(T) = \Delta_r G_m^{\ominus}(T)$，自然无需采用 $\Delta_r G_m^{\oplus}(T)$ 符号了。倘若比较式(6-99)与式(6-100)便知：标准态选择不同，尽管有 $\Delta_r G_m^{\oplus}(T)$ 与 $\Delta_r G_m^{\ominus}$ 的差异，但仍不会改变反应 $\Delta_r G_m$ 之值。值得指出，以往使用的热力学恒等式也同样适用于生化标准态下的热力学函数关系，如 $\Delta_r G_m^{\oplus}(T) = \Delta_r H_m^{\oplus}(T) - T\Delta_r S_m^{\oplus}(T)$，$\Delta_r G_m^{\oplus}(T) = -RT\ln K_a^{\oplus}(T)$ 等同样成立，需要注意的是恒等式两边的标准态应该统一，即标准态记号 ⊕ 与 ⊖ 不能混用。

〔例 14〕 NAD^+ 和 NADH 是酰胺腺嘌呤二核苷酸的氧化态和还原态，已知在 298.15 K 时上述反应及其各组分活度如下：

$$\underset{\substack{c_{NADH} = 1.5\times10^{-2}\\ \text{mol}\cdot\text{dm}^{-3}}}{NADH} + \underset{\substack{c_{H^+} = 3\times10^{-5}\\ \text{mol}\cdot\text{dm}^{-3}}}{H^+} \longrightarrow \underset{\substack{c_{NAD^+} = 4.5\times10^{-3}\\ \text{mol}\cdot\text{dm}^{-3}}}{NAD^+} + \underset{p_{H_2} = 0.01p^{\ominus}}{H_2}$$

又知反应的 $\Delta_r G_m^{\ominus}(298.15\ \text{K}) = -21.83\ \text{kJ}\cdot\text{mol}^{-1}$。试计算该反应在 298.15 K 下的 $\Delta_r G_m^{\oplus}$、$K_a^{\ominus}$、$K_a^{\oplus}$ 及 $\Delta_r G_m$。

〔解〕 因 H^+ 出现在反应式左方，故有

$$\Delta_r G_m^{\oplus}(298.15\ \text{K}) = \Delta_r G_m^{\ominus}(298.15\ \text{K}) + 39.95 = (-21.83 + 39.95)$$

$$= 18.12\ \text{kJ}\cdot\text{mol}^{-1}$$

因为

$$\Delta_r G_m^{\ominus}(298.15\ \text{K}) = -RT\ln K_a^{\ominus}(298.15\ \text{K})$$

$$-21.83\times10^3 = -8.314\times298.15\ln K_a^{\ominus}(298.15\ \text{K})$$

所以

$$K_a^{\ominus} = 6.678\times10^3$$

因为

$$\Delta_r G_m^{\oplus}(298.15\ \text{K}) = -RT\ln K_a^{\oplus}(298.15\ \text{K})$$

$$18.12\times10^3 = -8.314\times298.15\ln K_a^{\oplus}(298.15\ \text{K})$$

所以
$$K_a^{\oplus} = 6.688 \times 10^{-4}$$

则 $\dfrac{K_a^{\ominus}(298.15\ \mathrm{K})}{K_a^{\oplus}(298.15\ \mathrm{K})} = 10^7$，可见，两标准态平衡常数相差之巨是源于标准态选择之异。

$$\Delta_r G_m(298.15\ \mathrm{K}) = \Delta_r G_m^{\ominus}(298.15\ \mathrm{K}) + RT\ln \frac{\left(\dfrac{c_{NAD^+}}{c^{\ominus}}\right)\left(\dfrac{p_{H_2}}{p^{\ominus}}\right)}{\left(\dfrac{c_{NADH}}{c^{\ominus}}\right)\left(\dfrac{c_{H^+}}{c^{\ominus}}\right)}$$

$$= -21.83 \times 10^3 + 8.314 \times 298.15 \times$$

$$\frac{4.6 \times 10^{-3} \times \left(\dfrac{0.01 p^{\ominus}}{p^{\ominus}}\right)}{1.5 \times 10^{-2} \times 3 \times 10^{-5}}$$

$$= -10.36\ \mathrm{kJ \cdot mol^{-1}}$$

或 $$\Delta_r G_m(298.15\ \mathrm{K}) = \Delta_r G_m^{\oplus}(298.15\ \mathrm{K}) + RT\ln \frac{\left(\dfrac{c_{NAD}}{c^{\ominus}}\right)\left(\dfrac{p_{H_2}}{p^{\ominus}}\right)}{\left(\dfrac{c_{NADH}}{c^{\ominus}}\right)\left(\dfrac{c_{H^+}}{c^{\oplus}}\right)}$$

$$= -18.12 \times 10^3 + 8.314 \times 298.15 \times \frac{4.6 \times 10^{-3} \times 0.01}{1.5 \times 10^{-2} \times \left(\dfrac{3 \times 10^{-5}}{10^{-7}}\right)}$$

$$= -10.36\ \mathrm{kJ \cdot mol^{-1}}$$

计算表明 $\Delta_r G_m(298.15\mathrm{K})$ 与标准态选择无关。

6.10 平衡态唯象热力学的方法论

任何一门充满辩证法、具有演绎性的学科，其核心思想与基本内容是普遍性原理与基本方法的逻辑分析综合。换言之，热力学普遍原理的建构及纵横扩展、改造和灵活应用等都离不开多学科方法手段的交叉渗透，可以说，方法论是人们从必然王国走向自由王国的有力武器，因此必须始终对方法论给予高度的重视。为此，特在本章末尾就各方法的思想依据与意义作用，再一次体系理出头绪，并作简要性的总结。这无疑是一种科学的读书方法，也必然会激励后人对原有方法作进一步创新与发展。

平衡态唯象热力学发现并论证 T、U 及 S 等状态函数的存在是热力学的重大成就。其普遍原理是热力学的四条独立定律，基本特征是唯象性，基本方法是热力学势函数法。

热力学势函数是状态函数。它有三个重要的特征 —— 微分性、单向性和极值性，以此三性为基础发展与嫁接了各种具体方法。现择其主要者列举如下：

(1) 变量变换法

i)Donkin 定理法

以内能函数的热力学基本方程(Gibbs 方程) 为基础。它是横向扩展热力学理论的一种规范而有效方法。

ii)Jacobi 行列法

依据Jacobi行列式的性质，可建立热力学量微商之间的关系。它是纵向扩展热力学理论的一种有力工具，在不能或难以测定的量变换成能够或容易测定的量方面用处极大。

(2) 特性函数法

热力学理论表明，一个均相的平衡态体系，在热学、力学、化学共轭变量中各选一个变量描述体系的状态，只要这些变量不全为强度量(封闭体系除外)，则至少存在一个热力学量是体系的特性函数。用任一特性函数可将均相平衡体系的全部热力学性质唯一确定出来。这就是说，掌握了均相平衡体系的一个特性函数，便掌握了体系的全部热力学性质。

(3) 循环法

其依据是基于状态函数与过程无关的特性。主要用于求热力学量和探求热力学规律。Clausius用此方法发现了熵函数是一光辉典范。一级相变的Clapeyron方程也可用该法得出。

(4) 标准状态法

它是基于热力学函数的绝对值无法得知发展起来的一种处理问题的方法。将热力学量表示成标准状态和相应量之两者的差值部分求和。求热力学量的差值往往可归结(或部分归结)为求标准状态下热力学量的差值。

(5) 极值法

它是纵向延伸热力学理论的重要方法。依据是平衡态封闭体系的热力学势函数在各自的特定约束条件下具有极值。由函数极值的必要与充分条件得出平衡条件与平衡稳定条件。前者是相变与化学反应平衡热力学理论的直接基础，后者则给出一整套有用的热力学不等式。

(6) 微元法

它的依据是物质的平衡条件。沿平衡态微变，先用热力学基本方程，再用化学势表达式，广泛用于沿平衡态微变找热力学微分规律。

(7) 平衡法

依据也是物质的平衡条件。先用化学势表达式，后用热力学基本方程。此法是导出热力学规律的另一有效方法，它直接借助平衡常数处理问题，许多场合与微元法可相互替用。

(8) 偏离理想法

它是热力学处理非理想体系发展起来的方法。相对而言，理想体系的热力学性质与规律容易得出，而且具有简单统一的形式。因此，该法的基本思想是将非理想体系偏离理想体系的性质分离出来集中考查。具体方案是保持理想体系的热力学公式的形式不变，引入反映偏离理想体系性质的热力学量，并使理想与非理想体系能用统一的概念与形式处理。目前，反映非理想性的热力学量主要按下列格式之一引入：

i) 非理想体系性质 = 理想化体系性质 + 偏离理想性质

ii) 非理想体系性质 = 反映非理想性质 × 理想化体系性质

热力学中的压缩因子、逸度及活度、活度系数、渗透系数，超额函数等便是具体实例。

研究理想体系的目的之一是为了研究非理想体系，这是热力学实际应用的闪光点，更是一道亮丽的风景线。科学方法具有通用性，上述方法在其他学科的应用中有的完全相同，有的则相仿。采用或嫁接其他学科的科学方法，有时会给本学科带来飞跃。因此，学科间方法的相互渗透理当极为关注，我们既要高度重视逻辑思维与形象思维，也要高度重视联想思维。

参考文献

[1] DENBIGH K. The Principles of Chemical Equilibrium[M]. 4th Edition. Cambridge, 1981.

[2] SILBERY R J, ALBERTY R A. Physical Chemistry[M]. 3rd Edition. John Wiley & Sons, 2001.

[3] ATKINS P W. Physical Chemistry[M]. 11th Edition. Oxford, 2017.

[4] LEVIN I N. Physical Chemistry[M]. 5th Edition. McGraw-Hill, 2002.

[5] 赵学庄，化学反应动力学原理：上册[M]. 北京：高等教育出版社，1984.

[6] 傅鹰编著. 化学热力学导论[M]. 北京：科学出版社，1963.

[7] 韩德刚，高执棣，高盘良. 物理化学[M]. 北京：高等教育出版社，2001.

[8] 胡英. 物理化学：上册[M]. 北京：高等教育出版社，2014.

[9] 黄启巽，魏光，吴金添编. 物理化学：上册[M]. 厦门：厦门大学出版社，1996.

[10] 高盘良. 物理化学学习指南[M]. 北京：高等教育出版社，2002.

[11] 朱文涛编著. 物理化学中的公式与概念[M]. 北京：清华大学出版社，1998.

[12] 蔡启瑞. 生物固氮与络合催化[J]. 化学通报，1978 2：5.

[13] 田昭武，周绍民. 大学化学疑难辅导丛书 — 平衡问题[M]. 福州：福建科学技术出版社，1988.

[14] 吴金添. 反应进度及其应用[J]. 化学通报，1990，2：53.

[15] 陈良坦. 热力学平衡中的假想态浅议[J]. 大学化学，2012，27：59.

思考与练习

思考题(R)

R6-1　平衡常数的一般表示式是什么？在各种不同的反应体系中它是如何演变成不同表示形式的？

R6-2　化学反应的 $\Delta_r G_m^{\ominus}$ 和 $\Delta_r G_m$ 有什么区别？计算平衡常数时用哪一个？判断化学反应的方向用哪一个？判断平衡移动用哪一个？

R6-3　一般的化学反应为什么不能进行到底？在没有混合熵 $\Delta_{mix} S$ 的反应体系中，在一定条件下，反应一旦发生便进行到底。为什么？

R6-4　状态函数是用以描述体系平衡状态的宏观物理量。一个正在进行化学反应或相变的体系，并不处于物质平衡，这样的体系中是否每时每刻都有确定的 μ、G 和 S 等状态函数值？

R6-5　一个化学反应的 $K^{\ominus}$ 与 J 的物理意义各是什么？在什么情况下二者相同？

R6-6　平衡移动的共性是什么？一个反应的平衡常数改变了，平衡一定移动吗？反之，如果一个反应平衡移动了，平衡常数一定改变吗？

R6-7　$\Delta_r G_m^{\ominus} = -RT\ln K^{\ominus}$，由于 $K^{\ominus}$ 是代表平衡特征的量，所以 $\Delta_r G_m^{\ominus}$ 就是反应处于平衡时的 $\Delta_r G_m$。对吗？

R6-8　有人讲：一般情况下，在化学反应过程中(反应的某一产物是人们所需要的产品。例如 $A+B\rightarrow C+D$，其中D是所希望的产品)，若能连续不断地及时取走产品，最终得到的产品总量要比等反应结束后一次性所得产品数量为多。这话有无根据？为什么？

R6-9　对于气体，标准状态就意味着 $p^{\ominus}$，所以有人说理想气体反应的标准 Gibbs 函数变可表示成

$$\Delta_r G_m^{\ominus} = \left(\frac{\partial G}{\partial \xi}\right)_{T,p^{\ominus}}$$

这一表示式对不对？

R6-10　假设温度为 T 时，理想气体反应 $0=\sum_B \nu_B B$ 的 $\Delta_r H_m^{\ominus} > 0$，熵变 $\Delta_r S_m^{\ominus} < 0$，且二者均不随 T 而变化。则温度对该反应平衡的影响为

$$\frac{d\ln K^{\ominus}}{dT} = \frac{\Delta_r H_m^{\ominus}}{RT^2} > 0$$

所以温度升高，$K^{\ominus}$ 值增大，$\Delta_r G_m^{\ominus} = -RT\ln K^{\ominus}$ 变得越负。即升高温度有利于化学反应。
可是对于等温反应：

$$\Delta_r G_m^{\ominus} = \Delta_r H_m^{\ominus} - T\Delta_r S_m^{\ominus}$$

由于 $\Delta_r H_m^{\ominus} > 0$、$\Delta_r S_m^{\ominus} < 0$，且与温度无关，所以温度升高，$-T\Delta_r S_m^{\ominus}$ 增大，$\Delta_r G_m^{\ominus}$ 变得越正。即升高温度不利于化学反应。你认为以上两个结论为什么截然不同？

R6-11　298 K 时理想气体反应 $A+B\longrightarrow 2C$ 的 $\Delta_r G_m^{\ominus}$ 是指如下反应

$$A(纯态,298\ K,p^{\ominus}) + B(纯态,298\ K,p^{\ominus}) \longrightarrow 2C(纯态,298\ K,p^{\ominus})$$

的 Gibbs 函数变。既然上述反应中每个物质均处于 298 K 及 $p^{\ominus}$ 的纯态，即各自单独存在，那么如何能发生这一反应呢？

R6-12　在 1000 ℃ 时 $CaCO_3(s)$ 的分解压为 $3.871p^{\ominus}$。若将 100 g$CaCO_3(s)$ 放入一个巨大的 $CO_2(g)$ 容器中(其中 CO_2 压力为 $2.000\ p^{\ominus}$，温度为 1000 ℃)，达平衡后 $CaCO_3(s)$ 的转化率为多大？

R6-13　A(g) 按下式分解 $A(g) = 2B(g)$，在 25 ℃，0.5 dm^3 容器中装有 1.588 g A(g)，实验测得解离平衡时总压为 101325 Pa，在 45 ℃，0.5 dm^3 容器中，放入 1.35 g A(g)，离解度为37%，平衡总压为 1.05×101325 Pa，已知该反应 $\Delta_r H_m^{\ominus}$ 和温度关系为 $\Delta_r H_m^{\ominus} = (a+bT/K)\ J\cdot mol^{-1}$，$S_m^{\ominus}[A(g),298.15\ K] = 304.3\ J\cdot K^{-1}\cdot mol^{-1}$；$S_m[B(g),298.15\ K] = 240.45\ J\cdot K^{-1}\cdot mol^{-1}$；A 的摩尔质量为 92.02 $g\cdot mol^{-1}$。

(1) 试判断 25 ℃、A(g) 和 B(g) 分压各为 $1.5\times 101\ 325$ Pa 时，上述反应能否自发进行？

(2) 求 a、b 值。

R6-14　在 310 K 时，从葡萄糖和磷酸(P_i)生成葡萄糖 -6- 磷酸(G-6-P)的反应是不利的：

葡萄糖 + Pi ⟶ G-6-P + H_2O，$\Delta_r G_m^{\oplus} = 17.1\ kJ\cdot mol^{-1}$，而磷酸烯醇丙酮酸(PEP)的水解是很有利的反应。H_2O + PEP ═══ 丙酮酸 + Pi，$\Delta_r G_m^{\oplus} = -55.2\ kJ\cdot mol^{-1}$，指出这些反应如何偶联到 ATP 的合成或 ATP的水解反应？已知 H_2O + ATP ═══ ADP + Pi，$\Delta_r G_m^{\oplus} = -30.5\ kJ\cdot mol^{-1}$，试计算这些偶联反应的平衡常数($T = 310$ K)。

R6-15　某气体反应 $A = B + C$ 在 298.15 K 时的标准平衡常数 $K_p^{\ominus} = 1$，该反应为吸热反应，问：

(1) 在 298.15 K 时其 $\Delta_r G_m^{\ominus}$ 是多少？

(2) 在同样的标准状态下，其 $\Delta_r S_m^{\ominus}$ 是正还是负？

(3) 选 1 $mol\cdot dm^{-3}$ 为标准状态时，$K_c^{\ominus}$ 和 $\Delta_r G_m^{\ominus}$ 为多少？

(4) 在 313.15 K 时的 $K_p^{\ominus}$ 是比 1 大，还是小？

(5) 在 313.15 K 时的 $\Delta_r G_m^{\ominus}$ 是正还是负？

R6-16　出土文物青铜器编钟由于长期受到潮湿空气及水溶性氯化物的作用生成了粉状铜锈，经鉴定含有 CuCl、Cu_2O 及 $Cu_2(OH)_3Cl$，有人提出其腐蚀反应可能的途径为：

$$Cu \xrightarrow{Cl^-} CuCl \quad \begin{cases} \xrightarrow{(1)} Cu_2O \xrightarrow{(2)} Cu_2(OH)_3Cl \\ \xrightarrow{(3)} Cu_2(OH)_3Cl \end{cases}$$

即 $Cu_2(OH)_3Cl$ 可通过(1)＋(2)及(3)两种途径生成，请从下列热力学数据说明是否正确。

物种	Cu_2O	$CuCl$	$Cu_2(OH)_3Cl$	$OH^-(aq)$	$HCl(aq)$	$H_2O(l)$
$\Delta_f G_m^{\ominus}/kJ \cdot mol^{-1}$	-146	-120	-1338	-157.3	-131	-237

练习题(A)

A6-1　在 900 ℃ 和 $p^{\ominus}$ 压力下，使 CO_2 和 H_2 混合气通过催化剂来研究下述反应平衡：

$$CO_2(g) + H_2(g) = CO(g) + H_2O(g)$$

把作用后的平衡混合气体通过毛细管，骤然冷却到室温再进行分析，得到各气体的分压，CO_2：21.70 kPa，H_2：25.83 kPa，CO：26.89 kPa。在同一温度下，另一平衡混合气内含 22.72 mol 的 CO，22.72 mol 的 H_2O，48.50 mol 的 CO_2，求含 H_2 量。

A6-2　已知 445 ℃ 时，$Ag_2O(s)$ 的分解压力为 20974 kPa，则此时分解反应

$$Ag_2O(s) = 2Ag(s) + \frac{1}{2}O_2(g) \text{ 的 } \Delta_r G_m^{\ominus} \text{ 为多少？}$$

A6-3　在 298 K 时，气相反应 $H_2 + I_2 = 2HI$ 的 $\Delta_r G_m^{\ominus} = -16\,778\ J \cdot mol^{-1}$，计算反应的平衡常数 $K_p^{\ominus}$

A6-4　某低压下的气相反应，在 $T = 200$ K 时 $K_p = 8.314 \times 10^2$ Pa，则 $K_c/mol \cdot cm^{-3}$ 是多少？

A6-5　理想气体反应 $CO(g) + 2H_2(g) = CH_3OH(g)$ 的 $\Delta_r G_m^{\ominus}$ 与温度 T 的关系为：$\Delta_r G_m^{\ominus}/J \cdot mol^{-1} = -21660 + 52.92(T/K)$，若使在标准状态下的反应向右进行，则应控制反应的温度必须低于多少？

A6-6　温度从 298 K 升高到 308 K，反应的平衡常数加倍，计算该反应的 $\Delta_r H_m^{\ominus}$(设其与温度无关)。

A6-7　在温度为1000 K时的理想气体反应：$2SO_3(g) = 2SO_2(g) + O_2(g)$ 的平衡常数 $K_p = 29.0$ kPa，计算该反应的 $\Delta_r G_m^{\ominus}$。

A6-8　在 298 K 时，磷酸酯结合到醛缩酶的平衡常数 $K_a^{\ominus} = 540$，直接测定焓的变化是 $-87.8\ kJ \cdot mol^{-1}$，若假定 $\Delta_r H_m^{\ominus}$ 与温度无关，计算在 310 K 时平衡常数值。

A6-9　在 $T = 1000$ K 时，理想气体反应 $2SO_3(g) = 2SO_2(g) + O_2(g)$ 的 $K_c(1) = 0.0035\ mol \cdot dm^{-3}$，求：

(1) 该反应的 $K_p(1)$

(2) $SO_3(g) = SO_2(g) + (1/2)O_2(g)$ 的 $K_p(2)$ 和 $K_c(2)$；

(3) $2SO_2(g) + O_2(g) = 2SO_3(g)$ 的 $K_p(3)$ 和 $K_c(3)$。

A6-10　反应 $LiCl \cdot 3NH_3(s) = LiCl \cdot NH_3(s) + 2NH_3(g)$ 在 40 ℃ 时，$K_p = 9 \times (101325\ Pa)^2$。40 ℃，5 dm^3 容器内含 0.1 mol $LiCl \cdot NH_3$，试问需要通入多少摩尔 $NH_3(g)$，才能使 $LiCl \cdot NH_3$ 全部变成 $LiCl \cdot 3NH_3$？

A6-11　将 10 g $CaCO_3(s)$ 置于 1 dm^3 贮器内加热到 800 ℃，问未解离的 $CaCO_3(s)$ 为若干？已解离者若干？假若用 20 g，其未解离者为若干？已知 $CaCO_3(s)$ 在 800 ℃ 的解离压力为 2.22×10^4 Pa。

A6-12　研究磷酸果糖激酶催化反应：F-6-P + ATP = FDP + ADP 在 308 K 时，在灌注老鼠心脏的代谢物中得到如下数据：

F-6-P　　$6.0 \times 10^{-5}\ mol \cdot dm^{-3}$

A-T-P　5.3×10^{-3} mol · dm^{-3}

F-D-P　9.0×10^{-6} mol · dm^{-3}

ADP　1.1×10^{-3} mol · dm^{-3}

磷酸果糖激酶反应的 $\Delta_r G_m^{\ominus}=-17.7$ kJ · mol^{-1}。在灌注心脏中反应是处于平衡态吗？

A6-13　某工厂乙苯脱氢制苯乙烯的反应条件是：反应温度为 600 ℃（此时的 $K_m^{\ominus}=0.178$），压力为常压（$p=101.325$ kPa），乙苯和水蒸气的流量分别是 400 和 600 kg · h^{-1}，计算乙苯的平衡转化率。

A6-14　某物质有 α、β 两种晶型，25 ℃时 α 和 β 型的标准摩尔生成热分别为 -200.0，-1980 kJ · mol^{-1}，标准摩尔熵分别为 70.0，71.5 J · K^{-1} · mol^{-1}，它们都能溶于 CS_2 中，α 在 CS_2 中溶解度为 10.0 mol · kg^{-1}，假定 α，β 溶解后活度系数皆为 1。

(1) 求 25 ℃，由 α 型转化为 β 型的 $\Delta_{tus} G_m^{\ominus}$；

(2) 求 25 ℃，β 型在 CS_2 中的溶解度（mol · kg^{-1}）。

A6-15　通常在钢瓶里的压缩氢气中含有少量氧气。实验中常将氢气通过高温下的铜粉，以除去少量氧气，其反应为：

$$2Cu(s)+(1/2)O_2(g)=Cu_2O(s)$$

若在 600 ℃时，使反应达到平衡，试问经处理后在氢气中剩余氧的浓度为多少？

已知：$\Delta_r G_m^{\ominus}=(-166\,732+63.01\,T/K)$ J · mol^{-1}。

A6-16　计算稀溶液中酶催化反应的 $\Delta_r G_m^{\ominus}(T=298\text{ K})$：

$$\text{甘油醛}\longrightarrow\text{二羟丙酮}$$

已知甘油醛溶液的浓度是 0.05 mol · dm^{-3}，当加入丙糖磷酸异构酶之后，甘油醛的浓度是 0.002 mol · dm^{-3}。

A6-17　已知反应 $CO(g)+H_2O(g)=CO_2(g)+H_2(g)$ 700 ℃时的 $K_p^{\ominus}=0.71$，若

(1) 反应体系中各组分的分压都是 1.52×10^5 Pa；

(2) 反应体系中 $p_{CO}=1.013\times10^6$ Pa，$p_{H_2O}=5.065\times10^5$ Pa，$p_{CO_2}=p_{H_2}=1.52\times10^5$ Pa，试判断反应的方向。

A6-18　某反应当温度从 298.15 K 升至 313.15 K 时，

(1) 若其平衡常数 $K_p^{\ominus}$ 增至 3 倍，计算其标准反应焓变；

(2) 如果 $K_p^{\ominus}$ 减至原来的 1/3，其焓变又是多少？

A6-19　在 721 ℃，101 325 Pa 下，使纯 H_2 慢慢地通过过量的 CoO(s)，则氧化物部分地被还原为 Co(s)。流出的已达平衡气体中含 H_2 2.5%（体积分数），在同一温度，若用一氧化碳还原 CoO(s)，平衡后气体中含一氧化碳 1.92%。求等摩尔的一氧化碳和水蒸气的混合物在 721 ℃下，通过适当催化剂进行反应，其平衡转化率为多少？

A6-20　利用热函函数，求水煤气反应

$CO(g)+H_2O(g)=CO_2(g)+H_2(g)$ 在 800 K 时的反应热。已知 800 K 时：

	H_2	CO_2	CO	H_2O
$\{[H_m^{\ominus}(T)-H_m^{\ominus}(0\text{ K})]/T\}$/J · K^{-1} · mol^{-1}	28.88	40.13	29.74	34.79
$\Delta_r H_m^{\ominus}(0\text{ K})$/kJ · mol^{-1}	0	−393.1	−113.5	−238.9

A6-21　将 N_2 和 H_2 按 1∶3 混合使其生成氨，请导出在平衡状态，当 T 一定，$x\ll1$ 时，$NH_3(g)$ 的物质的量分数 x 与总压 p 的关系式（设该气体为理想气体）。

练习题(B)

B6-1　下列说法对吗？为什么？

(1) 任何反应物都不能百分之百地变为产物，因此，反应进度永远小于 1。

(2) 对同一化学反应，若反应计量式写法不同，则反应进度应不同，但与选用反应式中何种物质的量的变化来进行计算无关。

(3) 化学势不适用于整个化学反应体系，因此，化学亲合势也不适用于化学反应体系。

B6-2　从 G-ξ 函数图证明：对于 $A \rightleftharpoons B$ 的理想气体反应，体系实际的 G-ξ 曲线的最低点应在 $\xi > \frac{1}{2}$ 区域。

B6-3　下列说法是否正确？为什么？

(1) 因为 $\Delta_r G_m^{\ominus} = -RT\ln K^{\ominus}$，所以 $K^{\ominus}$ 就是标准态下的平衡常数。

(2) $K^{\ominus}$ 的数值不但与温度（和方程式写法）有关，还与标准态的选择有关。

(3) 当 $\frac{J_p}{K_p^{\ominus}} > 1$，反应一定不能自发进行。

(4) 对理想气体的化学反应，当温度一定时，$K_p^{\ominus}$ 有定值，因此其平衡组成不变。

(5) 复相反应中，平衡常数的表达式中并没有出现凝聚相的分压或浓度项，因此，计算此类反应的 $\Delta_r G_m^{\ominus}$ 只需考虑参与反应的气相物质。

(6) 对 $Hg(l) + S(s) = HgS(s)$ 反应，因有平衡限制，因此，$Hg(l)$ 无法全部参与反应。

B6-4　有 1 mol 的 N_2 和 3 mol 的 H_2 混合气在 400 ℃ 通过催化剂达平衡，平衡压力为 $p^{\ominus}$，分析 NH_3 的摩尔分数是 0.0044，求 K_p、K_c、K_x。

B6-5　某原料空气含有微量 NO_2，且存在如下平衡：

$$NO(g) + \left(\frac{1}{2}\right)O_2(g) = NO_2(g)$$

NO 的浓度不得超过 $1.0 \times 10^{-8}\ mol \cdot m^{-3}$，当原料气中氮氧化物的总浓度为 $5 \times 10^{-6}\ mol \cdot m^{-3}$ 时，问原料空气是否需要预处理以脱除 NO？已知原料气中 O_2 含量为 21%（物质的量分数），进料温度为 298.15 K，压力为 101 325 Pa，在 298.15 K 时，标准生成吉布斯自由能为

$\Delta_f G_m^{\ominus}(NO) = 86\ 567\ J \cdot mol^{-1}$，$\Delta_f G_m^{\ominus}(NO_2) = 51\ 317\ J \cdot mol^{-1}$。

B6-6　25 ℃，金刚石和石墨的标准生成焓，标准熵和密度如下：

	$\Delta_f H_m^{\ominus}/(kJ \cdot mol^{-1})$	$S_m^{\ominus}/(J \cdot K^{-1} \cdot mol^{-1})$	$\rho/(g \cdot cm^{-3})$
金刚石	1.90	2.439	3.513
石墨	0	5.694	2.260

求在 25 ℃ 时，金刚石和石墨的平衡压力。

B6-7　将 1.1 g NOBr 放入 −55 ℃ 抽真空的 1 dm^3 容器中，加热容器至 25 ℃，此时容器内均为气态物质，测得其压力为 3.24×10^4 Pa，其中存在着以下化学平衡：

$$2NOBr(g) = 2NO(g) + Br_2(g)$$

若将容器内的气体视为理想气体，求上述反应在 25 ℃ 时的标准吉布斯自由能变化值 $\Delta_r G_m^{\ominus}$。已知原子的摩尔质量数据如下：

N：14 $g \cdot mol^{-1}$，O：16 $g \cdot mol^{-1}$，Br：80 $g \cdot mol^{-1}$

B6-8　苯的正常沸点为 80.15 ℃，它在 10 ℃ 时的蒸气压为 5.96 kPa。

(1) 请求算气态苯与液态苯在 298.15 K 的标准生成吉布斯自由能之差值；

(2) 请求算 298.15 K 时，下述平衡

$$C_6H_6(l) = C_6H_6(g)$$

的平衡常数 $K_f^{\ominus}$ 及 298.15 K 时苯的蒸气压，计算中可做合理的近似，但必须注明。

B6-9　(1) 当温度远低于临界温度时，在合理的近似下，请得出求算液体纯物质的蒸气公式 $p = p^{\ominus}\exp\left(\frac{-\Delta_{vap}\mu^{\ominus}}{RT}\right)$。式中 $p^{\ominus} = 101.325$ kPa，$\Delta_{vap}\mu^{\ominus} = \mu^{\ominus}(g,T) - \mu^{\ominus}(l,T)$ 是汽化的标准化学势变（必须

对所作的近似明确说明）

(2)298 K时，液态水与气态水的标准摩尔生成 Gibbs 自由能分别为 -237.191 kJ/mol 和 -228.597 kJ/mol，试求水在 298 K 时的蒸气压。

B6-10 将固体 NH_4I 迅速加热到 308.8 K，测得其蒸气压为 3.666×10^4 Pa，在此温度气态 NH_4I 实际上完全分解为 NH_3 和 HI，因此测得的蒸气压等于 NH_3 和 HI 分压之和。如果在每一段时间内保持这个温度不变，则由于 HI 按下式分解：

$$HI \xlongequal{} \frac{1}{2}H_2 + \frac{1}{2}I_2$$

而使 $NH_4I(s)$ 上方的压力增大。已知 HI 的分解反应在 308.8 K 时的 $K_p^{\ominus}=0.127$，试计算达到平衡后，固体 NH_4I 上方的总压。

B6-11 实践证明，两块没有氧化膜的光滑洁净的金属表面紧靠在一起时，它们会自动地黏合在一起。假定外层空间的气压为 1.013×10^{-9} Pa，温度的影响暂不考虑，当两个镀铬的宇宙飞船由地面进入外层空间对接时，它们能否自动地黏合在一起？已知 $Cr_2O_3(s)$ 的 $\Delta_f G_m^{\ominus}=-1079\ kJ\cdot mol^{-1}$，设外层空间的温度为 298 K，空气的组成与地面相同（O_2 占五分之一）。

从以上计算结果，你能否解释为什么铁匠在黏合两块烧红的钢铁之前往往先将烧红的钢铁迅速地在酸性泥水中浸一下。

B6-12 在 25 ℃，下列三反应达到平衡时之 p_{H2O} 是：

(1) $CuSO_4(s)+H_2O(g) \xlongequal{} CuSO_4\cdot H_2O(s)$ $\qquad p_{H_2O}=106.7$ Pa

(2) $CuSO_4\cdot H_2O(s)+2H_2O(g) \xlongequal{} CuSO_4\cdot 3H_2O(s)$ $\qquad p_{H_2O}=746.6$ Pa

(3) $CuSO_4\cdot 3H_2O(s)+2H_2O(g) \xlongequal{} CuSO_4\cdot 5H_2O(s)$ $\qquad p_{H_2O}=1039.9$ Pa

在此温度，水的蒸气压为 3173.1 Pa，试求：$CuSO_4(s)+5H_2O(g)=CuSO_4\cdot 5H_2O(s)$ 过程的 $\Delta_r G_m$。在什么 p_{H_2O} 下，此反应恰好达到平衡？若 p_{H_2O} 小于 1039.9 Pa 而大于 746.6 Pa，有何结果？

B6-13 某气体混合物含 H_2S 的体积分数为 51.3%，其余是 CO_2。在 25 ℃ 和 1.013×10^5 Pa 下，将 1750 cm^3 此混合气体通入 350 ℃ 的管式高温炉中发生反应，然后迅速冷却。当反应后流出的气体通过盛有氯化钙的干燥器时（吸收水汽用），该管的质量增加了 34.7 mg，试求反应 $H_2S(g)+CO_2(g) \xlongequal{} COS(g)+H_2O(g)$ 的平衡常数 K_p。

B6-14 在密闭容器中放入 PCl_5，并按下式分解：

$$PCl_5(g) \xlongequal{} PCl_3(g)+Cl_2(g)$$

(1) 在 $T=403$ K 时体系的压力是否有定值？

(2) 在 $T=403$ K，101 325 Pa 时，实验测得混合气密度为 $4.800\ kg\cdot m^{-3}$，计算反应在 403 K 时的 $\Delta_r G_m^{\ominus}$；

(3) 若总压力仍维持在 101 325 Pa 而其中 $0.5\times101\ 325$ Pa 是惰性气体 Ar，求此时 PCl_5 的解离度 α。

已知：Cl 摩尔质量为 $35.5\ g\cdot mol^{-1}$，P 摩尔质量为 $31.0\ g\cdot mol^{-1}$，气体为理想气体。

B6-15 已知反应 $NiO(晶)+CO(g) \xlongequal{} Ni(晶)+CO_2(g)$

T/K：	936	1027
K_p：	4.54×10^3	2.55×10^3

若在上述温度范围内反应的 $\Delta C_p=0$，试求：

(1) 此反应在 1000 K 时的 $\Delta_r G_m^{\ominus}$，$\Delta_r H_m^{\ominus}$，$\Delta_r S_m^{\ominus}$；

(2) 若产物中的镍与某金属生成合金，当达到平衡时 $\dfrac{p(CO_2)}{p(CO)}=1.05\times10^3$，求合金中镍的活度，指出所选活度的标准态。

B6-16 在 1000 K，$p=101.326$ kPa，反应

$$C(s)+2H_2(g) \rightleftharpoons CH_4(g)$$

的 $\Delta_r G_m^{\ominus} = 19397\ \mathrm{J \cdot mol^{-1}}$。现有与碳反应的气体，其中含有 CH_4 10%，H_2 80%，N_2 10%（体积百分数）。试问：

(1) 上述条件下，甲烷能否生成？

(2) 在同样温度下，压力须增加到若干，上述反应才可能进行？

B6-17　以下说法是否正确？为什么？

(1) 用物理方法测定平衡常数，所用仪器的响应速度不必太快。

(2) 一定温度下，由正向或逆向反应的平衡组成所测得的平衡常数应相等。

(3) 若已知某气相生成反应的平衡组成，则能求得产物的 $\Delta_f G_m^{\ominus}$。

(4) 任何情况下，平衡产率均小于平衡转化率。

B6-18　试证明：在一定温度和压力下发生的 PCl_5 的分解反应，只需测定平衡时混合气体的密度就可以求知平衡常数了。

B6-19　某弱酸 HA 在水溶液中的电离平衡为

$$HA + H_2O \rightleftharpoons H_3O^+ + A^-$$

试设计一测定其电离常数的实验方法。

B6-20　把一个容积为 1.0547 dm^3 的石英器抽空，并导入一氧化氮，直到压力在 297.0 K 时达 24.14 kPa 为止，将一氧化氮在容器中冻结，然后再引入 0.7040 g 的溴，并使温度升高到达 323.7 K，当达到平衡时，压力为 30.82 kPa，求在 323.7 K 时反应 $2NOBr(g) = 2NO(g) + Br_2(g)$ 的平衡常数 K_p（容器的热膨胀略去不计）。

B6-21　将氨基甲酸铵放在一个抽空的容器中，氨基甲酸铵按下式分解：

$$NH_2COONH_4(s) \rightleftharpoons 2NH_3(g) + CO_2(g)$$

20.8 ℃ 达到平衡，容器内压力为 $0.0871p^{\ominus}$。在另一次实验中，除氨基甲酸铵外，同时还通入氨气，使氨的原始分压达到 $0.1228p^{\ominus}$。若平衡时尚有过量固相存在，求各气体分压及总压。

B6-22　将 10 克 Ag_2S 与 617 ℃，1.013×10^5 Pa，1dm^3 的氢气相接触，直至平衡。已知此反应在 617 ℃ 时的平衡常数 $K_p^{\ominus} = 0.278$。

(1) 计算平衡时 Ag_2S 和 Ag 各为若干克？气相平衡混合物的组成如何？

(2) 欲使 10 克 Ag_2S 全部被 H_2 还原，试问最少需要 617 ℃，1.013×10^5 Pa 的 H_2 多少立方分米？

B6-23　指出下面说法中的错误

(1) 由于公式 $\Delta_r G_m^{\ominus} = -RT\ln K^{\ominus}$ 中的 $K^{\ominus}$ 是代表平衡特征的量，所以 $\Delta_r G_m^{\ominus}$ 就是反应处于平衡时的 $\Delta_r G_m$。

(2) $\Delta_r G_m$ 与反应进度有关，根据公式

$$\Delta_r G_m = \Delta_r G_m^{\ominus} + RT\ln J_p$$

则 $\Delta_r G_m^{\ominus}$ 也与反应进度有关。

(3) 在一定温度下，实验测得 $K^{\ominus} = 1$，因此，$\Delta_r G_m^{\ominus} = 0$ 这说明参与反应的所有物质均处于标准态。

B6-24　已知 298.15 K 时，反应

$$H_2(g) + \frac{1}{2}O_2(g) \rightarrow H_2O(g)$$

的 $\Delta_r G_m^{\ominus} = -228.57\ \mathrm{kJ \cdot mol^{-1}}$。298.15 K 时水的饱和蒸气压为 3.1663 kPa，水的密度为 997 $\mathrm{kg \cdot m^{-3}}$。求 298.15 K 下反应

$$H_2(g) + \frac{1}{2}O_2(g) \rightarrow H_2O(l)$$

的 $\Delta_r G_m^{\ominus}$。

B6-25　闪锌矿（ZnS）在 1700 K 高温干燥空气中焙烧时，出口气含 SO_2 的体积分数 $y(SO_2) = 70\%$，试判断焙烧产物是 ZnO 还是 $ZnSO_4$。已知 1700 K，101.325 kPa 时各物质的摩尔生成吉布斯自由焓为：

	$ZnO(s)$	$ZnSO_4$	$SO_2(g)$	$SO_3(g)$
$\Delta_f G_m^{\ominus}/(kJ \cdot mol^{-1})$	-181.167	-394.551	-291.625	-233.886

B6-26　银可能受到 $H_2S(g)$ 的腐蚀而发生下面的反应：

$$H_2S(g) + 2Ag(s) \rightleftharpoons Ag_2S(s) + H_2(g)$$

今在 298.15 K 和 $p^{\ominus}$ 下，将银放在等体积的 H_2 和 H_2S 组成的混合气中。

(1) 试问银是否可能发生腐蚀？

(2) 在混合气中，硫化氢物质的量分数低于多少才不致发生腐蚀？

B6-27　(1) 应用路易斯 — 伦道尔规则及逸度因子图，求在 250 ℃、$200p^{\ominus}$ 下合成甲醇反应

$$CO(g) + 2H_2(g) \rightleftharpoons CH_3OH(g)$$

的 K_{φ}；

(2) 已知 250 ℃ 时上述反应的 $\Delta_r G_m^{\ominus} = 25.784\ kJ \cdot mol^{-1}$，求此反应的 $K_p^{\ominus}$；

(3) 原料气以化学计量比在上述条件下达平衡时，求混合物中甲醇的摩尔分数。

B6-28　293.2 K 时 O_2 在水中的亨利系数 $k_m = 3.93 \times 10^{-6}\ kPa \cdot kg \cdot mol^{-1}$，求 303.2 K 时空气中 O_2 在水中的溶解度。已知 293 ～ 303 K 之间 O_2 在水中的溶解热为 $-13.04\ kJ \cdot mol^{-1}$。

B6-29　石灰石分解反应

$$CaCO_3(s) \rightleftharpoons CaO(s) + CO_2(g)$$

在不同温度时的平衡总压如下：

T/K	700	760	800	830	870	900
$p/p^{\ominus}$	0.040	0.128	0.257	0.395	0.690	1.050

设反应的 $\Delta_r H_m^{\ominus}$ 与温度无关。求：

(1) 反应的 $\Delta_r H_m^{\ominus}$；

(2) $\lg\left(\dfrac{p}{p^{\ominus}}\right)$ 与 T 的函数关系式；

(3) $CaCO_{3}(s)$ 的分解温度。

B6-30　298 K 时，已知 $Ag_2CO_3(s) \rightleftharpoons Ag_2O(s) + CO_2(g)$ 反应的 $\Delta_r G_m^{\ominus} = 31.9\ kJ \cdot mol^{-1}$，$\Delta_r S_m^{\ominus} = -9.2\ J \cdot k^{-1} \cdot mol^{-1}$，$\Delta_r C_{p,m} = -18.72\ J \cdot k^{-1} \cdot mol^{-1}$。今欲在 117 ℃ 下让含有 CO_2 的空气流过潮湿的 Ag_2CO_3 使之干燥，试问为避免分解，空气中 CO_2 的分压应为多少？

B6-31　将 6% SO_2、12% O_2(摩尔百分数) 与惰性气体混合，在 101 kPa 下进行反应。试问在什么温度下，反应达到平衡时有 80% 的 SO_2 转变为 SO_3？

B6-32　将 4.4 gCO_2 在 1000 ℃ 时通入一只体积为 1 dm^3 的装有过量固体碳的烧瓶中，从而达到如下平衡 $CO_2 + C(s) = 2CO(g)$ 已知平衡时气体的密度相当平均分子量等于 36 时的密度。

(1) 试计算平衡压力和 $K_p^{\ominus}$

(2) 如果通入一定的惰性气体 He 直到总量增加一倍，CO 的平衡量将如何变化？

(3) 若代之加入 He 使总压不变，而使烧瓶的体积增加一倍，CO 的平衡量又将如何？

(4) 若(1) 中实际上有 1.2 gC(s)，为使平衡时只留痕量的碳，这时需加入多少摩尔 CO_2？

(5) 若温度增加 10 ℃，其平衡常数 K_p 增加一倍，请问该反应的 $\Delta_r H_m^{\ominus}$ 等于多少？

B6-33　苯乙烯工业化生产是从石油裂解得到的乙烯与苯作用生成乙苯，再由乙苯直接脱氢而制得：

$$C_6H_5CH_2CH_3(g) \rightarrow C_6H_5CH = CH_2(g) + H_2(g)$$

乙苯直接脱氢的工艺条件为：温度：600 ～ 800 ℃；压力：常压；原料：过热水蒸气与乙苯蒸气，物质的量比为

9∶1的混合气，已知数据如下：

	乙苯(g)	苯乙烯(g)	水(g)
$\Delta_f H_m^\ominus(298\ K)/(kJ \cdot mol^{-1})$	29.79	146.9	−241.8
$\Delta_f G_m^\ominus(298\ K)/(kJ \cdot mol^{-1})$	130.58	213.8	−228.6

(1) 已知700 K时，上述乙苯脱氢反应的 $\Delta_r G_m^\ominus = 33.26\ kJ \cdot mol^{-1}$，700～1100 K之间反应热效应平均值 $\Delta_r H_m^\ominus = 124.4\ kJ \cdot mol^{-1}$，计算1000 K时乙苯的理论转化率。

(2) 试对本反应为什么采取高温常压，充入惰性气体等工艺条件，做热力学的分析说明。

(3) 用蒸馏法从粗品中分离苯乙烯时，应采用什么措施防止或减少其聚合作用。

(4) 文献报道，有人建议可用乙苯氧化脱氢的办法来制取苯乙烯

$$C_6H_5CH_2CH_3(g) + (1/2)O_2(g) = C_6H_5CH{=}CH_2(g) + H_2O(g)$$

从热力学角度估算一下，在25 ℃、标准压力下有无实际的可能性，若可能实现，从理论上来讲比直接脱氢法具有什么优点。

B6-34　反应 $CO_2(g) + C(s) = 2CO(g)$ 的平衡结果如下：

T/K	p总/kPa	摩尔分数 x_{CO_2}
1073	260.40	26.45%
1173	233.10	6.92%

计算1173 K时反应 $2CO_2(g) = 2CO(g) + O_2(g)$ 的 $\Delta_r H_m^\ominus$ 及 $\Delta_r S_m^\ominus$。已知该反应的 $K_p^\ominus = 1.25 \times 10^{-16}$，1173 K时碳的燃烧焓 $\Delta_c H_m^\ominus = -390.66\ kJ \cdot mol^{-1}$。

B6-35　(1) 设气体服从Berthelot方程，$pV_m = RT\left[1 + \left(\frac{9pT_c}{128p_cT}\right)\left(1 - \frac{6T_c^2}{T^2}\right)\right]$，其中 T_c 和 p_c 为物质的临界温度和临界压力，请证明该气体物质在 T,p 状态下的逸度系数 φ 服从下列公式：

$$\ln\varphi = \left(\frac{9p_r}{128T_r}\right)\left(1 - \frac{6}{T_r^2}\right)$$，T_r 和 p_r 为气体的对比温度和对比压力；

(2) 现将有关物质的热力学性质列入下表

	$C_2H_4(g)$	$H_2O(g)$	$C_2H_5OH(g)$
$\Delta_f H_m^\ominus(600\ K)/(kJ \cdot mol^{-1})$	44.65	−244.70	−247.32
$S_m^\ominus(600\ K)/(J \cdot K^{-1} \cdot mol^{-1})$	259.12	212.97	342.17
T_c/K	283.06	647.40	516.10
$p_c/p^\ominus$	50.00	218.30	63.10

(a) 求算下列反应在600 K的 $K_f^\ominus$：$C_2H_4(g) + H_2O(g) \rightarrow C_2H_5OH(g)$；

(b) 设各个纯气体服从Berthelot方程，并应用Lewis-Randall规则，请求上述反应在 $T = 600$ K，$p = 150p^\ominus$ 的 K_φ 和 $K_p^\ominus$；

(c) 若起始时 C_2H_4 与 H_2O 按计量系数配比，请求算600 K，$150p^\ominus$，C_2H_5OH 的平衡物质的量分数。

B6-36　已知反应

$$2NaHCO_3(s) \longrightarrow Na_2CO_3(s) + H_2O(g) + CO_2(g) \quad (1)$$

$$\Delta_r G^{\ominus}_{m,1} = \left(129076 - 334.2\frac{T}{K}\right) J \cdot mol^{-1}$$

$$NH_4HCO_3(s) \longrightarrow NH_3(g) + H_2O(g) + CO_2(g) \quad (2)$$

$$\Delta_r G^{\ominus}_{m,2} = \left(171502 - 476.4\frac{T}{K}\right) J \cdot mol^{-1}$$

有人设想在 25 ℃ 时，利用 $NaHCO_3(s)$、$Na_2CO_3(s)$ 与 $NH_4HCO_3(s)$ 共同放在一个密闭容器中，以使 $NH_4HCO_3(s)$ 免受更大分解。试分析这种设想能否成立？

B6-37 下列理想气体间反应：

$$A(g) + 2B(g) \longrightarrow C(g)$$

在总压为 p 的条件下进行。若原料气中 A 和 B 物质的量之比为 1:2，达平衡时物质 C 的物质的量为 n_C。

(1) 试导出该反应的平衡常数 K_p 与总压 p 和 n_C 的关系；

(2) 反应达平衡时，若物质 A 的量恰好消耗一半，试求 K_p 与 p 的关系；

(3) 温度一定时，总压 p 若增大，K_p 如何改变？为什么？

B6-38 设在某一定温度下，有一定量的 $PCl_5(g)$ 在标准压力 $p^{\ominus}$ 下的体积为 1 dm^3，在此情况下，$PCl_5(g)$ 的解离度设为 50%，通过计算说明在下列几种情况下，$PCl_5(g)$ 的解离度是增大还是减小。

(1) 使气体的总压减低，直到体积增加到 2 dm^3；

(2) 通入氮气，使体积增加到 2 dm^3，而压力仍为 101.325 kPa；

(3) 通入氮气，使压力增加到 202.65 kPa，而体积维持为 1 dm^3；

(4) 通入氯气，使压力增加到 202.65 kPa，而体积维持为 1 dm^3。

B6-39 已知在 25 ℃ 下，CO(g) 和 $CH_3OH(g)$ 的标准生成焓 $\Delta_f H^{\ominus}_m$(298.15 K) 分别为 −110.52 $kJ \cdot mol^{-1}$ 及 −201.2 $kJ \cdot mol^{-1}$，CO(g)，$H_2(g)$，$CH_3OH(l)$ 的标准摩尔熵 $S^{\ominus}_m$(298.15 K) 分别为 197.56 $J \cdot K^{-1} \cdot mol^{-1}$，130.57 $J \cdot K^{-1} \cdot mol^{-1}$，及 127 $J \cdot K^{-1} \cdot mol^{-1}$。又知 25 ℃ 甲醇的饱和蒸气压为 1.658×10^4 Pa，蒸发焓 $\Delta_{vap} H^{\ominus}_m = 38.0\ kJ \cdot mol^{-1}$，蒸气可视为理想气体。试求 25 ℃ 时反应：

$$CO(g) + 2H_2(g) \longrightarrow CH_3OH(g) \text{ 的 } \Delta_r G^{\ominus}_m \text{ 及 } K^{\ominus}_p$$

B6-40 在 20 世纪，大气中 $CO_2(g)$ 的含量大大增加，预期今后将继续增加，有人预测，到 2020 年大气中 $CO_2(g)$ 的分压可达到大约 $4.40 \times 10^{-4} p^{\ominus}$。有关热力学数据如下：

	$\Delta_f G^{\ominus}_m/(kJ \cdot mol^{-1})$	$\Delta_f H^{\ominus}_m/(kJ \cdot mol^{-1})$
$CO_2(aq)$	−386.2	−412.9
$H_2O(l)$	−237.2	−285.8
$HCO_3^-(aq)$	−587.1	−691.2
$H^+(aq)$	0.0	0.0

25 ℃，$p^{\ominus}$ 下，$CO_2(g)$（在水中）的亨利常数是 $\dfrac{0.0343\ mol \cdot dm^{-3}}{p^{\ominus}}$

(1) 计算下列反应的平衡常数 $K^{\ominus}$

$$CO_2(aq) + H_2O(l) \rightleftharpoons H^+(aq) + HCO_3^-(aq)$$

(2) 计算 2020 年溶解在与大气平衡的蒸馏水中的 CO_2 的浓度（以 $mol \cdot dm^{-3}$ 为单位）；

(3) 计算(2) 溶液中的 pH 值；

(4) 计算 $CO_2(aq)$ 和 H_2O 反应的焓变；

(5) 若 CO_2 和 H_2O 的反应已达平衡，溶液的温度升高，而溶解的 CO_2 的浓度不变，则溶液的 pH 是升高或降低？

B6-41　用丁烯脱氢制丁二烯的反应如下：

$$CH_3CH_2CH{=}CH_2(g) \rightleftharpoons CH_2{=}CHCH{=}CH_2(g) + H_2(g)$$

反应过程中通入水蒸气，丁烯与水蒸气的摩尔比为 1∶15，操作压力为 2.026×10^5 Pa。问在什么温度下丁烯的平衡转化率为 40%。假设反应热效应和过程熵变不随温度变化，气体视为理想气体。已知：

	$\Delta_f H_m^\ominus/(kJ\cdot mol^{-1})$	$\Delta_f G_m^\ominus/(kJ\cdot mol^{-1})$
丁二烯	110.16	150.67
丁烯	−0.13	71.29

B6-42　101 325 Pa 下，N_2O_4 的解离度在 60 ℃ 时为 54.4%，在 100 ℃ 时为 89.2%，求反应 $N_2O_4(g) \longrightarrow 2NO_2(g)$ 的 $\Delta_r H_m^\ominus$ 及 $\Delta_r S_m^\ominus$（均可视为常数）。

可扫码观看讲课视频：

第7章

统计热力学基础

教学目标

1. 了解统计热力学的思想与方法；

2. 理解粒子运动的量子力学描述、体系微观运动状态的描述、宏观态与微观态和平衡态统计力学的基本假设；

3. 理解最概然分布与平衡分布的关系及摘取最大项原理；

4. 掌握三种独立子体系分布律的推导及适用条件；

5. 理解粒子配分函数、体系配分函数的物理意义与表达式；

6. 了解配分函数的析因子性质，掌握平动能与平动配分函数、转动能与转动配分函数、振动能与振动配分函数的计算，掌握零点选择对配分函数的影响；

7. 理解不同独立子体系的配分函数(q 及 Q)与热力学函数间的关系；

8. 理解统计热力学在气体、原子晶体热容、理想气体反应平衡常数、热力学定律统计诠释等方面的应用；

9. 初步了解统计系综的概念、系综分类及思想方法。

教学内容

1. 统计热力学的研究内容与方法

2. 统计热力学的基本概念和假设

3. 最概然分布与平衡分布

4. Maxwell-Boltzmann、Bose-Einstein 及 Fermi-Dirac 统计分布律

5. 配分函数

6. 配分函数的求算

7. 配分函数与热力学性质的关系

8. 统计热力学应用一 —— 气体

9. 统计热力学应用二 —— 原子晶体的热容

10. 统计热力学应用三 —— 理想气体反应的平衡常数

11. 统计热力学应用四 —— 热力学定律的统计诠释

12. 系统原理简介

重点难点

1. 论证最概然分布与平衡分布的关系；
2. 三种独立子体系分布律的推导；
3. Boltzmann 分布律形式及其中各物理量意义；
4. 配分函数意义、表达式与析因子性质；
5. 各种运动形式的配分函数的计算；
6. 不同体系的配分函数与热力学函数的关系；
7. 从配分函数计算体系的热力学能、统计熵及理想气体反应平衡常数；
*8. 系综原理。

建议学时——20 学时

7.1 统计热力学的思想方法及本章计划

7.1.1 为什么需要统计热力学

统计热力学是热现象理论的组成部分之一

热力学与统计热力学是热现象理论的两个组成部分，两者研究的对象均为大量微观粒子组成的宏观体系，研究目的均为热现象规律及相关物理化学过程。然而，两者的研究方法却不一样。热力学属于从宏观到宏观的唯象理论，其研究基础是经验概括的四条基本定律；而统计热力学属于从微观到宏观的统计理论，其研究基础是描述微观粒子运动的力学规律及统计假设。如图 7-1。

热现象理论
- 研究对象：大量微观粒子组成的宏观体系
- 研究目的：热现象规律及相关物理化学过程
- 研究方法
  - 热力学：宏观到宏观的唯象理论
  - 统计热力学：微观到宏观的统计理论

图 7-1　统计热力学与热力学的研究对象、研究目的相同，研究方法不同

热力学无法阐述物质的微观组成及运动与宏观性质的关系

热力学把物体当作连续介质，不考虑物质的微观组成和运动，将宏观物质体系作为整体，在大量的直接实验观测物质整体表现的基础上，总结归纳出物质的宏观性质与规律。宏观性质包括温度、压力、热力学函数、平衡常数、反应速率常数、黏度等。对于由大量微观粒子组成的宏观体系而言，热力学的第一定律（能量守恒）、第二定律（熵增加原理）、第三定律

(绝对零度不可达到)及基于它们推导出的理论体系已为大量实验观测所验证,具有高度普遍性与可靠性。

然而,由于热力学是把物质体系作为整体观察,无法解决如下问题:组成物质的微观粒子的性质及其运动规律如何影响体系的宏观性质及规律;如何由微观粒子的性质及运动规律推断及诠释物质的宏观性质及规律。统计力学就是在解决上述基本问题中建立与发展起来的一门理论科学。

7.1.2 统计热力学的目的任务与思想方法

统计热力学的目的任务

统计热力学的目的任务是研究组成宏观体系的微观粒子的结构和运动规律与宏观体系的可观测性质之间的关系。微观粒子是指组成宏观物质系统的基本单元,例如气体的分子、金属的离子或电子、辐射场的光子等。体系的可观测性质是指可以直接或间接测定的宏观物理量,包括热力学变量(如密度、压强等)、热力学函数(如内能、熵等),以及其他一些在传统热力学中并不出现的可观测量(如气体分子的速度分布、流体的密度涨落关联函数等)。

如何透过微观粒子的运动方程来推算宏观体系的可观测性质呢?体系宏观状态与微观状态之间的联系是怎样的?是不是现代计算机的计算功能足够强大、计算时间足够长,就可以求解多粒子体系(比如说粒子数 $N = 10^{23}$)的运动方程,就可以推算体系的宏观性质呢?表征宏观性质的变量是不是随着体系的粒子数增多而增多呢?

答案并非如此。一方面,我们在热力学中观察到宏观体系在某种意义上是十分有序的,在热力学平衡时,仅需几个状态变量就可以表征宏观体系的观测结果。例如,处于平衡态的气体只需要温度、体积、总粒子数就可以确定宏观状态。另一方面,热现象过程的不可逆性与微观运动力学运动方程的可逆性(量子力学的薛定谔方程和经典力学的牛顿方程都是时间反演对称的)表明,宏观物体的性质和规律不可能单纯以力学规律为基础来解释。换言之,如果宏观物体的性质仅取决于时间反演对称的力学规律,那么热现象就应该是可逆的。既然热现象不可逆,而微观粒子遵从的力学规律可逆,因此,宏观物体的性质和规律阐释有赖于新的规律,即统计规律。宏观观测量显著的规则性源自统计规律,该规律支配了由众多微观粒子组成的体系的行为。在一定的宏观条件下,某一时刻,体系以一定的概率处于某一微观运动状态,宏观状态与微观状态之间的联系是概率性的,这是统计规律的特征。这表明,由大量微观粒子组成的宏观体系,力学规律与统计规律都起作用:微观运动遵从力学规律,而宏观与微观的联系遵从统计规律。因此,我们可以避免直接求解精确的 N 粒子体系的动力学方程,而采用概率统计方法描述宏观测量结果。

统计热力学的思想方法

统计热力学的思想方法是从组成物质的微观粒子的结构及其所遵循的运动规律出发,采用统计概率原理,研究和计算由大量微观粒子组成的物质体系的统计平均行为,然后进一步去诠释体系的各种宏观性质，乃至各式各样的物理化学过程。它好比一座桥，把物质体系的微观性质和宏观性质联系起来(见图7-2)。

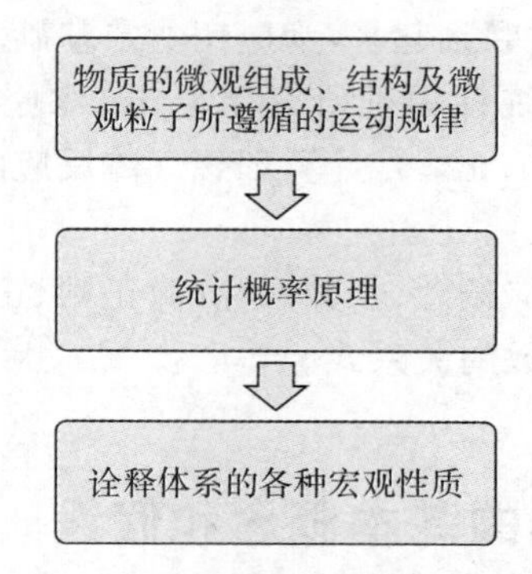

图7-2　统计热力学的思想方法

统计热力学不仅可以从微观角度出发阐明宏观的热力学定律，而且提供了利用光谱等实验数据计算热力学函数的方法，同时还能够阐释一些原先无法解释的实验规律，如低温时热容随温度变化关系等。因此，统计力学从更深刻的物理本质来研究热运动的规律，在新的高度诠释宏观现象的本质，从而加深我们对宏观现象的本质认识，是热力学的补充与提升。

7.1.3　统计热力学方法简介及本章计划

统计热力学方法简介

统计力学包括平衡态统计力学、非平衡态统计力学和涨落理论三部分。平衡态统计力学又称为统计热力学，研究处于热力学平衡态的物质(同时满足热平衡、力学平衡和物质平衡)，可以根据分子光谱数据计算理想气体的热力学函数、反应的平衡常数等。非平衡态统计理论是关于输运性质的理论，主要研究非平衡态的宏观性质。涨落理论涉及两类热现象涨落，一类是围绕平均值的涨落；另一类是布朗运动，其发展已远超出早期狭义布朗运动的研究范围，并在各类噪声的研究中有重要的应用。

统计热力学常使用状态统计平均或系综统计平均，前者由玻尔兹曼(Boltzmann)建立，适用于独立子体系(微观粒子之间没有相互作用的体系)；后者由吉布斯(Gibbs)提出，既适用独立子体系，也适用于相依子体系(微观粒子之间存在相互作用的体系)。

本章计划

本章仅介绍平衡态统计热力学的入门知识，由三部分构成：基本概念和原理(7.2～7.7节)、近独立子体系统计原理的应用(7.8～7.11节)及统计系综理论简介(7.12节)。

基本概念和原理：7.2节介绍单粒子及多粒子体系微观状态的量子力学描述、宏观态与微观态的概念，以及统计热力学的基本假设；7.3节计算三种体系的微观状态数，并利用二项式分布证明最概然分布正是平衡分布；7.4节推导三种体系的分布律并简要讨论各分布律的适用范围；7.5节介绍配分函数的物理意义和摩尔配分函数；7.6节介绍配分函数的析因子性质及五种运动形式配分函数的计算；7.7节介绍配分函数与热力学性质的关系，把粒子的微观性质与体系的宏观性质联系起来，为应用奠定基础。

应用：运用近独立子体系的统计原理研究单原子、双原子、线性及非线性多原子气体(7.8节)，阐释原子晶体的热容(7.9节)，计算理想气体反应的平衡常数(7.10节)及对热力学定律进行统计诠释(7.11节)。

统计系综理论简介：简要系综概念、三种系综(微正则、正则及巨正则)及其对应的配分函数，以及配分函数与热力学函数的关系式。

7.2 统计热力学的基本概念和假设

统计热力学的目的是从体系的微观组成、结构和运动状态出发，研究和计算体系的宏观性质。统计热力学是联系微观与宏观性质的桥梁，要研究体系的微观性质如何决定体系的宏观性质，必须首先明确如何描述体系的微观运动状态。

7.2.1 单个粒子微观态的量子描述

运动状态描述根据微观粒子遵循的力学运动规律可分为经典描述和量子描述。经典描述以牛顿力学运动方程为基础，三维空间中的质点，其自由度为3，用直角坐标 x、y、z 及动量 p_x、p_y、p_z 共6个变量描述其力学运动状态。对于 N 个点组成的体系，每个点有3个自由度，整个体系的总自由度为 $3N$，需要 $6N$ 个变量来描述。体系中任何一个质点的任何一个变量变化，都代表一种微观状态，用相空间的一个点表示。而微观运动状态的量子描述则以量子力学薛定鄂方程为基础，考虑到微观粒子原则上遵从量子力学的运动规律及本章主要采用经过修正的 Boltzmann 统计(使用量子力学的结果)，因此本章仅简要介绍涉及现阶段学习需要了解的微观状态的量子描述。如果要透彻了解分子的量子态，需要具备量子化学及原子和分子光谱理论基础，可以参阅相关著作(Atkins' Physical Chemistry, 11th Edition, by Peter Atkins, Julio de Paula, James Keeler, 2017)。

微观粒子的运动状态由一组量子数来表征

在量子力学中，微观粒子的运动状态称为量子态。一般情况下，哈密顿算符 H 不显含时间 t，量子态用定态薛定谔方程 $H\psi = E\psi$ 解出的本征波函数 ψ_n 和本征能量 ε_n 来描述，其中 n 表示一组量子数；ε_n 取值是不连续的，是微观粒子可能取的能量值。因此，微观粒子的运动状态由一组量子数来表征。对单粒子而言，这组量子数的数目称为粒子的自由度，比如，双原子分子或多原子分子的自由度包括分子热运动(平动、转动、振动)及非热运动(电子运动和核运动)。表7-1列出了求解双原子分子的定态薛定谔方程所得的分子热运动的本征能量表达式、量子数名称及符号，其中分子的质量为 $m = m_1 + m_2$，m_1、m_2 分别为两个原子的质量，转动惯量 $I = \left(\frac{m_1 m_2}{m_1 + m_2}\right) r_e^2$，$r_e$ 为核间平衡距离。

表 7-1 双原子分子热运动的本征能量表达式、量子数名称及符号

运动形式	本征能量表达式	量子数名称及符号
在边长为 a、b、c 的三维势箱中的平动	$\varepsilon_t = \dfrac{h^2}{8m}\left(\dfrac{n_x^2}{a^2}+\dfrac{n_y^2}{b^2}+\dfrac{n_z^2}{c^2}\right)$	平动量子数，$n_x, n_y, n_z = 1,2,3,\cdots,\infty$
转动	$\varepsilon_{r,J} = \dfrac{J(J+1)h^2}{8\pi^2 I}$	转动量子数，$J = 1,2,3,\cdots,\infty$；磁量子数，$m=-J,-J+1,\cdots,-2,-1,0,1,2,\cdots,J-1,J$
一维振动	$\varepsilon_{v,j} = \left(V+\dfrac{1}{2}\right)h\nu_j$	振动量子数，$V = 0,1,2,3,\cdots,\infty$

描述微观粒子运动状态的量子数，除了表 7-1 所列的平动、转动、振动量子数外，还包括原子中的电子运动量子数（原子光谱项，S、P、D、F、$G\cdots$），分子中的电子运动量子数（分子光谱项，Σ、Π、Δ、Φ、$\Gamma\cdots$），电子自旋量子数 m_s 以及核自旋量子数 I。因此，一个分子的量子态由一组完备的量子数$\{n\}$表征

$$\{n\} = n_x, n_y, n_z; J, m, V; S, P, \cdots; \Sigma, \Pi, \cdots; m_s, I$$

若有其中任何一个量子数改变，则量子态即微观态就发生了变化，此时分子将由一个微观态变为另一微观态。

微观粒子具有波粒二象性

微观粒子（光子、电子、质子等）具有粒子和波动的二象性。一方面它们是客观存在的粒子实体，另一方面在适当的条件下又可以观察到微观粒子显示干涉、衍射等为波动所特有的现象。粒子和波动二象性的一个重要结果是微观粒子不可能同时具有确定的动量和坐标。如果以 Δq 表示粒子坐标 q 的不确定值，Δp 表示相应动量 p 的不确定值，则 Δq 与 Δp 满足

$$\Delta q \cdot \Delta p \approx h$$

该式称为海森堡不确定关系式。不确定关系表明，如果粒子的坐标具有完全确定的数值即 $\Delta q \to 0$，粒子的动量将完全不确定 $\Delta p \to \infty$；反之，粒子的动量具有完全确定的数值即 $\Delta p \to 0$，粒子的坐标将完全不确定 $\Delta q \to \infty$。这一方面说明微观粒子的运动不是轨道运动，另一方面如前所述，求解微观粒子的定态薛定谔方程 $H\psi = E\psi$ 所得的系列能量本征值 ε_n 对应系列可能的微观运动状态，每一种可能的微观运动状态对应一组特定的量子数$\{n\}$。波函数 $\psi_n^2(q)$ 是粒子处于量子态$\{n\}$在空间坐标 q 出现的概率密度，它就是通常说的分布函数。力学量的平均值是该力学量对所有可能的量子态求平均。例如，如果用一套完备的基函数$\{\varphi\}$展开 ψ_n

$$|\psi_n\rangle = \sum_i c_i |\varphi_i\rangle$$

测量 E，得到 ε_n 的概率为

$$p_n = \langle\psi_n|\psi_n\rangle = |c_n|^2$$

平均能量为

$$<E> = \sum_i \varepsilon_i p_i = \sum_i \varepsilon_i |c_i|^2$$

此外，量子化的能量 ε_i 也称为能级，属于同一能级的不同量子态数称为该能级的简并度，用 g_i 表示，7.3.1 节再具体阐明。

7.2.2 体系微观运动状态的量子描述

如果按微观粒子之间有无相互作用进行分类，可将所研究的体系分为独立子体系(assembly of independent particles)和相依子体系(assembly of interacting particles)。前者可以忽略粒子间的相互作用，粒子间相互作用总势能等于零，体系总能量 E(或 U) 为组成体系各粒子运动能量之和，即 $E = \sum_{i=1}^{N} \varepsilon_i$，而后者不容忽略的粒子间的相互作用，相依子体系的总能量应包括粒子的相互作用总势能 V，即 $E = \sum_{i=1}^{N} \varepsilon_i + V$。值得注意的是，粒子的独立性是相对的，为使体系维持平衡状态，必须允许粒子间存在着微弱的作用，因为必须依靠分子间相互碰撞或者通过与器壁碰撞交换能量(这些作用并不影响体系能级分布)，才能建立并维持平衡状态，故仍可认为运动具有“独立性”。因此，严格地说，所谓独立子体系是指近独立子体系，而相依子体系处理一般采用系综统计方法(参阅 7.12 节)，以下讨论近独立子体系的微观运动状态描述。

那么如何描述 N 个粒子组成的近独立子体系的微观运动状态呢？人们很自然有图 7-3 所示的两种思路：(1) 求解体系的薛定谔方程，得到体系的本征函数和本征能量；(2) 求解单分子的薛定谔方程，然后描述 N 个粒子如何分配在每一个个体量子态上。第一种思路行不通，而第二种思路则是可行的、有效的。

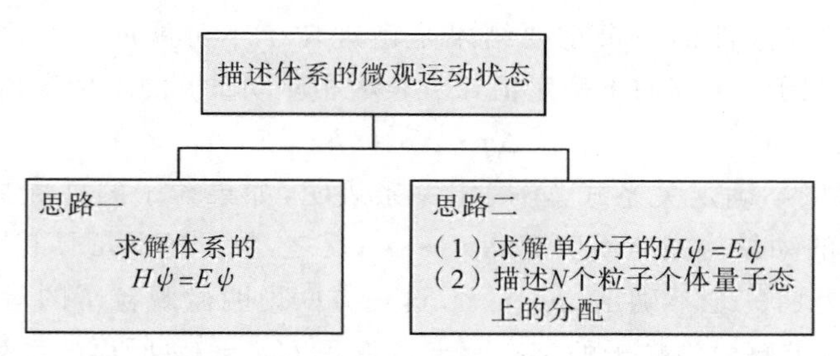

图 7-3 描述 N 个粒子组成的近独立子体系的微观运动状态的两种思路

思路一：对于 N 个粒子组成的近独立子体系，设体系的 Hamilton 算符为 H，波函数为 ψ，是否可以通过求解体系的薛定谔方程 $H\psi = E\psi$ 方程，从而得到体系的本征波函数 ψ_n 和本征能级 E_n 及体系的量子态？或者索性求解 N 个薛定谔方程来得到体系的量子态？答案是否定的。

第一，这是一个不可能完成的任务。迄今为止，量子力学仍不能精确求解多粒子体系的薛定谔方程，只能在某些近似假设下得出体系的近似能级和近似波函数，目前，量子力学计算程序(比如Gaussian程序、密度泛函DFT等)只能计算2000以内原子的分子体系。而热力学和平衡统计热力学研究的体系都是达到热力学极限的体系，即体系的粒子数 N 与体积 V 都充分大，使得体系内任何位置的数密度都等于 N/V 的值。通常 N 约为 10^{23} 数量级，求解粒子数极大体系的薛定谔方程非常复杂，现代计算机也无法驾驭。

第二，这是一个完全不必要完成的任务。根据量子力学微观粒子全同性原理，对于近独立子体系，只需要求出一个粒子的可能的全部能级 ε_i 以及每个能级上的量子状态数 g_i，再利用数学的排列组合方法求出 N 个粒子在一定的宏观约束条件下在这些能级上的分布数目，每一种可区分的分布方式即代表体系的某一微观运动状态。因此，无需求解描述 N 个粒子组成的体系的薛定谔方程。

思路二：(1) 求解单分子的薛定谔方程；(2) 描述 N 个粒子在每一个个体量子态上的分配。

第一，求解单分子的薛定谔方程 $H\psi = E\psi$ 是可行的。尽管目前薛定谔方程的精确求解仅限于 2～3 体的体系，但量子力学计算程序（比如 Gaussian 程序、密度泛函 DFT 等）在物理模型三个基本近似下（非相对论近似、绝热近似和单电子近似）能对包含几十或者上百以内原子的分子给出很理想的近似计算结果。

第二，统计热力学研究的体系通常是由大量全同多粒子组成。所谓全同粒子是指具有完全相同的内禀属性，如质量、电荷、自旋、磁矩等的同一类的粒子。全同多粒子体系的一个基本特征是，哈密顿量对于任何两个粒子的交换是不变的。在量子力学中，哈密顿量的交换对称性反映到描述体系状态的波函数上就有了新内容。量子力学的微观粒子全同性原理指出，全同粒子是不可分辨的，在含有多个全同粒子的体系中，将任何两个全同粒子加以交换，不改变整个体系的微观运动状态，即任何两个全同粒子的交换不产生新的量子态。因此，对于不可分辨的全同粒子，**描述由 N 个全同粒子组成的体系的微观状态的问题转化为确定每一个个体量子态上的粒子数的问题**。例如，确定 He 气的微观状态，转化为确定由一组完备量子数 $\{n\} = n_x, n_y, n_z; J, m, V; S, P, \cdots; \sum, \Pi, \cdots; m_s, I$ 所表征的个体量子态上各有多少个 He 原子。由于每一组完备量子数 $\{n\}$ 对应于本征能量 ε_n，因此，确定体系的微观状态的问题转化为确定各个能级上各有多少个全同粒子的问题。

因此，本章接下来采用的是上述第二种思想方法。

关于全同粒子体系，我们还需要注意以下两点：

第一，全同多粒子体系的波函数 $\psi_n(q_1, q_2, \cdots, q_N)$ 具有确定的交换对称性，或是对称的，或是反对称的（其中 $q_1, q_2, \cdots, q_N$ 分别为 $1, 2, \cdots, N$ 个粒子的全部坐标，即空间坐标与自旋坐标）。交换任意两个粒子的全部坐标，波函数的符号不变者称为对称波函数，波函数反号者称为反对称波函数。据此，可将全同粒子分成费米子（波函数反对称）与玻色子（波函数对称）。

第二，全同性原理在某些特殊情况下，对全同多粒子体系不起作用。所谓特殊情况是指各个粒子的波函数彼此没有重叠，各自局限在空间不同的范围内，这种情形下，尽管粒子的内禀性质相同，但是粒子所处的位置不同，因此，可以依据粒子所处的位置对它们编号加以区分，这种体系称为定域子体系（localized sub-system）。对于定域子体系的粒子，如果交换两个粒子的波函数及量子态，由这两个粒子组成的体系的微观状态是不同的(通常真正交换的是粒子的量子态，而不是粒子本身)。能级分布的微观状态数与体系性质相关，这将在7.3.1节详细分析。

7.2.3 宏观态与微观态

体系的宏观态由一组宏观参量来表征，在平衡态下，体系的宏观量具有确定值，由一组完备的宏观量所决定的体系状态称为体系的宏观态。例如，对于体积 V 为外参量的单组分体系，把任意指定 N、V、U 一组实际数值的态定义为体系的一个宏观态。一个宏观态可以对应为数众多的微观态。计算一个指定宏观态(由一组 N、V、U 值确定)所对应的微观状态数问题实质上是确定在体系的 N、V、U 确定时，满足体系总能量守恒、总粒子数守恒的约束条件下有多少种可能的能级分布或量子态分布。

能级分布

能级分布指的是体系中 N 个粒子如何分布在各能级上，例如分布 $D=\{n_i\}$，

能级	$\varepsilon_0,\varepsilon_1,\varepsilon_2,\cdots,\varepsilon_i,\cdots$
粒子数	$n_0,n_1,n_2,\cdots,n_i,\cdots$

而每个能级 ε_i 所集居的粒子数 n_i，称为该"能级的分布数"。微观态是满足总粒子数守恒($N=\sum_i n_i$)和总能量守恒($U=E=\sum_i n_i\varepsilon_i$)的各种可实现的分布。通常，满足上述两个守恒约束条件的分布有许多种，而每一种分布又拥有很多微观状态数，可以用排列组合公式计算，在7.3.1节将详细讨论。

若同属于能量为 ε_i 的能级上有 g_i 个量子态，就称此能级为简并的，其简并度或统计权重就为 g_i，分布 $D=\{n_i\}$ 可以表示为

能级	$\varepsilon_0,\varepsilon_1,\varepsilon_2,\cdots,\varepsilon_i,\cdots$
简并度	$g_0,g_1,g_2,\cdots,g_i,\cdots$
粒子数	$n_0,n_1,n_2,\cdots,n_i,\cdots$

所以在能级有简并或者粒子可区别的情况下，同一能级分布可以对应多种不同的微观状态(即不同的状态分布)。简并度增加，将使粒子在同一能级上的微态数增加。

能级分布的微态数与体系的总微态数

某一种能级分布的微观态，是指实现这种分布所具有的每一种可区别的分配方式(即微观状态)，其中可区别的分配方式数就称为该分布的微态数(或热力学概率)，以 W_D 表示。

体系的总微态数(或总热力学概率)以 Ω 表示，等于各种可能分布微态数的总和

$$\Omega=\sum_D W_D=W_1+W_2+\cdots+W_D+\cdots \tag{7-1}$$

〔**例1**〕　试列出分子数为4,总能为3单位的体系中各种分布方式和实现这类分布方式的热力学概率。

〔**解**〕　令 $\varepsilon_0 = 0, \varepsilon_1 = 1, \varepsilon_2 = 2, \varepsilon_3 = 3$,按题意要求:

$$N = \sum_i n_i = n_0 + n_1 + n_2 + n_3 = 4$$

$$E = \sum_i n_i \varepsilon_i = 3$$

能满足上述限制条件的分布方式有以下三种(分别以Ⅰ、Ⅱ、Ⅲ表示):

n_i 分布方式（宏观状态） / ε_i	Ⅰ	Ⅱ	Ⅲ
3	1	0	0
2	0	1	0
1	0	1	3
0	3	2	1

若将分子区分为A、B、C、D,而以A(0)、B(1)…… 分别表示A分子的能量 $\varepsilon_A = 0$,B分子的能量 $\varepsilon_B = 1$…… 则属于上述三种分布形式或分配方式中的各种微观状态可列表表示如下:

分布方式 Ⅰ	分布方式 Ⅱ	分布方式 Ⅲ
A(0),B(0),C(0),D(3)	A(0),B(0),C(1),D(2)	A(0),B(1),C(1),D(1)
A(0),B(0),C(3),D(0)	A(0),B(0),C(2),D(1)	A(1),B(0),C(1),D(1)
A(0),B(3),C(0),D(0)	A(0),B(1),C(0),D(2)	A(1),B(1),C(0),D(1)
A(3),B(0),C(0),D(0)	A(0),B(2),C(0),D(1)	A(1),B(1),C(1),D(0)
	A(0),B(1),C(2),D(0)	
	A(0),B(2),C(1),D(0)	
	A(1),B(2),C(0),D(0)	
	A(2),B(1),C(0),D(0)	
	A(1),B(0),C(0),D(2)	
	A(2),B(0),C(0),D(1)	
	A(1),B(0),C(2),D(0)	
	A(2),B(0),C(1),D(0)	

由上表可见,各分布方式所包含微观状态数满足

$$W_{\mathrm{I}} = \frac{4!}{3!0!0!1!} = 4$$

$$W_{\mathrm{II}} = \frac{4!}{2!1!1!0!} = 12$$

$$W_{\mathrm{III}} = \frac{4!}{1!3!0!0!} = 4$$

而体系的总热力学概率(总微观状态数)为

$$\Omega = W_{\mathrm{I}} + W_{\mathrm{II}} + W_{\mathrm{III}} = 4 + 12 + 4 = 20$$

〔**例 2**〕 当 A、B、C 三个可分辨粒子，要求总能为一个单位（即 $N = 3, E = 1$）时，分别求算在非简并与简并（$g_0 = 2$）能级上的分布及微态数。

〔**解**〕

(1)$N = 3, E = 1$ 的非简并分布

能级 $\varepsilon_0 = 0$	能级 $\varepsilon_1 = 1$	能级 $\varepsilon_2 = 2$
A,B	C	—
A,C	B	—
B,C	A	—

微观状态数 W_D 为 3：$W_D = \frac{3!}{2!1!} = 3$。

(2)$N = 3, E = 1, g_0 = 2$ 的简并分布

$\varepsilon_0 = 0$ 能级		$\varepsilon_1 = 1$ 能级	$\varepsilon_2 = 2$ 能级
态 1	态 2		
A,B	—	C	—
A	B	C	—
B	A	C	—
—	A,B	C	—
A,C	—	B	—
A	C	B	—
C	A	B	—
—	A,C	B	—
B,C	—	A	—
B	C	A	—
C	B	A	—
—	B,C	A	—

微观状态数 W_D 为 12，是原来的 4 倍（2^2 倍）：

$$W_D = \frac{g_0^{n_0} \cdot N!}{\prod_i n_i!} = \frac{2^2 \cdot 3!}{2!1!} = 12$$

可见，简并度增加，将使粒子在同一能级上微态数增加。

7.2.4 平衡态统计热力学的基本假设

数学概率与热力学概率

如果一个复合事件所包含的基本事件是有限个的，并且各基本事件的出现机会均等，则对任意偶然事件 A 出现的机会或可能性的大小，称“数学概率”（或“古典概率”），以 $P(A)$

表示，其计算公式为

$$P(A)=\frac{n}{m} \tag{7-2}$$

式中，m 代表等概率发生的基本事件总数，n 代表 A 事件包含的基本事件数。

对于体系某一确定的宏观态（即恒定的 N、V、U），其中出现的每一种微态视为一个基本事件，任一种能级分布 D 的数学概率为

$$P(D)=\frac{W_D}{\Omega}=\frac{W_D}{\sum\limits_D W_D} \tag{7-3}$$

式中，W_D 为分布 D 的微态数，也称为分布 D 的“热力学概率”，Ω 为体系的总微态数或总热力学概率。

统计热力学等概率假设

统计热力学的基本观点是，宏观量是相应微观量的统计平均值，即把理论上要计算的宏观量看成是对一定宏观状态下一切可能出现的微观状态的统计平均值。

由于一个给定的宏观态对应众多的微观状态，统计力学首要回答的问题是：(1) 体系哪些微观态参与统计平均？(2) 各微观态出现的概率如何？考虑到满足确定宏观约束条件的各种微观状态都有机会出现，没有理由认为某一微观态出现的概率高于其他任何一个微观态，因而对于平衡态孤立体系，平衡态统计热力学提出**等概率假设：对于处在平衡态的孤立体系，满足宏观约束条件的各个可能达到的微观量子状态出现的概率是相等的。**

例如，对 N、V、U 确定的孤立体系，其所有可能达到的微观状态数为 $\Omega(N、V、U)$，则体系处在任何一可能达到的微观状态的数学概率为

$$P=\frac{1}{\Omega(N,V,U)} \tag{7-4}$$

等概率假设是各种平衡统计理论的基础，也是平衡态统计力学中唯一的假设，其正确性已为大量实验所证实，并通过统计热力学的各种推论与客观实际相符合而得到肯定。

7.3　最概然分布与平衡分布

本节首先采用数学的排列组合公式计算不同体系满足一定宏观约束条件的能级分布的微观状态数，然后用二项式分布证明对应于微观状态数最大的分布（称为最概然分布）正是平衡分布。

7.3.1　能级分布及其微观状态数

微观状态数依赖于统计体系的性质。除了 7.2.2 节中按体系的微观粒子之间有无相互作用将统计体系分为近独立子体系和相依子体系，还可依据体系的波函数是对称的或反对称的，将多粒子体系分为玻色子与费米子体系；依据组成体系的粒子运动区域，将多粒子体

系分为定域子与离域子体系。

统计体系的分类

玻色子与费米子体系：自然界的粒子分成为两类，即玻色子与费米子。玻色子是自旋量子数为整数的微观粒子，其波函数是对称的，例如光子($S=1$)、π介子($S=0$)、k介子($S=1$)等。费米子的自旋量子数为半正数，其波函数对于交换两个粒子是反对称的，例如电子($S=1/2$)、质子($S=1/2$)、中子($S=1/2$)、μ介子($S=1/2$)、各种超子($S=1/2$)均为费米子。

定域子与离域子体系：定域子体系也称为可分辨粒子体系，体系中粒子运动是定域化的。常见的定域子体系是晶体，组成晶体的每个原子都围绕其平衡位置做微小的简谐振动，不同原子振动的波函数彼此不重叠。而离域子体系也可称为不可分辨粒子体系，体系中粒子运动是非定域化的，常见的有气体、液体等。

举例说明

分别讨论定域子、离域玻色子及离域费米子体系在粒子数为2，粒子的个体量子态数为3时的各种可能微观状态。

分析如下：

(1) 定域子体系：可以依据粒子所处的位置对它们编号加以区分，粒子可以分辨，每个个体量子态能够容纳的粒子数不受限制。以a、b表示可区分的两个粒子，它们占据3个个体量子态的排列组合方式为9，对应9种可能的微观运动状态(量子态)，详见表7-2。

(2) 离域玻色子体系：粒子不可分辨，每个个体所能容纳的粒子数不受限制，由于粒子不可分辨，令$a=b$，两个粒子占据3个个体量子态的排列组合方式为6，对应6种可能的微观运动状态(量子态)，详见表7-2。

(3) 离域费米子体系：体系遵从泡利不相容原理，该原理指出：在含有多个全同近独立子的费米子体系中，一个个体量子态最多只能容纳一个费米子。由于粒子不可分辨，令$a=b$，两个粒子占据3个个体量子态的排列组合方式为3，对应3种可能的微观运动状态(量子态)，详见表7-2。

表7-2　粒子数为2、粒子的个体量子态为3的体系量子态

	体系微观态	量子态1	量子态2	量子态3
定域子体系	1	a,b		
	2		a,b	
	3			a,b
	4	a	b	
	5	b	a	
	6		a	b
	7		b	a
	8	a		b
	9	b		a

续表

	体系微观态	量子态1	量子态2	量子态3
离域玻色子	1	a,a		
	2		a,a	
	3			a,a
	4	a	a	
	5		a	a
	6	a		a
离域费米子	1	a	a	
	2		a	a
	3	a		a

从以上例子可以了解到，具有相同粒子数和个体量子数的不同体系，其微观状态数是不同的。

三种体系微观状态数的计算

对于总粒子数 N、体积 V、总能量 U 均为恒定的近独立子体系，每一微观粒子具有一组容许的能级 $\varepsilon_1,\varepsilon_2,\cdots,\varepsilon_i,\cdots$，其对应的简并度分别为 $g_1,g_2,\cdots,g_i,\cdots$，假设任一种满足粒子数守恒 $N=\sum\limits_i n_i$、能量守恒 $U=\sum\limits_i n_i\varepsilon_i$ 的能级分布 $D=\{n_i\}$ 在各能级上的粒子数为 n_1，$n_2,\cdots,n_i,\cdots$，那么，根据排列组合公式，能级分布 $D=\{n_i\}$ 的微态数（热力学概率）W_D，可依据不同体系计算如下：

1. 定域子 MB(Maxwell-Boltzmann) 体系

分两步推算能级分布 $D=\{n_i\}$ 的微态数：(1) 定域子体系的粒子是可分辨的（可以想象给粒子编号），交换粒子便给出体系的不同微观状态，N 个粒子的交换方式为 $N!$。由于同一能级上的粒子彼此交换不产生新的微观态，因此，全局粒子交换得因子 $\dfrac{N!}{\prod\limits_i n_i!}$；(2) 一个量子态能够容纳的粒子束不受限制，这意味着 ε_i 能级上第一个粒子、第二个粒子……直到第 n_i 个粒子均可以占据 g_i 个量子态中的任何一态，故 n_i 个粒子占据 ε_i 能级的 g_i 个量子态的可能方式为 $g_i^{n_i}$，因此 $n_1,n_2,\cdots,n_i,\cdots$ 个粒子分别占据能级 $\varepsilon_1,\varepsilon_2,\cdots,\varepsilon_i,\cdots$ 上各量子态的方式总共有 $\prod\limits_i g_i^{n_i}$ 种，所以，与能级分布 $D=\{n_i\}$ 相对应的微观状态数为

$$W_D=W_{\mathrm{MB}}=\frac{N!}{\prod\limits_i n_i!}\prod_i g_i^{n_i}=N!\prod_i\frac{g_i^{n_i}}{n_i!} \tag{7-5}$$

满足粒子数守恒 $N=\sum\limits_i n_i$、能量守恒 $U=\sum\limits_i n_i\varepsilon_i$ 的一切分布所拥有的总的微观状态数为

$$\Omega = \sum_D W_D = N! \sum_D \prod_i \frac{g_i^{n_i}}{n_i!} \tag{7-6}$$

2. 离域玻色子 BE(Bose-Einstein) 体系

全同玻色子之间的交换不产生新的微观态，每一个个体量子态能容纳的粒子数不受限制。分两步推算能级分布 $D=\{n_i\}$ 的微态数：(1) 首先考虑 n_i 个全同玻色子放置在能级 ε_i 上的 g_i 个可区别的量子态上有多少种排列。由于每一个个体量子态能容纳的粒子数不受限制，前述问题转化为固定一个量子态，把 n_i 个全同玻色子及余下 (g_i-1) 个量子态进行全排列的问题，排列数为 $(n_i+g_i-1)!$。(2) 除去重复排列数：第一，因为 n_i 个全同玻色子是不可分辨的，应当除去 n_i 个粒子的排列数 $n_i!$。其次，(g_i-1) 个量子态本来就不需要排列，因此其排列数 $(g_i-1)!$ 也应当除去。因此，n_i 个全同玻色子占据 ε_i 能级的 g_i 个量子态的微观状态数为

$$\frac{(n_i+g_i-1)!}{n_i!(g_i-1)!}$$

所以，与能级分布 $D=\{n_i\}$ 相对应的微观状态数为各能级的微态数相乘，即

$$W_D = W_{\mathrm{BE}} = \prod_i \frac{(n_i+g_i-1)!}{n_i!(g_i-1)!} \tag{7-7}$$

满足粒子数守恒 $N=\sum_i n_i$、能量守恒 $U=\sum_i n_i\varepsilon_i$ 的一切分布所拥有的总的微观状态数为

$$\Omega = \sum_D W_D = \sum_D \prod_i \frac{(n_i+g_i-1)!}{n_i!(g_i-1)!} \tag{7-8}$$

3. 离域费米子 FD(Fermi-Dirac) 体系

全同费米子之间的交换不产生新的微观态，但每一个个体量子态只能容纳 1 个粒子。分两步推算能级分布 $D=\{n_i\}$ 的微态数：(1) 首先考虑 n_i 个粒子放置在能级 ε_i 上的 g_i 个量子态上有多少种方式。由于每一个个体量子态只能容纳 1 个粒子，费米子数 n_i 必须小于量子态数 g_i，即 $n_i \leqslant g_i$，第 1 个粒子有 g_i 种放法，第 2 个粒子有 g_i-1 种放法 …… 第 n_i 个粒子有 $g_i-(n_i-1)$ 种放法，因此，放置方式数为 $g_i(g_i-1)(g_i-2)\cdots[g_i-(n_i-1)]=\frac{g_i!}{(g_i-n_i)!}$。(2) 由于全同费米子不可分辨，在能级 ε_i 上的 n_i 个粒子中任何两个粒子交换不产生新的方式，所以，$\frac{g_i!}{(g_i-n_i)!}$ 除以 $n_i!$ 才是 n_i 个全同费米子占据能级 ε_i 上的 g_i 个量子态的可能方式数，即

$$\frac{g_i!}{(g_i-n_i)!n_i!}$$

所以，与能级分布 $D=\{n_i\}$ 相对应的微观状态数为各能级的微态数相乘，即

$$W_D = W_{\mathrm{FD}} = \prod_i \frac{g_i!}{(g_i-n_i)!n_i!} \tag{7-9}$$

满足粒子数守恒 $N=\sum_i n_i$、能量守恒 $U=\sum_i n_i\varepsilon_i$ 的一切分布所拥有的总的微观状态数为

$$\Omega = \sum_D W_D = \sum_D \prod_i \frac{g_i!}{(g_i-n_i)!n_i!} \tag{7-10}$$

全同性修正与经典极限

离域经典粒子体系的微观状态数(热力学概率)可以通过对定域子体系的微观状态数进行全同性修正获得。由于经典离域子是不可分辨的,交换粒子并不改变体系的微观状态,体系的粒子数为 N,交换的方式有 $N!$ 种,所以,经典离域子体系与能级分布 $D=\{n_i\}$ 相对应的微观状态数应为定域子体系的微态数式(7-5)除以 $N!$,即

$$W_{离域MB}=\frac{W_{定域MB}}{N!}=\prod_i \frac{g_i^{n_i}}{n_i!} \tag{7-11}$$

如果在离域玻色子及离域费米子体系中,任一能级的粒子数 n_i 均远小于能级 ε_i 的简并度 g_i,即在 $g_i \gg n_i$ 的条件下,那么离域玻色子体系与能级分布 $D=\{n_i\}$ 相对应的微观状态数可以近似为

$$\begin{aligned}W_{BE}&=\prod_i \frac{(n_i+g_i-1)!}{(g_i-1)!n_i!}\\&=\prod_i \frac{(n_i+g_i-1)(n_i+g_i-2)\cdots g_i}{n_i!}\\&\approx \prod_i \frac{g_i^{n_i}}{n_i!}\end{aligned}$$

离域费米子体系与能级分布 $D=\{n_i\}$ 相对应的微观状态数可以近似为

$$\begin{aligned}W_{FD}&=\prod_i \frac{g_i!}{n_i!(g_i-n_i)!}\\&=\prod_i \frac{g_i(g_i-1)(g_i-2)\cdots(g_i-n_i+1)}{n_i!}\\&\approx \prod_i \frac{g_i^{n_i}}{n_i!}\end{aligned}$$

上述推导表明,在 $g_i \gg n_i$ 的条件下,离域的玻色子、费米子与经典粒子在同样的能级分布下的微观状态数近似相等。

两点说明:

第一,通常 $g_i \gg n_i$ 称为非简并性条件,这意味着能级 ε_i 上的绝大部分量子态并未被占据,此时就无需限制费米子体系每个个体量子态上最多只能容纳一个粒子,所以,玻色子与费米子在非简并性条件下趋于相等是顺理成章的事。7.3.2 节也将进一步论证在非简并性条件下,BE 和 FD 统计都过渡到 MB 统计。

第二,对多数气体而言,在压力较低而温度较高时(例如理想气体),任一能级 ε_i 上量子态数 g_i(简并度)往往比粒子数 n_i 大得多,因此,可以使用加了全同性修正的 MB 统计模型描述。本章后续的应用都基于 MB 统计分布律,其应用范围十分广泛。但是,在低温及量子效应显著的情形下,则需应用 BE 与 FD 统计,可以参阅相关书籍(高执棣、郭国霖《统计热力学导论》第 12 章,pp. 290-318)。

7.3.2 最概然分布与平衡分布

在 7.2.3 节的例子中,满足分子数为 4,总能量为 3 单位的体系中有 Ⅰ、Ⅱ、Ⅲ 种分布方

式，这 3 种分布对应的微观状态数分别为 4、12、4，把对应微观状态数最多的分布 Ⅱ 称为最概然分布。

在 N、V、E 确定的平衡体系中，满足粒子数守恒 $N=\sum_i n_i$ 和能量守恒 $U=\sum_i n_i\varepsilon_i$ 的能级分布可以有许多种，这些分布所拥有的微观状态数是不同的，换言之，它们的热力学概率是不相等的，其中**必有一种分布拥有最多的微观状态数，即它的热力学概率最高，这种分布称为最概然分布。**对于满足热力学极限的多粒子体系，最概然分布能够代表平衡体系的一切分布，这是大量微观粒子组成的体系所特有的统计规律，其论证参阅拓展阅读 7-1。

拓展阅读 7-1

以下使用二项式分布来论证最概然分布能够代表平衡体系的一切分布。

二项式分布是热物理中非常重要的一个概率分布，它基于伯努利试验(Bernoulli trial)，该试验有两个可能的结果，一个结果以概率 p 出现，另一个结果以概率 $1-p$ 出现。

设想一个大盒子里放了 N 枚编了号的硬币(硬币可分辨，粒子数 $N\approx10^{22}$)，每枚硬币正面朝上的概率为 p，反面朝上的概率为 $1-p$，那么盖上盒盖后，用力并持续足够长时间摇晃，对于 K 枚硬币正面朝上、$N-K$ 枚反面朝上的分布的离散概率分布为可以分两步推算：(1)K 枚硬币正面朝上、$N-K$ 枚反面朝上的一个特定分布出现的概率为 $p^K(1-p)^{N-K}$。(2) 由于这 N 枚硬币是编了号(即可分辨的)的，因此，K 枚硬币正面朝上、$N-K$ 枚反面朝上的组合方式有 C_N^K 种，于是 K 枚硬币正面朝上、$N-K$ 枚反面朝上的离散概率分布 $P(N,K)$ 为以上两项因子的乘积，即

$$P(N,K)=C_N^K p^K(1-p)^{N-K}=\frac{N!}{K!(N-K)!}p^K(1-p)^{N-K} \tag{7-12}$$

其中，

$$\frac{N!}{K!(N-K)!}=\omega(K) \tag{7-13}$$

即为 K 枚硬币正面朝上、$N-K$ 枚反面朝上的微观状态数。

如果将 0 枚硬币正面朝上、N 枚反面朝上，1 枚硬币正面朝上、$N-1$ 枚反面朝上，2 枚硬币正面朝上、$N-2$ 枚反面朝上……N 枚硬币正面朝上、0 枚反面朝上的分布(即 K 取 0 到 N 的所有分布)的微观状态数求和，即得体系的总微态数为

$$\Omega=\sum_{K=0}^{N}\frac{N!}{K!(N-K)!} \tag{7-14}$$

根据二项式定理(binomial theorem)，

$$\begin{aligned}(x+y)^N&=\sum_{K=0}^{N}C_N^K x^K y^{N-K}\\&=\sum_{K=0}^{N}\frac{N!}{K!(N-K)!}x^K y^{N-K}\end{aligned} \tag{7-15}$$

可知式 Ω 便是式(7.15) 二项式展开后各项系数之和。

如果令 $x=p$ 以及 $y=1-p$，可以得到

$$1^N = 1 = \sum_{K=0}^{N} C_N^K p^K (1-p)^{N-K}$$
$$= \sum_{K=0}^{N} P(N,K) \tag{7-16}$$

这符合有良好行为的概率分布的要求。

如果令 $x = 1$ 以及 $y = 1$,可以得到

$$\Omega = \sum_{K=0}^{N} \frac{N!}{K!(N-K)!} = 2^N \tag{7-17}$$

显然,在 K 所有可能的取值中,$K = N/2$ 所对应的分布拥有的最大的微观状态数,表达为

$$\omega_{\max} = C_N^{N/2} = \frac{N!}{\left(\frac{N}{2}\right)!\left(\frac{N}{2}\right)!} \tag{7-18}$$

当 N 很大时,计算 $N!$可以使用斯特林(Stirling) 公式

$$N! = \left(\frac{N}{e}\right)^N (2\pi N)^{1/2} \tag{7-19}$$

代入式(7-18),得

$$\omega_{\max} = \sqrt{\frac{2}{\pi N}}\, 2^N \tag{7-20}$$

将式(7-18) 和代(7-20) 入下式,得最概然分布出现的概率为

$$P_{\max} = \frac{\omega_{\max}}{\Omega} = \sqrt{\frac{2}{\pi N}} \tag{7-21}$$

最概然分布出现的概率与 N 的平方根成反比。粒子数越大,出现的概率越小。对于 $N \approx 10^{22}$ 热力学体系,最概然分布出现的概率是 $P_{\max}$ 约为 10^{-11},这是一个很小的概率,那为什么说它能够代表平衡系统中的一切分布呢?下面探讨这个问题。

由于二项式分布是 N 次独立伯努利试验的和,这里讨论的 N 枚编了号的硬币体系,每一枚硬币都是独立的,摇晃装了 N 枚硬币的盒子,可视为同时进行 N 个伯努利试验,摇晃的时间足够长时,每枚硬币正面朝上的概率接近 0.5,取 $p = 0.5$,

$$P(N,K) = \frac{N!}{K!(N-K)!} p^K (1-p)^{N-K}$$
$$= \frac{N!}{K!(N-K)!} \frac{1}{2^N} \tag{7-22}$$

将 $P(N,K)/P_{\max}$ 对 K/N 作图,五条曲线 N 分别取为 10、50、100、200 和 1000,随着 N 的增加,曲线半高宽越来越窄,当 $N = 1000$ 时,曲线相当接近代表最概然分布的虚线(图 7-4)。可以想象,对于 $N \approx 10^{22}$ 的热力学体系,其曲线紧贴近虚线。所以,尽管最概然分布 $(K = N/2)$ 出现的概率 $P_{\max}$ 只有约 10^{-11},但体系其他的分布也十分贴近最概然分布,即它们的 K 值都可以视为 $N/2$,所以说**最概然分布能够代表平衡体系的一切分布**,这是粒子数极大的体系特有的统计规律。

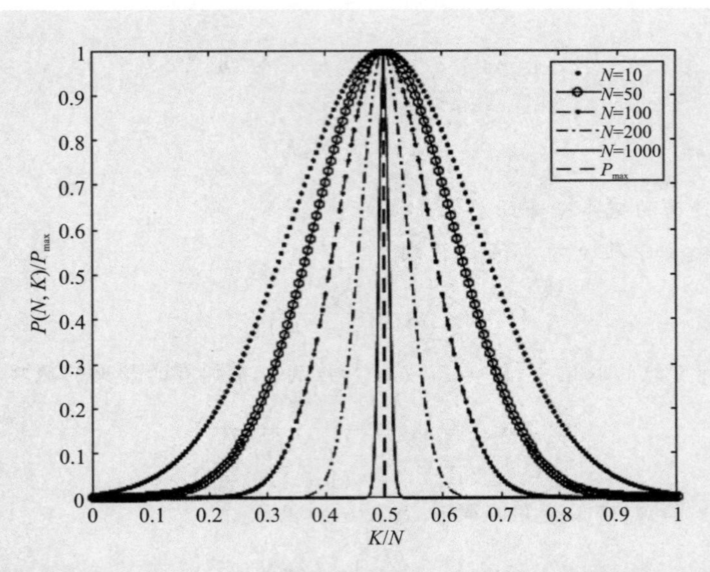

图 7-4 $P(N,K)/P_{max}$ 对 K/N 作图，N 分别取 10、50、100、500、2000，随着 N 的增加，曲线半高宽越来越窄

也可以用数学方法证明，对于粒子数 $N \sim 10^{22}$ 的热力学体系，它的分布集中在 $K = \frac{N}{2} - 2\sqrt{N} \sim \frac{N}{2} + 2\sqrt{N}$。显然，$\frac{N}{2} \gg 2\sqrt{N}$，两者相差$10^{11}$，后者可以忽略。因此，平衡体系中，集中在 $K = \frac{N}{2} - 2\sqrt{N} \sim \frac{N}{2} + 2\sqrt{N}$ 的分布可以由 $K = N/2$ 的最概然分布来代表。(数学证明可以参阅刘国杰、黑恩成《物理化学导读》pp. 238-239)。

7.3.3 摘取最大项

当 N 很大时，Stirling 公式可以近似表示为

$$N! \approx \left(\frac{N}{\mathrm{e}}\right)^N$$

代入

$$\omega_{\max} = \frac{N!}{\left(\frac{N}{2}\right)!\left(\frac{N}{2}\right)!} \approx \frac{(N/\mathrm{e})^N}{(N/2\mathrm{e})^{N/2}\,(N/2\mathrm{e})^{N/2}} = 2^N = \Omega \tag{7-23}$$

上式表明最概然分布的微观状态数近似等于体系的微观状态数。换言之，**对于粒子数很大的热力学体系，可用最概然分布的微观状态数来代替体系的微观状态数，这就是摘取最大项法。**这也是大数体系所特有的规律。

7.4 Maxwell-Boltzmann、Bose-Einstein 及 Fermi-Dirac 统计分布律

7.2 节已给出满足粒子数 N、体积 V、能量 U 恒定条件下 MB、BE 及 FD 体系的能级分布 $D = \{n_i\}$ 相对应的微观状态数及体系的总微观状态数的表达式，在 7.3 节已用二项式分布论证对于热力学体系（粒子数 N 约为 10^{22}）可以用最概然分布来代表体系的平衡分布，最概然分布的微观状态数可以近似取代总的微观状态数，这就是摘取最大项法。

推导 N、V、U 恒定下的最概然分布，实质性数学问题是求解带约束条件的能级分布的微观状态数的极大值。由于 W_D 是随 $\ln W_D$ 单调变化的，$\ln W_D$ 的极大处也是 W_D 的极大处（$\dfrac{\partial W_D}{\partial n_i} = 0, \dfrac{\partial^2 W_D}{\partial^2 n_i} < 0$），因此，求满足 N、U 守恒条件的最概然分布，等价于求 $\ln W_D$ 的极值问题。

两约束条件是体系的粒子守恒和能量数守恒，即

$$N = \sum_i n_i \tag{7-24}$$

$$U = \sum_i n_i \varepsilon_i \tag{7-25}$$

由于加了两个约数条件，作为变量的能级分布数 $n_1, n_2, \cdots, n_i, \cdots$ 并不是彼此独立的，所以不能直接求解偏微线性方程组 $\dfrac{\partial \ln W_D(n_1, n_2, \cdots, n_i, \cdots)}{\partial n_i}$，而是需要使用拉格朗日待定系数法（可参阅附录 5）。

推导 MB、BE 和 FD 分布律的步骤如图 7-5 所示。

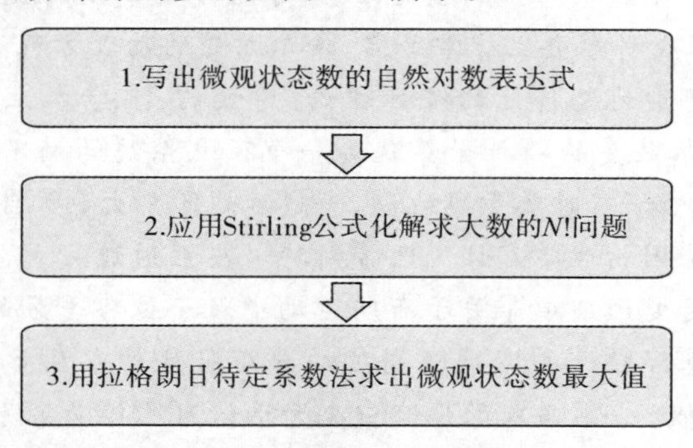

图 7-5　推导 MB、BE 和 FD 分布律的步骤

7.4.1 Maxwell-Boltzmann 分布律的推导

定域子体系（如晶体）和定域经典粒子体系的最概然分布称为 Maxwell-Boltzmann 分布律。奥地利物理学家玻尔兹曼（Boltzmann）于 1868—1871 年间，把麦克斯韦（Maxwell）速度分布定律推广到有重力场作用的情形，得出了气体分子按重力势能大小分布的规律。当时量子力学还没有建立，玻尔兹曼并没有把粒子的能量 ε 看为不连续的，他只是为了使计算成为可能，把“实际连续可变”的能量分成分立的份额。本节及后续章节的分子的能量采用求解量子力学定态薛定鄂方程 $H\psi = E\psi$ 所得的分立的本征能量构成的能级。

路德维希·玻尔兹曼(Ludwig Boltzmann,1844—1906)

路德维希·玻尔兹曼,奥地利物理学家、哲学家,统计物理学的奠基人之一。19岁进入维也纳大学学习数学和物理学,22岁获得博士学位,曾先后在格拉茨大学、维也纳大学、慕尼黑大学以及莱比锡大学任教。

玻尔兹曼是物理学重大转型历史时期的关键人物,与克劳修斯和麦克斯韦同为分子运动论的主要奠基者,是19世纪麦克斯韦和20世纪爱因斯坦之间的传棒人。1868到1871年间,玻尔兹曼把麦克斯韦的分子速度分布律推广到有外力场作用的情况,得出了平衡态气体分子的能量分布定律——玻尔兹曼分布律。1872年,他发表了重要论文,建立了非平衡态分布函数的运动方程(即玻尔兹曼动理方程),引入了以分子速度的分布函数来表示的熵的定义,随后又提出了 H 定理。H 定理从微观分子运动角度证明了宏观过程的不可逆性,从而导致了开尔文和洛喜密特在1874年和1876年先后提出的"可逆性佯谬":单个微观粒子的运动遵从牛顿力学定律,是时间可逆的;但是由大量微观粒子组成的宏观系统的热力学过程却表现出不可逆性,二者是相互矛盾的。1877年,玻尔兹曼给出了对这个佯谬的解答:把态函数熵和热力学概率联系起来,得出 $S \propto \ln W$。1900年,普朗克引进玻尔兹曼常数,把这个关系表示为 $S = k\ln W$,这就是玻尔兹曼熵定律。由此,玻尔兹曼把微观粒子的力学过程与体系的热力学学过程统一起来,并对热力学第二定律给出了统计解释。他也最先把热力学原理应用于辐射,导出热辐射定律,称斯忒藩—波尔兹曼定律。

在建立和捍卫科学原子论的过程中,玻尔兹曼是重要的代表人物。他是宏观物体存在一个微观的、原子结构基础这一学说的创始人。玻尔兹曼与奥斯特瓦尔德之间发生的"原子论"和"唯能论"的争论,在科学史上非常著名。玻尔兹曼的动理方程和 H 定理发展初期遭到激烈的诘难,但他始终不渝地坚持他的统计理论。遗憾的是,学术上的孤立感、频繁的搬迁生活及个人天性,使玻尔兹曼的精神世界犹如一个孤立系统的熵不断增长,1906年9月5日,他在自己钟爱的杜伊诺(当时属于奥地利,一战后划给意大利)自杀身亡,年仅62岁。在玻尔兹曼自杀两年后,法国物理学家让·巴蒂斯特·皮兰通过藤黄悬浮液的实验定量证实了两项理论预言:一项是爱因斯坦等关于布朗运动中粒子位移平方的平均值应当正比于时间;另一项是悬浮液中悬浮粒子的密度随高度的分布服从玻尔兹曼分布。奥斯特瓦尔德也于1909年在《普通化学概论》第四版的序言中公开承认自己接受了原子论假设的合理性。诚如玻尔兹曼的外孙D. 弗拉姆的评论:"玻尔兹曼生命的悲剧,在于他未能经历自己思想的光荣胜利。他在决定性的战役仍在进行时就离开了这个世界。"

下面推导定域子体系的最概然分布:

1. 式(7-5)给出定域子体系能级分布 $D = \{n_i\}$ 相对应的微观状态数为

$$W_{\mathrm{MB}} = N!\prod_i \frac{g_i^{n_i}}{n_i!}$$

两边取自然对数,得

$$\ln W_{\mathrm{MB}} = \ln N! + \sum_i n_i \ln g_i - \sum_i \ln n_i! \tag{7-26}$$

2. 假设 N 和所有的 n_i 都很大，应用斯特林(Stirling) 公式

$$\ln N! \approx N\ln N - N \tag{7-27}$$

则式(7-26) 可以整理为

$$\begin{aligned}\ln W_{\mathrm{MB}} &= N\ln N - N + \sum_i n_i \ln g_i - \sum_i n_i \ln n_i + \sum_i n_i \\ &= N\ln N + \sum_i n_i \ln g_i - \sum_i n_i \ln n_i \end{aligned}\tag{7-28}$$

3. 分三步用拉格朗日待定系数法求出使微观状态数最大的能级分布

第一步：引入待定系数 α、β，构造拉格朗日函数 F：式(7-28) 加上 α 乘以粒子数守恒约束条件式(7-24) 及 β 乘以能量守恒约束条件式(7-25)，得：

$$\begin{aligned}F &= \ln W_{\mathrm{MB}} + \alpha \sum_i n_i - \beta \sum_i n_i \varepsilon_i \\ &= N\ln N + \sum_i n_i \ln g_i - \sum_i n_i \ln n_i + \alpha \sum_i n_i - \beta \sum_i n_i \varepsilon_i \end{aligned}\tag{7-29}$$

第二步：对拉格朗日函数 F 求偏微分，并令其等于 0，解方程：

$$\frac{\partial F(n_1, n_2, \cdots, n_i, \cdots)}{\partial n_i} = 0$$

$$\frac{\partial (N\ln N)}{\partial n_i} + \frac{\partial}{\partial n_i}\Big(\sum_j n_j \ln g_j\Big) + \sum_j \frac{\partial (n_j \ln n_j)}{\partial n_i} + \sum_j \alpha \frac{\partial n_j}{\partial n_i} - \sum_j \beta \frac{(n_j \varepsilon_j)}{\partial n_i} = 0 \tag{7-30}$$

(1) 先对式(7-30) 第一项求偏微分

$$\frac{\partial (N\ln N)}{\partial n_i} = \left(\frac{\partial N}{\partial n_i}\right)\ln N + N\left(\frac{\partial \ln N}{\partial n_i}\right)$$

注意到 n_i 仅与求和项中的 n_i 匹配，有

$$\frac{\partial N}{\partial n_i} = \frac{\partial}{\partial n_i}(n_1 + n_2 + \cdots + n_i + \cdots) = 1$$

$$\frac{\partial \ln N}{\partial n_i} = \frac{1}{N}\frac{\partial N}{\partial n_i} = \frac{1}{N}$$

所以

$$\frac{\partial (N\ln N)}{\partial n_i} = \ln N + 1 \tag{7-31}$$

(2) 对式(7-30) 第二项求偏微分

$$\frac{\partial}{\partial n_i}\Big(\sum_j n_j \ln g_j\Big) = \ln g_i \tag{7-32}$$

(3) 对式(7-30) 第三项求偏微分，为了区别于微分变量，下式把求和下标改写为 j，

$$\begin{aligned}\sum_j \frac{\partial (n_j \ln n_j)}{\partial n_i} &= \sum_j \left[\left(\frac{\partial n_j}{\partial n_i}\right)\ln n_j + n_j\left(\frac{\partial \ln n_j}{\partial n_i}\right)\right] \\ &= \sum_j \left[\left(\frac{\partial n_j}{\partial n_i}\right)\ln n_j + \left(\frac{\partial n_j}{\partial n_i}\right)\right] \\ &= \sum_j [\ln n_j + 1]\left(\frac{\partial n_j}{\partial n_i}\right)\end{aligned}$$

因为所有的 n_j 都是独立变量，所以唯独 $j = i$ 的偏微分项不为 0，即 $\partial n_j/\partial n_j = 1$，因此

$$\sum_j \frac{\partial (n_j \ln n_j)}{\partial n_i} = \ln n_i + 1 \tag{7-33}$$

(4) 对式(7-27) 第四项求偏微分，唯独 $j = i$ 的偏微分项不为 0，所以

$$\sum_j \alpha \frac{\partial n_j}{\partial n_i} = \alpha \frac{\partial n_i}{\partial n_i} = \alpha \tag{7-34}$$

(5) 对式(7-30) 第五项求偏微分，唯独 $j = i$ 的偏微分项不为 0，所以

$$\sum_j \beta \frac{(n_j \varepsilon_j)}{\partial n_i} = \beta \varepsilon_i \frac{\partial n_i}{\partial n_i} = \beta \varepsilon_i \tag{7-35}$$

将以上五项，即式(7-31)、式(7-32)、式(7-33)、式(7-34) 及式(7-35) 式代入式(7-30)，得

$$\ln N + \ln g_i - \ln n_i + \alpha - \beta \varepsilon_i = 0$$

$$\ln \frac{n_i}{N g_i} = \alpha - \beta \varepsilon_i$$

$$\frac{n_i}{N} = g_i \mathrm{e}^{(\alpha - \beta \varepsilon_i)} \tag{7-36}$$

第三步：确定待定系数 α 和 β。

(1) 系数 α 的确定

$$N = \sum_i n_i = \sum_i g_i N \mathrm{e}^{(\alpha - \beta \varepsilon_i)} = N \mathrm{e}^{\alpha} \sum_i g_i \mathrm{e}^{\varepsilon_i}$$

消去式子两边的 N 并整理，得

$$\mathrm{e}^{\alpha} = \frac{1}{\sum_i g_i \mathrm{e}^{-\beta \varepsilon_i}} \tag{7-37}$$

所以

$$\frac{n_i^*}{N} = g_i \mathrm{e}^{(\alpha - \beta \varepsilon_i)} = g_i \mathrm{e}^{\alpha} \mathrm{e}^{-\beta \varepsilon_i} = \frac{g_i \mathrm{e}^{-\beta \varepsilon_i}}{\sum_i g_i \mathrm{e}^{-\beta \varepsilon_i}} \tag{7-38}$$

上式即为 Maxwell-Boltzmann 分布律。该分布律通常也写成

$$\frac{n_i^*}{N} = \frac{g_i \mathrm{e}^{-\beta \varepsilon_i}}{q} \tag{7-39}$$

其中，n_i^* 为处于最概然分布时第 ε_i 能级的平均粒子数(以下都简写为 n_i)，而

$$q = \sum_i^{\text{能级}} g_i \mathrm{e}^{-\beta \varepsilon_i} \tag{7-40}$$

定义为配分函数，$e^{-\beta \varepsilon_i}$ 称为玻尔兹曼因子，g_i 为能级 ε_i 的简并度，求和项是对所有的能级求和。如果是对量子态求和，就没有简并度因子，配分函数可以写成

$$q = \sum_j^{\text{量子态}} e^{-\beta \varepsilon_j} \tag{7-41}$$

我们将进一步讨论配分函数的物理意义(7.5 节) 及配分函数的计算(7.6 节)。

(2) 系数 β 的确定

我们将在拓展阅读 7-2 部分论证与体系的热力学温度的关系为

$$\beta = \frac{1}{kT} \tag{7-42}$$

k 为 Boltzmann 常数，$k = 1.3807 \times 10^{-23}\ \mathrm{J \cdot K^{-1}}$。

将式(7-42) 代入式(7-39)，得 MB 分布律为

$$P_{\varepsilon_i} = \frac{n_i}{N} = \frac{g_i \mathrm{e}^{-\varepsilon_i / kT}}{\sum_i g_i \mathrm{e}^{-\varepsilon_i / kT}} \tag{7-43a}$$

式中，P_{ε_i} 为总粒子数 N 中有 n_i 粒子数分布在简并度 g_i 的能级 ε_i 上的概率。

亦可写成

$$P_{\varepsilon_j}=\frac{n_j}{N}=\frac{e^{-\varepsilon_j/kT}}{\sum_j e^{-\varepsilon_j/kT}} \tag{7-43b}$$

式中 P_{ε_j} 为有 n_j 粒子数分布在能级 ε_j 的 j 量子态上的概率。

为了证明式(7-38)的分布是使 $\ln W_{MB}$ 取极大的分布，还需考察其二级微分，由式(7-28)，求二级微分，得

$$\frac{\partial^2 \ln W_{MB}}{\partial^2 n_i}=-\sum_i \frac{1}{n_i} \tag{7-44}$$

由于 $n_i>1$，故上式右方总为负数，因而证明式(7-38)的分布是使 $\ln W_{MB}$ 取极大的分布。

7.4.2　Bose-Einstein 分布律的推导

1. (7-7)式给出离域玻色子体系能级分布 $D=\{n_i\}$ 相对应的微观状态数为

$$W_{BE}=\prod_i \frac{(n_i+g_i-1)!}{n_i!(g_i-1)!}$$

两边取自然对数，得

$$\ln W_{BE}=\sum_i \ln(n_i+g_i-1)!-\sum_i \ln[n_i!(g_i-1)!] \tag{7-45}$$

2. 应用斯特林(Stirling)公式[式(7-27)]，并且假设 $n_i\gg 1, g_i\gg 1$，因而 $g_i+n_i-1\approx g_i+n_i, g_i-1\approx g_i$，得

$$\begin{aligned}\ln W_{BE}&=\sum_i[(n_i+g_i)\ln(n_i+g_i)-(n_i+g_i)-n_i\ln n_i+n_i-g_i\ln g_i+g_i]\\&=\sum_i[(n_i+g_i)\ln(n_i+g_i)-n_i\ln n_i-g_i\ln g_i]\end{aligned} \tag{7-46}$$

3. 用拉格朗日待定系数法求出使微观状态数最大的能级分布。

第一步：引入待定系数 α、β，构造拉格朗日函数 F：式(7-46)加上 α 乘以粒子数守恒约束条件式(7-24)及 β 乘以能量守恒约束条件式(7-25)，得：

$$\begin{aligned}F&=\ln W_{BE}+\alpha\sum_i n_i-\beta\sum_i n_i\varepsilon_i\\&=\sum_i[(n_i+g_i)\ln(n_i+g_i)-n_i\ln n_i-g_i\ln g_i]+\alpha\sum_i n_i-\beta\sum_i n_i\varepsilon_i\end{aligned} \tag{7-47}$$

第二步：对拉格朗日函数 F 求偏微分，并令其等于0，解方程：

$$\begin{aligned}&\frac{\partial F(n_1,n_2,\cdots,n_i,\cdots)}{\partial n_i}=0\\&=\sum_i\left(\ln\frac{n_i+g_i}{n_i}-\alpha-\beta\varepsilon_i\right)=0\end{aligned} \tag{7-48}$$

得

$$\ln\frac{n_i+g_i}{n_i}-\alpha-\beta\varepsilon_i=0$$

从而得到 Bose-Einstein 分布律

$$n_i=\frac{g_i}{e^{\alpha+\beta\varepsilon_i}-1}(i=1,2,\cdots) \tag{7-49}$$

Bose-Einstein 分布律中的待定系数 α 和 β 由总粒子数守恒和总能量守恒条件确定，即

$$N=\sum_i n_i=\sum_i \frac{g_i}{e^{\alpha+\beta\varepsilon_i}-1} \tag{7-50}$$

$$E=\sum_i n_i\varepsilon_i=\sum_i \frac{g_i}{e^{\alpha+\beta\varepsilon_i}-1}\varepsilon_i \tag{7-51}$$

这里不能直接求解出 α 和 β，因而不能像定域子体系的MB分布律那样给具有明确物理意义的配分函数。但是，通过引入理想玻色气体的巨配分函数，可以证明 $\beta=1/kT$，$\alpha=-\mu/kT$，其中，μ 为化学势（可参阅林宗涵《热力学与统计物理学》pp. 215-219，理想玻色气体和理想费米气体热力学量的统计表达）。类似 MB 分布的推导，也可以得到 $\frac{\partial^2 \ln W_{BE}}{\partial^2 n_i}=-\sum_i \frac{g_i}{(n_i+g_i)n_i}<0$（因为 $g_i>0, n_i>0$），从而证明 $\frac{\partial \ln W_{BE}}{\partial n_i}=0$ 处，微观状态数最大。

7.4.3 Fermi-Dirac 分布律的推导

1. 式(7-9) 给出离域费米子体系能级分布 $D=\{n_i\}$ 相对应的微观状态数为

$$W_{FD}=\prod_i \frac{g_i!}{(g_i-n_i)!n_i!}$$

两边取自然对数，得

$$\ln W_{FD}=\sum_i \ln g_i!-\sum_i \ln(g_i-n_i)!-\sum_i \ln n_i! \tag{7-52}$$

2. 应用斯特林(Stirling)公式[式(7-24)]，并且假设 $n_i\gg 1, g_i\gg 1, (g_i-n_i)\gg 1$，则有

$$\ln W_{FD}=\sum_i [g_i\ln g_i-n_i\ln n_i-(g_i-n_i)\ln(g_i-n_i)] \tag{7-53}$$

3. 用拉格朗日待定系数法求出使微观状态数最大的能级分布。

第一步：引入待定系数 α、β，构造拉格朗日函数 F：式(7-53) 加上 α 乘以粒子数守恒约束条件式(7-24) 及 β 乘以能量守恒约束条件式(7-25)，得：

$$\begin{aligned}F&=\ln W_{FD}+\alpha\sum_i n_i-\beta\sum_i n_i\varepsilon_i\\&=\sum_i [g_i\ln g_i-n_i\ln n_i-(g_i-n_i)\ln(g_i-n_i)]+\alpha\sum_i n_i-\beta\sum_i n_i\varepsilon_i\end{aligned} \tag{7-54}$$

第二步：对拉格朗日函数 F 求偏微分，并令其等于 0，解方程：

$$\frac{\partial F(n_1,n_2,\cdots,n_i,\cdots)}{\partial n_i}=0$$

$$\sum_i\left(\ln\frac{g_i-n_i}{n_i}-\alpha-\beta\varepsilon_i\right)=0 \tag{7-55}$$

得

$$\ln\frac{g_i-n_i}{n_i}-\alpha-\beta\varepsilon_i=0 \tag{7-56}$$

从而得到 Fermi-Dirac 分布律

$$n_i=\frac{g_i}{e^{\alpha+\beta\varepsilon_i}+1}(i=1,2,\cdots) \tag{7-57}$$

Fermi-Dirac 分布律中的待定系数 α 和 β 由总粒子数守恒和总能量守恒条件确定，即

$$N=\sum_i n_i=\sum_i \frac{g_i}{e^{\alpha+\beta\varepsilon_i}+1} \tag{7-58}$$

$$E=\sum_i n_i\varepsilon_i=\sum_i \frac{g_i}{e^{\alpha+\beta\varepsilon_i}+1}\varepsilon_i \tag{7-59}$$

与Bose-Einstein分布律推导的情形一样，这里也不能直接求解出α和β，因而不能像定域子体系的MB分布律那样给具有明确物理意义的配分函数。类似MB分布的推导，也可以得到$\frac{\partial^2 \ln W_{\mathrm{FD}}}{\partial^2 n_i}=-\sum_i \frac{g_i}{(g_i-n_i)n_i}<0$（因为$g_i>n_i$），从而证明$\frac{\partial \ln W_{\mathrm{FD}}}{\partial n_i}=0$处，微观状态数最大。

在上述Bose-Einstein和Fermi-Dirac分布律的推导中，在利用斯特林公式时，都假设$n_i \gg 1, g_i \gg 1$，这是最概然分布法在数学上的缺点。但这并不影响推导结果的正确性，因为设想把能量靠近的能级放在一起考虑，这样相应的g_i和n_i就成为大数，而很小的n_i则可忽略（因为$0!=1$）。此外，在非简性条件$n_i \ll g_i$满足时，$e^{\alpha} \gg 1$，Bose-Einstein和Fermi-Dirac分布都过渡到Maxwell-Boltzmann分布，这也证明了上述推导结果的正确性。

值得一提的是，可以用两种严格方法导出上述三种分布：一种是达尔文-福勒(Darwin-Fowler)平均法，另一种是从统计系综出发直接推导平均分布的方法。

7.4.4 三种统计分布律的比较

可以把上述三种分布用通式表达为

$$
\begin{aligned}
n_i &= \frac{g_i}{e^{\alpha+\beta\varepsilon_i}+c} \\
&= \frac{g_i}{e^{\frac{\varepsilon_i-\mu}{kT}}+c}
\end{aligned}
\tag{7-60}
$$

在(7-60)通式中：$c=0$为Maxwell-Boltzmann分布，适用于定域子及离域经典粒子；$c=-1$为Bose-Einstein分布，适用于离域玻色子体系；$c=+1$为Fermi-Dirac分布，适用于离域费米子体系。

为了便于读者更清晰地了解c取值为$0,-1,1$时的造成的分布区别，图7-6给出了三种分布的示意图。纵坐标为ε_i能级的平均粒子数n_i，横坐标为$(\varepsilon_i-\mu)/kT$，从图中可以看出，当$(\varepsilon_i-\mu)/kT \gg 1$时，三种分布的差别消失，否则，三种分布的差别显著。

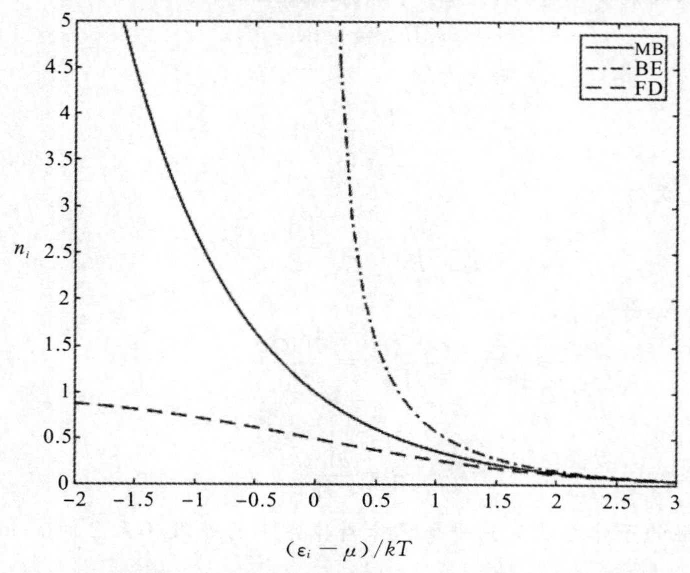

图7-6 Maxwell-Boltzmann、Bose-Einstein及Fermi-Dirac分布示意图

拓展阅读 7-2

R. K. Pathria& Paul D. Bealezh 的著作 *Statistical Mechanics*(第三版)论证了β与温度T的关系(pp. 3-6),并使用正则系综推导了 Maxwell-Boltzmann 分布律(pp. 40-41)。Stephen J. Blundell& Katherine M. Blundell 的著作 *Concepts in Thermal Physics*(第二版)讨论温度的统计学定义,也使用正则系综推导了 Boltzmann 分布律(pp. 36-40),有兴趣的读者可以阅读原著。下面简要介绍上述两本著作的论证思路和方法。

1. 论证β与温度T的关系

考虑一个由两个子体系组成的孤立体系(即它与环境没有能量及质量的交换),两个子体系的能量和微观状态数分别为E_1、Ω_1和E_2、Ω_2,体系的总能量$E=E_1+E_2$,子体系间有热接触(彼此可以交换热量),那么当热接触时间足够长时,两子体系之间达到热平衡(温度相等)。示意图见图 7-7。

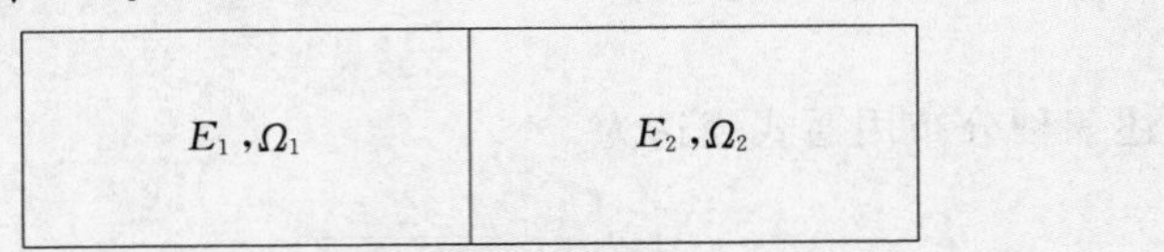

图 7-7　两个子体系组成的孤立体系

体系达到平衡的状态对应两子体系之间能量的最概然分割,即体系的总微观状态数$\Omega=\Omega_1\Omega_2$取极大值。对子体系 1 的能量E_1求微分(也可以对体系 2 的能量E_2求微分)

$$\frac{\partial}{\partial E_1}(\Omega_1(E_1)\Omega_2(E_2))=0 \tag{7-61}$$

利用乘积的微分法则,有

$$\Omega_2(E_2)\frac{\partial\Omega_1(E_1)}{\partial E_1}+\Omega_1(E_1)\frac{\partial\Omega_2(E_2)}{\partial E_2}\frac{\partial E_2}{\partial E_1}=0 \tag{7-62}$$

因为是孤立体系,总能量$E=E_1+E_2$守恒,这意味着

$$\mathrm{d}E_1=-\mathrm{d}E_2$$

所以

$$\frac{\partial E_1}{\partial E_2}=-1 \tag{7-63}$$

于是方程(7.62)变为

$$\frac{1}{\Omega_1}\frac{\partial\Omega_1}{\partial E_1}-\frac{1}{\Omega_2}\frac{\partial\Omega_2}{\partial E_2}=0 \tag{7-64}$$

利用对数微分公式,得

$$\frac{\partial\ln\Omega_1}{\partial E_1}=\frac{\partial\ln\Omega_2}{\partial E_2} \tag{7-65}$$

如果定义

$$\beta=\frac{\partial\ln\Omega}{\partial E} \tag{7-66}$$

那么,两个热接触的子体系达到热平衡意味着体系 1 的β_1及体系 2 的β_2相等。

对于N、V、E恒定的体系，有热力学关系式

$$\left(\frac{\partial S}{\partial E}\right)_{N,V}=\frac{1}{T} \tag{7-67}$$

比较(7-66)式，热力学状态函数熵S与体系的微观状态数Ω统计量之间存在如下关系式

$$\frac{\Delta S}{\Delta(\ln\Omega)}=\frac{1}{\beta T}=\text{常数} \tag{7-68}$$

玻尔兹曼首先把熵S与热力学概率Ω联系起来，得出$S\propto\ln\Omega$，1900年，普朗克(Plank)引进了玻尔兹曼常数k，把关系式表示为

$$S=k\ln\Omega \tag{7-69}$$

比较(7-68)式和(7-69)式，得出

$$\beta=\frac{1}{kT} \tag{7-70}$$

2. 正则系综简介并使用它导出玻尔兹曼分布律

吉布斯引入系综(ensemble)概念。系综是所研究的体系在一定宏观约束条件下各种可能微观状态的集合。热力学中主要用到三种系综：

(1) 微正则系综：体系的粒子数N、体积V和能量E是恒定的(N、V、E恒定，对应于经典热力学的隔离体系)。

(2) 正则系综：每一个体系都与一个大热源交换能量，体系的粒子数、体积和温度是恒定的(N、V、T恒定，对应于经典热力学中特殊形式的封闭体系)。

(3) 巨正则系综：每一个体系都与一个大的源交换能量和粒子，体系的体积、温度和化学势是恒定的(N、V、T恒定，对应于经典热力学中的敞开体系)。

考虑一个大热源与一个小的系统组成的孤立体系(图7-8)，大热源与小系统耦合，它们之间仅有能量交换，大热源的能量取为$E-\varepsilon$，其微观状态数为$\Omega(E-\varepsilon)$，小系统的能量取为ε，假设小系统的每一个能量仅对应一个微观态，小系统因为与大热源耦合，其温度是恒定的，因此，如果小系统取一系列不同的能量值，并且它的N、V、T恒定，那么，这一系列的小系统就构成了正则系综。

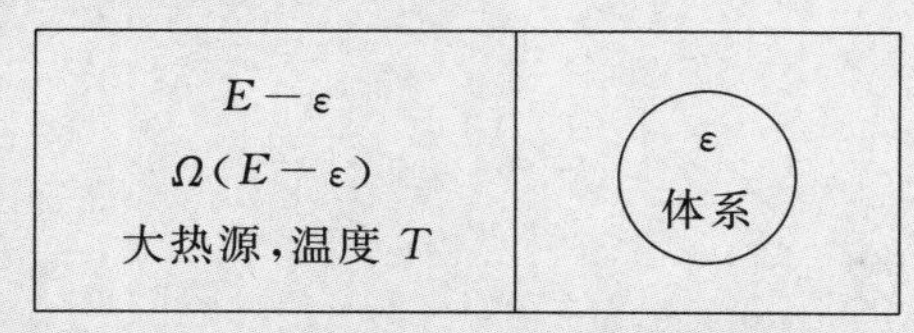

图7-8　一个大热源与一个小的系统组成的孤立体系

小系统有能量ε的概率与大热源的热力学概率(可能的微观状态数)及系统本身的热力学概率的乘积成正比，即

$$P(\varepsilon)\propto\Omega(E-\varepsilon)\times 1 \tag{7-71}$$

因为

$$\frac{\partial\ln\Omega}{\partial E}=\frac{1}{kT} \tag{7-72}$$

且因为$\varepsilon\ll E$，因此可以对$\ln\Omega(E-\varepsilon)$在$\varepsilon=0$附近做泰勒(Taylor)展开，得

$$\ln\Omega(E-\varepsilon)=\ln\Omega(E)-\ln\frac{\partial\ln\Omega}{\partial E}\varepsilon+\cdots \tag{7-73}$$

将(7-72)式代上式，得

$$\ln\Omega(E-\varepsilon)=\ln\Omega(E)-\frac{\varepsilon}{kT}+\cdots \tag{7-74}$$

只保留一项，得

$$\Omega(E-\varepsilon)=\Omega(E)\mathrm{e}^{-\varepsilon/kT} \tag{7-75}$$

使用式(7-71)，得到

$$P(\varepsilon)\propto \mathrm{e}^{-\varepsilon/kT} \tag{7-76}$$

这就是描述系统的能量概率分布，称玻尔兹曼分布(Boltzmann distribution)，也称正则分布，$\mathrm{e}^{-\varepsilon/kT}$ 称为玻尔兹曼因子。尽管小系统的温度 T 是恒定的，但它的能量并不是常量，而是由方程(7-76)的概率分布决定。概率分布示意如图 7-9 所示。

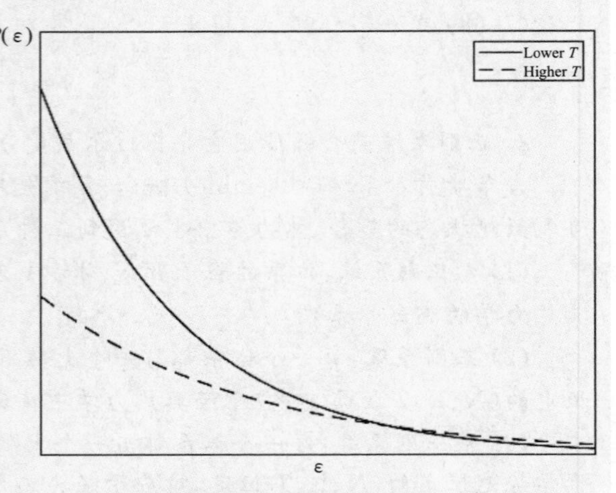

图 7-9　玻尔兹曼概率分布

实线对应较低的温度，虚线对应较高的温度。由图可见，温度较高时，高能级的粒子数增多。

如果系统与大热源接触且系统的能量为 E_r，并且将概率分布归一化，得微观态 r 的能量概率分布为

$$P(E_r)=\frac{\mathrm{e}^{-E_r/kT}}{\sum_i \mathrm{e}^{-E_i/kT}} \tag{7-77}$$

分母 $\sum_i \mathrm{e}^{-E_i/kT}$ 称为配分函数。

7.5　配分函数

配分函数是统计热力学中一个非常重要的概念，是联系粒子微观性质与体系宏观性质的桥梁。本节讨论单粒子的配分函数的物理意义并推导出近独立子体系配分函数与单粒子配分函数的关系。

7.5.1　单粒子的配分函数

在7.4.1 Maxwell-Boltzmann分布律中已经简单介绍了玻尔兹曼因子 $e^{-\frac{\varepsilon_i}{kT}}$ 及配分函数(partition function)的定义。配分函数可以表达为粒子所有可能能级或者所有可能状态的玻尔兹曼因子求和：

$$q = \sum_i^{\text{能级}} g_i e^{-\frac{\varepsilon_i}{kT}} = g_0 e^{-\frac{\varepsilon_0}{kT}} + g_1 e^{-\frac{\varepsilon_1}{kT}} + g_2 e^{-\frac{\varepsilon_2}{kT}} + \cdots \tag{7-78}$$

及

$$q = \sum_j^{\text{量子态}} e^{-\frac{\varepsilon_j}{kT}} = e^{-\frac{\varepsilon_0}{kT}} + e^{-\frac{\varepsilon_1}{kT}} + e^{-\frac{\varepsilon_2}{kT}} + \cdots \tag{7-79}$$

(7-78)式中 ε_i 为第 i 能级能量，(7-79)式中的 ε_j 为第 j 量子态的能量。比较(7-78)与(7-79)式，对所有能级的玻尔兹曼因子求和时，需要考虑能级的简并度 g_i，即在玻尔兹曼因子前各乘以统计权重 g_i，而以量子态 j 求和时，不含简并度，即配分函数 q 表达为粒子所有可能状态的玻尔兹曼因子求和，因此 q 又称为状态和。

对于任何微观粒子，只要求得其能级或各量子态的能量，就可以构造其配分函数。

假设分子有两个可能的能量 $-\Delta/2$ 和 $\Delta/2$，则分子的配分函数为

$$q = \sum_j e^{-\frac{\varepsilon_i}{kT}} = e^{\Delta/2kT} + e^{-\Delta/2kT} = 2\cosh\left(\frac{\Delta}{2kT}\right) \tag{7-80}$$

7.6节将进一步阐述微观粒子各种运动形式配分函数的计算。接下来，讨论粒子配分函数的物理意义。

粒子配分函数 q 的物理意义

当体系温度趋于0 K时，$kT \to 0$，除 ε_0(基态) $= 0$ 外，其他各项 $g_i e^{-\frac{\varepsilon_i}{kT}} \to 0$，故在 $\sum_i g_i e^{-\frac{\varepsilon_i}{kT}}$ 中只剩下 $g_0 e^{-\frac{\varepsilon_0}{kT}}$ 项，而且 $\left(\frac{\varepsilon_0}{kT}\right)_{T\to 0} = 0$，$e^{-\frac{\varepsilon_i}{kT}} = e^0 = 1$，所以

$$q = g_0 \tag{7-81}$$

即趋于绝对零度时，配分函数相当于基态的量子状态数。

当 $T \to \infty$，各 $\frac{\varepsilon_i}{kT}$ 项均趋于零，而 $e^{-\frac{\varepsilon_i}{kT}} \to 1$

$$q = \sum_i g_i e^{-\frac{\varepsilon_i}{kT}} = \sum_i g_i = g_0 + g_1 + g_2 + \cdots + g_k \tag{7-82}$$

可见配分函数指示一定温度下体系中所有可能实现的量子状态数。绝对零度时，分子只可能处于基态 $q = g_0$，高温时，几乎所有状态均能实现 $q = \sum_i g_i \to \infty$。随之，不言自明，配分函数是无量纲的纯数。

最后，若二能级a和b的能量分别为 ε_a 和 ε_b，统计权重分别为 g_a 和 g_b，则由(7-78)式可得在一定温度下 q 中任两项之比等于该两能级上最概然分布的粒子数(n_a、n_b)分配之比：

$$\frac{n_a}{n_b} = \frac{g_a}{g_b} e^{\frac{-(\varepsilon_a - \varepsilon_b)}{kT}} \tag{7-83}$$

这正是 q 被称为"配分函数"的由来。

7.5.2 体系的配分函数

体系的配分函数 Q 与单粒子配分函数 q 之间存在什么关系?这是接下来要探讨的问题。推导思路是:从体系的微观状态数表达式出发,运用 Stirling 近似公式简化 $N!$ 计算,并代入最概然粒子数表达式 $n_i=(Ng_i e^{-\varepsilon_i/kT})/q$,定义体系 Boltzmann 因子,从而导出体系的配分函数 Q。下面分别讨论定域子体系与离域经典子体系。

定域子体系

7.3 节已经论证对于 N 很大的体系,最概然分布可以代表体系的所有分布,最概然分布的微观状态数可以等同于体系的总微观状态数(摘取最大项原理),因此,N 个全同定域子组成的体系的总微观状态数约等于其最概然分布的状态数

$$\Omega_{定域}\approx N!\prod_i \frac{g_i^{n_i}}{n_i!} \tag{7-84}$$

当 N 很大时(比如,对于满足热力学极限的体系),可以运用 Stirling 近似公式

$$N!\approx\left(\frac{N}{\mathrm{e}}\right)^N \tag{7-85}$$

将(7-85)式代入(7-84)式,得

$$\begin{aligned}\Omega_{定域}&\approx N!\prod_i \frac{g_i^{n_i}}{n_i!}=\left(\frac{N}{\mathrm{e}}\right)^N\prod_i\left(\frac{g_i\mathrm{e}}{n_i}\right)^{n_i}\\&=\left(\frac{N}{\mathrm{e}}\right)^N\prod_i\left[\frac{g_i\mathrm{e}}{\frac{N}{q}g_i\mathrm{e}^{-\frac{\varepsilon_i}{kT}}}\right]^{n_i}\\&=\left(\frac{N}{\mathrm{e}}\right)^N\left(\frac{q\mathrm{e}}{N}\right)^{\sum_i n_i}\mathrm{e}^{\sum_i(n_i\varepsilon_i/kT)}\\&=\left(\frac{N}{\mathrm{e}}\right)^N\left(\frac{q\mathrm{e}}{N}\right)^N\mathrm{e}^{E/kT}\\&=q^N\mathrm{e}^{(E/kT)}\end{aligned} \tag{7-86}$$

(7-86)式推导过程中代入了

$$N=\sum_i n_i \tag{7-24}$$

$$U=E=\sum_i n_i\varepsilon_i \tag{7-25}$$

定义定域子体系的 Boltzmann 因子为 $\mathrm{e}^{-E/kT}$,体系的配分函数 Q 为

$$Q_{定域}=\Omega_{定域}\mathrm{e}^{-E/kT}=q^N\mathrm{e}^{E/kT}\mathrm{e}^{-E/kT}=q^N \tag{7-87}$$

$Q_{定域}$ 也称为体系的有效量子状态数,体系的配分函数等于体系的微观状态数乘以体系的 Boltzmann 因子,等于单粒子配分函数的 N 次方。q 是 T、V 的函数时,$Q_{定域}$ 则为 T、V、N 的函数。

离域经典子体系

在 7.3.1 已论述,在经典极限下,离域的玻色子、费米子与经典粒子在同样的能级分布

下的微观状态数近似相等，并且，当$(\varepsilon_i-\mu)/kT\gg 1$时，MB、BE和FD三种分布的差别消失(7.4.3节)。因此，下面讨论的离域经典子体系具有较广泛的意义。

对N个全同离域经典子组成的体系需要引入全同性修正，其总微观状态数约等于N个全同定域子体系最概然分布的状态数除以$N!$，即

$$\begin{aligned}\Omega_{离域} &\approx \prod_i \frac{g_i^{n_i}}{n_i!} = \prod_i \left(\frac{g_i \mathrm{e}}{n_i}\right)^{n_i} \\ &= \prod_i \left[\frac{g_i \mathrm{e}}{\frac{N}{q} g_i \mathrm{e}^{-\frac{\varepsilon_i}{kT}}}\right]^{n_i} \\ &= \left(\frac{q\mathrm{e}}{N}\right)^{\sum_i n_i} \mathrm{e}^{\sum_i (n_i\varepsilon_i/kT)} \\ &= \left(\frac{q\mathrm{e}}{N}\right)^{N} \mathrm{e}^{E/kT} \\ &= \frac{q^N}{N!}\mathrm{e}^{E/kT} \end{aligned} \tag{7-88}$$

(7-88)式推导过程中代入了

$$N=\sum_i n_i \tag{7-24}$$

$$U=E=\sum_i n_i\varepsilon_i \tag{7-25}$$

定义离域经典子体系的配分函数Q为

$$Q_{离域}=\Omega_{离域}\mathrm{e}^{-E/kT}=\frac{q^N}{N!}\mathrm{e}^{(E/kT)}\mathrm{e}^{-E/kT}=\frac{q^N}{N!}=\left(\frac{q\mathrm{e}}{N}\right)^N \tag{7-89}$$

(7-89)式也给出了$Q_{离域}$与$\Omega_{离域}$及单粒子配分函数的关系。

值得一提的是，在混合物中，等同性仅适用于同类粒子，若体系中含有N_A个A分子和N_B个B分子，而总分子数$N=N_A+N_B$，显然，这个分子集合(混合体系)配分函数应该表示为

$$Q_{AB}=\left(\frac{q_A^{N_A}}{N_A!}\right)\cdot\left(\frac{q_B^{N_B}}{N_B!}\right)=Q_A\cdot Q_B \tag{7-90}$$

即在每一类分子中进行全同性修正。

由式(7-87)与式(7-89)可见，对独立子体系，只要求算出单粒子的配分函数，就容易得到体系的配分函数。

7.6 配分函数的求算

计算配分函数的关键是获得微观粒子的能级，这可以通过两种途径获得：(1) 求解量子力学薛定鄂方程，可以使用量子化学软件计算得到分子等微观粒子的近似能量值；(2) 通过转动、振动光谱分析实验数据获得分子的转动常数、振动常数等，从而计算分子的转动配分函数和振动配分函数等。遗憾的是，目前量子力学能严格求解的分子体系仍很有限，本节在介绍配分函数分解定理的基础上，介绍几种可求解的模型子的配分函数及几个从光谱数据

计算配分函数的例子，为下一节介绍配分函数与热力学函数的关系奠定基础。

7.6.1 配分函数的分解定理

分子的运动具有平动、转动、振动、电子运动和核运动等形式。在假设分子各运动自由度近似独立的前提下，分子的能级 ε_i 可以表示成分子各独立运动形式的能量总和

$$\varepsilon_i = \varepsilon_{t(i)} + \varepsilon_{r(i)} + \varepsilon_{v(i)} + \varepsilon_{e(i)} + \varepsilon_{n(i)} \tag{7-91}$$

$\varepsilon_{t(i)}$、$\varepsilon_{r(i)}$、$\varepsilon_{v(i)}$、$\varepsilon_{e(i)}$、$\varepsilon_{n(i)}$ 分别为第 i 能级的平动、转动、振动、电子运动及原子核运动的能量，各形式能量对应的简并度为

$$g_{t(i)}、g_{r(i)}、g_{v(i)}、g_{e(i)}、g_{n(i)}$$

第 i 能级的总简并度为

$$g_i = g_{t(i)} \cdot g_{r(i)} \cdot g_{v(i)} \cdot g_{e(i)} \cdot g_{n(i)} \tag{7-92}$$

配分函数的分解定理（也称为析因子性质）表述如下：分子的配分函数 q 可以分解为分子各独立运动形式（平动、转动、振动、电子运动、原子核运动）的配分函数乘积

$$q = q_t \cdot q_r \cdot q_v \cdot q_e \cdot q_n \tag{7-93}$$

论证如下：根据配分函数定义，有

$$q = \sum_i g_i e^{-\frac{\varepsilon_i}{kT}} \tag{7-94}$$

将式(7-91)及式(7-92)代入式(7-94)，得

$$\begin{aligned} q &= \sum_i g_{t(i)} \cdot g_{r(i)} \cdot g_{v(i)} \cdot g_{e(i)} \cdot g_{n(i)} e^{-\frac{\varepsilon_{t(i)}+\varepsilon_{r(i)}+\varepsilon_{v(i)}+\varepsilon_{e(i)}+\varepsilon_{n(i)}}{kT}} \\ &= \sum_i g_{t(i)} e^{-\frac{\varepsilon_{t(i)}}{kT}} \cdot \sum_i g_{r(i)} e^{-\frac{\varepsilon_{r(i)}}{kT}} \cdot \sum_i g_{v(i)} e^{-\frac{\varepsilon_{v(i)}}{kT}} \cdot \sum_i g_{e(i)} e^{-\frac{\varepsilon_{e(i)}}{kT}} \cdot \sum_i g_{n(i)} e^{-\frac{\varepsilon_{n(i)}}{kT}} \\ &= q_t \cdot q_r \cdot q_v \cdot q_e \cdot q_n \end{aligned}$$

几点说明：

第一，从配分函数分解定理表达式(7-93)显而易见，求算分子配分函数可以转化为分别求算各个单一运动形式的配分函数。

第二，鉴于体系的热力学函数都可以用 $\ln q$ 表达(7.7节将详细介绍)，依据式(7-93)得，$\ln q = \ln q_t + \ln q_r + \ln q_v + \ln q_e + \ln q_n$，表明体系的热力学函数可以表达为各运动形式的热力学函数之和，因此求算体系的热力学函数可以转化为求各独立运动形式对相应热力学函数的贡献。

第三，配分函数的分解定理只是为简化讨论问题引入的近似方法。事实上，分子的转动、振动和电子运动并不彼此独立：(1) 分子的转动能级与转动惯量有关，而转动惯量又依赖于核间距，而后者受原子振动的影响，振动不断改变核间距；(2) 电子能级与转动、振动之间也存在相互依赖关系，电子的激发会改变原子振动的频率及核间距，从而改变分子的转动惯量。所幸的是，大多数简单分子的振动能级和电子能级间距都很大，可以认为分子占据振动激发态、电子激发态的概率都很小，因此，将振动与转动当作彼此独立，并且，只取电子的基态，所引起的误差可以忽略。此外，在适当的温度下，依据配分函数计算的气体性质与实验值基本吻合，证实配分函数的分解定理是一个很好的近似方法。

7.6.2　平动配分函数

在边长为 a 的一维势箱中运动的粒子简称一维平动子，其平动能公式为：

$$(\varepsilon_{\mathrm{t}})_x = \frac{h^2 n_x^2}{8ma^2} \tag{7-95}$$

式中，h 为普朗克常量，m 为粒子质量，n_x 为量子数（$n_x = 1,2,3,\cdots,\infty$）。

一维平动能级为非简并的，即各能级统计权重

$$g_i = 1$$

故一维平动配分函数可表示为

$$(q_{\mathrm{t}})_x = \sum_{n_x=0}^{n_x=\infty} \mathrm{e}^{-\frac{h^2 n_x^2}{8mkTa^2}} = \sum_{n_x=0}^{\infty} \mathrm{e}^{-An_x^2} \tag{7-96}$$

令 $\dfrac{h^2}{8mkTa^2} = A$，因平动能级间距很小，如氢分子在边长为1米的势箱中其 $\dfrac{h^2}{8ma^2}$ 值约为 10^{-40} 数量级，故上式中加和号可代以积分号

$$(q_{\mathrm{t}})_x = \int_0^{\infty} \mathrm{e}^{\frac{h^2 n_x^2}{8mkTa^2}} \mathrm{d}n_x = \int_0^{\infty} \mathrm{e}^{-An_x^2} \mathrm{d}n_x \tag{7-97}$$

由积分公式

$$\int_0^{\infty} \mathrm{e}^{-Ax^2} \mathrm{d}x = \frac{1}{2}\sqrt{\frac{\pi}{A}}$$

式(7-97)积分结果为

$$(q_{\mathrm{t}})_x = \frac{(2\pi mkT)^{\frac{1}{2}}}{h} a \tag{7-98}$$

而在边长分别为 a、b、c 的三维势箱中运动的粒子（简称三维平动子）因各维运动互为独立，其平动能公式可表示为：

$$\varepsilon_{\mathrm{t}} = (\varepsilon_{\mathrm{t}})_x + (\varepsilon_{\mathrm{t}})_y + (\varepsilon_{\mathrm{t}})_z = \frac{h^2}{8m}\left(\frac{n_x^2}{a^2} + \frac{n_y^2}{b^2} + \frac{n_z^2}{c^2}\right) \tag{7-99}$$

式中 n_x、n_y 和 n_z 分别为 x、y 和 z 各维的量子数，而粒子配分函数为各维配分函数的乘积。

$$q_{\mathrm{t}} = (q_{\mathrm{t}})_x (q_{\mathrm{t}})_y (q_{\mathrm{t}})_z \tag{7-100}$$

式(7-98)对 x、y、z 各组均适用，故

$$\begin{aligned} q_{\mathrm{t}} &= \left[\frac{(2\pi mkT)^{\frac{1}{2}}}{h} a\right]\left[\frac{(2\pi mkT)^{\frac{1}{2}}}{h} b\right]\left[\frac{(2\pi mkT)^{\frac{1}{2}}}{h} c\right] \\ &= \frac{(2\pi mkT)^{\frac{3}{2}}}{h^3} abc \end{aligned} \tag{7-101}$$

乘积 abc 即为三维势箱的体积 V，故上式可表示为

$$q_{\mathrm{t}} = \frac{(2\pi mkT)^{\frac{3}{2}}}{h^3} V \tag{7-102}$$

而摩尔平动配分函数

$$Q_{\mathrm{t}} = q_{\mathrm{t}}^N = \left[\frac{(2\pi mkT)^{\frac{3}{2}}}{h^3} V\right]^N \tag{7-103}$$

对于相同分子所组成的气体体系，分子间无法辨认，必须考虑等同性修正

$$Q_t = \frac{q_t^N}{N!} = \frac{1}{N!}\left[\frac{(2\pi mkT)^{\frac{3}{2}}}{h^3}V\right]^N \tag{7-104}$$

应用史特林公式

$$N! \approx \left(\frac{N}{e}\right)^N \tag{7-85}$$

代入式(7-104) 可得

$$Q_t = \left[\frac{e(2\pi mkT)^{\frac{3}{2}}}{Nh^3}V\right]^N \tag{7-105}$$

〔例 3〕 计算 298 K 时，(1) 一个氧气分子和(2) 一摩尔氧气分子在体积为 100 cm^3(10^{-4} m^3) 的容器中的平动配分函数。

〔解〕 (1) 由公式

$$q_t = \frac{(2\pi mkT)^{\frac{3}{2}}}{h^3}V$$

因为

$$m = \frac{M_{O_2}}{L} = \frac{0.03200\ \text{kg}\cdot\text{mol}^{-1}}{6.022\times10^{23}\ \text{mol}^{-1}} = 5.314\times10^{-26}\ \text{kg}$$

$$k = 1.381\times10^{-23}\ \text{J}\cdot\text{K}^{-1}$$

$$h = 6.626\times10^{-34}\ \text{J}\cdot\text{s}$$

$$V = 10^{-4}\ \text{m}^3$$

所以

$$q_t = \left[\frac{2\times3.142\times(5.314\times10^{-26})(1.381\times10^{-23})\cdot298}{(6.626\times10^{-34})^2}\right]^{\frac{3}{2}}\cdot10^{-4}$$

$$= 1.77\times10^{28}$$

可见在常温下分子的平动能级数目众多，其分布可视为连续的，而 $q_t \propto T^{\frac{3}{2}}$，当 $T\to\infty, q_t\to\infty$。

(2) 由公式

$$Q_t = \left[\frac{e(2\pi mkT)^{\frac{3}{2}}}{Nh^3}V\right]^N$$

或

$$\ln Q_t = \ln\left(\frac{eq_t}{N}\right)^N = N\ln\left(\frac{eq_t}{N}\right)$$

$$= 6.022\times10^{23}\ln\left(\frac{2.718\times1.77\times10^{28}}{6.022\times10^{23}}\right)$$

$$= 6.022\times10^{23}\times11.28$$

$$= 6.80\times10^{24}$$

$$Q_t = \exp(6.80\times10^{24})$$

为一天文数字。

7.6.3 转动配分函数

双原子及多原子分子除平动自由度外，还具有转动和振动自由度。

非线性多原子分子如 CH_4、H_2O、NH_3 等具有三个转动自由度，而双原子分子如 $^{14}N^{14}N$、$^{14}N^{15}N$、HCl 和线性多原子分子如O═C═O、O═N≡N、S═C═O 等则具有两个转动自由度。

视转动时分子的核间距离不变，以这种假定为基础的模型称为“刚性转子”，简称转动子。该转动子具有恒定的转动惯量 I。对于双原子分子：

$$I=\left(\frac{m_1m_2}{m_1+m_2}\right)r_e^2=\mu r_e^2 \tag{7-106}$$

式中，μ 称为折合（约化）质量，单位 $kg\cdot m^2$，r_e 为核间平衡距离。[如图7-10所示，C为质心。因 $m_1r_1=m_2r_2$ 又 $r_e=r_1+r_2$，故 $r_1=\dfrac{m_2r_e}{m_1+m_2}$，$r_2=\dfrac{m_1r_e}{m_1+m_2}$，而转动惯量 $I=m_1r_1^2+m_2r_2^2=\left(\dfrac{m_1m_2}{m_1+m_2}\right)r_e=\mu r_e^2$]

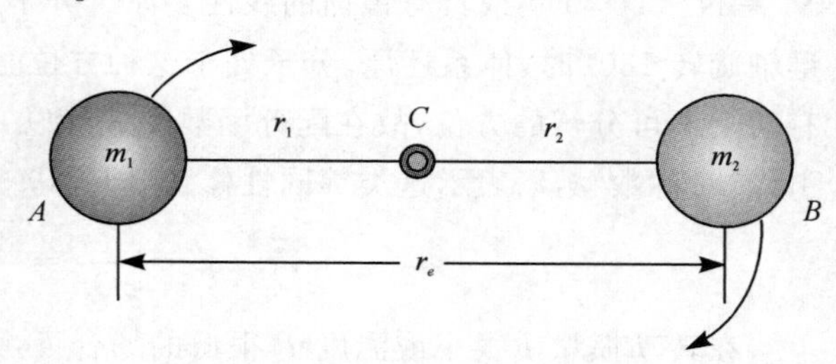

图7-10　双原子分子的转动

用量子力学方法可以求出，线性分子的转动能公式为

$$(\varepsilon_r)_J=\frac{J(J+1)h^2}{8\pi^2I} \tag{7-107}$$

式中 J 为转动量子数（$J=0,1,2,3,\cdots$）。

对于第 J 个转动能级而言，有 $2J+1$ 个简并态[$-J,-(J-1),\cdots,-2,-1,0,1,2,\cdots,J-1,J$]，统计权重

$$g_J=2J+1 \tag{7-108}$$

转动配分函数

$$q_r=\sum_J g_J e^{-\frac{(\varepsilon_r)_J}{kT}}$$

或

$$q_r=\sum_J(2J+1)e^{-\frac{J(J+1)h^2}{8\pi^2IkT}} \tag{7-109}$$

式中$\dfrac{h^2}{8\pi^2Ik}$为一具有温度量纲的、仅取决于分子转动特性的物理量，称为“转动特征温度”，以 Θ_r 表示

$$\Theta_r=\frac{h^2}{8\pi^2Ik} \tag{7-110}$$

以上式代入式(7-109)，得

$$q_r=\sum_J(2J+1)e^{-\frac{J(J+1)\Theta_r}{T}} \tag{7-111}$$

除非转动惯量 I 很小或温度很低，一般情况下$\dfrac{\Theta_r}{T}\ll 1$，转动能级间距很小，上式可改用积分表示

$$q_r=\int_0^\infty(2J+1)e^{-\frac{J(J+1)\Theta_r}{T}}dJ$$
$$=\int_0^\infty e^{-\frac{J(J+1)\Theta_r}{T}}d[J(J+1)] \tag{7-112}$$

若令 $J(J+1)=x$，$\frac{\Theta_r}{T}=A$，而由积分公式 $\int_0^{\infty} e^{-Ax}dx=\left[-\frac{1}{A}e^{-Ax}\right]_0^{\infty}=\frac{1}{A}$，则式(7-112) 积分结果为

$$q_r=\frac{T}{\Theta_r}=\frac{8\pi^2 IkT}{h^2} \tag{7-113}$$

式(7-113) 可直接用以计算异核双原子分子的转动配分函数。对于同核双原子分子(如 $N^{14}\equiv N^{14}$、H—H) 或具有镜面的线性多原子分子(如O═C═O)，当分子绕其质心并垂直于键轴旋转 180° 时，体系还原。分子处于这种方位时与原来没有区别，即每旋转一周(360°) 可有两个不可分辨的方位，故在配分函数中应除以 2 以表示可分辨方位数仅为原来的一半。常引入"对称数"σ，以表示这类等同性修正，即式(7-113) 应改写成：

$$q_r=\frac{T}{\sigma\Theta_r}=\frac{8\pi^2 IkT}{\sigma h^2} \tag{7-114}$$

在转动惯量 I 很小或温度 T 很低的场合下，则采用上述近似方法(以积分求和的方法)所得配分函数结果偏差较大。例如，在 300 K 时应用式(7-114) 计算某些小分子的配分函数，其误差分别为：H_2，9%；HD，7%；D_2，5%；HCl，2%。温度低些，则误差将更大。式(7-114) 一般仅适用于 $\frac{\Theta_r}{T}<0.01$ 场合下，当 $\frac{\Theta_r}{T}>0.01$ 时，要得到准确结果，需应用式(7-111) 求和。若 $0.5>\frac{\Theta_r}{T}>0.01$，则可应用"摩尔荷兰(Mulholland) 近似式"。

〔例 4〕 已知 298.2 K 时 CO_2 和 HD 分子的转动惯量分别为 $I_{CO_2}=7.18\times10^{-46}\ kg\cdot m^2$，$I_{HD}=6.29\times10^{-48}\ kg\cdot m^2$，试分别估算其转动配分函数。

〔解〕 (1)CO_2

$\sigma=2$，$I=7.18\times10^{-46}\ kg\cdot m^2$，$k=1.381\times10^{-23}\ J\cdot K^{-1}$，$T=298.2\ K$，$h=6.626\times10^{-34}\ J\cdot s$，所以

$$(q_r)_{CO_2}=\frac{8\pi^2 IkT}{\sigma h^2}$$

$$=\frac{8\times(3.142)^2\times7.18\times10^{-46}\ kg\cdot m^2\times1.381\times10^{-23}\ J\cdot K\times298.2\ K}{2\times(6.626\times10^{-34}\ J\cdot s)^2}$$

$$=265.9$$

(2)HD

$\sigma=1$，$I=6.29\times10^{-48}\ kg\cdot m^2$，$k=1.381\times10^{-23}\ J\cdot K$，$T=298.2\ K$，$h=6.626\times10^{-34}\ J\cdot s$

$$(q_r)_{HD}=\frac{8\pi^2 IkT}{\sigma h^2}$$

$$=\frac{8\times(3.142)^2\times6.29\times10^{-48}\ kg\cdot m^2\times1.381\times10^{-23}\ J\cdot K^{-1}\times298.2\ K}{1\times(6.626\times10^{-34}\ J\cdot s)^2}$$

$$=4.66$$

若应用"摩尔荷兰" 近似式

$$(q_r)_{HD}=\frac{T}{\sigma\Theta_r}\left[1+\frac{1}{3}\left(\frac{\Theta_r}{T}\right)+\frac{1}{15}\left(\frac{\Theta_r}{T}\right)^2+\frac{4}{315}\left(\frac{\Theta_r}{T}\right)^3\right]$$

因为 $$\frac{\Theta_r}{T} = \frac{h^2}{8\pi^2 IkT}$$

$$= \frac{(6.626 \times 10^{-34}\ \mathrm{J \cdot s})}{8 \times (3.142)^2 \times 6.29 \times 10^{-48}\ \mathrm{kg \cdot m^2} \times 1.381 \times 10^{-23}\ \mathrm{J \cdot K^{-1}} \times 298.2\ \mathrm{K}}$$

$$= 0.215$$

所以 $$(q_r)_{HD} = \frac{1}{1 \times 0.215}\left[1 + \frac{1}{3} \times (0.215) + \frac{1}{15}(0.215)^2 + \frac{4}{315}(0.215)^3\right]$$

$$= 5.00$$

两种方法比较，前者误差约为7%。

多数多原子分子为非线性的，应用经典方法可求得其配分函数表示式为：

$$q_r = \frac{\pi^{\frac{1}{2}}}{\sigma}\left(\frac{8\pi^2 I_x kT}{h^2}\right)^{\frac{1}{2}}\left(\frac{8\pi^2 I_y kT}{h^2}\right)^{\frac{1}{2}}\left(\frac{8\pi^2 I_z kT}{h^2}\right)^{\frac{1}{2}} \tag{7-115}$$

式中 I_x、I_y、I_z 分别为分子绕着 x、y 或 z 轴旋转的主转动惯量，σ 为对称数。非线性多原子分子如：H_2O，$\sigma = 3$；CH_4，$\sigma = 12$；$5F_6$，$\sigma = 24$（对称数的确定方法可参考"结构化学"课程内容）。若定义转动特征温度

$$\Theta_x = \frac{h^2}{8\pi^2 I_x k}, \Theta_y = \frac{h^2}{8\pi^2 I_y k}, \Theta_z = \frac{h^2}{8\pi^2 I_z k} \tag{7-116}$$

则式(7-115)可表示为

$$q_r = \frac{\pi^{\frac{1}{2}}}{\sigma}\left(\frac{T^3}{\Theta_x \Theta_y \Theta_z}\right)^{\frac{1}{2}} \tag{7-117}$$

7.6.4 振动配分函数

由 N 个原子组成的分子，各种形式运动自由度总数为 $3N$。每个分子具有3个平动自由度，而双原子分子或线性多原子分子具有两个转动自由度，故其振动自由度数应为 $3N - 3 - 2 = 3N - 5$。例如 N_2 分子的振动自由度数为 $3 \times 2 - 5 = 1$，而 CO_2 分子的振动自由度数为 $3 \times 3 - 5 = 4$。非线性多原子分子具有3个转动自由度，故其振动自由度数为 $3N - 6$。例如 H_2O 分子的振动自由度数为 $3 \times 3 - 6 = 3$，而 NH_3 分子的振动自由度数为 $3 \times 4 - 6 = 6$。

双原子分子仅有一个振动自由度，故其振动模式只有一种，即两个原子偏离其平衡位置，时而分开时而靠拢，像是在两原子之间系上一弹簧似的，可简称一维谐振动子。多原子分子的振动模式较多，其形式也往往比较复杂。CO_2 分子有4种振动模式。

每一种振动模式（一维谐振动）各有其振动特征频率，其中

$$\nu_{(1)} = 3.939 \times 10^{13}\ \mathrm{s^{-1}}$$

$$\nu_{(2)} = 7.000 \times 10^{13}\ \mathrm{s^{-1}}$$

$$\nu_{(3)} = \nu_{(4)} = 1.988 \times 10^{13}\ \mathrm{s^{-1}}$$

振动能 ε_v 为各振动模式能量之和

$$\varepsilon_v = \varepsilon_{(1)} + \varepsilon_{(2)} + \varepsilon_{(3)} + \cdots \tag{7-118}$$

量子力学可求出各振动模式（谐振子）能量与其特征频率之间满足如下关系：

$$\varepsilon_{v,j} = \left(V + \frac{1}{2}\right)h\nu_{(j)} \tag{7-119}$$

其中$\frac{1}{2}h\nu_{(j)}$称为振动的“零点能”，而V为振动量子数($V = 0,1,2,\cdots$)。振动能级是等距且非简并的，即$g_i = 1$。

若令

$$\varepsilon_{0(j)} = \frac{1}{2}h\nu_{(j)} \tag{7-120}$$

则相对于基态的振动能

$$\Delta\varepsilon_{v,j} = \varepsilon_{(j)} - \varepsilon_{0(j)} = Vh\nu_{(j)} \tag{7-121}$$

而第j个振动模式的配分函数为

$$q_{0,v(j)} = \sum_{V=0}^{\infty} e^{-\frac{\Delta\varepsilon_{v,j}}{kT}} = \sum_{V=0}^{\infty} e^{-\frac{Vh\nu_{(j)}}{kT}} (V = 0,1,2,\cdots)$$

或

$$q_{0,v(j)} = 1 + e^{-\frac{h\nu_{(j)}}{kT}} + e^{-\frac{2h\nu_{(j)}}{kT}} + \cdots \tag{7-122}$$

或

$$\Theta_{v(j)} = \frac{h\nu_{(j)}}{k} = \frac{hc\bar{\nu}_{(j)}}{k} \tag{7-123}$$

式中c为光速，$\bar{\nu}_{(j)}$为振动波数(单位为cm^{-1})。$\Theta_{v(j)}$称为第j个振动模式的“振动特征温度”，它是取决于振动特征频率$\nu_{(j)}$的常数，并设$\frac{\Theta_v}{T} = x$，则式(7-122)可表示为

$$\begin{aligned} q_{0,v(j)} &= 1 + e^{-\frac{\Theta_v}{T}} + e^{-\frac{2\Theta_v}{T}} + \cdots \\ &= 1 + e^{-x} + e^{-2x} + \cdots \end{aligned} \tag{7-124}$$

振动配分函数为各振动模式配分函数的乘积：

$$q_{0,v} = \prod_j q_{0,v(j)} = q_{0,v(1)} \cdot q_{0,v(2)} \cdots \tag{7-125}$$

而
$$\ln q_{0,v} = \ln \prod_j q_{0,v(j)} = \sum \ln q_{0,v(j)} \tag{7-126}$$

因为
$$1 + e^{x} + e^{2x} + \cdots = (1 - e^{x})^{-1}$$

故式(7-124)可表示为

$$q_{0,v(j)} = (1 - e^{-x})^{-1} = (1 - e^{-\frac{\Theta_{v(j)}}{T}})^{-1} \tag{7-127}$$

而
$$q_{0,v} = \prod_j q_{0,v(j)} = \prod_j [(1 - e^{-\frac{\Theta_{v(j)}}{T}})^{-1}] \tag{7-128}$$

〔例 5〕 水分子的三种振动模式的特征波数分别为 3656.7 cm^{-1}、1594.8 cm^{-1} 和 3755.8 cm^{-1}。试计算(1)298 K、(2)1500 K 温度下的振动配分函数。

〔解〕

$\Theta_{v(j)} = \frac{h\nu_{(j)}}{k} = \frac{h\bar{\nu}_{(j)}c}{k}$，而

$\left(\frac{\Theta_{v(j)}}{T}\right) = \left(\frac{hc}{kT}\right)\bar{\nu}_{(j)}$，$q_{0,v(j)} = \left[1 - \exp\left(\frac{-hc\bar{v}_{(j)}}{kT}\right)\right]^{-1}$

$$\frac{hc}{kT_{(298)}}=\frac{6.626\times10^{-34}\ \mathrm{J\cdot s}\times2.9979\times10^{8}\ \mathrm{m\cdot s^{-1}}}{1.381\times10^{-23}\ \mathrm{J\cdot K^{-1}}\times298\ \mathrm{K}}$$
$$=4.826\times10^{-5}\ \mathrm{m}=4.826\times10^{-3}\ \mathrm{cm}$$

而$\frac{hc}{kT_{(1500)}}=9.59\times10^{-4}\ \mathrm{cm}$

应用公式 $q_{0,\mathrm{v}(j)}=\left[1-\exp\left(-\frac{hc\bar{\nu}}{kT}\right)\right]^{-1}$ 可求解数据，列表如下：

模　式	Ⅰ	Ⅱ	Ⅲ
$\bar{\nu}(\mathrm{cm^{-1}})$	3656.7	1594.8	3755.8
$\left(\frac{hc\bar{\nu}}{kT}\right)_{298\ \mathrm{K}}$	17.65	7.70	18.13
$\left(\frac{hc\bar{\nu}}{kT}\right)_{1500\ \mathrm{K}}$	3.506	1.529	3.601
$q_{0,\mathrm{v}(j),298\ \mathrm{K}}$	1.0000	1.0005	1.0000
$q_{0,\mathrm{v}(j),1500\ \mathrm{K}}$	1.031	1.277	1.028

应用公式 $q_{0,\mathrm{v}}=\prod_j q_{0,\mathrm{v}(j)}$，有

$$q_{0,\mathrm{v},298\ \mathrm{K}}=q_{0,\mathrm{v}(\mathrm{I})}\cdot q_{0,\mathrm{v}(\mathrm{II})}\cdot q_{0,\mathrm{v}(\mathrm{III})}=1.0000\times1.0005\times1.000=1.0005$$
$$q_{0,\mathrm{v},1500\ \mathrm{K}}=q_{0,\mathrm{v}(\mathrm{I})}\cdot q_{0,\mathrm{v}(\mathrm{II})}\cdot q_{0,\mathrm{v}(\mathrm{III})}=1.031\times1.227\times1.028=1.353$$

由上例计算可以看出：常温下当振动频率较高时，$\frac{\Theta_\mathrm{v}}{T}=\frac{h\nu}{kT}\gg1$，则 $\exp\left(-\frac{h\nu}{kT}\right)\approx0$，$q_{0,\mathrm{v}}\approx1$。

7.6.5　电子配分函数

电子配分函数可用下式表示：

$$q_\mathrm{e}=\sum_i g_{\mathrm{e},i}\mathrm{e}^{-\frac{\varepsilon_{\mathrm{e},i}}{kT}}=q_{\mathrm{e},0}\mathrm{e}^{-\frac{\varepsilon_{\mathrm{e},0}}{kT}}\tag{7-129}$$

式中，$\varepsilon_{\mathrm{e},i}$ 为第 i 个电子能级的能量。常温下 $\varepsilon_{\mathrm{e},i}$ 值往往比 kT 大得多，q_e 的贡献远较其他配分函数为小，有时可将它忽略，即令 $q_\mathrm{e}=1$。而当温度较高或需考虑电子配分函数场合下，一般原子的电子激发态能量远较基态为高，只需考虑基态的贡献。然而基态（$i=0$）能量绝对值无法知道，常将其作为能量零点，即 $\varepsilon_{\mathrm{e},0}=0$。

在这种情况下

$$q_\mathrm{e}=q_{\mathrm{e},0}=g_{\mathrm{e},0}+g_{\mathrm{e},1}\mathrm{e}^{-\frac{\varepsilon_{\mathrm{e},1}-\varepsilon_{\mathrm{e},0}}{kT}}=g_{\mathrm{e},0}=2J+1\tag{7-130}$$

式中 $q_{\mathrm{e},0}$ 指基态能为零的电子配分函数，$g_{\mathrm{e},0}$ 为基态的统计权重，$g_{\mathrm{e},1}$ 为第一激发态的统计权重，而基态的简并度取决于原子中所有价电子的总角动量量子数 J。J 可由光谱实验求得。不过，应指出，有些分子如 NO 的电子基态能 $\varepsilon_{\mathrm{e},0}$ 与第一激发态能 $\varepsilon_{\mathrm{e},1}$ 仅相差 0.015 eV，在常温下亦可能跨越，故第一激发态贡献不可忽略。

7.6.6 核配分函数

核(自旋)配分函数可用下式表示：

$$q_{\mathrm{n}} = \sum_{i} g_{\mathrm{n},i} \mathrm{e}^{-\frac{\varepsilon_{\mathrm{n},i}}{kT}} = q_{\mathrm{n},0} \mathrm{e}^{-\frac{\varepsilon_{\mathrm{n},0}}{kT}} = g_{\mathrm{n},0} \mathrm{e}^{-\frac{\varepsilon_{\mathrm{n},0}}{kT}} \tag{7-131}$$

一般温度下，核激发机会极小，核自旋均处于基态，规定核基态能量为零，$\varepsilon_{\mathrm{n},0} = 0$，则

$$q_{\mathrm{n}} = q_{\mathrm{n},0} = g_{\mathrm{n},0} = \prod (2i + 1) = \text{常数} \tag{7-132}$$

式中，i 是原子核的核自旋量子数，$\prod$ 示各原子连乘积。

在讨论化学变化中，原子的核能态是维持不变的，在计算热力学量时，习惯上不考虑核自旋贡献，在分子的全配分函数中也常忽略核配分函数。

7.7 配分函数与热力学性质的关系

统计热力学的核心思想是将分子体系的宏观性质看作相应微观量的统计平均值。宏观性质可以分为力学量与非力学量，前者有明显的微观量与其对应，比如密度、压强和能量等，可通过直接求微观量的统计平均获得；后者则无明显的微观量与其对应，比如温度、熵等，需要在计算力学量的基础上，通过比较热力学结果获得。

Maxwell-Boltzmann 统计采用的是状态统计平均，微观粒子在能级(或量子态)上的概率分布函数的归一化因子[各个量子态的 Boltzmann 因子之和，见式(7-43)]就是配分函数。**配分函数包含着体系的重要信息，可以称为热力学体系的波函数，**类比量子力学中求解薛定谔方程得到本征值和波函数之后，运用波函数就可以求出其他物理量。

7.7.1 配分函数是联系微观与宏观性质的桥梁

配分函数是连接微观粒子的结构及运动状态与体系宏观热力学性质的桥梁，一旦构造了配分函数，就可以用统计概率的方法把体系的微观性质与宏观性质联系起来。阿基米德曾经说过“给我一个支点，我就能将地球举起来”，我们也能说“给我配分函数，我就能计算所有的平衡性质”。

图 7-11 给出了统计热力学解决问题的流程。

举例说明统计热力学解决问题的思路：假设已知某近独立粒子体系的总粒子数为 N，粒子能级为 $\varepsilon_0, \varepsilon_1, \varepsilon_2, \cdots, \varepsilon_i, \cdots$，能级对应的简并度为 $g_0, g_1, g_2, \cdots, g_i, \cdots$，那么求体系的热力学能及恒容热容可通过两个步骤获得。

第一步：构造体系的配分函数：

$$q = \sum_{i}^{\text{能级}} g_i \mathrm{e}^{\frac{\varepsilon_i}{kT}} \tag{7-133}$$

ε_i 能级上的粒子布居数为

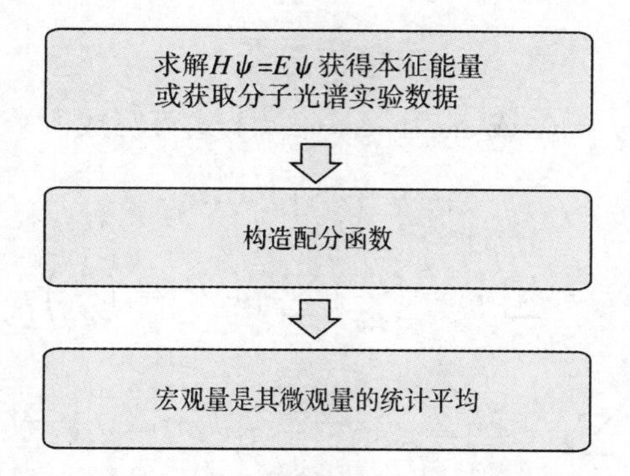

图 7-11　统计热力学解决问题的流程图

$$n_i = N \cdot \frac{g_i \mathrm{e}^{-\frac{\varepsilon_i}{kT}}}{q} = N \cdot \frac{g_i \mathrm{e}^{-\frac{\varepsilon_i}{kT}}}{\sum\limits_i^{\text{能级}} g_i \mathrm{e}^{\frac{\varepsilon_i}{kT}}} \tag{7-134}$$

N 个粒子数在 ε_i 能级出现的概率为

$$P_{\varepsilon_i} = \frac{n_i}{N} = \frac{g_i \mathrm{e}^{-\frac{\varepsilon_i}{kT}}}{\sum\limits_i^{\text{能级}} g_i \mathrm{e}^{-\frac{\varepsilon_i}{kT}}} \tag{7-135}$$

第二步:宏观量是微观量的统计平均。

该体系的热力学能

$$U = \sum_i^{\text{能级}} n_i \varepsilon_i = N \cdot \sum_i^{\text{能级}} \varepsilon_i \frac{g_i \mathrm{e}^{-\frac{\varepsilon_i}{kT}}}{\sum\limits_i^{\text{能级}} g_i \mathrm{e}^{-\frac{\varepsilon_i}{kT}}} = N \cdot \sum_i^{\text{能级}} \varepsilon_i \frac{g_i \mathrm{e}^{-\frac{\varepsilon_i}{kT}}}{q} = N \cdot kT^2 \left(\frac{\partial \ln q}{\partial T}\right) \tag{7-136}$$

获得热力学能之后,就可以求出体系的恒容热容

$$C_V = \left(\frac{\partial U}{\partial T}\right)_V = Nk \left[\frac{\partial}{\partial T}\left(T^2 \frac{\partial \ln q}{\partial T}\right)\right]_{V,N} \tag{7-137}$$

下面两节将分别阐述定域(可分辨)及离域(不可分辨)近独立子体系的配分函数与热力学函数之间的关系。

7.7.2　定域近独立子体系的配分函数与热力学函数之间的关系

热力学能

体系热力学能绝对值难以求得,通常求其对于基态的相对值$(U-U_0)$(这里 $U_0 = N\varepsilon_0$ 是指系统中全部粒子均处于最低能级基态时的能量,常选择处于 0 K 时的能量)。为此,先考虑任意能级 ε_i 相对于基态能级 ε_0 的分布:

$$\frac{n_i}{n_0} = \frac{g_i \mathrm{e}^{-\frac{\varepsilon_i}{kT}}}{g_0 \mathrm{e}^{-\frac{\varepsilon_0}{kT}}} \tag{7-138a}$$

或

$$\frac{n_i}{n_0} = \frac{g_i}{g_0} e^{\frac{-(\varepsilon_i - \varepsilon_0)}{kT}} \tag{7-138b}$$

若以基态能量为零点，即 $\varepsilon_0 = 0$，或 $\Delta\varepsilon_i = \varepsilon_i - \varepsilon_0$，上式可写成

$$n_i = \left(\frac{n_0}{g_0}\right) g_i e^{-\frac{\Delta\varepsilon_i}{kT}} \tag{7-139a}$$

故
$$N = \sum n_i = \left(\frac{n_0}{g_0}\right) \sum g_i e^{-\frac{\Delta\varepsilon_i}{kT}} = \left(\frac{n_0}{g_0}\right) q_0 \tag{7-139b}$$

其中

$$\begin{aligned} q_0 &= \sum_i g_i e^{-\frac{\Delta\varepsilon_i}{kT}} = g_0 e^{-\frac{\Delta\varepsilon_0}{kT}} + g_1 e^{-\frac{\Delta\varepsilon_1}{kT}} + g_2 e^{-\frac{\Delta\varepsilon_2}{kT}} + \cdots \\ &= g_0 e^{-\frac{(\varepsilon_0 - \varepsilon_0)}{kT}} + g_1 e^{-\frac{(\varepsilon_1 - \varepsilon_0)}{kT}} + g_2 e^{-\frac{(\varepsilon_2 - \varepsilon_0)}{kT}} + \cdots \\ &= e^{-\frac{\varepsilon_0}{kT}} (g_0 e^{-\frac{\varepsilon_0}{kT}} + g_1 e^{-\frac{\varepsilon_1}{kT}} + g_2 e^{-\frac{\varepsilon_2}{kT}} + \cdots) \\ &= q e^{-\frac{\varepsilon_0}{kT}} \end{aligned}$$

这里 q_0 指基态能为零(系能量相对标度)时的分子配分函数，q 指基态能为最低值(指距能量坐标原点的值，系能量自然标度)时的分子配分函数。由此表明选择不同的能量(标度)零点会影响配分函数数值。

若以
$$\frac{n_0}{g_0} = \frac{N}{q_0} \tag{7-139b}$$

代入式(7-139a)，则

$$n_i = \left(\frac{N}{q_0}\right) g_i e^{-\frac{\Delta\varepsilon_i}{kT}} \tag{7-140}$$

该式指出，当改变能量标度以基态能量为零点时，玻尔兹曼分布律的形式均不改变[可对照式(7-134)]。

因为
$$U - U_0 = \sum n_i \varepsilon_i - \sum n_i \varepsilon_0 = \sum_i n_i \Delta\varepsilon_i = \frac{N}{q_0} \sum g_i \Delta\varepsilon_i \cdot e^{-\frac{\Delta\varepsilon_i}{kT}} \tag{7-141}$$

又
$$\left(\frac{\partial \ln q_0}{\partial T}\right)_{V,N} = \frac{1}{q_0}\left(\frac{\partial q_0}{\partial T}\right)_{V,N} = \frac{1}{kT^2}\left[\frac{\sum g_i \Delta\varepsilon_i e^{-\frac{\Delta\varepsilon_i}{kT}}}{q_0}\right] \tag{7-142}$$

或
$$\frac{\sum g_i \Delta\varepsilon_i e^{-\frac{\Delta\varepsilon_i}{kT}}}{q_0} = kT^2 \left(\frac{\partial \ln q_0}{\partial T}\right)_{V,N} \tag{7-143}$$

以之代入式(7-141)，可得

$$U - U_0 = NkT^2 \left(\frac{\partial \ln q_0}{\partial T}\right)_{V,N} \tag{7-144}$$

若为 1 摩尔物质(即 $N = 1\ \text{mol}\ L$，且 $Lk = R$)

$$U_m - U_{0,m} = NkT^2 \left(\frac{\partial \ln q_0}{\partial T}\right)_{N,V} = RT^2 \left(\frac{\partial \ln q_0}{\partial T}\right)_{V,N} \tag{7-145}$$

若
$$U = \sum_{i=0} n_i \varepsilon_i = \frac{N}{q} \sum g_i \varepsilon_i e^{-\frac{\varepsilon_i}{kT}}$$

可推得
$$U = NkT^2 \left(\frac{\partial \ln q}{\partial T}\right)_{V,N} = RT^2 \left(\frac{\partial \ln q}{\partial T}\right)_{V,N} \tag{7-146}$$

可见，能量标度不同，就有 q_0 与 q 之别及其表达式之异，其他如 H、A、G 等亦同理。但对于多种物质参与的化学反应，q 亦可认为是化学平衡体系公共能量标度（即诸物种共选以能量坐标原点为零）的配分函数。

又
$$NkT^2\left(\frac{\partial \ln q_0}{\partial T}\right)_{V,N} = kT^2\left[\frac{\partial \ln(q_0^N)}{\partial T}\right]_{V,N} = kT^2\left(\frac{\partial \ln Q_0}{\partial T}\right)_{V,N}$$

其中
$$Q_0 = q_0^N$$

故当用摩尔配分函数表示时，式(7-145)可写成

$$U_\mathrm{m} - U_{0,\mathrm{m}} = kT^2\left(\frac{\partial \ln Q_0}{\partial T}\right)_{V,N} \tag{7-147}$$

式(7-146)和式(7-147)分别为由分子配分函数和摩尔配分函数计算摩尔热力学能的关系式。

恒容热容

在无非膨胀功情况下：

$$C_V = \left(\frac{\partial U}{\partial T}\right)_V = Nk\left[\frac{\partial}{\partial T}\left(T^2\frac{\partial \ln q}{\partial T}\right)\right]_{V,N}$$

或

$$C_V = Nk\left[T^2\left(\frac{\partial^2 \ln q}{\partial T^2}\right)_{V,N} + 2T\left(\frac{\partial \ln q}{\partial T}\right)_{V,N}\right] \tag{7-148}$$

而恒容摩尔热容

$$C_{V,\mathrm{m}} = Lk\left[T^2\left(\frac{\partial^2 \ln q}{\partial T^2}\right)_{V,N} + 2T\left(\frac{\partial \ln q}{\partial T}\right)_{V,N}\right] \tag{7-149a}$$

或
$$C_{V,\mathrm{m}} = R\left[T^2\left(\frac{\partial^2 \ln q}{\partial T^2}\right)_{V,N} + 2T\left(\frac{\partial \ln q}{\partial T}\right)_{V,N}\right] \tag{7-149b}$$

以摩尔配分函数表示

$$C_{V,\mathrm{m}} = k\left[T^2\left(\frac{\partial^2 \ln Q}{\partial T^2}\right)_{V,N} + 2T\left(\frac{\partial \ln Q}{\partial T}\right)_{V,N}\right] \tag{7-150}$$

熵

熵和配分函数关系式可导出如下：

令 $S = f(V,T)$

$$\mathrm{d}S = \left(\frac{\partial S}{\partial T}\right)_V \mathrm{d}T + \left(\frac{\partial S}{\partial V}\right)_T \mathrm{d}V$$

恒容时：

$$\mathrm{d}S = \left(\frac{\partial S}{\partial T}\right)_V \mathrm{d}T = \frac{C_V}{T}\mathrm{d}T$$

$$\int_{S_0}^{S}\mathrm{d}S = \int_0^T \frac{C_V}{T}\mathrm{d}T$$

式中 S 及 S_0 分别为热力学温度 T 及 0 时体系的熵值，或

$$S - S_0 = \int_0^T \frac{C_V}{T}\mathrm{d}T \tag{7-151}$$

以式(7-148)代入式(7-151)得

$$S - S_0 = Nk\int_0^T \left[T\left(\frac{\partial^2 \ln q}{\partial T^2}\right)_{V,N} + 2\left(\frac{\partial \ln q}{\partial T}\right)_{V,N}\right]\mathrm{d}T \tag{7-152}$$

应用分部积分法，可得

$$S - S_0 = NkT\left(\frac{\partial \ln q}{\partial T}\right)_{V,N} + Nk\ln q - Nk\ln q_0 \tag{7-153}$$

前已述及，当 $T \to 0$ 时，$q_0 \to g_0$，故

$$S_0 = Nk\ln g_0 \tag{7-154}$$

当为完整晶体时，体系只存在一种排列方式，$g_0 = 1$，则

$$S_0 = Nk\ln 1 = 0 \tag{7-155}$$

此即为热力学第三定律的结论。而在其他温度下：

$$S = NkT\left(\frac{\partial \ln q}{\partial T}\right)_{V,N} + Nk\ln q \tag{7-156}$$

摩尔熵 S_m 可表示为

$$S_m = RT\left(\frac{\partial \ln q}{\partial T}\right)_{V,N} + R\ln q \tag{7-157a}$$

或

$$S_m = kT\left(\frac{\partial \ln Q}{\partial T}\right)_{V,N} + k\ln Q \tag{7-157b}$$

又因 $q = q_0 e^{-\frac{\varepsilon_0}{kT}}$，并将此代入式(7-157a)

故亦可得

$$S_m = RT\left(\frac{\partial \ln q_0}{\partial T}\right)_{V,N} + R\ln q_0 \tag{7-158}$$

由于

$$NkT\left(\frac{\partial \ln q_0}{\partial T}\right)_{V,N} = \frac{U - U_0}{T} \text{ 及 } q_0^N = Q_0$$

或

$$NkT\left(\frac{\partial \ln q}{\partial T}\right)_{V,N} = \frac{U}{T} \text{ 及 } q^N = Q$$

故

$$S = \frac{U - U_0}{T} + Nk\ln q_0 = \frac{U - U_0}{T} + k\ln Q_0 \tag{7-159a}$$

或

$$S = \frac{U}{T} + Nk\ln q = \frac{U}{T} + k\ln Q \tag{7-159b}$$

HelmHoltz 函数

由定义

$$A = U - TS$$

以式(7-159a)代入得

$$A - U_0 = -NkT\ln q_0 = -kT\ln q_0^N = -kT\ln Q_0 \tag{7-160}$$

而摩尔 HelmHoltz 函数为

$$A_m - U_{0,m} = -NkT\ln q_0 = -RT\ln q_0 \tag{7-161}$$

或

$$A_m - U_{0,m} = -kT\ln Q_0 \tag{7-162}$$

由式(7-160)可以看出，当 $T \to 0$ 时，$A_0 \to U_0$。

压力

由热力学公式

$$p = -\left(\frac{\partial A}{\partial V}\right)_T$$

以式(7-161)代入得

$$p = RT\left(\frac{\partial \ln q_0}{\partial V}\right)_{T,N} = RT\left(\frac{\partial \ln q}{\partial V}\right)_{T,N} = NkT\left(\frac{\partial \ln q}{\partial V}\right)_{T,N} \tag{7-163}$$

焓

由定义 $$H = U + pV$$

以式(7-144)和式(7-163)代入

$$H - U_0 = NkT^2\left(\frac{\partial \ln q_0}{\partial T}\right)_{V,N} + NkTV\left(\frac{\partial \ln q_0}{\partial V}\right)_{T,N} \tag{7-164}$$

而摩尔焓为

$$H_m - U_{0,m} = RT^2\left(\frac{\partial \ln q_0}{\partial T}\right)_{V,N} + RTV\left(\frac{\partial \ln q_0}{\partial V}\right)_{T,N} \tag{7-165}$$

或

$$H_m - U_{0,m} = kT^2\left(\frac{\partial \ln Q_0}{\partial T}\right)_{V,N} + kTV\left(\frac{\partial \ln Q_0}{\partial V}\right)_{T,N} \tag{7-166}$$

Gibbs 函数

由定义 $$G = A + pV$$

以式(7-160)和式(7-163)代入

$$G - U_0 = -NkT\ln q_0 + NkTV\left(\frac{\partial \ln q_0}{\partial V}\right)_{T,N} \tag{7-167}$$

而摩尔 Gibbs 函数

$$G_m - U_{0,m} = -RT\ln q_0 + RTV\left(\frac{\partial \ln q_0}{\partial V}\right)_{T,N} \tag{7-168}$$

或

$$G_m - U_{0,m} = -kT\ln Q_0 + kTV\left(\frac{\partial \ln Q_0}{\partial V}\right)_{T,N} \tag{7-169}$$

7.7.3　离域近独立子体系的配分函数与热力学函数之间的关系

可分辨粒子的摩尔配分函数 $Q_{可分} = q^N$，而不可分辨粒子的摩尔配分函数 $Q_{离域} = \frac{q^N}{N!}$，故

$$\ln Q_{离域} = N\ln q - N\ln\left(\frac{N}{e}\right)$$

或

$$\ln Q_{离域} = \ln Q_{可分} - N\ln\left(\frac{N}{e}\right) \tag{7-170}$$

上式右边后一项系由等同性修正所引入。由上式可以看出，若公式中涉及 $\ln Q$ 项，则在离域子体系中必须引入修正项 $\left[-N\ln\left(\frac{N}{e}\right)\right]$；当涉及 $\left(\frac{\partial \ln Q}{\partial T}\right)_{N,V}$ 或 $\left(\frac{\partial \ln Q}{\partial V}\right)_{T,N}$ 项，则因

$\left[\dfrac{\partial N\ln\left(\dfrac{N}{\mathrm{e}}\right)}{\partial T}\right]_{V,N}=0$ 及 $\left[\dfrac{\partial N\ln\left(\dfrac{N}{\mathrm{e}}\right)}{\partial V}\right]_{T,N}=0$，离域子体系的公式与定域子体系相同。故离域子体系的 $U-U_0$、$H-U_0$、C_V 和 p 的公式与定域子体系的一致，而 S、$A-U_0$、$G-U_0$ 的公式则有差别。即对于摩尔热力学性质，相当于在原来定域子体系的公式中若涉及 $\ln q$ 项，则分别以 $\ln\left(\dfrac{q\mathrm{e}}{N}\right)$ 代替之。

(1) 热力学能

$$U_{\mathrm{m}}-U_{0,\mathrm{m}}=NkT^2\left(\frac{\partial \ln q_0}{\partial T}\right)_{N,V}=RT^2\left(\frac{\partial \ln q_0}{\partial T}\right)_{V,N} \tag{7-145}$$

(2) 恒容热容

$$C_{V,\mathrm{m}}=R\left[T^2\left(\frac{\partial^2 \ln q}{\partial T^2}\right)_{V,N}+2T\left(\frac{\partial \ln q}{\partial T}\right)_{V,N}\right] \tag{7-149b}$$

(3) 熵

$$S_{\mathrm{m}}=NkT\left(\frac{\partial \ln q}{\partial T}\right)_{V,N}+Nk\ln q-Nk\ln\left(\frac{N}{\mathrm{e}}\right)$$

$$=NkT\left(\frac{\partial \ln q}{\partial T}\right)_{V,N}+Nk\ln\left(\frac{q\mathrm{e}}{N}\right) \tag{7-171}$$

或

$$S_{\mathrm{m}}=RT\left(\frac{\partial \ln q}{\partial T}\right)_{V,N}+R\ln\left(\frac{q\mathrm{e}}{N}\right)=RT\left(\frac{\partial \ln q_0}{\partial T}\right)_{V,N}+R\ln\left(\frac{q_0\mathrm{e}}{N}\right) \tag{7-172}$$

(4) HelmHoltz 函数

$$A_{\mathrm{m}}-U_{0,\mathrm{m}}=-NkT\ln q_0+NkT\ln\left(\frac{N}{\mathrm{e}}\right)$$

$$=-NkT\ln\left(\frac{q_0\mathrm{e}}{N}\right) \tag{7-173}$$

或

$$A_{\mathrm{m}}-U_{0,\mathrm{m}}=-RT\ln\left(\frac{q_0\mathrm{e}}{N}\right) \tag{7-174}$$

(5) 压强

$$p=NkT\left(\frac{\partial \ln q_0}{\partial V}\right)_{T,N}=NkT\left(\frac{\partial \ln q}{\partial V}\right)_{T,N} \tag{7-175}$$

或

$$p=RT\left(\frac{\partial \ln q_0}{\partial V}\right)_{T,N}=RT\left(\frac{\partial \ln q}{\partial V}\right)_{T,N} \tag{7-176}$$

(6) 焓

$$H_{\mathrm{m}}-U_{0,\mathrm{m}}=NkT^2\left(\frac{\partial \ln q_0}{\partial T}\right)_{V,N}+NkTV\left(\frac{\partial \ln q_0}{\partial V}\right)_{T,N}$$

或

$$H_{\mathrm{m}}-U_{0,\mathrm{m}}=RT^2\left(\frac{\partial \ln q_0}{\partial T}\right)_{V,N}+RTV\left(\frac{\partial \ln q_0}{\partial V}\right)_{T,N} \tag{7-165}$$

(7)Gibbs 函数

$$G_m - U_{0,m} = -NkT\ln q_0 + NkT\ln\frac{N}{e} + NkTV\left(\frac{\partial \ln q_0}{\partial V}\right)_{T,N}$$

或

$$G_m - U_{0,m} = -RT\ln\left(\frac{q_0 e}{N}\right) + RTV\left(\frac{\partial \ln q_0}{\partial V}\right)_{T,N} \tag{7-177}$$

归纳起来，对于摩尔热力学性质可列表如下（表 7-3）：

表 7-3　热力学函数与配分函数间关系

热力学函数	定域近独立粒子体系	离域近独立粒子体系
$U_m - U_{0,m}$	$RT^2\left(\frac{\partial \ln q_0}{\partial T}\right)_{V,N}$	$RT^2\left(\frac{\partial \ln q_0}{\partial T}\right)_{V,N}$
$C_{V,m}$	$R\left[T^2\left(\frac{\partial^2 \ln q}{\partial T^2}\right)_{V,N} + 2T\left(\frac{\partial \ln q}{\partial T}\right)_{V,N}\right]$	$R\left[T^2\left(\frac{\partial^2 \ln q}{\partial T^2}\right)_{V,N} + 2T\left(\frac{\partial \ln q}{\partial T}\right)_{V,N}\right]$
S_m	$RT\left(\frac{\partial \ln q_0}{\partial T}\right)_{V,N} + R\ln q_0$	$RT\left(\frac{\partial \ln q_0}{\partial T}\right)_{V,N} + R\ln\left(\frac{q_0 e}{N}\right)$
$A_m - U_{0,m}$	$-RT\ln q_0$	$-RT\ln\left(\frac{q_0 e}{N}\right)$
p	$RT\left(\frac{\partial \ln q}{\partial V}\right)_{T,N}$	$RT\left(\frac{\partial \ln q}{\partial V}\right)_{T,N}$
$H_m - U_{0,m}$	$RT^2\left(\frac{\partial \ln q_0}{\partial T}\right)_{V,N} + RTV\left(\frac{\partial \ln q_0}{\partial V}\right)_{T,N}$	$RT^2\left(\frac{\partial \ln q_0}{\partial T}\right)_{V,N} + RTV\left(\frac{\partial \ln q_0}{\partial V}\right)_{T,N}$
$G_m - U_{0,m}$	$-RT\ln q_0 + RTV\left(\frac{\partial \ln q_0}{\partial V}\right)_{T,N}$	$-RT\ln\left(\frac{q_0 e}{N}\right) + RTV\left(\frac{\partial \ln q_0}{\partial V}\right)_{T,N}$

7.8　统计热力学应用一——气体

7.8.1　单原子气体

单原子气体如 He、Ne、Ar…… 只有 3 个平动自由度，没有转动和振动自由度，故在常温下只需考虑平动配分函数，而在较高温度下，电子配分函数所做出的贡献往往不容忽略。

如考虑平动自由度，由于同一气体原子的不可分辨性，其摩尔配分函数可用式(7-105)表示：

$$Q_t = \frac{1}{N!}q_t^N = \left[\frac{e}{N}\left(\frac{2\pi mkT}{h^2}\right)^{\frac{3}{2}}V\right]^N \tag{7-105}$$

公式

$$p = kT\left(\frac{\partial \ln Q_{\mathrm{t}}}{\partial V}\right)_{T,N} = NkT\left(\frac{\partial \ln q_{\mathrm{t}}}{\partial V}\right)_{T,N}$$

$$= NkT\left(\frac{1}{V_{\mathrm{m}}}\right) = \frac{RT}{V_{\mathrm{m}}}$$

$$pV_{\mathrm{m}} = RT \tag{7-178}$$

即得单原子气体服从理想气体状态方程式。同时可分别导出平动热力学能、平动焓和 $C_{V,\mathrm{m}}$，$C_{p,\mathrm{m}}$ 公式如下：

因

$$U_{\mathrm{t,m}} - U_{0,\mathrm{t,m}} = kT^2\left(\frac{\partial \ln Q_{\mathrm{t}}}{\partial T}\right)_V$$

$$= NkT^2\left(\frac{3}{2}\cdot\frac{1}{T}\right)$$

则

$$U_{\mathrm{t,m}} - U_{0,\mathrm{t,m}} = \frac{3}{2}RT \tag{7-179}$$

因

$$H_{\mathrm{t,m}} - U_{0,\mathrm{t,m}} = (U_{\mathrm{t,m}} - U_{0,\mathrm{t,m}}) + pV_{\mathrm{m}}$$

$$= \frac{3}{2}RT + RT$$

则

$$H_{\mathrm{t,m}} - U_{0,\mathrm{t,m}} = \frac{5}{2}RT \tag{7-180}$$

$$C_{V,\mathrm{m}} = \left(\frac{\partial U}{\partial T}\right)_{\mathrm{v}} = \frac{3}{2}R \tag{7-181}$$

$$C_{p,\mathrm{m}} = \left(\frac{\partial H}{\partial T}\right)_{p} = \frac{5}{2}R \tag{7-182}$$

上述结论与实验结果基本一致。

平动熵可导出如下：

因

$$S_{\mathrm{t,m}} = kT\left(\frac{\partial \ln Q_{t}}{\partial T}\right)_{V,N} + k\ln Q_{\mathrm{t}}$$

$$= \frac{U_{\mathrm{t,m}} - U_{0,\mathrm{t,m}}}{T} + k\ln\left[\frac{\mathrm{e}}{N}\left(\frac{2\pi mkT}{h^2}\right)^{\frac{3}{2}}V_{\mathrm{m}}\right]^N$$

$$= \frac{3}{2}R + R + R\ln\left[\frac{1}{N}\left(\frac{2\pi mkT}{h^2}\right)^{\frac{3}{2}}V_{\mathrm{m}}\right]$$

则

$$S_{\mathrm{t,m}} = \frac{5}{2}R + R\ln\left[\frac{1}{N}\left(\frac{2\pi mkT}{h^2}\right)^{\frac{3}{2}}V_{\mathrm{m}}\right] \tag{7-183}$$

此为计算熵的重要式子，常称为“沙克尔-特突鲁特”(Sackur-Tetrode) 公式。若气体服从理想气体状态方程，则 $V_m = \dfrac{RT}{p}$，上式可改写成：

$$S_{t,m} = \frac{5}{2}R + R\ln\left[\frac{RT^{\frac{5}{2}}}{Nph^3}(2\pi mk)^{\frac{3}{2}}\right] \qquad (7\text{-}184)$$

但进行计算时应注意对数号内各物理量单位采用同一单位制。在SI单位制中，$m\left(=\dfrac{M}{L}\right)$以kg、$R$以$J \cdot K^{-1} \cdot mol^{-1}$、$T$以K、$k$以$J \cdot K^{-1}$、$h$以$J \cdot s$、$p$以Pa表示并将各常数项目合并整理，则

$$S_{t,m} = R\left(\frac{3}{2}\ln M + \frac{5}{2}\ln T - \ln p + 20.723\right) \qquad (7\text{-}185)$$

若 p 为标准压力即 $p^{\ominus} = 10^5$ Pa，则

$$S^{\ominus}_{t,m} = \frac{5}{2}R + R\ln\left[\frac{RT^{\frac{5}{2}}}{10^5 Nh^3}(2\pi mk)^{\frac{3}{2}}\right] \qquad (7\text{-}186)$$

若式中 m 用$\dfrac{M}{1000N}$表示，$N = 1\ mol \cdot L$，M为摩尔质量，单位为$g \cdot mol^{-1}$，且将各常数项合并整理，式(7-186)可表示为：

$$S^{\ominus}_{t,m}(J \cdot K^{-1} \cdot mol^{-1}) = \frac{3}{2}R\ln M + \frac{5}{2}R\ln T - 9.578$$

$$= R\left(\frac{3}{2}\ln M + \frac{5}{2}\ln T - 1.152\right) \qquad (7\text{-}187)$$

式(7-187)指出：在一定压力下平动熵仅取决于 M 和 T。恒压下一摩尔理想气体温度由 T_1 变化至 T_2 的熵变：

$$\Delta S = \frac{5}{2}R\ln\frac{T_2}{T_1}$$

这一结论与经典热力学中 $\Delta S = C_p \ln\dfrac{T_2}{T_1}$ 的结果是一致的。若温度为298.15 K，则由式(7-187)得

$$S^{\ominus}_{t,m}(298\ K) = \frac{3}{2}R\ln M + 108.846 \qquad (7\text{-}188)$$

至于平动HelmHoltz函数$(A_{t,m} - U_{0,t,m})$、平动Gibbs函数$(G_{t,m} - U_{0,t,m})$公式的导出，由读者自己解决。

〔例6〕　试计算1000 K和 $p^{\ominus} = 10^5$ 压力下氟原子的(1)摩尔热力学能、(2)恒容热容、(3)摩尔熵。

〔解〕　(1)摩尔热力学能 $U_{t,m} - U_{0,t,m}$

$$U_{t,m} - U_{0,t,m} = \frac{3}{2}RT = \frac{3}{2} \times 8.314\ J \cdot K^{-1} \cdot mol^{-1} \times 1000\ K$$

$$= 12470\ J \cdot mol^{-1} = 12.47\ kJ \cdot mol^{-1}$$

(2)恒容热容 $C_{V,m}$

$$C_{V,m} = \frac{3}{2}R = 12.47\ J \cdot mol^{-1} \cdot K^{-1}$$

(3)摩尔熵 $S^{\ominus}_{t,m}$

由沙氏式

$$S^{\ominus}_{t,m}=\frac{3}{2}R\ln M+\frac{5}{2}R\ln T-9.578$$

因为 $$M=18.9984\ \mathrm{g\cdot mol^{-1}},T=1000\ \mathrm{K}$$

所以 $$S^{\ominus}_{t,m}(1000\ \mathrm{K})=\frac{3}{2}\times 8.314\ln 18.9984+\frac{5}{2}\times 8.314\ln 1000-9.578$$

$$=170.7\ \mathrm{J\cdot mol^{-1}\cdot K^{-1}}$$

7.8.2 双原子及线性多原子气体

双原子及线性多原子气体除了3个平动自由度之外，还有两个转动自由度和$(3n-5)$个振动自由度(暂不考虑电子配分函数贡献)。它们相应的配分函数对热力学函数的贡献求算如下：

$$U_{m}-U_{0,m}=(U_{t,m}-U_{0,t,m})+(U_{r,m}-U_{0,r,m})+(U_{v,m}-U_{0,v,m}) \tag{7-189}$$

因 $q_r=\dfrac{T}{\sigma\Theta_r}$，故转动能 $U_{r,m}-U_{0,r,m}=RT^2\left(\dfrac{\partial\ln q_r}{\partial T}\right)_{V,N}=RT^2\left[\dfrac{\partial\ln\left(\dfrac{T}{\sigma\Theta_r}\right)}{\partial T}\right]_{V,N}$

则 $$U_{r,m}-U_{0,r,m}=RT \tag{7-190}$$

这一结论与经典的能量均分原理一致，每个自由度分配能量$\frac{1}{2}RT$，两个自由度能量为$2\times\frac{1}{2}RT=RT$。

转动恒容热容 $$C_{v,r,m}=\left(\frac{\partial U_r}{\partial T}\right)_V=R \tag{7-191}$$

转动熵 $$S_{r,m}=\frac{U_r-U_{0,r}}{T}+R\ln q_r=R+R\ln\left(\frac{T}{\sigma\Theta_r}\right) \tag{7-192}$$

在298.15 K温度下，上式可写成：

$$S_{r,m}=55.69-R\ln\sigma\Theta_r \tag{7-193}$$

自式(7-127)，每一振动自由度的配分函数可表示为：

$$q_{0,v(j)}=\left(1-e^{-\frac{\Theta_{v(j)}}{T}}\right)^{-1} \tag{7-127}$$

故振动能

$$U_{v,m}-U_{0,v,m}=RT^2\left(\frac{\partial\ln q_{0,v}}{\partial T}\right)_{V,N}$$

$$=RT^2\left[\frac{\partial\ln\left(1-e^{-\frac{\Theta_v}{T}}\right)^{-1}}{\partial T}\right]_{V,N}$$

$$=RT^2\frac{e^{-\frac{\Theta_v}{T}}\cdot\left(\frac{\Theta_v}{T^2}\right)}{1-e^{-\frac{\Theta_v}{T}}}$$

或

$$U_{v,m}-U_{0,v,m}=\frac{R\Theta_v}{e^{\frac{\Theta_v}{T}}-1} \tag{7-194}$$

当 $T\to\infty$ 时，$e^{\frac{\Theta_v}{T}}\to\left(1+\frac{\Theta_v}{T}\right)$，则 $(e^{\frac{\Theta_v}{T}}-1)\to\frac{\Theta_v}{T}$，故

$$(U_{v,m}-U_{0,v,m})\to RT \tag{7-195}$$

这一结论与经典理论所得结果相同，但统计力学方法所导出的式(7-194)更能说明问题(见 7.9 节)。

振动恒容热容　$C_{V,v,m}=\left(\frac{\partial U_v}{\partial T}\right)_{V,N}=\left[\frac{\partial}{\partial T}\left(\frac{R\Theta_v}{e^{\frac{\Theta_v}{T}}-1}\right)\right]_{V,N}$

或

$$C_{V,v,m}=\frac{R\left(\frac{\Theta_v}{T}\right)^2\cdot e^{\frac{\Theta_v}{T}}}{(e^{\frac{\Theta_v}{T}}-1)^2} \tag{7-196}$$

上式当 $T\to\infty$ 时，$e^{\frac{\Theta_v}{T}}\to\left(1+\frac{\Theta_v}{T}\right)$，而 $(e^{\frac{\Theta_v}{T}}-1)\to\frac{\Theta_v}{T}$，则 $C_{V,v,m}\to R$。

振动熵

$$S_{v,m}=\frac{U_m-U_{0,m}}{T}+R\ln q_{0,V}$$

$$=\frac{R\left(\frac{\Theta_v}{T}\right)}{e^{\frac{\Theta_v}{T}}-1}-R\ln(1-e^{-\frac{\Theta_v}{T}}) \tag{7-197}$$

〔例 7〕　已知 F_2 核间平衡距离 $r_e=1.41\times10^{-10}$ m，振动特征频率 $\nu=2.676\times10^{13}\ s^{-1}$。试计算 1 摩尔气体在 298.15 K 和 10^5 Pa 下的(1) 平动熵、(2) 转动熵、(3) 振动熵和(4) 总熵值。

〔解〕

$M_{F_2}=37.9968\ g\cdot mol^{-1}$

$$m_F=\frac{\left(\frac{37.9968}{2}\right)}{6.022\times10^{23}}=3.155\times10^{-23}\ g$$

$$=3.155\times10^{-26}\ kg$$

$$\mu=\left(\frac{m_F^2}{2m_F}\right)=\left(\frac{m_F}{2}\right)=1.577\times10^{-26}\ kg$$

$r_e=1.41\times10^{-10}$ m

所以 $I=\mu r_e^2=1.577\times10^{-26}\times(1.41\times10^{-10})^2\ kg\cdot m^2$

$$=3.14\times10^{-46}\ kg\cdot m^2$$

(1)

$$S_{t,m}^{\ominus}=\frac{3}{2}R\ln M+\frac{5}{2}R\ln T-9.578$$

$$=\frac{3}{2}\times8.3144\ln37.9968+\frac{5}{2}\times8.3144\ln298.15-9.578$$

$$=45.36+118.43-9.578=154.2\ J\cdot mol^{-1}\cdot K^{-1}$$

(2)

$$S_{\mathrm{r,m}} = R + R\ln\left(\frac{T}{\sigma\Theta_{\mathrm{r}}}\right) = R + R\ln\left(\frac{8\pi^2 IkT}{\sigma h^2}\right)$$

$$= 8.3144 \times \left[1 + \ln\frac{8\times 3.142^2\times(3.14\times 10^{-46})\times(1.3807\times 10^{-23})\times 298.15}{2\times(6.626\times 10^{-34})^2}\right]$$

$$= 8.3144[1 + 47.6] = 47.9\ \mathrm{J\cdot mol^{-1}\cdot K^{-1}}$$

(3)

$$S_{\mathrm{v,m}} = R\left[\frac{\left(\frac{\Theta_{\mathrm{v}}}{T}\right)}{\mathrm{e}^{\frac{\Theta_{\mathrm{v}}}{T}} - 1} - \ln(1 - \mathrm{e}^{-\frac{\Theta_{\mathrm{v}}}{T}})\right]$$

因为$\frac{\Theta_{\mathrm{v}}}{T} = \frac{h\nu}{kT} = \frac{6.626\times 10^{-34}\times 2.676\times 10^{13}}{1.3807\times 10^{-23}\times 298.15} = 4.308$

所以 $S_{\mathrm{v,m}} = 8.3144\left[\frac{4.308}{\mathrm{e}^{4.308} - 1} - \ln(1 - e^{-4.308})\right]$

$$= 8.3144(0.0588 + 0.0136)$$

$$= 0.602\ \mathrm{J\cdot mol^{-1}\cdot K^{-1}}$$

(4)

$$S_{\mathrm{m}} = S_{\mathrm{t,m}} + S_{\mathrm{r,m}} + S_{\mathrm{v,m}}$$

$$= 154.2 + 47.9 + 0.602 = 202.7\ \mathrm{J\cdot mol^{-1}\cdot K^{-1}}$$

由以上计算可以看出在常温下总熵值中平动熵贡献最大，转动熵其次，而振动熵最小。

7.8.3 非线性多原子气体

非线性多原子气体的转动配分函数可用公式(7-117)表示：

$$q_{\mathrm{r}} = \frac{\pi^{\frac{1}{2}}}{\sigma}\left(\frac{T^3}{\Theta_x\Theta_y\Theta_z}\right)^{\frac{1}{2}} \tag{7-117}$$

故转动能

$$U_{\mathrm{r,m}} - U_{0,\mathrm{r,m}} = RT^2\left(\frac{\partial \ln q_{\mathrm{r}}}{\partial T}\right)_{V,N}$$

$$= RT^2\frac{\partial}{\partial T}\ln\left[\frac{\pi^{\frac{1}{2}}}{\sigma}\left(\frac{T^3}{\Theta_x\Theta_y\Theta_z}\right)^{\frac{1}{2}}\right]$$

$$= RT^2\left(\frac{3}{2}\frac{1}{T}\right)$$

即

$$U_{\mathrm{r,m}} - U_{0,\mathrm{r,m}} = \frac{3}{2}RT \tag{7-198}$$

转动恒容热容

$$C_{V,\mathrm{r,m}} = \left(\frac{\partial U_{\mathrm{r}}}{\partial T}\right)_{V,N} = \frac{3}{2}R \tag{7-199}$$

转动熵

$$S_{r,m}=\frac{U_{r,m}-U_{0,r,m}}{T}+R\ln q_r$$

$$=\frac{3}{2}R+R\ln\left[\frac{\pi^{\frac{1}{2}}}{\sigma}\left(\frac{T^3}{\Theta_x\Theta_y\Theta_z}\right)^{\frac{1}{2}}\right]$$

$$=\frac{3}{2}R+\frac{R}{2}\ln\left[\pi I_xI_yI_z\left(\frac{8\pi^2kT}{h^2}\right)^3\right]-R\ln\sigma$$

$$=\frac{R}{2}\ln(I_xI_yI_z)+\frac{3R}{2}\ln T-R\ln\sigma+\left\{\frac{3}{2}R+\frac{R}{2}\ln\left[\pi\left(\frac{8\pi^2k}{h^2}\right)^3\right]\right\}$$

上式右边方括号项为一常数，其值为 1320.84，代入后并整理之，得

$$S_{r,m}=R\ln\frac{(I_xI_yI_z)^{\frac{1}{2}}}{\sigma}+\frac{3}{2}R\ln T+1320.84 \tag{7-200}$$

298.15 K 时，上式可写成：

$$S_{r,m}(298\ \mathrm{K})=R\ln\frac{(I_xI_yI_z)^{\frac{1}{2}}}{\sigma}+1391.89 \tag{7-201}$$

非线性多原子分子具有 $3N-6$ 个振动自由度，每一振动自由度的配分函数、$U_v-U_{v,0}$、$C_{V,v}$ 和 S_v 的计算方法在前面已讨论过。若有 j 个振动模式，则

$$U_{v,m}-U_{0,v,m}=\sum_j(U_{v,m,j}-U_{0,v,m,j}) \tag{7-202}$$

$$C_{V,v,m}=\sum_j C_{V,v,m,j} \tag{7-203}$$

$$S_{v,m}=\sum_j S_{v,m,j} \tag{7-204}$$

7.9　统计热力学应用二 —— 原子晶体的热容

统计热力学对热容实验结果的解释是其重要成就之一。本节先指出经验热容定律的局限，然后依次介绍基于统计热力学的爱因斯坦(Einstein) 晶体模型和德拜(Debye) 晶体模型。

7.9.1　经验热容定律

1819 年杜隆-珀替(Dulong-Petit) 从大量实验数据中归纳出杜隆-珀替定律：无论晶体属于何种类型，其固体摩尔热容约为 25 J · mol^{-1} · K(即 $3R$，R 为普适气体常数)。随着 20 世纪初低温技术的发展，实验数据更加完善，实验结果表明，在温度较高时，杜隆-珀蒂定律对多数晶体的热容描述是十分精确的($C_V\to 3R$)，以气体分子运动理论为基础的热容理论也能对杜隆-珀替定律做解释：在晶体点阵上，粒子(原子) 仅有振动自由度，而无平动和转动自由度，属三维振动，各维振动分别有一动能自由度和一势能自由度，按能量均分原理，每一自由度分配$\frac{1}{2}RT$ 的能量，故

$$C_{V,\mathrm{m}} = 6\left(\frac{1}{2}R\right) = 3R \tag{7-205}$$

然而，在低温下，由于量子效应逐渐明显，杜隆-珀替定律不再适用。如图 7-12 所示，当温度较低时，C_V 热容与温度 T 的 3 次方近似地成正比（$C_V \propto T^3$）；当温度趋于绝对零度时，C_V 热容为零。并且，以气体分子运动理论为基础的热容理论也无法解释低温实验现象，需要建立新的理论模型来解释这些现象。

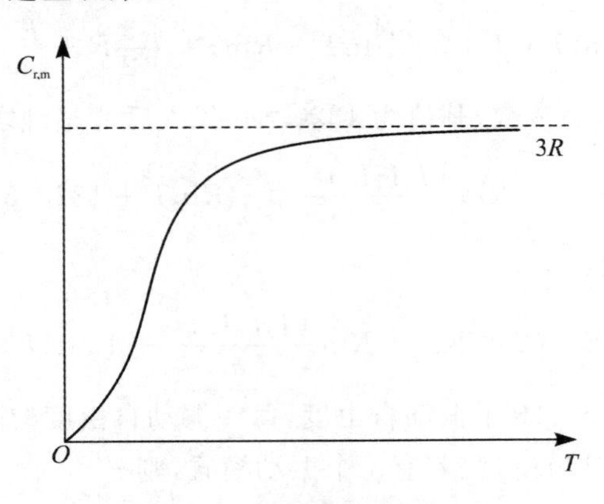

图 7-12　$C_{V,\mathrm{m}}$ 随温度的变化关系

7.9.2　爱因斯坦晶体模型

爱因斯坦最先用统计力学方法处理热容问题。1907 年，他提出一个理想的原子晶体模型，可以概括为：(1) 将 1 摩尔原子晶体当成由 N 个定域独立原子组成的体系，原子可以在晶体点阵平衡位置做三维空间振动（即每 1 个原子有 3 个振动自由度）；(2) 这些原子的振动是相互独立的，彼此不相干；(3) 原子振动各向同性，并且振动频率相等。简言之，在爱因斯坦晶体模型中，每一原子可视为三维谐振子，而 N 个原子相当于 $3N$ 个谐振子，振动特征温度 $\Theta_V = h\nu/k$，单个谐振子的振动配分函数为

$$q_{0,V} = (1 - \mathrm{e}^{-\frac{\Theta_V}{T}})^{-1} \tag{7-206}$$

$3N$ 个谐振子的配分函数为

$$Q_{0,V} = (q_{0,V})^{3N} \tag{7-207}$$

振动能为

$$\begin{aligned} U_{V,\mathrm{m}} - U_{0,V,\mathrm{m}} &= kT^2\left(\frac{\partial \ln Q_{0,V}}{\partial T}\right)_{V,N} \\ &= kT^2\left[\frac{\partial \ln (q_{0,V})^{3N}}{\partial T}\right]_{V,N} \\ &= 3NkT^2\left(\frac{\partial \ln q_{0,V}}{\partial T}\right)_{V,N} \\ &= 3RT^2\left(\frac{\partial \ln q_{0,V}}{\partial T}\right)_{V,N} \\ &= \frac{3R\Theta_V}{\mathrm{e}^{\frac{\Theta_V}{T}} - 1} \end{aligned} \tag{7-208}$$

而振动恒容热容为

$$C_{V,\mathrm{v,m}}=\left(\frac{\partial U_{V,\mathrm{m}}}{\partial T}\right)_{V,N}=\frac{3R\left(\frac{\Theta_V}{T}\right)^2\mathrm{e}^{\frac{\Theta_V}{T}}}{(\mathrm{e}^{\frac{\Theta_V}{T}}-1)^2} \tag{7-209}$$

这就是爱因斯坦晶体热容公式。

当温度较高时，$\frac{\Theta_V}{T}\ll 1$，$\mathrm{e}^{\frac{\Theta_V}{T}}\rightarrow\left(1+\frac{\Theta_V}{T}\right)$，$(\mathrm{e}^{\frac{\Theta_V}{T}}-1)\rightarrow\frac{\Theta_V}{T}$，得

$$C_{V,\mathrm{v,m}}\rightarrow 3R$$

这一结论与杜隆-珀替定律一致。

当温度趋于绝对零度，即 $T\rightarrow 0$ K，$(\mathrm{e}^{\frac{\Theta_V}{T}}-1)\approx\mathrm{e}^{\frac{\Theta_V}{T}}$

$$\lim_{T0\rightarrow}C_{V,\mathrm{v,m}}\approx 3R\left(\frac{\Theta_V}{T}\right)^2\mathrm{e}^{\frac{\Theta_V}{T}}\rightarrow 0$$

这一结论也与实验结果吻合。

此外，爱因斯坦晶体模型还能够解释室温下有些晶体热容偏离 $3R$ 的原因。因为，$C_{V,\mathrm{v,m}}\approx 3R$ 这一结论仅在$\frac{\Theta_V}{T}\ll 1$时成立，某些晶体的Θ_V 较高(如 Al：$\Theta_{V,\mathrm{Al}}=453$ K；$C_{(金刚石)}$：$\Theta_{V,\mathrm{C}}=225$ K，在室温下不满足$\frac{\Theta_V}{T}\ll 1$，其热容需要用爱因斯坦热容公式(7-209)计算。

尽管爱因斯坦模型不仅能解释高温及趋于绝对零度的实验结果，并且也能解释室温下有些晶体热容偏离 $3R$ 的原因，然而，该模型仍无法解释低温时$C_{V,\mathrm{v,m}}$ 与T^3 成正比的实验现象。

7.9.3　德拜晶体模型

1921 年，荷兰物理化学家德拜(Debye) 修正了爱因斯坦简化的、理想的晶体模型，德拜晶体模型概括如下：(1) 保留爱因斯坦 $3N$ 自由度振动的假设；(2)N 个原子的振动是相干的，是彼此耦合振动，类似于多原子气体分子振动一样，彼此振动的频率可以不一致；(3) 把晶体想象为一具有一定频率范围的弹性介质，振动频率 ν 可自 0 至 ν_D，ν_D 取决于晶体特性的最大频率。他定义“德拜温度”：

$$\Theta_\mathrm{D}=\frac{h\nu_\mathrm{D}}{k} \tag{7-210}$$

并引入一“德拜函数”D：

$$D=3\left(\frac{T}{\Theta_\mathrm{D}}\right)^3\int_0^{\Theta_\mathrm{D}}\frac{\left(\frac{\Theta_\mathrm{v}}{T}\right)^3}{\mathrm{e}^{\frac{\Theta_\mathrm{v}}{T}}-1}\mathrm{d}\left(\frac{\Theta_\mathrm{v}}{T}\right) \tag{7-211}$$

求出晶体热力学能

$$U_{V,\mathrm{m}}=3RTD+\frac{9R\Theta_\mathrm{D}}{8} \tag{7-212}$$

而晶体恒容热容

$$C_{V,\mathrm{v,m}}=\left(\frac{\partial U_{V,\mathrm{m}}}{\partial T}\right)_V=3RD+3RT\left(\frac{\partial D}{\partial T}\right)_V=3R\left[4D-\frac{3\left(\frac{\Theta_\mathrm{D}}{T}\right)}{\mathrm{e}^{\frac{\Theta_\mathrm{D}}{T}}-1}\right] \tag{7-213}$$

其推导过程较为繁复，故略去，需要时可参考有关专著。

由式(7-211)，读者可以自证，当$\frac{\Theta_v}{T} \ll 1$时$D \to 1$，以之代入式(7-213)，并注意到$\frac{3\left(\frac{\Theta_D}{T}\right)}{e^{\frac{\Theta_D}{T}}-1} \to 3$，可得

$$C_{V,m} = 3R$$

即在高温下的结论与前面一致。当温度较低时，可以证明(证明从略)：

$$\lim_{T\to 0} C_{V,m} = \frac{12\pi^4}{5}R\left(\frac{T}{\Theta_D}\right)^3$$

$$= 1944\left(\frac{T}{\Theta_D}\right)^3 \text{ J}\cdot\text{K}^{-1}\cdot\text{mol}^{-1} \tag{7-214}$$

上式比较圆满地解释了低温时$C_{V,m} \propto T^3$的德拜立方定律，更重要的是提供了一个外推出低温下热容数据的方法。

低温下，爱因斯坦模型、德拜模型与实验数据符合程度见图7-13。

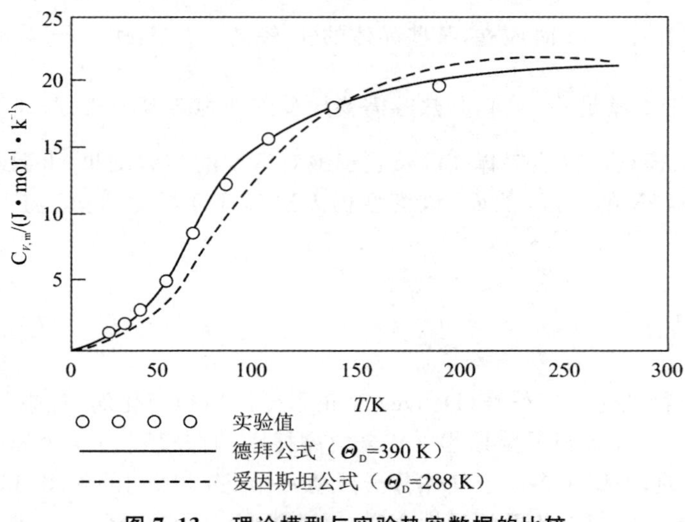

图7-13　理论模型与实验热容数据的比较

7.10　统计热力学应用三——理想气体反应的平衡常数

7.10.1　由配分函数直接估算平衡常数

因化学平衡等温式

$$-\Delta_r G_m^{\ominus}(T) = RT\ln K_p^{\ominus}(T) \tag{7-215}$$

中，反应的$\Delta_r G_m^{\ominus}$可由配分函数求得，故应用统计力学方法可自光谱数据估算化学反应的平衡常数。目前，我们的知识仅局限于独立粒子体系，故下面以理想气体体系为例讨论。

理想气体 $H_m = U_m + pV_m = U_m + RT$，$A_m = U_m - TS_m$，$G_m = U_m - TS_m + pV_m = U_m - TS_m + RT$，当温度趋于绝对零度：$T \to 0$ K，$S_{0,m} \to 0$，故 $U_{m,0} = H_{m,0} = A_{m,0} = G_{m,0}$。因此，以下表示形式是等效

$$G_m - G_{m,0} = G_m - A_{m,0} = G_m - H_{m,0} = G_m - U_{0,m} \tag{7-216}$$

H_m 和 A_m 等函数也有类似的关系。

若化学反应表示为：

$$aA + dD \rightleftharpoons gG + hH$$

则平衡常数

$$K_p^{\ominus} = \left(\frac{p_G^g \cdot p_H^h}{p_A^a \cdot p_D^d}\right)_e (p^{\ominus})^{-\sum_B v_B} \tag{7-217}$$

而

$$\Delta_r G_m^{\ominus} = [gG_{m,G}^{\ominus} + hG_{m,H}^{\ominus}] - [aG_{m,A}^{\ominus} + dG_{m,D}^{\ominus}] \tag{7-218}$$

由 Gibbs 函数与配分函数关系式

$$G_m - U_{0,m} = -RT\ln\left(\frac{q_0 e}{N}\right) + RTV\left(\frac{\partial \ln q_0}{\partial V}\right)_{T,N} \tag{7-219}$$

再将理想气体的平动配分函数(为体积的函数)代入上式

$$q_{0,t} \approx q_t = \left[\frac{(2\pi mkT)^{\frac{3}{2}}}{h^3}\right]V \tag{7-102}$$

$$RTV\left(\frac{\partial \ln q_{0,t}}{\partial V}\right)_{T,N} = RTV\left(\frac{\partial \ln V}{\partial V}\right)_{T,N} = RT$$

得

$$G_m - U_{0,m} = -RT\ln\left(\frac{q_0}{N}\right) \tag{7-220}$$

或

$$G_m = U_{0,m} - RT\ln\left(\frac{q_0}{N}\right)$$

标准压力下得

$$G_m^{\ominus} = U_{0,m}^{\ominus} - RT\ln\left(\frac{q_0^{\ominus}}{N}\right) \tag{7-221}$$

式中 $q_0^{\ominus}$ 为 0 K，标准压力($p^{\ominus}$) 下的配分函数，以式(7-221) 代入式(7-218) 得

$$\Delta_r G_m^{\ominus} = \Delta_r U_{0,m}^{\ominus} - RT\ln\left[\frac{\left(\frac{q_{0,G}^{\ominus}}{N}\right)^g \cdot \left(\frac{q_{0,H}^{\ominus}}{N}\right)^h}{\left(\frac{q_{0,A}^{\ominus}}{N}\right)^a \cdot \left(\frac{q_{0,D}^{\ominus}}{N}\right)^d}\right] \tag{7-222}$$

$$\ln K_p^{\ominus} = -\frac{\Delta_r G_m^{\ominus}}{RT} = \ln\left[\frac{\left(\frac{q_{0,G}^{\ominus}}{N}\right)^g \cdot \left(\frac{q_{0,H}^{\ominus}}{N}\right)^h}{\left(\frac{q_{0,A}^{\ominus}}{N}\right)^a \cdot \left(\frac{q_{0,D}^{\ominus}}{N}\right)^d}\right] - \frac{\Delta_r U_{0,m}^{\ominus}}{RT}$$

或

$$K_p^{\ominus} = \left[\frac{\left(\frac{q_{0,G}^{\ominus}}{N}\right)^g \cdot \left(\frac{q_{0,H}^{\ominus}}{N}\right)^h}{\left(\frac{q_{0,A}^{\ominus}}{N}\right)^a \cdot \left(\frac{q_{0,D}^{\ominus}}{N}\right)^d}\right] e^{-\frac{\Delta_r U_{0,m}^{\ominus}}{RT}} \tag{7-223}$$

式中各物质 $q_{0,B}$ 均指能量以相对标度的配分函数。$\Delta_r U_{0,m}^{\ominus}$ 为参与反应的物质选定同一零点

计的基态而气体压力均为标准压力情况下热力学能的差值或称 0 K 下反应能差。指数项 $e^{-\frac{\Delta_r U_{0,m}^{\ominus}}{RT}}$ 也可以表示为 $e^{-\Delta\varepsilon_0^{\ominus}/kT}$，若式(7-221) 改用 $G_m^{\ominus} = H_{0,m}^{\ominus} - RT\ln\left(\frac{q_0^{\ominus}}{N}\right)$ 表示，则上式可写成

$$K_p^{\ominus} = \left[\frac{\left(\frac{q_{0,G}^{\ominus}}{N}\right)^g \cdot \left(\frac{q_{0,H}^{\ominus}}{N}\right)^h}{\left(\frac{q_{0,A}^{\ominus}}{N}\right)^a \cdot \left(\frac{q_{0,D}^{\ominus}}{N}\right)^d}\right] e^{-\frac{\Delta_r H_{0,m}^{\ominus}}{RT}} \tag{7-224}$$

若参与反应物质的标准配分函数和反应的 $\Delta_r U_{0,m}^{\ominus}$ 或 $\Delta_r H_{0,m}^{\ominus}$ 数据为已知，应用式(7-223) 或(7-224) 可估算反应平衡常数 $K_p^{\ominus}$，至于 $\Delta_r U_{0,m}^{\ominus}$ 和 $\Delta_r H_{0,m}^{\ominus}$ 的求法，后面将讨论。而任一物质 B 的标准(全) 配分函数依析因子性质，可表示为

$$q_{0,B}^{\ominus} = q_{0,t,B}^{\ominus} \cdot q_{0,r,B} \cdot q_{0,v,B} \tag{7-225}$$

必要时尚需考虑电子配分函数和其他配分函数的贡献。按式(7-225)，将配分函数分离以后，式(7-223) 可写成

$$K_p^{\ominus} = \left[\frac{\left(\frac{q_{0,t,G}^{\ominus}}{N}\right)^g \cdot \left(\frac{q_{0,t,H}^{\ominus}}{N}\right)^h}{\left(\frac{q_{0,t,A}^{\ominus}}{N}\right)^a \cdot \left(\frac{q_{0,t,D}^{\ominus}}{N}\right)^d}\right] \left[\frac{q_{0,r,G}^g \cdot q_{0,r,H}^h}{q_{0,r,A}^a \cdot q_{0,r,D}^d}\right] \left[\frac{q_{0,v,G}^g \cdot q_{0,v,H}^h}{q_{0,v,A}^a \cdot q_{0,v,D}^d}\right] e^{-\frac{\Delta_r U_{0,m}^{\ominus}}{RT}} \tag{7-226}$$

以下讨论平动配分函数和转动配分函数的简化计算方法。

1 mol 理想气体 $V_m = \frac{RT}{p}$，在标准压力下：

$$V_m = \frac{RT}{p^{\ominus}} = \frac{RT}{10^5\ \text{Pa}}$$

由式(7-102)，注意到 $m = \frac{M}{1000L}$(L 为阿伏伽德罗常数)

$$q_{0,t}^{\ominus} = \left[\frac{(2\pi mkT)^{\frac{3}{2}}}{h^3} \cdot \frac{RT}{10^5}\right]$$

$$= \left\{\frac{\left[2\pi\left(\frac{1}{1000L}\right)k\right]^{\frac{3}{2}}}{10^5 h^3} R\right\} M^{\frac{3}{2}} \cdot T^{\frac{5}{2}}$$

上式大括号项为一常数项，其值为 1.5421×10^{22}，而 M 以 $g \cdot mol^{-1}$ 单位表示，故

$$q_{0,t}^{\ominus} = 1.5421 \times 10^{22} M^{\frac{3}{2}} \cdot T^{\frac{5}{2}} \tag{7-227}$$

$T = 298.15$ K 时：

$$q_{0,t}^{\ominus} = 2.3670 \times 10^{28} M^{\frac{3}{2}} \tag{7-228}$$

若 $N = 1$ mol L 时：

$$\left(\frac{q_{0,t}^{\ominus}}{L}\right) = 2.5607 \times 10^{-2} M^{\frac{3}{2}} \cdot T^{\frac{5}{2}} \tag{7-229}$$

$T = 298.15$ K 时：

$$\left(\frac{q_{0,t}^{\ominus}}{L}\right) = 3.9306 \times 10^{4} M^{\frac{3}{2}} \tag{7-230}$$

由以上各式可以看出，恒压下平动配分函数为摩尔质量和温度的函数，当温度固定时，仅为

摩尔质量的函数。

由式(7-114)，双原子和线性多原子分子的转动配分函数

$$q_r = q_{0,r} = \frac{T}{\sigma \Theta_r} = \frac{8\pi^2 IkT}{\sigma h^2} \quad (7\text{-}231)$$

在 SI 单位制中转动惯量 I 的单位以 $kg \cdot m^2$ 表示，常数项

$$\frac{8\pi^2 k}{h^2} = 2.4829 \times 10^{45}$$

故

$$q_{0,r} = 2.4829 \times 10^{45} \frac{IT}{\sigma} \quad (7\text{-}232)$$

$T = 298.15$ K 时：

$$q_{0,r} = 7.4026 \times 10^{47} \frac{I}{\sigma} \quad (7\text{-}233)$$

非线性多原子分子的转动配分函数表示式也可以按上述方法简化。应用简化式可使式(7-226)的计算过程简单些。

〔**例 8**〕　试由下表数据计算反应 $H_2(g) + I_2(g) \rightleftharpoons 2HI(g)$ 在 298.15 K 温度下的平衡常数($K_p^{\ominus}$)

化学物质	$M/(g \cdot mol^{-1})$	Θ_r/K	Θ_v/K	离解能 $D/(kJ \cdot mol^{-1})$
$H_2(g)$	2.016	85.3	5988	431.8
$I_2(g)$	253.81	0.0537	306.5	148.7
$HI(g)$	127.91	9.30	3209	294.8

〔**解**〕　由式(7-226)可得

$$K_p^{\ominus} = \left[\frac{\left(\frac{q_{0,t,HI}^{\ominus}}{N}\right)^2}{\left(\frac{q_{0,t,H_2}^{\ominus}}{N}\right)\left(\frac{q_{0,t,I_2}^{\ominus}}{N}\right)}\right] \cdot \left[\frac{q_{0,r,HI}^2}{q_{0,r,H_2} \cdot q_{0,t,I_2}}\right] \cdot \left[\frac{q_{0,v,HI}^2}{q_{0,v,H_2} \cdot q_{0,v,I_2}}\right] e^{-\frac{\Delta_r U_{0,m}^{\ominus}}{RT}}$$

由式(7-230)可得

$$\left[\frac{\left(\frac{q_{0,t,HI}^{\ominus}}{L}\right)^2}{\left(\frac{q_{0,t,H_2}^{\ominus}}{L}\right)\left(\frac{q_{0,t,I_2}^{\ominus}}{L}\right)}\right] = \left(\frac{M_{HI}^2}{M_{H_2} M_{I_2}}\right)^{\frac{3}{2}} = \left(\frac{127.91^2}{2.016 \times 253.81}\right)^{\frac{3}{2}}$$

$$= 180.81$$

H_2 分子摩尔质量较小，常温下 $\frac{\Theta_{r,H_2}}{T} = \frac{85.3}{298.15} = 0.286$，故需应用“摩尔荷兰”近似式计算其转动配分函数。

$$\begin{aligned} q_{0,r,H_2} &= \frac{T}{\sigma \Theta_r}\left[1 + \frac{1}{3}\left(\frac{\Theta_r}{T}\right) + \frac{1}{15}\left(\frac{\Theta_r}{T}\right)^2 + \frac{4}{315}\left(\frac{\Theta_r}{T}\right)^3\right] \\ &= \frac{298.15}{2 \times 85.3}\left[1 + \frac{1}{3}(0.286) + \frac{1}{15}(0.286)^2 + \frac{4}{315}(0.286)^3\right] \\ &= 1.92 \end{aligned}$$

$$q_{0,r,I_2}=\frac{T}{\sigma\Theta_r}=\frac{298.15}{2\times 0.0537}=2776$$

$$q_{0,r,HI}=\frac{T}{\sigma\Theta_r}=\frac{298.15}{1\times 9.30}=32.06$$

所以
$$\left[\frac{q_{0,r,HI}^2}{q_{0,r,H_2}\cdot q_{0,r,I_2}}\right]=\frac{32.06^2}{1.92\times 2776}=0.193$$

$$\left[\frac{q_{0,v,HI}^2}{q_{0,v,H_2}\cdot q_{0,v,I_2}}\right]=\frac{(1-e^{-\frac{\Theta_{v,HI}}{T}})^{-2}}{(1-e^{-\frac{\Theta_{v,H_2}}{T}})^{-1}(1-e^{-\frac{\Theta_{v,I_2}}{T}})^{-1}}$$
$$=\frac{(1-e^{-\frac{3209}{298.15}})^{-2}}{(1-e^{-\frac{5998}{298.15}})^{-1}(1-e^{-\frac{306.5}{298.15}})^{-1}}$$
$$=\frac{1}{1\times 1.557}=0.642$$

又因为

$$-\Delta_r U_{0,m}^{\ominus}=\Delta D$$
$$=2D_{HI}-D_{H_2}-D_{I_2}$$
$$=2\times 294.8-431.8-148.7$$
$$=9.10\ J\cdot mol^{-1}=9100\ J\cdot mol^{-1}$$

所以
$$e^{-\frac{\Delta_r U_{m,0}^{\ominus}}{RT}}=e^{\frac{9100}{8.314}\times 298.15}=39.3$$
而

$$K_p^{\ominus}=180.81\times 0.193\times 0.642\times 39.3=880$$

〔例 9〕 计算以下离解反应在 1000 K 温度下的平衡常数 $K_p^{\ominus}$：

$$Na_2(g)\rightleftharpoons 2Na(g)$$

已知 $Na_2(g)$ 的离解能 $D=10.73\ eV=70.4\ kJ\cdot mol^{-1}$，核间平衡距离为 0.3078 nm，振动特征频率(以波数表示)为 $159.2\ cm^{-1}$，电子基态为单重态 $g_{e,0}=1$。Na 原子电子基态为双重态 $g_{e,0}=2$，Na 的原子量为 $22.99\ g\cdot mol^{-1}$。

〔解〕 Na 为单原子分子，仅有平动及电子自由度；Na_2 为双原子分子，具有平动、转动、振动和电子自由度。故

$$K_p^{\ominus}=\left[\frac{\left(\frac{q_{0,t,Na}^{\ominus}}{N}\right)^2}{\left(\frac{q_{0,t,Na_2}^{\ominus}}{N}\right)}\right]\cdot\left(\frac{1}{q_{0,r,Na_2}}\right)\cdot\left(\frac{1}{q_{0,v,Na_2}}\right)\cdot\left(\frac{q_{0,e,Na}^2}{q_{0,e,Na_2}}\right)\cdot\exp\left(-\frac{\Delta_r U_{0,m}^{\ominus}}{RT}\right)$$

由式(7-229)得

$$\left[\frac{\left(\frac{q_{0,t,Na}^{\ominus}}{L}\right)^2}{\frac{q_{0,t,Na_2}^{\ominus}}{L}}\right]=\frac{(2.5607\times 10^{-2}M_{Na}^{\frac{3}{2}}\cdot T^{\frac{5}{2}})^2}{(2.5607\times 10^{-2}M_{Na_2}^{\frac{3}{2}}\cdot T^{\frac{5}{2}})}$$
$$=2.5607\times 10^{-2}\frac{M_{Na}^3}{M_{Na_2}^{\frac{3}{2}}}\cdot T^{\frac{5}{2}}$$
$$=2.5607\times 10^{-2}\frac{(22.99)^3}{(45.98)^{\frac{3}{2}}}\times 1000^{\frac{5}{2}}$$
$$=3.164\times 10^7$$

$$q_{r,Na_2} = 2.4829 \times 10^{45} \frac{I \cdot T}{\sigma}$$

因为
$$T = 1000\ K, \sigma = 2$$

$$I = \mu r_e^2 = \left(\frac{m_{Na} \cdot m_{Na}}{m_{Na} + m_{Na}}\right) r_e^2 = \left(\frac{1}{2} m_{Na}\right) r_e^2$$
$$= \frac{1}{2} \cdot \left(\frac{M_{Na}}{1000L}\right) \cdot r_e^2$$
$$= 1.808 \times 10^{-45}\ kg \cdot m^2$$

所以
$$q_r = 2.4829 \times 10^{45} \frac{1.808 \times 10^{-45} \times 1000}{2}$$
$$= 2244$$

由式(7-127)得
$$q_{v,Na} = (1 - e^{-\frac{hc\tilde{\nu}}{kT}})^{-1}$$
$$= (1 - e^{\frac{-6.626 \times 10^{-34} \times 2.9979 \times 10^{8} \times 159.2 \times 10^{2}}{1.3807 \times 10^{-23} \times 1000}})^{-1}$$
$$= (1 - e^{0.229})^{-1} = 4.89$$
$$\left(\frac{q_{e,Na}^2}{q_{e,Na_2}}\right) = \left(\frac{g_{e,Na}^2}{g_{e,Na_2}}\right) = \left(\frac{2}{1}\right)^2 = 4$$
$$\Delta_r U_{m,0}^{\ominus} = -\Delta D = -2D_{Na} + D_{Na_2}$$
$$= -2 \times 0 + D_{Na_2} = D_{Na_2}$$

所以
$$\exp\left(-\frac{\Delta_r U_{0,m}^{\ominus}}{RT}\right) = \exp\left(-\frac{D_{Na_2}}{RT}\right) = \exp\left(-\frac{70.4 \times 10^3}{8.314 \times 1000}\right)$$
$$= \exp(-8.47) = 2.10 \times 10^{-4}$$
$$K_p^{\ominus} = 3.164 \times 10^7 \times \left(\frac{1}{2244}\right) \times \left(\frac{1}{4.89}\right) \times 4 \times (2.10 \times 10^{-4})$$
$$= 2.42$$

7.10.2　标准摩尔 Gibbs 自由能函数和标准摩尔焓函数

由式(7-221)，理想气体的 $G_{m,T}^{\ominus}$ 的统计热力学表达式
$$\left(\frac{G_{m,T}^{\ominus} - H_{0,m}^{\ominus}}{T}\right) = \left(\frac{G_{m,T}^{\ominus} - U_{0,m}^{\ominus}}{T}\right) = -R\ln\left(\frac{q_0^{\ominus}}{N}\right)$$
等式左端$\left(\frac{G_{m,T}^{\ominus} - U_{0,m}^{\ominus}}{T}\right)$或$\left(\frac{G_{m,T}^{\ominus} - H_{0,m}^{\ominus}}{T}\right)$称标准摩尔 Gibbs 自由能函数，反应的 $\Delta_r G_m^{\ominus}$ 与这个函数具有如下关系：
$$\Delta_r G_m^{\ominus} = T\Delta\left(\frac{G_{m,T}^{\ominus} - H_{0,m}^{\ominus}}{T}\right) + \Delta_r H_{0,m}^{\ominus} = T\sum \nu_B \left(\frac{G_{m,T}^{\ominus} - H_{m,0}^{\ominus}}{T}\right)_B + \Delta_r H_{0,m}^{\ominus} \quad (7\text{-}234)$$
例如，反应 $H_2(g) + I_2(g) \rightleftharpoons 2HI(g)$
$$\Delta_r G_m^{\ominus} = 2G_{m,T,HI}^{\ominus} - G_{m,T,H_2}^{\ominus} - G_{m,T,I_2}^{\ominus}$$
$$= T\left[2\left(\frac{G_{m,T}^{\ominus} - H_{0,m}^{\ominus}}{T}\right)_{HI} - \left(\frac{G_{m,T}^{\ominus} - H_{0,m}^{\ominus}}{T}\right)_{H_2} - \left(\frac{G_{m,T}^{\ominus} - H_{0,m}^{\ominus}}{T}\right)_{I_2}\right]$$
$$+ \left[2H_{0,m,HI}^{\ominus} - H_{0,m,H_2}^{\ominus} - H_{0,m,I_2}^{\ominus}\right]$$
$$= T\Delta\left(\frac{G_{m,T}^{\ominus} - H_{0,m}^{\ominus}}{T}\right) + \Delta_r H_{0,m}^{\ominus}$$

式(7-234)中 $\Delta\left(\frac{G_{m,T}^{\ominus}-H_{0,m}^{\ominus}}{T}\right)$ 为产物的标准摩尔 Gibbs 自由能函数与反应物的标准摩尔 Gibbs 自由能函数之差。$\Delta_r H_{0,m}^{\ominus}$ 为 0 K 时反应在标准压力下的摩尔焓变。

当 N 等于阿伏加德罗常数 L,并只考虑平动(t)配分函数时:

$$\left(\frac{G_{m,T}^{\ominus}-H_{0,m}^{\ominus}}{T}\right)_t=-R\ln\left(\frac{q_{0,t}^{\ominus}}{L}\right) \tag{7-235}$$

而考虑内配分函数 q_{int}(如 q_r、q_v 等)时有

$$\left(\frac{G_{m,T}^{\ominus}-H_{0,m}^{\ominus}}{T}\right)_{int}=-R\ln q_{0,int} \tag{7-236}$$

综合考虑,则有

$$\left(\frac{G_{m,T}^{\ominus}-H_{0,m}^{\ominus}}{T}\right)=\left(\frac{G_{m,T}^{\ominus}-H_{0,m}^{\ominus}}{T}\right)_t+\left(\frac{G_{m,T}^{\ominus}-H_{0,m}^{\ominus}}{T}\right)_r+\left(\frac{G_{m,T}^{\ominus}-H_{0,m}^{\ominus}}{T}\right)_v+\cdots \tag{7-237}$$

显然,由配分函数可计算 Gibbs 自由能函数。Gibbs 自由能函数数据从手册或专著中查表获得,这样由式(7-234)可计算出反应的 $\Delta_r G_m^{\ominus}$,从而得到反应的平衡常数。但计算涉及 $\Delta_r H_{0,m}^{\ominus}$,此量对于简单分子,可从光谱数据获得。若定义"标准摩尔焓函数"$\left(\frac{H_{m,T}^{\ominus}-H_{0,m}^{\ominus}}{T}\right)$,则也可由下式估算:

$$\begin{aligned}\Delta_r H_{0,m}^{\ominus}&=\Delta_r H_{m,T}^{\ominus}-T\Delta\left(\frac{H_{m,T}^{\ominus}-H_{0,m}^{\ominus}}{T}\right)\\&=\sum\nu_B\Delta_f H_{m,T}^{\ominus}(B)-T\sum\nu_B\left(\frac{H_{m,T}^{\ominus}-H_{0,m}^{\ominus}}{T}\right)_B\end{aligned} \tag{7-238}$$

298.15 K 时:

$$\Delta_r H_{0,m}^{\ominus}=\Delta_r H_{m,298}^{\ominus}-298\Delta\left(\frac{H_{m,298}^{\ominus}-H_{0,m}^{\ominus}}{298}\right) \tag{7-239}$$

其中 $\Delta_r H_{m,298}^{\ominus}$ 自热化学数据求算,而焓函数自配分函数求算。对于理想气体

$$H_{m,T}^{\ominus}-H_{0,m}^{\ominus}=(U_{m,T}^{\ominus}-U_{0,m}^{\ominus})+pV_m=RT^2\left(\frac{\partial\ln q_0}{\partial T}\right)_{V,N}+RT$$

其中 $q_0=q_{0,t}^{\ominus}\cdot q_{0,r}\cdot q_{0,v}\cdots$ 而焓函数与配分函数关系为

$$\begin{aligned}\left(\frac{H_{m,T}^{\ominus}-H_{0,m}^{\ominus}}{T}\right)&=RT\left(\frac{\partial\ln q_0}{\partial T}\right)_{V,N}+R\\&=\left(\frac{H_{T,m}^{\ominus}-H_{0,m}^{\ominus}}{T}\right)_t+\left(\frac{H_{T,m}^{\ominus}-H_{0,m}^{\ominus}}{T}\right)_r+\left(\frac{H_{T,m}^{\ominus}-H_{0,m}^{\ominus}}{T}\right)_v\end{aligned} \tag{7-240}$$

〔例 10〕 由下表数据计算反应 $H_2(g)+I_2(g) \rightleftharpoons 2HI(g)$ 在 298.15 K 温度下的平衡常数($K_p^{\ominus}$)

反应物质($T=298.15$ K)	$H_2(g)$	$I_2(g)$	HI(g)
$\left(\frac{G_{m,T}^{\ominus}-H_{0,m}^{\ominus}}{T}\right)/(J\cdot K^{-1}\cdot mol^{-1})$	−102.17	−226.69	−177.40
$\Delta_f H_{0,m}^{\ominus}/(kJ\cdot mol^{-1})$	0	65.10	28.0

〔解〕　由公式

$$\Delta_r G_m^{\ominus} = T\Delta\left(\frac{G_{m,T}^{\ominus}-H_{0,m}^{\ominus}}{T}\right)+\Delta_r H_{0,m}^{\ominus}$$

$$= T\left[2\left(\frac{G_{m,T}^{\ominus}-H_{0,m}^{\ominus}}{T}\right)_{HI}-\left(\frac{G_{m,T}^{\ominus}-H_{0,m}^{\ominus}}{T}\right)_{H_2}-\left(\frac{G_{m,T}^{\ominus}-H_{0,m}^{\ominus}}{T}\right)_{I_2}\right]$$

$$+[2(\Delta_f H_{0,m}^{\ominus})_{HI}-(\Delta_f H_{0,m}^{\ominus})_{H_2}-(\Delta_f H_{0,m}^{\ominus})_{I_2}]$$

$$= 298.15[2(-177.40)-(-102.17)-(-226.69)]+[2\times 28.0-0-65.10]\times 10^3$$

$$= -16800\ \mathrm{J\cdot mol^{-1}}$$

$$\ln K_p^{\ominus} = -\frac{\Delta_r G_m^{\ominus}}{RT} = \frac{-(-16800)}{8.314\times 298.15} = 6.78$$

所以 $K_p^{\ominus} = 880$。

〔例11〕　由下表数据计算反应 $H_2(g)+I_2(g) \rightleftharpoons 2HI(g)$ 的 $\Delta_r H_{0,m}^{\ominus}$

反应物质	$H_2(g)$	$I_2(g)$	$HI(g)$
$(H_{m,298}^{\ominus}-H_{0,m}^{\ominus})/(\mathrm{kJ\cdot mol^{-1}})$	8.468	10.117	8.657
$\Delta_f H_{m,298}^{\ominus}/(\mathrm{kJ\cdot mol^{-1}})$	0	62.43	25.94

〔解〕

$$\Delta_r H_{0,m}^{\ominus} = \Delta_r H_{298,m}^{\ominus} - 298.15\times\Delta\left(\frac{H_{m,298.15}^{\ominus}-H_{0,m}^{\ominus}}{298.15}\right)$$

$$= [2(\Delta_f H_{m,298}^{\ominus})_{HI}-(\Delta_f H_{m,298}^{\ominus})_{H_2}-(\Delta_f H_{m,298}^{\ominus})_{I_2}]$$

$$-298.15\left[2\left(\frac{H_{m,298}^{\ominus}-H_{0,m}^{\ominus}}{298.15}\right)_{HI}-\left(\frac{H_{m,298}^{\ominus}-H_{0,m}^{\ominus}}{298.15}\right)_{H_2}-\left(\frac{H_{m,298}^{\ominus}-H_{0,m}^{\ominus}}{298.15}\right)_{I_2}\right]$$

$$= [2\times 25.94-0-62.43]-298.15\times\left[2\times\frac{8.657}{298.15}-\frac{8.468}{298.15}-\frac{10.117}{298.15}\right]$$

$$= -9.2\ \mathrm{kJ\cdot mol^{-1}}$$

（本题若用 $\Delta_f H_{0,m}^{\ominus}$ 数据计算，则结果为 $-9.1\ \mathrm{kJ\cdot mol^{-1}}$）

7.11　统计热力学应用四——热力学定律的统计诠释

本节从统计热力学的观点来诠释经典热力学的三个定律和有关概念，理解这些热物理定律和概念的微观本质。

7.11.1　热力学第一定律的统计诠释

对于恒定组成的封闭体系发生的无限小的可逆变化（元过程），经典热力学第一定律的数学表述为：

$$dU = \delta Q_R + \delta W_R \tag{2-8}$$

其中，dU 为元过程热力学能增量，是全微分；δQ_R、δW_R 分别称为“可逆元热”“可逆元功”，它们的数值与过程所取途径有关，只有途径决定之后，才能积分。从式(2-8) 可知，封闭体系的热力学能的改变一定是体系与环境交换热量和功的结果。如果 $dU = \delta Q_R$，对应绝功过程；$dU = \delta W_R$，则对应绝热过程。

从统计热力学的观点，热力学能是体系中所有粒子无规则运动的能量总和。对于总粒子数为 N 的独立子体系，有

$$U = \sum_i n_i \varepsilon_i \tag{7-241}$$

其中，n_i、ε_i 分别为能级 i 上的粒子数及能量，求和号表示对所有能级求和。

对式(7-241) 求微分得

$$dU = \sum_i \varepsilon_i dn_i + \sum_i n_i d\varepsilon_i \tag{7-242}$$

从式(7-242) 可知，体系热力学能的改变由两部分组成：(1) 粒子在能级上分布数的改变，即粒子数改变项 $\sum_i \varepsilon_i dn_i$；(2) 能级的升高或降低，即能级改变项 $\sum_i n_i d\varepsilon_i$。对比式(2-8)，上述两项，一项与热量有关，另一项与功有关。考虑到体系粒子的能级与外参量有关(例如，粒子在三维势阱的平动能级与势阱的长、宽、高有关)，推断 $\sum_i n_i d\varepsilon_i$ 项相当于功。论证如下：

假设体系只做体积功(即体积是唯一的外参量)，那么能级只是体积 V 的函数，即 $\varepsilon_i = \varepsilon_i(V)$，故

$$d\varepsilon_i = \left(\frac{\partial \varepsilon_i}{\partial V}\right)_{T,N} dV$$

则

$$\sum_i n_i d\varepsilon_i = \sum_i n_i \left(\frac{\partial \varepsilon_i}{\partial V}\right)_{T,N} dV \tag{7-243}$$

根据 Maxwell-Boltzmann 分布公式

$$\frac{n_i}{N} = \frac{g_i e^{-\varepsilon_i/kT}}{\sum_i g_i e^{-\varepsilon_i/kT}} \tag{7-43a}$$

有

$$\frac{n_i}{Ng_i} = \frac{e^{-\varepsilon_i/kT}}{q} \tag{7-244}$$

其中，$q = \sum_i g_i e^{-\varepsilon_i/kT}$ 为单粒子配分函数。

将式(7-244) 两边取对数，移项、整理得：

$$\varepsilon_i = -kT\left[\ln\left(\frac{n_i}{Ng_i}\right) + \ln q\right] \tag{7-245}$$

将式(7-245) 两边对 V 求偏导，由于 n_i、N、g_i 不是 V 的函数，有

$$\left(\frac{\partial \varepsilon_i}{\partial V}\right)_{T,N} = -kT\left(\frac{\partial \ln q}{\partial V}\right)_{T,N} \tag{7-246}$$

离域子体系压强与配分函数的关系为

$$p = NkT\left(\frac{\partial \ln q}{\partial V}\right)_{T,N} \tag{7-175}$$

比较式(7-246) 与式(7-175)，得

$$\left(\frac{\partial \varepsilon_i}{\partial V}\right)_{T,N} = -\frac{p}{N} \tag{7-247}$$

将式(7-247)代入式(7-243)得

$$\begin{aligned}\sum_i n_i \mathrm{d}\varepsilon_i &= -\sum_i n_i \frac{p}{N}\mathrm{d}V \\ &= -p\mathrm{d}V = \delta W_{\mathrm{R}}\end{aligned} \tag{7-248}$$

由此可说明，能级改变项 $\sum_i n_i \mathrm{d}\varepsilon_i$ 可以理解为，在保持粒子的能级分布数不变时，使能级从 ε_i 改变到 $\varepsilon_i + \mathrm{d}\varepsilon_i$ 时环境对体系所做的功。由式(7-248)，可逆功的统计表达式为

$$\delta W_{\mathrm{R}} = \sum_i n_i \mathrm{d}\varepsilon_i = -NkT\left(\frac{\partial \ln q}{\partial V}\right)_{T,N}\mathrm{d}V \tag{7-249}$$

从统计观点看，环境对体系所做功的意义是仅仅改变粒子的能级。若提高粒子的能级，环境对体系做功；若降低粒子的能级，体系对环境做功。例如，从平动能 $\varepsilon_i = (h^2/8mV^{2/3})(n_{x,i}^2 + n_{y,i}^2 + n_{z,i}^2)$ 看出，膨胀时体系对外做功，V 增加，ε_i 降低。保持粒子数不变而改变能级，是一绝热做功过程。

既然 $\sum_i n_i \mathrm{d}\varepsilon_i$ 代表功的变化，$\sum_i \varepsilon_i \mathrm{d}n_i$ 就代表热量的变化。

$$\delta Q_{\mathrm{R}} = \sum_i \varepsilon_i \mathrm{d}n_i = -kT\sum_i\left[\ln\left(\frac{n_i}{Ng_i}\right) + \ln q\right]\mathrm{d}n_i \tag{7-250}$$

从统计观点看，热量的意义是，粒子的能级 ε_i 不变(即体系的外参量保持不变)，仅仅把粒子的能级分布数 n_i 改变为 $n_i + \mathrm{d}n_i$，从而引起体系热力学能的变化。提高粒子能级分布数时(即高能级上的粒子数增加，低能级上的粒子数减少)，体系从环境吸热；反之，降低粒子能级分布数时，体系对环境放热。保持粒子能级不变，仅改变能级分布数的过程是等容过程。

图7-14示意了从微观角度看可逆热和功对体系热力学能的影响。由图可见，可逆热传递的效果在能级固定不变基础上，使体系中粒子于各能级中重新分布，而可逆功的效果是在粒子分布数不变的基础上，使粒子能级发生规则性的变化。式(7-249)和(7-250)分别为可逆功和热的统计表达式，根据粒子的配分函数可以对其进行计算。

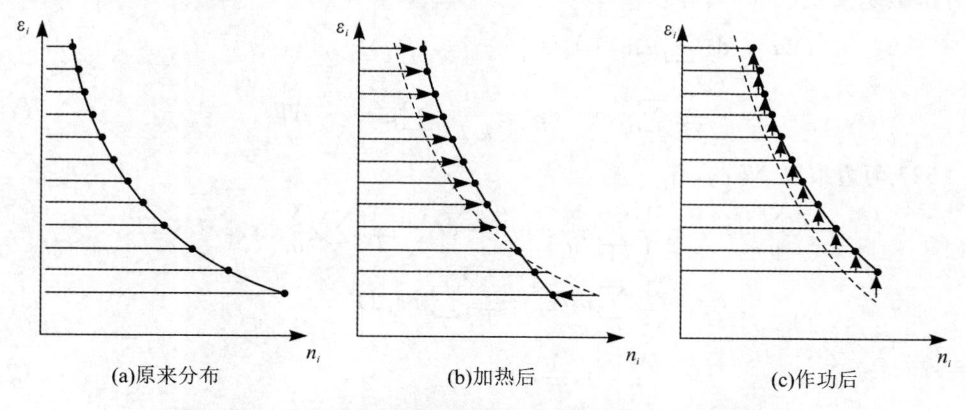

图7-14　从微观角度看可逆热和功对体系热力学能的影响

7.11.2 熵与热力学第二定律的统计诠释

在经典热力学中由$\oint \frac{\delta Q_R}{T} = 0$定义了熵，熵变等于可逆过程热温商：

$$dS = \frac{\delta Q_R}{T} \tag{3-25}$$

克劳修斯不等式

$$dS \geqslant \frac{\delta Q_R}{T} \tag{3-31b}$$

被认为是热力学第二定律的最普遍的数学表达式。式(3-31b)中，“>”代表不可逆过程，“=”代表可逆过程。引入热力学函数熵之后，热力学第二定律也可表述为“熵增加定理”：在隔离体系和绝热过程中，无论发生任何不可逆反应，体系的熵值总是增加，而当达到熵值最大状态时，体系处于平衡状态。

本小节从统计热力学熵与配分函数的关系式出发推导式(3-25)、熵与粒子在能级的分布概率及熵与体系微观状态数的关系。

熵变与可逆过程热温商关系式的推导

思路：从熵与微观粒子配分函数关系式(7-159b)出发，两边取微分，运用微分公式及代入配分函数定义式(7-40)、元功的统计表达式(7-248)进行运算、整理。

由式

$$S = \frac{U}{T} + Nk\ln q \tag{7-159b}$$

两边微分，得

$$dS = \frac{1}{T}dU - \frac{U}{T^2}dT + \frac{Nk}{q}dq \tag{7-251}$$

由配分函数定义式(7-40)，有

$$\begin{aligned} dq &= d\left(\sum_i g_i e^{-\frac{\varepsilon_i}{kT}}\right) \\ &= -\frac{1}{kT}\sum_i g_i e^{-\frac{\varepsilon_i}{kT}} d\varepsilon_i + \frac{1}{kT^2}\sum_i g_i \varepsilon_i e^{-\frac{\varepsilon_i}{kT}} dT \end{aligned} \tag{7-252}$$

式(7-252)两边乘以Nk/q，有

$$\begin{aligned} \frac{Nk}{q}dq &= -\frac{1}{T}\sum_i \frac{N}{q} g_i e^{-\frac{\varepsilon_i}{kT}} \cdot d\varepsilon_i + \frac{1}{T^2}\sum_i \frac{N}{q} g_i \varepsilon_i e^{-\frac{\varepsilon_i}{kT}} \cdot dT \\ &= -\frac{1}{T}\sum_i n_i d\varepsilon_i + \frac{1}{T^2}\sum_i n_i \varepsilon_i dT \\ &= -\frac{\delta W_R}{T} + \frac{1}{T^2}dT \end{aligned} \tag{7-253}$$

式(7-253)推导过程中使用了元功的统计表达式(7-248)。

将式(7-253)代入式(7-251)，得

$$\mathrm{d}S=\frac{\mathrm{d}U}{T}-\frac{U}{T^2}\mathrm{d}T-\frac{\delta W_{\mathrm{R}}}{T}+\frac{1}{T^2}\mathrm{d}T$$

$$=\frac{1}{T}(\mathrm{d}U-\delta W_R)=\frac{\delta Q_{\mathrm{R}}}{T} \qquad (3\text{-}25)$$

证毕。

熵与概率的关系

思路：从熵与配分函数的关系式(7-156) 出发，基于粒子量子态求和的配分函数表达式，定义粒子在第 i 个量子态的概率，推导出熵与概率的关系。

为便于讨论，基于粒子量子态求和的配分函数表达式(7-41)

$$q=\sum_i^{\text{量子态}}\mathrm{e}^{-\frac{\varepsilon_i}{kT}}$$

那么，微观粒子在第 i 个量子态出现的概率定义为

$$P_i=\frac{n_i}{N}=\frac{\mathrm{e}^{-\frac{\varepsilon_i}{kT}}}{q} \qquad (7\text{-}254)$$

由熵与配分函数的关系式(7-156)，得

$$S=NkT\left(\frac{\partial\ln q}{\partial T}\right)_{V,N}+Nk\ln q$$

$$=Nk\left(\frac{1}{kT}\frac{\sum_i\varepsilon_i\mathrm{e}^{-\frac{\varepsilon_i}{kT}}}{q}+\frac{\sum_i\mathrm{e}^{-\frac{\varepsilon_i}{kT}}\ln q}{q}\right)$$

$$=Nk\left(\frac{1}{kT}\frac{\sum_i n_i\varepsilon_i}{N}+\frac{\sum_i n_i}{N}\ln q\right)$$

$$=Nk\sum_i\frac{n_i}{N}\left(\frac{\varepsilon_i}{kT}+\ln q\right) \qquad (7\text{-}255)$$

对(7-254) 两边取自然对数，有

$$-\ln P_i=-\ln\frac{n_i}{N}=\frac{\varepsilon_i}{kT}+\ln q \qquad (7\text{-}256)$$

将式(7-256) 代入式(7-255)，得到熵与概率的关系式为：

$$S=-Nk\sum_i P_i\ln P_i \qquad (7\text{-}257)$$

玻尔兹曼熵公式的推导

在第三章我们已经利用熵的加和性及概率的性质推导了玻尔兹曼熵公式，这里从体系的热力学概率出发，应用 Stirling 公式来推导。

在 7.3 节我们已经论证，对于近独立子体系，最概然分布可以代表平衡分布，最概然分布的微观状态数(即热力学概率) 可以近似同于体系的所有分布的微观状态数之和(摘取最大项原理)。

对于定域的独立子体系，最概然分布的热力学概率可以表达为

$$W_{max}=\frac{N!}{\prod_i n_i!} \tag{7-5}$$

这里，n_i 代表第 i 个量子态上的粒子数，因此，不存在能级简并度。

对(7-5)两边取对数，应用 Stirling 公式，有

$$\begin{aligned}\ln W_{max} &= \ln N! - \ln\ln n_i! \\ &= N\ln N - N - \sum_i n_i \ln n_i + \sum_i n_i \\ &= N\ln N - \sum_i n_i \ln n_i \\ &= -N\sum_i\left(\frac{n_i}{N}\right)\ln\left(\frac{n_i}{N}\right) \\ &= -N\sum_i P_i \ln P_i \end{aligned} \tag{7-258}$$

将式(7-258)代入式(7-257)，得

$$S = k\ln W_{max} \tag{7-259}$$

式(7-259)就是著名的玻尔兹曼熵公式。

因为 $n_i/N<1$，$\ln P_i$ 恒为负值，故熵 S 恒为正值。熵增加定理反映了自然界自发过程总是由概率小的状态自发地朝概率大的状态过渡，直至达到指定条件下的最大概率状态(即平衡状态)。

7.11.3 热力学第三定律

前已述及，熵取决于体系中最概然分布的微观状态数：

$$S = k\ln W_{max}$$

随着温度降低，体系中可实现的能级数减少，W_{max} 随之减少，而当温度趋于0 K时，若为完整晶体，则其排列方式仅有一种，$W_{max}=1$，而

$$S_0 = 0$$

故完整晶体在绝对零度时熵值为零。

熵值可由光谱数据计算或由量热法实验获得。两法所得结果有时候并不一致。产生这种偏差的原因，有时是实验中忽略了某些相变过程，多数情况则是由于固体在0 K时熵值不等于零所引起。

固体在0 K时熵值偏离零的数值，称为"余熵"。许多分子如 NO、N_2O、CH_3D、H_2O、$FClO_3$ 等都测出余熵的存在。例如 N_2O 的余熵为 4.9 $J\cdot K^{-1}\cdot mol^{-1}$。这种现象可解释为0 K时 N_2O 固体并非完整晶体，晶体中 N_2O、ON_2 两种反向排列形式以同等机会存在，对一分子而言 $W_i=2$，而1摩尔物质 $W=\prod W_i=2^L$，$S=k\ln W=k\ln 2^L=R\ln 2=5.7\ J\cdot K^{-1}\cdot mol^{-1}$，实验值颇为接近。过去测出 CO 标准熵偏差为 4.7 $J\cdot K^{-1}\cdot mol^{-1}$，也曾误认为是由于存在 CO、OC 两种不同排列方向而产生了余熵，近来则由实验肯定这一偏差是由于忽略了低温下相变过程而引起的。

7.12 系综原理简介

前面介绍了独立子体系的统计理论和应用，采用的是状态统计平均。然而，状态统计平均（比如 Boltzmann 统计）只适用于理想气体和理想晶体。而实际的气体、液体、固体等不能近似视为独立子体系，分子间的相互作用能不可忽略，甚至可能与分子的动能同一数量级，因而，一个分子的能量与其他分子的行为有关，体系的总能量不再是每个粒子能量之和。此时，只有研究整个体系的行为才是可行的。此外，一切实际体系无论如何都不是完全孤立的，总是与环境发生作用。为了克服独立子统计理论的局限性，吉布斯于 1902 年建立了统计系综理论，将统计单位扩展到整个体系，从而使统计力学不仅能处理独立子体系，也能处理相依粒子体系。

7.12.1 统计系综及系综分类

统计系综

系综是为了求统计平均而引入的概念，是大量彼此独立的拷贝体系的集合。拷贝体系与所研究体系（亦称标本体系）的宏观约束条件完全相同，但其微观状态却彼此不同。统计系综关注的不是单个体系的一切可及微观态，而是假想标本体系和每一拷贝体系各处在某一个特定的可及微观态，因而将满足一定宏观约束下对体系的一切可及微观态相应微观量的统计平均，转化成满足相同宏观条件下对大量独立拷贝体系微观量的统计平均，即统计系综的平均。

假设系综的 N 个拷贝体系中有 N_i 个体系处在第 i 个可及微观状态上，那么体系处在微观态 i 的概率为

$$P_i = \frac{N_i}{N} \tag{7-260}$$

体系微观量 a 的系综平均值为

$$\bar{a} = \sum_i P_i a_i \tag{7-261}$$

其中，a_i 为微观量 a 在微观态 i 上的值。

系综的能量是各拷贝体系的能量之和，但拷贝体系之间允许有能量交换和物质交换。每一个拷贝体系内包含什么内容没有限制，可以是多相的，可以含有相互作用的粒子。在系综中，拷贝体系的数目是任意大的，因此不论我们将系综分成几个小部分，对每一小部分均可以用 Stirling 公式，而不会引起明显误差。系综可视作一个孤立体系，因此可以应用等概率原理和玻尔兹曼熵定律。

系综分类

根据所研究体系的宏观约束条件不同，可以有各种各样的系综，最常用的三种系综为：

(1) 微正则系综(micro-canonical ensemble)

由 U、V、N 恒定的孤立体系所组成的系综称为微正则系综。

(2) 正则系综(canonical ensemble)

由 T、V、N 恒定的封闭体系所组成的系综称为正则系综。

(3) 巨正则系综(grand-canonical ensemble)

由 T、V、μ 恒定的敞开体系所组成的系综称为巨正则系综。

7.12.2 微正则系综

微正则系综由粒子数 N、内能 U、体系 V 恒定的相互独立的孤立体系组成。对于平衡态孤立体系,其各个可能达到的微观量子态出现的概率彼此相等。令 Ω 为孤立体系平衡态在 $N,V,U \to U+\Delta U$ 的总微观状态数,那么依据等概率原理,体系处于量子态 i 的概率为

$$P_i = \frac{1}{\Omega} \tag{7-262}$$

对于全同粒子体系,微观状态数 Ω 是宏观态变量的函数,即 $\Omega = \Omega(N,U,V)$。

微正则系综的热力学函数的求解方法是:(1) 求出体系的可及微观状态数 $\Omega(N,V,U)$;(2) 由 Boltzmann 熵定律求出体系熵 $S = k\ln\Omega(N,V,U)$;(3) 利用熵 S 是状态变量 N、V、U 的特性函数,求得体系的所有热力学函数,例如

$$p = T\left(\frac{\partial S}{\partial V}\right)_{N,U}$$

(4) 或者由 Boltzmann 熵定律解出 $U = U(N,S,V)$,根据 U 是以 N、S、V 为状态变量的特性函数求出全部的热力学函数,例如

$$C_V = \left(\frac{\partial S}{\partial V}\right)_{N,U}$$

拓展阅读 7-3　推导 Ω 与热力学量的关系

将 N、V、U 恒定的孤立体系 E 分割为两个弱相互作用子体系 E_1 和 E_2(如图 7-15 所示),其中两子体系的粒子数、体积、内能、微态数分别为 N_1、V_1、U_1、Ω_1 及 N_2、V_2、U_2、Ω_2,并且,$N_1+N_2=N$,$V_1+V_2=V$,$U_1+U_2=U$,$\Omega_1\Omega_2=\Omega$。假设孤立体系处于平衡态时微观状态数最大,Ω 取最大值的必要条件为

$$\delta\Omega = \delta\{\Omega_1(N_1,V_1,U_1)\Omega_2(N_2,V_2,U_2)\} \tag{7-263}$$

N_1,V_1,U_1,Ω_1	N_2,V_2,U_2,Ω_2

图 7-15　两个子体系组成的孤立体系

考虑到 N_1、V_1、U_1 为独立变量,上式可写为

$$\left(\frac{\partial\Omega_1}{\partial N_1}\Omega_2+\Omega_1\frac{\partial\Omega_2}{\partial N_2}\frac{\partial N_2}{\partial N_1}\right)\delta N_1+\left(\frac{\partial\Omega_1}{\partial V_1}\Omega_2+\Omega_1\frac{\partial\Omega_2}{\partial V_2}\frac{\partial V_2}{\partial V_1}\right)\delta V_1+\left(\frac{\partial\Omega_1}{\partial U_1}\Omega_2+\Omega_1\frac{\partial\Omega_2}{\partial U_2}\frac{\partial U_2}{\partial U_1}\right)\delta U_1 = 0 \tag{7-264}$$

由于 $N_1+N_2=N, V_1+V_2=V, U_1+U_2=U$，这意味着 $\partial N_1=-\partial N_2, \partial V_1=-\partial V_2, \partial U_1=-\partial U_2$，因此，式(7-264) 即为

$$\left(\frac{\partial \Omega_1}{\partial N_1}\Omega_2-\Omega_1\frac{\partial \Omega_2}{\partial N_2}\right)\delta N_1+\left(\frac{\partial \Omega_1}{\partial V_1}\Omega_2-\Omega_1\frac{\partial \Omega_2}{\partial V_2}\right)\delta V_1+\left(\frac{\partial \Omega_1}{\partial U_1}\Omega_2-\Omega_1\frac{\partial \Omega_2}{\partial U_2}\right)\delta U_1=0 \tag{7-265}$$

用 $\Omega_1\Omega_2$ 除上式，得

$$\left(\frac{1}{\Omega_1}\frac{\partial \Omega_1}{\partial N_1}-\frac{1}{\Omega_2}\frac{\partial \Omega_2}{\partial N_2}\right)\delta N_1+\left(\frac{1}{\Omega_1}\frac{\partial \Omega_1}{\partial V_1}-\frac{1}{\Omega_2}\frac{\partial \Omega_2}{\partial V_2}\right)\delta V_1+\left(\frac{1}{\Omega_1}\frac{\partial \Omega_1}{\partial U_1}-\frac{1}{\Omega_2}\frac{\partial \Omega_2}{\partial U_2}\right)\delta U_1=0 \tag{7-266}$$

即

$$\left(\frac{\partial \ln\Omega_1}{\partial N_1}-\frac{\partial \ln\Omega_2}{\partial N_2}\right)\delta N_1+\left(\frac{\partial \ln\Omega_1}{\partial V_1}-\frac{\partial \ln\Omega_2}{\partial V_2}\right)\delta V_1+\left(\frac{\partial \ln\Omega_1}{\partial U_1}-\frac{\partial \ln\Omega_2}{\partial U_2}\right)\delta U_1=0 \tag{7-267}$$

子体系 E_1 和 E_2 达到平衡的条件为

$$\left(\frac{\partial \ln\Omega_1}{\partial N_1}\right)_{U_1,V_1}=\left(\frac{\partial \ln\Omega_2}{\partial N_2}\right)_{U_2,V_2} \tag{7-268}$$

$$\left(\frac{\partial \ln\Omega_1}{\partial V_1}\right)_{U_1,N_1}=\left(\frac{\partial \ln\Omega_2}{\partial V_2}\right)_{U_2,N_2} \tag{7-269}$$

$$\left(\frac{\partial \ln\Omega_1}{\partial U_1}\right)_{N_1,V_1}=\left(\frac{\partial \ln\Omega_2}{\partial N_2}\right)_{N_2,V_2} \tag{7-270}$$

式(7-268)、(7-269)、(7-270) 分别定义了两个子体系之间的最可能的粒子数分割、体积分割及能量分割，因为这样使得总的微观态数取最大值。

定义

$$\alpha=\left\{\frac{\partial \ln\Omega(N,V,U)}{\partial N}\right\}_{U,V} \tag{7-271}$$

$$\beta=\left\{\frac{\partial \ln\Omega(N,V,U)}{\partial U}\right\}_{N,V} \tag{7-272}$$

$$\gamma=\left\{\frac{\partial \ln\Omega(N,V,U)}{\partial V}\right\}_{U,N} \tag{7-273}$$

体系平衡的条件为 $\alpha_1=\alpha_2, \beta_1=\beta_2, \gamma_1=\gamma_2$。在 7.4 节扩展阅读 7-1 中已介绍，$\beta$ 与体系的热力学温度相关，$\beta=1/kT$，并且体系熵与微态数 Ω 的关系为：

$$S=k\ln\Omega(N,V,U) \tag{7-69}$$

接下来，确定 α 及 γ 的物理意义。$\ln\Omega$ 的全微分为

$$\mathrm{d}\ln\Omega=\alpha\mathrm{d}N+\beta\mathrm{d}U+\gamma\mathrm{d}V \tag{7-274}$$

对比热力学基本方程

$$\mathrm{d}S=-\frac{\mu}{T}\mathrm{d}N+\frac{1}{T}\mathrm{d}U+\frac{p}{T}\mathrm{d}V$$

得：

$$\alpha=-\frac{\mu}{kT}, \beta=\frac{1}{kT}, \gamma=\frac{p}{kT} \tag{7-275}$$

由此可见，体系达到平衡时，各部分的化学势 μ、温度 T、压强 p 都相等，即 $\mu_1=\mu_2, T_1=T_2, p_1=p_2$。

7.12.3 正则系综

能量概率分布函数

正则系综是 T、V、N 恒定的封闭体系的集合。所研究的体系(标本体系)及其每一个拷贝体系都与大热源交换能量,假设体系与大热源之间的相互作用很弱,可以将体系与大热源当作复合孤立体系,其总能量 E 守恒(参见图 7-8)。在扩展阅读 7-2 中已推导出如果体系处于微观状态 r,体系的能量为E_r 时,其能量概率分布函数为

$$P(E_r)=\frac{e^{-E_r/kT}}{\sum_i e^{-E_i/kT}}=\frac{e^{-E_r/kT}}{Q} \tag{7-77}$$

分母 $\sum_i e^{-E_i/kT}=Q$ 称为配分函数。

热力学函数

体系的微观量 a 的统计平均公式为

$$\bar{a}=\sum_r a_r P_r=\frac{1}{Q}\sum_r a_r e^{-E_r/kT} \tag{7-276}$$

内能是体系可及微观态能量的统计平均值

$$U=\frac{1}{Q}\sum_r E_r e^{-E_r/kT}$$

Helmholtz 自由能 A 是以 T、V、N 为状态变量的封闭体系的特性函数,只要得出配分函数 $Q(T,V,N)$ 的具体形式,就可以得出体系的所有热力学函数。主要结果如下:

$$A=-kT\ln Q \tag{7-277}$$

$$p=-\left(\frac{\partial A}{\partial V}\right)_{T,N}=kT\left(\frac{\partial \ln Q}{\partial V}\right)_{T,N} \tag{7-278}$$

$$S=-\left(\frac{\partial A}{\partial T}\right)_{V,N}=k\ln Q+kT\left(\frac{\partial \ln Q}{\partial T}\right)_{V,N} \tag{7-279}$$

$$U=A+TS=kT^2\left(\frac{\partial \ln Q}{\partial T}\right)_{V,N} \tag{7-280}$$

$$H=U+pV=kT^2\left(\frac{\partial \ln Q}{\partial T}\right)_{V,N}+kT\left(\frac{\partial \ln Q}{\partial V}\right)_{T,N}V \tag{7-281}$$

$$G=H-TS=-kT\ln Q+kT\left(\frac{\partial \ln Q}{\partial V}\right)_{T,N}V \tag{7-282}$$

根据式(7-277),正则配分函数可以写为

$$Q=e^{-\frac{A}{kT}} \tag{7-283}$$

7.12.4　巨正则系综

巨正则分布函数

巨正则系综是T、V、μ恒定的开放体系的集合。所研究的体系(标本体系)及其每一个拷贝体系都与大热源兼粒子源交换能量及粒子,体系的各个可能的微观状态的能量和粒子数可能具有不同的数值。考虑全同粒子体系,将其与大热源兼粒子源视为一复合孤立体系,如图7-16所示。忽略体系与源的相互作用,使用推导正则分布函数的类似方法(即运用平衡态孤立体系的等概率原理及泰勒级数展开),得到体系选择一特定宏观态的概率正比于该宏观态对应的微态数,利用Boltamann熵公式$S = k\ln\Omega$,可以得到

$$P(\varepsilon, N) \propto e^{S(U-\varepsilon, \mathbb{N}-N)/k} \propto e^{\beta(\mu N-\varepsilon)} \tag{7-284}$$

这称为吉布斯分布(Gibbs distribution)。

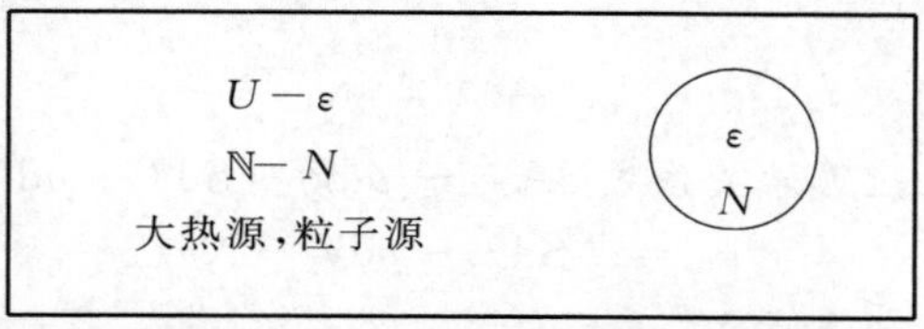

$U-\varepsilon$
$\mathbb{N}-N$
大热源,粒子源
ε
N

图7-16　能量为ε、粒子数为N的体系与能量为$U-\varepsilon$、粒子数为$\mathbb{N}-N$的热源兼粒子源相连(其中$U\gg\varepsilon,\mathbb{N}\gg N$)

将式(7-284)的分布函数归一化,得到体系处在粒子数为N,能量为E_r的一个微观状态的巨正则分布函数

$$P_{N,r} = \frac{1}{\mathbb{Q}} e^{\beta(\mu N-E_r)}$$
$$= \frac{1}{\mathbb{Q}} e^{-\alpha N-\beta E_r} \tag{7-285}$$

其中,

$$\mathbb{Q} = \sum_{N=0}^{\infty}\sum_{r} e^{-\alpha N-\beta E_r} \tag{7-286}$$

称为体系的巨配分函数。

热力学函数

应用巨正则分布函数,可以求得体系的平均粒子数

$$\bar{N} = \frac{1}{\mathbb{Q}}\sum_{N=0}^{\infty}\sum_{r} N e^{-\alpha N-\beta E_r}$$
$$= \frac{1}{\mathbb{Q}}\left\{-\frac{\partial}{\partial\alpha}\left(\sum_{N=0}^{\infty}\sum_{r} N e^{-\alpha N-\beta E_r}\right)\right\}$$
$$= -\frac{1}{\mathbb{Q}}\left(\frac{\partial}{\partial\alpha}\mathbb{Q}\right) = -\frac{\partial}{\partial\alpha}\ln\mathbb{Q} \tag{7-287}$$

体系的内能是E_r的统计平均值

$$U=\frac{1}{\mathbb{Q}}\sum_{N=0}^{\infty}\sum_{r}E_{r}\mathrm{e}^{-\alpha N-\beta E_{r}}=-\frac{\partial}{\partial\beta}\ln\mathbb{Q} \tag{7-288}$$

体系的熵

$$S=-k\sum_{r}P_{N,r}\ln P_{N,r}=\frac{U-\mu N-kT\ln\mathbb{Q}}{T} \tag{7-289}$$

拓展阅读 7-4　巨势与 S、p、N 的关系

类比正则配分函数，可以将巨配分函数写为

$$\mathbb{Q}=\mathrm{e}^{-\frac{\varphi_G}{kT}} \tag{7-290}$$

其中，φ_G 称为巨势，定义为一个新的态函数。

$$\varphi_G=-kT\ln\mathbb{Q} \tag{7-291}$$

整理式(7-289)，有

$$-kT\ln\mathbb{Q}=U-TS-\mu N=A-\mu N \tag{7-292}$$

即

$$\varphi_G=A-\mu N \tag{7-293}$$

对巨势进行微分，并代入热力学关系式 $\mathrm{d}A=-p\mathrm{d}V-S\mathrm{d}T+\mu\mathrm{d}N$，得

$$\mathrm{d}\,\varphi_G=-S\mathrm{d}T-p\mathrm{d}V-N\mathrm{d}\mu \tag{7-294}$$

由此就可以导出 S、p、N 的表达式。

体积 V 及化学势 μ 恒定时，有

$$S=-\left(\frac{\partial\Phi_G}{\partial T}\right)_{V,\mu} \tag{7-295}$$

温度 T 及化学势 μ 恒定时，有

$$p=-\left(\frac{\partial\Phi_G}{\partial V}\right)_{T,\mu} \tag{7-296}$$

温度 T 及体积 V 恒定时，有

$$N=-\left(\frac{\partial\,\Phi_G}{\partial\mu}\right)_{T,V} \tag{7-297}$$

7.12.5　三种系综在求统计平均上的等效性及它们之间的联系

统计系综理论是普适性的统计方法，对任何物质的平衡态体系都适用。在满足热力学极限条件下(即总粒子数 $N\to\infty$，体积 $V\to\infty$，保持 $\frac{N}{V}=n$ 恒定)，上述微正则、正则及巨正则系综是等效的，可以通过求系综统计平均值、考察涨落及几率分布等来论证(参阅林宗涵《热力学与统计物理学》pp. 343-346)。本节简要介绍三种系综在求统计平均上的等效性及它们之间的联系。

三种系综在求统计平均上的等效性

表 7-4 给出了微正则、正则及巨正则系综的总粒子数、总能量涨落。

表 7-4　微正则、正则及巨正则系综的总粒子数、总能量涨落

涨落 \ 系综	微正则系综（U、V、N 恒定）	正则系综（T、V、N 恒定）	巨正则系综（T、V、μ 恒定）
总能量	0	$\dfrac{\sqrt{(U-\overline{U})^2}}{\overline{U}} \sim \dfrac{1}{\sqrt{N}}$	$\dfrac{\sqrt{(U-\overline{U})^2}}{\overline{U}} \sim \dfrac{1}{\sqrt{N}}$
总粒子数	0	0	$\dfrac{\sqrt{(N-\overline{N})^2}}{\overline{N}} \sim \dfrac{1}{\sqrt{N}}$

在满足热力学极限条件下，$N \to \infty$，所以$\dfrac{1}{\sqrt{N}} \to 0$。这意味着对于宏观的平衡态体系，无论何种系综，体系的能量涨落和粒子数涨落都趋于零。换言之，系综的各拷贝体系的能量和粒子数分别集中在$\overline{U}$ 和$\overline{N}$ 附近。如果把巨正则系综的每个拷贝体系的粒子数近似当作$\overline{N}$，那么巨正则系综可视为正则系综；如果把正则系综的每个拷贝体系的总能量近似当作$\overline{U}$，那么正则系综则可视为微正则系综。由此可见，在热力学极限条件下，三种系综求统计平均值的实际效果是等效的。

微正则、正则及巨正则系综的联系

表 7-5 给出了巨正则、正则及微正则系综的分布函数。

表 7-5　巨正则、正则及微正则系综的分布函数

分布函数 \ 系综	巨正则系综（T、V、μ 恒定）	正则系综（T、V、N 恒定）	微正则系综（U、V、N 恒定）
分布函数	$\dfrac{e^{\beta(\mu N-E_r)}}{\sum\limits_{N=0}^{\infty}\sum\limits_{r} e^{\beta(\mu N-E_r)}}$	$\dfrac{e^{-E_r/kT}}{\sum\limits_{i} e^{-E_i/kT}}$	$\dfrac{e^{-E/kT}}{\sum\limits_{i} e^{-E/kT}} = \dfrac{1}{\Omega}$

由表 7-5 可以看出，如果巨正则系综所有拷贝体系的粒子数都恒定为 N，那么其分布函数$\dfrac{e^{\beta(\mu N-E_r)}}{\sum\limits_{N=0}^{\infty}\sum\limits_{r} e^{\beta(\mu N-E_r)}}$ 就不存在 N 加和问题，分子与分母的$e^{\beta\mu N}$ 均可消去，分布函数演变为正则分布$\dfrac{e^{-E_r/kT}}{\sum\limits_{i} e^{-E_i/kT}}$。如果正则系综各拷贝体系的能量都恒定为 E，那么正则系综每一个拷贝体系的玻尔兹曼因子均为$e^{-E/kT}$。考虑到每一个拷贝体系实际对应一种微观态，如果系综有 Ω 种微观状态，那么 Ω 个拷贝体系组成的微正则系综的分布函数为$\dfrac{e^{-E/kT}}{\sum\limits_{i} e^{-E/kT}} = \dfrac{e^{-E/kT}}{\Omega \cdot e^{-E/kT}} = \dfrac{1}{\Omega}$。

几点说明

1. 由于平衡态系综的等效性，原则上可以选择任何系综求统计平均。选择不同的系综相当于选择不同的宏观状态变量。除了上述微正则、正则、巨正则系综，形式上还可以引入更多的平衡态系综，例如等温等压系综（T、p、N 恒定）、等温等压等化学势系综（T、p、μ 恒定）等，可以根据实际研究的对象与问题而定。通常最简便且用得最多的是正则与巨正则系综。

2. 不同的平衡态系综的等效性是指实际求统计平均的结果相同，要求体系满足热力学极限条件，建立在围绕平均值的涨落趋于零的基础上。对于粒子数 N 约为 10^{20} 的宏观体系，热力学极限已得到满足，因此，采用不同系综计算宏观系统平均性质所得到的结果相同。如果把统计系综理论外推应用到较小的体系，需要十分小心，不同系综计算的结果可能会差别很大。

3. 巨正则系综十分便于研究气体分子在固体表面的吸附（参阅高执棣等《统计热力学导论》pp. 270-271）。而且，采用巨正则分布无需引入数学上的假设（比如，$n_i \gg 1$，$g_i \gg 1$），就能导出近独立子体系的 Maxwell-Boltzmann、Bose-Einstein 及 Fermi-Dirac 统计分布律（参阅高执棣等《统计热力学导论》pp. 274-277、林宗涵《热力学与统计物理学》pp. 340-343）。

参考文献

［1］刘国杰，黑恩成. 物理化学导读［M］. 北京：科学出版社，2008.

［2］范康年. 物理化学［M］. 北京：高等教育出版社，2005.

［3］杨永华. 物理化学［M］. 北京：高等教育出版社，2012.

［4］汪志诚. 热力学统计物理［M］. 北京：高等教育出版社，2013.

［5］高执棣，郭国霖. 统计热力学导论［M］. 北京：北京大学出版社，2004.

［6］布伦德尔（Stephen J. Blundell），布伦德尔（Katherine M. Blundell）. 热物理概念：热力学与统计物理学［M］. 鞠国兴，译. 北京：清华大学出版社，2015.

［7］林宗涵. 热力学与统计物理学［M］. 北京：北京大学出版社，2018.

［8］PATHRIA R K，PAUL D BEALE. Statistical mechanics［M］. 3rd Edition. 北京：World Publishing Corporation，2012.

［9］刘志荣. 统计热力学［M］. 北京：北京大学出版社，2021.

［10］切尔奇纳尼·卡罗（Cercignani Carlo）. 玻尔兹曼：笃信原子的人［M］. 胡新和，译. 上海：上海科学技术出版社，2006.

［11］孙德坤，沈文霞，姚天扬，等. 物理化学学习指导［M］. 北京：高等教育出版社，2007.

［12］思如. 傅献彩《物理化学》考研考点精讲［M］. 西安：世界图书出版西安有限公司，2016.

［13］陈良坦，方智敏. 物理化学学习指导［M］. 厦门：厦门大学出版社，2010.

思考与练习

思考题（R）

R7-1　统计热力学与热力学的研究对象、研究目的及研究方法有什么异同之处？统计热力学的思想方法有哪些？

R7-2　如何进行单个微观粒子运动状态的量子描述？由 N 个微观粒子（假设 N 很大）组成的近独立子体系的量子描述如何进行？有几种思路？那一种思路可行？为什么？

R7-3　体系的宏观态和微观态的定义、表征以及宏观态与微观态的关系如何？

R7-4　统计体系可以按什么分类？不同的统计体系，在同一宏观约束条件下，可以有不同的微观状态数。请举例说明。

R7-5　什么是最概然分布？为什么最概然分布可以代表平衡体系的一切分布？什么是摘取最大项法？

R7-6　推导 N、V、U 恒定下的最概然分布。其实质性的数学问题是什么？推导思路和步骤是什么？

R7-7　请说明单粒子配分函数 q 的物理意义以及近独立子体系的配分函数 Q 与单粒子配分函数 q 之间的关系。

R7-8　配分函数分解定理建立在什么假设前提条件下？其适用范围是什么？

R7-9　统计热力学的核心思想是什么？配分函数可以称为热力学体系的什么函数？是连接什么的桥梁？统计热力学解决问题的思路是什么？

R7-10　在相同的条件下，定域子系的微观状态数

$$\Omega_{定} = N! \sum \prod_i \frac{g_i^n}{n_i!}$$

而离域子系的微观状态数为

$$\Omega_{离} = \sum \prod_i \frac{g_i^n}{n_i!}$$

可见$\dfrac{\Omega_{定}}{\Omega_{离}} = N!$，根据 Boltzmann 公式，定域子系的熵应该比离域子系的大($k\ln N!$)。但实际上，晶体的熵值总是比其蒸气的小，道理何在？

R7-11　线性简谐振子的能级公式为：

$$\varepsilon_\nu = \left(v + \frac{1}{2}\right)h\nu$$

若选择振动基态为能量零点，则 $\varepsilon_\nu(0) = 0$。

比较上述二式可得

$$\frac{1}{2}h\nu = 0$$

所以基态振动频率 $\nu = 0$。如此推论错在哪里？

R7-12　在状态函数 U、S、H、A 和 G 中，哪些对定域子系和离域子系是相同的？

R7-13　零点能的不同选择，对状态函数 U、S、H、A、G、C_V 和 G_p 中哪些没有影响？

R7-14　由内能公式

$$U = NkT^2\left(\frac{\partial \ln q}{\partial T}\right)_{V,N}$$

可知，只要求得分子配分函数 q，就可计算出系统的内能。这与热力学中所说“内能绝对值不可知”不是相矛盾吗？

R7-15　理想气体是离域子系，其熵值

$$S_{气} = k\ln\frac{q^N}{N!} + NkT\left(\frac{\partial \ln q}{\partial T}\right)_{V,N}$$

而理想晶体是定域子系，其熵值

$$S_{晶} = k\ln q^N + NkT\left(\frac{\partial \ln q}{\partial T}\right)_{V,N}$$

比较上述二式，得 $$S_{气} < S_{晶}$$

这与热力学结论 $S(s) < S(l) < S(g)$
是否矛盾？

R7-16 配分函数定义式 $q = \sum g_i \exp\left(-\frac{\varepsilon_i}{kT}\right)$ 中的"$\sum$"应是所有可能的能级加和，显然可能的能级不会是无穷多个，所以在计算 q 时将定义式写成

$$q = \sum_0^\infty g_i \exp\left(-\frac{\varepsilon_i}{kT}\right)$$

是不正确的。你如何看待这种说法。

R7-17 在推导离域子系的一种分布微观状态数公式

$$t = \prod_i \frac{g_i^{n_i}}{n_i!}$$

时，曾用到 $g_i \gg n_i$ 的条件（温度不很低的气体）。其中简并度 g_i 是能级 i 的本性，其数值不变，当将 N 增至很大很大时，n_i 也相应增加。也就是说，当系统中粒子数足够多时，总会使得 $g_i \gg n_i$ 不再成立，此时上述公式就不可用了。这种分析正确吗？

R7-18 试根据熵的统计意义，定性地判断下列过程的 ΔS 大于零还是小于零？

(1) 水蒸气冷凝成水；

(2) $CaCO_3(s) \longrightarrow CaO(s) + CO_2(g)$；

(3) 乙烯聚合成聚乙烯；

(4) 气体在催化剂表面上吸附。

练习题(A)

A7-1 12 个可区分的球放在 3 个盒子中，第一盒放 7 个，第二盒放 4 个，第三盒放 1 个。共有几种放法？每种分配的概率为多少？

A7-2 设某分子体系的分子数为 6，分子的能级为 0、ε、2ε、3ε。

(1) 如果能级为非简并的，当体系的总能量为 3ε 时，6 个分子在 4 个能级上有几种分布方式？总的微观状态数是多少？每一种分布的热力学概率是多少？

(2) 如果 0、ε 两个能级是非简并的，2ε 能级的简并度为 6，3ε 能级的简并度为 10，则有几种分布方式？总的微观状态数是多少？每一种分布的热力学概率是多少？

A7-3 混合晶体由晶格点阵中随机放置 N_A 个 A 分子和 N_B 个 B 分子组成。

(1) 证明分子能占据格点的花样数为

$$W = \frac{(N_A + N_B)!}{N_A!N_B!}$$

若 $N_A = N_B = \frac{N}{2}$，利用 Stirling 公式证明 $W = 2^N$。

(2) 若 $N_A = N_B = 2$，利用 $W = 2^N$ 计算，得 $2^4 = 16$ 种花样，但实际只能排出 6 种花样。何者正确？为什么？

A7-4 由 N 个粒子组成的热力学体系，其粒子的两个能级为 $\varepsilon_1 = 0$ 和 $\varepsilon_2 = \varepsilon$，相应的简并度为 g_1 和 g_2。试写出：

(1) 该粒子的配分函数；

(2) 假设 $g_1 = g_2 = 1$ 和 $\tilde{\nu} = 1 \times 10^4\ m^{-1}$，该体系在(a)0 K 时，(b)100 K 时和(c) 温度为无穷大时，N_2/N_1 比值各为多少？

A7-5 体系中若有 2% 的 Cl_2 分子由振动基态到第一振动激发态，Cl_2 分子的振动波数 $\tilde{\nu}_1 = 5569\ cm^{-1}$，计算该体系的温度。

A7-6　300 K时，分布在$J=1$转动能级上的分子数是$J=0$能级上分子数的$3\exp(-0.1)$倍，计算该分子转动特征温度。

A7-7　CO的转动惯量$I=1.449\times10^{-45}\ \mathrm{kg\cdot m^2}$，计算在25 ℃时，转动能量为$kT$时的转动量子数。

A7-8　一个分子有单态和三重态两种电子能态。单态能量比三重态高4.11×10^{-21} J，其简并度分别为$g_{e,0}=3$，$g_{e,1}=1$。在298.15 K时，计算此分子的电子配分函数和三重态与单态上分子数之比。

A7-9　已知单原子氟的下列数据

能级	$P_{3/2}$	$P_{1/2}$	$P_{5/2}$
$\tilde{\nu}=(E/hc)/\mathrm{m^{-1}}$	0.0	404.0×10^2	102406.5×10^2
g_e	4	2	6

计算在1000 K时，处在第一激发态电子能级上的氟原子分布分数(N_1/N)。

A7-10　在N个NO分子组成的晶体中，每个分子都有两种可能的排列方式，即NO和ON，也可将晶体视为NO和ON的混合物，求在0 K时该体系的熵值。

A7-11　(1) 证明：双原子分子转动摩尔熵可用下式表示：

$$S_{r,m}=R[\ln(T/\sigma\Theta_r)+1]$$

(2) 对CO分子，$\Theta_r=2.766$ K，$\sigma=1$，求$T=500$ K时的$S_{r,m}$。

A7-12　$^{14}N_2$的$M=28.01\ \mathrm{g\cdot mol^{-1}}$，$r=1.095\times10^{-10}$ m；求298.15 K，$p^\ominus$时$S_{t,m}+S_{r,m}$。由第三定律给出的量热熵为$192.0\ \mathrm{J\cdot K^{-1}\cdot mol^{-1}}$，计算结果相比较说明什么问题？

练习题(B)

B7-1　(1)10个可分辨粒子分布于$n_0=4$，$n_1=5$，$n_2=1$而简并度$g_0=1$，$g_1=2$，$g_2=3$的3个能极上的微观状态数为多少？

(2) 若能级为非简并的，则微观状态数为多少？

B7-2　在体积V中含有N_A个A和N_B个B分子，打开阀门后有M个分子流出去，在M个分子中有M_A个A和M_B个B分子的概率是多少？

B7-3　若有两个能级ε_1和ε_2，它们各具有两个量子态，分置在能级ε_1和ε_2上的粒子数都是2，试用(1)Maxwell-Boltzmann(定域子体系)、(2)Bose-Einstein(离域Bose子体系)、(3)Fermi-Dirac(离域Fermi子体系)三种统计分布律计算体系的微观状态数。

B7-4　设有两只鸟、三个标号的鸟笼。求算下列情况下各有多少种陈列方式：

(1) 鸟可分辨，每个笼子中鸟数不限；

(2) 鸟不可分辨，每个笼子中鸟数不限；

(3) 鸟可分辨，每个笼子中最多放一只鸟；

(4) 鸟不可分辨，每个笼子最多放一只鸟。

B7-5　设有一极大数目三维自由平动子组成的粒子体系，其体积V、粒子质量m与温度的关系为$h^2/(8mV^{2/3})=0.100\ kT$，试计算处在能级$14h^2/(8mV^{2/3})$与$3h^2/(8mV^{2/3})$上的粒子数之比。

B7-6　8个可分辨粒子组成一总能量为4量子的非简并体系，粒子可占据能量为0、1、2、3、4量子的能级。列出各种可能的能级分布方式及其微观状态数。

B7-7　一个分子有单态和三重态两种电子能态。单态能量比三重态高4.11×10^{-21} J，其简并度分别为$g_{e0}=3$，$g_{e,1}=1$。求在298.15 K时，

(1) 此分子的电子配分函数；

(2) 三重态与单态上分子数之比为多少？

已知Boltzmann常数$k=1.3805\times10^{-23}\ \mathrm{J\cdot K^{-1}}$。

B7-8 某一分子集合在100 K温度下处于平衡时，最低的3个能级能量分别为0、2.05×10^{-22} J和4.10×10^{-22} J，简并度分别为1、3、5。试问3个能级的相对分布数$n_0:n_1:n_2=$？

B7-9 分子能量零点的选择不同，则各能级的能量值和分子分布数、分子的配分函数、玻尔兹曼因子和玻尔兹曼公式中，哪些是相同的？哪些是不同的？

B7-10 证明定域独立子体系Maxwell-Boltzmann分布的微观状态数与粒子配分函数q的关系式为

$$W=q^N e^{U/kT}$$

式中，$q=\sum_i g_i e^{-\varepsilon_i/kT}$，$U=\sum_i n_i\varepsilon_i$，$N=\sum_i n_i$。

B7-11 对理想气体，试证明

(1)$G_m=-RT\ln\dfrac{q}{L}+RTV\left(\dfrac{\partial\ln q}{\partial V}\right)_{T,N}$；

(2)$S=Nk\ln\dfrac{qe}{N}+NkT\left(\dfrac{\partial\ln q}{\partial T}\right)_{V,N}$；

(3)$H=NkT^2\left(\dfrac{\partial\ln q}{\partial T}\right)_{V,N}+NRTV\left(\dfrac{\partial\ln q}{\partial V}\right)_{T,N}$。

B7-12 纯物质的离域独立子体系的亥姆霍兹(Helmholtz)自由能A是以N、T、V为状态变量的特性函数。请根据A的下列表达式

$$A=-NkT\ln\frac{qe}{N}$$

推导出p、U、H、S、G、C_V的统计表达式。

B7-13 A分子为理想气体，设分子的最低能级是非简并的，取分子的基态作为能量零点，相邻能级的能量为ε，其简并度为2，忽略更高能级。

(1) 写出A分子的配分函数；

(2) 若$\varepsilon=kT$，求出高能级与最低能级上的最概然分子数之比；

(3) 若$\varepsilon=kT$，求出1 mol该气体的平均能量为多少RT？

B7-14 某原子的电子基态简并度为3，第一激发态简并度为7，若以电子基态能量为零点，那么第一激发态能量为$\varepsilon/hc=\tilde{\nu}=400\ \text{cm}^{-1}$，请计算25 ℃时电子的平均能量(用波数表示)。

B7-15 试分别计算300 K、101325 Pa下气体氩与氢分子平动运动的e^{α}值，以此说明离域子体系通常能够符合$n_i\ll g_i$

B7-16 氢分子的转动惯量为4.64×10^{-48} kg·m²，求300 K时，$J=1$与$J=0$；$J=2$与$J=1$的转动能级上粒子数之比。计算结果说明了什么？

B7-17 已知气体I_2相邻振动能级的能值差$\Delta\varepsilon=0.426\times10^{-20}$ J，试求300 K时I_2分子的振动特征温度Θ_v及q_v、q_v^0。

B7-18 单原子钠蒸气(理想气体)在298 K，101 325 Pa下的标准摩尔熵为153.35 J·K^{-1}·mol^{-1}(不包括核自旋的熵)，而标准摩尔平动熵为147.84 J·K^{-1}·mol^{-1}。又知电子处于基态能级，试求Na基态电子能级的简并度为多少？

B7-19 已知F_2分子的转动特征温度$\Theta_r=1.24$ K，振动特征温度$\Theta_v=1284$ K，求氟气在25 ℃，$p^{\ominus}$时的摩尔熵值。

B7-20 N_2与CO的分子量非常接近，转动惯量的差别也极小，在25 ℃时振动与电子均不激发。但是N_2的标准摩尔熵为191.6 J·K^{-1}·mol^{-1}，而CO的为197.6 J·K^{-1}·mol^{-1}，试分析其差别的原因。

B7-21 分别用经典理论、爱因斯坦理论和德拜理论估算30 K和400 K时，金刚石的摩尔热容。已知金刚石的$\Theta_r=1400$ K，$\Theta_D=1860$ K。

B7-22　用标准摩尔吉布斯自由能及标准摩尔焓函数计算下列合成氨反应在 1000 K 时的平衡常数。

$$N_2(g) + 3H_2(g) \rightleftharpoons 2NH_3(g)$$

已知数据如下：

物质	$-\left(\dfrac{G_{m,T}^{\ominus} - U_{0,m}}{T}\right)_{1000\ K}$ /(J·K^{-1}·mol^{-1})	$(H_{m,298\ K}^{\ominus} - U_{0,m})$/(kJ·mol^{-1})
$N_2(g)$	198.054	8.669
$H_2(g)$	137.093	8.468
$NH_3(g)$	203.577	9.916

$$\Delta_f H_m^{\ominus}(NH_3, 298.15\ K) = -46.11\ kJ \cdot mol^{-1}$$

B7-23　已知下列化学反应于 25 ℃ 时的$\dfrac{\Delta_r G_{m,T}^{\ominus}}{T} = -493.017\ J \cdot K^{-1} \cdot mol^{-1}$

$$2H_2(g) + S_2(g) \rightarrow 2H_2S(g)$$

有关物质的标准摩尔吉布斯自由能函数如下表所示：

T/K	$-\left(\dfrac{G_{m,T}^{\ominus} - U_{0,m}}{T}\right)$/(J·K^{-1}·mol^{-1})		
	$H_2(s)$	$S_2(s)$	$H_2S(s)$
298.15	102.349	197.770	172.381
1000	137.143	236.421	214.497

(1) $\Delta U_{0,m}^{\ominus}$；

(2) 1000 K 时上述反应的标准平衡常数。

B7-24　一氧化氮晶体是由形成的二聚物 N_2O_2 分子组成，该分子在晶格中可以有两种随机取向

```
N—O      O—N
|  |  和  |  |
O—N      N—O
```

用统计力学方法求 298.15 K 时，1 mol NO 气体的标准量热熵数值。

已知 NO 分子的转动特征温度 $\Theta_r = 2.42$ K，振动特征温度 $\Theta_v = 2690$ K，电子第一激发态与基态能级的波数差为 121 cm^{-1}，$g_{e,0} = 2$，$g_{e,1} = 2$。

B7-25　有一气相异构化反应

```
H       H          F       H
 \     /            \     /
  C═C       ⇌        C═C
 /     \            /     \
F       F          H       F
 A(cis)             B(trans)
```

在不存在催化剂时，纯 A 配分函数 $q_A = \sum_i \exp\left[-\dfrac{\varepsilon_i(A)}{k_B T}\right]$，纯 B 配分函数 $q_B = \sum_j \exp\left[-\dfrac{\varepsilon_j(B)}{k_B T}\right]$。现有催化剂存在时，A 与 B 呈平衡。令 $\varepsilon_0(A)$ 是所有 $C_2H_2F_2$ 分子的能量零点，N_0 是 $C_2H_2F_2$ 分子在 $\varepsilon_0(A)$ 能级的分子数，$N_j(A)$ 是在 $\varepsilon_j(A)$ 能级的分子数。

(1) 用 N_0、$\varepsilon_j(\mathrm{A})$ 写出 $N_j(\mathrm{A})$ 的表达式，并求出顺式分子的总数 N_{A}；

(2) 用 N_0 写出 $N_j(\mathrm{B})$ 以及反式分子的总数 N_{B}；

(3) 求出反应的平衡常数。

可扫码观看讲课视频：

思考题、练习题参考答案

第1章

思考题(R)

R1-1 (1) 两者均相同;(2) 压力相同,物质的量不同 R1-2 塞上瓶塞,气相体积不变,随着水汽化,压力增大,瓶塞崩开 R1-3 要使 k/k_1 为常数,必须保证 p、T 恒定,但上述两个公式均只有一个量恒定。R1-4 (1) 对;(2) 不对,必须同时加压 R1-5 (1)$Z=\frac{pV}{nRT}=\frac{V}{V-nb}-\frac{na}{RTV}=1+\frac{nb}{V-nb}-\frac{nbT_B}{TV}=1+\frac{nb}{V}\left(1-\frac{T_B}{T}\right)$,当 $T>T_B,Z>1$ (2) 当 $T<T_B,Z<1$ (3) 当 $a=0,Z=1+bp/RT$,恒温时,p 增加,Z 增大。R1-7 $B=b-\frac{a}{RT^2},C=b^2,T_B=\left(\frac{a}{bR}\right)^{\frac{1}{2}},T_C=\left(\frac{8a}{27bR}\right)^{\frac{1}{2}}$ R1-8 $V=\frac{3}{4}aT^4-bp+B$ R1-10 (1) 不能,因为在实际气体的等温线与理想气体的等温线交点处,$Z=1$ (2) 这是因为当温度足够低时,气体的玻义耳温度高于体系温度,Z-p 曲线出现极小值。R1-11 $T_B>T_A$

练习题(A)

A1-1 373.89 K A1-2 (1)$T_f=-90.3$ ℃,$T_b=80.3$ ℃;(2)$T_{(OK)}=-107.0°WT$ A1-3 $n_1/n_2=1/9,V_2=261V_1$ A1-4 0.998 A1-5 16.03 g · mol^{-1} A1-6 2.78 m A1-7 M = 102.0 g · mol^{-1},$C_2H_2F_4$ A1-8 3 次,0.313% A1-9 491 g A1-10 1.17g · dm^{-3} A1-11 不能,若为理想气体,$p=2.48\times10^6$ Pa A1-12 $V_{c,m}=0.0678$ dm^3 · mol^{-1},$T_c=120$ K,$p_c=5518$ kPa A1-13 3×10^8 个 /dm^3 A1-14 32.3 MPa,44.0 MPa,41 MPa A1-15 1986 kPa A1-16 1.41 dm^3 A1-17 (1)b 错,(2)x 为摩尔质量。A1-18 $p_{O_2}=5344.4$ Pa,$p_{N_2}=25253$ Pa A1-20 2.8×10^{-9}mol · dm^{-3} A1-21 (1)1.1×10^{-11}mol · dm^{-3},2.2×10^{-11}mol · dm^{-3} (2)8.0×10^{-13}mol · dm^{-3},1.6×10^{-12}mol · dm^{-3} A1-22 $\alpha=\left(T+\frac{bp}{R}\right)^{-1},\kappa=\frac{RT}{(RT+bp)p}$ A1-23 $a=3.16$ dm^6 · atm · mol^{-2},$b=0.0493$ dm^3 · mol^{-1},$r=1.94\times10^{-10}$ m

第2章

思考题(R)

R2-1 不对,状态变,必有某些状态函数发生变化,但不一定是全部都变。R2-2 不对,道尔顿定律中的分压不是指体系中某一部分的压力,而是指单独存在时所表现出的压力。R2-3 由定义 $H=U+pV$,$\Delta H=\Delta U+\Delta(pV)$,$\Delta(pV)$ 通常不等于 0,除了在理想气体中的等温过程外,因此 ΔH 和 ΔU 之间的差是一个非零的变化,如本章 2.4 和 2.5 节所示,ΔH 可以解释为恒压下过程相关的热量,ΔU 为恒体积下的热量。R2-4 (1) 不对,可通过做功形式改变温度。(2) 不对,热力学能的绝对值目前无法测得,热力学第一定律表达式中是 ΔU 而不是 U。(3) 对,冰融化成 0 ℃ 水需要吸热。R2-5 a. 恒容,b. 真空膨胀,c. 理想气体节流膨胀 R2-6 (1)ΔABC 面积 (2)AC 线下面积 (3)ACB 下面积 R2-7 -8.09 kJ R2-10 $\delta W=$

$-nR\mathrm{d}T+V\mathrm{d}p$ **R2-11** 不对，过程非等压 **R2-12** (1)Q 不是状态函数，与途径有关(只存在于过程中)，上述两等式说明可通过一定条件下热效应的测量而求得 $\Delta H,\Delta U$。(2) 不对，$\Delta H=Q_p$ 成立的条件是恒压，无其他功，但此时有电功存在。(3) 不对，过程非等压，$Q=\Delta U$ 但 $Q\neq\Delta H$ **R2-13** $C_p-C_V=T\frac{\alpha^2V}{\kappa}\geqslant 0, C_p=\left(\frac{\partial H}{\partial T}\right)_p=\left(\frac{\partial U}{\partial T}\right)_p+\left(\frac{\partial(pV)}{\partial T}\right)_p=C_V+nR$ **R2-14** 1073.5 kJ，17.9 min **R2-15** $Q(>0,0,0,>0)$、$W(<0,0,<0,<0)$、$\Delta U(0,0,<0,0)$、$\Delta H(0,0,<0,0)$ **R2-16** 不对，因为有相变化产生，故相变热不为零。 **R2-17** (1) 在 B 和 C 之间，(2) 在 B 和 C 之间。 **R2-19** (1)$\Delta H=\Delta U$，(2)$\Delta H<\Delta U$，(3)$\Delta H<\Delta U$，(4)$\Delta H<\Delta U$

练习题(A)

A2-1 $\Delta U_{可逆}=\Delta U_{不可逆}, W_{可逆}<W_{不可逆}\quad Q_{可逆}>Q_{不可逆}(Q_{可逆}+W_{可逆})=(Q_{不可逆}+W_{不可逆})$ **A2-2** $W=0,Q=0,\Delta U=0$；ΔH 不一定为零 **A2-3** (1)$C_V(T_2-T_1)$ (2)$(p_2V_2-p_1V_1)/(\gamma-1)$ (3)$R(T_2-T_1)/(\gamma-1)$ **A2-4** $-171\ \mathrm{kJ\cdot mol^{-1}}$ **A2-5** 升高 **A2-6** $-55.9\ \mathrm{kJ\cdot mol^{-1}}$ **A2-7** $Q=W=nRT\ln(V_2/V_1), n=2\ \mathrm{mol}$ **A2-8** $Q_V-Q_p=-\Delta nRT=-4988\ \mathrm{J}$ **A2-9** $\Delta C_p=(\sum C_{p,\mathrm{m}})$(生成物)$-(\sum C_{p,\mathrm{m}})$(反应物)$=0$ **A2-10** $103.9\ \mathrm{J\cdot K^{-1}}$ **A2-11** $\Delta_r H_\mathrm{m}=-486.4\ \mathrm{kJ\cdot mol^{-1}}$ **A2-12** (1)$T=345.9\ \mathrm{K}$ (2)$m=4.35\ \mathrm{kg}$ **A2-13** $\Delta U=0, W=-1718\ \mathrm{kJ}, Q=-W=1718\ \mathrm{J}, \Delta H=0$ **A2-14** $W_\mathrm{e}=-8.31\ \mathrm{J}, W_\mathrm{f}=41.84\ \mathrm{J}, W=W_\mathrm{e}+W_\mathrm{f}=-8.31+41.82=33.51\ \mathrm{J}, Q_p=29.28\ \mathrm{J}, \Delta U=62.79\ \mathrm{J}, \Delta H=71.12\ \mathrm{J}$

A2-15 (1)$\Delta U=\Delta H=0$,

$W=-nRT\ln(\frac{V_\mathrm{f}}{V_\mathrm{i}})=-(2.00\ \mathrm{mol})\times(8.3145\ \mathrm{J\cdot K^{-1}\cdot mol^{-1}})\times(22+273)\ \mathrm{K}\times\ln(\frac{31.7\ \mathrm{dm^3}}{22.8\ \mathrm{dm^3}})=-1.62\times10^3\ \mathrm{J}$

$Q=-W=1.62\times10^3\ \mathrm{J}$

(2)$\Delta U=\Delta H=0$

$W=p_\mathrm{e}\Delta V, pV=nRT$

$$p=\frac{2.00\times8.3145\times(22+273)}{31.7}\times1000\ \mathrm{Pa}=1.55\times10^5\ \mathrm{Pa}$$

$$W=\frac{-1.55\times10^5\ \mathrm{Pa}\times(31.7-22.8)}{10^3}\ \mathrm{J}=-1.38\times10^3\ \mathrm{J}$$

(3)$\Delta U=\Delta H=0$

$W=0, Q=\Delta U-W=0$

A2-16 (略) **A2-17** 0,0 **18—20**(略)

练习题(B)

B2-1 (1)$Q=2139.93\ \mathrm{J}, W=-52.88\ \mathrm{J}. \Delta U=2087.05\ \mathrm{J}, \Delta H=2259.4\ \mathrm{J}$ (2)$Q=2087.05\ \mathrm{J}, W=0. \Delta U=2087.05\ \mathrm{J}, \Delta H=2259.4\ \mathrm{J}$ **B2-2** $V_1=0.0112\ \mathrm{m^3}, V_2=0.0224\ \mathrm{m^3}, T_2=1092\ \mathrm{K}, \Delta U=10201\ \mathrm{J}, \Delta H=17002\ \mathrm{J}, W=-3404\ \mathrm{J}, Q=13605\ \mathrm{J}, C=16.63\ \mathrm{J\cdot K^{-1}\cdot mol^{-1}}$ **B2-3** (1)$Q_p=20620\ \mathrm{J\cdot mol^{-1}}$，(2)$Q_V=14800\ \mathrm{J\cdot mol^{-1}}, C_{p,\mathrm{m}}=29.62\ \mathrm{J\cdot K^{-1}\cdot mol^{-1}}$ **B2-4** $T=\gamma T_0$ **B2-5** $Q=668.9\ \mathrm{kJ}$
B2-6 (1)$W=-115.3\ \mathrm{J}$，(2)$W'=-94.90\ \mathrm{J}$ **B2-7** (1)$Q_1=C_V(T_A-T_1)+C_p(T_2-T_A), W_1=P_2(V_2-V_1), \Delta U_1=(Q_1+W_1)=C_V(T_2-T_1)$ (2)$Q_2=C_V(T_2-T_1)+RT\ln\left(\frac{V_2}{V_1}\right), W_2=RT\ln\left(\frac{V_2}{V_1}\right), \Delta U_2=C_V(T_2-T_1)$ (3)$W_3=C_V(T_c-T_1), \Delta U_3=C_V(T_2-T_1), Q_3=C_V(T_2-T_c)$ **B2-8** (a)$Q=0, \Delta U=-1764\ \mathrm{J\cdot mol^{-1}}=W, \Delta H=-2941\ \mathrm{J\cdot mol^{-1}}$ (b)$Q=0, \Delta U=W=-1189\ \mathrm{J\cdot mol^{-1}}, \Delta H=-1982\ \mathrm{J\cdot mol^{-1}}$

B2-9 $C_{p,m} = 58.1\ J \cdot K^{-1} \cdot mol^{-1}$ B2-10 $\Delta U = 0, \Delta H = -200\ J, Q = -W = -202\ J$ B2-11 (1)$1.289 \times 10^{-5}\ kPa^{-1}$，(2)2008 K，(3)8029 kPa，(4) − 489 J，0 B2-12 423.7 kPa B2-13 (1)$\mu_{J-T} = 29.9\ KMPa^{-1}$，(2)$\Delta T = -2.99\ K$ B2-14 a. $W_{右} = 1117\ J$，b. $T_2 = 363.5\ K$，c. $T_{2,左} = 828.4\ K$，d. $Q = 10189\ J$ B2-15 $\mu_{J-T} = -3.3 \times 10^{-8} K \cdot Pa^{-1}$ B2-16 (a)$\Delta_r H = -1298\ kJ$ (b)3 mol，− 1179 kJ (c) 不合算 B2-17 $\Delta_r H_m^{\ominus}(5) = -110.5\ kJ \cdot mol^{-1}$，$\Delta_r H_m^{\ominus}(6) = 733.9\ kJ \cdot mol^{-1}$，$\Delta_r H_m^{\ominus}(7) = 1618.8\ kJ \cdot mol^{-1}$ B2-18 $\Delta_r H_m = -2212\ kJ \cdot mol^{-1}$，$\Delta_r U_m = -2212\ kJ \cdot mol^{-1}$，$\Delta_f H_m^{\ominus} = -1184\ kJ \cdot mol^{-1}$ B2-19 $\Delta_{sub} H^{\ominus} = 2827\ J \cdot g^{-1}$ B2-20 (1)$\Delta_c H_m = -25968\ kJ \cdot mol^{-1}$，(2)$\Delta_f H_m^0 = 2358\ kJ \cdot mol^{-1}$，(3)$\Delta_v H_m^0 = 677.4\ kJ \cdot mol^{-1}$ B2-21 (1)$-1194.7\ kJ \cdot mol^{-1}$，(2)$-17.6\ kJ \cdot mol^{-1}$ B2-22 (1)i)$-2800\ kJ \cdot mol^{-1}$；ii)$-1276\ kJ \cdot mol^{-1}$；(2)$2688\ kJ \cdot mol^{-1}$ B2-23 (1)$16.2\ kJ \cdot mol^{-1}$，(2)$114.6\ kJ \cdot mol^{-1}$，(3)$122.0\ kJ \cdot mol^{-1}$ B2-24 67.8 h，2.93×10^4 kg B2-25 $1.78\ kJ \cdot K^{-1}$ B2-26 $277.5\ kJ \cdot mol^{-1}$ B2-27 $E_{C-H} = 415\ kJ \cdot mol^{-1}$，$E(c-c) = 337\ kJ \cdot mol^{-1}$ B2-28 $E = 182.2\ kJ \cdot mol^{-1}$ B2-29 $-325.6\ kJ \cdot mol^{-1}$ B2-30 $\Delta H(Cl^-) = -167.4\ kJ \cdot mol^{-1}$，$\Delta H(K^+) = -251.3\ kJ \cdot mol^{-1}$ B2-31 $-1892\ kJ \cdot mol^{-1}$ B2-32 (1)$T_1 = 7938\ K$ $T_2 = 7420\ K$ $T_3 = 4990\ K$ (2)H_2/O_2 燃料最好

B2-33 $Cr(C_6H_6)_2(s) \rightarrow Cr(s) + 2C_6H_6(g)$

$\Delta n = +2\ mol$

$\Delta H = \Delta U + 2RT = 8 \times 2 \times 8.314 \times 583\ kJ \cdot mol^{-1} = +17.7\ kJ \cdot mol^{-1}$

$\Delta H = 2\Delta H(C_6H_6, 583\ K) - \Delta H(Cr(C_6H_6)_2, 583\ K)$

$\Delta_f H(C_6H_6, 583\ K) = \Delta H(C_6H_6, 298\ K) + (T_b - 298\ K)C_{p,m}(l) + \Delta_{vap} H + (583\ K - T_b)C_{p,m}(g) - 6 \times (583\ K - 298\ K)C_{p,m}(gr) - 3 \times (583\ K - 298\ K)C_{p,m}(H_2, g)$

$\Delta_f H(C_6H_6, 583\ K) = 49 + (353 - 298) \times 136.1 + 30.8 + (583 - 353) \times 81.67 - 6 \times (583 - 298) \times 8.53 - 3 \times (583 - 298) \times 28.82\ J \cdot mol^{-1} = +66.8\ kJ \cdot mol^{-1}$

B2-34 CO 5.8 H_2 63.2 CO_2 34.2 N_2 23 H_2O 165.8 B2-35 $T = 1690\ K$ B2-36 $T = 1875$ ℃ > 300 ℃ B2-37 $\Delta H = 38\ J \cdot kg^{-1}$

第3章

思考题(R)

R3-1 第一句对，第二句错。因为不可逆过程可以是非自发的，如自发过程的逆过程。 R3-2 条件不同了 R3-3 这相当于第二类永动机器，所以不能造成。但它不违反热力学第一定律 R3-5 不同，但 $\Delta S_{体}$ 相同，因为 S 是状态函数，其改变量只与始、终态有关 R3-6 (1) 对；(2) 不对，只有孤立体系达平衡时，熵最大；(3) 不对，对任何循环过程，$\Delta S = 0$ 不管是否可逆；(4) 应是 $\Delta S_{总} > 0$，水 → 冰是放热，$\Delta S < 0$，$\Delta S_{总} > 0$；(5) 对

R3-8 $TdS \geqslant dq$

$dU - p_{ex}dV + dW_{额外} + TdS \geqslant 0$

$dS \geqslant 0(\Delta S_{tot} = \Delta S_{环境} \geqslant 0)$

$dU \leqslant 0, dA \leqslant 0(A = U - TS)$

$dG \leqslant 0(G = U + pV - TS = H - TS)$

R3-9 (1)$\Delta S < 0$，(2)$\Delta S > 0$，(3)$\Delta S < 0$，(4)$\Delta S < 0$ R3-10 (1) 必须在恒温、恒压条件下；(2) 对；(3) 不对；(4) 不对，G 是状态函数，当状态一定，G 便有确定值。 R3-11 (1)$\Delta S > 0$、$\Delta G < 0$、$\Delta A < 0$；(2)$\Delta S > 0$，ΔA、ΔG 无法定；(3)$\Delta S > 0$、$\Delta G = 0$、$\Delta A < 0$；(4) 均为零 R3-15 任何节流过程 $\Delta S > 0$ R3-16 只适用于等温等压可逆过程 R3-17 (1)$\Delta G > 0$ (2) 终态不同 R3-18 ΔS 相同，Q、W 不

同　R3-19　$\frac{W(泵)}{W(电)} = \left(1 - \frac{T_1}{T_2}\right) < 1, \varepsilon = 0.958$　R3-20　$\left(\frac{\partial S}{\partial V}\right)_p = \frac{1}{A}\left(\frac{\partial S}{\partial l}\right)_p = -p, \left(\frac{\partial S}{\partial l}\right)_p = -f$

练习题(A)

A3-1　(A)　A3-2　(A)　A3-3　$\Delta G < 19.16\ \mathrm{J}$　A3-4　$G - A = nRT = 4.988\ \mathrm{kJ}$　A3-5　相同，状态，$S = k\ln\Omega$，宏观量，微观量　A3-6　(1)$\Delta U = 0$　(2)$\Delta G = 0$　(3)$\Delta U = 0, \Delta S = 0, \Delta G = 0$　A3-7　$\Delta S = 20\ \mathrm{J \cdot K^{-1}}$　A3-8 零。A3-9　$0, nR\ln(V_2/V_1)$　A3-10 p,T　A3-11　$(\partial S/\partial V)_T = (\partial p/\partial T)_V = R/(V_m - b)$　A3-12　(1)$\Delta S = 19.14\ \mathrm{J \cdot K^{-1}}$　(2)$\Delta S = 19.14\ \mathrm{J \cdot K^{-1}}$。A3-13　$C_{p,m} = 30.1\ \mathrm{J \cdot K^{-1} \cdot mol^{-1}}, C_{V,m} = 21.8\ \mathrm{J \cdot K^{-1} \cdot mol^{-1}}$　A3-14　$\Delta S = a(p_A - p_B) + (1/2)b(p_A^2 - p_B^2) + (1/3)c(p_A^3 - p_B^3)$　A3-15　$\Delta_r G_m^{\ominus} = -26.96\ \mathrm{kJ \cdot mol^{-1}}$

A3-16　$S = S(T, p)$

$$dS = \left(\frac{\partial S}{\partial T}\right)_p dT + \left(\frac{\partial S}{\partial p}\right)_T dp$$

$$TdS = T\left(\frac{\partial S}{\partial T}\right)_p + T\left(\frac{\partial S}{\partial p}\right)_T dp$$

$$\left(\frac{\partial S}{\partial T}\right)_p = \left(\frac{\partial S}{\partial H}\right)_p \left(\frac{\partial H}{\partial T}\right)_p = \frac{1}{T}C_p$$

$$\left(\frac{\partial S}{\partial p}\right)_T = -\left(\frac{\partial V}{\partial T}\right)_p$$

$$TdS = C_p dT - T\left(\frac{\partial V}{\partial T}\right)_p dp = C_p dT - \alpha TV dp$$

$$TdS = q, dT = 0$$

$$dq = -\alpha TV dp = -\alpha TV \Delta p$$

$$q = (-1.82 \times 10^{-4}) \times 273 \times (1.00 \times 10^{-4}) \times (1.0 \times 10^{8})\ \mathrm{kJ} = -0.50\ \mathrm{kJ}$$

A3-17　$S_m^{\ominus}[\mathrm{Fe(CN)_6}^{4-}, \mathrm{aq}] = 76.6\ \mathrm{J \cdot K^{-1} \cdot mol^{-1}}$　A3-18　$W_v = 0, W_f = W = -200\ \mathrm{kJ}, \Delta_r U = \Delta_r H = -206\ \mathrm{kJ}$　$\Delta_r S = -20.1\ \mathrm{J \cdot K^{-1}}$　$\Delta_r A = \Delta_r G = -200\ \mathrm{kJ}$　A3-19　$T_2 = T_1 \exp[(\Delta_{trs} V_m / \Delta_{trs} H_m)(p_2 - p_1)] = 383.2\ \mathrm{K}$　A3-20　(略)

练习题(B)

B3-1　$\frac{Q_{热泵}}{Q_{热机}} = 22.6$

B3-2　$q = 0$

$$\Delta S = \int_{250\ \mathrm{K}}^{300\ \mathrm{K}} \frac{dq}{T} = 0$$

$$\Delta U = nC_{V,m}\Delta T = 2 \times 27.5 \times (300 - 250)\ \mathrm{J} = +2.75\ \mathrm{kJ}$$

$$W = \Delta U - q = 2.75\ \mathrm{kJ}$$

$$C_{p,m} = C_{V,m} + R = (27.5 + 8.314)\ \mathrm{J \cdot K^{-1} \cdot mol^{-1}} = 35.814\ \mathrm{J \cdot K^{-1} \cdot mol^{-1}}$$

$$\Delta H = 2 \times 35.814 \times 50\ \mathrm{J} = 3581.4\ \mathrm{J} = 3.58\ \mathrm{kJ}$$

B3-3　(1)$t = 61\ \mathrm{s}$　(2)$W = -6856\ \mathrm{J}$　(3)$W = 0\ \mathrm{J}$　B3-4　$T_{右} = 363.5\ \mathrm{K}$　$T_{左} = 829.6\ \mathrm{K}$　$\Delta U = 12.4\ \mathrm{kJ}$　$\Delta S = 24.01\ \mathrm{J \cdot K^{-1}}$　B3-5　(1)$-8.33\ \mathrm{J \cdot K^{-1}}$，(2)0，(3)$5.78\ \mathrm{J \cdot K^{-1}}$，(4)$5.78\ \mathrm{J \cdot K^{-1}}$　B3-7　7.8 km　B3-8　(1)$\Delta S_1 = \Delta S_3 = 0, \Delta S_2 = -\Delta S_4 = 5.42\ \mathrm{J \cdot K^{-1}}$；(2)$\varepsilon = 0.60$　B3-9　$\Delta S = 5.76\ \mathrm{J \cdot K^{-1}}$　B3-10　$\Delta S = 138.5\ \mathrm{J \cdot K^{-1}}$　B3-11　(1)$W = 0, Q = 0, \Delta U = 0, T_2 = 288\ \mathrm{K}, \Delta S = 0.006\ \mathrm{J \cdot K^{-1}}$　(2)$\Delta_{mix} S = 11.53\ \mathrm{J \cdot K^{-1}}$，　B3-12　$\Delta S_{体} = 57.8\ \mathrm{J \cdot K^{-1}}, \Delta S_{环} = -19.9\ \mathrm{J \cdot K^{-1}}, \Delta S_{总} = 37.9\ \mathrm{J \cdot K^{-1}}$

B3-13

	步骤 1	步骤 2	步骤 3	步骤四	整个过程
q	+11.5 kJ	0	−5.74 kJ	0	−5.8 kJ
W	−11.5 kJ	−3.74 kJ	+5.74 kJ	+3.74 kJ	−5.8 kJ
ΔU	0	−3.74 kJ	0	+3.74 kJ	0
ΔH	0	−6.23 kJ	0	+6.23 kJ	0
ΔS	+19.1 JK^{-1}	0	−19.1 JK^{-1}	0	0
ΔS_{tot}	0	0	0	0	0
ΔG	−11.5 kJ		+11.5 kJ		0

步骤 1

$\Delta U = \Delta H = 0$

$W = -nRT\ln\left(\frac{V_f}{V_i}\right) = -(1.00\ \text{mol}) \times (8.314\ \text{J} \cdot \text{K}^{-1} \cdot \text{mol}^{-1}) \times 600\ \text{K} \times \ln\left(\frac{1.00\ \text{atm}}{10.0\ \text{atm}}\right) = -11.5\ \text{kJ}$

$q = -W = 11.5\ \text{kJ}$

$\Delta S = nR\ln\left(\frac{V_f}{V_i}\right) = -nR\ln\left(\frac{p_f}{p_i}\right) = -1.00 \times 8.314 \times \ln\left(\frac{1.00\ \text{atm}}{10.0\ \text{atm}}\right) = +19.1\ \text{J} \cdot \text{K}^{-1}$

$\Delta S(\text{sur}) = -\Delta S(\text{system}) = -19.1\ \text{J} \cdot \text{K}^{-1}$

$\Delta S(\text{tot}) = \Delta S(\text{system}) + \Delta S(\text{sur}) = 0$

$\Delta G = \Delta H - T\Delta S = 0 - 600 \times 19.1 = -11.5\ \text{kJ}$

步骤 2

$q = 0$

$\Delta U = nC_{V,m}\Delta T = 1.00 \times 1.5 \times 8.314 \times (300 - 600)\ \text{J} = -3.74\ \text{kJ}$

$W = -\Delta U = 3.74\ \text{kJ}$

$\Delta H = \Delta U + \Delta(pV) = \Delta U + nR\Delta T = -3.74\ \text{kJ} + 1.00 \times 8.314 \times (-300)\ \text{J} = -6.23\ \text{kJ}$

$\Delta S(\text{sur}) = \Delta S = 0$

$\Delta S(\text{tot}) = 0$

$\Delta G = \Delta(H - TS) = \Delta H - S\Delta T$

步骤 3

$\Delta U = \Delta H = 0$

$\varepsilon = 1 - \frac{T_c}{T_h} = 1 - \frac{300\ \text{K}}{600\ \text{K}} = 0.5 = 1 + \frac{q_c}{q_h}$

$q_c = -0.5, q_h = -5.74\ \text{kJ}$

$W = -q_c = 5.74\ \text{kJ}$

$\Delta S = \frac{q}{T} = -19.1\ \text{J} \cdot \text{K}^{-1}$

$\Delta S(\text{sur}) = -\Delta S(\text{syetem}) = +19.1\ \text{J} \cdot \text{K}^{-1}$

$\Delta S(\text{tot}) = 0$

$\Delta G = \Delta H - T\Delta S = +11.5\ \text{kJ}$

步骤 4

$\Delta U = +3.74\ \text{kJ}$

$\Delta H = +6.23\ \text{kJ}, q = 0\ \text{kJ}$

$w = \Delta U = +3.74\ \text{kJ}$

$\Delta S(\text{sur}) = \Delta S(\text{tot}) = 0$

$\Delta G = \Delta(H - TS) = \Delta H - S\Delta T$

(S 未知，ΔG 就无法确定)

整个过程

$\Delta U = \Delta H = \Delta G = \Delta S = 0$

$\Delta S(\text{sur}) = 0$

$\Delta S(\text{tot}) = 0$

$q = (11.5 - 5.74)\text{kJ} = 5.8\ \text{kJ}$

$W = -q = -5.8\ \text{kJ}$

B3-14 2.67 kPa **B3-15** $\Delta H = 2269.7\ \text{J}$ $\Delta U = 1621.2\ \text{J}$ $Q = 14.72\ \text{kJ}$ $W = -13.10\ \text{kJ}$ $\Delta S = 30.53\ \text{J}\cdot\text{K}^{-1}$ **B3-16** 提示：分两步可逆过程由 ΔS 求证之 **B3-17** $\Delta H = Q = 0, \Delta S = 0.31\ \text{J}\cdot\text{K}^{-1} > 0$ **B3-18** (1)$\pi, \Delta S = nR\ln(V_2/V_1)$ (2)$\Delta S = C_V\ln\left[1 + \frac{a(V_{m,1} - V_{m,2})}{T_1 C_V V_{m,1} V_{m,2}}\right] + R\ln\left(\frac{V_{m,2} - b}{V_{m,1} - b}\right)$
B3-19 $Q_R = -W_R = 8.45\ \text{kJ}$ $Q_{IR} = -W_{IR} = 6.10\ \text{kJ}$ $V_2 = 0.244\ \text{m}^3$ $\Delta S_{体} = 28.17\ \text{J}\cdot\text{K}^{-1}, \Delta S_{环} = -20.33\ \text{J}\cdot\text{K}^{-1}$ **B3-20** $S_m^{\ominus} = 282.5\ \text{J}\cdot\text{K}^{-1}\cdot\text{mol}^{-1}$ **B3-21** $\Delta S_m = 2.02\ \text{kJ}\cdot\text{K}^{-1}\cdot\text{mol}^{-1}$ **B3-22** $\Delta G_m = -2862\ \text{kJ}\cdot\text{mol}^{-1}$ **B3-23** (1)$35.5\ \text{J}\cdot\text{K}^{-1}\cdot\text{mol}^{-1}$);(2)$P = 12\ \text{W}\cdot\text{m}^{-3}$；$p_{电池} = 15\times10^4\ \text{W}\cdot\text{m}^{-3}$
B3-24 $168.5\ \text{J}\cdot\text{K}^{-1}\cdot\text{mol}^{-1}$ **B3-25** $\Delta_{vap}G = 0, \Delta_{vap}A = -3102.8\ \text{J}, \Delta_{vap}S = 109\ \text{J}\cdot\text{K}^{-1}, \Delta S_{环} = -100.7\ \text{J}\cdot\text{K}^{-1}, \Delta S_{总} = 8.31\ \text{J}\cdot\text{K}^{-1}$，可用 $\Delta_{vap}S_{总}$ 及 ΔA 判之，过程为不可逆，不能用 $\Delta_{vap}G$ 判过程可逆性，因为不恒压 **B3-26** (1)$V_2 = 30.6\ \text{dm}^3, T_2 = 373.2\ \text{K}, \Delta U = \Delta H = 0, \Delta S = 19.14\ \text{J}\cdot\text{K}^{-1}, -W = Q = 2786\ \text{J}, \Delta A = \Delta G = -7143\ \text{J}$ (2)V_2、T_2、ΔS、ΔU、ΔH、ΔA、ΔG 同(1)，$-W = Q = 7143\ \text{J}$ (3)$V_2 = 15.85\ \text{dm}^3, T_2 = 193.2\ \text{K}, Q = 0, W = \Delta U = -3741\ \text{J}, \Delta S = 0, \Delta A = 33.14\ \text{kJ}, \Delta G = 31.64\ \text{kJ}$ **B3-27** 提示：可分五步可逆过程完成：$\Delta G = \sum\Delta G_i = 356.4\ \text{J}\cdot\text{mol}^{-1}, \Delta S = \sum\Delta S_i = -35.44\ \text{J}\cdot\text{K}^{-1}\cdot\text{md}^{-1}$
B3-28 $\Delta_r S_m^{\ominus} = 162\ \text{J}\cdot\text{K}^{-1}\text{mol}^{-1}$ **B3-29** A. $\Delta S = 2nR\ln2$, B. $\Delta S = 0$, C. $\Delta S = 0$ **B3-30** $\Delta S = 0, Q = 0, \Delta U = W = 4.142\ \text{kJ}$ $\Delta H = 5.799\ \text{kJ}, \Delta A = -36.720\ \text{kJ}$ $\Delta G = -35.063\ \text{kJ}$ **B3-31** (1)$\Delta_r G_m^{\ominus} = 2.852\ \text{kJ}\cdot\text{mol}^{-1}$ (2)$P_2 \geqslant 1.51\times10^9\ \text{Pa}$ **B3-32** $\Delta_r G_m = -2.13\ \text{J}\cdot\text{mol}^{-1}$，单斜硫稳定 **B3-33** (1)$\Delta G_1 = 0, \Delta A_1 = -2937\ \text{J}$,(2)$\Delta A_2 = -3246\ \text{J}, \Delta G_2 = -309.4\ \text{J}$，过程为不可逆；(3)$\Delta A_3 = -2657\ \text{J}, \Delta G_3 = 280\ \text{J}$，过程为不可能发生。 **B3-34** (1) 正交硫稳定，(2)$T = 415.8\ \text{K}$ 或 $T_{近似} = 443.28\ \text{K}$ **B3-35** $\Delta_r G_m = -734\ \text{kJ}\cdot\text{mol}^{-1} < 0$ **B3-36** $Q_R = 43.08\ \text{kJ}, W = -240\ \text{J}, \Delta U = 42.84\ \text{kJ}, \Delta G = -624.4\ \text{kJ}$
B3-37 $\Delta H = -46.024\ \text{kJ}\cdot\text{mol}^{-1}$ $\Delta G = -2.148\ \text{kJ}\cdot\text{mol}^{-1}$ $\Delta S = -117.6\ \text{J}\cdot\text{K}^{-1}\cdot\text{mol}^{-1}$
B3-38 $\text{d}T/\text{d}h = -2Mg/7R = -9.8\times10^{-3}\ \text{K}\cdot\text{m}^{-1}, Tp^{(1-\gamma)/\gamma} =$ 常数

第 4 章

思考题(R)

R4-1 (1)(略) (2) 当溶液很稀时，$c_B \to 0, \rho \to \rho_A, m_B \to 0, x_B = \frac{c_B M_A}{\rho_A} = m_B M_A$ (3) 因为质量和物质的量与温度无关，所以 $\frac{\text{d}x}{\text{d}T} = 0, \frac{\text{d}m}{\text{d}T} = 0$，而体积与温度有关，$\frac{\text{d}c}{\text{d}T} \neq 0$ **R4-2** 甲苯的溶剂结晶曲线陡峭。
R4-3 (略) **R4-4** (1)$\gamma_1 = \frac{(1 - 0.392x_2)^{1.645}}{(1 - x_2)^{0.6447}}$ (2)$\gamma_1 = 1.161, a_1 = 0.697$ (3)$\gamma_2 = 0.7648, a_2 = 0.46$
R4-5 (1)$\gamma_2 = 2.2331$ (2)$\gamma_2 = 0.9642$ **R4-6** (1)$\gamma_1 = \exp\left(\frac{\omega x_2^2}{RT}\right), \gamma_2 = \exp\left(\frac{\omega x_1^2}{RT}\right)$ (2)$\Delta_{mix}G =$

$RT(n_1\ln x_1+n_2\ln x_2)+\omega x_1x_2$，$\Delta_{\rm mix}S=-R(n_1\ln x_1+n_2\ln x_2)$，$\Delta_{\rm mix}V=0$，$\Delta_{\rm mix}H=\omega x_1x_2$，$G^{\rm E}=\omega x_1x_2$，$H^{\rm E}=\omega x_1x_2$　R4-7　$x_1=y_1=1-\left[\ln\dfrac{\left(\dfrac{p}{p_1^*}\right)}{\beta}\right]^{\frac{1}{2}}$　R4-8　（略）　R4-9　（略）　R4-10　（略）　R4-11　在蒸气压-组成图（即 $p_{\rm A}$-$x_{\rm A}$）图）上大致画出溶液的 $p_{\rm A}$ 曲线，该曲线位于曲线 $p_{\rm A}=p_{\rm A}^*x_{\rm A}$ 和曲线 $p_{\rm A}=kx_{\rm A}$ 之间。表明溶液中的 A 对 Raoult 定律和 Henry 定律的偏差情况相反。　R4-12　（略）　R4-13　（略）　R4-14　集合公式只适用于偏摩尔量。　R4-15　理想溶液没有溶解度的概念。反过来，若假设形成两共轭溶液 α 和 β，则必满足 $\mu_{\rm A}(\alpha)=\mu_{\rm A}(\beta)$，$\mu_{\rm B}(\alpha)=\mu_{\rm B}(\beta)$。由理想溶液的化学势表示式可知：$x_{\rm A}(\alpha)=x_{\rm A}(\beta)$，$x_{\rm B}(\alpha)=x_{\rm B}(\beta)$，表明两层溶液的组成完全相同，即两层溶液实为同一溶液，所以共轭溶液的假设是不成立的。
R4-16　在此水溶液中，NaCl 全部电离。所以该溶液实际是 Na^+ 和 Cl^- 的水溶液。该溶液的蒸气压 $p_{H_2O}=p^*x_{H_2O}=p^*(1-x_{Na^+}-x_{Cl^-})=p^*(1-2x_{NaCl})$　R4-17　参阅题 R4-11。　R4-18　在此过程中，溶液中有 4 mol 水变成水蒸气，同时有 1 mol B 从溶液中析出。系统的焓变等于以上两个变化的焓变之和，即 $\Delta H=\Delta H(H_2O)+\Delta H(B)$。

练习题(A)

A4-1　$\mu_1=\mu_2$　A4-2　$T_{\rm b}(CaCl_2)>T_{\rm b}(NaCl)>T_{\rm b}$(糖)$>T_{\rm b}$(水)$>T_{\rm b}$(乙)　A4-3　$\Delta_{\rm mix}H=0$　$\Delta_{\rm mix}S=-2R\ln0.5=11.53\ \rm J\cdot K^{-1}$　A4-4　$-237.19\ \rm kJ\cdot mol^{-1}$　$\Delta_{\rm l}^{\rm g}G_{\rm m}^\ominus=\Delta_{\rm f}G_{\rm m}^\ominus({\rm g})-\Delta_{\rm f}G_{\rm m}^\ominus({\rm l})=-RT\ln K_p^\ominus=-RT\ln(p^*/p^\ominus)$　A4-5　1678 J　A4-6　$k_x(O_2)=2.81\times10^9$ Pa　$k_{\rm m}(O_2)=5.10\times10^7\ \rm Pa\cdot kg\cdot mol^{-1}$　A4-7　(1)$\Delta G_{\rm m}=-2642\ \rm J\cdot mol^{-1}$　(2)$\Delta G_{\rm m}=-8.312\ \rm kJ\cdot mol^{-1}$　A4-8　$\Delta_{\rm mix}V=0$　$\Delta_{\rm mix}H=0$　$\Delta_{\rm mix}G=-3437n_{\rm A}\ \rm J\cdot mol^{-1}$　$\Delta_{\rm mix}S=11.53n_{\rm A}\ \rm J\cdot K^{-1}\cdot mol^{-1}$　A4-9　$f=1021$ kPa
A4-10　p(总)$=52\ 110$ Pa　A4-11　(1)$a_{\rm A}=0.40$；$\gamma_{\rm A}=0.80$　$a_{\rm B}=0.54$；$\gamma_{\rm B}=1.08$　(2)$\Delta_{\rm mix}G_{\rm m}=-10511\ \rm J\cdot mol^{-1}$　A4-12　$a_{H_2O}=0.899$；$\gamma_{H_2O}=a/x=0.9656$　A4-13　$M_{\rm B}=0.195\ \rm kg\cdot mol^{-1}$
A4-14　(1)$x_{甲}=0.5897$；$x_{乙}=0.4103$　(2)$p_{甲}=6974$ Pa；$p_{乙}=2434$ Pa；$p_{总}=9408$ Pa　(3)$y_{甲}=0.7413$；$y_{乙}=p_{乙}/p_{总}=0.2587$　A4-15　$\Delta G_{\rm m}=-1.49$ J；水的标准态为温度 T 压力为 $p^\ominus$ 的纯态。
A4-16　$p_{\rm B}^*=26.66$ kPa；$p_{甲苯}^*=53.32$ kPa　A4-17　$p=60.33$ kPa；$y_{\rm B}=0.947$；$y_{\rm AB}=0.053$　A4-18　$x_{\rm A}=0.9740$　A4-19　$p_{\rm A}^*=192.5$ kPa　$p_{\rm B}^*=70.93$ kPa　A4-20　$x_{\rm A}=[101\ 325\ {\rm Pa}-\exp(A_{\rm B}-B_{\rm B}/T_{\rm b})]/[\exp(A_{\rm A}-B_{\rm A}/T_{\rm b})-\exp(A_{\rm B}-B_{\rm B}/T_{\rm b})]$

练习题(B)

B4-1　(1) 不对，溶液无化学势，(2) 不对，应等于摩尔吉布斯函数，(3) 不对，化学势是强度量，与量无关。
B4-2　(1)(3)(6) 是偏摩尔量，(4)(5)(7) 是化学势　B4-3　(1) 对，因为温度、压力是强度性质，(2) 不对，集合公式只适合于偏摩尔量，(3) 不对，偏摩尔体积不为零。　B4-4　混合后，总体积不等于 500 ml
B4-5　(2)$V_{\rm A}=18.0339\ \rm cm^3\cdot mol^{-1}$，$V_{\rm B}=18.626\ \rm cm^3\cdot mol^{-1}$　(3)$V_{\rm A}=18.0401\ \rm cm^3\cdot mol^{-1}$，$V_{\rm B}=16.6253\ \rm cm^3\cdot mol^{-1}$　B4-6　$\mu_{\rm B}$ 与 T、p 有关，$\mu_{\rm B}^\ominus$ 只与温度有关，p 不同，$\mu_{\rm B}^\ominus$ 不同，但 $\Delta\mu_{\rm B}$ 不变。　B4-7　错，还必须考虑温度变化引起的 ΔS_0　B4-8　$V_{\rm A}=V_{\rm B}=0.02445\ \rm m^3\cdot mol^{-1}$，$V=0.01712\ \rm m^3\cdot mol^{-1}$，$\Delta V_{\rm mix}=0$　B4-9　(1)$V_{H_2O}=5.751\ \rm m^3$；(2)$V_{(酒)}=15.270\ \rm m^3$　B4-10　(A)$\mu(1)=\mu(2)$(B)$\mu(3)-\mu(1)=1.82\ \rm J\cdot mol^{-1}(C)\mu(4)>\mu(2)(D)\mu(4)>\mu(3)(E)S(2)>S(1)(F)\mu(5)>\mu(6)$　B4-11　$\varphi_{\rm A}=0.809$，$f_{\rm A}=81.97$ kPa　B4-12　(1) 错，理想溶液是两者分子间作用力相同的模型。(2) 前句对，后句错，因为有的非理想溶液也能按任意比例混溶。(3) 错，根据拉乌尔定律可知。(4) 对，$x_{\rm A}=\dfrac{p_{\rm A}}{p_{\rm A}^*}$，但必须是密闭体系，平衡态。
(5) 错，$k_{\rm B}$ 越大，$x_{\rm B}$ 越小。　B4-13　A 杯水减少，B 杯量增加。　B4-14　$C_{14}H_{10}$　B4-15　$f=4.71\times10^6$ Pa　B4-16　$f_2/f_1=20.002$　B4-17　$y_{H_2}=0.279$，$y_{N_2}=0.257$，$y_{O_2}=0.464$　B4-18　(1) 溶质浓度高，会产生反渗透。(2) 会产生低渗压，使水从细胞外进入细胞内。(3) 这是由于过渗压，使水从细胞内渗出。(4) 含糖部分熔点较低，先熔化。　B4-19　$m_{O_2}=5.07\times10^{-4}\ \rm mol\cdot kg^{-1}$，$m_{N_2}=2.67\times10^{-4}\ \rm mol\cdot kg^{-1}$

B4-20 (1)$p_{总} = 67.55$ kPa(2)$x_A = 0.25$ B4-21 $p^*_{H_2O} = 1803$ Pa B4-22 $p^*_{庚} = 12280$ Pa $p^*_{辛} = 4120$ Pa B4-23 (1)$p^*_A = 50605$ Pa $p^*_B = 106961$ Pa (2)$y_A = 0.24$ (3)$x_A = 0.585, p_{总} = 74010$ Pa B4-24 (1)$p^*_A = 4.53\times10^4$ Pa $p^*_B = 7.73\times10^4$ Pa (2)$y_B = 0.36$ (3)$\Delta G = -5984\ \mathrm{J\cdot mol^{-1}}$ (4)$p = 6.66\times10^4$ Pa B4-25 (1)100.42 ℃,(2)3121 Pa,(3)2×10^6 Pa B4-26 $\widetilde{M} = 8.66\times10^4$ B4-27 $p^*_1 = 26.66$ Pa $k_{x_1} = 239.98$ kPa B4-28 $\Delta_{mix}V = \Delta_{mix}H = 0, \Delta_{mix}G = -3437\ n_A\ \mathrm{J\cdot mol^{-1}}, \Delta_{mix}S = 11.53\ n_A\ \mathrm{J\cdot k^{-1}\cdot mol^{-1}}$ B4-29 $\Delta G_m = -2722\ \mathrm{J\cdot mol^{-1}}$ B4-30 (1)$x_B = 0.01$(2)$\Delta T_b = 0.286$ K(3)$\Delta\mu = -24.91\ \mathrm{J\cdot mol^{-1}}$ B4-31 $M = 0.228\ \mathrm{kg\cdot mol^{-1}}$,$C_{12}H_{20}O_4$ B4-32 (1)$m_2 = 2.22\times10^{-3}$kg (2)$m_1 = 2.5\times10^{-3}$kg) B4-33 $T = 359.4$ K B4-34 $\Delta S = 139.5\ \mathrm{J\cdot mol^{-1}}$ B4-35 (1) 略;(2)$\pi = 1.76\times10^6$ Pa B4-36 (1) 错,$a = \gamma\cdot x$,还必须考虑γ;(2) 错,$a_1 + a_2 \neq 1$,只有$\gamma_1 = \gamma_2 = 1$才成立;(3) 错,稀溶液应选用不同的标准态 B4-37 $\alpha_{CHCl_3} = 0.181, \gamma_{CHCl_3} = 0.630$ B4-38 α:0.061,0.135,0.212 γ:1.037,1.100,1.143 B4-39 $\frac{\alpha}{RT} \sim p$ B4-40 (1)$a_{H_2O} = 20.5$ (2)$a_{H_2O} = 0.861$ B4-41 (a) $\frac{a_2}{a'_2} = \frac{3}{1}$ (b)$x_2 \to 0, a_2 = 3x_2; x_2 \to 1, a'_2 = \frac{x_2}{3}$ (c)$x_2 \to 0, \gamma_2 = 3; x_2 \to 1, \gamma_2 = \frac{1}{3}$ B4-42 (1)$a_A = 0.7310, \gamma_A = 1.107, a_B = 0.5117, \gamma_B = 1.507$ (2)$a_B = 0.2664, \gamma_B = 0.7845$ (3)$G^E = 554.3$ J,$\Delta G_m = -1166.7$ J B4-43 A(1)$a_2 = 0.523, \gamma_2 = 1.31$ (2)$a_2 = 0.252, \gamma_2 = 0.63$ B. $\Delta G_m = -1632.8\ \mathrm{J\cdot mol^{-1}}$ B4-44 (1)$W = \Delta G = -1230$ J (2)$W = \Delta G = -2781$ J B4-45 (a)$a_2 = 0.0255, \gamma_2 = 1.962$ (b)$a_2 = 0.00724, \gamma_2 = 0.55$ (c)$a_2 = 5.43, \gamma_2 = 417.7$ (d)$a_2 = 0.0141, \gamma_2 = 1.085$ B4-46 (1)(a)$\gamma_A(R) = 0.61$(b)$\gamma_A(H) = 1.50$ (2)$\gamma_A = 0.61 < 1, \gamma_B = 0.67 < 1$ (3)(略)

第 5 章

思考题(R)

R5-1 (1) 对(2) 错(3) 错(4) 错 R5-2 成立。因为变量数减少多少的同时,限制条件数也同时减少多少。 R5-3 (1)$C = 3, \phi = 3, f = 2$ (2)$C = 4, \phi = 1, f = 5, \phi_{max} = 6$ R5-4 (1) 浓度、温度一定,$\phi = 2$ 则 $f = 2-2+1 = 1$(2)$f = 2-3+2 = 1$ 当 T 一定时,$f = 0$ R5-5 只有一个浓度限制条件,即 $x_A + x_B = 1$ R5-6 应从实际相图确定 R5-7 能滑动。$T_f = -0.26$ ℃ R5-8 $\Delta_{sub}H > \Delta_{vap}H$ R5-9 $\frac{\mathrm{d}\ln p}{\mathrm{d}\ln\left(\frac{T}{RT+M}\right)} = \frac{\Delta H}{M}$ R5-10 $\frac{\mathrm{d}p}{\mathrm{d}p} = \frac{V_l}{V_g} = \frac{pV_l}{RT}$ R5-11 塔顶得恒沸物,塔底得纯 A R5-12 错,两不相溶液层对应于同一气相 R5-13 (1) 错(2) 错,若形成共沸物,则无法完全分离。(3) 对(4) 错,恒沸物的组成随外压而变 R5-15 先往三组分体系中加水得水层和氯苯层,然后将水层精馏可得 95% 乙醇

练习题(A)

A5-1 358.2 K A5-2 $\Delta_{sub}H_m = 49.02\ \mathrm{kJ\cdot mol^{-1}}$ A5-3 $f = 4-3+2 = 3$ A5-4 (1)$f = 3$;(2)$f^* = 0$ (3)$f^* = 0, f = 1$ A5-5 $\Delta_{vap}H^\ominus_m = 13.84\ \mathrm{kJ\cdot mol^{-1}}$ A5-6 $\Delta_{vap}H_m = 42.73\ \mathrm{kJ\cdot mol^{-1}}$ A5-7 $T_2 = 390$ K 5-8 (1)$p(303.2\ \mathrm{K}) = 15\,911$ Pa (2)$\Delta_{sub}H_m = 44\,122\ \mathrm{J\cdot mol^{-1}}$ (3)$\Delta_{sub}H_m = 9952\ \mathrm{J\cdot mol^{-1}}$ A5-9 $T_2 = 398.5$ K A5-10 $C = 6-2-0 = 4$ $f = 4-3+2 = 3$ A5-11 $T_b = 84$ ℃ A5-12 $p_{I_2} = 5564$ Pa A5-13 $M_B = 126\ \mathrm{g\cdot mol^{-1}}$ A5-14 (略) A5-15 (略)

练习题(B)

B5-1 (1) 不能。(2)$\varphi_{max} = 3$,现已有 Na_2CO_3 水溶液和冰共两个相,故共存的含水盐最多只能有一种。B5-2 (1)$S = 2, C = 2, \phi = 2, f = 2$;(2)$S = 3, C = 2, \phi = 2, f = 2$;(3)$S = 5, C = 4, \phi = 1, f = 5$;(4)$S = 5, C = 5, \phi = 5, f = 2$ B5-3 (1)$c = 3, f = 4-\phi, \phi_{max} = 4$;(2)$\phi_{max} = 3$;(3)$\phi_{max} = 2$ B5-4 (1)$\phi = 2, c = 1, f = 1$;(2)$\phi = 3, c = 1, f = 0$;(3)$\phi = 2, c = 2, f = 1$;(4)$\phi = 3, c = 2, f = 1$;(5)$\phi = 2, c = 2, f = 2$;(6)$\phi = 4, c = 3, f = 1$ B5-5 (1)$f = 1-2+1 = 0$, (2)$f = 1-2+2 = 1$,温度或压力 (3)$f = 2-2+0$ (4)f

$=2-2+2=2$,温度和压力 (5)$f=1-2+2=1$,温度或压力 **B5-6** 不能,只能与冰或水或水溶液共存。**B5-7** $T=341\ \text{K}$ **B5-8** $p=13.9p^{\ominus}$ **B5-9** $\Delta_s H_m^{\ominus}=\left[594825-46.240\times10^{-4}\left(\frac{T}{K}\right)^2\right]\text{J}\cdot\text{mol}^{-1}$, $573.89\ \text{kJ}\cdot\text{mol}^{-1}$, $1.69\times10^{-3}\ \text{Pa}$ **B5-10** $p=6.27\ \text{kPa}$ **B5-11** (1)$T=278.7\ \text{K}$,$p=4.8\ \text{kPa}$;(2)$\Delta S=36.1\ \text{J}\cdot\text{k}^{-1}\cdot\text{mol}^{-1}$;(3)$0.025\ ℃$ **B5-12** (1)点O为石墨、金刚石、液态碳三相平衡点。OA为石墨与金刚石两相平衡线,OB、OC留给读者自己考虑。(2)石墨稳定 (3)约$8\times10^4\ p^{\ominus}$ (4)$\mathrm{d}p/\mathrm{d}T>0$,金刚石密度大。**B5-13** (1)98.54 kPa,$y_B=0.7476$,(2)80.40 kPa,$x_B=0.3197$ (3)$y_B=0.6825$,$x_B=0.4613$,$n_G=1.709\ \text{mol}$,$n_L=3.022\ \text{mol}$ **B5-14** 34 g **B5-15** $M=128\ \text{g}\cdot\text{mol}^{-1}$ **B5-16** (1)$W_A=59.1\ \text{g}$,$W_B=90.9\ \text{g}$;(2)45.2 g;(3)331 g **B5-17** (2)Ca_3Mg_4,(3)408.3 g **B5-18** (2)$-21\ ℃$,(3)约10%,(4)$-21\ ℃$,(5)$-9\sim-10\ ℃$之间,13.7 g **B5-20** (2)$a_{Bi}=1$;(3)$a_{Bi}^1=a_{Bi}^2$ **B5-21** (2)$\frac{\mathrm{d}p}{\mathrm{d}T}>0$ **B5-23** $\gamma_A=0.83$ **B5-29** (1)$T=1583\ \text{K}$,$\omega_{Ni}=0.74$,$T=1498\ \text{K}$,$\omega_{Ni}=0.27$;(2)$\omega_l=156.2\ \text{g}$,$\omega_s=93.8\ \text{g}$ **B5-32** (3)$f^*=0$ **B5-33** 63.9 g **B5-34** (2)W(乙醇)$=1.101\ \text{kg}$;$\omega_{苯}=19.6\%$;$\omega_{水}=28.0\%$;$\omega_{乙醇}=52.4\%$ (3)$\omega_{乙醇}=0.375\ \text{g}$;萃取效率:93.8%

第 6 章

思考题(R)

R6-2 同一个化学反应的$\Delta_r G_m^{\ominus}$和$\Delta_r G_m$物理意义、数值和用途均不相同。**R6-3** 在一定温度和压力下,若反应系统中没有混合过程,则反应的$\Delta_r G_m$等于常数。若$\Delta_r G_m<0$,反应便一直进行,直至反应物全部转化成产物,系统便到达了Gibbs函数最低的状态。**R6-5** $K^{\ominus}$等于平衡时的活度积,是平衡位置的标志,表示式为$K^{\ominus}=\prod_B (a_B^{eq})^{\nu_B}$。$J$等于反应系统中实际的活度积,表示式为$J=\prod_B a_B^{\nu_B}$。当化学反应达平衡时二者相同,即$K^{\ominus}=J^{eq}$ **R6-6** 平衡移动实质上是反应方向问题。即平衡如何移动由$\Delta_r G_m$来决定:$\Delta_r G_m<0$,则平衡向正反应方向移动。$\Delta_r G_m>0$,则平衡向逆反应方向移动。由此可见,平衡移动不能用$K^{\ominus}$来判断,而应用$\Delta_r G_m$。**R6-9** $\Delta_r G_m^{\ominus}$是指所有参与反应的理想气体都是$p^{\ominus}$的纯态气体,这与反应系统的压力等于$p^{\ominus}$不同。**R6-10** 对于标准状态下的反应,$\Delta_r H_m^{\ominus}$是反应热,$\Delta_r H_m^{\ominus}>0$表明是吸热反应。据热力学第二定律,该反应不可能引起熵值减少。**R6-12** 在此条件下反应$CaCO_3(s)=CaO(s)+CO_2(g)$的$K^{\ominus}>J$,所以反应一直进行到底。**R6-13** (1)$\Delta_r G_m^{\ominus}=5.892\ \text{kJ}\cdot\text{mol}^{-1}>0$,反应不能自发进行; (2)$a=-76283$,$b=448.8$ **R6-14** a)ATP合成$K_c^{\ominus}=1.45\times10^4$ b)ATP水解$K_c^{\ominus}=182$ **R6-15** (1)$\Delta_r G_m^{\ominus}=0$ (2)$\Delta_r S_m^{\ominus}$为正 (3)$K_c^{\ominus}=0.0409$ $\Delta_r G_m^{\ominus}=7.92\ \text{kJ}\cdot\text{mol}^{-1}$ (4)$K_p^{\ominus}(313.15\ \text{K})>1$ (5)$\Delta_r G_m^{\ominus}(313.15\ \text{K})<0$

练习题(A)

A6-1 $n(H_2)=8.25\ \text{mol}$ **A6-2** $-15.91\ \text{kJ}\cdot\text{mol}^{-1}$ **A6-3** $K_p^{\ominus}=873$ **A6-4** $K_c=0.5\ \text{mol}\cdot\text{cm}^{-3}$ **A6-5** 409.3 K **A6-6** $\Delta_r H_m^{\ominus}=52.9\ \text{kJ}\cdot\text{mol}^{-1}$ **A6-7** $\Delta_r G_m^{\ominus}=10293\ \text{J}\cdot\text{mol}^{-1}$ **A6-8** $K_2^{\ominus}=137$ **A6-9** (1)$K_p(1)=29.4\ \text{kPa}$ (2)$K_p(2)=172\ \text{Pa}^{1/2}$;$K_c(2)=0.00595(\text{mol}\cdot\text{dm}^{-3})^{1/2}$ (3)$K_p(3)=3.4\times10^{-4}\ \text{Pa}^{-1}$;$K_c(3)=282.5\ \text{dm}^3\cdot\text{mol}^{-1}$ **A6-10** $n=0.584\ \text{mol}$ **A6-11** 10 g $CaCO_3$解离的质量:$m=0.2495\ \text{g}$;未解离的质量:$m=9.7505\ \text{g}$ 20 g $CaCO_3$未解离的质量:$m=19.7505\ \text{g}$ **A6-12** $\Delta_r G_m=-26.6\ \text{kJ}\cdot\text{mol}^{-1}$,反应不是处于平衡态 **A6-13** $\alpha=72.5\%$ **A6-14** (1)$\Delta_{tus} G_m=1553\ \text{J}\cdot\text{mol}^{-1}$ (2)$m(\beta)=1.87m(\alpha)=18.7\ \text{mol/kg}$ **A6-15** $p(O_2)=4.46\times10^{-9}\ \text{Pa}$ **A6-16** $\Delta_r G_m^{\ominus}=-7.87\ \text{kJ}\cdot\text{mol}^{-1}$ **A6-17** (1)$Q_p=1>0.71=K_p^{\ominus}$,反应从右向左进行 (2)$Q_p=0.45<0.71=K_p^{\ominus}$,反应可从左向右进行 **A6-18** (1)$\Delta_r H_m^{\ominus}=56\ 851\ \text{J}\cdot\text{mol}^{-1}$ (2)$\Delta_r H_m^{\ominus}=-56\ 851\ \text{J}\cdot\text{mol}^{-1}$ **A6-19** $\alpha=53.4\%$ **A6-20** $\Delta_r H_m^{\ominus}(T)=-37116\ \text{J}\cdot\text{mol}^{-1}$;$\Delta_r H_m^{\ominus}(0\ \text{K})=-40.7\ \text{kJ}\cdot\text{mol}^{-1}$ **A6-21** $K_p=9.48x^2/p^2$,理想气体K_p只是T的函数,即在一定T时为常数,故x与p成正比

练习题(B)

B6-1 (1) 不对，反应进度可大于或小于 1，(2) 对，$\xi = \frac{n_B(t) - n_B(0)}{\nu_B}$，(3) 不对，化合亲合势是随反应体系而变的。 **B6-3** (1) 错，$K^\ominus$ 是平衡常数，可由 $\Delta_r G_m^\ominus$ 求得；(2) 对，$\Delta_r G_m^\ominus = \sum_B \nu_B \Delta_f G_m^\ominus(B)$；(3) 正向不能自发进行，而反向自发进行；(4) 错，$K^\ominus$ 不变，但 $K_p^\ominus = K_x\left(\frac{p}{p^\ominus}\right)^{\sum \nu_B}$，当 p 改变，K_x 亦改变；(5) 错，$\Delta_r G_m^\ominus = \sum_B \nu_B \Delta_f G_m^\ominus(B)$；(6) 不对，对该反应 $\Delta_r G_m = \Delta_r G_m^\ominus \neq 0$ **B6-4** K_p：$1.82 \times 10^{-14}\ Pa^{-2}$，$K_c$：$5.70 \times 10^{-7}\ mol^{-2} \cdot m^6$，$K_x$：$1.87 \times 10^{-4}$ **B6-5** $y(NO) = 7.22 \times 10^{-12} \ll 1.00 \times 10^{-8}$，故无需预处理 **B6-6** $p = 1.52 \times 10^6\ kPa$ **B6-7** $\Delta_r G_m^\ominus = -RT\ln K_p^\ominus = 4450\ J \cdot mol^{-1}$ **B6-8** (1)$\Delta G_m^\ominus(298.15\ K) = 5.252\ kJ \cdot mol^{-1}$，(2)$K_f^\ominus = 0.1202$，$p = 12.02\ kPa$ **B6-9** (1) 略，(2)$p = 3.123\ kPa$ **B6-10** $p = 4.10 \times 10^4\ Pa$ **B6-11** $\Delta_r G_m = 953.2\ kJ \cdot mol^{-1}$，不能黏合 **B6-12** (1) 当 $p_{H_2O} = 577.6\ Pa$ 时，反应达到平衡。(2) 当 $1039.9\ Pa > p_{H_2O} > 746.6\ Pa$ 时，体系以 $CuSO_4 \cdot 3H_2O$ 和 $H_2O(g)$ 共存 **B6-13** $K_p = 3.247 \times 10^{-3}$ **B6-14** (1)$f^* = 1$，压力不为定值；(2)$\Delta_r G_m^\ominus = 7.438\ kJ \cdot mol^{-1}$；(3)$\alpha = 0.4224$ **B6-15** (1)$\Delta_r S_m^\ominus = 15.9\ J \cdot K^{-1} \cdot mol^{-1}$，$\Delta_r H_m^\ominus = -50\ 646\ J \cdot mol^{-1}$，$\Delta_r G_m^\ominus(1000\ K) = -66\ 546\ J \cdot mol^{-1}$ (2)$K_a^\ominus = \frac{\left\{\left[\frac{p(CO_2)}{p^\ominus}\right]a(Ni)\right\}}{\left[\frac{p(CO)}{p^\ominus}\right]}$ **B6-16** (1) 不能生成；(2)$p > 161\ kPa$ **B6-17** (1) 体系达平衡时，各物理量有确定值，且不随时间而变。(2) 定温下，平衡常数是唯一的。(3) 求 $\Delta_f G_m^\ominus$ 须有 $K_f^\ominus$，上述条件不够多。(4) 错，若无副反应发生，两者相同。 **B6-19** 用 pH 计测溶液的 pH 值。 **B6-20** K_p：4.11 kPa **B6-21** $p_{CO_2} = 0.0055p^\ominus$，$p_{NH_3} = 0.134p^\ominus$，$p_{总} = 0.140p^\ominus$ **B6-22** (1)$m(Ag_2S) = 9.26\ g$，$m(Ag) = 0.647\ g$ (2)$V = 1.356 \times 10^{-2}\ m^3$ **B6-23** (1) 错，当反应平衡时，$\Delta_r G_m = 0$，但 $\Delta_r G_m^\ominus \neq 0$；(2) 错，$\Delta_r G_m^\ominus(T)$ 只取决于纯态反应物和纯态产物，与反应进度无关；(3) 错，$K_p = 1$，并不意味着各物质的平衡分压均为 $p^\ominus$。

B6-24 $\Delta_r G_m^\ominus = -237.13\ KJ \cdot mol^{-1}$ **B6-25** 反应 $ZnO + SO_3 = ZnSO_4$，$\Delta_r G_m^\ominus = 20.51\ kJ \cdot mol^{-1}$，焙烧产物为 ZnO **B6-26** $x \leqslant 0.05$ **B6-27** (1)0.299，(2)0.00259，(3)$y = 0.757$ **B6-28** $4.5 \times 10^{-6}\ mol \cdot kg^{-1}(H_2O)$ **B6-30** 0.617 kPa **B6-31** 850 K **B6-32** (1)688.1 kPa (2) 无变化 (3) 向右移动 (4)0.715 mol (5)94.1 kJ·mol^{-1} **B6-33** (1)$\alpha = 0.9584$；(2) 由于 $\Delta_r G_m^\ominus < 0$，表明在常温标准状态下反应不能进行，只有升高温度，增大 $T\Delta_r S_m^\ominus$ 值，使得 $\Delta_r G_m^\ominus < 0$ 时反应才可以进行。本反应为吸热反应，升高温度，$K_p^\ominus$ 增大，反应向右移动，有利于苯乙烯生成，本反应 $\Delta\nu > 0$，低压有利于苯乙烯生成，充入惰性气体，相当于降低体系总压，采用上述措施利于提高乙苯转化率；(3) 加入少量阻聚剂，采用减压蒸馏，以降低蒸馏温度，防止聚合；(4) 氧化脱氢 $\Delta_r G_m^\ominus = -145.4\ kJ \cdot mol^{-1} < 0$，表明在常温下反应能进行，且平衡常数很大($K_p^\ominus = 3.04 \times 10^{25}$)，乙苯几乎完全转化。优点：反应温度低，转化率高，节约能源。 **B6-34** $\Delta_r H_m^\ominus$：568.32 kJ·mol^{-1} $\Delta_r S_m^\ominus$：180 J·K^{-1}·mol^{-1} **B6-35** (1)$K_f^\ominus = 1.984 \times 10^{-3}$；(2)$K_\varphi = 0.862$，$K_p^\ominus = 2.31 \times 10^{-3}$；(3)$x(C_2H_5OH) = 0.0741$ **B6-36** 使分解更多 **B6-37** (1)$K_p = \frac{[(3\ mol - 2n_C)^2 n_C]}{[4(1\ mol - n_C)^3 p^2]}$ (2)$K_p = \frac{4}{p^2}$ (3) 在温度一定时，p 若增大，则 K_p 不变。因为理想气体反应的 K_p 只是温度的函数。 **B6-38** (1)$\alpha_1 = 0.62 > 0.50$，故解离度增加 (2)$\alpha_2 = 0.62 > 0.50$，故解离度增加 (3)$\alpha_3 = 0.50$，故解离度不变 (4)$\alpha_4 = 0.2 < 0.5$，解离度下降 **B6-39** $\Delta_r G_m^\ominus = -25.30\ kJ \cdot mol^{-1}$，$K_p^\ominus = 2.7 \times 10^4$ **B6-40** (1)4.33×10^{-7}，(2)$1.51 \times 10^{-5}\ mol \cdot dm^{-3}$，(3)5.60，(4)7.5 kJ·mol^{-1}，(5)pH 下降 **B6-41** $T = 833\ K$

第7章

思考题(略)

练习题(A)

A7-1 12!/(7!4!1!) = 3960 种 $P = 1/3960 = 0.00025$ A7-2 (1)3,56,0.107,0.536,0.357 (2)3,260,0.231,0.692,0.077 A7-3 (1)略 (2)6种正确,Stirling公式只适用于 $N \gg 1$ 时 A7-4 (1)$q = \sum_i g_i \exp(-\varepsilon_i/kT) = g_1 + g_2 \exp(-\varepsilon/kT)$ (2)$T = 0$ K时,$N_2/N_1 = 0$;$T = 100$ K时,$N_2/N_1 = 0.2370$;$T = \infty$ K时,$N_2/N_1 = 1$ A7-5 $T = 2060$ K A7-6 $\Theta_r = 15$ K A7-7 $J = 10$ A7-8 $N_3/N_1 = 8.15$ A7-9 $N_1/N = 0.218$ A7-10 $S_0 = Nk\ln 2$ A7-11 (略) A7-12 $S_{t,m} + S_{r,m} = 191.4\ \mathrm{J \cdot K^{-1} \cdot mol^{-1}}$,说明熵主要来源于平动和转动运动

练习题(B)

B7-1 (1)120960;(2)1260 B7-2 (略) B7-3 (1) 96 (2) 9 (3) 1 B7-4 (1)9 (2)6 (3)6 (4)3 B7-5 $\frac{N_i}{N_j} = 2$ B7-6 8,56,28,168,70 B7-7 (1)$q_e = 3.3683$ (2) $\frac{N_3}{N_1} = 8.15$ B7-8 1:2.59:3.72 B7-9 分子分布数及玻尔兹曼公式相同,配分函数不同 B7-10 (略) B7-11 (略) B7-12 (略) B7-13 (1)$q = 1 + 2\exp\left(\frac{-\varepsilon}{kT}\right)$ (2) $\frac{N_1}{N_0} = 73.6\%$ (3)$0.424RT$ B7-14 $101\ \mathrm{cm^{-1}}$ B7-15 $e^a(\mathrm{H_2}) = 8.746 \times 10^{-6}$,$e^a(\mathrm{Ar}) = 9.913 \times 10^{-8}$ B7-16 $\frac{n_1}{n_0} = 1.68$,$\frac{n_2}{n_1} = 0.524$ B7-17 $\Theta_v = 308.5$ K,$q_v = 0.9309$;$q_v^0 = 1.557$ B7-18 $g_{e,0} = 1.94 \approx 2$ B7-19 $202.2\ \mathrm{J \cdot K^{-1} \cdot mol^{-1}}$ B7-20 CO分子有两种取向,残余熵为$5.76\ \mathrm{J \cdot K^{-1} \cdot mol^{-1}}$;$CCl_3F$有四种排列方式,残余熵为$11.52\ \mathrm{J \cdot K^{-1} \cdot mol^{-1}}$ B7-21 (略) B7-22 $k^\ominus = 3.244 \times 10^{-7}$ B7-23 (1)$-164.2\ \mathrm{kJ \cdot mol^{-1}}$ (2)2.012×10^4 B7-24 $207.78\ \mathrm{J \cdot K^{-1} \cdot mol^{-1}}$ B7-25 $N_A = N_0 q_A$,$N_B = N_0 e^{\frac{-\Delta\varepsilon_0}{kT}} q_B$,$K = \frac{N_B}{N_A} = e^{\frac{-\Delta\varepsilon_0}{kT}} \frac{q_B}{q_A}$

附录 1

主要物理量及符号

A Helmholtz 自由能
a_B，a_i 物质 B 或 i 的(相对) 活度
C 独立组分数
C_p 等压热容
C_V 等容热容
c_B 物质 B 的量浓度
E 总能量,电动势
F Faraday 常数
f 自由度
f_B，f_i 物质 B 或 i 的逸度
g 重力加速度
G Gibbs 自由能
$\Delta_f G_m^{\ominus}$ 标准摩尔生成 Gibbs 自由能
h 普朗克常量
H 焓
$\Delta_l^g H_m^{\ominus}$ 标准摩尔汽化焓
$\Delta_s^l H_m^{\ominus}$ 标准摩尔熔化焓
$\Delta_s^g H_m^{\ominus}$ 标准摩尔升华焓
$\Delta_f H_m^{\ominus}$ 标准摩尔生成焓
$\Delta_c H_m^{\ominus}$ 标准摩尔燃烧焓
$\Delta_{dil} H_m$ 摩尔烯释焓
$\Delta_{sol} H_m$ 摩尔溶解焓
$\Delta H_m^{\ominus}(A-B)$ 标准摩尔键焓
$\Delta_r H_m^{\ominus}$ 标准摩尔反应焓
$\Delta_{at} H_m^{\ominus}$ 标准摩尔原子化焓
I 转动惯量
$K^{\ominus}$ 标准平衡常数
k Boltzmann 常量
L 体系的某种广度量,Avogadro 常数
μ_B,μ_i 物质 B 或 i 的化学势
μ_J Joul 系数
$\mu_{J\text{-}T}$ Joule-Thomson 系数
ν_B 物质 B 的化学计量数
ξ 反应进度
ξ_ρ 反应 ρ 的反应进度
π 渗透压(力)
ρ 密度
Φ 相数,溶剂物质的渗透系数
Ω 体系的微观量子状态数
Θ_r 转动特征温度
Θ_v 振动特征温度
L^E 超额函数
L_m^E 摩尔超额函数
M 摩尔质量
M_r 物质的相对分子质量
m_B 物质 B 的质量摩尔浓度
N 分子或其他基本单元数
n_B,n_i 物质 B 或 i 的物质的量
p 压力
p_B,p_i 物质 B 或 i 的分压(力)
$p^{\ominus}$ 标准压力
p_c 临界压力
p_r 对比压力
q 分子配分函数
Q 热量,电量,摩尔配分函数
R 摩尔气体常量,独立化学反应方程式数,浓度限度条件数
S 熵,物种数
T 热力学温度
T_c 临界温度
T_r 对比温度
U 内能或热力学能
V 体积
$V_{c,m}$ 临界摩尔体积
V_r 对比体积
W 功,热力学概率
ω_B 物质 B 的质量分数
x_B,x_i 物质 B 或 i 的物质的量分数(或摩尔分数)

Z 压缩因子

Z_c 临界压缩因子

α 体膨胀系数,热容的临界指数

β 压力系数

γ 热容商,表面张力

γ_B, γ_i 物质B或i的逸度系数或活度系数

κ 等温压缩系数

id 代表“理想”

hyp 代表“假想”

上标

$\ominus$ 代表“标准”

$*$ 代表“纯的”

∞ 代表“无限稀”

下标

f 代表“终态”

i 代表“始态”,“内部”

m 代表“摩尔”

附录 2

物理常量和换算因子

光速　$c = 2.997925 \times 10^{8}\ \mathrm{m \cdot s^{-1}}$

玻尔兹曼常量　$k = 1.380662 \times 10^{-23}\ \mathrm{J \cdot K^{-1}}$

普朗克常量　$h = 6.626176 \times 10^{-34}\ \mathrm{J \cdot s}$

亚佛加德罗常量　$L = 6.022045 \times 10^{23}\ \mathrm{mol^{-1}}$

气体常量　$R = 8.31441\ \mathrm{J \cdot K^{-1} \cdot mol^{-1}}$

$= 8.31441 \times 10^{6}\ \mathrm{Pa \cdot cm^{3} \cdot K^{-1} \cdot mol^{-1}}$

$= 8.31441\ \mathrm{kPa \cdot dm^{3} \cdot K^{-1} \cdot mol^{-1}}$

$= 8.31441\ \mathrm{Pa \cdot m^{3} \cdot K^{-1} \cdot mol^{-1}}$

$= 1.9871\ \mathrm{cal \cdot K^{-1} \cdot mol^{-1}}$

$= 82.053\ \mathrm{cm^{3} \cdot atm \cdot K^{-1} \cdot mol^{-1}}$

法拉第常量　$F = 9.648456 \times 10^{4}\ \mathrm{C \cdot mol^{-1}}$

电子质量　$m_e = 9.109534 \times 10^{-31}\ \mathrm{kg}$

电子电荷　$e = 1.602189 \times 10^{-19}\ \mathrm{C}$

标准温度和压力下(273.15 K,101.325 kPa)理想气体摩尔体积　$V_m^{\ominus} = 2.24138 \times 10^{-2}\ \mathrm{m^{3} \cdot mol^{-1}}$

1 cal = 4.184 J

1 e.s.u(静电单位电荷) $= 3.335640 \times 10^{-10}$ C

1 atm = 760 torr(≈ 760 mmHg) = 101325 $\mathrm{N \cdot m^{-2}}$(Pa,帕) = 1.01325 巴(bar)

1 L(升) $= 10^{-3}\ \mathrm{m^{3}} = 1\ \mathrm{dm^{3}} = 10^{3}\ \mathrm{cm^{3}}$

1 eV $= 1.60218 \times 10^{-19}$ J

1 LeV $= 96.484\ \mathrm{kJ \cdot mol^{-1}}$

1 Pa(帕或帕斯卡) $= \frac{\mathrm{N}}{\mathrm{m^{2}}} 10\ \mathrm{dgn \cdot cm^{2}} = 10^{-5}\ \mathrm{bar} = 9.869 \times 10^{-6}\ \mathrm{atm}$

1 $\mathrm{atm \cdot dm^{3}} = 101.3\ \mathrm{J} = 24.22\ \mathrm{cal} = 1.013 \times 10^{5}\ \mathrm{erg}$

附录 3

热力学数据表

表中 $\Delta_f H_m^\ominus$、$\Delta_f G_m^\ominus$、$S_m^\ominus$ 和 $C_{p,m}^\ominus$ 分别表示 298 K 和 101325 Pa 时化学物质的标准生成热、标准生成自由能、标准熵和恒压摩尔热容。

s— 固态、l— 液态、g— 气态、am— 无定形体、aq— 溶液。

一、无机物质

化学物质	聚集状态	$\Delta_f H_m^\ominus$ /(kJ·mol⁻¹)	$\Delta_f G_m^\ominus$ /(kJ·mol⁻¹)	$S_m^\ominus$ /(J·K⁻¹·mol⁻¹)	$C_{p,m}^\ominus$ /(J·K⁻¹·mol⁻¹)
Al	s	0	0	28.3	24.3
Al	l	10.6	7.2	39.6	24.2
Al	g	326.4	285.7	164.5	21.4
Al^{3+}	g	5483.2	—	—	—
Al^{3+}	aq	−531	−485	−321.7	—
Al_2O_3	s(α,刚玉)	−1669	−1576	51.0	70.0
$Al(OH)_3$	am	−1273	—	—	—
$AlCl_3$	s	−695	−637	170	89.1
Ar	g	0	0	154.8	20.8
As	s	0	0	35.1	24.6
As	g	302.5	261.0	174.2	20.8
As_4	g	143.9	92.4	314	—
AsH_3	g	66.4	68.9	222.8	38.1
Ba	s	0	0	67	26.4
Ba	g	180	146	170.2	20.8
BaO	s	−558	−528	70.3	47.4
Ba^{2+}	aq	−537.6	−560.8	9.6	—
$Ba(OH)_2\cdot 8H_2O$	s	−3345	—	—	—
$BaCl_2$	s	−860	−811	130	75.3

续表

化学物质	聚集状态	$\Delta_f H_m^\ominus$ /(kJ·mol⁻¹)	$\Delta_f G_m^\ominus$ /(kJ·mol⁻¹)	$S_m^\ominus$ /(J·K⁻¹·mol⁻¹)	$C_{p,m}^\ominus$ /(J·K⁻¹·mol⁻¹)
$BaCO_3$	s(毒重石)	−1219	−1139	112	85.4
$BaSO_4$	s	−1465	−1353	132	102
Be	s	0	0	9.5	16.4
Be	g	324.3	286.6	136.3	20.8
Bi	s	0	0	56.7	25.5
Bi	g	207.1	168.2	187.0	20.8
Br_2	l	0	0	152	71.6
Br_2	g	30.7	3.1	245	36.0
Br	g	118.9	82.4	175.0	20.8
Br^-	g	−219.1	—	—	—
Br^-	aq	−121.6	−104.0	82.4	−141.8
HBr	g	−36.2	−53.2	198	29.1
Cd	s(γ)	0	0	51.8	26.0
Cd	g	112.0	77.4	167.8	20.8
Cd^{2+}	aq	−75.9	−77.6	−73.2	—
CdO	s	−255	−225	54.8	43.4
$Cd(OH)_2$	s	−558	−471	95.4	—
$CdCl_2$	s	−690	−648	110	—
$CdSO_4$	s	−926	−820	137	—
$CdCO_3$	s	−750.6	−669.4	92.5	—
Ca	s	0	0	41.6	26.3
Ca	g	178.2	144.3	154.9	20.8
Ca^{2+}	aq	−542.8	−553.6	−53.1	—
CaO	s	−635	−604	40	42.8
$Ca(OH)_2$	s	−987	−897	76.2	84.5
CaF_2	s	−1219.6	−1167.3	68.9	67.0
$CaCl_2$	s	−795	−750	114	72.6
$CaBr_2$	s	−682.8	−663.6	130	—
$CaCO_3$	s(大理石)	−1207	−1129	92.9	81.9
$CaCO_3$	s(文石)	−1207	−1127.8	88.7	81.3
$CaSO_4$	s(无水)	−1575	−1435	130	120
Cs	s	0	0	85.2	32.2
Cs	g	76.1	49.1	175.6	20.8
Cs^+	aq	−258.3	−292.0	133.1	−10.5

续表

化学物质	聚集状态	$\Delta_f H_m^\ominus$ /(kJ·mol^{-1})	$\Delta_f G_m^\ominus$ /(kJ·mol^{-1})	$S_m^\ominus$ /(J·K^{-1}·mol^{-1})	$C_{p,m}^\ominus$ /(J·K^{-1}·mol^{-1})
C	s(石墨)	0	0	5.7	8.6
C	s(金刚石)	1.9	2.9	2.4	6.1
C	g	715	673	158	21
C_2	g	831.9	775.9	199.4	43.2
CO	g	−111	−137	198	29.1
CO_2	g	−394	−395	214	37.1
CO_2	aq	−413.8	−385.9	117.6	—
H_2CO_3	aq	−699.7	−623.1	187.4	—
HCO_3^-	aq	−692.0	−586.8	91.2	—
CO_3^{2-}	aq	−677.1	−527.8	−56.9	—
CCl_4	l	−139	−68.6	214	132
CS_2	l	89.7	65.3	151.3	75.7
$COCl_2$	g	−223	−210	289	60.7
CS_2	l	87.9	63.6	151	75.7
HCN	g	130	120	202	35.9
HCN	l	105	121	113	70.6
CN^-	aq	150.6	172.4	94.1	—
$(CN)_2$	g	308	296	242	56.9
Cl	g	121.7	105.7	165.2	21.8
Cl_2	g	0	0	223	33.9
Cl^-	g	−233.1	—	—	—
Cl^-	aq	−167.2	−131.2	56.5	−136.4
Cl_2O	g	76.2	93.7	266	—
ClO_2	g	103	123	249	—
Cl_2O_7	g	265	—	—	—
HCl	g	−92.3	−95.3	187	29.1
HCl	aq	−167.2	−131.2	56.5	−136.4
Cr	s	0	0	23.8	23.4
Cr	g	396.6	351.8	174.5	20.8
Cr_2O_3	s	−1128	−1047	81.2	119
CrO_4^{2-}	aq	−881.2	−727.8	50.2	—
CrO_3	s	−579	—	—	—
$Cr_2O_7^{2-}$	aq	−1490.3	−1301.1	261.9	—
$CrCl_2$	s	−396	−365	115	70.6

续表

化学物质	聚集状态	$\Delta_f H_m^\ominus$ /(kJ・mol^{-1})	$\Delta_f G_m^\ominus$ /(kJ・mol^{-1})	$S_m^\ominus$ /(J・K^{-1}・mol^{-1})	$C_{p,m}^\ominus$ /(J・K^{-1}・mol^{-1})
$CrCl_3$	s	−563	−494	126	90.1
Co	s	0	0	28	25.6
$CoCl_2$	s	−326	−282	106	78.7
$CoSO_4$	s	−868	−762	113	
Cu	s	0	0	33.3	24.5
Cu	g	338	298.6	166.4	20.8
Cu^+	aq	71.7	50.0	40.6	—
Cu^{2+}	aq	64.8	65.5	−99.6	—
CuO	s	−155	−127	43.5	44.4
$Cu(OH)_2$	s	−448	—	—	—
CuCl	s	−135	−119	84.5	—
$CuCl_2$	s	−206	—	—	—
Cu_2S	s	−79.5	−86.2	121	76.3
CuS	s	−48.5	−49.0	66.5	47.8
$Cu(NO_3)_2$	s	−307	—	—	—
$CuSO_4$	s	−770	−662	113	—
$CuSO_4 \cdot H_2O$	s	−1084	−917	150	—
$CuSO_4 \cdot 5H_2O$	s	−2278	1880	305	281
D_2	g	0	0	145.0	29.2
HD	g	0.318	−1.46	143.8	29.2
D_2O	g	−249.2	−234.5	198.3	34.3
D_2O	l	−294.6	−243.4	75.9	84.4
HDO	g	−245.3	−233.1	199.5	33.8
HDO	l	−289.9	−241.9	79.3	—
F_2	g	0	0	203	31.5
F	g	79.0	61.9	158.8	22.7
F^-	aq	−332.6	−278.8	−13.8	−106.7
HF	g	−269	−271	174	29.1
He	g	0	0	126.2	20.8
H_2	g	0	0	131	28.8
H	g	218.0	203.2	114.7	20.8
H_2O	g	−242	−229	189	33.6
H^+	g	1536.2	—	—	—
H^+	aq	0	0	0	0

续表

化学物质	聚集状态	$\Delta_f H_m^\ominus$ /(kJ·mol^{-1})	$\Delta_f G_m^\ominus$ /(kJ·mol^{-1})	$S_m^\ominus$ /(J·K^{-1}·mol^{-1})	$C_{p,m}^\ominus$ /(J·K^{-1}·mol^{-1})
H_2O	l	−286	−237	69.9	75.3
H_2O	s			38.0	
H_2O_2	g	−133	—	—	—
H_2O_2	l	−188	−118	102	—
I_2	s	0	0	117	55.0
I_2	g	62.2	19.4	261	36.9
I	g	106.8	70.2	180.8	20.8
I^-	aq	−55.2	−51.6	111.3	−142.3
HI	g	25.9	1.3	206	29.2
Li	s	0	0	29.1	24.8
Li	g	159.4	126.7	138.8	20.8
Li	aq	−278.5	−293.3	13.4	68.6
Fe	s	0	0	27.2	25.2
Fe	g	416.3	370.7	180.5	25.7
Fe_2O_3	s(赤铁矿)	−822	−741	90.0	105
Fe^{2+}	aq	−89.1	−78.9	−137.7	—
Fe^{3+}	aq	−48.5	−4.7	−315.9	—
Fe_3O_4	s(磁铁矿)	−1117	−1015	146	—
$Fe(OH)_2$	s	−568	−484	80	—
$Fe(OH)_3$	s	−824	—	—	—
$FeCl_2$	s	−341	−302	120	76.4
$FeCl_3$	s	−405	—	—	—
FeS	s(α)	−95.1	−97.6	67.4	54.8
FeS_2	s(黄铁矿)	−178	−167	53.1	61.9
$FeCO_3$	s(菱铁矿)	−748	−674	92.9	82.1
$FeSO_4$	s	−923	−815	−108	—
$FeSO_4 \cdot 7H_2O$	s	−3007	—	—	—
Pb	s	0	0	64.9	26.8
Pb	g	195.0	161.9	175.4	20.8
Pb^{2+}	aq	−1.7	−24.4	10.5	—
PbO	s(红)	−219	−189	67.8	—
PbO	s(黄)	−218	−188	69.4	49.0
PbO_2	s	−277	−219	76.6	64.4
$Pb(OH)_2$	s	−515	−421	88	—

续表

化学物质	聚集状态	$\Delta_f H_m^\ominus$ /(kJ·mol⁻¹)	$\Delta_f G_m^\ominus$ /(kJ·mol⁻¹)	$S_m^\ominus$ /(J·K⁻¹·mol⁻¹)	$C_{p,m}^\ominus$ /(J·K⁻¹·mol⁻¹)
$PbCl_2$	s	−359	−314	136	77.0
PbS	s	−94.3	−92.7	91.3	49.5
$PbCO_3$	s	−700	−626	131	—
$Pb(NO_3)_2$	s	−449	—	—	—
$PbSO_4$	s	−918	−811	147	104
Mg	g	147.7	113.1	148.7	20.8
Mg	s	0	0	32.5	23.9
Mg^{2+}	aq	−466.9	−454.8	−138.1	—
MgO	s	−602	−570	27	37.4
$Mg(OH)_2$	s	−925	−834	63.1	—
$MgCl_2$	s	−642	−592	89.5	71.4
$MgCO_3$	s	−1113	−1030	65.7	75.5
$MgSO_4$	s	−1278	−1174	91.6	—
Mn	s(α)	0	0	31.8	26.3
MnO	s	−385	−363	60.2	43.0
MnO_2	s	−521	−466	53.1	54.0
$Mn(OH)_2$	am	−694	−610	88.3	—
$MnCl_2$	s	−482	−441	117	72.9
$MnCO_3$	s	−895	−818	85.8	—
$MnSO_4$	s	−1064	−956	112	—
$MnSO_4 \cdot 4H_2O$	s	−2256	—	—	—
Hg	g	61.3	31.8	175.0	20.8
Hg	l	0	0	77.4	27.8
Hg^{2+}	aq	171.1	164.4	−32.2	—
Hg_2^{2+}	aq	172.4	153.5	84.5	—
HgO	s(红)	−90.7	−58.5	72.0	45.7
HgO	s(黄)	−90.2	−58.4	73.2	—
Hg_2Cl_2	s	−265	−211	196	102
$HgCl_2$	s	−230	−177	121	76.6
HgS	s(红)	−58.2	−48.8	77.8	—
HgS	s(黑)	−54.0	−46.2	83.3	—
Hg_2SO_4	s	−742	−624	201	—
$HgSO_4$	s	−704	—	—	—
Ne	g	0	0	146.3	20.8

续表

化学物质	聚集状态	$\Delta_f H_m^\ominus$ /(kJ·mol^{-1})	$\Delta_f G_m^\ominus$ /(kJ·mol^{-1})	$S_m^\ominus$ /(J·K^{-1}·mol^{-1})	$C_{p,m}^\ominus$ /(J·K^{-1}·mol^{-1})
Ni	s	0	0	30.1	26.0
NiO	s	−244	−216	38.6	44.4
$Ni(OH)_2$	s	−538	−453	80	—
$NiCl_2$	s	−316	−272	107	—
$NiCl_2 \cdot 6H_2O$	s	−2116	−1718	315	—
$NiSO_4$	s	−891	−774	77.8	—
$NiSO_4 \cdot 6H_2O$	s(蓝)	−2688	−2222	306	340
N	g	472.7	455.6	153.3	20.8
N_2	g	0	0	192	29.1
N_2O	g	81.6	104	220	38.7
NO	g	90.4	86.7	211	29.8
NO_2	g	33.9	51.8	240	37.9
N_2O_4	g	9.7	98.3	304	79.1
N_2O_5	g	11.3	115.1	355.7	84.5
N_2O_5	s	−43.1	113.9	178.2	143.1
NH_3	g	−46.2	−16.6	193	35.7
NH_3	aq	−80.3	−26.5	111.3	—
NH_4Cl	s	−315	−204	94.6	84.1
NH_4^+	aq	−132.5	−79.3	113.4	79.9
NH_4NO_3	s	−365	−183.9	−151.1	84.1
$(NH_4)_2SO_4$	s	−1179	−900	220	187
HNO_3	l	−173	−79.9	156	110
HNO_3	aq	−207.4	−111.2	146.4	−86.6
NO_3^-	aq	−205.0	−108.7	146.4	−86.6
NH_2OH	s	−114.2			
HN_3	l	264.0	327.3	140.6	43.7
HN_3	g	294.1	328.1	239.0	98.9
N_2H_4	l	50.6	149.4	121.2	139.3
O_2	g	0	0	205	29.4
O	g	249.2	231.7	161.1	21.9
O_3	g	142	163	238	38.2
OH^-	aq	−230.0	−157.2	−10.8	−148.5
P	s(白)	0	0	44.4	23.2
P	g	314.6	278.2	163.2	20.8

续表

化学物质	聚集状态	$\Delta_f H_m^\ominus$ /(kJ·mol⁻¹)	$\Delta_f G_m^\ominus$ /(kJ·mol⁻¹)	$S_m^\ominus$ /(J·K⁻¹·mol⁻¹)	$C_{p,m}^\ominus$ /(J·K⁻¹·mol⁻¹)
P_2	g	144.3	103.7	218.1	32.1
P_4	g	58.9	24.4	280	67.2
PCl_3	g	−306	−286	312	—
PCl_3	l	−319.7	272.3	217.1	—
PCl_5	g	−399	−325	353	112.8
PH_3	g	9.2	18.2	210	37.1
H_3PO_3	s	−972	—	—	—
H_3PO_4	aq	−964.8	—	—	—
H_3PO_4	s	−1281	−1119.1	110.5	106.1
H_3PO_4	l	−1267.0	—	—	—
H_3PO_4	aq	−1277.4	−1018.7	−222	—
HPO_3	s	955	—	—	—
PO_4^{3-}	aq	−1277.4	−1018.7	−221.8	—
P_4O_{10}	s	−2984.0	−2697.0	228.9	211.7
P_4O_6	s	−1640.1	—	—	—
K	s	0	0	63.6	29.2
K	g	89.2	60.6	160.3	20.8
K_2O	s	−362	—	—	—
K^+	g	514.3	—	—	—
K^+	aq	−252.4	−283.3	102.5	21.8
KOH	s	−426	—	—	—
KF	s	−576.3	−537.8	66.6	49.0
KCl	s	−436	−408	82.7	51.5
KBr	s	−393.8	−380.7	95.90	52.3
KI	s	−327.9	−324.8	106.3	52.9
K_2CO_3	s	−1146	—	—	—
KNO_3	s	−493	−393	133	96.3
K_2SO_4	s	−1434	−1316	176	130
$KClO_3$	s	−391	−290	143	100
$KClO_4$	s	−434	−304	151	110
K_2CrO_4	s	−1383	—	—	—
K_2CrO_7	s	−2033	—	—	—
$KMnO_4$	s	−813	−714	172	119
Si	s	0	0	18.7	19.9

续表

化学物质	聚集状态	$\Delta_f H_m^\ominus$ /(kJ·mol^{-1})	$\Delta_f G_m^\ominus$ /(kJ·mol^{-1})	$S_m^\ominus$ /(J·K^{-1}·mol^{-1})	$C_{p,m}^\ominus$ /(J·K^{-1}·mol^{-1})
Si	g	455.6	411.3	168.0	22.2
SiO_2	s(石英)	−859	−805	41.8	44.4
SiF_4	g	−1550	−1510	284	76.2
$SiCl_4$	g	−610	−570	331	90.8
SiH_4	g	−61.9	−39	204	42.8
SiC	s	−112	−26.1	16.5	26.6
Ag	g	284.6	245.7	173.0	20.8
Ag	s	0	0	42.7	25.5
Ag^+	aq	105.6	77.1	72.7	21.8
Ag_2O	s	−30.6	−10.8	122	65.6
AgCl	s	127	−110	96.1	50.8
AgBr	s	−99.5	−93.7	107	52.4
AgI	s	−62.4	−66.3	114	54.4
Ag_2S	s(α)	−31.8	−40.2	146	—
$AgNO_3$	s	−123	−32.2	141	93.0
Ag_2SO_4	s	−713	−616	200	131
Ag_2CrO_4	s	−712	−622	217	—
Na	g	107.3	76.7	153.7	20.8
Na	s	0	0	51.0	28.4
Na^+	aq	−240.1	−261.9	59.0	46.4
Na_2O	s	−416	−377	72.8	68.2
Na_2O_2	s	−505	—	—	—
NaOH	s	−427	−379.5	64.5	59.5
NaCl	s	−411	−384	72.4	49.7
NaBr	s	−361.1	−349.0	86.8	51.4
NaI	s	−287.8	−286.1	98.5	52.1
Na_2S	s	−373			
Na_2CO_3	s	−1131	−1048	136	110
$NaHCO_3$	s	−948	−852	102	87.6
$NaNO_3$	s	−467	−366	116	90.3
$NaSO_4$	s	−1385	−1267	150	128
$NaSO_4 \cdot 10H_2O$	s	−4324	−3644	593	587
S	s(斜方,α)	0	0	31.9	22.6
S	s(斜方,β)	0.3	0.1	32.6	23.6
S	g	223	182	168	23.7

续表

化学物质	聚集状态	$\Delta_f H_m^\ominus$ /(kJ · mol^{-1})	$\Delta_f G_m^\ominus$ /(kJ · mol^{-1})	$S_m^\ominus$ /(J · K^{-1} · mol^{-1})	$C_{p,m}^\ominus$ /(J · K^{-1} · mol^{-1})
S_2	g	128.4	79.3	228.2	32.5
S^{2-}	aq	33.1	85.8	−14.6	—
SO_2	g	−297	−300	248	39.8
SO_3	g	−395	−370	256	50.6
SO_4^{2-}	aq	−909.3	−744.5	20.1	−293
$SOCl_2$	l	−206			
SF_6	g	−1209	−1105.3	291.8	97.3
SO_2Cl_2	l	−389			
H_2S	g	−20.2	−33.0	20.6	34.0
H_2S	aq	−39.7	−27.8	121	—
HS^-	aq	−17.6	12.1	62.1	—
H_2SO_4	l	−811	−690	156.9	138.9
H_2SO_4	aq	−909.3	−744.5	20.1	−293
HSO_4^-	aq	−887.3	−755.9	131.8	−84
Sn	s(白)	0	0	51.5	26.4
Sn	s(灰)	2.5	4.6	44.8	25.8
Sn^{2+}	aq	−8.8	−27.2	−17	—
SnO	s	−286	−257	56.5	44.4
SnO_2	s	−581	−520	52.3	52.6
$Sn(OH)_2$	s	−579	−492	96.6	—
$SnCl_2$	s	−350	—	—	—
$SnCl_4$	l	−545	−474	259	165
SnS	s	−77.8	−82.4	98.7	—
SnS_2	s	−167	−159	87.4	70.3
Ti	s	0	0	30.3	25.2
TiO_2	s(金红石)	−912	−853	50.2	55.1
$TiCl_4$	l	−750	−674	253	157
Zn	s	0	0	41.6	25.1
Zn	g	130.7	95.1	181.0	20.8
ZnO	s	−348	−318	43.9	40.2
Zn^{2+}	aq	−153.9	−147.1	−112.1	46
$ZnCl_2$	s	−416	−369	108	76.6
ZnS	s(闪锌矿)	−203	−198	57.7	45.2
$ZnCO_3$	s	−812	−731	82.4	—
$ZnSO_4$	s	−979	−872	125	—
$ZnSO_4 \cdot 7H_2O$	s	−3075	−2560	387	392

二、有机物质

化学物质	聚集状态	$\Delta_f H_m^\ominus$ /(kJ·mol^{-1})	$\Delta_f G_m^\ominus$ /(kJ·mol^{-1})	$S_m^\ominus$ /(J·K^{-1}·mol^{-1})	$C_{p,m}^\ominus$ /(J·K^{-1}·mol^{-1})
CH_4	g	−74.9	−50.8	186	35.3
CH_3		145.7	147.9	194	38.7
C_2H_2	g	226.7	209.2	201	43.9
C_2H_4	g	52.3	68.1	219	93.5
C_2H_6	g	−84.7	−32.9	230	52.7
C_3H_6	g	20.40	62.8	267	63.9
C_3H_6(环丙烷)	g	53.3	104.5	237.6	55.9
C_3H_8	g	−104	−23.5	270	73.6
C_4H_8	g	−0.13	71.4	305.7	85.6
n-C_4H_{10}	g	−125	−15.7	310	97.5
n-C_5H_{12}	g	−146	−8.2	348	120
C_5H_{12}	l	−173.1			
n-C_6H_{14}	g	−167	0.2	387	143
C_3H_4	g	185	194	248	61
C_4H_6(丁二烯)	g	112	152	279	79.5
C_6H_{12}(环己烷)	l	−156	26.8	204	154
C_6H_{14}	l	−198.7			
C_6H_6	g	82.9	130	269	81.6
C_6H_6	l	49.0	125	173	136
$C_6H_5CH_3$	g	50.0	122	320	104
$C_6H_5CH_2CH_3$	g	29.8	131	360	128
C_7H_{16}	l	−224.4	1.0	328.4	224.3
C_8H_8	g	148	214	345	—
C_8H_{18}	s	249.9	6.4	361.1	—
$C_{10}H_8$	s	78.5			
CH_3Cl	g	−82.0	−58.6	234	41
CH_2Cl_2	l	−117	−63.2	179	100
CH_2Cl_3	l	−132	−71.6	203	116
C_2H_5Cl	g	−105	−53.1	276	63
$CH_2=CHCl$	g	31	52	264	—
CH_2ClCH_2Cl	l	−166	−80.3	208	129
C_6H_5Cl	g	52.3	99	314	—
$(CH_3)_2O$	g	−185	−114	267	66.1
CH_3OH	g	−201	−162	238	45.2

续表

化学物质	聚集状态	$\Delta_f H_m^\ominus$ /(kJ·mol^{-1})	$\Delta_f G_m^\ominus$ /(kJ·mol^{-1})	$S_m^\ominus$ /(J·K^{-1}·mol^{-1})	$C_{p,m}^\ominus$ /(J·K^{-1}·mol^{-1})
CH_3OH	l	−239	−166	127	81.6
C_2H_5OH	g	−235	−169	282	65
C_2H_5OH	l	−278	−175	161	111
C_6H_5OH	s	−163	−50.9	146	—
HCHO	g	−116	−110	219	35
CH_3CHO	l	−192.3	−128.1	160.2	—
CH_3CHO	g	−166	−134	266	62.8
$(CH_3)_2CO$	g	−216	−152	295	74.9
$(CH_3)_2CO$	l	−248.7	−155.4	200.4	124.7
HCOOH	g	−363	−336	251	—
HCOOH	l	−409	−346	129	99.2
$(COOH)_2$	s	−827.2			
CH_3COOH	l	−487	−392	160	123
CH_3COO^-	aq	−486.0	−369.3	86.6	−6.3
C_6H_5COOH	s	−385	−245	167	147
$CH_3COOC_2H_5$	l	−481	—	—	—
$CH_3CH(OH)COOH$	s	−694.0			
$C_6H_{12}O_6$(葡萄糖)	s	−1268	−910	212	
$C_6H_{12}O_6$(果糖)	s	−1266			
$C_{12}H_{22}O_{11}$	s	−2222	−1543	360.3	
$CO(NH_2)_2$	s	−333	−47.1	105	93.3
CH_3NH_2	g	−23.0	32.2	243.4	53.1
$C_6H_5NH_2$	l	31.1			
$CH_2(NH_2)COOH$	s	−532.9	−373.4	103.5	99.2

三、燃烧热(298.15 K,101.325 kPa)

物质	化学式	聚集状态	$\Delta_c H_m^\ominus$(298.15 K) /(kJ·mol^{-1})	物质	化学式	聚集状态	$\Delta_c H_m^\ominus$(298.15 K) /(kJ·mol^{-1})
氢	H_2	g	−285.8	氯乙烷	C_2H_5Cl	g	−1325
硫(斜方)	S	s	−296.9	甲醇	CH_3OH	l	−725.0
						g	−763
硫(单斜)	S	s	−297.2	乙醇	C_2H_5OH	l	−1371

续表

物质	化学式	聚集状态	$\Delta_c H_m^\ominus$(298.15 K)/(kJ·mol^{-1})	物质	化学式	聚集状态	$\Delta_c H_m^\ominus$(298.15 K)/(kJ·mol^{-1})
碳(石墨)	C	s	−393.5	正丙醇	C_3H_7OH	l	−2010
碳(金刚石)	C	s	−395.4	正丁醇	C_4H_9OH	l	−2673
一氧化碳	CO	g	−283.0	苯酚	C_6H_5OH	s	−3064
甲烷	CH_4	g	−890.4	甲醛	HCHO	g	−561.1
乙烯	C_2H_4	g	−1411	乙醛	CH_3CHO	l	−1167
乙烷	C_2H_6	g	−1560	丙酮	$(CH_3)_2CO$	l	−1786
环丙烷	C_3H_6	g	−2091	甲酸	HCOOH	l	−262.8
丙烷	C_3H_8	g	−2222	乙酸	CH_3COOH	l	−876.1
丙烯	C_3H_6	g	−2058	丙酸	C_2H_5COOH	l	−1527.3
丁烷	C_4H_{10}	g	−2877	丁酸	C_3H_7COOH	l	−2183.5
丁烯	C_4H_8	g	−2717	丁二酸	$(CH_2COOH)_2$	s	−1491.0
戊烷	C_5H_{12}	l	−3509	乙酸矸	$(CH_3CO)_2O$	l	−1806
戊烷	C_5H_{12}	g	−3537	苯甲酸	C_6H_5COOH	s	−3227
己烷	C_6H_{14}	l	−4194	邻苯二甲酸	$C_6H_5(COOH)_2$	s	−3223.5
辛烷	C_8H_{18}	l	−5512	苯甲醛	C_6H_5CHO	l	−3520
环己烷	C_6H_{12}	l	−3924	甲酸甲酯	$HCOOCH_3$	l	−979.5
丁二烯	C_4H_6	g	−2542	苯甲酸甲酯	$C_6H_5COOCH_3$	s	−3957.6
苯	C_6H_6	l	−3273	葡萄糖	$C_6H_{12}O_6$	s	−2816
苯	C_6H_6	g	−3302	蔗糖	$C_{12}H_{22}O_{11}$	s	−5644
甲苯	C_6H_8	l	−3909	尿素	$CO(NH_2)_2$	s	−632
己炔	C_2H_2	g	−1299	甲胺	CH_3NH_2	g	−1085
萘	$C_{10}H_8$	s	−5157	乙胺	$C_2H_5NH_2$	l	−1713
蒽	$C_{14}H_{10}$	s	−7114	苯胺	$C_6H_5NH_2$	l	−3393
甘氨酸	$CH_2(NH_2)COOH$	s	−969				

* s— 固态;l— 液态;g— 气态。

(以上各表数据均摘自 J. G. Sterk, H. G. Wallase. Chemistry Data Book[M]. 2nd, Edition,1982)

四、一些物质的($G^{\ominus}_{m,T}-H^{\ominus}_{0,m}$)值

化学物质	$[-(G^{\ominus}_{m,T}-H^{\ominus}_{0,m})/T]/(J\cdot K^{-1}\cdot mol^{-1})$					$H^{\ominus}_{m,298}-H^{\ominus}_{0,m}$	$\Delta H^{\ominus}_{0,m}$
	298 K	500 K	1000 K	1500 K	2000 K	$/(kJ\cdot mol^{-1})$	$/(kJ\cdot mol^{-1})$
Br(g)	154.1	164.9	179.3	187.8	194.0	6.20	112.5
Br_2(g)	212.7	230.1	254.4	269.1	279.6	9.73	35.0
Br_2(l)	107	—	—	—	—	13.55	0
C(g)	136.1	147.3	162.0	170.6	176.6	6.53	710
C(石墨)	2.22	4.85	11.6	17.5	22.5	1.050	0
Cl(g)	144.0	155.0	170.2	179.2	185.5	6.27	119.4
Cl_2(g)	192.2	208.6	231.9	246.2	256.6	9.180	0
F(g)	136.8	148.1	163.4	172.2	178.4	6.520	77
F_2(g)	173.1	188.7	211.0	224.8	235.0	8.828	0
H(g)	93.8	104.5	119.0	127.4	133.4	6.196	216.0
H_2(g)	102.2	116.9	137.0	149.0	157.6	8.468	0
I(g)	159.9	170.6	185.0	193.5	199.5	6.196	107.1
I_2(g)	226.7	244.6	269.4	284.3	295.0	8.967	65.5
I_2(s)	71.9	—	—	—	—	13.20	0
N(g)	132.4	143.2	157.6	166.0	172.0	6.197	470.9
N_2(g)	162.4	177.5	198.0	210.4	219.6	8.669	0
O(g)	138.4	150.0	165.1	173.8	179.9	6.724	246.8
O_2(g)	176.0	191.1	212.1	225.1	234.7	8.66	0
O_3(g)	204.1	222.9	251.7	270.7	284.5	10.35	144.8
S(g)	145.4	157.1	172.7	181.7	188.0	6.66	276
S(斜方)	17.1	27.1	—	—	—	4.41	0
PCl_3(g)	258.0	288.1	335.0	—	—	16.1	−276
PCl_5(g)	279.3	319.2	383.1	—	—	21.8	−365
SF_6(g)	235.2	270.6	337.0	385.0	422.1	16.74	−1195.0
B_2O_3(g)	229.7	252.2	291.4	320.0	342.7	11.84	−876
H_2O(g)	155.5	172.8	196.7	211.7	223.1	9.908	−238.9
H_2O_2(g)	196.4	216.4	247.5	268.9	—	10.84	−129.9
NH_3(g)	158.9	176.9	203.5	221.9	236.6	9.92	−39.2
NO(g)	179.8	195.6	217.0	229.9	239.5	9.18	89.9
N_2O(g)	187.8	205.5	233.3	252.2	—	9.58	85.0
NO_2(g)	205.8	224.3	252.0	270.2	284.1	10.31	36.3
SO_2(g)	212.6	231.7	260.6	279.6	293.7	10.54	−294.4
SO_3(g)	217.1	239.1	276.5	302.9	322.6	11.6	−389.4
CO(g)	168.4	183.5	204.0	216.6	225.9	8.673	−113.81
CO_2(g)	182.2	199.4	226.4	244.7	258.8	9.364	393.17

续表

化学物质	$[-(G^{\ominus}_{m,T}-H^{\ominus}_{0,m})/T]/(J\cdot K^{-1}\cdot mol^{-1})$					$H^{\ominus}_{m,298}-H^{\ominus}_{0,m}$	$\Delta H^{\ominus}_{0,m}$
	298 K	500 K	1000 K	1500 K	2000 K	$/(kJ\cdot mol^{-1})$	$/(kJ\cdot mol^{-1})$
$CS_2(g)$	202.0	221.9	253.2	273.8	289.1	10.7	115
$CH_4(g)$	152.5	170.5	199.4	221.1	238.9	10.03	−66.90
$CH_3Cl(g)$	198.5	217.8	250.1	274.2	—	10.41	−74.0
$CH_2Cl_2(g)$	230.4	252.5	291.1	318.7	—	11.86	−79
$CHCl_3(g)$	248.1	275.3	321.2	353.0	—	14.18	−96
$CH_4(g)$	251.7	285.0	340.6	375.4	—	17.20	−104
$COCl_2(g)$	240.6	255.0	304.5	331.1	351.1	12.86	−217.8
$CH_3OH(g)$	201.4	222.3	257.6	—	—	11.42	−190.2
$CH_3SH(g)$	214.1	237.1	275.8	—	—	12.1	−5.0
$HCHO(g)$	185.1	203.1	230.6	250.2	266.0	10.01	−112
$HCOOH(g)$	212.2	232.6	267.7	293.6	314.4	10.88	−370.9
$HCN(g)$	170.8	187.6	213.4	230.7	244.0	9.24	131
$C_2H_2(g)$	167.3	186.2	217.6	239.4	256.6	10.01	227.2
$C_2H_4(g)$	184.0	203.9	239.7	267.5	290.6	10.56	60.75
$C_2H_6(g)$	189.4	212.4	255.7	290.6	—	11.95	−69.12
$C_2H_5(g)$	235.1	262.8	315.0	356.3	—	14.2	−219.3
$CH_3CHO(g)$	221.1	245.5	288.8	—	—	12.84	−155.4
$CH_3COOH(g)$	236.4	264.6	317.6	357.1	—	13.85	−420
$CH_3CN(g)$	203.1	225.9	266.0	—	—	12.04	99.2
$CH_3NC(g)$	204.0	227.6	—	—	—	12.53	161.1
$C_3H_6(g)$	221.5	248.2	299.4	340.7	—	13.54	35.4
$C_3H_8(g)$	200.6	250.2	310.0	359.2	—	14.69	−81.50
$(CH_3)_2CO(g)$	240.4	272.1	331.4	378.8	—	16.27	−199.7
n-$C_4H_{10}(g)$	244.9	284.1	362.3	426.5	—	19.43	−99.03
i-$C_4H_{10}(g)$	234.6	271.7	348.9	412.7	—	17.89	−105.8
n-$C_5H_{12}(g)$	269.9	317.7	413.7	492.5	—	13.16	−113.9
i-$C_5H_{12}(g)$	269.3	315.0	409.9	488.6	—	12.08	−120.5
neo-$C_5H_{12}(g)$	235.8	280.5	376.1	455.7	—	10.77	−130.9
$C_6H_6(g)$	221.4	252.0	320.4	378.4	—	14.23	100.4
Cy-$C_6H_{10}(g)$	252.2	290.5	378.6	454.7	—	17.44	24.1
Cy-$C_6H_{12}(g)$	238.8	277.8	371.3	455.2	—	17.73	−83.72

* n— 正；i— 异；neo— 新；Cy— 环。

* * 本表数据摘自 G. M. Barrow. Physical Chemistry[M]. 4th Edition，1979.

附录 4

一些物质的相变温度和标准相变熵

物质	熔点 T_f/K	熔化熵 /[$\Delta_f S^\ominus$/(J·K^{-1}·mol^{-1})]	沸点 T_b/K	汽化熵 /[$\Delta_v S^\ominus$/(J·K^{-1}·mol^{-1})]
Ar	83.8	14.17	87.3	74.53
Br_2	265.9	39.76	332.4	88.61
C_6H_6	278.6	38.00	353.2	87.19
C_6H_{12}			353.9	85.10
CH_3COOH	289.8	40.4	391.4	61.9
CH_3OH	175.2	18.0	337.2	104.6
Cl_2	172.1	37.22	239.0	85.38
H_2	14.0	8.38	20.38	44.96
H_2O	273.2	22.0	372.2	109.0
H_2S	187.6	12.67	212.0	87.75
CS_2			319.4	83.7
CCl_4			349.9	85.8
$C_{10}H_{22}$			447.2	86.7
$(CH_3)_2O$			250.2	86.0
C_2H_5OH			351.5	110.0
CH_4			111.7	73.2
N_2	63.2	11.39	77.4	75.22
NH_3	195.4	28.93	239.7	97.41
O_2	54.4	8.17	90.2	75.63

附录5

拉格朗日(Lagrange)待定系数法

拉格朗日(Lagrange)待定系数法是一种决定受到一个或多个限制条件约束的连续函数极大点的正规数学手续。

设含有三个独立变量 x、y、z 的连续函数 $f(x,y,z)$。因为函数是连续的,其全微分可表示为:

$$df=\left(\frac{\partial f}{\partial x}\right)dx+\left(\frac{\partial f}{\partial y}\right)dy+\left(\frac{\partial f}{\partial z}\right)dz \tag{1}$$

在函数的极大(或极小)点必须满足:

$$df=\left(\frac{\partial f}{\partial x}\right)dx+\left(\frac{\partial f}{\partial y}\right)dy+\left(\frac{\partial f}{\partial z}\right)dz=0 \tag{2}$$

但因变量 x、y、z 是独立的,则 dx、dy、dz 的变化亦应为独立的。式(2)能满足这类任意变化的唯一方法是在极大点时所有偏微分数分别为零。即

$$\frac{\partial f}{\partial x}=\frac{\partial f}{\partial y}=\frac{\partial f}{\partial z}=0 \tag{3}$$

今设变量 x、y、z 并非独立,而是在它们之间满足如下限制条件:

$$g(x,y,z)=0 \tag{4}$$

以致只要选择其中任意两个独立变量就可以由上式决定第三个变量。在这种情况下,虽然可按式(2)给出极大的条件,但式(3)条件已无效。不过,由式(4)可以得到在极大点的另一必须满足的关系:

$$\left(\frac{\partial g}{\partial x}\right)dx+\left(\frac{\partial g}{\partial y}\right)dy+\left(\frac{\partial g}{\partial z}\right)dz=0 \tag{5}$$

假如将式(5)乘以一任意待定常数 λ 并与式(2)相加,则可得

$$\left(\frac{\partial f}{\partial x}+\lambda\frac{\partial g}{\partial x}\right)dx+\left(\frac{\partial f}{\partial g}+\lambda\frac{\partial g}{\partial y}\right)dy+\left(\frac{\partial f}{\partial z}+\lambda\frac{\partial g}{\partial z}\right)dz=0 \tag{6}$$

如任意选定 y 和 z 为独立变量,则 dy、dz 可以随意变化。在这种情况下,则要求 dx 的变化不是独立的了。但如选定 λ 的数值,以使在极大点时

$$\left(\frac{\partial f}{\partial x}+\lambda\frac{\partial g}{\partial x}\right)=0 \tag{7}$$

则式(6)能满足任意变动 dy、dz 时均为零的条件是各自的偏微系数项为零。即

$$\left(\frac{\partial f}{\partial y}+\lambda\frac{\partial g}{\partial y}\right)=0 \tag{8}$$

和

$$\left(\frac{\partial f}{\partial z}+\lambda\frac{\partial g}{\partial z}\right)=0 \tag{9}$$

因独立变量的选定是任意的,故式(7)、(8)和(9)同样有效,即有一个用于限制非独立变量的系数为零,而另两个则用于使独立变量的系数为零。

这种方法可扩展并应用于确定包含任意数目的变量的连续函数的极大。所受限制条件数必须小于变量数。每增加一个限制条件,独立变量数少一个,相应的就必须多引入一个待定常数。